Universum

Physik

Kursstufe

Baden-Württemberg

Cornelsen

Universum Physik

Kursstufe Gymnasium Baden-Württemberg

Herausgegeben von: Dr. Reiner Kienle, Forchtenberg; Carl-Julian Pardall, Heidelberg

Autorinnen und Autoren: Dr. Reiner Kienle, Forchtenberg; Dr. Josef Küblbeck, Pleidelsheim; Carl-Julian Pardall, Heidelberg; Dr. Jochen Schäfer, Schwalbach am Taunus; Dr. Ursula Wienbruch, Aach

Mit Beiträgen von: Prof. Dr. Lutz Kasper, Schwäbisch Gmünd

Beratung: Sven Hanssen, Stuttgart; Rainer Schajor, Ludwigshafen

Redaktion: Dr. Christian Wende

Layoutkonzept und Umschlaggestaltung: SOFAROBOTNIK GbR, Augsburg & München

Grafik: newVISION! GmbH Bernhard A. Peter, Pattensen; ww-visuell Werner Wildermuth, Würzburg; Atelier tigercolor Tom Menzel, Scharbeutz/Klingberg; Angelika Kramer, Stuttgart

Layout und technische Umsetzung: Typo Concept GmbH, Hannover

www.cornelsen.de

1. Auflage, 1. Druck 2021

Alle Drucke dieser Auflage sind inhaltlich unverändert
und können im Unterricht nebeneinander verwendet werden.

© 2021 Cornelsen Verlag GmbH, Berlin

Druck: Mohn Media Mohndruck, Gütersloh

ISBN 978-3-06-010900-5 (Schülerbuch)
ISBN 978-3-06-010904-3 (E-Book)

INHALTSVERZEICHNIS

Elektrische Felder

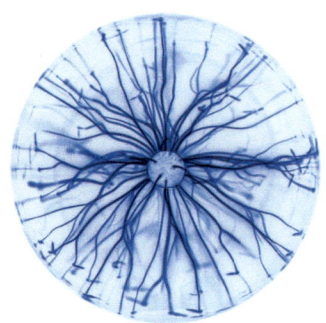

8

Magnetische Felder

68

Elektrodynamik

106

Schwingungen

148

Wellen

192

Wellenoptik

252

Quantenphysik

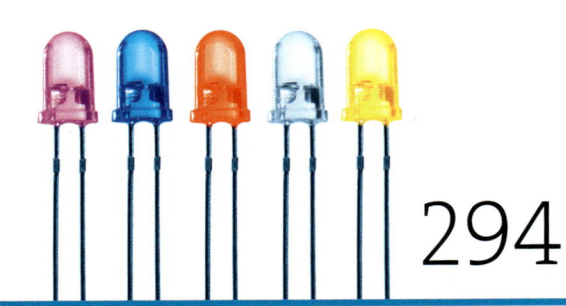

294

Astrophysik

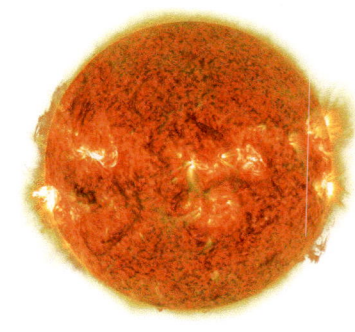

354

Internationales Einheitensystem (SI)

Die Generalkonferenz für Maß und Gewicht legte sieben Basiseinheiten fest, deren Wert seit 2019 von definierten Naturkonstanten bestimmt ist. Wenn eine physikalische Größe in einer Basiseinheit gemessen wird, dann muss die jeweilige Naturkonstante den definierten Wert haben. Während man also früher über festgelegte Einheiten die Naturkonstanten bestimmt hat, bestimmt man heute umgekehrt die Basiseinheiten über die Naturkonstanten.

Um beispielsweise festzustellen, wie lang eine Sekunde ist, wird ein striktes Messverfahren vorgegeben, bei dem die Frequenz der Strahlung, die beim Übergang zwischen den Hyperfeinstrukturniveaus des Grundzustandes des Caesium-Nuklids ^{133}Cs entsteht, genau $\Delta \nu_{Cs} = 9\,192\,631\,770\,s^{-1}$ annimmt.

Alle weiteren Einheiten können aus diesen Basiseinheiten abgeleitet werden. Die elektrische Spannung hat die Einheit Volt (1V). Sie kann als Energie pro Ladung durch die Einheiten Joule pro Coulomb ($1V = 1\frac{J}{C}$) ausgedrückt werden. Die Einheit Joule basiert auf dem Kilogramm, dem Meter und der Sekunde, das Coulomb entspricht einer Amperesekunde:

$$1V = 1\frac{J}{C} = 1\frac{kg \cdot m^2 \cdot s^{-2}}{A \cdot s} = 1\frac{kg \cdot m^2}{A \cdot s^3}$$

Basiseinheiten

Größe	Einheit	beruht auf der festgelegten Naturkonstante	verwendet
Zeit	Sekunde (s)	Strahlung des Caesium-Atoms $\Delta \nu_{Cs} = 9\,192\,631\,770\,s^{-1}$	$\Delta \nu_{Cs}$
Länge	Meter (m)	Lichtgeschwindigkeit $c = 299\,792\,458\,m \cdot s^{-1}$	$c, \Delta \nu_{Cs}$
Masse	Kilogramm (kg)	Plancksches Wirkungsquantum $h = 6{,}626\,070\,15 \cdot 10^{-34} kg \cdot m^2 \cdot s^{-1}$	$h, c, \Delta \nu_{Cs}$
Stromstärke	Ampere (A)	Elementarladung $e = 1{,}602\,176\,634 \cdot 10^{-19} A \cdot s$	$e, \Delta \nu_{Cs}$
Temperatur	Kelvin (K)	Boltzmann-Konstante $k_B = 1{,}380\,649 \cdot 10^{-23} kg \cdot m^2 \cdot s^{-2} \cdot K^{-1}$	$k_B, h, \Delta \nu_{Cs}$
Stoffmenge	Mol (mol)	Avogadro-Konstante $N_A = 6{,}022\,140\,76 \cdot 10^{23} mol^{-1}$	N_A
Lichtstärke	Candela (cd)	Photometrisches Strahlungsäquivalent $K_{cd} = 683\,cd \cdot sr \cdot s^3 \cdot kg^{-1} \cdot m^{-2}$	$K_{cd}, \Delta \nu_{Cs}, h$

Präfixe

Faktor	Vorsatz	Präfix
10^1	Deka	da
10^2	Hekto	h
10^3	Kilo	k
10^6	Mega	M
10^9	Giga	G
10^{12}	Tera	T
10^{15}	Peta	P
10^{18}	Exa	E
10^{21}	Zetta	Z
10^{24}	Yotta	Y

Faktor	Vorsatz	Präfix
10^{-1}	Dezi	d
10^{-2}	Zenti	c
10^{-3}	Milli	m
10^{-6}	Mikro	µ
10^{-9}	Nano	n
10^{-12}	Piko	p
10^{-15}	Femto	f
10^{-18}	Atto	a
10^{-21}	Zepto	z
10^{-24}	Yokto	y

Elektrische Felder

In diesem Kapitel beschäftigen Sie sich mit

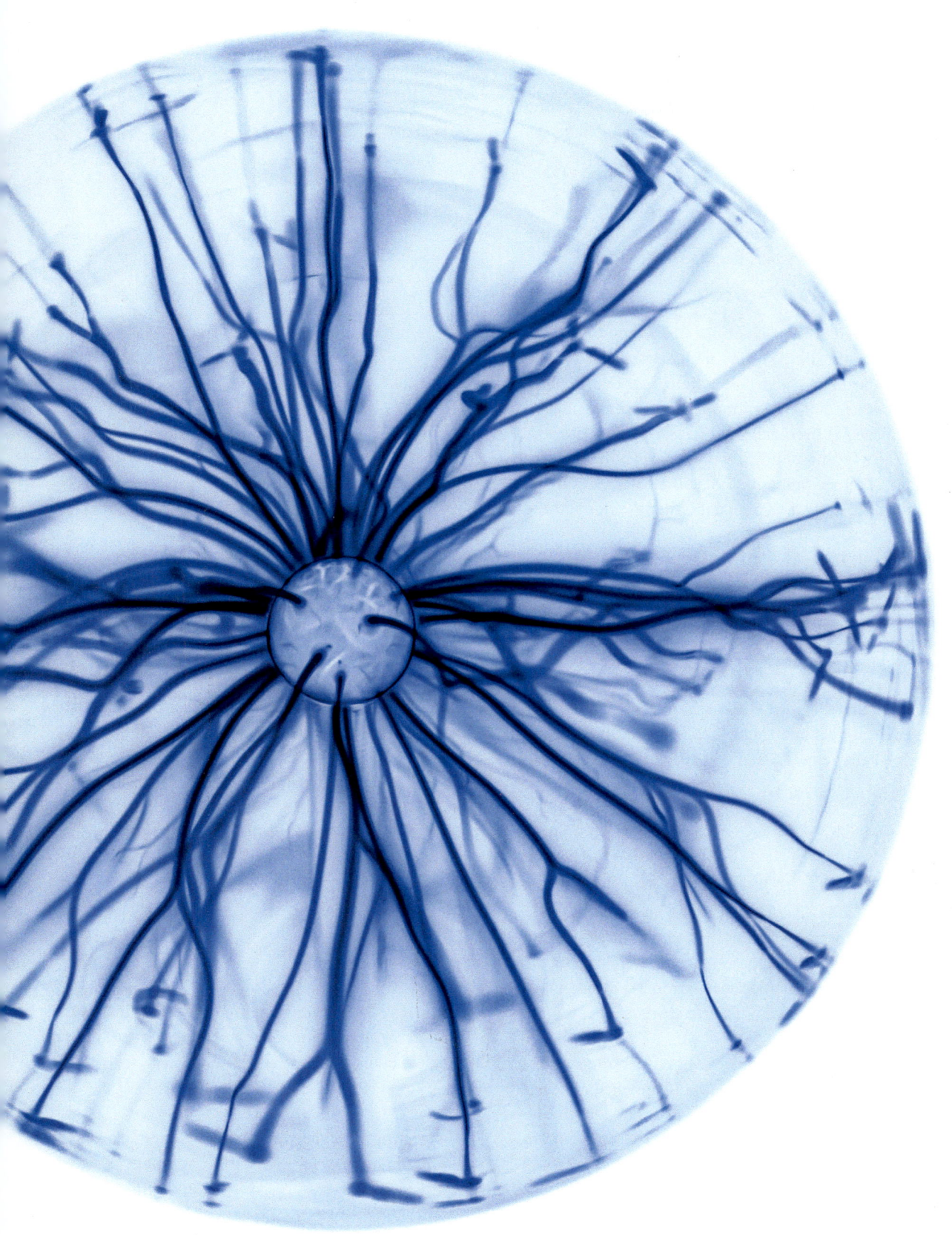

Elektrischer Stromkreis

In einem elektrischen Stromkreis fließt **elektrische Ladung** im Kreis. Die Ladung wird dabei nirgends verbraucht. Die Einheit der Ladung Q ist Coulomb (C).

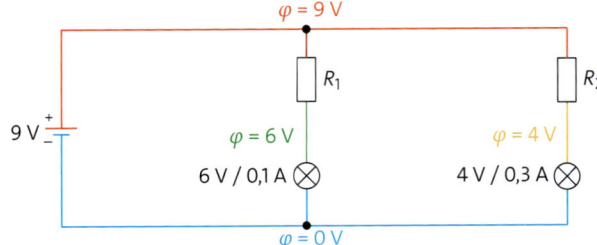

Die **elektrische Stromstärke** I ist der Quotient aus der durch eine bestimmte Stelle des Stromkreises geflossenen Ladung ΔQ und der dazu benötigten Zeitspanne Δt:

$I = \frac{\Delta Q}{\Delta t}$; Einheit $\frac{C}{s}$ = A (Ampere).

Im Stromkreis stellt die **elektrische Spannung** U den Antrieb für die Ladung dar. Die Spannung zwischen zwei Stellen im Stromkreis ist gleich dem **Potenzialunterschied** $\Delta \varphi$ zwischen diesen Stellen. Spannung und Potenzial haben die Einheit Volt (V). In einer Schaltskizze kann das Potenzial durch Färben veranschaulicht werden (▶ Abb. 1). Dazu legt man einen Potenzialnullpunkt fest (z. B. den Minuspol) und nutzt aus, dass sich das Potenzial entlang einer Leitung näherungsweise nicht ändert.

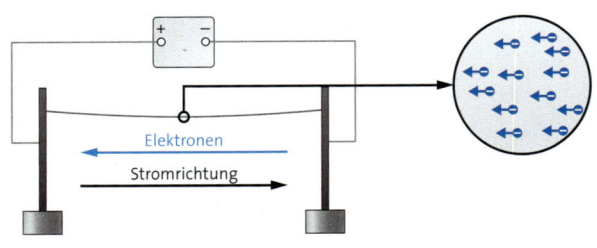

Der **elektrische Widerstand** R gibt an, wie stark ein Gerät oder ein Leiter den Strom hemmt. Es gilt:

$R = \frac{U}{I}$; Einheit $\frac{V}{A} = \Omega$ (Ohm).

Leistung: Durch den Strom wird Energie von der elektrischen Energiequelle zum elektrischen Gerät übertragen. Der Quotient aus der übertragenen Energie ΔE und der dazu benötigten Zeitspanne Δt ist die Leistung P:

$P = \frac{\Delta E}{\Delta t}$; Einheit $\frac{J}{s}$ = W (Watt).

Im Stromkreis gilt:

$P = U \cdot I$.

Ladungsträger: Die elektrische Ladung ist an Ladungsträger gebunden. Diese können positiv oder negativ geladen sein. In Metallen sind die negativ geladenen Elektronen die beweglichen Ladungsträger. Die Elektronen bewegen sich zwischen den positiv geladenen ortsfesten Atomrümpfen.

Stromrichtung: Im Stromkreis bewegen sich die Elektronen vom Minuspol zum Pluspol. Man kann sich die Elektronen als Träger von Schuldscheinen vorstellen. In dieser Vorstellung übertragen die Elektronen Schulden vom Minus- zum Pluspol. Dies ist gleichbedeutend damit, dass Guthaben vom Plus- zum Minuspol übertragen wird. Das Guthaben entspricht der Ladung, die vom Pluspol über das angeschlossene Gerät zum Minuspol fließt. Dies ist die sogenannte **konventionelle Stromrichtung** (▶ Abb. 2).

Mechanik

Kraft und Impulsänderung: Wird auf einen Körper keine Kraft ausgeübt, dann bewegt sich der Körper mit konstantem Impuls $\vec{p} = m \cdot \vec{v}$ weiter. Wenn die auf ihn ausgeübten Kräfte eine resultierende Kraft $\vec{F}_{res} \neq 0$ ergeben, dann ändert sich sein Impuls. Mit der Einwirkungszeit Δt beträgt die Impulsänderung $\overrightarrow{\Delta p} = \overrightarrow{F_{res}} \cdot \Delta t$. Der Körper wird also in Richtung der resultierenden Kraft beschleunigt.

Kraft und Beschleunigung: Bei konstanter resultierender Kraft $\vec{F}_{res}$ und konstanter Masse m des Körpers ist auch die Beschleunigung $\vec{a}$ konstant. Für die Beträge von resultierender Kraft und Beschleunigung gilt:

$F_{res} = m \cdot a \iff a = \frac{F_{res}}{m}$.

$v(t) = a \cdot t$.

$s(t) = \frac{1}{2} a \cdot t^2$.

Mechanische Energieübertragung: Wird auf einen Körper eine Kraft F entlang einer Strecke Δs ausgeübt, dann wird auf ihn die Energie ΔE übertragen. Es gilt:

$\Delta E = F \cdot \Delta s$.

Die **Bewegungsenergie** oder **kinetische Energie** eines Körpers hängt nur von seiner Masse m und seiner Geschwindigkeit v ab. Es gilt:

$E_{kin} = \frac{1}{2} m \cdot v^2$.

Elektrischer Stromkreis

1 Eine Glühlampe (6 V/0,5 A) wird an einen 6-V-Akku angeschlossen, die Stromstärke beträgt 0,5 A. Die Experimentierlampe wird zehn Minuten betrieben.

a) Berechnen Sie die in dieser Zeit geflossene Ladung.

b) Ein Elektron trägt eine Ladung von $1,6 \cdot 10^{-19}$ C. Berechnen Sie die Anzahl der Elektronen, die dabei durch den Glühdraht fließen.

c) Berechnen Sie den Widerstand der Lampe im Betrieb.

d) Berechnen Sie die Leistung im Stromkreis.

e) Bestimmen Sie die Energie, die von der Glühlampe während der Betriebszeit an die Umgebung abgegeben wird.

2 Ein Widerstand trägt die Aufschrift 1 kΩ ± 10 %. Die Daten sollen durch eine Messung kontrolliert werden. Dazu stehen ein 12-V-Akku, ein Amperemeter und ein Voltmeter zur Verfügung.

a) Zeichnen Sie einen Schaltplan zur Messung des Widerstands.

b) Lea liest folgende Werte ab: 12,8 V und 13,5 mA. Berechnen Sie den Widerstand. Bewerten Sie das Ergebnis.

3 Der Widerstand eines Drahts berechnet sich aus seiner Länge ℓ, seiner Querschnittsfläche A und dem spezifischen Widerstand ρ des Materials. Es gilt:
$$R = \rho \cdot \frac{\ell}{A}$$
a) Erläutern Sie die Gleichung. Welche proportionalen und antiproportionalen Zusammenhänge liegen dieser Gleichung zugrunde?

b) Berechnen Sie den Widerstand eines Kabels aus Kupfer ($\ell = 25$ m, $A = 1,5$ mm², $\rho = 1,7 \cdot 10^{-8}$ Ω · m)

4

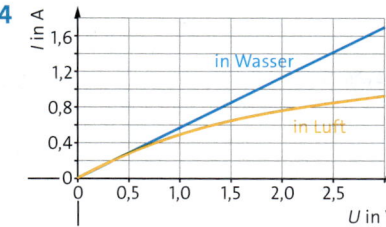

Der Widerstand von Metallen nimmt mit zunehmender Temperatur zu. In einem Experiment wurden die Strom-Spannungs-Kennlinien eines Eisendrahts in Luft und in destilliertem Wasser gemessen. In Luft kann sich der Draht erwärmen, in Wasser bleibt seine Temperatur annähernd konstant.

a) Ordnen Sie die beiden Kennlinien den beiden Experimenten zu.

b) Skizzieren Sie zugehörigen Widerstands-Spannungs-Kennlinien.

5

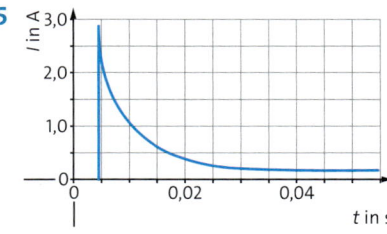

Glühdrähte von Glühlampen bestehen aus hitzebeständigem Metall. Das Diagramm zeigt den zeitabhängigen Verlauf der Stromstärke beim Einschalten einer Glühlampe.

a) Beschreiben Sie das Diagramm.

b) Erklären Sie den Verlauf.

6 Berechnen Sie die Widerstände R_1 und R_2 im abgebildeten Stromkreis auf der Seite 10.

7 Zwei Lampen 4,5 V / 0,2 A sollen in Reihe an eine Spannung von 12 V angeschlossen werden, sodass die Stromstärke 0,2 A beträgt.

a) Zeichnen Sie eine Schaltskizze.

b) Veranschaulichen Sie das Potenzial durch Einfärben.

c) Berechnen Sie den erforderlichen Widerstand.

Mechanik und Energie

8

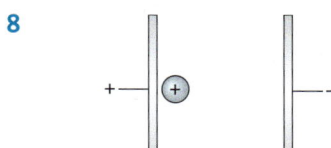

In einer idealisierten Anordnung befindet sich eine kleine geladene Kugel ($m = 1,6$ g) zwischen zwei geladenen Metallplatten. Die Kugel wird dadurch mit einer konstanten Kraft von $F_{el} = 2,4$ mN beschleunigt. Der Abstand der Platten beträgt 0,12 m.

a) Berechnen Sie die Zeit, bis die Kugel auf der rechten Platte auftrifft.

b) Bestimmen Sie die Geschwindigkeit und die kinetische Energie der Kugel beim Aufprall auf die rechte Platte.

9

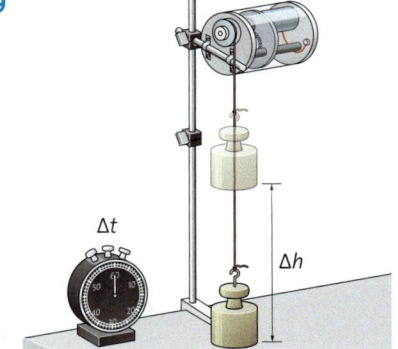

Zur Bestimmung des Wirkungsgrads eines Elektromotors lässt man den Motor eine Last anheben ($m = 2,5$ kg, $\Delta h = 1,8$ m). Die Zeitspanne zum Anheben wird zu $\Delta t = 4,7$ s gemessen. Stromstärke und Spannung während des Anhebevorgangs betragen $I = 3,4$ A und $U = 4,5$ V.

a) Berechnen Sie die vom Motor abgegebene mechanische Nutzleistung P_{nutz}.

b) Berechnen Sie die vom Motor aufgenommene elektrische Eingangsleistung P_{ein}.

c) Bestimmen Sie den Wirkungsgrad η des Motors, also das Verhältnis aus Nutzleistung und Eingangsleistung.

1 Elektrisch gela-
dene Haare

Ladung und Ladungsträger

Das kennen Sie vielleicht: Die Haare stehen nach dem Kämmen ab. Es knistert. Sie spüren, wie Ihre Haare elektrisch geladen sind. – Doch was bedeutet elektrisch geladen genau?

Elektrische Kräfte • Beim Kämmen der Haare kann man zwei Beobachtungen machen: Zum einen werden die Haare vom Kamm angezogen. Zum anderen stoßen sich die Haare auch gegenseitig ab, selbst nachdem man den Kamm schon längst weggenommen hat.

Wie Sie wissen, üben elektrisch geladene Körper Kräfte aufeinander aus. Dabei können sie positiv oder negativ geladen sein. Wenn die Körper ungleichnamig geladen sind, ziehen sie sich gegenseitig an. Sind sie gleichnamig geladen, so stoßen sie sich gegenseitig ab. Folglich müssen Haare und Kamm ungleichnamig geladen sein.

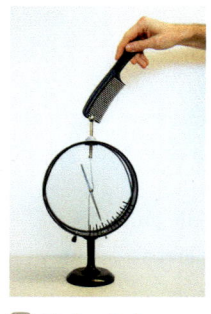

2 Nachweis der
Ladung des Kamms
mit dem Elektroskop

Nachweis der Ladung • Mit einem Elektroskop können wir die Ladung des Kamms nachweisen (▶ Abb. 2). Nach der Berührung fließt etwas Ladung vom Kamm auf das Elektroskop. Das Elektroskop lädt sich dabei auf. Da der bewegliche Zeiger und die Halterung gleichnamig geladen sind, stoßen sie sich gegenseitig ab.

Die elektrische Ladung • Für systematische Untersuchungen verwenden wir ein Hochspannungsnetzgerät, um Metallkugeln zu laden. Laden wir eine kleine Kugel am Pluspol (▶ Abb. 3 A) und berühren damit das Elektroskop, so schlägt der Zeiger nur wenig aus (▶ Abb. 3 B). Wiederholen wir den Versuch mit einer großen Kugel, dann beobachten wir einen größeren Ausschlag (▶ Abb. 3 C). Die Ladung ist nun also größer. Wir laden ein zweites Elektroskop mit einer großen negativ geladenen Kugel. Beide Elektroskope zeigen denselben Ausschlag. Verbinden wir die beiden Elektroskope, so gehen die Zeigerausschläge zurück (▶ Abb. 3 D). Die ungleichnamigen Ladungen der Elektroskope haben sich neutralisiert.

Mit einem Ladungsmessgerät können wir die Ladung Q einer Kugel messen. Sie wird in der Einheit Coulomb angegeben. Für die kleine Kugel erhalten wir 13 nC, für die große Kugel 35 nC.

Körper können elektrisch geladen sein. Die Ladung eines Körpers wird mit Q oder q bezeichnet, die Einheit ist Coulomb (C). Die Ladung kann positiv oder negativ sein.

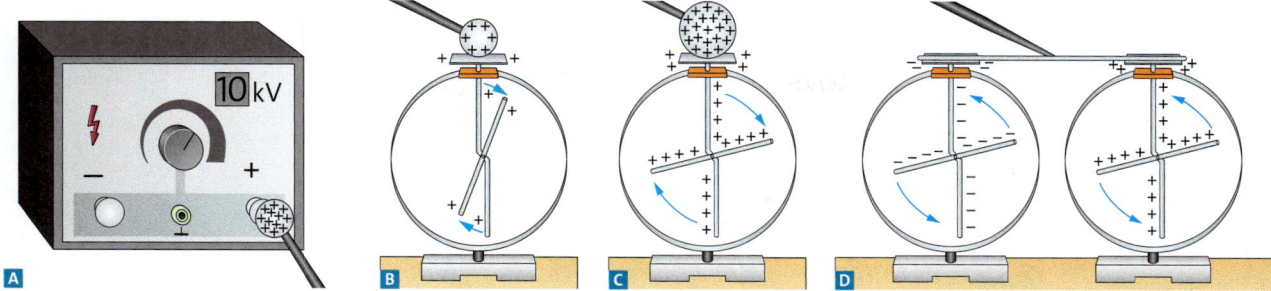

3 **A** Eine Metallkugel wird am Pluspol geladen. **B** Bei Berührung fließt ein Teil der Ladung von der Kugel auf das Elektroskop. **C** Von der größeren Kugel fließt mehr Ladung auf das Elektroskop. **D** Die ungleichnamigen Ladungen neutralisieren sich.

Ladung und Stromstärke • In einem Stromkreis fließt die Ladung, auf einer Metallkugel ruht sie. ▸Abb. 4 A zeigt einen ungewöhnlichen Stromkreis: Zwei Metallplatten sind an ein Hochspannungsnetzgerät angeschlossen. Zwischen den Platten hängt eine kleine Metallkugel an einem Faden. Die Kugel wird so ausgelenkt, dass sie die linke Platte einmal berührt. Anschließend pendelt sie von selbst hin und her. Ein im Stromkreis eingebautes empfindliches Amperemeter zeigt an, dass Ladung fließt. Durch die pendelnde Kugel wird die Ladung über die Unterbrechung transportiert.

Wenn die neutrale Kugel zum ersten Mal die linke positive Platte berührt, dann fließt Ladung von der Platte auf die Kugel. Die Kugel ist dann positiv geladen und wird von der ebenfalls positiv geladenen Platte abgestoßen (▸Abb. 4 B). Trifft sie auf die rechte negative Platte, dann fließt Ladung von der Kugel auf die rechte Platte. Dabei wird die Kugel nicht nur entladen, sondern sogar negativ geladen (▸Abb. 4 C). Mit einem Ladungsmessgerät messen wir die Ladung der Kugel zu etwa +6 nC bzw. −6 nC, je nachdem ob sie von der linken oder von der rechten Platte kommt. Jedes Mal, wenn die Kugel auf die linke Platte trifft, fließt folglich die Ladung 6 nC − (−6 nC) = 12 nC von der Platte auf die Kugel. Entsprechend fließt jedes Mal, wenn die Kugel auf die rechte Platte trifft, dieselbe Ladung von der Kugel auf die Platte.

Die Zeitspanne für eine komplette Hin- und Herbewegung, also die Periodendauer T, messen wir zu 150 ms. Wenn q der Betrag der Kugelladung ist, dann wird während der Periodendauer T die Ladung $2 \cdot q = 12$ nC von der linken zur rechten Platte übertragen. Da die Ladung stoßweise übertragen wird, ist die Stromstärke nicht konstant. Die zeitlich gemittelte Stromstärke oder kurz die mittlere Stromstärke beträgt folglich:

$$I = \frac{\Delta Q}{\Delta t} = \frac{2 \cdot q}{T} = \frac{2 \cdot 6\,\text{nC}}{0{,}15\,\text{s}} = 80\,\text{nA}.$$

Dieser Wert stimmt mit der gemessenen mittleren Stromstärke in den Leitungen überein.

> Wird in der Zeitspanne Δt die Ladung ΔQ übertragen, dann beträgt die mittlere Stromstärke
>
> $I = \frac{\Delta Q}{\Delta t}$; Einheit: $[I] = \frac{C}{s} = A$ (Ampere).

1 Erklären Sie, dass man am Zeigerausschlag eines Elektroskops nicht erkennen kann, ob das Elektroskop positiv oder negativ geladen ist.

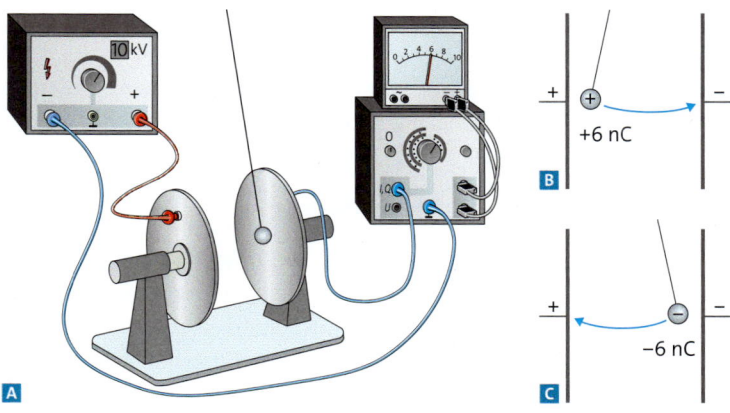

4 **A** Ladungstransport durch eine hin- und herschwingende Metallkugel, **B** Umladung an der linken Platte, **C** Umladung an der rechten Platte

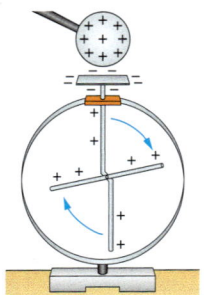

1 Zeigerausschlag durch elektrische Influenz

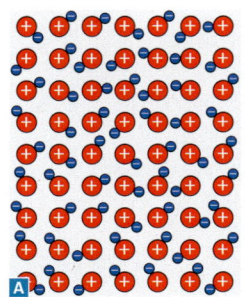

2 Influenz im Modell: **A** Atomrümpfe und gleichmäßig verteilte Elektronen eines Metalls, **B** Elektronenüberschuss oben und Elektronenmangel unten

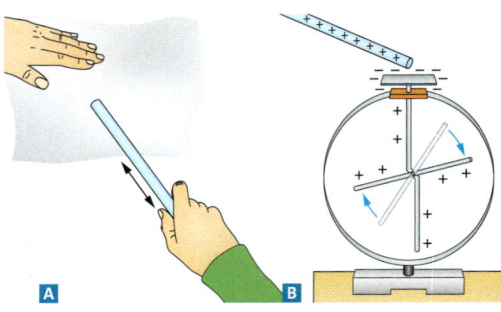

3 **A** Ein Glasstab wird an einem Baumwolltuch gerieben. **B** Nachweis der Ladung des Glasstabs mit einem schwach positiv geladenen Elektroskop

Elektrische Influenz • Hält man eine geladene Metallkugel über ein ungeladenes Elektroskop, dann schlägt der Zeiger aus (▸Abb. 1). Nimmt man die geladene Kugel weg, so geht der Zeigerausschlag wieder zurück.

Um dieses Phänomen zu erklären, benötigen wir Kenntnisse über den Aufbau von Metallen. In einem einfachen Modell bestehen Metalle aus positiv geladenen Atomrümpfen und negativ geladenen Elektronen. Dabei stellen die Elektronen bewegliche **Ladungsträger** dar, während die Atomrümpfe ortsfest sind. Bei neutralen metallischen Körpern gleichen sich die Ladung der Atomrümpfe und der frei beweglichen Elektronen aus (▸Abb. 2 A). Unter dem Einfluss elektrisch geladener Körper, wie der von oben angenäherten positiv geladenen Kugel, werden auf die Elektronen Kräfte ausgeübt. Aufgrund dieser Kräfte bewegen sich einige der Elektronen nach oben (▸Abb. 2 B). Dadurch lädt sich der Teller des Elektroskops negativ auf, Halterung und Zeiger dagegen positiv. So kommt der Zeigerausschlag zustande.

Die sogenannte **elektrische Influenz** erfordert bewegliche Ladungsträger. Sie tritt daher nur bei elektrischen Leitern auf.

> Bei der elektrischen Influenz bewegen sich Elektronen aufgrund von elektrischen Kräften innerhalb eines elektrisch leitenden Körpers. Dadurch entstehen Bereiche mit einem Überschuss und Bereiche mit einem Mangel an Elektronen.

Kontaktelektrizität • Wir reiben einen Glasstab an einem Baumwolltuch (▸Abb. 3 A). Mit einem Elektroskop, das schwach positiv geladen ist, können wir prüfen, ob und wie der Glasstab geladen ist. Hält man ihn über das Elektroskop, so verstärkt sich der Zeigerausschlag (▸Abb. 3 B). Wir erklären dies wieder mit der elektrischen Influenz. Da der Zeiger stärker ausschlägt, muss sich der Elektronenmangel von Zeiger und Halterung vergrößert haben. Elektronen haben sich also von dort zum Teller bewegt. Dies kann nur durch einen positiv geladenen Glasstab erfolgt sein. Reibt man einen Kunststoffstab an einem Baumwolltuch und hält ihn über das schwach positiv geladene Elektroskop, verringert sich der Zeigerausschlag. Der Kunststoffstab muss negativ geladen sein, sodass sich Elektronen vom Teller zur Halterung und zum Zeiger bewegen und den Elektronenmangel dort verringern.

Wie kommt es, dass durch Reiben an Baumwolle manche Materialien positiv, andere dagegen negativ geladen werden? Dies liegt daran, dass manche Materialien Elektronen eher abgeben und andere Materialien Elektronen eher aufnehmen. Dadurch treten beim Kontakt unterschiedlicher Materialien Elektronen von einem Material zum anderen über. Damit dieser Vorgang effektiv abläuft, müssen sich die Materialien bis auf Abstände in der Größenordnung von Atomen nähern. Dies wird z. B. durch Reiben erreicht.

> Bei der **Kontaktelektrizität** treten Elektronen von einem Material zum anderen über.

Elektrische Polarisation • Wenn man den positiv geladenen Glasstab über die Papierschnipsel hält, dann springen die Schnipsel zum Stab (▸Abb. 4). Obwohl die Papierschnipsel ungeladen sind, werden sie vom geladenen Stab angezogen.

Die Erklärung erfolgt im Atommodell. Papier ist wie alle Stoffe aus Atomen aufgebaut. Ein Atom besteht aus einem positiven Kern und einer Hülle aus negativen Elektronen (▸Abb. 6 A). Auf Kern und Hülle werden durch den positiv geladenen Glasstab elektrische Kräfte in entgegengesetzte Richtungen ausgeübt. In jedem Atom wird der Kern etwas vom positiv geladenen Stab weggeschoben und die Hülle etwas zum positiv geladenen Stab hingezogen (▸Abb. 6 B). Betrachtet man ein Papierschnipsel als Ganzes, dann ergibt sich eine oberflächliche negative Ladungsschicht an der dem Glasstab zugewandten Seite, während sich an der dem Glasstab abgewandten Seite eine positive Ladungsschicht ergibt (▸Abb. 6 C). Im Innern des Papierschnipsels wirkt sich die gegenseitige Verschiebung von Hülle und Kern nicht aus, es bleibt elektrisch neutral.

Der positiv geladene Glasstab übt folglich eine anziehende Kraft auf die negativ geladene Seite des Papiers und eine abstoßende Kraft auf die positiv geladene Seite aus. Diese Kräfte sind unterschiedlich groß, da die negativ geladene Seite näher am Glasstab ist als die positiv geladene Seite. Dadurch ergibt sich insgesamt eine anziehende Kraft auf das Papierschnipsel.

> Bei der **elektrischen Polarisation** werden Kern und Hülle der Atome unter dem Einfluss elektrischer Kräfte gegeneinander verschoben. Dadurch bilden sich oberflächliche Ladungsschichten aus.

Bei Wasser ist die Polarisation besonders ausgeprägt (▸Abb. 5). Dies liegt daran, dass die Wassermoleküle schon eine positive und negative Seite haben. Die Moleküle werden durch die elektrischen Kräfte zuerst gedreht und, da die Kräfte auf die positiv und negativ geladene Seite unterschiedlich groß sind, vom Luftballon angezogen.

4 Anziehung von Papierschnipseln

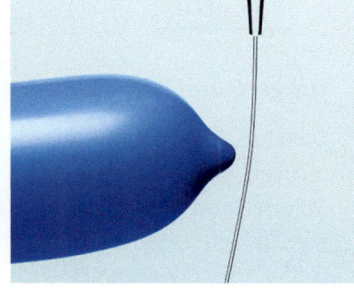

5 Ablenkung eines Wasserstrahls

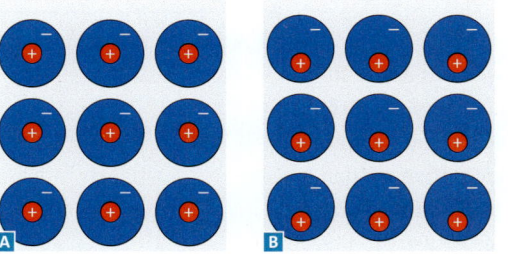

6 Polarisation im Atommodell: **A** Atome mit Kern und Hülle, **B** Atome unter dem Einfluss elektrischer Kräfte, **C** Bildung negativer und positiver Ladungsschichten

Zur Bedeutung der Modelle • Zur Erklärung elektrischer Phänomene werden Modelle herangezogen. Viele Beobachtungen, z. B. der Versuch mit dem Ladungstransport durch das schwingende Pendel auf der vorangegangenen Seite, können mit geladenen Körpern und den von ihnen und auf sie ausgeübten Kräften, der Ladung, der Stromstärke und anderen physikalischen Größen erklärt werden. Annahmen über den atomaren Aufbau sind dazu kaum erforderlich. Um aber die Influenz oder die Polarisation zu erklären, müssen Modellvorstellungen zum Aufbau von Stoffen herangezogen werden.

1 Entfernt man in ▸Abb. 1 die geladene Kugel, verschwindet der Zeigerausschlag wieder. Erklären Sie.
2 Beschreiben Sie Gemeinsamkeiten und Unterschiede zwischen Influenz und Polarisation.
3 Elektrische Polarisation tritt auch in Metallen auf, kann aber in der Regel vernachlässigt werden. Erklären Sie.
4 Ein Elektroskop ist schwach negativ geladen. Ein positiv geladener Glasstab bzw. ein negativ geladener Kunststoffstab wird über das Elektroskop gehalten. Erklären Sie mit Skizzen, wie sich der Ausschlag ändert.

METHODE

Umgang mit physikalischen Größen

Darstellung von Größen · Mit physikalischen Größen kann man Objekte und Vorgänge quantitativ beschreiben. Dazu hat man für jede Größe eine **Maßeinheit** oder kurz Einheit festgelegt. Nur mit Zahlenwert und **Einheit** ist eine Größe bestimmt.

Oft sind die Zahlenwerte unanschaulich groß oder klein. Um solche Größen darzustellen, verwendet man Zehnerpotenzen oder **Präfixe** vor den Einheiten. In der **Normdarstellung** schreibt man den Zahlenwert in der Form $a \cdot 10^b$, wobei der Vorfaktor a zwischen 1 und unter 10 liegt. ▸Tab.1 zeigt dies anhand von Beispielen.

Signifikante Ziffern · Gemessene Größen sind nicht exakt bestimmt. Die Anzahl der sogenannten **signifikanten Ziffern** ist ein Maß für die Genauigkeit von Größen. In der Normdarstellung $a \cdot 10^b$ ist die Anzahl der signifikanten Ziffern gleich der Anzahl an bekannten Ziffern des Faktors a (▸Tab.1). Bei einer Angabe wie $R = 1000\,\Omega$ ist die Anzahl der signifikanten Ziffern nicht eindeutig. Es ist daher besser, eine eindeutige Präfixdarstellung wie $R = 1\,\text{k}\Omega$ oder die Normdarstellung $R = 1 \cdot 10^3\,\Omega$ zu verwenden.

Rechnen mit Größen · Aus bekannten Größen können unbekannte Größen berechnet werden. ▸Abb.2 zeigt die Vorgehensweise am Beispiel des Ladungstransports durch die hin- und herschwingende Metallkugel. Dabei wird aus der Stromstärke und der Periodendauer die Ladung der Kugel berechnet.

Angabe mit Präfix	Angabe ohne Präfix	Angabe in Normdarstellung	Anzahl signifikanter Ziffern
$U = 2{,}5\,\text{MV}$	$U = 2\,500\,000\,\text{V}$	$U = 2{,}5 \cdot 10^6\,\text{V}$	2
$I = 0{,}165\,\text{mA}$	$I = 0{,}000\,165\,\text{A}$	$I = 1{,}65 \cdot 10^{-4}\,\text{V}$	3
$R = 1\,\text{k}\Omega$	$R = 1\,000\,\Omega$	$R = 1 \cdot 10^3\,\Omega$	1
$q = 52\,\text{nC}$	$q = 0{,}000\,000\,052\,\text{C}$	$q = 5{,}2 \cdot 10^{-8}\,\text{C}$	2

1 Angabe von Größen mit großen und kleinen Zahlenwerten

① Geg.: $I = 14{,}3\,\text{nA} = 14{,}3 \cdot 10^{-9}\,\text{A}$
  $T = 0{,}12\,\text{s}$

② Ges.: q

③,④ $I = \dfrac{2 \cdot q}{T} \qquad | \cdot T$

④ $I \cdot T = 2 \cdot q \qquad | :2$

  $q = \dfrac{I \cdot T}{2}$

⑤ $= \dfrac{14{,}3 \cdot 10^{-9}\,\text{A} \cdot 0{,}12\,\text{s}}{2}$

⑥ $= 8{,}6 \cdot 10^{-10}\,\text{A} \cdot \text{s}$

⑦ $= 8{,}6 \cdot 10^{-10}\,\dfrac{\text{C}}{\text{s}} \cdot \text{s}$

⑧ $= 0{,}86\,\text{nC}$

① Notieren Sie die gegebenen Größen möglichst in den Grundeinheiten und mit Zehnerpotenzen.

② Notieren Sie die gesuchte Größe.

③ Notieren Sie die erforderliche Gleichung.

④ Formen Sie die Gleichung nach der gesuchten Größe um.

⑤ Setzen Sie die gegebenen Größen mit Zahlenwerten und Einheiten ein.

⑥ Berechnen Sie den Zahlenwert und runden Sie nach der Ziffernregel.

⑦ Rechnen Sie die Einheiten in die Einheit der gesuchten Größe um.

⑧ Geben Sie das Ergebnis möglichst in der Präfixdarstellung an.

2 Musterbeispiel zur Lösung von Aufgaben

Ziffernregel · Sowohl die Stromstärke als auch die Periodendauer sind als gemessene Größen nicht genau bekannt. Daher kann auch die daraus berechnete Ladung nicht exakt angegeben werden. Folglich muss ihr Zahlenwert gerundet werden. Die **Ziffernregel** besagt, dass die berechnete Größe auf die gleiche Anzahl signifikanter Ziffern gerundet wird wie die gegebene Größe mit der kleinsten Anzahl an signifikanten Ziffern. Im Beispiel aus ▸Abb.2 hat die Stromstärke drei und die Periodendauer zwei signifikante Ziffern.

Also wird die Ladung auf zwei Ziffern gerundet.

Einheitenkontrolle · Eine Kontrolle der Einheiten kann auf einen Fehler in der Berechnung hinweisen. Dazu rechnet man mit den Einheiten wie mit den entsprechenden Größen. Da $I = \dfrac{Q}{t}$ ist, gilt für die Einheiten $\text{A} = \dfrac{\text{C}}{\text{s}}$.

1 In einem Stromkreis beträgt $U = 6{,}00\,\text{kV}$ und $I = 87\,\text{mA}$. Berechnen Sie den Widerstand und die Leistung.

Material A • Influenz und Polarisation

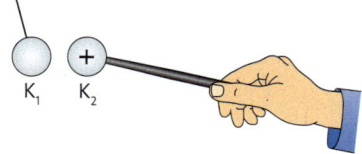

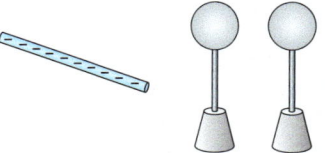

A1 An einem langen Faden hängt eine metallbeschichtete Kugel K_1. Wenn man eine zweite, positiv geladene Kugel K_2 der Kugel K_1 nähert, wird diese angezogen. Erklären Sie diese Beobachtung. Skizzieren Sie die Ladungsverteilung in der Kugel K_1.

A2 Ein Luftballon wird an einem Wollpullover gerieben. Drückt man den Luftballon anschließend gegen eine Wand, so bleibt er an der Wand „kleben". Erklären Sie dieses Phänomen.

A3 Wie kann man mit einem negativ geladenen Kunststoffstab die Metallkugeln so aufladen, dass eine Kugel positiv und die andere negativ ist? Erklären Sie mithilfe einer Skizze.

Material B • Faradayscher Becher

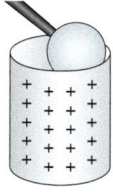
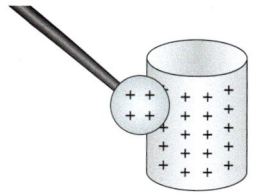

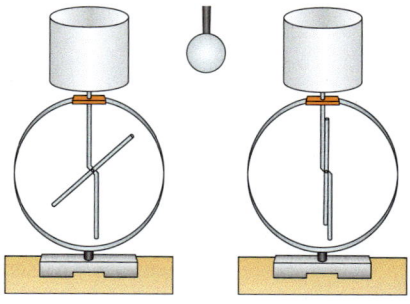

Michael Faraday machte um 1830 eine interessante Entdeckung: Berührt man mit einer ungeladenen Kugel das Innere eines elektrisch geladenen Metallbechers, dann bleibt die Kugel ungeladen. Berührt man jedoch das Äußere des Bechers, dann wird die Kugel geladen. Faraday folgerte daraus, dass bei metallischen Körpern die gesamte Ladung außen verteilt und das Innere von Metallkörpern ungeladen ist.

B1 Von zwei Elektroskopen mit Metallbechern ist das linke geladen und das rechte ungeladen. Erklären Sie, wie man mit einer kleinen Metallkugel die Ladung vom linken zum rechten Elektroskop transportieren kann.

B2 Ohne die beiden Metallbecher gelingt die Übertragung der Ladung nur teilweise. Erklären Sie.

Material C • Elektrische Ladung und Elektronen

Die Ladung kleiner geladener Metallkugeln liegt in der Größenordnung von Nanocoulomb. Um sich darunter etwas vorstellen zu können, bestimmen Sie die Zahl der zusätzlichen oder fehlenden Elektronen und setzen diese ins Verhältnis zur Zahl der insgesamt auf der Oberfläche einer neutralen Kugel vorhandenen beweglichen Elektronen.

C1 Eine metallische Kugel hat einen Durchmesser von 1,0 cm und eine Ladung von −1,0 nC. Ein Elektron trägt die Ladung $-e$, mit der Elementarladung $e = 1,60 \cdot 10^{-19}$ C. Berechnen Sie die Zahl N_{zus} der zusätzlichen Elektronen.

C2 Die Kugel aus C1 ist nun ungeladen. Im Modell besteht die Metallkugel aus beweglichen negativen Elektronen und ortsfesten positiven Atomrümpfen. Bei einer neutralen Kugel ist die Zahl der beweglichen Elektronen gleich der Zahl der Metallatome.

Ein Atom benötigt auf der Kugeloberfläche eine Fläche von etwa $5 \cdot 10^{-20}$ m². Die Oberfläche einer Kugel berechnet sich mit $A = 4 \cdot \pi \cdot r^2$, mit dem Kugelradius r. Bestimmen Sie die Zahl N_{bew} der beweglichen Elektronen.

C3 Berechnen Sie für die mit −1,0 nC geladene Kugel das Verhältnis der Zahl der zusätzlichen Elektronen zur Zahl der beweglichen Elektronen der neutralen Kugel.

1 Naturschauspiel
Blitz

Elektrisches Feld und Feldstärke

Man sagt, dass Blitze meistens in den höchsten Punkt einschlagen. Stimmt das? Und wenn ja, weshalb?

2 Stark vereinfachtes Schema der Ladungsverteilung bei einer Gewitterwolke

Gewitterentstehung • In einer Gewitterwolke werden bei Zusammenstößen von Eiskristallen mit Hagelkörnern durch Kontaktelektrizität Ladungen getrennt. Während die leichten positiv geladenen Eiskristalle durch Aufwinde aufwärts steigen, fallen die schweren negativ geladenen Hagelkörner nach unten. Dadurch laden sich die Oberseite der Wolke positiv und die Unterseite negativ auf (▶Abb. 2). Aufgrund von Influenz lädt sich nun die Erdoberfläche positiv auf. Da der Berggipfel mit dem Sendemast weit hinaufragt, befindet sich dort besonders viel positive Ladung.

Man könnte meinen, dass es am kürzesten Abstand liegt, dass der Blitz in den Mast einschlägt. Dies reicht aber als Begründung nicht aus. Die genaue Erklärung ist komplex. Jedoch ist es so, dass die Ladungen von Berg und Wolke ein **elektrisches Feld** erzeugen. Da die Ladung auf dem Berggipfel sehr konzentriert ist, ist das Feld dort besonders stark. Die große Stärke des elektrischen Felds in der Nähe des Sendemasts bewirkt eine

Ionisation der Luft. Dadurch entsteht Stück für Stück ein leitfähiger Kanal, durch den die Entladung stattfindet. Der Kanal verästelt sich immer mehr, bis die Wolkenunterseite erreicht ist. Ein solcher sogenannter Aufwärtsblitz geht tatsächlich meistens von exponierten Punkten aus. Bei den häufigeren Abwärtsblitzen kann man nicht vorhersagen, wo sie einschlagen werden.

Elektrisches Feld • Von einem Magneten wissen Sie, dass dieser ein Magnetfeld erzeugt. Das Magnetfeld wiederum wirkt auf andere Magnete. Analog dazu erzeugt jeder elektrisch geladene Körper ein elektrisches Feld. Dieses Feld wirkt dann auf andere elektrisch geladene Körper. In dieser Vorstellung sind es nicht die geladenen Körper selbst, die die Kräfte aufeinander ausüben. Stattdessen erzeugt ein geladener Körper ein elektrisches Feld, das dann auf den zweiten Körper eine Kraft ausübt. Das elektrische Feld ist also der Vermittler der Kraft zwischen den geladenen Körpern.

Mit dem elektrischen Feld können Kräfte zwischen geladenen Körpern beschrieben werden.

Probekörper · Mit einer Watteflocke untersuchen wir das von zwei geladenen Kugeln erzeugte elektrische Feld (▸Abb. 3). Durch Berühren an der linken Kugel wird die Watteflocke positiv geladen. Wir beobachten, wie sich die Flocke auf einer gekrümmten Bahn zur rechten Kugel bewegt. Dort wird sie umgeladen und bewegt sich zur linken Kugel. Wir betrachten die Watteflocke als Test- oder Probekörper mit der kleinen **Probeladung q.** Die gekrümmten Bahnen sind ein Hinweis darauf, dass sich die Richtung der Kraft $\vec{F}_{el}$ auf die Watteflocke beim Flug ständig ändert.

Feldlinien · Die Ortsabhängigkeit der Kraftrichtung kann man mit gedachten Linien, sogenannten **Feldlinien**, veranschaulichen (▸Abb. 3). Dabei gibt die an eine Feldlinie gelegte Tangente die Kraftrichtung im Berührungspunkt an. Die Richtung einer Feldlinie ist so festgelegt, dass die Feldlinie in Richtung der Kraft auf einen positiv geladenen Probekörper zeigt. Folglich beginnen die Feldlinien an der positiven und enden an der negativen Kugel. Feldlinien können sich nicht schneiden oder verzweigen, da ansonsten die Kraft auf den Probekörper nicht eindeutig wäre.

Feldstrukturen im Experiment · Die Felder von geladenen Körpern haben eine dreidimensionale Struktur. Im zweidimensionalen Modellversuch stellen wir die Körper durch Metallplättchen dar (▸Abb. 4). Mit Grießkörnern in Öl untersuchen wir die Felder zwischen den geladenen Plättchen. Die Grießkörner werden aufgrund des elektrischen Felds polarisiert und richten sich entlang von Feldlinien aus. Mit ihren positiv und negativ geladenen Enden ziehen sich benachbarte Grießkörner gegenseitig an und bilden Ketten.

Die Grießkörnerketten geben den Feldlinienverlauf nur ungefähr wieder. Dennoch legt ▸Abb. 4 nahe, dass die Feldlinien stets orthogonal zur metallischen Oberfläche stehen. Berücksichtigt man noch, dass sich Feldlinien niemals schneiden oder verzweigen, so erhält man aus den Grießkörnerketten das zugehörige idealisierte Feldlinienbild. Dabei zeichnet man von den theoretisch unendlich vielen Feldlinien eine geeignete Auswahl. In der Idealisierung verlaufen die Feldlinien zwi-

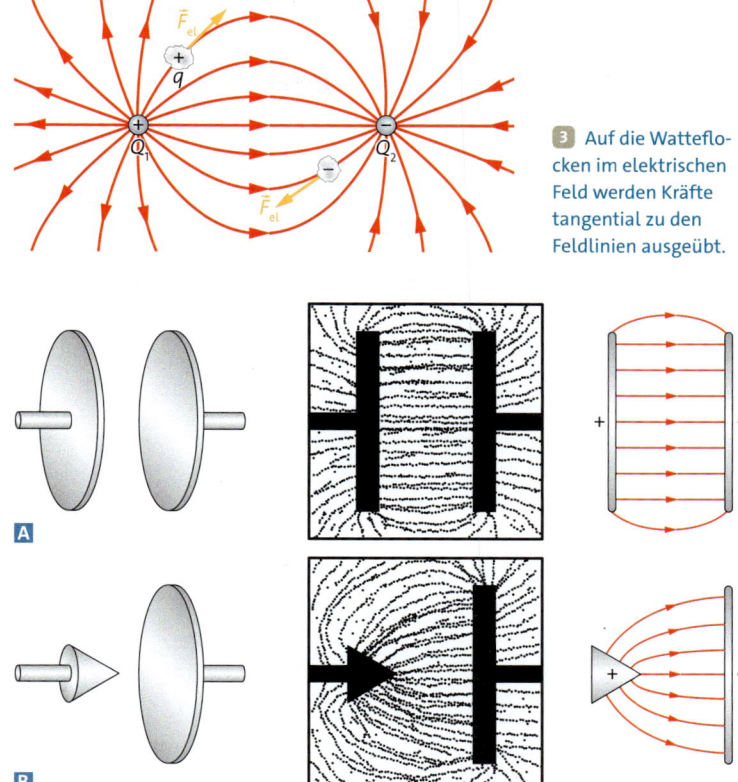

3 Auf die Watteflocken im elektrischen Feld werden Kräfte tangential zu den Feldlinien ausgeübt.

A

B

4 Modellversuch zum Feldlinienverlauf jeweils mit räumlicher Darstellung der geladenen Körper, Ketten aus Grießkörnern im Feld und idealisiertem Feldlinienbild: **A** Zwischen den parallelen Platten bildet sich ein homogenes Feld aus. **B** Zwischen Spitze und Platte bildet sich ein inhomogenes Feld aus.

schen den Platten von ▸Abb. 4 A parallel. Dagegen laufen in ▸Abb. 4 B die an der Spitze beginnenden Feldlinien auseinander. Anschaulich ist klar, dass die Stärke des Felds dabei abnimmt. Sind die Feldlinien wie in ▸Abb. 4 A parallel, dann weist dies darauf hin, dass die Stärke des Felds überall gleich ist. Ein solches Feld heißt **homogen**.

> Die Struktur eines elektrischen Felds kann mit Feldlinien dargestellt werden. Feldlinien sind gedachte Linien, die die Kraftrichtungen auf einen positiv geladenen Probekörper angeben.

1 **a)** Skizzieren Sie das Feldlinienbild zwischen Sendemast und Wolkenunterseite.
b) Die Blitze von ▸Abb. 1 geben den Feldlinienverlauf nicht korrekt wieder. Erklären Sie.

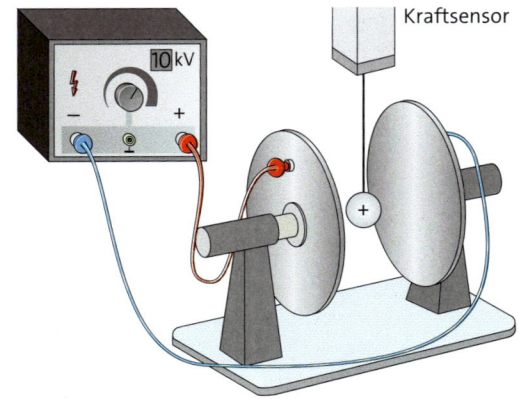

1 Messung der Kraft auf eine geladene Kugel im elektrischen Feld

Kraftsensor

	stärkeres Feld		
q in nC	18	9,0	4,5
F_{el} in mN	2,82	1,44	0,70
$\frac{F_{el}}{q}$ in $\frac{kN}{C}$	157	160	156

A

	schwächeres Feld		
q in nC	18	9,0	4,5
F_{el} in mN	1,46	0,70	0,36
$\frac{F_{el}}{q}$ in $\frac{kN}{C}$	81	78	80

B

2 Kraft in Abhängigkeit von der Probeladung

Eine Anordnung aus zwei parallelen Platten bezeichnet man als **Plattenkondensator.**

Stärke des elektrischen Felds • Um elektrische Felder miteinander vergleichen zu können, benötigt man eine Festlegung der Stärke eines elektrischen Felds. Wir betrachten dazu das homogene Feld zwischen zwei ungleichnamig geladenen parallelen Platten (▸Abb. 1). In dieses Feld bringen wir eine kleine geladene Kugel als Probekörper. Mit einem hochempfindlichen Kraftmesser messen wir den Betrag der Kraft $\vec{F}_{el}$ auf die Kugel. Anschaulich ist klar, dass die Kraft von der Ladung q des Probekörpers abhängt. Wir vermuten, dass die Kraft F_{el} proportional zur sogenannten Probeladung q ist.

Wir laden die Kugel mit $q = 18$ nC und messen die Kraft (▸Tab. 2 A). Zur Prüfung der vermuteten Proportionalität berühren wir die Kugel mit einer ungeladenen gleich großen Kugel. Dabei fließt die Hälfte der Ladung von der geladenen auf die ungeladene Kugel. Die Probeladung halbiert sich dadurch. Wenn unsere Vermutung stimmt, sollte sich damit auch die Kraft halbieren. Die Messung bestätigt dies. Auch bei der weiteren Halbierung der Probeladung halbiert sich die Kraft. Die Vermutung $F_{el} \sim q$ wird dadurch bestätigt. Wir wiederholen den Versuch mit schwächer geladenen Kondensatorplatten. Wir erwarten, dass das elektrische Feld nun schwächer ist. Die Kugel laden

wir wieder mit derselben Probeladung $q = 18$ nC wie im ersten Versuch. Nun messen wir kleinere Beträge für die Kraft, für die aber wieder $F_{el} \sim q$ gilt (▸Tab. 2 B).

Die Kraft F_{el} ist kein gutes Maß für die Stärke des elektrischen Felds, denn sie hängt von der willkürlichen Wahl der Probeladung q ab. Bildet man aber den Quotienten aus F_{el} und q, dann erhält man eine von der Probeladung unabhängige Größe. Der zweite Versuch zeigt zudem, dass der Quotient bei einem schwächeren Feld kleiner ist. Es ist daher sinnvoll, die Stärke eines elektrischen Felds mit dem Quotienten $\frac{F_{el}}{q}$ zu beschreiben.

Elektrische Feldstärke • Die **elektrische Feldstärke** $\vec{\mathcal{E}}$ als physikalische Größe ordnet jedem Punkt eines elektrischen Felds einen Betrag und eine Richtung zu. Die Richtung von $\vec{\mathcal{E}}$ ist gleich der Kraftrichtung auf einen positiv geladenen Probekörper und damit auch gleich der Feldlinienrichtung. Der Betrag $\mathcal{E}$ der elektrischen Feldstärke ist gleich dem Quotienten aus dem Kraftbetrag F_{el} und der Probeladung q. Die folgende Gleichung fast beides zusammen:

> Die elektrische Feldstärke $\vec{\mathcal{E}}$ ist festgelegt als Quotient aus der Kraft $\vec{F}_{el}$ auf einen Probekörper und der Ladung q des Probekörpers.
>
> $$\vec{\mathcal{E}} = \frac{\vec{F}_{el}}{q}; \quad \text{Einheit:} [\mathcal{E}] = \frac{N}{C}.$$

Man stellt fest, dass bei nicht zu großem Plattenabstand die Feldstärke im Kondensator überall dieselbe Richtung und denselben Betrag hat. Dies bestätigt unsere aus den Feldlinienbildern gewonnene Vermutung, dass das Feld eines solchen Plattenkondensators homogen ist.

> Bei einem Plattenkondensator mit nicht zu großem Plattenabstand ist das elektrische Feld homogen. Die Feldlinien verlaufen parallel zueinander und die Feldstärke hat überall denselben Betrag.

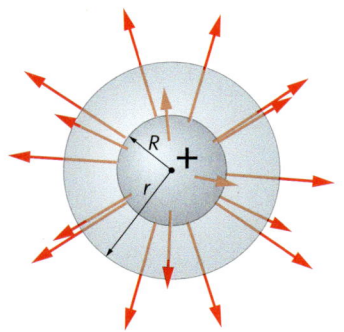

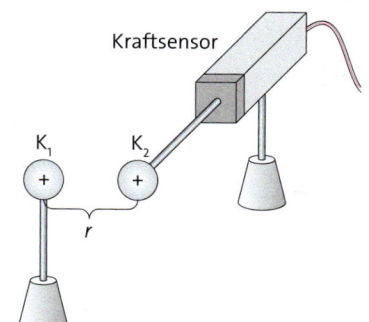

Kraftsensor

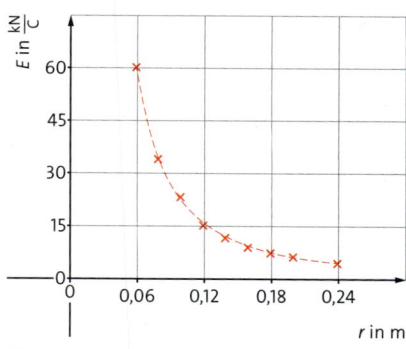

3 Feld einer positiv geladenen Kugel: Die Dichte der gezeichneten Feldlinien verhält sich umgekehrt proportional zum Flächeninhalt der durchstoßenen Kugelschalen.

4 Messung der Kraft auf die Kugel K_2 im Feld der Kugel K_1

5 Elektrische Feldstärke der Kugel K_1 als Funktion des Abstands r zum Mittelpunkt von K_1

Kraft im elektrischen Feld • Bei bekannter Feldstärke $\vec{\mathcal{E}}$ kann man die **elektrische Kraft** $\vec{F}_{el}$ auf einen Körper mit der Ladung q berechnen:

$$\vec{F}_{el} = q \cdot \vec{\mathcal{E}}.$$

Für positiv geladene Körper zeigt die Kraft $\vec{F}_{el}$ in Richtung von $\vec{\mathcal{E}}$, für negativ geladene Körper zeigt sie entgegengesetzt zur Richtung von $\vec{\mathcal{E}}$.

Feld einer geladenen Kugel • Bringt man einen positiv geladenen Probekörper in das Feld einer gleichmäßig positiv geladenen Kugel, dann wird dieser von der Kugel abgestoßen. Die Kraft zeigt vom Kugelmittelpunkt weg. Folglich verlaufen alle Feldlinien von der Kugeloberfläche nach außen (▸Abb.3). Die Verlängerungen der Feldlinien nach innen treffen sich im Kugelmittelpunkt. Man sagt, das Feld ist **radial**.

Da die Dichte der gezeichneten Feldlinien nach außen abnimmt, sollte auch die elektrische Feldstärke mit zunehmenden Abstand r vom Kugelmittelpunkt abnehmen. In der räumlichen Darstellung von ▸Abb.3 erkennt man, dass die Feldlinien mit zunehmendem Abstand r immer größere Kugelschalen durchstoßen. Da der Flächeninhalt der Kugelschalen proportional zu r^2 ist, nimmt die Dichte der Feldlinien mit $\frac{1}{r^2}$ ab. Wir stellen uns vor, dass die Dichte der gezeichneten Feldlinien ein Maß für die Feldstärke darstellt. Dann nimmt die Feldstärke auf die gleiche Weise ab, also

$$\mathcal{E}(r) \sim \frac{1}{r^2}.$$

Um die Vermutung zu überprüfen, bringen wir in das Feld einer geladenen Kugel K_1 eine weitere geladene Kugel K_2 als Probekörper (▸Abb.4). Mit einem Sensor messen wir die Kraft auf die Kugel K_2 in Abhängigkeit vom Abstand r der Kugelmittelpunkte und berechnen bei bekannter Probeladung die elektrische Feldstärke. Entsprechend unserer Vermutung sinkt die Feldstärke bei Verdopplung des Abstands auf ein Viertel, bei Verdreifachung auf ein Neuntel usw. (▸Abb.5).

> Das elektrische Feld einer gleichmäßig geladenen Kugel ist radial. Die geradlinigen Feldlinien stehen orthogonal zur Kugeloberfläche und die Feldstärke nimmt mit $\frac{1}{r^2}$ nach außen ab.

Lässt man den Radius der geladenen Kugel in Gedanken immer kleiner werden, dann erhält man das Modell einer **Punktladung**. Das Feld einer solchen Punktladung ist radial und die Feldstärke nimmt ebenfalls mit $\frac{1}{r^2}$ ab.

1 Eine Watteflocke hat eine Masse von 2,3 mg und ist mit 0,11 nC geladen. Berechnen Sie die Kraft im elektrischen Feld der Stärke 15 $\frac{kN}{C}$. Vergleichen Sie mit der Gewichtskraft.

2 Ein Öltröpfchen ($m = 6,2 \cdot 10^{-15}$ kg, $q = -7,8 \cdot 10^{-19}$ C) schwebt im elektrischen Feld eines Plattenkondensators. Bestimmen Sie Betrag und Richtung der elektrischen Feldstärke. Erstellen Sie eine Skizze.

Material A • Untersuchung von elektrischen Feldern

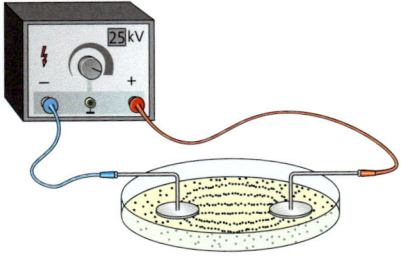
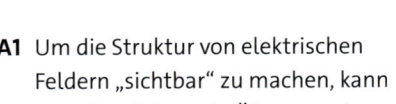
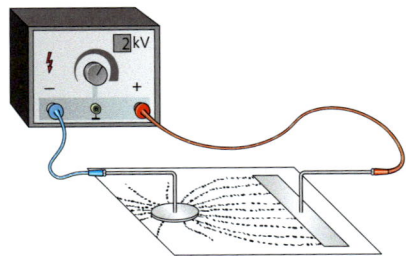

A1 Um die Struktur von elektrischen Feldern „sichtbar" zu machen, kann man Grießkörner in Öl verwenden.
a) Beschreiben Sie die Wirkung des Felds auf die Grießkörner
b) Erklären Sie, warum die Grießkörner Ketten bilden.
c) Erstellen Sie eine schematische Skizze einer Grießkornkette im Feld zweier ungleichnamig geladener kreisförmiger Metallplättchen.

A2 Statt Grießkörner in Öl eignen sich auch Kunststoffspäne auf Papier. Die Späne richten sich ebenfalls entlang von Feldlinien aus.
a) Beschreiben Sie die Kräftesituation für einen Kunststoffspan, der sich im homogenen Feld ausgerichtet hat. Erklären Sie, dass die resultierende Kraft gleich null ist.
b) Erläutern Sie die Kräftesituation für einen Kunststoffspan im inhomogenen Feld. Was folgt daraus?

A3 Mit einem drehbar befestigten Stück eines Trinkhalms kann man elektrische Felder untersuchen.
a) Beschreiben Sie die Wirkung des elektrischen Felds auf die Ladungsverteilung im Trinkhalm.
b) Begründen Sie, dass im elektrischen Feld Kräfte auf die Enden des Trinkhalms ausgeübt werden.
c) Erklären Sie mithilfe einer Skizze, dass sich der Trinkhalm entlang einer Feldlinie ausrichtet.

Material B • Eigenschaften von Feldlinien

Ein elektrisches Feld kann modellhaft durch sein Feldlinienbild veranschaulicht werden. Beim Zeichnen sind folgende Eigenschaften hilfreich.

1) Feldlinien zeigen von einem positiv geladenen Körper weg beziehungsweise auf einen negativ geladenen Körper hin.

2) Feldlinien schneiden einander nicht.

3) Im Inneren von elektrischen Leitern (geladen oder ungeladen) existiert kein elektrisches Feld.

4) Elektrische Feldlinien stehen auf geladenen Leitern orthogonal zur Leiteroberfläche.

B1 Die Richtung der Kraft auf einen positiv geladenen Probekörper bestimmt die Richtung der Feldlinie am Ort des Probekörpers. Begründen Sie damit und mithilfe von Skizzen die Eigenschaft 1).

B2 Die resultierende Kraft auf einen Probekörper ist in jedem Punkt des Felds eindeutig bestimmt. Begründen Sie damit die Eigenschaft 2).

B3 Betrachten Sie eine positiv geladene Metallkugel. Nehmen Sie an, die gesamte Ladung wäre in einem kleinen Bereich um den Kugelmittelpunkt konzentriert. Skizzieren Sie für diesen hypothetischen Fall das elektrische Feld. Erklären Sie, wie sich das Feld auf die Verteilung der frei beweglichen Ladungsträger in der Metallkugel auswirken würde. Begründen Sie damit für diesen Fall die Eigenschaft 3).

B4 Betrachten Sie eine negativ geladene Leiteroberfläche. Nehmen Sie an, die Feldlinien würden schräg zur Leiteroberfläche stehen. Erklären Sie, wie sich das Feld auf die Verteilung der frei beweglichen Ladungsträger auswirken würde. Begründen Sie damit die Eigenschaft 4).

B5 Feldlinienbilder sind modellhaft zu verstehen. Erörtern Sie dies anhand folgender Aussagen und Fragen.
a) Marc: Man sagt, die Dichte der Feldlinien gibt an, wie stark das Feld ist. Aber durch jeden Punkt eines Felds verläuft eine Feldlinie. Wie kann es dann überhaupt eine Feldliniendichte geben?
b) Emma: Feldlinien beginnen an positiv und enden an negativ geladenen Körpern. Wie ist das bei zwei positiv geladenen Kugeln?

Material C • Feldlinienbilder

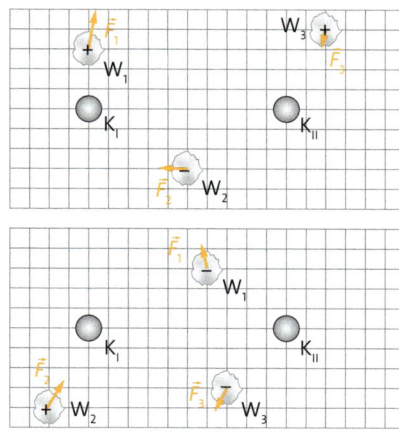

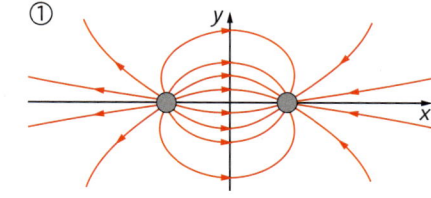

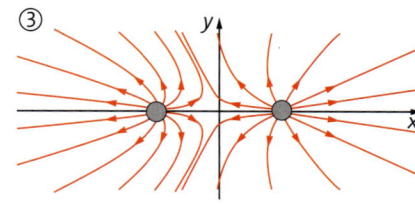

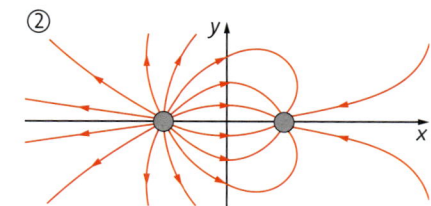

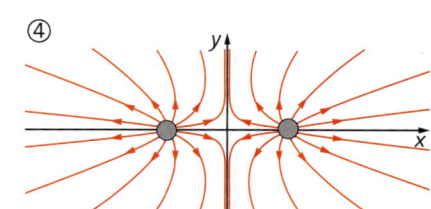

C1 Auf die geladenen Watteflocken W_1 bis W_3 im Feld der geladenen Kugeln K_I und K_{II} werden Kräfte ausgeübt. Übertragen Sie die Skizzen in Ihr Heft. Ergänzen Sie die Ladungsvorzeichen der Kugeln. Skizzieren Sie die zugehörigen Feldlinienbilder

C2 In den berechneten Feldlinienbildern ① bis ④ ist die linke Kugel mit $Q_1 = +\,1{,}0\,nC$ geladen. Die Ladung Q_2 der rechten Kugel hat den Betrag $0{,}5\,nC$, $1{,}0\,nC$ oder $2{,}0\,nC$.
a) Erklären Sie mithilfe eines gedachten geladenen Probekörpers, wie die zweite Kugel geladen ist.

b) Begründen Sie mit dem Probekörper, dass für jeden Punkt auf der x-Achse der Feldstärkevektor parallel oder antiparallel zur x-Achse ist.
c) Im Punkt $(0|0)$ beträgt die Feldstärke $-3{,}6\,\frac{kN}{C}$, $0\,\frac{kN}{C}$, $5{,}4\,\frac{kN}{C}$ oder $7{,}2\,\frac{kN}{C}$. Ordnen Sie die vier Werte den Feldlinienbildern zu.

Material D • Bestimmung der elektrischen Feldstärke

q in nC	4,5	8,2	12,3	18,6
F_{el} in mN	0,7	1,5	2,1	3,3

−3,9	−6,8	−9,5	−11,2	−15,6
−0,8	−1,3	−1,6	−1,8	−3,0

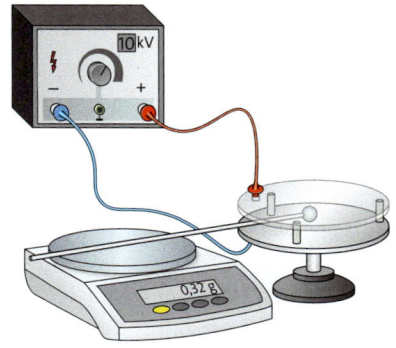

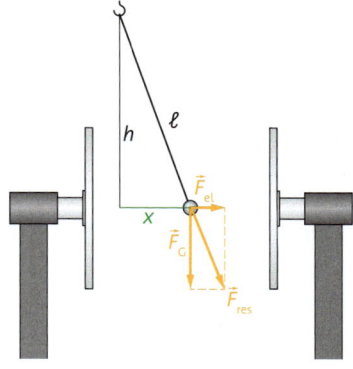

D1 In einem Experiment wurde die Kraft auf eine geladene Kugel im elektrischen Feld gemessen. Bestimmen Sie aus den Messwerten der Tabelle den Betrag der Feldstärke möglichst genau:
a) aus der Steigung der Ausgleichsgeraden im F_{el}-q-Diagramm.
b) als Mittelwert der Quotienten aus Kraft und Probeladung.
c) mittels linearer Regression.
d) Bewerten Sie die drei Methoden der Auswertung.

D2 Auf einer Waage liegt ein dünner Stab mit einer kleinen geladenen Kugel mit $q = 12\,nC$. Die Waage wird auf null gestellt. Anschließend wird der Kondensator so verschoben, dass die Kugel im Feld ist. Die Waage zeigt 0,32 g an. Ermitteln Sie die Feldstärke.

D3 Eine Kugel ($m = 0{,}45\,g$, $q = 3{,}0\,nC$) hängt an einem 1,2 m langen Faden. Die Kugel wird in das Feld eines Kondensators gebracht. Man misst eine Auslenkung von $x = 5{,}2\,cm$.
a) Zeigen Sie, dass für kleine Auslenkungen $\frac{F_{el}}{F_G} \cong \frac{x}{l}$ gilt.
b) Ermitteln Sie die Feldstärke.

GRUNDBEGRIFFE DES ELEKTRISCHEN FELDS

Überlagerung von Feldern

1 **A** Felder zweier Punktladungen mit Feldstärkevektoren im Punkt P, **B** resultierendes Feld der beiden Punktladungen

2 **A** Feldstärkevektoren der Punktladungen Q_1 und Q_2 im Punkt P, **B** resultierendes Feld einer gleichmäßig geladenen Platte

3 **A** Feldstärkevektoren zweier geladener Platten, **B** Überlagerung der Felder, **C** resultierendes Feld der geladenen Platten

Prinzip der Überlagerung · Elektrische Felder können sehr unterschiedliche Strukturen haben. Dennoch kann man sie sich alle aus Radialfeldern entstanden denken. Dazu betrachten wir zuerst die Überlagerung der Felder einer positiven Punktladung Q_1 und einer betragsmäßig gleichen negativen Punktladung Q_2. In ▸Abb. 1 A sind die Feldlinien übereinander gezeichnet. Im Kreuzungspunkt P zweier Feldlinien sind die berechneten Feldstärkevektoren $\vec{\mathcal{E}}_1$ der linken Ladung und $\vec{\mathcal{E}}_2$ der rechten Ladung eingezeichnet. Wie bei Kraftvektoren erhält man den resultierenden Feldstärkevektor $\vec{\mathcal{E}}_{res}$ durch vektorielle Addition. $\vec{\mathcal{E}}_{res}$ liegt tangential an der Feldlinie des resultierenden Felds. Durch Berechnung des Feldstärkevektors $\vec{\mathcal{E}}_{res}$ für möglichst viele Punkte erhält man das resultierende Feldlinienbild (▸Abb. 1 B).

Geladene Platte · Das Feld einer gleichmäßig geladenen Platte erhält man aus der Überlagerung der Felder von unendlich vielen Punktladungen. In ▸Abb. 2 A sind Q_1 und Q_2 zwei punktsymmetrisch zu O befindliche Ladungen und P ein Punkt auf der Orthogonalen durch O. Dann liegt der resultierende Feldstärkevektor $\vec{\mathcal{E}}_{res}$ im Punkt P auf dieser Orthogonalen. Wenn wir annehmen, dass die Platte im Modell unendlich ausgedehnt ist, dann gibt es zu jeder Ladung auf der Platte eine dazu punktsymmetrisch liegende Ladung, sodass der resultierende Vektor $\vec{\mathcal{E}}_{res}$ auf der Orthogonalen liegt. Zusammen mit der in P befindlichen Ladung Q_0 zeigt der resultierende Vektor aus allen Punktladungen orthogonal nach außen. Den idealisierten Feldlinienverlauf einer solchen unendlich ausgedehnten Platte zeigt ▸Abb. 2 B.

Kondensatorfeld · Beim idealen Plattenkondensator verlaufen die Feldlinien nur zwischen den Platten. Der Raum außerhalb der Platten ist feldfrei. Kann man dieses Feld durch Überlagerung der Felder zweier ungleichnamig geladener Platten erhalten? ▸Abb. 3 A zeigt die Felder der einzelnen Platten. Während bei der positiv geladenen Platte die Feldlinien von der Platte weg zeigen, ist es bei der negativ geladenen Platte umgekehrt. Bei der Überlagerung der beiden Felder verlaufen die Feldlinien zwischen den Platten in dieselbe Richtung, außerhalb der Platten dagegen in entgegengesetzte Richtungen (▸Abb. 3 B). Daraus folgt eine Verstärkung des Felds zwischen den Platten und eine Auslöschung außerhalb der Platten. So ergibt sich tatsächlich das Feld eines idealen Plattenkondensators (▸Abb. 3 C).

Faradayscher Käfig

Das haben Sie sicherlich schon gehört: Im Flugzeug ist man vor Blitzen geschützt (▸Abb. 4). Aber warum eigentlich? Ein Blitz ist eine elektrische Entladung. Die Ladung fließt dabei durch einen leitfähigen Kanal von ionisierten Luftmolekülen. Damit dieser Kanal entstehen kann, muss die Feldstärke sehr groß sein. Wenn im Flugzeug kein leitfähiger Kanal entsteht, dann muss das elektrische Feld im Innern des Flugzeuges schwach oder gar nicht vorhanden sein.

Wir prüfen diese Vermutung im zweidimensionalen Modellversuch (▸Abb. 5A): Statt des Flugzeugs betrachten wir einen ungeladenen Metallring im Feld zwischen zwei geladenen Stäben. Mit Grießkörnern in Öl untersuchen wir den Feldlinienverlauf. Wir beobachten, dass innerhalb des Rings die Körner ungeordnet sind. In diesem Bereich gibt es offensichtlich kein elektrisches Feld. Außerhalb des Rings ordnen sich die Körner in Ketten an. Ein Teil der Feldlinien verläuft vom linken Stab zur linken Seite des Rings, ein anderer Teil von der rechten Ringseite zum rechten Stab (▸Abb. 5B).

Wenn Feldlinien an der einen Seite des Rings enden und an der anderen Seite beginnen, dann bedeutet dies, dass die Ringhälften unterschiedlich geladen sein müssen. Das können wir durch elektrische Influenz erklären. Aufgrund des elektrischen Feldes bewegen sich Elektronen von der rechten zur linken Ringhälfte. Dadurch lädt sich die linke Seite negativ und die rechte Seite positiv auf.

Man könnte meinen, dass aufgrund der geladenen Ringhälften erst recht ein elektrisches Feld im Ring entsteht. Dass dies nicht der Fall ist, zeigt die idealisierte Betrachtung eines Metallkastens in einem homogenen Feld (▸Abb. 6). Durch Influenz lädt sich die linke Seite negativ und die rechte Seite positiv auf. Dadurch entsteht ein zusätzliches Feld. Dieses innere Feld ist dem äußeren Feld entgegengesetzt gerichtet. Die Feldstärken der beiden Felder müssen betragsmäßig gleich sein. Denn die Elektronen im Metallkasten bewegen sich solange von rechts nach links, bis sich inneres und äußeres Feld gegenseitig aufgehoben haben.

Dabei spielt die Form des metallischen Hohlkörpers keine Rolle. Sowohl in den Wänden als auch im Innern des Hohlkörpers heben sich äußeres und inneres Feld gegenseitig auf. Dies gilt auch, wenn die Wände des Hohlkörpers Öffnungen haben, wie etwa die Fenster des Flugzeugs. Nur in der Nähe der Fenster wird das äußere Feld nicht vollständig aufgehoben. Auch das Innere eines metallenen Käfigs ist frei von elektrischen Feldern. Nach seinem Entdecker, MICHAEL FARADAY, bezeichnet man einen solchen metallenen Hohlkörper als Faradayschen Käfig.

1 Eine innere Hohlkugel ist von einer äußeren umschlossen. Die Mittelpunkte fallen zusammen. Einmal ist die äußere Kugel positiv geladen, das andere Mal die innere Kugel. Skizzieren Sie für beide Fälle das elektrische Feld.

4 Blitzeinschlag im Flugzeug

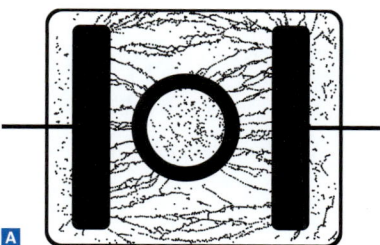

A

B

5 Metallring im elektrischen Feld:
A Untersuchung mit Grießkörnern,
B Feldlinienverlauf

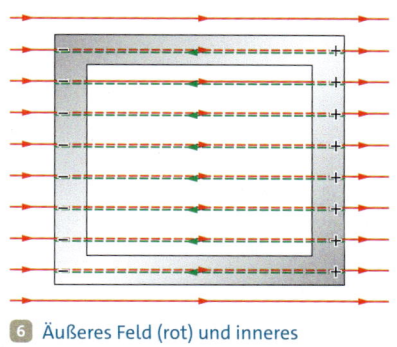

6 Äußeres Feld (rot) und inneres Feld (grün) heben sich gegenseitig auf.

1 Elektrische Energiequellen – gefährlich
oder nicht?

Spannung und Potenzial

Die Spannung ist eine wichtige Größe bei elektri-
schen Energiequellen. Sie sagt auch etwas darüber
aus, wie gefährlich die Quelle ist. Batterien haben
Spannungen von wenigen Volt – sie sind ungefähr-
lich. Der Bandgenerator erzeugt eine Spannung bis
100 000 V. Ist er gefährlich? Auch ein geladener
Kondensator hat eine Spannung. Was bedeutet die
Spannung beim Kondensator?

$\Delta E = P \cdot \Delta t$
$\quad = U \cdot I \cdot \Delta t$
$\quad = U \cdot \Delta Q$

Spannung und Energie im Stromkreis • In
einem geschlossenen Stromkreis wird Energie
übertragen, z. B. von der Batterie zur Glühlampe.

Wie viel Energie dabei übertragen wird, hängt
nicht nur von der geflossenen Ladung ΔQ, sondern auch von der Spannung U ab. Es gilt:

$\Delta E = U \cdot \Delta Q.$

Für eine 1,5-V-Batterie folgt, dass pro geflossenem
Coulomb an Ladung eine Energie von 1,5 J übertragen wird. Beim abgebildeten Bandgenerator
sind es entsprechend 100 000 J pro Coulomb.
Allerdings fließt bei diesem Bandgenerator nur
sehr wenig Ladung. Damit gibt der Bandgenerator aus ▸Abb.1 auch nur sehr wenig Energie ab
und ist daher normalerweise ungefährlich.

Feld und Energie • Eine wichtige Eigenschaft
des elektrischen Felds ist, dass in ihm Energie gespeichert ist: Schließen wir eine Glimmlampe an
einen geladenen Kondensator an, dann leuchtet
die Lampe schwach (▸Abb.2 A). Wir laden den
Kondensator erneut bei der gleichen Spannung
und ziehen anschließend die Platten auseinander. Wenn wir nun die Glimmlampe anschließen,
dann leuchtet die Lampe viel heller (▸Abb.2 B).
Wir erklären dies damit, dass wir dem elektrischen Feld durch das Auseinanderziehen der
Platten Energie zugeführt haben. Deshalb hat
die Glimmlampe heller geleuchtet. Das angeschlossene Messgerät zeigt, dass beim Auseinan-

2 **A** Die an den Kondensator angeschlossene Glimmlampe leuchtet schwach.
B Nach dem Auseinanderziehen der Platten vergrößert sich die Spannung und die
Glimmlampe leuchtet heller.

derziehen die Spannung zugenommen hat. Wir nehmen dies als Hinweis darauf, dass Spannung und Energie auch beim Kondensator zusammenhängen.

Energieabgabe in Portionen • Beim Entladen der Platten über die Glimmlampe wird die gesamte Energie des Felds in kurzer Zeit abgegeben. Das elektrische Feld kann die Energie aber auch portionsweise abgeben. Wir betrachten dazu eine Metallkugel, die zwischen den Platten hin- und herpendelt (▸Abb. 3). Die geladene Kugel wird im Feld von der einen zur anderen Platte beschleunigt. Die dazu erforderliche Energie stammt aus dem Feld. Im Idealfall ohne Reibung nimmt die kinetische Energie der Kugel um denselben Betrag zu, wie die Energie des Felds abnimmt.

Spannung beim Kondensator • Je größer die Spannung zwischen den Platten ist, desto stärker wird die Kugel beschleunigt und desto größer ist die Energie, die vom Feld auf die Kugel übertragen wird. Anschaulich ist klar, dass die übertragene Energie außerdem umso größer ist, je größer die Ladung der Kugel ist. Tatsächlich gilt für die vom Feld auf einen Probekörper mit der Ladung q übertragene Energie ΔE eine einfache Beziehung:

$$\Delta E = q \cdot U.$$

Dieser Zusammenhang gilt sowohl für homogene wie auch für inhomogene Felder, z. B. dem Feld zwischen den Kugeln des Bandgenerators.

> Wird ein Körper mit der Ladung q von einem Leiter zu einem anderen Leiter beschleunigt, dann beträgt die vom elektrischen Feld auf den Körper übertragene Energie
> $$\Delta E = q \cdot U.$$
> Dabei ist U die Spannung zwischen den geladenen Leitern.

Ohne Reibung und wenn die Beschleunigung aus der Ruhe heraus erfolgt, erhält man die Geschwindigkeit am Ende des Beschleunigungsvorgangs zu

$$\tfrac{1}{2} m \cdot v^2 = q \cdot U \Longleftrightarrow v = \sqrt{\frac{2 \cdot q \cdot U}{m}}.$$

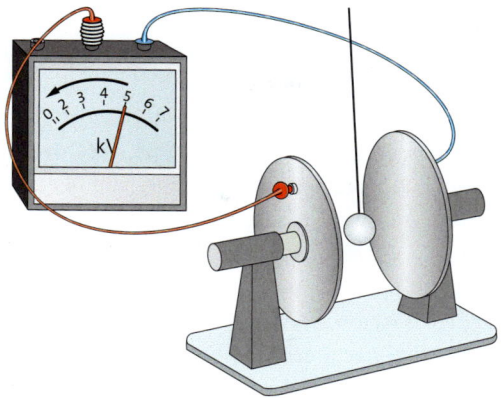

3 Die hin- und herpendelnde Kugel erhält Energie aus dem elektrischen Feld.

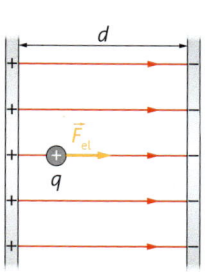

4 Ein Probekörper wird im Feld beschleunigt.

Spannung und Feldstärke • Für das homogene Feld eines Kondensators mit Plattenabstand d kann man die vom Feld auf den Probekörper übertragene Energie noch auf eine andere Weise berechnen (▸Abb. 4). Da die Kraft konstant ist, gilt:

$$\Delta E = F \cdot \Delta s = F_{el} \cdot d = q \cdot \mathcal{E} \cdot d.$$

Aus dem Vergleich der Gleichungen für ΔE folgt:

$$U = \mathcal{E} \cdot d.$$

Diese Gleichung ermöglicht oft eine einfache Bestimmung der elektrischen Feldstärke.

> Beim Plattenkondensator mit homogenem Feld gilt für den Zusammenhang zwischen der Feldstärke $\mathcal{E}$, der Spannung U und dem Plattenabstand d:
> $$\mathcal{E} = \frac{U}{d}; \quad \text{Einheit: } [\mathcal{E}] = \frac{V}{m} = \frac{N}{C}.$$

1 Eine Lampe wird für 3 Minuten an einen 6-V-Akku angeschlossen. Die Stromstärke beträgt 0,5 A. Berechnen Sie die Leistung, die geflossene Ladung und die übertragene Energie.

2 Der Bandgenerator von ▸Abb. 1 gibt eine Ladung in der Größenordnung von 1 μC ab. Schätzen Sie die abgegebene Energie ab.

3 **a)** An einem Kondensator (d = 0,10 m) liegen 12 kV an. Berechnen Sie die Feldstärke.
b) Eine Kugel (q = 2,5 nC, m = 0,40 g) wird von der einen zur anderen Platte beschleunigt. Bestimmen Sie, mit welcher Energie und Geschwindigkeit die Kugel dabei aufprallt.

Achtung, Lebensgefahr durch hohe Spannungen! Experimentieren Sie nie mit Gleichspannungen größer als 60 V und mit Wechselspannungen größer als 25 V!

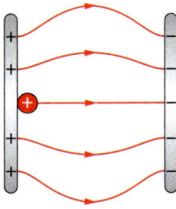
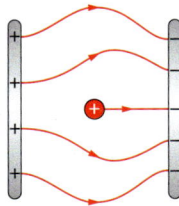
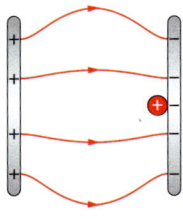

Energie aus dem Feld · Wird ein geladener Körper im elektrischen Feld beschleunigt, dann erhält er Energie aus dem Feld. Daher muss sich auch das Feld selbst ändern. ▸Abb.1 zeigt, dass sich das Feld eines Kondensators abschwächt, wenn ein positiv geladener Körper von der positiv zur negativ geladenen Platte beschleunigt wird. Zu Beginn, wenn der Körper ganz links ist, dann ist das Feld am stärksten und die Energie des Felds ist am größten (▸Abb.1A). Je weiter sich der Körper nach rechts bewegt hat, desto schwächer ist das Feld und desto mehr hat die Energie des Felds abgenommen (▸Abb.1B,C). Dieser Betrag, um den sich die Energie des Felds insgesamt verringert hat, wurde auf den Körper übertragen.

Potenzielle Energie im Feld · Wenn man die Bewegung eines Körpers im elektrischen Feld beschreiben möchte, interessiert man sich nicht für die insgesamt im Feld gespeicherte Energie, sondern nur für den Teil der Energie, der auf den Körper übertragen werden kann. Diese Energie bezeichnet man als seine **potenzielle Energie.** Die potenzielle Energie hängt vom Ort des Körpers ab: Je weiter der Körper von der negativ geladenen Platte entfernt ist, desto größer ist die Energie, die er aus dem Feld aufnehmen kann, desto größer ist also seine potenzielle Energie.

Elektrisches Potenzial · Sicherlich hängt die potenzielle Energie eines Körpers im elektrischen Feld auch von seiner Ladung ab. Man kann zeigen,

1 Abschwächung des elektrischen Felds eines Kondensators

dass die potenzielle Energie sogar proportional zu seiner Ladung ist. Ähnlich wie bei der Festlegung der elektrischen Feldstärke betrachtet man einen Probekörper im Punkt P eines elektrischen Felds und dividiert seine potenzielle Energie E_{pot} durch seine Ladung q. Dieser Quotient ist unabhängig von q und hängt nur vom Feld und vom betrachteten Punkt P ab. Er wird als **elektrisches Potenzial φ_P** im Punkt P bezeichnet.

In der Praxis ist es oft umgekehrt: Man kennt das Potenzial und kann daraus die potenzielle Energie eines Körpers berechnen:

> Für die potenzielle Energie eines Körpers mit der Ladung q in einem Punkt P eines elektrischen Felds gilt:
>
> $E_{pot,P} = q \cdot \varphi_P$.
>
> Dabei ist φ_P das Potenzial im Punkt P.

Messung des Potenzials · Im Stromkreis kann man das Potenzial auf einfache Weise mit einem Voltmeter messen. Das Prinzip einer Potenzialmessung lässt sich auch auf das elektrische Feld z.B. eines Kondensators übertragen (▸Abb.2A). Um das Potenzial in einem Punkt P des Felds zu messen, muss man zuerst ein Bezugsniveau festlegen, bei dem das Potenzial gleich null ist. Als **Nullniveau** des Potenzials wählen wir die mit dem Minuspol verbundene Platte (Anschluss Q). Die Spannung zwischen den Punkten P und Q stimmt dann mit dem Potenzial im Punkt P überein. Eine Flammensonde sorgt dafür, dass die Messung nicht durch Influenz gestört wird.

Wir untersuchen die Abhängigkeit des Potenzials entlang der Mittelachse des Kondensators. Dabei beobachten wir, dass das Potenzial umso größer ist, je weiter die Sonde von der negativ geladenen Platte entfernt ist (▸Abb.2B). Tatsächlich hängt das Potenzial im Punkt Q des homogenen Felds wie die potenzielle Energie in diesem Punkt linear vom Abstand s_{PQ} zur negativ geladenen Platte ab:

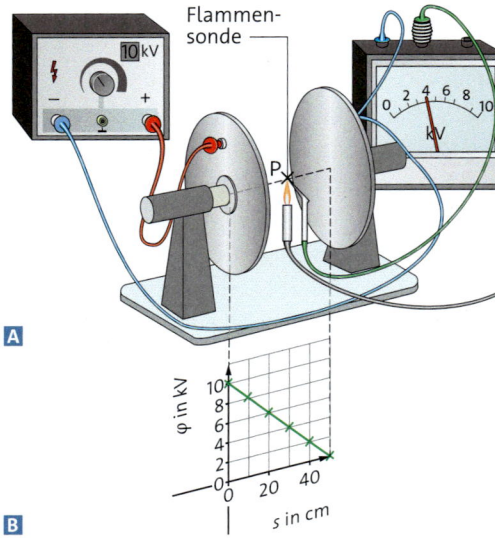

2 **A** Potenzialmessung im Kondensatorfeld, **B** Das Potenzial nimmt gleichmäßig von der positiv zur negativ geladenen Platte ab.

$$\varphi_P = \frac{E_{pot,P}}{q} = \frac{F_{el} \cdot s_{PQ}}{q} = \frac{q \cdot \mathcal{E} \cdot s_{PQ}}{q} = \mathcal{E} \cdot s_{PQ}.$$

Potenzial und Spannung • Mit zwei Flammensonden kann man zwischen zwei beliebigen Punkten eines elektrischen Felds eine Spannung messen. Sie ist gleich der Differenz der Potenziale in den entsprechenden Punkten. Auch die Umkehrung gilt: Wenn man eine Spannung misst, dann gibt es auch ein zugehöriges Feld. Tatsächlich gehören Feld, Potenzial und Spannung immer zusammen.

> Die Spannung zwischen zwei Punkten P und Q eines elektrischen Felds ist gleich der Differenz der Potenziale in diesen Punkten:
> $U_{P,Q} = \varphi_P - \varphi_Q$.

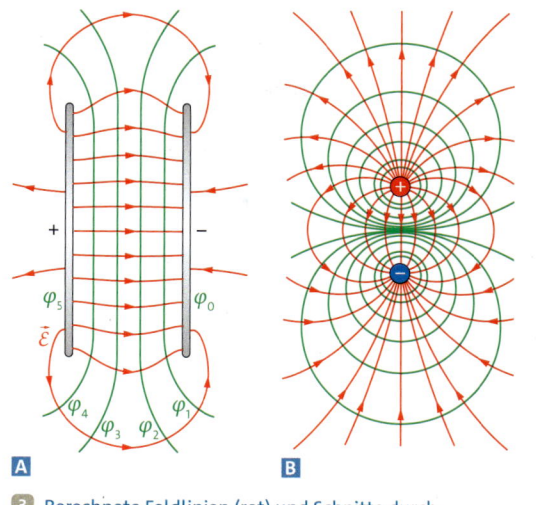

3 Berechnete Feldlinien (rot) und Schnitte durch Äquipotenzialflächen (grün): **A** Kondensatorfeld, **B** Feld zweier ungleichnamig geladener Kugeln

4 A Negative Platte bzw. **B** positive Platte als Nullniveau des Potenzials

Gleiches Potenzial • Ist die Spannung zwischen zwei Punkten gleich null, dann haben sie auch gleiches Potenzial. Alle Punkte mit gleichem Potenzial bilden eine Fläche, die sogenannte **Äquipotenzialfläche.** Aus der Festlegung des Potenzials folgt unmittelbar, dass die potenzielle Energie eines Probekörpers auf einer Äquipotenzialfläche konstant ist. Folglich bilden die Äquipotenzialflächen im homogenen Feld eines idealen Plattenkondensators Ebenen parallel zu den Kondensatorplatten.

Im Allgemeinen sind die Äquipotenzialflächen gekrümmt. ►Abb. 3 zeigt beispielhaft vom Computer berechnete Feldstrukturen ruhender Ladungsverteilungen. Die Ergebnisse lassen vermuten, dass die Äquipotenzialflächen orthogonal zu den sie schneidenden Feldlinien verlaufen. Tatsächlich muss dies auch so sein, da orthogonal zu den Feldlinien auf einen Probekörper keine Kraft ausgeübt wird und sich daher die potenzielle Energie orthogonal zu den Feldlinien nicht ändert. Da die Leiteroberflächen selbst auch Äquipotenzialflächen darstellen, verlaufen die Feldlinien auf Leiteroberflächen ebenfalls orthogonal.

> Bei ruhenden Ladungsverteilungen bilden die Oberflächen von Leitern Äquipotenzialflächen. Feldlinien und Äquipotenzialflächen verlaufen orthogonal zueinander.

Wahl des Potenzialnullniveaus • Beim Plattenkondensator haben wir das Potenzial auf die negativ geladene Platte bezogen (►Abb. 4 A). Man hätte aber genauso die positiv geladene Platte (►Abb. 4 B) oder jede beliebige Äquipotenzialfläche als Nullniveau des Potenzials wählen können. Das Potenzial kann dann auch negative Werte annehmen. Solange nicht ein Leiter geerdet ist, ist das Nullniveau frei wählbar. Ist aber einer der Leiter geerdet, dann wählt man die Oberfläche des geerdeten Leiters als Nullniveau des Potenzials.

So wie das Potenzial kann auch die potenzielle Energie positiv, negativ oder gleich null sein. Unabhängig davon bewegt sich ein Körper aus der Ruhe heraus immer so, dass seine potenzielle Energie abnimmt. Dabei bleibt die Summe aus potenzieller und kinetischer Energie erhalten.

1 a) Zeichnen und beschriften Sie einige Äquipotenzialflächen eines Kondensators mit $U = 10\,\text{kV}$ und $d = 5{,}0\,\text{cm}$ und dem Nullniveau in der Mitte zwischen den Platten.
b) Zeichnen Sie das zugehörige Diagramm der potenziellen Energie in Abhängigkeit vom Ort für einen Körper mit $q = -5{,}0\,\text{nC}$.
c) Erklären Sie mit dem Diagramm aus b): Zu welcher Platte bewegt sich der Körper, wenn er in der Mitte aus der Ruhe heraus startet? Mit welcher kinetischen Energie trifft er auf die Platte?

Analogien zwischen Gravitationsfeld und elektrischem Feld beschreiben und nutzen

Feld und Kraft · Eine geladene Kugel erzeugt ein elektrisches Feld, das auf eine zweite geladene Kugel eine Kraft ausübt. Diese Betrachtung kann man auf Körper mit Masse übertragen. So erzeugt die Erde ein Gravitationsfeld, das auf einen anderen Körper, wie etwa den Mond, eine Kraft ausübt. Elektrische Kräfte wirken nur zwischen geladenen Körpern. Dabei gibt es Anziehung und Abstoßung. Man erklärt dies damit, dass die Ladung positiv oder negativ sein kann. Die Gravitation wirkt zwischen allen Körpern mit Masse. Allerdings ist sie zwischen Körpern mit geringen Massen sehr klein und macht sich im Alltag nicht bemerkbar. Da die Gravitation immer anziehend wirkt, muss man keine negative Masse einführen. Die Masse ist also immer positiv.

Feldlinien und Feldstärke · Wie beim elektrischen Feld kann man auch beim Gravitationsfeld Feldlinien einführen. Sie geben in jedem Punkt die Kraft auf einen Probekörper an und verlaufen daher immer auf die felderzeugenden Körper zu.

Die Kraft auf einen geladenen Probekörper im elektrischen Feld ist proportional zu seiner Ladung. Daher hat man die elektrische Feldstärke $\vec{\mathcal{E}}$ als Quotient aus der Kraft $\vec{F}_{el}$ und der Ladung q definiert. Da zwischen der Gravitationskraft $\vec{F}_G$ auf einen Probeköper und seiner Masse m ebenfalls eine Proportionalität besteht, ist es sinnvoll, den Quotienten aus $\vec{F}_G$ und m als **Gravitationsfeldstärke** $\vec{g}$ zu bezeichnen:

$$\vec{g} = \frac{\vec{F}_G}{m}.$$

Die Gravitationsfeldstärke auf der Erdoberfläche beträgt $9{,}8\,\frac{N}{kg}$, auf dem Mond ist sie ungefähr ein Sechstel so groß. Sie kennen diese Werte vom Ortsfaktor. Tatsächlich ist der Ortsfaktor nichts anderes als der Betrag der Gravitationsfeldstärke.

Die Analogie nutzen · Nach dem Gravitationsgesetz von ISAAC NEWTON gilt für die Kraft zwischen zwei Körpern, z.B. der Erde mit der Masse M und dem Mond mit der Masse m, beim Abstand r ihrer Schwerpunkte:

$$F_G \sim \frac{M \cdot m}{r^2}.$$

Nach dem Wechselwirkungsprinzip ist die Kraft des Monds auf die Erde genauso groß wie die Kraft der Erde auf den Mond. Dies gilt, obwohl die Massen von Erde und Mond unterschiedlich sind.

Wir nutzen die Analogie nun umgekehrt und schließen vom Gravitationsgesetz auf die elektrische Kraft zwischen zwei geladenen Kugeln im Abstand r. Ersetzt man im Gravitationsgesetz die Massen M und m durch die Ladungen der Kugeln Q und q, dann erhält man:

$$F_{el} \sim \frac{Q \cdot q}{r^2}.$$

Dieser Zusammenhang wurde zum ersten Mal von CHARLES AUGUSTIN COULOMB nachgewiesen. Auch hier gilt das Wechselwirkungsprinzip und die beiden Kräfte sind betragsgleich.

►Tab.1 fasst die Gemeinsamkeiten und Unterschiede der Felder zusammen.

Elektrisches Feld	Gravitationsfeld
Wird verursacht durch die elektrische Ladung und wirkt auf geladene Körper.	Wird verursacht durch die Masse und wirkt auf Körper mit Masse.
Es gibt Anziehung und Abstoßung. Die Ladung ist positiv oder negativ.	Es gibt nur Anziehung. Die Masse ist immer positiv.
Felder elektrisch geladener Kugeln	Feld eines kugelförmigen Körpers mit Masse
Kräfte zwischen geladenen Kugeln mit Ladung Q und q	Kräfte zwischen kugelförmigen Körpern mit Masse M und m

1 Elektrisches Feld und Gravitationsfeld im Vergleich

Potenzielle Energie im Feld · Um auf der Erde einen Körper um die Strecke Δs gegen die Gewichtskraft anzuheben, benötigt man die Energie $F_G \cdot \Delta s$ (▸Abb. 2 A). Da sich die Lage des Körpers relativ zur Erde ändert, ändert sich auch das Gravitationsfeld. Allerdings ist der Effekt kaum nachweisbar, da die Masse des Körpers gewöhnlich sehr viel kleiner ist als die Masse der Erde. Durch die Änderung im Gravitationsfeld vergrößert sich die im Feld gespeicherte Energie um $F_G \cdot \Delta s$. Diesen Betrag bezeichnet man als die potenzielle Energie des Körpers im Gravitationsfeld. Meistens wählt man das Bezugsniveau für die potenzielle Energie so, dass diese gleich null ist, wenn sich der Körper auf der Erdoberfläche befindet. Damit gilt mit der Höhe h des Körpers über der Erdoberfläche:

$$E_{pot} = F_G \cdot h = m \cdot g \cdot h.$$

Lässt man den Körper fallen, dann wandelt sich seine potenzielle Energie in kinetische Energie um.

Beim elektrischen Feld ist es entsprechend: Um einen positiv geladenen Probekörper gegen die elektrische Kraft um die Strecke Δs „anzuheben", benötigt man die Energie $F_{el} \cdot \Delta s$ (▸Abb. 2 B). Diese Energie ist entsprechend die potenzielle Energie des geladenen Körpers im elektrischen Feld. Meistens wählt man das Bezugsniveau für die potenzielle Energie so, dass diese für einen Körper auf der negativ geladenen Platte gleich null ist.
Dann gilt:

$$E_{pot} = F_{el} \cdot s = q \cdot \mathcal{E} \cdot s = q \cdot \varphi.$$

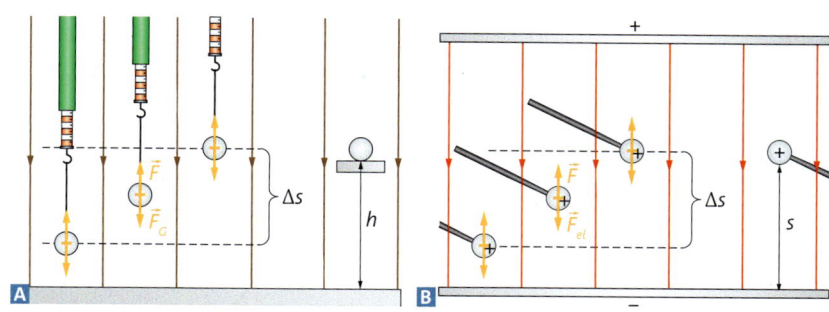

2 **A** Ein Körper wird im Gravitationsfeld gegen die Gewichtskraft angehoben.
B Ein geladener Körper wird im elektrischen Feld gegen die elektrische Kraft transportiert.

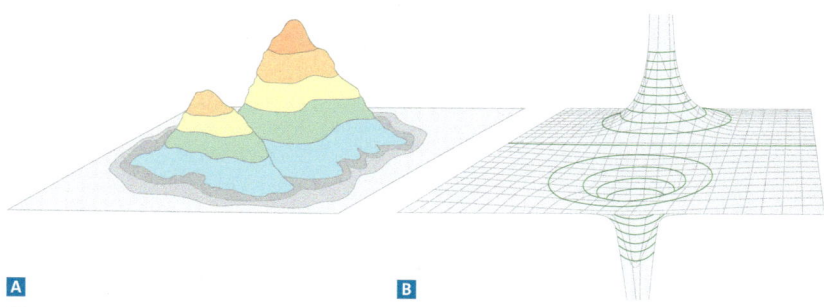

3 **A** Höhenlinien im Gravitationsfeld, **B** Äquipotenziallinien im elektrischen Feld

Eine Veranschaulichung · Auf der Erde können wir uns die potenzielle Energie leicht veranschaulichen: Wir wissen, dass eine Kugel von selbst den Berg hinabrollt und dass ihre Beschleunigung umso größer ist, je steiler der Hang ist. Für einen Körper der Masse m auf der Höhe h erhält man die potenzielle Energie durch Multiplikation der Höhe mit $m \cdot g$. Mit Höhenlinien kann man die Verhältnisse gut darstellen (▸Abb. 3 A). Dabei gilt auch: Je kleiner der Abstand benachbarter Höhenlinien ist, desto steiler ist der Hang und desto größer ist die beschleunigende Kraft auf die Kugel.

Im elektrischen Feld kann man die potenzielle Energie mithilfe des Potenzials berechnen. Grafisch kann man das Potenzial mit Äquipotenzialflächen darstellen, wobei diese in Zeichnungen meistens als Linien dargestellt werden (▸Abb. 3 B). Dann erhält man für einen Körper mit der Ladung q, der sich in einem Punkt mit dem Potenzial φ befindet, die potenzielle Energie durch Multiplikation des Potenzials mit q. Auch die „Steilheit" des Potenzials hat eine Bedeutung: Je kleiner der Abstand benachbarter Äquipotenziallinien ist, desto größer ist die Kraft auf den geladenen Körper und damit auch die elektrische Feldstärke.

1 Äquipotenziallinien und Höhenlinien entsprechen sich nicht exakt. Erklären Sie.

2 Zeigen Sie, dass die „Steilheit" $\frac{\Delta \varphi}{\Delta s}$ der Äquipotenziallinien gleich der Feldstärke ist.

Versuch A • Potenziale vermessen

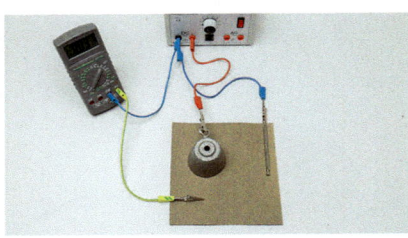

Material:
Netzgerät, Voltmeter, dünner Karton, Stativmaterial (u. a. Tonnenfuß)

V1 Untersuchung von Feldern

Sie messen das Potenzial für unterschiedliche Punkte eines elektrischen Felds und stellen es in geeigneter Weise dar.

Arbeitsauftrag:
a) Legen Sie den Karton für einige Minuten in Wasser, bis er gleichmäßig durchfeuchtet ist. Positionieren Sie den Tonnenfuß und die Stativstange als Elektroden auf dem feuchten Karton. Achten Sie darauf, dass die Elektroden mit ihrer ganzen Unterseite auf dem Karton aufliegen. Markieren Sie die Position der Elektroden.
b) Schließen Sie das Netzgerät und das Voltmeter wie abgebildet an. Legen Sie eine Spannung von 10 V an.
c) Erkunden Sie das Potenzial für einige Punkte des Felds, indem Sie die Spannung zwischen dem Punkt und dem Minuspol messen.

d) Bestimmen Sie mehrere Punkte des Felds mit dem Potenzial φ = 2 V. Verbinden Sie die Punkte zu einer Äquipotenziallinie. Ermitteln Sie auf diese Weise weitere Äquipotenziallinien (φ = 4 V, 6 V, ...).
e) Skizzieren Sie einige Feldlinien. Achten Sie darauf, dass sich die Feldlinien und Äquipotenziallinien im richtigen Winkel schneiden.
f) Berechnen Sie für eine ausgewählte Feldlinie die mittlere Feldstärke $\mathcal{E} = \frac{\Delta\varphi}{\Delta x}$ zwischen den Äquipotenziallinien 0 V und 2 V, 2 V und 4 V usw.
g) Variieren Sie die Form und Anordnung der Elektroden und untersuchen Sie das zugehörige Feld.

Material A • Spannung und Feldstärke beim Plattenkondensator

d = 0,08 m					
U in kV	0	5	10	15	20	25
F_{el} in mN	0	0,75	1,6	2,2	3,0	3,8

U = 25 kV					
d in m	0,05	0,10	0,15	0,20	0,25
F_{el} in mN	6,1	2,9	1,9	1,5	1,1

In einem Experiment wird die Abhängigkeit der elektrischen Feldstärke von der Spannung und vom Plattenabstand untersucht. Die Bestimmung der Feldstärke erfolgt über die Messung der Kraft auf eine geladene Kugel.

A1 Vorerst beträgt der Plattenabstand 0,08 m. Die Kugel wird mit 12 nC geladen. Die Kraft auf die Kugel wird in Abhängigkeit von der Spannung zwischen den Platten gemessen. Man erhält die Werte der linken Tabelle.
a) Erstellen Sie eine Tabelle für die Feldstärke in Abhängigkeit von der Spannung.
b) Ergänzen Sie die Tabelle aus a) mit einer Zeile für den Quotienten aus Spannung und Feldstärke.
c) Begründen Sie, dass Feldstärke und Spannung proportional zueinander sind.
A2 Die Spannung beträgt nun 25 kV. Die Kugel wird wieder mit 12 nC geladen. Es wird der Plattenabstand verändert. Man erhält die Werte der rechten Tabelle.

a) Erstellen Sie entsprechend zu A1 eine Tabelle für die Feldstärke in Abhängigkeit vom Plattenabstand.
b) Ergänzen Sie die Tabelle aus a) mit einer Zeile für das Produkt aus Feldstärke und Plattenabstand.
c) Begründen Sie, dass Feldstärke und Plattenabstand umgekehrt proportional zueinander sind.
A3 Die Proportionalität $\mathcal{E} \sim U$ und die Antiproportionalität $\mathcal{E} \sim \frac{1}{d}$ lassen sich zu $\mathcal{E} \sim \frac{U}{d}$ zusammenfassen. Folglich muss der Quotient $\frac{\mathcal{E}}{\frac{U}{d}} = \mathcal{E} \cdot \frac{d}{U}$ konstant sein.

a) Bestätigen Sie dies durch Berechnung einiger Werte dieses Quotienten.
b) Stellen Sie eine Vermutung über den genauen Wert dieser Konstanten auf.
c) Zeigen Sie, dass die Konstante dimensionslos ist, also keine Einheit hat.
d) Stellen Sie damit eine Gleichung für die Feldstärke in Abhängigkeit von der Spannung und dem Plattenabstand beim Kondensator auf.

Material B • Modellierung eines Experiments

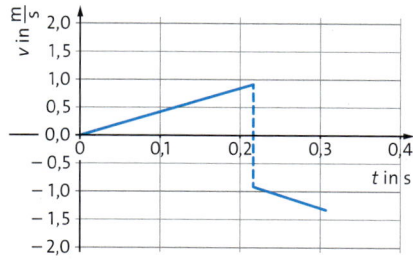

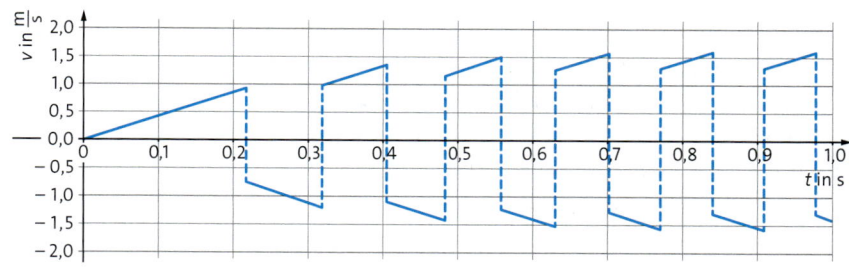

Ein Kondensator ist über einen Messverstärker zur Stromstärkemessung an ein Hochspannungsnetzgerät anschlossen ($U = 20{,}0$ kV). Zwischen den Kondensatorplatten (Abstand $d = 0{,}10$ m) hängt eine kleine leitende Kugel an einem langen isolierenden Faden.

B1 Die Kugel ($m = 0{,}28$ g) wird an der linken Platte mit $q = 6{,}0$ nC aufgeladen und dann losgelassen.
a) Idealisieren Sie in geeigneter Weise und berechnen Sie die Geschwindigkeit, mit der die Kugel auf die rechte Platte prallt.
b) Berechnen Sie die Zeit bis zum Aufprall auf der rechten Platte.

B2 Wir nehmen an, dass die Kugel an der rechten Platte ohne Verlust von Energie reflektiert wird. Es ergibt sich das idealisierte Geschwindigkeits-Zeit-Diagramm (links) der ersten Hin- und Herbewegung.
a) Erklären Sie das Diagramm. Gehen Sie dabei auf die Steigung des Graphen und die Fläche zwischen Graph und t-Achse ein.
b) Übertragen Sie das Diagramm. Skizzieren Sie den weiteren Verlauf des Graphen für die zweite Hin- und Herbewegung.
c) Erklären Sie, woher die Energie für den zunehmenden Geschwindigkeitsbetrag kommt.

B3 In einer verbesserten Simulation wird angenommen, dass die Kugel bei jeder Reflexion ein Drittel der Energie abgibt.
a) Erklären Sie das Geschwindigkeits-Zeit-Diagramm (rechts).
b) Nach einiger Zeit ändert sich das Diagramm nicht mehr wesentlich. Bestimmen Sie die Energie, die die Kugel während einer Periode aufnimmt. Vergleichen Sie diese Energie mit der während einer Periode abgegebenen Energie.
c) Berechnen Sie die mittlere vom Hochspannungsnetzgerät abgegebene Leistung und daraus die mittlere Stromstärke.

Material C • Feldlinienbilder

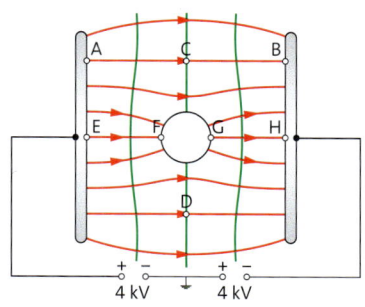

In der Mitte eines Kondensators befindet sich eine ungeladene metallische Hohlkugel. Die linke Platte hat das Potenzial $+4{,}0$ kV, die rechte Platte $-4{,}0$ kV. Feldlinien sind rot, Linien gleichen Potenzials grün dargestellt.

C1 a) Skizzieren und erklären Sie die Ladungsverteilung auf der Kugel.
b) Erläutern Sie, warum im Inneren der Kugel kein Feld existiert.
c) Begründen Sie, dass das Potenzial auf der Kugel überall gleich ist und geben Sie seinen Wert an.
C2 Skizzieren Sie die Abhängigkeit des Potenzials vom Ort entlang der folgenden Strecken:
a) Von A nach B.
b) Von C nach D.
c) Von E nach H.
C3 Bestimmen Sie die Energie, die erforderlich ist, um einen Probekörper mit der kleinen Ladung $q = 1$ nC zwischen den folgenden Punkten zu transportieren:
a) Vom Punkt B zum Punkt A.
b) Vom Punkt D zum Punkt C.
c) Vom Punkt H zum Punkt G.
d) Vom Punkt G zum Punkt F.
e) Vom Punkt F zum Punkt E.
C4 Die Punkte E und F werden nun durch einen elektrischen Leiter verbunden.
a) Wie ändert sich dadurch das elektrische Feld? Skizzieren Sie das Feldlinienbild. Skizzieren Sie auch die Linien gleichen Potenzials zu $+2{,}0$ kV, 0 kV, $-2{,}0$ kV.
b) Beantworten Sie für das neue Feld die Aufgaben von C3.

Feld und Potenzial im elektrischen Stromkreis

Feld als Ursache des Stroms • Damit Ladung durch einen Draht fließen kann, muss der Widerstand des Drahts überwunden werden. Auf die beweglichen Ladungsträger müssen also Kräfte ausgeübt werden. Als Ursache für diese Kräfte kommt nur ein elektrisches Feld in Frage. Tatsächlich existiert sowohl außerhalb wie auch innerhalb eines stromführenden Drahts ein elektrisches Feld (▸Abb.1A). Im Groben erinnert es an das Feld zweier ungleichnamiger Punktladungen. Innerhalb des Drahts verlaufen die Feldlinien parallel zum Draht. Wäre das nicht so, dann würden die Ladungsträger nicht dem Verlauf des Drahts folgen.

Feldstärke und Potenzial • Ein stromführender Draht ist im Inneren also nicht feldfrei. Folglich bildet die Drahtoberfläche auch keine Äquipotenzialfläche. Vielmehr schneiden die Äquipotenzialflächen den Draht orthogonal. Nur so verlaufen die Feldlinien parallel zum Draht. Die Feldstärke stellt sich so ein, dass die Stromstärke überall im Stromkreis gleich ist. Wenn sich die Dicke und das Material des Drahts entlang des Stromkreises nicht ändern, dann muss die Feldstärke im Stromkreis überall gleich sein. Daraus folgt wegen $\Delta\varphi = E \cdot \Delta x$, dass der Abstand Δx benachbarter Äquipotenzialflächen im Draht konstant ist. Bei einem Stromkreis aus unterschiedlich gut leitenden Drähten muss die Feldstärke unterschiedlich sein, damit die Stromstärke überall gleich ist (▸Abb.1B). In einem solchen Stromkreis schneiden die Äquipotenzialflächen den Draht nicht in konstanten Abständen.

Ursache des Felds • Sie wissen, dass elektrische Felder durch Ladungen erzeugt werden. Wo befinden sich im Stromkreis die felderzeugenden Ladungen? Erstens sind die Pole der Batterie geladen. Das Feld der beiden ungleichnamig geladenen Pole ergibt die Grobstruktur des Felds mit Feldlinien, die am Pluspol beginnen und am Minuspol enden. Zweitens sorgt die Batterie dafür, dass Ladungsträger auf die Oberfläche des Drahts geschoben werden. Dabei stellt sich die Ladungsverteilung auf der Drahtoberfläche so ein, dass die Feldlinien den Biegungen des Drahts folgen. Das Innere des Drahts ist dabei ungeladen. Eine Ausnahme bilden die Ladungen beim Übergang zwischen unterschiedlichen Materialien. Insgesamt stellt sich durch die felderzeugenden Ladungen das Feld im Stromkreis so ein, dass die Stromstärke überall konstant ist.

Größenordnungen • Die Feldstärke in einem üblichen Stromkreis ist mit ca. $100\,\frac{V}{m}$ gering. Folglich ist auch die Ladung auf dem Draht und bei den Übergängen zwischen unterschiedlichen Materialien klein. Sie liegt in der Größenordnung von $10^{-15}\,\frac{C}{mm^2}$ und ist damit sehr klein im Vergleich zur Ladung eines Plattenkondensators bei z.B. 10 kV.

1 Erläutern Sie anhand von ▸Abb.1 grundlegende Unterschiede, aber auch Gemeinsamkeiten, zwischen Feldern stromführender und stromloser Leiter.

2 Schätzen Sie die Feldstärken in den Drähten der Stromkreise von ▸Abb.1 ab.

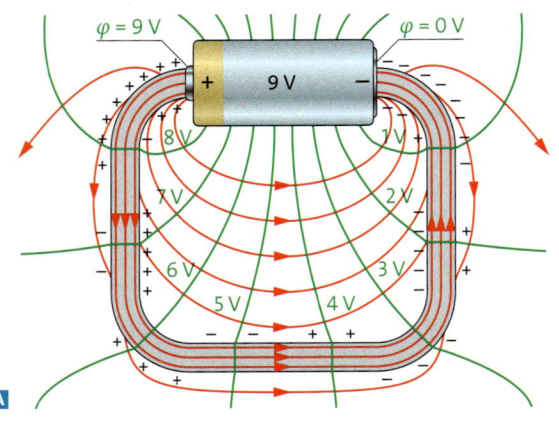
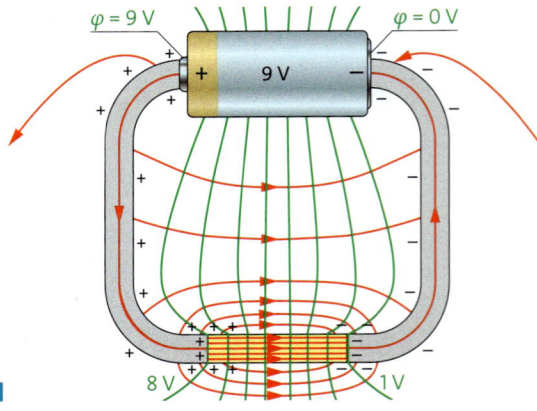

1 Elektrisches Feld und Äquipotentialflächen **A** eines Stromkreises, **B** eines Stromkreises aus unterschiedlichen Materialien (Die Feldliniendichte innerhalb des Drahts entspricht nicht genau der Feldstärke.)

Elektrische Vorgänge bei einem Gewitter

Ursache der Elektrizität • Bis in das 18. Jahrhundert hinein war nicht klar, dass es sich bei Blitzen um elektrische Entladungen handelt. Auch heute sind noch nicht alle Details zu Gewittern und Blitzen geklärt. Grundvoraussetzung aber ist die Ladungstrennung innerhalb einer Gewitterwolke. Diese beruht hauptsächlich auf Kontaktelektrizität. Durch den starken Aufwind in einer Gewitterwolke werden Wassertropfen nach oben transportiert (▸Abb. 2). Aufgrund der mit der Höhe abnehmenden Temperatur gefrieren die Wassertropfen zu Hagelkörnern. Im heftigen Aufwind stoßen Hagelkörner sowohl untereinander als auch mit ebenfalls vorhandenen Eiskristallen zusammen. Vermutlich geben die Eiskristalle dabei Elektronen an die Hagelkörner ab. Irgendwann sind die Hagelkörner, an denen immer mehr Wasser gefriert, zu schwer, um von den Aufwinden gehalten zu werden. Sie fallen nach unten. Die leichten positiv geladenen Eiskristalle dagegen werden nach oben transportiert. Dadurch laden sich der obere Teil der Gewitterwolke positiv und der untere negativ auf. Aufgrund von Influenz lädt sich der Erdboden unterhalb der Gewitterwolke positiv auf.

Elektrisches Feld • Es entstehen starke elektrische Felder sowohl innerhalb der Wolke als auch zwischen Wolke und Erde. Zwischen Wolkenunterseite und Erdboden verlaufen die Feldlinien im Wesentlichen vertikal und die Äquipotenzialflächen horizontal. In der Nähe des Erdbodens aber ist das Feld durch Geländeerhebungen sowie Objekte auf der Erde verformt und die Äquipotenzialflächen folgen näherungsweise der Geländestruktur einschließlich von Gebäuden, Bäumen usw. (▸Abb. 3).

Blitzentstehung • Luft ist normalerweise ein Isolator, enthält aber immer auch einzelne ionisierte Moleküle und freie Elektronen. Diese Elektronen werden in dem starken elektrischen Feld der Gewitterwolke bis nahezu auf Lichtgeschwindigkeit beschleunigt. Treffen solche energiereichen Elektronen auf neutrale Moleküle, dann setzen sie selbst Elektronen frei, die wiederum weitere Elektronen aus Molekülen herauslösen können. Es kommt zu einem lawinenartigen Effekt. Dadurch entsteht ein leitfähiger Kanal aus ionisierten Molekülen und freien Elektronen. Dabei entsteht dieser Kanal nicht sofort auf seiner ganzen Länge, sondern in aufeinanderfolgenden Vorentladungen. Von Vorentladung zu Vorentladung kann sich die Richtung etwas ändern, wodurch die typische Zick-Zack-Form des Blitzes zustande kommt. Gleichzeitig gehen vom Boden sogenannte Fangentladungen aus. Die bläulichen Fangentladungen beginnen meistens an herausragenden Bäumen, Masten oder Gebäuden, da dort die Feldstärke besonders hoch ist (▸Abb. 3). Trifft eine der Fangentladungen mit den Vorentladungen zusammen, entsteht ein geschlossener Blitzkanal zwischen Wolke und Erdboden.

Negativ- und Positivblitze • Es gibt Blitze innerhalb der Wolke und zwischen Wolke und Erdboden (▸Abb. 2). Die meisten Blitze zur Erde finden zwischen der negativ geladenen Wolkenunterseite und dem positiv geladenen Erdboden statt. Sie führen der Erde negative Ladung zu und heißen Negativblitze. Es gibt aber auch seltene Positivblitze aus dem oberen Wolkenteil. Aufgrund ihrer extrem großen Stromstärke von bis zu 400 kA und ihrer Reichweite von einigen Kilometern sind sie sehr gefährlich.

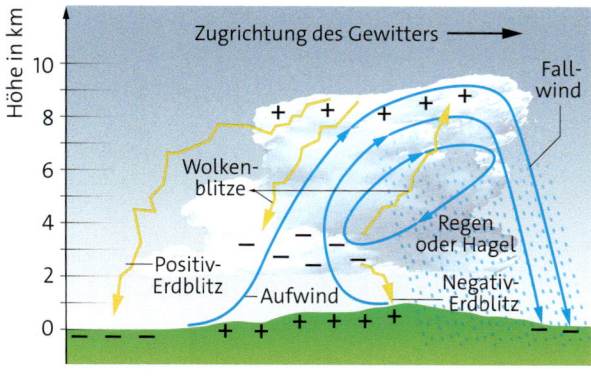

2 Vorgänge in einer Gewitterwolke (vereinfachte Darstellung)

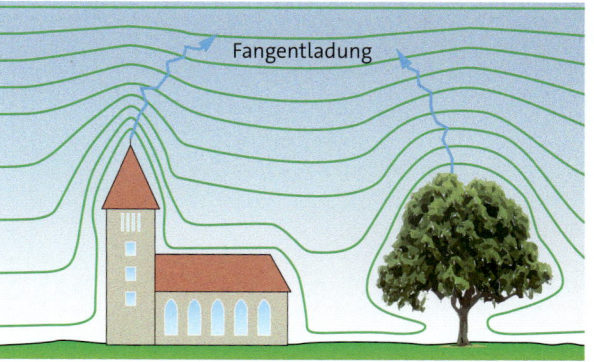

3 Verformung der Äquipotenzialflächen des elektrischen Felds

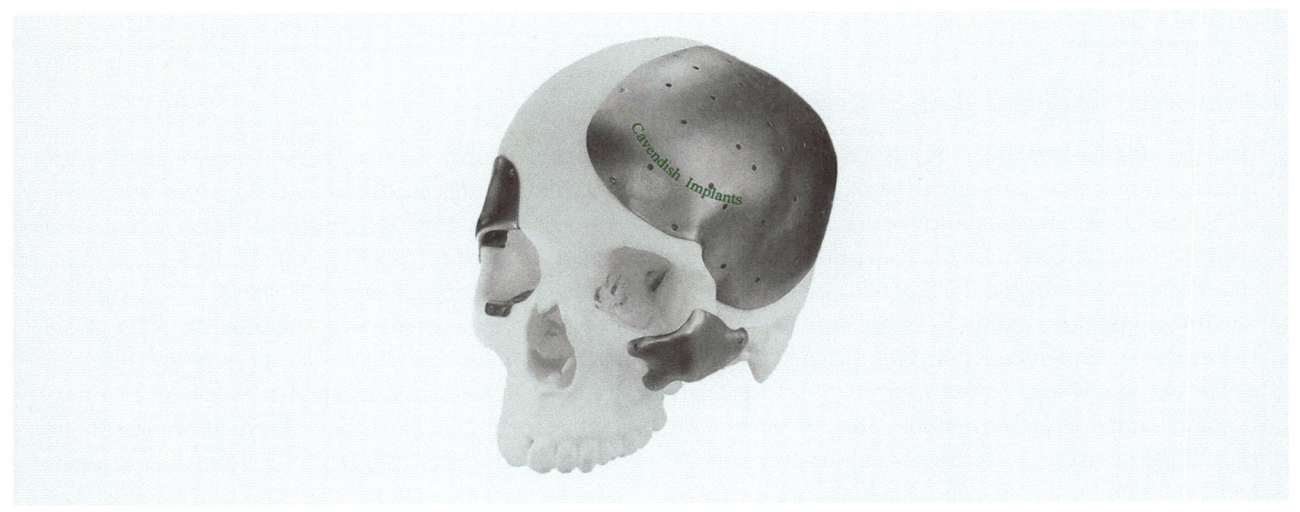

1 Ein Schädelimplan-
tat aus Titan aus dem
„3-D-Elektronenstrahl-
drucker"

Elektronenstrahlen

Ein Schädelimplantat muss leicht, robust und passgenau sein. Dies gelingt mit dem sogenannten Elektronenstrahlschmelzen. Mithilfe eines Strahls aus schnellen Elektronen wird ein Metallpulver pixelweise aufgeschmolzen. Wie beim 3-D-Druck können damit Objekte in allen Formen hergestellt werden. Der Elektronenstrahl muss energiereich sein und präzise auf jede Stelle gelenkt werden können. Wie erzeugt man einen solchen Elektronenstrahl und wie lenkt man ihn ab?

Elektronenstrahlröhre • Wir untersuchen die Erzeugung und Ablenkung eines Elektronenstrahls anhand einer Elektronenstrahlröhre oder sogenannten Braunschen Röhre (▶Abb. 2). Eine solche Röhre besteht im Wesentlichen aus einem evakuierten Glaskolben, einer **Glühkathode,** den die Kathode umgebenden Wehnelt-Zylinder und einer plattenförmigen **Anode** mit einer kleinen Öffnung in der Mitte. Hinter der Anode befinden sich zwei Ablenkkondensatoren. Die Vorderseite des Glaskolbens ist von innen mit einer fluoreszierenden Schicht bedeckt (Leuchtschirm). Zusätzlich ist der gesamte Glaskolben innen mit einer dünnen metallischen Beschichtung versehen.

Erzeugung des Elektronenstrahls • Durch die Heizwendel wird die Kathode zum Glühen gebracht. Aufgrund der hohen Temperatur ist die thermische Energie der Elektronen in der Kathode so groß, dass ein Teil der Elektronen aus dem Metall austritt. Dies wird als **glühelektrischer Effekt** bezeichnet. Zwischen Kathode und Anode liegt die **Anodenspannung** U_A an. Durch das zugehörige elektrische Feld werden die Elektronen zur Anode hin beschleunigt. Der negativ geladene Wehnelt-Zylinder sorgt für eine Bündelung der Elektronen auf die Anodenöffnung. Dadurch bewegt sich ein großer Teil der Elektronen mit hoher Geschwindigkeit durch die Anodenöffnung. Auf diese Weise entsteht hinter der Anode ein Elektronenstrahl. Dieser ist unsichtbar.

Heiz-
wendel   Glühkathode   Ablenkkondensatoren   Glaskolben   Leuchtschirm

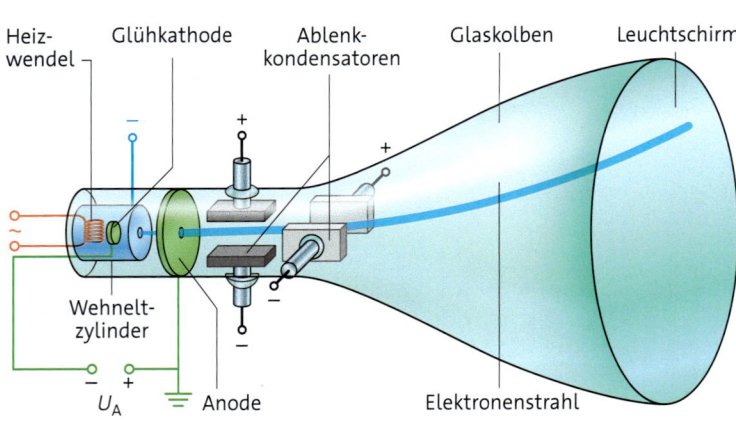

Wehnelt-
zylinder

U_A Anode

Elektronenstrahl

2 Aufbau einer Braunschen Röhre

Ablenkung des Strahls · In den elektrischen Feldern der Ablenkkondensatoren werden auf die Elektronen Kräfte nach oben oder unten beziehungsweise nach links oder rechts ausgeübt. Mit den passenden Spannungen kann der Strahl auf jede Stelle des Schirms gelenkt werden. Am Auftreffpunkt regen die Elektronen die Atome des Leuchtschirms zur Aussendung von Licht an.

Elektronenkreislauf · Nach dem Auftreffen auf dem Schirm fließen die Elektronen über die metallische Beschichtung zum Pluspol der Anodenspannungsquelle (▶Abb. 3). Dort werden sie unter Energieaufwand zum Minuspol gepumpt und können erneut aus der Kathode austreten. Wie bei einem gewöhnlichen Stromkreis durchlaufen die Elektronen unterschiedliche Potenziale. Im Gegensatz zum Stromkreis erfahren die Elektronen im Vakuum keinen Widerstand. Potenzialunterschiede wirken sich daher unmittelbar auf die kinetische Energie der Elektronen aus. In der Darstellung der Potenziale in ▶Abb. 3 ist zu beachten, dass der Pluspol der Anodenspannung geerdet ist. Daher liegt die Anode auf dem Potenzial $\varphi_A = 0\,\text{V}$. Bei einer Anodenspannung von 500 V erhält man für die Kathode das Potenzial $\varphi_K = -500\,\text{V}$.

Energie der Elektronen · Während die Elektronen zwischen Kathode und Anode beschleunigt werden, nehmen sie Energie aus dem elektrischen Feld auf. Auch wenn das Feld nicht homogen ist, kann man die übertragene Energie ΔE aus der Anodenspannung berechnen. Da die Elektronen die Ladung $q = -e$ tragen, wobei e die Elementarladung ist, folgt:

$$\Delta E = e \cdot U_A .$$

Vernachlässigt man die geringe kinetische Energie der Elektronen beim Austritt aus der Kathode, dann folgt für die kinetische Energie und die Geschwindigkeit beim Durchfliegen der Anode:

$$E_{\text{kin,A}} = \tfrac{1}{2} m_e \cdot v_A^2 = e \cdot U_A \Rightarrow v_A = \sqrt{2\,\tfrac{e}{m_e}\,U_A} .$$

Da Anode und Glaskolben geerdet sind, bewegen sich die Elektronen hinter der Anode im feldfreien Raum. Nach dem Trägheitsgesetz behalten sie ihre Geschwindigkeit und kinetische Energie bis zum Eintritt in die Ablenkkondensatoren bei.

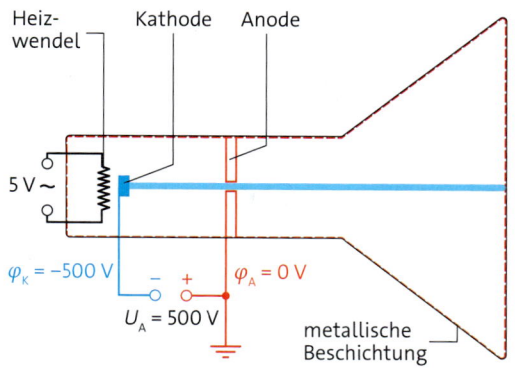

3 Stark vereinfachte Schaltskizze einer Elektronenstrahlröhre mit Potenzialverlauf ohne Wehnelt-Zylinder und ohne Ablenkplatten

In der Elektronenstrahlröhre erreichen die Elektronen nach Durchlaufen der Anodenspannung U_A die kinetische Energie:

$E_{\text{kin,A}} = \tfrac{1}{2} m_e \cdot v_A^2 = e \cdot U_A$, mit

$m_e = 9{,}11 \cdot 10^{-31}\,\text{kg}$ (Elektronenmasse)

$e = 1{,}60 \cdot 10^{-19}\,\text{C}$ (Elementarladung)

Die Einheit Elektronvolt · In der Atom- und Elementarteilchenphysik ist eine eigene Einheit für die Energie üblich. Sie ist gleich der Änderung der kinetischen Energie eines Protons oder Elektrons nach Durchlaufen einer Spannung von 1 V. Wegen $q = \pm e$ ändert sich die kinetische Energie eines Protons oder Elektrons pro Volt durchlaufener Spannung betragsmäßig um $|q \cdot U| = e \cdot 1\,\text{V} = 1\,\text{eV}$, genannt **Elektronvolt**.

Die Elementarladung e ist die kleinste Ladung, die Materie annehmen kann. Die Elementarladung ist positiv. Protonen tragen die Ladung $+e$, Elektronen die Ladung $-e$.

Ein Elektronvolt (eV) ist gleich der Änderung der kinetischen Energie eines Elektrons oder Protons nach Durchlaufen einer Spannung von 1 V.
Es gilt: $1\,\text{eV} = 1{,}60 \cdot 10^{-19}\,\text{J}$

1 Bei einer Elektronenstrahlröhre ist $U_A = 500\,\text{V}$.
a) Berechnen Sie die Geschwindigkeit der Elektronen beim Durchfliegen der Anode.
b) Geben Sie die potenzielle und die kinetische Energie der Elektronen in der Kathode, in der Anodenöffnung und auf dem Schirm an.

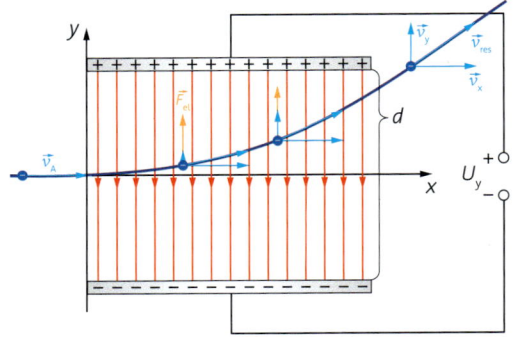

1 Ablenkung des Elektronenstrahls im homogenen Feld

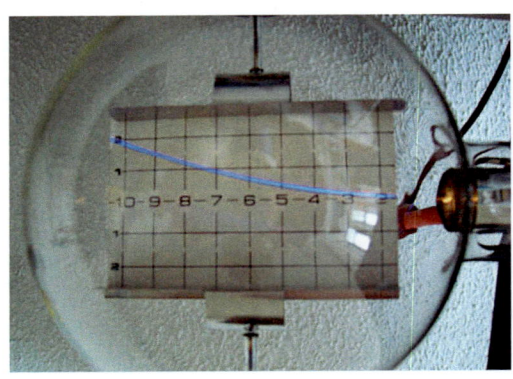

2 Elektronenstrahlablenkung im Experiment

Elektronen im Ablenkkondensator • Nachdem sich die Elektronen durch die Anodenöffnung bewegt haben, gelangen sie in den Ablenkkondensator. Um ihre weitere Bewegung durch den Kondensator mathematisch beschreiben zu können, idealisieren wir das zugehörige elektrische Feld. Wir nehmen an, dass das Feld zwischen den Ablenkplatten homogen und der Raum außerhalb des Kondensators feldfrei ist (▸Abb.1).

Bewegung in zwei Richtungen • Wir beschreiben die Bewegung in einem x-y-Koordinatensystem. Die Geschwindigkeit $\vec{v}_A$, mit der die Elektronen in das Feld eintreten, zeigt in x-Richtung. Die auf die Elektronen ausgeübte Kraft $\vec{F}_{el}$ zeigt dagegen in y-Richtung. Aufgrund dieser Kraft werden die Elektronen in y-Richtung beschleunigt. Dies führt zu einer zunehmenden Geschwindigkeitskomponente $\vec{v}_y$ in y-Richtung. In x-Richtung behalten die Elektronen die ursprüngliche Geschwindigkeit bei, also $\vec{v}_x = \vec{v}_A$. Wie beim waagrechten Wurf kann man die Bewegung der Elektronen gedanklich in zwei Teilbewegungen zerlegen, eine Bewegung mit konstanter Geschwindigkeit in x-Richtung und eine Bewegung mit konstanter Beschleunigung in y-Richtung. Für diese Teilchenbewegungen gelten die Gesetzmäßigkeiten:

$$v_x(t) = v_A = \text{konstant}, \qquad x(t) = v_A \cdot t,$$
$$v_y(t) = a_y \cdot t, \qquad y(t) = \tfrac{1}{2} \cdot a_y \cdot t^2,$$

Die Beschleunigung a_y in y-Richtung erhält man aus der Kraft $\vec{F}_{el}$, diese aus der Feldstärke $\mathcal{E}_y$ und diese wiederum aus der Ablenkspannung U_y:

$$a_y = \frac{F_{el}}{m_e} = \frac{e \cdot \mathcal{E}_y}{m_e} = \frac{e \cdot U_y}{m_e \cdot d}.$$

Bahnkurve • Die Bahnkurve der Elektronen erhält man durch Elimination von t in der Gleichung für $y(t)$ mithilfe der Gleichung für $x(t)$:

$$y = \tfrac{1}{2} \cdot a_y \cdot t^2 = \tfrac{1}{2} \cdot a_y \cdot \left(\frac{x}{v_A}\right)^2 = \frac{a_y}{2 \cdot v_A^2} \cdot x^2.$$

Die Gleichung hat die Struktur $y = C \cdot x^2$, mit einer Konstanten C, die nur von a_y und v_A abhängt. Die Ablenkung y hängt also quadratisch von x ab und die Bahnkurve ist folglich eine Parabel. Ferner gilt für die Geschwindigkeit v_A:

$$v_A^2 = \frac{2 \cdot e \cdot U_A}{m_e}.$$

Setzt man diese Beziehung sowie die Gleichung für Beschleunigung a_y in die Gleichung für die Bahnkurve ein, so erhält man endgültig:

$$y = \frac{U_y}{4 \cdot d \cdot U_A} \cdot x^2.$$

Überprüfung im Experiment • Mit einem Leuchtschirm zwischen den Ablenkplatten untersuchen wir die Form der Bahnkurve und die Abhängigkeit von den Spannungen U_A und U_y. ▸Abb.2 zeigt den Schirm für $U_A = 4,0\,\text{kV}$ und $U_y = 3,0\,\text{kV}$. Die Bahnkurve scheint parabelförmig zu sein. Eine genaue Auswertung bestätigt dies. Halbieren wir die Ablenkspannung, dann halbiert sich auch die Ablenkung, wie zu erwarten war. Wenn zusätzlich die Anodenspannung halbiert wird, dann sollte sich die Ablenkung wieder verdoppeln. Dies ist tatsächlich der Fall und die ursprüngliche Bahnkurve erscheint wieder.

1 Zeichnen Sie die Bahnkurve im Ablenkkondensator für $U_A = 2,5\,\text{kV}$, $U_y = 3,0\,\text{kV}$, $d = 8\,\text{cm}$ im Bereich von $0 \leq x \leq 10\,\text{cm}$.

Energiebetrachtung bei Ladungsträgern im Feld

Prinzip eines Driftröhrenbeschleunigers • Für Experimente in der Kern- und Teilchenphysik werden z.B. Protonen mit großer kinetischer Energie benötigt. Zur Beschleunigung von Protonen und anderen Ladungsträgern eignet sich das in ▸Abb. 3 gezeigte Prinzip. Dabei fliegen die aus der Quelle S stammenden Protonen durch viele hintereinander angeordnete sogenannte Driftröhren. Quelle und Röhren sind abwechselnd positiv und negativ geladen, sodass zwischen den Röhren jeweils ein elektrisches Feld herrscht. In diesen Feldern werden die Protonen beschleunigt. Im Inneren der metallischen Röhren existiert wie bei einem Faradayschen Käfig kein Feld. Dort bewegen sich die Protonen mit konstanter Geschwindigkeit. Damit die Protonen zwischen den Röhren immer weiter beschleunigt werden, müssen Quelle und Röhren ständig umgepolt werden (▸Abb. 3 A und 3 B). Dazu wird eine Wechselspannung hoher Frequenz verwendet.

Energiezunahme • Bei jedem Durchgang durch eines der elektrischen Felder zwischen den Röhren nehmen die Protonen Energie aus dem Feld auf. Die Energiezunahme kann man aus der zwischen den Röhren anliegenden Spannung berechnen. Mit einer Spannung von z.B. 40,0 kV und mit $q = e$ erhält man für die Energiezunahme

$$\Delta E = q \cdot U = 40\,000\,\text{eV} = 40,0\,\text{keV} = 6,40 \cdot 10^{-15}\,\text{J}.$$

Nach dem ersten Felddurchlauf haben die Protonen eine kinetische Energie von 40 keV, nach dem zweiten Durchlauf eine Energie von 80 keV. Nach n Felddurchläufen gilt:

$$E_{\text{kin, n}} = n \cdot \Delta E = n \cdot q \cdot U = n \cdot 40,0\,\text{keV}.$$

Wenn wir annehmen, dass die Felder homogen sind, dann nimmt die Energie im Feld linear mit der zurückgelegten Strecke zu. Man erhält die in ▸Abb. 3 C dargestellte Ortsabhängigkeit der kinetischen Energie.

Geschwindigkeit • Mit der Geschwindigkeit v_n nach dem n-ten Felddurchlauf sowie mit der Protonenmasse m_p gilt:

$$E_{\text{kin, n}} = \tfrac{1}{2} \cdot m_p \cdot v_n^2 = n \cdot q \cdot U.$$

Daraus folgt mit $m_p = 1,67 \cdot 10^{-27}\,\text{kg}$:

$$v_n = \sqrt{\frac{2 \cdot n \cdot q \cdot U}{m_p}} = \sqrt{n} \cdot 2,77 \cdot 10^6\,\tfrac{\text{m}}{\text{s}}.$$

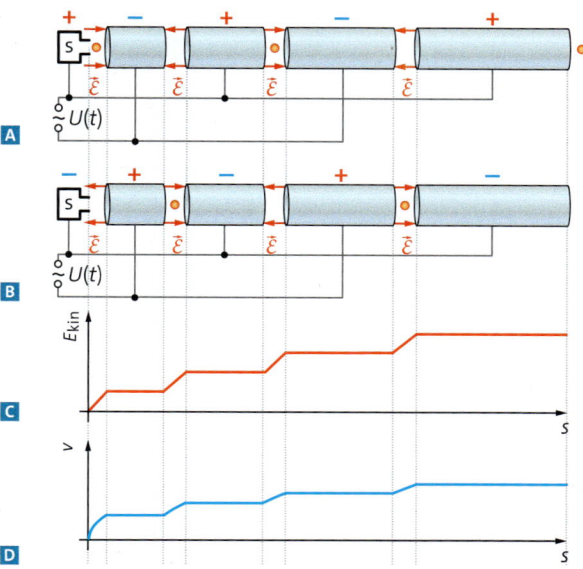

3 **A, B** Durch passende Umpolung werden die Protonen zwischen den Röhren beschleunigt. Ortsabhängigkeit **C** der kinetischen Energie und **D** der Geschwindigkeit der Protonen

Während die kinetische Energie also bei jedem Felddurchlauf um denselben Betrag zunimmt, ist dies bei der Geschwindigkeit nicht mehr der Fall (▸Abb. 3 D). Auch im Feld selbst nimmt die Geschwindigkeit proportional zur Wurzel der zurückgelegten Strecke zu.

Stärken und Schwächen der Methode • Mithilfe der Energiebetrachtung kann man auf einfache Weise die Änderung der kinetischen Energie von Ladungsträgern im elektrischen Feld bestimmen. Mit der Methode kann man aber nicht berechnen, wie lange die Bewegung eines Ladungsträgers dauert. Da beim Linearbeschleuniger die Umpolung der Spannung immer nach derselben Zeitspanne erfolgt, kann man auf diese Weise auch nicht die erforderlichen Längen der Röhren bestimmen. Dazu muss man mit den Gesetzen der Kinematik rechnen.

1 Begründen Sie, warum die Driftröhren von links nach rechts immer länger werden müssen.

2 Berechnen Sie für 10 Driftröhren die kinetische Energie und die Geschwindigkeit der Protonen am Ende des Beschleunigers. Wie ändern sich die Werte, wenn He⁺-Ionen statt Protonen beschleunigt werden?

Material A • Elektronen in der Schattenkreuzröhre

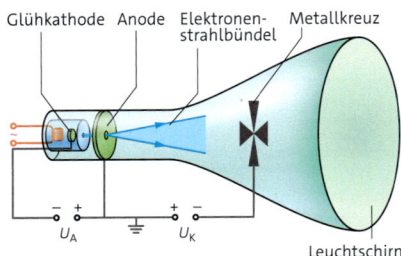

Glühkathode Anode Elektronen- Metallkreuz
strahlbündel

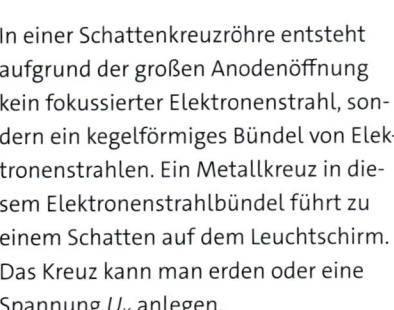

U_A U_K Leuchtschirm

In einer Schattenkreuzröhre entsteht aufgrund der großen Anodenöffnung kein fokussierter Elektronenstrahl, sondern ein kegelförmiges Bündel von Elektronenstrahlen. Ein Metallkreuz in diesem Elektronenstrahlbündel führt zu einem Schatten auf dem Leuchtschirm. Das Kreuz kann man erden oder eine Spannung U_K anlegen.

A1 a) Zwischen Kathode und Anode liegt die Spannung $U_A = 4,0\,kV$ an. Berechnen Sie die Energie und Geschwindigkeit der Elektronen beim Durchfliegen der Anodenöffnung.
b) Anode, Kreuz und Leuchtschirm sind vorerst alle geerdet. Erklären Sie, wie sich die Elektronen zwischen Anode und Leuchtschirm bewegen.

A2 a) Nun wird der Einfluss einer negativen Aufladung des Kreuzes untersucht. Der Schatten des Kreuzes ändert sich wie in der Abbildung gezeigt. Erklären Sie, warum der Schatten größer wird. Stellen Sie eine Vermutung auf, warum sich die Form des Schattens ändert.
b) Nun wird bei gleichbleibender Spannung U_K die Anodenspannung U_A vergrößert. Erklären Sie, wie sich dabei der Schatten verändert.

A3 Der Anschluss des Kreuzes wird von der Quelle getrennt und nicht geerdet. Man beobachtet, dass sich zwischen Anode und Kreuz eine bestimmte Spannung einstellt. Erklären Sie die Beobachtung.

Material B • Beschleunigung und Ablenkung von Elektronen

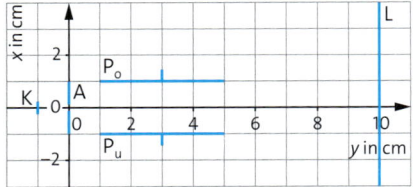

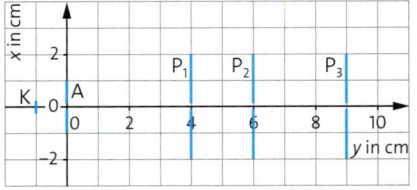

Bei einer Braunschen Röhre liegt zwischen der Kathode K und der geerdeten Anode A die Spannung 250 V an. Im Abstand von 1,0 cm zur Anode befinden sich zwei Ablenkplatten P_o und P_u mit einer Plattenlänge von 4,0 cm und einem -abstand von 2,0 cm. Ein geerdeter Leuchtschirm L im Abstand von 10,0 cm von der Anode bildet den Abschluss der Röhre.

B1 An den Ablenkplatten liegt vorerst keine Spannung an. Zeigen Sie, dass die Elektronen den Leuchtschirm mit einer Geschwindigkeit von $9,37 \cdot 10^6 \frac{m}{s}$ erreichen.
B2 An den Ablenkkondensator wird nun eine Spannung von $U_y = 100\,V$ so angelegt, dass die obere Platte positiv geladen ist.
a) Berechnen Sie die Flugdauer der Elektronen durch den Kondensator.
b) Bestimmen Sie die Koordinaten des Punkts P, in dem die Elektronen den Kondensator verlassen.
c) Bestimmen Sie die Geschwindigkeitskomponenten v_x und v_y der Elektronen im Punkt P.
d) Berechnen Sie für den Punkt P den Betrag der resultierenden Geschwindigkeit sowie den Winkel, den diese zur Horizontalen einnimmt.
e) Bestimmen Sie die Koordinaten des Auftreffpunkts Q auf dem Leuchtschirm. Vernachlässigen Sie dazu das inhomogene Feld außerhalb des Ablenkkondensators.
f) Anode und Schirm haben dasselbe Potenzial. Was folgt daraus für die Geschwindigkeit der Elektronen beim Auftreffen auf den Schirm? Erklären Sie den Widerspruch zu e).

B3 In einer anderen Röhre werden Elektronen mit einer Spannung von 300 V beschleunigt und treffen anschließend auf eine Anordnung aus drei Metallplatten P_1 bis P_3 mit je einem kleinen Loch in der Mitte. Die Platten bilden zwei Kondensatoren mit den Abständen 2,0 cm und 3,0 cm. P_1 und P_3 sind geerdet, das Potenzial von P_2 beträgt $-200\,V$.
a) Beschreiben Sie die Bewegung der Elektronen beim Durchqueren der Anordnung.
b) Zeichnen Sie das E_{kin}-x-Diagramm für $0 \leq x \leq 10$ cm.
c) Berechnen Sie die Geschwindigkeit bei $x = 6,0$ cm.

Material C • Van-de-Graaff-Beschleuniger

Beim Van-de-Graaff-Beschleuniger nutzt man die durch einen Bandgenerator erzeugte hohe Spannung zur Beschleunigung von Ionen. Die Hochspannung wird über eine Widerstandskette gleichmäßig auf die Metallringe aufgeteilt. Dadurch entsteht ein annährend homogenes Feld im evakuierten Beschleunigungsrohr.

C1 Aus der Ionenquelle treten He⁺-Ionen ($m_{He^+} = 6,65 \cdot 10^{-27}$ kg) mit vernachlässigbarer Anfangsgeschwindigkeit in die 2,5 m lange Beschleunigungsstrecke. Die Spannung beträgt 3,6 MV.
a) Berechnen Sie die kinetische Energie und die Geschwindigkeit der Ionen am Ende der Beschleunigungsstrecke.

b) Berechnen Sie die Zeit, die die Ionen zum Durchfliegen der Beschleunigungsstrecke benötigen.
c) Vergleichen Sie die Werte von a) und b) mit denen für Protonen.
C2 Vergleichen Sie die erforderliche Energie, um die Ladung +1e im Bandgenerator nach oben zu transportieren, mit der Energie, die ein He⁺-Ion bei der Beschleunigung aus dem Feld aufnimmt.
C3 Die Stromstärke des He⁺-Ionenstrahls beträgt 1,3 mA.
a) Berechnen Sie die Anzahl der pro Sekunde beschleunigten Ionen.
b) Der Gesamtwiderstand der Widerstandskette beträgt 240 MΩ. Berechnen Sie die Leistung, die dem Bandgenerator mindestens zugeführt werden muss.

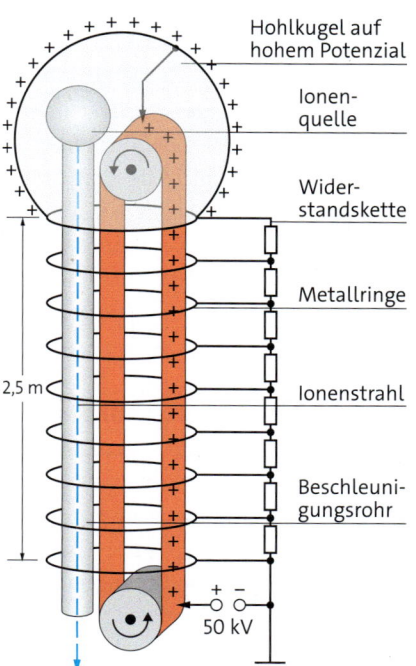

Hohlkugel auf hohem Potenzial

Ionenquelle

Widerstandskette

Metallringe

2,5 m

Ionenstrahl

Beschleunigungsrohr

50 kV

Material C • Ionenantrieb

Die erste europäische Raumsonde zur Erkundung des Monds wurde am 27.09.2003 von einer Trägerrakete in eine 4 800 km hohe Erdumlaufbahn gebracht. Von dort aus schraubte sich die 370 kg schwere Sonde SMART-1 in 410 Tagen auf einer spiralförmigen Bahn zum Mond. Als Antrieb wurde zum ersten Mal für eine Mission zum Mond ein solarelektrisches Ionentriebwerk genutzt. Dabei wurden Xenon-Atome ionisiert, im elektrischen Feld auf 15 000 $\frac{m}{s}$ beschleunigt und anschließend wieder neutralisiert. Durch die vom Triebwerk ausgestoßenen

Xenon-Atome wurde auf diese Weise eine Antriebskraft von 70 mN erreicht.

D1 a) Erklären Sie, warum die Xenon-Atome zuerst ionisiert und nach dem Beschleunigungsvorgang wieder neutralisiert werden müssen.
b) Skizzieren und beschreiben Sie einen möglichen Aufbau eines Triebwerks auf der Basis von positiv geladenen Xenon-Ionen.
c) Die Masse eines Xe⁺-Ions beträgt $2,17 \cdot 10^{-25}$ kg. Berechnen Sie die Beschleunigungsspannung.
D2 Im Folgenden wird vom Einfluss der Gravitation abgesehen; ebenso von der Massenabnahme der Sonde durch das Ausstoßen von Xenon.
a) Berechnen Sie, wie viel Xenon pro Sekunde ausgestoßen werden muss, um die angegebene Antriebskraft zu erreichen.

b) Berechnen Sie die Zeitspanne, um die Geschwindigkeit der Sonde um 1,0 $\frac{m}{s}$ zu erhöhen.
c) SMART-1 hatte 84 kg Xenon an Bord. Schätzen Sie die erreichbare Endgeschwindigkeit der Sonde ab.
D3 Ein Problem besteht im großen Leistungsbedarf des Ionenantriebs.
a) Berechnen Sie die zur Beschleunigung der Xe⁺-Ionen erforderliche Leistung.
b) Bestimmen Sie die Energie zum Ausstoßen von 84 kg Xenon. Vergleichen Sie diese Energie mit der kinetischen Energie der Sonde.
D4 a) Erläutern Sie, warum SMART-1 sich auf einer spiralförmigen Bahn langsam dem Mond näherte, statt ihn auf direktem Weg zu erreichen.
b) Diskutieren Sie die Eignung des Iontriebwerks, um SMART-1 bei einer Mondlandung abzubremsen.

Von den Kathodenstrahlen zum Elektron

Die Suche nach der kleinsten Ladung • Ausgehend von Beobachtungen zur Elektrolyse entwickelte sich in der zweiten Hälfte des 19. Jahrhunderts die Idee, dass die elektrische Ladung nicht beliebig teilbar ist, sondern dass es stattdessen eine kleinste Ladung gibt. Parallel dazu entdeckte man bei Experimenten mit Röhren, in denen Gase bei niedrigem Druck durch Anlegen einer hohen Spannung zum Leuchten gebracht wurden, eine unbekannte Art von Strahlung, die von der Kathode ausging.

Untersuchung der unbekannten Strahlung • Um die Ausbreitung der sogenannten Kathodenstrahlung zu untersuchen, baute man ein metallisches Kreuz in die Röhre ein. Eine moderne Bauweise einer solchen Schattenkreuzröhre zeigt ▸Abb.1A. Wenn nur der Heizstrom für die Glühkathode eingeschaltet ist, dann erscheint ein durch das Licht der glühenden Kathode gebildeter Schatten des Kreuzes (▸Abb.1B). Wird zusätzlich eine Anodenspannung angelegt, dann beobachtet man auf dem Leuchtschirm einen weiteren, von der Kathodenstrahlung hervorgerufenen Schatten (▸Abb.1C). Da die beiden Schatten deckungsgleich sind, breitet sich die Kathodenstrahlung wie Licht geradlinig aus. Wenn man einen Magneten an den Hals der Röhre hält, dann verschiebt sich der Schatten (▸Abb.1D). Die Strahlung wird also im Magnetfeld abgelenkt.

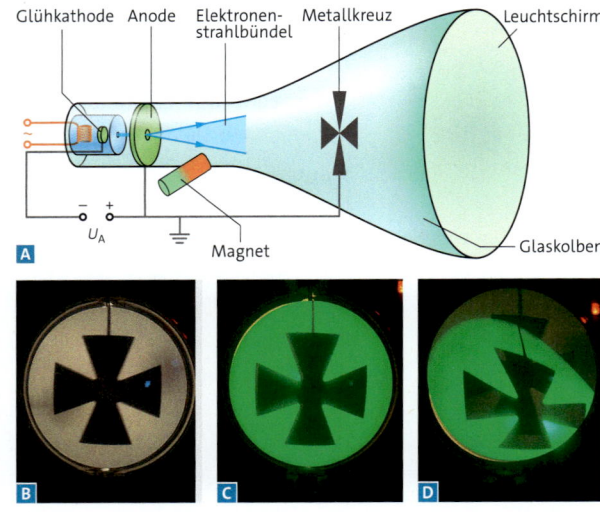

1 Schattenkreuzröhre: **A** Aufbau, **B** Schatten des Lichts, **C** Schatten der Kathodenstrahlung, **D** im Magnetfeld verschobener Schatten

Deutung der Strahlung • Die Ablenkung der Kathodenstrahlung im Magnetfeld wurde als Indiz dafür gewertet, dass die unbekannte Strahlung aus geladenen Teilchen besteht. In späteren Experimenten konnte man zeigen, dass die Strahlung auch im elektrischen Feld abgelenkt wird und dass sie einen Faradayschen Becher negativ aufladen kann. Man wertete dies als Bestätigung der These, dass die Kathodenstrahlung aus negativ geladenen Teilchen besteht. Der britische Physiker JOSEPH J. THOMSON konnte um 1897 aus einer Analyse der Bewegung im Magnetfeld den Quotienten e/m_e von Ladung e und Masse m_e der Teilchen bestimmen. THOMSON stellte fest, dass dieser Wert nicht vom Material der Kathode abhängt. Daraus folgerte er, dass die Kathodenstrahlung immer aus denselben Teilchen bestehen muss.

Quantisierung der Ladung • Parallel zu den Versuchen mit der Kathodenstrahlung stellte man anhand von Experimenten an geladenen Wasser- und Öltröpfchen im elektrischen Feld fest, dass die Ladung der Tröpfchen immer ein ganzzahliges Vielfache einer kleinsten Ladungseinheit ist. Man sagt, die elektrische Ladung ist quantisiert. In wieder anderen Experimenten konnte man zeigen, dass Metalle negative Ladungsträger enthalten und diese beweglich sind. Insgesamt bestätigte sich die These vom Elektron als einem universellen negativ geladenen Teilchen in den unterschiedlichsten Experimenten.

Das Elektron als Elementarteilchen • Nach heutigem Wissenstand ist das Elektron unteilbar. Es ist nicht aus etwas anderem zusammengesetzt. Obwohl es eine Masse und eine Ladung hat, kann man bei Stoßexperimenten keine Größe des Elektrons nachweisen. Die Messgrenze liegt aktuell bei 10^{-19} m, im Vergleich zur Größenordnung eines Atoms von ungefähr 10^{-10} m! Aus dem Alltag bekannte Begriffe wie Größe und Form sind auf das Elektron nicht anwendbar. Damit ist das Elektron ein sogenanntes Elementarteilchen. Sämtliche Elementarteilchen sind unteilbar und nicht zusammengesetzt. Sie haben wie das Elektron feste Werte für die Masse und die Ladung. Protonen und Neutronen sind keine Elementarteilchen, da sie aus Quarks zusammengesetzt sind. Quarks dagegen sind nach heutiger Kenntnis unteilbar und daher Elementarteilchen.

Bestimmung der Elementarladung

Überprüfung der These von der kleinsten Ladung • Wenn es stimmt, dass die elektrische Ladung quantisiert ist, dann sollte jeder geladene Körper ein Vielfaches einer kleinsten Ladung tragen. Zur Überprüfung hat man die Ladung von kleinen Öltröpfchen sehr genau vermessen.

Öltröpfchen im Kondensator • Zwischen die Platten eines luftgefüllten Kondensators mit Plattenabstand d werden feine Öltröpfchen gesprüht (▸Abb. 2). Beim Einsprühen reiben die Tröpfchen aneinander und an der Luft. Dabei laden sie sich elektrisch auf, teils negativ, teils positiv. Wenn die Spannung zu Beginn noch ausgeschaltet ist, sinken alle Tröpfchen unabhängig von ihrer Ladung kurze Zeit nach dem Einsprühen nach unten. Erhöht man die Spannung von null an, dann werden die positiv geladenen Tröpfchen schneller und die negativ geladenen langsamer.

Schweben • Durch passende Einstellung der Spannung U kann man ein einzelnes negativ geladenes Tröpfchen zum Schweben bringen (▸Abb. 3 A). Aus dem Kräftegleichgewicht zwischen elektrischer Kraft F_{el} und Gewichtskraft F_G erhält man im Prinzip die Ladung q des Tröpfchens:

$$F_{el} = F_G \Rightarrow q \cdot \frac{U}{d} = m \cdot g \Rightarrow q = \frac{m \cdot g \cdot d}{U}$$

Sinken • Da die Tröpfchen sehr klein sind, kann man ihre Masse m nicht direkt messen. Aber man kann sie aus der Sinkgeschwindigkeit bei ausgeschalteter Spannung bestimmen. Bei konstanter Sinkgeschwindigkeit v sind die Gewichtskraft F_G und die Luftreibungskraft F_R im Gleichgewicht (▸Abb. 3 B). Da sich bei der geringen Geschwindigkeit kaum Luftwirbel bilden, gilt für die Rei-

bungskraft auf das Tröpfchen ein proportionaler Zusammenhang zu seiner Geschwindigkeit v. Sie ist außerdem noch proportional zum Radius r des kugelförmigen Tröpfchens. Daneben spielt noch die Viskosität η der Luft eine Rolle. Sie gibt an, wie leicht sich benachbarte Luftschichten gegeneinander verschieben lassen. Es gilt das Gesetz von Stokes:

$$F_R = 6\pi \cdot \eta \cdot r \cdot v.$$

Auch die Gewichtskraft hängt vom Tröpfchenradius r ab:

$$F_G = m \cdot g = V \cdot \rho \cdot g = \frac{4}{3}\pi \cdot r^3 \cdot \rho \cdot g.$$

Dabei ist ρ die Dichte des Öls. Aus der Bedingung für das Kräftegleichgewicht beim Sinken ($F_R = F_G$) folgt eine Gleichung für den Radius r in Abhängigkeit von der Sinkgeschwindigkeit v des Tröpfchens:

$$r = 3\sqrt{\frac{\eta \cdot v}{2 \cdot \rho \cdot g}}.$$

Setzt man dies in die Gleichung für $F_G = F_R$ ein, dann erhält man daraus letztlich die Ladung des Tröpfchens:

$$q = \frac{9\pi \cdot d}{U}\sqrt{\frac{2 \cdot \eta^3 \cdot v^3}{\rho \cdot g}}.$$

Elementarladung • Führt man den Versuch mit sehr vielen Tröpfchen durch, dann erhält man ein Ergebnis wie in ▸Abb. 4 dargestellt. Es bestätigt sich, dass die Tröpfchenladungen Vielfache einer kleinsten Ladung sind. In immer weiter verbesserten und verfeinerten Experimenten nach dem Prinzip des hier beschriebenen Versuchs hat man die Elementarladung immer genauer bestimmt. Im Jahr 2019 hat man sie auf exakt $e = 1{,}602176634 \cdot 10^{-19}\,\text{C}$ festgelegt. Aus dieser Definition folgt die Einheit der Ladung zu $1\,\text{C} \cong 6{,}2415090745 \cdot 10^{18}\,e$.

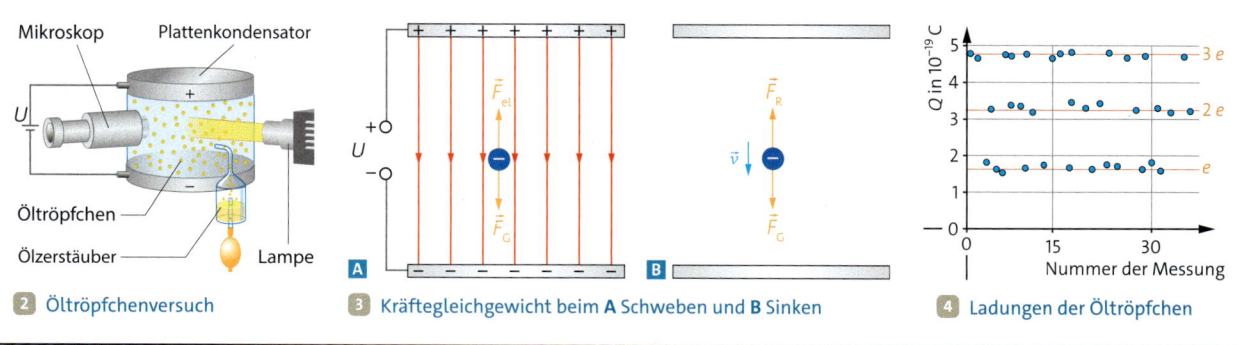

2 Öltröpfchenversuch   **3** Kräftegleichgewicht beim **A** Schweben und **B** Sinken   **4** Ladungen der Öltröpfchen

2 Geladener
Plattenkondensator

$Q+$ $Q-$

Kondensator und Kapazität

Fluchtwege müssen auch im Dunkeln leicht erkannt werden. Damit die Beleuchtung der Schilder bei Stromausfall nicht erlischt, werden oft Kondensatoren eingesetzt. Diese speichern elektrische Ladung und damit auch Energie. Bei Bedarf geben sie beides wieder ab.

Gespeicherte Ladung • Wenn ein Plattenkondensator geladen ist, dann ist die eine Platte positiv und die andere negativ geladen (▸Abb. 2). Der Betrag der Ladung Q ist auf beiden Platten gleich. Schließt man einen geladenen Kondensator an eine Glühlampe an, dann fließt die Ladung Q durch die Lampe. Daher ist es sinnvoll, Q als die gespeicherte Ladung zu bezeichnen.

Vermutungen • Es ist naheliegend, dass die gespeicherte Ladung von der Plattengröße abhängt. Zum Aufladen des Kondensators benötig man eine elektrische Quelle. Die gespeicherte Ladung ist vermutlich umso größer, je größer die Spannung ist, bei der man den Kondensator lädt. Diese Spannung liegt auch dann noch zwischen den Platten an, wenn der Kondensator nach dem Ladevorgang von der Quelle getrennt wird. Zwischen den geladenen Platten existiert ein elektrisches Feld. Die Feldstärke hängt von der Spannung und dem Plattenabstand ab. Folglich könnte die gespeicherte Ladung ebenfalls vom Plattenabstand abhängen. Schließlich könnte noch das Material der Platten eine Rolle spielen oder auch das Material zwischen den Platten.

Experiment • Um die Vermutungen systematisch zu prüfen, verändern wir von den möglichen Einflussfaktoren immer nur einen und halten alle anderen konstant. Wir untersuchen zuerst die Abhängigkeit von der Spannung und laden einen ungefüllten Kondensator aus Aluminiumplatten mit der Plattenfläche $A = 0,047\,\mathrm{m}^2$ und dem Plattenabstand $d = 1,0\,\mathrm{mm}$ an unterschiedlichen Spannungen und messen anschließend jeweils die gespeicherte Ladung (▸Abb. 3).

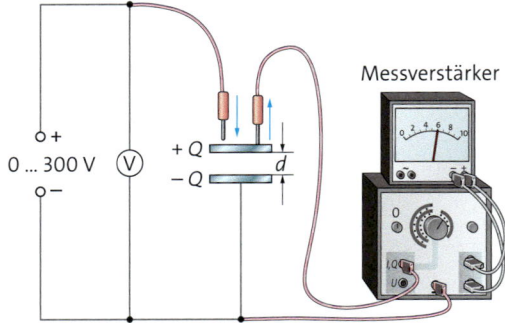

Messverstärker

$0 \ldots 300\,\mathrm{V}$ (V) $+Q$ $-Q$ d

3 Messung der
gespeicherten Ladung

$A = 47 \cdot 10^{-3}\,\text{m}^2,\ d = 1,0 \cdot 10^{-3}\,\text{m}$			
U in V	100	200	300
Q in $10^{-9}\,\text{C}$	43	83	125
$C = \frac{Q}{U}$ in $10^{-9}\,\frac{\text{C}}{\text{V}}$	0,43	0,42	0,42
$\varepsilon_0 = \frac{Q \cdot d}{U \cdot A}$ in $10^{-12}\,\frac{\text{C}}{\text{V} \cdot \text{m}}$	9,1	8,8	8,9

A

$U = 400\,\text{V},\ d = 1,0 \cdot 10^{-3}\,\text{m}$			
A in $10^{-3}\,\text{m}^2$	47	16	8,0
Q in $10^{-9}\,\text{C}$	165	58	27
$\frac{Q}{A}$ in $10^{-6}\,\frac{\text{C}}{\text{m}^2}$	3,5	3,6	3,4
$\varepsilon_0 = \frac{Q \cdot d}{U \cdot A}$ in $10^{-12}\,\frac{\text{C}}{\text{V} \cdot \text{m}}$	8,8	9,1	8,4

B

$U = 400\,\text{V},\ A = 47 \cdot 10^{-3}\,\text{m}^2$			
d in $10^{-3}\,\text{m}$	1,0	2,0	3,0
Q in $10^{-9}\,\text{C}$	210	110	66
$Q \cdot d$ in $10^{-9}\,\text{C} \cdot \text{m}$	0,21	0,22	0,20
$\varepsilon_0 = \frac{Q \cdot d}{U \cdot A}$ in $10^{-12}\,\frac{\text{C}}{\text{V} \cdot \text{m}}$	8,9	9,4	8,4

C

4 Messung der Ladung in Abhängigkeit von **A** der Spannung, **B** der Plattenfläche und **C** dem Plattenabstand

Kapazität • Im Rahmen der Messgenauigkeit ist die auf den Platten gespeicherte Ladung Q proportional zur Spannung U zwischen den Platten (▸Tab. 4 A). Daraus folgt, dass der Quotient $\frac{Q}{U}$ konstant, also unabhängig von der Spannung ist. Für unterschiedliche Kondensatoren nimmt dieser Quotient im Allgemeinen unterschiedliche Werte an. Er beschreibt, wie gut ein Kondensator Ladung speichern kann und wird als **Kapazität C** bezeichnet.

> Die in einem Kondensator gespeicherte Ladung ist proportional zur anliegenden Spannung. Der Quotient aus Ladung Q und Spannung U heißt Kapazität C und gibt an, wie viel Ladung der Kondensator bei einer bestimmten Spannung speichern kann.
> $C = \frac{Q}{U}$; Einheit: $[C] = \frac{\text{C}}{\text{V}} = \text{F (Farad)}$.

Kapazität eines Plattenkondensators • Wir untersuchen die Abhängigkeiten von der Plattengröße A und dem Plattenabstand d. ▸Tab. 3 B und 3 C zeigen, dass die Ladung proportional zu A und umgekehrt proportional zu d ist. Dabei erkennt man die Proportionalität an der Konstanz des Quotienten $\frac{Q}{A}$ und die Antiproportionalität an der Konstanz des Produkts $Q \cdot d$. Da die Messungen bei der konstanten Spannung $U = 400\,\text{V}$ durchgeführt wurden, können wir schließen, dass auch die Kapazität proportional zu A und umgekehrt proportional zu d ist. Die Proportionalität und die Antiproportionalität können zu einer einzigen Proportionalität zusammengefasst werden:

$$C \sim \frac{A}{d}.$$

Folglich ist der Quotient aus C und A/d der konstante Proportionalitätsfaktor, bezeichnet mit ε_0:

$$\varepsilon_0 = C : \frac{A}{d} = \frac{C \cdot d}{A} = \frac{Q \cdot d}{U \cdot A}.$$

Die Messung bestätigt, dass dieser Term für alle Messreihen im Rahmen der Messgenauigkeit gleich ist (letzte Zeilen in ▸Tab. 3 A bis 3 C). Genauere Messungen haben für diese als **elektrische Feldkonstante ε_0** bezeichnete Naturkonstante

$$\varepsilon_0 = 8,854 \cdot 10^{-12}\,\frac{\text{C}}{\text{Vm}}$$

ergeben. In weiteren Messungen hat man festgestellt, dass das Material der Platten keinen Einfluss hat. Daraus folgt für die Kapazität des Plattenkondensators:

$$C = \varepsilon_0 \cdot \frac{A}{d}.$$

Die Kapazität C ist also proportional zur Plattengröße A und umgekehrt proportional zum Plattenabstand d. Bei unseren Messungen war der Abstand d klein gegenüber dem Radius r der Platten. Wenn dies nicht der Fall ist, gilt die Gleichung $C = \varepsilon_0 \cdot \frac{A}{d}$ nicht mehr.

> Die Kapazität C eines ungefüllten Plattenkondensators wird durch die Plattengröße A und dem Plattenabstand d bestimmt:
> $C = \varepsilon_0 \cdot \frac{A}{d}.$
> Dabei beträgt die elektrische Feldkonstante
> $\varepsilon_0 = 8,854 \cdot 10^{-12}\,\frac{\text{C}}{\text{V} \cdot \text{m}}.$

1 Ein Kondensator hat kreisförmige Platten mit $r = 12\,\text{cm}$ und $d = 5,0\,\text{mm}$. Berechnen Sie die Kapazität sowie die Ladung bei $U = 25\,\text{kV}$.

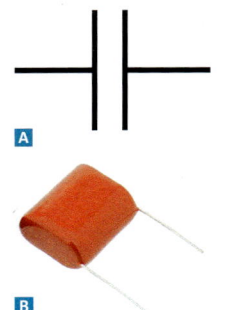

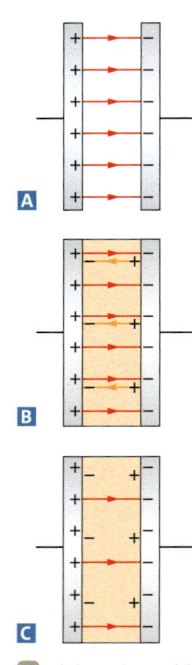

2 Aufbau eines Folienkondensators
Kunststofffolie
Aluminiumstreifen

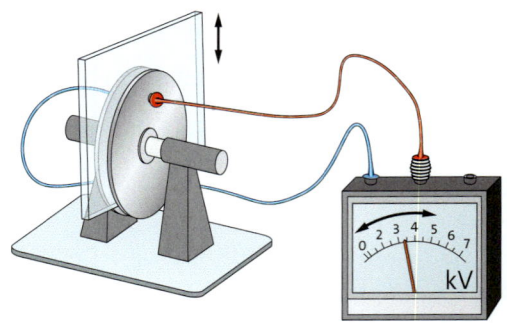

3 Wirkung einer Plexiglasscheibe auf die Spannung

4 Elektrisches Feld
A ohne Kunststoff,
B und **C** mit Kunststoff

Material	ε_r
Vakuum	1 (exakt)
Luft	1,0006
Gummi	2,5 ... 3
Glas	6 ... 8
Wasser	80

5 Permittivitätszahlen einiger Materialien

Folienkondensatoren • Die Kapazität eines Plattenkondensators mit $1\,m^2$ Plattengröße und $1\,mm$ Plattenabstand beträgt ca. $9\,nF$. Der Kondensator in ▸Abb.1 ist viel kleiner und hat mit $10\,\mu F$ eine viel größere Kapazität. Wie ist das möglich?

Das Geheimnis liegt im Aufbau (▸Abb.2). Der Kondensator besteht aus zwei Aluminiumstreifen mit dazwischenliegenden Streifen aus isolierendem Kunststoff, z.B. einer PET-Folie. Die Schichtfolge PET-Alu-PET-Alu ist platzsparend aufgewickelt. Auf diese Weise erhält man eine große Fläche A und einen kleinen Abstand d der als Platten wirkenden Aluminiumstreifen und damit wegen $C = \varepsilon_0 \cdot \frac{A}{d}$ eine große Kapazität.

Allerdings enthält der Folienkondensator Kunststoff statt Luft zwischen den Metallstreifen. Wie wirkt sich das aus? Zur Klärung der Frage schließen wir einen ungefüllten Kondensator an eine Quelle mit $5\,kV$ an (▸Abb.3). Anschließend trennen wir den Kondensator von der Quelle. Wenn wir nun eine Plexiglasscheibe zwischen die Metallplatten schieben, dann sinkt die Spannung auf etwa $2\,kV$. Ziehen wir die Platte wieder heraus, dann geht die Spannung näherungsweise auf den ursprünglichen Wert zurück.

Sie wissen, dass Kunststoff im elektrischen Feld polarisiert wird. Dabei bleibt das Innere der Scheibe elektrisch neutral. Aber auf der linken und rechten Seite der Scheibe bilden sich oberflächliche Ladungsschichten aus, wodurch ein inneres Feld in der Scheibe entsteht (▸Abb.4B). Die Feldlinien des inneren Felds sind antiparallel zu den Feldlinien des äußeren Felds. Dadurch wird das

Feld insgesamt abgeschwächt und die resultierende Feldstärke ist kleiner als ohne Scheibe (▸Abb.4C im Vergleich zu 4A). Wenn aber die Feldstärke kleiner ist, dann ist auch die Spannung wegen $U = \varepsilon \cdot d$ kleiner. Da sich die Ladung auf den Platten nicht geändert hat, folgt mit $C = \frac{Q}{U}$, dass die Kapazität mit Kunststoff größer ist als ohne. Allgemein gilt: Ein isolierendes Material zwischen den Platten, auch als **Dielektrikum** bezeichnet, vergrößert die Kapazität um einen Faktor $\varepsilon_r > 1$ gegenüber einem ungefüllten Kondensator. Dieser materialtypische Faktor ε_r heißt **Permittivitätszahl** und hängt davon ab, wie gut sich das Material polarisieren lässt (▸Tab.5).

Die Kapazität C eines mit einem Dielektrikum gefüllten Kondensators vergrößert sich gegenüber einem ungefüllten Kondensator um den materialtypischen Faktor ε_r:

$C = \varepsilon_0 \cdot \varepsilon_r \cdot \frac{A}{d}$.

ε_0 ist die elektrische Feldkonstante und ε_r die Permittivitätszahl des Füllmaterials.

Im Gegensatz zum gewöhnlichen Plattenkondensator sind beim Folienkondensator beide Seiten der Aluminiumstreifen geladen (▸Abb.2). Von jeder Seite gehen Feldlinien aus bzw. kommen Feldlinien an. Dadurch verdoppelt sich die effektive Fläche und es gilt:

$C = 2 \cdot \varepsilon_0 \cdot \varepsilon_r \cdot \frac{A}{d}$;

dabei ist A die Fläche der Aluminiumstreifen und d die Dicke der Kunststoffstreifen.

Kondensatoren als Energiespeicher • Die Straßenbahn in ▸Abb. 6 hat sogenannte Superkondensatoren auf dem Dach. Beim Bremsen werden die Kondensatoren geladen. Anschließend kann die gespeicherte Energie beim Beschleunigen wieder abgerufen werden.

Wir laden einen Kondensator mit einer Kapazität von 1 F an einer Quelle mit 2,5 V. Den geladenen Kondensator verbinden wir mit einem Motor, der eine Last anhebt (▸Abb. 7). Laden wir den Kondensator an 5,0 V, also der doppelten Spannung, dann erwarten wir, dass die gespeicherte Energie größer ist. Überraschenderweise wird die Last nun etwa viermal so hoch angehoben wie zuvor.

Energieabgabe bei einer Batterie • Bei einer Batterie mit der konstanten Spannung U_B ist die abgegebene Energie ΔE proportional zur geflossenen Ladung ΔQ und es gilt:

$$\Delta E = U_B \cdot \Delta Q.$$

Im U-Q-Diagramm kann man die von der Batterie abgegebene Energie als Rechteckfläche interpretieren (▸Abb. 8 A).

... und bei einem Kondensator • Beim Kondensator bleibt die Spannung nicht konstant, wenn er, z.B. über den Motor, entladen wird. Daher zerlegen wir den Entladevorgang gedanklich in kleine Schritte. Die pro Schritt abgegebene Ladungsportion ΔQ wählen wir so klein, dass sich die Spannung am Kondensator während eines solchen Schritts näherungsweise nicht ändert.

Die beim ersten Schritt abgegebene Energieportion beträgt $\Delta E_1 = U_1 \cdot \Delta Q$. Dabei ist U_1 die ursprüngliche Spannung U_C am Kondensator. Da die Ladung am Kondensator von Schritt zu Schritt abnimmt, gilt dies auch für die Spannung. Daher gilt für die beim i-ten Schritt abgegebene Energieportion $\Delta E_i = U_i \cdot \Delta Q$. Im U-Q-Diagramm stellen die Energieportionen ΔE_i Rechteckflächen dar (▸Abb. 8 B). Die Summe aller Rechteckflächen ergibt die insgesamt abgegebene und damit die im Kondensator gespeicherte Energie. Diese entspricht näherungsweise einer Dreieckfläche. Daher erhält man für die Energie des Kondensators:

$$E_{Kond} = \tfrac{1}{2} \cdot Q_C \cdot U_C.$$

6 Straßenbahn mit Kondensatoren zur Speicherung von Energie

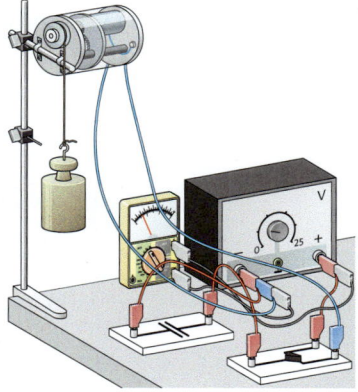

7 Mit der im Kondensator gespeicherten Energie wird eine Last angehoben.

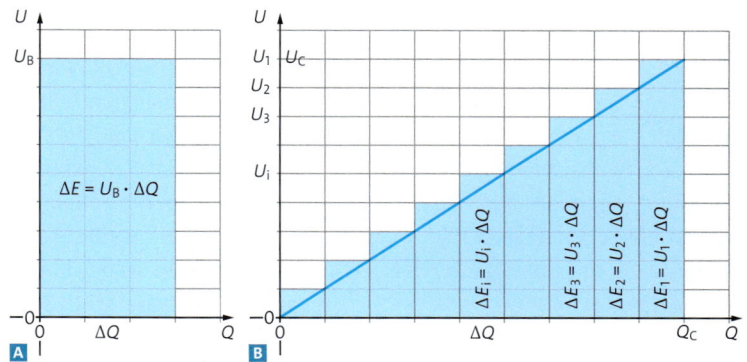

8 Energieabgabe **A** bei einer Batterie und **B** bei einem Kondensator

Damit können wir die Beobachtung aus dem Versuch in ▸Abb. 7 verstehen: Bei der doppelten Spannung ist auch die doppelte Ladung gespeichert und damit die vierfache Energie. Ersetzt man in obenstehender Gleichung Q_C durch $C \cdot U_C$ oder U_C durch $\frac{Q_C}{C}$, dann erkennt man die quadratische Abhängigkeit der gespeicherten Energie von der Spannung beziehungsweise von der Ladung noch deutlicher:

Die in einem Kondensator gespeicherte Energie beträgt:

$$E_{Kond} = \tfrac{1}{2} \cdot Q \cdot U = \tfrac{1}{2} \cdot C \cdot U^2 = \tfrac{1}{2} \cdot \frac{Q^2}{C}$$

1 Berechnen Sie die im Kondensator der ▸Abb. 7 gespeicherte Energie bei 2,5 V und bei 5,0 V.

2 Überprüfen Sie die Einheiten in den Gleichungen zur Energie des Kondensators.

Versuch A • Ein selbstgebauter Kondensator

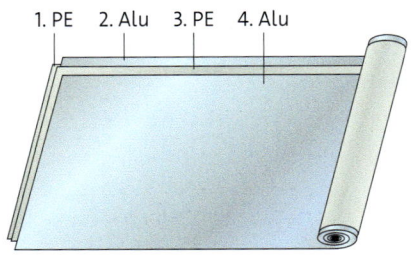

1. PE   2. Alu   3. PE   4. Alu

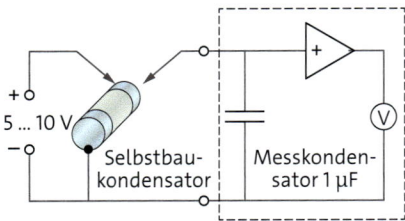

+ ◦
5 ... 10 V
– ◦
Selbstbau-
kondensator
Messkonden-
sator 1 μF
+
(V)

Material:
Alu- und Frischhaltefolie gleicher Breite (ca. 30 cm), passende Papprolle o. ä., low-current-LED, Netzgerät, Elektrometer-Verstärker mit 1-μF-Messkondensator, Voltmeter

V1 Bau und Test des Kondensators

Arbeitsauftrag:
a) Rollen Sie die Frischhaltefolie aus Polyethylen (PE) möglichst glatt auf den Tisch aus (ca. 60 cm). Legen Sie einen etwa 50 cm langen Alu-Streifen so auf den PE-Streifen, dass er seitlich 1 cm übersteht. Rollen Sie einen zweiten PE-Streifen auf die Alu-Folie exakt über den ersten PE-Streifen. Legen Sie darauf einen zweiten Alu-Streifen so, dass er auf der anderen Seite 1 cm übersteht. Achten Sie darauf, dass die Alu-Folien sich nirgends gegenseitig berühren. Wickeln Sie die übereinandergelegten Folienstreifen so dicht wie möglich auf die Papprolle.
b) Schließen Sie die links und rechts überstehenden Alu-Folien an das Netzgerät an. Stellen Sie die Spannung auf z. B. 5 V. Trennen Sie den Kondensator von der Quelle und schließen Sie ihn

an die LED an. Testen Sie, ab welcher Spannung die LED leuchtet.

V2 Kapazitätsbestimmung

Arbeitsauftrag:
a) Schätzen Sie die Größenordnung der Kapazität durch eine Rechnung ab.
b) Bauen Sie die Schaltung zur Kapazitätsmessung mit dem Elektrometer auf. Laden Sie den Selbstbaukondensator an 5 V. Entladen Sie ihn über den Messkondensator. Seine Spannung können Sie am Voltmeter ablesen. Berechnen Sie damit die Ladung.
c) Welche Ladung erwarten Sie bei 10 V? Prüfen Sie Ihre Vermutung. Bestimmen Sie aus den Messungen von b) und c) die Kapazität des Selbstbaukondensators.
d) Vergleichen Sie die Messung mit der Abschätzung aus a). Diskutieren Sie Gründe für Abweichungen.

Versuch B • Der Elektrophor – ein bisschen Ladung zum Mitnehmen

Material:
Aluminiumplatte (10 cm bis 15 cm Durchmesser) mit Isoliergriff, Styroporplatte, Glimmlampe, Stück Stoff aus Seide oder Wolle

V1 Laden und Entladen

Arbeitsauftrag:
a) Reiben Sie die Styroporplatte kräftig mit der Seide oder Wolle (ca. 1 min).

Aufgrund von Kontaktelektrizität lädt sich die Styroporplatte negativ auf. Halten Sie die Aluminiumplatte am Isoliergriff und legen Sie diese auf die geladene Styroporplatte. Erklären Sie, warum es in der Aluminiumplatte zur Ladungstrennung kommt.
b) Berühren Sie mit der Glimmlampe die Aluminiumplatte von oben. Beschreiben Sie Ihre Beobachtungen. Erklären Sie, warum die Platte nach dem Berühren positiv geladen ist.
c) Die Anordnung aus negativ geladener Styroporplatte und positiv geladener Aluminiumplatte können Sie als Kondensator betrachten. Heben Sie die Aluminiumplatte ca. 20 cm bis 30 cm an. Erklären Sie, wie sich dadurch die Spannung und die Energie des Kondensators ändern. Berühren Sie mit der

Glimmlampe die angehobene Aluminiumplatte von der Seite. Erklären Sie Ihre Beobachtung.

V2 Perpetuum mobile?

Arbeitsauftrag:
a) Führen Sie den Versuch erneut durch, indem Sie die entladene Aluminiumplatte nochmals auf die geladene Styroporplatte legen. Erstellen Sie eine Abfolge von Skizzen zur Beschreibung des Versuchs.
b) Das Laden und Entladen der Aluminiumplatte kann theoretisch unendlich oft wiederholt werden. Erklären Sie, warum dies weder der Erhaltung der Ladung noch der Erhaltung der Energie widerspricht.

Material A • Plattenkondensator

A1 a) Die quadratischen Platten eines ungefüllten Kondensators ($a = 30$ cm) stehen sich im Abstand von 5,0 mm gegenüber. An die Platten wird eine Gleichspannung von 1,0 kV angelegt. Berechnen Sie die Ladung des Kondensators.

b) Bei angeschlossener Quelle wird zwischen die Platten eine 5,0 mm dicke Glasplatte ($\varepsilon_r = 6$) eingeschoben. Die Spannung bleibt dabei konstant. Erklären Sie, warum und wie sich die Ladung verändert.

c) Der Kondensator wird von der Quelle getrennt. Danach wird die Glasplatte herausgezogen. Erklären Sie, welche Größe konstant bleibt und welche sich wie ändert.

A2 a) Ein Kondensator mit kreisförmigen Platten ($r = 15$ cm) und einem Plattenabstand von 1,0 cm wird an einer Quelle mit 2,0 kV geladen. Berechnen Sie die Ladung und die elektrische Feldstärke.

b) Der Kondensator wird von der Quelle getrennt. Anschließend werden die Platten auf 5,0 cm auseinandergezogen. Erklären Sie, wie sich dabei die Ladung, die Spannung und die Feldstärke ändern.

c) Vergleichen Sie die im Kondensator gespeicherte Energie vor und nach dem Auseinanderziehen der Platten. Erklären Sie die „wundersame Energievermehrung".

A3 Das Experiment aus A2 legt nahe, dass die Energie nicht auf den Kondensatorplatten, sondern im elektrischen Feld gespeichert ist.
a) Zeigen Sie durch eine Herleitung, dass für die im Feld gespeicherte Energie $E_{el} = \frac{1}{2} \cdot \varepsilon_0 \cdot \varepsilon_r \cdot V \cdot \mathcal{E}^2$ gilt, mit dem Volumen $V = A \cdot d$ des Kondensators.
b) Interpretieren Sie die Gleichung.

Material B • Kenngrößen von Kondensatoren

Folienkondensator 1 µF / 450 V
Elektrolytkondensator 1000 µF / 16 V
Superkondensator 1 F / 2,5 V

Achten Sie beim Anschluss von Elektrolytkondensatoren (ELKO) und Superkondensatoren auf die richtige Polung!

Die wichtigsten Kenngrößen eines Kondensators sind die Kapazität und die maximale Spannung.

B1 Vergleichen Sie die maximal gespeicherten Ladungen und die maximal gespeicherten Energien der drei Kondensatoren.

B2 Die Alu-Streifen des Folienkondensators sind 1,2 cm breit und 4,2 m lang und durch eine 2 µm dicke isolierende Folie aus Polypropylen ($\varepsilon_r = 2,2$) getrennt. Bestätigen Sie durch eine Rechnung, dass die Kapazität etwa 1 µF beträgt.

B3 Durch technische Maßnahmen erreicht man beim Elektrolytkondensator und noch mehr beim Superkondensator sehr dünne isolierende Schichten. Zusätzlich sind die Ladung speichernden Schichten aufgeraut, wodurch sich ihre Oberflächen stark vergrößern. Erklären Sie, wie sich diese Maßnahmen auf die Kapazität im Vergleich zum Folienkondensator auswirken.

Material C • Durchschlagsfestigkeit und maximale Dichte der im Feld gespeicherten Energie

Bei genügend großer Feldstärke werden auch Isolatoren leitend. Man sagt, es kommt zum Durchschlag. Die Durchschlagsfestigkeit eines Isolators ist die maximale Feldstärke $\mathcal{E}_{max}$, ohne dass es zum Durchschlag kommt. Diese begrenzt die Dichte der im Feld des Isolators gespeicherten Energie:
$$\rho_{el,\,max} = \frac{1}{2} \cdot \varepsilon_0 \cdot \varepsilon_r \cdot \mathcal{E}_{max}^2$$

C1 Beim Experimentieren mit einem luftgefüllten Kondensator ($d = 0,5$ cm) kommt es bei etwa 15 kV zum Funkenüberschlag. Berechnen Sie die maximale Dichte der im Feld gespeicherten Energie.

C2 a) Ein Superkondensator hat eine extrem dünne isolierende Schicht ($d \approx 0,5$ nm) in der Größenordnung eines Wassermoleküls. An dieser Schicht liegt eine Spannung von ca. 2,5 V an. Schätzen Sie die Energiedichte des Felds ab ($\varepsilon_r \approx 6$).
b) Im Internet findet man für die Energiedichte von Superkondensatoren einen Wert von etwa $2\,\frac{kWh}{m^3}$. Vergleichen Sie und erklären Sie den Unterschied.

1 Im Tonstudio

Kondensatoren im Stromkreis

Sie sind mit Ihren Freunden im Tonstudio. Die Auf-nahme läuft, das Mikro ist eingeschaltet. – Haben Sie sich einmal Gedanken gemacht, wie ein Mikro-fon den Schall in ein elektrisches Signal umwan-delt?

Kondensatormikrofon • Für anspruchsvolle Aufnahmen im Tonstudio verwendet man meis-tens Kondensatormikrofone. Deren Aufbau zeigt ▸Abb. 2. Vor einer festen Metallplatte befindet sich eine dünne elektrisch leitfähige Membran. Membran und Platte bilden zusammen einen Kondensator. Wenn Schall auf die Membran trifft, dann schwingt die Membran im Takt der Schall-welle. Dabei ändert sich der Abstand der Mem-bran zur festen Metallplatte, womit sich auch die Kapazität des Mikrofonkondensators ändert. Um die Kapazitätsänderungen in entsprechende Spannungsänderungen umwandeln zu können, ist der Mikrofonkondensator in Reihe mit einem Widerstand an eine elektrische Quelle ange-schlossen (▸Abb. 2). Wenn die Membran sich auf die Metallplatte zubewegt, dann nimmt die Ka-pazität zu und es fließt Ladung von der Quelle über den Widerstand zum Kondensator. Dadurch entsteht eine Spannung am Widerstand. Bewegt sich die Membran von der Metallplatte weg, dann nimmt die Kapazität ab und es fließt La-dung vom Kondensator über den Widerstand zur Quelle zurück. Wieder entsteht eine Spannung am Widerstand, aber diesmal mit umgekehrtem Vorzeichen. Die Spannung am Widerstand än-dert sich also periodisch mit der Auslenkung der Membran.

Aufladen und Entladen • Das Beispiel zeigt, dass bei einer Reihenschaltung aus Kondensator und Widerstand nur dann Ladung fließt, wenn sich die im Kondensator gespeicherte Ladung än-dert. Dies ist insbesondere dann der Fall, wenn der Kondensator aufgeladen oder entladen wird. Zur Untersuchung dieser Vorgänge schließen wir ei-nen Kondensator ($C = 10\,\mu F$) über einen Wider-stand ($R = 100\,\Omega$) und einen Umschalter an eine

feste Metallplatte

Schallwellen

Signal

Membran

2 Aufbau und Funk-tionsweise eines Kon-densatormikrofons

Quelle mit $U_0 = 10\,\text{V}$ (▸Abb.3). In der Schalterstellung 1 wird der Kondensator über den Widerstand geladen, in der Stellung 2 wird er über
denselben Widerstand entladen. Mit einem
Messwerterfassungssystem messen wir die
Spannung $U_C(t)$ am Kondensator und die Stromstärke $I(t)$ in der Zuleitung zum Kondensator.

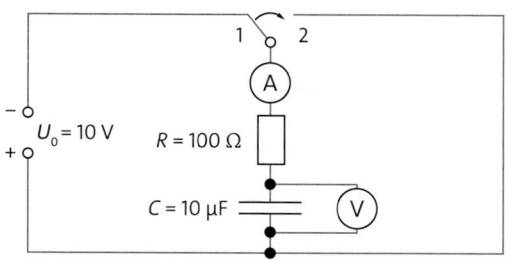

3 Schaltskizze für die
Auf- und Entladung
eines Kondensators
über einen Widerstand

Diagramme für Spannung und Strom •
▸Abb.4A zeigt, dass $U_C(t)$ beim Aufladen zuerst
schnell und dann immer langsamer zunimmt.
Nach einiger Zeit erreicht die Spannung $U_C(t)$ die
Spannung U_0 der Quelle. Beim Entladen nimmt
$U_C(t)$ erst schnell und dann immer langsamer bis
auf den Wert $0\,\text{V}$ ab. Die Stromstärke dagegen
springt im Moment des Einschaltens auf ihren
Maximalwert und nimmt anschließend ebenfalls erst schnell und dann immer langsamer bis
$0\,\text{A}$ ab (▸Abb.4B). Beim Entladen ist es genauso,
aber die angezeigte Stromstärke ist negativ, da
der Kondensator sich nun entlädt.

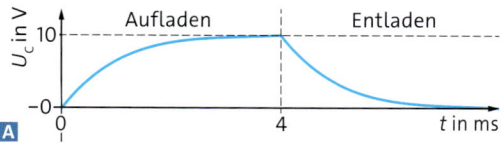

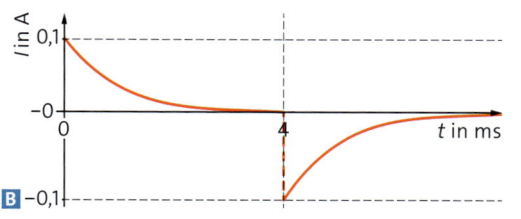

4 **A** U_C-t-Diagramm
und **B** I-t-Diagramm
beim Auf- und Entladen

Qualitative Erklärung • Beim Aufladen sind
Kondensator und Widerstand in Reihe an die
Quelle angeschlossen. Wie bei der Reihenschaltung von Widerständen addieren sich auch hier
die Teilspannungen zur Gesamtspannung:

$U_R(t) + U_C(t) = U_0$.

Man könnte meinen, dass die Stromstärke abnimmt, weil der Kondensator mit zunehmender
Zeit immer weniger Platz für die Ladung hat. Diese Vorstellung ist aber nicht korrekt, da die Ladung
proportional zur Kondensatorspannung ist und
bei größerer Spannung auch entsprechend weiter
steigen könnte. Der eigentliche Grund ist, dass die
Stromstärke nur vom Widerstand R und der zugehörigen Teilspannung $U_R(t)$ abhängt. Da $U_C(t)$
zunimmt, muss $U_R(t)$ abnehmen und damit auch
die Stromstärke:

$I(t) = \dfrac{U_R(t)}{R} = \dfrac{U_0 - U_C(t)}{R}$.

Wenn die Stromstärke aber abnimmt, dann fließt
immer weniger Ladung pro Zeiteinheit auf den
Kondensator. Die Ladung $Q(t)$ des Kondensators
nimmt immer langsamer zu und damit auch die
Spannung am Kondensator:

$U_C(t) = \dfrac{Q(t)}{C}$.

Beim Entladen ist $U_0 = 0\,\text{V}$ und es folgt:

$I(t) = \dfrac{U_R(t)}{R} = \dfrac{-U_C(t)}{R}$.

Wieder nimmt der Betrag der Stromstärke ab, da
$U_C(t)$ und damit auch $U_R(t)$ betragsmäßig abnehmen. Damit nimmt auch $Q(t)$ immer langsamer
ab und folglich auch $U_C(t) = \dfrac{Q(t)}{C}$.

> Beim Aufladen eines Kondensators über
> einen Widerstand addieren sich die Span-
> nungen $U_R(t)$ am Widerstand und $U_C(t)$ am
> Kondensator zur Spannung U_0 der Quelle:
> $U_R(t) + U_C(t) = U_0$.
> Beim Entladen unterscheiden sich die
> Spannungen nur durch das Vorzeichen:
> $U_R(t) = -U_C(t)$.
> Beim Aufladen und beim Entladen gelten:
> $U_R(t) = R \cdot I(t)$,
>
> $U_C(t) = \dfrac{Q(t)}{C}$.

1 In nebenstehender Schaltung wird zum Zeitpunkt t_1 der Schalter S geöffnet. Skizzieren Sie
die Verläufe von $I(t)$, $U_R(t)$, $U_C(t)$ und $Q(t)$.

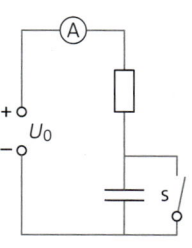

SPEICHERUNG VON LADUNG UND ENERGIE

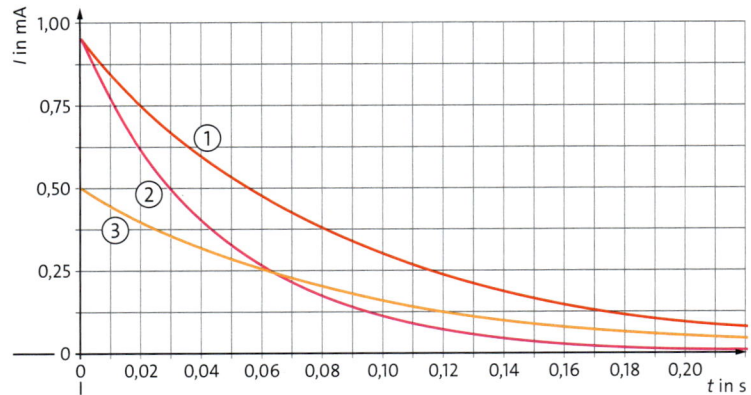

1 Stromstärke beim Aufladen eines Kondensators über einen Widerstand für unterschiedliche Kombinationen von Kapazität und Widerstand

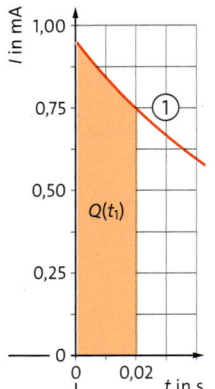

2 Näherungsweise Bestimmung der bis zum Zeitpunkt $t_1 = 0,02\,\text{s}$ auf den Kondensator geflossenen Ladung $Q(t_1)$

Einfluss von Kapazität und Widerstand • Wir untersuchen die Auswirkungen der Kapazität C und des Widerstands R beim Aufladen eines Kondensators. ▸Abb.1 zeigt die I-t-Diagramme für drei Kombinationen von Widerstand und Kapazität $(4\,\mu\text{F}/10\,\text{k}\Omega,\ 8\,\mu\text{F}/10\,\text{k}\Omega,\ 4\,\mu\text{F}/20\,\text{k}\Omega)$. Lassen sich die Diagramme ①, ②, ③ eindeutig den Kombinationen zuordnen?

Zu Beginn des Aufladevorgangs bei $t_0 = 0\,\text{s}$ beträgt die Spannung am Kondensator $0\,\text{V}$ und die gesamte Spannung der Quelle liegt am Widerstand an. Also ist wegen

$$I(0\,\text{s}) = \frac{U_R(0\,\text{s})}{R} = \frac{U_0}{R}$$

der Anfangswert $I(0\,\text{s})$ umso kleiner, je größer der Widerstand ist. Somit gehört der 20-kΩ-Widerstand zum Diagramm ③.

Die Diagramme ① und ② beginnen beim selben Anfangswert. Allerdings nimmt die Stromstärke im Diagramm ② sehr viel schneller ab als im Diagramm ①. Dies muss mit den unterschiedlichen Kapazitäten zusammenhängen. Bei der größeren Kapazität fließt insgesamt mehr Ladung auf den Kondensator. Wäre die Stromstärke konstant, dann könnte man die geflossene Ladung einfach als Produkt aus Stromstärke und Zeit berechnen. Das ist hier nicht der Fall. Jedoch erhält man die geflossene Ladung aus dem I-t-Diagramm als Fläche zwischen dem Graphen und der t-Achse. Diese Fläche ist im Diagramm ① größer als im Diagramm ②. Daher gehört das Diagramm ① zum 8-µF-Kondensator.

Dies ist wie beim v-t-Diagramm, bei dem man die zurückgelegte Strecke als Fläche zwischen dem Graphen und der t-Achse erhält.

Auswertung des I-t-Diagramms • Die Werte der Kapazität und des Widerstands werden vom Hersteller üblicherweise mit einer Toleranz von 10 % angegeben. Wir prüfen die Herstellerangaben für das Diagramm ① aus ▸Abb.1.

Die Bestimmung des Widerstands erfolgt wie erklärt über den Anfangswert $I(0\,\text{s})$ der Stromstärke:

$$R = \frac{U_R(0\,\text{s})}{I(0\,\text{s})} = \frac{U_0}{I(0\,\text{s})} = \frac{10\,\text{V}}{0,95\,\text{mA}} = 10,5\,\text{k}\Omega.$$

Um die Kapazität zu bestimmen, benötigt man für einen Zeitpunkt $t_1 > 0\,\text{s}$ die bis dahin auf den Kondensator geflossene Ladung $Q(t_1)$ und die zu diesem Zeitpunkt am Kondensator anliegende Spannung $U_C(t_1)$. Zur Bestimmung von $Q(t_1)$ als Fläche im I-t-Diagramm vernachlässigen wir die Krümmung zwischen $t_0 = 0\,\text{s}$ und $t_1 = 0,02\,\text{s}$. Damit stellt die gesuchte Fläche ein Trapez dar (▸Abb.2):

$$Q(0,02\,\text{s}) \approx \frac{1}{2} \cdot [I(0\,\text{s}) + I(0,02\,\text{s})] \cdot 0,02\,\text{s}$$
$$= \frac{1}{2} \cdot [0,95\,\text{mA} + 0,75\,\text{mA}] \cdot 0,02\,\text{s} = 17\,\mu\text{C}.$$

Die Spannung U_C am Kondensator berechnet sich aus der Differenz der Spannung U_0 der Quelle und der Spannung U_R am Widerstand:

$$U_C(0,02\,\text{s}) = U_0 - U_R(0,02\,\text{s}) = U_0 - R \cdot I(0,02\,\text{s})$$
$$= 10\,\text{V} - 10,5\,\text{k}\Omega \cdot 0,75\,\text{mA} = 2,1\,\text{V}.$$

Wir wissen nun, dass zum Zeitpunkt $t_1 = 0,02\,\text{s}$ die Ladung des Kondensators $17\,\mu\text{C}$ und die Spannung $2,1\,\text{V}$ betragen. Daraus folgt:

$$C = \frac{Q(0,02\,\text{s})}{U(0,02\,\text{s})} = \frac{17\,\mu\text{C}}{2,1\,\text{V}} = 8,1\,\mu\text{F}.$$

Damit stimmen die Werte für den Widerstand und die Kapazität mit den Herstellerangaben überein.

> Aus dem I-t-Diagramm beim Aufladen eines Kondensators erhält man die Kapazität aus der bis zum Zeitpunkt t_1 auf den Kondensator geflossenen Ladung $Q(t_1)$ und der Spannung $U_C(t_1)$ zum selben Zeitpunkt:
> $$C = \frac{Q(t_1)}{U_C(t_1)},$$
> $$Q(t_1) \approx \frac{1}{2} \cdot [I(t_0) + I(t_1)] \cdot t_1,$$
> $$U_C(t_1) = U_0 - U_R(t_1).$$

Exponentielle Abnahme · Die I-t-Diagramme beim Aufladen eines Kondensators lassen an den radioaktiven Zerfall denken. Beim radioaktiven Zerfall gibt es eine Halbwertszeit, nach der sich die Hälfte der Atomkerne umgewandelt hat. Gibt es auch bei der Stromstärke eine Halbwertszeit? Wir analysieren das nun schon mehrfach betrachtete Diagramm ①. ▸Abb. 3 zeigt, dass die Stromstärke nach 60 ms nur noch die Hälfte des Anfangswerts beträgt. Nach weiteren 60 ms ist sie auf ein Viertel, dann auf ein Achtel des anfänglichen Werts gesunken. Also gibt es beim I-t-Diagramm ebenfalls eine **Halbwertszeit T_H**, nach der sich die Stromstärke jeweils halbiert.

Aus der Mathematik kennen Sie ein solches Verhalten als exponentielle Abnahme. Es gibt verschiedene Varianten zur Beschreibung einer solchen exponentiellen Abnahme. Eine davon lautet

$$I(t) = I_0 \cdot 2^{-\frac{t}{T_H}}.$$

Dabei ist I_0 die maximale Stromstärke. Setzt man für t nacheinander $0\,\text{s}$, T_H, $2\,T_H$, … ein, dann erhält man $I(0\,\text{s}) = I_0$, $I(T_H) = \frac{1}{2}I_0$, $I(2\,T_H) = \frac{1}{4}I_0$ usw. Daher kann mit diesem Ansatz die exponentielle Abnahme der Stromstärke beschrieben werden. Die I-t-Diagramme aus ▸Abb. 1 legen nahe, dass die Halbwertszeit umso größer ist, je größer die Kapazität und je größer der Widerstand ist. Eine mathematische Betrachtung bestätigt dies und zeigt, dass $T_H \approx 0{,}693 \cdot R \cdot C$.

… und exponentielle Annäherung · Wenn die Stromstärke exponentiell abnimmt, dann trifft dies auch für die Spannung U_R am Widerstand zu (▸Abb. 4). U_R ist aber gerade die Differenz der Spannung U_C am Kondensator zur Spannung U_0 der Quelle. Das bedeutet, dass sich U_C immer mehr an U_0 annähert. Bei einer solchen exponentiellen Annäherung erreicht die Kondensatorspannung U_C die Spannung U_0 der Quelle theoretisch nie. Folglich ist der Kondensator strenggenommen niemals vollständig geladen. Allerdings nimmt die Differenz $U_0 - U_C$ bei einer exponentiellen Annäherung sehr schnell ab. Nach der zehnfachen Halbwertszeit ist sie auf unter 1‰ der Quellenspannung U_0 gefallen. In der Praxis ist der Kondensator dann vollständig geladen.

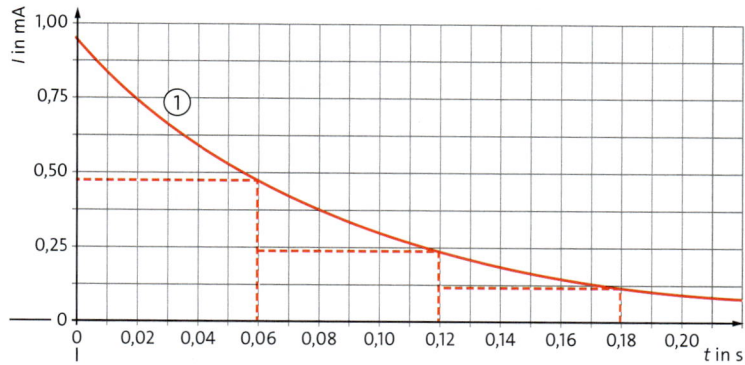

3 Exponentielle Abnahme der Stromstärke. Nach der Halbwertszeit $T_H = 60$ ms hat sich I jeweils halbiert.

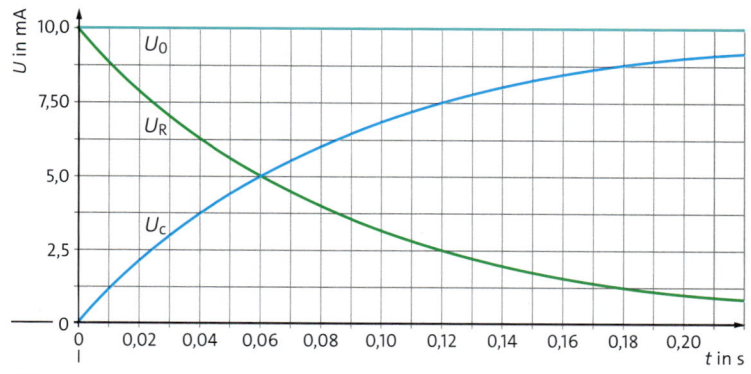

4 Exponentielle Annäherung der Kondensatorspannung U_C an die Spannung der Quelle U_0

Entladung · Auch die Kondensatorentladung lässt sich in ähnlicher Weise beschreiben. Hier nehmen Stromstärke, Spannung und Ladung des Kondensators exponentiell ab und die Halbwertszeit berechnet sich wieder nach $T_H \approx 0{,}693 \cdot R \cdot C$.

Oft wird die exponentielle Abnahme der Stromstärke wie folgt dargestellt:

$$I(t) = I_0 \cdot e^{-\frac{t}{R \cdot C}}$$

Daraus ergibt sich der Vorfaktor bei T_H: $\ln(2) \approx 0{,}693$.

> Die Auf- und Entladung eines Kondensators mit der Kapazität C über einen Widerstand R erfolgt in exponentieller Weise. Die zugehörige Halbwertszeit beträgt $T_H \approx 0{,}693 \cdot R \cdot C$.

1 Bestimmen Sie für das Diagramm ② der ▸Abb. 1 die Kapazität des Kondensators und vergleichen Sie das Ergebnis mit der Herstellerangabe.

2 Vergleichen Sie die Halbwertszeiten aller drei Diagramme der ▸Abb. 1. Erklären Sie.

Modellierung in kleinen Schritten

Problemstellung • Sie kennen alle Formeln zum Kondensator im Stromkreis. Dennoch ist es nicht einfach, damit die Zeitabhängigkeit der Ladung bei der Kondensatoraufladung vorherzusagen. Warum ist das so kompliziert? Das liegt daran, dass sich die Größen bei der Kondensatoraufladung alle gegenseitig beeinflussen (▸Abb. 1): Aus der Ladung Q folgt die Spannung U_C am Kondensator, daraus folgt die Spannung U_R am Widerstand, daraus die Stromstärke I und diese wirkt auf die Ladung zurück. Das scheint wie bei einer Schlange zu sein, die sich selbst in den Schwanz beißt!

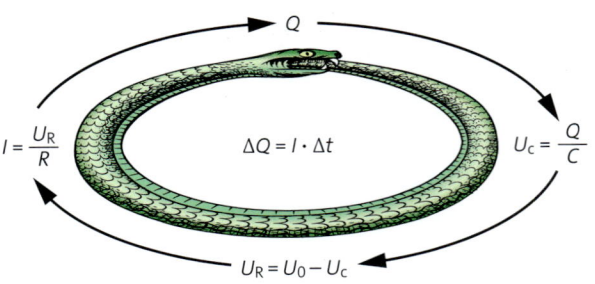

1 Abhängigkeiten der Größen bei der Kondensatoraufladung

Schrittweise Berechnung • Um die kreisförmige Abhängigkeit aufzubrechen, betrachten wir den Einfluss der Stromstärke auf die Ladung genauer. Wir beschreiben die Wirkung durch folgende Gleichung:
$$\Delta Q = I \cdot \Delta t.$$
Diese Gleichung ist zentral für die Modellierung in kleinen Schritten. Wir berechnen nicht die Kondensatorladung Q, sondern die Ladungszunahme ΔQ von einem Zeitpunkt zum nächsten. Die Zeitspanne Δt zwischen den Zeitpunkten soll so klein sein, dass sich die Stromstärke währenddessen näherungsweise nicht ändert. Um die Ladung zum neuen Zeitpunkt zu erhalten, addieren wir ΔQ zur Ladung des alten Zeitpunkts:
$$Q_{n+1} = Q_n + \Delta Q.$$
Mit der so erhaltenen neuen Ladung berechnen wir die neuen Werte von U_C, U_R und I. Da die einzelnen Rechenschritte sehr oft wiederholt werden müssen, eignet sich z.B. eine Tabellenkalkulation (▸Tab. 2). Dabei dürfen wir nicht vergessen, auch die Zeitpunkte zu berechnen:
$$t_{n+1} = t_n + \Delta t.$$

t in ms	Q in mC	U_C in V	U_R in V	I in mA	ΔQ in mC
0	0	0	10	10	0,1
10	0,1	1	9	0,9	0,09
20	0,19	1,9	8,1	0,81	0,081
30	0,27	2,7	7,3	0,73	0,073
...	...	...	...	...	...

2 Ergebnisse der ersten drei Schritte ($C = 100\,\mu F$, $R = 1\,k\Omega$, $U_0 = 10\,V$)

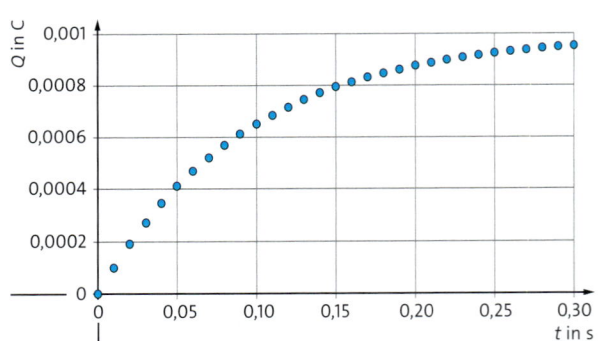

3 Durch schrittweise Berechnung erhaltenes Q-t-Diagramm

Wahl der Zeitspanne • Die Zeitspanne sollte möglichst klein gewählt werden, kann aus praktischen Gründen aber auch nicht beliebig klein sein. Wie wählt man also die Zeitspanne? Mit Versuch und Irrtum! Wenn sich die Stromstärke von Schritt zu Schritt zu sehr ändert, dann war die Zeitspanne zu groß. Für einen Kondensator mit $C = 100\,\mu F$ und $R = 1\,k\Omega$ wählen wir $\Delta t = 10\,ms$. ▸Tab. 2 zeigt, dass die Stromstärke von einem Zeitpunkt zum nächsten um etwa 10 % abnimmt. Die Voraussetzung einer konstanten Stromstärke ist zwar nur näherungsweise erfüllt, aber der sich daraus ergebende Fehler ist gering.

Bedeutung • Die auch als **Iteration** bezeichnete Methode der Modellierung in kleinen Schritten hat in der Praxis eine große Bedeutung. Viele Probleme aus Physik und Technik sind so komplex, dass sie nur durch die Methode der Iteration näherungsweise gelöst werden können.

1 Führen Sie die ▸Tab. 2 bis zum Zeitpunkt 100 ms fort.
2 Erstellen Sie für die Kondensatorentladung eine Abbildung ähnlich wie ▸Abb. 1. Berechnen Sie die Kondensatorentladung für $C = 100\,\mu F$ und $R = 1\,k\Omega$ analog zur ▸Tab. 2.

Beschleunigungen messen mit Kondensatoren

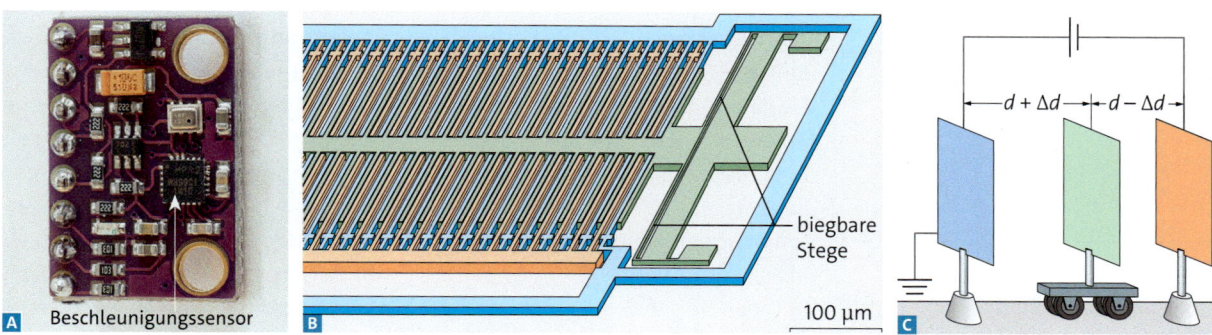

A Beschleunigungssensor   **B**   100 µm   **C**

4 **A** Sensoren auf einer Platine, **B** Beschleunigungssensor, **C** Experiment zum Beschleunigungssensor

Beschleunigungssensoren • Egal ob Sie Ihr Smartphone drehen, die Bildstabilisierung beim Fotografieren benutzen oder ein Airbag beim Auto auslöst: Immer reagiert die Elektronik auf einen Beschleunigungssensor und muss dabei zuverlässige Entscheidungen treffen. Heutzutage sind diese Sensoren so kompakt, dass man sie direkt auf Platinen überall einbauen kann (▸Abb. 4 A). Die Sensoren nutzen dabei die Kapazitätsänderung von Kondensatoren, um daraus die Beschleunigung zu bestimmen.

Die Position ändert zwei Kapazitäten • ▸Abb. 4 B zeigt einen Teil eines Beschleunigungssensors. Aus Silicium wird u. a. durch Ionenbeschuss dafür eine kammartige Struktur in µm-Größe hergestellt. Die gleich eingefärbten Teile sind leitend miteinander verbunden. Der grüne Teil der Struktur ist an biegsamen Stegen aufgehängt. Er kann sich bezüglich der anderen Teile nach links und rechts bewegen. Die einzelnen Kammzinken kann man als Kondensatorplatten auffassen, von denen je drei benachbarte Zinken eine Einheit bilden.

Dies stellen wir in einem Experiment nach (▸Abb. 4 C): Die beiden äußeren Metallplatten sind fixiert, während wir die Position der mittleren Platte mit dem Fahrbahnwagen verändern können. Die mittlere Platte bildet mit je einer der äußeren einen Plattenkondensator. Verschiebt man die mittlere Platte, dann ändert sich der Plattenabstand und damit auch die Kapazität im linken und rechten Kondensator. Legt man an den äußeren Platten eine feste Spannung an, dann ist mit der Kapazitätsänderung eine Potenzialänderung der mittleren Platte verbunden, die man messen kann.

Proportionale Änderung des Potenzials • Die Änderung dieses Potenzials ist proportional zur Änderung der Position der mittleren Platte. Das zeigt folgende Überlegung: Ist die mittlere Platte genau in der Mitte, dann gilt mit $\varepsilon_r = 1$ für die Kapazität des linken Kondensators:

$$C_{\text{links}} = \varepsilon_0 \frac{A}{d}.$$

Legt man an die äußeren Platten eine Spannung an und erdet die linke Platte, gilt für das Potenzial in der Mitte:

$$\varphi_0 = U_{\text{links}} = \frac{Q}{C_{\text{links}}} = \frac{Q}{\varepsilon_0 \cdot A} \cdot d.$$

Wenn man die mittlere Platte um Δd nach rechts verschiebt, dann ändert sich die Kapazität zu

$$C_{\text{links}} = \varepsilon_0 \frac{A}{d + \Delta d}$$

und damit das Potenzial zu

$$\varphi_{\Delta d} = U_{\text{links}} = \frac{Q}{C_{\text{links}}} = \frac{Q}{\varepsilon_0 \cdot A} \cdot (d + \Delta d) = \varphi_0 + \frac{Q}{\varepsilon_0 \cdot A} \cdot \Delta d.$$

Die Potenzialänderung ist also tatsächlich proportional zur Positionsänderung. Die Elektronik des Beschleunigungssensors misst genau diese Potenzialänderung, die wegen der winzigen Strukturen sehr klein ist.

Die Trägheit macht's! • Beim Sensor ändert sich die Lage der grünen Kammzinken durch die Beschleunigung: Wird der Sensor nach rechts beschleunigt, dann ziehen die biegsamen Stege den grünen Teil mit. Dieser bleibt aufgrund der Trägheit gegenüber den anderen Teilen zurück, sodass sich der Abstand zwischen den Zinken ändert. Die meisten Sensoren sind so konstruiert, dass diese Abstandsänderung und damit die Potenzialänderung proportional zur Beschleunigung ist.

Versuch A • Stromstärkeverlauf beim Auf- und Entladen eines Superkondensators

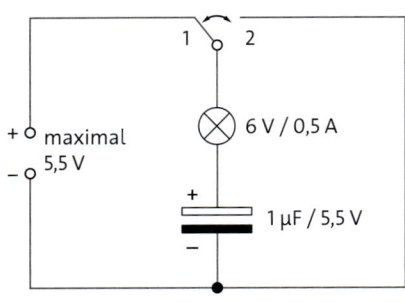

Achten Sie beim Anschluss des Super-kondensators auf die richtige Polung und auf die korrekte Spannung!

Material:
Kondensator (z. B. 1,5 F / 5,5 V), dazu passende Lampe (z. B. 6 V / 0,5 A), Widerstand 10 Ω / 5 W, Netzgerät, Amperemeter

V1 Auf- und Entladung qualitativ

Arbeitsauftrag:
a) Bauen Sie die Schaltung auf. Achten Sie darauf, dass der Schalter vor dem Anschluss des Netzgeräts auf Stellung 2 ist. Stellen Sie die Spannung am Netzgerät so ein, dass die Nennspannung des Kondensators nicht überschritten wird!
b) Laden Sie den Kondensator über die Schalterstellung 1. Beschreiben Sie Ihre Beobachtung.
c) Entladen Sie den Kondensator über die Schalterstellung 2. Notieren Sie Ihre Beobachtung.
d) Skizzieren Sie für b) und c) je ein I-t-Diagramm. Begründen Sie Ihre Skizzen mit Ihren Beobachtungen.

V2 ... und quantitativ

Arbeitsauftrag:
a) Ersetzen Sie die Lampe durch den 10-Ω-Widerstand und das Amperemeter. Zur möglichst genauen Messung der maximalen Stromstärke I_0 überbrücken Sie den Kondensator mit einem Kabel und stellen den Umschalter auf die Stellung 1.
b) Durch Entfernen der Überbrückung startet man die Aufladung. Messen Sie die Stromstärke beim Aufladen alle 10 s. Halten Sie die Werte in einer Tabelle fest.
c) Warten Sie, bis der Kondensator vollständig geladen ist. Messen Sie in entsprechender Weise die Stromstärke bei der Entladung.
d) Erstellen Sie jeweils ein I-t-Diagramm. Vergleichen Sie mit V1 d).

Versuch B • Erkundung von Kondensatoren im Wechselstromkreis

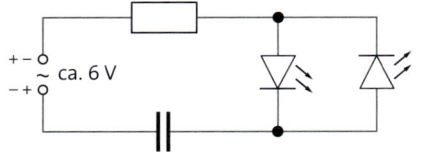
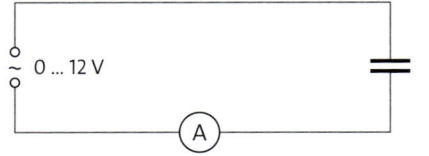
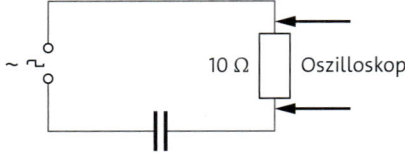

V1 Umschalten der Polung

Material:
Ungepolter 100-µF-Kondensator, zwei Leuchtdioden, Vorwiderstand ca. 100 Ω, Netzgerät mit Gleich- und Wechselspannung (ca. 6 V)

Arbeitsauftrag:
a) Bauen Sie die Schaltung auf und betreiben Sie sie mit Gleichstrom. Tauschen Sie die Polung durch Umstecken der Anschlusskabel am Netzgerät. Beschreiben Sie die Beobachtung. Erklären Sie.
b) Schließen Sie die Anschlusskabel an Wechselspannung an. Beschreiben und erklären Sie die Beobachtung.

V2 Wechselspannung

Material:
Ungepolte Kondensatoren (1 µF bis 1000 µF), Netzgerät mit regelbarer Wechselspannung, Amperemeter

Arbeitsauftrag:
a) Messen Sie die Stromstärke des Wechselstroms. Erkunden Sie die Abhängigkeit dieses „Umladestroms" von der Kapazität des Kondensators. Erklären Sie qualitativ.
b) Zeigen Sie, dass die Stromstärke proportional zur Spannung ist (bei festem C).
c) Zeigen Sie, dass die Stromstärke proportional zur Kapazität ist (bei festem U).

V3 Zeitliche Verläufe

Material:
Frequenzgenerator, Messwerterfassungssystem oder Oszilloskop, ungepolter Kondensator

Arbeitsauftrag:
a) Erkunden Sie den zeitlichen Verlauf der Stromstärke mit einem Messwerterfassungssystem oder mit dem Oszilloskop über den Spannungsabfall an einem 10-Ω-Messwiderstand.
b) Ändern Sie die „Form" des Spannungssignals. Skizzieren und beschreiben Sie jeweils den Stromstärkeverlauf. Untersuchen Sie auch die Frequenzabhängigkeit.

Material A • Zeitabhängigkeit der Stromstärke beim Aufladen eines Kondensators

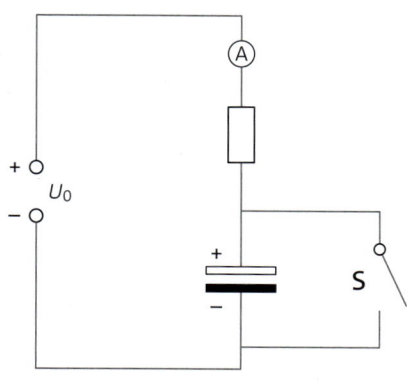

t in s	0	6,1	13	20,6
I in µA	100	90	80	70

29,2	40,1	53,4	70,2	93,5
60	50	40	30	20

In einem Praktikumsversuch überprüfen Jule und Paul die Nennwerte eines ELKOs (470 µF ± 20 %) und eines Widerstands (100 kΩ ± 10 %). Dazu messen sie die Stromstärke bei der Aufladung. Sie wählen die Spannung U_0 so, dass die Stromstärke bei geschlossenem Schalter 100 µA beträgt. Diese Spannung messen sie zu $U_0 = 11,0$ V. Zum Zeitpunkt $t_0 = 0$ s öffnen sie den Schalter S und messen die Zeitpunkte, zu denen die Stromstärke die Werte 90 µA, 80 µA, ... erreicht.

A1 a) Zeichnen Sie das I-t-Diagramm.
b) Bestimmen Sie den Widerstand.
c) Berechnen Sie für jeden Zeitpunkt die Kondensatorspannung. Zeichnen Sie das U_C-t-Diagramm.

d) Ermitteln Sie die Kapazität des Kondensators. Bestimmen Sie dazu zu einem geeigneten Zeitpunkt aus dem I-t-Diagramm die Ladung des Kondensators.
e) Beurteilen Sie, ob die Messwerte für den Widerstand und die Kapazität im Rahmen der angegebenen Toleranzen liegen.

A2 a) Ermitteln Sie die Halbwertszeit der exponentiellen Abnahme der Stromstärke. Lesen Sie dazu aus dem Diagramm die Halbwertszeit mehrfach ab und bilden Sie den Mittelwert.
b) Bestimmen Sie die Kapazität aus der Halbwertszeit. Vergleichen Sie mit der Kapazitätsbestimmung aus A1.

Material B • Reihen- und Parallelschaltung von Kondensatoren

Ähnlich wie bei Widerständen können parallel geschaltete oder in Reihe geschaltete Kondensatoren durch einen Ersatzkondensator ersetzt werden.

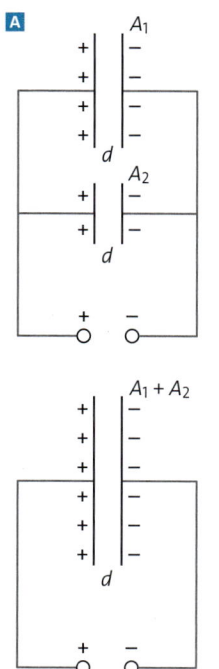

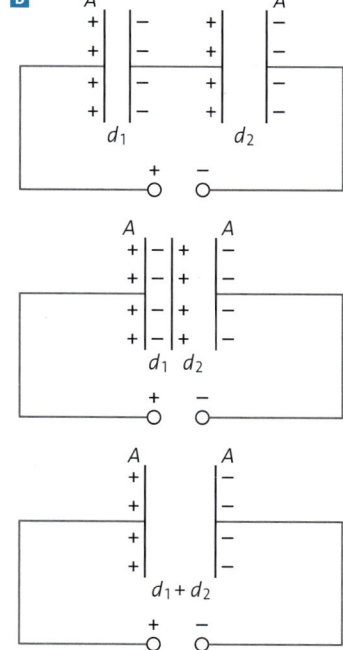

B1 Wiederholen Sie die Gleichungen für den Ersatzwiderstand bei der Parallel- und bei der Reihenschaltung.
B2 Zwei Kondensatoren mit gleichem Plattenabstand d und den Plattenflächen A_1 und A_2 sind parallel an eine Quelle angeschlossen (▶Abb. A). Durch Verschieben der Kondensatoren erhält man einen Kondensator mit der Fläche $A = A_1 + A_2$. Leiten Sie aus dieser Überlegung eine Gleichung für die Kapazität des Ersatzkondensators her. Drücken Sie die Ersatzkapazität C_{Ers} mithilfe der Einzelkapazitäten C_1 und C_2 aus.
B3 Zwei Kondensatoren mit identischen Plattenflächen A und den Plattenabständen d_1 und d_2 sind in Reihe an eine Quelle angeschlossen (▶Abb. B). Begründen Sie, dass die beiden mittleren Platten insgesamt ungeladen sind. Durch Verschieben der Kondensatoren und Herausnehmen der mittleren Platten erhält man einen Kondensator mit dem Plattenabstand $d = d_1 + d_2$. Leiten Sie daraus eine Gleichung für die Ersatzkapazität her. Drücken Sie C_{Ers} mit C_1 und C_2 aus.
B4 a) Begründen Sie: Bei der Parallelschaltung ist die Ersatzkapazität größer als jede Einzelkapazität.
b) Begründen Sie: Bei der Reihenschaltung ist die Ersatzkapazität kleiner als jede Einzelkapazität.
B5 Vergleichen Sie die Gleichungen für die Ersatzkapazität mit denen für den Ersatzwiderstand. Was fällt Ihnen auf?

Dichte der Ladung und Feldstärke

Wussten Sie, dass die Erde elektrisch geladen ist und wir daher in einem elektrischen Feld leben? Dabei hängt die Stärke des elektrischen Felds vom Wetter ab. Vor einem Gewitter ist die Feldstärke besonders groß. Wie misst man das elektrische Feld der Erde und wie kann man aus der Feldstärke auf die Ladung der Erde schließen?

Prinzip der Feldstärkemessung • Vereinfacht kann man sich das Feld der Erde folgendermaßen vorstellen: Die Erdoberfläche bildet mit der obersten Schicht der Atmosphäre, der Ionosphäre, einen riesigen Kondensator. Dabei sind die Ionosphäre positiv und die Erdoberfläche negativ geladen. Die Feldlinien verlaufen bei schönem Wetter vertikal von oben nach unten.

Da das elektrische Feld der Erde ziemlich schwach ist, ist eine Messung über die Kraft auf einen geladenen Probekörper unmöglich. Das sogenannte **Elektrofeldmeter** nutzt stattdessen die elektrische Influenz: Zwei Messplatten, die jeweils aus zwei gegenüberliegenden Kreissegmenten bestehen, sind leitend mit der Erde verbunden (▶ Abb. 2). Über den Messplatten rotiert ein ebenfalls mit der Erde verbundenes Flügelrad. Das elektrische Feld erreicht nur die vom Flügelrad geöffneten Bereiche der Messplatten. Diese Bereiche sind durch elektrische Influenz geladen. Wenn das Flügelrad eine Messplatte aufdeckt, dann fließt von der Erde Ladung zu dieser Messplatte. Wird eine Messplatte zugedeckt, dann fließt die Ladung wieder zur Erde zurück. Durch das rotierende Flügelrad werden die Messplatten abwechselnd aufgeladen und entladen. Indem man die Umladeströme misst, kann man die Ladung der Messplatten bestimmen.

Flächenladungsdichte • Um aus der Ladung der Messplatte die Feldstärke bestimmen zu können, muss man wissen, wie die Ladung mit der Feldstärke zusammenhängt. Diesen Zusammenhang untersuchen wir im Feld eines Plattenkondensators. Dazu berühren wir mit einer kleinen Metallplatte mit der Fläche A die Innenseite der

Messplatte 1
Messplatte 2
$\vec{\mathcal{E}}$
$\vec{\mathcal{E}}$
Flügelrad
Motor
Erdung

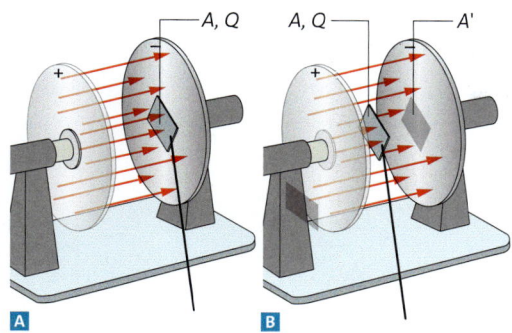

A So wird die Ladung abgegriffen: **A** Messplatte vollflächig auflegen, **B** Messplatte parallel zur Kondensatorplatte halten und entfernen.

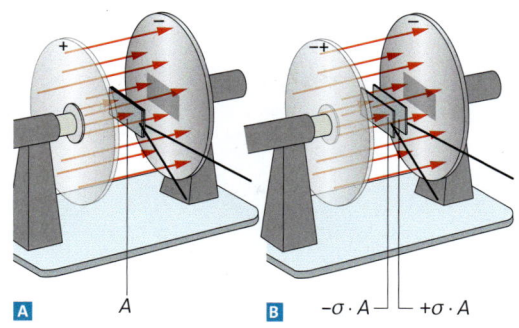

A Flächenladungsdichte bei Influenz: **A** Ladungsverschiebung in den sich berührenden Messplatten, **B** Geladene Platten mit feldfreiem Raum dazwischen

negativen Kondensatorplatte (▸Abb. 3 A). Aufgrund von Influenz fließt Ladung von der Kondensatorplatte auf die Messplatte. Die Feldlinien enden nun auf der geladenen Messplatte. Wir entfernen die Messplatte von der Kondensatorplatte wie in ▸Abb. 3 B gezeigt. Der Raum zwischen der Messplatte und der Kondensatorplatte ist feldfrei und die entsprechende Teilfläche A' der Kondensatorplatte ungeladen. Folglich ist die Ladung, die sich auf der Teilfläche A' der Kondensatorplatte befand, nun auf der Messplatte. Mit der Messplatte kann man also die Ladung abgreifen, die sich auf einer gleich großen Teilfläche befindet. Anschaulich ist klar, dass die abgegriffene Ladung von der Größe der Messplatte abhängt. Tatsächlich führt eine Halbierung der Fläche der Messplatte auch zu einer Halbierung der Ladung. Es ist daher sinnvoll, den Quotienten aus der Ladung Q und der Fläche A zu bilden, genannt **Flächenladungsdichte** σ:

$$\sigma = \frac{Q}{A}.$$

Feldgleichung • Wenn die Spannung am Kondensator größer ist, dann ist die Feldstärke $\mathcal{E} = \frac{U}{d}$ entsprechend größer. Wegen $Q = C \cdot U$ ist auch die Ladung der Kondensatorplatten größer und damit auch die Flächenladungsdichte. Da liegt die Vermutung nahe, dass Feldstärke und Flächenladungsdichte proportional zu einander sind. Man kann dies experimentell bestätigen und für das homogene Feld eines Plattenkondensators auch herleiten. Mit $U = \frac{Q}{C}$ und $C = \varepsilon_0 \cdot \frac{A}{d}$ folgt

$$\mathcal{E} = \frac{U}{d} = \frac{Q}{C \cdot d} = \frac{Q}{\varepsilon_0 \cdot A} = \frac{1}{\varepsilon_0} \cdot \sigma.$$

Man bezeichnet den Zusammenhang $\mathcal{E} = \frac{1}{\varepsilon_0} \cdot \sigma$ als **Feldgleichung** des elektrischen Felds. Mit dieser grundlegenden Gleichung kann man bei gegebener Flächenladungsdichte σ die Feldstärke $\mathcal{E}$ berechnen. Man kann aber auch umgekehrt die sich aufgrund von Influenz einstellende Flächenladungsdichte einer Leiteroberfläche bestimmen, die orthogonal zu den elektrischen Feldlinien in ein homogenes Feld eingebracht wird (▸Abb. 4 A und B).

> Im homogenen Feld sind die elektrische Feldstärke $\mathcal{E}$ und die Flächenladungsdichte σ für alle ebenen Leiteroberflächen proportional zueinander.
>
> $\sigma = \frac{Q}{A}$; Einheit $[\sigma] = \frac{C}{m^2}$,
>
> $\mathcal{E} = \frac{1}{\varepsilon_0} \cdot \sigma$ (Feldgleichung).

Bei inhomogenen Feldern gilt für die Feldstärke direkt an der Leiteroberfläche ebenfalls
$\mathcal{E} = \frac{1}{\varepsilon_0} \cdot \sigma$,
wobei sowohl $\mathcal{E}$ als auch σ vom Ort auf der Leiteroberfläche abhängen.

1 Unter einer Wolke wird eine Feldstärke von $2{,}5\,\frac{kV}{m}$ gemessen. Die Größe der Wolkenunterseite beträgt etwa $4\,km^2$. Schätzen Sie die Ladung der Wolke ab.

2 Die Ladung auf den 8,0 cm langen und 4,0 cm breiten Plättchen in ▸Abb. 4 wird zu ±12 nC gemessen.
a) Berechnen Sie die Flächenladungsdichte.
b) Bestimmen Sie die elektrische Feldstärke im Kondensator.
c) Berechnen Sie zur Kontrolle die Feldstärke aus der Spannung (20 kV) und dem Plattenabstand (5,0 cm).

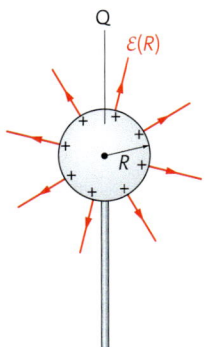

1 Geladene Kugel

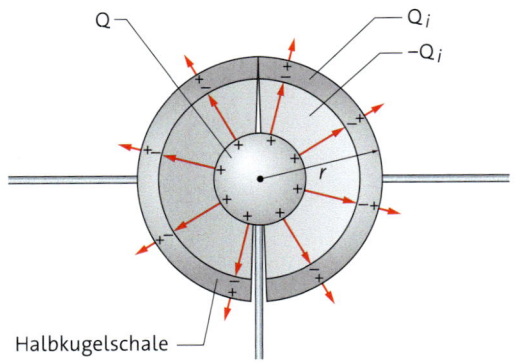

Halbkugelschale

2 Elektrische Influenz im radialen Feld

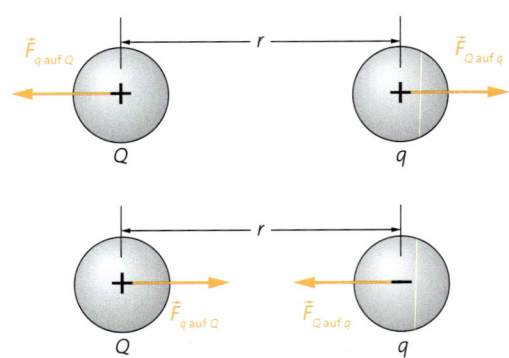

3 Kräfte zwischen geladenen Kugeln

Die Feldgleichung wurde für ebene Leiterflächen hergeleitet. Eine Kugeloberfläche kann näherungsweise als eben betrachtet werden, wenn man sich nicht zu weit von der Kugeloberfläche entfernt.

Feld einer geladenen Kugel • Wir wenden die Feldgleichung auf die Oberfläche einer geladenen Kugel an (▸Abb.1). Mit dem Radius R gilt für die Kugeloberfläche $A(R) = 4\pi R^2$. Wir setzen voraus, dass sich die Ladung Q der Kugel gleichmäßig auf der Kugeloberfläche verteilt. Dann folgt für die Flächenladungsdichte

$$\sigma(R) = \frac{Q}{4\pi R^2}.$$

Damit erhalten wir für die elektrische Feldstärke auf der Kugeloberfläche

$$\mathcal{E}(R) = \frac{1}{\varepsilon_0} \cdot \sigma = \frac{1}{4\pi\varepsilon_0} \cdot \frac{Q}{R^2}.$$

Wir umschließen die positiv geladene Kugel mit zwei metallischen Halbkugelschalen mit Radius r (▸Abb.2). Die sich berührenden Halbkugelschalen bilden eine äußere Kugelschale mit demselben Mittelpunkt wie die innere Kugel. Aufgrund von Influenz laden sich die Innenfläche der Kugelschale negativ und die Außenfläche positiv auf. Für den Betrag $|Q_i|$ der durch Influenz entstandenen Ladungen gilt die Feldgleichung:

$$|Q_i| = \sigma(r) \cdot A(r) = \varepsilon_0 \cdot \mathcal{E}(r) \cdot A(r).$$

Die Feldstärke $\mathcal{E}(r)$ nimmt mit zunehmendem Abstand r vom Kugelmittelpunkt ab, die Oberfläche der Kugelschale dagegen zu. Es ist daher plausibel, dass der Betrag $|Q_i|$ der Influenzladungen unabhängig von r und gleich der Ladung Q der inneren Kugel ist. Eine Überprüfung im Experiment bestätigt diese Überlegung. Also folgt mit $|Q_i| = Q$ und $A(r) = 4\pi r^2$ für die Feldstärke:

$$\mathcal{E}(r) = \frac{1}{\varepsilon_0} \cdot \frac{|Q_i|}{A(r)} = \frac{1}{4\pi\varepsilon_0} \cdot \frac{Q}{r^2}.$$

Die Feldstärke $\mathcal{E}(r)$ einer geladenen Kugel hängt folglich nur von der Ladung Q und vom Abstand r

zum Kugelmittelpunkt ab, nicht aber vom Radius R der Kugel.

Die elektrische Feldstärke einer punkt- oder kugelsymmetrischen Ladungsverteilung hängt nur von der Ladung Q und vom Abstand r zum Kugelmittelpunkt ab.
$$\mathcal{E}(r) = \frac{1}{4\pi\varepsilon_0} \cdot \frac{Q}{r^2}.$$

Coulomb-Gesetz • Wenn sich im Feld einer Kugel mit der Ladung Q eine zweite Kugel mit der Ladung q befindet, dann wird auf diese Kugel im Abstand r die Kraft

$$F = q \cdot \mathcal{E} = \frac{1}{4\pi\varepsilon_0} \cdot \frac{Q \cdot q}{r^2}$$

ausgeübt. Nach dem Wechselwirkungsgesetz wird dann auch auf die erste Kugel eine entgegengesetzt gerichtete Kraft mit demselben Betrag ausgeübt. Die Kräfte sind bei gleichnamigen Ladungen abstoßend und bei ungleichnamigen Ladungen anziehend (▸Abb.3).

Zwei Kugeln mit den Ladungen Q und q üben gleich große Kräfte aufeinander aus. Mit dem Abstand r der Kugelmittelpunkte gilt für den Betrag dieser Kräfte:
$$F = \frac{1}{4\pi\varepsilon_0} \cdot \frac{Q \cdot q}{r^2}.$$

Nach seinem Entdecker CHARLES A. DE COULOMB bezeichnet man die Gleichung für den Betrag der Kräfte zwischen zwei geladenen Kugeln als Coulomb-Gesetz.

1 Die Feldstärke des elektrischen Felds der Erde beträgt im Mittel etwa $130 \frac{V}{m}$. Berechnen Sie die Ladung der Erdoberfläche ($r_{Erde} = 6\,370$ km).

Material A • Elektrofeldmeter

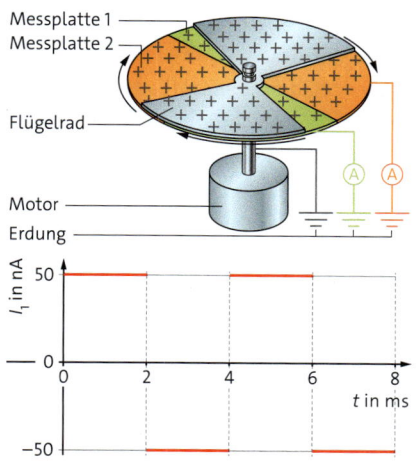

Messplatte 1
Messplatte 2
Flügelrad
Motor
Erdung

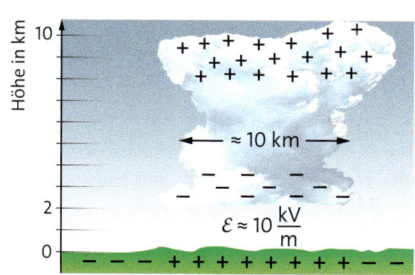

Über zwei Messplatten eines Elektrofeldmeters rotiert ein Flügelrad. Die Messplatten haben jeweils eine Fläche von $25\,cm^2$. Bei einer Messung unter einer Gewitterwolke erhält man für den zeitlichen Verlauf der Stromstärke auf die Messplatte 1 das nebenstehende Diagramm. Dabei bedeutet eine positive Stromstärke, dass die Platte sich positiv auflädt.

A1 a) Ermitteln Sie mithilfe des I_1-t-Diagramms die Ladung der Messplatte 1, wenn diese vom Flügelrad ganz aufgedeckt ist.

b) Bestimmen Sie Betrag und Richtung der elektrischen Feldstärke.
c) Übertragen Sie das I_1-t-Diagramm und zeichnen Sie das zugehörige Q_1-t-Diagramm darunter.
d) Beschreiben Sie, wie sich die Diagramme der Messplatte 2 von denen der Platte 1 unterscheiden.
e) Bestimmen Sie die Frequenz, mit der sich das Flügelrad dreht.

A2 Zeichnen Sie das Q_1-t-Diagramm und das I_1-t-Diagramm, wenn die Richtung der Feldstärke entgegengesetzt zu der in A1 ist.

Material B • Abschätzungen zu einer Gewitterwolke

Die Abbildung zeigt in stark vereinfachter Weise die Ausdehnung und Ladungsverteilung einer Gewitterwolke.

B1 Skizzieren Sie den zeitlichen Verlauf der Feldstärke, wenn die Gewitterwolke über eine Station zur Feldstärkemessung zieht.

B2 Schätzen Sie aus den in der Abbildung angegebenen Daten die Spannung zwischen Boden und Wolke sowie die Ladung der Wolkenunterseite ab.
B3 Bestimmen Sie die im „Kondensator" aus Boden und Wolke gespeicherte Energie.

Material C • Geladene Kugeln

C1 Eine Metallkugel mit einem Radius von 5,0 cm ist mit +55 nC geladen.
a) Berechnen Sie die Flächenladungsdichte und die Feldstärke auf der Kugeloberfläche.
b) In 20,0 cm Abstand vom Kugelmittelpunkt befindet sich ein Probekörper mit +1,0 nC. Berechnen Sie die Kraft auf diesen Körper im Feld der Kugel.

C2 Um eine mit –80 nC geladene Kugel werden zwei neutrale metallische Halbkugeln mit doppeltem Radius gestülpt. Die sich berührenden Halbkugeln umschließen die innere Kugel, berühren sie aber nicht. Die Ladung auf der Außenfläche der beiden Halbkugeln wird gemessen. Man erhält etwa –80 nC. Anschließend werden die beiden Halbkugeln

auseinandergezogen und es wird die Ladung der Halbkugeln zu jeweils etwa +40 nC gemessen.
a) Erklären Sie, wie es in den neutralen Halbkugeln zur Ladungstrennung kommt.
b) Erklären Sie die Messwerte. Gehen Sie dabei auf die Feldstärke und Flächenladungsdichte ein.
c) Erklären Sie, wie sich das Überstülpen der Halbkugeln und das nachfolgende Entladen ihrer Außenflächen jeweils auf das elektrische Feld auswirkt. Erstellen Sie eine Skizze mit der Ladungsverteilung und den Feldlinien (i) vor und (ii) nach dem Entladen.

Musteraufgabe mit Lösung

Aufgabe • Feldstärke und Kraft auf Probekörper

Die elektrische Feldstärke $\vec{\mathcal{E}}$ ist eine wichtige Größe zur Beschreibung von elektrischen Feldern. Sie hat eine Richtung und einen Betrag.

a) Erklären Sie, wie die Richtung und der Betrag der Feldstärke mit der elektrischen Kraft auf einen geladenen Körper zusammenhängen.

b) Erläutern Sie die Definition der elektrischen Feldstärke.

Mit einem Kraftsensor und einer kleinen Metallkugel wird die Feldstärke eines Plattenkondensators bestimmt (siehe Abb. zur Übungsaufgabe 1). Dazu wird die Kugel elektrisch geladen und die Kraft auf die Kugel gemessen. Ein positiver Wert der Kraft bedeutet, dass die Kraft nach rechts zeigt. Die Messung wird für unterschiedliche Kugelladungen durchgeführt. Es ergeben sich folgende Messwerte.

q in nC	9,1	4,8	17,1	−10,4	−8,0
F_{el} in mN	−2,2	−1,5	−4,5	2,7	2,0

c) Interpretieren Sie die Messwerte.

d) Ermitteln Sie Betrag und Richtung der elektrischen Feldstärke.

Lösung

a) *Erklären: Führen Sie den Sachverhalt unter Verwendung der Fachsprache auf allgemeine Aussagen und Gesetze zurück.*

Die Richtung von $\vec{\mathcal{E}}$ ist identisch mit der Feldlinienrichtung und bestimmt die Richtung der Kraft auf einen Probekörper. Die Kraft zeigt bei einem positiv geladenen Probekörper in Richtung von $\vec{\mathcal{E}}$, bei einem negativ geladenen Probekörper entgegengesetzt zur Richtung von $\vec{\mathcal{E}}$.

Der Betrag von $\vec{\mathcal{E}}$ bestimmt zusammen mit der Ladung des Probekörpers den Betrag der Kraft.

b) *Erläutern: Führen Sie den Sachverhalt auf allgemeine Aussagen und Gesetze zurück und machen sie ihn durch zusätzliche Informationen verständlich.*

Die elektrische Feldstärke ist gleich dem Quotienten aus der Kraft auf einen Probekörper und der Ladung des Probekörpers, also

$$\vec{\mathcal{E}} = \frac{\vec{F}_{el}}{q}.$$

Die Definition ist sinnvoll, da der Betrag der Kraft F_{el} auf einen Probekörper proportional zum Betrag seiner Ladung q ist. Folglich ist der Quotient $\frac{F_{el}}{q}$ konstant. Die Kraft selbst wäre kein gutes Maß für die Stärke des elektrischen Felds, da sie von der Ladung des Probekörpers abhängt. Der Quotient $\frac{F_{el}}{q}$ ist dagegen von der willkürlichen Wahl der Probeladung q unabhängig. Für ein starkes Feld ist der Quotient $\frac{F_{el}}{q}$ groß, für ein schwaches Feld hingegen klein. Folglich stellt er eine sinnvolle Beschreibung der Stärke des elektrischen Felds dar.

c) *Interpretieren: Untersuchen Sie den Sachverhalt im Hinblick auf Erklärungsmöglichkeiten und stellen Sie diese abwägend dar.*

Es fällt auf, dass die Probeladung und die zugehörige Kraft unterschiedliche Vorzeichen haben. Dies bedeutet: Für positive Probeladungen zeigt die Kraft nach links, für negative nach rechts. Folglich verlaufen die Feldlinien von der rechten zur linken Kondensatorplatte. Daher ist die rechte Patte positiv, die linke negativ geladen. Zur Prüfung, ob Kraft und Ladung proportional zueinander sind, berechnet man die Quotienten aus der Kraft und der zugehörigen Ladung.

q in nC	9,1	4,8	17,1	−10,4	−8,0
F_{el} in mN	−2,2	−1,5	−4,5	2,7	2,0
$\frac{F_{el}}{q}$ in $\frac{mN}{nC}$	−0,24	−0,25	−0,27	−0,24	−0,25

Man sieht, dass im Rahmen der Messgenauigkeit der Quotient $\frac{F_{el}}{q}$ konstant ist. Folglich ist $F_{el} \sim q$.

d) *Ermitteln: Bestimmen Sie das Ergebnis rechnerisch, grafisch oder experimentell.*

Unter Berücksichtigung aller Messwerte erhält man als Mittelwert für den Betrag der Feldstärke den Wert

$$\mathcal{E} = \frac{F_{el}}{q} = 0,25\,\frac{mN}{nC} = 0,25 \cdot \frac{10^{-3}\,N}{10^{-9}\,C} = 250\,\frac{kN}{C}.$$

Alternativ erhält man die Feldstärke aus der Steigung der Ausgleichsgeraden im F_{el}-q-Diagramm oder durch lineare Regression.

Die Richtung der Feldstärke zeigt in Feldlinienrichtung, also horizontal nach links.

Aufgabe 1 • Feldstärke und Spannung

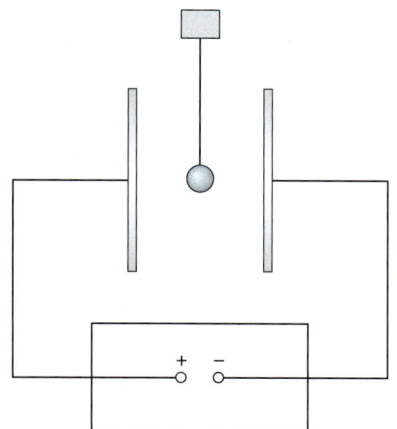

Ein Kondensator mit einem Plattenabstand von 16,0 cm ist an eine Quelle mit einer Spannung von 12,0 kV angeschlossen. In der Mitte des Kondensators hängt an einem Kraftsensor eine kleine geladene Metallkugel. Der Kraftsensor zeigt für die in horizontaler Richtung ausgeübte Kraft 1,5 mN an.

a) Berechnen Sie die elektrische Feldstärke zwischen den Platten.

b) Berechnen Sie die Ladung der Kugel.

Die Platten werden nun bei angeschlossener Quelle von beiden Seiten langsam aufeinander zugeschoben. Die Kugel bleibt dabei stets in der Mitte des Kondensators.

c) Erklären Sie, wie sich die auf die Kugel ausgeübte Kraft beim Zusammenschieben der Platten verändert.

d) Erstellen Sie ein Diagramm für die Kraft in Abhängigkeit vom Kehrwert des Plattenabstands d für $4\,\text{cm} \leq d \leq 16\,\text{cm}$. Erklären Sie das Diagramm.

Aufgabe 2 • Ladungsträger im Feld

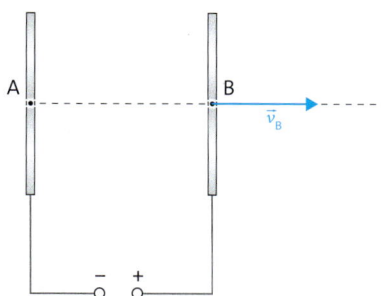

Durch eine kleine Öffnung A gelangen Elektronen mit vernachlässigbarer Anfangsgeschwindigkeit in einen Plattenkondensator. Im homogenen Feld werden die Elektronen zur gegenüberliegenden Öffnung B beschleunigt. Zwischen den Platten liegt eine Spannung von 5,0 kV, der Plattenabstand beträgt 10,0 cm.

a) Berechnen Sie die Geschwindigkeit v_B, mit der die Elektronen den Kondensator durch die Öffnung B verlassen.

b) Berechnen Sie die Zeit t_{AB}, die die Elektronen von A nach B benötigen.

c) Erklären Sie, wie sich Geschwindigkeit v_B und Flugzeit t_{AB} bei Vervierfachung der Spannung ändern.

Aufgabe 3 • Kapazität

Ein Kondensator aus zwei kreisförmigen Platten mit einem Radius von 12,0 cm und einem Plattenabstand von 5,0 mm wird an eine Spannung von 6,0 kV angeschlossen.

a) Berechnen Sie die Kapazität, die Ladung und die Feldstärke.

Der Kondensator wird nun von der Quelle getrennt. Anschließend wird zwischen die Kondensatorplatten eine Glasplatte mit $\varepsilon_r = 6$ eingeschoben, die den ganzen Raum zwischen den Platten ausfüllt.

b) Erklären Sie, wie sich die Kapazität, die Ladung, die Spannung und die Feldstärke dabei ändern.

c) Erläutern Sie die Änderung der Feldstärke von b) zusätzlich, indem Sie auf die Vorgänge in der Glasplatte eingehen.

Hinweise

Aufgabe 1
a) Nutzen Sie den Zusammenhang zwischen Feldstärke und Spannung.
b) Wenden Sie die Definitionsgleichung der Feldstärke an.
c) Kombinieren Sie die Gleichungen von a) und b).
d) Erstellen Sie eine Tabelle für die Kraft F_{el} in Abhängigkeit vom Plattenabstand d. Ergänzen Sie eine Zeile mit dem Kehrwert $\frac{1}{d}$ in $\frac{1}{\text{m}}$. Tragen Sie nach rechts $\frac{1}{d}$ in $\frac{1}{\text{m}}$ auf und nach oben F_{el} in N.

Aufgabe 2
a) Nutzen Sie die Energieerhaltung.
b) Zur Berechnung benötigen Sie die Beschleunigung der Elektronen sowie die Gesetze für die Bewegung mit konstanter Geschwindigkeit.
c) Argumentieren Sie mit den Formeln aus a) und b).

Aufgabe 3
a) Wandeln Sie die Angaben in SI-Einheiten um.
b) Argumentieren Sie möglichst mit einer Formel.
c) Verwenden Sie ein Modell zum atomaren Aufbau von Isolatoren.

Training I • Elektrisches Feld, Spannung und Bewegung von Ladungsträgern

Aufgabe 1

Ein Plattenkondensator ist an eine Quelle mit einer Spannung von 25,0 kV angeschlossen (▸ Abb. links). In der Kondensatormitte hängt an einem Kraftsensor eine kleine Metallkugel. Für unterschiedliche Kugelladungen werden folgende Werte für die Kraft auf die Kugel gemessen:

q in nC	3,6	4,5	6,3	8,1	9,4	11,5
F_{el} in mN	0,7	0,9	1,2	1,6	2,0	2,4

a) Erstellen Sie ein Diagramm für die Kraft in Abhängigkeit von der Ladung der Kugel.
b) Ermitteln Sie mithilfe des Diagramms die elektrische Feldstärke. Erklären Sie Ihre Vorgehensweise.
c) Berechnen Sie den Plattenabstand.

Der Plattenabstand wird nun bei angeschlossener Quelle halbiert. Die Kugel bleibt dabei in der Kondensatormitte.
d) Erklären Sie, wie sich das F_{el}-q-Diagramm dabei ändert.

Aufgabe 2

Mit einem Kraftsensor und einem positiv geladenem Kügelchen mit einer Ladung von 5,0 nC wird das elektrische Feld eines positiv geladenen Metallstabs in Abhängigkeit von der Entfernung r von der Mittelachse des Stabs untersucht (▸ Abb. Mitte). Es ergeben sich folgende Messwerte:

r in cm	3,0	4,0	5,5	7,5	10,0
F_{el} in mN	12,4	9,1	7,0	5,1	3,6

a) Zeigen Sie, dass die elektrische Feldstärke umgekehrt proportional zur Entfernung r von der Stabmitte ist.
b) Stellen Sie eine Gleichung für die elektrische Feldstärke in Abhängigkeit von r auf.
c) Ermitteln Sie die Feldstärke auf der Oberfläche des Stabs mit dem Radius r_{Stab} = 0,50 cm.

Aufgabe 3

Aus der Kathode K einer Braunschen Röhre treten Elektronen mit vernachlässigbarer Anfangsgeschwindigkeit aus. Die Elektronen durchlaufen zwischen Kathode K und Anode A eine Beschleunigungsspannung von U_A = 410 V. Der so erzeugte Strahl von Elektronen trifft mittig in einen Ablenkkondensator mit der Plattenlänge ℓ = 60 mm und dem Plattenabstand d = 30 mm ein (▸ Abb. rechts). Am Ablenkkondensator liegt vorerst keine Spannung an.
a) Berechnen Sie die Energie (in eV und in J) sowie die Geschwindigkeit, mit der die Elektronen in den Ablenkkondensator eintreten.
b) Ermitteln Sie die Zeit zum Durchfliegen des Kondensators.

Zwischen den beiden Ablenkplatten liegt nun symmetrisch zur geerdeten Anode eine Spannung von U_y = 820 V an.
c) Zeigen Sie, dass der Elektronenstrahl die obere Ablenkplatte genau in der Mitte trifft.
d) Bestimmen Sie die Energie sowie die Geschwindigkeit, mit der die Elektronen auf die obere Platte auftreffen.
e) Erklären Sie, aus welchen Quellen die Energie der Elektronen stammt.

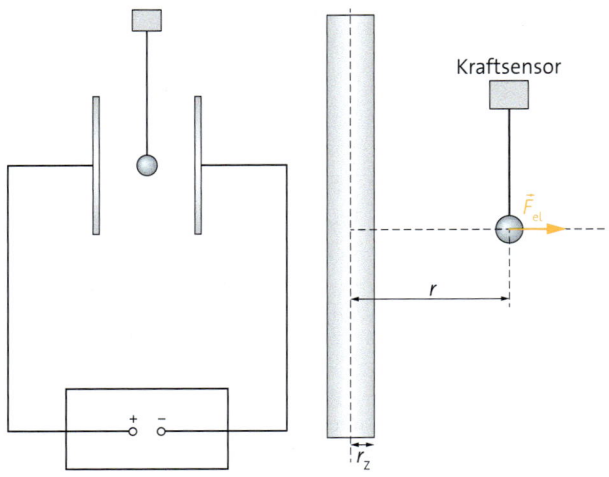

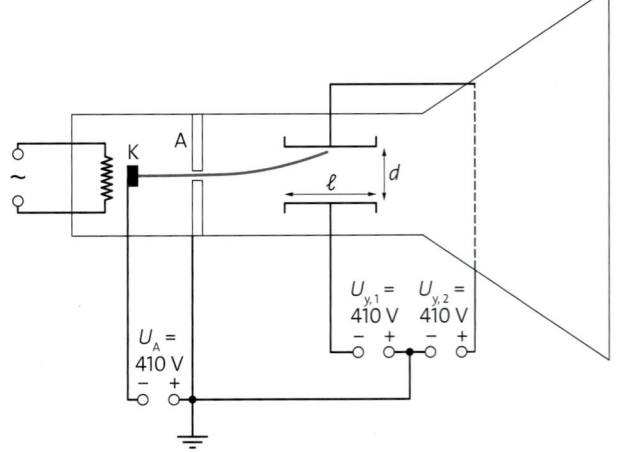

Aufgabe 1

Ein Kondensator besteht aus zwei quadratischen Platten mit einer Kantenlänge von 25,0 cm und einem Abstand von 5,0 mm. Zwischen den Platten befindet sich Luft ($\varepsilon_r = 1$). Der Kondensator ist an eine Quelle mit einer Spannung von 12,0 kV angeschlossen.

a) Berechnen Sie die Kapazität des Kondensators.

b) Berechnen Sie die Ladung des Kondensators.

c) Ermitteln Sie die im Kondensator gespeicherte Energie.

Der Kondensator wird von der Quelle getrennt. Anschließend wird der Plattenabstand verdoppelt.

d) Erklären Sie, wie sich die Energie des Kondensators dabei ändert.

Aufgabe 2

In einem Experiment wird die Permittivitätszahl von Acrylglas bestimmt. Dazu werden unterschiedlich dicke Acrylglasplatten zwischen zwei Aluminiumplatten gelegt. Die kreisförmigen Aluminiumplatten haben einen Durchmesser von 24,4 cm, die quadratischen Acrylglasplatten eine Kantenlänge von 30,0 cm. Die Aluminiumplatten werden mit einer Quelle verbunden. Die Spannung der Quelle beträgt 350 V. Anschließend werden die Platten von der Quelle getrennt und mit einem Ladungsmessgerät verbunden. Für die Ladung in Abhängigkeit von der Dicke der Acrylglasplatten erhält man folgende Werte:

d in mm	1,5	2,0	3,5	4,5	6,0
Q in nC	365	275	157	123	92

a) Zeigen Sie, dass die Ladung umgekehrt proportional zur Dicke der Acrylglasplatten ist.

b) Erklären Sie die Antiproportionalität.

c) Ermitteln Sie unter Verwendung aller Messwerte die Permittivitätszahl von Acrylglas.

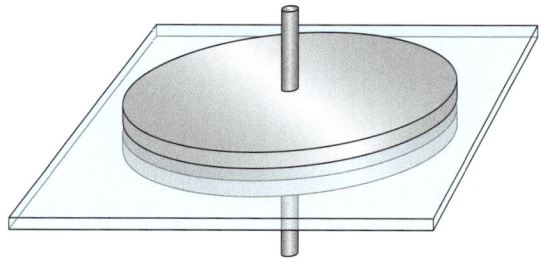

Aufgabe 3

Mithilfe von Computersimulationen wurde die Aufladung von Kondensatoren über Widerstände modelliert. Die Abbildungen zeigen die berechneten Verläufe der Stromstärke sowie der am Kondensator anliegenden Spannung für unterschiedliche Kombinationen von Kapazität und Widerstand. Die Kapazitäten betragen 1 μF oder 3,3 μF, die Widerstände 100 Ω oder 200 Ω.

a) Ordnen Sie den Stromstärkeverläufen 1 bis 4 die passenden Kapazitäten und Widerstände zu. Begründen Sie.

b) Ordnen Sie den Spannungsverläufen A bis D die passenden Kapazitäten und Widerstände zu. Begründen Sie.

c) Berechnen Sie die am Ende der Aufladevorgänge in den Kondensatoren gespeicherten Energien.

d) Vergleichen Sie die in den Kondensatoren gespeicherten Energien mit den während der Aufladevorgänge in den Widerständen umgesetzten Energien. Erklären Sie.

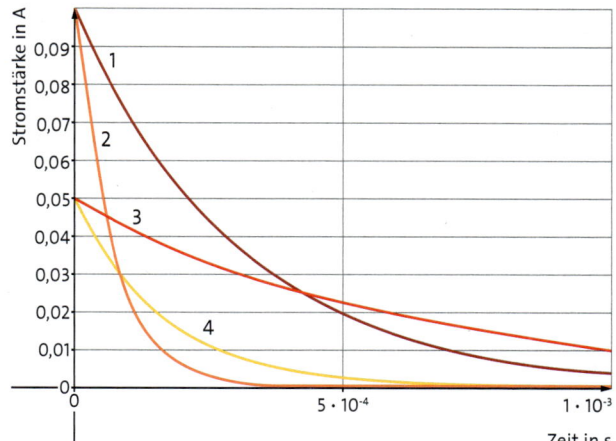

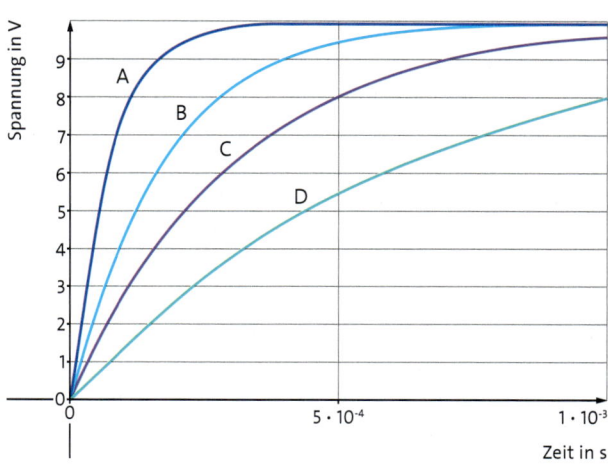

Grundbegriffe des elektrischen Felds

Ladung und Stromstärke: Körper können elektrisch geladen sein. Die Ladung Q (oder q) kann positiv oder negativ sein. Die Einheit der Ladung ist Coulomb (C). Wird in der Zeitspanne Δt die Ladung ΔQ übertragen, dann beträgt die mittlere Stromstärke

$$I = \frac{\Delta Q}{\Delta t}; \text{ mit der Einheit } [I] = \frac{C}{s} = A \text{ (Ampere).}$$

Elektrisches Feld: Mit dem elektrischen Feld können Kräfte zwischen geladenen Körpern beschrieben werden. Die Struktur eines elektrischen Felds kann mit Feldlinien dargestellt werden (▸Abb.1A). Feldlinien sind gedachte Linien, die die Kraftrichtungen auf einen positiv geladenen Probekörper angeben. Die **elektrische Feldstärke** $\vec{\mathcal{E}}$ ist festgelegt als Quotient aus der Kraft $\vec{F}_{el}$ auf einen Probekörper und seiner Ladung q, also

$$\vec{\mathcal{E}} = \frac{\vec{F}_{el}}{q}; \text{ mit der Einheit } [\mathcal{E}] = \frac{N}{C}.$$

Bei einem Plattenkondensator ist das Feld **homogen**. Die Feldlinien verlaufen parallel zueinander und die Feldstärke hat überall denselben Betrag (▸Abb.1B).

Spannung: Beim Plattenkondensator mit homogenem Feld gilt für den Zusammenhang zwischen Feldstärke $\mathcal{E}$, Spannung U und Plattenabstand d:

$$\mathcal{E} = \frac{U}{d}; \text{ mit der Einheit: } [\mathcal{E}] = \frac{N}{C} = \frac{V}{m}.$$

Wird ein Körper mit der Ladung q von einem Leiter zu einem anderen Leiter beschleunigt, dann beträgt die vom elektrischen Feld auf den Körper übertragene Energie

$$\Delta E = q \cdot U.$$

Dabei ist U die Spannung zwischen den geladenen Leitern.

Ladungsträger im elektrischen Feld

Bei der Bewegung von Ladungsträgern parallel zu den elektrischen Feldlinien werden diese beschleunigt oder verzögert. Dabei vergrößert oder verkleinert sich deren kinetische Energie. Nach Durchlaufen einer Spannung von 1V ändert sich die kinetische Energie eines Elektrons oder Protons um ein **Elektronvolt** (eV). Dabei gilt:

$$1\,eV = 1{,}60 \cdot 10^{-19}\,J.$$

Treten Elektronen orthogonal zu den Feldlinien in ein homogenes elektrisches Feld ein, führen sie eine Überlagerungsbewegung aus zwei Teilbewegungen durch (▸Abb.2): Eine Bewegung erfolgt mit konstanter Geschwindigkeit in x-Richtung und eine mit konstanter Beschleunigung in y-Richtung. Mit der Anodenspannung U_A, der Ablenkspannung U_y und dem Plattenabstand d des Ablenkkondensators folgt:

$$v_x(t) = v_A = \text{konstant}, \qquad x(t) = v_A \cdot t,$$
$$v_y(t) = a_y \cdot t, \qquad y(t) = \frac{1}{2} \cdot a_y \cdot t^2,$$
$$\text{mit } v_A = \sqrt{2\frac{e}{m_e}U_A} \text{ und } a_y = \frac{F_{el}}{m_e} = \frac{e \cdot \mathcal{E}_y}{m_e} = \frac{e \cdot U_y}{m_e \cdot d}.$$

Speicherung von Ladung und Energie

Die **Kapazität** C eines Kondensators beschreibt seine Fähigkeit Ladung zu speichern. Sie ist festgelegt als der Quotient aus der Ladung Q auf den Platten und der Spannung U zwischen den Platten, also

$$C = \frac{Q}{U}; \text{ mit der Einheit } [C] = \frac{C}{V} = F \text{ (Farad)}.$$

Für den Plattenkondensator mit der Plattengröße A, dem Plattenabstand d und der Permittivitätszahl ε_r des Füllmaterials gilt mit der **elektrischen Feldkonstanten** ε_0:

$$C = \varepsilon_0 \cdot \varepsilon_r \cdot \frac{A}{d}, \text{ mit } \varepsilon_0 = 8{,}854 \cdot 10^{-12} \frac{C}{V \cdot m}.$$

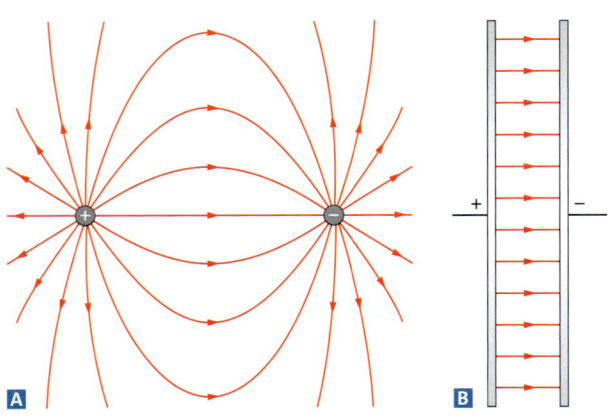

1 Feld **A** zweier Punktladungen und **B** eines Plattenkondensators

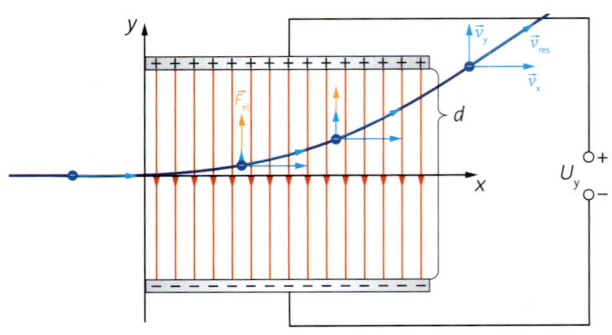

2 Überlagerungsbewegung von Elektronen im elektrischen Feld

Die im Kondensator gespeicherte Energie beträgt

$$E_{\text{Kond}} = \frac{1}{2} \cdot Q \cdot U = \frac{1}{2} \cdot C \cdot U^2 = \frac{1}{2} \cdot \frac{Q^2}{C}.$$

Auf- und Entladen: Beim Aufladen eines Kondensators über einen Widerstand teilt sich die Spannung der Quelle U_0 auf die Teilspannung U_R am Widerstand und die Teilspannung U_C am Kondensator auf. Während die Spannung am Kondensator kontinuierlich zunimmt, nimmt die Spannung am Widerstand entsprechend ab (▸Abb. 3 A). Beim anschließenden Entladen unterscheiden sich die Spannungen am Kondensator und am Widerstand nur durch das Vorzeichen. Wegen $I(t) = \frac{U_R(t)}{R}$ folgt der Verlauf der Stromstärke sowohl beim Auf- als auch beim Entladen zu jedem Zeitpunkt dem Verlauf der Spannung am Widerstand (▸Abb. 3 B). Die exponentielle Abnahme des Betrags der Stromstärke erfolgt umso schneller, je größer der Widerstand R und die Kapazität C sind.

Feldgleichung der Elektrostatik

Ein elektrisch geladener Körper erzeugt ein elektrisches Feld. Die Stärke des Felds hängt von der Ladung Q ab. An der Leiteroberfläche ist die Feldstärke proportional zur **Flächenladungsdichte** $\sigma = \frac{Q}{A}$. Im Vakuum gilt die **Feldgleichung**:

$$\mathcal{E} = \frac{1}{\varepsilon_0} \cdot \sigma.$$

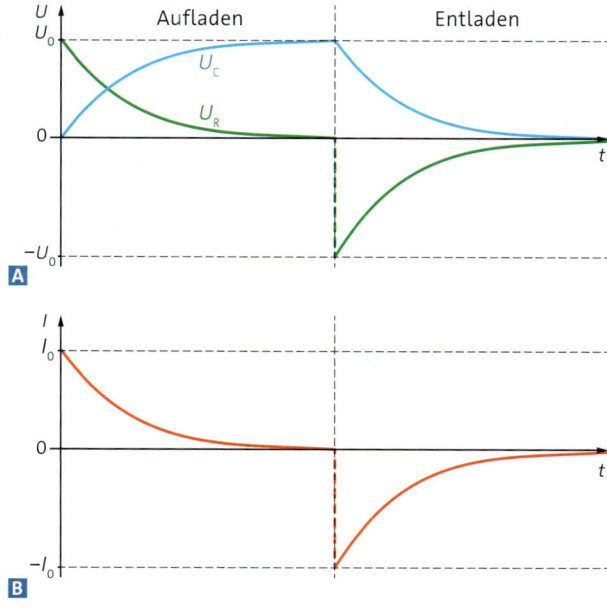

A

B

3 Aufladen und Entladen eines Kondensators über einen Widerstand: **A** Verlauf der Spannungen, **B** Stromstärkeverlauf

Überprüfen Sie sich selbst:

Kann ich …

- grundlegende Phänomene der Elektrostatik (z. B. Influenz und Polarisation) beschreiben und mithilfe geeigneter Modellvorstellungen erklären?

- den Zusammenhang zwischen Feldlinienrichtung und Richtung der Kraft auf einen positiv oder negativ geladenen Probekörper beschreiben?

- elektrische Felder typischer Ladungsverteilungen mithilfe von Feldlinien skizzieren?

- den Zusammenhang zwischen der Kraft auf einen geladenen Probekörper und der elektrischen Feldstärke anhand eines Experiments erläutern?

- aus einer Messreihe für die Kraft auf einen Probekörper in Abhängigkeit von seiner Ladung die elektrische Feldstärke bestimmen?

- beim Plattenkondensator die elektrische Feldstärke aus der Spannung berechnen?

- die Analogie zwischen elektrischem Feld und Gravitationsfeld nutzen, um Potenzial, Spannung und Feldstärke zu veranschaulichen?

- mithilfe einer Energiebetrachtung die Änderung der Geschwindigkeit von Ladungsträgern bei der Bewegung parallel zu den elektrischen Feldlinien berechnen?

- die Bewegung von Ladungsträgern im Feld eines Ablenkkondensators mathematisch beschreiben?

- die Kapazität erläutern und ein Experiment zu ihrer Bestimmung beschreiben?

- die im Kondensator gespeicherte Energie berechnen?

- die Änderung von Kapazität, Spannung, Ladung, Energie z. B. beim Auseinanderziehen der Kondensatorplatten erklären?

- die zeitabhängigen Verläufe der Spannung und der Stromstärke beim Aufladen und Entladen eines Kondensators skizzieren, beschreiben und erklären?

- aus dem zeitabhängigem Verlauf der Stromstärke beim Aufladen eines Kondensators über einen Widerstand die Kapazität bestimmen?

- den Zusammenhang zwischen Feldstärke und Flächenladungsdichte erläutern?

Magnetische Felder

In diesem Kapitel beschäftigen Sie sich mit

- der Wirkung des Magnetfelds auf stromführende Leiter. Sie erfahren, wie man die Richtung der Kraft auf einen stromführenden Draht mit der Drei-Finger-Regel ermitteln kann. Sie lernen, wie man durch Messung dieser Kraft die magnetische Flussdichte als Maß für die Stärke des Magnetfelds bestimmen kann.

- dem Magnetfeld von Drähten und Spulen. Sie lernen, wie man die magnetische Flussdichte in Abhängigkeit von geometrischen Daten der Spule und der Stromstärke als Ursache des Magnetfelds berechnen kann.

- Methoden zur Untersuchung von Zusammenhängen zwischen Größen. Sie vertiefen Ihre Kenntnisse hierzu und lernen, wie man aus experimentell gefundenen Abhängigkeiten eine Gleichung gewinnt.

- der Analogie zwischen dem magnetischen und dem elektrischen Feld. Sie entdecken Gemeinsamkeiten, aber auch wesentliche Unterschiede zwischen diesen beiden Feldern.

- der Bewegung von Elektronen im Magnetfeld. Sie lernen diese Bewegung mithilfe der Lorentzkraft zu beschreiben. Sie erfahren, wie man die spezifische Ladung des Elektrons experimentell bestimmen kann.

- Anwendungen der Bewegung von Ladungsträgern in Feldern. Sie lernen, wie man mithilfe von elektrischen und magnetischen Feldern Ionen nach ihrer Masse sortiert. Weiter erfahren Sie, wie Sensoren zur Messung von Magnetfeldern funktionieren und wie geladene Teilchen in ringförmigen Beschleunigern auf hohe kinetische Energien beschleunigt werden.

Eigenschaften von Magneten

Magnetische Wirkung: Magnete wirken auf Körper, die ferromagnetische Stoffe enthalten. Ein solcher Körper und ein Magnet ziehen sich gegenseitig an. An den Magnetpolen ist die Wirkung eines Magneten besonders groß. Jeder Magnet hat zwei unterschiedliche Magnetpole: den Nordpol und den Südpol. Ungleichnamige Pole ziehen sich an, gleichnamige Pole stoßen sich ab. Magnete üben Kräfte aufeinander aus, auch wenn sie sich nicht berühren. Je kleiner der Abstand zwischen den Magneten ist, desto stärker sind die Kräfte.

Wenn man einen Magneten teilt und die Teilstücke immer weiter teilt, dann erhält man stets vollständige Magnete mit Nord- und Südpol. Es gibt keine Magnete mit nur einem Magnetpol. Nord- und Südpol treten immer paarweise auf.

Modell der Elementarmagnete: Man stellt sich vor, dass ein ferromagnetischer Körper aus vielen winzig kleinen Magneten besteht, die nicht teilbar sind. Diese bezeichnet man als Elementarmagnete. In einem unmagnetisierten ferromagnetischen Körper sind die Elementarmagnete ungeordnet. Mit dem Modell der Elementarmagnete kann man die Magnetisierung eines ferromagnetischen Körpers als Gleichausrichtung der Elementarmagnete beschreiben.

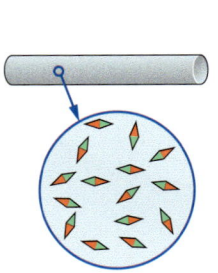 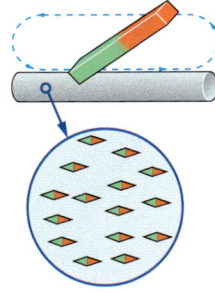

Magnetfeld und Feldlinienmodell

Magnetfeld: Überall dort, wo man die Wirkung eines Magneten nachweisen kann, gibt es ein Magnetfeld. Die Wirkung nimmt zwar mit der Entfernung ab, reicht aber unendlich weit in alle Raumrichtungen.

Feldlinienmodell: Magnetnadeln richten sich im Magnetfeld entlang gedachter Linien aus. Diese Linien bezeichnet man als Feldlinien. Die Richtung der Feldlinien entspricht der Richtung, in die der Nordpol einer Magnetnadel auf dieser Feldlinie zeigt.

Man stellt sich vor, dass es unendlich viele Feldlinien gibt. Dies ist das sogenannte Feldlinienmodell. In der grafischen Darstellung verwendet man nur einige Feldlinien, die die Struktur des Felds sichtbar machen. Wir zeichnen die magnetischen Feldlinien blau. Je stärker das Magnetfeld ist, desto enger beieinander werden die Feldlinien gezeichnet. Die magnetischen Feldlinien schneiden sich nicht.

Magnetfeld der Erde: Das Erdmagnetfeld ähnelt dem Feld eines Stabmagneten, allerdings befindet sich im Innern der Erde kein Stabmagnet. Der magnetische Südpol liegt in der Nähe des geografischen Nordpols.

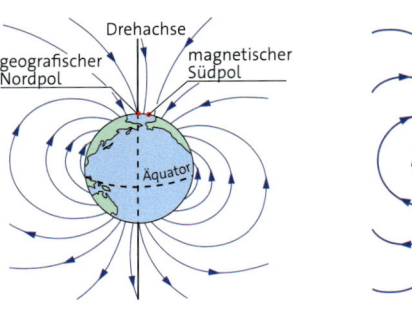 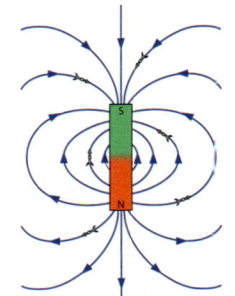

Magnetische Stromwirkung: Ein stromführender Draht ist von einem Magnetfeld umgeben. Die Feldlinien bilden geschlossene Kreise. Die Kreisebene liegt orthogonal zum Draht.

Rechte-Hand-Regel: Wenn man den Daumen in die Stromrichtung von „plus nach minus" hält, dann zeigen die gekrümmten Finger die Richtung der magnetischen Feldlinien an.

Magnetfeld einer Spule: Die magnetischen Feldlinien einer stromführenden Spule sind geschlossen. Die Richtung der Feldlinien kann man ebenfalls mit der Rechten-Hand-Regel vorhersagen: Man zeigt mit dem Daumen in Richtung des Stroms. Die gekrümmten Finger zeigen dann die Richtung der magnetischen Feldlinien an.

 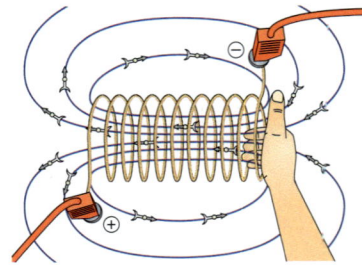

Eigenschaften von Magneten

1 Sie haben zwei identisch aussehende Eisenstäbe. Der eine ist magnetisiert, der andere nicht. Beschreiben Sie, wie Sie ohne weitere Hilfsmittel herausfinden können, welcher der beiden Stäbe magnetisiert ist. Begründen Sie ihr Vorgehen mit den Eigenschaften von Magneten.

2 Erklären Sie anhand der Eigenschaften von Magneten die Anordnung der Magnete in der Abbildung.

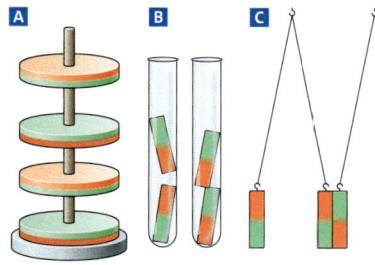

3 Bei einem Experiment wird eine Büroklammer an einer Schnur befestigt, die am Tisch festgeklebt ist. Mit einem Magneten bringt man die Büroklammer zum Schweben, ohne sie zu berühren.
a) Erklären Sie diesen Zaubertrick.
b) Stellen Sie eine Vermutung auf, was geschieht, wenn man eine Kunststoffplatte, eine Aluminiumplatte oder eine Eisenplatte in den Zwischenraum zwischen Büroklammer und Magnet schiebt. Begründen Sie Ihre Vermutung.

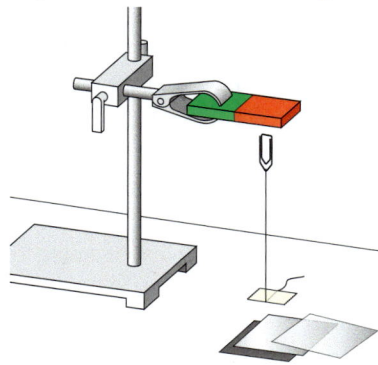

Magnetfeld und Feldlinienmodell

4 Ergänzen Sie die Ausrichtung der Magnetnadeln in den vorgegebenen Punkten.

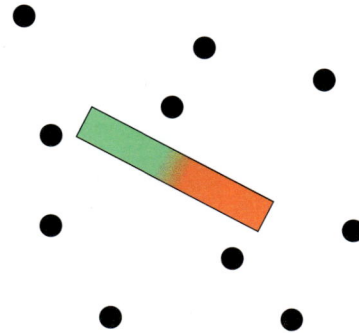

5 a) Erstellen Sie eine Übersicht über die Regeln für die grafische Darstellung von Magnetfeldern.
b) Begründen Sie, warum sich die magnetischen Feldlinien nicht kreuzen.
c) Wenden Sie diese Regeln an und skizzieren Sie das Magnetfeld für einen Hufeisenmagnet.

6 Beschreiben und begründen Sie, wie sich ein drehbar gelagerter Stabmagnet im Erdmagnetfeld ausrichtet.

7 Eine lange ferromagnetische Stativstange stand mehrere Jahre immer aufrecht an der gleichen Stelle. Wenn man eine Magnetnadel dem oberen Ende der Stange nähert, dann wird der Nordpol der Nadel abgestoßen. Am unteren Ende wird er angezogen. Begründen Sie diese Beobachtung anhand des Feldlinienbilds der Erde und des Modells der Elementarmagnete.

Elektrizität und Magnetismus

8 In welche Richtung fließt der Strom durch den Draht und die Spule in der Abbildung? Geben sie jeweils an, wie die Drahtenden 1 und 2 an den Plus- und Minuspol angeschlossen werden müssen. Begründen Sie ihre Antwort mit der Rechten-Hand-Regel.

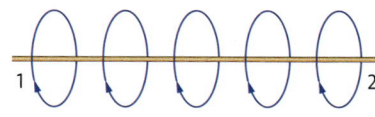

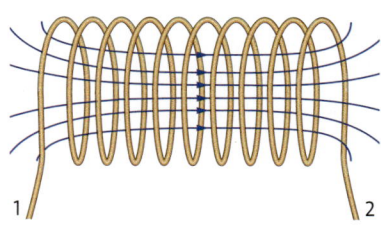

9 Bei einem Elektromagneten wird das Magnetfeld durch einen Eisenkern verstärkt. Beschreiben Sie mithilfe des Modells der Elementarmagnete, was beim Einschalten und Ausschalten des Stroms im Eisenkern passiert.

10 Zwei Elektromagnete sollen einander abstoßen. Skizzieren Sie mögliche Anordnungen und geben Sie jeweils die Polung der Anschlüsse an.

11 Sowohl bei einem Schrottkran als auch bei einer Magnetschwebebahn werden Elektromagnete eingesetzt. Beschreiben Sie, welche magnetische Wirkung in den beiden Fällen genutzt wird.

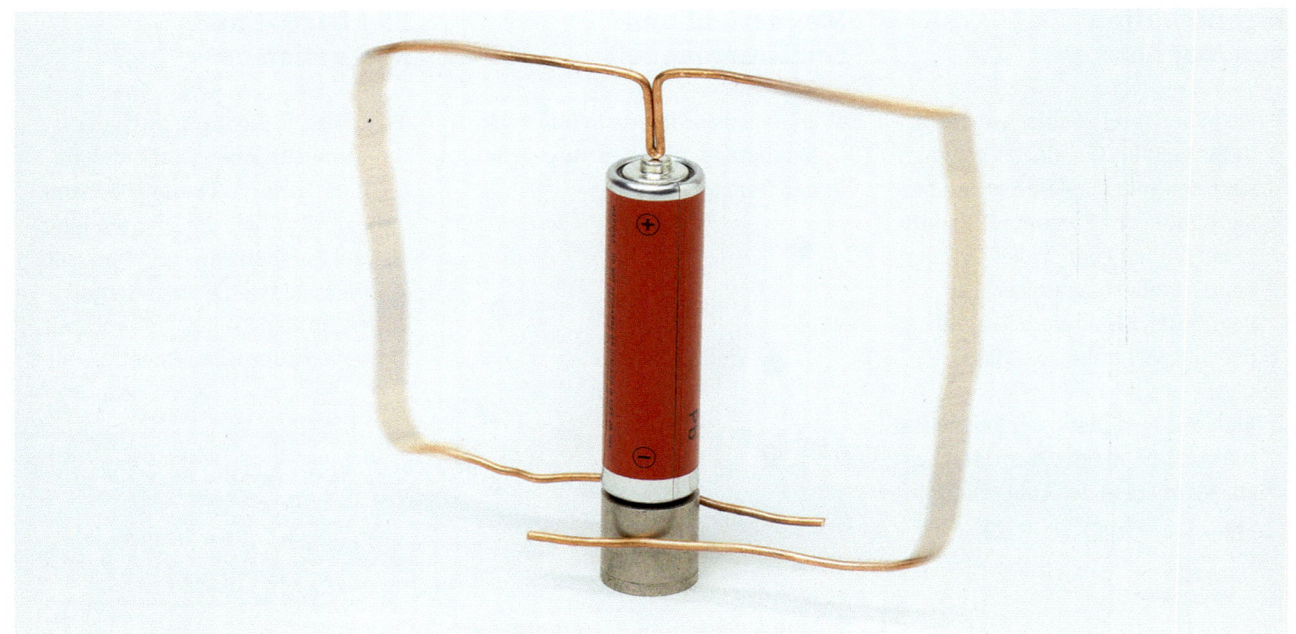

1 So einfach kann ein Elektromotor sein.

Stromführende Leiter im Magnetfeld

Dieser einfache Elektromotor besteht nur aus einer Batterie, einem Neodymmagneten und etwas Kupferdraht. Wenn der Draht richtig gebogen ist, dann dreht er sich schnell um die Batterie. Wie kommt es zu dieser Drehbewegung?

Ursachen der Drehbewegung • Der Kupferdraht dreht sich nur dann, wenn die Drahtenden den Magneten berühren und so den Stromkreis schließen. Ohne Stom gibt es also keine Drehung.

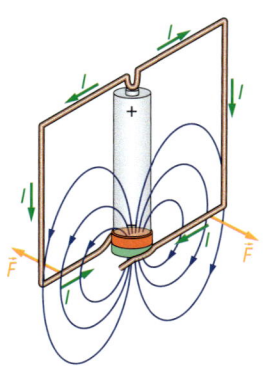

2 Strom (grün), Magnetfeldlinien (blau) und Kräfte (orange) beim einfachen Elektromotor

Wir ersetzen den Magneten durch einen runden Schraubenkopf aus Metall. Nun erwärmen sich der Draht und die Batterie. Also gibt es auch einen Strom, aber der Draht dreht sich nicht. Erst wenn wir den Neodymmagneten von oben an den Draht annähern, bewegt er sich wieder. Offensichtlich ist ein Magnetfeld notwendig, damit sich der Draht drehen kann.

Damit der Motor rund läuft, muss der Draht möglichst symmetrisch gebogen sein. Jede der beiden Schleifen aus Draht bildet dabei einen Stromkreis (▶Abb. 2): Vom Pluspol der Batterie fließt ein Strom sowohl durch die linke wie auch durch die rechte Drahtschleife und weiter über den Magneten zum Minuspol. Wir können die Drehbewegung erklären, wenn wir annehmen, dass auf die beiden Drahtschleifen Kräfte in entgegengesetzte Richtungen ausgeübt werden. Wir vermuten, dass die Kräfte in die jeweilige Bewegungsrichtung zeigen, also orthogonal zu den magnetischen Feldlinien stehen. Weiter vermuten wir, dass die Kräfte orthogonal zum Draht stehen.

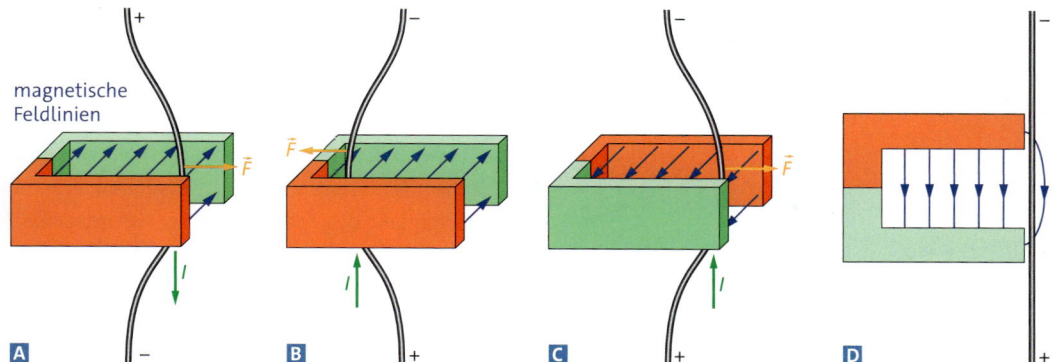

magnetische
Feldlinien

$\vec{F}$

I

A   **B**   **C**   **D**

3 Stromführender Draht im Magnetfeld: **A**, **B**, **C** Die Kraftrichtung hängt von der Stromrichtung und der Magnetfeldrichtung ab. **D** Wenn Strom- und Magnetfeldrichtung parallel zueinander sind, dann wird keine Kraft ausgeübt.

Strom-, Magnetfeld- und Kraftrichtung · Von oben betrachtet, dreht sich der Draht in ▸Abb. 2 im Uhrzeigersinn. Wenn wir die Batterie umdrehen, dann beobachten wir, dass sich der Draht gegen den Uhrzeigersinn dreht. Wir folgern daraus, dass es einen Zusammenhang zwischen der Stromrichtung und der Richtung der Kraft auf die Drahtschleifen gibt. Drehen wir den Magneten um, dann dreht sich der Draht wieder im Uhrzeigersinn. Somit hängt die Kraftrichtung auch von der Richtung des Magnetfelds ab.

Diesen Zusammenhang untersuchen wir im Folgenden genauer. Ein langes Kabel wird so aufgehängt, dass es zwischen den Polen eines Hufeisenmagneten hängt. Wir schließen das Kabel an eine Gleichspannung an. Wir beobachten, dass das Kabel nach rechts ausgelenkt wird (▸Abb. 3 A). Wenn wir die Stromrichtung umpolen, dann bewegt sich das Kabel nach links (▸Abb. 3 B). Drehen wir den Hufeisenmagneten um 180°, dann bewegt sich das Kabel wieder nach rechts (▸Abb. 3 C). Wenn sich das Kabel parallel zu den Magnetfeldlinien befindet, dann wirkt keine Kraft auf das stromführende Kabel (▸Abb. 3 D).

Drei-Finger-Regel · Die Richtung der Kraft auf das Kabel hängt somit auch bei diesem Versuch von der Stromrichtung und von der Richtung der magnetischen Feldlinien ab. Man hat festgestellt, dass die Kraft auf einen stromführenden Leiter sowohl orthogonal zur Stromrichtung als auch orthogonal zur Richtung der magnetischen Feldlinien steht. Wenn, wie im Versuch nach ▸Abb. 3 A–C, Stromrichtung und Richtung der

magnetischen Feldlinien orthogonal zueinander sind, dann erhält man die Kraftrichtung mithilfe der Drei-Finger-Regel der rechten Hand (▸Abb. 4).

> Wenn Strom- und Feldlinienrichtung nicht parallel zu einander sind, dann wird auf einen stromführenden Leiter im Magnetfeld eine Kraft ausgeübt. Die Richtung dieser Kraft erhält man mit der Drei-Finger-Regel der rechten Hand: Daumen in Stromrichtung, Zeigefinger in Feldlinienrichtung, Mittelfinger in Kraftrichtung.

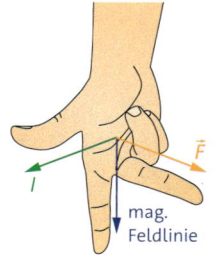

I $\vec{F}$ mag. Feldlinie

4 Drei-Finger-Regel der rechten Hand

Damit können wir nun die Drehbewegung beim einfachen Elektromotor erklären. Wir betrachten dafür die unteren waagerechten Drahtabschnitte (▸Abb. 2). Dort treffen die Feldlinien des zylindrischen Neodymmagneten senkrecht von oben auf den Draht. Mit der Drei-Finger-Regel ermitteln wir, dass auf das rechte Drahtstück eine Kraft nach vorne und auf das linke Drahtstück eine Kraft nach hinten ausgeübt wird. Diese entgegengesetzt gerichteten Kräfte führen zur beobachteten Drehbewegung.

1 Prüfen Sie die Drei-Finger-Regel anhand von ▸Abb. 3 A bis 3 C.

2 Ermitteln Sie mithilfe der Drei-Finger-Regel die Richtungen der Kräfte auf die senkrechten und auf die oberen Drahtabschnitte des einfachen Elektromotos in ▸Abb. 2.

3 Stellen Sie Vermutungen auf, wovon der Betrag der Kraft auf den Draht in ▸Abb. 3 abhängt.

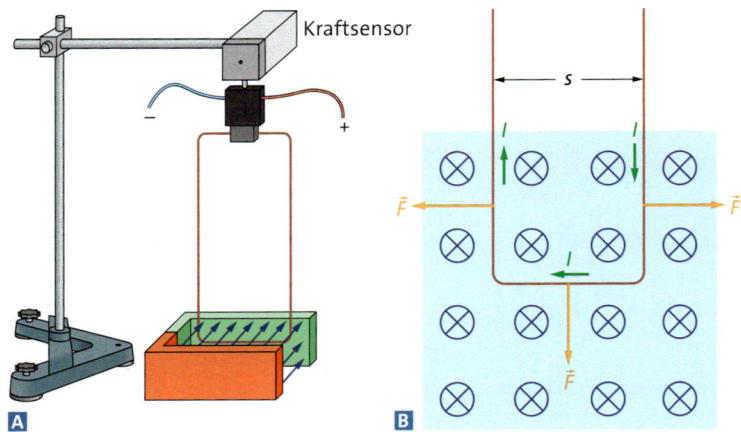

1 A Messung der Kraft auf einen stromführenden Leiter im Feld eines Hufeisenmagneten, **B** Schematische Darstellung der Kräfte auf den Leiter im Magnetfeld

Konstante Leiterlänge $s = 0{,}080$ m			
I in A	5,0	10,0	20,0
F in mN	12,5	25,1	49,8
$\frac{F}{I}$ in $\frac{mN}{A}$	2,50	2,51	2,49
$\frac{F}{I \cdot s}$ in $\frac{mN}{A \cdot m}$	31,3	31,4	31,1

A

Konstante Stromstärke $I = 20{,}0$ A			
s in m	0,020	0,040	0,080
F in mN	12,5	24,8	49,8
$\frac{F}{s}$ in $\frac{mN}{A}$	625	620	623
$\frac{F}{I \cdot s}$ in $\frac{mN}{A \cdot m}$	31,3	31,0	31,2

B

2 Kraft in Abhängigkeit von **A** der Stromstärke, **B** der Leiterlänge

die Anzeige des Kraftsensors auf 0 N, sodass die Gewichtskraft keine Rolle spielt.

Wir verändern stets nur einen möglichen Einflussfaktor auf die Kraft und halten alle anderen Faktoren konstant. Zuerst untersuchen wir die Abhängigkeit der Kraft F von der Stromstärke I bei konstanter Länge s des waagrechten Drahtabschnitts. Die Messwerte zeigen, dass die Kraft F in guter Näherung proportional zur Stromstärke I ist (▸Tab. 2 A). Dann untersuchen wir die Abhängigkeit der Kraft von der Länge s des waagrechten Drahtabschnitts bei konstanter Stromstärke (▸Tab. 2 B). Auch hier stellen wir im Rahmen der Messgenauigkeit eine Proportionalität fest.

Wir haben für die Kraft nun zwei Proportionalitäten gefunden, $F \sim I$ und $F \sim s$. Dazu betrachten wir ein Zahlenbeispiel: Wenn die Stromstärke verdreifacht und gleichzeitig die Drahtlänge verdoppelt wird, dann folgt, dass sich die Kraft versechsfacht. Die Kraft ist also proportional zum Produkt aus Stromstärke I und Drahtlänge s, also $F \sim I \cdot s$.

Wenn $F \sim I \cdot s$ gilt, dann muss der Quotient $\frac{F}{I \cdot s}$ konstant sein. Wir überprüfen dies anhand der Messwerte (▸Tab. 2 A,B). Tatsächlich ist der Quotient nahezu konstant. Als Mittelwert erhalten wir $31{,}2 \frac{mN}{A \cdot m}$.

Wenn wir den Versuch für einen schwächeren Hufeisenmagneten wiederholen, dann erhalten wir wieder einen konstanten, aber kleineren Quotienten $\frac{F}{I \cdot s}$. Auch für andere Magnetfelder und stromführende Leiter orthogonal zu den Feldlinien hat man festgestellt, dass dieser Quotient konstant ist.

Die Stärke des Magnetfelds • Der Kraftbetrag ist kein gutes Maß für die Stärke des Magnetfelds, weil er von der Wahl der Stromstärke und der Drahtlänge abhängt. Der Quotient $\frac{F}{I \cdot s}$ dagegen ist unabhängig sowohl von der Stromstärke I als auch von der Länge s des waagrechten Drahtabschnitts. Es ist deshalb sinnvoll, die Stärke des Magnetfelds mit dem Quotienten $\frac{F}{I \cdot s}$ zu beschreiben. Er wird als **magnetische Flussdichte** $\mathcal{B}$ bezeichnet.

Wovon hängt die Kraft auf den Draht ab? •
Ersetzt man beim einfachen Elektromotor den Neodymmagneten durch einen schwächeren Magneten, dann dreht er sich langsamer. Die Kraft auf den Draht muss somit kleiner sein. Wir vermuten außerdem, dass die Kraft umso größer ist, je größer die Stromstärke im Draht ist. Auch die Drahtlänge könnte die Kraft beeinflussen.

Magnetfeldlinien, die in die Zeichenebene hineinzeigen, stellt man durch einen Kreis mit einem Kreuz dar. Zeigen die Feldlinien aus der Zeichenebene hinaus, stellt man sie durch einen Kreis mit einem Punkt dar.

Um die vermuteten Abhängigkeiten genauer zu untersuchen, messen wir die Kraft auf eine rechteckige Drahtschleife, deren unterer waagrechter Abschnitt sich im homogenen Feld eines Hufeisenmagneten befindet (▸Abb. 1 A). Wir wählen die Stromrichtung so, dass auf den unteren Drahtabschnitt eine Kraft nach unten ausgeübt wird (▸Abb. 1 B). Die Kräfte auf die senkrechten Drahtabschnitte wirken in entgegengesetzte Richtungen nach außen und tragen damit nicht zur Messung bei. Bei der Stromstärke $I = 0$ A stellen wir

Betrag und Richtung der Flussdichte · Die magnetische Flussdichte $\vec{B}$ ordnet jedem Punkt des Magnetfelds einen Betrag und eine Richtung zu. Der Betrag B der magnetischen Flussdichte bestimmt den Betrag der Kraft auf einen stromführenden Leiter im entsprechenden Punkt des Magnetfelds. Die Richtung der magnetischen Flussdichte $\vec{B}$ ist gleich der Feldlinienrichtung in diesem Punkt. Sie bestimmt mit der Drei-Finger-Regel der rechten Hand die Richtung der Kraft auf den stromführenden Leiter.

> Die magnetische Flussdichte $\vec{B}$ ist ein Vektor, der in jedem Punkt des Felds in die Feldlinienrichtung zeigt. Der Betrag B der magnetischen Flussdichte ist gleich dem Quotienten aus dem Betrag F der Kraft auf einen stromführenden Leiter, der sich orthogonal zu den magnetischen Feldlinien befindet, und dem Produkt aus der Stromstärke I und der Leiterlänge s:
>
> $$B = \frac{F}{I \cdot s}; \text{ Einheit: } [B] = \frac{\text{N}}{\text{A} \cdot \text{m}} = \text{T (Tesla)}.$$

Kraft auf einen Leiter im Magnetfeld · Wenn ein gerader stromführender Leiter orthogonal zu den magnetischen Feldlinien orientiert ist, dann gilt für den Betrag der Kraft auf ihn:

$$F = B \cdot I \cdot s.$$

Für einen Leiter parallel zu den Feldlinien, ist $F = 0\,\text{N}$. Für alle anderen Winkel liegt die Kraft zwischen diesen beiden Extremwerten. Es gilt:

$$F = B \cdot I \cdot s \cdot \sin(\alpha).$$

Dabei ist α der Winkel zwischen dem geraden Leiter und den magnetischen Feldlinien (▶Abb. 3 C).

Kraftwirkung zwischen Drähten · Ein stromführender gerader Draht ist von einem Magnetfeld mit kreisförmigen geschlossenen Feldlinien umgeben. Er verursacht also selbst ein Magnetfeld. Dieses Magnetfeld sollte folglich auf einen benachbarten parallelen stromführenden Draht eine Kraft ausüben.

Wir prüfen die Vermutung und untersuchen die Kraftwirkung auf zwei parallele stromführende Drähte mit entgegengesetzten Stromrichtungen. Wir beobachten, dass sich die Drähte gegenseitig abstoßen (▶Abb. 4 A). Zur Erklärung betrachten wir die Kraft des vom linken Draht erzeugten Magnetfelds auf den rechten Draht. ▶Abb. 4 B zeigt, dass die magnetischen Feldlinien so auf den rechten Draht treffen, dass auf ihn nach der Drei-Finger-Regel der rechten Hand eine Kraft nach rechts ausgeübt wird. Das vom rechten Draht erzeugte Magnetfeld wiederum übt auf den linken Draht eine Kraft nach links aus (▶Abb. 4 C). Die beiden Drähte stoßen sich also gegenseitig ab.

1 Ein 10 cm langer Draht befindet sich in einem Magnetfeld der Flussdichte 56 mT orthogonal zu den Feldlinien. Die Stromstärke beträgt 8,0 A. Berechnen Sie die Kraft auf den Draht.

2 **a)** Zwei Drähte werden parallel zueinander aufgehängt. Die Ströme haben dieselbe Richtung und dieselbe Stromstärke von 1,0 A. Erläutern Sie die gegenseitige Kraftwirkung mithilfe einer Skizze und der Drei-Finger-Regel.
b) Nun ist die Stromstärke im linken Draht 2,0 A und im rechten Draht 0,5 A. Stellen Sie eine Vermutung auf, wie sich diese Änderung auf die Kräfte zwischen den Drähten auswirkt. Begründen Sie Ihre Vermutung.

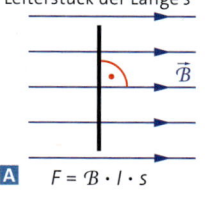
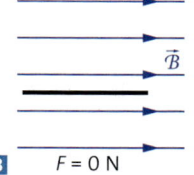
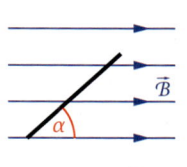
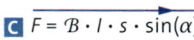

Leiterstück der Länge s

A $F = B \cdot I \cdot s$

B $F = 0\,\text{N}$

C $F = B \cdot I \cdot s \cdot \sin(\alpha)$

3 Kraft auf einen Leiter, der **A** orthogonal, **B** parallel, **C** mit einem Winkel α zur Flussdichte orientiert ist.

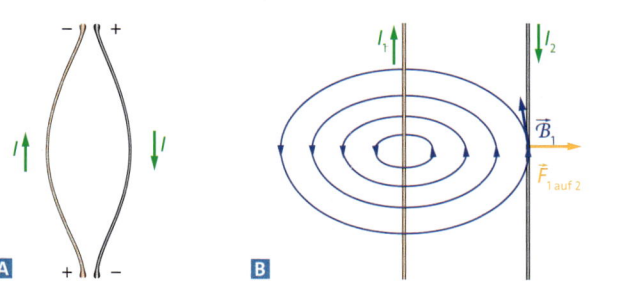

4 Kräfte zwischen zwei stromführenden Drähten mit entgegengesetzter Stromrichtung

Überlagerung von Magnetfeldern

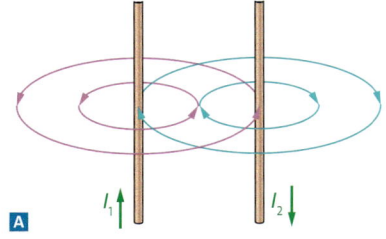

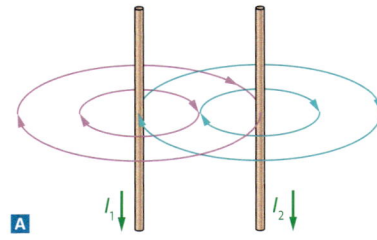

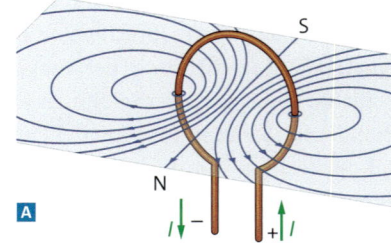

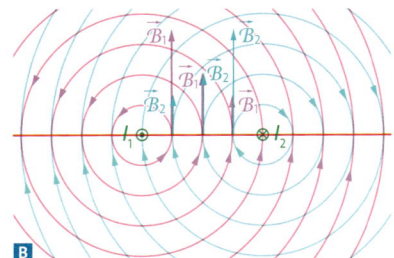

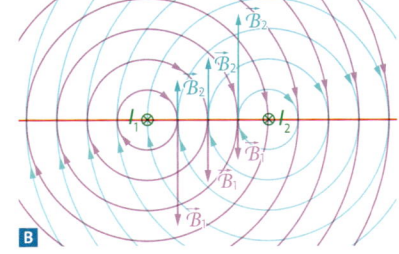

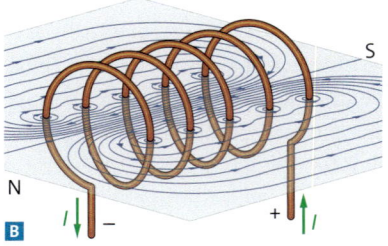

1 Magnetfeld zweier paralleler Drähte mit entgegengesetzten Stromrichtungen in **A** Seitenansicht und **B** Draufsicht

2 Magnetfeld zweier paralleler Drähte mit gleichen Stromrichtungen in **A** Seitenansicht und **B** Draufsicht

3 Magnetfeld **A** einer Drahtschleife und **B** einer Spule

Ein stromführender gerader Draht ist von einem magnetischen Feld mit kreisförmigen geschlossenen Feldlinien umgeben. Ein solches Feld wird als **Wirbelfeld** bezeichnet. Dabei nimmt die Flussdichte mit zunehmendem Abstand r vom Draht ab. Man hat festgestellt, dass $B \sim \frac{1}{r}$ ist.

Die Magnetfelder von zwei stromführenden Drähten überlagern sich zu einem resultierenden Feld. Analog zur Überlagerung elektrischer Felder erhält man die resultierende Flussdichte $\vec{B}_{res}$ durch Vektoraddition der Flussdichten $\vec{B}_1$ und $\vec{B}_2$ der einzelnen Drähte. Wir betrachten die Überlagerung der Felder von zwei parallelen Drähten mit entgegengesetzten Stromrichtungen (▸Abb.1A). In ▸Abb.1B treffen die Feldlinien orthogonal auf die rot eingezeichnete Gerade. Dadurch vereinfacht sich dort die vektorielle Addition.

Zwischen den beiden Drähten zeigen die Flussdichtevektoren $\vec{B}_1$ und $\vec{B}_2$ in die gleiche Richtung (▸Abb.1B). Die resultierende Flussdichte ist daher größer als die Flussdichte eines einzelnen Drahts. Links und rechts der beiden Drähte sind $\vec{B}_1$ und $\vec{B}_2$ entgegengesetzt gerichtet. Die resultierende Flussdichte ist dort kleiner als die Flussdichte eines einzelnen Drahts.

Bei parallelen Drähten mit gleicher Stromrichtung sind die Verhältnisse genau umgekehrt (▸Abb.2A). Zwischen den Drähten wird das Feld abgeschwächt (▸Abb.2B). Genau in der Mitte ist die resultierende Flussdichte null. Links und rechts der beiden Drähte sind $\vec{B}_1$ und $\vec{B}_2$ gleichgerichtet. Demnach ist die resultierende Flussdichte dort größer als die Flussdichte eines einzelnen Drahts.

Wird ein stromführender Draht zu einer Schleife gebogen, dann überlagern sich die magnetischen Felder, ähnlich wie bei entgegengesetzt gerichteten Strömen, sodass innerhalb der Schleife ein verstärktes resultierendes Feld entsteht (▸Abb.3A). Links und rechts von der Schleife ist es abgeschwächt.

Bei einer Spule liegen viele solcher Windungen nebeneinander. Die Felder aller Windungen überlagern sich. Es entsteht somit ein resultierendes Magnetfeld, wie es in ▸Abb.3B dargestellt ist.

1 Erklären Sie qualitativ den Unterschied der Flussdichte innerhalb und außerhalb der Spule in ▸Abb.3B.

2 Bei großen Strömen ziehen sich Spulen von selbst zusammen. Erklären Sie dies.

Material A • Kraft auf einen stromführenden Leiter

A1 In einem Kernspintomographen wird mit einer supraleitenden Spule ein starkes Magnetfeld erzeugt. Legt man ein Kabel vor die Kernspinröhre und schließt es mit der richtigen Polung an eine Batterie an, richtet es sich zu einem Kreis auf.

a) Nehmen Sie an, dass das Magnetfeld in die Röhre hineinzeigt. In welche Richtung muss der Strom fließen, damit das Kabel einen Kreis bildet? Erklären Sie mit der Drei-Finger-Regel.

b) Nun ändert man die Stromrichtung. Erklären Sie, was nun passiert.

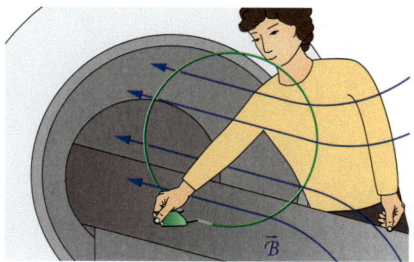

A2 Ein 2,0 Meter langes Kabel hängt in Ost-West-Richtung im Physiksaal. Es fließt ein Strom von 10 A durch das Kabel. Die Flussdichte des Erdmagnetfelds beträgt 48 µT. Die magnetischen Feldlinien treffen in einem

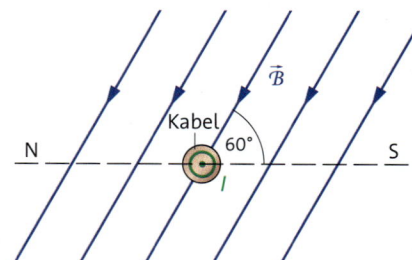

Winkel von 60° gegenüber der Horizontalen orthogonal auf das Kabel.

a) Bestimmen Sie die Richtung der Kraft anhand einer Skizze.

b) Berechnen Sie den Betrag der Kraft auf das Kabel.

Material B • Bestimmung der Flussdichte

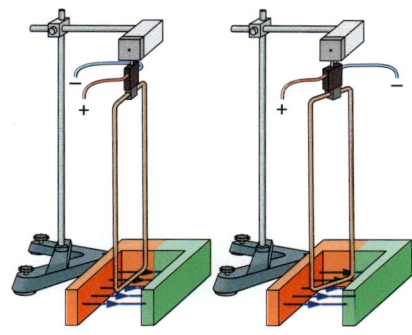

Die Kraft auf einen stromführenden Drahtrahmen wird im Feld eines Hufeisenmagneten gemessen. Das untere horizontale Drahtstück ist 4,0 cm lang. Der Kraftsensor wird so eingestellt, dass $F = 0\,\text{N}$ für $I = 0\,\text{A}$ ist.

$\alpha = 90°$					
I in A	1,0	1,9	2,8	3,6	4,5
F in mN	1,3	2,5	3,7	4,2	6,0

$I = 5,0\,\text{A}$					
α in °	0	20	40	60	80
F in mN	0	2,3	4,2	5,7	6,5

B1 Zuerst verläuft das untere Drahtstück orthogonal zu den Feldlinien ($\alpha = 90°$).

a) Bei einem der Messwerte der Tabelle kam es zu einem Messfehler. Entscheiden Sie begründet, um welchen Messwert es sich handelt.

b) Bestimmen Sie aus den restlichen Messwerten die magnetische Flussdichte möglichst genau.

c) Berechnen Sie die Kraft bei einer Stromstärke von 5,0 A.

B2 Der Drahtrahmen wird nun im Magnetfeld gedreht. Bei einer Stromstärke von 5,0 A misst man die Kraft in Abhängigkeit vom Winkel α zwischen der Stromrichtung im unteren horizontalen Drahtstück und der Feldlinienrichtung.

a) Zeichnen Sie das F-α-Diagramm für $0° \leq \alpha \leq 180°$. Erläutern Sie.

b) Stellen Sie eine Vermutung über die Abhängigkeit der Kraft vom Winkel α auf.

Material C • Flussdichte zwischen parallelen stromführenden Drähten

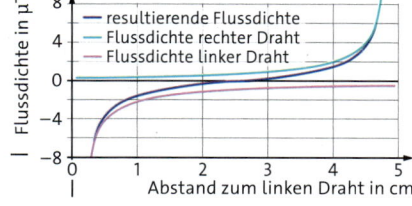

Das Diagramm zeigt für zwei parallele Drähte im Abstand von 5,0 cm bei gleicher Stromrichtung die berechneten Flussdichten entlang der orthogonalen Verbindungslinie zwischen den Drähten.

C1 Erklären Sie die Graphen hinsichtlich Betrag und Vorzeichen.

C2 Erstellen Sie ein entsprechendes Diagramm für zwei Drähte mit entgegengesetzten Stromrichtungen.

Die Flussdichte einer Spule

Ein Plasma ist ein
leitfähiges Gas aus
Atomkernen und
Elektronen.

*Die 2,5 Meter hohen Hauptfeldspulen umfassen
das Innere der Kernfusionsanlage des Max-Planck-
Instituts für Plasmaphysik. Sie sollen ein starkes
Magnetfeld erzeugen, um zu verhindern, dass das
viele Millionen Grad heiße Plasma die Wände berührt. Wie erreicht man eine so hohe Flussdichte?*

Spulenparameter und Flussdichte • Die
Hauptfeldspulen sind näherungsweise ringför-
mig (sogenannte Ringspulen). Da im Fusions-
reaktor Flussdichten in der Größenordnung von
mehreren Tesla notwendig sind, benötigt man
für den Spulenstrom sehr große Stromstärken.
Dies wiederum führt dazu, dass die Windungen der Spulen sehr große Kräfte aufeinander
ausüben. Damit es dabei nicht zur Verformung
der Spulen kommt, wurden die Spulenwindungen aus handbreiten Kupferschienen gebaut.

Dadurch ist die Zahl der Windungen aber eher
niedrig. Welchen Einfluss haben solche Spulenparameter wie Windungszahl, Geometrie und
Stromstärke auf die Flussdichte in einer Spule?

Schlanke Spule • Statt ringförmigen Spulen
betrachten wir gerade Spulen. Den Übergang von
der Ringspule zur geraden Spule kann man sich
durch Aufbiegen vorstellen (▸Abb. 2). Wenn eine
gerade Spule im Vergleich zu ihrer Dicke sehr
lang ist, dann spricht man von einer schlanken
Spule.

> Eine gerade Spule, deren Länge ℓ deutlich
> größer als ihr Durchmesser d ist, bezeich-
> net man als schlanke Spule.

Vermutete Einflussgrößen • Da der Strom die
Ursache für das Magnetfeld ist, vermuten wir,
dass die Flussdichte umso größer ist, je größer die
Stromstärke ist. Weil sich die Felder benachbarter
Windungen überlagern, sollte die Flussdichte außerdem mit zunehmender Windungszahl n größer werden. Die Flussdichte könnte auch von der
Länge ℓ und dem Durchmesser d der Spule abhängen. Den Einfluss von ℓ kann man mit einer Spule veränderlicher Länge untersuchen (▸Abb. 3).

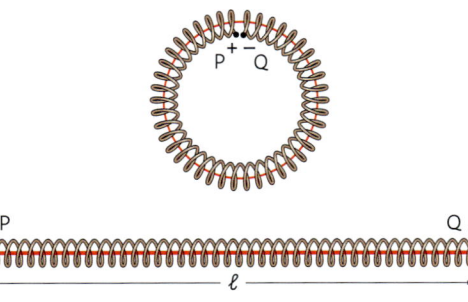

Wenn man eine solche Spule auseinanderzieht, wird der Abstand der Windungen zueinander größer. Man könnte vermuten, dass die Flussdichte dadurch abnimmt.

Überprüfung der Vermutungen • Mit der Spule variabler Länge untersuchen wir die Abhängigkeit der Flussdichte B von der Stromstärke I und der Spulenlänge ℓ. Die Flussdichte in der Spule messen wir mit einem Magnetfeldsensor (▶Abb.3). Wir variieren die Stromstärke bei fester Spulenlänge und Windungszahl. Dabei stellen wir fest, dass die Flussdichte proportional zur Stromstärke ist:

$$B \sim I.$$

Bei einer konstanten Stromstärke von 2,0 A und einer Windungszahl von 30 verändern wir die Länge der Spule schrittweise. Wir stellen fest, dass die gemessene Flussdichte tatsächlich mit zunehmender Spulenlänge abnimmt (▶Tab.4). Das Produkt $B \cdot \ell$ ist konstant. Folglich ist die Flussdichte umgekehrt proportional zur Spulenlänge und es gilt:

$$B \sim \frac{1}{\ell}.$$

Weitere Untersuchungen mit Spulen gleicher Länge und unterschiedlicher Windungszahl ergeben, dass die Flussdichte proportional zur Windungszahl ist:

$$B \sim n.$$

Diese Ergebnisse gelten für alle schlanken Spulen. Man hat festgestellt, dass die Flussdichte unabhängig vom Durchmesser der Spule ist. Warum ist das so? Bei einem größeren Durchmesser ist der Abstand gegenüberliegender Abschnitte einer Spulenwindung größer. Das Feld sollte dadurch schwächer sein. Gleichzeitig ist aber die Gesamtlänge einer Windung, die zur Erzeugung des Magnetfelds beiträgt, größer, wodurch das Feld stärker sein sollte. Man kann zeigen, dass sich diese beiden Effekte gerade ausgleichen.

Die magnetische Feldkonstante μ_0 • Wir fassen die gefundenen Proportionalitäten zu einer zusammen und erhalten:

$$B \sim I \cdot \frac{n}{\ell}.$$

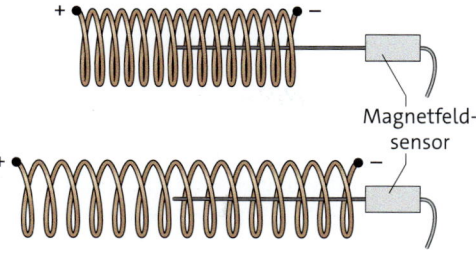

Magnetfeld-sensor

3 Spule variabler Länge. Der Abstand der Windungen nimmt mit der Länge zu.

Stromstärke I = 2,0 A, Windungszahl n = 30					
ℓ in m	0,20	0,25	0,30	0,35	0,40
B in mT	0,379	0,312	0,257	0,218	0,191
$B \cdot \ell$ in mT·m	0,0758	0,0780	0,0771	0,0763	0,0764
$\frac{B \cdot \ell}{I \cdot n}$ in $\frac{\mu T \cdot m}{A}$	1,26	1,30	1,29	1,27	1,27

4 Messwerte bei einer schlanken Spule

Die gesuchte Proportionalitätskonstante zwischen B und $I \cdot \frac{n}{\ell}$ ist gleich dem Quotienten der zueinander proportionalen Größen:

$$\frac{B \cdot \ell}{I \cdot n} = \text{konstant}.$$

▶Tab.4 zeigt, dass dieser Quotient im Rahmen der Messgenauigkeit tatsächlich konstant ist. Als Mittelwert erhalten wir $1{,}28 \cdot 10^{-6} \frac{V \cdot s}{A \cdot m}$.

Wie beim elektrischen Feld ist die Proportionalitätskonstante eine universelle Naturkonstante, die sogenannte **magnetische Feldkonstante μ_0**. Also folgt für die Flussdichte einer schlanken Spule:

> Im Inneren einer schlanken Spule ist das Magnetfeld homogen. Die Flussdichte B dieses Magnetfelds hängt von der Stromstärke I der Spule, ihrer Länge ℓ und ihrer Windungszahl n ab und beträgt
>
> $$B = \mu_0 \cdot I \cdot \frac{n}{\ell}.$$
>
> Dabei ist die magnetische Feldkonstante $\mu_0 = 1{,}256 \cdot 10^{-6} \frac{V \cdot s}{A \cdot m}$.

1 Bei einer 40 cm langen schlanken Spule mit 100 Windungen beträgt die Stromstärke 5,0 A. Berechnen Sie die Flussdichte.

1 Magnetische Wirkung einer Spule **A** ohne Eisenkern und **B** mit Eisenkern

Material	μ_r
Graphit	0,99955
Luft	1,0000004
Aluminium	1,000002
Eisen	300 – 10 000
Mumetall (NiFe)	50 000 – 140 000

2 Permeabilitätszahl μ_r einiger Materialien

Hysterese: von griech. *hysteros*: später, hinterher

Materie im Magnetfeld einer Spule

• Warum verwendet man für Elektromagnete Spulen mit einem Eisenkern? ▸Abb.1 zeigt: Betreibt man eine Spule ohne Eisenkern mit Gleichstrom, weist die Magnetnadel ein Magnetfeld nach, aber der Wagen mit Eisennagel wird nicht angezogen. Erst bei der Spule mit Eisenkern setzt sich auch der Wagen mit dem Nagel in Bewegung. Der Eisenkern verstärkt offensichtlich das Magnetfeld der Spule.

Wir erklären das so: Der Eisenkern wird durch das Magnetfeld der Spule magnetisiert. Dabei richten sich im Eisenkern die Elementarmagnete parallel zum Magnetfeld der Spule aus. Deswegen hat der Eisenkern ein zusätzliches Magnetfeld mit der gleichen Richtung. Das führt zur Verstärkung des Felds innerhalb des Eisenkerns.

Die Flussdichte in einer Spule hängt also davon ab, ob sich in ihrem Inneren Eisen oder andere Materialien befinden. Wie stark ein Material die magnetische Flussdichte beeinflusst, gibt die **Permeabilitätszahl** μ_r an (▸Tab.2). Das wird auch bei der Berechnung der Flussdichte in der schlanken Spule berücksichtigt.

> Die Flussdichte einer Spule hängt vom Füllmaterial ab. Mit der Permeabilitätszahl μ_r des Füllmaterials gilt für die Flussdichte einer gefüllten schlanken Spule:
> $$B = \mu_0 \cdot \mu_r \cdot I \cdot \frac{n}{\ell}.$$

Nur ferromagnetische Materialien wie Eisen oder spezielle Legierungen verstärken die Flussdichte wesentlich. Bei den meisten Materialien beträgt die Permeabilitätszahl etwa eins. ▸Tab.2 zeigt für beides typische Beispiele.

Sättigung und Hysterese

• Wir untersuchen in einem Experiment näher, wie die Elementarmagnete das Feld in einem Eisenkern beeinflussen: Dazu messen wir die Flussdichte B_{mit} mit Eisenkern in Abhängigkeit von der Flussdichte B_{ohne} ohne Eisenkern (▸Abb 3). B_{mit} bestimmen wir durch eine Hall-Sonde, die wir in eine kleine Lücke des Eisenkerns halten. B_{ohne} können wir so nicht direkt messen und berechnen sie daher mit $B_{ohne} = \mu_0 \cdot \frac{n}{\ell} \cdot I$ aus der Spulenstromstärke I.

Wir beginnen mit einem zuvor nicht magnetisierten Eisenkern (①). Die rote Kurve zeigt, wie sich in diesem Fall die Flussdichte B_{mit} bei zunehmender Flussdichte B_{ohne} verhält: Zunächst steigt B_{mit} steil, aber dann immer flacher an. Ab $B_{ohne} \approx 2\,mT$ steigt B_{mit} praktisch nicht mehr (②). Der steile Beginn zeigt, dass sich immer mehr Elementarmagnete parallel zum Spulenfeld ausrichten und es verstärken. Wenn alle Elementarmagnete ausgerichtet sind, dann findet keine weitere Verstärkung des Magnetfelds mehr statt. Man spricht von der **Sättigung**.

Fährt man B_{ohne} nun wieder zurück auf 0 T, dann geht die Flussdichte mit Eisenkern im Experiment nur auf 900 mT zurück (③). Dies liegt daran, dass der Eisenkern zuvor magnetisiert wurde und die Elementarmagnete ihre Ausrichtung zu einem großen Teil beibehalten. Erst ein entgegengesetzt gerichtetes Magnetfeld B_{ohne} von ca. −0,5 mT sorgt dafür, dass B_{mit} auf 0 T zurückgeht (④).

Die Flussdichte einer mit einem Eisenkern gefüllten Spule hängt also wesentlich von der Vorgeschichte des Eisenkerns ab. Diesen Effekt nennt man **Hysterese**. Ändert man B_{ohne} periodisch, dann ergibt sich eine geschlossene Hysteresekurve (blau in ▸Abb.3).

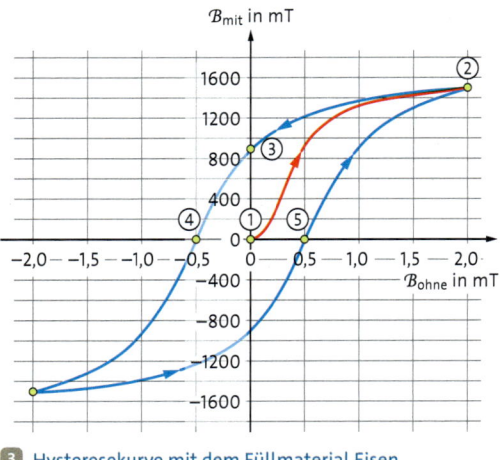

B_{mit} in mT

3 Hysteresekurve mit dem Füllmaterial Eisen

1 Erklären Sie die unterschiedlichen Werte von B_{ohne} bei ①, ④ und ⑤ für $B_{mit} = 0\,T$.

Gemeinsamkeiten und Unterschiede zwischen Feldern erarbeiten und anwenden

Beim elektrischen und magnetischen Feld gibt es Gemeinsamkeiten, aber auch Unterschiede. Diese kann man herausarbeiten, indem man wichtige Aspekte gegenüberstellt: Welche Ursachen und Wirkungen haben die Felder? Wie werden sie im Feldlinienmodell dargestellt? Mit welchen Größen werden sie beschrieben? Wie können sie abgeschirmt werden?

Ursache und Wirkung · Ein elektrisches Feld wird durch elektrisch geladene Körper erzeugt. Ein elektrischer Strom, also fließende Ladung, erzeugt ein Magnetfeld. Fließt die Ladung in einem metallischen Leiter, dann heben sich dabei das elektrische Feld der Elektronen und das der Atomrümpfe auf. Felder verändern den Raum, indem sie Kräfte auf Körper ausüben. Beim elektrischen Feld wirken die Kräfte auf geladene Körper. Beim Magnetfeld wirken die Kräfte auf stromführende Leiter.

Feldlinien · Beim elektrischen Feld stimmt die Richtung der Kraft auf einen positiv geladenen Körper mit der Feldlinienrichtung überein (▸Abb. 4 A). Dagegen steht beim Magnetfeld die Kraft orthogonal zur Strom- und zur Feldlinienrichtung und es gilt die Drei-Finger-Regel (▸Abb. 4 B). Beim elektrischen Feld beginnen die Feldlinien am positiv und enden am negativ geladenen Körper (▸Abb. 5 A). Dagegen sind die Feldlinien des magnetischen Felds immer geschlossen, wie beim Feld einer stromführenden Leiterschleife (▸Abb. 5 B). Im Außenbereich ist der Feldlinienverlauf bei beiden Feldern ähnlich.

Größen zur Feldbeschreibung · Die elektrische Feldstärke $\vec{\mathcal{E}}$ ist ein Maß für die Stärke des elektrischen Felds. Der Betrag $\mathcal{E}$ der Feldstärke ist der Quotient aus dem Kraftbetrag F_{el} auf einen Probekörper und seiner La-

dung q. Die Stärke des Magnetfelds wird mit der magnetischen Flussdichte $\vec{B}$ beschrieben. Der Betrag B der Flussdichte ist der Quotient aus dem Kraftbetrag F auf einen stromführenden Leiter und dem Produkt aus Stromstärke I und Leiterlänge s.

Kondensator und Spule · Beim Kondensator hängt die elektrische Feldstärke von der Ladung Q und der Fläche A der Kondensatorplatten ab:

$$\mathcal{E} = \frac{1}{\varepsilon_0} \cdot \frac{Q}{A}.$$

Ein Isolator als Füllmaterial schwächt das elektrische Feld. Die Kapazität erhöht sich dadurch um den Faktor ε_r (Permittivitätszahl).
Bei der Spule ist die magnetische Flussdichte abhängig von der Stromstärke I, der Windungszahl n und der Spulenlänge ℓ:

$$B = \mu_0 \cdot \frac{n}{\ell} \cdot I.$$

Das Magnetfeld wird z.B. durch Eisen als Füllmaterial um den Faktor μ_r (Permeabilitätszahl) verstärkt.

Abschirmung der Felder · Ein elektrisches Feld kann von einem Metallring oder einem metallischen Hohlkörper abgeschirmt werden (▸Abb. 6 A). Gibt es etwas Ähnliches beim Magnetfeld? Eine magnetische Abschirmung funktioniert nur mit ferromagnetischem Material. Legt man einen ferromagnetischen Ring in ein Magnetfeld, dann ist der Bereich innerhalb des Rings feldfrei (▸Abb. 6 B).

1 Stellen sie die Gemeinsamkeiten und die Unterschiede der Felder in einer Tabelle gegenüber.

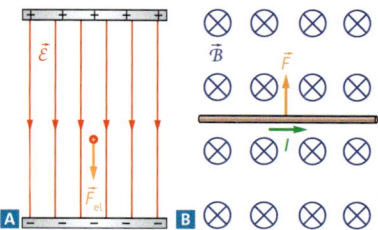

4 Feldlinien- und Kraftrichtung: **A** elektrisches Feld, **B** magnetisches Feld

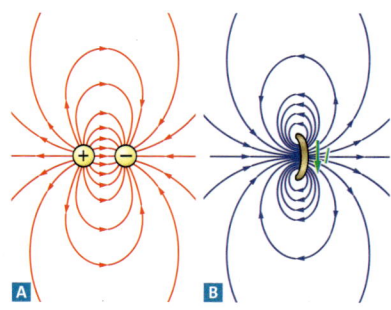

5 **A** Elektrische Feldlinien haben Anfang und Ende. **B** Magnetische Feldlinien sind geschlossen.

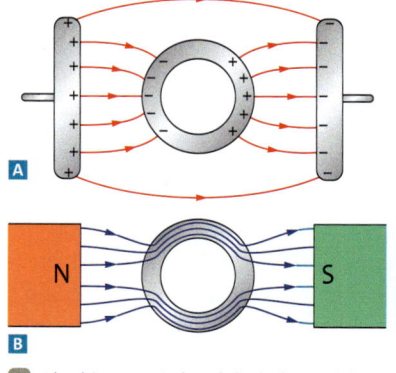

6 Abschirmung **A** des elektrischen Felds, **B** des magnetischen Felds

Versuch A • Untersuchung der Flussdichte in einer kurzen Spule

Wir haben bisher untersucht, von welchen Größen die magnetische Flussdichte in einer schlanken Spule abhängt. Gilt diese Formel auch für kurze Spulen, deren Spulenlänge nicht wesentlich größer als ihr Radius ist?

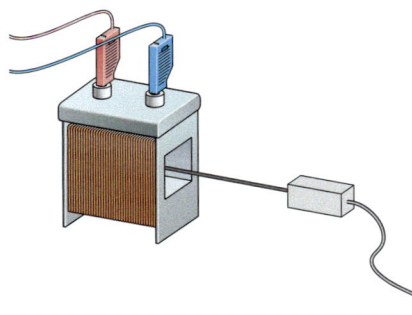

Material:
Mehrere bis auf die Windungszahl baugleiche Spulen, Netzgerät, Magnetfeldsensor

Hinweis: Beachten Sie die maximale Stromstärke der Spulen.

V1 Vermessung des Magnetfelds

Arbeitsauftrag:
a) Bestimmen Sie die Länge der Spulen.
b) Verwenden Sie eine beliebige Spule und stellen Sie die Stromstärke auf den Maximalwert ein. Messen Sie die Flussdichte entlang der Spulenachse von links nach rechts schrittweise in Abständen von 0,5 cm. Dokumentieren Sie die Messwerte in einer Tabelle.
c) Stellen Sie die Messergebnisse in einem B-x-Diagramm dar. x ist dabei der Abstand von der Spulenmitte.
d) Interpretieren Sie das Ergebnis. Wo sollte der Magnetfeldsensor positioniert werden, wenn man die maximale Flussdichte bestimmen will?

V2 Einfluss der Stromstärke

Arbeitsauftrag:
a) Verwenden Sie die Spule mit der niedrigsten Windungszahl. Messen Sie die Flussdichte in der Spulenmitte für etwa sechs verschiedene Stromstärken bis zur maximalen Stromstärke. Notieren Sie die Messergebnisse tabellarisch.
b) Stellen Sie Ihre Messergebnisse in einem Diagramm dar. Ist auch bei einer kurzen Spule die Flussdichte proportional zur Stromstärke? Überprüfen Sie Ihre Vermutungen grafisch und rechnerisch.

V3 Einfluss der Windungszahl

Arbeitsauftrag:
a) Messen Sie die Flussdichte in der Spulenmitte in Abhängigkeit von der Windungszahl bei konstanter Stromstärke. Wählen Sie dazu eine geeignete Stromstärke. Dokumentieren Sie die Messergebnisse tabellarisch.
b) Werten Sie Ihre Messergebnisse grafisch und rechnerisch aus. Ist auch bei einer kurzen Spule die Flussdichte proportional zur Windungszahl? Überprüfen Sie Ihre Vermutung.
c) Stellen Sie eine Gleichung für die Flussdichte B in Abhängigkeit von der Windungszahl n und der Stromstärke I auf. Bestimmen Sie die Proportionalitätskonstante unter Verwendung aller Messwerte aus V2 und V3.
d) Vergleichen Sie die Gleichung von c) mit der für die schlanke Spule.

Material A • Eine Formel für die Flussdichte einer kurzen Spule

Leni findet in einem Buch für die Flussdichte im Mittelpunkt einer kurzen Spule folgende Gleichung:

$$B = \mu_0 \cdot n \cdot I \cdot \frac{1}{\ell \cdot \sqrt{1 + 4 \cdot \left(\frac{r}{\ell}\right)^2}},$$

dabei ist ℓ die Spulenlänge und r der Radius der Spule.
Leni überprüft die Gleichung anhand einer Spule mit 300 Windungen, einer Länge von 5,0 cm und einem Radius von 2,0 cm. Dazu misst sie die Flussdichte im Mittelpunkt der Spule für verschiedene Stromstärken. Sie erhält die Werte der folgenden Tabelle.

I in A	0,20	0,40	0,80	1,00
B in mT	1,21	2,32	4,72	5,87

A1 a) Bestätigen Sie die Gültigkeit der Gleichung für die untersuchte Spule unter Verwendung aller Messwerte und anhand des Quotienten $\frac{B}{I}$.
b) Paul hat die gleiche Spule vermessen und hat bei allen Stromstärken ein um 5 % schwächeres Magnetfeld gemessen. Erläutern Sie, welchen systematischen Fehler er bei der Messung gemacht haben könnte.

A2 a) Bestimmen Sie die Flussdichte für drei unterschiedlich lange Spulen ($\ell = 10,0$ cm; 5,0 cm; 2,0 cm) bei ansonsten identischen Daten ($n = 300$, $r = 2,0$ cm, $I = 1,0$ A) mit der Gleichung für eine kurze Spule und mit der Gleichung für eine schlanke Spule.
b) Vergleichen Sie die Ergebnisse und beschreiben Sie, wie sich das Verhältnis von Radius zur Länge auf die Unterschiede bei den berechneten Flussdichten auswirkt.
c) Nehmen Sie Stellung, ob die Formel auch bei einer schlanken Spule gilt.

Material B • Helmholtz-Spulenpaare

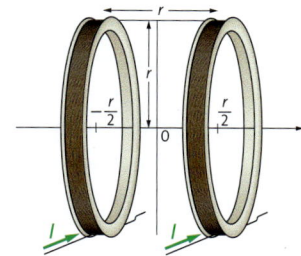

B1 Ein Helmholtz-Spulenpaar besteht aus zwei sehr kurzen Spulen mit Windungszahl n und Radius r, die sich im Abstand $d = r$ zueinander befinden. Die Spulen werden so angeschlossen, dass Stromrichtung und Stromstärke I gleich sind. Dann gilt für die Flussdichte B in der Mitte des Spulenpaars:

$$B = \mu_0 \cdot n \cdot I \cdot \frac{8}{r \cdot \sqrt{125}}.$$

a) Beschreiben Sie, wie die Flussdichte von der Stromstärke, der Windungszahl und vom Radius abhängt.
b) Es soll ein Magnetfeld der Flussdichte 2,0 mT erzeugt werden. Die Spulen haben einen Radius von 15,0 cm und jeweils 200 Windungen. Berechnen Sie die Stromstärke.

B2 Das Diagramm zeigt die Flussdichten B_1 und B_2 der einzelnen Spulen in Abhängigkeit von der Position x entlang der Spulenachse.
a) Erklären Sie anhand des Diagramms, wie die resultierende Flussdichte B_{res} zustande kommt.
b) Geben Sie den Bereich entlang der x-Achse an, in dem das Feld näherungsweise homogen ist.
c) Skizzieren Sie den resultierenden Feldlinienverlauf in der x-y-Ebene.

B3 Die Stromrichtungen in den beiden Spulen sind nun entgegengesetzt.
a) Skizzieren Sie das B_{res}-x-Diagramm.
b) Skizzieren Sie den resultierenden Feldlinienverlauf in der x-y-Ebene.

Material C • Hysteresekurven

Der Verlauf der Hysteresekurve ist materialabhängig. Bei reinem Eisen ist die Kurve eher schmal (A), bei Neodymlegierungen ist sie sehr breit (B).

C1 Begründen Sie mithilfe der Kurven, warum Neodymlegierungen sehr gut für die Herstellung von Permanentmagneten geeignet sind.
C2 Die von der Hysteresekurve eingeschlossene Fläche ist proportional zur Energie, die während des Prozesses

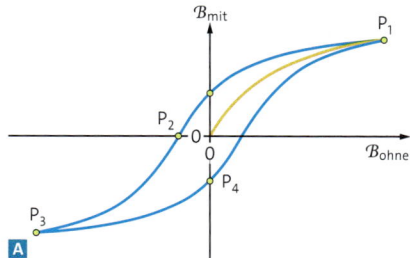

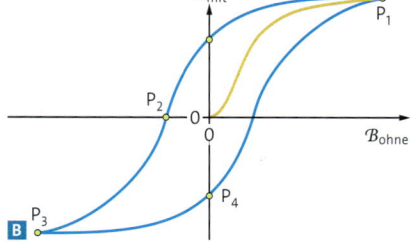

der Magnetisierung und Entmagnetisierung in Wärme umgewandelt wird. Begründen Sie, warum es bei

Transformatoren wichtig ist, Material mit einer schmalen Hysteresekurve als Kern einzusetzen.

Material D • Magnetfeld einer Ringspule

D1 Durch eine Ringspule mit 450 Windungen und einem mittleren Radius von 12,0 cm fließt ein Strom von 2,0 A.
a) Erklären Sie, wie die Anschlüsse P und Q gepolt sein müssen, damit sich die skizzierte Richtung des Magnetfelds ergibt.

b) Berechnen Sie die mittlere Flussdichte. Begründen Sie Ihr Vorgehen.
c) Erklären Sie, warum das Feld im Inneren der Spule nicht homogen ist.
d) Die Spule ist nun mit Eisen gefüllt ($\mu_r = 1\,000$). Die Flussdichte ist dieselbe. Berechnen Sie die Stromstärke.

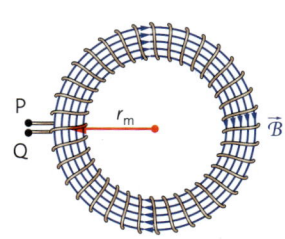

:::::: **METHODE** ::

Zusammenhänge zwischen Größen untersuchen und beschreiben

In der Physik werden viele Gesetzmäßigkeiten durch Experimente gefunden. Oftmals hängt die gesuchte Größe dabei von mehreren variablen Größen auf unterschiedliche Weise ab. Wir haben gesehen, dass die Kapazität eines Plattenkondensators proportional zur Fläche und umgekehrt proportional zum Abstand der Platten ist. Die Proportionalitätskonstante entspricht in diesem Fall der elektrischen Feldkonstante ε_0:

$$C = \varepsilon_0 \cdot \frac{A}{d}.$$

Bei der experimentellen Herleitung der Flussdichte einer schlanken Spule haben wir festgestellt, dass diese sogar von drei verschiedenen Größen abhängt: Sie ist proportional zur Windungszahl und zur Stromstärke und umgekehrt proportional zur Spulenlänge. Die Proportionalitätskonstante entspricht der magnetischen Feldkonstante μ_0:

$$B = \mu_0 \cdot I \cdot \frac{n}{\ell}.$$

Verallgemeinerung der Vorgehensweise • Als ersten Schritt überlegt man, von welchen variablen Größen (hier x und z) die gesuchte Größe Y abhängen kann. Dann untersucht man den vermuteten Einfluss der Größen x und z auf die gesuchte Größe Y mit geeigneten Experimenten, bei denen man immer nur eine der unabhängigen Größen variiert, während man die andere Größe bzw. die anderen Größen konstant hält.

Danach werden die Messwerte auf funktionale Zusammenhänge untersucht. Ein einfaches Beispiel ist der proportionale Zusammenhang $Y \sim x$. Bei einer Verdopplung von x verdoppelt sich auch Y. Der Graph im Y-x-Diagramm ist in diesem Fall eine Gerade. Für jedes Wertepaar (x,Y) bei der Messung muss dann gelten: $\frac{Y}{x}$ = konstant.
Weitere mögliche funktionale Zusammenhänge und die passenden konstanten Terme aus x und Y sind in ►Tab.1 zusammengefasst. Dabei müssen die Einheiten immer berücksichtigt werden.

Die gefundenen Zusammenhänge werden nun zu einer Gesetzmäßigkeit zusammengeführt. Wenn z.B. $Y \sim x$ und $Y \sim \frac{1}{z}$ ist, dann ist $Y \sim x \cdot \frac{1}{z}$. Es muss dann eine Proportionalitätskonstante k geben, sodass gilt:

$$Y = k \cdot \frac{x}{z}.$$

Die Konstante k kann man aus den Messwerten bestimmen, indem man die Gleichung nach k umstellt, jedes gemessene Wertepaar und die zugehörigen konstanten Größen in die Gleichung einsetzt und k berechnet:

$$k = \frac{Y \cdot z}{x} = \text{konstant}.$$

Um die Messungenauigkeiten zu berücksichtigen, bildet man den Mittelwert aus allen berechneten Werten für k. Diesen Wert setzt man mit der zugehörigen Einheit in die Gleichung $Y = k \cdot \frac{x}{z}$ ein.

Funktionaler Zusammenhang	$Y \sim x$	$Y \sim \frac{1}{x}$	$Y \sim x^2$	$Y \sim \sqrt{x}$
Bezug zu den Messwerten	Verdopplung von x bewirkt Verdopplung von Y.	Verdopplung von x bewirkt Halbierung von Y.	Verdopplung von x bewirkt Vervierfachung von Y.	Vervierfachung von x bewirkt Verdopplung von Y.
Graph				
Für jedes Wertepaar (x,Y) muss gelten:	$\frac{Y}{x}$ = konstant	$Y \cdot x$ = konstant	$\frac{Y}{x^2}$ = konstant	$\frac{Y}{\sqrt{x}}$ = konstant
Beispiele	Kondensatorladung: $Q \sim U$	Kapazität: $C \sim \frac{1}{d}$	Weg beim freien Fall: $s \sim t^2$	Periodendauer beim Fadenpendel: $T \sim \sqrt{\ell}$
Konstante	$\frac{Q}{U} = 0{,}05 \, \frac{\text{C}}{\text{V}}$	$C \cdot d = 0{,}278 \cdot 10^{-12} \, \text{F} \cdot \text{m}$	$\frac{s}{t^2} = 4{,}9 \, \frac{\text{m}}{\text{s}^2}$	$\frac{T}{\sqrt{\ell}} = 2{,}01 \, \frac{\text{s}}{\sqrt{\text{m}}}$

1 Proportionale Zusammenhänge zwischen Größen

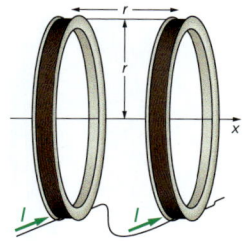

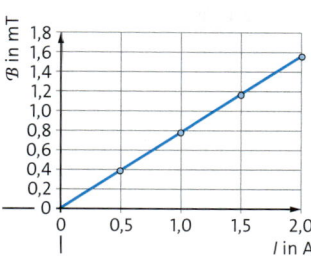

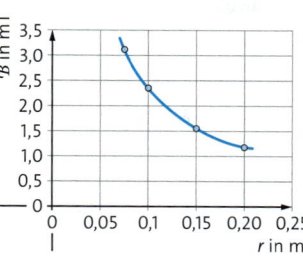

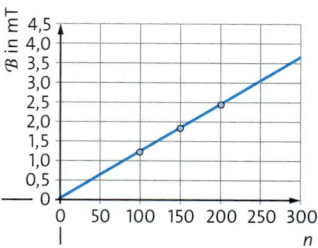

2 Helmholtz-Spulenpaar **3** Schaubilder zu den Experimenten 1 bis 3

Beispiel: Flussdichte beim Helmholtz-Spulenpaar •

Für Experimente in einem homogenen Magnetfeld eignet sich ein Helmholtz-Spulenpaar mit in Reihe geschalteten Spulen gleicher Windungszahl n (►Abb. 2). Dabei ist der Radius r der Spulen genauso groß wie ihr Abstand voneinander. Durch die Überlagerung der Spulenfelder wird in der Mitte ein homogenes Magnetfeld erzeugt. Es soll experimentell eine Formel für die Berechnung der Flussdichte gefunden werden.

Schritt 1 • Von welchen Größen könnte die Flussdichte abhängen? Die Erfahrungen mit der schlanken Spule legen nahe, dass auch beim Helmholtz-Spulenpaar die Flussdichte proportional zur Windungszahl n und zur Stromstärke I ist. Die besondere Anordnung legt nahe, dass die Flussdichte auch vom Radius r und somit vom gleich großen Abstand abhängt. Da die Flussdichte mit dem Abstand zu einem stromführenden Leiter abnimmt, sollte die Flussdichte mit zunehmendem Radius abnehmen.

Schritt 2 • Um die Zusammenhänge zu untersuchen, werden drei Experimente durchgeführt. Es wird jeweils nur eine Größe verändert. Beim ersten Experiment wird die Stromstärke bei gleicher Windungszahl und gleichem Radius variiert. Beim zweiten Experiment wird der Radius bei gleicher Windungszahl und konstanter Stromstärke variiert. Beim dritten Experiment wird die Windungszahl bei gleichem Radius und konstanter Stromstärke variiert.

Schritt 3 • Die Schaubilder der Messwerte (►Abb. 3 A–C) bestätigen die Vermutungen, dass $\mathcal{B} \sim n$, $\mathcal{B} \sim I$ und $\mathcal{B} \sim \frac{1}{r}$ ist. An den Messwerten der Experimente 1 und 2 kann man erkennen, dass bei doppelter Stromstärke die Flussdichte sich verdoppelt und bei doppeltem Spulenradius sich die Flussdichte halbiert. Mit den Wertepaaren wird geprüft, ob die entsprechenden Terme $\frac{\mathcal{B}}{I}$ und $\mathcal{B} \cdot r$ konstant sind.

Schritt 4 • Die gefundenen proportionalen Zusammenhänge werden zu einer Formel zusammengeführt. Aus $\mathcal{B} \sim n$, $\mathcal{B} \sim I$ und $\mathcal{B} \sim \frac{1}{r}$ folgt:

$$\mathcal{B} \sim n \cdot I \cdot \frac{1}{r} \Rightarrow \mathcal{B} = k \cdot n \cdot I \cdot \frac{1}{r} \Rightarrow k = \frac{\mathcal{B} \cdot r}{n \cdot I}.$$

Berechnet man die Konstante k für alle Messwerte und bildet den Mittelwert, dann erhält man $k = 0{,}898 \cdot 10^{-6} \frac{\text{V} \cdot \text{s}}{\text{A} \cdot \text{m}}$. Die Einheit und Größenordnung der Konstanten stimmt mit derjenigen der magnetischen Feldkonstante μ_0 überein. Dividiert man k durch μ_0 zeigt sich, dass k das 0,716-fache von μ_0 ist. Die Formel für die Flussdichte in einem Helmholtz-Spulenpaar lautet somit:

$$\mathcal{B} = 0{,}716 \cdot \mu_0 \cdot \frac{n \cdot I}{r}.$$

Experiment 1: $n = 130$, $r = 0{,}15\,\text{m}$				
I in A	0,5	1,0	1,5	2,0
$\mathcal{B}$ in mT	0,39	0,78	1,16	1,55
$\frac{\mathcal{B}}{I}$ in $\frac{\text{mT}}{\text{A}}$	0,780	0,780	0,773	0,775
k in $10^{-6}\,\frac{\text{V} \cdot \text{s}}{\text{A} \cdot \text{m}}$	0,897	0,897	0,889	0,891

Experiment 2: $n = 130$, $I = 2{,}0\,\text{A}$				
r in m	0,075	0,100	0,150	0,200
$\mathcal{B}$ in mT	3,12	2,33	1,56	1,16
$\mathcal{B} \cdot r$ in mT $\cdot$ m	0,234	0,233	0,234	0,232
k in $10^{-6}\,\frac{\text{V} \cdot \text{s}}{\text{A} \cdot \text{m}}$	0,900	0,896	0,900	0,892

4 Messwerte für die Experimente 1 und 2

1 Für eine physikalische Größe Y wurden proportionale Zusammenhänge ermittelt: $Y \sim x$, $Y \sim w^2$ und $Y \sim \frac{1}{z}$. Führen Sie die Zusammenhänge zu einer Gesetzmäßigkeit zusammen und stellen Sie eine Formel für die Berechnung der Proportionalitätskonstanten k auf.

1 Polarlichter

Freie Ladungsträger im Magnetfeld

In Norwegen kann man in den Polarnächten ein besonderes Schauspiel beobachten. Farbige Lichtschleier bewegen sich am Himmel. Was bringt den Himmel zum Leuchten?

Die Kraft auf einen sich bewegenden Ladungsträger im Magnetfeld wird nach dem Physiker HENDRIK ANTOON LORENTZ (1853–1928) als Lorentzkraft bezeichnet.

Freie Ladungsträger von der Sonne • Durch Sonneneruptionen werden insbesondere Elektronen, Protonen und Heliumkerne mit großen Geschwindigkeiten ins Weltall hinausgeschleudert. Diese sogenannten freien Ladungsträger erreichen mit einigen $100 \frac{\text{km}}{\text{s}}$ das Magnetfeld der Erde. In diesem werden sie abgelenkt, sodass sie in der Nähe der Pole in die Erdatmosphäre eintreten. Dort bringen sie Luftmoleküle zum Leuchten, was wir als Polarlichter wahrnehmen.

Welche Kraft wirkt auf die Ladungsträger? • Gibt es für Ladungsträger im Magnetfeld eine vergleichbare Kraft wie im elektrischen Feld? Diese Frage untersuchen wir mit einer Braunschen Röhre. Wir halten einen Hufeisenmagneten über den Hals der Röhre (▶Abb. 2). Der Elektronenstrahl trifft dabei orthogonal auf die Magnetfeldlinien. Wir beobachten, dass der Strahl nach oben abgelenkt wird. Drehen wir den Magneten um 180°, sodass sich die Feldlinienrichtung umkehrt, dann wird der Strahl nach unten abgelenkt. Es wirkt offensichtlich eine Kraft auf die Elektronen. Diese Kraft wird als **Lorentzkraft** $\vec{F}_L$ bezeichnet.

Lorentzkraft nur bei Bewegung • Im elektrischen Feld wird auf ein Elektron eine Kraft ausgeübt, unabhängig davon, ob es in Ruhe ist oder ob es sich bewegt. Im Magnetfeld erfährt das Elektron nur dann eine Kraft, wenn es sich relativ zum Feld bewegt. Aus der Ablenkung im Magnetfeld schließen wir, dass die Lorentzkraft orthogonal zu den magnetischen Feldlinien wirkt.

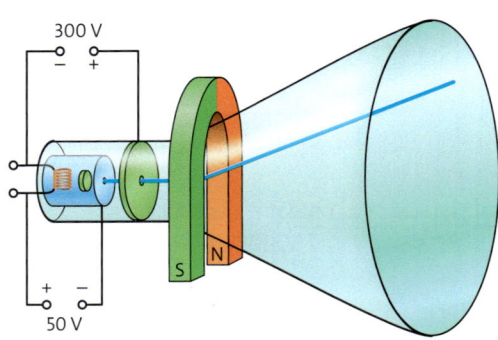

300 V

50 V

2 Ablenkung eines Elektronenstrahls im Magnetfeld

Bahn der Elektronen im Magnetfeld · Im elektrischen Feld eines Ablenkkondensators durchlaufen die Elektronen eine parabelförmige Bahn. Welche Form hat die Bahn der Elektronen im Magnetfeld? Zur Klärung dieser Frage verwenden wir eine Elektronenstrahlröhre, die sich im homogenen Magnetfeld eines Helmholtz-Spulenpaars befindet (▸Abb. 3 A). Diese sogenannte **Fadenstrahlröhre** ist mit einem verdünnten Gas gefüllt. Die Elektronen können die Gasmoleküle durch Stöße zum Leuchten anregen. Das ist vergleichbar mit den Vorgängen in der Atmosphäre beim Polarlicht. Dadurch wird der Weg der Elektronen als Leuchtfaden sichtbar. Wir richten die Fadenstrahlröhre so aus, dass der Strahl orthogonal zu den Feldlinien in das Magnetfeld tritt. Wir beobachten einen ringförmigen Leuchtfaden. Die Bahn der Elektronen ist also kreisförmig.

Lorentzkraft und Kreisbewegung · Sie wissen, dass für eine Kreisbewegung eine zum Mittelpunkt gerichtete Zentripetalkraft notwendig ist. Als Zentripetalkraft kommt hier nur die Lorentzkraft in Frage. Folglich muss diese zu jedem Zeitpunkt orthogonal zur Geschwindigkeit stehen (▸Abb. 3 B). Dadurch werden die Elektronen auf eine Kreisbahn gezwungen. Es ändert sich nur die Richtung der Geschwindigkeit, ihr Betrag bleibt konstant. Die Lorentzkraft steht dabei immer orthogonal zur Bewegungsrichtung. Auch ihr Betrag bleibt konstant.

Drei-Finger-Regel · Die Richtung der Lorentzkraft erhält man, wie bei der Kraft auf einen stromführenden Leiter, aus der Drei-Finger-Regel. Da die Elektronen negativ geladen sind, verwendet man dabei die linke Hand (▸Abb. 4): Der Daumen zeigt in Richtung der Geschwindigkeit $\vec{v}$ der Elektronen, der Zeigefinger in Richtung der Flussdichte $\vec{B}$ und der Mittelfinger gibt die Richtung der Lorentzkraft $\vec{F}_L$ an.

Die Lorentzkraft wird sowohl auf positive als auch auf negative Ladungsträger ausgeübt. Wie bei der elektrischen Kraft $\vec{F}_{el}$ hängt auch die Richtung der Lorentzkraft $\vec{F}_L$ vom Vorzeichen der Ladungsträger ab: Für negative Ladungsträger nimmt man die linke Hand, für positive die rechte Hand (▸Abb. 4 und 5).

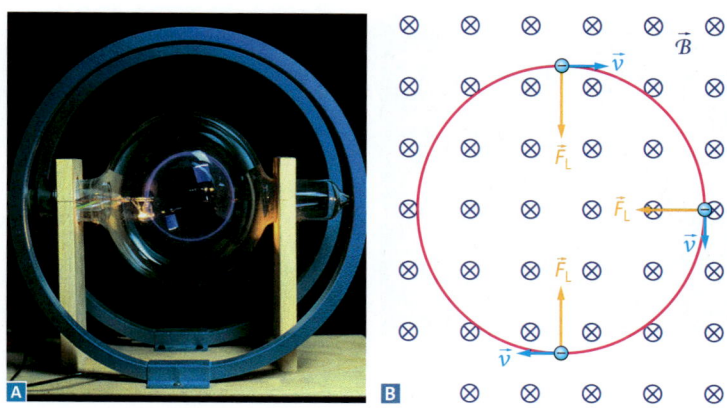

3 Fadenstrahlröhre im Magnetfeld: **A** Aufbau, **B** Elektronen auf einer Kreisbahn

Eine Formel für die Lorentzkraft · Wenn wir die magnetische Flussdichte vergrößern, dann verkleinert sich der Radius der Kreisbahn der Elektronen. Daraus können wir folgern, dass der Betrag F_L der Lorentzkraft von der Flussdichte B abhängt. Tatsächlich hängt F_L auch von der Geschwindigkeit v und der Ladung q des Ladungsträgers ab und es gilt: $F_L = q \cdot v \cdot B$.

> Bewegen sich Ladungsträger in einem Magnetfeld orthogonal zu den Feldlinien, dann wird auf sie eine Lorentzkraft $\vec{F}_L$ ausgeübt. Diese steht orthogonal zur Geschwindigkeit $\vec{v}$ und zur Flussdichte $\vec{B}$. Die Ladungsträger durchlaufen eine Kreisbahn, bei der die Lorentzkraft als Zentripetalkraft wirkt.
> Für den Betrag F_L der Lorentzkraft auf Ladungsträger mit der Ladung q gilt:
>
> $$F_L = q \cdot v \cdot B.$$

4 Drei-Finger-Regel der linken Hand für negative Ladungsträger

Auf einen stromführenden Leiter wird keine Kraft ausgeübt, wenn die Stromrichtung parallel zu den Magnetfeldlinien ist. Auch bei den Ladungsträgern wird keine Lorentzkraft ausgeübt, wenn sie sich parallel zu den Feldlinien bewegen.

1 Erklären Sie mit der Drei-Finger-Regel, wie man den Magneten in der Braunschen Röhre in ▸Abb. 2 halten muss, damit der Strahl nach unten, nach links bzw. nach rechts abgelenkt wird.

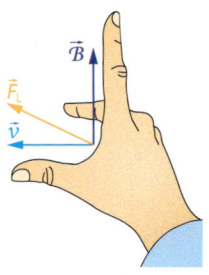

5 Drei-Finger-Regel der rechten Hand für positive Ladungsträger

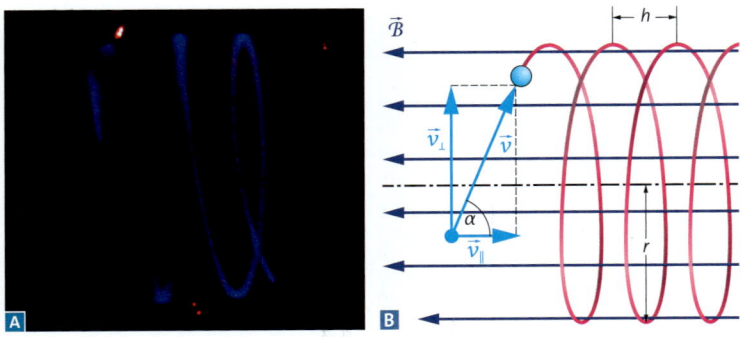

1 Schraubenbahn **A** im Experiment, **B** im ausgedehnten homogenen Feld

Immer wenn Ladungsträger sich nicht parallel zu den Feldlinien bewegen, wird eine Lorentzkraft auf sie ausgeübt.

Schraubenbahn • Dreht man das Fadenstrahlrohr so, dass die Elektronen nicht orthogonal in das Magnetfeld eintreten, sieht man eine Schraubenbahn (▸Abb.1). Die Bewegung der Elektronen setzt sich dabei aus der Kreisbewegung aufgrund der Lorentzkraft und einer Bewegung parallel zu den Feldlinien zusammen. Da sich der Abstand zwischen den Windungen der Schraubenbahn nicht ändert, muss die Bewegung parallel zu den Feldlinien mit konstanter Geschwindigkeit erfolgen. Also beeinflusst die Lorentzkraft diese Bewegung nicht. Sie wirkt auch hier orthogonal zur Geschwindigkeit $\vec{v}$ und zur Flussdichte $\vec{B}$.

Wird die Röhre so weit gedreht, dass der Elektronenstrahl parallel zu den Feldlinien in das Magnetfeld eintritt, sieht man einen geraden Leuchtfaden. Aus der Beobachtung bei der Schraubenbahn kann man schließen, dass die Elektronen auch hier nicht durch die Lorentzkraft beschleunigt werden.

Wir „wiegen" ein Elektron • Beim Fadenstrahlrohr ist die Lorentzkraft F_L die notwendige Zentripetalkraft F_Z und es gilt:

$$F_L = F_Z \implies e \cdot v \cdot B = \frac{m_e \cdot v^2}{r}.$$

Diese Gleichung enthält die Elektronenmasse m_e.

Kann man aus einer Messung des Radius der Kreisbahn die Elektronenmasse bestimmen? Mithilfe der als bekannt vorausgesetzten Beschleunigungsspannung U ersetzen wir dazu in der obigen Gleichung die Geschwindigkeit v der Elektronen durch

$$v = \sqrt{2 \cdot \frac{e}{m_e} \cdot U}.$$

Damit erhalten wir:

$$e \cdot B \cdot \sqrt{2 \cdot \frac{e}{m_e} \cdot U} = \frac{m_e \cdot 2 \cdot \frac{e}{m_e} \cdot U}{r}.$$

Daraus folgt:

$$\sqrt{2 \cdot \frac{e}{m_e} \cdot U} = \frac{2 \cdot U}{r \cdot B}.$$

Durch Quadrieren und Umformen erhält man:

$$\frac{e}{m_e} = \frac{2 \cdot U}{r^2 \cdot B^2}.$$

Das auf der linken Seite der Gleichung stehende Verhältnis von Ladung zur Masse eines Elektrons heißt **spezifische Ladung** des Elektrons. Bei einer Flussdichte von $B = 1{,}3\,\text{mT}$ und einer Beschleunigungsspannung von $U = 250\,\text{V}$ messen wir den Radius r zu $4{,}0\,\text{cm}$. Daraus ergibt sich:

$$\frac{e}{m_e} = \frac{2 \cdot 250\,\text{V}}{(0{,}04\,\text{m})^2 \cdot (1{,}3 \cdot 10^{-3}\,\text{T})^2} = 1{,}8 \cdot 10^{11}\,\frac{\text{C}}{\text{kg}}.$$

Genauere Messungen haben für die spezifische Ladung des Elektrons $1{,}76 \cdot 10^{11}\,\frac{\text{C}}{\text{kg}}$ ergeben. Mit der Elementarladung $e = 1{,}60 \cdot 10^{-19}\,\text{C}$ erhält man aus der spezifischen Ladung des Elektrons seine Masse m_e zu $9{,}11 \cdot 10^{-31}\,\text{kg}$.

Den Quotienten $\frac{e}{m_e}$ aus Elementarladung e und Elektronenmasse m_e bezeichnet man als spezifische Ladung eines Elektrons:

$$\frac{e}{m_e} = 1{,}76 \cdot 10^{11}\,\frac{\text{C}}{\text{kg}}.$$

1 In einer Braunschen Röhre durchlaufen die Elektronen eine Beschleunigungsspannung von 250 V. Über den Hals der Röhre wird ein Hufeisenmagnet gehalten. Das Magnetfeld des Hufeisenmagneten hat eine Flussdichte von 31 mT.
a) Bestimmen Sie die Geschwindigkeit, mit der die Elektronen die Anode verlassen.
b) Berechnen Sie die Lorentzkraft auf die Elektronen im Feld des Hufeisenmagneten.
c) Beschreiben Sie die Bahn der Elektronen durch das Magnetfeld und bis zum Schirm.

Herleitung der Formel für die Lorentzkraft

Elektronen im Magnetfeld · Die Experimente mit der Fadenstrahlröhre haben gezeigt, dass auf Elektronen, die sich nicht parallel zu den magnetischen Feldlinien bewegen, eine Lorentzkraft $\vec{F}_L$ ausgeübt wird. Die Richtung der Lorentzkraft ist orthogonal zur Feldlinienrichtung und orthogonal zur Geschwindigkeitsrichtung. Auch in einem stromführenden metallischen Leiter bewegen sich Elektronen. Wenn Strom- und Feldlinienrichtung nicht parallel zueinander sind, dann wird auf den Leiter eine Kraft $\vec{F}$ ausgeübt. Die Richtung dieser Kraft ist sowohl orthogonal zur Feldlinien- als auch zur Stromrichtung – ein Zusammenhang ähnlich wie bei der Lorentzkraft. Gibt es auch einen Zusammenhang zwischen dem Betrag der Kraft auf den Leiter und dem Betrag der Lorentzkraft auf ein einzelnes Elektron?

Im einfachen Modell besteht ein metallischer Leiter aus freien (also beweglichen) Elektronen und ortsfesten Atomrümpfen. Ohne eine anliegende Spannung bewegen sich die Elektronen in zufällig wechselnden Richtungen. Wird eine Spannung angelegt, dann werden die freien Elektronen zusätzlich zu der ungeordneten Bewegung durch das elektrische Feld beschleunigt und durch Stöße mit den Atomrümpfen wieder abgebremst. Dabei stellt sich eine resultierende Driftgeschwindigkeit ein, mit der sich die Elektronen aufgrund ihrer negativen Ladung entgegengesetzt zu den elektrischen Feldlinien bewegen.

Die Lorentzkraft im Modell · Wir betrachten einen zylindrischen Leiter der Querschnittsfläche A (▸Abb. 2). Die Anzahl der freien Elektronen eines Leiterabschnitts der Länge Δs bezeichnen wir mit N. In unserem einfachen Modell bewegen sich alle Elektronen mit derselben Driftgeschwindigkeit

$$v = \frac{\Delta s}{\Delta t}$$

durch den Leiter und legen dabei in der Zeitspanne Δt die Strecke Δs zurück. Also fließt in der Zeitspanne Δt die Ladung $\Delta Q = N \cdot e$ durch den Leiter. Dann gilt für die Stromstärke:

$$I = \frac{\Delta Q}{\Delta t} = \frac{N \cdot e}{\Delta t}.$$

Befindet sich der Leiter in einem homogenen Magnetfeld, dessen Feldlinien orthogonal zur Driftgeschwindigkeit

der Elektronen und damit zur Stromrichtung stehen, dann wirkt auf den Leiterabschnitt der Länge Δs die Kraft

$$F = B \cdot I \cdot \Delta s.$$

Dann folgt für die Kraft auf den Leiterabschnitt:

$$F = B \cdot \frac{\Delta Q}{\Delta t} \cdot \Delta s = B \cdot \frac{N \cdot e}{\Delta t} \cdot \Delta s = B \cdot N \cdot e \cdot v.$$

Wenn diese Kraft auf den Leiter mit N Elektronen wirkt, dann können wir folgern, dass auf ein einzelnes Elektron ein N-tel der Kraft ausgeübt wird. Dies ist die gesuchte Lorentzkraft auf ein Elektron, also

$$F_L = \frac{F}{N} = B \cdot e \cdot v.$$

Damit haben wir den Betrag der Lorentzkraft auf ein Elektron über die Kraft auf einen stromführenden Leiter hergeleitet. Trotz des sehr einfachen Modells führt die Herleitung zum richtigen Ergebnis. Auch wenn man weniger vereinfachende Modellannahmen macht, z. B. indem man die unterschiedlichen Geschwindigkeiten der Elektronen berücksichtigt, erhält man dasselbe Ergebnis: Die Kraft auf einen stromführenden metallischen Leiter ist immer gleich der Summe aller Lorentzkräfte auf die freien Elektronen im Leiter. Die Elektronen legen dabei nur wenige hundertstel Millimeter pro Sekunde zurück. Das Ergebnis der Herleitung gilt aber auch für die viel schnelleren Elektronen in einer Elektronenstrahlröhre und für alle sich bewegenden Ladungsträger in Magnetfeldern.

1 In einem 5,0 cm langen Leiter beträgt die Stromstärke 1,0 A. Die Anzahl der Elektronen beträgt $8,9 \cdot 10^{21}$. Der Leiter befindet sich orthogonal zu den Feldlinien eines Magnetfelds der Flussdichte 30 mT. Berechnen Sie die Driftgeschwindigkeit der Elektronen sowie den Betrag der Lorentzkraft auf ein einzelnes Elektron.

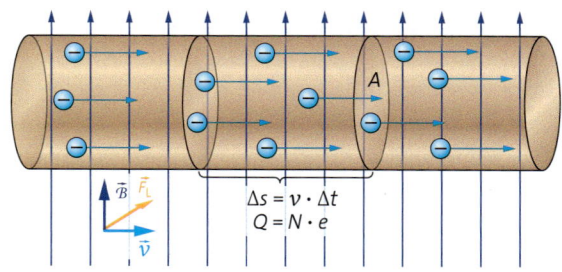

2 Elektronen in einem Leiterstück im Modell

Erdmagnetfeld, Sonnenwind und Polarlichter

Rätselhafte Leuchterscheinungen • Um 1900 beobachtete der Norweger KRISTIAN BIRKELAND, dass während hoher Polarlichtaktivität eine drehbar aufgehängte Magnetnadel hin- und herschwingt. Er folgerte, dass es einen Zusammenhang zwischen diesen Störungen des Erdmagnetfelds und der Polarlichtaktivität geben muss. Weiterhin vermutete er, dass geladene Teilchen von der Sonne die Ursache der Leuchterscheinungen sind. Er stellte dieses kosmische Phänomen im Experiment nach, indem er in einer Kammer eine magnetisierte Kugel mit schnellen Elektronen bestrahlte. Er pumpte die Luft fast vollständig aus der Kammer und es entstanden ringförmige Leuchterscheinungen um die Pole der Kugel (▸Abb.1). Offensichtlich wurden die Elektronen im Magnetfeld der Kugel so abgelenkt, dass sie sich auf einer Kreisbahn um die Pole bewegten und das verdünnte Gas zum Leuchten anregten.

Die Magnetosphäre der Erde • Durch Messungen mit Raumsonden weiß man heute, dass die Sonne ständig Elektronen, Protonen und Heliumkerne mit Geschwindigkeiten von $300-800 \frac{km}{s}$ ins Weltall ausstößt. Diesen Teilchenstrom bezeichnet man als **Sonnenwind.** Der Sonnenwind wird schon in großer Entfernung von der Erde durch das Erdmagnetfeld abgelenkt. Den gesamten Raumbereich um die Erde, in dem geladene Teilchen vom Erdmagnetfeld beeinflusst werden, bezeichnet man als **Magnetosphäre.** Ihre äußere Grenze ist die Magnetopause. Ohne den Sonnenwind wäre das Erdmagnetfeld symmetrisch wie das Feld eines Stabmagneten. Aber durch die Wechselwirkungen zwischen Sonnenwind und Erdmagnetfeld entsteht die asymmetrische Form der Magnetosphäre. Auf der sonnenzugewandten Seite (Tagseite) reicht die Magnetosphäre bis zu einem Abstand von zehn Erdradien, auf der abgewandten Seite (Nachtseite) bis in eine Entfernung von hundert Erdradien.

Schutz vor dem Sonnenwind • Ohne Erdmagnetfeld wäre alles Leben auf der Erde den energiereichen Teilchen des Sonnenwinds schutzlos ausgesetzt. Die Magnetosphäre verhindert das, da die Teilchen durch die Lorentzkraft auf Spiralbahnen entlang der magnetischen Feldlinien um die Erde herumgelenkt werden. Auf diese Weise strömt der größte Teil der geladenen Teilchen an der Erde vorbei.

Das Polarlichtoval • Allerdings ist dieser Schutzschirm nicht vollständig. Es können immer wieder Elektronen und Protonen in die Magnetosphäre eintreten. Dies ist insbesondere am Ende des Schweifs möglich. Die Teilchen sammeln sich in der Plasmaschicht (▸Abb.3). Von dort aus bewegen sie sich auf schraubenförmigen Bahnen auf die magnetischen Pole zu. Auch an den Stellen, an denen Feldlinien einerseits zur Tag- und andererseits zur Nachtseite „abbiegen", dringen Teilchen in die Magnetosphäre ein (▸Abb.3). In der Nähe der Pole nimmt die Flussdichte zu, dadurch wird die Lorentzkraft größer und der Radius der Schraubenbahnen wird immer enger. Auch die Windungen liegen immer näher beieinander. Die geladenen Teilchen können dadurch sogar ihre Bewegungsrichtung wieder ändern. Mit dem Fadenstrahlrohr und einem Stabmagneten kann man die Bahn im inhomogenen Feld im Experiment veranschaulichen (▸Abb.2).

Zwischen dem 60. und 75. Breitengrad befindet sich der Bereich, in dem die Teilchen in etwa 65 km Höhe auf die Atmosphäre treffen. In diesem „Polarlichtoval" treten Polarlichter am häufigsten auf. Die Teilchen geben durch Stöße Energie an Moleküle der Luft ab. Die Moleküle der Luft werden dadurch zum Leuchten angeregt.

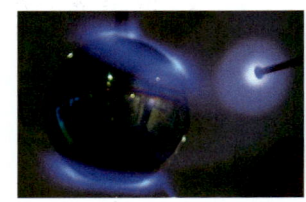
1 Polarlichter im Modellversuch

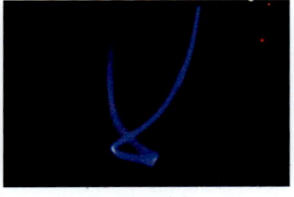
2 Bahn der Elektronen im inhomogenen Magnetfeld

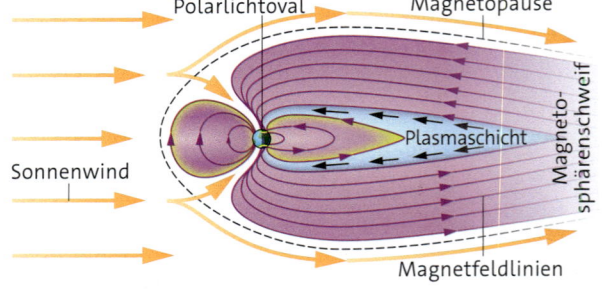
3 Magnetosphäre der Erde

Material A • Ladungsträger in Feldern

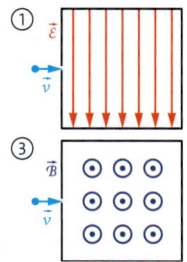
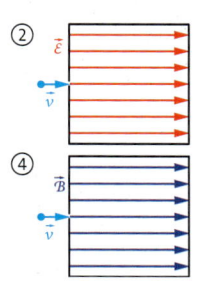
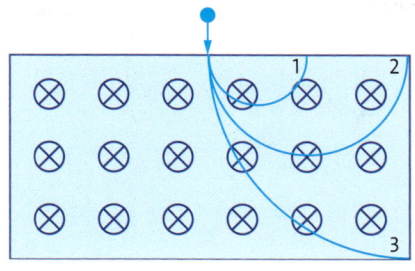
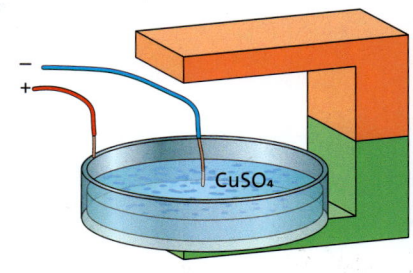

A1 Elektronen treten stets mit derselben Geschwindigkeit $\vec{v}$ in homogene elektrische bzw. magnetische Felder ein, die unterschiedlich orientiert sind.
a) Beschreiben und begründen Sie jeweils die Bahn und Geschwindigkeitsänderung der Elektronen in den Feldern ①, ②, ③ und ④.
b) Erklären Sie, ob und wie sich die kinetische Energie dabei ändert.
c) Statt Elektronen treten Positronen in die Felder ein. Positronen haben die gleiche Masse wie Elektronen, aber die entgegengesetzte Ladung. Beantworten Sie a) für die Positronen.

A2 Protonen (m_p = 1 u), He$^+$-Ionen und He^{2+}-Ionen (m_{He} = 4 u) treten mit $v = 1{,}0 \cdot 10^6 \frac{m}{s}$ orthogonal zu den Feldlinien in ein homogenes Magnetfeld mit $\mathcal{B}$ = 0,2 T ein und durchlaufen dabei Kreisbögen.
a) Bestimmen Sie die Beträge der Lorentzkräfte auf die Ladungsträger im Magnetfeld.
b) Ordnen Sie die drei Bahnen den Ladungsträgern zu. Begründen Sie.
c) Nun setzt man Ne$^+$- (m_{Ne} = 20 u) und Ar^{2+}-Ionen (m_{Ar} = 40 u) ein. Beschreiben und erklären Sie, wie sich die Bahnen dadurch ändern.

A3 Eine Schale mit einer Kupfersulfatlösung befindet sich teilweise im Feld eines Hufeisenmagneten. Der metallische Rand der Schale wird mit dem Pluspol und die Elektrode in der Mitte mit dem Minuspol eines Netzteils verbunden. Die Cu^{2+}- und SO$_4^{2-}$-Ionen der Kupfersulfatlösung tragen zum Strom durch die Flüssigkeit bei. Wenn man auf die Lösung kleine Papierschnipsel streut, dann erkennt man, dass die Flüssigkeit im Kreis strömt.
a) Erklären Sie die Beobachtung.
b) Geben Sie die Strömungsrichtung der Flüssigkeit an.

Material B • Experimente mit der Fadenstrahlröhre

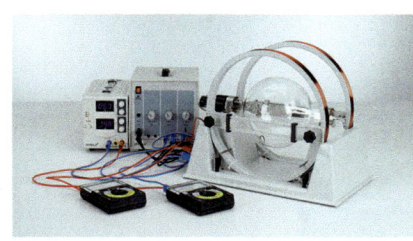

Mit einer Fadenstrahlröhre mit Markierungen für den Radius r der Elektronenbahn kann man die spezifische Ladung $\frac{e}{m_e}$ des Elektrons bestimmen. Bei einer Beschleunigungsspannung U von 250 V wird die Stromstärke I im Helmholtz-Spulenpaar so eingestellt, dass der Elektronenstrahl genau auf eine der Markierungen 1, 2, 3 oder 4 trifft (▶Tabelle).

Markierung	1	2	3	4
r in m	2,0	3,0	4,0	5,0
I in A	4,05	2,63	1,95	1,59

B1 Leiten Sie aus einer Kräfte- und einer Energiebetrachtung eine Gleichung zur Bestimmung von $\frac{e}{m_e}$ her.

B2 Das Helmholtz-Spulenpaar hat einen Radius von R = 0,20 m und eine Windungszahl von n = 154. Es gilt:

$$\mathcal{B} = \mu_0 \cdot n \cdot I \cdot \frac{8}{R \cdot \sqrt{125}}.$$

Bestimmen Sie die spezifische Ladung möglichst genau aus allen Messwerten. Vergleichen Sie mit dem Literaturwert.

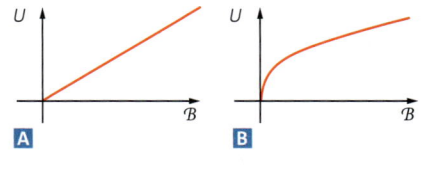
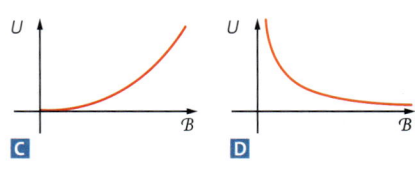

B3 Nun erhöht man die Flussdichte $\mathcal{B}$ schrittweise und stellt die Spannung U so ein, dass der Radius r konstant bleibt. Beurteilen Sie für jedes der Diagramme, ob es den Zusammenhang zwischen der Flussdichte $\mathcal{B}$ und der Spannung U zutreffend darstellt.

Ladungsträger in Feldern

Aus einem Eisbohrkern erhalten Forscher detaillierte Informationen über das Klima auf der Erde in der Vergangenheit. Zum Beispiel können Sie Aussagen über die chemische Zusammensetzung der Atmosphäre und die Temperatur machen. Aber wie kommen Sie zu diesen Informationen?

Isotopen-Analyse • Die jährlichen Eisschichten der Gletscher in der Antarktis, die sich über Jahrtausende gebildet haben, sind auch im Bohrkern als dünne Schichten wie Jahresringe eines Baums erkennbar. Das gefrorene Wasser des Bohrkerns besteht aus verschiedenen Isotopen des Sauerstoffs und des Wasserstoffs. Die Isotope eines Elements unterscheiden sich nur durch die Anzahl der Neutronen und haben dadurch unterschiedliche Massen. Das Häufigkeitsverhältnis der Isotope ^{16}O und ^{18}O in Wasser ist temperaturabhängig. Deshalb kann man aus diesem Verhältnis auf die mittlere Jahrestemperatur zur Zeit der Entstehung der zu untersuchenden Eisschicht schließen.

Massenspektrometrie • Zur Untersuchung von Isotopenverhältnissen werden meistens sogenannte **Massenspektrometer** eingesetzt, dessen prinzipiellen Aufbau wir hier betrachten: Das Eis wird zuerst in den gasförmigen Zustand gebracht und ionisiert. Die ionisierten Moleküle werden im elektrischen Feld beschleunigt und durchlaufen anschließend im einfachsten Fall ein Magnetfeld, in dem sie nach ihrer Masse „sortiert" werden.

Sie wissen, dass auf einen Ladungsträger der Ladung q und der Masse m, der sich orthogonal zu den Feldlinien eines homogenen Magnetfelds bewegt, eine Lorentzkraft ausgeübt wird. Dadurch bewegt sich der Ladungsträger auf einer Kreisbahn mit der Lorentzkraft F_L als notwendiger Zentripetalkraft F_Z. Aus diesem Ansatz leiten wir den Radius r der Bahn her:

$$F_L = F_Z \Rightarrow q \cdot v \cdot B = \frac{m \cdot v^2}{r} \Rightarrow r = \frac{m \cdot v}{q \cdot B}.$$

Die Gleichung zeigt, dass bei gleicher Geschwindigkeit ein Ladungsträger größerer Masse eine Bahn mit einem größeren Radius durchläuft. Dieser Effekt wird im Massenspektrometer zur Unterscheidung der Isotope ausgenutzt (▶Abb. 2).

> Bei der Kreisbewegung von Ladungsträgern im Magnetfeld wird die erforderliche Zentripetalkraft durch die Lorentzkraft aufgebracht. Aus dem Ansatz $F_L = F_Z$ folgt für den Radius der Kreisbahn:
>
> $$r = \frac{m \cdot v}{q \cdot B}.$$

Wienscher Filter • Damit man so die Masse exakt bestimmen kann, müssen die ionisierten Moleküle alle mit gleicher Geschwindigkeit in das Magnetfeld gelangen. Das kann man durch einen sogenannten **Wienschen Filter** erreichen, einer Anordnung, bei der homogene elektrische und magnetische Felder orthogonal zueinanderstehen (▸Abb. 3).

Wenn dort ein positives Ion von links orthogonal zu den gekreuzten Feldern in den Filter gelangt, dann zeigen die elektrische Kraft $\vec{F}_{el}$ nach unten und die Lorentzkraft $\vec{F}_L$ nach oben. Da die Lorentzkraft von der Geschwindigkeit abhängt, die elektrische Kraft aber nicht, gelangen nur Ionen mit einer bestimmten Geschwindigkeit v_0 durch die Anordnung. Dabei hängt die Geschwindigkeit v_0 von der Wahl der elektrischen Feldstärke $\vec{\mathcal{E}}$ und der magnetischen Flussdichte $\vec{\mathcal{B}}$ ab. Damit ein Ladungsträger die Anordnung auf einer geradlinigen Bahn passiert, müssen elektrische Kraft und Lorentzkraft im Kräftegleichgewicht sein:

$$F_{el} = F_L \Rightarrow q \cdot \mathcal{E} = q \cdot v_0 \cdot \mathcal{B} \Rightarrow v_0 = \frac{\mathcal{E}}{\mathcal{B}} .$$

Ionen mit größerer oder kleinerer Geschwindigkeit werden nach oben beziehungsweise nach unten abgelenkt, sodass sie nicht durch die Öffnung am Ende des Filters gelangen (▸Abb. 2). Diese Überlegungen gelten allgemein für elektrische Ladungsträger:

> Im Wienschen Filter stehen ein elektrisches Feld der Feldstärke $\vec{\mathcal{E}}$ und ein Magnetfeld der Flussdichte $\vec{\mathcal{B}}$ orthogonal zueinander. Nur wenn die elektrische Kraft F_{el} und die Lorentzkraft F_L im Kräftegleichgewicht sind, können die Ladungsträger den Filter passieren. Für ihre Geschwindigkeit gilt:
>
> $$v_0 = \frac{\mathcal{E}}{\mathcal{B}} .$$

Bestimmung der Masse • Nach dem Geschwindigkeitsfilter treten die Ionen orthogonal zu den Feldlinien in ein homogenes Magnetfeld ein (▸Abb. 2). Alle Ionen gleicher Masse werden

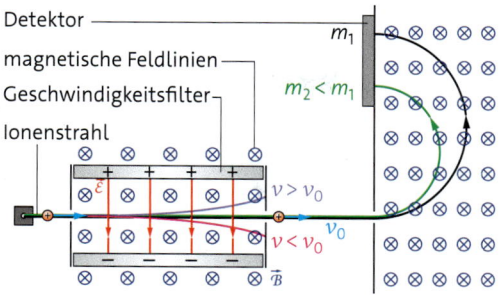

2 Schematischer Aufbau eines Massenspektrometers

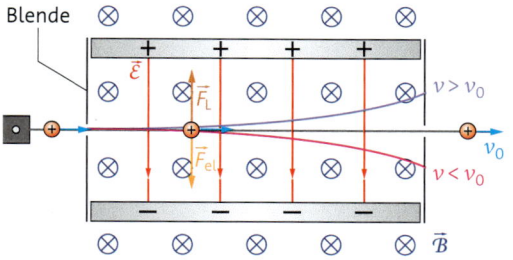

3 Wienscher Filter

nun auf eine Bahn mit gleichem Radius abgelenkt. Sie treffen auf dem Detektor an der gleichen Stelle auf. Ionisierte Moleküle größerer oder kleinerer Masse treffen an einer anderen Stelle auf. So kann die Häufigkeit einzelner Isotope in der Probe aus dem Eis ermittelt werden.

1 Erklären Sie, warum es für die Massenbestimmung wichtig ist, dass die Ionen einen Filter durchlaufen, bevor sie in das Magnetfeld eintreten.

2 Erklären Sie mithilfe der resultierenden Kraft die Ablenkung der Ionen mit $v > v_0$ bzw. $v < v_0$ im Filter in ▸Abb. 2.

3 In einem Wienschen Filter beträgt die magnetische Flussdichte 125 mT und die elektrische Feldstärke $25 \frac{kV}{m}$. Berechnen Sie die Geschwindigkeit der Ionen, die den Filter passieren können.

4 In ▸Abb. 2 tritt ein einfach positiv geladenes Wassermolekül mit dem Isotop ^{16}O ($m_{ges} = 18\,u$) mit der Geschwindigkeit $1{,}2 \cdot 10^5 \frac{m}{s}$ in das Magnetfeld ein ($\mathcal{B} = 1{,}2\,T$).
a) Berechnen Sie, in welchem Abstand oberhalb der Eintrittsöffnung in das Magnetfeld der Detektor das Molekül registriert.
b) Bestimmen Sie den Abstand zum Auftreffort eines Wassermoleküls mit ^{18}O.

LADUNGSTRÄGER IM MAGNETISCHEN FELD

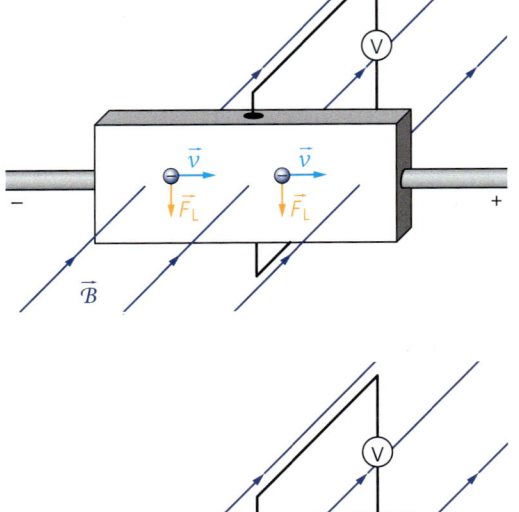

1 Lorentzkraft auf Elektronen in einem stromführenden Plättchen unmittelbar nach Einschalten des Stroms

2 Im Plättchen stellt sich ein Kräftegleichgewicht zwischen Lorentzkraft und elektrischer Kraft ein.

Durch die Lorentzkraft werden die sich nach rechts bewegenden Elektronen nach unten abgelenkt. Daher wird das Plättchen unten negativ und oben aufgrund der dort fehlenden Elektronen positiv geladen. Zwischen Ober- und Unterseite baut sich hierdurch ein elektrisches Feld auf, das auf die Elektronen zusätzlich zur Lorentzkraft eine elektrische Kraft ausübt. Dabei ist die elektrische Kraft nach oben gerichtet. Es können deshalb nur so lange Elektronen nach unten abgelenkt werden, bis die elektrische Kraft F_{el} und die Lorentzkraft F_L im Kräftegleichgewicht sind. Dann gilt $F_{el} = F_L$ und somit ist $e \cdot \mathcal{E} = e \cdot v \cdot \mathcal{B}$.

Zwischen der Ober- und der Unterseite des Plättchens der Breite b stellt sich also eine konstante Feldstärke $\mathcal{E}$ ein. Damit verbunden ist die sogenannte **Hall-Spannung U_H**. Mit $\mathcal{E} = \frac{U_H}{b}$ folgt:

$$e \cdot \frac{U_H}{b} = e \cdot v \cdot \mathcal{B} \Rightarrow U_H = b \cdot v \cdot \mathcal{B}.$$

Die Hall-Spannung U_H ist also proportional zur magnetischen Flussdichte $\mathcal{B}$. Genau dies nutzt man bei Hall-Sonden aus.

Der Hall-Effekt • Wenn sich ein stromführendes Metallplättchen orthogonal zu den Feldlinien im Magnetfeld befindet, wirkt auf die sich bewegenden Elektronen die Lorentzkraft (▸Abb. 1). Müsste die Lorentzkraft dann nicht zu einer Ladungsverschiebung im Metallplättchen führen? Tatsächlich konnte EDWIN HALL 1879 als Erster an einer rechteckigen stromführenden Goldfolie zwischen der Ober- und Unterseite eine Spannung messen. Dieses Phänomen bezeichnet man deshalb als **Hall-Effekt.** Man nutzt ihn bei Magnetfeldsensoren, um die magnetische Flussdichte zu messen. Wir haben diese sogenannten **Hall-Sonden** schon mehrmals eingesetzt.

Hall-Spannung • Zur Erklärung betrachten wir ein rechteckiges, stromführendes Metallplättchen der Breite b, in dem sich Elektronen mit der Driftgeschwindigkeit $\vec{v}$ von links nach rechts bewegen (▸Abb. 2). Befindet sich dieses Plättchen in einem Magnetfeld, sodass die Stromrichtung orthogonal zu den Magnetfeldlinien ist, messen wir zwischen Ober- und Unterseite des Plättchens eine Spannung. Wie kommt es zu dieser Spannung?

Befindet sich ein stromführendes Metallplättchen der Breite b orthogonal zur Flussdichte $\vec{\mathcal{B}}$ in einem Magnetfeld, dann stellt sich zwischen Ober- und Unterseite des Plättchens die Hall-Spannung U_H ein. Es gilt:

$U_H = b \cdot v \cdot \mathcal{B}.$

Dabei ist v die Driftgeschwindigkeit der Elektronen im Metallplättchen.

Halbleiter statt Metall • In Metallen ist die Driftgeschwindigkeit sehr klein. Daher beträgt die Hall-Spannung selbst bei Stromstärken über 10 A nur einige Millivolt. In Halbleitern gibt es wesentlich weniger freie Ladungsträger als in Metallen. Bei gleichen Stromstärken ist deswegen die Driftgeschwindigkeit bei ihnen sehr viel größer. Da die Hall-Spannung proportional zur Driftgeschwindigkeit ist, verwendet man in Hall-Sonden Halbleiterplättchen. So erreicht man auch bei schwachen Magnetfeldern messbare Hall-Spannungen.

Teilchenbeschleuniger • Der einfachste Teilchenbeschleuniger ist die Braunsche Röhre. Die kinetische Energie, die man auf diese Weise erreicht, ist aber durch den Potenzialunterschied begrenzt. Um möglichst hohe kinetische Energien zu erreichen, werden beim Kreis- oder Ringbeschleuniger dieselben Beschleunigungsstrecken mehrmals durchlaufen. Dabei nutzt man Magnetfelder, um die Ladungsträger auf kreis- oder ringförmigen Bahnen zu halten. Die Erhöhung der kinetischen Energie erfolgt im Gegensatz zur Braunschen Röhre mit elektrischen Wechselfeldern. Dieses Prinzip wird insbesondere im **Zyklotron** und im **Synchrotron** eingesetzt.

Das Zyklotron • Ein Zyklotron besteht aus zwei hohlen, halbkreisförmigen Metallkammern, den Duanten (▸Abb.3A). An diese Kammern wird eine Wechselspannung angelegt. Im Spalt zwischen den Duanten befindet sich dadurch ein elektrisches Wechselfeld. Innerhalb der Duanten existiert wie bei einem Faradayschen Käfig kein elektrisches Feld. Die Duanten werden orthogonal von einem konstanten, homogenen Magnetfeld durchsetzt, das von Elektromagneten erzeugt wird (▸Abb.3B). In einem Zyklotron werden meistens Protonen oder leichte positive Ionen beschleunigt.

Bewegung der Ladungsträger • Die Protonenquelle gibt Protonen in den Spalt ab. Im elektrischen Feld werden sie zum gegenüberliegenden Duanten beschleunigt. Sobald sich die Protonen innerhalb eines Duanten befinden, wirkt auf sie nur noch die Lorentzkraft. Sie werden dadurch auf eine Halbkreisbahn abgelenkt, auf der sie sich bis zum Spalt bewegen. Die Spannung an den Duanten wird rechtzeitig umgepolt, sodass die Protonen beim erneuten Eintritt in das elektrische Feld in Bewegungsrichtung weiter beschleunigt werden. Im gegenüberliegenden Duanten werden die Protonen dann wieder durch das Magnetfeld auf einen Halbkreis mit einem größeren Radius abgelenkt. Auf diese Weise kreisen die Protonen auf immer größeren Halbkreisen und gelangen so immer weiter nach außen, bis sie durch eine Ablenkelektrode auf ein Ziel gelenkt werden. Mit dem Zyklotron kann eine kinetische Energie bis zu 500 MeV erreicht werden.

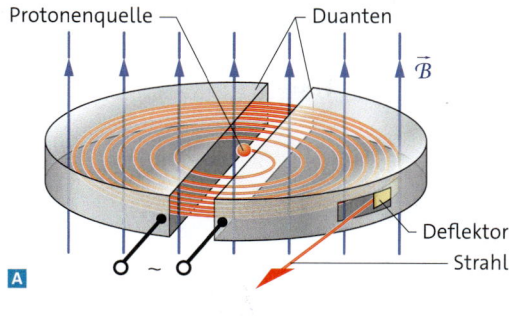

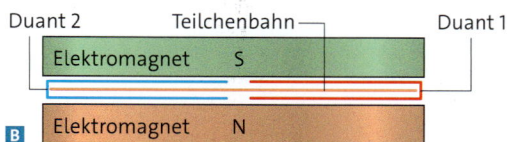

3 Zyklotron: **A** Duanten mit Teilchenbahn, **B** Elektromagnete erzeugen das Magnetfeld (Seitenansicht)

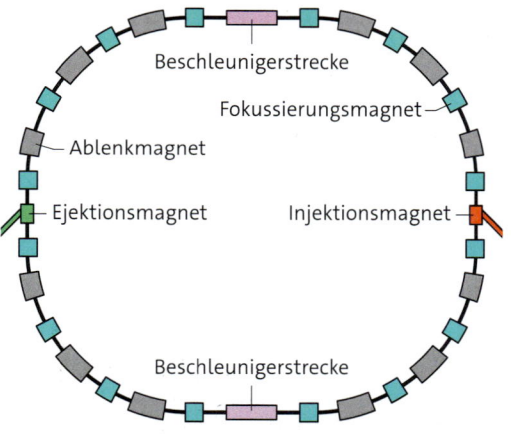

4 Prinzipieller Aufbau eines Synchrotrons

Das Synchrotron • Ein Synchrotron ist ein Ringbeschleuniger, bei dem die magnetische Flussdichte in mehreren Ablenkmagneten mit der zunehmenden Energie so angepasst („synchronisiert") wird, dass sich die Teilchen immer auf der gleichen ringförmigen Bahn bewegen (▸Abb.4). Dadurch können sie die Beschleunigungsstrecken sehr häufig durchlaufen und erreichen so eine wesentlich höhere kinetische Energie als beim Zyklotron.

Die hochenergetischen Ladungsträger lässt man z.B. mit anderen geladenen Teilchen kollidieren, um mehr über deren innere Struktur zu erfahren. Man nutzt sie aber auch zur Krebsbehandlung.

1 Sowohl beim Wienschen Filter als auch beim Hall-Effekt gibt es orthogonal zueinanderstehende Felder. Vergleichen Sie die beiden Situationen.

Teilchenbeschleuniger in der Medizin und Forschung

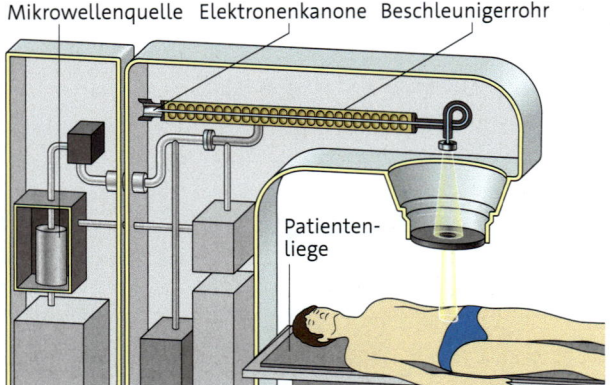

Mikrowellenquelle Elektronenkanone Beschleunigerrohr

Patientenliege

1 Linearbeschleuniger für Elektronen zur Strahlentherapie

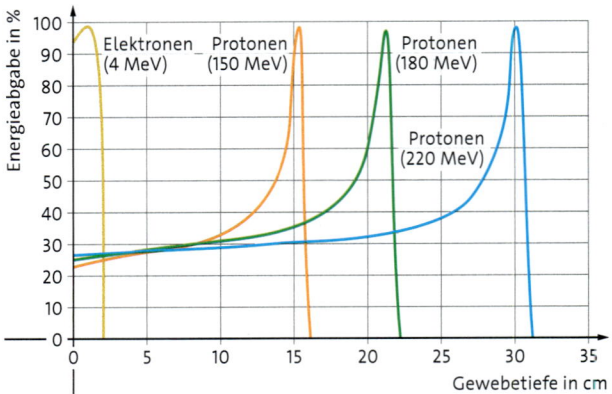

2 Energieabgabe und Eindringtiefe

Therapie mit Teilchenstrahlen • Heutzutage behandelt man Tumore häufig mit hochenergetischen Elektronen-, Protonen- und Ionenstrahlen. Die ionisierende Wirkung der Strahlen führt zur Schädigung der DNA der Tumorzellen, wodurch diese zerstört werden. Ziel ist es, dabei nur den Tumor selbst zu bestrahlen und das umgebende gesunde Gewebe zu schonen. Das erfordert eine genaue Steuerung und Dosierung der Teilchenstrahlen. Dies ist durch moderne Teilchenbeschleuniger möglich. Daher wird die Therapie mit Röntgenstrahlen mehr und mehr ersetzt, da es sich bei dieser nicht verhindern lässt, dass auch das umliegende Gewebe stark geschädigt wird.

Elektronentherapie • Je nach Art und Lage des Tumors muss die passende Strahlungsart ausgewählt werden. Elektronenstrahlen mit einer Energie von 4−25 MeV haben eine Eindringtiefe von nur wenigen Zentimetern und werden für oberflächennahe Tumore eingesetzt (▸Abb. 2, gelbe Kurve). Für Elektronen setzt man in der Medizin oft Linearbeschleuniger ein (▸Abb. 1). Dabei werden die Elektronen zunächst von einer Glühkathode freigesetzt, in der Elektronenkanone mit 5 kV vorbeschleunigt und im Beschleunigerrohr stufenweise bis auf maximal 25 MeV beschleunigt. Die Spannung zwischen den Beschleunigungsstrecken wird durch eine Mikrowellenquelle gesteuert, die eine Anpassung der Frequenz an die zunehmende Geschwindigkeit ermöglicht. Die Elektronen erreichen so nahezu Lichtgeschwindigkeit. Die Patienten können direkt mit den Elektronen bestrahlt werden. Dafür wird der Strahl mit starken Magnetfeldern zielgenau ausgerichtet.

Protonen- und Ionentherapie • Zur Bestrahlung tieferliegender Tumore setzt man Protonen und Ionen ein. Protonen erreichen dabei durch die Beschleunigung in einem Zyklotron teilweise eine kinetische Energie von mehreren 100 MeV. ▸Abb. 2 zeigt, in welcher Gewebetiefe Protonen dann ihre Energie abgeben. Je größer ihre kinetische Energie am Anfang ist, desto tiefer dringen die Protonen ein.

Dabei läuft die Energieabgabe an das Gewebe nicht gleichmäßig ab: Ein Proton mit 220 MeV gibt z.B. auf den ersten 25 cm im Gewebe wenig Energie ab, dafür aber umso mehr auf den letzten Millimetern der insgesamt von ihm zurückgelegten Strecke. In ▸Abb. 2 ist das am sogenannten **Bragg-Peak** zu erkennen. Dieser Verlauf ist folgendermaßen zu erklären: Anfangs ist das Proton so schnell, dass es kaum zu einer Wechselwirkung mit dem Gewebe kommt und es nur langsam abbremst. Erst wenn die Geschwindigkeit des Protons dann genügend klein ist, kommt es zu einer intensiven Wechselwirkung und Energieabgabe. Dabei wird das Proton vollständig abgebremst.

Inzwischen arbeitet man bei der Bestrahlung z.B. auch mit Kohlenstoff-Ionen. Um sie zu beschleunigen, reicht aufgrund der höheren Masse ein Zyklotron nicht mehr aus, sodass man hierfür ein Synchrotron benutzt. Die Strahlen können durch eine aufwendige Steuerung durch Magnetfelder so präzise ausgerichtet werden, dass eine Bestrahlung von Hirntumoren möglich ist. Ist es nicht faszinierend, dass ein Kohlenstoff-Ion durch das Gehirn fliegen kann, um dann präzise einen Tumor zu zerstören?

3 Lage des LHC bei Genf

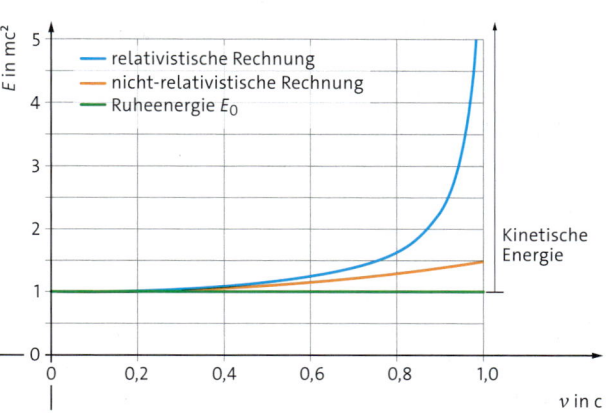

4 Energie und Geschwindigkeit

Der Large Hadron Collider • Am Forschungszentrum CERN nahe Genf kommen Menschen aus aller Welt zusammen, um den Aufbau der Materie und die Vorgänge bei der Entstehung des Universums zu erforschen. Dort befindet sich der größte und leistungsfähigste Teilchenbeschleuniger der Welt, der **Large Hadron Collider (LHC),** mit einem Umfang von 27 km in einem Tunnel in 50–175 m Tiefe unter der Erde. Im LHC werden Protonen in etwa 20 Minuten von mehreren 100 MeV auf 6,5 TeV beschleunigt. Sie verbleiben dann über mehrere Stunden im LHC und absolvieren 11 245 Umläufe pro Sekunde.

Dabei laufen zwei Protonenstrahlen in entgegengesetzter Richtung durch Vakuumröhren. An vier Stellen kann man sie so ablenken, dass es zu Proton-Proton-Kollisionen bei insgesamt 13 TeV kommt. Da nach EINSTEINs berühmter Gleichung $E = m \cdot c^2$ Energie und Masse äquivalent sind, kann Masse in Energie umgewandelt werden und umgekehrt. Diese Umwandlung tritt bei jeder Proton-Proton-Kollision auf. Daher entstehen hierbei neue Elementarteilchen. Diese weist man mit riesigen Detektoren nach.

Geringe Wahrscheinlichkeit – viele Kollisionen • Für die Experimente werden pro Strahl 2 808 Pakete aus je 100 Milliarden Protonen in den LHC gebracht. Dadurch treffen etwa alle 25 ns zwei Protonenpakete aufeinander. Zwischen den insgesamt 200 Milliarden Protonen kommt es dabei nur zu 40 Kollisionen. Zusätzlich ist die Wahrscheinlichkeit, dass bestimmte Prozesse bei der Kollision ablaufen sehr gering.

Eine besondere Entdeckung war der Nachweis des **Higgs-Bosons,** der erst 2012 zum ersten Mal gelang. Dieses Higgs-Boson wird benötigt, um zu erklären, wie die Elementarteilchen zu ihrer Masse kommen. Der Nachweis des Higgs-Bosons war so schwierig, da bei einer Milliarde Kollisionen nur etwa fünf Higgs-Bosonen entstehen.

Schneller als Licht? • Wenn Sie den klassischen Zusammenhang $E_{kin} = \frac{1}{2} \cdot m \cdot v^2$ nutzen, um die Geschwindigkeit der Protonen bei 6,5 TeV zu berechnen, erhalten Sie einen Wert weit über der Lichtgeschwindigkeit. Wie kann das sein? Nach der speziellen Relativitätstheorie von ALBERT EINSTEIN hat ein Körper der Masse m und der Geschwindigkeit v die Gesamtenergie

$$E = \frac{1}{\sqrt{1 - \frac{v^2}{c^2}}} \cdot m \cdot c^2 = \gamma \cdot m \cdot c^2 .$$

Mit der sogenannten Ruheenergie $E_0 = m \cdot c^2$ folgt für die kinetische Energie:

$$E_{kin} = E - E_0 = (\gamma - 1) \cdot m \cdot c^2 .$$

Diese Gleichung zeigt, dass die kinetische Energie für $v \rightarrow c$ gegen Unendlich strebt (▶Abb. 4). Für $v < 0,1c$ stimmen relativistische und nicht relativistische Rechnung überein.

1 Berechnen Sie die Geschwindigkeit der Protonen mit einer kinetischen Energie von 6,5 TeV.
a) mit dem klassischen Zusammenhang,
b) mit der Formel der Relativitätstheorie.
Vergleichen Sie jeweils mit der Lichtgeschwindigkeit.

Material A • Bahnen von Ladungsträgern im Magnetfeld

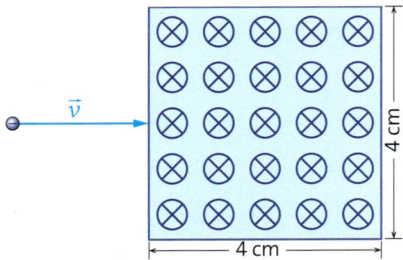

A1 Elektronen treten mit einer Geschwindigkeit von $1{,}0 \cdot 10^7 \frac{m}{s}$ orthogonal zu den Feldlinien in ein homogenes Magnetfeld der Flussdichte $0{,}95\,mT$ ein. Das Feld ist auf einen $4{,}0\,cm$ breiten Bereich begrenzt.

a) Berechnen Sie die Spannung, mit der die Elektronen beschleunigt wurden.
b) Erklären Sie, warum die Elektronen im Magnetfeld eine kreisbogenförmige Bahn durchlaufen.
c) Berechnen sie den Radius der kreisbogenförmigen Bahn.
d) Übernehmen Sie die Zeichnung und vervollständigen Sie die Bahn der Elektronen. Bestimmen Sie den Winkel zur Horizontalen, unter dem die Elektronen wieder aus dem Magnetfeld austreten. Erklären Sie, wie diese sich anschließend weiterbewegen.

A2 Protonen treten mit einheitlicher Geschwindigkeit orthogonal zu den Feldlinien in ein homogenes Magnetfeld der Flussdichte $\mathcal{B}$ ein.
a) Leiten Sie eine Gleichung für den Bahnradius her.
b) Erklären Sie anhand der Gleichung von welchen Größen der Radius wie abhängt.
c) In das Magnetfeld treten nun Protonen, He$^+$-Ionen und He^{2+}-Ionen mit derselben Geschwindigkeit ein. Erklären Sie, wie sich die Bahnen unterscheiden.

Material B • Protonen im Geschwindigkeitsfilter

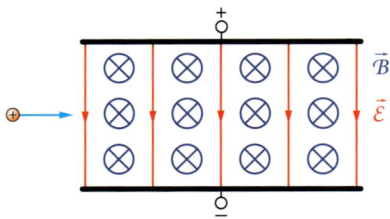

B1 Protonen unterschiedlicher Geschwindigkeiten treten in einen Wienschen Filter mit der Feldstärke $\vec{\mathcal{E}}$ und der Flussdichte $\vec{\mathcal{B}}$ ein.
a) Erklären Sie die Funktionsweise.

b) Leiten Sie eine Gleichung für die Geschwindigkeit der vom Filter durchgelassenen Protonen her.

B2 Am Wienschen Filter liegt eine Spannung von $750\,V$ an. Die Platten haben einen Abstand von $2{,}0\,cm$. Es sollen nur Protonen mit einer Geschwindigkeit von $5{,}2 \cdot 10^4 \frac{m}{s}$ den Filter passieren. Berechnen Sie den notwendigen Betrag der Flussdichte $\mathcal{B}$.

B3 Felix, Marit, Deniz und Taira diskutieren, wie die Einstellungen an einem Wienschen Filter angepasst werden müssen, wenn Protonen mit der halben Geschwindigkeit den Filter passieren sollen.
Felix: „Man muss die Flussdichte und die Spannung halbieren."
Marit: „Man muss die Flussdichte verdoppeln."
Deniz: „Man muss die Spannung halbieren."
Taira: „Man kann auch den Plattenabstand verdoppeln."
a) Bewerten Sie die Aussagen.
b) Nennen die weitere Möglichkeiten.

Material C • Massenspektrometer nach Aston

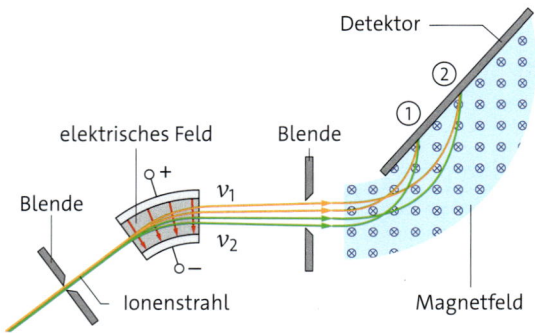

C1 Im Massenspektrometer nach Aston kann man durch passende Wahl der elektrischen Feldstärke und der magnetischen Flussdichte erreichen, dass einfach positiv geladene Ionen gleicher Masse trotz unterschiedlicher Geschwindigkeit im selben Punkt auf den Detektor treffen.
a) Vergleichen Sie die Auswirkung unterschiedlicher Geschwindigkeiten und Massen der Ionen auf die Krümmung der Bahnen in den beiden Feldern.
b) Erläutern Sie, in welchem Punkt auf dem Detektor die Ionen mit der größeren Masse auftreffen.

Material D • Beschleunigung von Protonen im Zyklotron

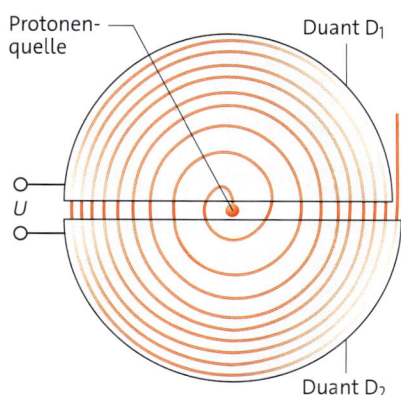

Protonenquelle

Duant D_1

U

Duant D_2

Bei einem Zyklotron liegt die Protonenquelle im Punkt P in der Mitte zwischen den Duanten D_1 und D_2 (Skizze nicht maßstabsgetreu). Zwischen den Duanten liegt eine die Polarität wechselnde Spannung U an. Die Flussdichte des Magnetfelds beträgt 0,51 T. Die Anfangsgeschwindigkeit der Protonen ist vernachlässigbar. Sie werden nach dem Austritt aus der Quelle zuerst zum oberen Duanten D_1 beschleunigt.

D1 Beschreiben Sie die Bewegung der Protonen in den elektrischen und magnetischen Feldern.

D2 a) Die Protonen treten mit der Geschwindigkeit $v_1 = 980\ \frac{km}{s}$ zum ersten Mal in den oberen Duanten D_1 ein. Berechnen Sie die Spannung, mit der die Protonen beschleunigt wurden.
b) Bestimmen Sie die Spannung U, die zwischen den Duanten anliegt.
c) Weisen Sie nach, dass der Radius der ersten halbkreisförmigen Bahn im Duanten D_1 2,0 cm beträgt.
d) Wenn die Protonen den Duanten D_1 verlassen, dann hat sich die Spannung zwischen den Duanten umgepolt, sodass die Protonen mit der Spannung U weiter beschleunigt werden. Berechnen Sie die Geschwindigkeit v_2, mit der die Protonen in den unteren Duanten D_2 eintreten.
e) Bestimmen sie den Radius r_2 der Bahn im Duanten D_2.

D3 a) Die Zeit, die die Protonen zum Durchqueren des Spalts zwischen den Duanten benötigen, ist vernachlässigbar. Zeigen Sie unter dieser Voraussetzung, dass für die Umlaufdauer T der Protonen im Zyklotron gilt:

$$T = \frac{2 \cdot \pi \cdot m_P}{e \cdot \mathcal{B}}$$

b) Berechnen Sie die Umlaufdauer.
D4 Die letzte halbkreisförmige Bahn der Protonen vor dem Austritt aus dem Zyklotron hat einen Radius von 0,80 m.
a) Berechnen Sie die Geschwindigkeit der Protonen auf dieser Bahn.
b) Berechnen Sie die Energie, die die Protonen bis zum Austritt erreichen.
c) Bestimmen Sie die Anzahl der Umläufe der Protonen im Zyklotron.
d) Erklären Sie, wie sich die Bahn der Protonen ändert, wenn die Spannung zwischen den Duanten größer ist.
e) Die Austrittsenergie soll erhöht werden. Erläutern Sie durch welche Änderungen dies erreicht wird.

Material E • Hall-Sonden

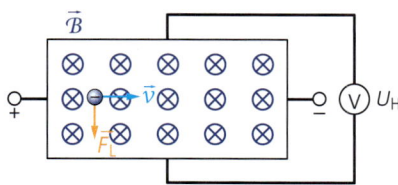

$\vec{B}$

$\vec{v}$

$\vec{F}_L$

U_H

Material	R_H in $\frac{m^3}{C}$
Kupfer	$-5{,}3 \cdot 10^{-11}$
Silber	$-8{,}9 \cdot 10^{-11}$
Indiumantimonid	ca. $-2{,}4 \cdot 10^{-4}$
p-Germanium	ca. $5 \cdot 10^{-3}$

Für Hall-Sonden verwendet man meistens Halbleiter. Bei n-dotierten Halbleitern sind die beweglichen Ladungsträger negativ (Elektronen), bei p-dotierten Halbleitern positiv (Löcher).

E1 Zeigen Sie, dass die Polung der Hall-Spannung davon abhängt, ob die Ladungsträger Elektronen oder Löcher sind.

E2 Leiten Sie die Gleichung für die Hall-Spannung her.

E3 Experimentell stellt man fest, dass die Hall-Spannung vom Material abhängt und umgekehrt proportional zur Dicke d des Plättchens ist. Mit der Hall-Konstanten R_H gilt:

$$U_H = R_H \cdot \frac{I \cdot \mathcal{B}}{d}.$$

a) Interpretieren Sie die Gleichung. Geben Sie an, unter welchen Voraussetzungen besonders hohe Hall-Spannungen gemessen werden können.

b) An einem 0,12 mm dicken und 2,5 mm breiten Plättchen wird in einem Magnetfeld der Flussdichte 48 µT bei einer Stromstärke von 2,0 A eine Hall-Spannung von 0,19 mV gemessen. Aus welchem Material besteht es? (Verwenden Sie die Tabelle.)

E3 In einem einfachen Modell ist die Stromstärke I proportional zur Ladungsträgerdichte n und zur Driftgeschwindigkeit v:
$I = e \cdot v \cdot b \cdot d \cdot n$.
a) Leiten Sie damit eine Gleichung für die Hall-Konstante R_H her.
b) Erklären Sie, wie man durch Messung der Hall-Konstanten die Ladungsträgerdichte in einem Material bestimmen kann.

Musteraufgabe mit Lösung

Aufgabe • Die magnetische Flussdichte

Auf einen stromführenden Draht wirkt in einem Magnetfeld eine Kraft. Über diese Kraft wird die Flussdichte B bestimmt. Die Flussdichte ist ein Maß für die Stärke des Magnetfelds. Sie hat einen Betrag und eine Richtung.

a) Erläutern Sie an einem Beispiel, wie die Richtung der Kraft auf einen stromführenden Draht mit der Stromrichtung und der Richtung der Flussdichte zusammenhängt.

b) Erstellen Sie eine aussagekräftige Versuchsskizze für einen geeigneten Versuchsaufbau zur Bestimmung der Flussdichte.

In einem Experiment wurde die Kraft auf einen stromführenden Draht in einem homogenen Magnetfeld mit einem Kraftsensor gemessen. Dabei wurde einmal die Stromstärke variiert und einmal die Drahtlänge.

Variation der Stromstärke, s = 5,0 cm					
I in A	0,50	0,80	1,60	2,50	4,80
F in mN	0,7	1,1	2,3	3,5	6,7
Variation der Drahtlänge, l = 2,0 A					
s in cm	2,0	4,0	5,0	8,0	10,0
F in mN	1,1	2,3	2,8	4,5	5,6

c) Interpretieren Sie die Messwerte.

d) Bestimmen Sie anhand der Messwerte möglichst genau die Flussdichte des Magnetfelds.

Lösung

a) Als Beispiel ist ein stromführender Draht im homogenen Feld eines Hufeisenmagneten geeignet.
Man ordnet den Draht so an, dass er orthogonal zur Flussdichte steht (Skizze).

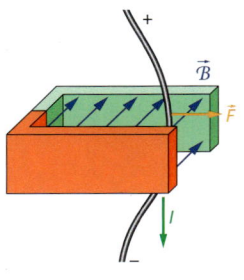

Mit der Drei-Finger-Regel der rechten Hand kann man dann die Richtung der Kraft angeben. Wenn der Strom von oben nach unten gerichtet ist, dann zeigt die Kraft nach rechts. Wird die Stromrichtung umgepolt, dann zeigt die Kraft nach links. Wenn man den Hufeisenmagnet um 180° dreht, dann wird der Leiter bei gleicher Stromrichtung wieder nach rechts abgelenkt.

b) *Erstellen einer Versuchsskizze: Stellen Sie den Versuchsaufbau auf das Wesentliche reduziert übersichtlich dar.*

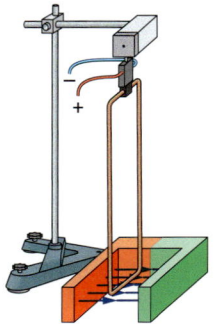

c) Mit zunehmender Stromstärke steigt auch die Kraft auf den Draht. An den Messwerten kann man erkennen, dass sich die Kraft bei doppelter (vierfacher, fünffacher) Stromstärke verdoppelt (vervierfacht, verfünffacht). Auch bei den Messwerten verschiedener Drahtlängen ist eine Proportionalität zu erkennen: Bei doppelter (vierfacher) Drahtlänge verdoppelt (vervierfacht) sich die Kraft. Damit muss die Kraft auch proportional zum Produkt $I \cdot s$ sein. Das überprüft man für alle Messdaten, indem man für jedes Wertepaar den Quotienten $\frac{F}{I \cdot s}$ berechnet: Man sieht, dass der Quotient im Rahmen der Messgenauigkeit konstant ist. Folglich ist $F \sim I \cdot s$.

Variation der Stromstärke, s = 5 cm					
I in A	0,5	0,8	1,6	2,5	4,8
F in mN	0,7	1,1	2,3	3,5	6,7
$\frac{F}{I \cdot s}$ in $\frac{mN}{A \cdot m}$	28,0	27,5	28,8	28,0	27,9
Variation der Drahtlänge, l = 2 A					
s in cm	2	4	5	8	10
F in mN	1,1	2,3	2,8	4,5	5,6
$\frac{F}{I \cdot s}$ in $\frac{mN}{A \cdot m}$	27,5	28,8	28,0	28,1	28,0

d) *Bestimmen: Gewinnen Sie aus Größengleichungen physikalische Größen.*
Unter Berücksichtigung aller Messwerte erhält man als Mittelwert für den Quotienten $\frac{F}{I \cdot s}$ = 28 mT. Dieser Quotient entspricht der magnetischen Flussdichte B des homogenen Felds.

Übungsaufgaben mit Hinweisen

Aufgabe 1 • Flussdichte einer Spule

Eine 50,0 cm lange schlanke Spule mit 800 Windungen wird zur Erzeugung eines homogenen Magnetfelds eingesetzt, in dem die Kraft auf einen stromführenden Draht gemessen werden soll. In der Mitte der Spule ist ein Schlitz, in den der 4,0 cm lange waagerechte Abschnitt eines Drahtrahmens eingeführt werden kann. Durch die schlanke Spule fließt ein Strom von 2,0 A.

a) Erläutern Sie, wie die Flussdichte in der schlanken Spule von welchen Größen abhängt.

b) Berechnen Sie die Flussdichte.

c) Die Stromstärke im Drahtrahmen wird schrittweise von 0 bis 10 A erhöht und die Kraft auf den Draht wird gemessen. Stellen sie den Zusammenhang in einem F-I-Diagramm grafisch dar.

d) Erklären Sie, wie sich dieser Zusammenhang verändert, wenn für die Messung eine schlanke Spule doppelter Länge bei gleicher Windungszahl und Stromstärke als felderzeugende Spule eingesetzt wird.

Aufgabe 2 • Flussdichte im Helmholtz-Spulenpaar

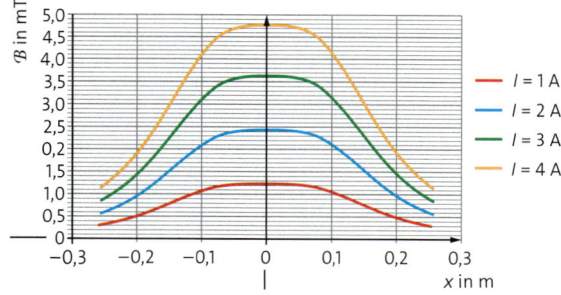

Beim Helmholtz-Spulenpaar mit dem Spulenradius r gelten für die Flussdichte folgende Zusammenhänge: $\mathcal{B} \sim n$, $\mathcal{B} \sim \frac{1}{r}$.
Die Flussdichte innerhalb eines Helmholtz-Spulenpaars mit einem Radius von 15,0 cm und einer Windungszahl von 200 wurde entlang der Mittelachse bei unterschiedlichen Stromstärken gemessen.

a) Entnehmen Sie dem Diagramm die relevanten Werte für die Flussdichte des näherungsweise homogenen Felds in der Mitte des Spulenpaars.

b) Zeigen Sie mit diesen Werten, dass die Flussdichte proportional zur Stromstärke ist.

c) Stellen Sie anhand der angegebenen und gefundenen Zusammenhänge eine Gleichung für die Flussdichte in der Mitte dieses Helmholtz-Spulenpaars auf.

Aufgabe 3 • Bewegte Ladungsträger im Magnetfeld

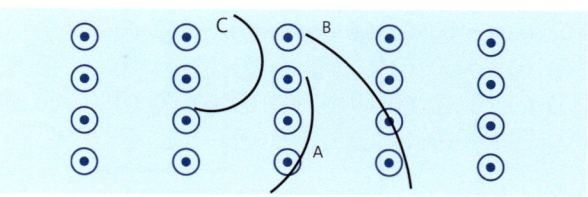

Vier unterschiedliche Ionen (Ne^+, Ne^{2+}, Ar^+, Ar^{2+}) treten mit $\approx v = 6{,}88 \cdot 10^4 \frac{m}{s}$ orthogonal zu den Feldlinien in ein Magnetfeld der Flussdichte 240 mT ein. Von der Bahn ist jeweils nur ein kurzer Abschnitt dargestellt.

a) Begründen Sie, warum sich die Ionen auf kreisförmigen Bahnen bewegen.

b) Begründen Sie, warum sich die Ionen im Uhrzeigersinn entlang der Bahnen A bis C bewegen.

c) Leiten Sie eine Gleichung für den Bahnradius her.

d) Berechnen Sie den Bahnradius für das Ne^+-Ion (m_{Ne} = 20 u) und leiten Sie aus diesem Ergebnis die Bahnradien der anderen drei Ionen ab (m_{Ar} = 40 u).

e) Ordnen Sie die Bahnabschnitte A bis C den Ionen zu. Begründen Sie ihre Zuordnung.

Hinweise

Aufgabe 1

a) Beziehen Sie sich auf die Formel für die Flussdichte einer schlanken Spule.

b) Setzen Sie die gegebenen Größen in die Formel ein.

c) Berechnen Sie die Kraft auf den Leiter für mindestens zwei Stromstärken. Zeichnen Sie eine Ursprungsgerade.

d) Beziehen Sie sich auf die Aufgabe a).

Aufgabe 2

a) Die relevanten Werte lesen Sie am Schnittpunkt mit der y-Achse ab.

b) Tragen Sie die Werte in ein $\mathcal{B}(I)$-Diagramm ein.

c) Gegeben ist $\mathcal{B} \sim n$, $\mathcal{B} \sim \frac{1}{r}$ und $\mathcal{B} \sim I$, damit ist $\mathcal{B} \sim \frac{n \cdot I}{r}$. Setzen Sie die bekannten Werte ein und bestimmen Sie die Proportionalitätskonstante.

Aufgabe 3

a) Bei der Begründung hilft die Lorentzkraft.

b) Setzen Sie die Rechte-Hand-Regel ein.

c) Die Lorentzkraft liefert die notwendige Zentripetalkraft.

d) Setzen Sie die Werte in die Formel für r ein.

e) Je kleiner der Radius ist, desto größer ist die Krümmung.

Training I • Kraft auf einen Leiter und Flussdichte von Spulen

Aufgabe 1

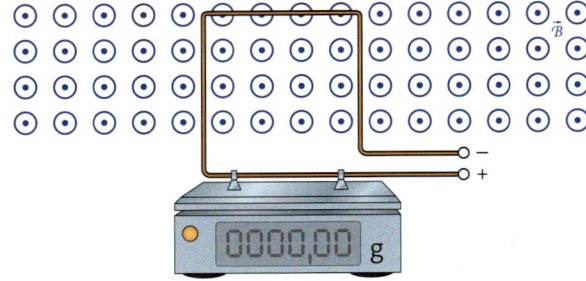

Ein rechteckiger Drahtrahmen mit einer Windung wird auf eine empfindliche Waage gestellt. Der obere 10,0 cm lange waagerechte Drahtabschnitt befindet sich vollständig in einem homogenen Magnetfeld. Durch den Drahtrahmen fließt ein Strom. Die Stromstärke kann verändert werden. Die Anzeige der Waage wird für $I = 0$ A auf null gesetzt.

a) Erklären Sie, wie man diesen Aufbau zur Bestimmung der Flussdichte des Magnetfelds einsetzen kann.

b) Begründen Sie, warum die Kraft auf die vertikalen Abschnitte keine Rolle spielt.

c) Für verschiedene Stromstärken wurde die Anzeige der Waage notiert. Bestimmen Sie für jede Messung die zugehörige Kraft auf den Leiter ($g = 9,81 \frac{m}{s^2}$).

I in A	0,00	0,50	1,00	1,50	2,00	2,50	3,00
Anzeige in g	0,00	1,00	2,05	2,98	4,10	5,12	6,08

d) Bestimmen Sie die Flussdichte auf rechnerische Weise aus allen Messwerten.

e) Stellen Sie die Kraft als Funktion der Stromstärke in einem Diagramm dar und ermitteln Sie die Flussdichte mithilfe des Diagramms.

f) Vergleichen Sie die Ergebnisse aus d) und e) quantitativ und beurteilen Sie diese hinsichtlich der Genauigkeit.

Aufgabe 2

Für eine Spule veränderlicher Länge mit 50 Windungen und 10,0 cm Durchmesser wurde bei konstanter Stromstärke von 2,0 A die Flussdichte für verschiedene Längen mit einer Hall-Sonde gemessen.

ℓ in cm	20	25	30	35	40	45	50
B in mT	0,63	0,51	0,43	0,36	0,31	0,28	0,25

a) Zeigen Sie anhand der Messwerte, dass die Flussdichte antiproportional zur Spulenlänge ist.

b) Stellen Sie anhand der Messwerte eine Gleichung für die Flussdichte in Abhängigkeit von der Spulenlänge auf.

c) Bestimmen Sie unter Berücksichtigung aller Messwerte die magnetische Feldkonstante.

d) Begründen Sie unter Bezugnahme auf die Überlagerung der Magnetfelder zweier Drähte, warum die Flussdichte innerhalb der Spule mit zunehmender Spulenlänge abnehmen muss.

e) Die Spule wird nun auf eine Länge von 10,0 cm zusammengedrückt. Berechnen Sie den zu erwartenden Betrag der Flussdichte.
Tatsächlich misst man 0,9 mT. Geben Sie Gründe für die Abweichung vom berechneten Wert an. Messunsicherheiten reichen als Begründung nicht aus.

f) Die Flussdichte wurde mit einer Hall-Sonde gemessen. Erklären Sie anhand einer Skizze, wie es zur Hall-Spannung kommt und wie über diese Spannung die Flussdichte bestimmt wird.

Aufgabe 3

Eine 60,0 cm lange schlanke Spule mit 500 Windungen hat in der Mitte einen Schlitz. In diesen Schlitz wird der 5,0 cm lange waagerechte Abschnitt eines Leiterrahmens mit 50 Windungen eingeführt. Die schlanke Spule und der Leiterrahmen werden in Reihe geschaltet. Mit einem Kraftsensor wird die Kraft auf die Leiterschleife in Abhängigkeit von der Stromstärke gemessen.

I in A	0,20	0,40	0,60	0,80	1,00
F in mN	2,1	8,4	18,8	33,5	52,3

a) Stellen Sie eine Vermutung zur Abhängigkeit der Kraft von der Stromstärke auf.

b) Überprüfen Sie Ihre Vermutung anhand der Messwerte.

c) Leiten Sie eine Gleichung für die Kraft in Abhängigkeit von der Stromstärke her. Erklären Sie mit dieser Gleichung die experimentell gefundene Abhängigkeit.

d) Beurteilen Sie, ob diese Versuchsanordnung geeignet ist, um die magnetische Flussdichte experimentell zu bestimmen.

Aufgabe 1

Mit der Fadenstrahlröhre kann man die spezifische Ladung von Elektronen bestimmen.

a) Beschreiben Sie den Aufbau und die Funktionsweise einer Fadenstrahlröhre.

b) Erklären Sie, wie das homogene Magnetfeld erzeugt wird.

c) Leiten Sie die folgende Gleichung zur Bestimmung der spezifischen Ladung der Elektronen her:
$$\frac{e}{m_e} = \frac{2 \cdot U}{r^2 \cdot B^2}.$$

d) Erläutern Sie das Messverfahren zur experimentellen Bestimmung der spezifischen Ladung.

e) Die Beschleunigungsspannung wird auf 0,250 kV eingestellt. Es werden die in der Tabelle stehenden Werte gemessen. Bestimmen Sie unter Verwendung aller Messwerte die spezifische Ladung der Elektronen.

r in cm	2,0	3,0	4,0	5,0
B in mT	2,66	1,78	1,33	1,07

Aufgabe 2

Ein Wien-Filter wird bei Massenspektrometern eingesetzt, um Ionen gleicher Geschwindigkeit aus einem Ionenstrahl herauszufiltern.

a) Geben Sie an, wie die Flussdichte des Magnetfelds in der unten gezeigten Anordnung gerichtet sein muss, damit nur Ionen einer bestimmten Geschwindigkeit den Filter geradlinig passieren können.

b) Erläutern Sie, wie die Beträge der elektrischen Feldstärke und der Flussdichte gewählt werden müssen, damit ein Ion den Filter passieren kann.

c) Die Spannung am Kondensator beträgt 1,5 kV. Die Platten haben einen Abstand von 4,0 cm. Ein H^+-Ion der Geschwindigkeit $5,0 \cdot 10^6 \frac{m}{s}$ soll den Filter passieren. Berechnen Sie den Betrag der Flussdichte.

d) Erklären Sie, wie sich die Bahn eines Ions verändert, wenn die Geschwindigkeit größer beziehungsweise kleiner als $5,0 \cdot 10^6 \frac{m}{s}$ ist.

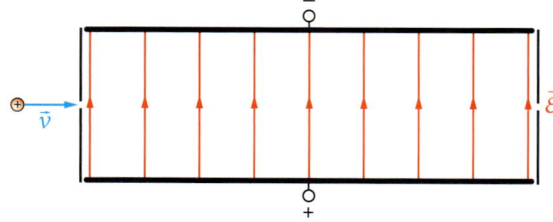

Aufgabe 3

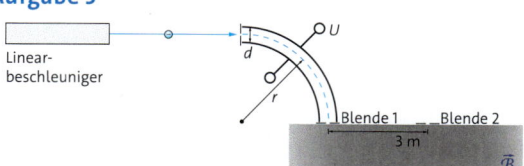

Elektronen treten mit $v = 9,6 \cdot 10^7 \frac{m}{s}$ aus einem Linearbeschleuniger aus und in einen gebogenen Plattenkondensator mit einem Plattenabstand von $d = 2,0$ cm ein. Bei geeigneter Kondensatorspannung U durchlaufen die Elektronen einen Viertelkreis mit $r = 2,5$ m. Da der Bahnradius viel größer als der Plattenabstand ist, kann die elektrische Feldstärke näherungsweise mit $\mathcal{E} = \frac{U}{d}$ berechnet werden. Im grauen Bereich befindet sich ein homogenes Magnetfeld.

a) Geben sie eine geeignete Polung für den Plattenkondensator an.

b) Begründen Sie, warum sich die Elektronen im Kondensator auf einer Kreisbahn mit konstantem Geschwindigkeitsbetrag bewegen.

c) Zeigen Sie mit einer Kräftebetrachtung, dass für die Spannung am Kondensator $U = \frac{m_e \cdot d \cdot v^2}{e \cdot r}$ gilt.

d) Die Elektronen verlassen den Plattenkondensator durch die Blende 1 und treten in ein homogenes Magnetfeld ein. In diesem Feld sollen die Elektronen so abgelenkt werden, dass sie orthogonal durch die 3,0 m entfernte Blende 2 wieder aus dem Feld austreten. Geben sie die dafür geeignete Richtung und den Betrag der Flussdichte an.

Aufgabe 4

In einem Zyklotron werden Protonen beschleunigt. Zwischen den Duanten liegt eine Wechselspannung von 5,0 kV an.

a) Beschreiben Sie anhand einer Skizze den Aufbau und die Funktionsweise eines Zyklotrons.

b) Zeigen Sie, dass die Umlaufdauer T unabhängig vom Radius der Bahn ist.

c) Das Vorzeichen der Spannung wechselt mit einer Frequenz von 4 MHz. Berechnen Sie die Umlaufdauer der Protonen.

d) Bestimmen Sie den Betrag, um den die kinetische Energie bei einem kompletten Umlauf zunimmt.

e) Zeigen Sie, dass für die kinetische Energie des Protons auf einer Bahn vom Radius r gilt:
$$E_{kin} = \frac{1}{2 \cdot m_p} \cdot e^2 \cdot B^2 \cdot r^2.$$

f) Warum ist die Energie unabhängig von der Beschleunigungsspannung? Beschreiben Sie, inwiefern die Spannung den Beschleunigungsprozess beeinflusst.

Ursache und Wirkung des magnetischen Felds

Drei-Finger-Regel der rechten Hand: Wenn Stromrichtung und die Richtung der magnetischen Feldlinien nicht parallel zueinander sind, dann wird auf einen stromführenden Leiter im Magnetfeld eine Kraft ausgeübt (▸Abb.1). Die Kraftrichtung erhält man, indem man den Daumen der rechten Hand in Stromrichtung und den Zeigefinger in Feldlinienrichtung hält. Der Mittelfinger gibt dann die Richtung der Kraft an.

Magnetische Flussdichte: Die magnetische Flussdichte $\vec{B}$ ist ein Vektor, der in jedem Punkt des Felds in die Feldlinienrichtung zeigt. Der Betrag B der magnetischen Flussdichte ist gleich dem Quotienten aus der Kraft F auf einen stromführenden Leiter, der sich orthogonal zu den magnetischen Feldlinien befindet, und dem Produkt aus Stromstärke I und Leiterlänge s:

$B = \dfrac{F}{I \cdot s}$; Einheit: $[B] = \dfrac{N}{A \cdot m} = T$ (Tesla).

Flussdichte einer Spule: Eine gerade Spule, deren Länge ℓ deutlich größer als ihr Durchmesser d ist, bezeichnet man als schlanke Spule. Im Inneren einer solchen Spule ist das Magnetfeld homogen. Die Flussdichte B des Magnetfelds hängt von der Stromstärke I der Spule, ihrer Länge ℓ und ihrer Windungszahl n ab. Die Proportionalitätskonstante ist die magnetische Feldkonstante μ_0 und es gilt:

$B = \mu_0 \cdot \dfrac{n}{\ell} \cdot I$ mit $\mu_0 = 1{,}256 \cdot 10^{-6} \dfrac{V \cdot s}{A \cdot m}$.

Die Flussdichte einer Spule hängt zusätzlich vom Füllmaterial ab. Mit der Permeabilitätszhal μ_r des Füllmaterials gilt für die Flussdichte einer gefüllten schlanken Spule:

$B = \mu_0 \cdot \mu_r \cdot I \cdot \dfrac{n}{\ell}$.

Ladungsträger im magnetischen Feld

Lorentzkraft: Bewegen sich Ladungsträger in einem Magnetfeld orthogonal zu den Feldlinien, dann wird auf sie eine Lorentzkraft $\vec{F}_L$ ausgeübt. Diese steht orthogonal zur Geschwindigkeit $\vec{v}$ und zur Flussdichte $\vec{B}$.
Für den Betrag F_L der Lorentzkraft auf Ladungsträger mit der Ladung q gilt:

$F_L = q \cdot v \cdot B$.

Die Ladungsträger durchlaufen dabei eine Kreisbahn, bei der die erforderliche Zentripetalkraft F_Z durch die Lorentzkraft F_L aufgebracht wird. Für den Radius der Kreisbahn ergibt sich mit der Masse m der Ladungsträger:

$r = \dfrac{m \cdot v}{q \cdot B}$.

Treten Ladungsträger unter einem Winkel in das Magnetfeld ein, durchlaufen sie eine Schraubenbahn (▸Abb.2). Die Bewegung der Ladungsträger setzt sich dabei aus der Kreisbewegung aufgrund der Lorentzkraft und einer Bewegung parallel zu den Feldlinien zusammen. Die Bewegung parallel zu den Feldlinien erfolgt dabei mit konstanter Geschwindigkeit.

Masse eines Elektrons: Aus dem Ansatz, dass in einem Fadenstrahlrohr die Lorentzkraft F_L die notwendige Zentripetalkraft F_Z ist, kann bei bekannter Beschleunigungsspannung U die spezifische Ladung $\dfrac{e}{m_e}$ eines Elektrons ermittelt werden:

$\dfrac{e}{m_e} = 1{,}76 \cdot 10^{11} \dfrac{C}{kg}$.

Mit der Elementarladung $e = 1{,}60 \cdot 10^{-19}$ C erhält man aus der spezifischen Ladung des Elektrons seine Masse zu:
$m_e = 9{,}11 \cdot 10^{-31}$ kg.

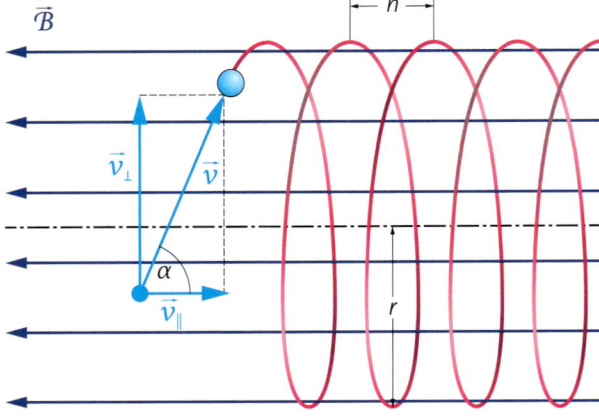

1 Stromführender Draht im Magnetfeld. Die Kraftrichtung hängt von der Storm- und der Magnetfeldrichtung ab.

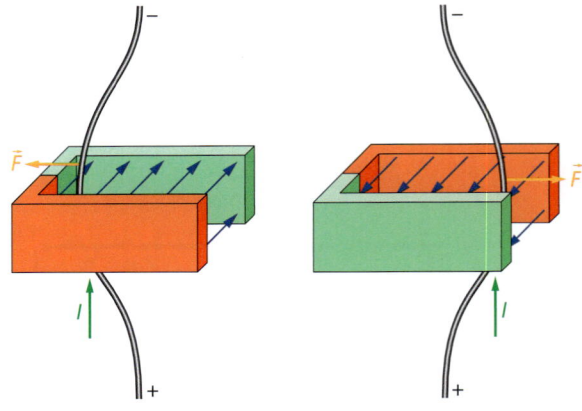

2 Schraubenbahn im ausgedehnten homogenen Magnetfeld

Massenspektrometer: Ein Massenspektrometer (▸Abb. 3) kann Ladungsträger entsprechend ihrer Masse präzise voneinander trennen. Die Analyse basiert darauf, dass die Ladungsträger durch elektrische und magnetische Felder stufenweise auf unterscheidbare Flugbahnen gebracht werden. Trägt man die Masse der Ladungsträger, die ein Massenspektrometer durchlaufen, über der Häufigkeit auf, erhält man ein Massenspektrum.

Wienscher Filter: Damit die Masse von Ladungsträgern exakt bestimmt werden kann, müssen diese mit gleicher Geschwindigkeit in das Magnetfeld eines Massenspektrometers gelangen. Das kann man durch einen Wienschen Filter (▸Abb. 3) erreichen.
Im Wienschen Filter stehen ein elektrisches Feld der Feldstärke $\vec{\mathcal{E}}$ und ein magnetisches Feld der Flussdichte $\vec{\mathcal{B}}$ orthogonal zueinander. Wenn die elektrische Kraft F_{el} und die Lorentzkraft F_L im Kräftegleichgewicht sind, können die Ladungsträger den Filter passieren. Für ihre Geschwindigkeit gilt:
$$v_0 = \frac{\mathcal{E}}{\mathcal{B}}.$$

Hall-Spannung: Befindet sich ein stromführendes Metallplättchen der Breite b orthogonal zur Flussdichte $\vec{\mathcal{B}}$ in einem Magnetfeld, dann wirkt auf die Ladungsträger die Lorentzkraft, die zu einer Ladungsverschiebung im Metallplättchen führt. Diesen Effekt nennt man Hall-Effekt. Dabei stellt sich zwischen Ober- und Unterseite des Plättchens die Hall-Spannung U_H ein:
$$U_H = b \cdot v \cdot \mathcal{B}.$$

v ist die Driftgeschwindigkeit der Elektronen im Metallplättchen.

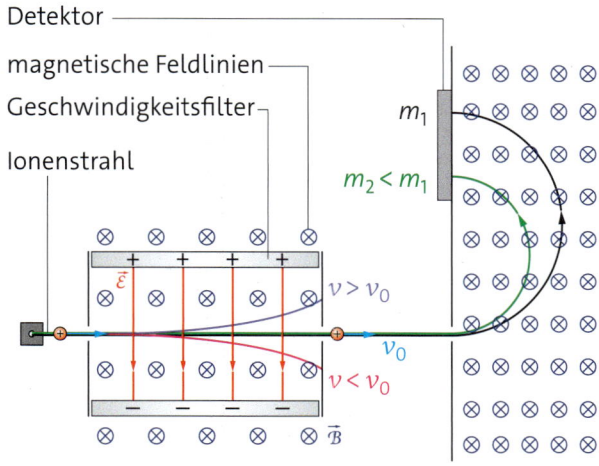

3 Aufbau eines Massenspektrometers mit Wienschem Filter

Überprüfen Sie sich selbst:

Kann ich ...

- die Struktur magnetischer Felder (homogenes Feld, einfaches nicht homogenes Feld, Feld um einen geraden Leiter, Feld einer Spule) mithilfe von Feldlinien beschreiben?

- die Kraftwirkung auf einen stromdurchflossenen Leiter im Magnetfeld erläutern?

- das magnetische Feld einer schlanken Spule untersuchen und beschreiben?

- die magnetische Flussdichte einer schlanken Spule berechnen?

- das Magnetfeld einer schlanken Spule untersuchen und beschreiben?

- Gemeinsamkeiten und Unterschiede zwischen elektrischen und magnetischen Feldern erarbeiten und anwenden?

- Zusammenhänge zwischen Größen untersuchen und beschreiben?

- die Wirkung der Lorentzkraft auf Ladungsträger in einem Magnetfeld erläutern und dabei zwischen der Drei-Finger-Regel der linken und der rechten Hand unterscheiden?

- die Bewegung freier Ladungsträger orthogonal zu einem homogenen Magnetfeld unter Anwendung von Kenntnissen aus der Mechanik beschreiben?

- ein Verfahren zur Messung der spezifischen Ladung eines Elektrons angeben?

- die Bewegung von Ladungsträgern in gekreuzten homogenen elektrischen und magnetischen Feldern erklären?

- die Funktionsweise eines Wienschen Filters erläutern und die Geschwindigkeit geladener Teilchen berechnen, die einen Wienschen Filter ungehindert passieren?

- mithilfe des Hall-Effekts die Driftgeschwindigkeit von Elektronen berechnen und erläutern, wie ein Hall-Sensor funktioniert?

- die Funktionsweise eines Massenspektrometers erläutern?

- Einsatzbereiche von Teilchenbeschleunigern beschreiben?

Elektrodynamik

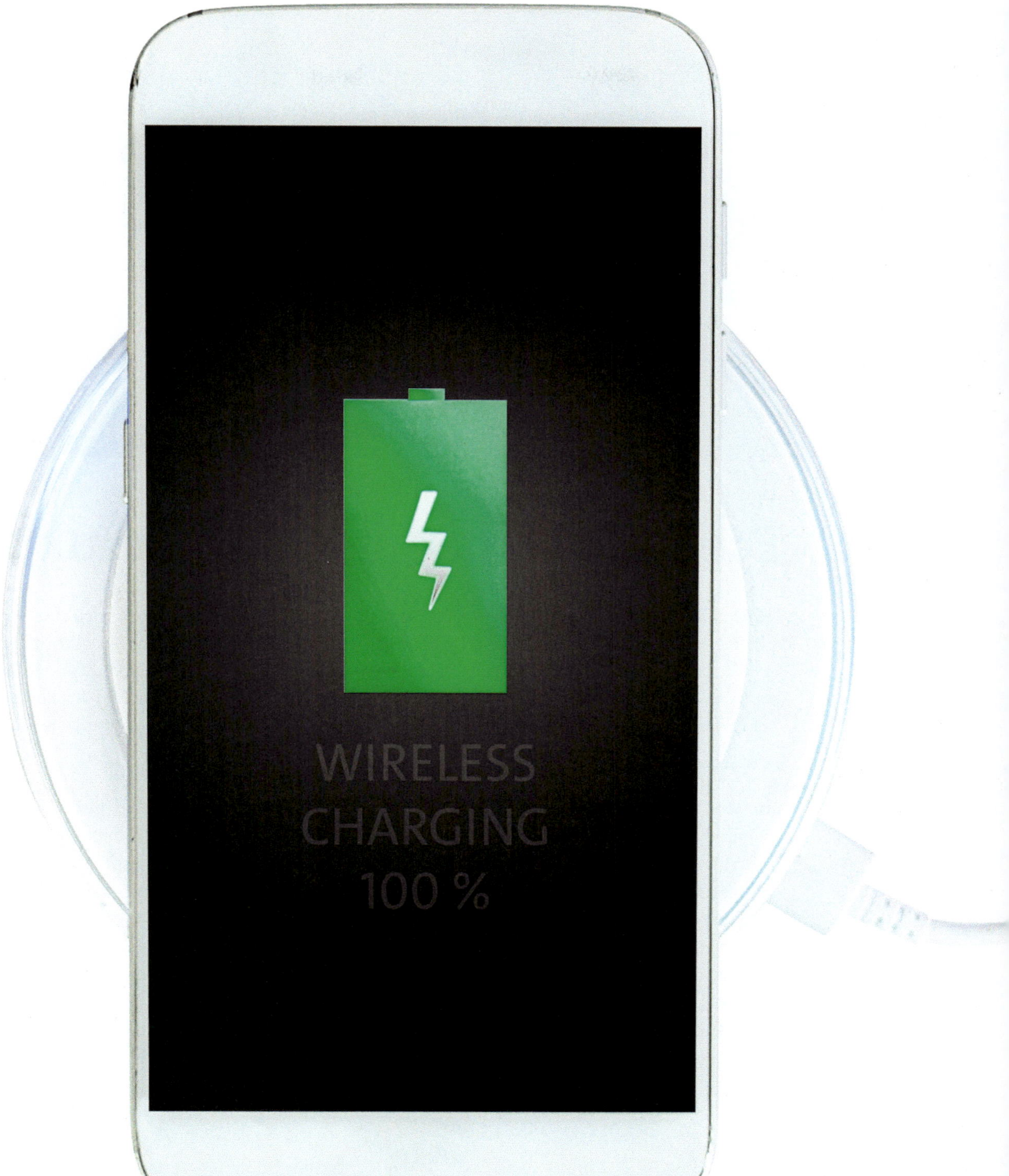
WIRELESS
CHARGING
100 %

1 Induktionsherd:
Die Pfanne wird warm,
die Herdplatte nicht.

Die elektromagnetische Induktion

Beim Induktionsherd wird der Pfannenboden heiß, aber die Herdplatte bleibt erst einmal kalt. Wie kann das „durch Induktion" gelingen? Und was geschieht eigentlich bei der elektromagnetischen Induktion?

Ein Modell-Induktionsherd • Beim Induktionsherd kommt es durch die Änderung des Magnetfelds zur elektromagnetischen Induktion. Hier geschieht dies durch eine Spule, die sich unter der Herdplatte befindet und mit einem Wechselstrom von über 20 kHz betrieben wird. Den Induktionsherd stellen wir in einem Versuch nach (▶Abb. 2): Wir schließen eine Spule an die Netzspannung (230 V) an. Der Wechselstrom von 50 Hz sorgt im geschlossenen Eisenkern für eine magnetische Flussdichte, die sich ständig ändert. In der kreisförmigen Rinne aus Aluminium befindet sich Wasser. Wenn wir den Strom in der Spule einschalten, fängt das Wasser nach kurzer Zeit an zu sieden. Dabei wird zuerst die Rinne heiß, diese erhitzt dann das Wasser.

Wirbelstrom und Wirbelfeld • Dass die Rinne heiß wird, kann man mit einem Strom in der Rinne selbst erklären. Dieser Strom ist kreisförmig – die Aluminiumrinne ist ein echter Strom-„Kreis"! Wie kommt es zu diesem sogenannten **Wirbelstrom**? Hierfür muss eine elektrische Kraft verantwortlich sein, die die elektrische Ladung im Aluminium antreibt. Da es vor dem Einschalten keinen Strom und damit keine bewegte Ladung gibt, ist das mit einer Lorentz-Kraft unmöglich.

Die Ursache dieser elektrischen Kraft ist ein elektrisches Feld, das kreisförmig um die magnetischen Feldlinien verläuft. Wie entsteht dieses **elektrische Wirbelfeld**? Zwar enthält die Aluminiumrinne bewegliche Ladungsträger, sie ist aber überall elektrisch neutral. Bei der Induktion entsteht das elektrische Feld völlig anders, als Sie es bisher kennen: Es entsteht allein durch die Änderung der magnetischen Flussdichte!

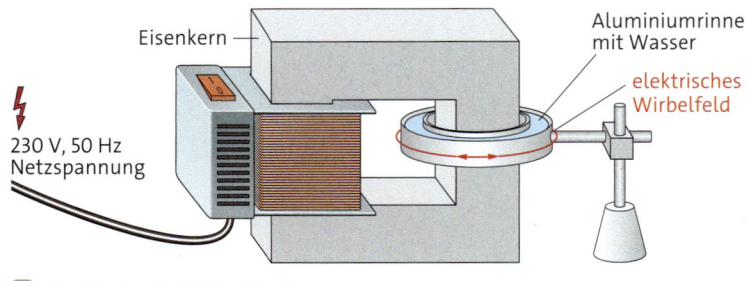

Eisenkern

Aluminiumrinne
mit Wasser

elektrisches
Wirbelfeld

230 V, 50 Hz
Netzspannung

2 Modell eines Induktionsherds

Die Feldlinien dieses induzierten elektrischen Wirbelfelds haben weder Anfang noch Ende. Dass tatsächlich die Änderung der Flussdichte entscheidend ist, erkennt man daran, dass die Rinne kalt bleibt, wenn man den Versuch mit Gleichstrom wiederholt.

> Ändert sich die magnetische Flussdichte, dann tritt dabei gleichzeitig ein elektrisches Wirbelfeld auf, dessen Feldlinien weder Anfang noch Ende haben. Das nennt man elektromagnetische Induktion.

Wir können nun erklären, wie der Induktionsherd funktioniert: Die Spule sorgt für eine sich ändernde Flussdichte, die durch das elektrische Wirbelfeld zu Wirbelströmen im Pfannenboden führt. Durch die Wärmewirkung des Stroms wird dieser erhitzt, aber nicht die Herdplatte.

Richtung der Feldlinien • Wovon hängt die Richtung der Feldlinien des elektrischen Wirbelfelds ab? Dazu führen wir einen weiteren Versuch durch (▸Abb. 3 A): Ein frei beweglicher Aluminiumring hängt über einem Eisenkern, der aus einer Spule ragt. Wenn wir den Spulenstrom einschalten, wird der Ring kurz abgestoßen. Schalten wir den Strom aus, dann wird er kurz angezogen.

Aus dem Abstoßen schließen wir auf die Richtung der elektrischen Feldlinien: Im Ring wird durch die Flussdichteänderung $\frac{\Delta \vec{B}}{\Delta t}$ im Eisenkern ein Wirbelstrom induziert (▸Abb. 3 B). Außerhalb des Eisenkerns verlaufen die magnetischen Feldlinien in einem weiten Bogen vom rechten zum linken Ende des Eisenkerns. Im äußeren Magnetfeld kommt es zu einer Kraft auf den stromführenden Ring (▸Abb. 3 C). Aus dem Experiment wissen wir, dass die Kraft nach rechts zeigen muss. Mit der Drei-Finger-Regel ergeben sich die Stromrichtung und damit die Richtung der Feldlinien des elektrischen Wirbelfelds. In ▸Abb. 3 B sind diese eingezeichnet. Beim Ausschalten ist es entsprechend umgekehrt.

Linke-Hand-Regel • Beim Ein- und Ausschalten unterscheidet sich nicht nur die Richtung der

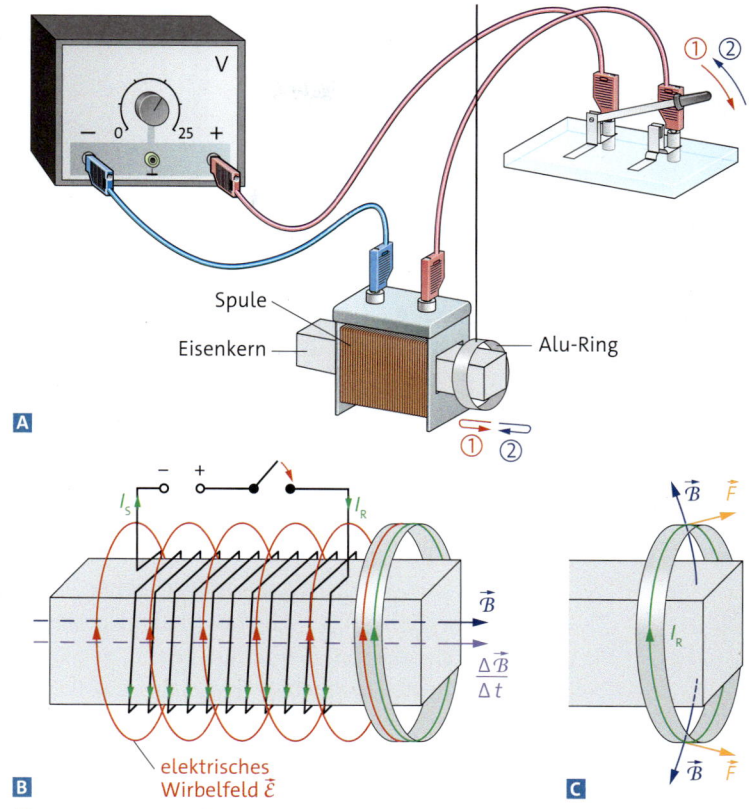

A Versuchsskizze

B

elektrisches Wirbelfeld $\vec{\mathcal{E}}$

C

3 A Versuchsskizze ① beim Einschalten, ② beim Ausschalten, **B** und **C** Vorgänge beim Einschalten

Feldlinien des elektrischen Wirbelfelds, sondern auch die Richtung der Änderung der magnetischen Flussdichte. Beim Einschalten zeigt die Flussdichteänderung $\frac{\Delta \vec{B}}{\Delta t}$ nach rechts, beim Ausschalten nach links. Die Richtung der elektrischen Feldlinien des Wirbelfelds hängt von der Richtung von $\frac{\Delta \vec{B}}{\Delta t}$ ab. Dies kann man mit der **Linken-Hand-Regel** beschreiben (▸Abb. 4):

> Wenn der Daumen der linken Hand in Richtung der Änderung $\frac{\Delta \vec{B}}{\Delta t}$ der magnetischen Flussdichte zeigt, geben die anderen Finger die Richtung der Feldlinien des induzierten elektrischen Wirbelfelds an.

elektrisches Wirbelfeld $\vec{\mathcal{E}}$

4 Linke-Hand-Regel

$\frac{\Delta \vec{B}}{\Delta t}$ stellen wir in Zeichnungen immer **violett** dar.

1 a) Wenn man den Ring in ▸Abb. 3 A an einer Stelle durchtrennt, reagiert er nicht mehr auf die Änderung der Flussdichte. Erklären Sie.
b) Erklären Sie die Funktion des Eisenkerns in ▸Abb. 2.

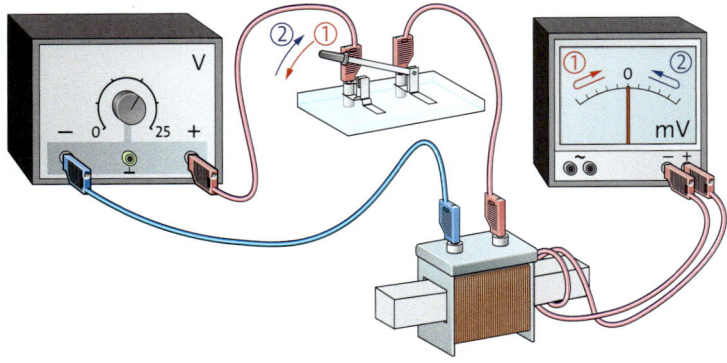

1 Induktionsspannung beim Ein- und Ausschalten

Induktionsspannung • So wie bei jedem anderen elektrischen Feld kann man auch beim induzierten elektrischen Wirbelfeld eine Spannung messen, die sogenannte **Induktionsspannung** (▸Abb.1): Wenn wir ein Kabel um den Eisenkern legen und an ein Voltmeter anschließen, beobachten wir beim Ein- und Ausschalten kurzzeitig eine Spannung. Dabei ist die Polung der Spannung beim Ausschalten umgekehrt zur Polung beim Einschalten.

Wir hatten festgestellt, dass auch die Richtung der Feldlinien des elektrischen Wirbelfelds beim Ausschalten umgekehrt zum Einschalten ist. Tatsächlich hängen diese beiden Beobachtungen zusammen: Die beweglichen Ladungsträger im Kabel werden entsprechend der Richtung der Feldlinien verschoben. Dadurch stellt sich eine Polung zwischen den Kabelenden ein. Folglich kann man mit der Linken-Hand-Regel auch die Polung der Induktionsspannung vorhersagen. Welches Vorzeichen das Voltmeter tatsächlich anzeigt, hängt selbstverständlich auch davon ab, wie das Voltmeter angeschlossen ist.

Anders als eine Potentialdifferenz • Dass die Induktionsspannung sich nicht als Potentialdifferenz beschreiben lässt, erkennt man, wenn man im Aufbau von ▸Abb.1 das Kabel mehrfach um den Eisenkern legt: Je mehr Kabelwindungen es dabei sind, desto größer ist auch die Induktionsspannung. Der Grund für die größere Spannung ist, dass bei jeder Windung das elektrische Wirbelfeld nochmals genutzt wird, sodass sich die Spannungen aufsummieren. Dabei ist die Richtung der Feldlinien entscheidend: Legt man nach einigen Windungen im Uhrzeigersinn das

Kabel gegen den Uhrzeigersinn um den Eisenkern, dann nimmt die Spannung wieder ab.

Was wir hier gezeigt haben, gilt allgemein für beliebige Leiterschleifen, also Schleifen aus Kabeln oder Drähten, die von einem sich ändernden Magnetfeld durchsetzt werden:

> Ändert sich die magnetische Flussdichte in einer Leiterschleife, dann wird durch das elektrische Wirbelfeld eine Spannung induziert. Je mehr Windungen die Schleife hat, desto größer ist die Spannung. Die Polung der Spannung kann man mit der Linken-Hand-Regel bestimmen.

Wenn wir die Spule in ▸Abb.1 mit Wechselstrom betreiben, dann wird dauerhaft eine Wechselspannung induziert, die umso größer ist, je mehr Windungen die Kabelschleife hat. Das nutzt man z. B. beim **Transformator** aus.

Rückwirkung bei der Induktion • Bei den bisherigen Beispielen waren die Leiterschleife, in der eine Spannung induziert wurde, und die Spule, die das sich ändernde Magnetfeld erzeugt hatte, voneinander getrennt. Wir betrachten nun ein Beispiel, bei dem eine Spule zugleich ein Magnetfeld erzeugt und es zur Induktion kommt (▸Abb.2 A): Die zunächst luftgefüllte Spule ist an ein Gleichstromnetzgerät angeschlossen. Wenn wir einen Eisenkern in das Spuleninnere schieben, nimmt die Stromstärke kurzzeitig ab. Beim Herausziehen des Kerns steigt sie kurzzeitig an.

Mit der Linken-Hand-Regel kann man diese Beobachtung erklären (▸Abb.2 B): Der Strom erzeugt in der luftgefüllten Spule ein Magnetfeld, dessen Feldlinien nach rechts zeigen (Rechte-Hand-Regel). Beim Einschieben des Eisenkerns wird dieses Magnetfeld verstärkt. Also zeigt die Flussdichteänderung $\frac{\Delta \vec{B}}{\Delta t}$ wie die Flussdichte $\vec{B}$ nach rechts. Mit der Linken-Hand-Regel folgt, dass das elektrische Wirbelfeld entgegengesetzt zum ursprünglichen Spulenstrom ist. Dadurch nimmt die Stromstärke ab. Beim Herausziehen gibt es genau den umgekehrten Effekt.

Die Lenzsche Regel • Sowohl beim Einschieben als auch beim Herausziehen des Eisenkerns erfolgt die Stromstärkeänderung so, dass sie der Flussdichteänderung entgegenwirkt: Wenn man den Eisenkern einschiebt, wird das Magnetfeld verstärkt. Durch das dabei entstehende elektrische Wirbelfeld nimmt die Stromstärke ab, wodurch der Verstärkung des Magnetfelds entgegengewirkt wird. Beim Herausziehen ist es genau umgekehrt. Dieser Zusammenhang gilt allgemein und wird **Lenzsche Regel** genannt:

> Wenn Induktionsphänomene auf die sie verursachende Magnetfeldänderung zurückwirken, dann geschieht dies so, dass sie dieser Magnetfeldänderung entgegenwirken.

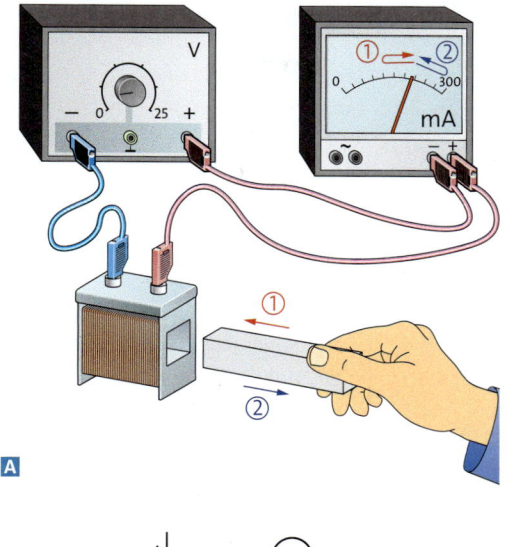

Anders als die Linke-Hand-Regel beschreibt die Lenzsche Regel nicht, was genau mit dem magnetischen und dem elektrischen Feld geschieht, sondern nur, was sich aus deren Zusammenwirken ergibt. Sie erlaubt es dadurch oft, Argumentationen zu vereinfachen.

Energieerhaltung • Der Physiker EMIL LENZ formulierte die nach ihm benannte Regel 1833. Erst später verstand man, dass es sich dabei um einen Spezialfall des Prinzips der Energieerhaltung handelt. Das zeigt folgendes Beispiel: Was wäre geschehen, wenn die Stromstärke beim Einschieben des Eisenkerns nicht ab-, sondern zugenommen hätte (▸Abb. 2 A)? Durch die wachsende Stromstärke würde die Änderung der Flussdichte noch größer werden und daher die Stromstärke durch die Induktion noch weiter ansteigen. Letztendlich würde sie beliebig groß werden. Das widerspräche der Energieerhaltung!

Anwenden der Lenzschen Regel • Auch in Fällen, in denen es keine Rückwirkung gibt, kann man die Lenzsche Regel anwenden. Dafür überlegt man sich, welche Folgen die Induktion hätte, wenn es zur Rückwirkung käme. Wir erklären dies am Versuch aus ▸Abb. 1: Dazu entfernen wir in Gedanken das Voltmeter und verbinden die Kabelenden zu einer geschlossenen Leiterschleife.

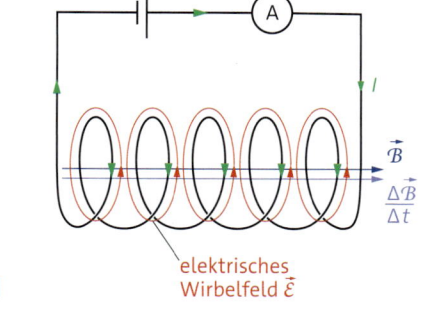

elektrisches
Wirbelfeld $\vec{E}$

B

2 **A** Änderung der Stromstärke ① beim Einschieben und ② beim Herausziehen des Eisenkerns, **B** Erklärung der Vorgänge beim Einschieben

In der Kabelschleife gäbe es durch die Induktion kurzfristig einen Wirbelstrom, der selbst wieder ein Magnetfeld besäße. Aufgrund der Lenzschen Regel muss dieses Magnetfeld der verursachenden Magnetfeldänderung entgegenwirken. Die Stromrichtung wäre die gleiche wie die Feldlinienrichtung des elektrischen Wirbelfelds. Dadurch kann man die Polung der Spannung vorhersagen.

1 **a)** Erklären Sie die kurzzeitige Stromzunahme beim Herausziehen des Eisenkerns anhand einer Zeichnung wie in ▸Abb. 2 B.
b) Leon sagt: „Wenn die Stromrichtung in ▸Abb. 2 A umgekehrt wäre, dann müsste der Effekt auch umgekehrt sein und die Stromstärke zunehmen." Äußern Sie sich begründet.

2 Erklären Sie mit der Lenzschen Regel
a) den Versuch mit dem Aluminiumring,
b) die Stromzunahme beim Herausziehen des Eisenkerns bei ▸Abb. 2 A.

Versuch A • Induktion durch Magnete

Durch Magnete kann man die Flussdichte in einer Spule ändern, sodass eine Spannung induziert wird. Das untersuchen Sie näher. **Vorsicht! Magnete sind zerbrechlich! Nicht fallen lassen oder anstoßen!**

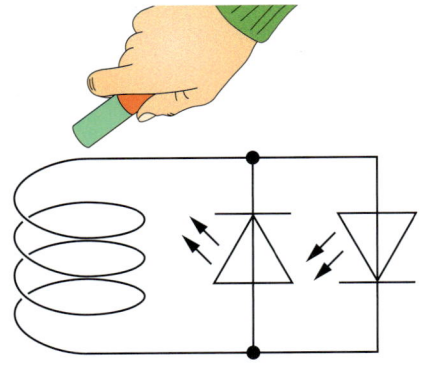

V1 Vorzeichen der Spannung

Material:
Stabmagnet, Spule (z. B. 10 000 Windungen), 2 LEDs (rot und grün), Kabel

Arbeitsauftrag:
a) Schließen Sie die LEDs antiparallel an die Spule an.
b) Finden Sie verschiedene Möglichkeiten, um die eine bzw. die andere LED zum Leuchten zu bringen. Dokumentieren Sie in einer Tabelle, wovon es abhängt, welche LED leuchtet.
c) Die Richtung der Flussdichteänderung $\frac{\Delta \vec{B}}{\Delta t}$ entscheidet darüber, welche

LED leuchtet. Überprüfen Sie dies bei Ihren Ergebnissen in b). Geben Sie an, welche LED bei welcher Richtung von $\frac{\Delta \vec{B}}{\Delta t}$ leuchtet.
d) Erklären Sie mit der Linken-Hand-Regel den Zusammenhang zwischen der Richtung von $\frac{\Delta \vec{B}}{\Delta t}$ und dem Leuchten der LEDs. Achten Sie auf den Wicklungssinn der Spule. Erstellen Sie zwei Skizzen ähnlich wie beim Ringversuch.

V2 Einfluss der Windungszahl

Material:
Stabmagnet, drei bis auf die Windungszahl baugleiche Spulen (z. B. 250, 500, 1000 Windungen), Voltmeter mit Mittelstellung, Kabel

Arbeitsauftrag:
a) Untersuchen Sie bei der Spule mit der kleinsten Windungszahl, wovon der Betrag der Induktionsspannung abhängt. Notieren Sie Ihre Beobachtungen.
b) Theoretisch ist die Induktionsspannung proportional zur Windungszahl einer Spule. Weisen Sie dies nach.

Finden Sie hierzu eine Möglichkeit, die Flussdichte reproduzierbar zu ändern. Dokumentieren Sie Ihr Vorgehen nachvollziehbar.

V3 Freier Fall?

Material:
Kupferrohr (ca. 1 m), verschiedene Magnete, Schaumstoff o. ä.

Arbeitsauftrag:
a) Halten Sie das Rohr senkrecht und legen Sie den Schaumstoff direkt darunter, sodass der Magnet weich landet. Lassen Sie einen der Magnete durch das Rohr fallen. Wiederholen Sie den Versuch mit den anderen Magneten. Notieren Sie Ihre Beobachtungen.
b) Untersuchen Sie, welche Größen die Bewegung des Magneten beeinflussen. Verwenden Sie z. B. ein anderes Rohr. Dokumentieren Sie Ihr Vorgehen.
c) Stellen Sie mit Ihren Beobachtungen eine Vermutung auf, wie die Bewegung des Magneten zustande kommt. Betrachten Sie dazu die Kräfte, die auf den Magneten ausgeübt werden.

Material A • Eisenkern ist nicht gleich Eisenkern

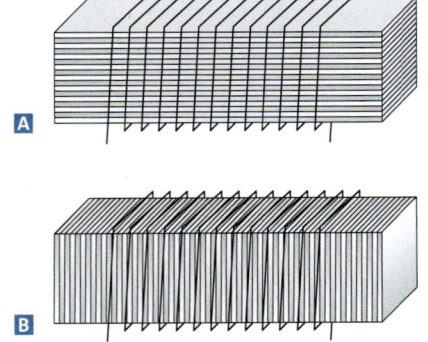

A1 a) In einem Versuch legt man einen massiven Eisenkern in eine Spule und betreibt diese mit Wechselstrom. Man stellt fest, dass sich dadurch der Eisenblock erwärmt. Erklären Sie diese Erwärmung.
b) Geblätterte Eisenkerne bestehen aus dünnen Eisenblechen, die durch isolierende Lackschichten voneinander getrennt sind (▸Abb. links). Verwendet man bei a) statt des massi-

ven Eisenkerns einen geblätterten Eisenkern wie in A der Abbildung, dann ist die Erwärmung viel kleiner. Wenn der Eisenkern wie in B geblättert ist, erwärmt er sich genauso wie der massive Eisenkern. Erklären Sie.
c) Bei Transformatoren verwendet man ausschließlich geblätterte Eisenkerne wie in A der Abbildung statt massiver Eisenkerne. Begründen Sie mit einer Energiebetrachtung.

Material B • Flussdichteänderung und elektrisches Wirbelfeld

B1 Übernehmen Sie die Zeichnungen. Bestimmen Sie jeweils das elektrische Wirbelfeld und zeichnen Sie es ein.

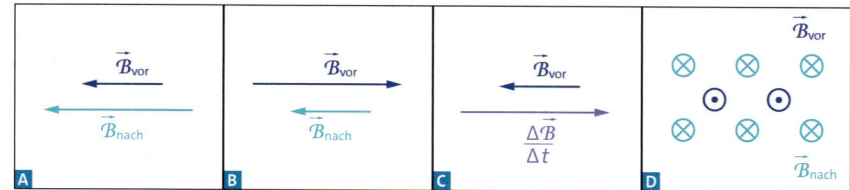

Material C • Ringversuch, Linke-Hand-Regel und Lenzsche Regel

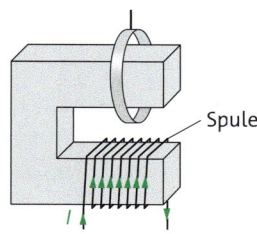

Spule

C1 Ein Aluminiumring hängt beweglich über einem U-förmigen Eisenkern. Beim Einschalten des Spulenstroms beobachtet man, dass sich der Ring kurz nach rechts bewegt. Beim Ausschalten bewegt er sich kurz nach links.
a) Erklären Sie, warum es beim Ein- und Ausschalten im Ring kurzzeitig zu einem Strom kommt.
b) Schaltet man den Spulenstrom ein, zeigt die magnetische Flussdichte $\vec{B}$ in der Spule nach links. Bestimmen Sie mit der Linken-Hand-Regel

die Stromrichtung des Ringstroms beim Einschalten. Erstellen Sie hierzu eine Skizze des Eisenkerns mit $\vec{B}$, $\frac{\Delta \vec{B}}{\Delta t}$ sowie mit dem elektrischen Wirbelfeld. Erklären Sie die kurzzeitige Bewegung des Rings nach rechts.
c) Übertragen Sie die Überlegungen aus b) auf das Ausschalten des Spulenstroms. Fertigen Sie eine entsprechende Skizze an. Erklären Sie, warum der Ring nun kurzzeitig nach links bewegt wird.
d) An den beiden Enden des U-förmigen Eisenkerns setzt man einen geraden Kern auf, sodass der Eisenkern nun geschlossen ist. Beim Ein- und Ausschalten bewegt sich der Ring nun nicht mehr. Stellen Sie eine Vermutung auf, wie es hierzu kommt.
C2 Nähert man einem aufgehängten Aluminiumring den Nordpol eines Stabmagneten, wird der Ring kurzzeitig

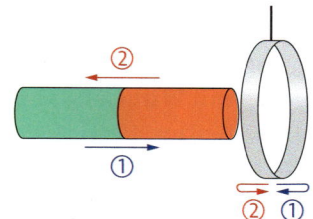

abgestoßen. Entfernt man den Magneten, zieht er den Ring kurzzeitig an.
a) Erklären Sie dies. Wenden Sie dabei die Linke-Hand-Regel an. Erstellen Sie aussagekräftige Skizzen.
b) Erklären Sie die Beobachtung mit der Lenzschen Regel.
c) Paul meint: „Wenn ich den Südpol verwende, wird der Ring erst angezogen und dann abgestoßen." Marie entgegnet: „Nein, das passiert nur, wenn du den Magneten von der anderen Seite annäherst." Äußern Sie sich begründet zu beiden Aussagen.

Material D • Der Induktionsherd

D1 Leon sagt: „Wenn man eine Drahtschleife mit einem Lämpchen um einen Topf auf dem Induktionsherd legt, dann …" Vervollständigen Sie Leons Satz. Begründen Sie.
Vorsicht! Die Umsetzung von Leons Idee ist gefährlich!
D2 a) Viele Induktionsherde funktionieren nur mit Töpfen, deren Boden aus ferromagnetischem Material besteht.

Prinzipiell könnte ein Induktionsherd auch mit Töpfen mit Kupferboden funktionieren. Erklären Sie dies.
b) Beim Versuch mit dem Wasser in der Aluminiumrinne spielte der Eisenkern eine wesentliche Rolle. Erläutern Sie die Analogie zum Boden aus ferromagnetischem Material beim Induktionsherd.

c) Beschreiben Sie, wie das sich ändernde Magnetfeld auf die Elementarmagnete wirkt.
d) Durch das ferromagnetische Material ist der Energieübertrag etwa ein Drittel größer als bei anderen Metallen. Erklären Sie. Verwenden Sie dabei Ihre Ergebnisse aus b) und c).

Bremsen, Schweben und Beschleunigen mit Wirbelströmen

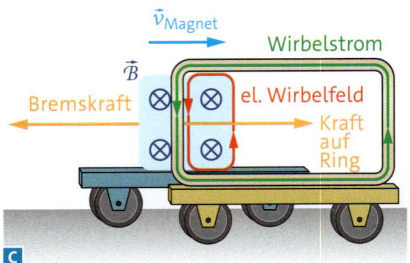

1 **A** Kupferplatten bremsen den Achterbahnwagen, **B** Permanentmagnete unter dem Wagen, **C** Experiment zur Wirbelstrombremse

Bremsen mit Wirbelströmen • Manche Achterbahnen erreichen Geschwindigkeiten von $100 \frac{\text{km}}{\text{h}}$. Am Ende der Strecke werden sie mit Kupferplatten gebremst, die zwischen den Gleisen montiert sind (▸Abb.1A). Warum sieht man hier keine Bremsspuren?

Tatsächlich bremsen Wirbelströme die Achterbahn berührungslos: ▸Abb.1B zeigt Permanentmagnete, die auf der Unterseite des Achterbahnwagens montiert sind. Sie induzieren beim Vorbeifahren in den Metallplatten Wirbelströme. Wie es dadurch zum Abbremsen kommt, erklären wir anhand eines Experiments (▸Abb.1C):

Auf einem Experimentierwagen befindet sich ein starker Magnet, auf einem anderen ein Messingring als Modell für die Kupferplatte. Wir lassen den Magnet-Wagen dicht am Ring-Wagen vorbeifahren. Wir beobachten, dass der Magnet-Wagen leicht abgebremst wird, aber dafür den Ring-Wagen etwas mitzieht.

Wir erklären das so: Wenn der Magnet den Ring erreicht, dann ändert sich in ihm das Magnetfeld. Durch das dabei induzierte elektrische Wirbelfeld gibt es im Ring einen Wirbelstrom im Uhrzeigersinn (Linke-Hand-Regel). Der linke Rand des Rings befindet sich noch im Feld des Magneten und erfährt aufgrund der Drei-Finger-Regel eine Kraft nach rechts, sodass der Ring-Wagen beschleunigt wird. Wegen des Wechselwirkungsprinzips wird dabei gleichzeitig auf den Magnet-Wagen eine Kraft nach links ausgeübt, die ihn abbremst – so wie wir es beobachtet haben. Wenn der Magnet den Ring auf der rechten Seite wieder verlässt, dann wird der Ring-Wagen erneut beschleunigt und der Magnet-Wagen entsprechend abgebremst.

Bei der Achterbahn können in der gesamten Fläche der Metallbleche Wirbelströme entstehen, nicht nur in einem schmalen Ring. Daher bremst die echte Wirbelstrombremse wesentlich stärker.

Schweben mit Wirbelströmen • Der japanische SC-Maglev fährt bis zu $603 \frac{\text{km}}{\text{h}}$ und ist damit der schnellste Zug der Welt (▸Abb.2)! Ab 2027 soll er die Städte Tokio und Nagoya verbinden. Sein Name enthält die englische Abkürzung für magnetisches Schweben: *magnetic levitation*. Denn er fährt nicht auf Schienen, sondern schwebt durch induzierte Wirbelströme.

Der SC-Maglev nutzt dabei, wie in ▸Abb.2 zu erkennen, das Zusammenspiel von Wirbelstrom und Kräften im Magnetfeld geschickt: Der Zug bewegt sich in einer trogförmigen Betonbahn. Er hat auf der Seite supraleitende Spulen (engl.: *superconducting coils*), die ein starkes Magnetfeld erzeugen. Sie können im Fahren einen Wirbelstrom in den 8-förmigen Spulen in der Bahnwand induzieren. In ▸Abb.2 erkennt man die Spulenform an den Wandvertiefungen.

Wir erklären das Prinzip des Schwebens für die Situation, wenn eine Zug-Spule unterhalb der gewünschten Höhe eine Wand-Spule erreicht (▸Abb.3). Mit den Hand- und Finger-Regeln können Sie die einzelnen Schritte nachvollziehen: Die Magnetfeldänderung im unteren Teil ist größer als im oberen Teil, sodass in der Wand-Spule insgesamt ein Wirbelstrom in der eingezeichneten Richtung induziert wird. Die Zug-Spule bewegt sich durch das mit diesem Strom verbundene Magnetfeld und erfährt dabei in den waagrechten Leiterstücken eine Kraft nach oben. Die Schwebekraft ist so groß, dass sie den Zug anhebt!

Der SC-Maglev schwebt in seiner Betonbahn.

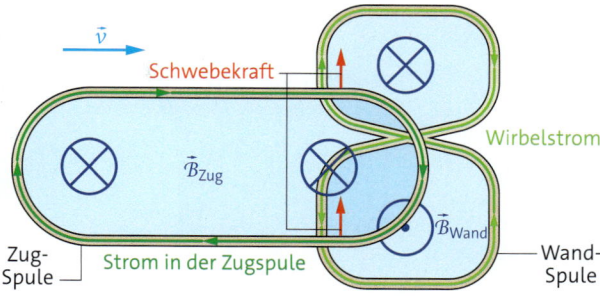

3 Zur Erklärung des Schwebens beim SC-Maglev

Linearer Induktionsmotor • Der Versuch in ▸Abb.1C zeigt auch das Funktionsprinzip eines linearen Induktionsmotors: Der Ring-Wagen wird vom sich bewegenden Magnetfeld mitgezogen. Für den linearen Motor ersetzt man nun den Magnet-Wagen durch mehrere ortsfeste Spulen entlang des Fahrwegs und regelt den Strom in den Spulen zeitversetzt (▸Abb.4). So entsteht ein wanderndes Magnetfeld, ohne dass sich außer dem Ring-Wagen etwas bewegt. Bei passender Stromfrequenz setzt sich der Wagen in Bewegung. Wenn der Fahrweg entsprechend ausgestattet ist, benötigt ein Fahrzeug selbst keinen aufwendigen Motor. Eine Kupfer- oder Aluminiumplatte genügt.

Der SC-Maglev nutzt ebenfalls ein wanderndes Magnetfeld, das von weiteren Spulen im Fahrweg erzeugt wird. Allerdings nutzt man hier deren Wechselwirkung mit den supraleitenden Zug-Spulen aus, sodass man nicht auf induzierte Wirbelströme angewiesen ist. Bei zukünftigen Projekten plant man, Züge in Vakuumröhren mit linearen Induktionsmotoren auf über $1000 \frac{\text{km}}{\text{h}}$ zu beschleunigen und auch wieder abzubremsen.

Induktionsmotoren • Normalerweise möchte man mit Motoren Drehbewegungen erzeugen. Wenn man drei Spulen wie in ▸Abb.5A anordnet und wieder den Strom zeitversetzt regelt, dreht sich der Metallzylinder in der Mitte. Der Vorteil ist, dass dies berührungslos geschieht.

Das notwendige zeitlich versetzte Magnetfeld lässt sich einfacher durch Wirbelströme erzeugen (▸Abb.5B): Zwei Spulen werden mit Wechselstrom betrieben. Vor der rechten Spule befindet sich eine kurzgeschlossene Spule, in der ein Wirbelstrom induziert wird. Das gemeinsame Magnetfeld dieser beiden Spulen verläuft etwas zeitverzögert zum Magnetfeld der linken Spule, ähnlich wie in ▸Abb.4. Die Metalldose dreht sich!

1 Bei Wirbelstrombremsen verwendet man nie Eisenplatten. Erklären Sie dies.

2 Verlässt der Magnet in ▸Abb.1C den Ring nach rechts, wird sie auch mitgezogen. Erklären Sie.

3 Recherchieren Sie, wie ein sogenannter Spaltmotor funktioniert. Vergleichen Sie mit ▸Abb.5B.

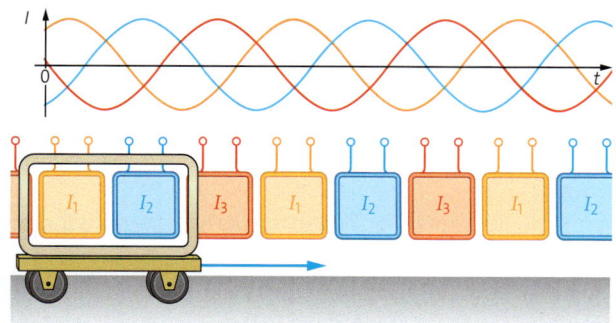

4 Prinzip des linearen Induktionsmotors

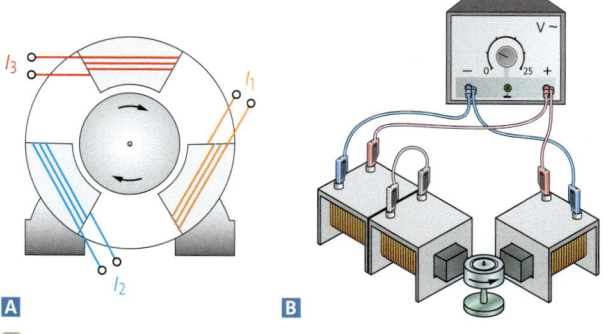

5 **A** Induktionsmotor für Drehbewegungen, **B** Prinzip des Spaltmotors

1 Kabellos laden – eine praktische Erfindung

Das Faradaysche Induktionsgesetz

Smartphones kann man durch Induktion kabellos laden. Die Ladestation erzeugt ein sich änderndes Magnetfeld. Wenn man das Smartphone exakt darüber positioniert, dann wird dort in einer Spule eine Spannung induziert. Wie erreicht man dabei den richtigen Spannungswert, sodass der Akku zwar geladen, aber nicht beschädigt wird?

Wovon hängt die Spannung ab? • Um die Frage zu beantworten, müssen wir den genauen Zusammenhang zwischen der Änderung der Flussdichte und der Induktionsspannung kennen. Wir vermuten, dass die Induktionsspannung umso größer ist, je schneller sich die Flussdichte ändert. Außerdem haben wir schon beobachtet, dass die Induktionsspannung umso größer ist, je größer die Windungszahl der Spule ist.

Wir untersuchen dies an einem Aufbau ähnlich wie beim kabellosen Laden (►Abb. 2). Dazu schließen wir eine schlanke Spule an einen sogenannten Funktionsgenerator an. Mit diesem können wir die Stromstärke in der Spule zeitabhängig steuern. Mit der Stromstärke ändert sich die magnetische Flussdichte in der sogenannten **Feldspule,** die der Ladestation entspricht. In der Feld-

spule befindet sich parallel ausgerichtet eine **Induktionsspule.** Wie in der Smartphone-Spule kann dort eine Spannung induziert werden.

Änderung der Flussdichte • Flussdichte und Induktionsspannung nehmen wir mit einem Messwerterfassungssystem auf. Wir lassen die Flussdichte abwechselnd linear zunehmen und abnehmen (►Abb. 3 A): Die gemessene Induktionsspannung bleibt dabei in jedem Abschnitt konstant (►Abb. 3 B). Ihre Polung wechselt abhängig davon, ob die Flussdichte zu- oder abnimmt. Außerdem zeigt die Messung: Je schneller sich die Flussdichte ändert, desto größer ist der Betrag der Induktionsspannung. Eine genaue Auswertung zeigt, dass die Induktionsspannung U_{ind} proportional zur zeitlichen Änderungsrate $\frac{\Delta B}{\Delta t}$ der Flussdichte ist. Sie können dies anhand der Steigung im B-t-Diagramm und den Werten im U_{ind}-t-Diagramm nachprüfen.

Einfluss der Windungszahl • Wenn wir den Versuch mit Spulen wiederholen, die bis auf die Windungszahl n baugleich sind, dann stellen wir fest, dass die Induktionsspannung bei gleicher Flussdichteänderung proportional zu n ist. Soweit wurden unsere Vermutungen bestätigt.

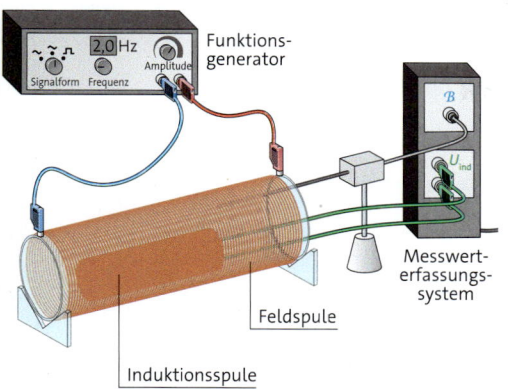

Funktions-generator

Signalform Frequenz Amplitude

$\mathcal{B}$

U_{ind}

Messwert-erfassungs-system

Feldspule

Induktionsspule

2 Zeitabhängige Messung von $\mathcal{B}$ und U_{ind}

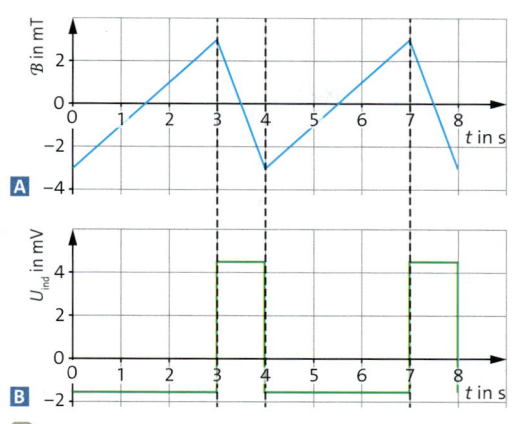

3 **A** $\mathcal{B}$-t-Diagramm, **B** U_{ind}-t-Diagramm

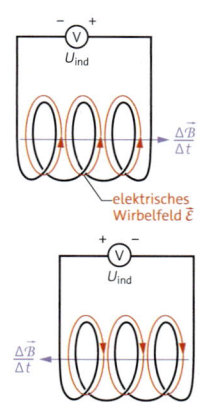

4 Die Polung von U_{ind} folgt aus der Linken-Hand-Regel.

Der magnetische Fluss

Beim kabellosen Laden gibt es noch einen weiteren Einflussfaktor für die Induktionsspannung: Die Spule im Smartphone muss von der Größe her zur Ladestation passen. Ist die Spule zu klein, dann erfasst sie nur einen Teil der Magnetfeldänderung und die Induktionsspannung ist kleiner. Das zeigt sich auch im Versuch nach ▸Abb. 2: Ersetzen wir die Induktionsspule durch eine andere mit größerer oder kleinerer Querschnittsfläche, dann zeigt sich, dass die Induktionsspannung auch proportional zu dieser Fläche ist. Man hat festgestellt, dass es bei der Induktion neben der Flussdichteänderung immer auch auf die Fläche A innerhalb der Spule oder Leiterschleife ankommt, die vom Magnetfeld durchsetzt wird (▸Abb. 5). Deswegen fasst man die Flussdichte und diese Fläche zum **magnetischen Fluss Φ** („Phi") zusammen:

> Das Produkt aus der magnetischen Fluss-dichte $\mathcal{B}$ und der vom Magnetfeld durch-setzten Fläche A einer Leiterschleife, die sich orthogonal zu den magnetischen Feldlinien befindet, heißt magnetischer Fluss Φ.
> $\Phi = A \cdot \mathcal{B}$; Einheit: $[\Phi] = \text{T} \cdot \text{m}^2$.

Das Induktionsgesetz

Mit dem magnetischen Fluss lassen sich die bisherigen Ergebnisse elegant formulieren: Die Induktionsspannung ist proportional zur Windungszahl n der Induktionsspule und zur zeitlichen Änderung $\frac{\Delta\Phi}{\Delta t}$ des magnetischen Flusses im Inneren der Spule.

Dieser Zusammenhang gilt sogar, wenn die Fluss-änderung nicht linear ist. Man ersetzt dazu $\frac{\Delta\Phi}{\Delta t}$ durch die zeitliche Ableitung des Flusses $\dot{\Phi}(t)$ („Phi Punkt"). Auf diese Weise erhält man das auf MICHAEL FARADAY zurückgehende und nach ihm benannte **Induktionsgesetz:**

> Wenn sich der magnetische Fluss Φ in einer Spule oder Leiterschleife mit n Windungen ändert, dann wird in ihr eine Spannung U_{ind} induziert, für die gilt:
> $U_{\text{ind}}(t) = -n \cdot \dot{\Phi}(t)$.

Nach dem Induktionsgesetz hängt das Vorzeichen von U_{ind} vom Vorzeichen von $\dot{\Phi}$ ab. Nimmt der Fluss z. B. ab statt zu, dann wechselt U_{ind} das Vorzeichen. Dies stimmt mit der Linken-Hand-Regel überein (▸Abb. 4). In vielen Fällen spielt es keine Rolle, ob U_{ind} von positiven zu negativen Werten wechselt oder umgekehrt. Wenn aber im Stromkreis schon eine Spannung vorhanden ist und zusätzlich eine Spannung induziert wird, dann ist die Polung von U_{ind} wichtig. In der Praxis bestimmt man das Vorzeichen von U_{ind} oft mit der Lenzschen Regel. Diese besagt, dass die Induktionsspannung so gepolt ist, dass sie – im Falle einer Rückkopplung – ihrer Ursache entgegenwirkt.

1 a) Zeigen Sie, dass U_{ind} in ▸Abb. 3 proportional zu $\frac{\Delta\mathcal{B}}{\Delta t}$ ist.
b) Die Induktionsspule hat eine Querschnitts-fläche von $25\,\text{cm}^2$. Bestimme die Windungszahl der Spule.

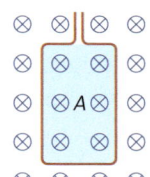
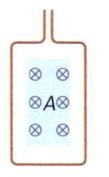
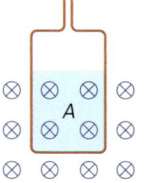

5 Für den magnetischen Fluss ist die vom Magnetfeld durchsetzte Fläche A relevant.

Ableitungen in der Physik

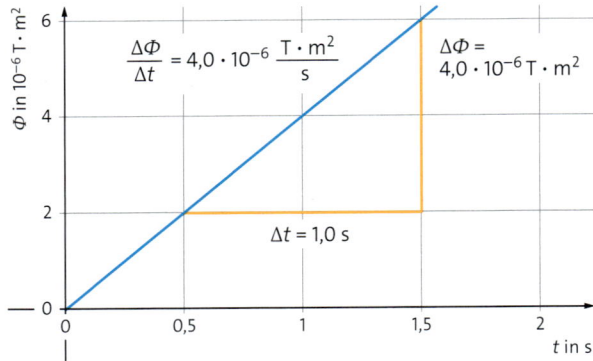

1 Bestimmen der Flussänderung bei linearem $\Phi(t)$

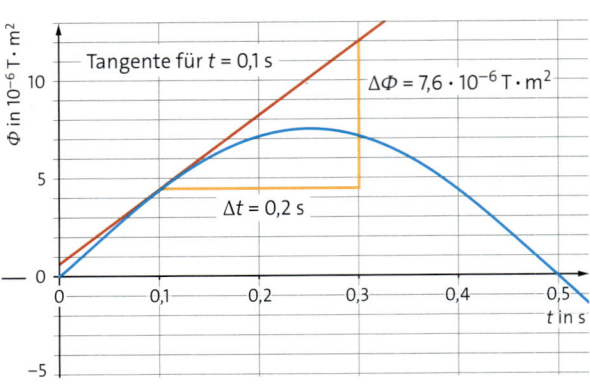

2 Grafisch Ableiten: Bestimmen der Tangentensteigung

Zeitliche Änderungen • Wenn die Änderungsrate des magnetischen Flusses konstant ist, dann ist der Graph der Funktion $\Phi(t)$ eine Gerade (▸Abb.1). Die Flussänderung bestimmt man graphisch aus dem Φ-t-Diagramm mit einem genügend großen Steigungsdreieck. Mit $\frac{\Delta\Phi}{\Delta t}$ kann man die Induktionsspannung berechnen. Ist die Änderung des magnetischen Flusses nicht konstant, dann benötigt man zur Bestimmung der Induktionsspannung die momentane Änderungsrate. Hier hilft die Mathematik: Die momentane Änderungsrate von $\Phi(t)$ entspricht der zeitlichen Ableitung. In der Physik kennzeichnet man die zeitliche Ableitung mit einem Punkt statt eines Strichs: $\dot{\Phi}(t)$ („Φ Punkt") ist also die momentane Flussänderung.

Grafisch ableiten • Die Ableitung einer Funktion zu einem bestimmten Zeitpunkt entspricht der Tangentensteigung. Wenn man den zeitlichen Verlauf des magnetischen Flusses etwa aus einer Messung kennt, kann man daher die Ableitung grafisch bestimmen. In ▸Abb.2 wird das am Beispiel eines Φ-t-Diagramms für eine Induktionsspule mit 1000 Windungen durchgeführt. Zum Zeitpunkt $t = 0,1\,\text{s}$ beträgt hier die Tangentensteigung

$$\dot{\Phi}(0,1\,\text{s}) = \frac{\Delta\Phi}{\Delta t} = \frac{7,6\cdot 10^{-6}\ \text{T}\cdot\text{m}^2}{0,2\,\text{s}} = 3,8\cdot 10^{-5}\ \frac{\text{T}\cdot\text{m}^2}{\text{s}}.$$

Somit gilt für die Induktionsspannung:

$$\begin{aligned} U_{\text{ind}}(0,1\,\text{s}) &= -n\cdot\dot{\Phi}(0,1\,\text{s}) \\ &= -1000\cdot 3,8\cdot 10^{-5}\ \frac{\text{T}\cdot\text{m}^2}{\text{s}} = -38\,\text{mV}. \end{aligned}$$

So kann man für jeden Zeitpunkt die Flussänderung und damit die Induktionsspannung bestimmen. Dabei muss man mit der Ungenauigkeit beim Zeichnen leben.

$U_{\text{ind}}(t)$ aus $\Phi(t)$ bestimmen • Wenn Sie die Funktionsgleichung für den magnetischen Fluss kennen, können Sie diejenige für die Induktionsspannung bestimmen. Im Beispiel von ▸Abb.2 ist $\Phi(t)$ eine Sinusfunktion:

$$\Phi(t) = \Phi_{\text{max}}\cdot\sin(2\pi f\cdot t).$$

Mit der Kettenregel ergibt sich für die Flussänderung

$$\dot{\Phi}(t) = \Phi_{\text{max}}\cdot 2\pi f\cdot\cos(2\pi f\cdot t)$$

und damit für die Induktionsspannung

$$U_{\text{ind}}(t) = -n\cdot\dot{\Phi}(t) = -n\cdot\Phi_{\text{max}}\cdot 2\pi f\cdot\cos(2\pi f\cdot t).$$

Setzt man die konkreten Werte ein, dann erhält man die komplette Funktionsgleichung und kann die Induktionsspannung für jeden Zeitpunkt präzise berechnen. Das ist ein Vorteil gegenüber der grafischen Methode.

Ableitungen als physikalische Größen • In der Physik hat die zeitliche Änderung einer physikalischen Größe häufig selbst wieder eine physikalische Bedeutung. Sie kennen das vom Ort $s(t)$ und der Geschwindigkeit $v(t)$ bei einer geradlinigen Bewegung. Die Änderung von $s(t)$ ist oft nicht konstant, sodass $\frac{\Delta s}{\Delta t}$ nicht die Momentangeschwindigkeit angibt. Diese ergibt sich aus der zeitlichen Ableitung des Orts, also $v(t) = \dot{s}(t)$. Bei Bewegungen mit konstanter Beschleunigung a gilt:

$$s(t) = \frac{1}{2}a\cdot t^2.$$

Für die Geschwindigkeit ergibt sich mit der Ableitungsregel für Potenzfunktionen $v(t) = \dot{s}(t) = a\cdot t$, also die Formel, die sie bisher auswendig lernen mussten!

Sinusförmige Flussdichte · Bisher haben wir in der Modell-Ladestation die magnetische Flussdichte linear geändert. Wie sieht es aus, wenn wir die Feldspule mit sinusförmigem Wechselstrom betreiben? Wir leiten dafür eine Gleichung für die Induktionsspannung zunächst allgemein aus dem Induktionsgesetz her: Da sich die Flussdichte proportional zur Stromstärke in der Feldspule ändert, ist sie dann auch sinusförmig (▸Abb. 3 A). Es gilt:

$$\mathcal{B}(t) = \hat{\mathcal{B}} \cdot \sin(2\pi f \cdot t).$$

Dabei ist $\hat{\mathcal{B}}$ („$\mathcal{B}$ Dach") die Amplitude und f die Frequenz der zeitlich sich ändernden Flussdichte.

Für die in der Induktionsspule induzierte Spannung ergibt sich aus dem Induktionsgesetz

$$U_{ind}(t) = -n \cdot \dot{\Phi}(t) = -n \cdot A \cdot \dot{\mathcal{B}}(t).$$

Da sich die Querschnittsfläche A nicht ändert, braucht man nur die zeitliche Ableitung der Flussdichte zu berücksichtigen:

$$U_{ind}(t) = -n \cdot A \cdot \hat{\mathcal{B}} \cdot 2\pi f \cdot \cos(2\pi f \cdot t).$$

Für die Amplitude $\hat{U}_{ind}$ der Spannung gilt also:

$$\hat{U}_{ind} = n \cdot A \cdot \hat{\mathcal{B}} \cdot 2\pi f.$$

Konkrete Werte · Aus ▸Abb. 3 A lesen wir ab: $\hat{\mathcal{B}} = 10\,\text{mT}$. Für die Frequenz f ergibt sich:

$$f = \frac{1}{T} = \frac{1}{0,5\,\text{s}} = 2,0\,\text{Hz}.$$

Für eine Induktionsspule mit einer Fläche von $25\,\text{cm}^2$ und 300 Windungen gilt dann:

$$
\begin{aligned}
\hat{U}_{ind} &= n \cdot A \cdot \hat{\mathcal{B}} \cdot 2\pi f \\
&= 300 \cdot 25 \cdot 10^{-4}\,\text{m}^2 \cdot 10^{-2}\,\text{T} \cdot 2\pi \cdot 2\,\text{Hz} \\
&= 30 \cdot \pi\,\text{mV} \approx 94\,\text{mV}
\end{aligned}
$$

und somit

$$
\begin{aligned}
U_{ind}(t) &= -\hat{U}_{ind} \cdot \cos(2\pi f \cdot t) \\
&= -30 \cdot \pi\,\text{mV} \cdot \cos(4\pi \tfrac{1}{\text{s}} \cdot t).
\end{aligned}
$$

„Normaler" Wechselstrom · Betreibt man die Feldspule mit einem sinusförmigen Wechselstrom, dann ist die induzierte Spannung zwar phasenverschoben, aber auch wieder sinusförmig. Das ist einer der Gründe, warum dies auch bei „normalem" Wechselstrom der Fall ist: Transformatoren werden häufig genutzt, um an verschiedenen Stellen der Stromversorgung

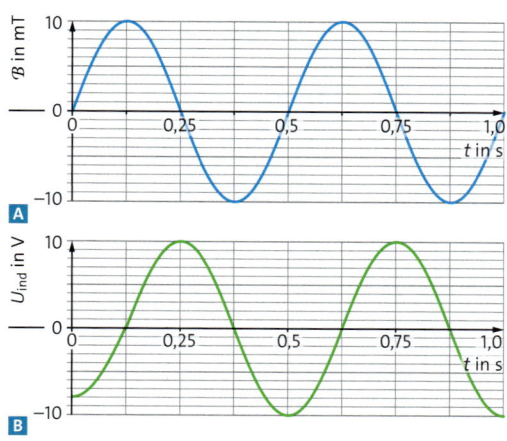

3 **A** $\mathcal{B}$-t-Diagramm
B U_{ind}-t-Diagramm

passende Spannungen zur Verfügung zu stellen. Dabei entspricht die Primärseite des Trafos der Feldspule und die Sekundärseite des Trafos der Induktionsspule. Nur mit einem sinusförmigen Signal ist es möglich, mehrere Transformatoren nacheinander zu benutzen, da sich die Signalform nicht ändert.

Für Frequenz f und Periodendauer T gilt:
$$f = \frac{1}{T}$$

> Wenn für die Flussdichte $\mathcal{B}(t)$ in einer Spule mit n Windungen und einer Querschnittsfläche A gilt:
>
> $$\mathcal{B}(t) = \hat{\mathcal{B}} \cdot \sin(2\pi f \cdot t),$$
>
> dann wird eine Spannung induziert mit
>
> $$U_{ind}(t) = -\hat{U}_{ind} \cdot \cos(2\pi f \cdot t),$$
>
> $$\hat{U}_{ind} = n \cdot A \cdot \hat{\mathcal{B}} \cdot 2\pi f.$$

1 In ▸Abb. 3 A wird die Frequenz, mit der sich die Flussdichte ändert, verdoppelt.
a) Bestimmen Sie $U_{ind}(t)$.
b) Zeichnen Sie das U_{ind}-t-Diagramm.

2 Im verwenden Aufbau gilt nun für die Flussdichte: $\mathcal{B}(t) = 20\,\text{mT} \cdot \cos(2\pi \tfrac{1}{\text{s}} \cdot t)$.
a) Zeichnen Sie das $\mathcal{B}$-t-Diagramm für mindestens zwei Periodendauern.
b) Bestimmen Sie $U_{ind}(0,4\,\text{s})$ durch grafisches Ableiten.
c) Bestimmen Sie $U_{ind}(t)$ und berechnen Sie damit $U_{ind}(0,4\,\text{s})$. Vergleichen Sie mit b).
d) Nun soll für die Induktionsspannung gelten: $U_{ind}(t) = 3\,\tfrac{\text{mV}}{\text{s}} \cdot t$. Bestimmen Sie ein passendes $\mathcal{B}(t)$.

Versuch A • Induktionsspannung mit einem Messwerterfassungssystem

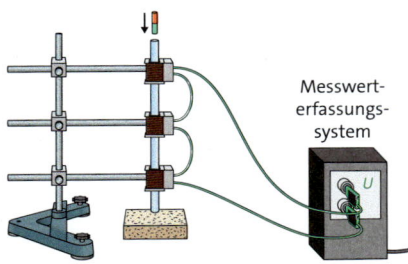

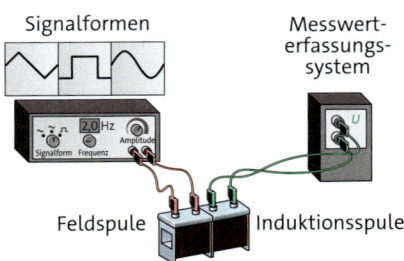

Signalformen

Messwerterfassungssystem

Feldspule   Induktionsspule

Sie untersuchen mit einem Messwerterfassungssystem, wie Flussdichteänderung und Induktionsspannung voneinander abhängen.

V1 Fall durch eine Spule

Material:
Stabmagnet, Spule (z. B. 500 Windungen), Messwerterfassungssystem (U), Kabel, Stativmaterial, Schaumstoff o. ä.
Vorsicht! Magnete sind zerbrechlich!

Arbeitsauftrag:
a) Schließen Sie die Spule an das Messwerterfassungssystem an. Bauen Sie den Versuch so auf, dass der Magnet durch die Spule fallen und weich landen kann.
b) Messen Sie während des Falls des Magneten durch die Spule die Induktionsspannung in Abhängigkeit von der Zeit.
c) Beschreiben Sie das bei ihrer Messung entstandene U_{ind}-t-Diagramm.

d) Die zweite Spannungsspitze hat ein anderes Vorzeichen als die erste. Erklären Sie, wie es dazu kommt.

V2 Fall durch drei Spulen

Material:
s. V1, zusätzlich: zwei weitere baugleiche Spulen, passender Plastikschlauch o. ä.

Arbeitsauftrag:
a) Der Magnet soll entsprechend der Abbildung durch die Spulen fallen. Skizzieren Sie das zu erwartende U_{ind}-t-Diagramm. Begründen Sie Ihre Hypothese.
b) Überprüfen Sie Ihre Hypothese experimentell.
c) Vergleichen Sie das Signal der ersten Spule mit dem Signal der anderen Spulen. Erklären Sie mithilfe der Änderung des magnetischen Flusses.
d) Die Spannungsspitzen sollten jeweils auf einer Geraden liegen. Zeichnen Sie diese ein und bestimmen Sie den

Schnittpunkt mit der t-Achse. Stellen Sie eine begründete Vermutung über die physikalische Bedeutung dieses Schnittpunkts auf.

V3 Einfluss der Signalform

Material:
s. V2, zusätzlich: Funktionsgenerator, Messwerterfassungssystem (U, I)

Arbeitsauftrag:
a) Mit dem Funktionsgenerator erzeugen Sie Wechselstrom unterschiedlicher zeitlicher Verläufe und Frequenzen (▸Abb. Mitte). Skizzieren Sie für jede der drei Signalformen das zu erwartende U_{ind}-t-Diagramm.
b) Überprüfen Sie Ihre Hypothesen experimentell. Stellen Sie dazu die Spulen mit den Öffnungen direkt aneinander. Arbeiten Sie mit einer Frequenz von etwa 2 Hz.
c) Stellen Sie die Messwerte aus b) in einem gemeinsamen Diagramm für $U_{ind}(t)$ und $I(t)$ dar. Vergleichen Sie mit den Hypothesen aus a).
d) Untersuchen Sie, ob der Zusammenhang $\hat{U}_{ind} \sim f$ auch bei diesem Aufbau mit einem sinusförmigen Signal (bzw. einem Dreieckssignal) gilt. Dokumentieren Sie Ihr Vorgehen nachvollziehbar.

Material A • Flussdichteänderung und Induktionsspannung im Diagramm

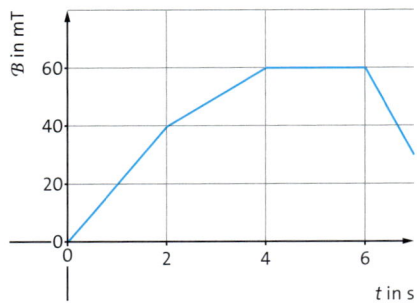

Eine Induktionsspule mit 500 Windungen und einer Querschnittsfläche von 40 cm² befindet sich in einem homogenen Magnetfeld, dessen Flussdichte sich entsprechend der Abbildung ändert.

A1 a) Erklären Sie, warum sich der Betrag und das Vorzeichen der Induktionsspannung ändern.

b) Bestimmen Sie die Flussdichteänderung für die einzelnen Abschnitte.
c) Zeichnen Sie das zugehörige U_{ind}-t-Diagramm.
A2 Der maximale Betrag der Induktionsspannung soll verdreifacht werden.
a) Geben Sie mehrere Möglichkeiten an, wie das erreicht werden kann.
b) Erklären Sie Ihre Lösungen.

Material B • Feldlinienvorstellung und magnetischer Fluss

Michael Faraday entdeckte 1831 die elektromagnetische Induktion und entwickelte dabei die Vorstellung von Feldlinien. James Maxwell gelang es bis 1864, eine mathematische Beschreibung der Elektrodynamik zu schaffen, die das Induktionsgesetz umfasst. Über den magnetischen Fluss schrieb Maxwell: *„Nach Faradays Theorie hängen die Phänomene der Induktion in einer Leiterschleife von der Variation der Anzahl der magnetischen Feldlinien, die durch die Leiterschleife gehen, ab. Nun wird die Anzahl dieser Linien mathematisch durch den magnetischen Fluss durch eine von der Leiterschleife begrenzte Fläche ausgedrückt."*

B1 Beschreiben Sie, wie man die *„Variation der Anzahl der magnetischen Feldlinien"* in einem Versuch umsetzen kann. Erstellen Sie dabei auch eine passende Zeichnung, die diese Variation zeigt.

B2 Ein Physiklehrer sagt: „Es ist problematisch von *der Anzahl der magnetischen Feldlinien'* zu sprechen, aber die Vorstellung ist trotzdem hilfreich." Erläutern Sie diese Aussage.

B3 a) Formulieren Sie Maxwells Aussage zum magnetischen Fluss in eigenen Worten.
b) Die magnetische Flussdichte drückt auch eine Eigenschaft der Feldlinienvorstellung aus. Beschreiben Sie diese Verbindung.

Material C • Wovon hängt die Induktionsspannung ab?

In Viktors Physikheft findet man folgenden Aufschrieb:

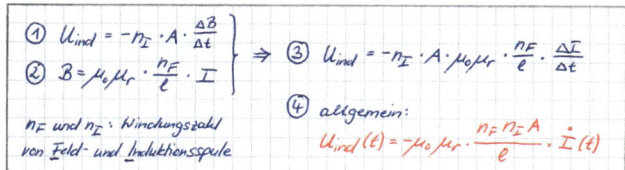

$$\text{①} \ U_{ind} = -n_I \cdot A \cdot \frac{\Delta B}{\Delta t} \Bigg\} \Rightarrow \text{③} \ U_{ind} = -n_I \cdot A \cdot \mu_0 \mu_r \cdot \frac{n_F}{\ell} \cdot \frac{\Delta I}{\Delta t}$$
$$\text{②} \ B = \mu_0 \mu_r \cdot \frac{n_F}{\ell} \cdot I$$
$$\text{④ allgemein:}$$
$$n_F \text{ und } n_I : \text{Windungszahl} \quad U_{ind}(t) = -\mu_0 \mu_r \cdot \frac{n_F \, n_I \, A}{\ell} \cdot \dot{I}(t)$$
$$\text{von Feld- und Induktionsspule}$$

C1 a) Beschreiben Sie, unter welchen Bedingungen die Formeln ① und ② gelten.
b) Erklären Sie, wie daraus die Formel ③ hergeleitet wurde. Gehen Sie dabei darauf ein, welche Bedingungen erfüllt sein müssen, damit die Formel ③ gültig ist.
c) Vergleichen Sie die Formeln ③ und ④.
C2 a) Ordnen Sie die in den Formeln ③ und ④ verwendeten Größen der Feld- bzw. der Induktionsspule zu.

b) Begründen Sie, warum beide Windungszahlen in den Formeln ③ und ④ vorkommen.
C3 Eine luftgefüllte, 60 cm lange schlanke Spule 1 hat 160 Windungen und einen Durchmesser von 10 cm. In ihrem Inneren befindet sich die gleich lange Spule 2 mit 500 Windungen und einer Querschnittsfläche von 30 cm².
a) In einem Versuch misst man bei Spule 2 eine Induktionsspannung von 5,0 mV. Berechnen Sie die dafür benötigte Stromstärkeänderung in Spule 1.
b) Nun nutzt man Spule 1 als Induktionsspule. Man misst 15 mV. Berechnen Sie die Stromstärkeänderung in Spule 2.
C4 a) Die Größe $M = \mu_0 \cdot \mu_r \cdot \frac{n_F \cdot n_I \cdot A}{\ell}$ wird auch „Kopplungsinduktivität" genannt. Erklären Sie diese Bezeichnung.
b) Zeigen Sie: Als Einheit der Kopplungsinduktivität M ergibt sich aus der Formel in a) $1 \frac{T \cdot m^2}{A}$.
c) Bestimmen Sie die Einheit von M in SI-Basiseinheiten.

Material D • Ein Blick in das Innere eines Stabmagneten

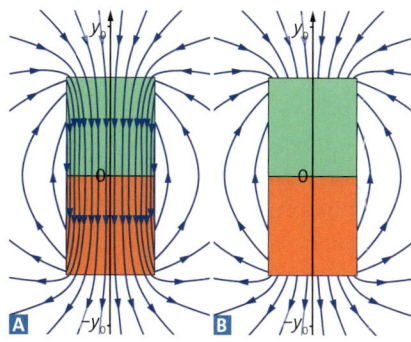

Oft werden die magnetischen Feldlinien wie in ▸Abb. A dargestellt. Woher weiß man, dass die Feldlinien im Inneren des Magneten weitergehen und nicht an der Oberfläche enden (▸Abb. B)?

D1 Der Betrag der Flussdichte ändert sich entlang der y-Achse.
a) Skizzieren Sie für ▸Abb. A und B je ein B-y-Diagramm von $-y_0$ bis y_0.

b) Wenn der Magnet durch eine Spule fällt, wird durch die Flussdichteänderung eine Spannung induziert. Skizzieren Sie die aufgrund der B-y-Diagramme zu erwartenden U_{ind}-t-Diagramme für ▸Abb. A und B.
c) Vergleichen Sie die U_{ind}-t-Diagramme aus b) mit dem aus V1.
d) Entscheiden Sie zwischen ▸Abb. A und B. Begründen Sie.

1 Michael Faradays Experiment zur Induktion durch Flächenänderung

Induktion durch Flächenänderung

1831 entdeckte Michael Faraday die elektromagnetische Induktion. Das Foto zeigt eine der von ihm verwendeten Aufbauten: Eine Spule mit Holzgriffen befindet sich zwischen den Polen eines Hufeisenmagnets. Wenn man sie nach oben zieht, kann man eine Spannung nachweisen.

Faradays Experiment • Das Experiment lässt sich leicht nachstellen (▶Abb. 2): Wenn wir eine rechteckige, flache Spule nach oben aus dem Magnetfeld des Hufeisenmagneten ziehen, messen wir während der Bewegung eine Spannung. Bewegen wir die Spule wieder in das Magnetfeld hinein, gibt es dabei wieder eine Spannung, die aber das entgegengesetzte Vorzeichen hat.

Mit dem Faradayschen Induktionsgesetz lässt sich das erklären: Während die Spule aus dem Magnetfeld heraus bewegt wird, ändert sich der magnetische Fluss innerhalb der Spule, sodass eine Spannung induziert wird. Beim Hineinbewegen gibt es auch eine Flussänderung, die aber zu einer Induktionsspannung mit entgegengesetztem Vorzeichen führt. Dabei ist es nicht entscheidend, in welche Richtung die Spule aus dem bzw. in das Magnetfeld geführt wird, sondern nur, ob der magnetische Fluss ab- oder zunimmt.

Wie wirkt die Flächenänderung? • Anders als bisher kommt die Flussänderung hier aber nicht durch eine Änderung der magnetischen Flussdichte zustande, sondern dadurch, dass sich die Fläche ändert, die das Magnetfeld durchsetzt. Wie hängt die Induktionsspannung von dieser Flächenänderung ab?

Das untersuchen wir genauer mit einem weiteren Experiment (▶Abb. 3 A–C): Eine 10 cm breite quadratische, flache Spule mit 2 400 Windungen bewegt sich mit einer Geschwindigkeit von $2,0\,\frac{cm}{s}$ nach rechts in ein homogenes Magnetfeld, dessen Flussdichte von 10 mT senkrecht aus der Zeichenebene zeigt. Die Spannung wird dabei abhängig von der Zeit gemessen (▶Abb. 4).

Wie zu erwarten war, gibt es nur eine Induktionsspannung, wenn sich der magnetische Fluss in der Spule ändert, d. h. während sie in das Magnetfeld eintaucht. Die vom Magnetfeld durchsetzte Fläche ist ein Rechteck, dessen Breite d konstant bleibt, aber dessen andere Seite $s(t)$ mit der Zeit immer weiter zunimmt. Also ergibt sich für den magnetischen Fluss:

$$\Phi(t) = \mathcal{B} \cdot A(t) = \mathcal{B} \cdot d \cdot s(t).$$

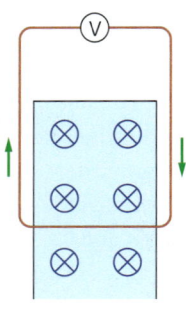

2 In der Spule wird eine Spannung induziert.

Die zeitliche Ableitung von $s(t)$ entspricht gerade der Geschwindigkeit $v(t)$ der Spule, sodass wir die Induktionsspannung berechnen können:

$$U_{ind}(t) = -n \cdot \dot{\Phi}(t) = -n \cdot B \cdot d \cdot \dot{s}(t)$$
$$= -n \cdot B \cdot d \cdot v(t)$$
$$= -2\,400 \cdot 10\,\text{mT} \cdot 0{,}10\,\text{m} \cdot 0{,}020\,\tfrac{\text{m}}{\text{s}} = -48\,\text{mV}.$$

Die Induktionsspannung sollte also konstant bei $-0{,}48\,\text{V}$ bleiben. Das entspricht dem gemessenen Wert (▶Abb. 4). Sobald sich die Spule ganz im Magnetfeld befindet, ändert sich die Seitenlänge $s(t)$ und damit der magnetische Fluss nicht mehr, sodass es keine Induktionsspannung mehr gibt.

Polung der Induktionsspannung • Wenn sich die magnetische Flussdichte in der Spule ändert, dann kann man die Polung der Induktionsspannung mit der Linken-Hand-Regel bestimmen. Wie geht das bei der Induktion durch Flächenänderung? Dazu erweitern wir die Linke-Hand-Regel mithilfe der Feldlinienvorstellung. Der Daumen zeigt dabei in die Richtung, in die sich die Anzahl der gezeichneten Feldlinien innerhalb der Spule ändert. In ▶Abb. 3 B nimmt die Anzahl beim Eintauchen ins Magnetfeld zu und der Daumen zeigt aus der Zeichenebene heraus. Die anderen Finger zeigen dann die Richtung an, in der es zu einer Ladungsverschiebung kommt, sodass man eine Spannung messen kann. In ▶Abb. 3 entsteht daher zwischen dem oberen und dem unteren Anschluss des Voltmeters eine negative Spannung.

Der magnetische Fluss fasst zusammen • Man kann also nicht nur durch eine Änderung der magnetischen Flussdichte eine Spannung induzieren, sondern auch durch Änderung der vom Magnetfeld durchsetzten Fläche. Hier zeigt sich der Vorteil der Formulierung des Induktionsgesetzes mit dem magnetischen Fluss: So werden beide Möglichkeiten zusammengefasst.

> Wenn sich die magnetische Flussdichte oder die vom Magnetfeld durchsetzte Fläche in einer Leiterschleife ändern, ändert sich dadurch der magnetische Fluss, sodass eine Spannung induziert wird.

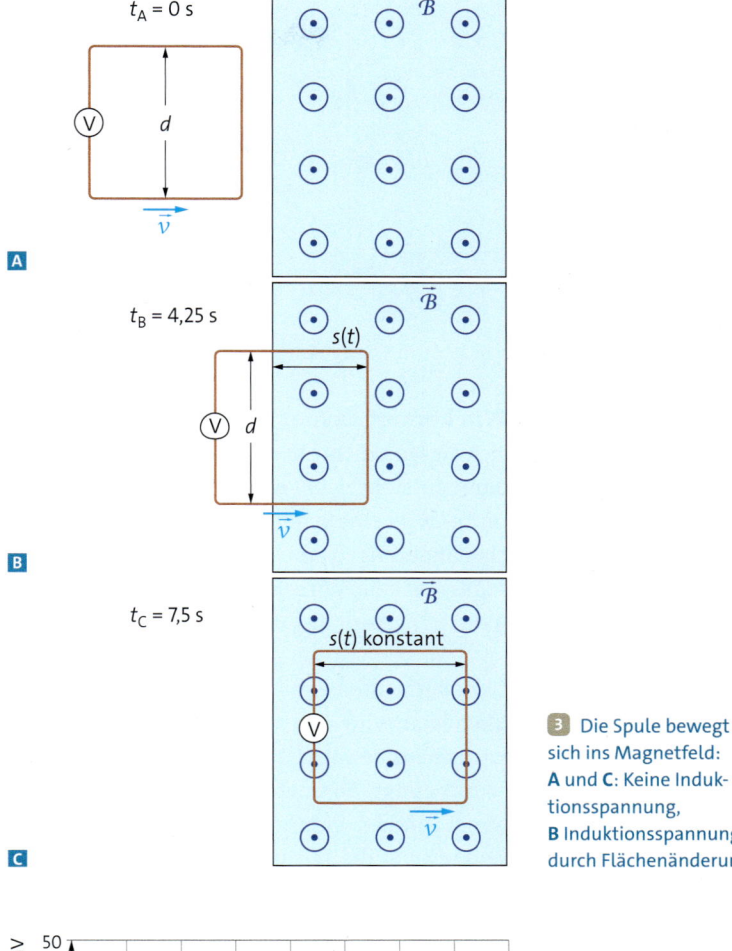

A

B

C

3 Die Spule bewegt sich ins Magnetfeld: **A** und **C**: Keine Induktionsspannung, **B** Induktionsspannung durch Flächenänderung

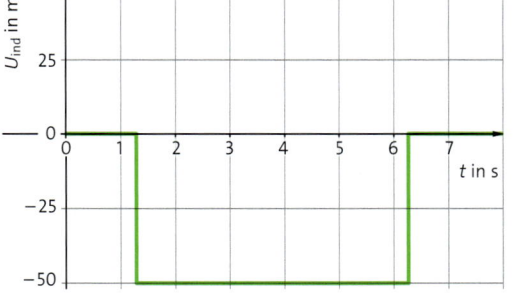

4 U_{ind}-t-Diagramm für die Spule in ▶Abb. 3

1 Geben Sie an, ab welchem Zeitpunkt (i) die Spule in das Magnetfeld eintaucht und (ii) sie sich komplett im Magnetfeld befindet. Begründen Sie Ihre Angaben.

2 Das Experiment in ▶Abb. 3 wird wie folgt abgeändert. Zeichnen Sie jeweils ein U_{ind}-t-Diagramm. Erklären Sie Ihre Skizze.
a) Die Flussdichte von $15\,\text{mT}$ weist senkrecht in die Zeichenebene hinein.
b) Die Spule wird mit $4{,}0\,\tfrac{\text{cm}}{\text{s}}$ aus dem Magnetfeld herausbewegt.

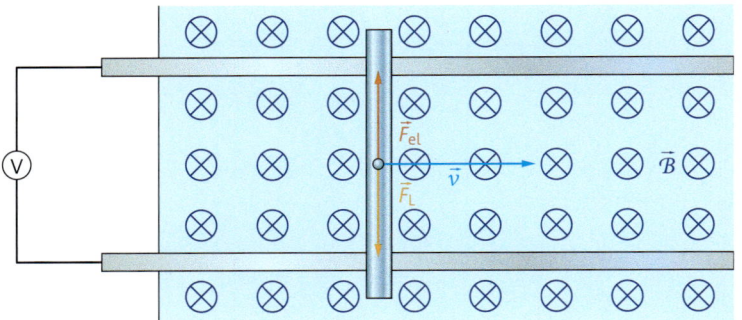

1 Lorentzkraft und elektrische Kraft im Kräftegleichgewicht

$$F_{el} = F_L$$
$$e \cdot \mathcal{E} = e \cdot v \cdot \mathcal{B} \qquad |:e$$
$$\mathcal{E} = \mathcal{B} \cdot v.$$

Da das Magnetfeld überall homogen ist, gilt dies auch für das elektrische Feld im Stab, d.h. es gilt $\mathcal{E} = \frac{U}{d}$ und somit:

$$\frac{U}{d} = \mathcal{B} \cdot v \qquad |\cdot d$$
$$U = \mathcal{B} \cdot v \cdot d.$$

Wie kommt es hier zur Induktion? • Wenn sich die Flussdichte in einer Leiterschleife ändert, dann entsteht dabei ein elektrisches Wirbelfeld und es wird eine Spannung induziert. Bei der Flächenänderung bleibt die Flussdichte konstant, sodass es kein Wirbelfeld gibt. Wie kommt die Induktionsspannung dann zustande?

Dazu betrachten wir die Situation in ►Abb.1: Ein Metallstab wird mit konstanter Geschwindigkeit nach rechts bewegt. Über zwei Metallschienen ist er mit einem Voltmeter verbunden. Die Anordnung befindet sich in einem Magnetfeld, das senkrecht in die Zeichenebene hinein weist. Mit dem Stab werden auch die darin enthaltenen beweglichen Elektronen durch das Magnetfeld bewegt, sodass auf sie eine Lorentzkraft $F_L = e \cdot v \cdot \mathcal{B}$ nach unten wirkt. Es kommt also zu einer Ladungsverschiebung. Dadurch entsteht im Stab ein elektrisches Feld. Die damit verbundene elektrische Kraft $F_{el} = e \cdot \mathcal{E}$ auf die Elektronen ist der Lorentzkraft entgegengesetzt gerichtet. In kürzester Zeit stellt sich ein Kräftegleichgewicht ein, sodass keine weitere Ladungsverschiebung stattfindet.
Dadurch, dass Elektronen nach unten verschoben werden, entsteht zwischen dem oberen und dem unteren Anschluss des Voltmeters eine positive Spannung. Das lässt sich auch mit einer Messung nachweisen. Wendet man die Linke-Hand-Regel auf die Situation an, dann ergibt sich die gleiche Vorhersage.

Eine ähnliche Argumentation findet sich auch beim Hall-Effekt.

Kräftegleichgewicht und Spannung • Aus dem Kräftegleichgewicht zwischen Lorentz-Kraft und elektrischer Kraft lässt sich auch der Betrag der dabei entstehenden Spannung berechnen:

Induktionsspannung und Felder • Mit dem Induktionsgesetz erhält man für den Betrag der Induktionsspannung das gleiche Ergebnis. Das zeigt, dass die beim Zusammenwirken von Lorentzkraft und elektrischer Kraft entstehende Spannung tatsächlich die Induktionsspannung ist. Daher können wir das Wirken von elektrischen und magnetischen Feldern beim Entstehen einer Induktionsspannung folgendermaßen zusammenfassen:

In einer Leiterschleife entsteht eine Induktionsspannung
– durch ein elektrisches Wirbelfeld, wenn sich die Flussdichte in der Schleife ändert,
– durch eine Lorentzkraft, wenn sich die vom Magnetfeld durchsetzte Fläche in der Schleife ändert.

Induktion bei einem Leiterstück • In ►Abb.1 haben Sie gesehen, dass schon ein Leiterstück, das sich orthogonal zu den magnetischen Feldlinien bewegt, ausreicht, um eine Spannung zu induzieren. Eine Spule kann man sich aus entsprechend zusammengesetzten Leiterstücken vorstellen.

Wenn ein Leiter der Länge d mit der Geschwindigkeit v orthogonal zur Flussdichte $\vec{\mathcal{B}}$ durch ein Magnetfeld bewegt wird, dann wird dabei eine Spannung U_{ind} induziert mit dem Betrag
$$U_{ind} = \mathcal{B} \cdot v \cdot d.$$

Induktion und Energieversorgung • Wenn man ein elektrisches Gerät an eine Steckdose anschließt, dann bekommt es die Energie häufig von Generatoren in Windenergieanlagen oder in Kraftwerken. Dort wird durch die Bewegung von Leitern in Magnetfeldern eine Spannung induziert. Wie funktioniert dabei die Energieübertragung?

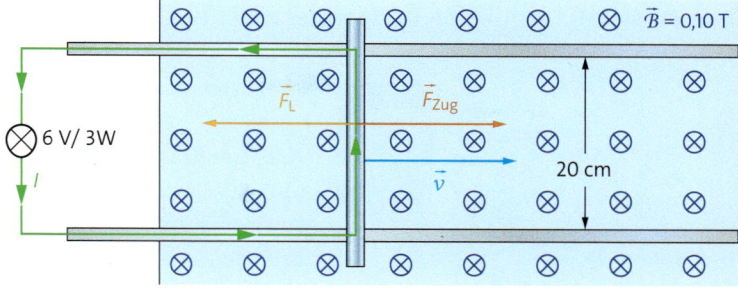

2 Ein Modell-Generator

Technisch ist das meist relativ komplex, aber das Prinzip erklären wir an einem einfachen Modell (▸Abb. 2): Im Aufbau von ▸Abb.1 ersetzen wir das Voltmeter durch eine Glühlampe und bewegen den Metallstab wieder nach rechts. Wenn er sich schnell genug bewegt, leuchtet die Lampe, d.h., auf sie wird Energie übertragen. (Mit diesem Aufbau wäre das in Wirklichkeit kaum möglich.)

Dadurch, dass der Stromkreis nun geschlossen ist, kommt es zu einem Strom durch den bewegten Metallstab. Auf den Stab als stromführenden Leiter wirkt deshalb die Kraft $F_I = B \cdot I \cdot d$ entgegen der Bewegungsrichtung des Stabs. Damit sich der Stab mit konstanter Geschwindigkeit weiterbewegt, muss er daher mit der Kraft $\vec{F}_{Zug}$ nach rechts gezogen werden. Dabei hat $\vec{F}_{Zug}$ den gleichen Betrag wie $\vec{F}_I$. Für das Ziehen benötigt man offensichtlich Energie. Das ist genau die Energie, die dann durch die Induktion zur Lampe übertragen wird!

Elektrische und mechanische Leistung •
Dass die Energie, die man mechanisch für das Ziehen des Stabs benötigt, die gleiche ist wie diejenige, die elektrisch auf die Lampe übertragen wird, kann man rechnerisch nachweisen. Dazu betrachten wir die elektrische und die mechanische Leistung bei diesem Modell-Generator:

Durch die Induktionsspannung $U_{ind} = B \cdot v \cdot d$ gibt es in der Lampe einen Strom der Stromstärke I. Für die elektrische Leistung P_{el} gilt daher:

$$P_{el} = U_{ind} \cdot I = B \cdot v \cdot d \cdot I.$$

Die mechanische Leistung P_{mech} beim Ziehen am Stab berechnet sich zu

$$P_{mech} = F_{Zug} \cdot v = B \cdot I \cdot d \cdot v.$$

Mechanische und elektrische Leistung sind also gleich groß, d.h., der Modell-Generator wirkt tatsächlich als Energiewandler, der die Energie mechanisch aufnimmt und elektrisch abgibt.

In der Praxis arbeitet man bei Generatoren mit Spulen mit vielen Windungen und aus naheliegenden Gründen nicht mit linearen Bewegungen, sondern mit Drehbewegungen. Die Energiebetrachtung gilt aber in gleicher Weise.

> Durch Induktion wirkt ein Generator als Energiewandler, der mechanisch Energie aufnimmt und elektrisch abgibt.

Wenn man den Stab in ▸Abb.2 nicht mehr zieht, wird er durch die Kraft F_I abgebremst. Das gleiche Prinzip nutzen Wirbelstrombremsen.

1 In Abb. 3 bewegt sich eine Rahmenspule in das Magnetfeld hinein.
a) Beim Eintauchen wird eine Spannung zwischen den Anschlüssen P und Q induziert. Befindet sich die Spule ganz im Magnetfeld, wird aber keine Spannung induziert. Erklären Sie dies mit einer Kräftebetrachtung.
b) Bestimmen Sie das Vorzeichen der Induktionsspannung (i) mit der Linken-Hand-Regel, (ii) mit der Kräftebetrachtung aus a).
b) Man verbindet P und Q leitend, sodass ein geschlossener Stromkreis entsteht. Erläutern Sie, wann man eine äußere Kraft braucht, um die Spulengeschwindigkeit konstant zu halten.
2 In ▸Abb. 2 soll die Lampe normal leuchten. Berechnen Sie die dafür nötige Geschwindigkeit und Kraft. Beurteilen Sie Ihr Ergebnis.

Elektrische Leistung:
$P_{el} = U \cdot I$

Mechanische Leistung:
$P_{mech} = F \cdot v$

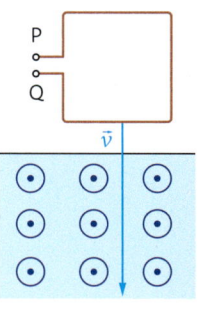

3 zu Aufgabe 1)

Versuch A • Induktion im Magnetfeld der Erde

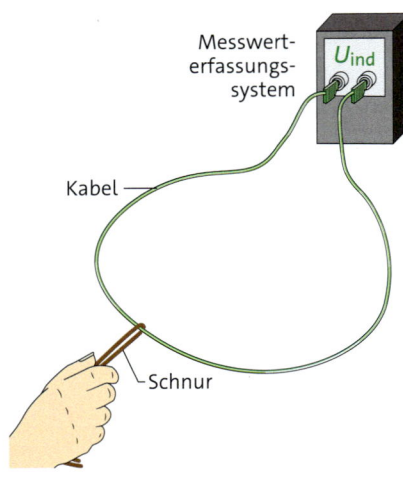

Messwert-
erfassungs-
system

U_{ind}

Kabel

Schnur

Sie nutzen die Induktion durch Flächenänderung, um das Erdmagnetfeld nachzuweisen und dessen Flussdichte zu bestimmen.

Material:
Langes Kabel (mind. 3 m), Messwerterfassungssystem (Voltmeter mit 1-mV-Bereich), Schnur, Maßband

V1 Zusammenziehen qualitativ

Arbeitsauftrag:
a) Legen Sie das Kabel auf dem Boden zu einem Kreis und schließen Sie die Kabelenden an das Voltmeter an. Ziehen Sie den Kabelkreis mit der Schnur möglichst rasch zusammen. Messen Sie dabei die Spannung. Achten Sie auf die Anschlüsse des Kabels!
b) Beschreiben Sie das gemessene U_{ind}-t-Diagramm. Erklären Sie, wie bei dem Versuch eine Spannung induziert wird.
c) Schließen Sie aus der Polung der Spannung mit der Linken-Hand-Regel auf die Richtung der Flussdichte.
d) Skizzieren Sie ein U_{ind}-t-Diagramm, wenn (i) das Zusammenziehen langsamer erfolgt, (ii) die anfängliche Fläche kleiner ist. Begründen Sie Ihre Hypothesen.
e) Überprüfen Sie Ihre Hypothesen experimentell. Ziehen Sie Schlüsse aus Ihrer Beobachtung.

V2 Zusammenziehen quantitativ

Arbeitsauftrag:
a) Legen Sie das Kabel auf dem Boden zu einem Rechteck o. ä., sodass Sie den Flächeninhalt A bestimmen können. Gehen Sie vor wie bei V1 a). Wiederholen Sie den Versuch mindestens dreimal.
b) Bestimmen Sie aus dem U_{ind}-t-Diagramm die Zeitspanne Δt, in der eine Spannung induziert wurde und die mittlere Spannung $\bar{U}_{ind}$ hierbei.
c) Für die Vertikalkomponente des Erdmagnetfelds gilt: $B_v = \frac{\bar{U}_{ind} \cdot \Delta t}{A}$. Berechnen Sie die Vertikalkomponente B_v aus Ihren Messwerten.
d) Informieren Sie sich über den Inklinationswinkel am Versuchsort. Berechnen Sie aus Ihren Messwerten die Flussdichte des Erdmagnetfelds. Vergleichen Sie mit dem Tabellenwert.
e) Leiten Sie die in c) angegebene Formel aus dem Induktionsgesetz her.

Material A • Verschiedene Wege zu U_{ind}-t-Diagrammen

Eine Leiterschleife wird mit konstanter Geschwindigkeit in Richtung ①, ② bzw. ③ gezogen. Die Spannung wird gemessen. Die Flussdichten der beiden Magnetfelder sind entgegengesetzt gerichtet, haben aber den gleichen Betrag.

A1 Drei der vier U_{ind}-t-Diagramme A–D sind bei ①, ② und ③ entstanden.
a) Ordnen Sie jedem Weg ein passendes U_{ind}-t-Diagramm zu. Begründen Sie Ihre Zuordnung.
b) Finden Sie für das bei a) nicht verwendete U_{ind}-t-Diagramm

einen passenden Weg für die Leiterschleife.
c) Erstellen Sie für die gleiche Anordnung selbst eine Aufgabe mit Lösung, bei der Sie (i) einen Weg oder (ii) ein U_{ind}-t-Diagramm vorgeben.

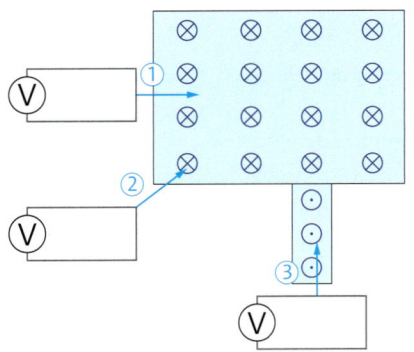

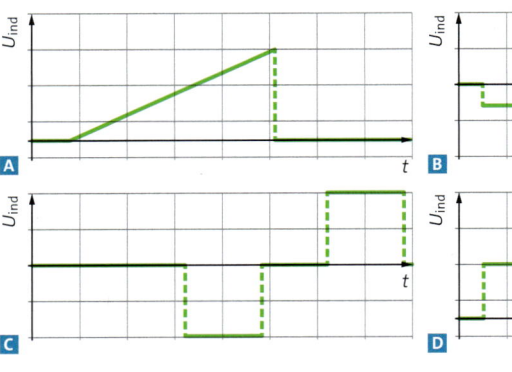

Material B • Induktionsspannung bei der Bewegung einer Spule

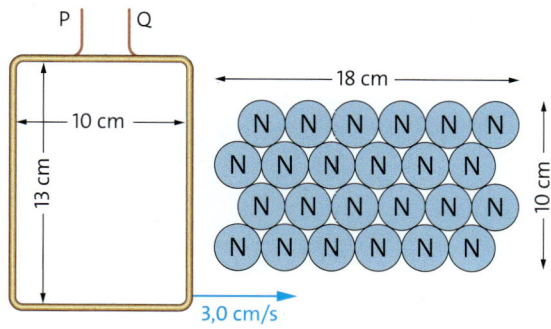

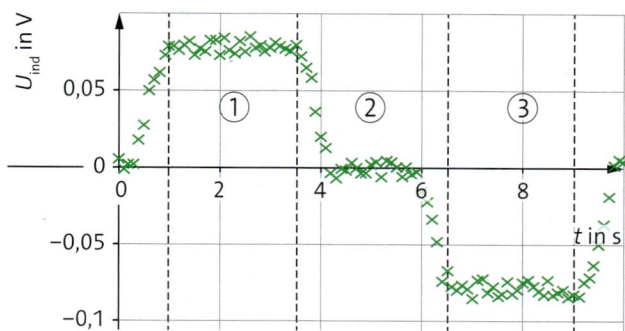

Eine rechteckige, flache Spule mit 2400 Windungen wird mit einer Geschwindigkeit von $3{,}0\,\frac{cm}{s}$ nach rechts über ein Feld von gleichstarken Magneten gezogen (▸Abb. links). Das U_{ind}-t-Diagramm zeigt die dabei zwischen den Anschlüssen P und Q gemessene Spannung.

B1 a) Erklären Sie, warum die Spannung in den Abschnitten ① und ③ näherungsweise konstant ist.
b) Begründen Sie, warum der Spannungsbetrag in beiden Abschnitten gleich ist.
c) Überprüfen Sie die Polung der Spannung in den Abschnitten ① und ③ (i) mit der Linken-Hand-Regel, (ii) mit einer Kräftebetrachtung, (iii) mit der Lenzschen Regel.
d) Erklären Sie den Verlauf der Spannung im Abschnitt ②.

B2 a) Zeigen Sie, dass die mittlere magnetische Flussdichte über den Magneten 11 mT beträgt. Nutzen Sie hierfür das U_{ind}-t-Diagramm. Dokumentieren Sie Ihr Vorgehen.
b) Zeichnen Sie das zur Messung passende Φ-t-Diagramm für die Spule.
B3 Folgende Veränderungen werden am Experiment vorgenommen. Erklären Sie jeweils, welchen Einfluss dies auf das zu erwartende U_{ind}-t-Diagramm hat.
a) Die Spule wird mit gleicher Geschwindigkeit von rechts nach links über das Magnetfeld gezogen.
b) Die Spule hat nur 1600 Windungen.
c) Die Spule wird mit $2{,}0\,\frac{cm}{s}$ gezogen.
d) Die Spule wird gedreht, sodass die schmale Seite nach vorne zeigt.

Material C • Eine Spule auf einer schiefen Ebene

Eine Spule auf einem Fahrbahnwagen rollt eine schiefe Ebene hinab, sodass sie mit $1{,}0\,\frac{m}{s^2}$ beschleunigt wird. Zum Zeitpunkt $t = 0$ s beginnt sie mit einer Geschwindigkeit von $2{,}0\,\frac{m}{s}$ in ein Magnetfeld einzutauchen.

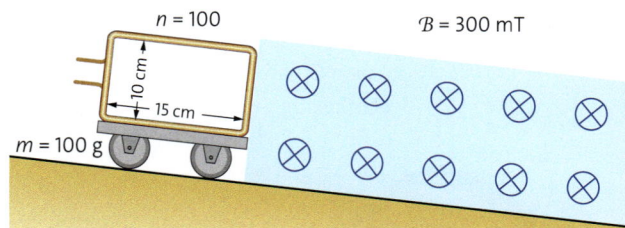

C1 Während des Eintauchens der Spule in das Magnetfeld wird eine Spannung induziert.
a) Erklären Sie dies (i) mit dem Induktionsgesetz, (ii) durch eine Kräftebetrachtung.
b) Die induzierte Spannung U_{ind} bleibt beim Eintauchen nicht konstant. Begründen Sie dies.
C2 a) Berechnen Sie U_{ind} zu Beginn des Eintauchens.
b) Zeichnen Sie ein U_{ind}-t-Diagramm ab $t = 0$ s. Dokumentieren Sie Ihr Vorgehen.
C3 Die Anschlüsse P und Q werden verbunden, sodass die Spule nun einen Widerstand von $1{,}0\,\Omega$ hat. Das Experiment wird unter sonst gleichen Bedingungen wiederholt.

a) Der Spulen-Wagen bewegt sich dadurch beim Eintauchen anders als zuvor. Erläutern Sie dies.
b) Der Wagen wird tatsächlich abgebremst. Berechnen Sie die hierfür verantwortliche resultierende Kraft für $t = 0$ s.
c) Skizzieren Sie für den Wagen ein v-t-Diagramm ab $t = 0$ s. Erklären Sie dessen Verlauf.
d) Bestimmen Sie die Geschwindigkeit, bei der sich der Wagen beim Eintauchen in das Magnetfeld mit konstanter Geschwindigkeit weiterbewegt.

1 Der Rotor eines Generators wird eingebaut.

Generatoren

Ein Generator eines Wasserkraftwerks wird montiert: Der riesige Rotor mit 48 Spulen dreht sich im Betrieb mit über 100 Umdrehungen pro Minute. Er liefert einen Beitrag dafür, dass wir an der Steckdose immer eine 230-V-Wechselspannung mit 50 Hz haben. Wie hängt diese Spannung von der Drehbewegung ab?

Ein Modell-Generator • Wir betrachten die Rotorbewegung vereinfacht in einem Experiment (▸Abb. 2 A): Die Rotorspulen mit ihrer komplexen Geometrie ersetzen wir durch eine flache, rechteckige Spule, die wir im homogenen Mag-

netfeld eines Helmholtz-Spulenpaars drehen. Wir messen die Spannung zwischen den Spulenanschlüssen mit einem Messwerterfassungssystem: Dreht man die Spule, dann entsteht eine periodische Wechselspannung (▸Abb. 2 B). Sie sieht sinusförmig aus. Ihre Amplitude nimmt mit der Drehfrequenz zu.

Magnetischer Fluss und Winkel • Tatsächlich handelt es sich hier um eine Induktionsspannung. Aber wie kann eine Spannung induziert werden, wenn sich weder die Flussdichte $\vec{B}$ noch die Fläche A der Spule ändern? Dann müsste der magnetische Fluss Φ doch konstant sein. Hier hilft die Feldlinienvorstellung weiter (▸Abb. 3 A): Anfangs durchsetzen viele der eingezeichneten Feldlinien die Spulenfläche. Wenn sich die Spule dreht, nimmt ihre Anzahl ab, bis die Spule waagrecht steht, dann nimmt sie wieder zu, trifft aber auf die Rückseite der Spule.

Es kommt also für den magnetischen Fluss auch auf die Stellung der Fläche bezüglich der magnetischen Feldlinien an. Man beschreibt diese Stellung mithilfe des Winkels α zwischen der magnetischen Flussdichte und der Flächennormalen (▸Abb. 4). Entsprechend wird die Definition des magnetischen Flusses erweitert:

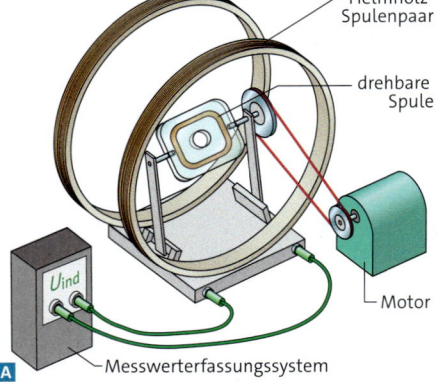

Helmholz-Spulenpaar

drehbare Spule

U_{ind}

Motor

A Messwerterfassungssystem

U

f_1

t

U

$f_2 = 2 \cdot f_1$

t

B

2 **A** Modell-Generator, **B** Wechselspannung

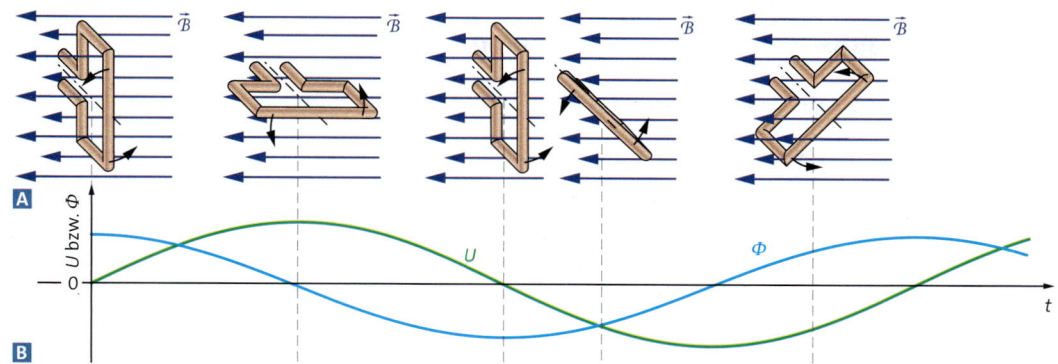

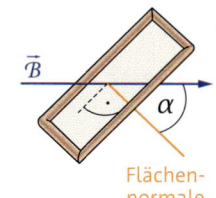
Flächennormale

A

B

3 A Leiterschleife dreht sich im Magnetfeld, **B** Φ-t- und U-t-Diagramm

Wenn sich eine Leiterschleife mit der Fläche A in einem Magnetfeld mit der Flussdichte $\vec{B}$ befindet, dann gilt für den magnetischen Fluss Φ durch die Schleife:

$\Phi = A \cdot B \cdot \cos(\alpha)$.

Dabei ist α der Winkel zwischen $\vec{B}$ und der Flächennormalen.

Das bedeutet, sie ist tatsächlich proportional zur Drehfrequenz $f = \frac{\omega}{2\pi}$. Die im Experiment gemessene Spannung wurde also durch die Drehbewegung induziert.

Bei Kraftwerksgeneratoren ist der Aufbau geometrisch zwar komplexer, aber auch hier beeinflusst die Winkelgeschwindigkeit sowohl die Frequenz als auch die Scheitelspannung.

4 Winkel zwischen Flussdichte und Flächennormale

▸Abb. 3 B zeigt, dass der magnetische Fluss negativ sein kann. Das Vorzeichen zeigt an, von welcher Seite der Spule er sie durchsetzt.

Induktionsspannung • Anfangs ist im Experiment aus ▸Abb. 2 A der Winkel $\alpha = 0$. Er ändert sich mit der **Winkelgeschwindigkeit ω**, d.h. $\alpha = \omega \cdot t$, sodass für den Fluss durch die Spule gilt:

$\Phi(t) = A \cdot B \cdot \cos(\alpha) = A \cdot B \cdot \cos(\omega \cdot t)$.

Mit dem Induktionsgesetz berechnen wir die Induktionsspannung, die sich durch die Flussänderung ergibt:

$$U_{\text{ind}}(t) = -n \cdot \dot{\Phi}(t)$$
$$= -n \cdot A \cdot B \cdot \omega \cdot (-\sin(\omega \cdot t))$$
$$= n \cdot A \cdot B \cdot \omega \cdot \sin(\omega \cdot t).$$

Damit erklärt sich der Verlauf der U-t-Diagramme in ▸Abb. 2 B: Es handelt sich tatsächlich um eine sinusförmige Wechselspannung. Für die Amplitude, die sogenannte **Scheitelspannung $\hat{U}$** gilt:

$\hat{U} = n \cdot A \cdot B \cdot \omega$.

Dreht sich eine Spule in einem homogenen Magnetfeld um eine Achse, die senkrecht zu den Feldlinien steht, dann wird eine sinusförmige Wechselspannung $U(t)$ induziert. Die Scheitelspannung ist dabei

$\hat{U} = n \cdot A \cdot B \cdot \omega$.

Falls die Spule anfangs senkrecht zu den Feldlinien steht, gilt:

$U(t) = \hat{U} \cdot \sin(\omega \cdot t)$.

1 Geben Sie mehrere Möglichkeiten an, wie man die Scheitelspannung in ▸Abb. 2 B verdreifachen kann. Begründen Sie jeweils.

2 Entscheiden Sie begründet: Wird eine Spannung induziert, wenn die Drehachse der Spule parallel zu den Feldlinien liegt?

3 Marc fragt: „Wie kann es sein, dass die Scheitelspannung genau dann am größten ist, wenn der Fluss null ist?" Antworten Sie begründet.

4 Bei der Induktion durch eine sinusförmige Flussdichteänderung ergeben sich ähnliche Zusammenhänge wie hier. Vergleichen Sie.

Startet die Spule aus einer anderen Stellung, muss man hier noch den entsprechenden Winkel berücksichtigen.

:::::: **BLICKPUNKT** :::

Elektrische Energieversorgung mit Wechselstrom

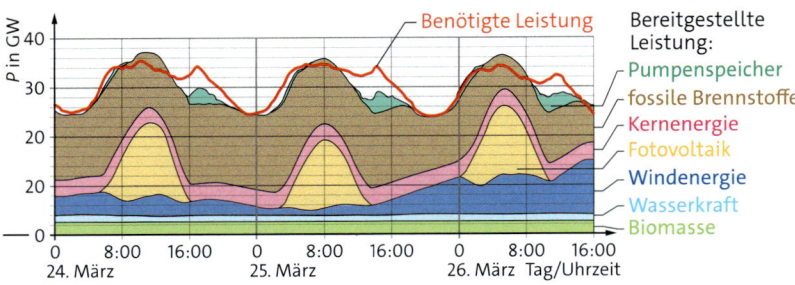

1 Benötigte und bereitgestellte Leistung in Deutschland

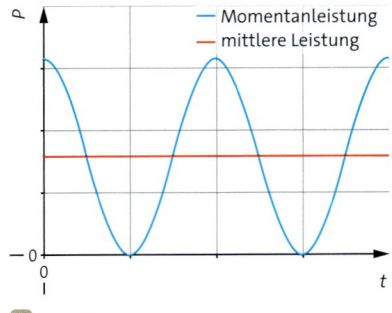

2 *P-t*-Diagramm

Hinter der Steckdose • Wenn Sie zuhause den Staubsauger einschalten, wird ihnen die Energie sofort mit der entsprechenden Leistung bei 230 V und 50 Hz aus der Steckdose geliefert. Auf der anderen Seite der Steckdose sorgt das europaweite Stromversorgungsnetz dafür, dass genau in diesem Augenblick ein Kraftwerk genau diese Leistung zusätzlich erbringt.

Und Sie sind mit dem Staubsauger nicht allein: Die gesamte Industrie, Verkehr und die Privathaushalte fordern eine ständig wechselnde Leistung. Die Kraftwerke müssen jederzeit genau mit dieser Leistung arbeiten, da man Energie elektrisch zwar sehr gut übertragen, aber nur sehr schlecht speichern kann. ▸Abb.1 zeigt, wie sich die benötigte und die bereitgestellte Leistung in Deutschland während dreier Tage im März 2021 verhielten. Die Unterschiede wurden durch sogenannte Stromimporte bzw. Stromexporte mit anderen Ländern ständig ausgeglichen.

In ▸Abb.1 sehen Sie auch eines der Probleme der erneuerbaren Energien: Da Sonneneinstrahlung und

Wind nicht steuerbar sind, schwankt die Leistung von Windenergie- und Photovoltaikanlagen stark: Teilweise sind sie dazu in der Lage fast die gesamte benötigte Leistung zu liefern, aber manchmal auch weniger als 20 %. Für eine zukünftige rein regenerative Versorgung ist neben den Stromimporten und -exporten auch eine verstärkte Nutzung von Energiespeichern erforderlich.

Immer 50 Hz • Damit sich die Leistungen der verschiedenen Kraftwerke überhaupt addieren können, müssen alle Generatoren synchron laufen, also immer exakt so schnell rotieren, dass eine Wechselspannung mit 50 Hz induziert wird. Wird von Ihrem Staubsauger elektrische Leistung angefordert, steigt die Stromstärke in den Generatorspulen. Das führt bei der Bewegung im Magnetfeld zu einer abbremsenden Kraft, die von den Turbinen oder Windrädern, die die Generatoren antreiben, ausgeglichen werden muss. Dieser Ausgleich erfordert eine aufwendige Regelungstechnik. Bei Photovoltaikanlagen muss die Gleichspannung der Solarzellen durch sogenannte Wechselrichter erst in Wechselspannung umgewandelt werden.

Effektivwerte • Wenn man die Scheitelspannung der 230-V-Netzspannung bestimmt, dann misst man 325 V. Das liegt daran, dass 230 V die sogenannte **Effektivspannung** U_{eff} ist. Warum ist es sinnvoll, diesen Wert statt $\hat{U}$ anzugeben? Der Grundgedanke ist, mit U_{eff} die Spannung anzugeben, die zur gleichen mittleren Leistung führt wie eine entsprechende Gleichspannung:

Auch bei Wechselspannung gilt der Zusammenhang $P(t) = U(t) \cdot I(t)$. Bei einem Widerstand gilt $I(t) = \frac{U(t)}{R}$. Also ist die Leistung bei einer sinusförmigen Wechselspannung

$$P(t) = \frac{U^2(t)}{R} = \frac{\hat{U}^2}{R} \cdot \sin^2(\omega \cdot t).$$

Die Leistung ändert sich also periodisch zwischen 0 W und der maximalen Leistung $P = \frac{\hat{U}^2}{R}$ (▸Abb. 2). Wegen der Symmetrie des Graphen gilt für die mittlere Leistung P_{mittel} und die damit verknüpfte Effektivspannung U_{eff}:

$$P_{mittel} = \frac{U_{eff}^2}{R} = \frac{\hat{U}^2}{2 \cdot R} = \frac{1}{2}\hat{P}.$$

Löst man den mittleren Teil der Gleichungskette nach U_{eff} auf, dann ergibt sich

$$\hat{U} = \sqrt{2} \cdot U_{eff}.$$

Versuch A • Energieübertragung durch Induktion bei einem Handgenerator

Sie überprüfen die Zusammenhänge zwischen Induktionsspannung, Stromstärke und mechanischer bzw. elektrischer Leistung, die Sie beim linearen Modell-Generator kennengelernt haben, bei einem Handgenerator.

Material:
Handgenerator (z. B. Dynamot), drei gleiche Glühlampen (z. B. 2,5V/1A), Kabel, Volt- und Amperemeter

Arbeiten Sie mit einem Partner: Person 1 schätzt durch ihre Wahrnehmung die mechanische Leistung ab, Person 2 misst Stromstärke und Spannung, um die elektrische Leistung zu bestimmen.

V1 Reihenschaltung

Arbeitsauftrag:
a) Bauen Sie die Schaltung entsprechend der ▸Abb. A auf. Überbrücken Sie zunächst zwei der drei Lampen, sodass nur auf eine Lampe Energie übertragen wird.
b) Person 1 dreht gleichmäßig am Generator, sodass die Lampe leuchtet und die Stromstärke konstant bleibt. Person 2 misst Stromstärke und Spannung.
c) Während 1 weiterdreht, öffnet 2 erst eine, dann beide der Überbrückungen. 1 passt seine Bewegung jeweils so an, dass die Stromstärke konstant bleibt.

2 misst dabei Stromstärke und Spannung. 1 hält die Änderung seiner Bewegung fest.
d) Bei c) nehmen mechanische und elektrische Leistung zu. Erklären Sie dies bei Ihren Messwerten jeweils anhand einer Formel.

V2 Parallelschaltung

Arbeitsauftrag:
a) Bauen Sie die Schaltung entsprechend der ▸Abb. B auf, sodass die Parallelschaltung noch offen ist.
b) 1 dreht gleichmäßig am Generator, sodass die Lampe leuchtet und die Stromstärke konstant bleibt. Während 1 weiterdreht, schließt 2 erst eine zweite, dann eine dritte Lampe parallel an. 1 passt seine Bewegung jeweils so an, dass die Spannung konstant bleibt. 2 misst dabei Stromstärke und Spannung. 1 hält die Änderung seiner Bewegung fest.
c) Gehen Sie für b) entsprechend V1 d) vor. Vergleichen Sie Ihre Ergebnisse auch mit denen aus V1 d).

d) Stellen Sie eine begründete Vermutung dazu auf, was geschieht, wenn man die beiden Anschlüsse des Generators direkt verbindet und beginnt zu drehen.
e) Überprüfen Sie Ihre Hypothesen experimentell. Ziehen Sie Schlüsse aus Ihrer Beobachtung.

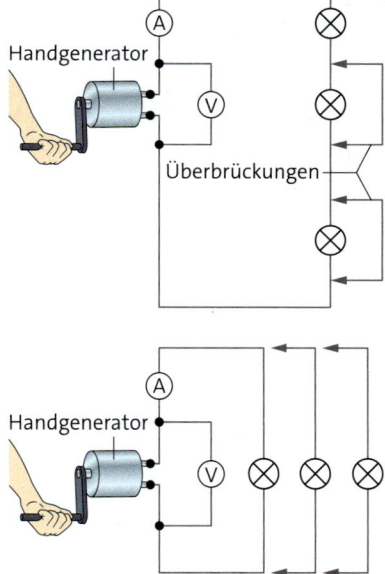

Handgenerator

Überbrückungen

Handgenerator

Material A • Magnetischer Fluss und Induktionsspannung bei Drehbewegungen

A1 Wenn Sie ein Blatt Papier drehen, erscheint es Ihnen je nach Drehwinkel weniger hoch als es tatsächlich ist.
a) Finden Sie eine Formel für die scheinbare Papierhöhe.
b) Vergleichen Sie mit der drehbaren Spule im Magnetfeld.

c) Beim magnetischen Fluss wird der Term $A \cdot \cos(\alpha)$ auch „effektive Fläche" genannt. Erklären Sie dies anhand einer Skizze.
A2 Ein Drahtrahmen dreht sich in einem homogenen Magnetfeld.
a) Begründen Sie: In den Drahtstücken parallel zur Drehachse gibt es

eine Lorentzkraft auf die Elektronen, die sich periodisch ändert.
b) Erklären Sie: Bei der Bahngeschwindigkeit v ist die Lorentzkraft auf ein Elektron in den Drahtstücken $F_L = e \cdot B \cdot v \cdot \sin(\alpha)$.
c) Leiten Sie mit der Formel aus b) einen Zusammenhang für die Induktionsspannung her.
d) Vergleichen Sie diesen Zusammenhang mit der Formel, die sich aus dem Induktionsgesetz ergibt.

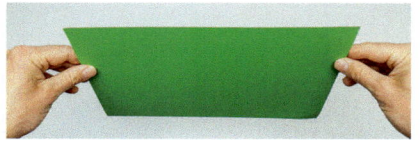

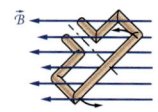

$\vec{B}$

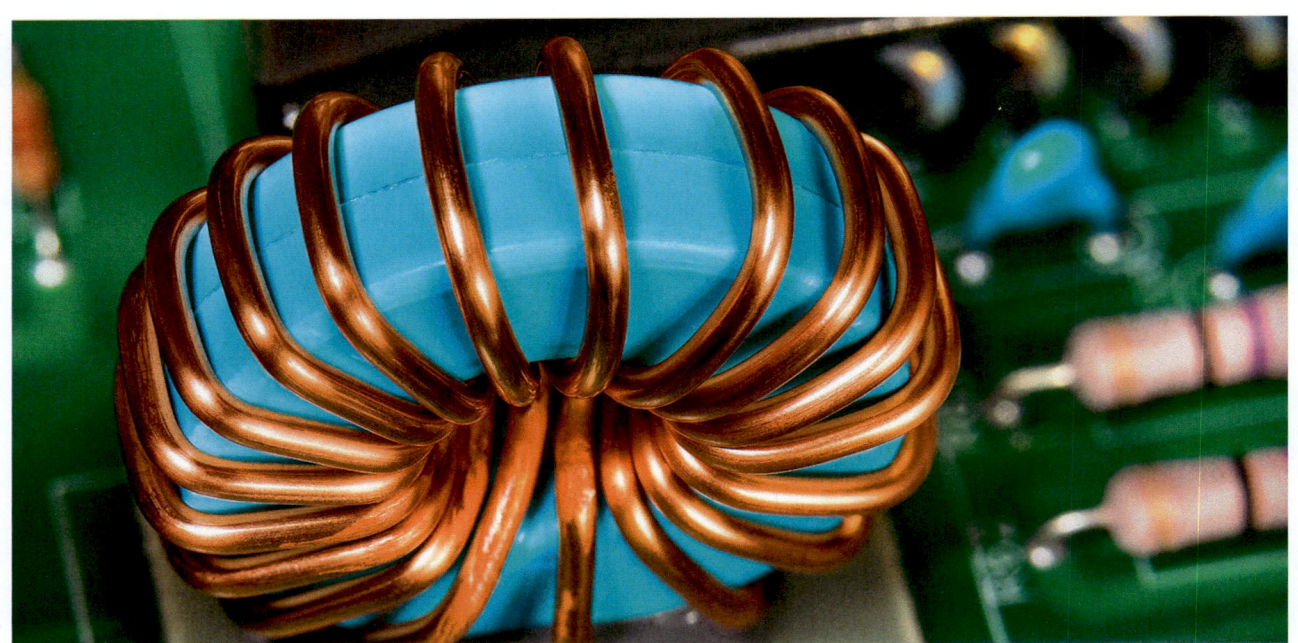

1 Drosselspule auf der Platine eines Computernetzteils

Selbstinduktion

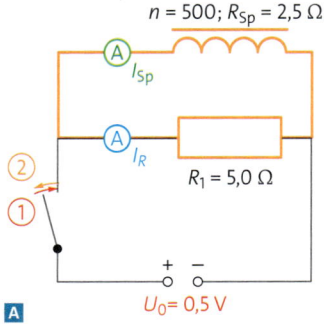

2 Schaltsymbol für eine Spule **A** ohne, **B** mit Eisenkern

In einem Computernetzteil ist immer eine Spule eingebaut. Sie schützt die empfindliche Schaltung vor plötzlichen Stromstärkeänderungen. — Wie funktioniert das?

Beim Einschalten • Plötzliche Änderungen der Stromstärke treten im Alltag häufig auf, z. B. beim Schließen eines Schalters. Wir untersuchen in einem Experiment, wie eine Spule diese Änderung beeinflusst (▶Abb. 3 A). Zum Vergleich schalten wir parallel zur Spule einen Widerstand. Beim Schließen des Schalters liegt an beiden Bauteilen

0,50 V an. Wir messen mit einem Messwerterfassungssystem die Stromstärke I_{Sp} in der Spule und die Stromstärke I_R im Widerstand. ▶Abb. 3 B zeigt: Beim Einschalten springt die Stromstärke I_R sofort auf einen konstanten Wert, während die Stromstärke I_{Sp} von 0 A aus langsam ansteigt. Eine Spule verlangsamt also die Stromstärkeänderung beim Einschalten. Wie kommt es dazu?

Selbstinduktion • Beim Einschalten ändert sich mit der Stromstärke die magnetische Flussdichte im Inneren der Spule. Deswegen kommt es zur Induktion. Das induzierte elektrische Wirbel-

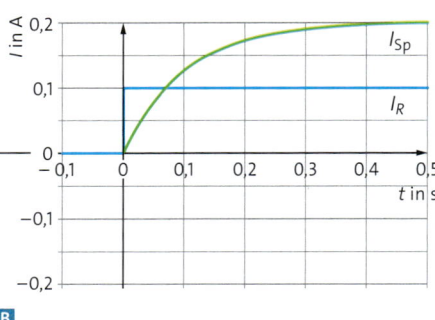

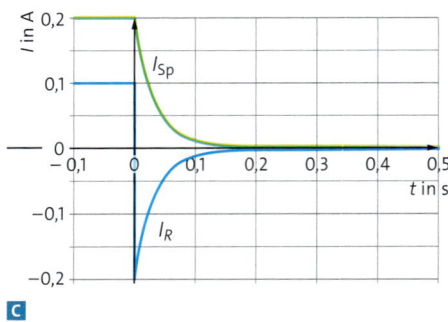

3 **A** Schaltskizze für das Ein- und Ausschalten, **B** I_{Sp}-t- und I_R-t-Diagramm beim Einschalten, **C** I_{Sp}-t- und I_R-t-Diagramm beim Ausschalten

feld ist aufgrund der Lenzschen Regel entgegengesetzt zur Stromrichtung. Durch das Wirbelfeld ändert sich die Stromstärke daher nicht sprunghaft, sondern kontinuierlich. Die Stromstärkeänderung wirkt durch die Induktion auf die Stromstärke in der Spule selbst zurück. Diese Rückwirkung nennt man **Selbstinduktion.**

Beim Ausschalten • ▸Abb. 3 C zeigt, dass die Stromstärke I_{Sp} in der Spule nach dem Öffnen des Schalters nur langsam zurückgeht. Auch das ist ein Effekt der Selbstinduktion: Durch die Flussdichteänderung wird wieder ein elektrisches Wirbelfeld induziert. Diesmal zeigt es in die gleiche Richtung wie die bisherige Stromrichtung. Es sorgt so dafür, dass sich die Stromstärke auch hier nicht sprunghaft ändert.

Auf den ersten Blick scheint es ein Widerspruch zu sein, dass bei geöffnetem Schalter noch ein Strom fließt. Aber es gibt einen geschlossenen Stromkreis aus Spule und Widerstand (gelb in ▸Abb. 3 A). Das wird im I_R-t-Diagramm für den Widerstand deutlich: Die Richtung von I_R hat sich umgekehrt und das I_R-t-Diagramm verläuft (bis auf das Vorzeichen) exakt gleich wie das I_{Sp}-t-Diagramm. Der Gesamtwiderstand sorgt dafür, dass die Stromstärke langsam auf 0 A zurückgeht.

Stromstärkeänderung und Spannung • Wie hängen die Stromstärkeänderung und die Induktionsspannung bei der Selbstinduktion zusammen? Nach dem Induktionsgesetz ist bei konstanter vom Magnetfeld durchsetzter Fläche die induzierte Spannung proportional zur Flussdichteänderung. Es liegt nahe, dass Flussdichte und Stromstärke proportional zueinander sind und somit auch Induktionsspannung und Stromstärkeänderung, kurz: $U_{ind}(t) \sim \dot{I}(t)$.

Experimentell weisen wir das für lineare Stromstärkeänderungen nach (▸Abb. 4 A). Diese erzeugen wir mit einem Funktionsgenerator. Ein Messwerterfassungssystem misst die induzierte Spannung U_{ind} an der Spule und die Spannung U_R an dem in Reihe geschalteten Widerstand (▸Abb. 4 B). Dabei ist die Stromstärke I proportional zur Spannung U_R.

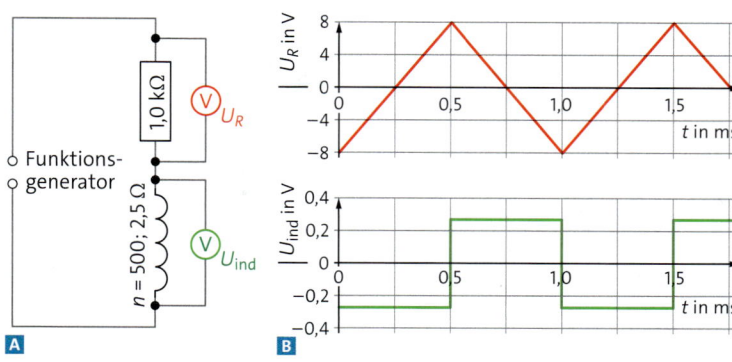

Wir stellen fest, dass U_{ind} bei der linearen Stromstärkeänderung proportional zu $\dot{U}_R(t)$ und damit zu $\dot{I}(t)$ ist (▸Abb. 4 B). Die Vermutung hat sich hier bestätigt. Tatsächlich ist U_{ind} bei der Selbstinduktion immer proportional zur Stromstärkeänderung $\dot{I}(t)$, auch wenn sich die Stromstärke nicht linear ändert. Das ist anders als Sie es bisher gewohnt sind: Der Betrag der Spannung wächst bei der Selbstinduktion nicht mit der Stromstärke, sondern mit der Stromstärkeänderung! In ▸Abb. 4 B erkennt man auch, dass Stromstärkeänderung und Induktionsspannung immer entgegengesetzte Vorzeichen haben.

Die Induktivität • Wenn man den Versuch mit einem Eisenkern in der Spule wiederholt, ist U_{ind} weiterhin proportional zu $\dot{I}(t)$, aber wesentlich größer. Der Aufbau der Spule entscheidet also, wie stark der Effekt der Selbstinduktion ist. Die Proportionalitätskonstante zwischen U_{ind} und $\dot{I}(t)$ ist entsprechend größer oder kleiner. Man nennt sie daher **Induktivität L** der Spule.

> Ändert sich in einer Spule die Stromstärke $I(t)$, dann wird in ihr eine Spannung $U_{ind}(t)$ induziert. Dabei gilt:
>
> $U_{ind}(t) = -L \cdot \dot{I}(t)$.
>
> L ist die Induktivität der Spule.
> Einheit: 1 H (Henry).

1 Alwin fragt: „Und wenn sich die Stromstärke in der Spule doch sprunghaft ändert? Wie groß wäre dann die Induktionsspannung?" Äußern Sie sich begründet zu Alwins Fragen.

4 **A** Stromstärkeänderung und Induktionsspannung im Experiment, **B** U_R-t- und U_{ind}-t-Diagramm

Die Richtung des elektrischen Wirbelfelds kann man auch hier mit der Linken-Hand-Regel bestimmen.

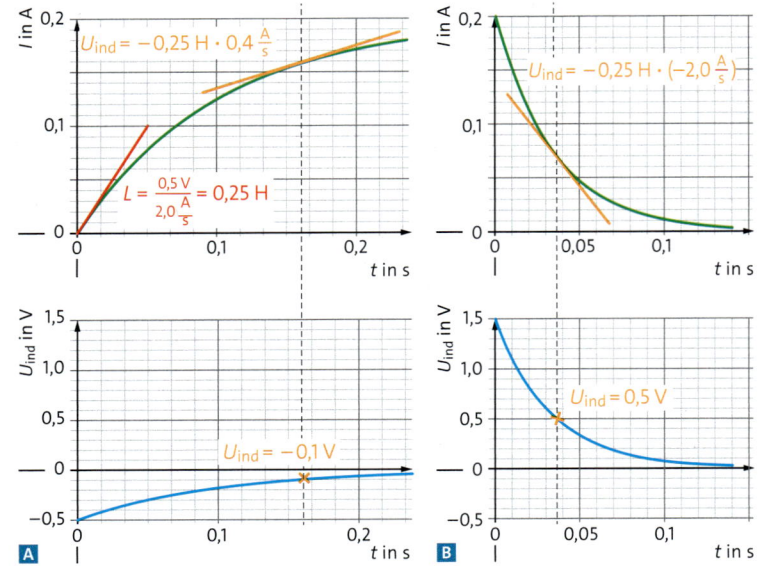

1 I-t- und U_{ind}-t-Diagramm **A** beim Einschalten, **B** beim Ausschalten

$$\mathcal{B}(t) = \mu_0\,\mu_r \cdot \tfrac{n}{\ell} \cdot I(t)$$

Schlanke Spule

Sie kennen den Zusammenhang zwischen Flussdichte und Stromstärke bei einer schlanken Spule. Da hier alle anderen Größen konstant sind, gilt dieser Zusammenhang auch für die zeitlichen Ableitungen der beiden Größen:

$$\dot{\mathcal{B}}(t) = \mu_0\,\mu_r \cdot \tfrac{n}{\ell} \cdot \dot{I}(t).$$

Eingesetzt in das Induktionsgesetz erhält man

$$U_{ind}(t) = -n \cdot \dot{\Phi}(t) = -n \cdot A \cdot \dot{\mathcal{B}}(t)$$

$$= -\mu_0\,\mu_r \cdot \tfrac{n^2 \cdot A}{\ell} \cdot \dot{I}(t).$$

Der Vergleich mit $U_{ind}(t) = -L \cdot \dot{I}(t)$ ergibt:

> Die Induktivität einer schlanken Spule ist
> $$L = \mu_0\,\mu_r \cdot \frac{n^2 \cdot A}{\ell}.$$

U_{ind} und L beim Einschalten

Beim Einschalten steigt die Stromstärke $I(t)$ aufgrund der Induktionsspannung nicht sprunghaft, sondern stetig an (▸Abb.1A). Wegen $U_{ind}(t) = -L \cdot \dot{I}(t)$ ist die Induktionsspannung negativ im Vergleich zur von außen angelegten Spannung U_0. Zum Zeitpunkt des Einschaltens heben sich U_{ind} und U_0 gegenseitig auf, sodass $I(0\,s) = 0$ A ist. Also gilt:

2 Öffnungsfunken

$$U_0 + U_{ind}(0\,s) = U_0 - L \cdot \dot{I}(0\,s) = 0\,V \ \text{bzw.}\ L = \frac{U_0}{\dot{I}(0\,s)}.$$

Aus dem I-t-Diagramm kann man daher mit der Tangentensteigung für $t = 0$ s die Induktivität berechnen. Kennt man umgekehrt die Induktivität, kann man wegen $U_{ind}(t) = -L \cdot \dot{I}(t)$ zu jedem Zeitpunkt aus der Tangentensteigung die Induktionsspannung berechnen. Je mehr Zeit vergeht, desto kleiner wird $U_{ind}(t)$. Die Stromstärke $I(t)$ nähert sich daher dem Wert $I_{max} = \frac{U_0}{R_{Sp}}$ an, den sie aufgrund des Widerstands R_{Sp} der Spule hat.

U_{ind} und R_{ges} beim Ausschalten

Beim Ausschalten sorgt die Induktionsspannung $U_{ind}(t)$ dafür, dass die Stromstärke $I(t)$ von I_{max} aus nur langsam zurückgeht. $U_{ind}(t)$ ist also wie U_0 positiv (▸Abb.1B). Im Stromkreis aus Spule und Widerstand R_1 ist aber der Gesamtwiderstand $R_{ges} = R_{Sp} + R_1$ (▸Abb.3). Um anfangs die gleiche Stromstärke zu erreichen, muss die Induktionsspannung beim Ausschalten größer als die ursprünglich angelegte Spannung sein. Ist der zusätzliche Widerstand R_1 sehr groß, dann kann die Induktionsspannung beim Öffnen von Schaltern so groß werden, dass die Luft leitend wird und es einen Funkenüberschlag gibt (▸Abb.2). Das Ausschalten ist hier gefährlicher als das Einschalten!

U_{ind} und I im Experiment

Der hier dargestellte Zusammenhang zwischen $I(t)$ und $U_{ind}(t)$ lässt sich experimentell bestätigen. Um $U_{ind}(t)$ zu messen, erweitern wir dafür den bisher verwendeten Aufbau (▸Abb.3): Wenn wir die Spannung direkt an der Spule messen würden, müssten wir den Einfluss des Widerstands der Spule berücksichtigen. Wir messen daher die Spannung an einer zweiten, baugleichen Spule, die sich auf einem gemeinsamen geschlossenen Eisenkern befindet. Da sie vom gleichen Magnetfeld durchsetzt wird wie die Spule im Stromkreis, ist die dort gemessene Spannung genau so groß wie die Induktionsspannung.

> Wegen $U_{ind}(t) = -L \cdot \dot{I}(t)$ kann man aus dem I-t-Diagramm mit der Tangentensteigung die Induktionsspannung bestimmen. Beim Einschalten lässt sich die Induktivität mit $L = \frac{U_0}{\dot{I}(0\,s)}$ berechnen.

Energie im Magnetfeld · Beim Einschalten wird nach dem Schließen des Schalters vom Netzgerät ständig Energie zur Spule übertragen. Ein Teil wird aufgrund des Widerstands zu thermischer Energie, ein Teil wird genutzt, um das Magnetfeld der Spule aufzubauen. Wie viel Energie ist anschließend im Magnetfeld gespeichert?

Um die Frage zu beantworten, betrachten wir eine Spule mit vernachlässigbarem Widerstand. Beim Einschalten steigt die Stromstärke in einer solchen Spule proportional zur Zeit an, da eine Verlangsamung des Anstiegs nur durch den Widerstand zustande kommen kann (▸Abb. 5 A). Wegen $P(t) = U_0 \cdot I(t)$ ist mit der Stromstärke auch die Leistung, mit der das Netzgerät die Energie überträgt, proportional zur Zeit (▸Abb. 5 B).

Wegen des vernachlässigbaren Widerstands gibt es nur die Netzgerät-Spannung U_0 und die Induktionsspannung U_{ind}. Beide heben sich daher nicht nur beim Einschalten, sondern ständig auf:

$U_0 + U_{\mathrm{ind}}(t) = 0\,\mathrm{V}$ bzw. $U_0 = L \cdot \dot{I}(t)$.

Da die Stromstärke proportional mit der Zeit wächst, vereinfacht sich die Stromstärkeänderung zu $\dot{I}(t) = \frac{I(t)}{t}$. Für die Leistung ergibt sich daher:

$P(t) = U_0 \cdot I(t) = L \cdot \dot{I}(t) \cdot I(t) = \frac{L \cdot I^2(t)}{t}$.

Die im Magnetfeld der Spule gespeicherte Energie E_{Spule} entspricht der Fläche unter dem Graphen im P-t-Diagramm (▸Abb. 5). Daher gilt:

$E_{\mathrm{Spule}}(t) = \frac{1}{2} \cdot P(t) \cdot t = \frac{1}{2} L \cdot I^2(t)$.

Es zeigt sich, dass dieses Ergebnis auch gilt, wenn der Widerstand nicht vernachlässigbar ist.

Energie beim Ausschalten · Beim Ausschalten wird die im Magnetfeld gespeicherte Energie abgegeben. Folgender Versuch macht dabei den Zusammenhang $E_{\mathrm{Spule}} = \frac{1}{2} L \cdot I^2$ plausibel (▸Abb. 4): Ein leichtgängiger Motor wird an eine Spule angeschlossen. Mit ihm kann ein Massestück an einer Schnur hochgezogen werden. Die Diode verhindert, dass der Motor läuft, solange er noch in einem Stromkreis mit dem Netzgerät ist.

Öffnet man den Schalter, zieht der Motor das Massestück etwas nach oben. Die ursprünglich im Magnetfeld gespeicherte Energie hat für die Zunahme der Lageenergie beim Massestück gesorgt. Wenn man die Stromstärke verdoppelt, zieht der Motor das Massestück etwa viermal so hoch. Das liegt daran, dass die Energie E_{Spule} quadratisch von der Stromstärke abhängt.

> Im Magnetfeld einer Spule mit der Induktivität L ist bei der Stromstärke I die Energie E_{Spule} gespeichert. Dabei gilt:
>
> $E_{\mathrm{Spule}} = \frac{1}{2} L \cdot I^2$.

1 Eine Spule wird an ein Netzgerät mit 1,5 V angeschlossen. Beim Einschalten misst man $\dot{I}(0\,\mathrm{s}) = 12\,\frac{\mathrm{A}}{\mathrm{s}}$. Nach einiger Zeit misst man eine konstante Stromstärke von 240 mA.
a) Bestimmen Sie die Induktivität und den Widerstand der Spule.
b) Skizzieren Sie das I-t-Diagramm.
c) In die Spule wird ein Eisenkern eingebracht. Erklären Sie, wie sich das I-t-Diagramm dadurch ändert.

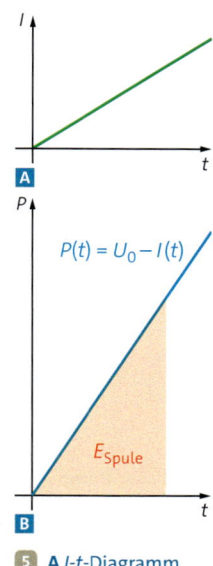

A I-t-Diagramm,
B P-t-Diagramm

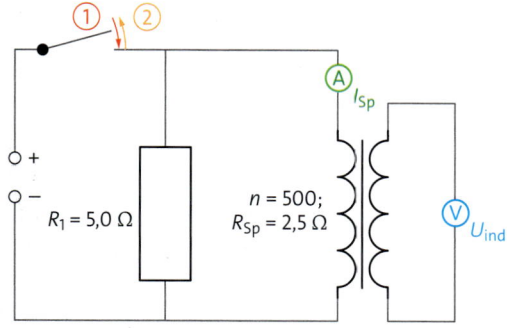

3 U_{ind} und I im Experiment

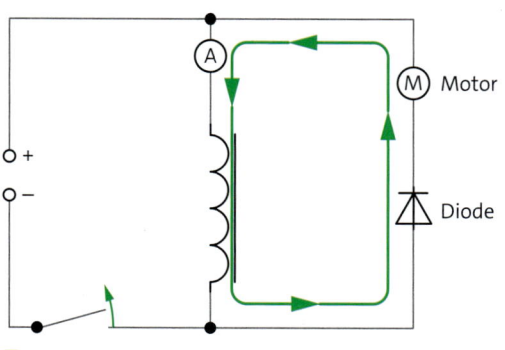

4 Erst beim Öffnen des Schalters läuft der Motor.

Versuch A • Selbstinduktion bei Wechselstrom

Material:
Gleichstromnetzgerät, Wechselstrom-netzgerät, Spule mit offenem Eisenkern (z. B. $n = 1000$), Volt- und Amperemeter; für V3 zusätzlich: Funktionsgenerator

V1 Gleich- und Wechselstrom

Sie vergleichen den Einfluss von Gleich- und Wechselstrom bei einer Spule.

Arbeitsauftrag:
a) Die Spule kann mit oder ohne Eisen-kern betrieben werden. Welchen Ein-fluss hat das bei unveränderter Span-nung auf die Stromstärke? Stellen Sie eine begründete Vermutung (i) für Gleichstrom, (ii) für Wechselstrom auf.
b) Überprüfen Sie Ihre Vermutung experimentell.
c) In der Elektrotechnik werden Spulen häufig als sogenannte Drosseln einge-setzt. Erläutern Sie anhand der Ergebnis-se aus b), wie eine Drossel funktioniert.

V2 Der Scheinwiderstand Z

Den Quotienten aus Spannung und Strom nennt man bei Wechselstrom Scheinwiderstand Z. Sie vergleichen ihn mit dem Widerstand R bei Gleichstrom.

Arbeitsauftrag:
a) Nehmen Sie mit dem Gleichstrom-netzgerät eine I-U-Kennlinie der Spule auf (mind. 5 Messwerte). Bestimmen Sie damit den Widerstand R der Spule.
b) Ersetzen Sie das Gleichstrom- durch das Wechselstromnetzgerät. Nehmen Sie damit eine I-U-Kennlinie der Spule mit Eisenkern auf. Bestimmen Sie Z aus Ihren Messwerten.
c) Vergleichen Sie R und Z. Erklären Sie die unterschiedlichen Werte.
d) Für Scheinwiderstand und Induktivi-tät der Spule gilt näherungsweise der Zusammenhang $Z = 2\pi f \cdot L$. Bestimmen Sie damit aus Ihren Messwerten die Induktivität der Spule.

V3 Scheinwiderstand, Frequenz und Induktivität

Sie untersuchen, wie der Scheinwider-stand von der Frequenz abhängt und be-stimmen die Induktivität auf zwei Arten.

Arbeitsauftrag:
a) Bestimmen Sie bei der Spule ohne Eisenkern die Abhängigkeit des Schein-widerstands Z von der Frequenz f von ca. 50 Hz bis 2 000 Hz.
b) Erstellen Sie ein Z-f-Diagramm. Begründen Sie, weshalb der Scheinwi-derstand mit der Frequenz zunimmt.
c) Nutzen Sie den Zusammenhang $Z = 2\pi f \cdot L$, um aus dem Z-f-Diagramm die Induktivität der Spule zu bestimmen.
d) Berechnen Sie L mit der Formel für die Induktivität einer schlanken Spule. Bestimmen Sie die benötigten Größen direkt mit dem Lineal.
e) Vergleichen Sie die Ergebnisse aus c) und d). Erklären Sie die Abweichung.

Material A • Reden über einen Versuch mit Variationen

Wenn der Schalter in der Abbildung ge-schlossen wird, leuchtet die Lampe erst etwas verspätet auf. Mias, Antons, Toms und Lenas Aussagen dazu sind fehlerhaft.

A1 a) Erklären Sie jeweils, worin der Fehler besteht.
b) Mias und Antons Aussagen las-sen sich widerlegen, indem man den Aufbau abwandelt. Entwickeln Sie jeweils eine passende Abwandlung. Begründen Sie Ihre Lösung.
c) Man vertauscht nun bei einer der Spulen die Anschlüsse. Damit beobachtet man kein verzögertes Aufleuchten mehr. Erklären Sie dies.
A2 Wenn man den Schalter öffnet, beobachtet man am Schalter einen Funkenüberschlag.
a) Eine Physiklehrerin sagt: „Der Stromkreis ist kurz nach dem Öffnen des Schalters wegen des Netzgeräts noch geschlossen." Erläutern Sie.
b) Wandeln Sie den Aufbau so ab, dass der Funkenüberschlag schwä-cher wird. Begründen Sie.

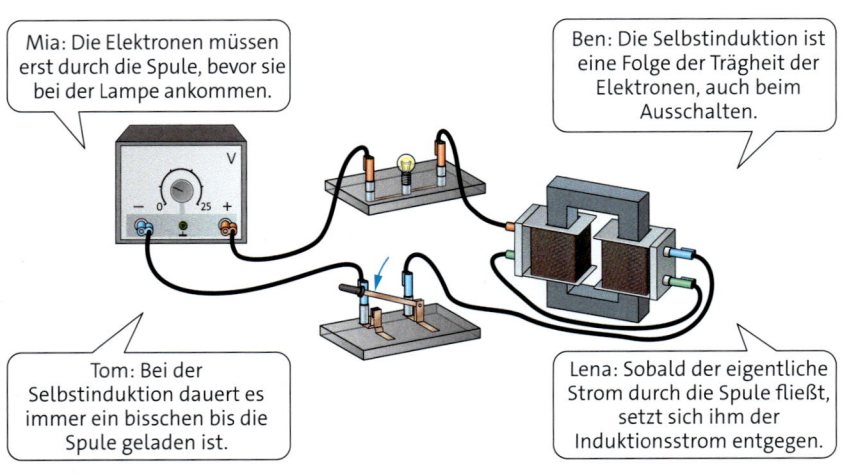

Mia: Die Elektronen müssen erst durch die Spule, bevor sie bei der Lampe ankommen.

Ben: Die Selbstinduktion ist eine Folge der Trägheit der Elektronen, auch beim Ausschalten.

Tom: Bei der Selbstinduktion dauert es immer ein bisschen bis die Spule geladen ist.

Lena: Sobald der eigentliche Strom durch die Spule fließt, setzt sich ihm der Induktionsstrom entgegen.

Material B • Diagramme

Beim Einschaltvorgang einer luftgefüllten Spule mit Eisenkern wurde ein
I_{Sp}-t-Diagramm ohne Skalierung der
Achsen aufgenommen ①.

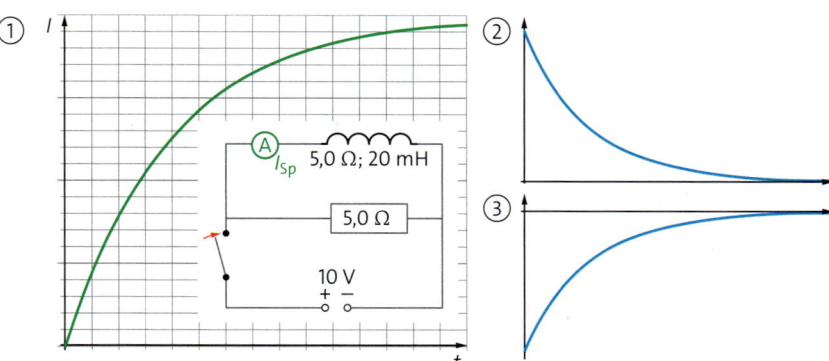

B1 a) Erläutern Sie, wie es zum verzö-
gerten Anstieg kommt.
b) Erklären Sie anhand einer Skizze
das Zusammenspiel der dabei beteiligten Felder.
B2 Beschreiben und erklären Sie, welchen Einfluss folgende Änderungen
auf das I-t-Diagramm haben.
a) Ein Eisenkern ist in der Spule.
b) Die Spannung am Netzgerät wird
halbiert.
c) Es wird eine sonst baugleiche Spule mit dünnerem Draht verwendet.
d) Es wird eine sonst baugleiche
Spule mit doppelter Windungszahl
verwendet.
B3 a) Berechnen Sie aus den angegebenen Werten I_{max} und $\dot{I}(0\,s)$.

b) Bestimmen Sie damit Skalierung
der I-Achse und der t-Achse in ①.
B4 Die Spule ist 25 cm lang und hat
einen kreisförmigen Querschnitt
mit einem Durchmesser von 7,0 cm.
Berechnen Sie die Windungszahl.
B5 Beim Einschalten und beim Ausschalten wurde der zeitliche Verlauf
der Spulenstromstärke I_{Sp} und der
Induktionsspannung U_{ind} aufgenommen.

a) Untersuchen Sie, welches der
Diagramme ② und ③ den jeweiligen Verlauf am besten darstellt.
b) Bestimmen Sie aus den angegebenen Werten jeweils die Skalierung
der senkrechten Diagrammachse.
c) Untersuchen Sie, ob die Diagramme auch für die angelegte Spannung U_0 und die Stromstärke I_R im
Widerstand geeignet sind.

Material C • Energie im Magnetfeld

Im Versuch zur Energie im Magnetfeld
ersetzen wir den Motor durch einen
Kondensator. Für die Spannung am
Kondensator wird ein U-t-Diagramm
aufgenommen. Zum Zeitpunkt $t = 0\,s$
wird der Schalter geöffnet.

C1 a) Erklären Sie, warum dann eine
negative Spannung am Kondensator
gemessen wird.
b) Erläutern Sie, warum der Betrag
der Spannung im weiteren Verlauf
abnimmt.
C2 a) Beschreiben Sie den Vorgang mithilfe der Energie.
b) Leo sagt: „Wenn man die Induktivität der Spule verdoppelt, verdoppelt sich auch die Spannung am
Kondensator. Verdoppelt man die

Stromstärke, vervierfacht sie sich.“
Erklären Sie Leos Gedankengang. Be-
gründen Sie, warum er nur teilweise
recht hat.
C3 a) Bestimmen Sie die Energie im
Kondensator unmittelbar nach dem
Schließen des Schalters.

b) Die Spulenstromstärke vor dem
Öffnen des Schalters war 0,40 A.
Bestimmen Sie die Induktivität der
Spule.
c) Der in b) berechnete Wert ist
etwas zu klein. Begründen Sie dies.

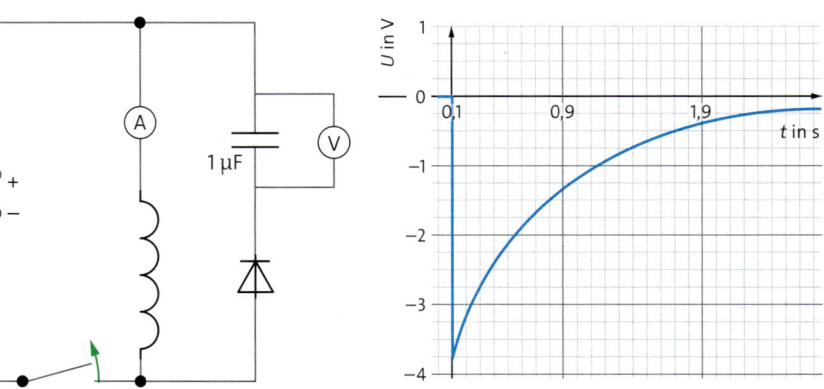

Mit Differenzialgleichungen arbeiten

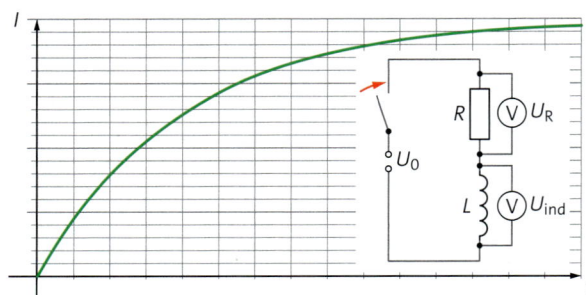

1 *I-t*-Diagramm beim Einschalten der Spule

Differenzialgleichung beim Einschalten • Wie ist der genaue Verlauf des *I-t*-Diagramms in ▸ Abb. 1 beim Einschalten der Spule zu erklären? Ohne die Spule wäre diese Frage einfach: $I(t)$ wäre dann nur abhängig von der von außen angelegten Spannung U_0 und dem Widerstand R, also

$$I(t) = \frac{U_0}{R}.$$

Mit der Spule sieht es anders aus: Wenn man den Schalter schließt, dann entsteht in der Spule eine Induktionsspannung $U_{ind}(t)$, die U_0 immer entgegengesetzt ist. Das berücksichtigen wir nun in der oberen Gleichung:

$$I(t) = \frac{U_0 + U_{ind}(t)}{R} = \frac{U_0 - L \cdot \dot{I}(t)}{R}$$
$$\text{bzw. } U_0 = L \cdot \dot{I}(t) + R \cdot I(t).$$

Diese Gleichung enthält neben den Konstanten U_0, L und R nur die Funktion für die Stromstärke $I(t)$ und ihre zeitliche Ableitung $\dot{I}(t)$. Eine solche Gleichung, die einen Zusammenhang zwischen einer Funktion und einer ihrer Ableitungen beschreibt, nennt man **Differenzialgleichung.** Im Prinzip kann man mit ihr die Abhängigkeit der Stromstärke von der Zeit vollständig beschreiben.

Eigenschaften von *I(t)* • Wenn man die Spannung am Widerstand berechnet, multipliziert man einfach die Stromstärke mit dem Widerstand: $U_R(t) = R \cdot I(t)$. Das funktioniert mit jedem $I(t)$. Bei der Induktionsspannung muss man noch ableiten: $U_{ind}(t) = -L \cdot \dot{I}(t)$. Das geht bei allen differenzierbaren Funktionen für $I(t)$. Die Differenzialgleichung stellt höhere Ansprüche: Die Funktion $I(t)$ muss sich gerade so ändern, dass $L \cdot \dot{I}(t) + R \cdot I(t)$ zu jedem Zeitpunkt genau U_0 ist. Um mehr über die Eigenschaften von $I(t)$ herauszufinden und sie physikalisch zu interpretieren, formen wir die Differenzialgleichung um und schreiben sie folgendermaßen:

$$\dot{I}(t) = \frac{U_0 - R \cdot I(t)}{L}.$$

In dieser Form wird die Anforderung an $I(t)$ besonders deutlich: Wenn man ihre zeitliche Ableitung $\dot{I}(t)$ bildet, dann muss sich immer das Gleiche ergeben wie beim Berechnen des gänzlich anders aufgebauten Terms $\frac{U_0 - R \cdot I(t)}{L}$.

Die Differenzialgleichung nutzen • Wie sich die Stromstärke verändert, hängt auch von den **Anfangsbedingungen** ab. Wenn man den Schalter zum Zeitpunkt $t = 0\,\text{s}$ schließt, dann ist $I(0\,\text{s}) = 0\,\text{A}$. Daher gilt:

$$\dot{I}(0\,\text{s}) = \frac{U_0 - R \cdot I(0\,\text{s})}{L} = \frac{U_0}{L}.$$

Das erscheint physikalisch sinnvoll: Wie stark sich die Stromstärke zum Zeitpunkt des Einschaltens ändert, hängt nur von der angelegten Spannung und der Induktivität ab, nicht aber vom Widerstand.

Für einen Zeitpunkt t_{max} lange nach dem Einschalten ändert sich die Stromstärke nicht mehr. Also gilt:

$$\dot{I}(t_{max}) = 0\,\tfrac{\text{A}}{\text{s}}.$$

Setzt man dies ein, dann ergibt sich:

$$0\,\tfrac{\text{A}}{\text{s}} = \frac{U_0 - R \cdot I(t_{max})}{L} \text{ bzw. } I(t_{max}) = \frac{U_0}{R}.$$

Auch dieses Ergebnis ist plausibel: Lange nach dem Einschalten spielt die Induktivität keine Rolle mehr, sondern nur noch der Widerstand und die angelegte Spannung.

Da sich bei $\dot{I}(t_{max}) = 0\,\tfrac{\text{A}}{\text{s}}$ die Stromstärke nicht mehr ändert, sagt man, sie ist in einem **Gleichgewichtszustand.**

Iteration • Bisher haben wir die Differenzialgleichung genutzt, ohne $I(t)$ selbst zu kennen. Um den zeitlichen Verlauf der Stromstärke zu bestimmen, kann man eine Iteration, also die Methode der kleinen Schritte benutzen: Hierfür ersetzt man in der Differenzialgleichung die zeitliche Ableitung $\dot{I}(t)$ durch den Quotienten $\frac{\Delta I}{\Delta t}$:

$$\frac{\Delta I}{\Delta t} = \frac{U_0 - R \cdot I_n}{L} \text{ bzw. } \Delta I = \frac{U_0 - R \cdot I_n}{L} \cdot \Delta t.$$

Wenn man die Stromstärke I_n zu einem Zeitpunkt t_n kennt, dann kann man so die Stromstärke $I_{n+1} = I_n + \Delta I$ zum Zeitpunkt $t_{n+1} = t_n + \Delta t$ näherungsweise berechnen.

Lösung der Differenzialgleichung • Für den Einschaltvorgang einer Spule kann man für den Fall $I(0\,\text{s}) = 0\,\text{A}$ sogar eine Funktionsgleichung für $I(t)$ angeben:

$$I(t) = \frac{U_0}{R}\left(1 - e^{-\frac{R}{L} \cdot t}\right).$$

Wenn man diese Funktion und ihre zeitliche Ableitung in die Differenzialgleichung einsetzt, sieht man, dass es sich tatsächlich um eine **Lösung der Differenzialgleichung** handelt. Auch hier zeigt sich ein Unterschied zu „normalen" algebraischen Gleichungen: Diese haben Zahlenwerte als Lösung, Differenzialgleichungen hingegen Funktionen.

Differenzialgleichungen beim Kondensator • Beim Laden eines Kondensators konnten wir mit einer Iteration arbeiten, weil es eine entsprechende Differenzialgleichung gibt. Sie ergibt sich aus der Betrachtung der einzelnen Spannungen im Stromkreis (▸Abb. 2 A). Es gilt:

$$U_0 = U_C(t) + U_R(t) \ \text{ bzw. } \ U_0 = \frac{Q(t)}{C} + R \cdot I(t).$$

Wegen $I(t) = \dot{Q}(t)$ ist dies schon die entsprechende Differenzialgleichung. Wenn man sie umformt, sieht man die analoge mathematische Struktur besonders deutlich:

$$\dot{Q}(t) = \frac{U_0 - \dfrac{Q(t)}{C}}{R}.$$

Alle Folgerungen aus der Differenzialgleichung für das Einschalten der Spule lassen sich durch diese Analogie auf das Laden des Kondensators übertragen.

Auch für das Entladen des Kondensators gibt es eine Differenzialgleichung (▸Abb. 2 B). Für die Spannungen gilt:

$$U_C(t) = U_R(t) \ \text{ bzw. } \ \frac{Q(t)}{C} = R \cdot I(t).$$

Wenn in ▸Abb. 2 B der Strom durch das Amperemeter positiv ist, also $I(t) > 0\,\text{A}$, dann nimmt dadurch die Ladung auf den Kondensatorplatten ab, d.h. $\dot{Q}(t) < 0\,\text{A}$. Daher ist beim Entladen $I(t) = -\dot{Q}(t)$ und es ergibt sich

$$\frac{Q(t)}{C} = R \cdot \left(-\dot{Q}(t)\right) \ \text{ bzw. } \ \dot{Q}(t) = -\frac{1}{RC}\,Q(t).$$

Die zeitliche Ableitung $\dot{Q}(t)$ ist hier also proportional zur Funktion $Q(t)$ selbst. Da die Proportionalitätskonstante negativ ist, handelt es sich um eine exponentielle Abnahme. Eine Lösung dieser Differenzialgleichung ist

$$Q(t) = Q(0\,\text{s}) \cdot e^{-\frac{1}{RC} \cdot t}.$$

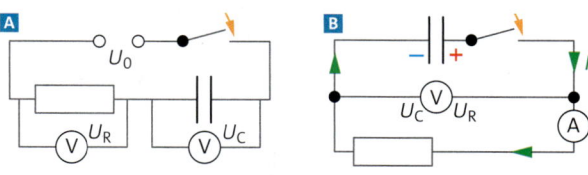

2 Kondensator **A** beim Laden, **B** beim Entladen

Differenzialgleichungen überall • Differenzialgleichungen gibt es nicht nur bei Kondensatoren und Spulen. Sie sind das Mittel, mit der die Physik versucht, die Natur mithilfe der Mathematik zu beschreiben. Man findet sie aber auch in den Ingenieurs- oder Wirtschaftswissenschaften. Dort werden dann völlig andere Systeme wie etwa Aktienderivate mit Differenzialgleichungen beschrieben.

In der Physik gibt es verschiedene Wege, wie man Differenzialgleichungen findet. In der Elektrizitätslehre helfen hier häufig Spannungsbetrachtungen, in der Mechanik Kräftebetrachtungen. Aber auch aus der Energieerhaltung kann man sie herleiten. Um Differenzialgleichungen zu nutzen, gibt es mehrere Möglichkeiten, die Sie beim Einschalten der Spule auch kennengelernt haben: Die Betrachtung der Anfangsbedingungen und der eventuell vorhandenen Gleichgewichtszustände ist hilfreich. Um die Entwicklung eines Systems vorherzusagen, bietet eine Differenzialgleichung die Grundlage für eine Iteration. Manchmal kann man auch direkt eine Lösungsfunktion angeben.

1 a) Bilden Sie die zeitliche Ableitung $\dot{I}(t)$ der oben angegebenen Lösung $I(t)$ der Differenzialgleichung für das Einschalten der Spule. Zeigen Sie durch Einsetzen, dass diese Lösung die Differenzialgleichung erfüllt.
b) Bestimmen Sie die passenden Lösungsfunktionen für $U_R(t)$ und $U_{\text{ind}}(t)$. Skizzieren Sie deren zeitlichen Verlauf in einem gemeinsamen Diagramm mit U_0.
2 a) Vergleichen Sie die Differenzialgleichung für das Laden des Kondensators mit der für das Einschalten einer Spule. Stellen Sie hierbei die sich entsprechenden Größen in einer Tabelle dar.
b) In ▸Abb. 2 A schließt man für $t = 0\,\text{s}$ den Schalter. Dabei ist $Q(0\,\text{s}) = 0\,\text{C}$. Erklären Sie, wie man hiermit den Widerstand aus dem Q-t-Diagramm bestimmen kann.
c) Geben Sie eine Lösung der Differenzialgleichung für den Fall $Q(0\,\text{s}) = 0\,\text{C}$ an.

Transformatoren und Netzteile

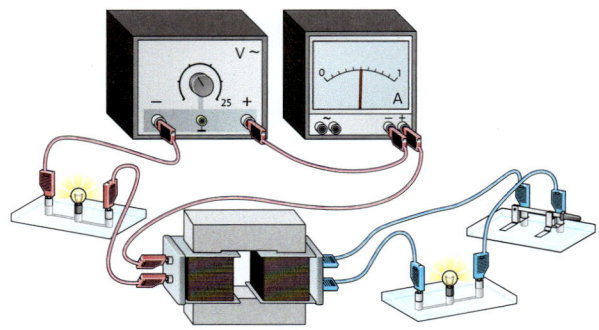

1 Belasteter Transformator

Wie wird transformiert? • Um Energie über weite Strecken zu übertragen, benötigt man mehr als 100 kV. An der Streckdose sind es 230 V und beim Laden eines Smartphones nur 5 V. Sie wissen, dass Transformatoren die Induktion nutzen, um die gewünschte Spannung und Stromstärke einzustellen. Aber wie genau geschieht dies?

Ein einfaches Experiment zeigt, dass es beim Transformator (kurz: Trafo) eine Wechselwirkung zwischen Primär- und Sekundärseite gibt: Der Trafo in ▶Abb.1 hat zwei gleiche Spulen. Er wird mit sinusförmiger Wechselspannung (50 Hz) mit 12 V betrieben. Auf Primär- und Sekundärseite ist je eine Lampe angeschlossen, auf der Primärseite zudem ein Amperemeter. Wenn man nun den Schalter auf der Sekundärseite öffnet, erlischt nicht nur dort die Lampe 2, sondern auch die Lampe 1 auf der Primärseite, obwohl man an dieser gar nichts verändert hat – oder?

Die Primärseite ... • Um die Primärseite genauer zu untersuchen, lassen wir den Schalter geöffnet. Man spricht dann vom **unbelasteten Transformator:** Wenn wir Gleichstrom verwenden, leuchtet die Lampe schon bei einer Spannung von 8,0 V hell und wir messen eine Stromstärke von 0,50 A. Bei 12 V würde die Lampe zerstört werden. Wiederholen wir den Versuch mit Wechselstrom, sind es selbst bei 12 V nur 40 mA! Hier zeigt sich die Wirkung der Selbstinduktion: Die ständige Magnetfeldänderung in der Spule sorgt für eine Induktionsspannung:

$$U_1(t) = -n_1 \cdot \dot{\Phi}(t).$$

Sie wirkt der Spannung des Netzgeräts entgegen und führt so dazu, dass die Stromstärke wesentlich kleiner wird.

... wirkt auf die Sekundärseite ... • Aufgrund des Eisenkerns ist der magnetische Fluss in Primär- und Sekundärspule praktisch gleich. So wie die Flussänderung auf der Primärseite zur Selbstinduktion führt, erzeugt sie auf der Sekundärseite eine Induktionsspannung $U_2(t)$, für die nicht nur im Versuch, sondern allgemein gilt:

$$U_2(t) = -n_2 \cdot \dot{\Phi}(t) = -n_2 \cdot \left(-\frac{U_1(t)}{n_1} \right).$$

Umgeformt sieht man, dass sich die Spannungen auf den beiden Seiten wie die Windungszahlen verhalten:

$$\frac{U_1(t)}{U_2(t)} = \frac{n_1}{n_2}$$

Sie gilt auch für die Spannungsamplituden:

$$\frac{\hat{U}_1}{\hat{U}_2} = \frac{n_1}{n_2}$$

Technisch relevant ist aber nicht $U_1(t)$, sondern die Spannung $U_0(t)$, die an die Primärspule von außen, in unserem Versuch durch das Netzgerät, angelegt wird. Da die Stromstärke und der Spulenwiderstand in der Regel klein sind, ist der Unterschied zwischen den Spannungsamplituden $\hat{U}_0$ und $\hat{U}_1$ zu vernachlässigen und die Windungszahlen bestimmen daher auch das Verhältnis von äußerer Spannung und Sekundärspannung.

... und diese zurück auf die Primärseite! • Wenn wir bei dem Versuch mit 12 V jetzt den Schalter auf der Sekundärseite schließen, steigt die Stromstärke auf der Primärseite von 40 mA auf 0,50 A. Der Trafo wird **belastet**. Die Wirkung der Selbstinduktion scheint wesentlich reduziert. Trotz der höheren Primärstromstärke ändert sich aber die Sekundärspannung durch das Schließen des Schalters nicht, d.h., auch die Flussänderung bleibt gleich. Ursache hierfür ist, dass es nun in der Sekundärspule einen Strom gibt. Die Überlagerung der Magnetfelder von Primär- und Sekundärspule sorgt dafür, dass die Flussänderung unabhängig vom Öffnen und Schließen des Schalters ist, obwohl die Primärstromstärke größer ist.

Sie sehen: Auch wenn es auf den ersten Blick nicht so scheint, verändert sich durch das Öffnen und Schließen des Schalters auf der Sekundärseite auch auf der Primärseite etwas Wesentliches. Bei jedem Stromkreis muss man berücksichtigen, wie sich der magnetische Fluss ändert!

Windungszahlen und Stromstärken • Ein Trafo nimmt auf der Primärseite Energie mit der Leistung $P_1(t)$ und der Stromstärke $I_1(t)$ auf und gibt auf der Sekundärseite Energie mit $P_2(t)$ und $I_2(t)$ ab. Für den Wirkungsgrad η gilt daher:

$$\eta = \frac{P_1(t)}{P_2(t)} = \frac{U_1(t) \cdot I_1(t)}{U_2(t) \cdot I_2(t)} = \frac{n_1 \cdot I_1(t)}{n_2 \cdot I_2(t)}.$$

Im Idealfall mit $\eta = 1$ ergibt sich daraus:

$$\frac{I_1(t)}{I_2(t)} = \frac{n_2}{n_1}$$

Die Stromstärken verhalten sich also dann genau entgegengesetzt zu den Windungszahlen.

Netzteile • In Versuchen haben Sie Trafos immer mit großen, schweren Eisenkernen gesehen. In vielen Netzteilen werden diese auch weiterhin so verwendet. Wozu der Eisenkern dient, lässt sich mit dem Induktionsgesetz verstehen. Für die Sekundärspannung gilt:

$$U_2(t) = -n_2 \cdot \dot{\Phi}(t) = -n_2 \cdot A \cdot \dot{B}(t).$$

Bei sinusförmiger Stromstärke auf der Primärseite ändert sich die Flussdichte auch sinusförmig und für die Amplitude der Sekundärspannung ergibt sich die **Transformatoren-Hauptgleichung**:

$$\hat{U}_2 = 2\pi f \cdot n_2 \cdot A \cdot \hat{B}.$$

Eisenkern als Lösung? • Für einen möglichst kompakten Aufbau mit kleiner Windungszahl n_2 und Querschnittsfläche A sollte die Amplitude $\hat{B}$ der Flussdichte möglichst groß sein. Beim unbelasteten Trafo ist $\hat{B}$ proportional zur Amplitude $\hat{I}_1$ der Primärstromstärke. Der Energieverlust durch den Spulenwiderstand wächst aber quadratisch mit der Stromstärke, sodass $\hat{I}_1$ und damit $\hat{B}$ möglichst klein sein sollten. Diesen vermeidbaren Energieverlust gibt es auch beim belasteten Trafo.

Da $\hat{I}_1$ nicht gleichzeitig möglichst groß und klein sein kann, setzt man einen Eisenkern ein. Dadurch erhöht sich die Flussdichte bei gleicher Stromstärke um die Permeabilitätszahl μ_r. Aber diese Lösung hat Grenzen: Durch die Sättigung des Eisenkerns kann die Flussdichte nicht beliebig groß werden. Zudem sorgt die Hysterese für eine Verzerrung des Signals. Daher muss man Trafos dann doch größer und schwerer bauen.

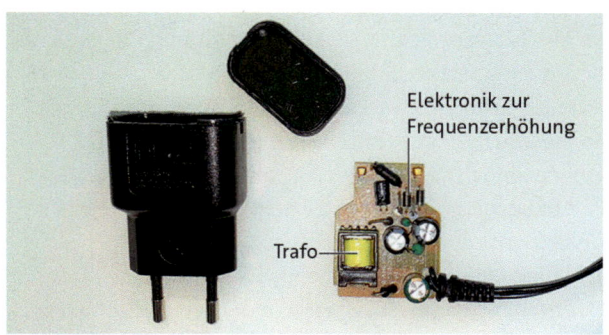

2 Schaltnetzteil

Schaltnetzteile • Bei einem sogenannten **Schaltnetzteil**, wie man es z.B. beim Laden eines Smartphones verwendet, ist der Trafo kompakt und leicht (▸Abb. 2). Sie nutzen aus, dass $\hat{U}_2$ proportional zur Frequenz ist. Sie arbeiten üblicherweise bei 15–300 kHz, also einer etwa 1000-mal höheren Frequenz. Entsprechend benötigt der Trafo keinen Eisenkern und kann kompakter gebaut werden. Die notwendige zusätzliche Elektronik macht ein Schaltnetzteil dafür fehleranfälliger. Zudem kann der hochfrequente Wechselstrom störende elektromagnetische Wellen erzeugen, was man technisch aufwendig unterdrücken muss.

1 Der Ringversuch wird mit Wechselstrom durchgeführt (▸Abb. 3). Erläutern Sie jeweils den Gedankengang, der hinter jeder der drei Hypothesen steckt.

2 **a)** Zeigen Sie, dass die Transformatoren-Hauptgleichung entsprechend für $\hat{U}_1$ gilt.
b) In der Transformatoren-Hauptgleichung scheint $\hat{U}_2$ unabhängig von n_1 zu sein. Stimmt das? Begründen Sie.

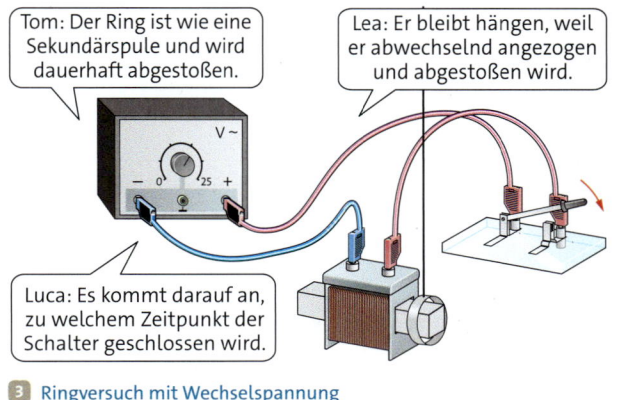

3 Ringversuch mit Wechselspannung

Musteraufgabe mit Lösung

Aufgabe • Induktion durch Flächenänderung

Die Abbildung zeigt eine Versuchsanordnung mit einer flachen, quadratischen Spule mit 500 Windungen und einer Seitenlänge von 4,0 cm. Die Flussdichte im homogenen Magnetfeld beträgt 100 mT und zeigt senkrecht aus der Zeichenebene. Die Spule bewegt sich mit konstanter Geschwindigkeit in 10 s von der Startposition nach rechts bis zur Zielposition.

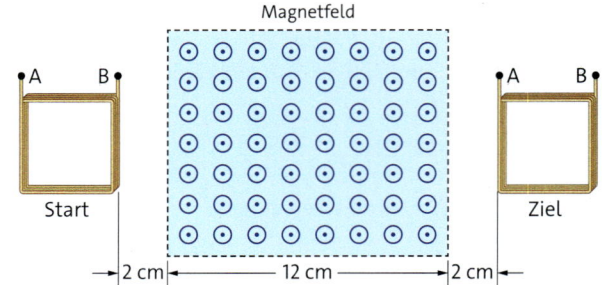

a) Erklären Sie, warum man einige Zeit nach dem Start zwischen den Anschlüssen A und B der Spule eine Spannung messen kann.

b) Bestimmen Sie den Betrag und die Polung der Spannung.

c) Zeichnen Sie ein U-t-Diagramm für die Bewegung der Spule.

Von ihrer Zielposition bewegt sich die Spule mit der doppelten Geschwindigkeit zurück zu ihrer Startposition.

d) Vergleichen Sie das dabei entstehende U-t-Diagramm mit dem aus c).

Lösung

a) Beim Eintreten in das Magnetfeld ändert sich der magnetische Fluss, der die Spule durchsetzt. Deswegen wird zwischen den Anschlüssen der Spule eine Spannung induziert.

b) In den 10 s legt die Spule insgesamt 20 cm zurück, d.h., ihre Geschwindigkeit ist $v = 2{,}0\,\frac{cm}{s}$. Damit ergibt sich für den Betrag der Induktionsspannung:

$$U_{ind} = n \cdot B \cdot d \cdot v$$
$$= 500 \cdot 0{,}100\,T \cdot 0{,}040\,m \cdot 0{,}020\,\tfrac{m}{s} = 40\,mV.$$

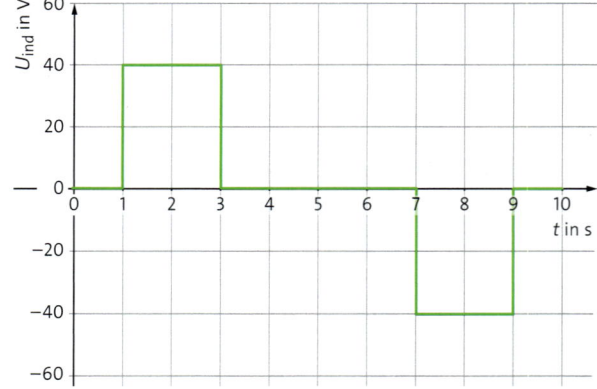

Beim Eintreten in das Magnetfeld nimmt der magnetische Fluss aus der Zeichenebene hinaus zu. Mit der Linken-Hand-Regel ergibt sich daher, dass der Anschluss A positiv ist.

c) *Zeichnen: Fertigen Sie eine möglichst exakte grafische Darstellung beobachtbarer oder gegebener Strukturen an.*

Nur während sich der magnetische Fluss sich ändert, wird eine Spannung induziert. Das ist beim Eintreten (1,0 s bis 3,0 s) und beim Verlassen (7,0 s bis 9,0 s) des Magnetfelds der Fall. Beim Verlassen ist der Betrag der Induktionsspannung auch 40 mV, nur mit entgegengesetztem Vorzeichen, da der Fluss abnimmt.

d) *Vergleichen: Ermitteln Sie Gemeinsamkeiten, Ähnlichkeiten und Unterschiede.*

Beide Diagramme sind gleich aufgebaut: Nur beim Eintreten und Verlassen des Magnetfelds wird eine konstante Spannung induziert. Da auch beim Rückweg der magnetische Fluss beim Eintreten zunimmt, ist die Spannung dabei auch positiv bzw. entsprechend beim Verlassen negativ. Wegen der doppelten Geschwindigkeit ist der Betrag der Spannung doppelt so groß (80 mV) und die Zeitspannen für die einzelnen Abschnitte sind nur halb so groß.

Übungsaufgaben mit Hinweisen

Aufgabe 1 • Induktion im Inneren einer langen Spule

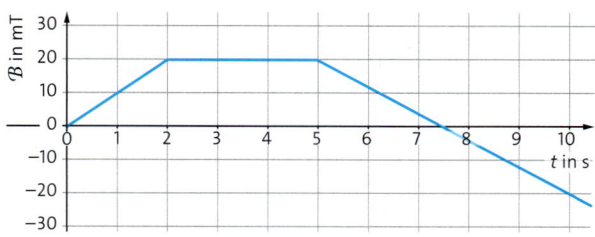

Das Diagramm links zeigt den zeitlichen Verlauf der Flussdichte in der Feldspule.

a) Geben Sie an, wann in der Induktionsspule eine Spannung induziert wird. Begründen Sie Ihre Antwort.

b) Zeichnen Sie für den Verlauf der Induktionsspannung in der Zeitspanne von 0 s bis 8 s ein geeignetes Diagramm.

Im Inneren einer langen Feldspule befindet sich eine Induktionsspule mit 250 Windungen und einer Fläche von 20 cm². Die magnetischen Feldlinien verlaufen senkrecht zur Querschnittsfläche der Induktionsspule.

Die Feldspule hat 2400 Windungen, ist 60 cm lang und hat eine Querschnittsfläche von 100 cm².

c) Bestimmen Sie die Stromstärke, die für die maximale Flussdichte in der Abbildung benötigt wird.

Aufgabe 2 • Rotierende Rahmenspule

In der Abbildung befindet sich eine rechteckige Rahmenspule mit 300 Windungen in einem homogenen Magnetfeld mit einer Fluss- dichte von 4,0 mT. Sie rotiert 25 Mal in der Sekunde um die eingezeichnete Achse. Das Bild zeigt die Situation zum Zeitpunkt $t = 0$ s.

a) Erläutern Sie, weshalb bei der Rotation eine Wechselspannung induziert wird. Erklären Sie, in welchen Spulenpositionen der Spannungsbetrag maximal bzw. null wird.

b) Berechnen Sie die maximale Spannung.

c) Geben Sie eine Gleichung für die induzierte Spannung in Abhängigkeit von der Zeit an.

d) Erklären Sie anhand der Gleichung aus c), wie sich eine Verdopplung der Frequenz auf die Induktionsspannung auswirkt.

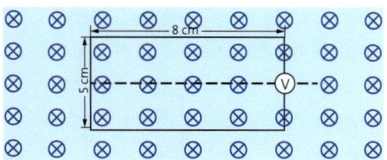

Aufgabe 3 • Einschaltvorgang

Mit einem Messwerterfassungssystem wird der Einschalt- vorgang bei einer Spule aufgenommen. Als Quelle wird ein 12-V-Akku verwendet. Die Tabelle zeigt einige Messwerte.

a) Stellen Sie die Messwerte in einem geeigneten Dia- gramm dar.

b) Bestimmen Sie den Widerstand und die Induktivität der Spule.

c) Ein Eisenkern wird in die Spule geschoben und die Messung wiederholt. Erklären Sie, welchen Einfluss dies auf die Messwerte hat.

t in ms	0	0,20	0,40	1,0	2,0	3,0	4,0
I in A	0	0,50	0,91	1,8	2,5	2,8	2,9

Hinweise

Aufgabe 1

a) Achten Sie auf Flussänderungen.

b) Die Induktionsspannung kommt durch die Flussdichteänderung zu- stande. Wenden Sie das Induktions- gesetz entsprechend an.

c) Benutzen Sie die Formel für die Flussdichte bei einer langen Spule.

Aufgabe 2

a) Achten Sie auf die Lage der Spule re- lativ zu den Feldlinien.

b) Wenden Sie die Formel an.

c) Beachten Sie die Stellung der Spule zu Beginn.

d) Die Frequenz taucht an zwei Stellen in der Gleichung auf.

Aufgabe 3

a) Stellen Sie die Stromstärke in Abhän- gigkeit der Zeit dar.

b) Für den Widerstand benötigen Sie den Grenzwert der Stromstärke, für die Induktivität die Tagentensteigung.

c) Durch den Eisenkern wird die Induk- tivität verändert.

Training I • Induktion durch Flussdichteänderung und Flächenänderung

Aufgabe 1

Zur Geschwindigkeitsmessung bei einem Fahrrad ist ein kleiner Magnet am Vorderrad befestigt (▸Abb. B). Er bewegt sich bei jeder Umdrehung des Rads an einer kleinen Spule vorbei. An den Anschlüssen der Spule wird die Spannung gemessen. Dabei ergibt sich das U-t-Diagramm in ▸Abb. A mit zwei aufeinander folgenden Messsignalen.

a) Erklären Sie, warum in regelmäßigen Abständen eine Spannung entsteht.

b) Erläutern Sie den Kurvenverlauf im Zeitintervall $40\,\text{ms} \leq t \leq 60\,\text{ms}$.

c) Geben Sie an, von welchen Einflüssen der maximale Spannungsbetrag im U-t-Diagramm abhängt. Erklären Sie zwei der von Ihnen genannten Einflüsse.

d) Das Vorderrad hat einen Durchmesser von 70 cm. Bestimmen Sie mithilfe des Diagramms die Geschwindigkeit des Fahrrads.

Die Geschwindigkeit des Rads wird nun erhöht. Dadurch verändert sich das U-t-Diagramm.

e) Beschreiben Sie zwei dieser Veränderungen. Begründen Sie Ihre Antwort.

Aufgabe 2

In einem Modellexperiment zur Geschwindigkeitsmessung wird ein kleiner Magnet mit $2{,}0\,\frac{\text{m}}{\text{s}}$ an einer Spule vorbeibewegt (▸Abb. C). Die Querschnittsfläche von Spule und Magnetfeld ist quadratisch. Das Magnetfeld ist näherungsweise homogen und hat eine Flussdichte von 0,50 T.

a) Bestimmen Sie den Betrag und die Polung der induzierten Spannung, wenn der Magnet den linken Rand der Spule erreicht hat.

b) Zeichnen Sie ein U_{ind}-t-Diagramm für das Zeitintervall $0\,\text{ms} \leq t \leq 50\,\text{ms}$.

c) Vergleichen Sie Ihr U_{ind}-t-Diagramm mit dem Abschnitt $10\,\text{ms} \leq t \leq 30\,\text{ms}$ in der ▸Abb. B. Begründen Sie dabei zwei der Unterschiede.

Aufgabe 3

Eine rechteckige Leiterschleife fällt frei durch ein homogenes Magnetfeld mit einer Flussdichte von 0,25 T (▸Abb. links). Dabei startet sie zum Zeitpunkt 0 s aus der angegebenen Position. Zwischen den Anschlüssen der Spule wird dabei eine Spannung induziert. Eines der drei U_{ind}-t-Diagramme ①–③ passt zu dem Aufbau, die anderen nicht.

a) Überprüfen Sie bei jedem der Diagramme, inwiefern es hier passend ist oder nicht.

b) Bestimmen für das passende U_{ind}-t-Diagramm die Skalierung der U_{ind}- und der t-Achse.

Die Anschlüsse der Leiterschleife werden nun leitend verbunden und der Versuch wiederholt.

c) Beschreiben Sie, wie sich die Fallbewegung hierbei verglichen mit dem ursprünglichen Aufbau ändert. Begründen Sie Ihre Antwort.

d) Beurteilen Sie, ob die Änderung der Fallbewegung in einem normalen Experiment beobachtbar ist.

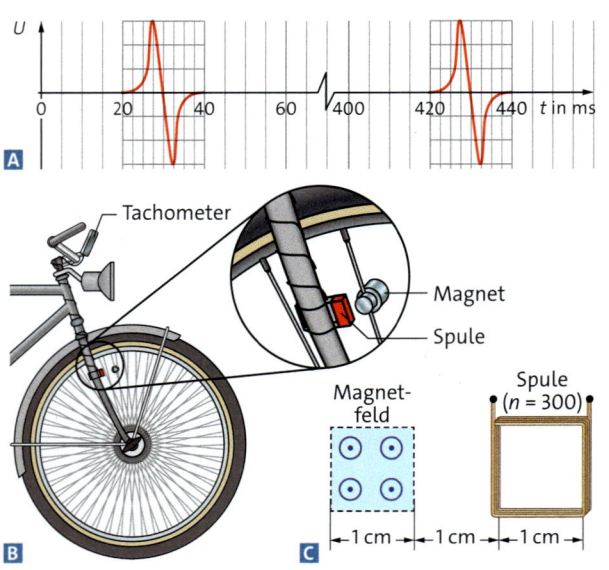

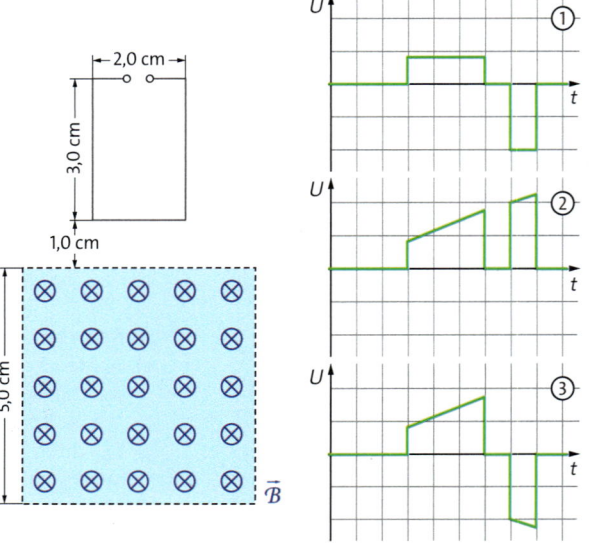

Aufgabe 1

Für das Betriebsgeräts eines elektrischen Weidezauns wird ein Modellversuch durchgeführt (▸Abb.links). Die Spule mit Eisenkern hat einen Widerstand von 10 Ω und eine Induktivität von 4,0 H. Das Diagramm ① zeigt den zeitlichen Verlauf der angelegten Spannung und der Induktionsspannung beim Schließen des Schalters.

a) Erläutern Sie das Zustandekommen des zeitlichen Verlaufs der Induktionsspannung.

b) Begründen Sie, dass die maximal erreichbare Stromstärke 1,2 A beträgt

c) Skizzieren Sie ein entsprechendes I-t-Diagramm. Dokumentieren Sie Ihre Lösung.

Aufgabe 2

Die in Aufgabe 1 verwendete Spule der Länge 10 cm hat 1 000 Windungen und eine kreisförmige Querschnittsfläche mit einem Durchmesser von 4,0 cm. Der Eisenkern hat eine Permeabilitätszahl von 300.

a) Berechnen Sie aus diesen Werten die Induktivität der Spule. Nehmen Sie dabei an, dass es sich um eine schlanke Spule handelt.

b) Bestimmen Sie die prozentuale Abweichung Ihres Ergebnisses vom oben angegebenen Wert.

c) Erklären Sie, warum es zu der Abweichung kommt. (Hinweis: Messfehler sind hier nicht verantwortlich.)

Aufgabe 3

Mit dem Aufbau in der linken Abbildung stellt man die Situation nach, dass ein auf dem Boden stehendes Tier den Zaun berührt. Dazu verbindet man die Anschlüsse Z und B mit einem Widerstand, der symbolisch für das Tier

steht. Der zeitliche Verlauf der Spulenstromstärke beim Öffnen des Schalters ist in Diagramm ② dargestellt.

a) Berechnen Sie die im Magnetfeld der Spule gespeicherte Energie direkt vor dem Öffnen des Schalters.

b) Bestimmen Sie mithilfe des I-t-Diagramms die Induktionsspannung beim Öffnen des Schalters.

c) Lisa meint: „Wenn man den Schalter öffnet, ist das für das Tier ungefährlich, weil die Stromstärke abnimmt." Beurteilen Sie Lisas Aussage.

Aufgabe 4

Beim Trafo eines Schaltnetzteils befindet sich die Induktionsspule orthogonal zu den Feldlinien vollständig in einem homogenen Magnetfeld. Die Flussdichte ändert sich mit $\mathcal{B}(t) = \hat{\mathcal{B}} \cdot \sin(2\pi f \cdot t)$. Diagramm ③ zeigt das entsprechende U_{ind}-t-Diagramm.

a) Bestimmen Sie aus dem Diagramm eine Gleichung für $U_{ind}(t)$.

b) Berechnen Sie die Effektivspannung U_{eff}.

Die Induktionsspule hat 20 Windungen und eine Querschnittsfläche von 1,0 cm². Für die Amplitude der Spannung gilt: $\hat{U}_{ind} = n \cdot A \cdot \hat{\mathcal{B}} \cdot 2\pi f$

c) Bestimmen Sie damit die Amplitude $\hat{\mathcal{B}}$ der Flussdichte.

d) Begründen Sie, weshalb Schalternetzteile mit wesentlich höheren Frequenzen als der Netzfrequenz von 50 Hz arbeiten.

e) Leiten Sie den Zusammenhang für $\hat{U}_{ind}$ aus dem Induktionsgesetz her.

f) Eine Physiklehrerin sagt: „Bei Generatoren ist der mathematische Zusammenhang für $\hat{U}_{ind}$ sehr ähnlich, aber die Ursache anders." Erläutern Sie die Aussage.

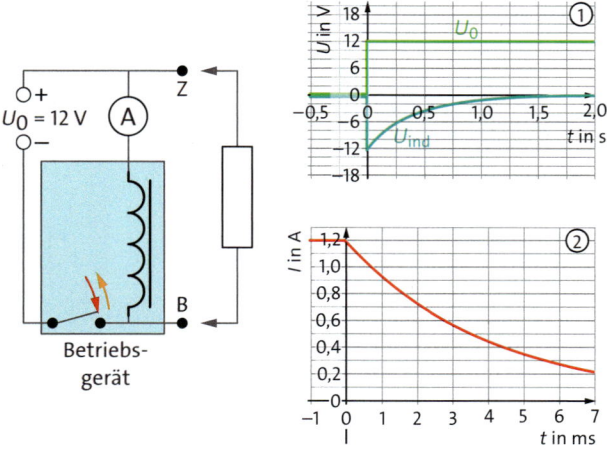

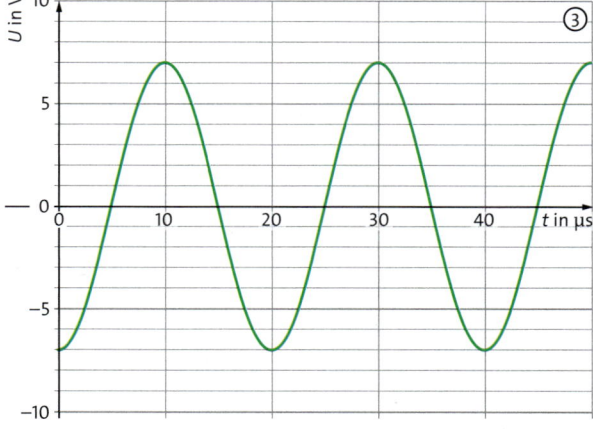

Phänomene und Grundlagen der Induktion

Elektromagnetische Induktion: Ändert sich die magnetische Flussdichte, dann tritt dabei gleichzeitig ein elektrisches Wirbelfeld auf, dessen Feldlinien weder Anfang noch Ende haben. Dies bezeichnet man als elektromagnetische Induktion.

Linke-Hand-Regel: Wenn der Daumen der linken Hand in Richtung der magnetischen Flussdichteänderung zeigt, dann geben die anderen Finger die Richtung der Feldlinien des induzierten elektrischen Wirbelfelds an.

Induktionsspannung: Ändert sich die magnetische Flussdichte in einer Leiterschleife, dann wird durch das elektrische Wirbelfeld eine Spannung induziert, die umso größer ist, je mehr Windungen die Leiterschleife hat. Die Polung der Spannung bestimmt man mit der Linken-Hand-Regel.

Lenzsche Regel: Wirken Induktionsphänomene auf die sie verursachende Magnetfeldänderung zurück, dann geschieht das so, dass sie dieser Magnetfeldänderung entgegenwirken.

Wirbelstrom: Wird eine Metallplatte in ein Magnetfeld hinein- oder aus dem Feld herausbewegt, dann werden in der Platte Wirbelströme induziert. Diese erzeugen ihrerseits ein Magnetfeld, das die Platte abbremst.

Magnetischer Fluss: Das Produkt aus der magnetischen Flussdichte B und der vom Magnetfeld durchsetzen Fläche A einer Leiterschleife, die sich orthogonal zu den magnetischen Feldlinien befindet, heißt magnetischer Fluss Φ:
$\Phi = A \cdot B$; mit der Einheit $[\Phi] = \text{T} \cdot \text{m}^2$.

Induktionsgesetz: Wenn sich der magnetische Fluss Φ in einer Spule oder Leiterschleife mit n Windungen ändert, dann wird in ihr eine Spannung Uind induziert, für die gilt:
$U_{\text{ind}}(t) = -n \cdot \dot{\Phi}(t)$.

Induktion durch Flächenänderung: In einer Leiterschleife entsteht eine Induktionsspannung durch eine Lorentzkraft, wenn sich die vom Magnetfeld durchsetzte Fläche in der Schleife ändert (▸Abb.1).
Bewegt sich ein Leiter der Länge d mit der Geschwindigkeit v senkrecht zur Flussdichte $\vec{B}$ durch das Magnetfeld, gilt für den Betrag der Induktionsspannung:
$U = B \cdot v \cdot d$.

Anwendung der Induktion

Generator: Durch Induktion wirkt ein Generator als Energiewandler, der mechanische Energie aufnimmt und elektrisch abgibt, da die Drehbewegung eine Spannung induziert.

Wechselspannung: Wenn sich eine Leiterschleife mit der Fläche A in einem Magnetfeld mit der Flussdichte $\vec{B}$ befindet, dann gilt für den magnetischen Fluss Φ:
$\Phi = A \cdot B \cdot \cos(\alpha)$.

Dreht sich eine Spule in einem homogenen Magnetfeld um eine Achse, die senkrecht zu den Feldlinien steht, dann wird eine sinusförmige Wechselspannung $U(t)$ induziert (▸Abb.2). Aus dem Induktionsgesetz ergibt sich mit dem magnetischen Fluss Φ und der Winkelgeschwindigkeit ω für die Scheitelspannung:
$\hat{U} = n \cdot A \cdot B \cdot \omega$.

Steht die Spule anfangs senkrecht zu den Feldlinien, gilt:
$U(t) = \hat{U} \cdot \sin(\omega \cdot t)$.

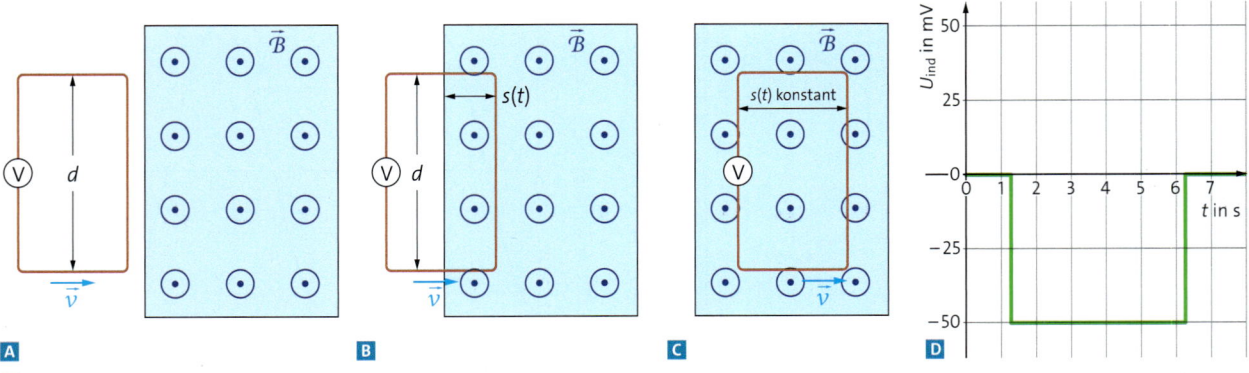

1 Die Spule bewegt sich ins Magnetfeld: **A, C** Keine Induktionsspannung, **B** Induktion durch Flächenänderung, **D** U_{ind}-t-Diagramm

Selbstinduktion: Ändert sich in einer Spule die Stromstärke $I(t)$, dann wird in ihr eine Spannung $U_{ind}(t)$ induziert, für die gilt:

$U_{ind}(t) = -L \cdot \dot{I}(t)$

Dabei ist L die Induktivität der Spule mit der Einheit 1H (Henry).

Bei einer schlanken Spule gilt für die Induktivität:

$L = \mu_0 \, \mu_r \cdot \dfrac{n^2 \cdot A}{\ell}$.

Energie im Magnetfeld: Im Magnetfeld einer Spule mit der Induktivität L ist bei der Stromstärke I die Energie E_{Spule} gespeichert. Für die Energie gilt:

$E_{Spule} = \dfrac{1}{2} L \cdot I^2$

Transformator: An einem unbelasteten Transformator ist der Quotient der Spannungen an der Primär- und der Sekundärseite gleich dem entsprechenden Verhältnis der Windungszahlen:

$\dfrac{U_1(t)}{U_2(t)} = \dfrac{n_1}{n_2}$

Wird der Transformator belastet, verhalten sich die Stromstärken auf der Primär- und der Sekundärseite genau entgegengesetzt zu den Windungszahlen:

$\dfrac{I_1(t)}{I_2(t)} = \dfrac{n_2}{n_1}$

Bei sinusförmiger Stromstärke auf der Primärseite ändert sich auch die Flussdichte sinusförmig und für die Amplitude der Sekundärspannung ergibt sich die **Transformatoren-Hauptgleichung:**

$\hat{U}_2 = 2\pi f \cdot n_2 \cdot A \cdot \hat{B}$.

Überprüfen Sie sich selbst:

Kann ich …

- mit der Linken-Hand-Regel die Richtung der Feldlinien eines induzierten elektrischen Wirbelfelds bestimmen?

- das Entstehen einer Induktionsspannung durch Änderung der magnetischen Flussdichte in einer Leiterschleife erklären?

- die Lenzsche Regel zur Beschreibung des Zusammenwirkens von magnetischem und elektrischem Feld anwenden?

- technische Anwendung elektrischer Wirbelströme (Wirbelstrombremse, Induktionsmotoren) beschreiben?

- das Faradaysche Induktionsgesetz mithilfe des magnetischen Flusses erläutern und anwenden?

- mithilfe der Lorentzkraft erklären, dass in einem Leiter, der senkrecht zu einem Magnetfeld bewegt wird, eine Spannung induziert wird?

- die Induktion einer sinusförmigen Wechselspannung durch die Drehbewegung einer Spule erklären (Generatoren)?

- Selbstinduktionseffekte in Stromkreisen bei Ein- und Ausschaltvorgängen mit der Induktivität als Proportionalitätskonstante beschreiben?

- die Induktivität und die Energie einer schlanken Spule beschreiben und berechnen?

- einen Zusammenhang für die Spannungen am unbelasteten Transformator bzw. für die Stromstärken am belasteten Transformator angeben?

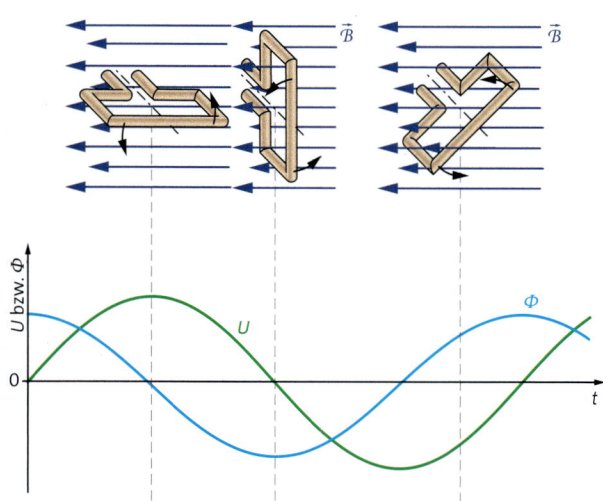

2 Eine Leiterschleife dreht sich im Magnetfeld.

Schwingungen

In diesem Kapitel beschäftigen Sie sich mit

- Schwingungen aus dem Alltag. Sie erfahren, wie Schwingungen zustande kommen und Sie lernen, Schwingungen mithilfe von grundlegenden Größen zu beschreiben.

- einer besonderen Klasse von Schwingungen, den harmonischen Schwingungen. Sie lernen eine Reihe von wichtigen Eigenschaften dieser Schwingungen kennen. Des Weiteren beschäftigen Sie sich mit den Kräften bei harmonischen Schwingungen.

- der mathematischen Beschreibung von harmonischen Schwingungen. Dabei lernen Sie einen neuen Typus von Gleichungen kennen, die sogenannten Differenzialgleichungen.

- den Energieumwandlungen bei Schwingungen. Sie erfahren, wie man Energiebetrachtungen zum Lösen von Problemstellungen nutzen kann. Sie beschäftigen sich mit gedämpften Schwingungen ebenso wie mit angetriebenen Schwingungen und ihren vielfältigen Anwendungen in der Technik.

- der Erzeugung von elektromagnetischen Schwingungen. Sie erfahren, wie es in einem Schwingkreis zu einer Schwingung von Stromstärke und Spannung kommt und welche Rolle das elektrische und magnetische Feld dabei spielen.

- technischen Anwendungen von elektromagnetischen Schwingungen wie einem RFID zum berührungslosen Identifizieren.

Akustik

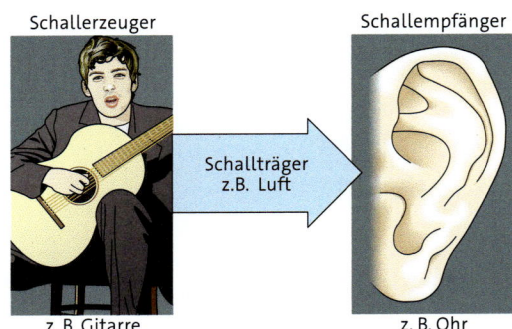

Schallerzeuger

Schallempfänger

Schallträger
z.B. Luft

z. B. Gitarre

z. B. Ohr

Schall entsteht durch Schwingungen. Ein typisches Beispiel für einen **Schallerzeuger** ist eine schwingende Stimmgabel. Mit **Schallempfängern**, z.B. dem Ohr oder einem Mikrofon, kann Schall wahr- oder aufgenommen werden.
Schall kann sich nur in einem **Schallträger** ausbreiten, z.B. Luft, Wasser oder Stein, jedoch nicht im Vakuum. Die Ausbreitung des Schalls erfolgt in einer vom Träger abhängigen **Schallgeschwindigkeit**. In Luft beträgt diese etwa $340\frac{\text{m}}{\text{s}}$.

Die **Amplitude** einer schallerzeugenden Schwingung ist die Länge der Strecke vom Mittelpunkt der Schwingung zu einem der beiden Umkehrpunkte. Je größer die Amplitude einer Schwingung ist, desto lauter ist der Ton.

Die **Frequenz** einer Schwingung berechnet sich aus der Anzahl n der Hin- und Herbewegungen in der Zeitspanne Δt:

$f = \frac{n}{\Delta t}$; mit der Einheit: $[f] = \frac{1}{\text{s}}$ = Hertz (Hz).

Je höher die Frequenz einer Schwingung ist, desto größer ist die wahrgenommene Tonhöhe. Der menschliche Hörbereich reicht etwa von 20 Hz bis 20 kHz. Schall mit Frequenzen unterhalb des Hörbereichs heißt **Infraschall**, oberhalb des Hörbereichs **Ultraschall**.

Beim Anspielen eines **Tons** auf einem Musikinstrument erklingen weitere Töne, sogenannte **Obertöne**, deren Frequenzen Vielfache der Frequenz des angespielten **Grundtons** sind. Grundton und Obertöne zusammen nimmt man als **Klang** des Musikinstruments wahr. Das Schwingungsbild von Ton und Klang zeigt sich wiederholende Abschnitte.

Ein **Geräusch**, z.B. der Knall eines platzenden Luftballons, hat kein regelmäßiges Schwingungsbild. Laute Geräusche, die man als unangenehm empfindet, werden als **Lärm** bezeichnet.

Bewegungen

Zur Beschreibung von Bewegungen eines Körpers im Raum gibt man seinen **Ort s** in Abhängigkeit von der **Zeit t** an. Ein Graph der Funktion $s(t)$ heißt **Ort-Zeit-Diagramm** oder s-t-Diagramm der Bewegung.

Der Betrag der **Geschwindigkeit v** ist der Quotient aus zurückgelegter **Strecke Δs** und **Zeitspanne Δt**:

$v = \frac{\Delta s}{\Delta t}$; mit der Einheit: $[v] = \frac{\text{m}}{\text{s}}$.

Die Geschwindigkeit v lässt sich als Steigung einer Ausgleichsgeraden im s-t-Diagramm ansehen und ermitteln.

Ist die Geschwindigkeit nicht konstant, erhält man eine Funktion $v(t)$. Ihr Wert zur Zeit t_0 ergibt sich als Steigung der Tangente an den Graphen im s-t-Diagramm zum Zeitpunkt t_0. Für die rechnerische Ermittlung lässt man im Quotienten $v = \frac{\Delta s}{\Delta t}$ die Zeitspanne Δt um den fraglichen Zeitpunkt t_0 herum beliebig klein werden. Dies ist gleichbedeutend mit der Ableitung des Orts nach der Zeit:

$v(t) = \lim_{\Delta t \to 0} \frac{\Delta s}{\Delta t} = \dot{s}(t)$.

Der Graph der Funktion $v(t)$ heißt **Geschwindigkeit-Zeit-Diagramm** oder v-t-Diagramm.

Die **Beschleunigung a** ist der Quotient aus **Geschwindigkeitsänderung Δv** und **Zeitspanne Δt**:

$a = \frac{\Delta v}{\Delta t}$; mit der Einheit: $[a] = \frac{\frac{\text{m}}{\text{s}}}{\text{s}} = \frac{\text{m}}{\text{s}^2}$.

Die Beschleunigung a lässt sich als Steigung einer Ausgleichsgeraden im v-t-Diagramm ansehen und ermitteln.

Ist die Beschleunigung nicht konstant, erhält man eine Funktion $a(t)$. Ihr Wert zur Zeit t_0 ist die Steigung der Tangente an den Graphen im v-t-Diagramm zum Zeitpunkt t_0. Rechnerisch ergibt sich die Beschleunigung als Ableitung der Geschwindigkeit nach der Zeit:

$a(t) = \lim_{\Delta t \to 0} \frac{\Delta v}{\Delta t} = \dot{v}(t)$.

Der Graph der Funktion $a(t)$ heißt **Beschleunigung-Zeit-Diagramm** oder a-t-Diagramm.

Da die Geschwindigkeit die Ableitung des Orts nach der Zeit ist, handelt es sich bei der Beschleunigung um die zweite Ableitung des Orts nach der Zeit:

$a(t) = \dot{v}(t) = \ddot{s}(t)$.

Akustik

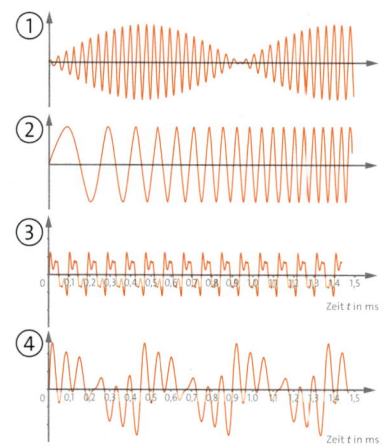

1 Mit dem Computer werden Schwingungsbilder aufgezeichnet.
a) Beschreiben Sie die Schwingungsbilder ① und ② mithilfe der Größen Amplitude und Frequenz. Beschreiben Sie, wie sich Tonhöhe und Lautstärke jeweils verändern.
b) Bestimmen Sie für die Schwingungsbilder ③ und ④ jeweils die Frequenz des Klangs.

2 Eine Geige und eine Posaune spielen den gleichen Ton. Es klingt gleich, aber man kann deutlich unterscheiden, welcher Klang von welchem Instrument kommt. Erläutern Sie.

3 Beschreiben Sie den an- und abschwellenden Ton einer Feuersirene. Skizzieren Sie den Ton in einem Schwingungsbild.

4 Erläutern Sie, warum das Schwingungsbild nicht von einem Ton stammen kann.

Bewegungen

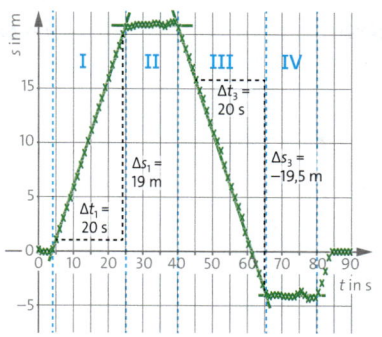

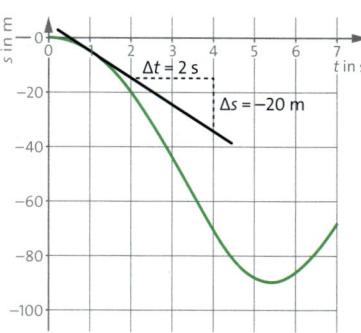

5 Mit einem Smartphone wurde eine Aufzugfahrt in einem s-t-Diagramm aufgezeichnet.
a) Geben Sie eine Deutung, was in den Zeitabschnitten I–IV geschieht.
b) Berechnen Sie die Geschwindigkeit in den Abschnitten I und III.
c) Der Aufzug fährt nun mit einer Geschwindigkeit von $1{,}2\,\frac{m}{s}$ von 12 m Höhe hinunter bis −3 m. Nach 10 s Pause fährt er wieder hoch auf 15 m. Zeichnen Sie das s-t- und das v-t-Diagramm.

6 a) Ordnen Sie begründet den v-t-Diagrammen in der unteren Abbildung die passenden s-t-Diagramme zu.
b) Zeichen Sie für das übrige s-t-Diagramm ein v-t-Diagramm.

7 Die Abbildung zeigt das s-t-Diagramm eines Bungee-Sprungs.
a) Begründen Sie anhand des Diagramms, dass es sich nicht um eine Bewegung mit konstanter Geschwindigkeit handelt.
b) Bestimmen Sie den Zeitpunkt, zu dem eine Bremsung durch das Gummiseil eingesetzt hat.
c) Ermitteln Sie die Geschwindigkeit zum Zeitpunkt $t_0 = 1\,s$.

8 Für einen freien Fall gilt das Weg-Zeit-Gesetz $h(t) = h_0 - \frac{g}{2} \cdot t^2$.
a) Deuten Sie den Parameter h_0.
b) Ermitteln Sie das zugehörige Geschwindigkeit-Zeit-Gesetz. Verwenden Sie $v(t) = \dot{h}(t)$.
c) Ermitteln Sie das zugehörige Beschleunigung-Zeit-Gesetz.

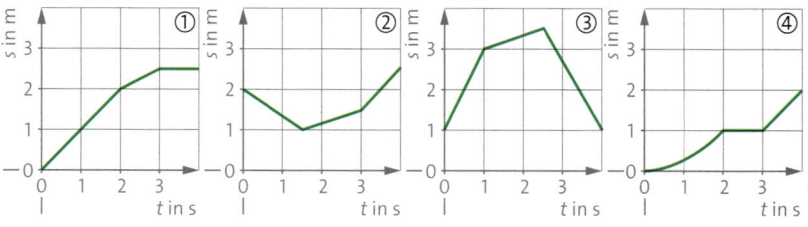

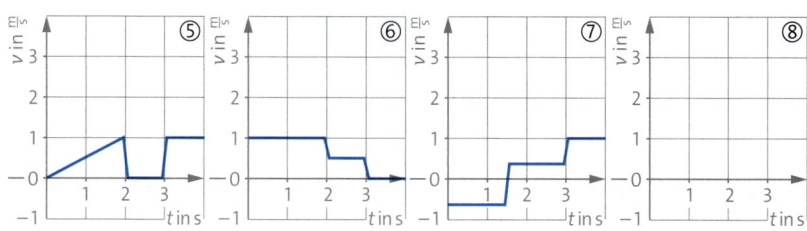

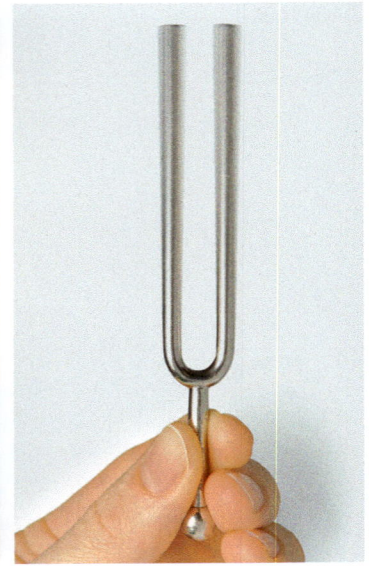

1 Schwingungen im Alltag und in der Musik

Die Einheit der Frequenz ist nach HEINRICH HERTZ (1857–1894) benannt, dem Entdecker der elektromagnetischen Wellen.

Ein neuer Bewegungstyp

Was haben eine Schiffschaukel und die Zinken einer Stimmgabel gemeinsam? Sie bewegen sich hin und her, bleiben aber gewissermaßen mit Abweichungen am gleichen Ort. Welche Größen charakterisieren solche Bewegungen? Wie kommen sie zustande? Welche Besonderheiten haben sie?

Was ist eine Schwingung? • Wenn eine Bewegung sich wie hier ständig wiederholt, spricht man von einer **periodischen** Bewegung. Ein Beispiel wäre auch eine Kreisbewegung. Bei einer Schwingung gibt es im Gegensatz zu einer Kreisbewegung zusätzlich zur Periodizität zwei **Umkehrpunkte**, zwischen denen der Körper schwingt, sowie eine **Gleichgewichtslage**, in welcher der zum Schwingen angeregte Körper irgendwann zur Ruhe kommt. ▸Abb. 2 A zeigt dies am Beispiel einer Schaukel.

Kenngrößen einer Schwingung • Die Abweichung von der Gleichgewichtslage wird **Auslenkung** *s* genannt; sie nimmt im Verlauf der Schwingung positive und negative Werte an. In den Umkehrpunkten ist der Betrag der Auslenkung maximal. Man nennt diesen maximalen Auslenkungsbetrag **Amplitude** $\hat{s}$ (▸Abb. 2 B).

Den kompletten Durchlauf einer Schwingung, z. B. vom Umkehrpunkt zum gleichen Umkehrpunkt, nennt man **Periode**. Die dafür benötigte Zeit ist die **Periodendauer** *T* mit der Einheit [*T*] = Sekunde (s). Der Kehrwert der Periodendauer ist die **Frequenz** *f*. Sie beschreibt die Anzahl der Perioden pro Sekunde. Es gilt:

$$f = \frac{1}{T}; \text{ mit der Einheit } [f] = \frac{1}{s} = \text{Hertz (Hz)}.$$

Eine Stimmgabel für den Kammerton a' schwingt mit 440 Hz, eine Schiffschaukel wie in der ▸Abb. 1 mit etwa 0,3 Hz.

Schwingungen sind periodische Bewegungen zwischen zwei Umkehrpunkten durch eine Gleichgewichtslage.
Die Auslenkung *s* einer Schwingung wird von der Gleichgewichtslage aus gemessen und nimmt während der Schwingung positive und negative Werte an.
Die Amplitude $\hat{s}$ ist der Betrag der Auslenkung in den Umkehrpunkten.
Zwischen Periodendauer *T* und Frequenz *f* gilt der Zusammenhang $f = \frac{1}{T}$.

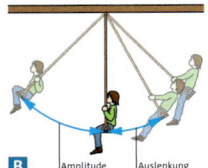

2 Schwingung einer Schaukel: **A** Besondere Punkte, **B** Auslenkung und Amplitude

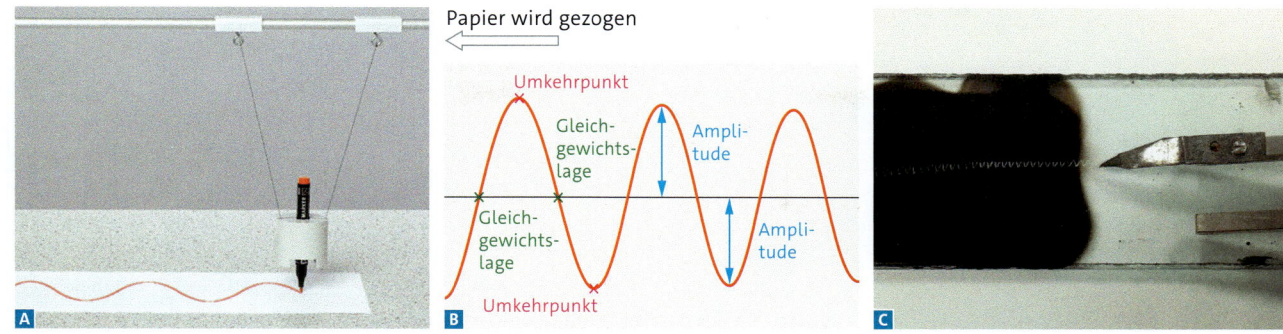

Papier wird gezogen

Umkehrpunkt

Gleich-
gewichts-
lage

Amplitude

Gleich-
gewichts-
lage

Amplitude

Umkehrpunkt

3 Qualitative Aufzeichnungen von Schwingungen: **A** Schwingender Stift, **B** zugehörige Schwingungskurve, **C** Stimmgabel mit Schreibspitze

Entstehung einer Schwingung • Wollen Sie eine Schiffschaukel im ausgelenkten Zustand halten, müssen Sie kräftig ziehen, um die sogenannte **Rückstellkraft** auszugleichen. Diese wirkt der Auslenkung entgegen und zieht somit den losgelassenen Körper in die Gleichgewichtslage zurück. Je größer die Auslenkung, desto größer wird auch die Rückstellkraft. In der Gleichgewichtslage bleibt die Schaukel einfach stehen. Dort ist die Rückstellkraft also null. Warum bewegt sich die schwingende Schaukel dann durch die Gleichgewichtslage hindurch? Dies liegt an der mit der Masse verknüpften **Trägheit** des schwingenden Körpers. Das fortwährende Zusammenspiel von Rückstellkraft und Trägheit hält die Schwingung aufrecht.

Verlauf einer Schwingung • Lassen wir einen Stift in einem Tonnenfuß schaukeln und ziehen einen darunter befindlichen Papierstreifen möglichst gleichmäßig hindurch, dann können wir den zeitlichen Verlauf der Schwingung festhalten (▶Abb. 3 A, B). Ein ähnliches Resultat erhalten wir, wenn wir eine mit einer Schreibspitze versehene Stimmgabel schnell, aber gleichmäßig über eine berußte Platte ziehen (▶Abb. 3 C). Die so erhaltenen **Schwingungskurven** erinnern an die Graphen von Sinus- oder Kosinusfunktionen.

Bei den meisten realen Schwingungen geht die Amplitude allmählich zurück, man spricht dann von **gedämpften** Schwingungen. Im Folgenden betrachten wir zunächst nur solche Schwingungen, bei denen die Dämpfung so gering ist, dass der Rückgang der Amplitude keine Rolle spielt. Diese idealisierten Schwingungen werden als **ungedämpft** bezeichnet.

Harmonische Schwingungen und Musik • Die Schwingung der Stimmgabel erzeugt durch das Aussenden von Schallwellen einen hörbaren Ton. Die Frequenz der Schwingung nehmen wir über die Tonhöhe wahr, die Amplitude über die Lautstärke. Bei der Stimmgabel hängt die Tonhöhe nicht davon ab, wie stark sie angeschlagen wurde. Die Frequenz ist also unabhängig von der Amplitude. Dieses Verhalten ist auch von Musikinstrumenten bekannt und dort sehr erwünscht. Es kennzeichnet einen wichtigen Schwingungstyp: die **harmonischen Schwingungen**.

> Bei harmonischen Schwingungen ist die Frequenz f und damit die Periodendauer T unabhängig von der Amplitude $\hat{s}$.

1 Spielplatzphysik: Auf der Schaukel vollführt man eine Schwingung, auf dem Karussell nicht. Begründen Sie das.

2 Nennen Sie weitere Beispiele für Schwingungen aus Alltag, Technik, Sport, ...

3 Ein baumelnder Kranhaken braucht 57 s für 8 Perioden. Berechnen Sie die Periodendauer und die Frequenz.

4 Wie würde Musik klingen, wenn die Schwingungen der Musikinstrumente nicht harmonisch wären? Beschreiben Sie Konsequenzen beim Musizieren allein und im Ensemble.

5 Beschreiben Sie, wie sich die Schwingungskurve in ▶Abb. 3 B ändert, wenn man die Stimmgabel langsamer bzw. schneller zieht.

6 Erklären Sie, mit welchen Zusatzinformationen man aus der Kurve in ▶Abb. 3 A Periodendauer und Amplitude bestimmen kann.

Wenn Schall ins Ohr gelangt, regt er dort das Trommelfell zum Schwingen an.

Schwingungen des Trommelfells mit Frequenzen im Bereich von 20 Hz – 20 kHz werden als Ton wahrgenommen.

153

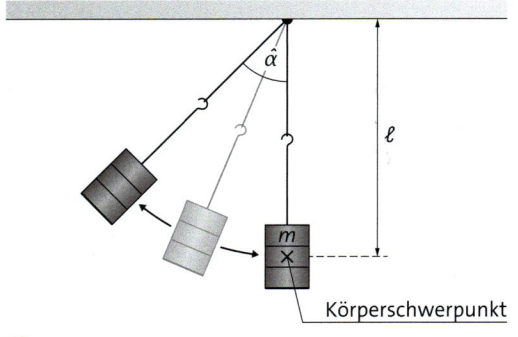

1 Modellsystem Fadenpendel

Eine Veränderung der Pendelmasse m hat keinen Einfluss auf die Periodendauer (▸Tab. 2 A). Dies überrascht nicht, wenn man sich erinnert, dass auch beim freien Fall die Falldauer unabhängig von der Masse ist. Eine praktische Konsequenz daraus ist: Die Periodendauer einer Schiffschaukel hängt nicht von der Anzahl der Passagiere ab.

Vergrößern wir die Pendellänge ℓ, wächst auch die Periodendauer an (▸Tab. 2 B). Einen proportionalen Zusammenhang können wir zwar nicht erkennen, es zeigt sich aber, dass T proportional zur Wurzel der Pendellänge ist:

$$T = k \cdot \sqrt{\ell} \, .$$

Die Bestimmung der Proportionalitätskonstanten ist ebenfalls anhand der Messergebnisse möglich, sie liegt sehr nahe bei $2 \, \frac{\mathrm{s}}{\sqrt{\mathrm{m}}}$.

Wie sich zeigt, spielt die Winkelamplitude $\hat{\alpha}$ im Rahmen der Messgenauigkeit und bei den hier verwendeten nicht allzu großen Auslenkungen keine Rolle für die Periodendauer (▸Tab. 2 C). Dieses Ergebnis wirkt auf den ersten Blick überraschend, da mit der Winkelamplitude auch der vom Pendel im Verlauf einer vollen Schwingung zurückzulegende Weg anwächst. Allerdings nimmt auch die Rückstellkraft und damit die Beschleunigung bei größeren Winkelamplituden zu. Die beiden Effekte gleichen sich hier offenbar aus. Wir schließen daraus, dass die Schwingung eines Fadenpendels im Rahmen der Messgenauigkeit und im hier untersuchten Auslenkungsbereich harmonisch ist.

Für die Messung der Periodendauer T empfiehlt es sich, die Dauer von z. B. 10 Schwingungen zu messen und das Ergebnis durch 10 zu dividieren.

Fadenpendel • Dass bei der Stimmgabel die Frequenz unabhängig von der Amplitude ist, kann man hören. Um uns im Fall der Schiffschaukel davon zu überzeugen, müssen wir messen. Als einfaches Modellsystem für die Schiffschaukel und andere an Seilen oder Stangen schwingende Körper untersuchen wir das sogenannte **Fadenpendel** (▸Abb. 1). Hierbei hängt ein kompakter Körper der Masse m an einem Faden, der Abstand des Körperschwerpunkts zur Aufhängung ist die **Pendellänge ℓ**. Anstelle der Auslenkung s betrachten wir den Auslenkungswinkel α. Der Anfangswinkel, bei dem wir das Pendel loslassen, ist die Winkelamplitude $\hat{\alpha}$. Wegen $f = \frac{1}{T}$ genügt es, statt der Frequenz die Periodendauer T zu messen.

Der Legende nach wunderte sich schon GALILEO GALILEI, dass der Kronleuchter im Dom von Pisa mit der gleichen Periodendauer schwang, gleichgültig wie groß die Amplitude war.

Periodendauer beim Fadenpendel • Außer von der Winkelamplitude $\hat{\alpha}$ könnte die Periodendauer des Fadenpendels noch von der Masse m des Pendelkörpers sowie von der Pendellänge ℓ abhängen. Zur Überprüfung der möglichen Abhängigkeiten verändern wir immer nur eine dieser Größen und halten die anderen fest. ▸Tab. 2 zeigt die Messergebnisse.

1 Begründen Sie, dass es sinnvoll ist, zur Messung der Periodendauer die Zeit für mehrere Durchläufe zu stoppen.

2 Die Periodendauer eines Pendels soll 1,00 s betragen. Berechnen Sie die Pendellänge.

3 Begründen Sie anhand der Messergebnisse aus ▸Tab. 2 B, dass T nicht proportional zu ℓ, aber proportional zu $\sqrt{\ell}$ ist. Bestimmen sie die Proportionalitätskonstante möglichst genau.

4 Stellen Sie Vermutungen auf, ob und gegebenenfalls wie ein gegenüber der Erde veränderter Ortsfaktor die Periodendauer beim Fadenpendel verändert.

$\hat{\alpha} = 20°$ $\ell = 25$ cm **A**	m in g	20	60	110	160	210	260
	T in s	1,40	1,45	1,44	1,41	1,42	1,44

$\hat{\alpha} = 20°$ $m = 60$ g **B**	ℓ in m	0,15	0,30	0,45	0,60	0,75	0,90
	$\sqrt{\ell}$ in $\sqrt{m}$	0,39	0,55	0,67	0,78	0,87	0,95
	T in s	0,76	1,09	1,33	1,58	1,72	1,92

$m = 60$ g $\ell = 25$ cm **C**	$\hat{\alpha}$ in °	5	10	15	20	25	30
	T in s	1,41	1,45	1,43	1,42	1,42	1,44

2 Messergebnisse

Versuch A • Beschreibung von Schwingungen

V1 Schwingung eines Lineals

Material:
Kunststofflineal

Arbeitsauftrag:
a) Legen Sie das Lineal etwa zur Hälfte auf den Tisch und drücken Sie es möglichst nah an der Tischkante fest nach unten. Lenken Sie das freie Ende des Lineals aus und lassen Sie es los.

b) Erkunden Sie, wie Sie mit dem schwingenden Lineal einen hörbaren Ton erzeugen können.
c) Untersuchen Sie, wie die Tonhöhe von der Länge des schwingenden Teils des Lineals abhängt. Folgern Sie daraus, wie die Frequenz der Schwingung von dieser Länge abhängt.
d) Untersuchen Sie durch Hören, ob die Schwingung des Lineals harmonisch ist. Erklären Sie Ihre Vorgehensweise.

Versuch B • Periodendauer des Federpendels

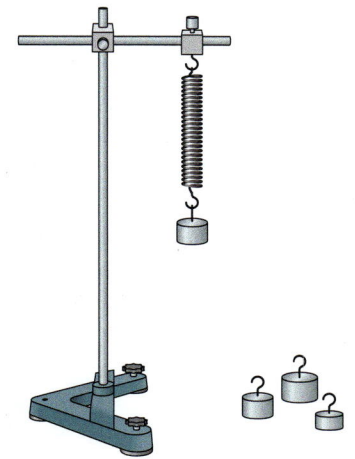

Achten Sie darauf, dass die Feder nicht überdehnt wird.

Material:
Schraubenfeder (z. B. $D = 20\,\frac{N}{m}$), zur Federhärte passende Körper unterschiedlicher Massen (z. B. 100 g, 200 g, 300 g, 400 g), Stoppuhr

V1 Verschiedene Amplituden

Arbeitsauftrag:
a) Wählen Sie einen Körper mittlerer Masse (z. B. 200 g).
b) Messen Sie die Periodendauer T in Abhängigkeit von der Amplitude $\hat{s}$. Dokumentieren Sie Ihre Messwerte in einer Tabelle.
c) Ziehen Sie einen begründeten Schluss aus Ihren Messwerten.

V2 Verschiedene Massen

Arbeitsauftrag:
a) Messen Sie die Periodendauer T in Abhängigkeit von der Masse m. Protokollieren Sie Ihre Messwerte tabellarisch.
b) Beim Fadenpendel ist die Periodendauer T proportional zur Wurzel aus der Pendellänge ℓ. Untersuchen Sie, ob beim Federpendel ein ähnlicher Zusammenhang besteht. Erstellen Sie dazu ein Diagramm für T über $\sqrt{m}$. Folgern Sie einen Zusammenhang aus dem Diagramm.
c) Bestätigen Sie den gefundenen Zusammenhang rechnerisch anhand eines Quotienten aus geeigneten Größen.

Material A • Rollende Zylinder

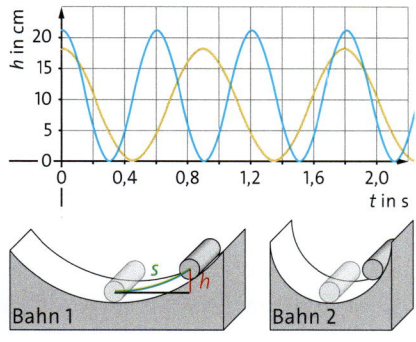

Das Diagramm stellt die Höhe h des in den Bahnen hin und her rollenden Zylinders in Abhängigkeit von der Zeit t dar.

A1 a) Ordnen Sie die Graphen den Bahnen 1 und 2 begründet zu.
b) Bestimmen Sie für beide Bahnen die Periodendauer und die Frequenz, mit der der Zylinder hin- und herrollt.
c) Skizzieren Sie die Graphen für die

Auslenkung s von der Gleichgewichtslage in Abhängigkeit von der Zeit.
A2 a) Erklären Sie, woran man erkennt, dass die Graphen den idealisierten Fall ungedämpfter Schwingungen beschreiben.
b) Beschreiben Sie, wie sich die Graphen verändern, wenn die Reibung nicht mehr vernachlässigt werden kann.

Harmonische Schwingungen

Harmonische Schwingungen sind nicht nur in der Musik erwünscht, sondern auch in der Technik von großer Wichtigkeit. Wie kann man ihren zeitlichen Verlauf genauer beschreiben? Was lässt sich über die auftretenden Kräfte sagen?

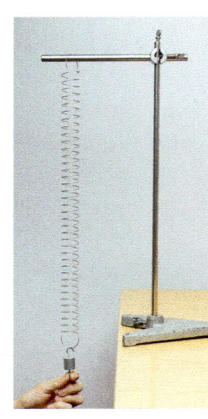

2 Federpendel

Federpendel • Ein Bungee-Springer schwingt an einem elastischen Seil auf und ab und lässt auf diese Weise den Sprung sanft ausschwingen. Ein Modellsystem dafür ist das Federpendel, bei dem ein Körper der Masse m an einer Feder mit der Federkonstanten D hängt und schwingt (▶Abb. 2). Eine einfache Messung zeigt, dass beim Federpendel die Periodendauer unabhängig von der Amplitude ist. Die Schwingung eines Federpendels ist folglich harmonisch.

Um die Schwingung eines Federpendels genauer zu untersuchen, messen wir die Auslenkung als Funktion der Zeit. Dafür verwenden wir ein Messwerterfassungssystem mit Abstandssensor auf Ultraschallbasis ähnlich zu einer in vielen Kraftfahrzeugen eingebauten Einparkhilfe. Wir starten die Messung, wenn das Pendel bei einer Auslenkung von 4,0 cm nach oben losgelassen wird, und zeichnen alle 50 ms die Auslenkung auf. ▶Abb. 3 A zeigt das Ergebnis.

Die Messung legt nahe, den zeitlichen Verlauf der Auslenkung durch eine abgewandelte Kosinusfunktion zu modellieren. Dabei müssen wir darauf achten, dass sowohl die Amplitude als auch die Periodendauer der gesuchten Funktion mit der Messung übereinstimmt. Die Kosinusfunktion lässt sich mithilfe des Ansatzes

$$s(t) = \hat{s} \cdot \cos\left(2\pi \cdot \frac{t}{T}\right)$$

um den Faktor $\hat{s}$ entlang der Hochachse und den Faktor $\frac{1}{T}$ entlang der Rechtsachse strecken bzw. stauchen. Dabei ist das Argument des Kosinus im Bogenmaß angegeben. Setzen wir die Amplitude $\hat{s} = 0{,}04\,\mathrm{m}$ und die Periodendauer $T = 1{,}5\,\mathrm{s}$ ein, dann erhalten wir einen zu den Messwerten sehr gut passenden Graphen (▶Abb. 3 A).

Kreisfrequenz und Phase • Bei unserem Ansatz für $s(t)$ stehen im Argument des Kosinus außer der Zeit t noch die Faktoren 2π und $\frac{1}{T}$. Sie werden zu einer wichtigen Größe zusammengefasst, der **Kreisfrequenz** ω (Omega):

$$\omega = \frac{2\pi}{T} = 2\pi f.$$

Damit lautet das Argument des Kosinus $\omega \cdot t$. Dieses Produkt beschreibt anschaulich, in welcher Phase sich die Schwingung befindet. Man nennt es daher einfach die **Phase**.

Bewegungsgesetze • Mit der Kreisfrequenz lässt sich die Zeitabhängigkeit der Auslenkung kürzer formulieren. Für das Federpendel wird daraus:

$$s(t) = \hat{s} \cdot \cos(\omega \cdot t).$$

Aus dem zeitlichen Verlauf der Auslenkung folgt der Verlauf der Geschwindigkeit. Sie wissen, dass die Geschwindigkeit in den Umkehrpunkten null ist und in der Gleichgewichtslage ihren maximalen Betrag erreicht. Die Beschreibung ihres Verlaufs durch eine trigonometrische Funktion liegt also wieder nahe. Wie bei jeder Bewegung erhält man die Geschwindigkeit als Ableitung des Orts nach der Zeit, also $v(t) = \dot{s}(t)$.

$$v(t) = -\hat{s} \cdot \omega \cdot \sin(\omega \cdot t) = -\hat{v} \cdot \sin(\omega \cdot t).$$

Dabei stellt das Produkt $\hat{v} = \hat{s} \cdot \omega$ den Betrag der maximalen Geschwindigkeit der Schwingung dar (▸Abb. 3 B).

Entsprechend erhält man die Beschleunigung aus der Ableitung der Geschwindigkeit nach der Zeit oder der zweifachen Ableitung des Orts, also $a(t) = \dot{v}(t) = \ddot{s}(t)$. Daraus folgt:

$$a(t) = -\hat{s} \cdot \omega^2 \cdot \cos(\omega \cdot t) = -\hat{a} \cdot \cos(\omega \cdot t).$$

Das Produkt $\hat{a} = \hat{s} \cdot \omega^2$ ist der Betrag der maximalen Beschleunigung der Schwingung (▸Abb. 3 C).

Anfangsbedingungen • Die hier beschriebene Schwingung des Federpendels wurde aus dem oberen Umkehrpunkt heraus durch Loslassen gestartet. Es muss also zum Zeitpunkt $t = 0$ s die Auslenkung $s(0\,\text{s}) = \hat{s}$ sein, wie es durch Verwendung der Kosinusfunktion richtig beschrieben wird. Beim Start aus dem unteren Umkehrpunkt ist $s(0\,\text{s}) = -\hat{s}$ und es folgt:

$$s(t) = -\hat{s} \cdot \cos(\omega \cdot t).$$

Starten wir die Schwingung durch Anstoßen aus der Gleichgewichtslage heraus, dann ist $s(0\,\text{s}) = 0\,\text{m}$. Die Kosinusfunktion kann diesen Fall nicht beschreiben, aber die Sinusfunktion. Je nachdem, ob die Bewegung aus der Gleichgewichtslage heraus nach oben oder nach unten erfolgt, gilt also

$$s(t) = \hat{s} \cdot \sin(\omega \cdot t) \quad \text{oder} \quad s(t) = -\hat{s} \cdot \sin(\omega \cdot t).$$

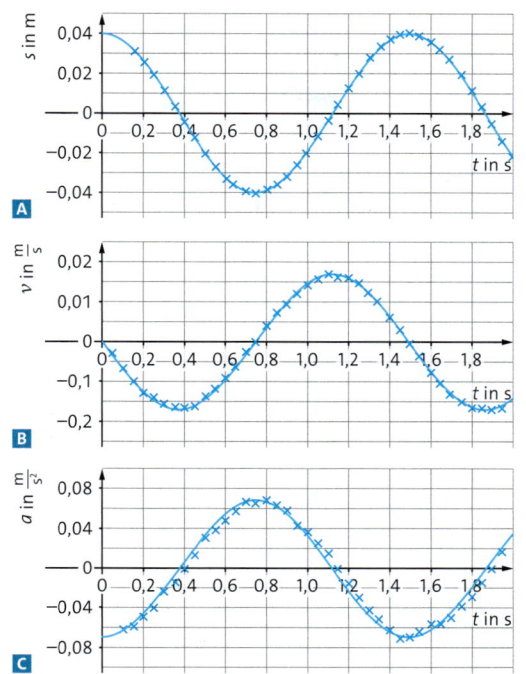

3 Schwingung eines Federpendels. Kreuze stellen Messwerte dar, Linien sind berechnete Graphen von trigonometrischen Funktionen.
A Auslenkung,
B Geschwindigkeit,
C Beschleunigung

Harmonische Schwingungen • Die Kosinusfunktion und die Sinusfunktion gehen durch eine Verschiebung entlang der horizontalen Achse ineinander über. Sie sind mathematisch eng verwandt. Was wir hier am Beispiel des Federpendels gezeigt haben, gilt für alle harmonischen Schwingungen. Darin erkennen wir ein zweites wichtiges Kennzeichen der harmonischen Schwingungen.

> Harmonische Schwingungen lassen sich durch modifizierte Sinus- oder Kosinusfunktionen beschreiben.
> Beim Start aus einem Umkehrpunkt ist
> $$s(t) = \pm \hat{s} \cdot \cos(\omega \cdot t).$$
> Beim Start aus der Gleichgewichtslage ist
> $$s(t) = \pm \hat{s} \cdot \sin(\omega \cdot t).$$

1 Zeichnen Sie das s-t-, v-t- und a-t-Diagramm für die erste Periode einer Schwingung mit $s(0) = -\hat{s} = -11\,\text{cm}$ und $T = 4{,}2$ s.

2 Eine Stimmgabel für den Kammerton a' wird angeschlagen. Die Amplitude beträgt an der Zinkenspitze $\hat{s} = 2{,}3$ mm. Berechnen Sie $\hat{v}$ und $\hat{a}$ an der Zinkenspitze.

Beim Ableiten muss die Kettenregel beachtet werden! Die äußere Funktion ist der Kosinus, die innere Funktion das Argument des Kosinus.

Für Berechnungen des Schwingungsverlaufs vergessen Sie nicht, den Taschenrechner auf Bogenmaß einzustellen.

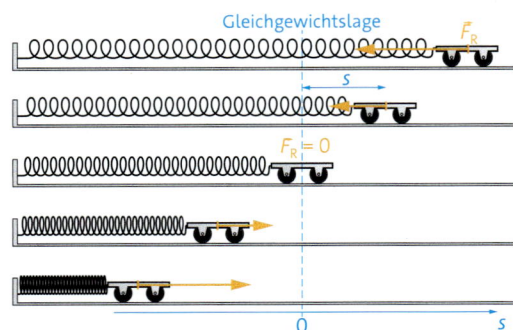

1 Richtung und Betrag der Rückstellkraft beim horizontalen Federpendel hängen von der Auslenkung ab.

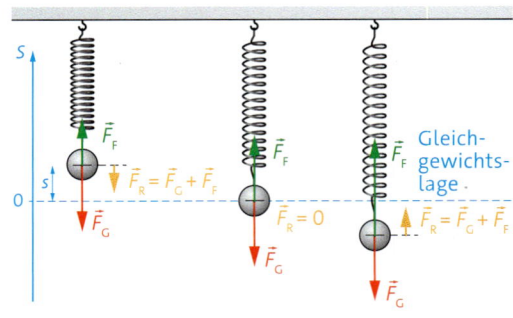

3 Beim Feder-Schwere-Pendel setzt sich die Rückstellkraft aus Gewichtskraft und Federkraft zusammen.

Rückstellkraft beim Federpendel • Sie wissen, dass eine Schwingung nur entstehen kann, wenn eine Rückstellkraft auf den schwingenden Körper wirkt. Wie aber kommt diese Kraft zustande und wie genau hängt sie von der Auslenkung ab?

Horizontales Federpendel • Wir befestigen auf einer horizontalen Ebene einen Wagen der Masse m an einer Feder, die sowohl auf Zug als auch auf Druck belastbar ist (▸Abb. 1). Die Reibung und die Eigenmasse der Feder sollen so klein sein, dass wir sie vernachlässigen können. Wir zählen nach rechts gerichtete Größen positiv, nach links gerichtete negativ. Wird der Wagen aus der Gleichgewichtslage nach rechts bewegt (positive Auslenkung), zieht die Feder ihn nach links zurück (negative Kraft). Bei einer Auslenkung nach links (negative Auslenkung) schiebt die Feder nach rechts (positive Kraft). Bei einer Feder ist die Rückstellkraft proportional zur Auslenkung, das kennen Sie als Hookesches Gesetz. Damit lässt sie sich wie folgt beschreiben (▸Abb. 2):

$$F_R = -D \cdot s,$$

wobei das Minuszeichen ausdrückt, dass Rückstellkraft F_R und Auslenkung s entgegengesetzt gerichtet sind. Die Proportionalitätskonstante D ist die **Federkonstante**. Sie hat die Einheit $\frac{N}{m}$.

Statt Federkonstante sagt man auch Federhärte.

Feder-Schwere-Pendel • Beim Feder-Schwere-Pendel werden zwei Kräfte auf den Körper ausgeübt: die nach unten wirkende Gewichtskraft $\vec{F}_G$ und die nach oben wirkende Federkraft $\vec{F}_F$ (▸Abb. 3). Die Rückstellkraft ist gleich der Summe der beiden. Wir zählen nach oben gerichtete Größen positiv, nach unten gerichtete negativ.

In der Gleichgewichtslage ist die Rückstellkraft null. Die beiden wirkenden Kräfte gleichen sich genau aus: $F_G + F_{F,Ggl.} = 0$.
Bei einer Auslenkung nach oben (s positiv) verkleinert sich die Federkraft gegenüber ihrem Wert in der Gleichgewichtslage um einen Betrag, der sich anhand des Hookeschen Gesetzes bestimmen lässt. Dann ist $F_F = F_{F,Ggl.} - D \cdot s$.
Bei einer Auslenkung nach unten (s negativ) vergrößert sich die Federkraft gegenüber ihrem Wert in der Gleichgewichtslage entsprechend. Da s negativ ist, ist auch hier: $F_F = F_{F,Ggl.} - D \cdot s$.

Für die Rückstellkraft als Summe von Gewichtskraft und Federkraft gilt in beiden Fällen:

$$F_R = F_G + F_F = F_G + F_{F,Ggl.} - D \cdot s = -D \cdot s.$$

Dabei haben wir ausgenutzt, dass $F_G + F_{F,Ggl.} = 0$ ist. Also gilt für das Feder-Schwere-Pendel wie für das horizontale Federpendel ein linearer Zusammenhang zwischen Rückstellkraft und Auslenkung.

> Beim Federpendel gilt für die Rückstellkraft stets ein lineares Kraftgesetz der Form
> $F_R = -D \cdot s$.

2 Rückstellkraft bei einem Federpendel der Federkonstante $D = 20 \frac{N}{m}$

Kräfte beim Fadenpendel • Auch beim Fadenpendel werden auf den Pendelkörper der Masse m zwei Kräfte ausgeübt (▸Abb. 4): Die Gewichtskraft $\vec{F}_\mathrm{G}$ zieht nach unten, der Faden übt eine Kraft $\vec{F}_\mathrm{Fa}$ in Richtung des Aufhängepunkts aus. Diese beiden Kräfte addieren sich vektoriell zu einer resultierenden Kraft, welche die Geschwindigkeit des Pendelkörpers verändert. Der Betrag der Geschwindigkeit wird durch eine orthogonal zum Faden wirkende Komponente der resultierenden Kraft verändert – das ist die gesuchte Rückstellkraft. Die Richtung der Geschwindigkeit ändert sich aber ebenfalls ständig, denn der Pendelkörper beschreibt einen Kreisbogen – hierfür ist die entlang des Fadens wirkende Komponente der resultierenden Kraft verantwortlich. Sie wirkt als Zentripetalkraft und ist umso größer, je größer die Geschwindigkeit ist.

Rückstellkraft • Um die Rückstellkraft zu ermitteln, halten wir den Pendelkörper an einer beliebigen Stelle an. Die Geschwindigkeit ist dann gleich null und die resultierende Kraft aus Gewichtskraft und Fadenkraft ergibt direkt die Rückstellkraft. ▸Abb. 4 zeigt einen angehaltenen Pendelkörper mit der Auslenkung s und dem zugehörigen Auslenkungswinkel α. Er hat sich in der Horizontalen um die Strecke s_h von der Gleichgewichtslage entfernt. Im grau markierten Dreieck gilt dann:

$$\sin(\alpha) = \frac{s_\mathrm{h}}{\ell}.$$

Im Kräfteparallelogramm am Pendelkörper finden wir den Winkel α wieder und lesen für die Beträge der Kräfte ab:

$$\sin(\alpha) = \frac{F_\mathrm{R}}{F_\mathrm{G}}.$$

Kombinieren wir die Beziehungen und fügen ein Minuszeichen hinzu, weil die Rückstellkraft offensichtlich entgegen der Auslenkung wirkt, ergibt sich:

$$F_\mathrm{R} = -F_\mathrm{G} \cdot \frac{s_\mathrm{h}}{\ell}.$$

Für kleine Auslenkungswinkel α ist der Unterschied zwischen s und s_h vernachlässigbar klein. In diesem Fall können wir schreiben:

$$F_\mathrm{R} = -F_\mathrm{G} \cdot \frac{s}{\ell} = -m \cdot g \cdot \frac{s}{\ell} = -\frac{m \cdot g}{\ell} \cdot s.$$

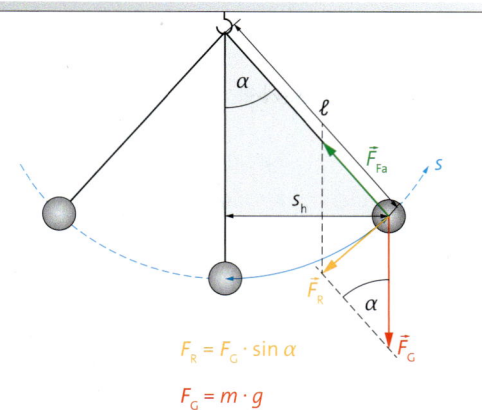

$$F_\mathrm{R} = F_\mathrm{G} \cdot \sin \alpha$$
$$F_\mathrm{G} = m \cdot g$$

4 Kräfte beim Fadenpendel

Auch hier gilt wieder ein linearer Zusammenhang zwischen Rückstellkraft F_R und Auslenkung s. Ein Vergleich mit dem linearen Kraftgesetz beim Federpendel legt die folgende Interpretation nahe:

$$\frac{m \cdot g}{\ell} = D.$$

Allgemein bezeichnet man die Konstante D in einem linearen Kraftgesetz der Form $F_\mathrm{R} = -D \cdot s$ als die **Richtgröße** des schwingenden Systems.

Auch beim Fadenpendel gilt für die Rückstellkraft unter der Voraussetzung geringer Auslenkungswinkel bis etwa 10° ein lineares Kraftgesetz der Form

$$F_\mathrm{R} = -D \cdot s.$$

Dabei gilt für die Richtgröße D des Fadenpendels

$$\frac{m \cdot g}{\ell} = D.$$

---

1 Eine Feder verlängert sich unter der Einwirkung einer Kraft von 12 N um 3,0 cm. Berechnen Sie die Federkonstante D.

2 Die Ladefläche eines Lieferwagens ist mit zwei Federn der Federkonstante $90 \frac{\mathrm{kN}}{\mathrm{m}}$ auf der Hinterachse montiert. Schätzen Sie ab, um welche Strecke der Lieferwagen hinten einsinkt, wenn er mit einer Last von 1800 kg beladen wird.

3 Ein Körper der Masse 2,5 kg pendelt an einem Faden, die Pendellänge beträgt 1,5 m. Berechnen Sie die Richtgröße des Fadenpendels.

Beim Schaukeln spüren Sie, wie es Sie „aufs Brett presst", und zwar umso mehr, je größer die Geschwindigkeit ist. Nach dem Wechselwirkungsgesetz ziehen die Seile Sie in Richtung des Aufhängepunkts und üben damit die notwendige Zentripetalkraft auf Sie aus.

Der durch die Näherung $s_\mathrm{h} \approx s$ verursachte Fehler liegt bei $\alpha = 10°$ bei etwa 0,5 %. Er bleibt bis $\alpha = 30°$ unter 5 %.

Versuch A • Swinging Smartphone

Sie benutzen die Beschleunigungssensoren Ihres Smartphones, um Schwingungen aufzuzeichnen und auszuwerten. Zur genaueren Auswertung können Sie die Messwerte als Datei exportieren und diese mit einer Tabellenkalkulation öffnen und bearbeiten.

Material:

Smartphone mit einer App zur Beschleunigungsmessung (z. B. phyphox oder MechanikZ), Schutzhülle (z. B. Prospekthülle), zwei Schraubenfedern (z. B. mit $D = 5\frac{N}{m}$), zwei Schnüre, Stativmaterial

V1 Schwingung eines Federpendels

Arbeitsauftrag:

a) Hängen Sie das Smartphone in der Schutzhülle an den zwei Schraubenfedern so auf, dass es sich nicht verdrehen kann. Geben Sie eventuell einen Karton als Verstärkung mit in die Schutzhülle.

b) Starten Sie eine Messung der Beschleunigung als Funktion der Zeit.

c) Lenken Sie das Smartphone um einen bestimmten Betrag $\hat{s}$ aus und lassen Sie es einige Periodendauern schwingen. Beenden Sie dann die Messung.

d) Bestimmen Sie aus Ihren Messdaten die Periodendauer T und damit die Frequenz f und die Kreisfrequenz ω.

e) Berechnen Sie anhand der Amplitude $\hat{s}$ und der gemessenen Kreisfrequenz ω den maximalen Geschwindigkeitsbetrag $\hat{v}$ und den maximalen Beschleunigungsbetrag $\hat{a}$.

f) Bestimmen Sie anhand der Messkurve den Betrag der maximalen Beschleunigung in den ersten Schwingungsperioden. Eventuell müssen Sie zuvor noch die Erdbeschleunigung abziehen.

g) Vergleichen Sie die Ergebnisse aus Auftrag e) und f). Stimmen sie im Rahmen der Messgenauigkeit überein?

V2 Schwingung eines Fadenpendels

Arbeitsauftrag:

a) Hängen Sie das Smartphone in seiner Schutzhülle an zwei Schnüren so auf, dass es sich nicht verdrehen kann.

b) Starten Sie eine Messung der Beschleunigung als Funktion der Zeit.

c) Lenken Sie das Smartphone um einen bestimmten Winkel $\hat{\alpha}$ aus und lassen Sie es einige Periodendauern schwingen. Beenden Sie dann die Messung.

d) Identifizieren Sie, welcher der Beschleunigungssensoren die Radialkomponente und welcher die Tangentialkomponente der Beschleunigung gemessen hat.

e) Erklären Sie den beobachteten Frequenzunterschied zwischen der Radialkomponente und der Tangentialkomponente der Beschleunigung.

f) Bestimmen Sie aus ihren Messdaten die Periodendauer T und daraus die Frequenz f und die Kreisfrequenz ω.

Material A • Verwandtschaft zwischen Kreisbewegung und Schwingung

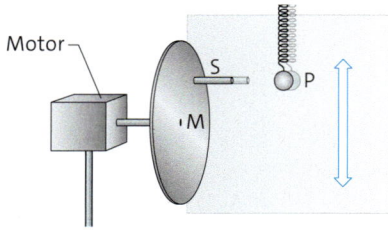

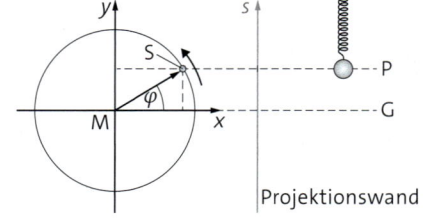

Ein an einer rotierenden Scheibe befestigter Stab S wirft einen Schatten, dessen Auf- und Abbewegung an eine Schwingung erinnert. Zur Überprüfung der Vermutung lässt man einen Pendelkörper P an einer Feder neben dem kreisenden

Stab schwingen, wobei Mittelpunkt M und Gleichgewichtslage G auf gleicher Höhe liegen. Die Drehfrequenz wird so eingestellt, dass sich die Schatten von Stab und Pendelkörper synchron bewegen.

A1 Stellen Sie entsprechende Größen von Kreisbewegung und Schwingung einander gegenüber.

A2 a) Die momentane Auslenkung des Pendelkörpers aus der Gleichgewichtslage $s(t) = \overline{PG}$ entspricht der Projektion der Strecke $\overline{MS}$. Zeigen Sie, dass $s(t) = \hat{s} \cdot \sin(\varphi(t))$ gilt.

a) Leiten Sie eine Gleichung für die Zeitabhängigkeit der Auslenkung her. Ersetzen Sie dazu den im Bogenmaß gemessenen Drehwinkel $\varphi(t)$ mithilfe der Kreisfrequenz $\omega = \frac{\varphi}{t}$, auch Winkelgeschwindigkeit genannt.

Material B • Rückstellkraft bei zwei Federn

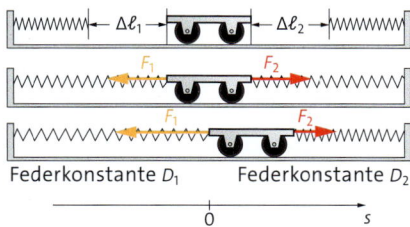

Federkonstante D_1 Federkonstante D_2

Ein reibungsfrei rollender Wagen ist zwischen Federn mit $D_1 = 20,0\,\frac{N}{m}$ und $D_2 = 40,0\,\frac{N}{m}$ eingespannt. Beide Federn üben Kräfte auf den Wagen aus. Nach rechts gerichtete Kräfte werden positiv, nach links gerichtete negativ gezählt.

B1 In der Gleichgewichtslage ist die linke Feder um $\Delta\ell_1 = 0,300\,m$ verlängert. Bestimmen Sie die Verlängerung $\Delta\ell_2$ der rechten Feder.

B2 Der Wagen wird nun aus der Gleichgewichtslage um $s = 0,050\,m$ nach rechts ausgelenkt.
a) Bestimmen Sie die Kräfte, die die Federn auf den Wagen ausüben.
b) Bestimmen Sie die resultierende Rückstellkraft.
c) Zeigen Sie, dass sich bei einer Auslenkung von $s = 0,100\,m$ die Rückstellkraft gegenüber b) verdoppelt.

B3 Übernehmen Sie das Diagramm mit dem Graphen für die Kraft F_1 der linken Feder in Abhängigkeit von der Auslenkung s. Ergänzen Sie den Graphen für die Kraft F_2 der rechten Feder. Zeichnen Sie den Graphen für die resultierende Kraft F_R ein.

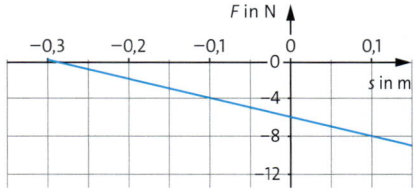

Material C • Eine nicht-harmonische Schwingung

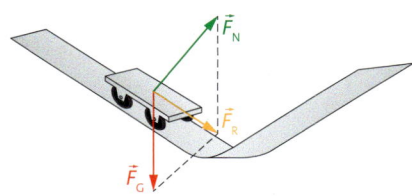

Obwohl harmonische Schwingungen oft vorkommen, gibt es auch Gegenbeispiele, z. B. die Bewegung eines Wagens auf einer Knickbahn. Diese besteht aus zwei schiefen Ebenen mit einem kurzen geschwungenen Übergangsstück.

C1 Der Wagen der Masse m wird um $\hat{s}$ aus seiner Gleichgewichtslage ausgelenkt und dann losgelassen. Die Reibung wird vernachlässigt.
a) Beschreiben Sie die Bewegung.
b) Erklären Sie, warum es sich hierbei um eine Schwingung handelt.
c) Begründen Sie, dass für die Rückstellkraft kein lineares Kraftgesetz gilt.

C2 Auf den schiefen Ebenen wirkt auf den Wagen die Hangabtriebskraft F_H mit $F_H = m \cdot g \cdot \sin(\alpha)$.

a) Zeigen Sie, dass für die Zeit t_1, die der Wagen vom Loslassen bis zum Erreichen der Gleichgewichtslage benötigt, gilt:

$t_1 = \sqrt{\dfrac{2 \cdot \hat{s}}{g \cdot \sin(\alpha)}}$.

b) Skizzieren Sie das v-t-Diagramm einer kompletten Periode.
c) Geben Sie eine Gleichung für die Periodendauer der Schwingung an.
d) Erklären Sie damit, dass die Schwingung nicht harmonisch ist.

Material D • Kleinwinkelnäherung

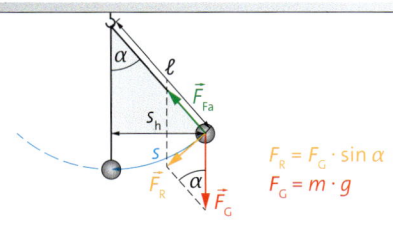

$F_R = F_G \cdot \sin\alpha$
$F_G = m \cdot g$

Die beim Fadenpendel verwendete Näherung $s_h \approx s$ für kleine Auslenkungswinkel α kann man mathematisch begründen.

D1 a) Begründen Sie geometrisch, dass $\sin(\alpha) = \frac{s_h}{\ell}$ ist.
b) Zeigen Sie, dass für den Winkel α im Bogenmaß $\alpha = \frac{s}{\ell}$ gilt.

D2 a) Erstellen Sie eine Wertetabelle für α im Gradmaß, α im Bogenmaß und $\sin(\alpha)$ für $0° \leq \alpha \leq 30°$ in 5°-Schritten.
b) Berechnen Sie die prozentuale Abweichung zwischen α im Bogenmaß und $\sin(\alpha)$ für alle Werte.

c) Bewerten Sie die Abweichung und begründen Sie damit die Kleinwinkel-Näherung $\sin(\alpha) \approx \alpha$ für $\alpha \leq 10°$ und Winkel im Bogenmaß.

D3 Leiten Sie aus den Ergebnissen von D1 und D2 die Näherung $s_h \approx s$ für kleine Auslenkungswinkel α her. Geben Sie eine exakte und eine näherungsweise gültige Gleichung für die Rückstellkraft in Abhängigkeit von α (im Bogenmaß) an.

1 Astronautenwaage

Differenzialgleichungen

In einer Raumstation sind Astronauten schwere-los. Sie können daher ihre Masse nicht auf ei-ner gewöhnlichen Waage bestimmen. Stattdessen nutzen sie eine Astronautenwaage. Dabei sitzen die Astronauten in einem Stuhl, der zwischen zwei Federn eingespannt ist und eine harmonische Schwingung vollführt. Wie kann man damit auf die Masse der Astronauten schließen?

Eine Gleichung, die eine Funktion und ihre **erste** Ableitung miteinander ver-knüpft, nennt man eine Differenzial-gleichung **erster** Ordnung.

Bei der harmonischen Schwingung finden wir eine Differenzial-gleichung **zweiter** Ordnung. Sie enthält die Funktion und ihre **zweite** Ableitung.

Rückstellkraft und Beschleunigung • Die Astronautenwaage ist ein Federpendel, bei dem für die Rückstellkraft das lineare Kraftgesetz gilt. Da sowohl die Rückstellkraft F_R als auch die Aus-lenkung s von der Zeit abhängen, schreibt man:

$$F_R(t) = - D \cdot s(t).$$

Nach der Newtonschen Grundgleichung bewirkt die Rückstellkraft eine Beschleunigung gemäß $a(t) = \frac{F_R(t)}{m}$. Sie wissen bereits, dass die Beschleu-nigung gleich der zweiten Ableitung des Orts nach der Zeit ist. Also folgt:

$$F_R(t) = m \cdot a(t) = m \cdot \ddot{s}(t).$$

Differenzialgleichung des Federpendels • Setzt man die beiden Ausdrücke für $F_R(t)$ gleich und dividiert durch die Masse m, dann erhält man

$$\ddot{s}(t) = - \frac{D}{m} \cdot s(t).$$

Diese Gleichung verbindet die Funktion $s(t)$ mit ihrer zweiten Ableitungsfunktion $\ddot{s}(t)$. Es handelt sich um eine sogenannte **Differenzialgleichung**. Die Lösung einer solchen Gleichung ist nicht wie sonst bei Gleichungen üblich ein bestimmter Wert, den man dadurch ermittelt, dass man z.B. nach der Zeit t auflöst. Stattdessen muss man eine **Lösungsfunktion** finden, welche für alle Zeiten t die Differenzialgleichung zu einer wahren Aus-sage macht.

Hier suchen wir konkret nach einer Lösungs-funktion $s(t)$, deren zweite Ableitung gleich der Funktion selbst multipliziert mit einem negati-ven Vorfaktor $-\frac{D}{m}$ ist. Zunächst überlegen wir uns einen **Lösungsansatz** und lassen uns dabei von der Frage leiten, welcher Funktionstyp die richtigen Eigenschaften haben könnte.

Lösung der Differenzialgleichung · Sie wissen bereits: Wenn man eine sinusförmige Funktion der Form $s(t) = \hat{s} \cdot \sin(\omega \cdot t)$ zweimal ableitet, dann erhält man wieder eine sinusförmige Funktion mit einem negativen Vorfaktor. Wir können also das Bewegungsgesetz, das zur Beschreibung der harmonischen Schwingung bereits erfolgreich verwendet wurde, als Lösungsansatz für die Differenzialgleichung verwenden.

Zur Überprüfung setzen wir den Lösungsansatz in die Differenzialgleichung ein. Dazu leiten wir $s(t) = \hat{s} \cdot \sin(\omega \cdot t)$ zunächst zweimal ab und erhalten $\ddot{s}(t) = -\hat{s} \cdot \omega^2 \cdot \sin(\omega \cdot t)$.

Einsetzen des Lösungsansatzes und der zweiten Ableitung in die Differenzialgleichung, vereinfachen und umgruppieren führt zu:

$$-\hat{s} \cdot \omega^2 \cdot \sin(\omega \cdot t) = -\frac{D}{m} \cdot \hat{s} \cdot \sin(\omega \cdot t)$$

$$\left(\omega^2 - \frac{D}{m}\right) \cdot \sin(\omega \cdot t) = 0.$$

Da die Sinusfunktion nicht für alle Zeiten t null ist, muss der Klammerterm null sein. Das führt zu der Bedingung:

$$\omega^2 = \frac{D}{m} \text{ bzw. } \omega = \sqrt{\frac{D}{m}}.$$

Der Ansatz ist damit bestätigt und liefert gemeinsam mit der Bedingung für ω die Lösungsfunktion:

$$s(t) = \hat{s} \cdot \sin(\omega \cdot t) \text{ mit } \omega = \sqrt{\frac{D}{m}}.$$

Periodendauer · Aus der Bedingung $\omega = \sqrt{\frac{D}{m}}$ folgt für die Periodendauer des Federpendels:

$$T = \frac{2\pi}{\omega} = 2\pi\sqrt{\frac{m}{D}}.$$

Löst man diese Gleichung nach der Masse m auf, dann kann man bei bekannter Federkonstante D und gemessener Periodendauer T die unbekannte Pendelmasse m berechnen. Das ist das Prinzip der Astronautenwaage. Da die Gravitation dabei keine Rolle spielt, lässt sich diese Waage auch im All einsetzen. Wie Sie es von harmonischen Schwingungen kennen, hat die Amplitude $\hat{s}$ keinen Einfluss auf die Periodendauer: Diese Größe kommt in der Gleichung für T nicht vor.

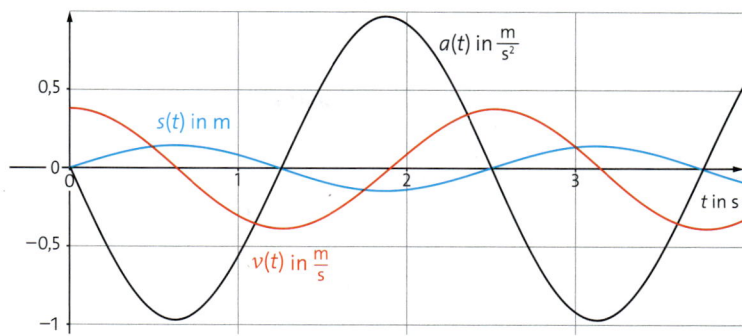

2 Schwingungsverlauf auf der Astronautenwaage (Federpendel), aus der Ruhelage gestartet mit $D = 560\,\frac{N}{m}$, $m = 80\,kg$, $\hat{s} = 0{,}1\,m$

Die hier durchgeführten Betrachtungen gelten nicht nur für die Astronautenwaage, sondern für jedes Federpendel mit Masse m und linearem Kraftgesetz $F_R(t) = -D \cdot s(t)$.

> Die Differenzialgleichung der Schwingung eines Federpendels lautet:
>
> $$\ddot{s}(t) = -\frac{D}{m}s(t).$$
>
> Eine Lösungsfunktion dieser Differenzialgleichung ist z. B.
>
> $$s(t) = \hat{s} \cdot \sin(\omega \cdot t), \text{ mit } \omega = \sqrt{\frac{D}{m}}.$$
>
> Die Periodendauer des Federpendels beträgt
>
> $$T = 2\pi\sqrt{\frac{m}{D}}.$$

Schwingungskurven · Die im vorigen Abschnitt aus dem Experiment ermittelten Verläufe der Auslenkung s, der Geschwindigkeit v und der Beschleunigung a ergeben sich mathematisch exakt aus der Lösung der Differenzialgleichung. Für die Astronautin auf der Astronautenwaage sind die Verläufe beispielhaft in ▸ Abb. 2 zusammen in einem Diagramm dargestellt.

Auch das Negative der angegebenen Lösungsfunktion, also

$$s(t) = -\hat{s} \cdot \sin\left(\sqrt{\frac{D}{m}} \cdot t\right),$$

ist eine Lösungsfunktion.

Weitere Lösungsfunktionen ergeben sich anhand der modifizierten Kosinusfunktion:

$$s(t) = \pm\hat{s} \cdot \cos\left(\sqrt{\frac{D}{m}} \cdot t\right).$$

Sie wissen bereits, dass diese verschiedenen Funktionen die unterschiedlichen Anfangsbedingungen beschreiben.

1 Zeigen Sie, dass auch ein Lösungsansatz auf Basis der Kosinusfunktion eine Lösung der Differenzialgleichung ist.

2 Eine Astronautin sitzt in einer Astronautenwaage. Die Federkonstante beträgt $420\,\frac{N}{m}$, die gemessene Periodendauer ist 2,60 s. Die Masse von Schlitten und anderen beweglichen Geräteteilen liegt bei 11,4 kg. Berechnen Sie die Masse der Astronautin.

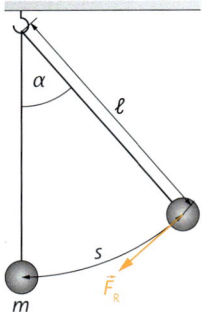

Differenzialgleichung des Fadenpendels •

Für die Rückstellkraft des Fadenpendels der Masse m und der Pendellänge ℓ liegt ebenfalls ein lineares Kraftgesetz vor und es gilt:

$$F_R(t) = -\frac{m \cdot g}{\ell} \cdot s(t).$$

Wegen der bei der Herleitung verwendeten Näherung $s_h \approx s$ gilt dies allerdings nur für kleine Auslenkungswinkel $\alpha \leq 10°$ (▶Abb.1).

Beachtet man $F_R(t) = m \cdot a(t) = m \cdot \ddot{s}(t)$, setzt die beiden Terme für $F_R(t)$ gleich und dividiert durch die Masse, dann erhält man daraus die Differenzialgleichung des Fadenpendels:

$$\ddot{s}(t) = -\frac{g}{\ell} \cdot s(t).$$

Hier ist eine Lösungsfunktion $s(t)$ gesucht, deren zweite Ableitung gleich der Funktion selbst multipliziert mit $-\frac{g}{\ell}$, ist.

Lösungsfunktion beim Fadenpendel •

Wir verwenden wieder den Ansatz $s(t) = \hat{s} \cdot \sin(\omega \cdot t)$, dessen zweite Ableitung wir von der vorigen Seite übernehmen können. Zur Überprüfung setzen wir den Ansatz in die Differenzialgleichung ein und erhalten:

$$-\hat{s} \cdot \omega^2 \cdot \sin(\omega \cdot t) = -\frac{g}{\ell} \cdot \hat{s} \cdot \sin(\omega \cdot t)$$

$$\left(\omega^2 - \frac{g}{\ell}\right) \cdot \sin(\omega \cdot t) = 0.$$

Die bei der Beschreibung der harmonischen Schwingung gefundenen Funktionen

$$s(t) = \pm\hat{s} \cdot \sin(\omega \cdot t),$$

$$s(t) = \pm\hat{s} \cdot \cos(\omega \cdot t)$$

sind allesamt Lösungsfunktionen der Differenzialgleichung. Man wählt die Lösungsfunktion, die zur Anfangsbedingung passt.

Beim Fadenpendel gilt dabei stets

$$\omega = \sqrt{\frac{g}{\ell}}.$$

Wieder muss der erste Klammerterm null sein, damit diese Gleichung erfüllt ist. Damit ist der Lösungsansatz bestätigt und wir erhalten:

$$\omega^2 = \frac{g}{\ell} \text{ bzw. } \omega = \sqrt{\frac{g}{\ell}}.$$

Beginnt die Schwingung am rechten Umkehrpunkt, dann lautet die Anfangsbedingung $s(0\,\text{s}) = \hat{s}$. Der auf der Sinusfunktion basierende Lösungsansatz kann diese Bedingung nicht erfüllen, für ihn gilt $s(0\,\text{s}) = 0\,\text{m}$. Der alternative Lösungsansatz $s(t) = \hat{s} \cdot \cos(\omega \cdot t)$ erfüllt diese Anfangsbedingung und löst ebenfalls die Differenzialgleichung. Eine zweite Lösungsfunktion lautet somit:

$$s(t) = \hat{s} \cdot \cos(\omega \cdot t) \text{ mit } \omega = \sqrt{\frac{g}{\ell}}.$$

Periodendauer •

Anhand des allgemein gültigen Zusammenhangs $\omega = \frac{2\pi}{T}$ zeigt sich für die Periodendauer beim Fadenpendel mit kleinen Auslenkungswinkeln $\alpha \leq 10°$:

$$T = \frac{2\pi}{\omega} = 2\pi\sqrt{\frac{\ell}{g}}$$

In Übereinstimmung mit dem experimentellen Ergebnis hängt die Periodendauer nicht von der Amplitude $\hat{s}$ ab, solange $\alpha \leq 10°$ ist. Auch die Masse m kommt in der Formel nicht vor. Eine Schaukel eignet sich also nicht zur Massenbestimmung. Nur die Pendellänge ℓ und – anders als beim Federpendel – der Ortsfaktor g bestimmen die Dauer einer kompletten Schwingung.

Die Differenzialgleichung der Schwingung eines Fadenpendels lautet:

$$\ddot{s}(t) = -\frac{g}{\ell} \cdot s(t).$$

Eine Lösungsfunktion dieser Differenzialgleichung ist z.B.

$$s(t) = \hat{s} \cdot \sin(\omega \cdot t), \text{ mit } \omega = \sqrt{\frac{g}{\ell}}.$$

Die Periodendauer des Fadenpendels beträgt

$$T = 2\pi\sqrt{\frac{\ell}{g}}.$$

---

1 Die Lösungsfunktion und Periodendauer des Fadenpendels erhält man alternativ, indem man in die entsprechenden beim Federpendel erhaltenen Lösungen die Richtgröße des Fadenpendels $D = \frac{m \cdot g}{\ell}$ einsetzt. Führen Sie eine solche verkürzte Herleitung durch.

2 Untersuchen Sie die Herleitung im Text darauf, an welcher Stelle sich jeweils schon ergibt, dass die Periodendauer unabhängig von der Auslenkung $\hat{s}$ und der Masse m sein muss.

3 Sekundenpendel: Berechnen Sie die Pendellänge eines Fadenpendels, das auf der Erde die Periodendauer 2,00 s haben soll.

4 Betrachten Sie beim Fadenpendel die Proportionalität $T \sim \sqrt{\ell}$. Berechnen Sie die Proportionalitätskonstante für Mitteleuropa und vergleichen Sie den berechneten mit dem experimentellen Wert auf Seite 154.

Lösen von Differenzialgleichungen bei harmonischen Schwingungen

Ein besonderer Gleichungstyp • Differenzialgleichungen findet man an vielen Stellen in der Physik. In der Mechanik stellen sie häufig eine Bedingung an die Ortsfunktion $s(t)$. Wie kann man daraus die Funktionsgleichung für $s(t)$ bestimmen?

Bei der Untersuchung des Federpendels und des Fadenpendels sind wir bereits auf Differenzialgleichungen zweiter Ordnung gestoßen und haben sie erfolgreich gelöst. Die Gleichung und ihre Lösung lassen sich verallgemeinern, sie beschreiben dann jede mögliche harmonische Schwingung. Nennen wir die Funktion allgemein $y(t)$, dann hat die Differenzialgleichung der harmonischen Schwingung die allgemeine Form

$$\ddot{y}(t) = -\omega^2 \cdot y(t).$$

Gesucht ist also eine Funktion, deren zweite Ableitung gleich der Funktion selbst multipliziert mit einem negativen Vorfaktor ist.

Von der Lösungsidee zum Lösungsansatz • Die Sinusfunktion hat wie die Kosinusfunktion die Eigenschaft, beim zweifachen Ableiten das Negative der Funktion selbst zu ergeben. Die naive Lösungsidee $y(t) = \sin(t)$ genügt aber nicht – diese Funktion lässt sich nicht an reale Verläufe anpassen und zudem stimmen die Einheiten nicht. Daher benötigt man Streckungen bzw. Stauchungen entlang der Rechtsachse mit einem Vorfaktor ω im Argument der Sinus- bzw. Kosinusfunktion. Das Argument einer trigonometrischen Funktion ist im Bogenmaß eine Zahl. Daher muss ω die Einheit $\frac{1}{s} = \text{Hz}$ haben. Entlang der Hochachse streckt oder staucht man mit einem Vorfaktor $\hat{y}$, der die gleiche Einheit wie $y(t)$ hat. Das bringt den Lösungsansatz

$$y(t) = \pm \hat{y} \cdot \sin(\omega \cdot t) \text{ mit dem Startwert } y(0\,\text{s}) = 0\,\text{m},$$

der die Situation „Start aus der Gleichgewichtslage" beschreibt. Sie wissen bereits, dass auch auf Basis der Kosinusfunktion ein Lösungsansatz der Schwingungsdifferenzialgleichung formuliert werden kann:

$$y(t) = \pm \hat{y} \cdot \cos(\omega \cdot t) \text{ mit dem Startwert } y(0\,\text{s}) = \pm \hat{y}.$$

Dieser beschreibt die Anfangsbedingung „Start aus einem der Umkehrpunkte".

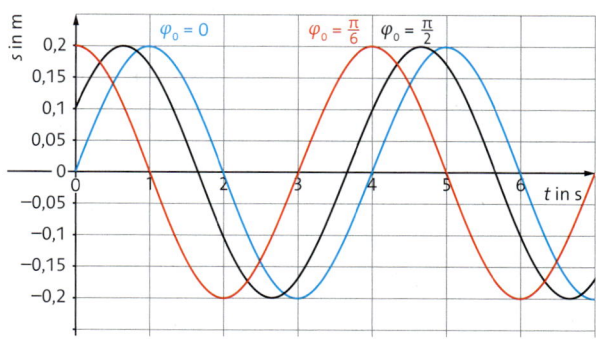

2 Schwingungsverlauf einer allgemeinen harmonischen Schwingung $y(t) = \hat{y} \cdot \sin(\omega \cdot t + \varphi_0)$ mit $\omega = \frac{\pi}{2}\,\text{s}^{-1}$ und $\hat{y} = 0{,}2\,\text{m}$.

Verallgemeinerung des Lösungsansatzes • Es gibt eine Möglichkeit, alle denkbaren Anfangsbedingungen darzustellen. Im verallgemeinerten Lösungsansatz

$$y(t) = \hat{y} \cdot \sin(\omega \cdot t + \varphi_0)$$

wird die sich im Laufe der Schwingung dauernd ändernde Phase $\omega \cdot t$ durch die sogenannte **Nullphase φ_0** ergänzt. Der Startwert $y(0\,\text{s}) = \hat{y} \cdot \sin(\varphi_0)$ kann somit jeden beliebigen Wert zwischen $+\hat{y}$ und $-\hat{y}$ annehmen. Der bekannte Lösungsansatz mit Sinus ist im verallgemeinerten Lösungsansatz als Spezialfall mit $\varphi_0 = 0$ enthalten. Auch der Kosinus-Lösungsansatz ergibt sich bei $\varphi_0 = \frac{\pi}{2}$, denn es gilt allgemein $\sin(t + \frac{\pi}{2}) = \cos(t)$. Die auf dem Sinus basierende Lösungsfunktion wird um φ_0 entlang der Rechtsachse nach links verschoben (▸Abb. 2).

Einsetzen und prüfen • Der Lösungsansatz muss überprüft werden. Dazu bildet man zunächst die Ableitungen der verallgemeinerten Lösungsfunktion:

$$\dot{y}(t) = \hat{y} \cdot \omega \cdot \cos(\omega \cdot t + \varphi_0),$$
$$\ddot{y}(t) = -\hat{y} \cdot \omega^2 \cdot \sin(\omega \cdot t + \varphi_0).$$

Setzt man in die Differenzialgleichung ein, dann steht auf beiden Seiten des Gleichheitszeichens dasselbe – der Lösungsansatz erfüllt die Differenzialgleichung.

Anpassen • Den Wert von ω entnimmt man der konkret vorliegenden Differenzialgleichung. Die Amplitude $\hat{y}$ wird an die vorliegende Schwingung angepasst und die Nullphase φ_0 aus dem vorliegenden Startwert ermittelt.

Versuch A • Harmonische Schwingung am Gummiband

Liegt ein lineares Kraftgesetz vor, dann ist die Schwingung harmonisch. Bei Gummibändern ist diese Voraussetzung zunächst nicht erfüllt, doch mit etwas Überlegung kann man auch mit Gummibändern harmonische Schwingungen erhalten.

Material:
Gummibänder, Massestücke, Stativmaterial, geeigneter Kraftmesser (z. B. 10 N), Lineal

V1 Kennlinie des Gummibandes

Arbeitsauftrag:
a) Wählen Sie anhand eines Vorversuchs einen Kraftmesser, dessen Skalenumfang ausreicht, um das Gummiband auf etwa das Vierfache seiner ursprünglichen Länge auszudehnen.
b) Hängen Sie das Gummiband an einem Stativ auf und dehnen Sie es mithilfe des Kraftmessers aus. Erhöhen Sie die Auslenkung s in etwa 15 bis 20 gleichen Schritten, bis etwa die vierfache ursprüngliche Ausdehnung erreicht ist, und messen Sie die zugehörige Kraft F.
c) Erstellen Sie anhand der Messwerte aus b) eine Kraft-Auslenkungs-Kennlinie. Beurteilen Sie, ob diese Kennlinie ein lineares Kraftgesetz erkennen lässt.
d) Nach Abschluss des Versuchs erreicht das Gummiband nicht wieder die Auslenkung null. Deuten Sie das im Hinblick auf die Elastizität des Gummibands.
e) Recherchieren Sie, durch welche Vorgänge auf der Ebene der Atome und Moleküle die Rückstellkraft eines Gummibands erzeugt wird. Stellen Sie einen Vergleich mit der Rückstellkraft einer Schraubenfeder an.

V2 Harmonische Schwingung

Arbeitsauftrag:
a) Wählen Sie einen Bereich aus der Kennlinie, der ein möglichst lineares Verhalten zeigt (in der Kennlinie unten z. B. Bereich B), und bestimmen Sie seine Mitte und Grenzen.
b) Hängen Sie ein geeignetes Massestück so an das Gummiband, dass eine Auslenkung bis in die Mitte des linearen Bereichs erfolgt. Regen Sie das Massestück zu vertikalen Schwingungen unterschiedlicher Amplituden an, ohne die Grenzen des linearen Bereiches zu verlassen. Messen Sie die jeweilige Periodendauer und bestätigen Sie, dass eine harmonische Schwingung vorliegt.
c) Untersuchen Sie für einen stark nichtlinearen Bereich (z. B. Bereich A in der Kennlinie), ob die Schwingungen harmonisch sind. Erklären Sie.

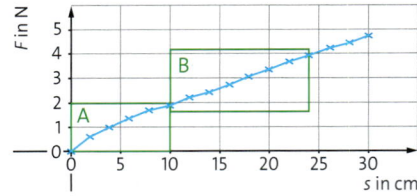

Material A • Federung eines Lieferwagens

Große Schraubenfedern sorgen bei Fahrzeugen für die Federung. Zusammen mit den Stoßdämpfern führen sie zum gewünschten Fahrverhalten. Die Ladefläche eines Lieferwagens ist durch zwei Schraubenfedern der Federkonstanten D_{Feder} mit der Hinterachse verbunden.

A1 Zeigen Sie durch eine Kräftebetrachtung, dass die resultierende Richtgröße D_{res} für die Rückstellkraft das Doppelte der Federkonstante D_{Feder} beträgt.

A2 Die Ladefläche soll bei Beladung mit einer Masse von 2 500 kg um 8,0 cm einsinken. Berechnen Sie die nötige Federkonstante D_{Feder}.

A3 Die Ladefläche wird nun zu vertikalen Schwingungen angeregt. Zur Ladung von 2 500 kg kommen weitere 800 kg durch Karosserie und andere Fahrzeugteile hinzu. Berechnen Sie aus den angegebenen Daten die Periodendauer der Schwingung.

Material B • Foucaultsches Pendel

Mit einem sehr großen Fadenpendel gelang Léon Foucault im Jahr 1851 erstmals der experimentelle Nachweis der Erddrehung. Die Pendelbewegung schien im Laufe eines Tages ihre Richtung zu ändern. In Wirklichkeit drehte sich die Erde unter dem Pendel, dessen Bewegung aufgrund der Trägheit gleich blieb. Im Panthéon von Paris erinnert heute ein Fadenpendel mit einer Pendellänge von 67 m und einem Pendelkörper von 28 kg an Foucault. Die Amplitude der Auslenkung beträgt etwa 3 m.

B1 Begründen Sie, dass bei diesem Pendel die Voraussetzungen für eine harmonische Schwingung erfüllt sind.

B2 Berechnen Sie die Periodendauer des Pendels.

B3 Berechnen Sie die maximale Geschwindigkeit des Pendelkörpers.

B4 Stellen Sie sich vereinfacht vor, das Pendel befände sich am Nordpol. Berechnen Sie die Anzahl der Perioden, die das Pendel schwingen muss, damit sich der Boden um 10° dreht.

Material C • U-Rohr-Schwingung

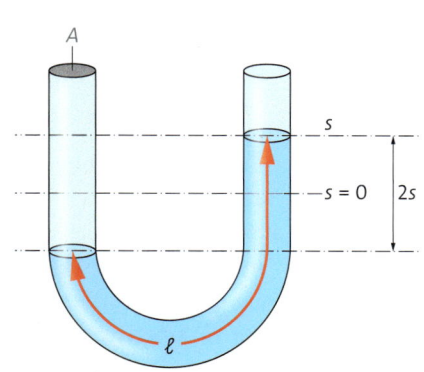

Ein U-förmig gebogenes Rohr der Querschnittsfläche A ist teilweise mit einer Flüssigkeit gefüllt. Die Flüssigkeitssäule hat die Länge ℓ. Sie wird aus der Gleichgewichtslage ausgelenkt und beginnt zu schwingen.

C1 a) Erklären Sie qualitativ, wodurch die Rückstellkraft zustande kommt.
b) Zeigen Sie anhand der Abbildung, dass mit der Dichte ρ der Flüssigkeit für den Betrag der Rückstellkraft gilt: $F_R = 2 \cdot \rho \cdot A \cdot g \cdot s$.

C2 a) Stellen Sie die Differenzialgleichung der U-Rohr-Schwingung auf. Berücksichtigen Sie dabei, dass die gesamte Flüssigkeitssäule beschleunigt wird.
b) Lösen Sie die Differenzialgleichung durch einen geeigneten Ansatz.
c) Bestätigen Sie anhand Ihrer Lösung, dass für die Periodendauer gilt:

$$T = 2\pi\sqrt{\frac{\ell}{2g}}.$$

Material D • Harmonische und nichtharmonische Federschwingung

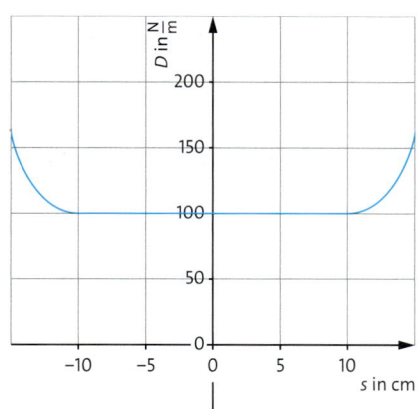

Von einer horizontalen Federschwingung ist bekannt, dass die Federkonstante nur innerhalb gewisser Grenzen konstant ist. Nebenstehende Abbildung zeigt die Abhängigkeit der Federkonstanten von der Auslenkung. Der schwingende Körper hat die Masse 2,4 kg.

D1 Der Körper wird um 8,0 cm ausgelenkt und zum Zeitpunkt $t = 0$ s losgelassen. Zeichnen Sie das Auslenkungs-Zeit-Diagramm.

D2 Der Körper wird um 14 cm ausgelenkt und zum Zeitpunkt $t = 0$ s losgelassen. Das Auslenkungs-Zeit-Diagramm zeigt Abweichungen gegenüber dem aus D1. Beschreiben und erklären Sie diese Abweichungen.

D3 Im Automobilbereich ist es erwünscht, dass Fahrwerksfedern ein nichtlineares Verhalten zeigen. Erklären Sie. Stellen Sie Vermutungen an und recherchieren Sie, wie das gewünschte Verhalten erreicht werden kann.

1 Die Energie dieser Schwingung hat sichtbare Folgen

Energieumwandlungen

Der Baggerführer holt weit aus, um der schwingenden Abrissbirne viel Energie zu verleihen. Was können wir über die bei einer Schwingung auftretenden Energieformen und ihre Umwandlungen sagen?

Für die übertragene Energie gilt $\Delta E_{mech} = F \cdot \Delta s$, vorausgesetzt, die Kraft ist konstant.

Energieformen einer Schwingung • Beim Auslenken einer Schaukel oder eines Federpendels spüren Sie die Rückstellkraft entlang des gesamten Auslenkungswegs. Bei diesem Vorgang übertragen Sie Energie auf das schwingungsfähige System, die diesem als Lageenergie, Spannenergie oder einer Kombination von beidem zur Verfügung steht.

Man fasst die Summe von Lage- und Spannenergie zur **potenziellen Energie** E_{pot} zusammen (▶ Abb. 2). Wenn Sie die ausgelenkte Schaukel oder das Federpendel im Umkehrpunkt loslassen, dann wird die potenzielle Energie bei der nun folgenden Beschleunigung in **kinetische Energie** E_{kin} umgewandelt. Beim Durchgang durch die Gleichgewichtslage ist die kinetische Energie maximal, die potenzielle Energie dagegen null. Anschließend wird die kinetische Energie wieder in potenzielle Energie umgewandelt, bis nach einer halben Schwingungsperiode der andere Umkehrpunkt erreicht ist. Ab nun wiederholt sich der Ablauf. Die **Gesamtenergie** der Schwingung ist dabei stets die Summe der beiden Energieformen. Aus dem Energieerhaltungssatz folgt, dass die Gesamtenergie konstant bleibt, solange keine Reibung die Schwingungsbewegung dämpft.

> Bei ungedämpften Schwingungen werden potenzielle und kinetische Energie laufend ineinander umgewandelt. Die Gesamtenergie ist konstant.

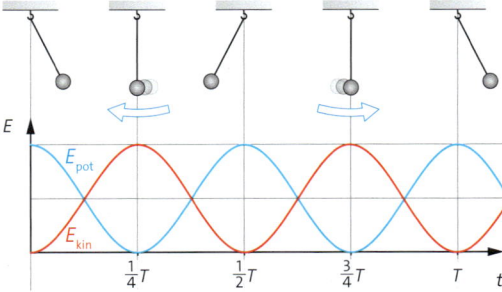

2 Energieumwandlungen beim Fadenpendel

E_{pot} bei der harmonischen Schwingung •
Wie viel Energie wird beim Auslenken eines Pendelkörpers aus der Gleichgewichtslage $s = 0\,\text{m}$ bis zum Umkehrpunkt $s = \hat{s}$ auf das schwingungsfähige System übertragen? Beim Auslenken muss eine Kraft auf den Körper ausgeübt werden, die betragsmäßig gleich der Rückstellkraft ist. Da die Rückstellkraft nicht konstant ist, kann man die übertragene Energie nicht einfach als Produkt aus Kraft und Auslenkungsweg berechnen. Stattdessen erhält man die übertragene Energie als Fläche unter dem Graphen von $|F_{\text{R}}(s)|$. Zur Berechnung dieser Fläche nutzt man aus, dass bei harmonischen Schwingungen der Betrag der Rückstellkraft proportional zur Auslenkung ist, also $|F_{\text{R}}(s)| = D \cdot s$ (▶Abb.3). Damit folgt für die potenzielle Energie im Umkehrpunkt:

$$E_{\text{pot,max}} = \tfrac{1}{2} \cdot |F_{\text{R}}(\hat{s})| \cdot \hat{s} = \tfrac{1}{2} \cdot D \cdot \hat{s}^2.$$

Dies entspricht der bekannten Formel für die Spannenergie. Die Größe $\hat{s}$ beschreibt hier aber nicht die maximale Auslenkung der Feder aus der entspannten Lage, sondern die maximale Auslenkung des Pendelkörpers aus der Gleichgewichtslage – selbst dann, wenn die Feder in der Gleichgewichtslage bereits gespannt ist. Beim Fadenpendel ist wie zuvor die Richtgröße $D = \frac{m \cdot g}{\ell}$.

Zeitlicher Verlauf der Energien • Die potenzielle Energie ändert sich im Verlauf der harmonischen Schwingung mit der Auslenkung $s(t)$. Im Fall einer Bewegung, die aus dem Umkehrpunkt startet, gilt $s(t) = \hat{s} \cdot \cos(\omega \cdot t)$. Damit wird

$$E_{\text{pot}}(t) = \tfrac{1}{2} \cdot D \cdot (s(t))^2 = \tfrac{1}{2} \cdot D \cdot \hat{s}^2 \cdot \cos^2(\omega \cdot t).$$

Wegen $v(t) = \dot{s}(t) = -\hat{s} \cdot \omega \cdot \sin(\omega \cdot t)$ folgt entsprechend für die kinetische Energie:

$$\begin{aligned}
E_{\text{kin}}(t) &= \tfrac{1}{2} \cdot m \cdot (v(t))^2 \\
&= \tfrac{1}{2} \cdot m \cdot (-\hat{s} \cdot \omega \cdot \sin(\omega \cdot t))^2 \\
&= \tfrac{1}{2} \cdot m \cdot \hat{s}^2 \cdot \omega^2 \cdot \sin^2(\omega \cdot t) \\
&= \tfrac{1}{2} \cdot D \cdot \hat{s}^2 \cdot \sin^2(\omega \cdot t).
\end{aligned}$$

Im letzten Schritt wurde die Beziehung für die Kreisfrequenz $\omega = \sqrt{\frac{D}{m}}$ eingesetzt.

Gesamtenergie • Die Gesamtenergie der harmonischen Schwingung ergibt sich aus der Summe von kinetischer und potenzieller Energie:

$$\begin{aligned}
E_{\text{ges}}(t) &= E_{\text{kin}}(t) + E_{\text{pot}}(t) \\
&= \tfrac{1}{2} \cdot D \cdot \hat{s}^2 \cdot \sin^2(\omega \cdot t) + \tfrac{1}{2} \cdot D \cdot \hat{s}^2 \cdot \cos^2(\omega \cdot t) \\
&= \tfrac{1}{2} \cdot D \cdot \hat{s}^2 \cdot (\sin^2(\omega \cdot t) + \cos^2(\omega \cdot t)) \\
&= \tfrac{1}{2} \cdot D \cdot \hat{s}^2 = \tfrac{1}{2} \cdot m \cdot \hat{v}^2.
\end{aligned}$$

Bei der Herleitung wurde die Beziehung $\sin^2(\alpha) + \cos^2(\alpha) = 1$ genutzt, die aus dem Satz des Pythagoras folgt (▶Abb.4). Das Ergebnis bestätigt auf mathematische Weise, dass die Gesamtenergie konstant ist. Sie ist zu jedem Zeitpunkt gleich der potenziellen Energie im Umkehrpunkt, aber auch gleich der kinetischen Energie in der Gleichgewichtslage.

> Bei harmonischen Schwingungen gilt für die potenzielle und kinetische Energie:
> $$E_{\text{pot}}(t) = \tfrac{1}{2} \cdot D \cdot (s(t))^2,$$
> $$E_{\text{kin}}(t) = \tfrac{1}{2} \cdot m \cdot (v(t))^2.$$
> Für die konstante Gesamtenergie gilt:
> $$E_{\text{ges}} = \tfrac{1}{2} \cdot D \cdot \hat{s}^2 = \tfrac{1}{2} \cdot m \cdot \hat{v}^2.$$

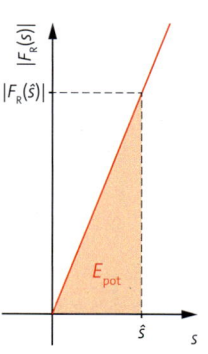

3 Ermittlung der potenziellen Energie als Fläche unter dem Graphen von $|F_{\text{R}}(s)|$.

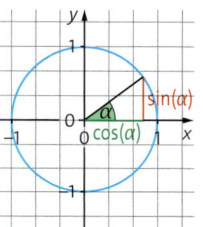

4 Die Gleichheit $\sin^2(\alpha) + \cos^2(\alpha) = 1$ gilt für jeden Winkel α. Sie wird auch „trigonometrischer Pythagoras" genannt und lässt sich am Einheitskreis leicht einsehen.

1 Beim Abreißen soll die Abrissbirne die Mauer mit maximaler kinetischer Energie treffen. Beurteilen Sie, ob der Baggerführer in ▶Abb.1 einen guten Job gemacht hat.

2 Berechnen Sie die Gesamtenergie einer Federschwingung mit der Federkonstante $3{,}0\,\frac{\text{N}}{\text{m}}$ und der Amplitude $4{,}0\,\text{cm}$.

3 Begründen Sie anschaulich und anhand von Formeln, dass die Gesamtenergie beim Federpendel nicht von der schwingenden Masse m abhängt, beim Fadenpendel aber schon.

4 Berechnen Sie, wieviel Prozent der Gesamtenergie bei einer harmonischen Schwingung nach 5 %, 10 %, 15 %, 20 %, 25 % einer Schwingungsperiode als potenzielle bzw. kinetische Energie vorliegen. Vervollständigen Sie auf einfache Weise zur ganzen Periode und stellen Sie den Verlauf graphisch dar.

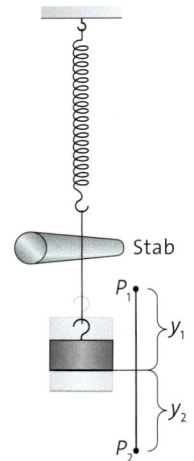

1 Dämpfung eines Federpendels mit Gleitreibung. Die Amplitude nimmt von Umkehrpunkt P_1 zu Umkehrpunkt P_2 ab.

Irreversible Vorgänge können nur durch einen Eingriff von außen rückgängig gemacht werden.

Gedämpfte Schwingung • Bei realen Schwingungen ist die Reibung nicht vernachlässigbar. Man beobachtet, dass die Amplitude von Umkehrpunkt zu Umkehrpunkt abnimmt (▸Abb.1). Durch die Reibung wird kinetische Energie des schwingenden Körpers in thermische Energie umgewandelt. Bei der Umwandlung von kinetischer Energie in thermische Energie wird die Energie entwertet, der Vorgang ist also irreversibel. Die thermische Energie ist für das Aufrechterhalten der Schwingung verloren. Folglich nimmt die Gesamtenergie der Schwingung kontinuierlich ab, was die Abnahme der Amplitude erklärt. Die Zunahme der thermischen Energie äußert sich in einer Erwärmung, z.B. von Faden und Stab in ▸Abb.1.

> Bei gedämpften Schwingungen wird durch die Reibung unumkehrbar kinetische Energie in thermische Energie umgewandelt. Die Amplitude einer gedämpften Schwingung nimmt daher allmählich ab.

Gleitreibung • Bewegt man zwei feste, sich berührende Körper aneinander vorbei, dann kommt es zu Gleitreibung. Der Betrag dieser Reibungskraft hängt nur von der Oberflächenbeschaffenheit der beteiligten Körper (beschrieben durch die Gleitreibungszahl f_{gl}) und ihrer Anpresskraft, der Normalkraft F_N, ab:

$$F_{gl} = f_{gl} \cdot F_N.$$

Die Formel sagt auch: Die Reibungskraft wird nicht von der Geschwindigkeit der Bewegung beeinflusst. Im Fahrzeugbau wurden Stoßdämpfer lange auf der Basis von reibend gelagerten Schwingen ausgeführt (▸Abb.2).

Dämpfung durch Gleitreibung • Für eine Schwingung, die im idealisierten ungedämpften Fall die Merkmale einer harmonischen Schwingung hat, im realen Fall aber durch eine konstante Reibungskraft gedämpft wird, kann man die Abnahme der Gesamtenergie der Schwingung genauer untersuchen. P_1 und P_2 seien zwei aufeinander folgende Umkehrpunkte (▸Abb.3). Von P_1 zu P_2 nimmt die Amplitude von $\hat{s}_1$ auf $\hat{s}_2$ ab. Damit nimmt die Gesamtenergie der Schwingung von $E_1 = \frac{1}{2} \cdot D \cdot \hat{s}_1^2$ auf $E_2 = \frac{1}{2} \cdot D \cdot \hat{s}_2^2$ ab. Für die Differenz der Energien gilt:

$$\Delta E = \frac{D}{2} \cdot (\hat{s}_1^2 - \hat{s}_2^2) = \frac{D}{2} \cdot (\hat{s}_1 - \hat{s}_2) \cdot (\hat{s}_1 + \hat{s}_2),$$

wobei wir im zweiten Schritt die 3. binomische Formel verwendet haben.

Zwischen den beiden Umkehrpunkten P_1 und P_2 legt der schwingende Körper die Strecke $\Delta s = \hat{s}_1 + \hat{s}_2$ zurück. Aus $\Delta E = F_{gl} \cdot \Delta s$ folgt:

$$F_{gl} = \frac{\Delta E}{\Delta s} = \frac{D}{2} \cdot (\hat{s}_1 - \hat{s}_2).$$

Aufgelöst nach der Verkürzung der Amplitude zwischen den beiden Umkehrpunkten erhält man:

$$\hat{s}_1 - \hat{s}_2 = \frac{2 \cdot F_{gl}}{D}.$$

Da sowohl s als auch F_{gl} konstant sind, nimmt die Amplitude zwischen zwei Umkehrpunkten um einen konstanten Betrag ab (▸Abb.3).

2 Historischer Stoßdämpfer auf Basis von Gleitreibung

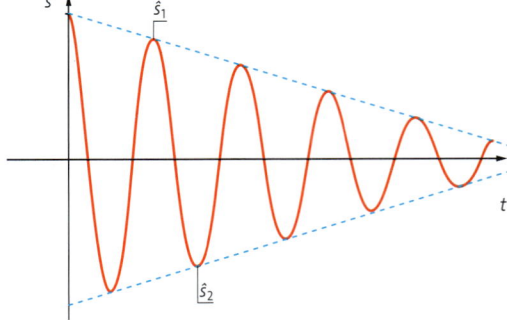

3 Lineare Abnahme der Amplitude (blaue Linie) bei Dämpfung durch Gleitreibung

Weitere Reibungskräfte · Es gibt noch eine Reihe anderer Mechanismen, die zu einer bremsenden Kraft führen, wenn man zwei Körper aneinander vorbei bewegt, wobei es stets zu einer Umwandlung von kinetischer Energie in thermische Energie kommt. Aus dem Alltag bekannt sind Reibungen wie der Strömungswiderstand in Luft oder in Wasser. Sie haben auch bereits die Wirkungsweise einer Wirbelstrombremse kennengelernt. Die Heizwirkung der Wirbelströme sorgt für eine Umwandlung von kinetischer in thermische Energie. Von besonderem Interesse in der Technik sind Reibungskräfte, deren Betrag F_{reib} – anders als bei der Gleitreibung – proportional von der Geschwindigkeit v des sich bewegenden Körpers abhängt. Bei der Wirbelstrombremse ist dies sehr gut erfüllt, näherungsweise auch bei der langsamen Bewegung von Körpern durch Gase oder Flüssigkeiten.

Geschwindigkeitsabhängige Dämpfung ·
Wird ein schwingender Körper, der ohne Dämpfung eine harmonische Schwingung vollführen würde, durch eine solche geschwindigkeitsabhängige Kraft mit $F_{reib} \sim v$ gebremst, dann sprechen wir von einer harmonisch gedämpften Schwingung. Beim Federpendel können wir durch einfache Maßnahmen dafür sorgen, dass die Bewegung auf spürbare Weise harmonisch gedämpft wird (▸Abb.4). In der Technik sorgen heute Stoßdämpfer mit Ölfüllung zusammen mit Stahlfedern dafür, dass Stöße gedämpft werden (▸Abb.5). Gilt für solche Schwingungen immer noch, dass ihre Frequenz unabhängig von der Amplitude ist, die ja mit der Zeit abnimmt? Bei Musikinstrumenten ist dies zum Glück so, wie man gut hören kann.

Harmonisch gedämpftes Federpendel · Wir betrachten ein Federpendel, das mit einer Reibungskraft $F_{reib} = -b \cdot v$ gedämpft schwingt. Die **Dämpfungskonstante** b bestimmt die Stärke der Dämpfung. Die Gesamtkraft ist

$$F(t) = F_R(t) + F_{reib}(t) = -D \cdot s(t) - b \cdot v(t).$$

Ersetzen wir $F(t) = m \cdot \ddot{s}(t)$ und $v(t) = \dot{s}(t)$, dann erhalten wir eine Differenzialgleichung:

$$\ddot{s}(t) = -\frac{D}{m} \cdot s(t) - \frac{b}{m} \cdot \dot{s}(t).$$

Hier ist die Funktion $s(t)$ mit der ersten und mit der zweiten Ableitung verknüpft. Man benötigt einen Lösungsansatz, der Exponential- und Sinusfunktion kombiniert. Letztlich erhält man:

$$s(t) = \hat{s} \cdot e^{-\frac{b}{2m} \cdot t} \cdot \sin(\omega' \cdot t).$$

Darin ist $\omega' = \sqrt{\omega^2 - \frac{b^2}{4m^2}}$ eine gegenüber dem ungedämpften Fall verringerte Kreisfrequenz. Sie hängt nur von den Größen D, m und b ab, nicht aber von der Amplitude $\hat{s}$.

Die ersten zwei Faktoren in der Lösungsfunktion $s(t)$ lassen sich zu einer **zeitabhängigen Amplitude** zusammenfassen, die ausgehend von der Anfangsamplitude $\hat{s}$ exponentiell abnimmt:

$$s_{ampl}(t) = \hat{s} \cdot e^{-\frac{b}{2m} \cdot t}.$$

Ihr Verlauf ist als **Einhüllende** der Auslenkungsfunktion $s(t)$ in ▸Abb.6 zu sehen. Die Abnahme verläuft umso schneller, je größer die Dämpfungskonstante b ist.

1 Nennen Sie mindestens zwei Gründe dafür, dass Stoßdämpfer auf Basis von Gleitreibung heute nicht mehr verwendet werden.

2 Begründen Sie anschaulich und mathematisch, wie eine sehr starke Dämpfung dazu führen kann, dass keine Schwingung mehr erfolgt.

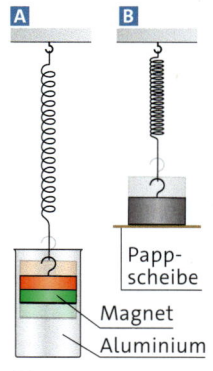

4 Harmonisch gedämpftes Federpendel **A** mit Wirbelstrombremse, **B** mit erhöhter Luftreibung

Differenzialgleichungen erster Ordnung haben als Lösung die e-Funktion.
Die Lösung einer Differenzialgleichung zweiter Ordnung kennen Sie bereits.

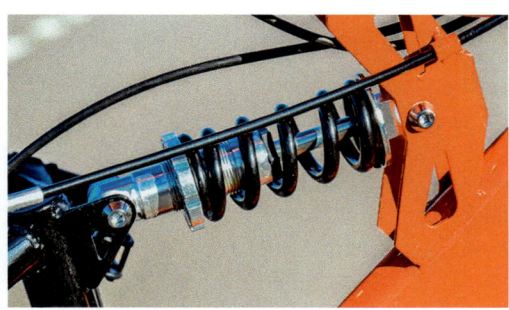

5 Federbein: Eine Kombination aus Feder und Stoßdämpfer

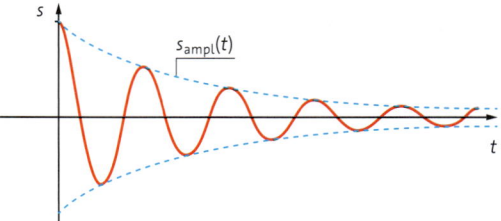

6 Exponentielle Abnahme der Amplitude (blaue Linie) bei harmonischer Dämpfung

Versuch A • Untersuchung der Dämpfung bei Schwingungen

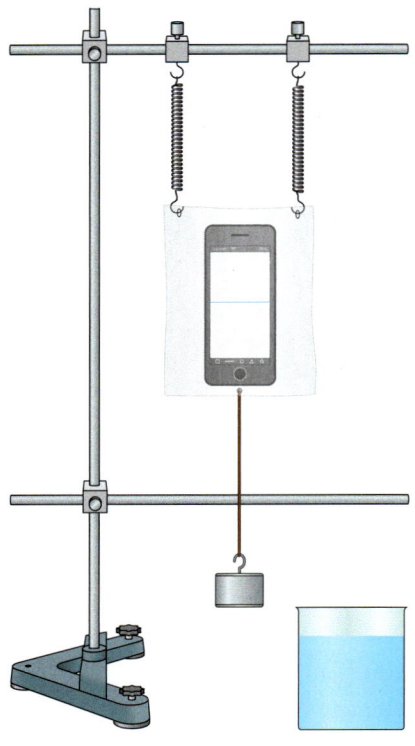

Sie untersuchen den Einfluss unterschiedlicher Dämpfungsarten auf die Schwingung eines Federpendels. Dazu benutzen Sie wieder die Beschleunigungssensoren Ihres Smartphones.

Material:
Smartphone mit passender Physik-App, dünne Schutzhülle (z. B. Prospekthülle), zwei Schraubenfedern (z. B. mit $D = 20\,\frac{N}{m}$), Schnur, Massestücke (z. B. 200 g), großes Becherglas, Stativmaterial

V1 Dämpfung durch Gleitreibung

Arbeitsauftrag:
a) Bauen Sie den Versuch entsprechend der Abbildung auf. Achten Sie darauf, dass der Faden beim Schwingen an der Querstange entlangstreichen kann.
b) Starten Sie auf der App eine zeitabhängige Messung der Beschleunigung.

c) Lenken Sie das Smartphone aus und lassen Sie es los. Stoppen Sie die Messung, wenn die Schwingung aufgrund der Reibung zum Erliegen gekommen ist.
d) Beschreiben Sie die Abnahme der Amplitude.

V2 Dämpfung durch Flüssigkeitsreibung

Arbeitsauftrag:
a) Entfernen Sie die Querstange. Lassen Sie das Massestück in das mit Wasser gefüllte Becherglas tauchen. Achten Sie darauf, dass sich das Massestück etwa auf halber Höhe des Glases befindet.
b) Starten Sie die Messung in der App.
c) Lenken Sie das Smartphone aus und nehmen Sie die Schwingung auf, bis sie zum Erliegen gekommen ist.
d) Beschreiben Sie die Abnahme der Amplitude. Vergleichen Sie mit V1.

Material A • Die Bowlingkugel und das Kinn

In der Fernsehshow BBC Earth Lab lenkte der Moderator eine an einem Seil aufgehängte, 16 britische Pfund schwere Bowlingkugel um etwa 30° aus, hielt sie dabei an sein Kinn und ließ sie dann los. Nach etwa 4,2 s hatte die Kugel eine volle Schwingung durchlaufen und bewegte sich auf das Gesicht des Moderators zu.

A1 a) Erklären Sie, warum der Moderator nicht befürchten musste, dass die Kugel sein Kinn zertrümmert.
b) Der Versuch funktioniert auch, wenn man den Hinterkopf dabei an eine Wand lehnt. Begründen Sie, dass das sogar eine gute Idee ist.
c) Begründen Sie, dass es keine gute Idee ist, der Kugel beim Loslassen einen Schubs zu geben.
A2 Berechnen Sie die Kraft, die der Moderator aufbringen musste, um den Pendelkörper festzuhalten (1 brit. Pfund = 0,454 kg).
A3 a) Berechnen Sie die Kreisfrequenz.
b) Berechnen Sie die Pendellänge.
c) Bestimmen Sie die Richtgröße der Schwingung.
A4 a) Ermitteln Sie die Amplitude $\hat{s}$ der Schwingung.

b) Berechnen Sie die maximale Geschwindigkeit $\hat{v}$ und die maximale Beschleunigung $\hat{a}$ des Pendels.
A5 Berechnen Sie die Höhe h der ausgelenkten Kugel über der Gleichgewichtslage.
A6 Bestimmen Sie auf drei unterschiedliche Weisen die Energie der Schwingung:
a) Über die Höhe h.
b) Über die Amplitude $\hat{s}$.
c) Über die maximale Geschwindigkeit $\hat{v}$.
A7 a) Erstellen Sie eine Wertetabelle für die Anteile der kinetischen und der potenziellen Energie in Abhängigkeit vom Auslenkungswinkel α für $-30° \leq \alpha \leq 30°$ in 10°-Schritten.
b) Skizzieren Sie die zugehörigen Diagramme.

Material B • Gehemmte Schwingung

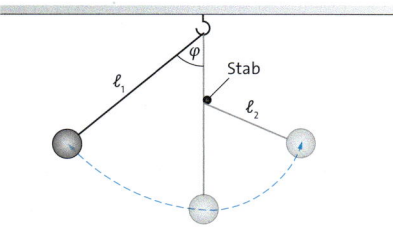

Bei einem Hemmungspendel ist zwischen Aufhängepunkt und Gleichgewichtslage quer zum Faden ein Stab angebracht.

B1 Erklären Sie, warum sich die beiden Umkehrpunkte auch beim Hemmungspendel auf gleicher Höhe befinden.

B2 Leiten Sie einen Ausdruck für die Schwingungsdauer in Abhängigkeit von ℓ_1 und ℓ_2 her.

B3 Erörtern Sie, welche der Kriterien für harmonische Schwingungen erfüllt sind:

  a) Sinus- oder kosinusförmiges Auslenkungs-Zeit-Gesetz

  b) Lineares Kraft-Auslenkungsgesetz

  c) Unabhängigkeit der Periodendauer von der Amplitude

B4 Lenkt man das Fadenpendel auf der ungehemmten Seite soweit aus, dass die Höhe des Pendelkörpers über dem Hindernis liegt, kommt keine richtige Schwingung mehr zustande. Erklären Sie dies, indem Sie die Bewegung in der gehemmten Hälfte im Detail nachvollziehen.

Material C • Das ballistische Pendel

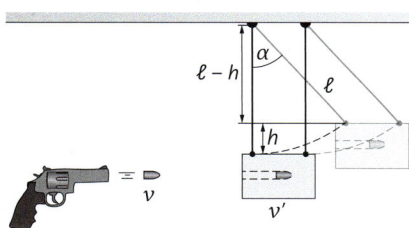

Ein Projektil wird auf einen Pendelkörper geschossen, in dem es steckenbleibt. Dabei wird der Impuls des Projektils auf den Pendelkörper übertragen. Dadurch kommt es zu einer Schwingungsbewegung des an zwei Seilen aufgehängten Pendelkörpers. Zur Bestimmung der Geschwindigkeit v, mit der das Projektil in den Pendelkörper geschossen wurde, wird die maximale Höhe h der Schwingung gemessen.

C1 Bei dem Vorgang sind einmal die Impulserhaltung und einmal die Energieerhaltung zu beachten. Erklären Sie.

C2 Zeigen Sie, dass sich die Geschwindigkeit des Projektils mit der Formel

$$v = \frac{m_1 + m_2}{m_1} \cdot \sqrt{2 \cdot g \cdot h}$$

berechnen lässt. Hierbei ist m_1 die Masse des Projektils und m_2 die Masse des Pendelkörpers.

C3 Ein Pendelkörper der Masse 120 g erreicht nach Beschuss aus einem Luftgewehr die Höhe 2,9 cm. Das Projektil hat eine Masse von 0,6 g. Berechnen Sie seine Abschussgeschwindigkeit.

C4 Berechnen Sie die kinetische Energie des Projektils. Zulassungsfreie Luftgewehre dürfen eine Geschossenergie von 7,5 J nicht überschreiten. Ist diese Grenze hier gewahrt?

Material D • Gedämpfte Schwingung

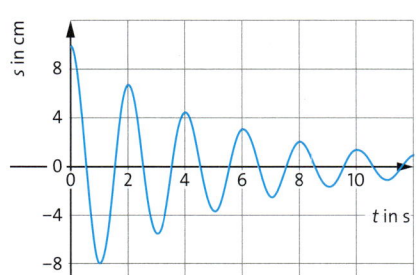

Mit einem Messwerterfassungssystem wird die Auslenkung eines harmonisch gedämpften Federpendels mit der Masse $m = 300$ g aufgezeichnet.

D1 **a)** Bestimmen Sie die Startamplitude und die Schwingungsdauer.

  b) Berechnen Sie die Kreisfrequenz und die Federkonstante.

D2 Bei einer exponentiellen Kurve $s(t)$ stehen aufeinanderfolgende Werte $s_1, s_2, s_3, \ldots$, die im gleichen zeitlichen Abstand zueinander aufgenommen werden, stets im gleichen Verhältnis: $\frac{s_1}{s_2} = \frac{s_2}{s_3} = \frac{s_3}{s_4} = \ldots$

Zeigen Sie, dass dies für aufeinanderfolgende Amplituden der Hoch- und Tiefpunkte erfüllt ist.

D3 **a)** Zwischen den aufeinanderfolgenden Amplituden aus D2 gilt die Beziehung $\frac{s_1}{s_2} = \frac{s_2}{s_3} = \frac{s_3}{s_4} = \ldots = e^{-\frac{b}{2m} \cdot T}$ Begründen Sie das.

  b) Berechnen Sie die Dämpfungskonstante b anhand des Diagramms.

D4 Geben Sie die vollständige Funktionsgleichung für die Auslenkung $s(t)$ der Schwingung an.

D5 Weisen Sie nach, dass sich die Kreisfrequenz hier nur unwesentlich von der einer ungedämpften Schwingung unterscheidet.

1 Wolkenkratzer Taipei 101 in Taiwan mit 508 m Höhe und der Pendelkörper im 90. Stock mit Aufhängung und Dämpfern

Antrieb und Resonanz

Der 660 Tonnen schwere Pendelkörper in der Spitze des Wolkenkratzers Taipei 101 kann gedämpfte Schwingungen ausführen, was zur Erdbebensicherheit beiträgt. Wie funktioniert das?

Angetriebene Schwingungen • Bei realen Schwingungen führt die Dämpfung meist recht bald zu einem spürbaren Rückgang der Amplitude. Möchte man eine Schwingung mit unverminderter Amplitude aufrechterhalten, muss man regelmäßig Energie zuführen. Dies erreicht man durch eine periodische Anregung, ob mit der Hand wie in ▶Abb. 2 A oder mit einem Motor wie in ▶Abb. 2 B. Die dabei auftretende

Anregungsfrequenz f_a kann grundsätzlich jeden beliebigen Wert annehmen. Beim Anregen einer Schaukelschwingung werden Sie allerdings intuitiv darauf achten, dass Sie im gleichen Takt anschubsen, mit dem die Schaukel auch von selbst schwingt. Diese Frequenz der ungestörten Schwingung nennt man **Eigenfrequenz f_0**.

Das Verhältnis von Anregungsfrequenz zu Eigenfrequenz kann man bei einem **Pohlschen Drehpendel** über die Motorsteuerung in weiten Bereichen variieren (▶Abb. 3). Dieses Gerät hat den weiteren Vorteil, dass sich die Dämpfung über die am flachen Kupferring wirkende Wirbelstrombremse stufenlos einstellen lässt.

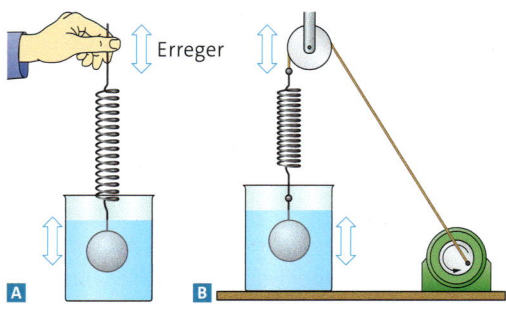

2 Das Fadenpendel wird regelmäßig angetrieben

3 Pohlsches Drehpendel mit Antriebseinheit

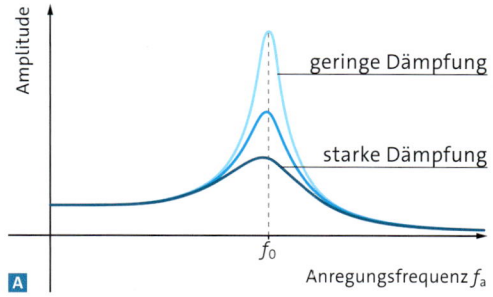

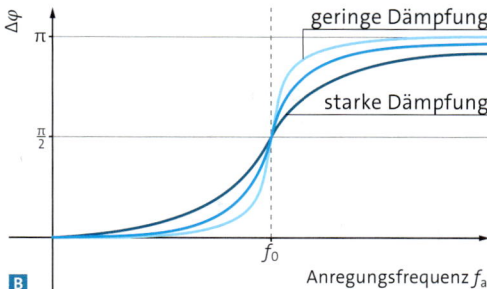

4 Abhängigkeit **A** der Amplitude und **B** der Phasenverschiebung von der Anregungsfrequenz

Angetriebenes Drehpendel • Wir untersuchen die Schwingung des Drehpendels mit verschiedenen Anregungsfrequenzen. Zu Beginn bestimmen wir die feste Eigenfrequenz f_0, indem wir das Pendel ohne Wirbelstrombremse und ohne Antrieb schwingen lassen und die Periodendauer messen. Nun stellen wir die Wirbelstrombremse auf eine schwache Stufe. Die Frequenz f_a des Antriebs variieren wir in Schritten. Nach jeder Änderung warten wir eine Zeit lang, bis das Pendel sich auf die neue Frequenz eingeschwungen hat. Das Pendel schwingt dabei in jedem Fall mit der Anregungsfrequenz f_a und nicht mit seiner Eigenfrequenz f_0.

Verschiedene Anregungsfrequenzen • Ist die Anregungsfrequenz deutlich kleiner als die Eigenfrequenz, dann schwingt das Pendel nur sehr wenig mit. Es bewegt sich dabei im Takt mit der äußeren Anregung.

Auch wenn die Anregungsfrequenz deutlich größer als die Eigenfrequenz ist, ist die Amplitude klein. Doch anders als zuvor bewegt sich das Pendel nun im Gegentakt zur Anregung: Es kommt zu einer **Phasenverschiebung Δφ** um eine halbe Schwingung, also um $\Delta\varphi = \pi$.

Wählen wir die Anregungsfrequenz etwa gleich groß zur Eigenfrequenz, also $f_a \approx f_0$, geschehen deutliche Änderungen: Das Pendel schwingt sehr stark mit. Die Amplitude erreicht große Werte. Die Phasenverschiebung beträgt nun eine Viertelschwingung, also $\Delta\varphi = \frac{\pi}{2}$.

Zwischen den hier beschriebenen Fällen gibt es kontinuierliche Übergänge. In ▸Abb. 4 sind die Abhängigkeiten der Amplitude bzw. der Phasenverschiebung von der Anregungsfrequenz zusammengefasst.

Einfluss der Dämpfung • Erhöhen wir die Stromstärke der Wirbelstrombremse, dann stellen wir qualitativ das gleiche Verhalten fest wie zuvor, wobei die Amplitude des Pendels durch die größere Dämpfung für alle Anregungsfrequenzen kleiner ist. Die Phasenverschiebung zeigt bei stärkerer Dämpfung einen weicheren Übergang.

Resonanz • Wenn die Anregungsfrequenz mit der Eigenfrequenz übereinstimmt, dann erreicht die Amplitude unabhängig von der Dämpfung ihr Maximum. Diesen Fall nennt man **Resonanz.** Bei schwacher Dämpfung kann die Amplitude des Pendels sehr groß werden, selbst dann, wenn die Amplitude der anregenden Schwingung recht gering ist. Das Anwachsen der Amplitude über die technisch verkraftbaren Grenzen hinaus kann bis zur Zerstörung führen und heißt **Resonanzkatastrophe.** Durch starke Dämpfung kann die Resonanzkatastrophe vermieden werden.

Resonanz: von lat. *resonare*: widerhallen

> Ein angetriebenes Pendel schwingt mit der Anregungsfrequenz f_a. Stimmt diese mit der Eigenfrequenz f_0 überein, dann wird die Amplitude besonders groß (Resonanz).

1 Durch die Anregung von außen wird dem angetriebenen Pendel Energie zugeführt. Erklären Sie, was mit der Energie geschieht.

2 Auf der Schaukel bewegt man die Beine vor und zurück. Erklären Sie, warum dies im richtigen Rhythmus erfolgen muss.

3 Durch Dämpfung wird die Eigenfrequenz verringert. Beschreiben Sie, wie sich dies auf die Graphen von ▸Abb. 4 auswirkt.

Schwingungstilger • Ein schlankes Hochhaus kann durch starken Wind zu Schwingungen angeregt werden. Beim 508 m hohen Taipei 101, der in einer von heftigen Taifunen heimgesuchten Gegend steht, werden an der Spitze Amplituden von bis zu 1,0 m erreicht. Damit es nicht noch mehr werden, sind Fadenlänge und Masse des riesigen Pendels im Taipei 101 so gewählt, dass seine Eigenfrequenz mit der Eigenfrequenz des Wolkenkratzers übereinstimmt. Gebäudeschwingungen regen daher Pendelschwingungen an, deren Energie durch die riesigen Dämpfer unschädlich gemacht wird. Damit ist der Taipei 101 auch gegen die in der Gegend häufigen Erdbeben gesichert.

Musikinstrumente • Bläst man eine Posaune an (▸Abb. 1), dann werden durch die vibrierenden Lippen Schwingungen der unterschiedlichsten Frequenzen erzeugt. Nur solche Schwingungen, deren Frequenz zu einer Eigenfrequenz der Luftsäule im Posaunenkörper passt, regen diese durch Resonanz zum Schwingen an. Ändert man die Eigenfrequenz der Luftsäule, indem man ihre Länge verändert, ändert sich der im Instrument erzeugte Ton. Ähnlich ist es bei allen Blasinstrumenten. Auch das Zupfen oder Anschlagen einer Saite entspricht einer Anregung mit einem großen Frequenzspektrum. Wieder werden davon nur diese zu einem Mitschwingen führen, die mit der Eigenfrequenz der Saite in Resonanz sind.

In vielen technischen und alltäglichen Anwendungen ist die Resonanz ein erwünschtes Phänomen.

Unerwünschte Resonanz • Haben Sie schon einmal bemerkt, dass gewisse Teile an Auto, Fahrrad oder anderen Verkehrsmitteln nur bei bestimmten Geschwindigkeiten klappern? In solchen Fällen haben Sie es fast sicher mit Resonanz zu tun. Was hier nur lästig ist, kann im großtechnischen Maßstab im wahrsten Sinn des Wortes katastrophale Folgen haben. So kollabierte im Jahr 1940 eine Hängebrücke in den USA, nachdem sie von starkem Wind aufgrund von aerodynamischen Rückkopplungen zu Biegeschwingungen in Resonanz angeregt worden war (▸Abb. 2).

Maßnahmen • An dem Frequenzspektrum der von außen auf die Struktur übertragenen Schwingungen kann man meist nichts ändern. Außer genügender Dämpfung bleibt als Maßnahme gegen unerwünschte Resonanz, die Eigenfrequenz des schwingenden Systems so einzustellen, dass es nicht von außen angeregt werden kann. Zu diesem Zweck kann man z. B. die Masse oder die Steifigkeit der schwingenden Struktur verändern.

1 Nennen Sie weitere Beispiele für Resonanz aus Alltag und Technik.
2 Angeblich kann man Weingläser durch lautes Ansingen zum Zerbrechen bringen. Nehmen Sie Stellung und beschreiben Sie die physikalische Grundlage dieses Phänomens.
3 Eine akustische Gitarre klingt viel lauter als eine elektrische (ohne Verstärker). Beschreiben Sie die Funktion des Resonanzkörpers.
4 Begründen Sie, dass Truppen nicht im Gleichschritt über Brücken marschieren dürfen.
5 Erläutern Sie an einem Beispiel, dass Masse und Steifigkeit einer schwingenden Struktur wesentlich für die Eigenfrequenz sind.

1 Beim Anblasen einer Posaune ist Resonanz erwünscht.

2 Resonanzkatastrophe bei der ersten Brücke über die Tacoma Narrows in den USA kurz vor ihrem Einsturz

Versuch A • Resonanzphänomene

Sie untersuchen Schwingungs- und Resonanzphänomene bei Stimmgabeln und beim Fadenpendel.

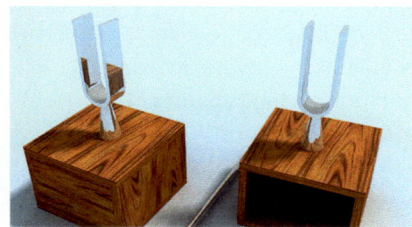

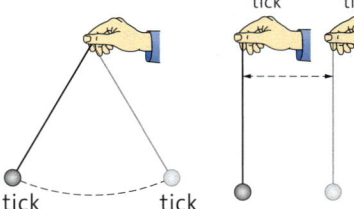

tick   tick

tick   tick

V1 Resonanz bei Stimmgabeln

Material:
2 gleiche Stimmgabeln mit Resonanzkörper, Zusatzgewicht, Anschlaghammer

Arbeitsauftrag:
a) Schlagen Sie eine Stimmgabel mit Resonanzkörper an. Warten Sie, bis die Schwingung abgeklungen ist. Wiederholen Sie dies mit derselben Stimmgabel ohne Resonanzkörper. Vergleichen Sie die Schwingungen bezüglich Lautstärke und Gesamtdauer des Tons. Erklären Sie.
b) Stellen Sie die Stimmgabeln nebeneinander auf. Schlagen Sie eine der Stimmgabeln an und stoppen deren Schwingung mit der Hand. Beschreiben

und erklären Sie Ihre Beobachtung bei der zweiten Stimmgabel.
c) Befestigen Sie ein Zusatzgewicht auf einer der Stimmgabeln. Untersuchen Sie, wie die Tonhöhe von dessen Position abhängt. Beschreiben Sie Ihre Wahrnehmung und erklären Sie die Beobachtung.
d) Wiederholen Sie das Experiment b) mit je einer Stimmgabel mit und ohne Zusatzgewicht. Erklären Sie Ihre Beobachtung.

V2 Resonanz bei einem Fadenpendel

Material:
Faden (ca. 1,2 m), Pendelkörper, Metronom oder Metronom-App, Lineal

Arbeitsauftrag:
a) Stellen Sie das Metronom auf 60 bpm (Schläge pro Minute). Lassen Sie das Pendel schwingen. Verändern Sie die Fadenlänge solange, bis das Pendel genau im Takt des Metronoms schwingt (linke Teilabbildung). Behalten Sie diese Pendellänge für die folgenden Versuche bei.
b) Stellen Sie ca. 40 bpm ein. Bewegen Sie die Hand im Takt des Metronoms einige Zentimeter hin und her (rechte Teilabbildung). Beobachten Sie die Amplitude und die Phasenlage des Pendels im Vergleich zur Bewegung der Hand.
c) Wiederholen Sie b) entsprechend bei ca. 80 bpm und bei ca. 60 bpm.
d) Vergleichen Sie die Amplitude und die Phase (relativ zur Anregung) bei den drei Teilversuchen. Stellen Sie Ihre Beobachtungen übersichtlich dar, zum Beispiel tabellarisch.
e) Folgern Sie, wie Amplitude und Phase eines Fadenpendels mit der Eigenfrequenz f_0 von der Frequenz f_a der erregenden Schwingung abhängt. Skizzieren Sie entsprechende Diagramme.

Material A • Schwingungen an der Spitze des Taipei 101

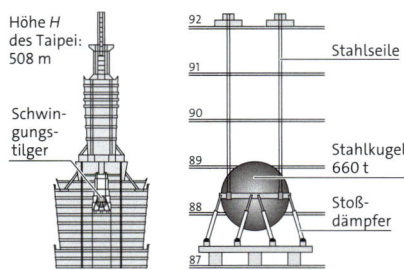

Höhe H des Taipei: 508 m

Schwingungstilger

92
91
90
89
88
87

Stahlseile

Stahlkugel 660 t

Stoßdämpfer

Das Dämpferpendel im Taipei 101 hängt mit seiner Masse von 660 t an 42 m langen Stahlseilen zwischen dem 87. und dem 92. Stock. Es lässt sich in guter Näherung als Fadenpendel beschreiben.

Seine Eigenfrequenz ist auf die der Gebäudespitze abgestimmt.

A1 a) Berechnen Sie die Periodendauer des Pendels und schließen Sie auf die Schwingung der Gebäudespitze.
b) Übliche Amplituden an der Gebäudespitze liegen bei $\hat{s} \approx 0,35$ m. Berechnen Sie die dann auftretende maximale Geschwindigkeit $\hat{v}$ sowie die maximale Beschleunigung $\hat{a}$.
c) Die menschliche Wahrnehmungsgrenze für Beschleunigungen liegt bei etwa $10\,\frac{cm}{s^2}$. Beurteilen Sie, ob ein

Mensch in der Turmspitze die Schwankungen wahrnimmt.
d) Bei Taifunen werden Amplituden bis zu 1,0 m erreicht. Wiederholen Sie b) und c) mit diesem Wert.
A2 Nach DIN 1055-4 lässt sich die Periodendauer T der Eigenschwingung eines hohen Gebäudes der Höhe H mit der Formel $T \approx \frac{1\,s}{46\,m} \cdot H$ abschätzen. Berechnen Sie T und vergleichen Sie mit dem Ergebnis aus A1 a).
A3 Vergleichen Sie das Dämpferpendel mit dem Versuch V2. Erläutern Sie Gemeinsamkeiten und Unterschiede.

Erkenntnisgewinnung in der Naturwissenschaft

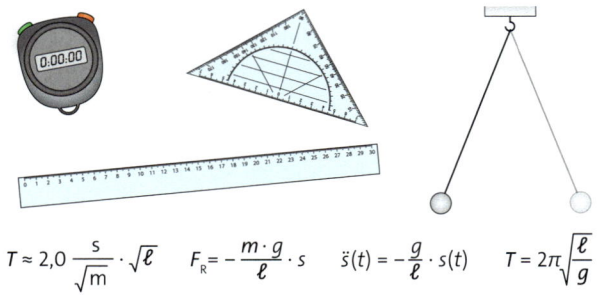

$$T \approx 2{,}0\,\frac{s}{\sqrt{m}} \cdot \sqrt{\ell} \qquad F_R = -\frac{m \cdot g}{\ell} \cdot s \qquad \ddot{s}(t) = -\frac{g}{\ell} \cdot s(t) \qquad T = 2\pi\sqrt{\frac{\ell}{g}}$$

1 Vom Experiment zum Gesetz

Die naturwissenschaftliche Methode • Wie kommen wir zu neuen naturwissenschaftlichen Erkenntnissen? Wann spricht man von einem Naturgesetz? Hat ein Gesetz größeren Stellenwert als eine Theorie? Kann man naturwissenschaftliche Gesetze beweisen? Werfen wir einen Blick in die naturwissenschaftliche Methode!

Von der Beobachtung zur Hypothese • Den Anfang einer naturwissenschaftlichen Erkenntnis macht eine Beobachtung, die eine oder mehrere Fragen aufwirft. Ihr schließt sich eine Phase des Experimentierens an, die sogenannte Empirie (griech. *empeiria*: Erfahrung). Die dabei gewonnenen Erkenntnisse münden schließlich in eine **Hypothese**. Es handelt sich hierbei um ein „versuchsweise" formuliertes Gesetz, das entweder eine quantitative Aussage über den beobachteten Ausgang eines Experiments macht oder eine Deutung der Beobachtungen im Rahmen eines zugrundeliegenden Prinzips oder einer verallgemeinerten Beschreibung erlaubt. Die Hypothese muss eindeutig benennen, für welchen Sachverhalt und unter welchen Umständen sie gelten soll.

Die induktive Methode • Dieses Vorgehen wird auch **induktive Methode** (lat. *inducere*: herbeiführen) genannt. In der Philosophie versteht man darunter die Schlussfolgerung vom Speziellen auf das Allgemeine. In der Naturwissenschaft ist es ein Abstraktionsprozess aus der Empirie auf Formeln oder Prinzipien. Man geht fast immer induktiv vor, wenn ein Forschungsgebiet noch neu ist. Auch in diesem Buch finden Sie bevorzugt das induktive Vorgehen, um begreiflich zu machen, wie man in der physikalischen Forschung aus den experimentellen Beobachtungen auf die Gesetze schließen konnte. So sind wir im Abschnitt

Ein neuer Bewegungstyp durch die genaue Beobachtung eines Fadenpendels zu der Erkenntnis gelangt, dass es bei kleinen Amplituden eine harmonische Schwingung vollführt. Wir konnten anhand unserer Experimente auch eine Formel für die Periodendauer finden, $T \approx 2\frac{s}{\sqrt{m}} \cdot \sqrt{\ell}$.

Von der Hypothese zum Gesetz • Angenommen, Sie haben es geschafft, durch geschickte Empirie eine elegante Hypothese abzuleiten, mit der Sie sehr zufrieden sind. Das genügt noch nicht! Sie müssen die Hypothese und die ihr zugrundeliegenden Bedingungen veröffentlichen, damit andere Forschende sie überprüfen können. Erst wenn mehrere die Aussagen einer Hypothese bestätigen konnten – man nennt es auch **verifizieren** – wird die Hypothese den „versuchsweisen" Charakter verlieren und zunehmend den Charakter eines **Gesetzes** annehmen. Aber Vorsicht: Selbst ein vielfach verifiziertes Gesetz ist nicht im mathematischen Sinne bewiesen. Die nächste Forscherin könnte Umstände herausfinden, unter denen das Gesetz nicht mehr gültig ist. Dann wäre das Gesetz **falsifiziert.** Man müsste es verwerfen oder zumindest eine neue, bessere Beschreibung finden, in deren Rahmen es (noch) nicht falsifiziert wurde. In diesem Sinne sind naturwissenschaftliche Gesetze niemals unumstößlich bewiesen, sondern bewahren stets einen Charakter der Vorläufigkeit. Man kann es mit einem juristischen Urteilsspruch nach Indizienlage vergleichen: Alle bisherigen Ergebnisse weisen auf die Gültigkeit des Gesetzes hin, aber einen letzten Beweis kann es niemals geben.

Sind wir nun fertig? • Wenn wir ehrlich sind, ist unser Gesetz für die Periodendauer unvollständig geblieben. Welches sind die Gültigkeitsgrenzen auf der Erde? Können wir sicher sein, keinen weiteren Einflussfaktor übersehen zu haben? Wie wäre das Experiment auf dem Mond ausgegangen? Es gibt Gründe, weiterzuforschen!

Die Empirie zeigt, dass für Winkelamplituden größer als etwa 10° immer stärkere Abweichungen vom harmonischen Verhalten auftreten. Bei Hochpräzisionsmessungen haben Forscher eine systematische Abweichung des Proportionalitätsfaktors festgestellt: An den Polen liegt sein Betrag in $\frac{s}{\sqrt{m}}$ nahe bei 2,004, am Äquator dagegen nahe bei 2,008. Auf dem Mond dagegen ist er beinahe 5!

Die deduktive Methode • Meist können Sie aus Ihrer Hypothese oder Ihrem Gesetz durch logische Überlegung oder Anwendung der Mathematik neue Aussagen gewinnen, für die es noch keine experimentellen Belege gibt. Dieses Vorgehen nennt man **deduktive Methode** (lat. *deducere*: abführen, wegbringen). In der Philosophie meint man damit den Schluss von einer allgemeinen Aussage auf eine spezielle; in der Naturwissenschaft die Überführung einer abstrahierten Aussage in eine konkret überprüfbare.

Im Abschnitt *Harmonische Schwingungen* haben wir induktiv festgestellt, dass bei harmonischen Schwingungen ein lineares Kraftgesetz auftritt. Im Abschnitt *Differenzialgleichungen* konnten wir deduktiv schließen: Bei Schwingungen mit linearem Kraftgesetz gilt eine Differenzialgleichung für die Auslenkung – eine abstrakte und sehr allgemeine Aussage! Die weitere deduktive Untersuchung hat uns gezeigt, dass die Lösungen der Differenzialgleichung sinusförmige Funktionen sind, deren Frequenz nicht von der Amplitude abhängt. So konnten wir die Eigenschaften der harmonischen Schwingungen auf das Vorliegen eines linearen Kraftgesetzes zurückführen.

Darüber hinaus haben wir anhand der Differenzialgleichung die Gleichung $T = 2\pi\sqrt{\frac{\ell}{g}}$ für die Periodendauer des Fadenpendels erhalten. Der mittlere Ortsfaktor auf der Erde beträgt $g \approx 9{,}81\frac{m}{s^2}$, sodass wir $T \approx 2{,}006\frac{s}{\sqrt{m}} \cdot \sqrt{\ell}$ erhalten. Das zuvor gefundene Gesetz hat sich also hier als Spezialfall eines allgemeineren Gesetzes entpuppt. Und auch die Grenzen der Gültigkeit unseres Ergebnisses konnten wir nun verstehen und beziffern: Bei großen Winkelamplituden erhalten wir zunehmende Abweichungen vom linearen Kraftgesetz, die bei Winkelamplituden unter etwa 10° noch keine praktische Rolle spielen.

Zyklus der Erkenntnisgewinnung • Aus experimentellen Beobachtungen gelangt man induktiv zu einer Hypothese, die sich zum Gesetz festigen kann. Durch deduktives Vorgehen kann man daraus neue Hypothesen formulieren, deren Gültigkeit experimentell verifiziert werden muss. Sie könnten also vermuten, dass in einem U-Rohr harmonische Schwingungen zu erwarten sind, weil auch dort ein lineares Kraftgesetz gilt, und so ist es tatsächlich. Die Untersuchungen unter einem neuen Blickwinkel können neue Erkenntnisse erbringen.

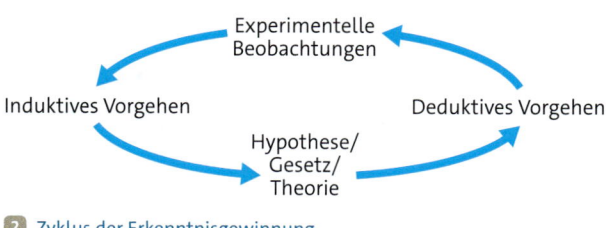

2 Zyklus der Erkenntnisgewinnung

Fortschritt in der naturwissenschaftlichen Beschreibung der Welt geschieht durch beständiges Durchlaufen eines Zyklus aus Induktion und Deduktion. Ein abstrakt formuliertes Gesetz gewinnt an Stärke, wenn es deduktiv angewendet zu Aussagen führt, die einer experimentellen Überprüfung standhalten. Zusammenhängende, vielfach überprüfte Gesetze bilden schlussendlich eine **Theorie.**

Deduktion ins Unbekannte • Besonders überzeugend ist eine Theorie, wenn aus ihr im Rahmen der deduktiven Methode Phänomene vorhergesagt werden, die bis dato unbekannt sind. Dafür gibt es in der Geschichte der Naturwissenschaften unzählige Beispiele: Die umfassende Theorie der Elektrodynamik von MAXWELL ergab bereits 1855, dass es elektromagnetische Wellen geben muss, welche schließlich 1886 durch HERTZ experimentell belegt wurden. Aufgrund seiner Formulierung der Quantentheorie vermutete DIRAC 1928, dass es positiv geladene Antiteilchen zum Elektron geben muss. Diese sogenannten Positronen wurden vier Jahre später durch ANDERSON experimentell nachgewiesen.

Theorien im Kreuzfeuer • Nicht selten hat sich eine neue Theorie erst im Kreuzfeuer von Induktion und Deduktion ausgeschärft und schließlich durchgesetzt. Die rätselhafte 3K-Hintergrundstrahlung im Kosmos konnte deduktiv nur im Rahmen der Big-Bang-Theorie, welche induktiv aus der beobachteten Expansion des Universums entstanden war, befriedigend gedeutet werden – und erst mit dieser Erkenntnis setzte sich die Theorie durch. Die Entdeckung der Beugungserscheinungen von Elektronen lässt sich leicht im Rahmen der Hypothese von DE BROGLIE, dass Teilchen auch Welleneigenschaften haben, verstehen. Diese deduktiv entstandene Hypothese erschien den Physikern zunächst als starker Tobak, heute ist sie einer der Grundpfeiler der Quantentheorie.

1 Sender für
433 MHz

Der Schwingkreis

Ein Funkmodul sendet Daten eines Mikrocontrollers bei einer bestimmten Frequenz, die man unter anderem mit einem sogenannten Schwingkreis festlegen kann. Der Schwingkreis besteht einfach aus einem Kondensator und einer Spule, die man auf der Platine erkennt. Wie kommt es dabei zu einer „Schwingung" mit einstellbarer Frequenz?

Ein langsamer Schwingkreis • Wir zeigen, dass die Kombination aus Kondensator und Spule ausreicht, um eine elektromagnetische Schwingung zu erhalten (▸Abb. 2 A): Dazu verwenden wir eine Schaltung, bei der der Kondensator über einen Wechselschalter einerseits mit einem Netzgerät und andererseits mit einer Spule verbunden werden kann. Wir messen die Spannung U_C am Kondensator und die Stromstärke I durch die Spule. Wenn wir den Schalter umlegen, dann

sehen wir, dass sich Spannung und Stromstärke tatsächlich periodisch ändern (▸Abb. 2 B). Der Kondensator wird also nicht nur einmal entladen, sondern ständig umgeladen. Man spricht von einem **elektromagnetischen Schwingkreis.**

Schwingung durch Feldänderungen • Beim Federpendel sind es Kräfte, die zur Schwingung des Pendelkörpers führt. Beim Schwingkreis sind es das elektrische und das magnetische Feld beziehungsweise ihre Änderungen, die die elektrische Ladung zum Schwingen bringen.

▸Abb. 2 B zeigt, dass die Schwingung gedämpft ist. Ursache hierfür ist der Widerstand. Bei der folgenden Erklärung vernachlässigen wir ihn nun. Zum Zeitpunkt $t = 0\,\text{s}$ wird der geladene Kondensator mit der Spule verbunden. Doch die Stromstärke steigt nicht sprunghaft an, wie Sie dies von

2 **A** Schwingkreis im
Experiment, **B** *U-t-* und
*I-t-*Diagramm

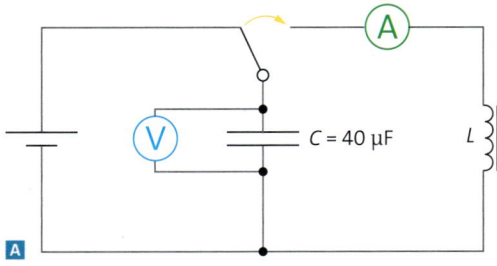

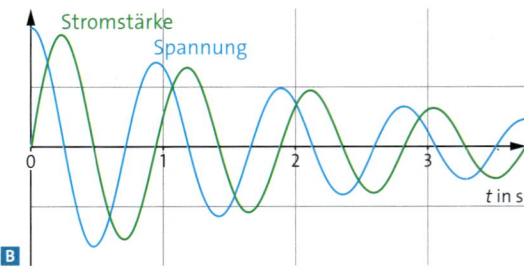

der Entladung eines Kondensators über einen Widerstand kennen. Der Grund dafür ist, dass sich aufgrund des Stromstärkeanstiegs in der Spule das Magnetfeld ändert. Daher kommt es dort zur Selbstinduktion. Das induzierte elektrische Wirbelfeld wirkt wegen der Lenzschen Regel der Stromstärkeänderung entgegen. Deswegen steigt die Stromstärke nur langsam an. Da mit der Ladung auch die Spannung am Kondensator abnimmt, wird der Stromstärkeanstieg immer schwächer. Die Stromstärke erreicht ihr Maximum erst dann, wenn der Kondensator bei $t = \frac{T}{4}$ ganz entladen ist (▸Abb. 3).

Würde der Kondensator über einen Widerstand entladen, dann würde der Vorgang nun aufhören. Stattdessen aber beginnt sich der Kondensator ab $t = \frac{T}{4}$ umgekehrt zu laden. Die Spannung am Kondensator nimmt betragsmäßig zu, ist aber so gepolt, dass sie zu einer Abnahme der Stromstärke führt. Da sich dadurch die magnetische Flussdichte in der Spule ändert, kommt es wieder zur Selbstinduktion. Das induzierte elektrische Wirbelfeld wirkt diesmal der Stromstärkeabnahme entgegen. Die Stromstärke geht nur langsam zurück. Bei $t = \frac{T}{2}$ beträgt sie dann 0 A und der Kondensator ist wieder ganz, aber mit umgekehrten Vorzeichen geladen. Nun beginnt der Vorgang mit umgekehrten Vorzeichen von neuem, sodass eine elektromagnetische Schwingung entsteht.

> Durch das Wechselspiel von elektrischem und magnetischem Feld kommt es in einem Schwingkreis aus Kondensator und Spule zu einer elektromagnetischen Schwingung.

L und C bestimmen die Periodendauer

L und C bestimmen die Periodendauer • Die Funkmodule in ▸Abb. 1 bzw. 4 schwingen mit mehreren Hunderten MHz. Sie haben also eine sehr kleine Periodendauer. Die Schwingung im Experiment von ▸Abb. 2 ist viel langsamer. Das liegt an der Größe der Kapazität und der Induktivität. Wir machen uns diesen Einfluss qualitativ klar: Je größer die Kapazität ist, desto mehr Ladung muss im Schwingkreis von einer Kondensatorplatte zur anderen fließen und desto größer

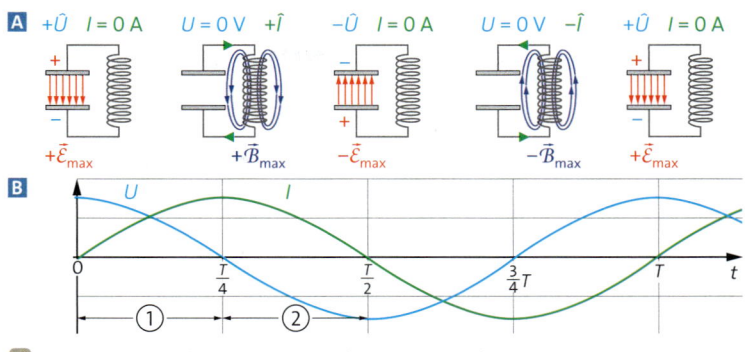

3 **A** Vorgänge im Schwingkreis, **B** zugehöriges U-t- und I-t-Diagramm

ist die Periodendauer. Je größer die Induktivität ist, desto stärker wirkt das elektrische Wirbelfeld gegen eine Stromstärkeänderung und verlängert die Periodendauer ebenfalls. Tatsächlich gilt für die Periodendauer die sogenannte **Thomson-Gleichung.**

> Die Periodendauer T eines Schwingkreises wird durch seine Kapazität C und seine Induktivität L bestimmt. Dabei gilt die Thomson-Gleichung:
>
> $T = 2\pi \cdot \sqrt{LC}$

WILLIAM THOMSON (Lord Kelvin) beschrieb 1853 als erster die Vorgänge im Schwingkreis korrekt.

1 An der Windungszahl der Spulen in ▸Abb. 1 und 4 kann man erkennen, welcher Sender die größere Frequenz besitzt. Erklären Sie.

2 Geben Sie begründet mindestens drei Möglichkeiten an, wie man die Frequenz eines Schwingkreises versechsfachen kann.

3 **a)** Bestimmen Sie die Induktivität der Spule in ▸Abb. 2.
b) Der 40-µF-Kondensator wird durch einen 4,0-µF-Kondensator ersetzt. Skizzieren Sie das entsprechende U_C-t- bzw. I-t-Diagramm.

4 **a)** Ein Physiklehrer sagt: „Die Zeitspanne ① kann man sich als eine Kombination aus Kondensatorentladung und Einschalten einer Spule vorstellen." Erläutern Sie die Aussage (▸Abb. 3).
b) Übertragen Sie diese Betrachtungsweise begründet auf die Zeitspanne ②.

5 **a)** Erstellen Sie für $T/8$ und $3/8\,T$ jeweils eine Zeichnung wie in ▸Abb. 3 A.
b) Erklären Sie Ihre Darstellung.

4 Sender für 315 MHz

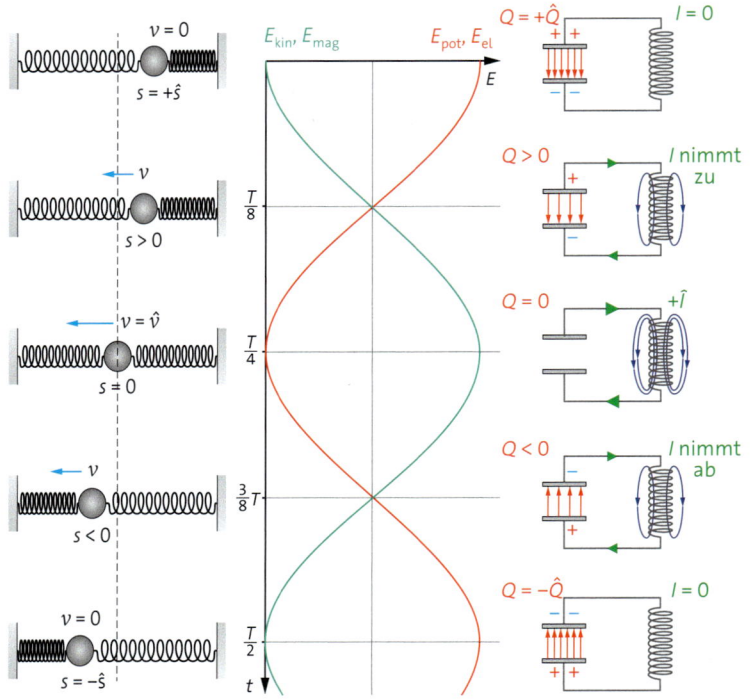

1 Gemeinsames *E-t*-Diagramm für ein Federpendel und den Schwingkreis

Eine weitreichende Analogie • Mechanische und elektromagnetische Schwingungen entsprechen sich nicht nur in der periodischen Wiederholung. Wir betrachten diese Analogie deswegen näher (▸Abb.1): Wenn man bei einem horizontalen Federpendel den Pendelkörper auslenkt und loslässt, dann beginnt dieser harmonisch zu schwingen. Der Ort $s(t)$ und die Geschwindigkeit $v(t)$ des Körpers ändern sich periodisch. Beim elektromagnetischen Schwingkreis lädt man den Kondensator und verbindet ihn dann mit der Spule. Dabei entspricht die Ladung $Q(t)$ dem Ort $s(t)$. So wie die Geschwindigkeit $v(t)$ die zeitliche Ableitung von $s(t)$ ist, gilt dies für die elektrische Stromstärke $I(t)$ bezüglich der Ladung $Q(t)$.

Diese Entsprechung findet man bei der Energie wieder: Die Gesamtenergie einer mechanischen Schwingung setzt sich aus potenzieller und kinetischer Energie zusammen:

$$E_{ges}(t) = E_{pot}(t) + E_{kin}(t)$$
$$= \frac{1}{2} D \cdot s^2(t) + \frac{1}{2} m \cdot v^2(t).$$

$\frac{1}{2} C \cdot U^2 = \frac{1}{2} C \cdot \left(\frac{Q}{C}\right)^2$

Auch beim Schwingkreis setzt sich die Gesamtenergie aus zwei Energieformen zusammen, der Energie E_{el} im elektrischen Feld des Kondensators

und der Energie E_{mag} im magnetischen Feld der Spule:

$$E_{ges}(t) = E_{el}(t) + E_{mag}(t)$$
$$= \frac{1}{2} \cdot \frac{1}{C} \cdot Q^2(t) + \frac{1}{2} L \cdot I^2(t).$$

In den Gleichungen tauchen $s(t)$ und $v(t)$ bzw. $Q(t)$ und $I(t)$ auf. Das legt nahe, dass es auch bei den anderen beteiligten Größen Entsprechungen gibt.

Viele Größen entsprechen sich • So wie eine größere Masse m bei mechanischen Schwingungen kleinere Beschleunigungen zur Folge hat, sorgt eine größere Induktivität L für kleinere Stromstärkeänderungen. Und wie eine größere Federkonstante D dazu führt, dass die Kraft größer sein muss, um den Körper bis zu einem bestimmten Ort auszulenken, benötigt man durch den größeren Kehrwert $\frac{1}{C}$ der Kapazität eine größere Spannung, um den Kondensator mit einer bestimmten Ladung $Q(t)$ zu laden. Hier zeigt sich, dass die Analogie nicht nur die Größen umfasst, die in den bisher betrachteten Formeln auftauchen: Die Rolle der Kräfte bei den mechanischen Schwingungen wird im Schwingkreis von der Spannung übernommen.

> Zwischen mechanischen und elektromagnetischen Schwingungen besteht eine Analogie, die insbesondere auch die Energieformen umfasst.

Differenzialgleichung • Wie eine mechanische Schwingung lässt sich auch der Schwingkreis mathematisch mit einer Differenzialgleichung beschreiben. Sie werden sehen, dass sich die gleiche mathematische Struktur ergibt. Wir leiten sie anhand der Überlegung her, wie die auftretenden Spannungen die Stromstärke im Schwingkreis beeinflussen.

Wir betrachten zunächst eine Ihnen vertraute Situation (▸Abb.2A): Beim Einschaltvorgang einer Spule sind die von außen angelegte Spannung U_0 und die Induktionsspannung $U_{ind}(t)$ für die Stromstärke $I(t)$ entscheidend:

$$I(t) = \frac{U_0 + U_{ind}(t)}{R}.$$

Beim Schwingkreis gibt es keine feste Spannung U_0 mehr (▶Abb. 2B). Ihre Rolle wird von der Spannung $U_C(t)$ am Kondensator übernommen:

$$I(t) = \frac{U_C(t) + U_{ind}(t)}{R}.$$

Setzt man $U_C(t) = \frac{Q(t)}{C}$ und $U_{ind}(t) = -L \cdot \dot{I}(t)$ ein, dann ergibt sich:

$$R \cdot I(t) = \frac{Q(t)}{C} - L \cdot \dot{I}(t).$$

Zur Vereinfachung nehmen wir an, dass der Widerstand R vernachlässigbar ist. Dann gilt:

$$\frac{Q(t)}{C} - L \cdot \dot{I}(t) = 0\,V \text{ bzw. } \frac{Q(t)}{C} = L \cdot \dot{I}(t).$$

Beim Zusammenhang zwischen Ladung und Stromstärke muss man hier auf das Vorzeichen achten: Wenn in ▶Abb. 2B der Strom durch das Amperemeter positiv ist, also $I(t) > 0\,A$, dann nimmt dadurch die Ladung auf den Kondensatorplatten ab, d.h. $\dot{Q}(t) < 0\,A$. Daher ist beim Schwingkreis $I(t) = -\dot{Q}(t)$ und somit $\dot{I}(t) = -\ddot{Q}(t)$. Für die Gleichung oben ergibt sich also:

$$\frac{Q(t)}{C} = -L \cdot \ddot{Q}(t) \text{ bzw. } \ddot{Q}(t) = -\frac{1}{LC} Q(t).$$

Das ist die **Differenzialgleichung des elektromagnetischen Schwingkreises**.

Mathematisch gesehen hat diese Differenzialgleichung die gleiche Struktur wie diejenige bei einer mechanischen harmonischen Schwingung:

$$\ddot{s}(t) = -\frac{D}{m} s(t).$$

Die zweite Ableitung der Funktion zur Beschreibung der „schwingenden" Größe ist proportional zum Negativen dieser Funktion. Diese mathematische Strukturgleichheit ist der Grund dafür, dass man die periodische Änderung der Ladung ebenso wie die des Orts als harmonische Schwingung beschreiben kann.

Lösung der Differenzialgleichung • Analog zu den mechanischen Schwingungen lässt sich die Differenzialgleichung durch eine sinusartige Funktion lösen. Wir zeigen dies für den Fall, dass der Kondensator für $t = 0\,s$ maximal mit $\hat{Q}$ geladen ist. Für $Q(t)$ und die Ableitungen gilt dann:

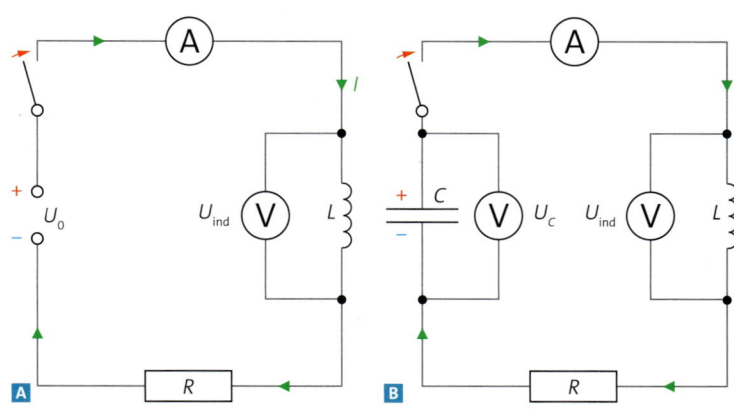

2 Spannungen und Stromstärke **A** beim Einschalten einer Spule, **B** beim Schwingkreis

$$Q(t) = \hat{Q} \cdot \cos(\omega \cdot t)$$
$$\dot{Q}(t) = -\omega \cdot \hat{Q} \cdot \sin(\omega \cdot t)$$
$$\ddot{Q}(t) = -\omega^2 \cdot \hat{Q} \cdot \cos(\omega \cdot t) = -\omega^2 \cdot Q(t).$$

Die angegebene Funktion $Q(t)$ ist also eine Lösung der Differenzialgleichung, wenn gilt:

$$\omega^2 = \frac{1}{LC}$$

Daraus ergibt sich die Thomson-Gleichung $T = 2\pi \cdot \sqrt{LC}$.

> Für die Ladung in einem Schwingkreis mit vernachlässigbarem Widerstand gilt die Differenzialgleichung
>
> $$\ddot{Q}(t) = -\frac{1}{LC} Q(t).$$
>
> Die Lösungen der Differenzialgleichung sind sinusartig und die Ladung $Q(t)$ schwingt harmonisch.

1 Stellen Sie die analogen Größen bei mechanischen und elektromagnetischen Schwingungen in einer Tabelle gegenüber.

2 In ▶Abb. 1 gibt es nur ein E-t-Diagramm für beide Schwingungsarten. Erklären Sie, warum das möglich ist.

3 Bei mechanischen Schwingungen sorgt die Reibung für eine Abnahme der Amplitude. Erklären Sie, wie es beim Schwingkreis zur Amplitudenabnahme kommt. Gehen Sie dabei auf die entsprechenden Energieformen ein.

Der Nobelpreisträger RICHARD FEYNMAN sagte hierzu: „The same equations have the same solutions."

RFID – berührungsloses Identifizieren mit Schwingkreisen

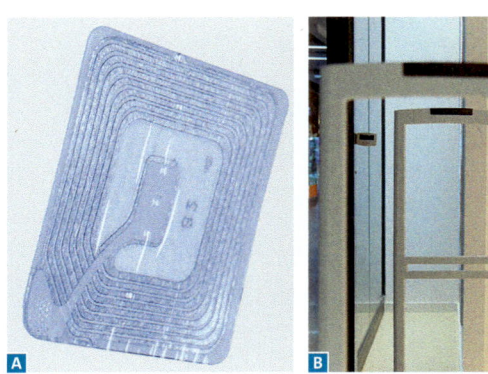

1 **A** Warensicherungsetikett, **B** Sicherheitsschleuse

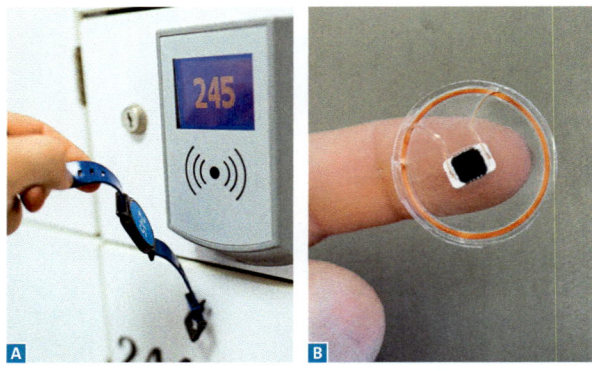

2 **A** RFID-Chip als Schließfachschlüssel, **B** Hauptbestandteil

RFID-Chips überall • Sie sind inzwischen allgegenwärtig: RFID-Chips finden sich in Etiketten von Kaufhäusern oder Bibliotheken, im Monatsticket, im Ausweis oder auch in der Kreditkarte, sie kontrollieren den Zutritt zu Wohnungen und zum Festivalgelände, speichern Zugangsdaten für die Mensa oder auch die Liste der konsumierten Getränke in einer Disko. Manch einer hat den Chip bereits seinem Haustier implantieren lassen – oder auch sich selbst. Doch wie funktionieren sie eigentlich?

Funktionsprinzip • RFID steht für *Radio-Frequency-Identification*. Zentral für einen RFID-Chip ist ein Schwingkreis, der Energie aus einem elektromagnetischen Wechselfeld aufnimmt. Das Warensicherungsetikett ist eine einfache Ausführung eines solchen Chips: In ▸Abb. 1A erkennt man die fast quadratischen Spulenwindungen. Der Kondensator befindet sich in der Mitte des Etiketts. Die Platten sind durch eine 15 μm dünne isolierende Schicht voneinander getrennt. Der Schwingkreis aus Spule und Kondensator hat eine Frequenz von 8,2 MHz.

Die Schleusen am Ausgang eines Geschäfts (▸Abb. 1B) funktionieren vereinfacht folgendermaßen: Auf einer Seite der Schleuse wird das elektromagnetisches Wechselfeld mit genau dieser Frequenz erzeugt. In der gegenüberliegenden Seite wird in einer Spule eine entsprechende Spannung induziert. Wenn sich ein Warensicherungsetikett in der Schleuse befindet, wird in dessen Schwingkreis eine Spannung induziert, die aufgrund der Lenzschen Regel so gerichtet ist, dass sie das ursprüngliche Feld abschwächt.

Aufgrund der passenden Frequenz kommt es zur Resonanz, sodass die vom Etikett aufgenommene Energie besonders groß ist und die in der Schleuse induzierte Spannung besonders klein. So wird dann ein Alarm ausgelöst.

Datenübertragung • Die meisten RFID-Chips nutzen die auf sie übertragene Energie, um damit einen an den Schwingkreis angeschlossenen Mikrochip zu betreiben. Dieser sendet dann z. B. Daten an ein Lesegerät, um ein Schließfach zu öffnen, sodass der RFID-Chip praktisch als Schlüssel dient (▸Abb. 2). Natürlich arbeitet man je nach Anwendungsbereich mit anderen Frequenzen und Geometrien des Schwingkreises.

Der Chip selbst enthält meist keine Daten, die auf seinen Besitzer bezogen sind, sondern nur eine Identifikationsnummer (ID). Die erforderlichen personenbezogenen Daten sind dann unter dieser ID in einer Datenbank hinterlegt, mit der das Lesegerät verbunden ist. So kann ein RFID-Chip in einer Bezahlkarte verwendet werden.

1 An den Schleusen kommt es einerseits durch metallische Gegenstände zu Fehlalarmen, andererseits werden nicht alle Etiketten detektiert, obwohl sie eigentlich funktionieren. Erklären Sie das.

2 **a)** Der Schwingkreis eines Etiketts hat eine Kapazität von 200 pF. Berechnen Sie seine Induktivität.
b) Die Schicht zwischen den Kondensatorplatten hat eine Permittivitätszahl von 2,5. Berechnen Sie die Fläche der Platten.
c) Vergleichen Sie mit ▸Abb. 1A.

Versuch A • Ein Modellversuch zur Energieübertragung beim angeregten Schwingkreis

V1 Anpassen der Kapazität

Beim kabellosen Laden und bei RFID-Chips nutzt man die Resonanz von Schwingkreisen aus, um möglichst effizient Energie zu übertragen. Dafür passt man die Kapazität eines Schwingkreises so an, dass die Anregungsfrequenz und die Resonanzfrequenz übereinstimmen. Bei dieser Frequenz gilt dann die Thomson-Gleichung $T = 2\pi \cdot \sqrt{LC}$.
Durch Schaltungen der Kondensatoren kann man verschiedene Ersatzkapazitäten erreichen. Bei der Parallelschaltung gilt:

$$C_{\text{Ers}} = C_1 + C_2 + \cdots.$$

Bei der Reihenschaltung gilt:
$$\frac{1}{C_{\text{Ers}}} = +\frac{1}{C_1} + \frac{1}{C_2} \dots.$$

Material:
drei gleiche ungepolte Kondensatoren (z. B. 10 µF), Spule (z. B. 500 Windungen) mit Eisenkern, Wechselspannungsnetzgerät (50 Hz), Amperemeter, Kabel

Arbeitsauftrag:
a) Überlegen Sie, wie Sie mit den vorhandenen Kondensatoren, eine möglichst große bzw. kleine Ersatzkapazität erreichen.
b) Messen Sie bei konstanter Spannung die Stromstärke für mindestens sechs verschiedene Ersatzkapazitäten. Finden Sie die Schaltung, bei der die Stromstärke maximal ist.
c) Stellen Sie für Ihre Messwerte die elektrische Leistung P in Abhängigkeit von der Ersatzkapazität C_{Ers} in einem

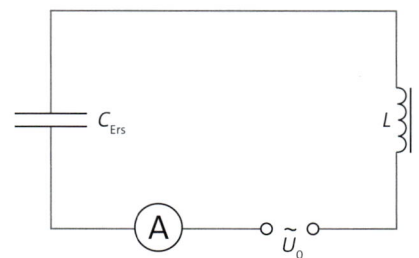

Diagramm dar. Bestimmen Sie mit einer Ausgleichskurve die Kapazität, bei der es zur Resonanz kommt, möglichst genau.
d) Bestimmen Sie aus Ihrer Messung die Induktivität der Spule.
e) Stellen Sie den Zusammenhang zwischen dem Versuchsaufbau und einer Anwendung (z.B. induktives Laden oder RFID-Chip) her. Erklären Sie kurz, wie dabei der Schwingkreis genutzt wird.

Material A • Ein Demonstrationsexperiment zum Schwingkreis

In einem Demonstrationsexperiment soll ein U-t-Diagramm für einen Schwingkreis mit einer Periodendauer von 1,0 s aufgenommen werden. Es steht eine Spule mit einer Induktivität von 500 H zur Verfügung, ebenso ein geeignetes Voltmeter und Kondensatoren mit den Kapazitäten 25 µF, 50 µF bzw. 100 µF.

A1 a) Erstellen Sie eine aussagekräftige beschriftete Versuchsskizze.
b) Erläutern Sie, wie es im Schwingkreis zu einer elektromagnetischen Schwingung kommt.
c) Entscheiden Sie begründet, welcher Kondensator für das vorgesehene Experiment geeignet ist.
A2 Die Spannung am Kondensator beträgt zu Beginn 10 V.
a) Berechnen Sie die damit verbundene Energie.
b) Bestimmen Sie, welche maximale Stromstärke zu erwarten ist.

c) Erstellen Sie ein U-t- und ein I-t-Diagramm für $0\,\text{s} \leq t \leq 2\,\text{s}$. Begründen Sie Ihre Lösung.
d) Geben Sie begründet eine Funktionsgleichung für $U(t)$ und $I(t)$ an.
A3 a) Stellen Sie den zeitlichen Verlauf der im Kondensator und der in der Spule gespeicherten Energie in einem geeigneten Diagramm dar.
b) Vergleichen Sie die Diagramme aus A3 a) und A2 c).
A4 Die Abbildung zeigt die Messwerte eines Messwerterfassungssystems bei diesem Aufbau.
a) Erklären Sie, wie es zur Amplitudenabnahme kommt.
b) Berechnen Sie, um wie viel Prozent die Energie während der ersten Periodendauer abgenommen hat.
c) Untersuchen Sie die Energieabnahme in den folgenden Periodendauern. Entscheiden Sie, ob die Energie linear oder exponentiell abnimmt.

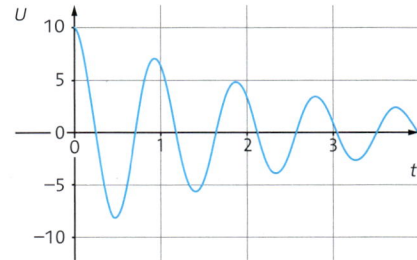

A5 a) Bestimmen Sie die gemessene Periodendauer möglichst exakt.
b) Die Kapazität des Kondensators weicht um bis zu 10 % vom Nennwert ab. Beurteilen Sie, ob damit die Abweichung der gemessenen Periodendauer von 1,0 s erklärt werden kann.
c) Aufgrund der Dämpfung gilt für die Frequenz der Zusammenhang

$$f = \frac{1}{2\pi}\sqrt{\frac{1}{LC} - \left(\frac{R}{2L}\right)^2}.$$

Die Spule hat einen Widerstand von 300 Ω. Kann die Abweichung schon hierdurch erklärt werden?

Musteraufgabe mit Lösung

Aufgabe • Horizontales Federpendel

Ein Wagen der Masse 760 g ist durch eine auf Druck und Zug belastbare Hookesche Feder der Federkonstanten $30 \frac{N}{m}$ horizontal an einer Wand befestigt und kann sich in der Ebene reibungsfrei bewegen. Der Wagen wird um +11 cm aus der Ruhelage ausgelenkt und zum Zeitpunkt 0 s losgelassen.

a) Berechnen Sie den Betrag der Beschleunigung, mit der sich der Wagen in Bewegung setzt.

b) Erklären Sie, warum der Wagen eine harmonische Schwingung ausführt.

c) Berechnen Sie die Periodendauer der Schwingung.

d) Ermitteln Sie eine Funktionsgleichung für die Auslenkung als Funktion der Zeit und erstellen Sie ein Diagramm der Auslenkung für $0 \, s \leq t \leq 1{,}5 \, s$.

e) Ermitteln Sie einen Zeitpunkt, zu dem der Wagen eine Auslenkung von 8,0 cm hat.

$D = 30 \frac{N}{m}$ $\qquad$ $m = 760 \, g$

Lösung

a) *Berechnen: Ermitteln Sie ein Ergebnis unter Verwendung von Gleichungen und Einheiten mit einer sinnvollen Genauigkeit.*
Um die Beschleunigung nach $a = \frac{F}{m}$ zu berechnen, benötigt man die Kraft. Diese ergibt sich aus dem Hookeschen Gesetz gemäß $F = -D \cdot s$. Gefragt ist hier nach der anfänglichen Beschleunigung, daher setzt man die anfängliche Auslenkung ein:
$$|a| = \frac{|F|}{m} = \frac{|-D \cdot s|}{m} = \frac{30 \frac{N}{m} \cdot 0{,}11 \, m}{0{,}76 \, kg} = 4{,}3 \frac{m}{s^2}.$$

b) Der Wagen bewegt sich reibungsfrei in der Ebene. Die einzig wirkende Kraft ist die Rückstellkraft der Feder. Nach dem Hookeschen Gesetz $F = -D \cdot s$ ist diese proportional zur Auslenkung s. Es handelt sich also um ein lineares Kraftgesetz. Schwingungen, denen ein lineares Kraftgesetz zugrunde liegt, sind harmonisch. Also liegt hier eine harmonische Schwingung vor.

c) Zwischen Periodendauer und Kreisfrequenz gilt die Beziehung $\omega = \frac{2\pi}{T}$. Daher ist:
$$T = \frac{2\pi}{\omega} = 2\pi \sqrt{\frac{m}{D}} = 2\pi \sqrt{\frac{0{,}76 \, kg}{30 \frac{N}{m}}} = 1{,}0 \, s.$$

d) *Diagramm erstellen: Stellen Sie Zusammenhänge zwischen Größen in einem Koordinatensystem dar.*
Für eine harmonische Schwingung folgt die Auslenkung einer sinus- oder kosinusförmigen Funktion. Da hier die Schwingung im ausgelenkten Zustand startet, eignet sich nur die kosinusförmige Funktion der Form $s(t) = \hat{s} \cdot \cos(\omega \cdot t)$.

Einsetzen der Amplitude $\hat{s} = 0{,}11 \, m$ und der Kreisfrequenz $\omega = \sqrt{\frac{D}{m}} = 6{,}28 \frac{1}{s}$ ergibt:
$s(t) = 0{,}11 \, m \cdot \cos(6{,}28 \frac{1}{s} \cdot t).$
Zur Erstellung eines Diagramms empfiehlt es sich, im genannten Zeitabschnitt eine Wertetabelle zu berechnen (z. B. mit Zeitschritten von 0,1 s) und anhand dieser das Diagramm zu zeichnen.

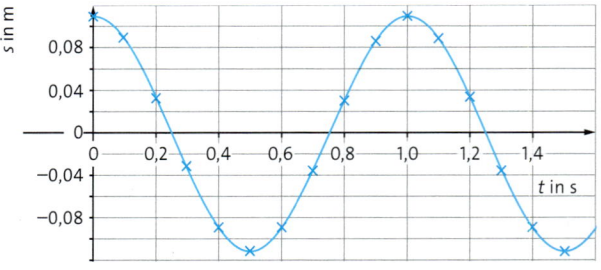

e) Eine einfache Möglichkeit ist es, den fraglichen Zeitpunkt durch Ablesen aus dem Diagramm zu ermitteln. Den ersten möglichen Zeitpunkt liest man zu näherungsweise 0,12 s ab.
Alternativ dazu ist es auch möglich, rechnerisch vorzugehen: $s(t) = 0{,}11 \, m \cdot \cos(6{,}28 \frac{1}{s} \cdot t) = 0{,}08 \, m.$
Löst man die Gleichung nach t auf und setzt ein, erhält man ebenso, aber genauer:
$$t = \frac{\cos^{-1}\left(\frac{0{,}08 \, m}{0{,}11 \, m}\right)}{6{,}28 \frac{1}{s}} = 0{,}12 \, s.$$

Übungsaufgaben mit Hinweisen

Aufgabe 1 • Energie einer Abrissbirne

Eine Abrissbirne der Masse 3 500 kg hängt an einem Seil, ihr Massenschwerpunkt hat einen Abstand von 12,0 m zum Aufhängepunkt, die Masse des Seils kann vernachlässigt werden. Die Abrissbirne hat zum Zeitpunkt 0 s eine Auslenkung von 6,0 m und eine Geschwindigkeit von $0\,\frac{m}{s}$. Sie setzt sich nun unter dem Einfluss der Rückstellkraft in Bewegung.

a) Berechnen Sie die Periodendauer der Schwingung.
b) Geben Sie eine Funktionsgleichung für die Auslenkung der Abrissbirne in Abhängigkeit von der Zeit an.
c) Berechnen Sie die anfängliche potenzielle Energie der Abrissbirne.
d) Zeigen Sie, dass die folgende Funktionsgleichung die Geschwindig-

keit der Abrissbirne in Abhängigkeit von der Zeit beschreibt:
$v(t) = 5{,}425\,\frac{m}{s} \cdot \sin(0{,}904\,\frac{1}{s} \cdot t)$.
e) Berechnen Sie anhand des Ergebnisses aus d) die kinetische Energie der Abrissbirne nach einer Viertelschwingung und deuten Sie das Ergebnis.

Aufgabe 2 • Rückstellkraft und Differentialgleichung der U-Rohr-Schwingung

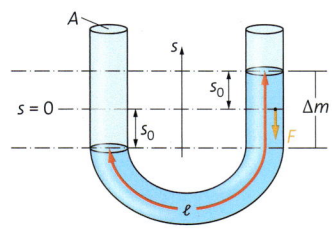

In einem U-Rohr der Querschnittsfläche A steht eine Wassersäule der Länge ℓ. Sie wird um ein Stück $\hat{s}$ ausgelenkt und anschließend losgelassen.
a) Zeigen Sie, dass für die Rückstellkraft F_R und die Auslenkung s gilt:
$F_R = -2 \cdot A \cdot \rho \cdot g \cdot s$.

b) Leiten Sie die Differenzialgleichung der U-Rohr-Schwingung her.
$\ddot{s}(t) = -\frac{2g}{\ell} \cdot s(t)$.
c) Lösen Sie die Differenzialgleichung durch einen geeigneten Ansatz und stellen Sie eine Gleichung für die Periodendauer auf.

Aufgabe 3 • Elektromagnetische Schwingung

Ein Schwingkreis besteht aus einer Spule mit einer Induktivität von 200 mH und einem Kondensator. Der Widerstand wird vernachlässigt. Für die Spannung am Kondensator gilt:

$U(t) = 10\,\text{V} \cdot \sin\left(\frac{500}{s} \cdot t\right)$.

a) Zeigen Sie, dass der Kondensator eine Kapazität von 20 μF hat.
b) Berechnen Sie die Ladung und die Energie, die maximal im Kondensator gespeichert sind.
c) Ermitteln Sie den Zeitpunkt, zu dem die Energie im Kondensator zum zweiten Mal maximal ist.

d) Bestimmen Sie die Amplitude $\hat{I}$ der Stromstärke im Schwingkreis.
e) Stellen Sie die zu $U(t)$ passenden Funktionsgleichungen für $I(t)$ und $Q(t)$ auf.
f) Zwischen $\hat{U}$ und $\hat{I}$ besteht der Zusammenhang $\hat{I} = \omega \cdot C \cdot \hat{U}$. Leiten Sie diesen Zusammenhang her.

Hinweise

Aufgabe 1
a) Berechnen Sie die Kreisfrequenz und verwenden Sie $T = \frac{2\pi}{\omega}$.
b) Wählen Sie eine zur Anfangsbedingung passende trigonometrische Funktion. Setzen Sie $\hat{s}$ und ω ein.
c) Verwenden Sie $E_{pot} = \frac{1}{2} D \hat{s}^2$.
d) Leiten Sie die Funktion aus b) nach der Zeit ab.
e) Verwenden Sie $E_{kin} = \frac{1}{2} m \hat{v}^2$ und den Energieerhaltungssatz.

Aufgabe 2
a) Die durch die Auslenkung $\hat{s}$ überstehende Wassersäule hat die Höhe $2\hat{s}$.
b) Die gesamte Flüssigkeitssäule der Länge ℓ wird durch die Rückstellkraft beschleunigt.
c) Wählen Sie einen Lösungsansatz mit einer trigonometrischen Funktion. Beim Überprüfen erhalten Sie eine Bedingung für ω.

Aufgabe 3
a) Nutzen Sie die Thomson-Gleichung.
b) Spannungsamplitude und Kapazität sind gegeben.
c) Die Energie ist maximal, wenn der Betrag der Spannung maximal ist.
d) Verwenden Sie die Energieerhaltung.
e) Nutzen Sie Ihre Ergebnisse aus b) und d). Die Periodendauer bleibt gleich.
f) Überlegen Sie, welche Beziehung $\hat{Q}$ zu $\hat{U}$ bzw. $\hat{I}$ hat.

187

Training I • Mechanische Schwingungen

Aufgabe 1

Eine Schülergruppe untersucht die Abhängigkeit der Periodendauer T von der Pendellänge ℓ und der Masse m bei einem Fadenpendel mit geringer Winkelamplitude. Sie findet die folgenden Ergebnisse:

	1	2	3	4	5
ℓ in m	0,40	0,80	0,80	0,80	1,40
m in kg	0,15	0,15	0,10	0,20	0,15
T in s	1,30	1,80	1,80	1,80	2,40

a) Ermitteln Sie, wie die Periodendauer von der Masse abhängt.

b) Die Schülergruppe hat vergessen, darauf zu achten, dass die Auslenkung in allen Messungen exakt die gleiche ist. Keanu sagt: „Das ist hier egal, wir sind nie über einen Winkel von 10° gegangen". Erklären Sie.

c) Weisen Sie nach, dass $T \sim \sqrt{\ell}$ ist. Bestimmen Sie den Wert der Proportionalitätskonstanten unter Verwendung aller vorliegenden Messungen.

d) Beim Fadenpendel gilt für die Periodendauer bei kleinen Winkelamplituden die Formel $T = 2\pi\sqrt{\frac{\ell}{g}}$. Berechnen Sie einen Wert für den Ortsfaktor g unter Verwendung der Ergebnisse aus c). Bestimmen sie seine relative Abweichung vom Literaturwert.

Aufgabe 2

Ein Körper K der Masse $m = 100$ g kann unter der Wirkung der Erdanziehungskraft in einer aufrechtstehenden halbkreisförmigen Rinne gleiten (▸Abb. links). Er bewegt sich dabei auf einem Kreisbogen mit dem Radius r. Lenkt man den Körper K um ein Stück $\hat{s}$ aus, vollführt er nach dem Loslassen Schwingungen. Das Diagramm zeigt die Auslenkung als Funktion der Zeit.

a) Begründen Sie, dass es sich um eine gedämpfte Schwingung handelt.

b) Bestimmen Sie einen möglichst genauen Wert für die Periodendauer T.

c) Erläutern Sie anhand von Analogien, dass die Periodendauer sich anhand der Formel aus Aufgabe 1d) berechnen lässt, wobei $\ell = r$ gilt.

d) Berechnen Sie den Radius und die Richtgröße $D = \frac{m \cdot g}{r}$ unter Verwendung der Ergebnisse aus b) und c).

e) Berechnen Sie die Energieabnahme in der ersten Periode der Schwingung.

Aufgabe 3

Ein Körper der Masse m wird an einem Ende eines Streifens aus Stahlblech befestigt. Das andere Ende des Stahlblechs wird fest eingespannt, sodass der Körper Schwingungen ausführen kann. Der Abstand zwischen Körperschwerpunkt und Einspannung ist die Einspannlänge ℓ. Die Rückstellkraft für dieses sogenannte Blattfederpendel lässt sich mit der Formel $F_R = -\frac{k \cdot s}{\ell^3}$ beschreiben. Hierin ist k eine Bauteilkonstante der Blattfeder und s die Auslenkung.

a) Begründen Sie, dass das ausgelenkte und losgelassene Blattfederpendel eine harmonische Schwingung durchführt.

b) Stellen Sie die Differenzialgleichung der Blattfederschwingung auf.

c) Zeigen Sie, dass sich aus der Lösung der Differenzialgleichung für die Periodendauer $T = 2\pi\sqrt{\frac{m \cdot \ell^3}{k}}$ ergibt.

d) Beschreiben Sie, woran man erkennt, dass die Formel aus c) zu einer harmonischen Schwingung gehört.

e) Die Einspannung eines Blattfederpendels mit Einspannlänge 28 cm und Masse 67 g wird Vibrationen ansteigender Frequenz >1 Hz ausgesetzt. Bei $f = 1,2$ Hz tritt erstmals Resonanz auf. Berechnen Sie die Bauteilkonstante k der Blattfeder.

f) Skizzieren Sie eine mögliche Kennlinie (Rückstellkraft als Funktion der Auslenkung) einer anderen Blattfeder, bei der die Periodendauer mit steigender Amplitude abnimmt.

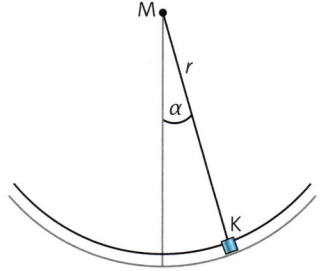

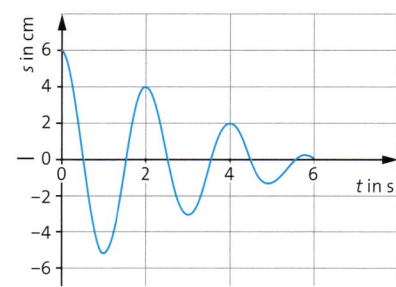

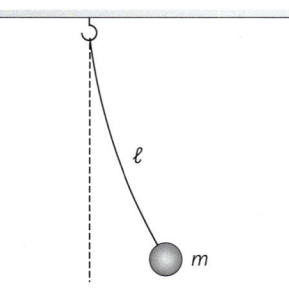

Aufgabe 1

Ein elektromagnetischer Schwingkreis besteht aus einem Kondensator und einer Spule mit vernachlässigbarem Widerstand. Der Kondensator wird an einem Netzgerät aufgeladen und dann über einen Wechselschalter mit der Spule verbunden. Die Stromstärke im Schwingkreis wird mit einem Messwerterfassungssystem gemessen. Die untenstehende Abbildung zeigt das dabei aufgenommene I-t-Diagramm.

a) Zeichnen Sie eine entsprechende Schaltskizze mit Beschriftung.

b) Erläutern Sie das Zustandekommen des I-t-Diagramms im Bereich $0\text{ ms} \leq t \leq 0{,}1\text{ ms}$.

c) Skizzieren Sie ein U-t-Diagramm. Erklären Sie dessen Verlauf im Vergleich zum I-t-Diagramm.

d) Erklären Sie, wie sich die Diagramme verändern, wenn der Widerstand der Spule nicht vernachlässigbar ist.

Aufgabe 2

Bei einem Schwingkreis aus einem Plattenkondensator und einer schlanken Spule wird der Plattenabstand d geändert und jeweils die Frequenz f des Schwingkreises bestimmt. Es ergaben sich die folgenden Messwerte:

d in mm	2,0	4,0	6,0	8,0	10,0
f in kHz	3,1	4,5	5,5	6,3	7,1

a) Stellen Sie die Messwerte in einem geeigneten Diagramm dar.

b) Zeigen Sie, dass für die Messwerte der Zusammenhang $f^2 = k \cdot d$ gilt. Bestimmen Sie die Konstante k unter Berücksichtigung aller Messwerte.

Die Kapazität eines Plattenkondensators und die Induktivität einer schlanken Spule hängen von mehreren bauartbedingten Größen, z. B. dem Plattenabstand, ab.

c) Leiten Sie aus der Thomson-Gleichung eine Gleichung her, die die Abhängigkeit der Frequenz des Schwingkreises von diesen Größen darstellt.

d) Begründen Sie, dass aus der Gleichung in c) der Zusammenhang $f^2 = k \cdot d$ folgt.

e) Beschreiben Sie den Unterschied zwischen induktiver und deduktiver Vorgehensweise am Beispiel der Aufgabenteile b) bis d).

Aufgabe 3

Die Differenzialgleichung für den elektromagnetischen Schwingkreis lässt sich auch aus dem Energieerhaltungssatz herleiten. Die rechte Abbildung zeigt einen entsprechenden Ausschnitt eines Heftmitschriebs.

a) Stellen Sie den Zusammenhang zwischen dem elektromagnetischen Schwingkreis und der Zeile ① dar.

b) Erklären Sie, welche Energieform in Zeile ① vernachlässigt wird.

c) Begründen Sie die rot markierte Gleichheit in Zeile ②.

d) Erklären Sie das negative Vorzeichen in Zeile ③.

e) Zeigen Sie, dass $Q(t) = \hat{Q} \cdot \sin(\omega \cdot t)$ eine Lösung der Differenzialgleichung in Zeile ④ ist.

f) Beurteilen Sie, ob die Lösung aus d) zum I-t-Diagramm passt (▸ Abb. links).

g) Leiten Sie die Thomson-Gleichung aus der Differenzialgleichung in Zeile ④ her.

h) Beschreiben Sie ein zum Schwingkreis analoges mechanisches System. Geben Sie die zugehörige Differenzialgleichung an.

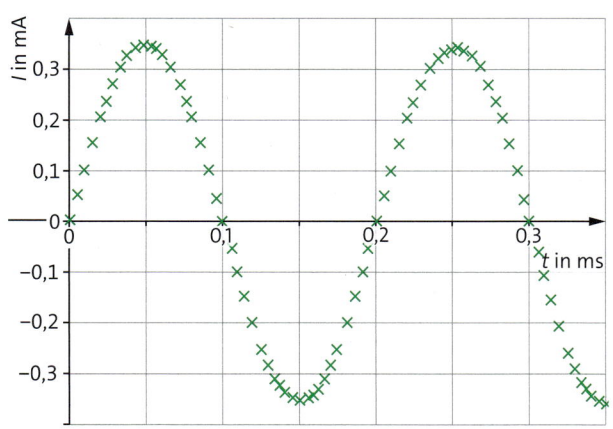

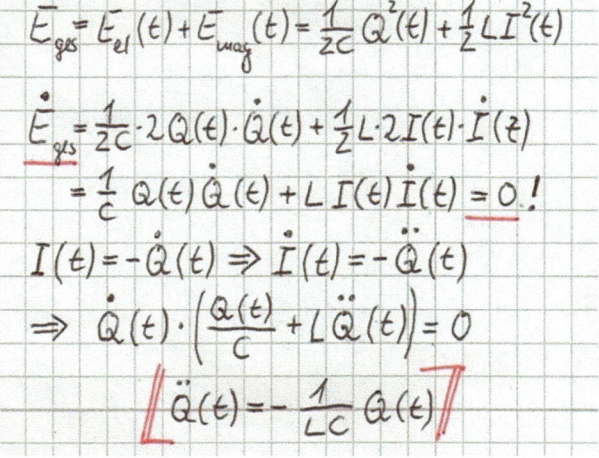

Mechanische Schwingungen

Schwingungen sind periodische Bewegungen zwischen zwei Umkehrpunkten durch eine Gleichgewichtslage (▸Abb. 1).

Die **Auslenkung** s einer Schwingung wird von der Gleichgewichtslage aus gemessen und nimmt während der Schwingung positive und negative Werte an.

Die **Amplitude** $\hat{s}$ ist der Betrag der Auslenkung in den Umkehrpunkten.

Zwischen Periodendauer T und Frequenz f gilt der Zusammenhang $f = \frac{1}{T}$.

Bei harmonischen Schwingungen ist die Frequenz und damit die Periodendauer unabhängig von der Amplitude. Sie lassen sich durch modifizierte Sinus- und Kosinusfunktionen beschreiben.

Beim Start aus einem Umkehrpunkt gilt:

$s(t) = \pm \hat{s} \cdot \cos(\omega \cdot t)$.

Beim Start aus der Gleichgewichtslage gilt:

$s(t) = \pm \hat{s} \cdot \sin(\omega \cdot t)$.

Dabei ist ω die Kreisfrequenz: $\omega = \frac{2\pi}{T} = 2\pi f$.

Lineares Kraftgesetz: Eine harmonische Schwingung entsteht, wenn eine Rückstellkraft auf den schwingenden Körper wirkt, die einem linearen Kraftgesetz der Form $F_R = -D \cdot s$ folgt (▸Abb. 2).

Für die Schwingung eines Federpendels ist D die Federkonstante; bei einem Fadenpendel ergibt sich für die Richtgröße D:

$D = \frac{m \cdot g}{\ell}$.

Die **Differenzialgleichung** der Schwingung eines **Federpendels** lautet:

$\ddot{s}(t) = -\frac{D}{m} s(t)$.

Eine Lösungsfunktion dieser Gleichung ist z. B.

$s(t) = \hat{s} \cdot \sin(\omega \cdot t)$ mit $\omega = \sqrt{\frac{D}{m}}$.

Für die Schwingung eines **Fadenpendels** gilt die Differenzialgleichung:

$\ddot{s}(t) = -\frac{g}{\ell} \cdot s(t)$.

Eine Lösungsfunktion dieser Gleichung ist z. B.

$s(t) = \hat{s} \cdot \cos(\omega \cdot t)$ mit $\omega = \sqrt{\frac{g}{\ell}}$.

Periodendauer: Die Periodendauer T ist die Zeitspanne, in der ein Pendel eine ganze Schwingung ausführt. Bei kleinen Auslenkungen gilt:

Federpendel: $T = 2\pi\sqrt{\frac{m}{D}}$.

Fadenpendel: $T = 2\pi\sqrt{\frac{\ell}{g}}$.

Energieumwandlungen: Bei ungedämpften Schwingungen werden potenzielle und kinetische Energie laufend ineinander umgewandelt. Die Gesamtenergie ist konstant. Bei harmonischen Schwingungen gilt dabei:

Potenzielle Energie: $E_{\text{pot}}(t) = \frac{1}{2} \cdot D \cdot (s(t))^2$

Kinetische Energie: $E_{\text{kin}}(t) = \frac{1}{2} \cdot m \cdot (v(t))^2$

Für die konstante Gesamtenergie gilt:

$E_{\text{ges}} = \frac{1}{2} \cdot D \cdot \hat{s}^2 = \frac{1}{2} \cdot m \cdot \hat{v}^2$.

Bei **gedämpften Schwingungen** wird durch die Reibung unumkehrbar kinetische Energie in thermische Energie umgewandelt. Die Amplitude einer gedämpften Schwingung nimmt daher allmählich ab. Für ein harmonisch gedämpftes Federpendel gilt dabei mit der Dämpfungskonstanten b:

$s_{\text{ampl}}(t) = \hat{s} \cdot e^{-\frac{b}{2m} \cdot t}$.

Resonanz: Ein angetriebenes Pendel schwingt mit der Anregungsfrequenz f_a. Stimmt diese mit der Eigenfrequenz f_0 überein, dann wird die Amplitude besonders groß.

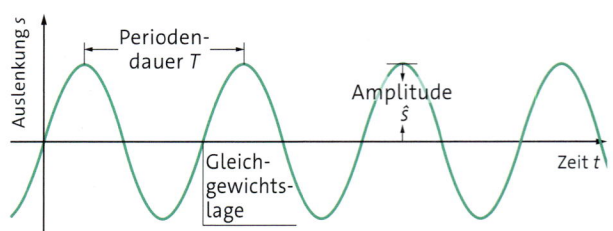

1 Schwingungskurve

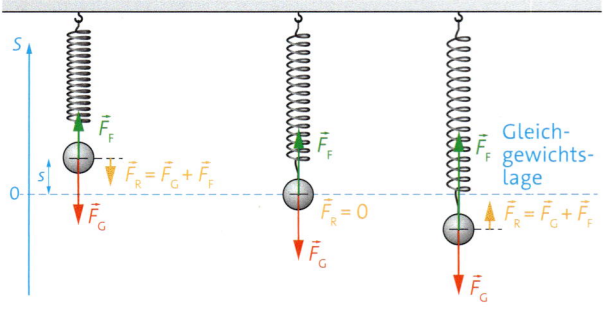

2 Rückstellkraft beim Federpendel

Elektromagnetische Schwingungen

Eine Anordnung aus einem Kondensator und einer Spule in einem geschlossenen Stromkreis bezeichnet man als **elektromagnetischen Schwingkreis.** Durch das Wechselspiel von elektrischem und magnetischem Feld kommt es hier zu einer elektromagnetischen Schwingung.

Thomson-Gleichung: Die Periodendauer T eines Schwingkreises wird durch seine Kapazität C und seine Induktivität L bestimmt. Dabei gilt die Thomson-Gleichung:
$T = 2\pi \cdot \sqrt{LC}$.

Energieumwandlungen: In einem Schwingkreis finden periodische Energieumwandlungen zwischen elektrischer und magnetischer Energie statt (▸ Abb. 3):
$E_{ges}(t) = E_{el}(t) + E_{mag}(t) = \frac{1}{2} \cdot \frac{1}{C} \cdot Q^2(t) + \frac{1}{2} L \cdot I^2(t)$.

Differenzialgleichung: Für die Ladung in einem Schwingkreis mit vernachlässigbarem Widerstand gilt die Differenzialgleichung:

$\ddot{Q}(t) = -\frac{1}{LC} Q(t)$.

Die Lösungen der Differenzialgleichung sind sinusartig und die Ladung $Q(t)$ schwingt harmonisch.

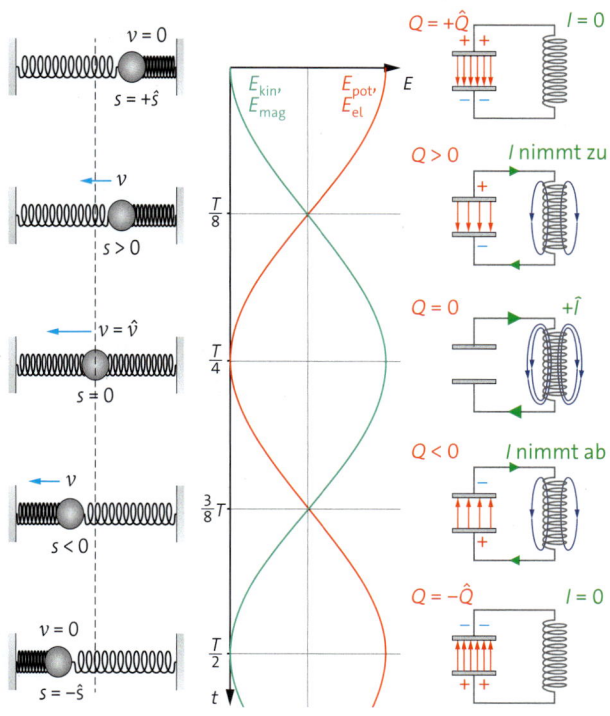

3 Analogie zwischen mechanischer und elektromagnetischer Schwingung

Überprüfen Sie sich selbst:

Kann ich ...

- Schwingungen experimentell aufzeichnen?

- mithilfe wichtiger Kenngrößen, wie Auslenkung, Amplitude, Periodendauer, Frequenz und Kreisfrequenz, Schwingungen beschreiben?

- die Schwingungsgleichung angeben und aus gegebenen Schwingungskurven die zugehörige Schwingungsgleichung ermitteln?

- Schwingungen mithilfe charakteristischer Eigenschaften als harmonisch und nicht harmonisch bzw. gedämpft und ungedämpft klassifizieren?

- den Zusammenhang zwischen harmonischen mechanischen Schwingungen und linearer Rückstellkraft am Feder- und am Fadenpendel beschreiben?

- die Differenzialgleichung der Schwingung eines Federpendels durch einen geeigneten Ansatz lösen?

- anhand eines geeigneten Ansatzes die Schwingungsdifferenzialgleichung eines Fadenpendels lösen?

- das Phänomen der Resonanz qualitativ beschreiben und Fälle nennen, in denen die Resonanz erwünscht bzw. unerwünscht ist?

- die Schwingung in einem elektromagnetischen Schwingkreis erklären?

- Gemeinsamkeiten und Unterschiede von mechanischen und elektromagnetischen Schwingungen erläutern, insbesondere auch die auftretenden Energieumwandlungen?

- die Differenzialgleichung eines elektromagnetischen Schwingkreises mithilfe der Thomson-Gleichung lösen?

Wellen

1 Die Gitarrensaiten verursachen Schallwellen.
Zum Bodyboarden braucht man Wasserwellen.

Wellen beschreiben

Bei der Musik muss die Schallwelle die richtige Tonhöhe und Lautstärke haben, damit es gut klingt. Wenn die Wasserwelle die richtige Höhe und Geschwindigkeit hat, macht das Bodyboarden Spaß. Wellen unterscheiden sich teilweise deutlich, haben aber auch viel gemeinsam.

Schallwellen • Wenn man eine Gitarrensaite anschlägt, fängt sie an zu schwingen. Durch die Luft wird diese Schwingung zum Mikrofon übertragen. Dass auch die Luft selbst schwingt, kann man mit einer Kerze vor einem Lautsprecher nachweisen (▸Abb. 2 A): Je nachdem, mit welcher Amplitude und Frequenz die Lautsprechermembran schwingt, bewegt sich auch die Kerzenflamme hin und her. Die Luft schwingt also parallel zur Ausbreitungsrichtung einer **Schallwelle.**

Die Schallwelle entsteht durch die Bewegung der Membran (▸Abb. 2 B): Bewegt sie sich nach vorne, weicht die Luft in Ausbreitungsrichtung aus und in der benachbarten Luftschicht entsteht ein Überdruck. Umgekehrt sorgt die Rückbewegung der Membran für einen Unterdruck, sodass sich die Luftschicht wieder zurückbewegt. Durch die Druckunterschiede schwingt die Luft zunächst direkt vor der Membran. Diese Druckschwankungen übertragen sich auf benachbarte Luftschichten, sodass sich die Welle mit einer bestimmten Geschwindigkeit in alle Richtungen ausbreitet. In Luft beträgt die Schallgeschwindigkeit bei 20 °C normalerweise etwa $340 \frac{m}{s}$.

Seilwellen • Auch auf der Gitarrensaite selbst breitet sich durch das Anschlagen eine Welle aus. Da dies sehr schnell geschieht, kann man das selbst in Zeitlupe nur erahnen (▸Abb. 3). Wir verwenden daher als Modell ein Gummiseil (▸Abb. 4): Wenn wir das Seil kurz ruckhaft nach oben bewegen, wandert die Störung bis an das Seilende und wird reflektiert. Das geschieht auch, wenn wir das Seil dauerhaft durch eine Schwingung anregen. Da sie leichter zu beobachten sind und nur eine Ausbreitungsrichtung besitzen, nutzt man solche **Seilwellen** zur Veranschaulichung.

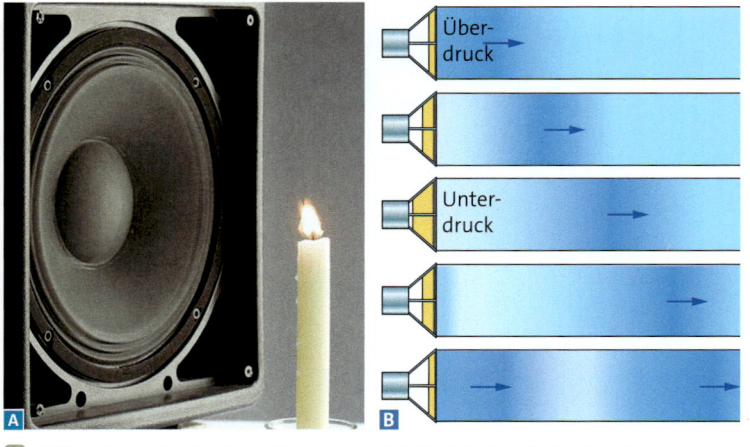

Überdruck

Unterdruck

2 **A** Die Luft vor dem Lautsprecher schwingt. **B** Die Schallwelle breitet sich aus.

Wellenausbreitung • Die bisherigen Beispiele zeigen: Damit sich eine mechanische Welle auf einem **Wellenträger** ausbreiten kann, muss jeder Teil des Trägers zu einer Schwingung in der Lage sein und mit den anderen Teilen gekoppelt sein. Bei Seilwellen geschieht dies durch elastische Kräfte in einem Seil, einer Feder oder einer Saite. Bei der Schallwelle in Luft sorgen Stöße zwischen den Luftteilchen für die **Kopplung.**

Je stärker die Kopplung zwischen den Teilen des Wellenträgers ist, desto größer ist die **Ausbreitungsgeschwindigkeit c.** Bei der Seilwelle kann man diese z.B. dadurch erhöhen, dass man das Seil bzw. die Saite stärker spannt. Bei Schallwellen erkennt man das daran, dass die Schallgeschwindigkeit in Flüssigkeiten und Festkörpern größer ist als in Gasen wie Luft: In Wasser z.B. beträgt sie etwa 1500 $\frac{m}{s}$, da hier die Wechselwirkung zwischen den Teilchen viel größer ist.

> Ein Wellenträger besteht aus miteinander gekoppelten schwingungsfähigen Teilen. Je stärker die Kopplung ist, desto größer ist die Ausbreitungsgeschwindigkeit einer mechanischen Welle.

Energietransport • Man muss zwischen der Schwingungsbewegung der einzelnen Teile des Wellenträgers und der Ausbreitung der Welle unterscheiden: Bei der Seilwelle wandert die Welle weiter, während eine Stelle des Seils nur auf- und abschwingt. Auch bei der Schallwelle schwingen die Luftteilchen hin und her, ohne dass Materie transportiert wird. Dass eine Welle Energie transportiert, sehen Sie einer **Wasserwelle** wie in ▸Abb.1 direkt an. Hier ist auch klar, dass die Amplitude für die Energie entscheidend ist.

Dass die Amplitude beim Schall mit der Entfernung abnimmt, liegt daran, dass die Welle und die mit ihr transportierte Energie sich auf einen immer größeren Raum verteilt. Ähnlich ist es bei Wasserwellen (▸Abb.5). Bei Seilwellen verteilt sich die Energie nicht auf einen größeren Bereich. Trotzdem nimmt bei ihnen die Amplitude z.B. durch Reibung und Luftwiderstand ab.

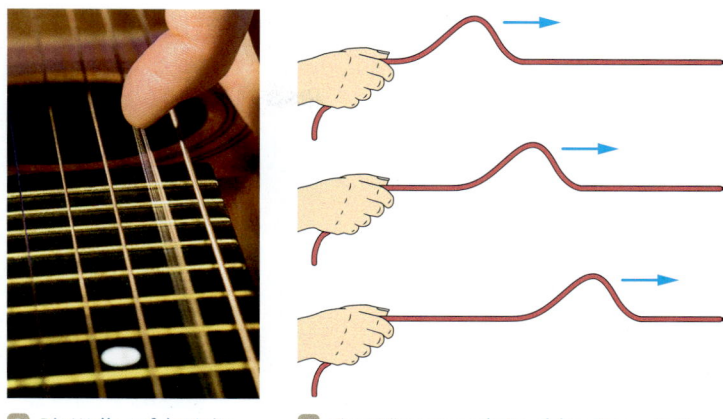

3 Die Welle auf der Saite 4 Eine Störung wandert auf dem Gummiseil.

> Eine Welle transportiert Energie, aber keine Materie. Je größer ihre Amplitude ist, desto mehr Energie transportiert die Welle.

Transversal- oder Longitudinalwelle • Schwingen die Teile des Wellenträgers wie bei der Seilwelle orthogonal zur Ausbreitungsrichtung einer Welle, nennt man sie **Transversalwelle** oder Querwelle. Erfolgt die Schwingung wie bei der Schallwelle parallel zur Ausbreitungsrichtung, spricht man von einer **Longitudinalwelle** oder Längswelle. Welche Art von Welle auf einem Wellenträger entstehen kann, hängt davon ab, welche Richtung die entsprechenden Rückstellkräfte haben. In einem Gas kann es nur Longitudinalwellen geben, da es keine Kräfte gibt, die die Luftmoleküle orthogonal zur Ausbreitungsrichtung beschleunigen könnten. Bei **Wasserwellen** bewegen sich die Wasserteilchen sogar auf Bahnen teilweise orthogonal und teilweise parallel zur Ausbreitungsrichtung.

> Bei Transversalwellen erfolgt die Schwingungsbewegung orthogonal zur Ausbreitungsrichtung, bei Longitudinalwellen parallel dazu.

1 In Stadien machen Fans oft gemeinsam eine La-Ola-Welle. Man kann sie als Wellenmodell auffassen. Begründen Sie anhand der eingeführten Fachbegriffe.

5 Die Amplitude nimmt ab.

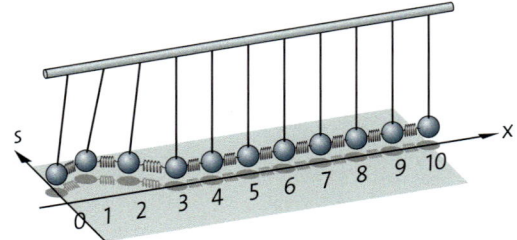

1 Prinzipieller Aufbau einer Wellenmaschine

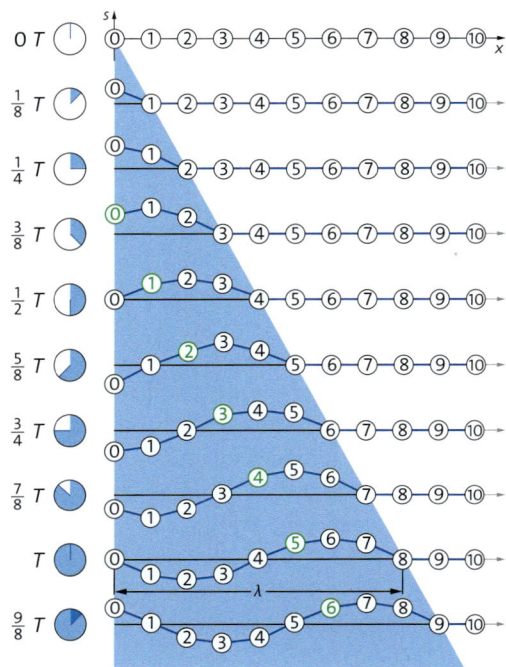

2 Eine Welle entsteht auf der Wellenmaschine

x: Ausbreitungsrichtung der Welle

s: Ort eines Pendelkörpers bei seiner Schwingung.

c wird deswegen auch Phasengeschwindigkeit genannt.

Lineare harmonische Welle • Um Wellen genauer zu untersuchen, benutzt man häufig eine Wellenmaschine. ►Abb.1 zeigt den prinzipiellen Aufbau: Eine Reihe gleicher Pendelkörper ist durch Federn in gleicher Weise aneinandergekoppelt, sodass sich eine Transversalwelle ausbreiten kann. Wenn Körper ⓪ als Wellenerzeuger harmonisch schwingt, entsteht auf der Wellenmaschine eine **lineare harmonische Welle.**

In ►Abb.2 ist schrittweise das Entstehen einer Welle dargestellt: Jedes Pendel macht durch die Kopplung die Bewegung seiner Nachbarn zur linken zeitverzögert nach. Die zeitliche Abfolge der Bewegung von Körper ⓪ erzeugt so eine entsprechende räumliche Abfolge von **Wellenbergen** und **Wellentälern** auf dem Wellenträger. Dabei breiten sich nicht nur die Wellenberge und -täler mit der Geschwindigkeit *c* aus; auch der Phasen-

winkel φ, in der sich ein Pendelkörper befindet, wandert mit dieser Geschwindigkeit weiter. In ►Abb.2 zeigen die grün markierten Körper ein Beispiel hierfür. Da alle Körper zwar mit unterschiedlicher Phase, aber mit gleicher Amplitude und Frequenz schwingen, kann man der gesamten Welle eine **Frequenz** und eine **Amplitude** zuordnen.

Wellenlänge und Frequenz • In regelmäßigen Abständen schwingen Pendelkörper phasengleich, z.B. Körper ⓪ und ⑧. Den Abstand benachbarter Orte zweier phasengleich schwingender Körper nennt man **Wellenlänge λ.** Zwischen Frequenz *f*, Wellenlänge λ und Ausbreitungsgeschwindigkeit *c* besteht ein einfacher Zusammenhang. In ►Abb.2 erkennt man, dass sich die Welle während einer vollständigen Periodendauer *T* von Körper ⓪ um eine Wellenlänge ausbreitet, d.h. es gilt:

$$c = \frac{\Delta x}{\Delta t} = \frac{\lambda}{T} = \lambda \cdot f.$$

> Bei einer linearen harmonischen Welle entsteht eine räumliche Abfolge von Wellenbergen und Wellentälern. Für die Ausbreitungsgeschwindigkeit *c*, die Wellenlänge λ und die Frequenz *f* gilt:
> $$c = \lambda \cdot f.$$

Strecke und Phasenunterschied • Den Zusammenhang $\frac{\Delta x}{\Delta t} = \frac{\lambda}{T}$ kann man zu

$$\frac{\Delta x}{\lambda} = \frac{\Delta t}{T}$$

umformen. Bei einer Schwingung entspricht jeder Zeitspanne Δ*t* ein **Phasenunterschied** Δφ = ω · Δ*t*. Mit $T = \frac{2\pi}{\omega}$ ergibt sich

$$\frac{\Delta x}{\lambda} = \frac{\Delta t}{T} = \frac{\Delta \varphi}{2\pi}.$$

> Einer Strecke Δ*x* auf dem Wellenträger entspricht ein Phasenunterschied Δφ. Dabei gilt:
> $$\frac{\Delta x}{\lambda} = \frac{\Delta \varphi}{2\pi}.$$

s-x-Diagramm • In ▸Abb. 2 sehen Sie eine Abfolge von s-x-Diagrammen. Jedes einzelne entspricht bei einer Transversalwelle einem „Foto" des Wellenträgers zu einem bestimmten Zeitpunkt. Wir erstellen nun ein s-x-Diagramm für ein konkretes Beispiel: Das linke Ende eines Seils beginnt bei $t = 0$ s mit einer sinusförmigen Bewegung nach unten zu schwingen. Die Frequenz ist 2,0 Hz und die Amplitude 10 cm. Auf dem Seil breitet sich mit $3{,}0\,\frac{m}{s}$ eine ungedämpfte harmonische Welle aus.

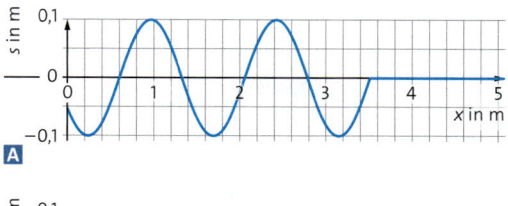

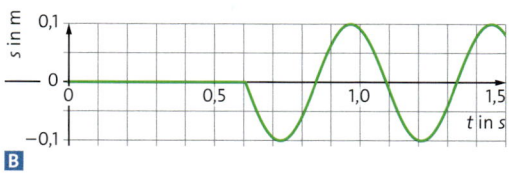

3 **A** s-x-Diagramm, **B** s-t-Diagramm.

▸Abb. 3 A stellt das s-x-Diagramm für $t = 1{,}2$ s dar. Die hierfür nötigen Größen lassen sich aus den bisherigen Angaben bestimmen. In 1,2 s legt die Welle vom linken Ende aus

$$\Delta x = c \cdot \Delta t = 3{,}0\,\tfrac{m}{s} \cdot 1{,}2\,s = 3{,}6\,m$$

zurück. Rechts davon ist die Welle noch nicht angekommen. Da die Bewegung zuerst nach unten erfolgt ist, befindet sich direkt links des Wellenanfangs ein Wellental. Für die Wellenlänge gilt:

$$\lambda = \frac{c}{f} = \frac{3{,}0\,\tfrac{m}{s}}{2{,}0\,Hz} = 1{,}5\,m.$$

Nun kann man die Welle beginnend beim Wellenanfang von rechts nach links (!) zeichnen.

s-x-Diagramme kann man in gleicher Weise z.B. auch für Longitudinalwellen erstellen. Natürlich ist es dann kein „Foto" des Wellenträgers mehr.

s-t-Diagramm • Für jeden einzelnen Ort der Welle kann man ein s-t-Diagramm erstellen, z.B. bei der Seilwelle für $x = 1{,}8$ m (▸Abb. 3 B). Auch hier lässt sich alles aus den Angaben bestimmen. Bis die Welle ankommt, vergeht die Zeitspanne

$$\Delta t = \frac{\Delta x}{c} = \frac{1{,}8\,m}{3{,}0\,\tfrac{m}{s}} = 0{,}60\,s,$$

in der sich das Seil dort noch nicht bewegt. Danach schwingt die Stelle mit der Periodendauer

$$T = \frac{1}{f} = \frac{1}{2{,}0\,Hz} = 0{,}50\,s,$$

wie das linke Seilende nach unten beginnend.

Wellenfunktion • Wie groß die Auslenkung s einer Stelle eines Wellenträgers im Laufe der Zeit ist, gibt man mit der **Wellenfunktion** an. Man bezeichnet sie mit $s(x,t)$, da sie von Ort x und Zeit t abhängt. Wie die Funktionsgleichung aufgebaut

ist, erklären wir an ▸Abb. 2. Körper ⓞ schwingt sinusförmig und befindet sich bei $x = 0$ m, d.h.

$$s(0\,m, t) = \hat{s} \cdot \sin(\omega \cdot t).$$

Bis die Welle von dort zu einem Ort x gewandert ist, vergeht eine Zeitspanne $\Delta t_x = \frac{x}{c}$, die für eine entsprechende Phasenverschiebung sorgt:

$$s(x,t) = \hat{s} \cdot \sin(\omega \cdot (t - \Delta t_x))$$

$$= \hat{s} \cdot \sin\left(\omega \cdot \left(t - \frac{x}{c}\right)\right).$$

Nutzt man $\omega = \frac{2\pi}{T}$ und $c = \frac{\lambda}{T}$, ergibt sich

$$s(x,t) = \hat{s} \cdot \sin\left(2\pi \cdot \left(\frac{t}{T} - \frac{x}{\lambda}\right)\right).$$

Für einen bestimmten Ort x_0 hängt $s(x_0, t)$ nur noch von der Zeit t ab und es ergibt sich eine phasenverschobene Sinusfunktion. Entsprechend ist die Wellenfunktion für einen festen Zeitpunkt nur vom Ort abhängig. Deswegen sieht ein s-x-Diagramm ebenfalls sinusförmig aus.

Ein s-x-Diagramm einer Welle wird auch als ihr **Momentanbild** bezeichnet.

> Die Auslenkung einer linearen harmonischen Welle lässt sich durch eine Wellenfunktion beschreiben:
>
> $$s(x,t) = \hat{s} \cdot \sin\left(2\pi \cdot \left(\frac{t}{T} - \frac{x}{\lambda}\right)\right).$$

1 Lisa sagt: „λ ist der Abstand zwischen zwei Wellenbergen." Äußern Sie sich begründet.

2 Zwei Stellen auf einem Wellenträger sind $\frac{\lambda}{2}$ ($\frac{3}{2}\lambda$; 2λ) voneinander entfernt. Bestimmen Sie den entsprechenden Phasenunterschied.

3 Erstellen Sie für das angegebene Beispiel
 a) ein s-t-Diagramm für $x = 2{,}0$ m,
 b) ein s-x-Diagramm für $t = 2{,}0$ s.

Versuch A • Gekoppelte Pendel

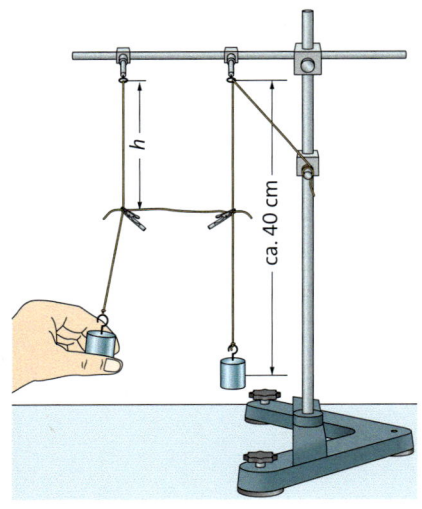

Durch die Kopplung kann eine Welle Energie übertragen. Das untersuchen Sie bei zwei Fadenpendeln näher.

Material:
2 gleiche Massestücke (z. B. 100 g), 2 Krokodilklemmen, Faden, Stativmaterial, Maßband, Stoppuhr

V1 Das Hin-und-Her der Energie

Arbeitsauftrag:
a) Bauen Sie den Versuch entsprechend der Abbildung auf. Achten Sie darauf, dass beide Pendel genau gleich lang sind.
b) Lenken Sie eines der Pendel aus (s. Abb.). Beobachten Sie die Amplituden der Pendel. Begründen Sie damit die Überschrift von V1.
c) Skizzieren Sie für beide Pendel ein entsprechendes s-t-Diagramm. Erklären Sie.
d) Vergleichen Sie die Energieübertragung bei den gekoppelten Pendeln mit der bei den Pendeln einer Wellenmaschine.
e) Wiederholen Sie den Versuch. Beschreiben Sie, wie der Verbindungsfaden für eine Energieübertragung sorgt.
f) Erklären Sie Ihre Beobachtungen in e). Gehen Sie dabei darauf ein, wie z. B. das linke Pendel eine Kraft auf das rechte ausübt und welcher Phasenunterschied hierfür notwendig ist.

V2 Die Stärke der Kopplung

Sie untersuchen, wovon die Stärke der Kopplung abhängt. Als Maß dafür messen Sie die Kopplungsperiode T_k zwischen zwei Amplitudenminima eines der Pendel.

Arbeitsauftrag:
a) Man kann den Verbindungsfaden auf verschiedenen Höhen h der Pendelfäden befestigen. Stellen Sie eine Hypothese auf, wie T_k von h abhängt.
b) Überprüfen Sie Ihre Hypothese experimentell (mind. 4 Messwerte).
c) Eine Physiklehrerin sagt: „Je kleiner T_k, desto stärker die Kopplung." Erklären Sie.
d) Die Kopplung zwischen den beiden Pendeln ist viel kleiner als zwischen den Pendeln einer Wellenmaschine. Begründen Sie.
e) Untersuchen Sie, von welchen weiteren Faktoren die Kopplungsperiode noch abhängt.

Versuch B • Frequenz, Wellenlänge und Ausbreitungsgeschwindigkeit

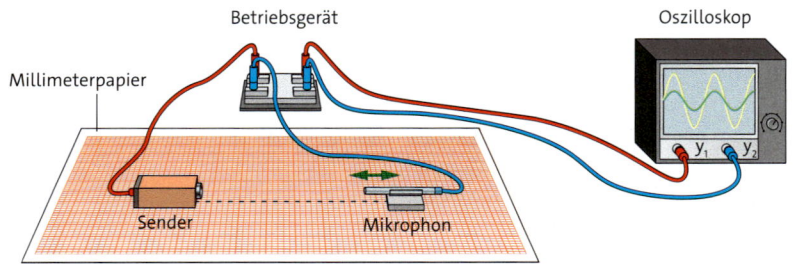

V1 Ultraschallwellen

Sie überprüfen den Zusammenhang $c = \lambda \cdot f$ bei Ultraschallwellen.

Material:
Ultraschall-Sender und -mikrofon mit Betriebsgerät, Oszilloskop, Millimeterpapier oder Messschiene

Arbeitsauftrag:
a) Bauen Sie den Versuch mit den Ihnen zur Verfügung gestellten Geräten auf. Die Abbildung zeigt ein Muster. Achten Sie darauf, dass die Position des Mikrofons auf Millimeter genau messbar ist.
b) Das Oszilloskop zeigt die s-t-Diagramme von Sender und Mikrofon.

Bestimmen Sie daraus die Frequenz der Ultraschallwelle.
c) Verschieben Sie das Mikrofon in Richtung Sender. Beobachten Sie dabei die Anzeige des Oszilloskops. Beschreiben Sie Ihre Beobachtungen.
d) Beim Verschieben ist das s-t-Diagramm des Mikrofons immer wieder phasengleich zu dem des Senders. Der Abstand zwischen zwei solcher Stellen ist immer ein Vielfaches der Wellenlänge. Begründen Sie diesen Sachverhalt.
e) Bestimmen Sie die Wellenlänge der Ultraschallwelle möglichst exakt.
f) Berechnen Sie aus Ihren Messwerten die Schallgeschwindigkeit in Luft. Vergleichen Sie mit dem Literaturwert.

Material A • Ein s-t-Diagramm

Am linken Ende eines linearen Wellen-trägers wird eine harmonische Welle erzeugt, die sich nach rechts ausbreitet. Die Abbildung zeigt das s-t-Diagramm des Wellenträgers an der Stelle $x = 2{,}25$ m.

A1 a) Bestimmen Sie die Amplitude, die Frequenz, die Ausbreitungsge-schwindigkeit und die Wellenlänge der Welle.
b) Beschreiben Sie das s-t-Diagramm für $x = 1{,}5$ m und $x = 3{,}0$ m.
c) Stellen Sie die Bewegungsglei-chung $s(t)$ für den Wellensender auf.
A2 Beschreiben und erklären Sie, wel-chen Einfluss folgende Änderungen auf das s-t-Diagramm haben:

a) Die Amplitude wird verdoppelt.
b) Die Frequenz wird verdreifacht.
c) Die Ausbreitungsgeschwindigkeit wird halbiert.
d) Die Wellenlänge beträgt nur noch ein Drittel.
e) Der Sender beginnt mit einer Bewegung nach unten.
A3 a) Erklären Sie, ob für die Änderun-gen in A2 der Sender oder der Wellen-träger beeinflusst werden müssen.
b) Emma fragt: „Kann man bei A2 auch mehrere Sachen gleichzeitig än-dern?" Antworten Sie Ihr begründet.
A4 a) Zeichnen Sie für den Bereich 0 m $\leq x \leq 4$ m ein s-x-Diagramm zum Zeitpunkt $t = 1{,}0$ s.

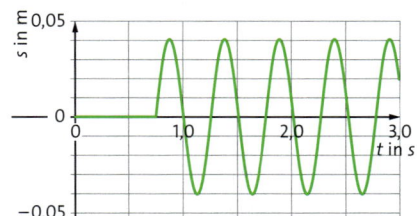

Nutzen Sie dabei die Ergebnisse aus A1 a).
b) Beschreiben Sie, welchen Einfluss die Änderungen aus A2 auf das s-x-Diagramm haben.
c) Erläutern Sie anhand der beiden Diagramme den Unterschied zwi-schen einem s-t- und einem s-x-Dia-gramm.

Material B • Die Wellenfunktion

Eine lineare harmonische Welle mit einer Amplitude von $4{,}0$ cm breitet sich mit sechs Schwingungen in zwei Sekun-den über 48 cm aus. Für $t = 0$ s befindet sich der Wellenerzeuger ($x = 0$ m) im Maximum der Auslenkung oberhalb der Gleichgewichtslage.

B1 a) Berechnen Sie die Frequenz, die Ausbreitungsgeschwindigkeit und die Wellenlänge der Welle.
b) Stellen Sie die Wellenfunktion $s(t,x)$ auf. Achten Sie dabei auf

die passende trigonometrische Funktion.
B2 a) Setzen Sie folgende Werte in die Wellenfunktion ein und vereinfa-chen Sie gegebenenfalls: $s(0$ s$,x)$; $s(t,0$ m$)$; $s(1$ s$,x)$; $s(1$ s$, 0{,}48$ m$)$.
b) Erklären Sie, welche Bedeutung die Wellenfunktionen aus a) haben.
c) Beschreiben Sie wie man mit der Wellenfunktion ein s-x-Diagramm bzw. ein s-t-Diagramm erstellt.
B3 Zeigen Sie, dass die Wellenfunktion folgende Eigenschaften hat:

a) Es gibt eine zeitliche Periodizität, d. h. es gilt $s(t + T, x) = s(t,x)$.
b) Es gibt eine räumliche Periodizität.
B4 Eine Welle hat die Wellenfunktion
$s(t,x) = -0{,}32$ m $\cdot \sin\left(\pi \cdot \left(\frac{t}{2\,\text{s}} + \frac{2{,}5x}{\text{m}}\right)\right)$
a) Erklären Sie, wie der Sender sich bewegt.
b) Bestimmen Sie T und λ.
c) Erklären Sie, in welche Richtung sich die Welle ausbreitet.
d) Berechnen Sie die Auslenkung des Wellenträgers an der Stelle $1{,}5$ m zum Zeitpunkt $8{,}0$ s.

Material C • Energie, Amplitude und Intensität

Bei einer Schwingung bleibt die Energie am Ort, bei Wellen wird sie von einem Ort zum nächsten weitergegeben. Schallwellen breiten sich im Raum aus. Deswegen muss man bei ihnen auch die Fläche berücksichtigen, auf die sich die Energie verteilt.

C1 Erklären Sie, dass die von einer har-monischen Welle übertragene Ener-gie proportional zum Quadrat ihrer Amplitude ist.
C2 a) Wenn Schallwellen sich kugelför-mig ausbreiten, nimmt die Intensität antiproportional zum Quadrat des Abstands ab. Begründen Sie dies.

b) Die Intensität gibt die Leistung pro Fläche an. Das menschliche Ohr kann eine Schallintensität von $10^{-11} \frac{\text{W}}{\text{m}^2}$ gerade noch wahrnehmen. Ein Lautsprecher sendet mit 20 W kugelförmig Schallwellen aus. In welcher Entfernung ist er noch zu hören?

Wellen mit Zeigern beschreiben

Projektion einer Kreisbewegung • Ein Experiment veranschaulicht den Zusammenhang zwischen Kreisbewegung und Schwingung: Auf einer drehbaren Scheibe ist ein Stab befestigt. Die rotierende Scheibe wird von der Seite mit parallelem Licht beleuchtet (▸Abb. 1). Auf einem Schirm ist der Schatten des Stabs zu sehen. Man beobachtet, dass der Schatten eine Schwingung ausführt.

Zeigerdarstellung einer Schwingung • Die Kreisbewegung des Stabs stellen wir durch einen gegen den Uhrzeigersinn rotierenden Zeiger dar (roter Pfeil in ▸Abb. 1). Dann beschreibt die Projektion des Zeigers die Schwingung des Schattens. Dabei entsprechen sich Zeigerlänge und Amplitude $\hat{s}$ der Schwingung, Projektion des Zeigers auf die vertikale Achse und momentane Auslenkung $s(t)$ des Schattens, Drehwinkel $\varphi(t)$ des Zeigers und Phase $\omega \cdot t$ der Schwingung des Schattens.

Zeiger beschreiben die Ausbreitung einer Welle • Bei einer linearen harmonischen Welle führen alle Körper des Wellenträgers harmonische Schwingungen gleicher Amplitude und Frequenz, aber unterschiedlicher Phase aus. ▸Abb. 2 zeigt eine elastische Schnur mit Kugeln im Abstand von $\frac{1}{8}\lambda$ zueinander. Für jede Kugel zeichnen wir einen passenden Zeiger. Die Welle braucht $\frac{1}{8}T$, um die nächste Kugel zu erreichen. In dieser Zeit haben sich die Zeiger der Kugeln, die schon von der Welle erfasst wurden, um $\frac{1}{4}\pi$ weiter entgegen dem Uhrzeigersinn gedreht. Deshalb hinken die Zeiger umso mehr hinterher, je weiter die zugehörige Kugel vom Schnuranfang entfernt ist.

Zeigerdarstellung einer Welle • Wir stellen das Momentanbild einer Welle vereinfacht nur mit Zeigern im Abstand von $\frac{1}{8}\lambda$ auf dem Wellenträger dar (▸Abb. 3). An jedem Ort rotiert der Zeiger gegen den Uhrzeigersinn. Phasengleiche Zeiger befinden sich im Abstand einer Wellenlänge λ zueinander. Bei der Ausbreitung von links nach rechts sind die Zeiger entlang des Wellenträgers im Uhrzeigersinn verdreht (▸Abb. 3 A). Bei der Ausbreitung von rechts nach links sind die Zeiger entlang des Wellenträges gegen den Uhrzeigersinn verdreht (▸Abb 3 B).

1 Skizzieren Sie die Zeiger einer Welle, wenn der Wellenerzeuger mit einer Bewegung nach unten beginnt.

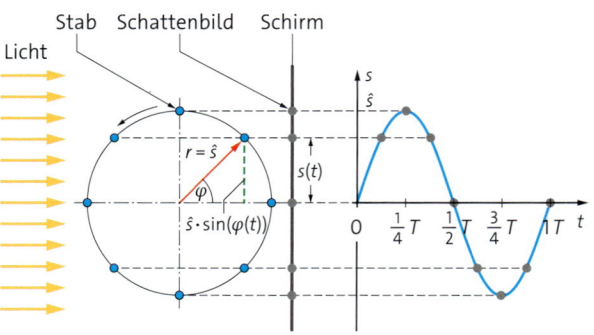

1 Schwingung als Projektion der Kreisbewegung

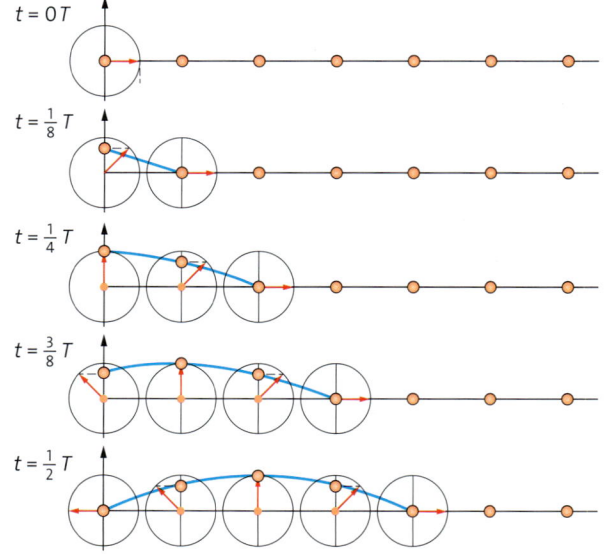

2 Abfolge von Momentanbildern einer Welle im Abstand von $\frac{1}{8}T$

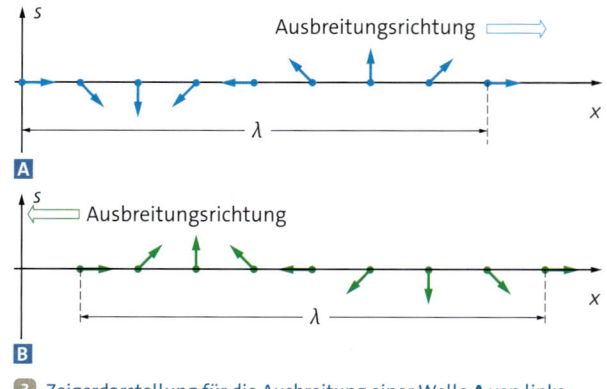

3 Zeigerdarstellung für die Ausbreitung einer Welle **A** von links nach rechts, **B** von rechts nach links

Wasserwellen

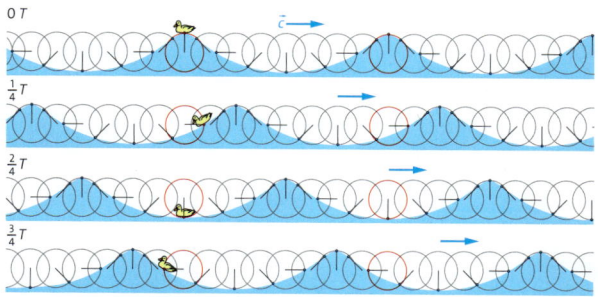

0 T
$\frac{1}{4}$ T
$\frac{2}{4}$ T
$\frac{3}{4}$ T

4 Eine Wasserwelle breitet sich aus.

6 Zerstörung durch einen Tsunami in Japan 2011

Wind verursacht Wasserwellen • Wasserwellen entstehen auf sehr verschiedene Weisen. In offenen Gewässern ist es meist der Wind, der die Wasseroberfläche aus dem Gleichgewicht bringt. Wenn Sie über eine Schale mit Tee pusten, können Sie im Kleinen durch einen gleichmäßigen Luftstrom Wasserwellen erzeugen. Ist erst einmal ein Wellenberg entstanden, drückt er aufgrund der Gewichtskraft stärker auf das darunter liegende Wasser als es beim benachbarten Wellental der Fall ist. Durch den Druckunterschied wandert die Welle weiter (▸Abb. 4).

Schaut man in ▸Abb. 4 nur an eine Stelle (z. B. bei der Ente), sieht man dort die Schwingungsbewegung eines Wasserteilchens. Vereinfacht betrachtet handelt es sich dabei um eine Kreisbahn, deren Radius der Amplitude entspricht. Dadurch kommen die für große Meereswellen typischen schmalen Wellenkämme zustande, die durch breite Wellentäler getrennt werden. Je größer die Amplitude verglichen mit der Wellenlänge ist, desto schmaler und höher werden die Wellenberge. Bei kleinen Amplituden sieht die Wasseroberfläche daher praktisch sinusförmig aus.

Nicht nur die Wasserteilchen an der Oberfläche bewegen sich auf Kreisbahnen. Dabei nimmt die Amplitude der Bewegung exponentiell mit der Tiefe ab (▸Abb. 5 A). Solange

der Meeresboden diese Bewegung nicht beeinflusst, spricht man von einer **Tiefwasserwelle**.

Brandung • Wenn der Meeresboden vor einer Küste ansteigt, wird die Welle durch den ansteigenden Boden abgebremst und die Ausbreitungsgeschwindigkeit c nimmt ab (▸Abb. 5 B). Durch die reduzierte Wassertiefe und die mit c abnehmende Wellenlänge steht weniger Wasser zur Verfügung, um die Energie der Welle aufzunehmen. Daher türmen sich die Wellenberge höher auf. Da der hintere Teil des Bergs wegen der größeren Wassertiefe schneller als der vordere ist, holt er diesen teilweise ein. Dadurch können die Wellen brechen und es entstehen die bei den Surfern beliebten **Brandungswellen**.

Tsunamis • Eine ganz andere Ursache haben Tsunamis: Tritt bei einem Erdbeben eine plötzliche Absenkung oder Anhebung des Ozeanbodens auf, bewegt sich die gesamte mehrere Kilometer hohe Wassersäule darüber mit und löst eine Welle aus, die gewaltige Energiemengen transportiert. Auf dem offenen Meer bewegt sich die Wasseroberfläche dadurch nur wenig auf und ab, aber durch die abnehmende Wassertiefe entstehen bis zu 35 m hohe Wellen, die weit in das Land Zerstörung bringen (▸Abb. 6).

1 Wellen, deren Bewegung vom Boden beeinflusst werden, nennt man Flachwasserwellen.
a) Entscheiden Sie begründet, ob Tsunamis Tief- oder Flachwasserwellen sind.
b) Für die Ausbreitungsgeschwindigkeit c bei der Wassertiefe h gilt hier $c = \sqrt{gh}$. Erklären Sie den Zusammenhang zwischen c und h qualitativ anhand ▸Abb. 5 B.

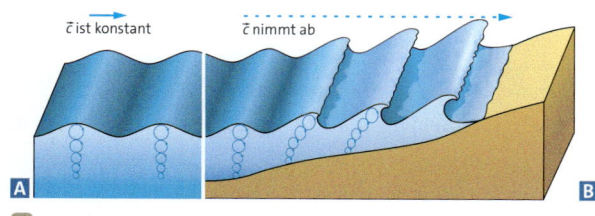

$\bar{c}$ ist konstant | $\bar{c}$ nimmt ab

A | **B**

5 **A** Tiefwasserwelle, **B** Eine Brandungswelle entsteht.

Interferenz und Reflexion

Noise-Canceling-Kopfhörer schützen vor Lärm nicht nur durch schallabsorbierende Materialien. Sie nutzen aktiv „Gegenschall", um die Lautstärke der Geräusche von außen zu reduzieren.

Interferenz • Ein Experiment zeigt das Prinzip eines Gegenschall-Kopfhörers (▶Abb. 2 A): Der blaue Lautsprecher sendet stellvertretend für den Lärm eine harmonische Schallwelle mit 680 Hz aus. Als Gegenschall-Erzeuger steht der grüne Lautsprecher direkt daneben. Er kann mit einem Schalter an den gleichen Funktionsgenerator angeschlossen werden, aber so, dass seine Membran **gegenphasig** ($\Delta\varphi = \pi$) zum blauen Lautsprecher schwingt, d.h. genau dann, wenn eine Lautsprechermembran sich nach vorne bewegt, bewegt sich die andere nach hinten.

Tatsächlich reduziert sich die Lautstärke wie beim Kopfhörer, wenn man den grünen Lautsprecher dazuschaltet. Durch die gegenphasige Bewegung der Membranen heben sich die Druckunterschiede der beiden Schallwellen gegenseitig auf. Besonders deutlich wird das, wenn wir vereinfachend von einer linearen harmonischen Welle ausgehen und die entsprechenden *s-x*-Diagramme betrachten: Wenn wir annehmen, dass die beiden Wellen sich ungestört ausbreiten und die Werte für *s(x)* an jedem Ort addieren, heben sich die Beiträge gegenseitig auf.

Nun schließen wir die beiden Lautsprecher **gleichphasig** ($\Delta\varphi = 0$) an (▶Abb. 2 B): Die Amplitude der resultierenden Welle ist doppelt so groß. Auch hier stören sich die Wellen nicht. Sie breiten sich weiter aus und überlagern sich dabei so, dass der Phasenunterschied überall konstant ist. Man sagt, sie **interferieren,** hier **konstruktiv.** Beim Gegenschall ist die Interferenz **destruktiv.**

Dabei kommt es wegen der Periodizität nicht nur beim Phasenunterschied $\Delta\varphi = 0$ zur konstruktiven Interferenz, sondern auch wenn sie ein ganzzahliges Vielfaches von 2π ist. Bei der destruktiven Interferenz muss der Phasenunterschied ein ungeradzahliges Vielfaches von π sein.

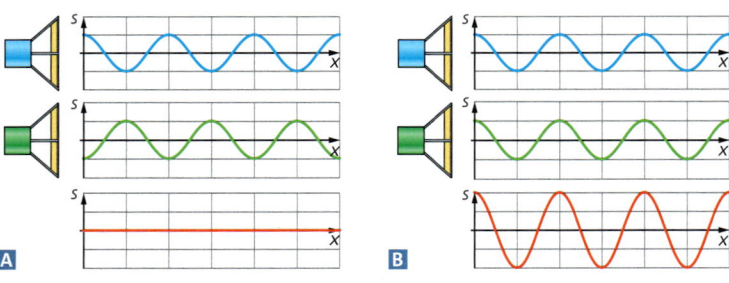

2 Die Lautsprecher schwingen **A** gegenphasig und **B** gleichphasig.

Wellen stören sich bei der Ausbreitung nicht gegenseitig. Wenn sie einen festen Phasenunterschied haben, interferieren sie. Abhängig vom Phasenunterschied gibt es konstruktive oder destruktive Interferenz. Bei zwei interferierenden Wellen gilt:

konstruktiv: $\Delta\varphi = k \cdot 2\pi$
($k = 0; 1; 2; 3; ...$).

destruktiv: $\Delta\varphi = (2k - 1) \cdot \pi$
($k = 1; 2; 3; ...$).

Gangunterschied · Beim Gegenschall befindet sich die Lärmquelle nicht an der gleichen Stelle wie der Kopfhörer. Der Lärm legt bis zum Trommelfell eine längere Strecke zurück (▸Abb. 3). Die Differenz der beiden Strecken nennt man **Gangunterschied δ,** kurz: $\delta = |\Delta x_2 - \Delta x_1|$.

Im Experiment zeigen wir, welche Folgen ein Gangunterschied hat (▸Abb. 4): Die beiden Lautsprecher schwingen wieder gegenphasig. Wenn wir nun den blauen Lautsprecher nach hinten ziehen, nimmt die Gesamtamplitude zu. Bei einem Gangunterschied von $\frac{\lambda}{2}$ gleicht dieser den ursprünglichen Phasenunterschied wieder aus, sodass es wieder zur konstruktiven Interferenz kommt.

Die Lautsprecher senden mit derselben Frequenz und Wellenlänge im selben Wellenträger. Unter diesen Bedingungen entspricht jedem Gangunterschied δ ein Phasenunterschied Δφ:

$$\frac{\delta}{\lambda} = \frac{\Delta\varphi}{2\pi}.$$

Ob es an einem Ort konstruktive oder destruktive Interferenz gibt, hängt also von der Phasenlage der Sender und vom Gangunterschied ab.

Wenn zwei interferierende Wellen einen Gangunterschied haben, dann führt dies zu einem Phasenunterschied:

$$\frac{\delta}{\lambda} = \frac{\Delta\varphi}{2\pi}.$$

Kohärenz · Im Experiment mit den Lautsprechern kommt es zur Interferenz, weil die beiden Schallwellen von den Lautsprechern mit einem zeitlich konstanten Phasenunterschied an einem Ort ankamen. Man sagt: Die beiden Wellen überlagern sich **kohärent.** Bei den Lautsprechern genügt es dafür, dass sie am gleichen Funktionsgenerator angeschlossen sind und daher mit der gleichen Frequenz senden. Beim Lärm, den der Noise-Canceling-Kopfhörer auslöschen soll, ist das schwieriger. Sie wissen, dass sich zwei Lärmquellen im Alltag nie gegenseitig auslöschen. Das liegt daran, dass sie nicht kohärent am Trommelfell ankommen. Der Kopfhörer nimmt den Lärm mit einem Mikrofon auf und erzeugt elektronisch eine gegenphasige, möglichst exakte Kopie des Lärmsignals, das sich am Trommelfell mit dem ursprünglichen Signal destruktiv überlagert.

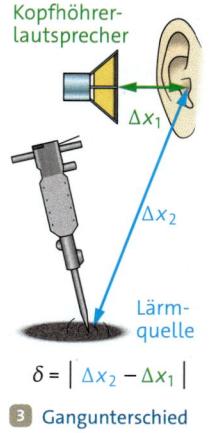

$\delta = |\Delta x_2 - \Delta x_1|$

3 Gangunterschied bei Lärm und Kopfhörer

Damit es an einem Ort zur Interferenz kommt, müssen sich die beteiligten Wellen dort kohärent überlagern, d.h., sie müssen einen festen Phasenunterschied besitzen.

1 a) Beschreiben Sie, wie ein Noise-Canceling-Kopfhörer Geräusche auch verstärken kann.
b) Solche Kopfhörer können ein gleichmäßiges Brummen besser unterdrücken als unregelmäßige Geräusche. Begründen Sie dies.
2 a) Ben fragt: „Warum benötigt man bei der destruktiven Interferenz das $(2k - 1)$? Reicht ein k nicht?" Antworten Sie begründet.
b) Erläutern Sie folgende Formeln:
konstruktiv: $\delta = k \cdot \lambda$,
destruktiv: $\delta = (2k - 1) \cdot \frac{\lambda}{2}$.

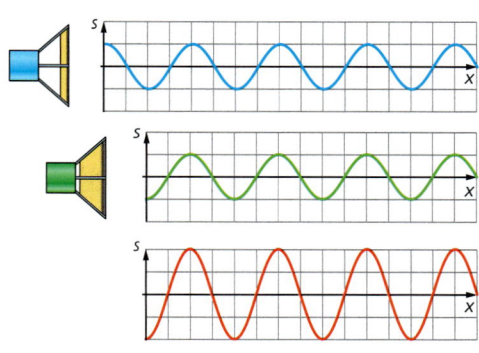

4 Konstruktive Interferenz durch Gangunterschied

MECHANISCHE WELLEN

1 **A** Gegenläufige Wasserwellen, **B** Wasserwellen durchdringen sich ungestört.

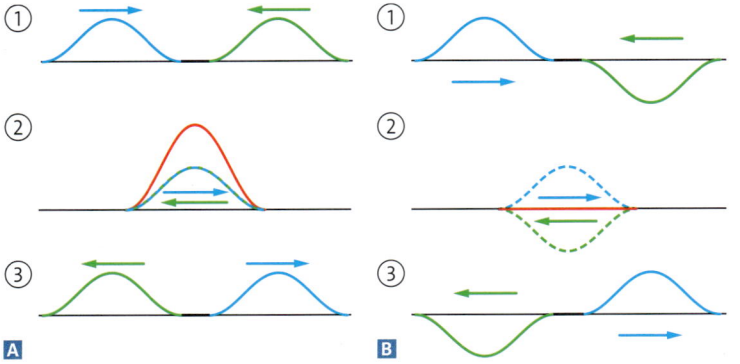

2 Begegnung **A** zweier Wellenberge, **B** eines Wellenbergs und eines Wellentals

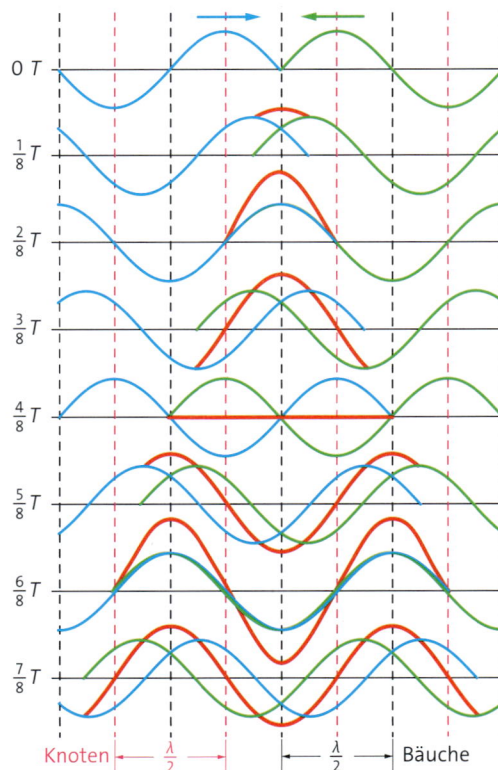

3 Interferenz gegenläufiger Wellen: Eine stehende Welle entsteht.

Wellen stören sich nicht • In ▸Abb.1A laufen im vorderen Bereich zwei Wellen aufeinander zu. Weiter hinten haben sie sich schon getroffen und erzeugen dabei einen besonders hohen Wellenberg. Stoßen die beiden Wellen dabei zusammen oder laufen sie ungestört weiter?

Wir untersuchen die Frage an einer Wellenmaschine (▸Abb.2A): Der blaue und der grüne Wellenberg laufen aufeinander zu (①) und erzeugen gemeinsam den roten, doppelt so hohen Wellenberg (②). Danach laufen sie ungestört weiter (③). Auch wenn ein Wellenberg und ein Wellental sich begegnen, laufen sie ungestört weiter (▸Abb.2B). Diesmal löschen sie sich während der Begegnung aus.

Die Beobachtung legt nahe, dass sich die Wellen ungestört durchdringen. Tatsächlich durchdringen sich Wellen immer ungestört, unabhängig von ihrer Bewegungsrichtung, Frequenz oder Amplitude. ▸Abb.1B zeigt dies für Wasserwellen.

Stehende Welle • Wenn sich gegenläufige Wellen kohärent überlagern, entsteht ein besonderes **Interferenzmuster,** eine sogenannte **stehende Welle** (▸Abb.3, rot): Wir beobachten sie z.B., wenn wir zwei Wellen auf der Wellenmaschine mit gleicher Frequenz und Amplitude aufeinander zulaufen lassen (▸Abb.3, blau und grün). Statt wandernder Wellenberge und -täler schwingt nun jeder Ort mit fester Amplitude. Es gibt Orte, an denen sich der Wellenträger gar nicht bewegt, die **Knoten,** und es gibt Orte, an denen er mit maximaler Amplitude schwingt, die **Bäuche.** Zwischen zwei benachbarten Knoten schwingt der Wellenträger gleichphasig, links und rechts eines Knotens gegenphasig.

Die stehende Welle entsteht durch Interferenz der beiden gegenläufigen Wellen. Zu jedem Zeitpunkt erhält man das *s-x*-Diagramm der resultierenden Welle durch Addition der Auslenkungen der beiden gegenläufigen Wellen (▸Abb.3). Für einen bestimmten Ort ändert sich dabei die Amplitude nicht. Um dies zu verstehen, betrachten wir den Phasenunterschied der beiden Wellen an einem festen Ort. Dieser hängt wiederum nur vom Gangunterschied der Wellen ab.

Interferenzmuster • Wegen der Gleichung

$$\frac{\delta}{\lambda} = \frac{\Delta\varphi}{2\pi} \iff \delta = \frac{\Delta\varphi}{2\pi} \cdot \lambda$$

lässt sich bei phasengleichen Sendern jedem Gangunterschied ein Phasenunterschied zuordnen. Für einen festen Ort sind sie zeitunabhängig. So entsteht ein ortsfestes Interferenzmuster.

Insbesondere gilt $\delta = k \cdot \lambda$ bei konstruktiver und $\delta = (2k-1) \cdot \frac{\lambda}{2}$ bei destruktiver Interferenz. In der Mitte des Wellenträgers ist der Gangunterschied 0 m, d.h., es kommt zur konstruktiven Interferenz und es entsteht ein Bauch. Geht man von dort aus um $\frac{\lambda}{2}$ nach rechts, nimmt die Entfernung vom blauen Wellenerzeuger um $\frac{\lambda}{2}$ zu und gleichzeitig die zum grünen um $\frac{\lambda}{2}$ ab. Insgesamt nimmt der Gangunterschied also zu auf

$$\delta = \left| \frac{\lambda}{2} - \left(-\frac{\lambda}{2}\right) \right| = \lambda.$$

Man befindet sich beim nächsten Bauch! Entsprechend gilt das auch für den Abstand der anderen Bäuche und Knoten.

> Durch die Interferenz zweier gegenläufiger Wellen gleicher Frequenz entsteht eine stehende Welle mit Bäuchen und Knoten. Benachbarte Knoten (bzw. Bäuche) sind $\frac{\lambda}{2}$ voneinander entfernt.

Reflexion • Dass Schallwellen reflektiert werden, kennen Sie vom Echo (▸Abb. 5). Was passiert genau bei der Reflexion von Wellen? Wir beobachten dazu einen Wellenberg auf einer langen Schraubenfeder (▸Abb. 4 A). Wenn das rechte Ende fixiert ist, verwandelt sich der Wellenberg bei der Reflexion am **festen Ende** in ein Wellental. Wenn das Ende frei beweglich ist, kommt er wieder als Wellenberg vom **losen Ende** zurück.

Bei der Ankunft des Wellenbergs zieht der letzte Teil der Feder direkt an der Befestigung am Ende nach oben. Beim festen Ende kann sich die Befestigung nicht bewegen, zieht aber wegen des Wechselwirkungsprinzips die Feder nach unten, sodass ein Wellental entsteht. Beim losen Ende kann die Befestigung die Bewegung nach oben mitmachen und der Wellenberg bleibt erhalten.

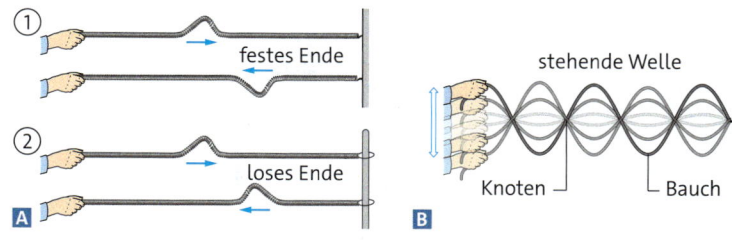

4 **A** Reflexion eines Wellenbergs, **B** Stehende Welle durch Reflexion

> Bei der Reflexion einer Transversalwelle
> – am festen Ende wird aus einem Wellental ein Wellenberg (bzw. umgekehrt),
> – am losen Ende bleiben Wellental und Wellenberg erhalten.

Da die Reflexion zu gegenläufigen Wellen führt, kommt es vor dem Ende eines Wellenträgers auch zur Interferenz. Auf der Schraubenfeder können wir deswegen auch durch Reflexion stehende Wellen erzeugen (▸Abb. 4 B). Bei einem festen Ende entsteht dort immer ein Knoten; beim losen Ende ein Bauch.

5 Beim Echo werden Schallwellen an der Felswand reflektiert.

Reflexion bei Longitudinalwellen • Bisher haben wir Transversalwellen betrachtet. Bei Schallwellen handelt es sich um Longitudinalwellen. Was geschieht hier bei der Reflexion? Wenn ein schwingendes Luftteilchen auf die Felswand prallt, ändert es dadurch sofort seine Bewegungsrichtung. Die Felswand wirkt hier wie ein festes Ende und es entsteht dort ein Knoten. Bei Schallwellen beobachtet man auch lose Enden, z.B. bei den Schalltrichtern von Blasinstrumenten (▸Abb. 6). Hier können die Luftteilchen frei schwingen und es entsteht ein Bauch.

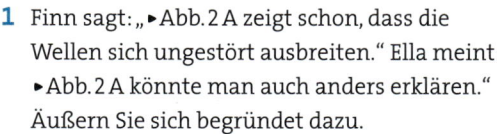

6 Der Schalltrichter wirkt als loses Ende.

1 Finn sagt: „▸Abb. 2 A zeigt schon, dass die Wellen sich ungestört ausbreiten." Ella meint: „▸Abb. 2 A könnte man auch anders erklären." Äußern Sie sich begründet dazu.

2 **a)** Führen Sie die Folge von s-x-Diagrammen in ▸Abb. 3 bis $t = \frac{12}{8}T$ weiter.
b) Der kleinste Abstand zwischen Bauch und Knoten beträgt $\frac{\lambda}{4}$. Begründen Sie dies.

3 Wenn eine Wasserwelle auf eine Mauer trifft, dann entsteht immer ein besonders hoher Wellenberg (▸Abb. 6). Erklären Sie dies.

7 Eine Meereswelle trifft auf eine Mauer.

Versuch A • Interferenz im Papprohr

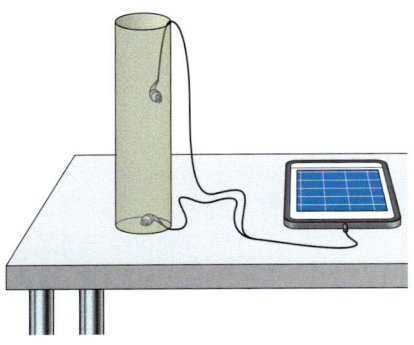

Sie untersuchen, wie es durch den Gangunterschied zur konstruktiven und destruktiven Interferenz kommt.

Material:
Papp- oder Plastikrohr (ca. 30 cm, z. B. Küchenpapierrolle), Tablet mit Funktionsgenerator-App (z. B. phyphox), In-Ear-Kopfhörer, Maßband, Klebepunkte

V1 Laut und leise

Arbeitsauftrag:
a) Achten Sie beim Aufbau des Versuchs auf einen sichern Stand des Rohrs. Erzeugen Sie mit dem Tablet einen Sinuston von 3400 Hz. Nutzen Sie die Kopfhörer als Lautsprecher.
b) Ein Ohrhörer befindet sich unten im Rohr. Lassen Sie den anderen Ohrhörer am Kabel (oder an einer Schnur) langsam in das Rohr hinein. Sie sollten dabei zwei bis drei Lautstärkeminima hören.
c) Messen Sie bei diesen Minima die Entfernung des Ohrhörers vom oberen Rohrende, indem Sie diese jeweils durch Klebepunkte auf dem Kabel markieren.
d) Erklären Sie, wie der gleichmäßige Abstand zwischen den Minima zustande kommt.

e) Bestimmen Sie aus Ihren Messwerten die Schallgeschwindigkeit.

V2 Weitere Einflüsse

Arbeitsauftrag:
a) Wie hängt die Anzahl der Minima von der Frequenz ab? Stellen Sie eine entsprechende Hypothese auf und überprüfen Sie diese experimentell.
b) Leiten Sie einen Zusammenhang zwischen der Frequenz und der Lage des untersten Minimums her. Überprüfen Sie den Zusammenhang experimentell.
c) Untersuchen Sie anhand Ihrer bisherigen Ergebnisse, ob die Reflexion am unteren Ende der Röhre die Lage des untersten Minimums beeinflusst.

Versuch B • Treffen sich zwei Wellen ...

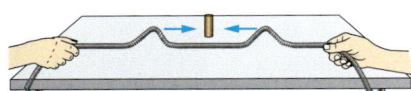

Material:
Lange Schraubenfeder, Metronom(-App)

V1 Konstruktiv destruktiv

Sie erkunden mit einem Partner, wie sichgegenläufige Wellen bei einer langen Feder überlagern.

Arbeitsauftrag:
a) Legen Sie die Feder gespannt auf den Tisch. Stellen Sie ca. 15 cm oberhalb der Mitte einen Gegenstand (z. B. Klebestift) auf. Erzeugen Sie gleichzeitig zwei Wellenberge, deren Amplitude kleiner als der Abstand des Gegenstands von der Feder ist. Bringen Sie dadurch den Gegenstand zum Umfallen.

b) Beschreiben Sie, wie es trotz der kleineren Amplitude zum Umfallen kommt.
c) Tom behauptet: „Man kann zwei entgegengesetzte Störungen erzeugen, die den Gegenstand auch dann nicht umwerfen, wenn er direkt neben der Feder steht." Beschreiben Sie, wie das möglich ist. Setzen Sie Ihre Lösung im Experiment um.
d) Bringen Sie nun die beiden Enden gleichmäßig zum Schwingen. Beschreiben Sie das Muster, das sich dabei entlang der Feder ergibt. Untersuchen Sie den Einfluss der Frequenz auf das Muster.

V1 Phasenlage und Kohärenz

Sie untersuchen mit einem Partner, unter welchen Bedingungen es ein Interferenzmuster gibt.

Arbeitsauftrag:
a) Bringen Sie die beiden Enden phasengleich zum Schwingen und erzeugen Sie so eine stehende Welle. Bestimmen Sie mit dem Metronom die Periodendauer. Halten Sie diese im Folgenden konstant.
b) Markieren Sie die Lage der Bäuche. Erklären Sie, wie ein Bauch entsteht.
c) Bringen Sie die Enden nun gegenphasig zum Schwingen. Vergleichen Sie die Lage der Bäuche und Knoten mit b). Erklären Sie, wie ein Bauch nun zustande kommt.
d) Partner 1 bewegt seine Hand gleichmäßig, während Partner 2 seine Bewegung immer wieder kurz unterbricht, sodass sich der Phasenunterschied immer wieder ändert. Beschreiben Sie die Folgen für das Interferenzmuster.
e) „Ohne Kohärenz keine Interferenz!" Erklären Sie diese Aussage anhand Ihrer Ergebnisse.

Material A • Das Quincke-Rohr

Bei einem Quincke-Rohr gelangt die Schallwelle vom Lautsprecher durch die Luft in zwei Metallbögen zu einem Schallpegel-Messer. Den rechten Bogen kann man mehr oder weniger weit herausziehen. Der relative Schallpegel L wird in Abhängigkeit von der Position d gemessen.

A1 a) Erklären Sie die Regelmäßigkeit des L-d-Diagramms. Stellen Sie die Verbindung zum Höreindruck her.
b) Die Schallgeschwindigkeit in Luft beträgt $340\,\frac{m}{s}$. Bestimmen Sie die Frequenz der Schallwelle aus dem Diagramm möglichst exakt.

A2 Die Schallgeschwindigkeit c in Luft ist abhängig von der Temperatur T (in K). Dabei gilt der Zusammenhang:

$$c = 331{,}5\,\frac{m}{s} \cdot \sqrt{\frac{T}{273\,K}}.$$

a) Bestimmen Sie die Temperatur in Grad Celsius, bei der die Schallgeschwindigkeit $340\,\frac{m}{s}$ beträgt.
b) Beschreiben Sie, wie die Temperatur das L-d-Diagramm beeinflusst.
c) Während einer Messung steigt die Temperatur von 18 °C auf 22 °C. Beurteilen Sie, ob sich dadurch die Lage der Minima messbar ändert.

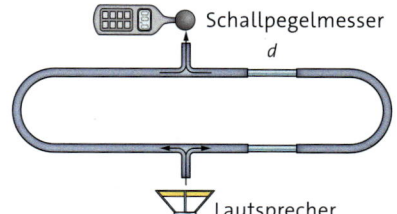

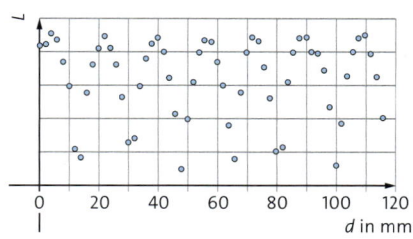

Material B • Ein s-x-Diagramm

Am linken Ende eines 10 m langen Gummiseils beginnt ein Wellenerreger zum Zeitpunkt $t = 0\,s$ mit 2,0 Hz zu schwingen. Es breitet sich eine lineare harmonische Welle aus. Das rechte Ende des Seils ist fest. Die Abbildung zeigt das s-x-Diagramm für $t = 1{,}5\,s$.

B1 a) Erläutern Sie, wie das s-x-Diagramm zustande kommt. Gehen Sie

dabei auf die unterschiedlichen Amplituden ein.
b) Bestimmen Sie die Wellenlänge und die Ausbreitungsgeschwindigkeit.
c) Geben Sie die Bewegungsgleichung für den Wellenerreger an.
d) Zeichnen Sie für $0\,s \leq t \leq 3{,}0\,s$ ein s-t-Diagramm für $x = 8{,}0\,m$.
B2 Das rechte Ende ist nun lose.

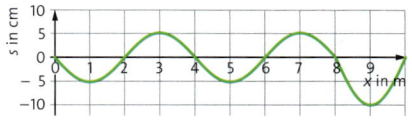

a) Beschreiben und erklären Sie, wie sich dadurch das abgebildete s-x-Diagramm ändert.
b) Zeichnen Sie ein s-x-Diagramm für den Zeitpunkt $t = 2{,}5\,s$

Material C • Teilweise Reflexion

Am Übergang zwischen Wellenträgern mit unterschiedlicher Ausbreitungsgeschwindigkeit kommt es zu einer teilweisen Reflexion.

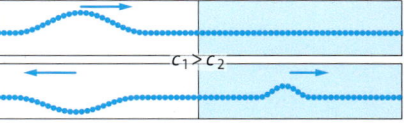

C1 a) Beschreiben Sie, wie die teilweise Reflexion in den Abbildungen abläuft. Gehen Sie dabei auf Wellenberge bzw. -täler und ihre Amplituden ein.
b) Erstellen Sie entsprechende Zeichnungen für die teilweise Reflexion eines Wellentals.

c) Auch ohne Beschriftung kann man erkennen, welche der Ausbreitungsgeschwindigkeiten größer ist. Erklären Sie.
d) Ordnen Sie die beiden Situationen begründet den Fällen festes bzw. loses Ende zu.

e) Beschreiben und erklären Sie, was geschieht, wenn eine harmonische Welle auf den Übergang trifft.
C2 Licht lässt sich als Welle beschreiben. Die Lichtgeschwindigkeit in Glas ist kleiner als in Luft. Übertragen Sie das mechanische Modell.

:::: **METHODE** ::

s-x-Diagramme und *s-t*-Diagramme erstellen

Wellen auf einem begrenzten Wellenträger • Wird eine Welle am losen oder offenen Ende eines Wellenträgers reflektiert, dann bildet sich eine stehende Welle aus. Als Beispiel betrachten wir die Ausbreitung einer harmonisch angeregten Welle auf einem 8,0 m langen Seil mit $c = 3{,}2\,\frac{m}{s}$ und einer Amplitude von 20,0 cm. Die Anregung erfolgt am linken Ende mit einer Frequenz $f = 0{,}80$ Hz. Sie beginnt zur Zeit $t = 0$ s mit einer Auslenkung nach oben. Es soll ein Momentanbild zur Zeit $t = 4{,}0$ s in einem *s-x*-Diagramm dargestellt werden.

Reflexion am losen Ende • Wir betrachten zunächst den Fall, dass das rechte Seilende frei schwingen kann. Wir berechnen, wie weit sich die Welle in 4,0 s ausgebreitet hat: $\Delta x = c \cdot \Delta t = 3{,}2\,\frac{m}{s} \cdot 4{,}0\,s = 12{,}8$ m. Die Welle hat somit das Seilende erreicht und wurde reflektiert. Da die Auslenkung zur Zeit $t = 0$ s nach oben erfolgte, muss ein Wellenberg vorne sein. Die Wellenlänge berechnen wir aus der Ausbreitungsgeschwindigkeit und der Frequenz:
$$\lambda = \frac{c}{f} = \frac{3{,}2\,\frac{m}{s}}{0{,}8\,Hz} = 4{,}0\,m.$$

Wir zeichnen die Welle vom Wellenanfang bei $x = 12{,}8$ m ausgehend nach links mit der Amplitude 20 cm und der berechneten Wellenlänge (▸Abb. 1 A, blau). Bei $x = 8{,}0$ m liegt das Seilende. Um die reflektierte Welle (grün) zu konstruieren, wird der überstehende Teil der Welle an der Orthogonalen zur *x*-Achse durch den Punkt P gespiegelt. Da sich die hinlaufende und die reflektierte Welle überlagern, addieren wir an ausreichend vielen Orten die Auslenkungen, sodass wir die resultierende Welle zeichnen können (rot). Wir wissen, dass sich im Bereich der Überlagerung der hinlaufenden und der reflektierten Welle eine stehende Welle mit einem Bauch am Seilende ausgebildet hat. Die weiteren Bäuche befinden sich im Abstand von $\frac{\lambda}{2}$, also bei $x = 4$ m und 6 m. Dazwischen liegen die Knoten bei $x = 5$ m und 7 m.

Reflexion am festen Ende • Für den Fall, dass das rechte Ende fest ist, wird die Welle mit einem Phasensprung von π reflektiert. Um diesen Phasensprung zu berücksichtigen erfolgt eine Punktspiegelung der Welle am Punkt P (▸Abb. 1 B, grün). Die resultierende Welle (rot) muss am Seilende einen Knoten haben. Die weiteren Knoten sind bei $x = 4$ m und 6 m, die Bäuche bei $x = 5$ m und 7 m.

Zugehörige *s-t*-Diagramme • Nun soll die Schwingung am Ort $x = 5$ m in einem *s-t*-Diagramm dargestellt werden. Die hinlaufende Welle erreicht den Ort $x = 5$ m nach $\Delta t = \frac{\Delta x}{c} = \frac{5\,m}{3{,}2\,\frac{m}{s}} = 1{,}56$ s. Bis dahin ist der Wellenträger dort in Ruhe. Die reflektierte Welle erreicht diesen Ort nach $\Delta t = \frac{\Delta x}{c} = \frac{11\,m}{3{,}2\,\frac{m}{s}} = 3{,}44$ s. Die Periodendauer berechnen wir aus der Frequenz $T = \frac{1}{f} = \frac{1}{0{,}8\,Hz} = 1{,}25$ s.

Bei der Reflexion am losen Ende befindet sich bei $x = 5$ m ein Knoten. Deshalb muss von diesem Zeitpunkt an die Auslenkung null sein. Bei der Reflexion am festen Ende ist bei $x = 5$ m ein Bauch, weshalb die Amplitude der Schwingung in der Zeit nach 3,44 s doppelt so groß sein muss. Damit haben wir alle Informationen um die *s-t*-Diagramme bei $x = 5$ m zeichnen zu können (▸Abb. 2 A und B).

1 Die Auslenkung am linken Seilende zur Zeit $t = 0$ s erfolgt nach unten. Konstruieren Sie das *s-x*-Diagramm für $t = 4{,}0$ s und das *s-t*-Diagramm für $x = 7{,}0$ m jeweils für die Reflexion am losen und am festen Ende.

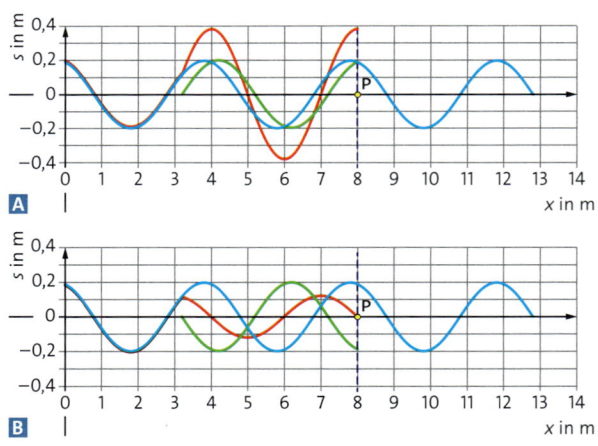

1 *s-x*-Diagramm für $t = 4$ s: **A** loses Ende, **B** festes Ende

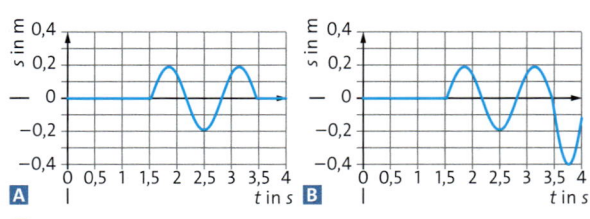

2 *s-t*-Diagramm für $x = 5$ m: **A** loses Ende, **B** festes Ende

Interferenz mit Zeigern erklären

Gleichlaufende Wellen • An den beiden Enden eines sich verzweigenden Seil werden zwei Wellen um $\frac{\pi}{4}$ phasenverschoben mit gleicher Frequenz und unterschiedlichen Amplituden erzeugt (▸Abb. 3A). Die Wellen laufen im Punkt P zusammen und breiten sich auf dem Seil aus. Im Punkt P überlagern sich die Schwingungen der beiden Wellen zu einer resultierenden Schwingung (▸Abb. 3B). In der Zeigerdarstellung entspricht die Zeigerlänge jeweils der Amplitude (▸Abb. 3C). Die Zeiger Z_1 und Z_2 haben einen Phasenunterschied von $\frac{\pi}{4}$ zueinander. Aneinander gehängt bilden sie den resultierenden Zeiger Z_{res}. Dabei drehen sich die Zeiger gemeinsam mit festem Phasenunterschied gegen den Uhrzeigersinn. Die Überlagerung an Orten im Abstand von $\frac{1}{8}\lambda$ stellen wir entsprechend mit um $\frac{\pi}{4}$ phasenverschobenen Zeigern dar (▸Abb. 4).

Konstruktive und destruktive Interferenz • Erfolgt die Anregung mit gleicher Frequenz und Amplitude ohne Phasenunterschied, haben die Zeiger Z_1 und Z_2 an jedem Ort jeweils die gleiche Länge und Richtung und addieren sich zur doppelten Amplitude (▸Abb. 5A). Es kommt an allen Orten zur konstruktiven Interferenz. Erfolgt die Anregung um π phasenverschoben, dann ist die Summe der Zeiger Z_1 und Z_2 immer null (▸Abb. 5B). Es tritt überall destruktive Interferenz auf und das Seil bleibt in Ruhe.

Zeiger bei einer stehenden Welle • Laufen auf einem Seil zwei Wellen gleicher Frequenz und Amplitude aufeinander zu, dann bildet sich eine stehende Welle. Im Gegensatz zu den gleichlaufenden Wellen haben die Zeiger Z_1 und Z_2 der beiden Wellen an jedem Ort eine andere Phasendifferenz und der resultierende Zeiger Z_{res} ist unterschiedlich lang (▸Abb. 6A). $\frac{1}{8}$ Periode später haben sich an allen Orten die Zeiger der einzelnen Wellen und die resultierenden Zeiger um $\frac{\pi}{4}$ gegen den Uhrzeigersinn weitergedreht (▸Abb. 6B). Für jeden Ort haben die Zeiger Z_1 und Z_2 einen festen Phasenunterschied und der resultierende Zeiger Z_{res} hat jeweils die gleiche Länge wie zum Zeitpunkt davor. Jeder Punkt schwingt also mit einer festen Amplitude um die Gleichgewichtslage. An den Knoten tritt immer destruktive Interferenz auf. Im Bereich eines Wellenbauchs, also zwischen zwei benachbarten Knoten, sind die resultierenden Zeiger alle phasengleich.

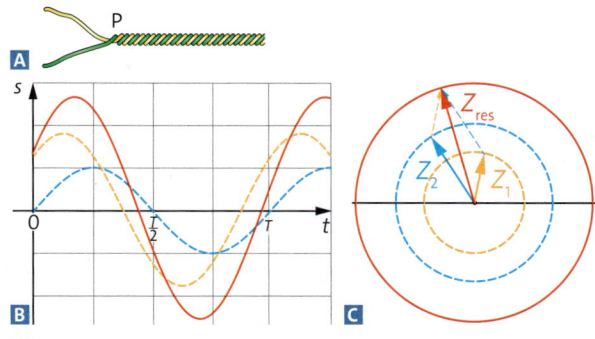

3 Überlagerung zweier Schwingungen: **A** im Experiment, **B** im s-t-Diagramm, **C** als Zeigerdarstellung.

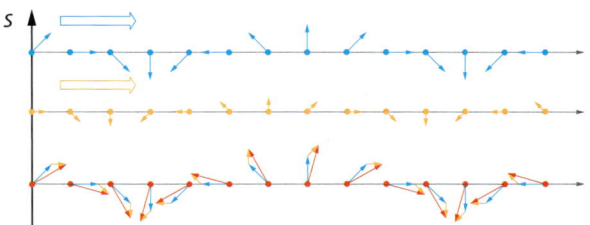

4 Interferenz gleichgerichteter Wellen in der Zeigerdarstellung

5 Spezialfall der Interferenz gleichgerichteter Wellen: **A** konstruktive und **B** destruktive Interferenz

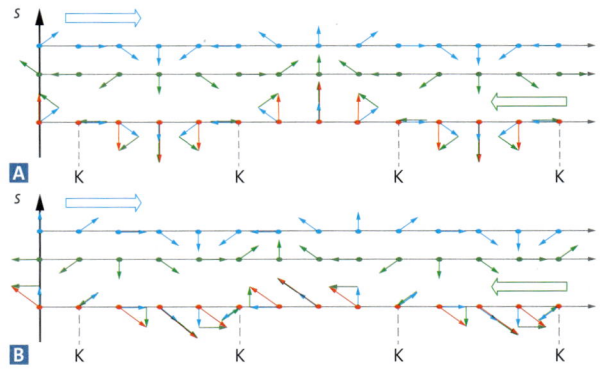

6 Zeigerdarstellung einer stehenden Welle mit Knoten K **A** zum Zeitpunkt t_1, **B** zum Zeitpunkt $t_2 = t_1 + \frac{1}{8}T$

1 Eigenfrequenzen
im Zusammenklang

Eigenfrequenzen und Resonanz

Wenn alle richtige Töne spielen, klingt es zusammen wunderbar. Je nachdem, wo zum Beispiel ein Cellist einen Finger auf eine Saite setzt, klingt sein Instrument höher oder tiefer. Auch von den anderen Instrumenten hört man eine eindeutige Frequenz. Wie kommt es dazu?

Eigenfrequenzen • Wir untersuchen dies zunächst an einem langen Gummiband als Modell für eine Saite (▶Abb. 2). Ein Motor bewegt das Band an einer Stelle sinusförmig auf und ab und dient so als Wellenerzeuger. Wir beginnen bei kleinen Frequenzen. Bei einer bestimmten Frequenz f_1 fängt das Band heftig an zu schwingen, in der Mitte mit einer wesentlich größeren Am-

plitude als beim Erzeuger (▶Abb. 2 A). Es sieht aus wie ein Wellenbauch bei einer stehenden Welle.

Erhöhen wir die Frequenz weiter, verschwindet dieser Bauch und das Band bewegt sich unregelmäßig. Bei der doppelten Frequenz $2 \cdot f_1$ stellt sich nun eindeutig zu erkennen eine stehende Welle mit Knoten und Bäuchen ein (▶Abb. 2 B). Entsprechend bilden sich für alle Vielfachen der **Grundfrequenz** f_1 stehende Wellen auf dem Band aus (▶Abb. 2 C und D). Die Frequenzen $f_k = k \cdot f_1$ nennt man **Eigenfrequenzen** des Gummibands.

Wenn ein Wellenträger mit einer der Eigenfrequenzen angeregt wird, kommt es zur **Resonanz**. Beim Cellospiel werden diese **Eigenschwingun-**

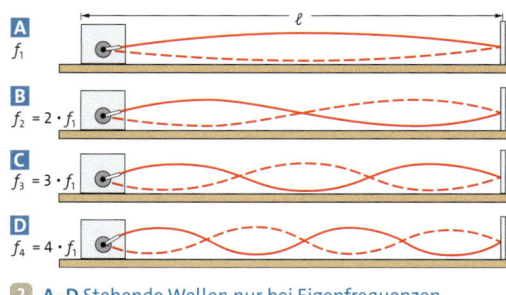

2 **A–D** Stehende Wellen nur bei Eigenfrequenzen

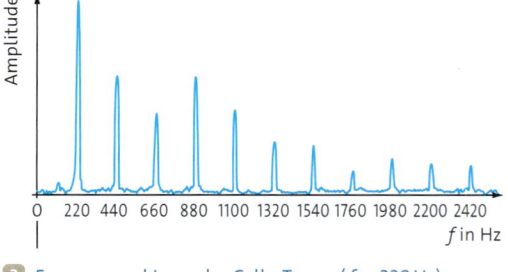

3 Frequenzspektrum des Cello-Tons a (f_1 = 220 Hz)

gen der Saite sogar alle gleichzeitig angeregt (▸Abb. 3). Die Grundfrequenz ist dabei entscheidend für die Tonhöhe, die anderen Eigenfrequenzen für die Klangfarbe.

4 Zweimalige Reflexion am festen Ende

Zwei Reflexionen • Die stehende Welle auf der Saite oder dem Gummiband entsteht durch Reflexionen an den beiden Enden (▸Abb. 4): Ein Wellenberg wandert vom Erreger zum rechten Ende, wird dort durch das feste Ende zum Wellental. Dieses wandert zum linken Ende und wird dort durch die Reflexion wieder zum Wellenberg. Beim Erreger kommt er mit einem Gangunterschied $\delta = 2 \cdot \ell$ an. Wenn $\delta = k \cdot \lambda_k$ ist, kommt es dauerhaft zur konstruktiven Interferenz. Es gilt:

$$\ell = k \cdot \frac{\lambda_k}{2}.$$

Mit $c = \lambda_k \cdot f_k$ ergibt sich

$$f_k = k \cdot \frac{c}{2\ell},$$

d.h., die Eigenfrequenzen sind, wie im Experiment und in ▸Abb. 3 zu sehen, Vielfache der Grundfrequenz $f_1 = \frac{c}{2\ell}$.

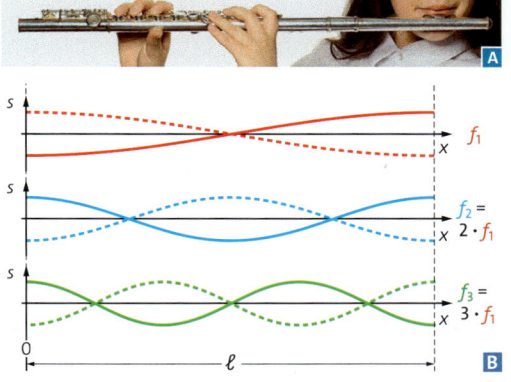

5 **A** Zwei lose Enden bei der Querflöte, **B** stehende Wellen

Zwei lose Enden • Bei Blasinstrumenten entstehen die Töne durch stehende Longitudinalwellen der Luftsäule in einem Rohr. Angeregt werden die Wellen dabei an einem Ende durch ein Mundstück. Bei einer Querflöte können sich die Luftteilchen dort frei bewegen (▸Abb. 5 A). Für das andere Ende der Flöte gilt das auch. Hier gibt es anders als bei einer Saite also zwei lose Enden (▸Abb. 5 B). Die entsprechenden Überlegungen zu den zwei Reflexionen führen zum gleichen Zusammenhang für die Eigenfrequenzen wie bei zwei festen Enden.

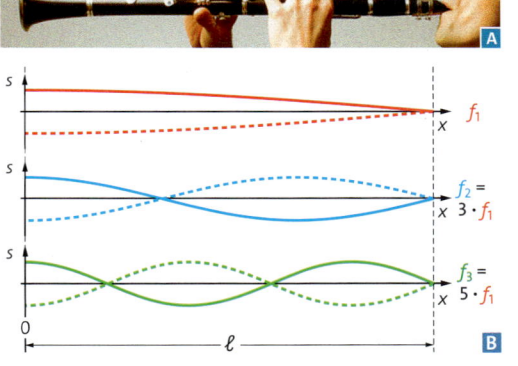

6 **A** Loses und festes Ende bei der Klarinette, **B** stehende Wellen

Ein festes, ein loses Ende • Bei der Klarinette ist das Mundstück so gebaut, dass es einem festen Ende entspricht (▸Abb. 6 A). Das andere Ende ist weiterhin lose. Bei der Reflexion am festen Ende wird deswegen beim einmaligen Hin- und Herlaufen aus einem Wellenberg ein Wellental. Der Gangunterschied von $2 \cdot \ell$ sorgt bei $\delta = n \cdot \lambda_n$ hier also für destruktive Interferenz – im Gegensatz zu zwei gleichen Enden. Daher sorgt umgekehrt $\delta = (2k-1) \cdot \frac{\lambda_k}{2}$ für konstruktive Interferenz. Entsprechend gilt in diesem Fall:

$$\ell = (2k-1) \cdot \frac{\lambda_k}{4} \text{ und } f_k = (2k-1) \cdot \frac{c}{4\ell}.$$

Auf einem Wellenträger der Länge ℓ entstehen für bestimmte Eigenfrequenzen f_k stehende Wellen. Dabei gilt ($k = 1; 2; 3; ...$)

– für gleiche Enden
$$\ell = k \cdot \frac{\lambda_k}{2} \text{ und } f_k = k \cdot \frac{c}{2\ell},$$

– für verschiedene Enden
$$\ell = (2k-1) \cdot \frac{\lambda_k}{4} \text{ und } f_k = (2k-1) \cdot \frac{c}{4\ell}.$$

1 Zeichnen Sie wie in ▸Abb. 5 die stehenden Wellen auf einem 12 cm langen Wellenträger für k = 1; 2; 3; 4 bei losen (festen) Enden.

2 Erklären Sie den Zusammenhang zwischen den Formeln im Merksatz und ▸Abb. 5 und 6.

Musikinstrumente

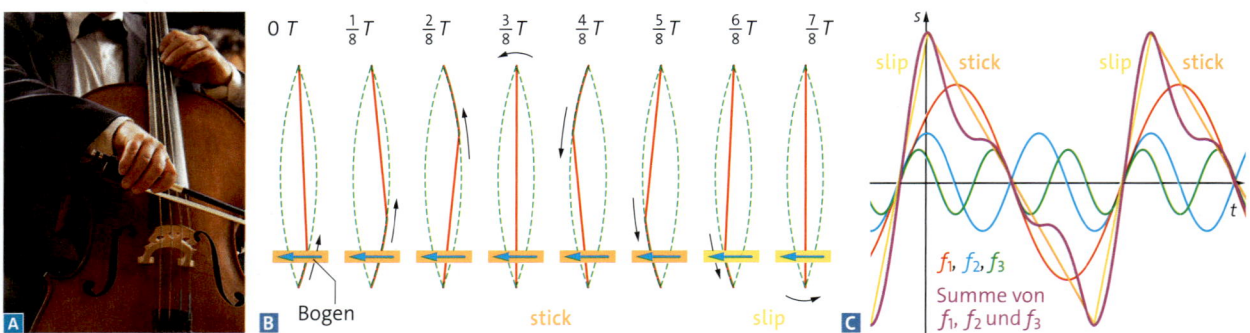

1 **A** Der Bogen regt die Saite an. **B** Stick-slip-Rückkopplung, **C** Das Dreieckssignal besteht aus Eigenschwingungen.

Der Klang des Cellos • Wenn ein Cellist mit dem Bogen über die Saite streicht, hören wir den warmen Klang seines Instruments (▸Abb.1A). Ursache hierfür ist, dass das Frequenzspektrum des Celloklangs sehr viele Eigenfrequenzen der Saite enthält. Aber wie kann ein Cello so viele Eigenfrequenzen gleichzeitig erzeugen?

Stick-slip-Rückkopplung • ▸Abb.1B zeigt, wie der Cellobogen die Saite zu Schwingungen anregt: Die Saite haftet zunächst an den rauen Bogenhaaren und wird dadurch nach links mitgezogen (stick-Phase). Durch die Auslenkung breitet sich ein Wellenberg aus, der am Saitenende reflektiert wird $\left(\frac{3}{8}T\right)$. Ab diesem Zeitpunkt zieht der Bogen entgegengesetzt zur Rückstellkraft der Saite. Wenn die reflektierte Störung den Bogen erreicht, wird die Auslenkung und damit die Rückstellkraft größer als die maximale Haftkraft: Die Saite löst sich von den Bogenhaaren $\left(\frac{6}{8}T\right)$. Sie gleitet an den Bogenhaaren nach rechts, bis der abermals reflektierte Wellenberg wieder den Bogen erreicht (slip-Phase). Dieses Wechselspiel zwischen Bogen und Saite funktioniert nur, wenn die reflektierte Störung zum richtigen Zeitpunkt den Bogen erreicht. Diese **Rückkopplung** gibt es nur bei den Eigenfrequenzen der Saite, also bei mehreren Hundert Hertz.

An der Bogenkontaktstelle schwingt die Saite aufgrund der Stick-slip-Rückkopplung nicht sinusförmig. Das s-t-Diagramm entspricht eher einem sich periodisch wiederholendem Dreieck (▸Abb.1C). Dass dieses Dreieckssignal aus der Überlagerung von Eigenfrequenzen besteht, sehen Sie dort auch beispielhaft: Wenn man die ersten drei Eigenschwingungen mit passender Amplitude addiert, ergibt sich schon

eine gute Näherung für das Dreieck. Da die Bogenkontaktstelle mit einem periodischen Dreiecksignal Wellen erzeugt, gibt es an jeder anderen Stelle der Saite ein ähnliches Signal.

Der Resonanzkörper • Durch die Bewegung der Saite entsteht um sie herum eine Schallwelle. Da die Saite selbst dabei nur wenig Luft verdrängt, wäre es so ein sehr leises Cellokonzert. Entscheidend ist, dass die Eigenfrequenzen durch den hölzernen Steg am unteren Ende der Saite auf den Korpus des Cellos übertragen werden. Dort werden wieder Eigenschwingungen angeregt. Da hierbei die gesamte Fläche des Cellokorpus und auch die darin eingeschlossene Luft schwingen, können diese Eigenschwingungen viel Energie von der Saite aufnehmen. Dadurch erzielt man eine Lautstärke, mit der man Konzertsäle füllt.

Bei der Saite sind die möglichen Eigenfrequenzen durch die Knoten an den Enden vorgegeben. Das Frequenzspektrum des Cellos hat sehr viele, eng beieinander liegende Eigenfrequenzen, da die Holzflächen und die Luft im Innenraum hier mehr Möglichkeiten besitzen. Modellhaft betrachten wir hierfür Metallplatten, die zu Eigenschwingungen angeregt werden (▸Abb.2): Die Muster entstehen dadurch, dass an den Bäuchen Sand weggeschleudert wird und an den Knoten liegen bleibt. Das geschieht schon bei diesem einfachen System bei vielen Frequenzen.

Beim Cello verstärkt der Korpus als Resonanzkörper die Eigenfrequenzen der Saite unterschiedlich stark, sodass daraus das von unseren Ohren als warmen Klang wahrgenommene Frequenzspektrum entsteht.

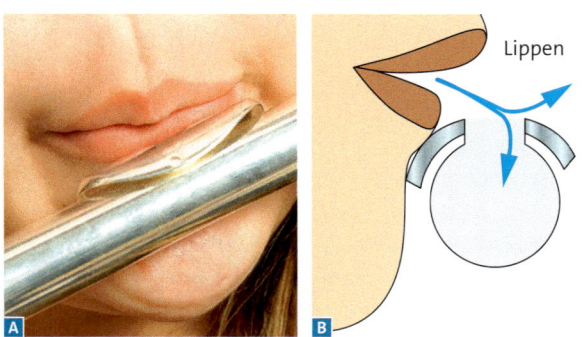

3 **A** Anblasen des Mundlochs, **B** Schnitt durch das Mundloch

4 **A** Oboe, **B** Horn

Der Klang der Flöte • Bei einer Querflöte entsteht der Klang durch das Anblasen des Mundlochs (▸Abb. 3 A). Hierbei entsteht die Welle auch durch eine Rückkopplung: Man bläst die Luft gegen die Kante des Mundlochs. (▸Abb. 3 B). Dabei kann der Luftstrom in die Flöte hineingelangen oder über die Kante hinwegstreichen. Wenn er in die Flöte kommt, drängt er die nachfolgende Luft nach außen. Strömt er außen vorbei, entsteht in der Flöte ein Unterdruck, sodass die nachfolgende Luft nach innen gelenkt wird. Wenn der Luftstrom in die Flöte gelangt, wandert die damit verbundene Störung zum anderen Flötenende und wird dort reflektiert. Kommt sie zum richtigen Zeitpunkt wieder zurück, wird der Effekt des nach außen Lenkens weiter verstärkt. Dies funktioniert wieder nur bei den Eigenfrequenzen. So entsteht der Flötenklang.

Holz- und Blechbläser • Ähnlich wie bei der Querflöte entsteht der Klang auch bei der Blockflöte und bei vielen Orgelpfeifen. Bei einer Oboe regt man die Eigenschwingungen durch Schilfrohrblätter an (▸Abb. 4 A). Man drückt diese mit den Lippen zusammen und bläst hinein.

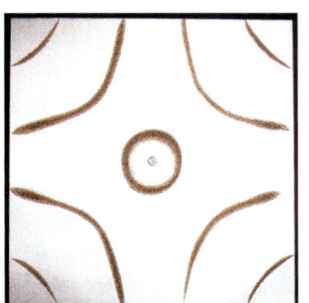

2 Eigenschwingungen einer Metallplatte

Durch die Rückkopplung mit dem Instrument öffnet und schließen sich die Blätter in der gewünschten Eigenfrequenz und der Oboenklang entsteht. So funktionieren auch andere Holzblasinstrumente. Bei den Blechblasinstrumenten wird der Klang ähnlich erzeugt wie bei der Oboe. Nur schwingen hier die Lippen der Spielerin selbst und lösen die stehende Welle in der Luftsäule aus (▸Abb. 4 B).

Ventile und Klappen • Die wahrgenommene Tonhöhe hängt von der Grundfrequenz eines Klangs ab. Bei den meisten Instrumenten verändert man die Grundfrequenz dadurch, dass man die Länge der schwingenden Saite oder Luftsäule verändert. Bei den meisten Blechblasinstrumenten geschieht dies durch sogenannte Ventile (▸Abb. 4 B): Wenn man ein Ventil mit dem Finger bedient, schickt man die Luft bei ihrer Schwingung im Instrument auf einen Umweg, sodass die Grundfrequenz entsprechend verringert. Bei den Holzblasinstrumenten arbeitet man stattdessen mit Klappen, die Löcher im Rohr des Instruments öffnen und schließen (▸Abb. 4 A): Öffnet man ein Loch, dann bildet sich keine stehende Welle bis zum Ende des Instruments aus. Im einfachsten Fall endet sie beim Loch.

1 Wie erzeugen Blechbläser ohne Ventileinsatz andere Töne? Schreiben Sie einen erklärenden Text.

2 Was versteht man unter Fourieranalyse? Erläutern Sie, was diese mit der Klangwahrnehmung zu tun hat.

3 Vergleichen Sie die Klangerzeugung bei der Gitarre (bzw. beim Klavier) mit der beim Cello.

4 Wenn der Cellist mit dem Bogen näher am Steg streicht, wird die Amplitude der hohen Eigenfrequenzen im Frequenzspektrum größer. Erklären Sie dies.

Versuch A • Zauber der Plastikröhre

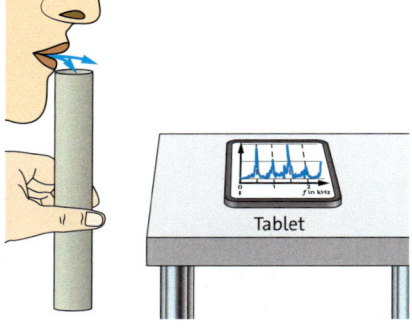

Der Klang von Blasinstrumenten entsteht durch die Resonanz von Luftsäulen. Sie untersuchen dies an einem einfachen „Instrument", am besten mit einem Partner.

Material:
Plastikrohr (ca. 30 cm), Tablet mit App zur Aufnahme eines Frequenzspektrums (z. B. phyphox oder Schallanalysator)

V1 Offenes Rohr

Arbeitsauftrag:
a) Machen Sie sich mit der Aufnahme eines Frequenzspektrums durch die App vertraut.
b) Blasen Sie das Rohr über den Rand an und nehmen Sie dabei den Verlauf des Frequenzspektrums auf.

c) Es zeigt sich eine regelmäßige Struktur (z. B. ►Abb. rechts). Bestimmen Sie die entsprechenden Frequenzen.
d) Erläutern Sie die regelmäßige Struktur des Diagramms.
e) Zeichnen Sie für 3 der Eigenfrequenzen je ein s-x-Diagramm der stehenden Welle.
f) Bestimmen Sie aus Ihren Messwerten die Schallgeschwindigkeit möglichst exakt. Vergleichen Sie mit dem Literaturwert.
g) Der in f) berechnete Wert ist zu klein, da man die sogenannte Mündungskorrektur berücksichtigen muss. Für die Wellenlängenberechnung verlängert man die gemessene Rohrlänge um $\frac{\pi}{2}\,r$. Dabei ist r der Rohrradius. Berechnen Sie hiermit wie in f) die Schallgeschwindigkeit.
h) Informieren Sie sich, wie die Mündungskorrektur zustande kommt. Schreiben Sie einen erläuternden Text.

V2 Gedacktes Rohr

Arbeitsauftrag:
a) Verschließen Sie das untere Ende des Rohrs mit der Hand und wiederholen Sie die Messung wie in V1 b). Bestimmen Sie die entsprechenden Frequenzen.

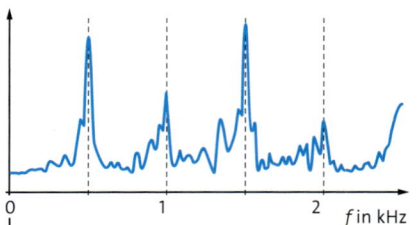

b) Vergleichen Sie das aufgenommene Diagramm mit dem in V1 b). Gehen Sie dabei auf die Grundfrequenz und den Abstand zwischen den Eigenfrequenzen ein.
c) Werten Sie den Versuch entsprechend V1 e) und f) aus.
d) Beim Berechnen der Schallgeschwindigkeit beträgt die Mündungskorrektur hier $\frac{\pi}{4}\,r$. Erklären Sie den Unterschied zu V1.
e) Informieren Sie sich zum Begriff „gedackte Pfeife". Erklären Sie damit die Überschrift von V2.

V3 Gläser und Flaschen?

Arbeitsauftrag:
Untersuchen Sie experimentell:
a) Wenn man Wasser in ein schmales Glas füllt, hört man einen ansteigenden Ton. Wie kommt dieser zustande?
b) Flaschen lassen sich durch Anblasen zum Klingen bringen. Zeigen sich ähnliche Frequenzspektren wie beim Rohr?

Versuch B • Eigenfrequenz und Lautstärkeempfinden

Das Außenohr nutzt die Resonanz, um unser Hörvermögen zu verbessern. Sie „erhören" die Erklärung hierzu.

V1 Resonanz im Außenohr

Material:
Plastikrohr (ca. 30 cm), Tablet mit Tongenerator-App inkl. weißem Rauschen (z. B. phyphox)
Lautstärke möglichst klein halten!

Arbeitsauftrag:
a) Erzeugen Sie einen Sinuston mit ca. 520 Hz. Halten Sie eine Rohröffnung vor den Lautsprecher. Verändern Sie die Frequenz so, dass das Rohr den Ton hörbar am besten verstärkt.
b) Erzeugen Sie mit dem Tablet-Lautsprecher ein weißes Rauschen. (Es heißt „weiß", weil es keine bestimmte Frequenz hat.) Halten Sie eine Öffnung des Rohrs neben ihr Ohr. Öffnen und schlie-

ßen sie die andere Öffnung mit der Hand. Beschreiben Sie Ihren Höreindruck.
c) Erklären Sie Ihren Höreindruck aus b) mit Ihrem Ergebnis aus a).
d) Der äußere Gehörgang zwischen Ohrmuschel und Trommelfell ist 2,0–2,5 cm lang. Diese Länge sorgt dafür, dass der Mensch für Frequenzen von ca. 3 500 Hz am empfindlichsten ist. Erläutern Sie dies aufgrund Ihrer bisherigen Erkenntnisse.

Material A • Stehende Wellen auf einer Geigensaite

Eine Geigensaite aus Stahl wird durch ein angehängtes Massestück gespannt. Sie ist an einen Funktionsgenerator angeschlossen und verläuft durch das Feld eines Hufeisenmagneten. Durch die Kraft auf die stromführende Saite wird sie im Magnetfeld periodisch ausgelenkt.

A1 Die Frequenz des Wechselstroms wird von 0 Hz an erhöht. Bei 220 Hz bildet sich erstmals zwischen P und Q eine stehende Welle aus.
  a) Erklären Sie, wie die stehende Welle durch mehrfache Reflexion zustande kommt.
  b) Die Frequenz wird weiter erhöht. Zeichnen Sie für die nächsten drei auftretenden Eigenfrequenzen ein s-x-Diagramm der Welle. Geben Sie jeweils die Eigenfrequenz an.
  c) Damit bei den entsprechenden Frequenzen tatsächlich eine stehende Welle angeregt wird, muss man den Magnet manchmal verschieben. Erklären Sie dies.
  d) Ein Physiklehrer sagt: „Da bei P und Q feste Enden sind, müssen dort Knoten sein. Allein daraus kann man den

Zusammenhang $\ell = k \cdot \frac{\lambda_k}{2}$ herleiten." Erklären Sie den Gedanken und führen Sie diese Herleitung durch.

A2 Der Einfluss der Spannkraft F auf die Ausbreitungsgeschwindigkeit c wird nun untersucht: Bei einer konstanten Frequenz von 220 Hz hängt man verschiedene Massestücke an und verändert den Abstand $\overline{PQ}$ so, dass sich jeweils die Grundschwingung ergibt. Die Tabelle zeigt die Messwerte.
  a) Erstellen Sie ein c-F-Diagramm.
  b) Alex fragt: „Wie beeinflusst die Spannkraft eigentlich die Kopplung?" Schreiben Sie eine Antwort. Argumentieren Sie mit dem Diagramm.
  c) Untersuchen Sie, welche der folgenden Gleichungen zur Beschreibung des Zusammenhangs zwischen c und F geeigneter ist.
  (i) $c = k \cdot F$ oder (ii) $c^2 = k \cdot F$
  Bestimmen Sie k für Ihre Lösung.

A3 Die Saiten auf einer Geige sind auf 196 Hz (g), 294 Hz (d¹), 440 Hz (a¹) und 659 Hz (e²) gestimmt. Dabei schwingen sie auf einer Länge von je 32,5 cm.
  a) Bestimmen Sie jeweils die Ausbreitungsgeschwindigkeit der Welle.

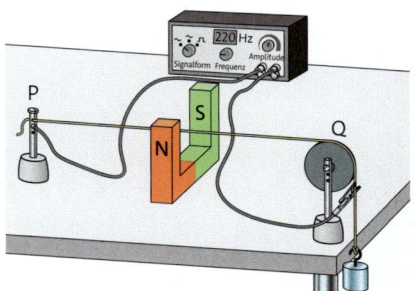

m in kg	0,50	1,25	2,75	3,50	4,00
$\overline{PQ}$ in cm	25	40	60	67	72

  b) In A2 wurde eine e²-Saite benutzt. Bestimmen Sie die Kraft, mit der die Saite auf der Geige gespannt wird.

A4 Die Ausbreitungsgeschwindigkeit der Welle auf der Saite ist antiproportional zum Saitendurchmesser.
  a) Begründen Sie, warum man für tiefere Töne dickere Saiten einsetzt.
  b) Die e²-Saite hat einen Durchmesser von 0,25 mm, die a¹-Saite einen von 0,45 mm. Beide Saiten bestehen aus Stahl. Bestimmen Sie Spannkraft bei der a¹-Saite.

Material B • Das Kundtsche Rohr

In einem sogenannten Kundtschen Rohr verteilt man gleichmäßig leichtes Korkpulver und stellt es mit einem Ende vor einen Lautsprecher. Bei einer Frequenz f_a beobachtet man ein regelmäßiges Muster. Je stärker die Luftbewegung ist, desto stärker wird das Pulver aufgewirbelt.

B1 Erläutern Sie, wie das Muster zustande kommt. Gehen Sie dabei auch auf die Bewegung des Pulvers an den Enden des Rohres ein.
B2 **a)** Bestimmen Sie die Wellenlänge der Schallwelle.

  b) Erhöht man die Frequenz f_a um 280 Hz, gibt es eine weitere Stelle, an der kein Pulver aufgewirbelt wird. Berechnen Sie f_a, ohne auf die Schallgeschwindigkeit zurückzugreifen.
B3 Nun wird ein Rohrende verschlossen. Bei bestimmten Frequenzen beobachtet man ähnliche Muster wie zuvor.
  a) Erklären Sie Gemeinsamkeiten und Unterschiede der Muster.
  b) Bestimmen Sie die beiden Frequenzen, bei denen man nun die Muster beobachten kann, die am nächsten an f_a liegen.

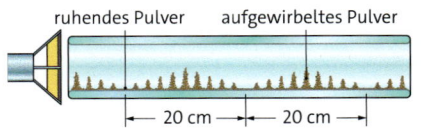

ruhendes Pulver   aufgewirbeltes Pulver

← 20 cm → ← 20 cm →

B4 Die Schallgeschwindigkeit nimmt mit der Temperatur zu.
  a) Erklären Sie, wie man die Frequenz verändern muss, um das gleiche Muster wie zuvor zu erhalten.
  b) Erläutern Sie, wie man bei einer Flöte dafür sorgen kann, dass bei kleinerer Temperatur dieselbe Tonhöhe erreicht wird.

1 Eine Biene auf dem Wasser

Interferenz in der Ebene

Die Biene schlägt gleichmäßig mit ihren Flügeln. Jeder Flügelschlag löst links und rechts von ihr je eine Kreiswelle auf dem Wasser aus. Die Wellen überlagern sich zu einem regelmäßigen, strahlenförmigen Muster. Tatsächlich ist es ein Interferenzmuster.

Aufbau einer Wellenwanne • Wir stellen die Situation der Biene in einer Wellenwanne nach (►Abb. 2). Bei ihr regt ein Wellenerzeuger einen Punkt der Wasseroberfläche zu einer Schwingung an. Von dort breiten sich die Wellenberge und -täler kreisförmig mit der Geschwindigkeit c aus. Die Wellenlänge λ hängt dabei über den Zusammenhang $c = \lambda \cdot f$ von der Frequenz f ab. Durchleuchtet man die Wellenwanne mit einer Lampe, dann wird das Licht an der Wasseroberfläche ähnlich wie bei einer Linse gebrochen. Auf dem Schirm erscheinen deswegen Wellenberge heller und Wellentäler dunkler. Wird die Lampe als Stroboskop mit gleicher Frequenz benutzt wie der Wellenerzeuger, dann scheinen die Kreiswellen wie bei einem Foto stillzustehen.

Merkmale des Interferenzmusters • Wir benutzen nun statt der Bienenflügel zwei Wellenerzeuger, die phasengleich schwingen. Bei der Überlagerung der beiden Kreiswellen beobachten wir ein strahlenförmiges Muster wie bei der Biene (►Abb. 3 A): Es gibt Linien, auf denen sich die Wasseroberfläche gar nicht bewegt, ähnlich wie bei den Knoten einer stehenden Welle. Offensichtlich kommt es hier zur destruktiven Interferenz. Zwischen diesen **Linien destruktiver Interferenz** laufen ständig Wellenberge und -täler von den beiden Erzeugern weg. Wenn man den Abstand zwischen den Erzeugern oder die Frequenz verändert, dann verschieben sich die Linien, aber der prinzipielle Aufbau des Musters bleibt gleich.

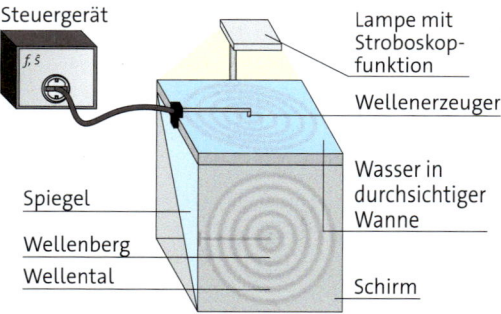

Steuergerät

$f, \hat{s}$

Lampe mit Stroboskopfunktion

Wellenerzeuger

Wasser in durchsichtiger Wanne

Spiegel

Wellenberg

Wellental

Schirm

2 Aufbau einer Wellenwanne

A

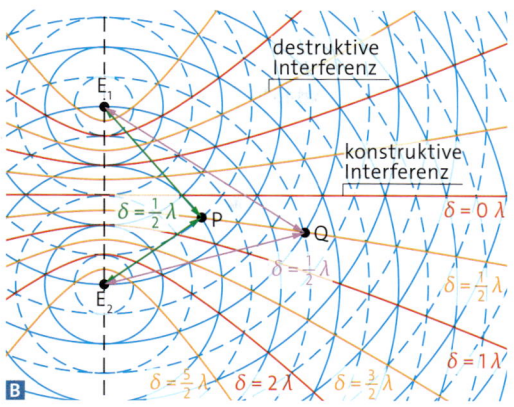

destruktive
Interferenz

konstruktive
Interferenz

E_1

$\delta = \frac{1}{2}\lambda$ P   Q $\delta = 0\,\lambda$

$\delta = \frac{1}{2}\lambda$ $\delta = \frac{1}{2}\lambda$

E_2

$\delta = 1\,\lambda$

$\delta = \frac{5}{2}\lambda$ $\delta = 2\,\lambda$ $\delta = \frac{3}{2}\lambda$

B

3 **A** Zwei Kreiswellen interferieren in der Wellenwanne.
B Konstruktion des Interferenzmusters

Der Gangunterschied macht's! • Anhand von ▸Abb. 3 B können wir nachvollziehen, wie das Interferenzmuster entsteht. Die blauen Kreise um die Erzeuger E_1 und E_2 stellen die Wellenberge (durchgezogen) und die Wellentäler (gestrichelt) bei einer Momentaufnahme der Wasseroberfläche dar. Beim Punkt P trifft ein Wellenberg auf ein Wellental, dort kommt es also zur destruktiven Interferenz. Wie bei der Überlagerung der gegen- und gleichläufigen Wellen ist hierfür ein Gangunterschied verantwortlich: Von E_1 sind es $2\frac{1}{2}\lambda$ bis zum Punkt P und von E_2 nur 2λ, d.h., der Gangunterschied beträgt $\frac{1}{2}\lambda$ – wie man es bei einer destruktiven Interferenz erwartet.

Der Punkt Q liegt auf der gleichen Linie destruktiver Interferenz wie P. Seine Entfernung zu E_1 und E_2 ist größer, aber der Gangunterschied beträgt auch hier $\frac{1}{2}\lambda$. Das gilt für alle Punkte, die auf dieser Linie liegen: Der Gangunterschied ist immer $\frac{1}{2}\lambda$. In ▸Abb. 3 B sind die Linien destruktiver Interferenz gelb eingezeichnet. Auf jeder dieser Linien ist der Gangunterschied ein ungeradzahliges Vielfaches von $\frac{\lambda}{2}$.

Zwischen je zwei Linien destruktiver Interferenz liegen aneinandergereiht Orte, bei denen Wellenberg auf Wellenberg bzw. Wellental auf Wellental trifft. Hier interferieren die beiden versetzten Kreiswellen konstruktiv, sie verstärken sich also gegenseitig (▸Abb. 3 B, rote Linien). Bei diesen **Linien konstruktiver Interferenz** beträgt der Gangunterschied immer ein Vielfaches der Wellenlänge. Auch bei ihnen bleibt der Gangunterschied auf einer Linie konstant. Sie sind (wie auch die Linien destruktiver Interferenz) Hyperbeln.

Auch eine stehende Welle • In der Wellenwanne beobachtet man noch etwas Weiteres: Zwischen den beiden Wellenerzeugern hat sich eine stehende Welle mit Bäuchen und Knoten gebildet. Das ist der Fall, weil hier die Kreiswellen genau gegenläufig sind. In ▸Abb. 3 B sehen Sie, wie die Linien konstruktiver und destruktiver Interferenz die Bäuche und Knoten in die Ebene hinein „verlängern".

Bei der Überlagerung zweier kohärenter Kreiswellen in der Ebene entsteht ein Interferenzmuster mit ortsfesten Linien konstruktiver und destruktiver Interferenz. Bei phasengleichen Wellenerzeugern gilt

– für Orte konstruktiver Interferenz
$\delta = k \cdot \lambda$ mit $k = 0; 1; 2; 3; ...,$

– für Orte destruktiver Interferenz
$\delta = (2k - 1) \cdot \frac{\lambda}{2}$ mit $k = 1; 2; 3; ...$

1 a) Zeigen Sie in ▸Abb. 3 B an zwei Beispielen, dass der Gangunterschied auf einer Linie konstruktiver Interferenz konstant bleibt.
b) Beschreiben Sie in ▸Abb. 3 B die Interferenz entlang der Geraden durch E_1 und E_2.

2 Wenn die beiden Wellenerzeuger gegenphasig schwingen, sind die Bedingungen für konstruktive und destruktive Interferenz vertauscht. Begründen Sie.

3 In ▸Abb. 3 B wird die Wellenlänge verdoppelt. Erklären Sie, wie sich dadurch das Interferenzmuster verändert.

Hyperbeln entstehen geometrisch als Linien aller Orte, die von zwei vorgegebenen Punkten eine feste Differenz der Abstände haben.

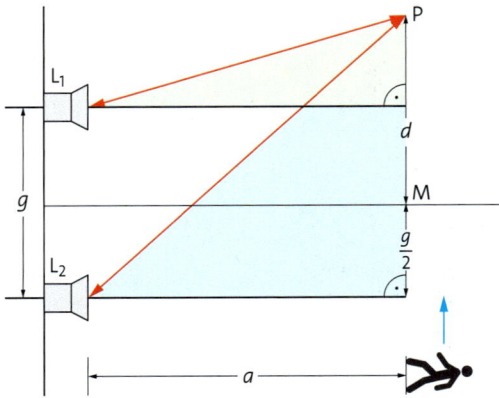

1 Interferenz mit
Lautsprechern

Interferenz im Raum • Schallwellen breiten sich im ganzen Raum aus, aber auch hier kommt es zur Interferenz. Das zeigt folgendes Experiment (▸Abb.1): Zwei Lautsprecher sind in 1,0 m Abstand aufgestellt und senden phasengleich einen Sinuston aus. Geht man in einiger Entfernung an den Lautsprechern vorbei, „hört" man das Interferenzmuster als eine regelmäßige Abfolge von Lautstärkemaxima und -minima. Mit einem Mikrofon lassen sich diese Stellen konstruktiver und destruktiver Interferenz genauer bestimmen.

$$\frac{\Delta x}{\lambda} = \frac{\Delta \varphi}{2\pi}$$

Sie wissen, dass hier wieder der Gangunterschied δ entscheidend ist. Mit dem Satz des Pythagoras kann man einen allgemeinen Ausdruck für δ in Abhängigkeit vom Ort herleiten (▸Abb.1): Wenn der Punkt P von der Mittelsenkrechten der beiden Lautsprecher den Abstand d hat, dann gilt für den Abstand zum Lautsprecher L_1

$$\overline{L_1P} = \sqrt{a^2 + \left(d - \frac{g}{2}\right)^2}$$

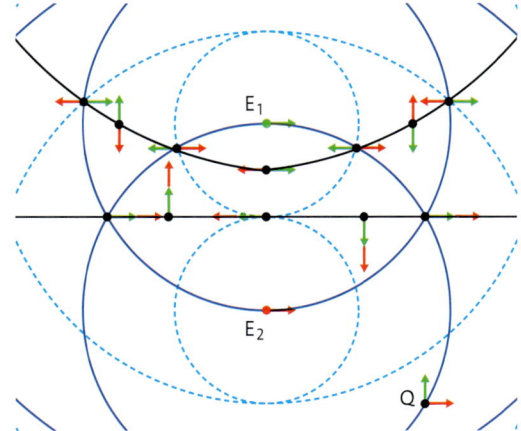

2 Interferenz im
Zeigermodell

und entsprechend für den Abstand zu L_2

$$\overline{L_2P} = \sqrt{a^2 + \left(d + \frac{g}{2}\right)^2}.$$

Daraus ergibt sich für den Gangunterschied:

$$\delta = \sqrt{a^2 + \left(d + \frac{g}{2}\right)^2} - \sqrt{a^2 + \left(d - \frac{g}{2}\right)^2}.$$

Die Lage z. B. eines Lautstärkemaximums mit dieser Formel direkt zu berechnen ist relativ aufwendig. Aber mit ihr für einen konkreten Ort den Gangunterschied zu berechnen und dadurch z. B. eine Messung zu überprüfen, ist leichter möglich. Auch in anderen Situationen ist bei der Berechnung des Gangunterschieds der Satz des Pythagoras hilfreich.

Zeigermodell • Das Entstehen eines Interferenzmusters lässt sich auch im Zeigermodell erklären (▸Abb.2): Die Zeigerstellung ändert sich proportional zur Entfernung Δx vom Wellenerzeuger. Da jeder Punkt auf der Mittelsenkrechten den gleichen Abstand zu E_1 und E_2 hat, zeigen hier die beiden Zeiger immer in die gleiche Richtung – es kommt zur konstruktiven Interferenz. So ist es auch bei allen anderen Linien konstruktiver Interferenz. Bei den Punkten auf einer Linie destruktiver Interferenz bedeutet der Gangunterschied gerade, dass die beiden Zeiger gegenphasig sind und sich zu null addieren. Auch für alle anderen Punkte kann man die Zeiger addieren. Beim Punkt Q in ▸Abb.2 führt dies dazu, dass die Länge des resultierenden Zeigers kleiner ist als bei einer Linie konstruktiver Interferenz.

1 In ▸Abb.1 geht man im Abstand $a = 3{,}0$ m an den Lautsprechern vorbei.
a) Beschreiben und erklären Sie den dabei entstehenden Höreindruck.
b) Wenn man von M aus startet, kann man für $d = 2{,}0$ m mit einem Mikrofon das nächste Interferenzmaximum messen. Berechnen Sie den Gangunterschied an dieser Stelle.
c) Bestimmen Sie aus Ihrem Ergebnis bei b) die Frequenz des Sinustons.
2 Auf der Mittelsenkrechten zwischen zwei gleichphasig angeschlossenen Lautsprechern gibt es stets konstruktive Interferenz, egal welche Wellenlänge die Schallwellen haben. Begründen Sie das.

Versuch A • Interferenzmuster zweier Ultraschall-Sender

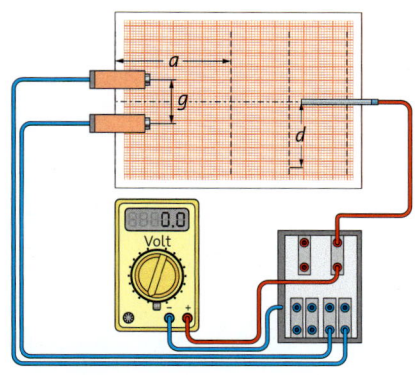

Sie untersuchen das Interferenzmuster bei zwei Ultraschallsendern.

Material:
Ultraschallsender (40 kHz) und -mikrofon mit Betriebsgerät, Voltmeter, Millimeterpapier, Lineal

V1 Orte der Maxima und Minima

Arbeitsauftrag:

a) Bauen Sie den Versuch mit den zur Verfügung gestellten Geräten auf. Achten Sie darauf, dass Sie die Sender und das Mikrofon auf Millimeter genau positionieren. Die Spannung ist ein Maß für die Amplitude beim Mikrofon.

b) Stellen Sie die Sender parallel ausgerichtet mit $g = 3{,}0$ cm auf. Markieren Sie ihre Lage auf dem Millimeterpapier.

c) Bewegen Sie das Mikrofon in einem Abstand von $a = 10$ cm an den Sendern vorbei. Beobachten Sie dabei die Voltmeteranzeige. Markieren Sie die Orte, bei denen Maxima bzw. Minima auftreten.

d) Wiederholen Sie c) für $a = 15$ cm und $a = 20$ cm.

e) Zeichnen Sie aufgrund Ihrer Messungen die Linien konstruktiver bzw. destruktiver Interferenz ein.

f) Messen Sie für zwei der Minima bei $a = 20$ cm den Gangunterschied. Bestimmen Sie daraus jeweils die Wellenlänge und die Schallgeschwindigkeit.

V2 Vergrößerter Senderabstand

Arbeitsauftrag:

a) Vergrößern Sie den Abstand der Sender, sodass $g = 5{,}0$ cm ist. Geben Sie begründet an, welche Änderungen des Interferenzbildes zu erwarten sind.

b) Führen Sie den Versuch entsprechend V1 c) bis e) durch.

c) Vergleichen Sie Ihre Ergebnisse mit denen aus V1 und Ihren Angaben aus V2 a).

Material A • Interferenz in der Wellenwanne

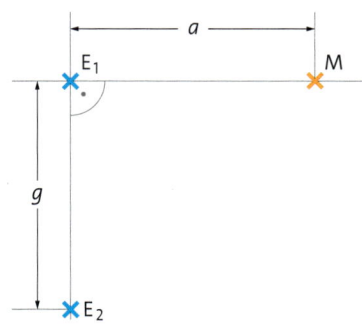

In einer Wellenwanne haben die Wellenerzeuger E_1 und E_2 einen Abstand von 45 mm zueinander. Sie senden gleichphasig Kreiswellen der Wellenlänge 15 mm aus. In 60 mm Abstand vor E_1 misst man beim Punkt M die Amplitude der Welle.

A1 a) Zeigen Sie, dass für den Gangunterschied δ bei M gilt:
$$\delta = \sqrt{a^2 + g^2} - a.$$

b) Berechnen Sie δ.

c) Begründen Sie, dass es bei M zur konstruktiven Interferenz kommt.

A2 Man verschiebt M nun in gerader Linie auf E_1 zu. Berechnen Sie, wie weit man M verschieben muss, damit

a) die Amplitude minimal wird.

b) die Amplitude erneut maximal wird.

Material B • Anzahl der Linien konstruktiver Interferenz

Lara möchte wissen, wie viele Linien mit konstruktiver Interferenz es in Versuch A, V1 insgesamt gibt. Sie schreibt auf:

① maximaler Gangunterschied: $\delta_{max} \leq g$

② $\delta_{max} = k_{max} \cdot \lambda \Rightarrow k_{max} \leq \frac{g}{\lambda} \approx 3{,}5$

③ $k_{max} = 3 \Rightarrow$ Anzahl der Linien: $2 \cdot 3 + 1 = 7$ ④

B1 a) Begründen Sie die Ungleichung ①.

b) Erläutern Sie Laras Vorgehen bei ② und ③.

c) Erklären Sie die Rechnung ④ zur Anzahl der Linien.

B2 Berechnen Sie entsprechend die Anzahl der Linien konstruktiver Interferenz in Versuch A, V2.

B3 a) Ergänzen Sie Laras Betrachtungen für die Anzahl der Linien destruktiver Interferenz.

b) Berechnen Sie die Anzahlen der Linien destruktiver Interferenz für beide Versuchsteile von Versuch A.

1 Hinter der Lücke entsteht eine Kreiswelle.

Das Prinzip von Huygens

Vom offenen Meer treffen Wellen auf eine kleine Öffnung in einer Mauer. Die Wellen dahinter haben aber nicht die Breite der Maueröffnung. Stattdessen beobachtet man halbkreisförmige Wellen. Wie kommt dies zustande?

Wellenfront und Wellennormale • Die Wellen auf dem offenen Meer sehen idealisiert wie in ►Abb.2 A aus. Verbindet man bei diesen Wellen benachbarte Punkte maximaler Auslenkung, dann erhält man eine gerade Linie. Genauso gut könnte man die Punkte minimaler Auslenkung verbinden. Beides sind Beispiele für **Wellenfronten.** Noch allgemeiner versteht man darunter gedachte Linien, die benachbarte Punkte gleicher Phase verbinden. Bei geradlinigen Wellenfronten spricht man von einer **ebenen Welle** (►Abb.2 A). Bei einer **Kreiswelle** bilden die Wellenfronten Kreise, Halbkreise oder Kreisbögen (►Abb.2 B). Orthogonal zu den Wellenfronten stehen die **Wellennormalen.** Bei einer ebenen Welle sind diese alle parallel zu einander. Bei einer Kreiswelle verlaufen sie radial nach außen. Die Wellennormalen geben die Ausbreitungsrichtungen einer Welle an.

Beugung am Spalt • Wir stellen ►Abb.1 in der Wellenwanne nach: Mit einem langgestreckten Wellenerzeuger erzeugen wir eine ebene Welle (►Abb.3). Wenn diese auf ein Hindernis mit einer schmalen Öffnung trifft, dann entsteht dahinter eine Kreiswelle. Sie hat die gleiche Wellenlänge wie die ebene Welle vor der Öffnung. Aus den geradlinigen Wellenfronten wird also nicht einfach ein Stück herausgeschnitten, das weiterläuft. Stattdessen wirkt der schmale Spalt wie ein punktförmiger Wellenerzeuger, der mit derselben Frequenz schwingt wie die ankommende Welle. Er ist Ausgangspunkt einer Kreiswelle, die sich radial in den Halbraum hinter der Öffnung ausbreitet. Damit ist auch die Beobachtung in ►Abb.1 erklärt. Immer wenn eine Welle wie hier an einem Hindernis abgelenkt wird, spricht man von **Beugung.**

Wellenfronten   Wellennormalen

Wellenfronten

Wellennormale

A

B

2 Wellennormalen und -fronten **A** bei einer ebenen Welle, **B** bei einer Kreiswelle

Überlagerung vieler Kreiswellen • Das Experiment mit dem Spalt kann man so deuten, dass in der ebenen Welle schon Kreiswellen vorhanden sind. Dann müsste man eine ebene Welle auch aus vielen Kreiswellen zusammensetzen können. Wir überprüfen diese Vermutung in der Wellenwanne (▸ Abb. 4 A): Mehrere punktförmige Wellenerzeuger sind kammartig angeordnet und erzeugen phasengleiche Kreiswellen. In der Nähe der Wellenerzeuger kommt es zu einem komplexen Überlagerungsbild, doch nach einigen Wellenlängen haben sich die Kreiswellen tatsächlich zu einer ebenen Wellenfront überlagert.

Das Prinzip von Huygens • Der Physiker CHRISTIAAN HUYGENS erkannte im 17. Jahrhundert ein allgemeines Prinzip, das sich auf alle Wellenarten anwenden lässt: Einerseits kann man jeden Punkt einer Wellenfront als Ausgangspunkt einer kreisförmigen **Elementarwelle** auffassen. Das erklärt die Beobachtung bei der Beugung am Spalt (▸ Abb. 3). Andererseits ergeben sich aus der Überlagerung von Elementarwellen wieder neue Wellenfronten. Das erklärt die Beobachtungen beim Experiment zu ▸ Abb. 4 A.

Die Konstruktion der neuen Wellenfronten können wir anhand von ▸ Abb. 4 B nachvollziehen. Von den roten Punkten gehen beispielhaft Elementarwellen aus. Die blauen Halbkreise kennzeichnen die Position der Wellenfronten nach einer Periodendauer. In einer Linie parallel zur Achse der Wellenerzeuger interferieren diese Wellenfronten allesamt konstruktiv. Die Gesamtwellenfront ergibt sich als **Einhüllende** aus den einzelnen Wellenfronten der Elementarwellen.

> **Huygenssches Prinzip:**
> Jeder Punkt einer Wellenfront ist Ausgangspunkt einer Elementarwelle.
> Neue Wellenfronten entstehen als Überlagerung von Elementarwellen.

Beugung nicht nur am Spalt • Auch wenn nur ein Teil einer ebenen Welle von einem Hindernis blockiert wird, breitet sich eine Kreiswelle im sogenannten **Schattenraum** hinter dem Hin-

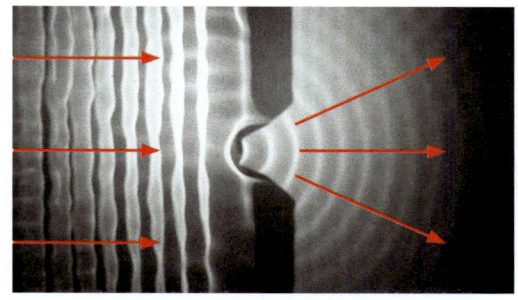

3 Beugung am Spalt in der Wellenwanne

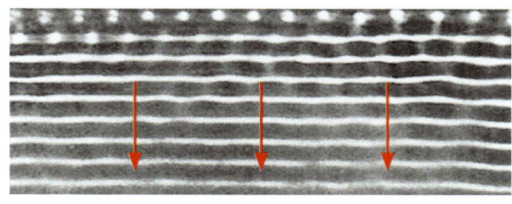

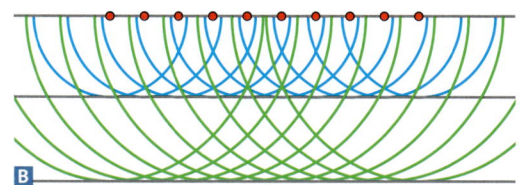

4 **A** Kreiswellen von punktförmigen Wellenerzeugern überlagern sich. **B** Erklärung mit dem Huygensschen Prinzip

CHRISTIAAN HUYGENS hat das nach ihm benannte Prinzip zur Erklärung der Ausbreitung und Brechung von Licht aufgestellt – wir führen es am Beispiel von Wasserwellen ein.

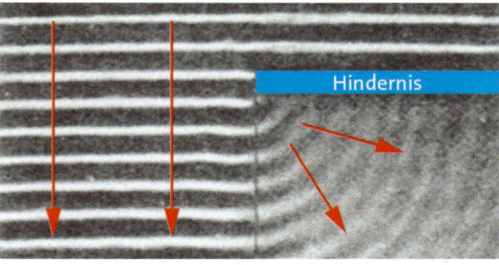

5 Beugung an einem Hindernis in der Wellenwanne

dernis aus. Da auch hier die Ausbreitungsrichtung der Welle in Abschnitten verändert wird, spricht man ebenfalls von Beugung. Die Beugung gehört zusammen mit der Interferenz zu den kennzeichnenden Eigenschaften einer Welle. Beugungseffekte sind besonders ausgeprägt, wenn die Wellenlänge eine ähnliche Größe wie das Hindernis oder der Spalt hat.

1 **a)** Bei der Beugung einer Welle ändert sich die Frequenz nicht. Begründen Sie.
b) Manchmal ändert sich dennoch die Wellenlänge. Erläutern Sie.

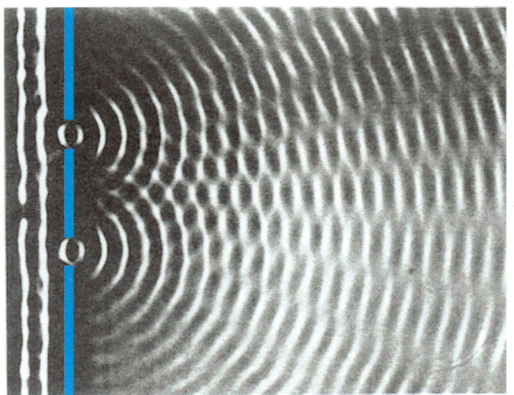

1 Interferenz hinter zwei Spalten

Einfalls- und Reflexionswinkel sind jeweils die Winkel zwischen Wellennormale und Lot.

Erklären mit Huygens • Mit dem Huygensschen Prinzip lassen sich viele Phänomene bei der Wellenausbreitung im Raum und in der Ebene erklären. Wir betrachten hier mit der Beugung am Doppelspalt, der Reflexion und der Brechung drei grundlegende Beispiele.

Interferenz durch Beugung • Trifft eine ebene Welle in einer Wellenwanne auf zwei schmale Spalte, dann entsteht hinter jedem Spalt je eine Elementarwelle (▶Abb.1). Diese haben dieselbe Wellenlänge und Phasenlage. Sie sind also kohärent. Deswegen entsteht hinter diesem sogenannten **Doppelspalt** das gleiche Interferenzmuster wie bei zwei punktförmigen Wellenerzeugern. Da bei solchen Spaltanordnungen die Elementarwellen automatisch kohärent sind, kann man mit ihnen leichter Interferenzexperimente durchführen als mit einzelnen Sendern.

Reflexion • Sie wissen schon, dass lineare Wellen an den Enden des Wellenträgers reflektiert werden. Dies ist auch bei Wasserwellen so, die in der Wellenwanne schräg gegen eine Wand laufen (▶Abb.2). Gilt dabei das **Reflexionsgesetz,** so wie Sie es vom Licht her kennen?

Konstruktion nach Huygens • Eine ebene Welle trifft mit dem Einfallswinkel γ_1 auf ein Hindernis und wird mit dem Reflexionswinkel γ_2 reflektiert (▶Abb.3). Wo die Wellenfront AB der einlaufenden Welle auf das Hindernis trifft, werden Elementarwellen ausgelöst. Der Punkt A der Wellenfront löst bereits eine Elementarwelle aus, wenn die Front von Punkt B aus noch die Strecke $\overline{BD}$ zu durchlaufen hat, bis sie das Hindernis erreicht. Geschieht dies, hat folglich die in Punkt A ausgelöste Elementarwelle bereits einen Radius $\overline{AC} = \overline{BD}$ angenommen. Die Wellenfront der reflektierten Welle ergibt sich als Einhüllende aller am Hindernis ausgelösten Elementarwellen, also entlang der Strecke CD.

Die rechtwinkligen Dreiecke BAD und CAD haben die gleiche Grundseite und eine gleich lange Seite, daher gilt ∢DAB = ∢CDA. γ_1 und ∢DAB sind gleich groß, da sowohl Wellennormale und -front als auch Hindernis und Lot orthogonal zueinander sind. Ebenso ist auch γ_2 = ∢CDA. Damit ist schließlich $\gamma_1 = \gamma_2$. Einfallswinkel γ_1 und Reflexionswinkel γ_2 sind gleich groß!

Bei der Reflexion einer Welle gilt das Reflexionsgesetz: Einfallswinkel γ_1 und Reflexionswinkel γ_2 sind gleich groß.

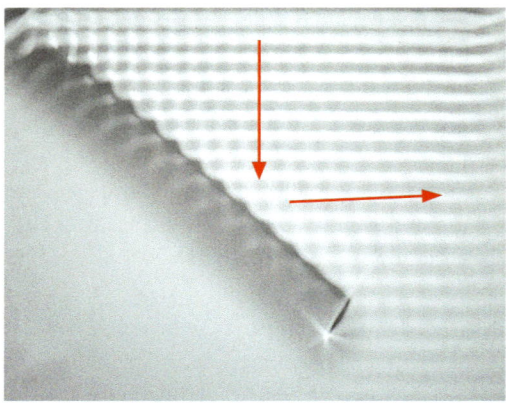

2 Reflexion in der Wellenwanne

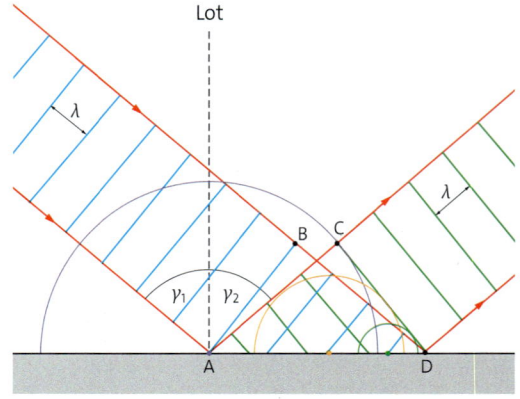

3 Reflexion nach dem Prinzip von Huygens

Brechung • Aus der Optik kennen Sie neben der Reflexion auch das Phänomen der **Brechung**. Dabei ändert das Licht an einer Grenzfläche seine Ausbreitungsrichtung. Kann man diese Änderung auch bei Wellen beobachten? In ▸Abb. 4 sehen Sie, dass dies in der Wellenwanne tatsächlich gelingt. Dabei nutzt man aus, dass es sich in der Wellenwanne um **Flachwasserwellen** handelt, bei denen die Ausbreitungsgeschwindigkeit von der Wassertiefe abhängt: Je kleiner die Wassertiefe ist, desto langsamer ist die Welle.

In ▸Abb. 4 befindet sich in einem Teil der Wellenwanne eine Glasplatte, sodass dort die Wassertiefe geringer ist. Wenn die Welle auf den Plattenrand trifft, dann bewegt sie sich auf der Platte langsamer weiter. Der entsprechende Teil einer Wellenfront bleibt gegenüber dem Teil im tieferen Wasser zurück. Dadurch ändert sich die Ausbreitungsrichtung: Die Welle wird gebrochen!

Konstruktion nach Huygens • Die Wellenfront AB trifft auf die Grenze zwischen einem Bereich mit Ausbreitungsgeschwindigkeit c_1 und einem Bereich mit kleinerer Ausbreitungsgeschwindigkeit $c_2 < c_1$ (▸Abb. 5).

Während der Punkt A der Wellenfront bereits eine Elementarwelle auslöst, hat die Front bei Punkt B noch die Strecke $\overline{BD}$ vor sich, bis sie in Punkt D eine Elementarwelle auslöst. Zu diesem Zeitpunkt hat die Elementarwelle von A bereits den Radius $\overline{AC}$ erreicht. Da $c_2 < c_1$ ist, ist $\overline{BD}$ um den Faktor $\frac{c_1}{c_2}$ größer als $\overline{AC}$ und es gilt:

$$\overline{BD} = \overline{AC} \cdot \frac{c_1}{c_2}.$$

Die neue Wellenfront ergibt sich als Einhüllende aller Elementarwellen, die zeitlich versetzt durch die Wellenfront AB an der Grenzfläche ausgelöst wurden, entlang der Strecke CD. Den Winkel γ_1 finden wir ähnlich wie bei der Reflexion im Dreieck ADB wieder, ebenso den Winkel γ_2 im Dreieck ACD. In diesen beiden Dreiecken können wir ablesen:

$$\sin(\gamma_1) = \frac{\overline{BD}}{\overline{AD}} \quad \text{und} \quad \sin(\gamma_2) = \frac{\overline{AC}}{\overline{AD}}.$$

Die beiden Winkel stehen also im Verhältnis

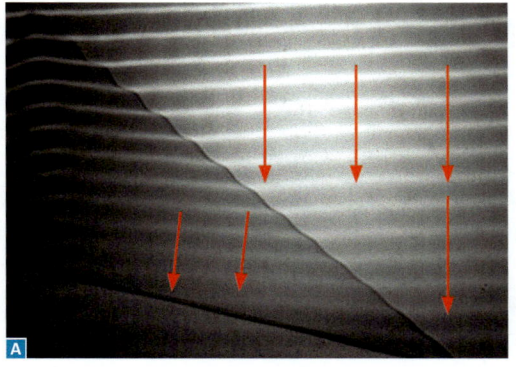

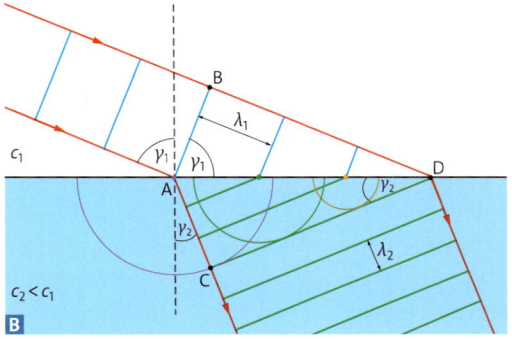

A

B $c_2 < c_1$

c_1

λ_1

γ_1 γ_1

γ_2

γ_2

λ_2

A B C D

4 A Brechung in der Wellenwanne, **B** Konstruktion nach Huygens

$$\frac{\sin(\gamma_1)}{\sin(\gamma_2)} = \frac{\overline{BD}}{\overline{AC}} = \frac{\overline{AC} \cdot \frac{c_1}{c_2}}{\overline{AC}} = \frac{c_1}{c_2}.$$

Dieser quantitative Zusammenhang zwischen Einfallswinkel γ_1 und Brechungswinkel γ_2 heißt auch **Brechungsgesetz** von SNELL.

Der Astronom WILLEBRORD SNELL formulierte das Brechungsgesetz im 17. Jahrhundert.

> Bei der Brechung ändert sich mit der Änderung der Ausbreitungsgeschwindigkeit auch die Ausbreitungsrichtung einer Welle. Dabei gilt das Brechungsgesetz:
>
> $$\frac{\sin(\gamma_1)}{\sin(\gamma_2)} = \frac{c_1}{c_2}.$$

1 ▸Abb. 4 A zeigt, dass die Wellenlänge durch die Brechung abgenommen hat. Erklären Sie das.

2 In einer Wellenwanne sollen bei einem Versuch zur Brechung die Wellennormalen entsprechend der Pfeile verlaufen (▸Abb. 5). Erläutern Sie, wie das erreicht werden kann.

3 In ▸Abb. 4 trifft die Welle mit $10\,\frac{cm}{s}$ auf den flacheren Bereich. Bestimmen Sie mit dem Brechungsgesetz die Ausbreitungsgeschwindigkeit der Welle im flacheren Bereich.

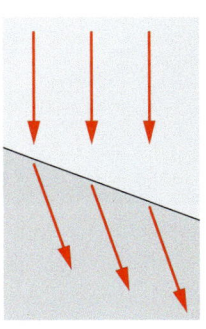

5 zu Aufgabe 3

223

Versuch A • Interferenz am Doppelspalt

Material:
Ultraschallsender (40 kHz) und -mikrofon mit Betriebsgerät, Doppelspalt (Spaltmittenabstand 24 mm). Voltmeter, Millimeterpapier, Lineal

V1 Interferenzmaxima und -minima

Sie untersuchen das Interferenzfeld hinter einem Doppelspalt.

Arbeitsauftrag:
a) Bauen Sie den Versuch mit den Ihnen zur Verfügung gestellten Geräten auf. Achten Sie darauf, dass sie Doppelspalt und Mikrofon auf Millimeter genau positionieren. Die Anzeige am Voltmeter ist ein Maß für die Amplitude der Welle beim Mikrofon. Stellen Sie den Sender symmetrisch zu den Spalten 5 cm vor den Doppelspalt.
b) Bewegen Sie das Mikrofon in einem Abstand von a = 6,0 cm parallel zum Doppelspalt an diesem vorbei. Beobachten Sie dabei die Anzeige auf dem Volt-

meter. Markieren Sie die Orte, an denen Maxima bzw. Minima auftreten.
c) 6,1 cm von der Mittelachse entfernt befindet sich ein Maximum. Überprüfen Sie dies (i) durch Messen des Gangunterschieds, (ii) durch eine Rechnung.
d) Wiederholen Sie die Messung für einen Abstand von a = 8,0 cm.
e) Geben Sie an, wo sich das Maximum befindet, das den gleichen Gangunterschied wie dasjenige in c) hat. Überprüfen Sie Ihren Messwert rechnerisch.

V2 Veränderte Sender-Position

Sie untersuchen, welchen Einfluss die Position des Senders auf das Interferenzmuster hat.

Arbeitsauftrag:
a) Der Sender soll symmetrisch zu den Spalten, aber weiter entfernt aufgestellt werden. Stellen Sie eine begründete Hypothese auf, welchen Einfluss dies

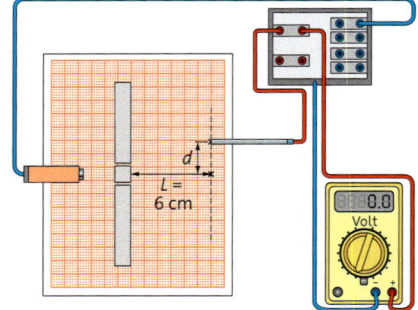

auf das Interferenzmuster und die gemessene Amplitude hat.
b) Überprüfen Sie Ihre Hypothese für mindestens zwei weitere Abstände zwischen Sender und Doppelspalt experimentell (z. B. 8 cm und 10 cm).
c) Der Sender soll nun nicht mehr symmetrisch zu den Spalten aufgestellt werden (z. B. 2 cm links von der Mittelachse.) Stellen Sie eine begründete Hypothese auf, welchen Einfluss dies auf das Interferenzmuster hat.
d) Überprüfen Sie Ihre Hypothese experimentell.

Material A • Wellenfronten am Strand

Im offenen Meer behalten Wasserwellen ihre Ausbreitungsrichtung bei. In Strandnähe „biegen sie ab", sodass die Wellenfronten stets nahezu parallel zum Strand verlaufen.

A1 a) Auf dem Foto sieht man, dass die Wellenlänge in Strandnähe abnimmt. Begründen Sie, dass man daran auch erkennt, dass die Ausbreitungsgeschwindigkeit abnimmt.
b) In einer Wellenwanne wird die Wassertiefe z. B. durch Einlegen einer Glasplatte verringert. Beschreiben Sie, wie sich Wellenlänge, Ausbreitungsgeschwindigkeit und Frequenz einer ebenen Welle dadurch ändern.
c) In Strandnähe nimmt die Wassertiefe kontinuierlich ab. Wenden Sie Ihre Ergebnisse aus b) an, um die Beobachtungen aus a) zu begründen.
d) Stellen Sie eine Hypothese auf, warum der ansteigende Meeresboden die Wasserwelle abbremst.
A2 a) Beschreiben Sie ein Experiment zur Brechung von Wasserwellen in der Wellenwanne. Vergleichen Sie dieses Experiment mit der Wasserwelle in Strandnähe.
b) Erklären Sie damit das „kurvenförmige Abbiegen" der Wellen in Strandnähe.

Material B • Flachwasserwellen in der Wellenwanne

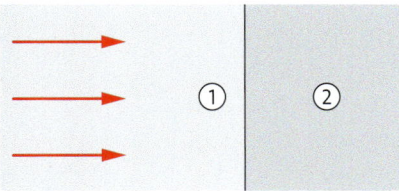

Wenn die Wassertiefe wesentlich kleiner als die Wellenlänge einer Wasserwelle ist, spricht man von einer Flachwasserwelle. Für Flachwasserwellen gilt zwischen Ausbreitungsgeschwindigkeit c und Wassertiefe h der Zusammenhang:

$$c = \sqrt{g \cdot h}.$$

In der Wellenwanne links ist Bereich ① 6,0 mm tief und Bereich ② 4,0 mm, da sich dort eine Glasplatte befindet. Eine ebene Wasserwelle breitet sich mit einer Frequenz von 12 Hz entsprechend der eingezeichneten Wellennormalen aus.

B1 a) Berechnen Sie jeweils die Ausbreitungsgeschwindigkeit und die Wellenlänge der Welle in beiden Bereichen.
b) Die Wellenlänge in Bereich ② soll nun halb so groß sein wie im Bereich ①. Bestimmen Sie die dafür nötige Höhe der Glasplatte.

B2 Eine Physiklehrerin sagt: „Wenn man die Frequenz bei gleicher Wassertiefe erhöht, handelt es sich ab einer bestimmten Frequenz nicht mehr um Flachwasserwellen."
a) Begründen Sie diese Aussage.
b) Berechnen Sie für Bereich ① die Frequenz, bei der die Wellenlänge so groß wie die Wassertiefe wäre.

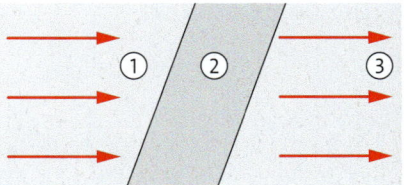

B3 In der Wellenwanne rechts wird die Glasplatte so gedreht, dass die Welle mit einem Einfallswinkel von 40° auf Bereich ② läuft.
a) Berechnen Sie den Brechungswinkel.
b) In Bereich ③ ist die Wassertiefe wieder 6,0 mm. Wenn die Welle nach dem Überqueren der Glasplatte dort ankommt, hat sie wieder die gleiche Ausbreitungsrichtung wie im Bereich ①. Begründen Sie dies.

Material C • Ultraschalluntersuchung

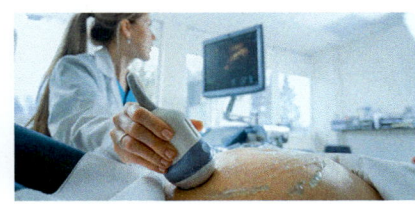

Mit Ultraschall ist es möglich, verschiedene Organe im Körperinnern oder Ungeborene im Mutterleib zu untersuchen. Der sogenannte Schallkopf wird dabei mit einem Kontaktgel auf die Haut aufgesetzt. Ohne das Kontaktgel wäre die Untersuchung des Körperinneren praktisch unmöglich. Der Schallkopf sendet eine Ultraschallwelle im Bereich von 2 bis 5 MHz aus und empfängt den reflektierten Anteil dieser Welle, d. h. das Echo. Aus den Messdaten berechnet ein Computer dann eine bildliche Darstellung.

C1 In Weichteilen des Körpers beträgt die Schallgeschwindigkeit 1540 $\frac{m}{s}$.

a) Der Schallkopf sendet nur kurze Signale von einigen Periodendauern länge aus. Begründen Sie, warum eine länger andauernde harmonische Welle hier ungeeignet wäre.
b) Das Ultraschallsignal wird an einem Knochen in 5,0 cm Tiefe reflektiert. Berechnen Sie die Zeitdauer zwischen Senden und Empfangen des Signals.
c) Die Lage des Knochens soll auf 1 mm genau bestimmt werden. Ermitteln Sie die dafür notwendige zeitliche Auflösung.

C2 Wenn im Brechungsgesetz der Brechungswinkel γ_2 größer als 90° wird, ist eine Brechung nicht mehr möglich und es kommt zur Totalreflexion.
a) Erklären Sie, warum es beim Übergang von Luft zum Körper zur Totalreflexion kommen kann, nicht aber beim umgekehrten Übergang (c_{Luft} = 340 $\frac{m}{s}$).

b) Berechnen Sie mit dem Brechungsgesetz den Winkel, ab dem es hier zur Totalreflexion kommt.
c) Erklären Sie aufgrund Ihrer Ergebnisse aus a) und b) die Funktion des Kontaktgels.

C3 Wenn die Wellenlänge etwa die gleiche Größe wie die zu untersuchenden Strukturen hat, kommt es zur Beugung.
a) Begründen Sie, warum man den im Text angegebenen Frequenzbereich und nicht z. B. 40 kHz verwendet.
b) Erklären Sie, warum die Beugung hier unerwünscht ist.

C4 Viola wundert sich: „Holz leitet Schall gut weiter, aber durch eine geschlossene Holztür hört man kaum, was im Raum nebenan gesprochen wird."
Stellen Sie eine Hypothese auf, wie es dazu kommt. Wenden Sie Ihre Ergebnisse aus C_2 an ($c_{Holz} \approx 5 \frac{km}{s}$).

Der Doppler-Effekt

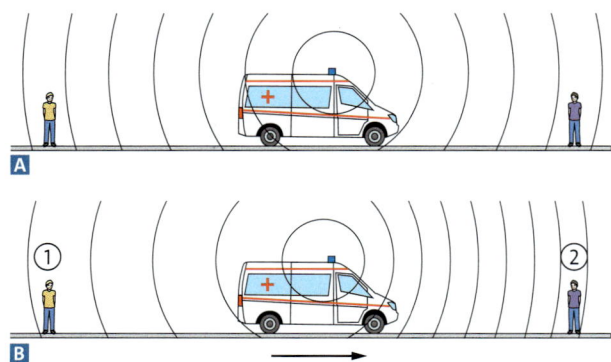

1 Wellenfronten, wenn der Wagen **A** steht, **B** fährt

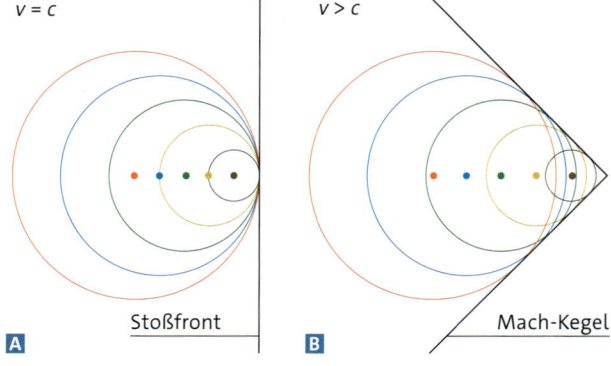

$v = c$ $v > c$

Stoßfront   Mach-Kegel

A   **B**

2 Stoßfront für **A** $v = c$ und **B** $v > c$

Bewegte Quelle • Wenn ein Krankenwagen an Ihnen vorbeifährt, ändert sich die Tonhöhe, mit der sie das Martinshorn hören. Sicher hat der Fahrer nicht die Frequenz wegen Ihnen verkleinert. Aber wie kommt es dann dazu?

Solange der Krankenwagen steht, breiten sich die Wellenfronten vom Martinshorn in alle Richtungen gleich aus. Rund herum ist die gleiche Tonhöhe zu hören (▸Abb.1A). Wenn der Krankenwagen aber fährt, dann bewegt sich die Schallquelle bezüglich der Luft als Wellenträger. Dadurch verkürzt sich der Abstand zwischen zwei Wellenfronten in Fahrtrichtung, während er sich entgegen der Fahrtrichtung entsprechend verlängert (▸Abb.1B). Den Beobachter ② erreichen dadurch im gleichen Zeitraum mehr Wellenfronten, d.h., die von ihm wahrgenommene Frequenz f_B ist höher als die Frequenz f_Q beim stehenden Krankenwagen. Diese Frequenzänderung nennt man **akustischen Doppler-Effekt.**

Wir leiten nun den Zusammenhang zwischen f_B und f_Q allgemein her: Wenn sich die Schallquelle mit der Geschwindigkeit v bewegt, legt sie während einer Periodendauer T_Q die Strecke

3 Wolkenscheibe beim Überschallflug

$$\Delta x = v \cdot T_Q = \frac{v}{f_Q}$$

zurück. Daher gilt für die wahrgenommene Wellenlänge:

$$\lambda_B = \lambda_Q - \Delta x = \frac{c}{f_Q} - \frac{v}{f_Q} = \frac{c - v}{f_Q}.$$

Daraus ergibt sich für die wahrgenommene Frequenz:

$$f_B = \frac{c}{\lambda_B} = \frac{c \cdot f_Q}{c - v} = f_Q \cdot \frac{c}{c - v}.$$

Für die Frequenzänderung Δf erhält man daher

$$\Delta f = f_B - f_Q = f_Q \cdot \left(\frac{c}{c - v} - 1 \right) = f_Q \cdot \frac{v}{c - v}.$$

Entgegen der Bewegungsrichtung der Quelle folgt analog:

$$f_B = f_Q \cdot \frac{c}{c + v}.$$

Die Schallmauer • Je schneller sich die Schallquelle bewegt, desto enger rücken die Wellenfronten vor ihr zusammen. Wenn sie sich mit Schallgeschwindigkeit bewegt, überlagern sich die Wellenfronten konstruktiv zu einer Stoßfront (▸Abb.2A). Wenn diese einen Beobachter erreicht, hört dieser einen lauten Knall, da alle Wellenfronten gleichzeitig bei ihm ankommen. Daher spricht man vom Durchbrechen der **Schallmauer.** Durch die Stoßfront wird die Luft zusammengedrückt und dehnt sich direkt dahinter schlagartig aus. Dabei kondensiert der in der Luft enthaltene Wasserdampf, sodass man manchmal eine Wolkenscheibe beobachtet (▸Abb.3). Düsenflugzeuge können auch schneller als der Schall fliegen, sodass sie ihre eigenen Wellenfronten überholen. Die Stoßfront hat dann die Form eines Kegels, der nach dem Physiker ERNST MACH (1838–1916) **Mach-Kegel** heißt (▸Abb.2B).

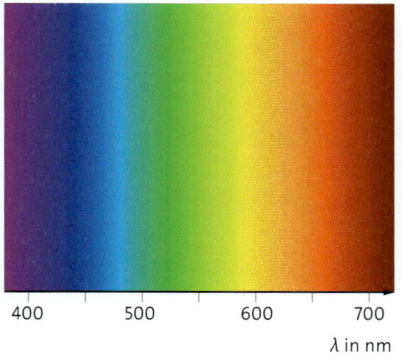

4 Lichtfarbe und Wellenlänge

5 Tscherenkow-Strahlung

6 Tscherenkow-Teleskop auf La Palma

Dopplers erfolgreiche falsche Hypothese · 1842 veröffentlichte CHRISTIAN DOPPLER die Hypothese, dass die unterschiedlichen Farben der Sterne durch den (nach ihm benannten) Doppler-Effekt zustande kommen. Dahinter steckt folgende Idee: Licht lässt sich als sogenannte elektromagnetische Welle beschreiben. Die verschiedenen Wellenlängen des Lichts nimmt das menschliche Auge als Farben wahr. Im Lichtspektrum nimmt die Wellenlänge von Violett nach Rot zu (▸Abb. 4). Wenn sich ein Stern von der Erde entfernt, nimmt die auf der Erde beobachte Wellenlänge zu. Es kommt zu einer „**Rotverschiebung**" des Spektrums des Sternenlichts, umgekehrt zu einer „Blauverschiebung". Heute weiß man, dass die Hypothese von DOPPLER falsch war: Die Farbe der Sterne hängt von deren Oberflächentemperatur ab. Der Doppler-Effekt spielt hier keine Rolle.

Trotzdem konnte man 1868 erstmals eine kleine Rotverschiebung beim Licht, das die Erde vom Stern Sirius A erreicht, nachweisen. Sie kommt dadurch zustande, dass Sirius A mit einem zweiten Stern, Sirius B, ein Doppelstern-System bildet. Da die beiden Sterne sich gegenseitig umkreisen, bewegt sich Sirius A zeitweise von der Erde weg, zeitweise auf sie zu. Die gleiche Methode nutzt man noch heute beim Nachweis von Exoplaneten.

In der ersten Hälfte des 20. Jahrhunderts entdeckte man, dass es bei fast alle Galaxien zur Rotverschiebung kommt. Diese ist allerdings nicht auf den Doppler-Effekt zurückzuführen, sondern entsteht durch die fortlaufende Expansion des Universums, die dafür sorgt, dass die Wellenlänge mit dem Raum zusammen gedehnt wird.

Optischer Doppler-Effekt · Der Zusammenhang zwischen Quellen-Frequenz f_Q und beobachteter Frequenz f_B ist beim **optischen Doppler-Effekt** anders als beim akustischen Fall. Wenn sich Quelle und Beobachter mit der Geschwindigkeit v voneinander entfernen, dann lautet er:

$$f_B = f_Q \cdot \sqrt{\frac{c - v}{c + v}}.$$

Dies folgt aus der speziellen Relativitätstheorie, die man bei elektromagnetischen Wellen berücksichtigen muss.

In Wasser beträgt die Lichtgeschwindigkeit nur etwa 75 % der Vakuumlichtgeschwindigkeit. Deswegen bewegen sich hochenergetische Elektronen in Wasser schneller als Licht und es entsteht ein Mach-Kegel. Die dabei entstehende elektromagnetische Welle nennt man **Tscherenkow-Strahlung**. Sie sorgt z. B. dafür, dass das Wasser um die Brennstäbe eines Kernreaktors blau leuchtet (▸Abb. 5). Man nutzt sie auch zum Nachweis hochenergetischer Ladungsträger aus der kosmischen Strahlung (▸Abb. 6).

1 Erklären Sie anhand der ▸Abb. 1 B, warum Beobachter ① eine niedrige Frequenz wahrnimmt.

2 **a)** Ein Krankenwagen fährt mit $54\frac{km}{h}$. Sein Martinshorn sendet mit 400 Hz. Berechnen Sie die Frequenzänderung beim Vorbeifahren des Wagens.
b) Dilan meint: „Die Frequenzänderung ist proportional zur Geschwindigkeit."
Überprüfen Sie Dilans Aussage.

3 Stellen Sie sich vor, Beobachter ② bewege sich in ▸Abb. 1 A auf den Krankenwagen zu. Begründen Sie, dass er nun auch eine veränderte Frequenz hört.

Elektromagnetische Wellen senden

Egal ob bei Radiosendern oder Bluetooth: Zum Senden elektromagnetischer Wellen benutzt man Antennen. Diese bestehen im einfachsten Fall aus einem Stück Draht. Zum Erzeugen von Wellen benötigt man normalerweise eine Schwingung. Dann müsste der Draht entsprechend elektromagnetisch schwingen. Wie kann das sein?

Antennen und Schwingkreise • Bisher haben Sie elektromagnetische Schwingungen in Schwingkreisen kennengelernt. Auch einen einfachen Draht kann man als Schwingkreis auffassen (▸Abb. 2): Wenn man die Windungszahl der Spule verringert, die Fläche der Kondensatorplatten verkleinert und den Plattenabstand vergrößert, entsteht aus dem Schwingkreis eine Stabantenne. Auf der Stabantenne kann man Schwingungen anregen, indem man sie in der Mitte in unmittelbare Nähe der Spule eines Schwingkreises bringt (▸Abb. 3 A): Wir benutzen hierfür einen Schwingkreis mit einer Frequenz von 434 MHz und eine 34 cm lange Stabantenne.

Elektromagnetisches Feld • Dort kann man magnetische und elektrische Felder nachweisen: Halten wir eine offene Drahtschleife mit einer Glühlampe in die Stabmitte, dann leuchtet die Lampe, wenn die Schleife parallel zum Stab ausgerichtet ist. Je näher die Schleife sich an einem Stabende befindet, desto schwächer leuchtet sie. Halten wir die Schleife orthogonal zur Antenne, leuchtet die Lampe nicht.

Wir erklären das so: Im Stab gibt es einen Wechselstrom mit 434 MHz, der zu einem sich ändernden Magnetfeld führt, das wiederum durch das induzierte elektrische Wirbelfeld für einen Strom in der Drahtschleife sorgt, obwohl diese offen ist (▸Abb. 4). Die Stromstärke ist in der Stabmitte am größten, an den Enden ist sie 0 A.

Auch elektrische Felder lassen sich nachweisen: Hält man eine Glimmlampe an ein Stabende, dann leuchtet sie hell (▸Abb. 3 B). Je näher sie der Mitte ist, desto schwächer leuchtet sie. Die Antenne trägt an ihren Enden offensichtlich elektrische Ladung, die für ein sich ständig änderndes elektrisches Feld sorgt (▸Abb. 4). Die Stabantenne ist also ein sich ständig ändernder elektrischer Dipol, den man auch **Hertzschen Dipol** nennt.

Beim Schwingkreis war das elektrische Feld auf den Kondensator beschränkt und das magnetische Feld auf die Spule. Beim Hertzschen Dipol greifen nun die beiden Felder ineinander und

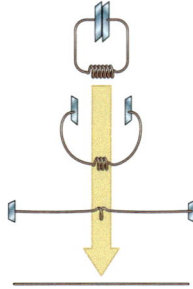

2 Vom Schwingkreis zur Stabantenne

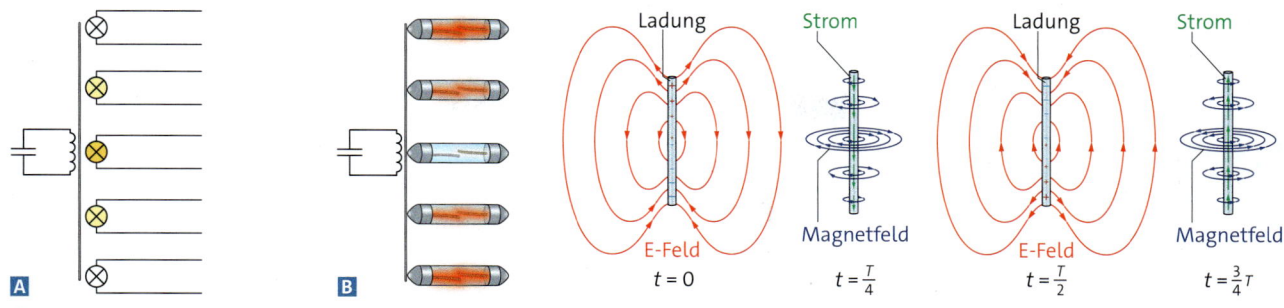

A   **B**

3 Sendeantenne **A** mit offener Drahtschleife, **B** mit Glimmlampe

4 Ladung, Stromstromstärke und Felder bei der Antenne

verändern sich dabei, sodass man tatsächlich von einem **elektromagnetischen Feld** reden kann.

Interferenz! • Sendet die Antenne wirklich elektromagnetische Wellen aus? Das untersuchen wir mit einem baugleichen Hertzschen Dipol, den wir als Empfangsantenne benutzen (►Abb. 5 A): Zum Nachweis des elektrischen Felds messen wir die Spannung an einer Diode, die in dessen Mitte eingebaut ist. Stellen wir den Empfangsdipol parallel ausgerichtet direkt vor den Sendedipol, messen wir wie erwartet wegen des elektrischen Felds eine Spannung (►Abb. 4).

Interferenz ist ein eindeutiges Indiz für Wellen. Wir weisen hier mit dem Empfangsdipol stehende Wellen nach (►Abb. 5 B): Dazu stellen wir in einiger Entfernung zum Sender eine Metallwand auf und messen die Spannung beim Empfangsdipol in Abhängigkeit von der Entfernung zur Metallwand.

Die Messwerte zeigen das typische Muster einer stehenden Welle. Sie entsteht dadurch, dass eine Welle an der Metallwand reflektiert wird und mit der einlaufenden Welle interferiert. Die Antenne sendet elektromagnetische Wellen aus!

Mit Lichtgeschwindigkeit • Aus ►Abb. 5 B bestimmen wir die Ausbreitungsgeschwindigkeit der elektromagnetischen Welle: Bei einer stehenden Welle sind zwei benachbarte Knoten eine halbe Wellenlänge voneinander entfernt. Hier sind es 34 cm. Daraus ergibt sich:

$$\lambda = 2 \cdot 0{,}34\,\text{m} = 0{,}68\,\text{m}.$$

Für die Ausbreitungsgeschwindigkeit gilt daher:

$$c = \lambda \cdot f = 0{,}68\,\text{m} \cdot 434\,\text{MHz} \approx 3{,}0 \cdot 10^8\,\tfrac{\text{m}}{\text{s}}.$$

Elektromagnetische Wellen breiten sich also mit Lichtgeschwindigkeit aus. Die Vermutung ist naheliegend, dass Licht dann auch eine elektromagnetische Welle ist.

> Man kann einen Hertzschen Dipol zu elektromagnetischen Schwingungen anregen. Er sendet dabei elektromagnetische Wellen aus, die sich mit Lichtgeschwindigkeit ausbreiten.

Es ist kein Zufall, dass der Hertzsche Dipol hier 34 cm lang ist: Die Wechselfelder am Dipol kann man als Eigenschwingung mit der Grundfrequenz interpretieren, die sich bei dieser Länge ausbildet.

1 Beim Mobilfunkstandard 5G beträgt die Frequenz 30 GHz. Berechnen Sie die Länge eines passenden Hertzschen Dipols.

HEINRICH HERTZ wies mit einem ähnlichen Aufbau in Karlsruhe 1886 erstmals elektromagnetische Wellen nach.

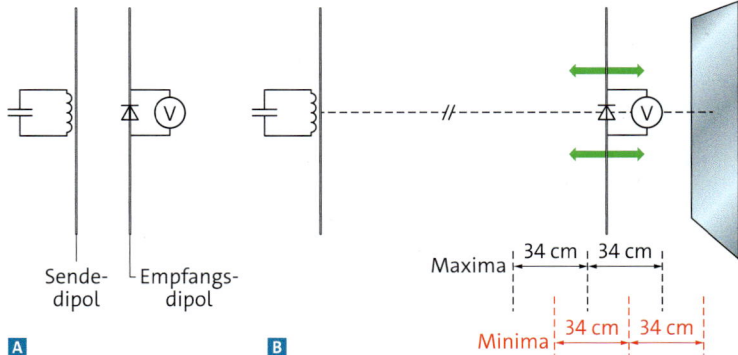

A   **B**

Sendedipol   Empfangsdipol

Maxima   34 cm   34 cm

Minima   34 cm   34 cm

5 Empfangsdipol **A** in der Nähe des Sendedipols, **B** vor einer Metallwand

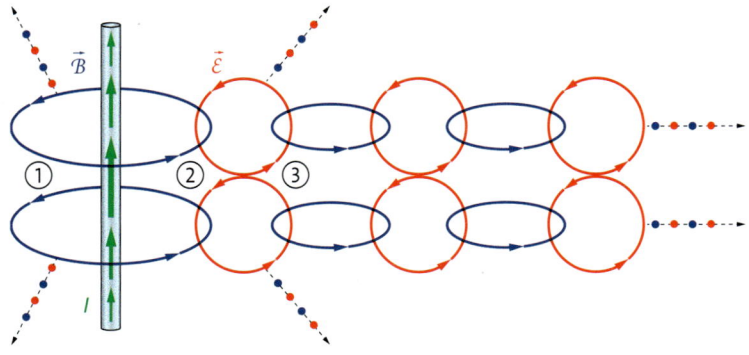

Mit einem elektrischen Strom oder einer Änderung der elektrischen Feldstärke ist immer ein magnetisches Wirbelfeld verbunden. Seine Richtung ergibt sich aus der Rechten-Hand-Regel.

1 Schematische Momentaufnahme beim Entstehen einer elektromagnetischen Welle

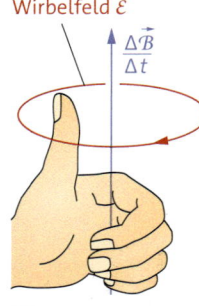

elektrisches Wirbelfeld $\vec{\mathcal{E}}$

2 Linke-Hand-Regel

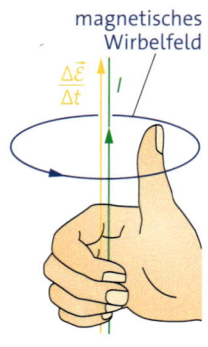

magnetisches Wirbelfeld

3 erweiterte Rechte-Hand-Regel

Die Welle hebt ab • Wie erklärt man die Ausbreitung einer elektromagnetischen Welle? Wir betrachten dafür den Sendedipol in Zeitlupe in dem Moment, wenn es zum ersten Mal ein Strom nach oben gibt (▸Abb.1): Bei ① ist mit dem Strom ein magnetisches Feld verbunden, dessen Feldlinienrichtung sich aus der Rechten-Hand-Regel ergibt. Da dieses Feld zuvor nicht vorhanden war, wird bei ② mit der Magnetfeldänderung ein elektrisches Feld induziert, dessen Richtung sich aus der Linken-Hand-Regel ergibt (▸Abb.2).

Nun geschieht etwas, was für Sie neu ist: Weil das neue elektrische Feld zuvor nicht existierte, induziert diese Feldänderung bei ③ ihrerseits wieder ein magnetisches Wirbelfeld. Dessen Richtung findet man mit einer Erweiterung der Rechten-Hand-Regel (▸Abb.3). Dessen Änderung induziert wiederum ein elektrisches Feld, dessen Änderung ein magnetisches Feld induziert, dessen Änderung … Die Betrachtung beschränkt sich hier auf eine Momentaufnahme des Dipols, gilt aber allgemein: Durch die fortwährende wechselseitige Induktion der Felder hebt die elektromagnetische Welle vom Dipol ab und breitet sich aus.

Maxwells Idee • Dass mit einer Magnetfeldänderung ein elektrisches Wirbelfeld verbunden ist, kennen Sie vom Induktionsgesetz (▸Abb.2). Die Vermutung, dass analog dazu die Änderung eines elektrischen Felds mit einem magnetischen Wirbelfeld verbunden ist, formulierte JAMES MAXWELL 1865. Bis dahin war man davon ausgegangen, dass Magnetfelder nur durch elektrische Ströme erzeugt werden können – so wie Sie es mit der Rechten-Hand-Regel kennen, die nun entsprechend erweitert wird (▸Abb.3):

MAXWELL konnte aufgrund dieser Idee die Existenz elektromagnetischer Wellen und viele ihrer Eigenschaften theoretisch vorhersagen. Der erste experimentelle Nachweis gelang HEINRICH HERTZ erst 21 Jahre später.

Transversal oder longitudinal? • Elektromagnetische Wellen sind Transversalwellen: Aus den Handregeln ergibt sich, dass elektrische Feldstärke und magnetische Flussdichte orthogonal zueinander sind. Das zeigt auch ▸Abb.1. Dort erscheint es aber auf den ersten Blick so, als ob die Felder einen longitudinalen Anteil hätten. Dem ist aber nicht so: Bei ② sehen Sie, dass die eingezeichneten elektrischen Feldlinien gegenläufig sind, sodass Sie sich aufheben. In ähnlicher Weise kann man das für das Magnetfeld zeigen.

Mit einem Empfangsdipol zeigen wir experimentell, dass die vom Sendedipol ausgehende elektromagnetische Welle transversal ist: Zu Beginn stellen wir ihn parallel zum Sendedipol. Wenn wir ihn nun drehen, bis er orthogonal zum Sender steht, geht die Spannung von einem maximalen Wert bis auf 0 V zurück. Die Richtung des Sendedipols gibt hier die Richtung des elektrischen Felds vor.

Phasenlage • Wenn die Welle sich vom Dipol entfernt hat, induzieren sich die Felder gegenseitig. Anders als direkt am Dipol ändern sich $\vec{\mathcal{E}}$ und $\vec{B}$ dabei phasengleich. Zur Erklärung betrachten wir vereinfachend eine nach rechts laufende Welle (▸Abb.4): Die elektrische Feldstärke ist jeweils im Abstand einer halben Wellenlänge nach oben bzw. unten gerichtet (▸Abb.4A). Ihre zeitliche Änderung zeigt ▸Abb.4B. Dort ist auch das sich daraus ergebende magnetische Wirbelfeld eingezeichnet. Jeweils zwischen den betragsmäßig größten Änderungen von $\vec{\mathcal{E}}$ addiert sich die magnetische Flussdichte $\vec{B}$ so, dass sie mit $\vec{\mathcal{E}}$ phasengleich maximal wird (▸Abb.4C).

c und die Feldkonstanten • Zwischen der Vakuumlichtgeschwindigkeit c und den Feldkonstanten ε_0 bzw. μ_0 besteht tatsächlich ein direkter Zusammenhang. Er ergibt sich direkt aus MAXWELLs Theorie. Wir beschränken uns hier darauf, ihn plausibel zu machen:

Eine elektromagnetische Welle kann durch einen Hertzschen Dipol oder durch einen Schwingkreis erzeugt werden. In beiden Fällen gilt die Thomson-Gleichung. Daher ergibt sich für die Ausbreitungsgeschwindigkeit:

$$c = \frac{\lambda}{T} = \frac{\lambda}{2\pi \cdot \sqrt{LC}}.$$

Wir setzen für die Induktivität und die Kapazität die Gleichungen von schlanker Spule bzw. Plattenkondensator ein und sortieren die Faktoren um. Dadurch erhalten wir:

$$c = \frac{\frac{\lambda}{2}}{\pi \cdot \sqrt{\frac{n^2 A_L \cdot A_C}{\ell \cdot d}}} \cdot \frac{1}{\sqrt{\varepsilon_r \mu_r}} \cdot \frac{1}{\sqrt{\varepsilon_0 \mu_0}}.$$

In der Wurzel des ersten Bruchs findet man nur Größen, die sich aus der Geometrie der Bauteile eines Schwingkreises ergeben. Genauso entspricht der Zähler $\frac{\lambda}{2}$ der Länge, also der Geometrie eines Sendedipols. Aus MAXWELLs Theorie folgt, dass dieser Bruch gleich 1 (ohne Einheit) ist. So vereinfacht sich die Gleichung zu

$$c = \frac{1}{\sqrt{\varepsilon_r \mu_r}} \cdot \frac{1}{\sqrt{\varepsilon_0 \mu_0}}$$

und im Vakuum ($\varepsilon_r = \mu_r = 1$) sogar zu:

$$c = \frac{1}{\sqrt{\varepsilon_0 \mu_0}}.$$

Hier zeigt sich, wie eng die elektromagnetische Welle und die beteiligten Felder verknüpft sind.

> Eine elektromagnetische Welle breitet sich durch das wechselseitige Induzieren von elektrischem und magnetischem Feld aus. Dabei sind $\vec{\mathcal{E}}$ und $\vec{\mathcal{B}}$ phasengleich und orthogonal zueinander.
> Zwischen der Vakuumlichtgeschwindigkeit c und den Feldkonstanten ε_0 bzw. μ_0 gilt der Zusammenhang:
>
> $$c = \frac{1}{\sqrt{\varepsilon_0 \mu_0}}.$$

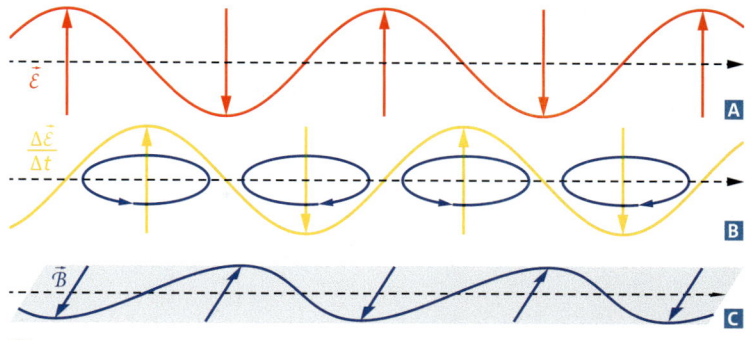

4 Elektromagnetische Welle: **A** elektrische Feldstärke, **B** Änderung der elektrischen Feldstärke und magnetisches Wirbelfeld, **C** magnetische Flussdichte

Was schwingt da? • Mechanische Wellen benötigen zur Ausbreitung einen Träger. Wie sieht es bei elektromagnetischen Wellen aus? Bis Anfang des 20. Jh. versuchte man erfolglos einen solchen Träger, den man „Äther" nannte, experimentell nachzuweisen. Seit EINSTEINs Relativitätstheorie wissen wir: Man benötigt diesen Äther nicht, um die Ausbreitung einer elektromagnetischen Welle zu erklären. Es sind die Felder selbst, die schwingen.

$$L = \mu_0 \mu_r \frac{n^2 A_L}{\ell}$$
$$C = \varepsilon_0 \varepsilon_r \frac{A_C}{d}$$

Nur so kann man erklären, dass man ständig elektromagnetische Signale aus dem Weltraum nachweist, die Milliarden Lichtjahre durch das Vakuum zurückgelegt haben (▸Abb. 5). Das elektromagnetische Feld ist eine jederzeit real existierende Eigenschaft des Raums.

1 Das Radioteleskop Effelsberg empfängt Wellen in einem Bereich von 3,5 mm bis 900 mm.
a) Bestimmen Sie die Länge entsprechender Empfangsdipole.
b) Bestimmen Sie den Frequenzbereich des Teleskops.
2 a) Weisen Sie durch Einsetzen nach, dass der Zusammenhang $c = \frac{1}{\sqrt{\varepsilon_0 \mu_0}}$ tatsächlich gilt.
b) Zeigen Sie, dass $\frac{1}{\sqrt{\varepsilon_0 \mu_0}}$ die Einheit $1 \frac{m}{s}$ hat.
3 Das Entstehen der Welle wird im Text anhand des erstmaligen Stroms im Dipol betrachtet. Erklären Sie entsprechend anhand einer Skizze die Situation, wenn der Dipol erstmalig am oberen Ende positiv geladen ist.
4 a) Erstellen Sie eine Zeichnung, die die Situation in ▸Abb. 1 von oben betrachtet darstellt.
b) Erklären Sie anhand Ihrer Zeichnung, dass $\vec{\mathcal{B}}$ keinen longitudinalen Anteil hat.

5 Radioteleskop Effelsberg

Material A • Stehende Wellen beim Hertzschen Dipol

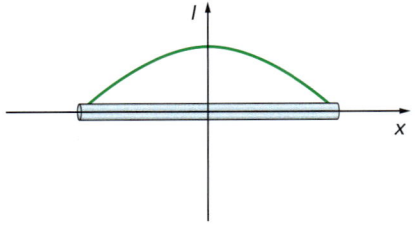

A1 Das Verhalten von Stromstärke *I* und Ladung *Q* beim Hertzschen Dipol kann man als stehende Welle auffassen. Die Abb. zeigt das *I*-*x*-Diagramm eines entsprechend schwingenden Dipols zum Zeitpunkt *t* = 0 s. Ströme nach rechts werden positiv dargestellt.

a) Beschreiben Sie den Verlauf des Diagramms. Erklären Sie, warum die Stromstärke nicht überall gleich ist.

b) Zeichnen Sie je ein *I*-*x*-Diagramm für die Zeitpunkte $\frac{T}{4}$, $\frac{T}{2}$ und $\frac{3}{4}T$. Begründen Sie Ihre Lösung.

c) Erstellen Sie zu denselben Zeitpunkten je ein *Q*-*x*-Diagramm. Vergleichen Sie mit den *I*-*x*-Diagrammen.

d) Erläutern Sie, wie die Diagramme mit dem elektrischen bzw. magnetischen Feld um den Dipol herum zusammenhängen.

A2 Ein Dipol mit der doppelten Länge des Sendedipols wird als Empfänger genutzt. Entlang des Dipols sind Lampen eingebaut. Man beobachtet, dass nur die äußeren leuchten.

a) Schließen Sie aus der Lampenhelligkeit auf die Stromstärkeverteilung entlang des Dipols. Skizzieren Sie

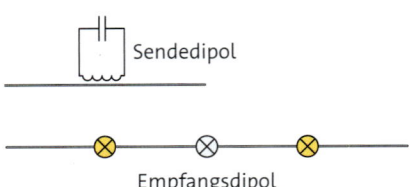

dafür ein entsprechendes *I*-*x*-Diagramm. Begründen Sie Ihre Lösung.

b) Mit einer Glimmlampe lassen sich an dem Dipol an einigen Stellen Ladungen nachweisen. Erläutern Sie dies anhand eines *Q*-*x*-Diagramms.

c) Lina sagt: „Da gibt es eine stehende Welle mit zwei freien Enden." Erik entgegnet: „Die Enden sind fest!" Äußern Sie sich begründet.

Material B • Das Signal für Funkuhren

Funkuhren erhalten ihr Signal vom Sender DCF77 in der Nähe von Frankfurt. Die Sendefrequenz ist 77,5 kHz.

B1 Als Antennen für Funkwellen nutzt man häufig Hertzsche Dipole, deren Länge einer viertel Wellenlänge der gesendeten oder empfangenen Welle entspricht.

a) Berechnen Sie die Länge eines $\frac{\lambda}{4}$-Dipols für das Funksignal. Bewerten Sie die technische Realisierbarkeit.

b) Erklären Sie den Vorteil von $\frac{\lambda}{4}$-Dipole gegenüber $\frac{\lambda}{2}$-Dipolen.

B2 Die 200 m hohen Antennenmasten sind mit Drahtnetzen verbunden, die die Kapazität der Antenne erhöhen.

a) Begründen Sie dieses Vorgehen mit der Thompson-Gleichung.

b) Ein Ingenieur sagt: „Die zusätzliche Kapazität verlängert die Antenne elektrisch und erlaubt sie dadurch mechanisch kürzer zu lassen." Erklären Sie diese Aussage.

B3 Zum Empfang nutzt eine Funkuhr einen Schwingkreis aus einer auf einem Ferritstab gewickelten Spule (1,0 mH) und einem Kondensator.

a) Berechnen Sie die Kapazität so, dass der Schwingkreis die Frequenz von DCF77 hat.

b) Die verwendete 4,0 cm lange Spule hat 160 Windungen und einen Durchmesser von 6,3 mm. Berechnen Sie die Permeabilitätszahl des Ferrits.

B4 Das Signal kann eine Funkuhr auf zwei Wegen erreichen: einerseits direkt mit der Bodenwelle, andererseits mit der Raumwelle, die durch die Reflexion an einer leitenden Schicht der Atmosphäre in 70 km

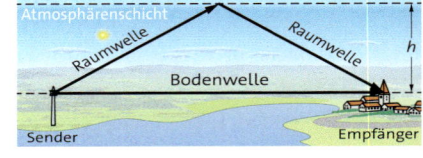

Höhe entsteht. Die Abbildung zeigt die Situation stark vereinfacht.

a) Begründen Sie, dass dadurch das empfangene Signal je nach Ort teilweise verstärkt oder reduziert wird.

b) Eine Funkuhr befindet sich 625 km vom Sender entfernt. Weisen Sie nach, dass der Gangunterschied zwischen Boden- und Raumwelle ein Vielfaches der Wellenlänge ist.

c) Die Funkuhr empfängt in der Situation aus b) ein stark abgeschwächtes Signal. Erläutern Sie, wie dies zustande kommt.

d) Stellen Sie dar, welche Vereinfachungen in dem Modell in der Abbildung vorgenommen wurden.

Material C • Felder im Vergleich

C1 Stellen Sie die Gemeinsamkeiten und Unterschiede von elektrischen, magnetischen und Gravitationsfeld bezüglich der Größe dar, die die Stärke des jeweiligen Felds beschreibt.

C2 Beschreiben Sie, durch welche Eigenschaften der Felder es zu elektromagnetischen Wellen kommt.

C3 a) Informieren Sie sich über Gravitationswellen: Wie entstehen Sie?

Wie breiten Sie sich aus? Wie kann man Sie nachweisen?
b) Erklären Sie, warum es nicht so wie in C2 zu Gravitationswellen kommen kann.

Material D • Energieübertragung mit elektromagnetischen Feldern

Die Ausbreitungsrichtung einer elektromagnetischen Welle kann man aus der Richtung der elektrischen Feldstärke und der magnetischen Flussdichte mit einer Drei-Finger-Regel (rechte Hand) bestimmen (▸Abb. A). Die Ausbreitungsrichtung entspricht auch der Richtung, in der die Welle Energie überträgt.

D1 Die ▸Abb. B zeigt die Feldstärke- und Flussdichtevektoren bei einer elektromagnetischen Welle, die sich längs der x_2-Achse ausbreitet.
a) Die Welle breitet sich nach rechts aus. Überprüfen Sie dies mit der Drei-Finger-Regel.
b) Die Welle soll sich nun nach links ausbreiten. Beschreiben und erklären Sie, wie man ▸Abb. B dafür ändern muss.
c) Eine Welle breitet sich in positiver x_3-Richtung aus. Die elektrische Feldstärke schwingt in x_1-Richtung. Erstellen Sie eine der ▸Abb. B entsprechende Zeichnung.
D2 Tatsächlich gilt diese Drei-Finger-Regel für die Energieübertragung

bei allen elektrischen und magnetischen Feldern. Die ▸Abb. C zeigt das elektrische und das magnetische Feld bei einem einfachen Stromkreis.
a) Überprüfen Sie mit der Drei-Finger-Regel, dass die Energie von der Batterie zur Lampe übertragen wird.
b) Die Stromrichtung wird umgedreht. Erstellen Sie eine entsprechende Zeichnung. Überprüfen Sie die Richtung der Energieübertragung.
c) Erklären Sie, wie (i) das magnetische und (ii) das elektrische Feld beim Stromkreis entsteht.
d) Die Driftgeschwindigkeit der Elektronen beträgt in einem solchen Stromkreis meistens weniger als $1 \frac{mm}{s}$. Trotzdem leuchtet die Lampe sofort, wenn man sie mit der Batterie verbindet. Lösen Sie diesen scheinbaren Widerspruch auf.
e) Erläutern Sie die Energieübertragung bei einem Kondensator mit der Drei-Finger-Regel, (i) während er geladen wird, (ii) wenn er geladen ist, (iii) wenn er entladen wird.

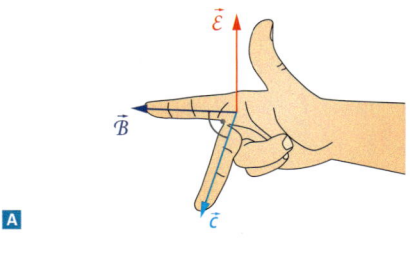

A

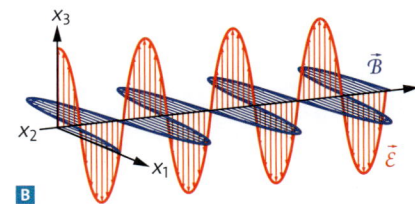

B

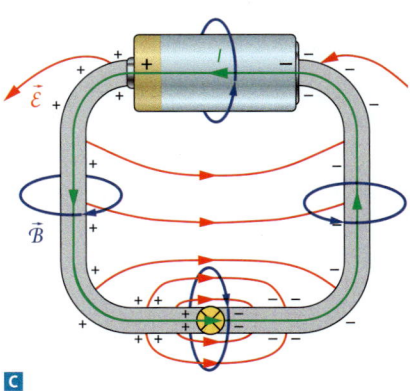

C

Material E • Stehende elektromagnetische Welle in Wasser

E1 Man untersucht eine stehende elektromagnetische Welle in Wasser mit einem geeigneten Empfangsdipol.
a) Erklären Sie, wie es vor der Metallwand zu einer stehenden Welle kommt.

b) Der Abstand zwischen zwei Knoten beträgt 3,9 cm. Berechnen Sie daraus c in Wasser.
c) Erläutern Sie Ihr Ergebnis aus b) anhand des Zusammenhangs
$$c = \frac{1}{\sqrt{\varepsilon_r \mu_r}} \cdot \frac{1}{\sqrt{\varepsilon_0 \mu_0}}.$$

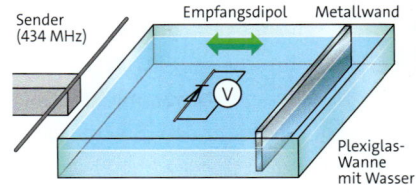

Sender (434 MHz) · Empfangsdipol · Metallwand · Plexiglas-Wanne mit Wasser

„War es ein Gott, der diese Zeichen schrieb?" – Die Maxwell-Gleichungen

	Mathematische Formulierung	damit verbundene physikalische Aussagen	
1.	$\begin{vmatrix} \frac{\partial}{\partial x} \\ \frac{\partial}{\partial y} \\ \frac{\partial}{\partial z} \end{vmatrix} \cdot \vec{\mathcal{E}} = \frac{1}{\varepsilon_0\,\varepsilon_r} \cdot \rho_Q$ ρ_Q: Ladungsdichte (Ladung pro Volumen)	Die elektrische Ladung ist immer mit einem elektrischen Feld verbunden. An elektrischen Ladungen beginnen bzw. enden elektrische Feldlinien. (Sie kennen: $\mathcal{E} = \frac{1}{\varepsilon_0\,\varepsilon_r} \cdot \sigma$)	
2.	$\begin{vmatrix} \frac{\partial}{\partial x} \\ \frac{\partial}{\partial y} \\ \frac{\partial}{\partial z} \end{vmatrix} \cdot \vec{B} = 0$	Es gibt keine magnetische Ladung: Magnetische Feldlinien haben weder Anfang noch Ende.	
3.	$\begin{vmatrix} \frac{\partial}{\partial x} \\ \frac{\partial}{\partial y} \\ \frac{\partial}{\partial z} \end{vmatrix} \times \vec{\mathcal{E}} = -\dot{\vec{B}}$	Faradaysches Induktionsgesetz: Mit einem zeitlich sich ändernden magnetischen Feld ist immer ein elektrisches Wirbelfeld verbunden. Dabei gilt die Linke-Hand-Regel. (Sie kennen: $U_{ind}(t) = -n \cdot \dot{\Phi}(t)$)	elektrisches Wirbelfeld $\vec{\mathcal{E}}$ $\frac{\Delta\vec{B}}{\Delta t}$
4.	$\begin{vmatrix} \frac{\partial}{\partial x} \\ \frac{\partial}{\partial y} \\ \frac{\partial}{\partial z} \end{vmatrix} \times \vec{B} = \mu_0\,\mu_r \cdot \vec{j} + \mu_0\,\mu_r\,\varepsilon_0\,\varepsilon_r \cdot \dot{\vec{\mathcal{E}}}$ $\vec{j}$: Stromdichte (Strom durch Fläche)	Mit einem elektrischen Strom oder einem zeitlich sich ändernden elektrischen Feld ist immer ein magnetisches Wirbelfeld verbunden. Dabei gilt die Rechte-Hand-Regel. (Sie kennen: $B = \mu_0\,\mu_r \cdot \frac{n}{\ell} \cdot I$)	magnetisches Wirbelfeld I

1 Die Grundaussagen der vier Maxwell-Gleichungen

Ein Meilenstein • Sie sind ein riesiger Meilenstein in der Entwicklung der Physik: die vier Gleichungen, die JAMES MAXWELL 1865 formulierte (▸Tab. 1). Sie erklären in einer sehr kompakten mathematischen Formulierung alle Beobachtungen in der Elektrodynamik. Wie Sie in der rechten Tabellenspalte sehen, kennen Sie bereits die Grundaussagen, die in diesen Gleichungen kodiert sind.

Mit der Kombination aus dritter und vierter Gleichung sagte MAXWELL die Existenz elektromagnetischer Wellen voraus, insbesondere dass diese sich mit Lichtgeschwindigkeit ausbreiten. Als sich dies experimentell bestätigte, wurde klar, dass ihm mit seinen Gleichungen nicht nur die Verbindung von Elektrizität und Magnetismus gelungen war, sondern dass sie auch die Optik erklärten. Die Eleganz und Erklärungsmächtigkeit der Maxwell-Gleichungen beschrieb der Physiker LUDWIG BOLTZMANN Anfang des 20. Jh. mit dem abgewandelten Goethe-Zitat aus der Überschrift. Heute finden Sie die Gleichungen auf T-Shirts, Tassen und Tattoos (▸Abb. 3).

Der Verschiebungsstrom • MAXWELLs Beitrag bestand neben der mathematischen Formulierung vor allem in der Idee, dass nicht nur ein elektrischer Strom, sondern auch die Änderung des elektrischen Felds ein magnetisches Wirbelfeld erzeugt. Folgendes Experiment verdeutlicht diese Erweiterung (▸Abb. 2):

Bringt man zwei miteinander verbundene Metallscheiben in das elektrische Feld des Kondensators, kommt es dort zur Influenz. Während des Ladens des Kondensators gibt es einen Influenzstrom zwischen den Scheiben, der nur existiert, solange sich das elektrische Feld ändert. Aufgrund dieses Stroms gibt es ein magnetisches Wirbelfeld. MAXWELLs Idee war, dass das Magnetfeld auch ohne die verbundenen Scheiben existiert – eben solange das elektrische Feld sich ändert!

Weil die Änderung des elektrischen Felds den Influenzstrom ersetzt, nennt man sie **Maxwellschen Verschiebungsstrom**, obwohl es keinen Ladungstransport gibt.

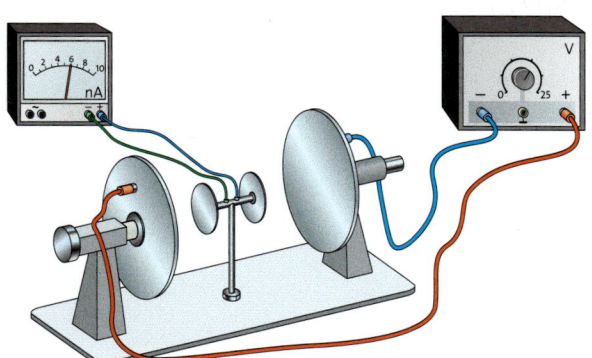

2 Experiment zum Verschiebungsstrom

3 Die Maxwell-Gleichungen im Alltag

Maxwell und die Relativität • Der Zusammenhang $c = \frac{1}{\sqrt{\varepsilon_0 \mu_0}}$ zwischen Vakuumlichtgeschwindigkeit und den Feldkonstanten hat weitreichende Konsequenzen: Wenn man die Feldkonstanten bestimmt, dann spielt es keine Rolle, mit welcher Geschwindigkeit sich der entsprechende Aufbau bewegt. Da sich die Lichtgeschwindigkeit aus den Feldkonstanten berechnet, gilt das auch für sie. Wenn man also z.B. die Geschwindigkeit des von der Sonne kommenden Lichts auf der Erde bestimmt, erhält man exakt denselben Wert wie auf der Sonde Voyager 1, die sich mit $17\frac{km}{s}$ von der Sonne wegbewegt. Das klingt nach einem Widerspruch, denn Voyager 1 fliegt praktisch vor dem Licht weg und man müsste dort eine entsprechend kleinere Geschwindigkeit $c' = c - 17\frac{km}{s}$ messen.

Durch die spezielle Relativitätstheorie löste EINSTEIN 1905 diesen Widerspruch: Tatsächlich ist die Vakuumlichtgeschwindigkeit eine Naturkonstante, die unabhängig von der Geschwindigkeit eines sogenannten Bezugssystems wie der Erde oder Voyager 1 ist. Dafür hängen Zeitspannen und Längen vom Bezugssystem ab, in dem sie gemessen werden. Eine Folgerung hieraus ist, dass die Newtonsche Mechanik, wie Sie sie kennen, nicht ganz korrekt ist, sondern nur näherungsweise gilt. Die Maxwell-Gleichungen behalten aber Ihre volle Gültigkeit!

Die Gleichungen lesen • Die Maxwell-Gleichungen sind ein System von Differenzialgleichungen. Bisher haben Sie eindimensionale Differenzialgleichungen mit zeitlichen Ableitungen kennengelernt. Da sich die Felder auch räumlich ändern, kommen in den Gleichungen auch Ableitun-

gen nach den Ortskoordinaten vor. In ▸Tab. 1 steht z.B. $\frac{\partial}{\partial x}$ für die Ableitung nach der x-Koordinate. Die Ortsableitungen fasst man zu einem Vektor zusammen, den man häufig mit dem Symbol ∇ („nabla") abkürzt (▸Abb. 3).

Wenn man diesen Vektor wie in der ersten und zweiten Gleichung skalar mit $\vec{\mathcal{E}}$ bzw. $\vec{\mathcal{B}}$ multipliziert, gibt das Ergebnis, eine örtliche Ableitung, an, wo Feldlinien beginnen oder enden. Die dritte und vierte Gleichung sind vor allem für zeitlich sich ändernde Felder wichtig. Durch das Vektorprodukt ergeben sich die Richtung und die Lage der dabei entstehenden Wirbelfelder.

1 Ein Physiklehrer sagt: „Durch den Verschiebungsstrom ist der Stromkreis auch durch den Kondensator hindurch geschlossen."
Erläutern Sie die Aussage.

2 Wenn keine Ladungen und Ströme vorhanden sind, sind Ladungsdichte ρ_Q und Stromdichte $\vec{j}$ null.
a) Schreiben Sie die Maxwell-Gleichungen für diesen Spezialfall auf.
b) Es gibt dann nur noch elektrische und magnetische Wirbelfelder. Begründen Sie.
c) Die Gleichungen sind in diesem Fall fast symmetrisch bezüglich $\vec{\mathcal{E}}$ bzw. $\vec{\mathcal{B}}$. Beschreiben Sie dies anhand der Gleichungen.
d) An den Gleichungen erkennt man, welche Hand-Regel man benutzen muss. Erklären Sie.

3 Sie haben auch für die Mechanik grundlegende Gleichungen kennengelernt. Stellen Sie diese in einer Tabelle wie ▸Tab. 1 zusammen.

Mikrowellen

Den leckeren Auflauf von gestern kann man gut im Mikrowellenherd warm machen. Dabei wird er an verschiedenen Stellen im Inneren erhitzt. Daneben gibt es aber auch Stellen, an denen er zunächst kalt bleibt.

Wassermoleküle im elektrischen Feld • Beim Erwärmen werden elektromagnetische Wellen mit einer Frequenz von 2,5 GHz benutzt, die man Mikrowellen nennt. Die Wassermoleküle im Auflauf dienen dabei als eine Art Empfangsdipol (▶Abb. 2): Da das Wassermolekül ein permanenter elektrischer Dipol ist, richtet es sich entsprechend im elektrischen Feld der Mikrowelle aus. Da sich die Richtung des elektrischen Felds

mit 2,5 GHz ändert, beginnt das Molekül zu rotieren. Die so aufgenommene Energie wird an benachbarte Moleküle übertragen, die dadurch anfangen zu schwingen. Der Auflauf erhitzt sich.

Stehende Welle • Beim Erhitzen wird der Auflauf nicht gleichmäßig erwärmt. Wir untersuchen, wie die heißen und kalten Stellen verteilt sind. Dazu legen wir ein feuchtes Blatt Papier in den Mikrowellenherd und stellen ihn ca. 20 Sekunden an. Das Blatt fotografieren wir anschließend mit einer Wärmebildkamera (▶Abb. 3).

Die Regelmäßigkeit des Musters lässt sich wie folgt erklären: Die Mikrowellen werden an den Wänden, der Decke und dem Boden des Garraums reflektiert. Auch die Tür hat deswegen ein Metallgitter. Durch die Reflexion entsteht eine dreidimensionale stehende Welle. An einem Wellenbauch ist die elektrische Feldstärke groß. Es wird viel Energie übertragen und die Stelle wird heiß.

Dieses Interferenzmuster ist komplexer als bei eindimensionalen stehenden Wellen. Zwei benachbarte Wellenbäuche sind aber auch hier etwa eine halbe Wellenlänge voneinander entfernt.

$\vec{\mathcal{E}}$

$\vec{F}_{el}$

2 Wassermolekül im elektrischen Feld

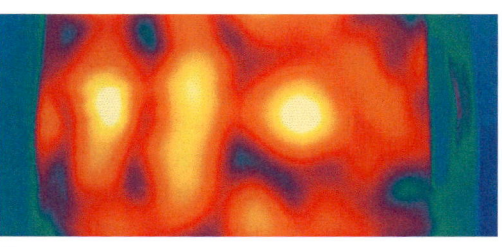

3 Interferenzmuster im Garraum mit der Wärmebildkamera aufgenommen

Da Mikrowellen sich als elektromagnetische Wellen mit Lichtgeschwindigkeit ausbreiten, müsste für den Abstand d zwischen zwei benachbarten Wellenbäuchen gelten:

$$d = \frac{\lambda}{2} = \frac{c}{2f} = \frac{3{,}00 \cdot 10^8 \frac{m}{s}}{2 \cdot 2{,}5 \cdot 10^9 \, Hz} \approx 6{,}0 \, cm.$$

Tatsächlich kann man diese Regelmäßigkeit im Interferenzmuster erkennen.

Reflexion an Metall? • Die Reflexion an einer Metallwand untersuchen wir experimentell genauer mit einem Mikrowellensender mit etwa 10 GHz und einem passenden Empfangsdipol (▸Abb. 4). Da die Sendeantenne die Richtung des elektrischen Felds vorgibt, muss der Empfänger parallel zu ihr stehen. Tatsächlich weisen wir vor der Wand eine stehende Welle nach, deren benachbarten Knoten eine halbe Wellenlänge voneinander entfernt sind. Direkt an der Wand befindet sich ein Knoten.

Reicht ein Gitter? • Das Lochgitter aus Metall in der Herdtür reflektiert die Mikrowellen auch. Wir untersuchen, wie das funktioniert: Wir ersetzen im bisherigen Aufbau die Metallwand durch ein Gitter aus Metallstäben (▸Abb. 5). Der Empfänger befindet sich in einem Trichter, um das Signal zu verstärken: Sind die Stäbe parallel zur Sendeantenne gerichtet, dann wird die Mikrowelle wie bei der Wand reflektiert. Hinter dem Gitter ist nichts nachzuweisen (▸Abb. 5 A). Stehen die Stäbe orthogonal zur Antenne, ist es umgekehrt: Die Mikrowelle gelangt ungehindert durch das Gitter und wird nicht reflektiert (▸Abb. 5 B).

Für die Erklärung ist entscheidend, dass die Stäbe wie in ▸Abb. 5 A parallel zur Sendeantenne sind. So sorgt das elektrische Feld der Welle für eine elektromagnetische Schwingung in den Stäben. Diese sind als Empfangsantenne eigentlich zu lang und besitzen eine wesentlich kleinere Resonanzfrequenz. Da die Anregungsfrequenz viel größer als diese ist, ist die Schwingung in den Stäben gegenphasig zur anregenden Welle.

Durch die elektromagnetische Schwingung wirken die Metallstäbe selbst als Sendeantennen. Die dabei entstehende Mikrowelle interferiert mit der einfallenden Welle. Da die Stäbe gegen-

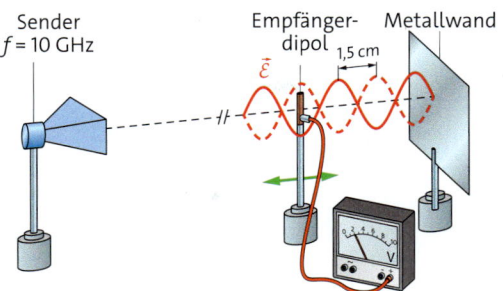

4 Nachweis der stehende Welle bei der Reflexion an einer Metallwand

phasig senden, gibt es bei der Reflexion direkt vor dem Gitter für das elektrische Feld einen Knoten – so wie wir es beobachtet haben. Hinter dem Gitter behalten die Wellen ihre Gegenphasigkeit überall bei und löschen sich daher ganz aus. In ▸Abb. 5 A weist der Empfänger daher dort keine Welle nach. In ▸Abb. 5 B entsteht in den Stäben keine Schwingung und daher keine weitere Welle, die interferieren könnte.

Das Lochgitter in der Tür kann man sich als Gitter aus gekreuzten Stäben vorstellen: Sie reflektieren die Mikrowelle nahezu komplett. Was wir für die Mikrowelle gezeigt haben, gilt allgemein für elektromagnetische Wellen:

> Trifft eine elektromagnetische Welle auf Metall, löst sie dort eine elektromagnetische Schwingung aus. Die so entstehende Welle interferiert mit der einfallenden Welle.

1 Die meisten Mikrowellenherde haben einen Drehteller. Erklären Sie dessen Funktion.

2 Um Speisen anzubraten, müssen diese auf ca. 140 °C erhitzt werden. Begründen Sie, warum das im Mikrowellenherd nicht funktioniert.

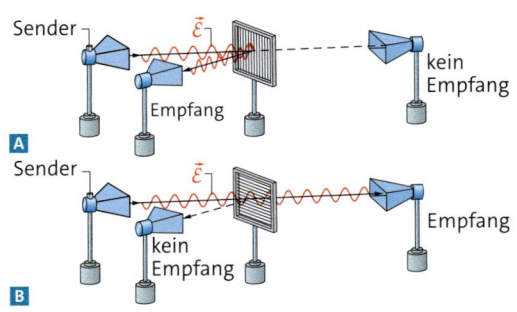

5 **A** Reflexion am Metallgitter, **B** Keine Reflexion beim um 90° gedrehten Gitter

237

ELEKTROMAGNETISCHE WELLEN

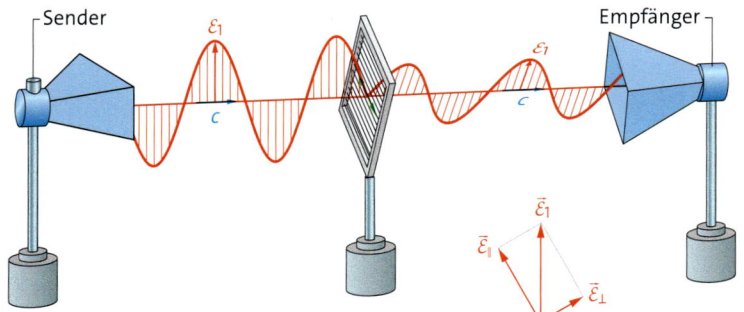

1 Das Stabgitter wirkt als Filter und dreht die Polarisationsrichtung.

Polarisationsfilter • Ob das Metallgitter die Mikrowelle durchlässt, hängt von der Schwingungsrichtung der elektrischen Feldstärke ab. Diese Richtung nennt man **Polarisationsrichtung.** Deswegen nennt man so ein Gitter auch **Polarisationsfilter.** Beim Durchgang durch den Filter wird die Polarisationsrichtung gedreht (▶Abb. 1): Von der elektrischen Feldstärke $\vec{\mathcal{E}}_0$ der einfallenden Welle erzeugt nur die Komponente entlang des Stabs die elektromagnetische Schwingung. Da der Stab selbst wieder gegenphasig sendet, bleibt bei der Interferenz hinter dem Gitter nur noch die Komponente orthogonal zum Stab übrig. Wenn man die Empfangsantenne entsprechend ausrichtet, weist man ein Maximum nach, orthogonal dazu ein Minimum.

Jede Transversalwelle hat eine Polarisationsrichtung, z. B. auch mechanische Seilwellen.

Die Sendeantenne bestimmt, in welcher Richtung eine Welle polarisiert ist. Elektromagnetische Wellen haben aber nicht immer eine eindeutige Polarisationsrichtung, da sie auf sehr verschiedene Weisen erzeugt werden können.

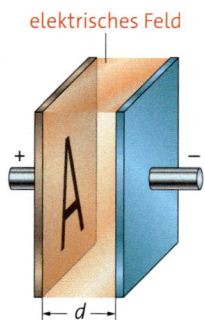

elektrisches Feld

2 Elektrisches Feld zwischen den Kondensatorplatten

> Die Schwingungsrichtung der elektrischen Feldstärke einer elektromagnetischen Welle nennt man Polarisationsrichtung. Ein Gitter aus Metallstäben ist ein Polarisationsfilter für Mikrowellen. Hinter dem Filter ist die Welle orthogonal zu den Stäben polarisiert.

Energie in der Welle • Mit dem elektromagnetischen Feld der Mikrowelle wird offensichtlich Energie übertragen. Wie viel Energie das ist und mit welcher Leistung dies geschieht, hängt von der elektrischen Feldstärke und der magnetischen Flussdichte ab. Das zeigen wir im Folgenden.

Wir betrachten zunächst nur das elektrische Feld und gehen hierbei von einem Feld in einem völlig anderen Zusammenhang aus, dem eines Kondensators (▶Abb. 2): Für die dort gespeicherte Energie gilt:

$$E_{el} = \frac{1}{2} \cdot C \cdot U^2 .$$

Für einen Plattenkondensator stellt je eine Gleichung für Kapazität bzw. Spannung den Zusammenhang zu der Kondensatorgeometrie und der elektrischen Feldstärke her:

$$C = \varepsilon_0 \, \varepsilon_r \frac{A}{d} \text{ und } U = \mathcal{E} \cdot d .$$

Oben eingesetzt erhält man:

$$E_{el} = \frac{1}{2} \cdot \varepsilon_0 \, \varepsilon_r \cdot \mathcal{E}^2 \cdot (A \cdot d) = \frac{1}{2} \cdot \varepsilon_0 \, \varepsilon_r \cdot \mathcal{E}^2 \cdot V$$

▶Abb. 2 zeigt, dass $A \cdot d$ das Volumen V ist, das das Feld zwischen den Kondensatorplatten einnimmt.

Energiedichte • Der Zusammenhang gilt nicht nur für den Plattenkondensator, sondern für alle elektrischen Felder, auch bei der elektromagnetischen Welle. Um die Energie damit berechnen zu können, müsste die elektrische Feldstärke in dem Volumen konstant sein. Das ist bei der Welle aber nicht der Fall. Daher arbeitet man mit der **Energiedichte:**

$$\rho_{el} = \frac{E_{el}}{V} = \frac{1}{2} \cdot \varepsilon_0 \, \varepsilon_r \cdot \mathcal{E}^2 .$$

Natürlich ist nicht nur im elektrischen Feld, sondern auch im magnetischen Feld der Welle Energie gespeichert. Aus Symmetriegründen ist der magnetische Anteil an der gesamten Energiedichte genau so groß wie der elektrische, d. h., insgesamt ist diese doppelt so groß. Da sich die elektrische Feldstärke auch zeitlich sinusförmig ändert, gibt man die mittlere Energiedichte an, die halb so groß wie der Wert bei maximaler Feldstärke $\hat{\mathcal{E}}$ ist:

$$\rho_{EM} = \frac{1}{2} \cdot \varepsilon_0 \, \varepsilon_r \cdot \hat{\mathcal{E}}^2 .$$

Strahlungsintensität • Die Mikrowellen sollten den Auflauf schnell genug erhitzen. Hierfür ist die Leistung P entscheidend, mit der die elektromagnetische Welle die Energie überträgt:

$$P = \rho_{EM} \cdot \frac{V}{\Delta t} = \frac{1}{2} \cdot \varepsilon_0\, \varepsilon_r \cdot \hat{\mathcal{E}}^2 \cdot \frac{V}{\Delta t}.$$

Wenn die elektromagnetische Welle auf den Auflauf trifft, absorbiert dieser in der Zeitspanne Δt einen Teil der Welle (▸Abb. 5). Da sich die Welle mit Lichtgeschwindigkeit ausbreitet, gilt dabei:

$$V = A \cdot \Delta s = A \cdot c \cdot \Delta t.$$

Für die Leistung ergibt sich somit:

$$P = \frac{1}{2} \cdot c \cdot \varepsilon_0\, \varepsilon_r \cdot \hat{\mathcal{E}}^2 \cdot A.$$

Wenn man wissen möchte, wie groß die Leistung an einem Punkt der Fläche ist, muss man den Quotienten $\frac{P}{A}$ berechnen. Man nennt ihn **Strahlungsintensität S**:

$$S = \frac{P}{A} = \frac{1}{2} \cdot c \cdot \varepsilon_0\, \varepsilon_r \cdot \hat{\mathcal{E}}^2.$$

Auch diese Überlegungen gelten für alle elektromagnetische Wellen.

> Elektromagnetische Wellen übertragen Energie. Die mittlere Energiedichte ρ_{EM} in der Welle beträgt dabei
>
> $$\rho_{EM} = \frac{1}{2}\varepsilon_0\, \varepsilon_r \cdot \hat{\mathcal{E}}^2.$$
>
> Die Strahlungsintensität S bei der Ausbreitung ist
>
> $$S = \frac{P}{A} = \frac{1}{2} \cdot c \cdot \varepsilon_0\, \varepsilon_r \cdot \hat{\mathcal{E}}^2.$$

Erzeugen von Mikrowellen · Durch die hohe Frequenz ist es nicht möglich, Mikrowellen durch einen einfachen Schwingkreis zu erzeugen. Bei Mikrowellenherden nutzt man hierzu **Hohlraumresonatoren** in einem sogenannten Magnetron (▸Abb. 4): Jeder der Hohlräume im äußeren Metallblock wirkt wie ein Schwingkreis: Der Bogen ist praktisch eine Spule mit einer Windung, die Bogenenden bilden einen Kondensator mit sehr kleiner Kapazität. Die Resonanzfrequenz hängt von der Geometrie des Hohlraums ab. Beim Mikrowellenherd sind es 2,54 GHz.

Zum Anregen der Resonatoren benutzt man Elektronen, die von einer Glühkathode in der Mitte des Magnetrons durch eine hohe Spannung im Vakuum in Richtung des Metallblocks beschleunigt werden. Senkrecht zum elektrischen Feld ist das Magnetron von einem Magnetfeld durchsetzt, sodass sich die Elektronen durch die Lorentz-Kraft auf Spiralbahnen bewegen.

Fliegt ein Elektron in der Nähe eines Hohlraums vorbei, wird die entsprechende Stelle durch Influenz positiv. Das geschieht zu Beginn zufällig verteilt. Durch die Ladungsverschiebung werden in den Resonatoren elektromagnetische Schwingungen ausgelöst, die sich durch die gemeinsame Resonanzfrequenz gegenseitig synchronisieren. Gleichzeitig entsteht dabei ein elektrisches Wechselfeld zwischen den Abschnitten des Metallblocks. Dieses Wechselfeld wirkt so auf die Elektronen zurück, dass sich Elektronen-„Pakete" bilden. Diese Pakete verstärken wiederum die Influenz bei den Hohlraumresonatoren, sodass es eine Rückkopplung gibt und sich die Amplitude der elektromagnetischen Schwingung immer weiter vergrößert.

Insgesamt wird so von den Elektronen auf die Hohlraumresonatoren Energie übertragen. An einem der Hohlräume wird die elektromagnetische Welle ausgekoppelt und über einen Hohlleiter zum Garraum übertragen.

1 Hält man einen Empfangsdipol für 434-MHz-Wellen parallel zur Antenne vor den Mikrowellensender, kann man eine kleine Spannung messen. Erklären Sie, wie es hierzu kommt.

2 Ein Stabgitter wäre in der Herdtür nicht ausreichend, um die Mikrowellen komplett zu reflektieren. Erklären Sie.

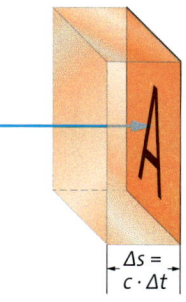

3 Die elektromagnetische Welle trifft auf eine Oberfläche.

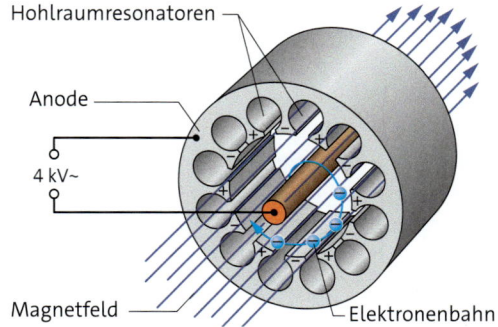

4 Prinzipieller Aufbau eines Magnetrons

Versuch A • Interferenz und Polarisation bei Mikrowellen

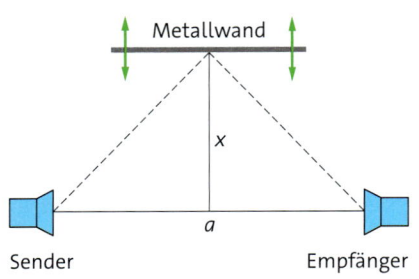

Metallwand

x

a

Sender

Empfänger

V1 Lloyd-Spiegel qualitativ

Sie untersuchen die Interferenz von Mikrowellen bei der Reflexion.
Beachten Sie, dass Ihr Körper und andere Gegenstände die Mikrowellen auch reflektieren!

Material:
Mikrowellensender und -empfänger mit Anzeigegerät, Metallwand, Maßband

Arbeitsauftrag:
a) Bauen Sie Sender, Empfänger und Metallwand entsprechend der Abb. auf.
b) Bewegen Sie die Wand langsam in Richtung der Strecke a und beobachten Sie dabei das Anzeigegerät. Achten Sie darauf, dass die Wand parallel zu a bleibt. Beschreiben Sie.
c) Erläutern Sie das Zustandekommen der Anzeige in Abhängigkeit von der Position der Wand. Erklären Sie den Begriff „Spiegel" in diesem Kontext.

V2 Lloyd-Spiegel quantitativ

Sie bestimmen mit dem Aufbau von V1 die Wellenlänge der Mikrowelle.

Arbeitsauftrag:
a) Bestimmen Sie die Wandposition x für die Maxima und Minima der Anzeige. Beginnen Sie mit dem Minimum mit dem kleinsten x (mindestens 8 Werte).
b) Der Gangunterschied bei der Interferenz von direkter und reflektierter Welle lässt sich folgendermaßen berechnen:

$$\delta(x) = 2 \cdot \sqrt{\left(\frac{a}{2}\right)^2 + x^2} - a.$$

Erklären Sie das Zustandekommen dieser Formel.
c) Berechnen Sie jeweils $\delta(x)$ für ihre Messwerte.
d) Zwischen zwei benachbarten Werten von $\delta(x)$ liegt jeweils eine halbe Wellenlänge. Begründen Sie dies.
e) Bestimmen Sie aus Ihren Messwerten die Wellenlänge der Mikrowelle. Nutzen Sie dabei den Zusammenhang aus d).

V3 Das Gesetz von Malus

Sie untersuchen die Winkelabhängigkeit der Polarisation.

Material:
Mikrowellensender und -empfänger mit Anzeigegerät

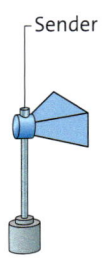

Sender

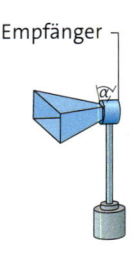

Empfänger

Arbeitsauftrag:
a) Bauen Sie Sender und Empfänger so auf, dass Sende- und Empfangsantenne parallel ausgerichtet sind.
b) Drehen Sie den Empfänger und nehmen Sie den Wert U des Anzeigegeräts in Abhängigkeit vom Winkel α in 5°-Schritten von 0° bis 180° auf. Erstellen Sie ein U-α-Diagramm.
c) Für die vom Empfänger aufgenommene Komponente der elektrische Feldstärke gilt

$$\mathcal{E}(\alpha) = \mathcal{E}(0°) \cdot \cos(\alpha),$$

für die Strahlungsintensität

$$S(\alpha) = S(0°) \cdot \cos^2(\alpha).$$

Begründen Sie die Winkelabhängigkeit von $\mathcal{E}(\alpha)$ und $S(\alpha)$. Vergleichen Sie mit den Messwerten $U(\alpha)$.
d) Je nach Empfänger-Modell ist der angezeigte Wert U proportional zu $|\mathcal{E}(\alpha)|$ oder zu $S(\alpha)$. Treffen Sie hierzu aufgrund Ihrer Messwerte eine begründete Entscheidung.

Material A • Das Huygenssche Prinzip mit Mikrowellen

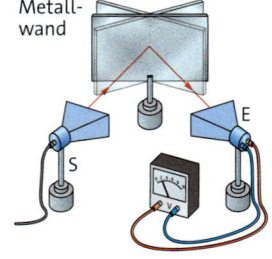

Metallwand

E

S

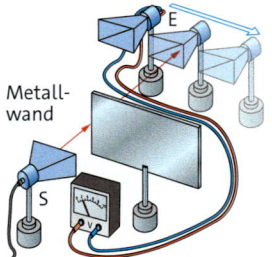

E

Metallwand

S

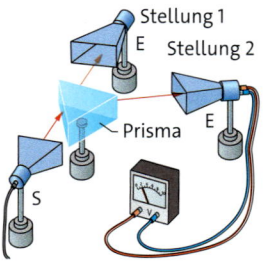

Stellung 1

E Stellung 2

Prisma

E

S

A1 Die Abbildung zeigt Versuchsaufbauten zur Brechung, Reflexion und Beugung von Mikrowellen.
a) Ordnen Sie begründet zu.
b) Fassen Sie die Versuchsergebnisse jeweils zusammen.
c) Erklären Sie die Ergebnisse jeweils mit dem Huygensschen Prinzip.

Material B • Polarisation bei Seilwellen und Mikrowellen

B1 Theo sagt: „Die Gitterstäbe sind ein Polarisationsfilter für Seilwellen. Man könnte sie auch für Mikrowellen benutzen." Äußern Sie sich begründet.

B2 Die Antennen von Mikrowellensender und -empfänger in der ▶Abb. rechts stehen orthogonal zueinander. Sara fragt: „Ohne Filter empfängt die Antenne nichts. Dann hält man ihn dazwischen und auf einmal empfängt sie etwas. Wie kann das sein?" Beantworten Sie Saras Frage.

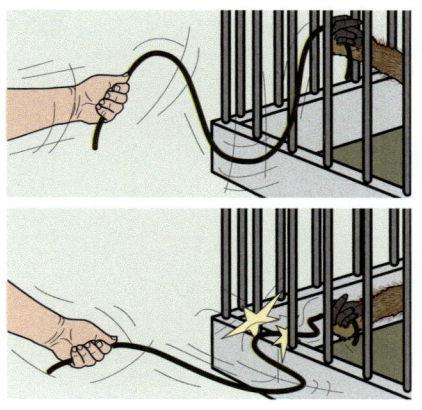
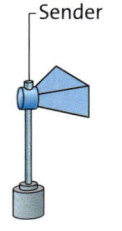

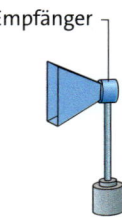

Sender   Empfänger

Material C • Kochen durch die Absorption von Mikrowellen

C1 Beim Erhitzen von Speisen im Mikrowellenherd wird die Energie von Wassermolekülen aufgenommen und dann auf die umliegenden Moleküle verteilt.
a) Beschreiben Sie diese beiden Prozesse genauer.
b) Das Auftauen gefrorener Speisen gelingt im Mikrowellenherd schlecht. Erklären Sie, warum die Energieaufnahme hier nicht gut funktioniert.

C2 Die Absorption von Mikrowellen durch Wasser wird in einem Experiment untersucht: Vor den Sender (10 GHz) werden nasse Papierhandtücher gehängt. Die Anzeige U des Empfängers wird abhängig von der Anzahl n der Tücher aufgenommen.
a) Erstellen sie ein U-n-Diagramm.
b) Weisen Sie nach, dass U exponentiell mit n abnimmt. Begründen Sie Ihr Vorgehen.

C3 Mikrowellen werden von Wassermolekülen absorbiert. Diese haben eine Resonanzfrequenz von 22 GHz. Je weiter die Frequenz der Mikrowellen von dieser entfernt ist, desto schlechter werden sie absorbiert.
a) Stellen Sie sich vor, man wiederholt das Experiment mit Mikrowellen mit der für Mikrowellenherde typischen Frequenz von 2,54 GHz.

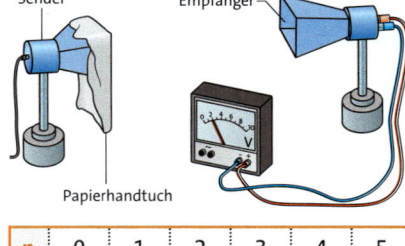

Sender   Empfänger

Papierhandtuch

n	0	1	2	3	4	5
U	2,00	1,09	0,49	0,31	0,21	0,09

Erklären Sie, wie dies das Ergebnis beeinflusst.
b) Begründen Sie damit, warum man Mikrowellenherde mit 2,54 GHz und nicht mit 10 GHz betreibt.

Material D • Energiedichte und Strahlungsintensität

D1 a) Geben Sie den Zusammenhang für die Energie einer mech. Welle an.
b) Vergleichen Sie mit dem Zusammenhang für die Energiedichte einer elektromagnetischen Welle.

D2 a) Die Energiedichte im Garraum eines Mikrowellenherds beträgt durchschnittlich $25 \frac{\mu J}{m^3}$. Berechnen Sie die entsprechende elektrische Feldstärke.
b) Außerhalb des Herds darf die Strahlungsintensität in 5 cm Abstand maximal $50 \frac{W}{m^2}$ betragen. Vergleichen Sie mit dem Ergebnis aus a).

D3 Die Strahlungsleistung eines Mikrowellenherds beträgt 800 W. Ein Teller mit 300 g Suppe wird darin 80 s lang erwärmt. Dabei steigt die Temperatur der Suppe um 32 K.
a) Die Suppe hat eine spezifische Wärmekapazität von $4,2 \frac{kJ}{kg \cdot K}$.

Berechnen Sie den Wirkungsgrad.
b) Angenommen, die Suppe nimmt dabei die Energie nur durch ihre obere Oberfläche (Durchmesser: 20 cm) auf. Bestimmen Sie damit die mittlere elektrische Feldstärke im Garraum.

D4 Luca fragt: „Ist es effizienter, Wasser mit dem Wasserkocher oder mit dem Mikrowellenherd zu erhitzen?" Antworten Sie begründet.

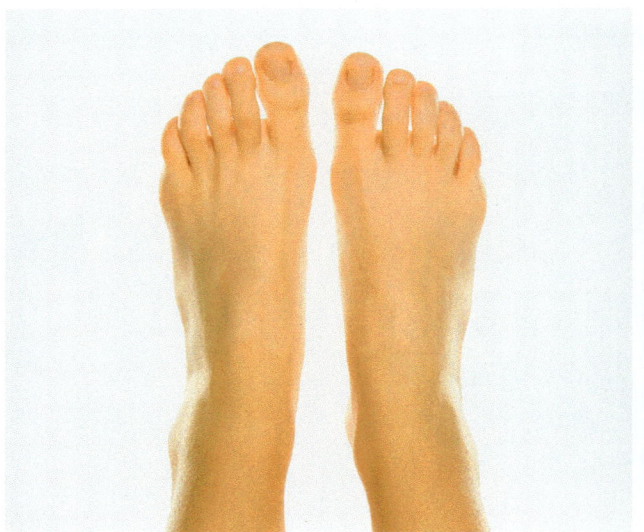

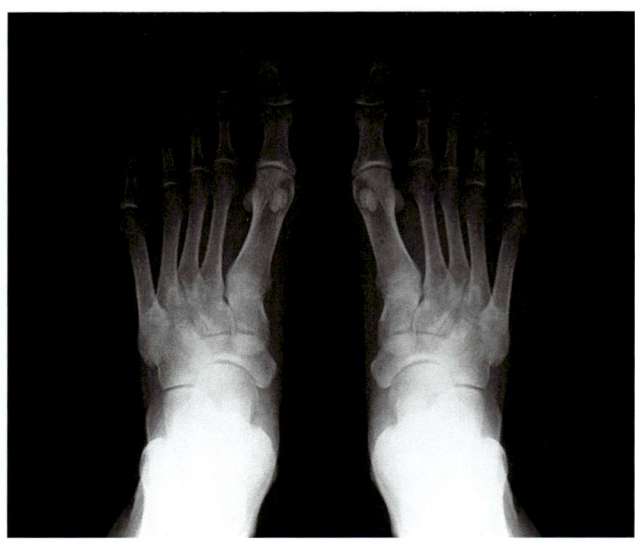

1 Füße im sichtbaren Bereich und im Röntgenbereich

Das elektromagnetische Spektrum

Für sichtbares Licht sind Ihre Füße undurchsichtig. Sie wissen aber, dass Röntgenstrahlung sie durchdringt und man so z. B. Ihre Knochen untersuchen kann. Bei sichtbarem Licht und Röntgenstrahlung handelt es sich jeweils um elektromagnetische Wellen. Sie unterscheiden sich nur in ihrer Wellenlänge.

Beschleunigte Ladung strahlt • Bisher haben wir technisch, z.B. mit einem Schwingkreis, erzeugte elektromagnetische Wellen untersucht. Bei einer Röntgenröhre, aber auch bei vielen anderen Vorgängen in Natur und Technik funktioniert das anders: Man nutzt aus, dass elektrisch geladene Körper elektromagnetische Wellen ab-

strahlen, wenn sie beschleunigt werden. Das zeigt folgende Überlegung: Um eine elektromagnetische Welle zu erzeugen, benötigt man ein sich änderndes elektrisches oder magnetisches Feld. Nur so kommt es zur wechselseitigen Induktion der Felder. Nun erzeugt ein ruhender, elektrisch geladener Körper ein statisches elektrisches Feld. Wenn er sich mit konstanter Geschwindigkeit bewegt, gibt es ein statisches magnetisches Feld. Erst wenn der geladenen Körper beschleunigt wird, entsteht dabei ein sich änderndes Magnetfeld, aus dem sich eine elektromagnetische Welle entwickeln kann.

Erzeugen von Bremsstrahlung • Bei einer Röntgenröhre treffen Elektronen mit einer Geschwindigkeit von mehr als $10^7 \frac{m}{s}$ auf eine Metalloberfläche (▶Abb. 2). Dort werden sie auf einer Strecke von etwa 1 µm abgebremst. Mit der Elektronenbewegung ist ein elektrischer Strom verbunden. Dieser ändert sich beim Abbremsen der Elektronen innerhalb von kürzester Zeit und die entsprechende Magnetfeldänderung ist dementsprechend sehr groß. So wird eine kurzwellige und energiereiche elektromagnetische Welle erzeugt, die orthogonal zur Bewegungsrichtung der Elektronen ausgestrahlt wird. Sie wird **Bremsstrahlung** genannt.

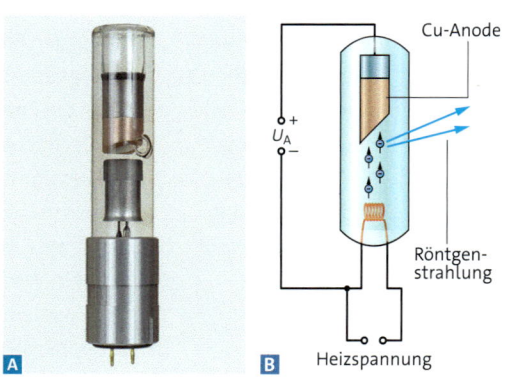

Cu-Anode

U_A + −

Röntgenstrahlung

Heizspannung

2 A Röntgenröhre, **B** Prinzipieller Aufbau einer Röntgenröhre

A

B

In Natur und Technik gibt es noch viele weitere Beispiele, wie elektromagnetische Wellen durch beschleunigte geladene Körper entstehen. Dabei ist es unerheblich, ob dies bei einer Schwingung, Kreisbewegung oder einem Bremsvorgang geschieht. Für die Erzeugung von elektromagnetischen Wellen im sichtbaren Bereich sind häufig Vorgänge in Atomen oder Molekülen verantwortlich, bei denen elektrische Ladungsträger beschleunigt werden.

> Wenn ein geladener Körper beschleunigt wird, sendet er elektromagnetische Wellen aus und gibt dadurch Energie ab.

Elektromagnetisches Spektrum • ▶Abb. 3 gibt einen Überblick über den Frequenz- bzw. Wellenlängenbereich elektromagnetischer Wellen. Man spricht vom **elektromagnetischen Spektrum**. Einige Beispiele zeigen, wie die Wellen in Natur und Technik entstehen und wozu sie gebraucht werden.

Alle elektromagnetischen Wellen lassen sich einheitlich durch die Maxwell-Gleichungen beschreiben. Aus den unterschiedlichen Wellenlängen ergeben sich trotzdem teilweise sehr verschiedene Eigenschaften. Das zeigt sich auch darin, dass sie auf sehr unterschiedliche Weisen entstehen und nachgewiesen werden.

Mit den Augen nimmt man nur einen sehr kleinen Teil des elektromagnetischen Spektrums wahr. ▶Abb. 1 zeigt, dass dadurch einiges verborgen bleibt. Wenn man UV- und Gamma-Strahlung sehen könnte, wären Sonnenbrand und Strahlenschäden leicht vermeidbar. Im Alltag ist die Beschränkung aber oft ein Segen: Stellen Sie sich vor, sie würden immer sehen, wenn ein Smartphone in Ihrer Umgebung eine Textnachricht empfängt oder überall um Sie herum das Funksignal des Radios die Sicht versperren würde.

1 Die Metallanode einer Röntgenröhre hat eine abgeschrägte Oberfläche (▶Abb. 2). Erklären Sie den Vorteil hiervon.

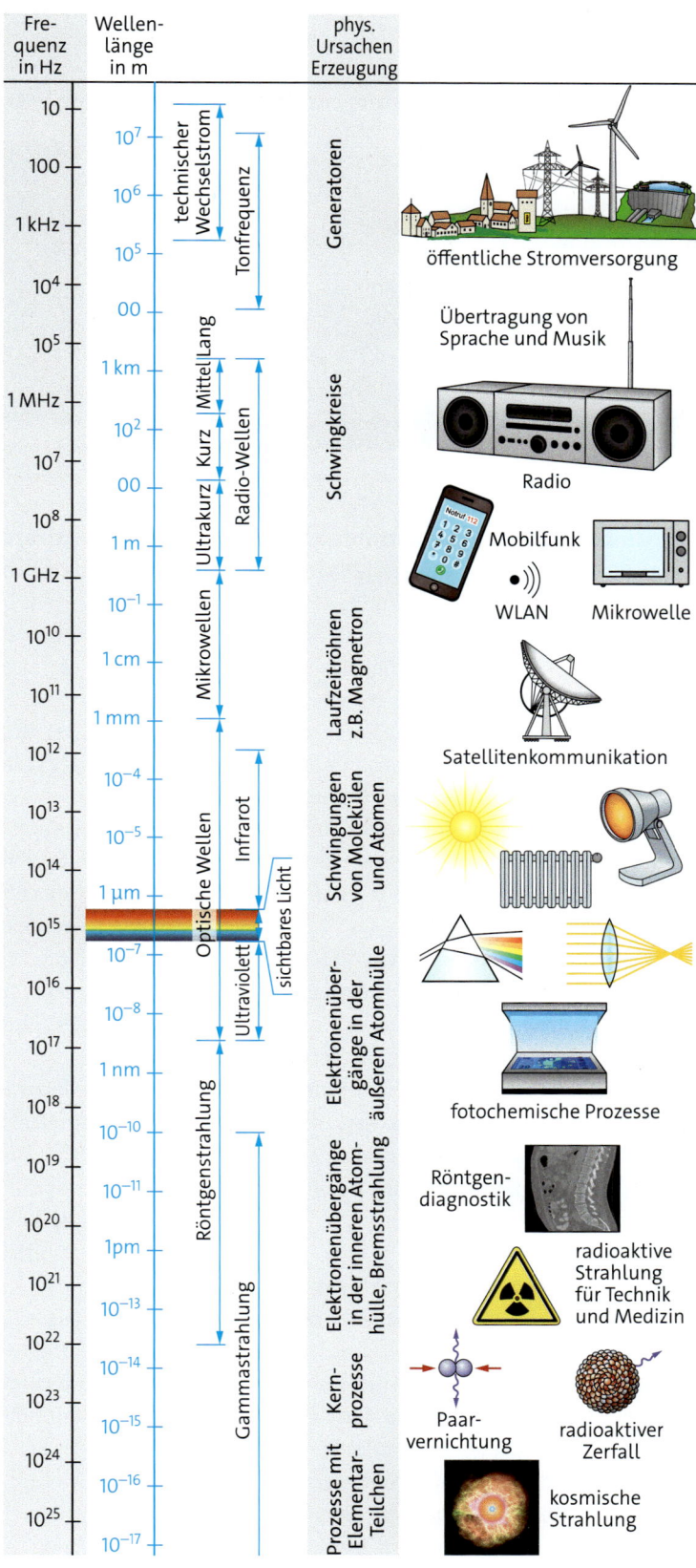

3 Das elektromagnetische Spektrum im Überblick

Von der kosmischen Hintergrundstrahlung zu Gamma-Ray-Bursts

1 Penzias, Wilson und ihre Hornantenne

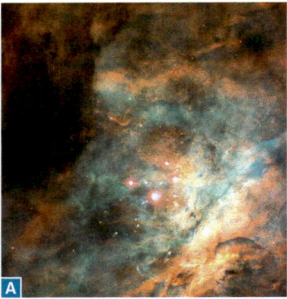 

2 Ein Teil des Orion-Nebels **A** im sichtbaren Bereich, **B** im Infrarotbereich

Kosmische Hintergrundstrahlung • ARNO PENZIAS und ROBERT WILSON führten 1964 mit einer Hornantenne astronomische Beobachtungen im Mikrowellenbereich durch (▶Abb.1). Dabei registrierten sie aus jeder Richtung ein konstantes Signal, das sie für eine Störung hielten. Sie entfernten sogar eigenhändig die Hinterlassenschaften einiger Tauben, aber es half alles nichts: Das Signal blieb da. Nach Gesprächen mit anderen Forschen wurde ihnen klar, dass es keine Störung war und sie stattdessen die sogenannte **kosmische Hintergrundstrahlung** nachgewiesen hatten! Das war und ist einer der wichtigsten experimentellen Belege für die Urknall-Theorie.

Diese Strahlung entstand etwa 400 000 Jahre nach dem Urknall, als sich das Universum durch die Expansion auf ca. 3 000 K abgekühlt hatte. Bis dahin waren alle elektromagnetischen Wellen ständig von den geladenen Teilchen emittiert und wieder absorbiert worden. Erst durch die Abkühlung bildeten sich elektrisch neutrale Atome. Nun konnten sich die Wellen ungestört ausbreiten. An jeder Stelle des Universums entstand dabei diese Wärmestrahlung.

Wärmestrahlung hat ein charakteristisches Spektrum, das nur von der Temperatur des strahlenden Körpers abhängt. Bei den damaligen 3 000 K war das Wellenlängenmaximum dieses Spektrums bei 1 µm, also im nahen Infrarot. Durch die seitdem 13,8 Milliarden Jahre andauernde Expansion des Universums wurde die Welle so auseinandergezogen, dass das Maximum nun bei 1 mm liegt und somit im Mikrowellenbereich. Ein entsprechender Körper hätte eine Temperatur von etwa 3 K.

Infrarot-Astronomie • Die beobachtende Astronomie nutzt inzwischen weite Bereiche des elektromagnetischen Spektrums, um mehr über das Universum herauszufinden. So sind kosmische Staubwolken undurchlässig für sichtbares Licht, aber nicht für Infrarot-Strahlung. ▶Abb.2 zeigt einen Vergleich zwischen einer Aufnahme des Orion-Nebels im sichtbaren und im infraroten Bereich. Der Unterschied ist deutlich.

Da die Erdatmosphäre die kosmische Infrarotstrahlung absorbiert, beobachtet man sie z.B. mit hochfliegenden Forschungsflugzeugen oder Weltraumteleskopen. Die verwendeten Instrumente ähneln denen, die man im sichtbaren Bereich benutzt. Allerdings müssen die Instrumente sehr stark gekühlt werden, da ihre eigene thermische Strahlung im beobachteten Wellenlängenbereich liegt.

Gamma-Ray-Bursts • Die energiereichsten Strahlung im Universum beobachtet man als sogenannte **Gamma-Ray Bursts.** Sie strahlen meist nur einige Sekunden, aber dabei ist ihre Strahlungsleistung mehr als 10^{15}-mal größer als die der Sonne. Ihr Wellenlängenmaximum liegt dabei unterhalb von 10^{-17} m.

Diese Gammastrahlung beobachtet man auf der Erde indirekt: In der Erdatmosphäre löst die Strahlung einen Schauer von Elementarteilchen aus, die sich fast mit Vakuumlichtgeschwindigkeit bewegen. Da sie dabei schneller als die Lichtgeschwindigkeit in Luft sind, entsteht für wenige Nanosekunden eine charakteristische elektromagnetische Strahlung (analog zum Knall beim Durchbrechen der Schallmauer). Diese kann man dann nachweisen.

Material A • Das Spektrum der Sonne

Die Sonne strahlt elektromagnetische Wellen mit Wellenlängen von etwa 10 nm bis einigen 100 m aus. Die Abbildung zeigt die Strahlungsdichte der Sonne abhängig von der Wellenlänge. Die Fläche unter der Kurve entspricht der Strahlungsintensität in dem Wellenlängen-Intervall.

A1 a) Ordnen Sie den gesamten und den in der Abbildung dargestellten Bereich des Sonnenspektrums im elektromagnetischen Spektrum ein.
b) Ist die Strahlungsintensität im sichtbaren oder im Infrarot-Bereich

größer? Argumentieren Sie mit der Abbildung.
A2 Bei thermischer Strahlung bestimmt die Temperatur T des Körpers das Wellenmaximum λ_{max} thermischer Strahlung. Es gilt das Wiensche Verschiebungsgesetz:
$$\lambda_{max} = \frac{2{,}9\,\text{mm} \cdot \text{K}}{T}.$$
Auch die Sonne emittiert thermische Strahlung.
a) Bestimmen Sie damit die Oberflächentemperatur der Sonne.
b) Überprüfen Sie die bei der kosmischen Hintergrundstrahlung genannten Werte.

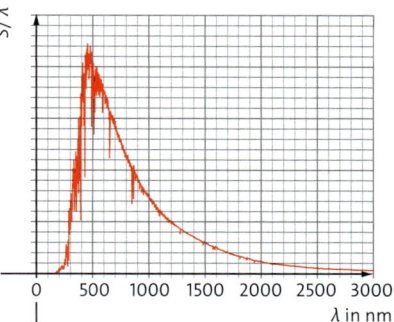

c) Die mittlere Erdtemperatur beträgt 15 °C. Bestimmen Sie den Wellenlängenbereich, in dem die Erde Strahlung emittiert.

Material B • Das instabile „Sonnensystem im Kleinen"

Die Atommodelle von Rutherford und Bohr werden häufig als „Sonnensysteme im Kleinen" dargestellt, bei denen die Elektronen den Atomkern umkreisen. Schon Rutherford und Bohr war aufgrund der Elektrodynamik klar, dass dies nicht so sein kann. Rutherford fand dafür keine Lösung, Bohr nur eine vorläufige. Erst mit der Quantenphysik ist man hier einen Schritt weitergekommen.

B1 Die Planeten werden von der Sonne durch die Gravitationskraft angezogen, stürzen aber nicht auf die Sonne. Erläutern Sie, wie dies möglich ist.

B2 Bei einem Atom werden die Elektronen vom Atomkern angezogen. Stellen Sie sich das Atom nun modellhaft als „Sonnensystem im Kleinen" vor.
a) Vergleichen Sie mit dem realen Sonnensystem.
b) Die Elektronen strahlen aufgrund ihrer Bewegung um den Atomkern elektromagnetische Wellen ab. Erklären Sie dies.
c) Begründen Sie mit b), warum das „Sonnensystem im Kleinen" nicht stabil ist.

B3 a) Informieren Sie sich, wie das Bohrsche Atommodell das Problem des instabilen Atoms löst.
b) Begründen Sie, dass das Stabilitätsproblem durch dieses Modell nur vorläufig gelöst wird.

Material C • Beobachtende Astronomie und Arno Penzias

C1 Infrarot-Teleskope sind ähnlich konstruiert wie Teleskope im sichtbaren Bereich. Begründen Sie, warum dies im Mikrowellen- und im Gammabereich nicht so ist.
C2 Der Empfangsdipol, den Penzias und Wilson verwendeten, befand sich in der Hütte am Ende der Hornantenne.

a) Bestimmen Sie die Länge eines möglichen Empfangsdipols.
b) Erklären Sie die Funktion der großen, drehbaren Hornantenne.
C3 a) Informieren Sie sich über den Lebenslauf von Arno Penzias. Stellen Sie ihn in einer adäquaten Form dar.
b) Informieren Sie sich über eine

weitere Physikerin (bzw. Physiker), die in der Nazi-Herrschaft auch zur Flucht gezwungen war, z. B. Lise Meitner und James Franck.
c) Viele Physiker/innen flohen nicht. Setzen Sie sich hier z. B. mit den Lebensläufen von Werner Heisenberg und Johannes Stark auseinander.

Musteraufgabe mit Lösung

Aufgabe • Wellenmaschine

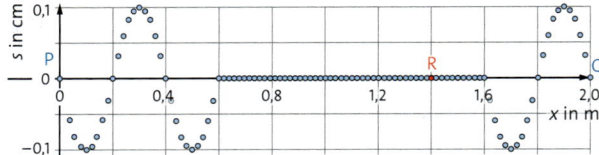

Bei einer 2,0 m langen Wellenmaschine werden an den beiden Enden P und Q lineare harmonische Wellen gleicher Frequenz erzeugt. P beginnt bei $t = 0$ s zu schwingen, Q fängt 0,50 s später an. Die Abbildung zeigt ein idealisiertes s-x-Diagramm der Wellenmaschine für $t = 1,5$ s.

a) Begründen Sie, dass Q mit seiner Bewegung 0,50 s später als P beginnt.

b) Bestimmen Sie Wellenlänge, Frequenz und Ausbreitungsgeschwindigkeit der beiden Wellen.

c) Ermitteln Sie eine Gleichung für die Wellenfunktion, wenn nur von P eine Welle ausgeht.

d) Bestimmen Sie jeweils den Zeitpunkt, zu dem die Welle von P bzw. Q den Punkt R erreicht.

e) Zeichnen Sie für R ein s-t-Diagramm für 0 s $\leq t \leq 5,0$ s. Dokumentieren Sie Ihre Lösung.

Auf der Wellenmaschine beobachtet man nach einiger Zeit eine stehende Welle.

f) Erläutern Sie das Zustandekommen von Knoten und Bäuchen an festen Orten.

g) Bestimmen Sie die Lage der Bäuche.

Lösung

a) Die von P kommende Welle hat nach 1,5 s schon 0,60 m zurückgelegt, die von Q kommende 0,40 m, d.h. nur $\frac{2}{3}$ davon. Entsprechend schwingt Q erst 1,0 s und beginnt daher erst 0,50 s nach P.

b) Aus dem Diagramm liest man ab: $\lambda = 0,40$ m.
Für die Ausbreitungsgeschwindigkeit c erhält man aufgrund der Betrachtung aus a)
$c = \frac{\Delta x}{\Delta t} = \frac{0,60\,\text{m}}{1,5\,\text{s}} = 0,40\,\frac{\text{m}}{\text{s}}$.
Damit ergibt sich für die Frequenz $f = \frac{c}{\lambda} = \frac{0,40\,\frac{\text{m}}{\text{s}}}{0,40\,\text{m}} = 1,0$ Hz.

c) Im Diagramm erkennt man, dass P mit einer Bewegung nach unten beginnt. Damit ergibt sich als Ansatz:
$s(x,t) = -\hat{s} \cdot \sin\left(2\pi \cdot \left(\frac{t}{T} - \frac{x}{\lambda}\right)\right)$.
Mit den Werten aus b) gilt:
$s(x,t) = -0,10\,\text{m} \cdot \sin\left(2\pi \cdot \left(\frac{t}{1\,\text{s}} - \frac{x}{0,40\,\text{m}}\right)\right)$.

d) Die von P kommende Welle benötigt für die 1,4 m bis R insgesamt 3,5 s, also ist $t_\text{P} = 3,5$ s. Die von Q kommende Welle benötigt für die 0,60 m bis R 1,5 s. Zusätzlich startet diese Welle 0,50 s später, also ist $t_\text{Q} = 2,0$ s.

e) *Dokumentieren: Stellen Sie alle notwendigen Erklärungen, Herleitungen und Skizzen dar.*
Für $t < t_\text{Q}$ hat noch keine der Wellen R erreicht, sodass es keine Auslenkung gibt. Für $t_\text{Q} \leq t < t_\text{P}$ ist nur die von Q kommende Welle entscheidend, d. h., R schwingt mit einer Amplitude von 0,10 m und einer Frequenz von 1,0 Hz, beginnend mit einer Bewegung nach unten.
Für $t \geq t_\text{P}$ überlagern sich die von P und Q kommenden Wellen. Aufgrund der Welle von Q schwingt R zum Zeitpunkt t_P schon 1,5 s = 1,5 T und bewegt sich daher gerade durch die Gleichgewichtslage nach oben. Da die Welle von P mit einer Bewegung nach unten beginnt, kommt es in R zu einer destruktiven Interferenz.

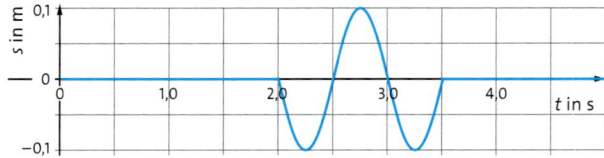

f) Da P und Q mit einem festen Phasenunterschied schwingen, überlagern sich die dabei entstehenden Wellen kohärent und es entsteht ein ortsfestes Interferenzmuster. Weil die Wellen gegenläufig sind, bildet sich eine stehende Welle aus. Dabei gibt es Stellen konstruktiver Interferenz (Bäuche), an denen $\Delta\varphi = k \cdot 2\pi$, ($k = 0; 1; 2; 3; \dots$) ist, und Stellen destruktiver Interferenz (Knoten), an denen $\Delta\varphi = (2k - 1) \cdot \pi$, ($k = 1; 2; 3; \dots$) gilt.

g) Für $x = 1,0$ m ist der Gangunterschied 0 m, sodass sich dort ein Knoten befindet, weil P und Q gegenphasig schwingen. Bei einer stehenden Welle ist der Abstand zwischen einem Knoten und einem benachbarten Bauch $\frac{\lambda}{4}$, also 0,10 m; zwischen zwei benachbarten Bäuchen jeweils $\frac{\lambda}{2}$, also 0,20 m. Damit ergibt sich für die Lage der Bäuche: 0,10 m; 0,30 m; 0,50 m; ... 1,9 m.

Übungsaufgaben mit Hinweisen

Aufgabe 1 • Eigenschwingungen einer Gitarrensaite

Man regt eine Gitarrensaite mit zwei festen Enden zum Schwingen an. Dabei wird die Anregungsfrequenz langsam von 0 Hz bis 440 Hz erhöht.

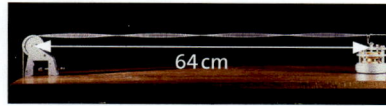

Bei 440 Hz beobachtet man die dargestellte stehende Welle.

a) Erläutern Sie, wie auf der Saite eine stehende Welle zustande kommt.

b) Bestimmen Sie alle Eigenfrequenzen der Saite bis 440 Hz. Stellen Sie die zugehörigen stehenden Wellen jeweils in einer Zeichnung dar.

c) Berechnen Sie die Ausbreitungsgeschwindigkeit einer Welle auf der Saite.

d) Leiten Sie eine Formel für die Ausbreitungsgeschwindigkeit in Abhängigkeit von den Eigenfrequenzen und der Länge einer Saite her.

Aufgabe 2 • Beugung in der Wellenwanne

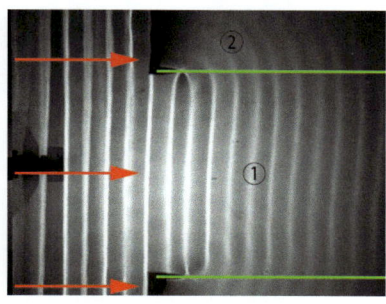

Wenn eine ebene Wasserwelle in der Wellenwanne auf eine Öffnung in einer Wand trifft, kommt es zur Beugung.

a) Beschreiben Sie anhand des Bilds, was man unter Beugung versteht.

b) Erklären Sie den Verlauf der Wellenfronten in den Bereichen ① und ②.

c) Die Öffnung wird (i) vergrößert, (ii) verkleinert. Vergleichen Sie die Ausbreitung der Welle bei den verschiedenen Breiten der Öffnung.

d) Bei einer kleinen Öffnung beobachtet man vor dem Hindernis eine stehende Welle. Erklären Sie, wie diese zustande kommt. Gehen Sie auf die Lage der Bäuche ein.

Aufgabe 3 • Polarisation bei elektromagnetischen Wellen

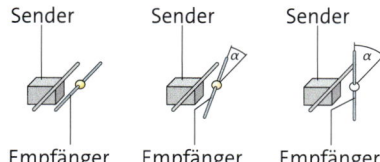

In einem Experiment sendet ein Hertzscher Dipol elektromagnetische Wellen mit einer Frequenz von 434 MHz aus. Mit einem Empfangsdipol mit Lampe untersucht man, wie die Lampenhelligkeit vom Winkel α zwischen den beiden Dipolen abhängt.

a) Beide Dipole haben eine Länge von 34,5 cm. Erklären Sie, warum diese Länge geeignet ist.

b) Skizzieren Sie das Feldlinienbild für das elektrische und das magnetische Feld des Sendedipols für vier charakteristische Zeitpunkte in einer Periodendauer. Begründen Sie Ihre Lösung.

c) Wenn man den Winkel zwischen den Dipolen von 0° bis 90° vergrößert, nimmt die Lampenhelligkeit ab. Erläutern Sie dies.

d) Bei Schallwellen kann man keine Polarisation beobachten. Erklären Sie dies.

e) Man ersetzt die Lampe durch eine Diode und misst die Spannung U an der Diode, während man den Empfangsdipol von α = 0° bis 360° gedreht. Skizzieren Sie ein U-α-Diagramm. Dokumentieren Sie Ihr Vorgehen.

Hinweise

Aufgabe 1

a) Bei bestimmten Frequenzen führen die Reflexionen zur Interferenz.

b) Es gilt $f_k = k \cdot f_1$ mit der Grundfrequenz f_1.

c) Nutzen Sie $c = \lambda \cdot f$.

d) Verallgemeinern Sie Ihren Ansatz aus c).

Aufgabe 2

a) Beschreiben Sie den Verlauf der Wellenfronten und -normalen.

b) Verwenden Sie das Huygenssche Prinzip.

c) Überlegen Sie z. B., wo ebene oder kreisförmige Wellen auftreten.

d) Das Hindernis wirkt als (loses oder festes?) Ende für die Wasserwelle.

Aufgabe 3

a) Die Dipollänge hängt mit der Wellenlänge zusammen.

b) Für $t = \frac{T}{4}$ ist der Dipol ungeladen und der Strom ist maximal.

c) Das elektrische Feld der Welle kann Elektronen zum Schwingen anregen.

d) Elektromagnetische Wellen sind Transversalwellen.

e) Der Verlauf ist periodisch.

Training I • Interferenz von Kreiswellen, Brechung

Aufgabe 1

In einer Wellenwanne werden in den Punkten E_1 und E_2 phasengleich kreisförmige Wasserwellen erzeugt, die sich mit $20 \frac{cm}{s}$ ausbreiten. Die linke Abbildung zeigt eine Momentaufnahme der beiden Kreiswellen, 0,40 s nachdem in E_1 und E_2 eweils die ersten Wellenberge erzeugt worden sind.

a) Bestimmen Sie die Wellenlänge und die Frequenz der Welle. Zeigen Sie, dass E_1 und E_2 einen Abstand von 4,0 cm voneinander haben.

b) Man beobachtet auf der Wasseroberfläche ein Interferenzmuster. Beschreiben Sie das Muster. Erläutern Sie, wie es zustande kommt.

c) Beschreiben und erklären Sie die Überlagerung der beiden Wellen entlang der *x*-Achse
(i) zwischen E_1 und E_2
(ii) rechts von E_2.

Der Punkt P befindet sich 3,0 cm oberhalb von E_1.

d) Begründen Sie, dass im Punkt P ein Amplitudenmaximum vorliegt.

e) Bestimmen Sie die Anzahl der Amplitudenminima und -maxima entlang der Geraden *g*.

f) E_2 wird so weit nach rechts verschoben, bis bei P zum ersten Mal ein Amplitudenminimum vorliegt. Berechnen Sie die dafür notwendige Verschiebung von E_2.

Aufgabe 2

E_1 und E_2 befinden sich wieder an ihren ursprünglichen Positionen.

a) E_1 und E_2 senden gegenphasig. Beschreiben und erklären Sie, wie sich das Interferenzmuster dadurch ändert.

b) E_2 setzt nun beim Erzeugen der Welle immer wieder unregelmäßig kurz aus. Begründen Sie, dass nun kein stabiles Interferenzmuster mehr auftritt.

Aufgabe 3

Mia findet bei einer Recherche zu den Begriffen „Huygens" und „Brechung" die rechte Abbildung.

a) Beschreiben Sie die Abbildung mit den Begriffen Wellenfront, Wellennormale und Elementarwelle.

b) Erklären Sie anhand der Abbildung die Brechung z. B. von Wasserwellen. Vergleichen Sie dabei die Ausbreitungsgeschwindigkeiten in den beiden Bereichen.

Bei der Brechung gilt das Brechungsgesetz
$\frac{\sin(\gamma_1)}{\sin(\gamma_2)} = \frac{c_1}{c_2}$.

c) Im Bereich 1 gilt $c_1 = 16 \frac{cm}{s}$. Bestimmen Sie c_2.

d) Ab einem bestimmten Einfallswinkel γ_1 wäre $\gamma_2 \geq 90°$. Bestimmen Sie diesen Grenzwinkel. Erläutern Sie den Begriff Totalreflexion in diesem Zusammenhang.

e) Leiten Sie das Brechungsgesetz mithilfe der Abbildung her.

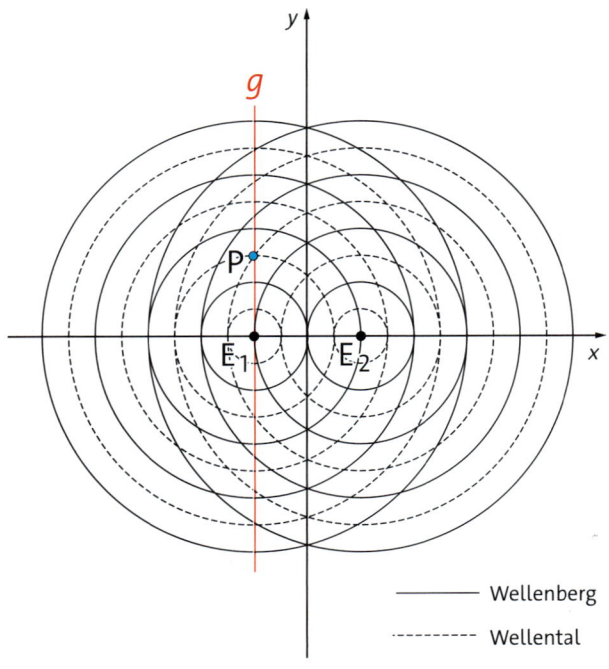

————— Wellenberg
- - - - - - Wellental

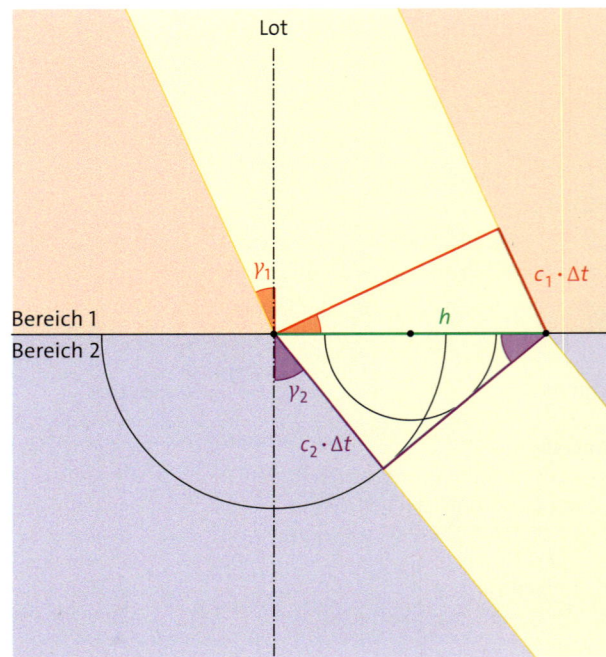

Aufgabe 1

Über die Ausbreitung elektromagnetischer Wellen schrieb der Physik-Nobelpreisträgerer Richard Feynman:

„Die Felder vollführen zusammen eine Art Tanz, bei dem das eine das andere erzeugt, das zweite wiederrum das erste, und breiten sich so im Raum aus."

a) Erläutern Sie, was Feynman mit „das eine das andere erzeugt, das zweite wiederrum das erste" meint.

b) Erklären Sie anhand einer aussagekräftigen Skizze, wie sich eine elektromagnetische Welle durch diesen „Tanz" der Felder im Raum ausbreitet.

Aufgabe 2

In einem Experiment lässt man eine elektromagnetische Welle mit einer Frequenz von 30 GHz auf einen Dreifachspalt fallen (▸Abb. links). Die Welle erreicht die Spalte phasengleich und löst dort jeweils eine Elementarwelle aus. Mit einem geeigneten Empfänger untersucht man die Strahlungsintensität entlang der x-Achse hinter dem Dreifachspalt. Die Amplitudenabnahme mit der Entfernung wird vernachlässigt.

a) Zeigen Sie, dass sich der Empfänger in der Abbildung an einem Maximum der Strahlungsintensität befindet.

b) Ein Physiklehrer sagt: „Wenn man den Empfänger entlang der x-Achse verschiebt, gibt es zwar lokale Minima der Intensität, aber diese wird nirgends null." Beurteilen Sie diese Aussage.

c) Untersuchen Sie, wie sich die Strahlungsintensität entlang der x-Achse verändert, wenn man entweder Spalt A, Spalt B oder Spalt C verschließt.

Aufgabe 3

Zum Empfang von Funkwellen im Bereich von ca. 1 GHz benutzt man Antennen, die durch sogenannte Reflektoren die Empfangsleistung erhöhen. In einem Experiment zur Wirkung eines Reflektors wird dieser vereinfacht durch ein Stabgitter realisiert (▸Abb. rechts). Man verändert den Abstand s zwischen Empfangsdipol und Reflektor und misst die Spannung U an einer Diode im Empfangsdipol (▸Abb. rechts unten).

a) Deuten Sie die Regelmäßigkeit im U-s-Diagramm.

b) Ermitteln Sie die Wellenlänge aus dem U-s-Diagramm. Überprüfen Sie damit die Frequenzangabe im Text.

Das Stabgitter wird (i) um 90° (ii) um 45° gegenüber dem Empfangsdipol gedreht.

c) Erklären Sie jeweils, welchen Einfluss das auf das U-s-Diagramm hat.

d) Stellen Sie dar, welche Eigenschaften ein Reflektor bei einer Antenne wie im Bild nach Ihren bisherigen Erkenntnissen haben sollte.

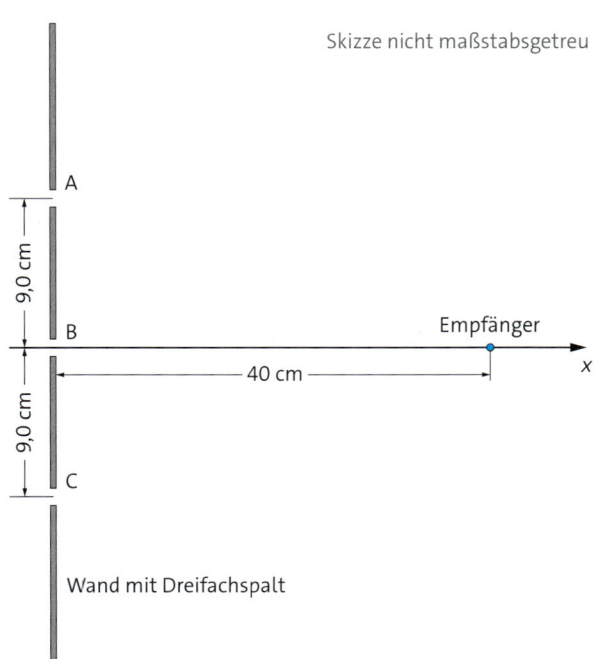

Skizze nicht maßstabsgetreu

A

9,0 cm

B — 40 cm — Empfänger x

9,0 cm

C

Wand mit Dreifachspalt

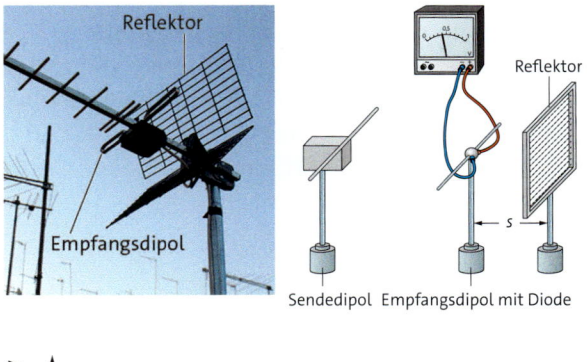

Reflektor

Empfangsdipol

Reflektor

s

Sendedipol   Empfangsdipol mit Diode

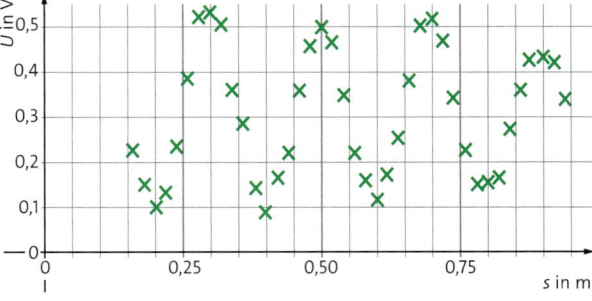

Mechanische Wellen

Wellen: Ein Wellenträger besteht aus miteinander gekoppelten schwingungsfähigen Teilen. Je stärker die Kopplung ist, desto größer ist die Ausbreitungsgeschwindigkeit einer mechanischen Welle.

Erfolgt die Schwingungsbewegung orthogonal zur Ausbreitungsrichtung, dann spricht man von **Transversalwellen.** Erfolgt die Bewegung parallel dazu, dann spricht man von Longitudinalwellen.

Eine Welle transportiert **Energie,** aber keine Materie. Je größer ihre Amplitude ist, desto mehr Energie transportiert die Welle.

Wellenlänge und Frequenz: Bei einer harmonischen Welle entsteht eine räumliche Abfolge von Wellenbergen und Wellentälern. Für die Ausbreitungsgeschwindigkeit c, die Wellenlänge λ und die Frequenz f gilt:
$c = \lambda \cdot f$.

Phasenunterschied: Einer Strecke Δx auf dem Wellenträger entspricht der Phasenunterschied $\Delta\varphi$. Dabei gilt:
$\frac{\Delta x}{\lambda} = \frac{\Delta\varphi}{2\pi}$.

Wellenfunktion: Die Auslenkung einer linearen harmonischen Welle lässt sich durch eine Wellenfunktion beschreiben:
$s(x,t) = \hat{s} \cdot \sin\left(2\pi \cdot \left(\frac{t}{T} - \frac{x}{\lambda}\right)\right)$.

Interferenz und Gangunterschied: Wellen stören sich bei der Ausbreitung nicht gegenseitig. Wenn sie einen zeitlich konstanten Phasenunterschied haben, interferieren sie. Abhängig vom Phasenunterschied gibt es **konstruktive** (▸Abb. 1) und **destruktive** Interferenz.

Jeder Gangunterschied führt zu einem Phasenunterschied. Bei der Interferenz zweier Wellen gilt:
$\frac{\delta}{\lambda} = \frac{\Delta\varphi}{2\pi}$.

Kohärenz: Damit es an einem Ort zur Interferenz kommt, müssen die beteiligten Wellen dort kohärent überlagern, d. h., sie müssen einen festen Phasenunterschied besitzen.

Interferenzmuster: Bei der Überlagerung zweier kohärenter Kreiswellen in der Ebene entsteht ein Interferenzmuster mit ortsfesten Linien konstruktiver und destruktiver Interferenz (▸Abb. 2).

Stehende Welle: Durch die Interferenz zweier gegenläufiger Wellen gleicher Frequenz entsteht eine stehende Welle mit Bäuchen und Knoten. Benachbarte Knoten (bzw. Bäuche) sind $\frac{\lambda}{2}$ voneinander entfernt.

Auf einem Wellenträger der Länge ℓ bilden sich für bestimmte **Eigenfrequenzen f_k** stehende Wellen aus. Dabei gilt mit $k = 1; 2; 3; \ldots$
- für gleiche Enden
  $\ell = k \cdot \frac{\lambda_k}{2}$ und $f_k = k \cdot \frac{c}{2\ell}$,
- für verschiedene Enden
  $\ell = (2k - 1) \cdot \frac{\lambda_k}{4}$ und $f_k = (2k - 1) \cdot \frac{c}{4\ell}$.

Huygenssches Prinzip: Jeder Punkt einer Wellenfront ist Ausgangspunkt einer Elementarwelle. Neue Wellenfronten entstehen als Überlagerung von Elementarwellen.

Reflexion und Brechung: Bei der Reflexion einer Welle gilt das Reflexionsgesetz: Einfallswinkel γ_1 und Reflexionswinkel γ_2 sind gleich groß.

Bei der Brechung ändert sich mit der Änderung der Ausbreitungsgeschwindigkeit auch die Ausbreitungsrichtung einer Welle.

Dabei gilt das Brechungsgesetz: $\frac{\sin(\gamma_1)}{\sin(\gamma_2)} = \frac{c_1}{c_2}$.

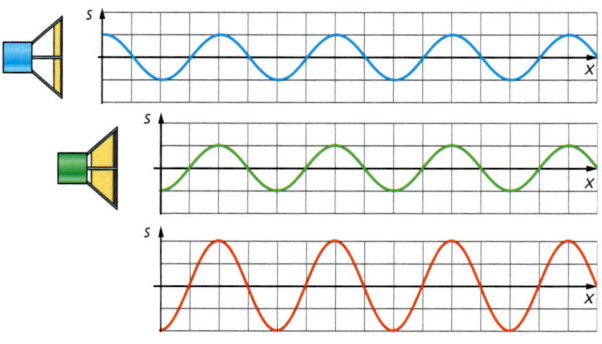

1 Konstruktive Interferenz durch Gangunterschied

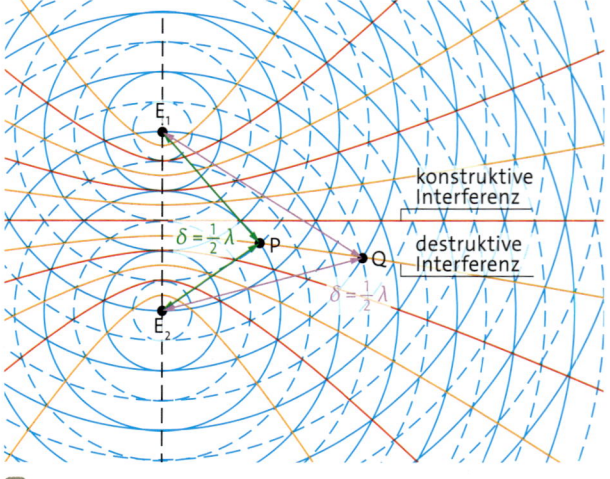

2 Interferenzmuster zweier Kreiswellen

Elektromagnetische Wellen

Eine elektromagnetische Welle breitet sich durch das wechselseitige Induzieren von elektrischem und magnetischem Feld aus. Dabei sind die elektrische Feldstärke und die magnetische Flussdichte phasengleich und orthogonal zueinander (▶ Abb. 3).
Zwischen der Vakuumlichtgeschwindigkeit c und den Feldkonstanten ε_0 bzw. μ_0 gilt der Zusammenhang:
$c = \frac{1}{\sqrt{\varepsilon_0 \mu_0}}$.

Ein **Hertzscher Dipol** ist ein sich ständig ändernder elektrischer Dipol. Diesen kann man zu elektromagnetischen Schwingungen anregen. Er sendet dabei elektromagnetische Wellen aus, die sich mit Lichtgeschwindigkeit ausbreiten.

Magnetisches Wirbelfeld: Mit einem elektrischen Strom oder einer Änderung der elektrischen Feldstärke ist immer ein magnetisches Wirbelfeld verbunden. Seine Richtung ergibt sich aus der Rechten-Hand-Regel.

Reflexion: Trifft eine elektromagnetische Welle auf Metall löst sie dort eine elektromagnetische Schwingung aus. Die so entstehende Welle interferiert mit der einfallenden Welle.

Polarisation: Die Schwingungsrichtung der elektrischen Feldstärke einer elektromagnetischen Welle nennt man Polarisationsrichtung.
Ein Gitter aus Metallstäben ist ein **Polarisationsfilter.** Hinter dem Filter ist die Welle orthogonal zu den Stäben polarisiert.

Energie: Elektromagnetische Wellen übertragen Energie. Die mittlere Energiedichte ρ_{EM} in der Welle beträgt dabei
$\rho_{EM} = \frac{1}{2} \varepsilon_0 \varepsilon_r \cdot \hat{\mathcal{E}}^2$.

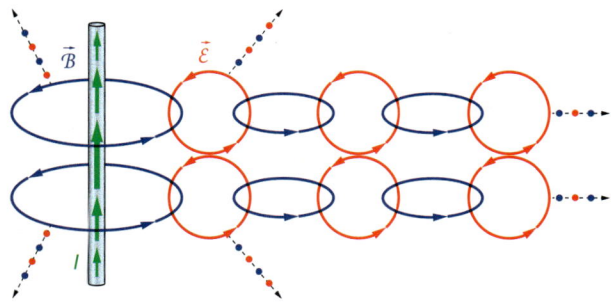

3 Schematische Momentaufnahme beim Entstehen einer elektromagnetischen Welle

Überprüfen Sie sich selbst:

Kann ich …

- Wellen mithilfe charakteristischer Eigenschaften und Größen, wie Wellenlänge, Ausbreitungsgeschwindigkeit, Wellenfront, Wellennormale und Polarisation beschreiben?

- den Unterschied zwischen Longitudinalwellen und Transversalwellen erläutern?

- die Beugung, Reflexion, Brechung und Interferenz von Wellen beschreiben und im Alltag erkennen (Meereswellen, Gegenschall) erkennen?

- den Energietransport bei Wellen beschreiben?

- eine fortschreitende ebene Transversalwelle beschreiben und anhand des Momentanbilds einer Welle die zugehörigen Auslenkungen für die beiden Fälle erläutern, bei denen sich entweder nur der Ort oder nur der Zeitpunkt ändert?

- die Entstehung von eindimensionalen stehenden Transversalwellen beschreiben (Bäuche, Knoten, Eigenfrequenz)?

- die konstruktive und destruktive Interferenz sowie die Reflexion an festen und losen Enden bei eindimensionalen stehenden Transversalwellen erklären?

- mithilfe des Gangunterschieds die Überlagerung zweidimensionaler kohärenter Wellen beschreiben?

- Beugung und Reflexion einer Welle mithilfe des Huygenschen Prinzips erklären?

- das elektromagnetische Spektrum im Überblick beschreiben?

- den Hertzschen Dipol als Grenzfall eines elektromagnetischen Schwingkreises erkennen und die daraus entstehende Abstrahlung elektromagnetischer Wellen in Grundzügen beschreiben?

- die Aussagen der Maxwell-Gleichungen im Überblick beschreiben?

Wellenoptik

Lichtausbreitung und Lichtstrahlmodell

Licht kann sich sowohl im Vakuum als auch in transparenten Medien wie Luft, Wasser und Glas ausbreiten. Im Vakuum oder innerhalb eines homogenen Mediums erfolgt die Lichtausbreitung geradlinig. Im Modell beschreibt man dies mit **Lichtstrahlen.** Lichtstrahlen existieren in der Realität nicht, sondern nur mehr oder weniger schmale Lichtbündel.

Wenn Licht aus einem Medium, wie etwa der Luft, auf eine Grenzfläche zu einem anderen Medium trifft, dann kann es **absorbiert, gestreut, reflektiert** oder **gebrochen** werden. Meistens treten diese Vorgänge nicht isoliert auf. So wird Licht an einem Stück Stoff teilweise absorbiert und teilweise gestreut, an einer Wasseroberfläche teilweise reflektiert und teilweise gebrochen.

Schattenbildung: Trifft Licht einer Quelle auf einen lichtundurchlässigen Gegenstand, dann entsteht hinter dem Gegenstand ein **Schattenraum,** der frei vom direkten Licht dieser Quelle ist. Zur Konstruktion des Schattenraums zeichnet man die Randstrahlen am Hindernis ein.

Reflexion: Hierbei liegen das Lot, das einfallende und das reflektierte Lichtbündel in einer Ebene. Der Einfalls- und der Reflexionswinkel sind gleich groß.

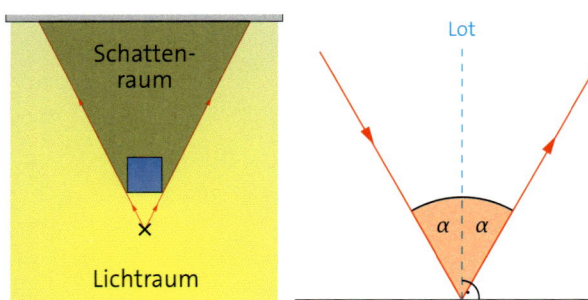

Brechung: Beim Übergang von einem optisch dünneren zu einem optisch dichteren Medium, z.B. von Luft in Glas, wird das Licht zum Lot gebrochen und umgekehrt. Wie bei der Reflexion liegen das Lot, das einfallende und das gebrochene Lichtbündel in einer Ebene.

Totalreflexion: Wenn Licht auf die Grenzfläche von einem optisch dichteren zu einem optisch dünneren Medium trifft und der Einfallswinkel größer als der für die betrachteten Medien typische Grenzwinkel ist, dann wird das Licht total reflektiert.

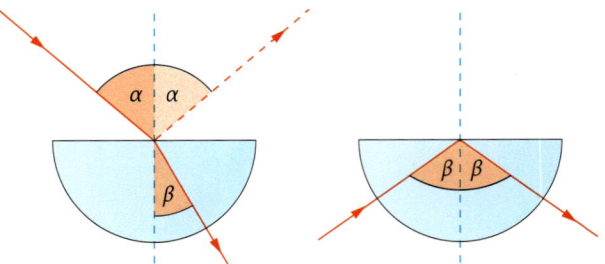

Optische Abbildung: Bei einer Lochkamera wird von jedem Gegenstandspunkt nur ein schmales Lichtbündel durchgelassen. Schärfe und Helligkeit des Bilds hängen von der Größe des Lochs ab. Das Bild ist nicht gleichzeitig scharf und hell. Abhilfe schafft eine **Sammellinse.** Sie vereint das von einem Gegenstandspunkt ausgehende und auf die Linse treffende Licht im zugehörigen Bildpunkt. Abhängig von der **Brennweite** f der Linse erhält man nur für bestimmte Kombinationen von **Gegenstandsweite** g und **Bildweite** b ein scharfes Bild.

Für den Abbildungsmaßstab A, also das Verhältnis von Gegenstandsgröße G zu Bildgröße B gilt bei allen Kameras:

$$A = \frac{B}{G} = \frac{b}{g}.$$

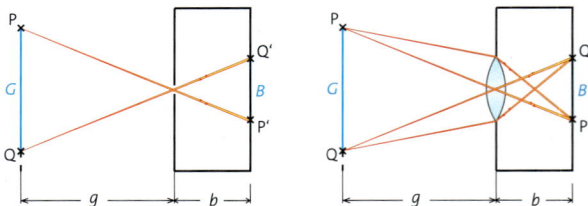

Die Farben des Lichts

Weißes Licht kann durch Brechung in die **Spektralfarben** zerlegt werden. Dabei wird blaues Licht stärker gebrochen als rotes. Am roten Ende des **Spektrums** schließt sich das unsichtbare **Infrarot** an, am violetten Ende das unsichtbare **Ultraviolett.** Gegenstände erscheinen farbig, wenn sie die Spektralfarben unterschiedlich stark absorbieren. Entscheidend für die Farbwahrnehmung ist, welcher Teil des Spektrums mit dem gestreuten Licht in das Auge gelangt.

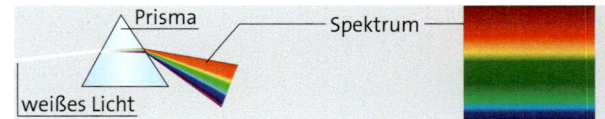

Analogie Schall und Licht

1 Stellen Sie Gemeinsamkeiten und Unterschiede zwischen Schall und Licht gegenüber.

2 Beschreiben Sie Phänomene, die zeigen, dass Schall eine Welle ist.

3 Ist Licht eine Welle? Sammeln Sie Phänomene, die dafür sprechen und solche, die dagegen sprechen, Licht als Welle aufzufassen.

Mechanik und Energie

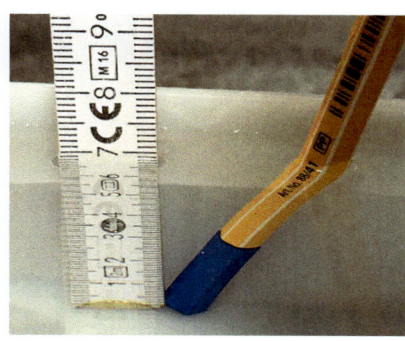

4 Blickt man schräg auf eine Wasseroberfläche, dann erscheinen im Wasser befindliche Gegenstände angehoben. Man spricht auch von der optischen Hebung. Erklären Sie dieses Phänomen.

5 Schaut man von unten gegen die Wasseroberfläche, dann beobachtet man eine Spiegelung des eingetauchten Stifts. Erklären Sie das Phänomen.

Optische Abbildung

6 Unter dem Blätterdach eines Baums kann man bei schönem Wetter nahezu kreisförmige Lichtflecken sehen. Diese werden oft als Sonnentaler bezeichnet und sind tatsächlich Abbilder der Sonne. Sie entstehen wie bei einer Lochkamera durch zufällige kleine Löcher im Blätterdach.
a) Die Form und die Größe der Sonnentaler hängen nicht von der Form und der Größe der Löcher im Blätterdach ab, solange die Löcher genügend klein sind. Erklären sie diesen Sachverhalt.
b) Die Sonnentaler können auch elliptisch sein. Erklären Sie.
c) Welche Form haben die Sonnentaler bei einer partiellen Sonnenfinsternis?
d) Bei einem Abstand des Lochs zum Boden von ca. 10 m misst man für den Durchmesser eines Sonnentalers knapp 10 cm. Der Abstand der Sonne zur Erde beträgt 150 Millionen Kilometer. Schätzen Sie den Durchmesser der Sonne ab.

7 Bei der Abbildung mit Linsen erhält man nur dann ein scharfes Bild, wenn die Linsengleichung erfüllt ist:

$$\frac{1}{b} + \frac{1}{g} = \frac{1}{f}$$

Mit einer Linse mit einer Brennweite von 10,0 cm sollen scharfe Bilder erstellt werden. Erklären Sie jeweils, ob dies möglich ist und wenn ja, wo der Schirm aufgestellt werden muss.

a) Der Gegenstand befindet sich 0,50 m vor der Linsenebene.
b) Der Gegenstand ist sehr weit von der Linse entfernt.
c) Der Gegenstand befindet sich 15,0 cm vor der Linsenebene.

8 Erläutern Sie Gemeinsamkeiten und Unterschiede von Loch- und Linsenkamera.

Farben

9 Wenn Licht mehrerer Spektralfarben in das Auge gelangt, dann entstehen andere Farbeindrücke als die der einzelnen Farben. Dies wird bei der additiven Farbmischung ausgenutzt, z. B. bei einem Monitor. Dazu leuchtet jeder Bildpunkt (Pixel) in unterschiedlichen Anteilen der Grundfarben Rot, Grün und Blau.
a) Beschreiben Sie, wie man den Farbeindruck Weiß erzeugt.
b) Beschreiben Sie alle möglichen Farbwahrnehmung, wenn genau zwei Grundfarben in gleicher Intensität eingeschaltet sind.
c) Stellen Sie eine Vermutung auf, wie man weitere über die in b) beschriebenen Farben erzeugen kann.

10 Bei der subtraktiven Farbmischung werden Schichten übereinander gelegt, die nur bestimmte Spektralfarben absorbieren. Der Rest wird durchgelassen.
a) Beschreiben Sie, welche Farben ein Farblaserdrucker übereinander drucken muss, um grün zu erzeugen.
b) Erklären Sie, wie sich die Helligkeit der Mischfarbe bei übereinander liegenden Farbschichten ändert

1 Licht und Schatten

Licht – eine Welle?

Wenn Licht auf einen Zaun trifft, dann beobachtet man dahinter Licht- und Schatträume – genauso, wie man dies nach dem Lichtstrahlmodell erwartet. Doch Sie wissen auch: Licht ist eine elektromagnetische Welle. Sollte Licht dann nicht an den Öffnungen gebeugt werden und hinter dem Zaun interferieren?

Wellenphänomene • Licht zeigt einige Eigenschaften, die Sie von Wellen kennen. So benötigt Licht Zeit zur Ausbreitung. Licht kann reflektiert und gebrochen werden. Aber diese Phänomene können auch mit einem Modell erklärt werden, bei dem man sich das Licht als einen Strahl von Teilchen vorstellt. Beugung und Interferenz wären eindeutige Hinweise auf den Wellencharakter. Allerdings kennt man Beugung und Interferenz von Licht aus dem Alltag nicht.

Blick durch einen Spalt • Wenn wir jedoch eine Kerzenflamme durch einen sehr schmalen Spalt betrachten, dann erscheint die Flamme breiter und links und rechts von leuchtenden Streifen umgeben zu sein (▸Abb. 2). Je schmaler der Spalt ist, desto weiter auseinandergezogen erscheinen Flamme und Streifen. Handelt es sich hierbei um eine optische Täuschung? Oder ist die scheinbare Verbreiterung der Flamme auf die Beugung von Licht zurückzuführen? Und sind die abwechselnd hellen und dunklen Streifen das Ergebnis von konstruktiver und destruktiver Interferenz?

Beugung von Licht • Zur genaueren Untersuchung bestrahlen wir einen schmalen Spalt mit einem Laser. Auf einem Schirm in mehreren Metern Abstand erhalten wir ein ähnliches Muster wie beim Blick durch den Spalt auf die Flamme. Wir beobachten einen breiten und hellen Bereich in der Mitte und schmale und weniger

2 Kerzenflamme durch einen Spalt betrachtet

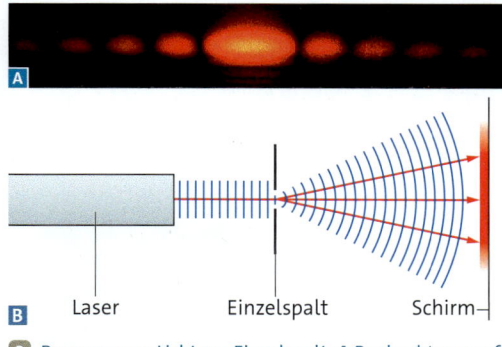

B Laser   Einzelspalt   Schirm

3 Beugung von Licht am Einzelspalt: **A** Beobachtung auf dem Schirm, **B** Erklärung im Wellenmodell

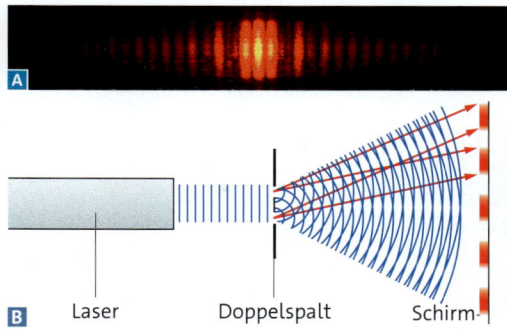

B Laser   Doppelspalt   Schirm

4 Interferenz von Licht am Doppelspalt: **A** Beobachtung auf dem Schirm, **B** Erklärung im Wellenmodell

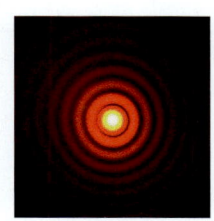

5 Beugungsmuster einer Lochblende

helle Bereiche links und rechts davon (▶Abb. 3 A). Wieder stellen wir fest, dass dieses Muster umso weiter auseinandergezogen ist, je schmaler der Spalt ist. Mit dem Prinzip von Huygens können wir den breiten und hellen Bereich in der Mitte erklären. Wir betrachten dazu die Spaltöffnung als punktförmigen Wellenerzeuger. Dieser ist Ausgangspunkt einer Elementarwelle, die beim Auftreffen auf dem Schirm den hellen Bereich in der Mitte bildet (▶Abb. 3 B). Die Entstehung von weiteren hellen und dunklen Bereichen kann man mit einer einzigen Elementarwelle nicht erklären. Dies könnte ein Hinweis darauf sein, dass man sich im Spalt mehrere Ausgangspunkte von Elementarwellen denken muss.

Interferenz von Licht • Wir haben bei Licht Beugung beobachtet. Gibt es bei Licht auch Interferenz? Um diese Frage zu klären, ersetzen wir den Spalt durch einen Doppelspalt. Auf dem Schirm erkennen wir ein deutliches Muster aus hellen und dunklen Streifen (▶Abb. 4 A). Je kleiner der Abstand der beiden Spalte ist, desto weiter auseinander liegen die Streifen. Im Wellenmodell gelingt die Erklärung einfach: Nach Huygens stellen die Spaltöffnungen Ausgangspunkte für Elementarwellen dar (▶Abb. 4 B). Die beiden Elementarwellen interferieren miteinander und bilden abhängig vom Gangunterschied Linien konstruktiver und destruktiver Interferenz aus. Der Schirm schneidet diese Linien, dadurch ergeben sich die hellen und dunklen Streifen. Nicht so einfach erklären können wir die unterschiedlichen Intensitäten der hellen Streifen. Auch dies könnte daran liegen, dass man sich in den Spalten mehrere Wellenerzeuger denken muss.

Das Wellenmodell des Lichts • Beugung und Interferenz treten nicht nur bei Spalten auf. Auch hinter einem kleinen kreisförmigen Loch beobachtet man ein Hell-Dunkel-Muster mit einem sogenannten Beugungsscheibchen in der Mitte und umgebenden Beugungsringen (▶Abb. 5). Wieder gilt: Je kleiner das Loch ist, desto größer sind Beugungsscheibchen und Beugungsringe.

> Licht zeigt typische Wellenphänomene wie Beugung und Interferenz. Zur Beschreibung dieser Phänomene ist das Strahlenmodell ungeeignet. Wir verwenden stattdessen für Licht ein Wellenmodell.

Im Alltag beobachtet man Beugung und Interferenz nur, wenn die Strukturen, an denen das Licht gebeugt wird, genügend klein sind. Auch das Licht selbst muss gewisse Bedingungen erfüllen. Damit es zur Interferenz kommt, müssen die von den Spalten ausgehenden Elementarwellen kohärent, also mit einer konstanten Phasenbeziehung schwingen. Für das Licht eines Lasers ist dies bei unseren Experimenten stets erfüllt, bei Licht im Alltag aber oft nicht.

1 Skizzieren Sie das Schirmbild hinter einem kleinen Loch, wie man es nach dem Lichtstrahlmodell erwarten würde. Beschreiben Sie, wie sich das Schirmbild mit kleiner werdendem Loch verändern würde. Vergleichen Sie mit der Beobachtung im Experiment.
2 Erläutern Sie, warum der Wellencharakter von Licht im Alltag nicht offensichtlich ist.

WELLENERSCHEINUNGEN DES LICHTS

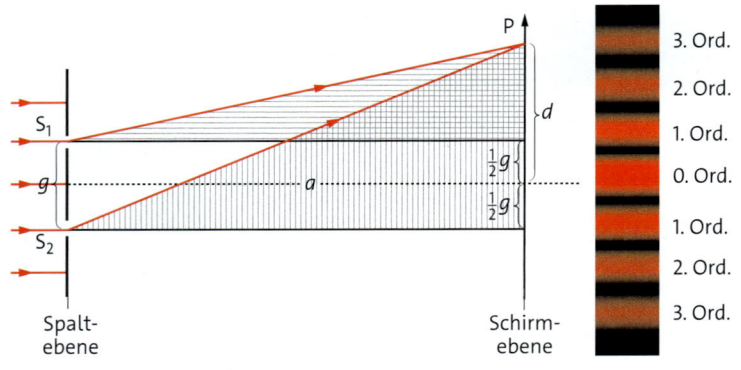

1 Doppelspaltinterferenz: **A** Skizze, **B** Interferenzmuster

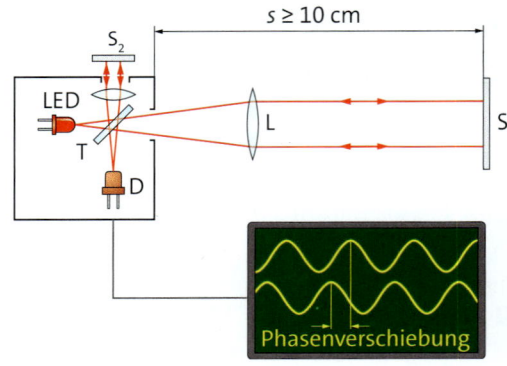

2 Messung der Lichtgeschwindigkeit

Wellenlängenbereich von Licht • Können wir aus dem auf dem Schirm beobachtbaren Interferenzmuster eines Doppelspalts die Wellenlänge bestimmen? Die von den beiden Spalten ausgehenden Elementarwellen interferieren miteinander und bilden bei konstruktiver Interferenz die hellen und bei destruktiver Interferenz die dunklen Streifen. Bei konstruktiver Interferenz beträgt der Gangunterschied δ der beiden Elementarwellen ein ganzzahliges Vielfaches der Wellenlänge λ, also $\delta = k \cdot \lambda$, mit der Ordnung $k = 0, 1, 2, \ldots$ Entsprechend bezeichnen wir die Intensitätsmaxima als **Maxima k-ter Ordnung** (▶Abb.1).

Den Gangunterschied $\delta = \left| \overline{S_2P} - \overline{S_1P} \right|$ berechnen wir mit dem Satz des Pythagoras (▶Abb.1):

$$\delta = \sqrt{a^2 + \left(d + \frac{g}{2}\right)^2} - \sqrt{a^2 + \left(d - \frac{g}{2}\right)^2}.$$

Mit $\sqrt{x^2 + y^2} \approx x + \frac{y^2}{2x}$ für $x \gg y$ folgt:

$$\delta \approx a + \frac{\left(d + \frac{g}{2}\right)^2}{2a} - a - \frac{\left(d - \frac{g}{2}\right)^2}{2a} = \frac{g \cdot d}{a}.$$

Diese praktische Näherungsformel geben wir hier ohne Herleitung an.

Beim Spaltabstand $g = 0,25\,$mm und dem Schirmabstand $a = 6,6\,$m messen wir für den dritten hellen Streifen $d_3 = 5,4\,$cm. Mit $\delta = 3 \cdot \lambda$ erhalten wir für das rote Licht des Lasers $\lambda = 0,68\,\mu$m. Wenn man die Messung für unterschiedliche Spektralfarben wiederholt, dann erhält man den Wellenlängenbereich von sichtbarem Licht:

> Sichtbares Licht hat eine Wellenlänge von etwa 0,4 μm bis 0,8 μm.

Licht als elektromagnetische Welle • Wenn Licht Teil des elektromagnetischen Spektrums ist, dann sollte Licht dieselben prinzipiellen Eigenschaften wie andere elektromagnetische Wellen haben. Zur Überprüfung dieser Vermutung vergleichen wir die Eigenschaften von Licht mit denen von bekannten elektromagnetischen Wellen. Sie wissen, dass sich Licht im Vakuum ausbreiten kann. Dies gilt ebenso für Radiowellen, ansonsten könnten sie nicht zur Kommunikation mit Satelliten genutzt werden. Licht benötigt also wie Radiowellen keinen Wellenträger. Dies werten wir als eine erste Bestätigung dafür, dass Licht eine elektromagnetische Welle ist.

Lichtgeschwindigkeit • Wir messen die Lichtgeschwindigkeit mit dem Aufbau nach ▶Abb. 2. Eine Leuchtdiode sendet in regelmäßigen Abständen sehr kurze Lichtpulse aus. Ein halbdurchlässiger Spiegel, ein sogenannter Strahlteiler, teilt die Lichtpulse in Referenz- und Messpuls auf. Nach Reflexion an den Spiegeln S_1 bzw. S_2 werden die Lichtpulse über den Strahlteiler zur Empfängerdiode gelenkt und mit einem Oszilloskop registriert. Im Vergleich zum Referenzpuls durchläuft der Messpuls zusätzlich die Strecke vom Austrittsfenster bis zum Spiegel S_1 und wieder zurück. Im Oszilloskop erscheint der Messpuls daher um Δt gegenüber dem Referenzpuls verzögert. Die Lichtgeschwindigkeit ergibt sich als Quotient aus der zusätzlich zurückgelegten Strecke Δx und der Zeitspanne Δt. Für $\Delta x = 12,0\,$m messen wir $\Delta t = 40258\,$ns. Daraus ergibt sich $c = 3,0 \cdot 10^8 \frac{m}{s}$. Dieser Wert stimmt gut mit der Ausbreitungsgeschwindigkeit für elektromagnetische Wellen überein.

Die Übereinstimmung der Ausbreitungsgeschwindigkeit von Licht mit der von JAMES C. MAXWELL vorhergesagten Ausbreitungsgeschwindigkeit für elektromagnetische Wellen

$$c = \frac{1}{\sqrt{\varepsilon_0 \cdot \mu_0}}$$

wurde in vielen Experimenten mit immer größerer Genauigkeit bestätigt. Seit 1983 ist daher die Vakuumlichtgeschwindigkeit auf

$$c = 299\,792\,458\,\tfrac{m}{s}$$

festgelegt. Daraus folgt die Definition der Basiseinheit Meter als die Strecke, die das Licht in der Zeit 1/299 792 458 s zurücklegt.

Die Lichtgeschwindigkeit im Vakuum ist in allen Bezugssystemen gleich, unabhängig davon, ob sich Quelle oder Empfänger selbst bewegen. Diese erstaunliche Eigenschaft ist die Grundlage der von ALBERT EINSTEIN begründeten speziellen Relativitätstheorie. Aus ihr folgt auch, dass sich kein Körper und keine Information mit mehr als der Lichtgeschwindigkeit c ausbreiten kann.

In Materie ist die Ausbreitungsgeschwindigkeit von Licht geringer als im Vakuum. In Wasser beträgt sie etwa $0{,}75\,c$, in Luft ist die Abweichung gegenüber c mit 0,03 % äußerst gering. Für praktische Belange rechnet man im Vakuum und in Luft mit $c = 3{,}00 \cdot 10^8\,\tfrac{m}{s}$.

Polarisation • Elektromagnetische Wellen sind Transversalwellen: Die elektrische Feldstärke $\vec{\mathcal{E}}$ und die magnetische Flussdichte $\vec{B}$ schwingen orthogonal zur Ausbreitungsrichtung $\vec{c}$. Als Polarisationsrichtung einer elektromagnetischen Welle wird die Schwingungsrichtung des elektrischen Feldstärkevektors bezeichnet. Sie kann zwischen 0° (vertikal) und 90° (horizontal) liegen.

Zur Überprüfung, ob Licht eine Transversalwelle ist, bestrahlen wir einen sogenannten Polarisationsfilter auf Stellung 0° mit Licht aus einer Glühlampe (▶Abb. 3 A). Hinter dem Filter ist die Intensität des Lichts geringer. Ein zweiter Filter P_2 auf 0° lässt das Licht ungehindert durch (▶Abb. 3 B). Drehen wir ihn von 0° auf 90°, dann wird immer mehr Licht absorbiert, bis bei 90° kein Licht mehr durchgelassen wird (▶Abb. 3 C).

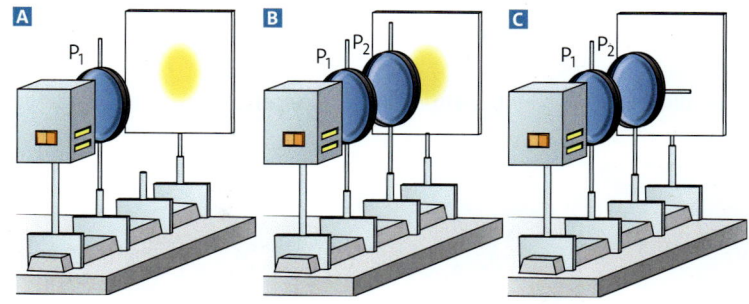

3 Untersuchung der Polarisation mit **A** einem Filter, **B** zwei Filtern auf gleicher Stellung und **C** zwei Filtern auf zueinander orthogonalen Stellungen

Mit der Vorstellung von Licht als Transversalwelle können wir die Beobachtungen erklären: Das Licht der Glühlampe enthält alle Polarisationsrichtungen von 0° bis 90°. Der erste Polarisationsfilter P_1 bewirkt, dass die Feldstärke hinter dem Filter nur noch in die eingestellte Richtung schwingen kann. Das Licht ist also auf 0° polarisiert. Diese Schwingungsrichtung wird vom zweiten Filter P_2 je nach Stellung ungehindert, gar nicht oder teilweise durchgelassen.

In weiteren Experimenten konnte man zeigen, dass sich die Polarisationsrichtung von Licht in elektrischen und magnetischen Feldern drehen lässt. All diese Beobachtungen lassen darauf schließen, dass Licht tatsächlich eine elektromagnetische Welle ist.

299 792,458 $\tfrac{km}{s}$

Achtung! Tempolimit!

Licht kann als elektromagnetische Welle beschrieben werden.
Die Ausbreitungsgeschwindigkeit im Vakuum ist gleich $c = 3{,}00 \cdot 10^8\,\tfrac{m}{s}$.
Gewöhnliches Licht enthält alle Polarisationsrichtungen. Nach Durchgang durch einen Polarisationsfilter ist das Licht vollständig in dessen Richtung polarisiert.

1 Grünes Laserlicht trifft auf einen Doppelspalt ($g = 0{,}32\,mm$). Auf dem Schirm ($a = 4{,}8\,m$) sind die beiden Maxima 4. Ordnung 6,4 cm auseinander. Berechnen sie die Wellenlänge.

2 Ein Lichtjahr ist eine astronomische Entfernungseinheit. Es ist die Strecke, die das Licht in einem Jahr (365,25 d) zurücklegt. Rechnen Sie die Einheit Lichtjahr in Meter um.

Versuch A • Beugung und Interferenz von Licht in subjektiver Betrachtung

Beim Blick durch Einzel- beziehungsweise Doppelspalt nehmen Sie auf der Netzhaut eines Ihrer Augen Interferenzmuster wahr.

 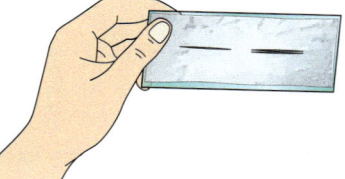 

V1 Kerzenflamme durch einen Spalt betrachtet

Material:
Undurchsichtiger Plastikdeckel (z. B. von einer Dose Margarine) oder Karteikarte, Cutter, Kerze

Arbeitsauftrag:
a) Schneiden Sie einen etwa 2 cm langen Schnitt in den Plastikdeckel. Indem Sie links und rechts am Deckel ziehen, erhalten Sie einen Spalt variabler Breite.
b) Schauen Sie aus einigen Metern Entfernung mit einem Auge durch den Spalt auf die Kerzenflamme. Verändern Sie die Breite des Spalts und beobachten Sie die Wirkung auf das wahrgenommene Interferenzmuster. Beschreiben Sie das Muster und seine Abhängigkeit von der Spaltbreite.

V2 Interferenz mit Licht von LEDs

Material:
Objektträger für Mikroskope, Alu-Folie, Klebestift, Cutter, Lineal, LED (z. B. rot) mit passendem Vorwiderstand auf einem Steckbrett, Netzgerät

Arbeitsauftrag:
a) Bekleben Sie den Objektträger mit Alu-Folie. Drücken Sie die Folie gut fest. Schneiden Sie mit dem Cutter einen einzelnen und zwei eng benachbarte parallele Schnitte durch die Alu-Folie.
b) Betrachten Sie die LED aus mehreren Metern Entfernung durch den Einzelspalt. Beschreiben Sie das Muster.
c) Betrachten Sie die LED durch den Doppelspalt. Beschreiben Sie das Interferenzmuster des Doppelspalts.

Versuch B • Bestimmung der Wellenlänge von Licht

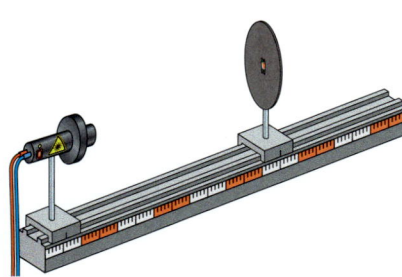

Achtung! Gefahr durch Laserstrahlung! Eine Unterweisung durch die Lehrkraft ist zwingend erforderlich.

Material:
Doppelspalt (z. B. aus Versuch A, V2), Laser der Klasse 1 (bei Laser der Klasse 2 oder 2A sind erhöhte Sicherheitsmaßnahmen erforderlich), 10-m-Maßband

V1 Bestimmung des Spaltabstands

Arbeitsauftrag:
a) Projizieren Sie den Doppelspalt zusammen mit einem Lineal, z. B. mit einer Dokumentenkamera. Bestimmen Sie den Vergrößerungsfaktor.
b) Messen Sie den Mittenabstand der projizierten Spalte. Berechnen Sie den tatsächlichen Spaltmittenabstand g.

V2 Wellenlängenbestimmung

Arbeitsauftrag:
a) Bauen Sie Laser und Doppelspalt auf. Der Abstand des Doppelspalts von der Wand sollte zwischen 5 m und 10 m betragen. Kleben Sie an der Stelle, an der Sie das Interferenzmuster erwarten, ein Blatt Papier auf die Wand.
b) Richten Sie den Laserstrahl mittig auf den Doppelspalt. Markieren Sie auf dem Blatt die Mitte der hellen Interferenzstreifen. Bestimmen Sie aus den Markierungen den Abstand Δd benachbarter heller Streifen möglichst genau.
c) Schalten Sie den Laser aus und messen Sie den Schirmabstand a.
d) Berechnen Sie aus den Messwerten die Wellenlänge des Laserlichts $\left(\lambda = \frac{g \cdot \Delta d}{a}\right)$.
e) Schätzen Sie die prozentualen Messunsicherheiten für Spaltmittenabstand g, Streifenabstand Δd und Schirmabstand a. Beurteilen Sie ihren Einfluss auf die Unsicherheit der daraus berechneten Wellenlänge.

Material A • Messunsicherheiten bei der Wellenlängenbestimmung

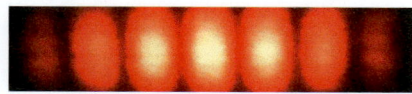

Die Abbildung zeigt das Interferenzmuster von Licht nach dem Durchgang durch einen Doppelspalt in Originalgröße. Mia, Jonas und Eleni diskutieren, wie sie den Abstand d benachbarter heller Streifen möglichst genau bestimmen.

Mia: „Ich messe den Abstand zwischen dem 0. und dem 1. Streifen, zwischen dem 1. und dem 2. Streifen, zwischen dem 2. und dem 3. Streifen usw. und bilde daraus den Mittelwert."
Jonas: „Ich messe den Abstand jedes hellen Streifens von der Mitte und divi-diere durch die Anzahl der dunklen Streifen dazwischen. Von diesen Werten nehme ich den Mittelwert."
Eleni: „Ich messe den Abstand der äußersten hellen Streifen zueinander und dividiere durch die Anzahl der dunklen Streifen dazwischen."

A1 Bewerten Sie die Vorgehensweisen der Schüler.

A2 **a)** Bestimmen Sie den Abstand Δd benachbarter heller Streifen möglichst genau (Angabe in mm).
b) Schätzen Sie die absolute Unsicherheit $\Delta(\Delta d)$ des in a) bestimmten Streifenabstands (Angabe in mm).
c) Berechnen Sie die relative Unsicherheit $\frac{\Delta(\Delta d)}{\Delta d}$ (Angabe in %).

A3 Der Abstand der Spalte beträgt laut Herstellerangabe $(0,50 \pm 0,05)$ mm. Den Schirmabstand haben die Schüler zu $(5,88 \pm 0,01)$ m gemessen.
a) Berechnen Sie die Wellenlänge des verwendeten Lichts.
b) Bestimmen Sie die relative und die absolute Unsicherheit der Wellenlänge mit folgender Gleichung:
$$\frac{\Delta\lambda}{\lambda} = \frac{\Delta(\Delta d)}{\Delta d} + \frac{\Delta g}{g} + \frac{\Delta a}{a}.$$

A4 Die Schüler möchten die Messunsicherheit in der Wellenlänge verringern. Erörtern Sie, ob die Schüler ihre Anstrengungen auf eine genauere Messung des Streifenabstands, des Spaltabstands oder des Schirmabstands konzentrieren sollen.

Material B • Brechung von Licht

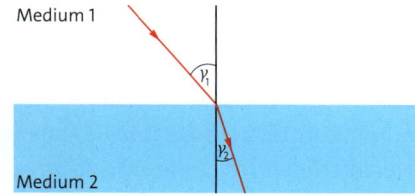

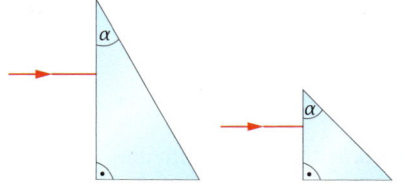

Licht wird beim Übergang von einem Medium 1 in ein Medium 2 gebrochen. Mit den Ausbreitungsgeschwindigkeiten c_1 und c_2 des Lichts in den Medien 1 und 2 gilt:
$$\frac{\sin(\gamma_1)}{\sin(\gamma_2)} = \frac{c_1}{c_2} = \frac{\lambda_1}{\lambda_2} = \frac{n_2}{n_1}.$$

Die Brechzahl n_r eines Mediums ist definiert als das Verhältnis der Lichtgeschwindigkeit c im Vakuum zur Lichtgeschwindigkeit c_r im Medium. Für den Übergang von Luft in Wasser werden die Winkel γ_L und γ_W gemessen. Man erhält:

γ_L	0°	20°	40°	60°	80°
γ_W	0°	15°	28°	40°	48°

B1 Sowohl in Luft als auch in Wasser gilt $c = \lambda \cdot f$. Erklären Sie, welche Größen sich beim Übergang des Lichts von Luft in Wasser wie ändern.

B2 **a)** Zeigen Sie, dass der Quotient $\frac{\sin(\gamma_L)}{\sin(\gamma_W)}$ konstant ist.
b) Die Brechzahl von Luft ist näherungsweise gleich eins. Bestimmen Sie die Brechzahl von Wasser unter Verwendung aller Messwerte.

B3 Ein Lichtstrahl trifft orthogonal auf die Kathete eines rechtwinkligen Glasprismas ($n = 1,46$).
a) Für $\alpha = 30°$: Berechnen Sie den Winkel δ, um den der Strahl aus seiner ursprünglichen Richtung abgelenkt wird.

b) Für $\alpha = 45°$: Begründen Sie, dass der Strahl an der Hypotenuse total reflektiert wird. Zeichnen Sie den Strahlenverlauf.

B4 Die Brechzahl eines Mediums ist im Allgemeinen nicht konstant, sondern hängt von der Frequenz des Lichts ab. Dies wird als Dispersion bezeichnet. Als Folge davon wird weißes Licht beim Durchgang durch ein Glasprisma in seine Spektralfarben zerlegt.
a) Folgern Sie anhand des Fotos, wie die Brechzahl von der Frequenz abhängt.
b) Erklären Sie, warum die Dispersion bei der optischen Abbildung mit Linsen unerwünscht ist.

1 Blick durch eine Gardine

Optisches Gitter und Doppelspalt

Beim Blick durch eine feinmaschige Gardine auf die weihnachtliche Beleuchtung beobachtet man sternförmige und farbige Muster. Wie entstehen solche Muster und was hat dies mit der Wellennatur von Licht zu tun?

Interferenz bei einem Stück Stoff • Um diesen Effekt genauer zu untersuchen, richten wir einen Laserstrahl auf ein Stück Stoff mit horizontalen und vertikalen Fäden und dazwischen liegenden Öffnungen. Auf einem Schirm beobachten wir ein regelmäßiges Muster aus reihen- und spaltenweise angeordneten hellen Flecken (▶Abb. 2).

2 Interferenzmuster bei einem Stück Stoff

Gitterinterferenz • Zur Vereinfachung verwenden wir eine Anordnung aus äquidistanten vertikalen Spalten, ein sogenanntes **optisches Gitter**. Wieder beobachten wir ein Muster aus regelmäßig angeordneten hellen Flecken, jedoch nur entlang einer horizontalen Linie (▶Abb. 3). Je kleiner der Abstand der Spalte ist, desto weiter auseinander liegen die Flecken – eine Beobachtung, wie wir sie schon vom Doppelspalt her kennen. Aber im Gegensatz zum Doppelspalt sind beim Gitter die hellen Bereiche viel schmaler und viel schärfer gegen die dunklen Bereiche abgegrenzt. Wir vermuten, dass auch hier die Interferenz der Grund unserer Beobachtungen ist. Wenn wir feine Wassertröpfchen einsprühen, dann erkennen wir intensive und scharf begrenzte räumliche Bereiche hoher Intensität zwischen Gitter und Schirm (▶Abb. 4). Dies erinnert an die Linien konstruktiver Interferenz. Aber warum sind diese so scharf ausgeprägt?

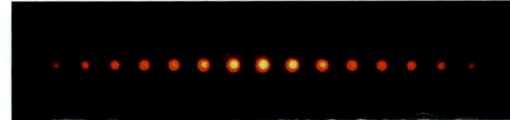

3 Interferenzmuster eines Gitters

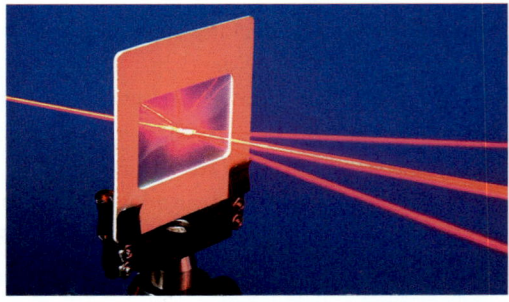

4 Durch Streuung an feinen Wassertröpfchen werden die Linien konstruktiver Interferenz sichtbar.

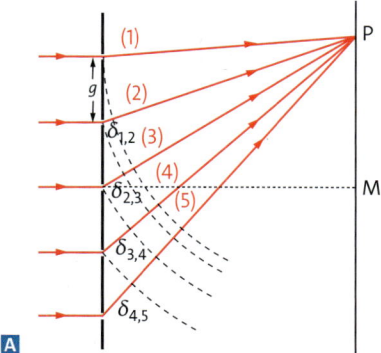

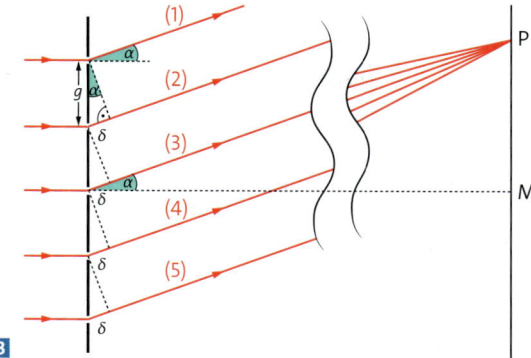

A

B

5 Interferenz beim Gitter: **A** Von den Spalten ausgehende Wellennormalen treffen sich im Punkt P des Schirms. **B** Bei großem Schirmabstand sind die Wellennormalen näherungsweise parallel (Fernfeldnäherung) und die Gangunterschiede von Wellen aus benachbarten Spalten alle gleich.

Intensitätsmaxima • Nach dem Prinzip von Huygens stellt jeder Spalt einen Ausgangspunkt für Elementarwellen dar. Für die Interferenz im Punkt P sind die Gangunterschiede aller Elementarwellen zueinander wesentlich. Eine exakte Berechnung dieser Gangunterschiede mit dem Satz des Pythagoras wäre sehr aufwendig (▶Abb. 5 A). Da nützt folgende Überlegung: Wenn der Schirm vom Gitter weit entfernt ist, dann sind die von den Spalten ausgehenden und im Punkt P zusammenlaufenden Normalen der Wellen näherungsweise parallel zueinander (▶Abb. 5 B). In dieser sogenannten **Fernfeldnäherung** haben zwei Wellen aus benachbarten Spalten immer denselben Gangunterschied δ. Mit dem Spaltabstand g, auch **Gitterkonstante** genannt, folgt:

$$\sin(\alpha) = \frac{\delta}{g}.$$

Beträgt der Gangunterschied ein ganzzahliges Vielfaches der Wellenlänge ($\delta = k \cdot \lambda$, $k = 0, 1, 2, ...$), dann interferieren alle Elementarwellen konstruktiv und es entsteht ein helles Intensitätsmaximum. Mit dieser Bedingung erhält man die Winkel α_k für die Maxima k-ter Ordnung:

$$\sin(\alpha_k) = \frac{k \cdot \lambda}{g} \text{ mit } k = 0, 1, 2, ...$$

Wegen $\sin(\alpha_k) \leq 1$ gilt für die größtmögliche Ordnung der Gittermaxima $k \leq \frac{g}{\lambda}$.

Schärfe der Maxima • Weicht der Gangunterschied nur wenig von $k \cdot \lambda$ (k ganzzahlig) ab, dann löschen sich die vielen Elementarwellen fast vollständig aus. Wir verdeutlichen dies an einem Beispiel: Bei einem Gitter mit insgesamt zehn Spalten sei der Gangunterschied benachbarter Elementarwellen $\delta = \frac{1}{8}\lambda$. Dann haben die Wellen des 1. und 5. Spalts einen Gangunterschied von $\frac{1}{2}\lambda$

und löschen sich daher aus. Ebenso löschen sich die Wellen der Spalte 2 und 6, 3 und 7 sowie 4 und 8 aus. Nur die übrig gebliebenen Wellen der Spalte 9 und 10 löschen sich nicht aus. In der Praxis haben wir es mit sehr vielen Spalten und damit auch mit sehr vielen Elementarwellen zu tun. Umso mehr Elementarwellen miteinander interferieren, desto weniger Wellen haben keinen Partner zur Auslöschung und desto schärfer sind folglich die Maxima. Auf diese Weise kommt es zu den scharfen Intensitätsmaxima beim Gitter.

> Ein optisches Gitter führt zu hellen und scharfen Intensitätsmaxima. Mit der Gitterkonstante g und der Wellenlänge λ erhält man die Winkel α_k der Maxima zu:
>
> $$\sin(\alpha_k) = \frac{k \cdot \lambda}{g}, k = 0, 1, 2, ...; k \leq \frac{g}{\lambda}.$$

Interferenz beim Kreuzgitter • Die Gardine ist ein **Kreuzgitter**. Dabei findet die Interferenz nicht nur nach links und rechts, sondern auch nach oben und unten statt. Dadurch sind die Intensitätsmaxima wie auf einem Karomuster angeordnet.

1 Laserlicht mit der Wellenlänge 633 nm trifft auf ein Gitter mit 100 Spalten pro mm. Der Schirmabstand beträgt $a = 1{,}50$ m (▶Abb. 6).
a) Geben Sie die Gitterkonstante g an.
b) Berechnen Sie die Winkel α_k zu den Intensitätsmaxima 1., 2. und 3. Ordnung.
c) Berechnen Sie die Abstände d_k der Intensitätsmaxima zur Schirmmitte M.

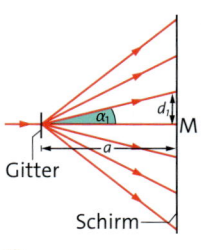

6 Abstände d_k

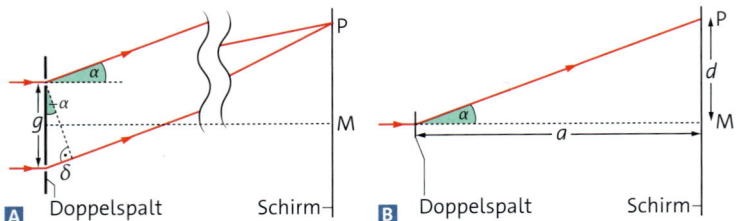

1 Doppelspaltinterferenz: **A** Gangunterschied in Fernfeldnäherung, **B** Abstände

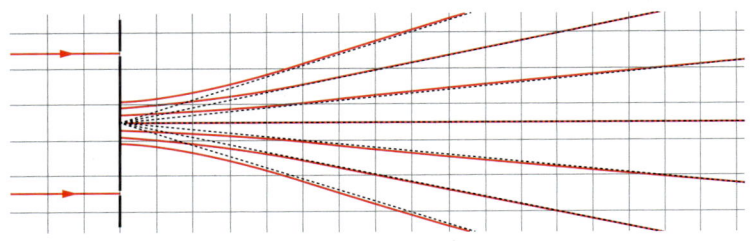

2 Linien konstruktiver Interferenz (durchgezogene Kurven) im Vergleich zur Fernfeldnäherung (gestrichelte Geraden)

Doppelspalt

Auch bei Interferenzexperimenten mit Licht am Doppelspalt ist der Schirmabstand a sehr viel größer als der Spaltabstand g. Folglich kann auch hier die Fernfeldnäherung angewendet werden. Man betrachtet also die beiden von den Spalten ausgehenden und im Punkt P zusammenlaufenden Wellennormalen als parallel. Dann folgt für den Gangunterschied δ nach ▸Abb. 1 A:

$$\sin(\alpha) = \frac{\delta}{g}.$$

Ferner gilt nach ▸Abb. 1 B die Beziehung:

$$\tan(\alpha) = \frac{d}{a}.$$

Intensitätsmaxima

Beim Doppelspalt sind oft nur die zu kleinen Winkeln gehörenden Maxima zu beobachten. Für kleine Winkel mit $\alpha \leq 10°$ kann man die Kleinwinkelnäherung $\sin(\alpha) \approx \tan(\alpha)$ anwenden. Also kann man die beiden rechten Seiten der obigen Gleichungen gleichsetzen:

Beim Gitter ist die Voraussetzung für die Kleinwinkelnäherung oft nicht erfüllt.

$$\frac{d}{a} = \frac{\delta}{g} \iff d = \frac{\delta \cdot a}{g}.$$

Setzt man die Bedingung für konstruktive Interferenz, also $\delta = k \cdot \lambda$ mit $k = 0, 1, 2, ...$, in die Gleichung ein, dann erhält man die Abstände der Intensitätsmaxima k-ter Ordnung von der Mitte M zu:

$$d_{\text{Max}, k} = k \cdot \frac{\lambda \cdot a}{g}, k = 0, 1, 2, ...$$

Diese Gleichung besagt, dass $d_{\text{Max}, k}$ proportional zu k ist. Mit anderen Worten: Die Intensitätsmaxima sind gleichmäßig verteilt. Dies ist eine Folge der Kleinwinkelnäherung. Der Abstand benachbarter Maxima beträgt folglich:

$$\Delta d = \frac{\lambda \cdot a}{g}.$$

Mit der Bedingung für destruktive Interferenz, also $\delta = (2k - 1) \cdot \frac{\lambda}{2}$ mit $k = 1, 2, 3, ...$, erhält man in entsprechender Weise die Stellen der Intensitätsminima k-ter Ordnung zu:

$$d_{\text{Min}, k} = \frac{2k-1}{2} \cdot \frac{\lambda \cdot a}{g}, k = 1, 2, 3, ...$$

Da die Intensitätsminima, also die Dunkelstellen, genau in der Mitte zweier benachbarter Intensitätsmaxima liegen, haben benachbarte Dunkelstellen ebenfalls den Abstand Δd.

> Wenn beim Doppelspalt die Winkel zu den Intensitätsmaxima nicht größer als 10° sind, dann haben benachbarte Maxima bzw. Minima den Abstand
>
> $$\Delta d = \frac{\lambda \cdot a}{g}.$$
>
> Dabei ist g der Spaltabstand und a der Abstand zwischen Doppelspalt und Schirm.

Anwendbarkeit der Näherungen

Die von den Spalten ausgehenden Elementarwellen interferieren nicht erst am Schirm. Wie bei Wasserwellen bilden sich hinter dem Doppelspalt Linien konstruktiver Interferenz aus. ▸Abb. 2 zeigt einige berechnete Linien dieser konstruktiven Interferenz (durchgezogene Kurven). Zum Vergleich sind die nach der Fernfeldnäherung zu erwartenden Linien eingezeichnet (gestrichelte Geraden). Mit zunehmender Entfernung stimmen die gekrümmten und die geraden Linien immer besser überein. Ab einer Entfernung von $a = 100\,g$ ist der Fehler durch die Fernfeldnäherung vernachlässigbar. Da bei Experimenten mit Licht der Schirmabstand a in der Praxis sehr viel größer als der Spaltabstand g ist, kann die Fernfeldnäherung dabei immer angewendet werden. Dagegen kann die Kleinwinkelnäherung nur verwendet werden, wenn die auftretenden Winkel tatsächlich nicht größer als 10° sind.

Zerlegung von weißem Licht • Die Tatsache, dass beim optischen Gitter die Winkel α_k für die Maxima k-ter Ordnung von der Wellenlänge abhängen, kann man dazu nutzen, weißes Licht einer Glühlampe in seine Spektralfarben zu zerlegen. Der Aufbau nach ▶Abb. 3 mit Linsen und Beleuchtungsspalt sorgt dafür, dass das Licht parallel und mit einer konstanten Phasenbeziehung auf das Gitter trifft. Auf einem Schirm in einigem Abstand beobachten wir eine weiße Linie und links und rechts davon farbige Spektren (▶Abb. 4 A). Die Spektren beginnen innen mit Violett und enden außen mit Rot. Dazwischen sind die vom Regenbogen her bekannten Farben zu sehen. Bei den weiter außen liegenden Spektren sind teilweise weitere Farben zu sehen.

Weißes Licht enthält Licht unterschiedlicher Wellenlängen. Das Licht der Wellenlänge λ interferiert für den Winkel α_k mit

$$\sin(\alpha_k) = \frac{k \cdot \lambda}{g}, \, k = 0, 1, 2, \ldots$$

konstruktiv. In 0. Ordnung liegen die Maxima für alle Wellenlängen übereinander und es entsteht der Farbeindruck Weiß. Links und rechts schließen sich die Spektren erster Ordnung an. Wegen

$$\sin(\alpha_1) = \frac{\lambda}{g}$$

gehört zum größeren Winkel auch die größere Wellenlänge, d. h. rotes Licht hat die größte und violettes Licht die kleinste Wellenlänge. Aus dem Spektrum 1. Ordnung können wir die Grenzen des sichtbaren Spektrums berechnen. Für ein Gitter mit 100 Spalten pro Millimeter und einem Schirmabstand von 3,72 m messen wir den Abstand des violetten Lichts zur Schirmmitte zu 15 cm. Daraus folgt für die Wellenlänge λ_{vio}:

$$\tan(\alpha_{1,\text{vio}}) = \frac{d_{1,\text{vio}}}{a} = \frac{0,15\,\text{m}}{3,72\,\text{m}} \Rightarrow \alpha_{1,\text{vio}} = 2,3°.$$

$$\lambda_{\text{vio}} = g \cdot \sin(\alpha_{1,\text{vio}}) = 10^{-5}\,\text{m} \cdot \sin(2,3°)$$

$$= 4,0 \cdot 10^{-7}\,\text{m} = 400\,\text{nm}.$$

Entsprechend erhält man aus $d_{1,\text{rot}} = 29$ cm die Wellenlänge $\lambda_{\text{rot}} = 7,8 \cdot 10^{-7}\,\text{m} = 780\,\text{nm}$.

Überlagerung der Spektren • Tab. 5 zeigt die berechneten Winkel der Maxima k-ter Ordnung für λ_{vio} und λ_{rot}. Man erkennt, dass $\alpha_{2,\text{rot}}$ größer ist als $\alpha_{3,\text{vio}}$. Das Maximum 2. Ordnung für rotes Licht

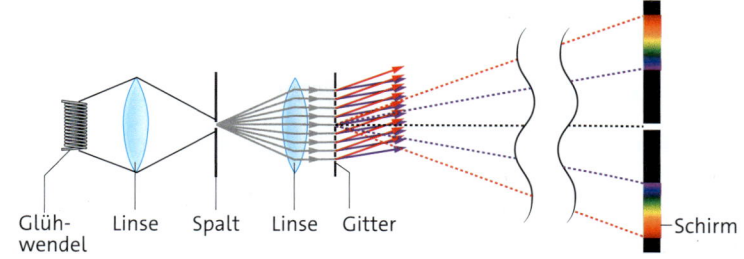

3 Erzeugung eines Gitterspektrums

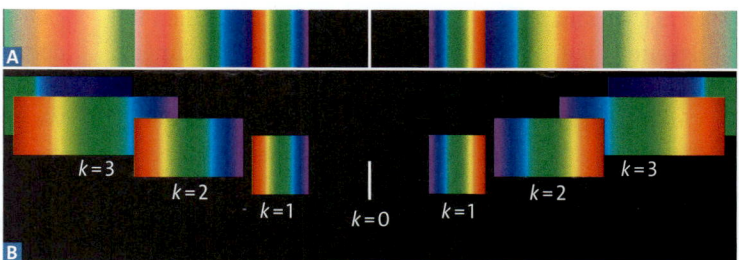

4 A Schirmbild für $g = 10$ μm, B Erklärung durch Überlagerung der Spektren

liegt folglich weiter außen als das Maximum 3. Ordnung für violettes Licht. Die Spektren 2. und 3. Ordnung überlagern sich also (▶Abb. 4B). Durch additive Farbmischung ergeben sich über die Spektralfarben hinausgehende Farbeindrücke. Der Effekt der Überlagerung nimmt mit zunehmender Ordnung immer weiter zu.

k	$\alpha_{k,\text{vio}}$	$\alpha_{k,\text{rot}}$
1	2,3°	4,5°
2	4,6°	9,0°
3	6,9°	13,5°
...	...	...

5 Winkel α_k für Violett und Rot ($g = 10$ μm)

Mit einem optischen Gitter kann man Spektren erzeugen. Für die Winkel, bei denen die Wellenlänge λ in k-ter Ordnung beobachtet wird, gilt mit der Gitterkonstante g:

$$\sin(\alpha_k) = \frac{k \cdot \lambda}{g}, \, k = 0, 1, 2, \ldots$$

1 Erklären Sie, wie sich das Schirmbild beim Doppelspalt ändert, wenn
a) der Schirmabstand vergrößert wird,
b) der Spaltabstand verkleinert wird,
c) die Wellenlänge vergrößert wird.

2 Ein Gitter mit 500 Spalten pro Millimeter wird mit weißem Licht bestrahlt.
a) Erstellen Sie eine Tabelle wie in ▶Tab. 5.
b) Skizzieren Sie das Schirmbild auf einem 2,0 m entfernten, 4,0 m breiten und symmetrisch zum Maximum 0. Ordnung angebrachten Schirm.

:::: **METHODE** :::

Intensitätsberechnung mit Zeigern

Mehrfachspalt • Wenn man eine Anordnung aus drei äquidistanten Spalten mit einem Laser beleuchtet, dann erhält man ein Interferenzmuster mit intensiven Hauptmaxima und dazwischen liegenden weniger intensiven Nebenmaxima (▸Abb.1A). Bei vier äquidistanten Spalten erhält man zwischen benachbarten Hauptmaxima sogar zwei Nebenmaxima (▸Abb.1B). Die unterschiedlichen Helligkeiten sind eine Folge unterschiedlicher Strahlungsintensitäten, oder kurz Intensitäten. Von den mechanischen Wellen kennen Sie die Methode der rotierenden Zeiger zur Berechnung von resultierenden Amplituden. Wir übertragen diese Methode auf elektromagnetische Wellen, um damit relative Intensitäten zu berechnen.

Grundlagen • Bei einer mechanischen Welle beschreiben die Zeiger die zeit- und ortsabhängige Auslenkung $s(x,t)$ des Wellenträgers. Bei Licht als elektromagnetischer Welle sind es die elektrische Feldstärke $\vec{\mathcal{E}}(x,t)$ und die magnetische Flussdichte $\vec{\mathcal{B}}(x,t)$, die zeit- und ortsabhängig schwingen. Dabei schwingen $\vec{\mathcal{E}}$ und $\vec{\mathcal{B}}$ zwar orthogonal zueinander, jedoch in Phase. Es reicht daher, nur eine der beiden Größen zu betrachten und durch Zeiger darzustellen. Dazu nimmt man üblicherweise die Feldstärke $\vec{\mathcal{E}}$. Analog zu den mechanischen Wellen gibt die Zeigerlänge die Amplitude der Feldstärke und die Projektion des Zeigers auf eine vertikale Achse den Momentanwert der Feldstärke an.

Zeigermodell • Als Beispiel betrachten wir die Interferenz am Dreifachspalt (▸Abb.2). Die von den Spalten ausgehenden Elementarwellen 1, 2, 3 interferieren im Punkt P

des Schirms. Die zugehörigen Zeiger 1, 2, 3 stellen die Feldstärken der drei Wellen im Punkt P dar. Wenn wir von der Abnahme der Amplitude mit der Entfernung absehen, dann haben alle Zeiger dieselbe Länge. Wie bei den mechanischen Wellen lassen wir die Zeiger in Gedanken gegen den Uhrzeigersinn rotieren. Da die drei Wellen unterschiedlich lange Wege bis zum Punkt P zurücklegen, rotieren die Zeiger dort mit unterschiedlichen Phasen. Mit anderen Worten: Die Zeiger sind relativ zueinander verdreht. Je länger der Weg ist, desto mehr hinkt der Zeiger in seiner Rotation gegen den Uhrzeigersinn hinterher. Im Rahmen der Fernfeldnäherung sind die Gangunterschiede zwischen erster und zweiter Welle sowie zweiter und dritter Welle gleich. Folglich sind es auch die Winkel, um die die Zeiger verdreht sind. Im Beispiel der ▸Abb.2 ist $\delta = \frac{1}{6}\lambda$. Dann beträgt die Phasenverschiebung der Zeiger $\frac{1}{6} \cdot 2\pi = \frac{1}{3}\pi$; die Zeiger sind also um 60° verdreht. Wie bei den mechanischen Wellen hängt man die drei Zeiger aneinander und bildet den resultierenden Zeiger.

Intensitäten • Die Länge des resultierenden Zeigers ist ein Maß für die Amplitude der resultierenden Feldstärke. Die gesuchte Strahlungsintensität ist wie bei den sonstigen elektromagnetischen Wellen proportional zum Quadrat der Feldstärkeamplitude. Um ein Maß für die Intensität zu erhalten, muss man daher den resultierenden Zeiger quadrieren. Man erhält das rote Quadrat in ▸Abb.2. Für die Fläche dieses Quadrats spielt es keine Rolle, dass die Zeiger rotieren: Da die Verdrehung der Zeiger relativ zueinander zeitunabhängig ist, rotiert die Zeigerkette als Ganzes.

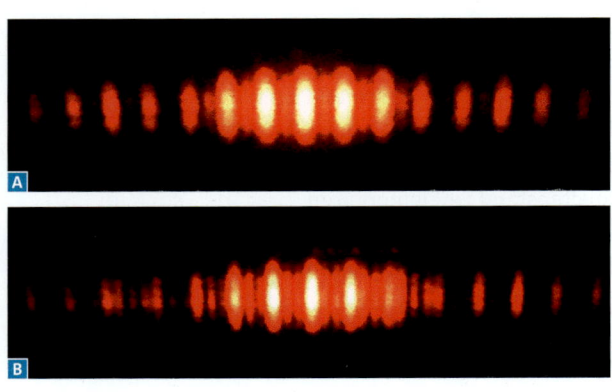

1 Interferenzmuster **A** eines Dreifachspalts und **B** eines Vierfachspalts

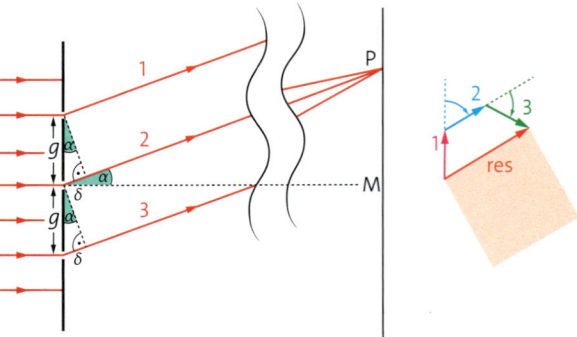

2 Interferenz beim Dreifachspalt im Zeigermodell: Bei einem Gangunterschied von $\delta = \frac{1}{6}\lambda$ sind die Zeiger um 60° verdreht.

Relative Intensitäten • Mit dem Zeigermodell können wir die Lage und die relativen Intensitäten der Haupt- und Nebenmaxima sowie der Minima z.B. beim Dreifachspalt bestimmen (▶Abb.3 A). Für einen Gangunterschied von $\delta = 0\lambda$ erhält man das Hauptmaximum 0. Ordnung. Die Zeiger sind nicht verdreht und der resultierende Zeiger hat die dreifache Länge eines einzelnen Zeigers. Die auf einen resultierenden Zeiger der Länge 1 bezogene relative Intensität beträgt $3^2 = 9$. Wenn der Gangunterschied $\frac{1}{3}\lambda$ beträgt, dann sind die Zeiger um ein Drittel des Vollwinkels, also um 120°, relativ zueinander verdreht. Folglich bilden die drei Zeiger eine geschlossene Zeigerkette und der resultierende Zeiger ist gleich null. Man erhält das erste Minimum. Für $\delta = \frac{1}{2}\lambda$ addieren sich zwei der drei Zeiger zu null und es bleibt ein resultierender Zeiger mit der Länge eines einzelnen Zeigers. Für diesen Gangunterschied erhält man das Nebenmaximum mit der relativen Intensität $1^2 = 1$. Für einen Gangunterschied von $\frac{2}{3}\lambda$ bilden die Zeiger bei einer Verdrehung um 240° relativ zueinander wieder eine geschlossene Zeigerkette und es entsteht das zweite Minium. Für $\delta = 1\lambda$ sind die Zeiger um 360° verdreht. Das Zeigerbild entspricht dem bei $\delta = 0\lambda$ und man erhält das Hauptmaximum 1. Ordnung.

Intensitätsverteilung • ▶Abb.3 B zeigt die auf diese Weise bestimmte Intensität in Abhängigkeit von $\frac{\delta}{\lambda}$. Zum Vergleich mit dem Experiment interessiert aber die Intensität in Abhängigkeit von der Position d auf dem Schirm. Für kleine Winkel α in ▶Abb.2 besteht hierfür ein einfacher Zusammenhang zwischen δ und d. Es ist

$$\sin(\alpha) = \frac{\delta}{g} \approx \frac{d}{a} = \tan(\alpha).$$

Daraus erkennt man, dass im Rahmen der Kleinwinkelnäherung die Position auf dem Schirm proportional zum Gangunterschied ist. Für kleine Winkel ist auch der Winkel selbst proportional zum Gangunterschied, also

$$d \sim \alpha \sim \delta.$$

Vom Mehrfachspalt zum Gitter • • ▶Abb.4 zeigt berechnete Interferenzmuster für einen Fünf- und einen Zehnfachspalt mit gleichem Spaltabstand g. Die Muster legen eine einfache Regel nahe: Bei n Spalten erhält man zwischen benachbarten Hauptmaxima $n-1$ Minima. Wir erklären dies mit dem Zeigermodell: Damit ein Minimum

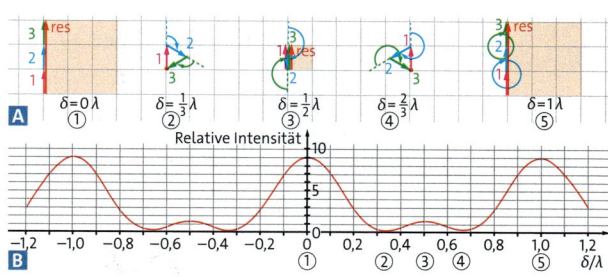

3 Interferenz beim Dreifachspalt: **A** Zeigerbilder, **B** relative Intensität in Abhängigkeit von $\frac{\delta}{\lambda}$

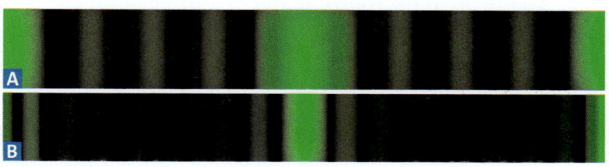

4 Interferenzmuster von **A** Fünffachspalt, **B** Zehnfachspalt

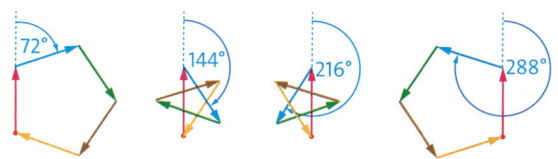

5 Zeigerbilder für die Minima beim Fünffachspalt

auftritt, muss sich die Zeigerkette schließen. ▶Abb.5 zeigt am Beispiel des Fünffachspalts alle Zeigerbilder, für die dies der Fall ist. Die Zeigerkette schließt sich, wenn der Winkel, um den die aufeinanderfolgende Zeiger verdreht sind, ein ganzzahliges Vielfaches von $\frac{1}{5} \cdot 360° = 72°$ beträgt. Auf den n-fach-Spalt übertragen bedeutet dies, dass sich die Zeigerkette für $\frac{k}{n} \cdot 360°$ mit $k = 1, 2, ..., n-1$ schließt.

Je größer die Spaltanzahl n ist, desto kleiner ist der Winkel, für den sich die Zeigerkette zum ersten Mal schließt und desto kleiner ist der Abstand des ersten Minimums vom Hauptmaximum. Entsprechendes gilt für das letzte Minimum. Die Hauptmaxima werden also immer schmäler.

1 **a)** Bestimmen Sie für den Vierfachspalt die relativen Intensitäten für $\delta = 0\lambda, \frac{1}{4}\lambda, \frac{1}{3}\lambda, \frac{1}{2}\lambda, \frac{2}{3}\lambda, \frac{3}{4}\lambda, 1\lambda$.
   b) Skizzieren Sie die Intensitätsverteilung.

2 Verdoppelt man die Spaltanzahl, dann gelangt doppelt so viel Licht auf den Schirm. Die maximale Intensität vervierfacht sich aber. Lösen Sie den Widerspruch auf.

Versuch A • Wellenlängenbestimmung bei LEDs mit einem Gitter in subjektiver Betrachtung

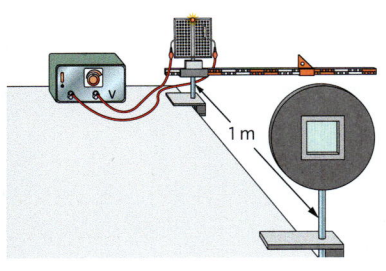

Material:
LEDs (z. B. rot, blau, grün, weiß) mit Widerstand, Netzgerät, optisches Gitter (z. B. 100 Spalte pro mm), Maßstab mit Zeiger

V1 Einfarbige LEDs

Arbeitsauftrag:
a) Bauen Sie den Versuch z. B. mit der roten LED nach der Abbildung auf.
b) Beschreiben Sie Ihre Beobachtungen beim Blick durch das Gitter auf die LED.
c) Bestimmen Sie für einige Maxima der Ordnung k die Winkel α_k, unter denen Sie diese wahrnehmen. Positionieren Sie dazu den Zeiger auf dem Maßstab passend. Berechnen Sie die Winkel.
d) Bestimmen Sie aus den Winkeln α_k die Wellenlänge des Lichts der roten LED.

e) Bestimmen Sie die Wellenlängen der anderen LEDs.

V2 Weiße LED

Arbeitsauftrag:
a) Untersuchen Sie die weiße LED. Beschreiben Sie das Spektrum, das Sie beim Blick durch das Gitter wahrnehmen.
b) Bestimmen Sie die Wellenlängen der charakteristischen Strukturen des Spektrums aus a).
c) Erklären Sie, wie der Farbeindruck „weiß" entsteht.

Versuch B • Untersuchung von Gitterinterferenzen

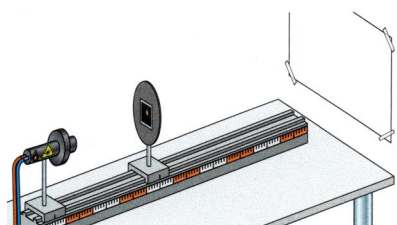

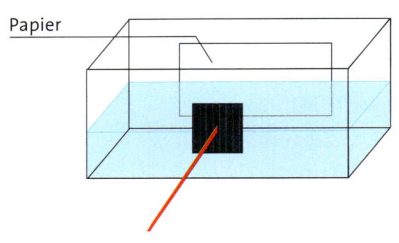

Papier

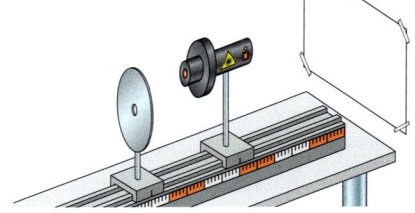

Achtung! Gefahr durch Laserstrahlung! Eine Unterweisung durch die Lehrkraft ist zwingend erforderlich.

Material:
Laser möglichst Klasse 1, CD, Gitter, kleines Becken zur Hälfte mit Wasser gefüllt

V1 Wellenlängenbestimmung

Arbeitsauftrag:
a) Bauen Sie Laser und Gitter (z. B. 100 Spalte pro mm) auf (Abstand des Gitters von der Wand: ca. 1 m). Kleben Sie ein Blatt Papier auf die Wand.
b) Richten Sie den Laserstrahl orthogonal auf das Gitter. Markieren Sie die Intensitätsmaxima. Bestimmen Sie die Wellenlänge des Laserlichts möglichst genau.

V2 Einfluss des Mediums

Arbeitsauftrag:
a) Befestigen Sie das Gitter (z. B. 300 Spalte pro mm) mitten auf die Vorderwand des Glasbeckens. Bekleben Sie die Rückseite mit einem Blatt Papier.
b) Richten Sie den Laserstrahl so auf das Gitter, dass das Licht hinter dem Gitter oberhalb des Wasserspiegels verläuft. Markieren Sie die Maxima.
c) Richten Sie den Laserstrahl nun so aus, dass das Licht hinter dem Gitter unterhalb des Wasserspiegels verläuft. Markieren Sie die Maxima. Beschreiben und erklären Sie den Unterschied zu b).
d) Zeigen Sie, dass für die Brechzahl von Wasser gilt:

$$n_{\text{Wasser}} = \frac{\sin(\alpha_{k,\,\text{Luft}})}{\sin(\alpha_{k,\,\text{Wasser}})}$$

e) Bestimmen Sie die Brechzahl von Wasser möglichst genau.
f) Geben Sie einige Tropfen Milch in das Wasser. Beschreiben und erklären Sie Ihre Beobachtung.

V3 CD als Reflexionsgitter

Arbeitsauftrag:
a) Bauen Sie den Versuch nach der Abb. auf. Beachten Sie, dass CD und Wand parallel zueinander sind. Richten Sie den Laserstrahl orthogonal auf die CD.
b) Beschreiben Sie das Interferenzmuster auf der der CD gegenüber liegenden Wand. Erklären Sie seine Entstehung.
c) Bestimmen Sie den Abstand benachbarter Rillen (Spurabstand).
c) Berechnen Sie für diesen Laser die größtmögliche Ordnung für Maxima.

Material A • Kontinuierliche Spektren und Linienspektren

Die beiden Spektren 1. Ordnung wurden unter denselben Bedingungen aufgenommen; das obere Spektrum mit Licht einer Glühlampe, das untere mit Licht einer Quecksilberdampflampe. Die Spektren sind in Originalgröße dargestellt. Die Gitterkonstante betrug 0,010 mm, der Schirmabstand 1,30 m.

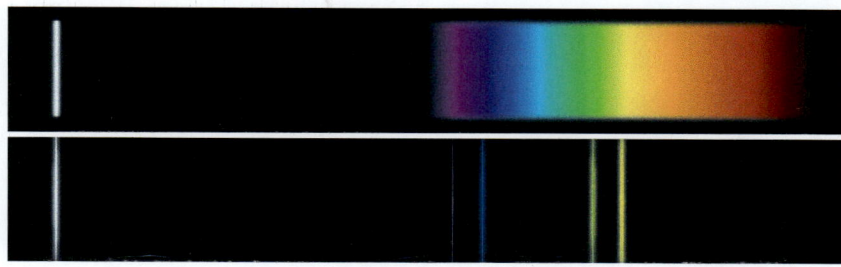

A1 Das Spektrum der Glühlampe ist kontinuierlich. Es enthält sichtbares Licht und unsichtbares IR- und UV-Licht.
a) Bestimmen Sie den Wellenlängenbereich des sichtbaren Lichts.
b) Beschreiben Sie, wo im Spektrum man mit geeigneten Sensoren die IR- bzw. die UV-Strahlung nachweisen kann.

A2 a) Die Wellenlänge lässt sich aus dem Spektrum in einfacher Weise bestimmen. Zeigen Sie, dass im Rahmen der Kleinwinkelnäherung $\lambda = C \cdot d$ mit einer Konstanten C gilt.
b) Bestimmen Sie die Konstante C.

A3 Im Gegensatz zur Glühlampe emittiert die Quecksilberlampe nur in sehr schmalen Spektralbereichen Licht. Diese werden Spektrallinien genannt.
a) Bestimmen Sie die Wellenlänge der grünen und der blauen Linie.
b) Die Unsicherheit beim Ablesen beträgt etwa ±1 mm. Berechnen Sie daraus die relativen Unsicherheiten der in a) berechneten Wellenlängen.

c) Erklären Sie, wie diese Unsicherheit von der Wellenlänge abhängt.

A4 Die Quecksilberdampflampe hat im UV-Bereich eine intensive Spektrallinie bei 365 nm. Diese kann man mit fluoreszierendem Papier nachweisen.
a) Berechnen Sie den Abstand dieser Spektrallinie in 1. Ordnung vom Maximum 0. Ordnung.
b) Hält man das fluoreszierende Papier in den sichtbaren Spektralbereich, stellt man eine intensive UV-Linie bei ca. 9,5 cm fest. Erklären Sie.

Material B • Farbige DVDs

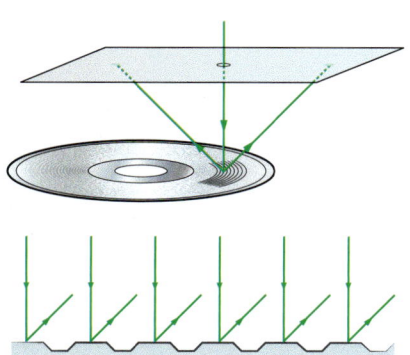

Aufgrund ihrer regelmäßigen Rillen wirkt eine DVD als sogenanntes Reflexionsgitter. Dabei stellen die Stege zwischen den Rillen Ausgangspunkte von miteinander interferierenden Elementarwellen dar. Dies führt zu Farbeffekten, wenn die DVD von oben mit weißem Licht beleuchtet und von der Seite betrachtet wird.

B1 Zur genaueren Untersuchung wird ein grüner Laserstrahl ($\lambda = 530$ nm) orthogonal auf die DVD gerichtet. Auf einem 15 cm entfernten Schirm beobachtet man zwei Maxima im Abstand von 15,5 cm vom einfallenden Strahl.
a) Leiten Sie anhand der Detailzeichnung eine Gleichung für den Gangunterschied der von den Stegen ausgehenden und auf dem Schirm interferierenden Elementarwellen her.

b) Berechnen Sie den Abstand benachbarter Rillen bzw. Stege.
c) Zeigen Sie, dass Maxima höherer Ordnung nicht existieren.

B2 Statt mit dem Laser wird die DVD nun mit parallelem weißem Licht bestrahlt. Das Licht trifft orthogonal auf die DVD.
a) Erklären Sie, wie der vom Betrachtungswinkel abhängige Farbeindruck zustande kommt.
b) Berechnen Sie die Winkel, unter denen der rote und der violette Rand des sichtbaren Spektralbereichs beobachtet werden.

B3 Im Foto links oben wurde die DVD mit einer näherungsweise punktförmigen weißen Lichtquelle aus etwa 30 cm Abstand beleuchtet. Erklären Sie anhand einer Zeichnung, wie es zur Farbaufspaltung kommt.

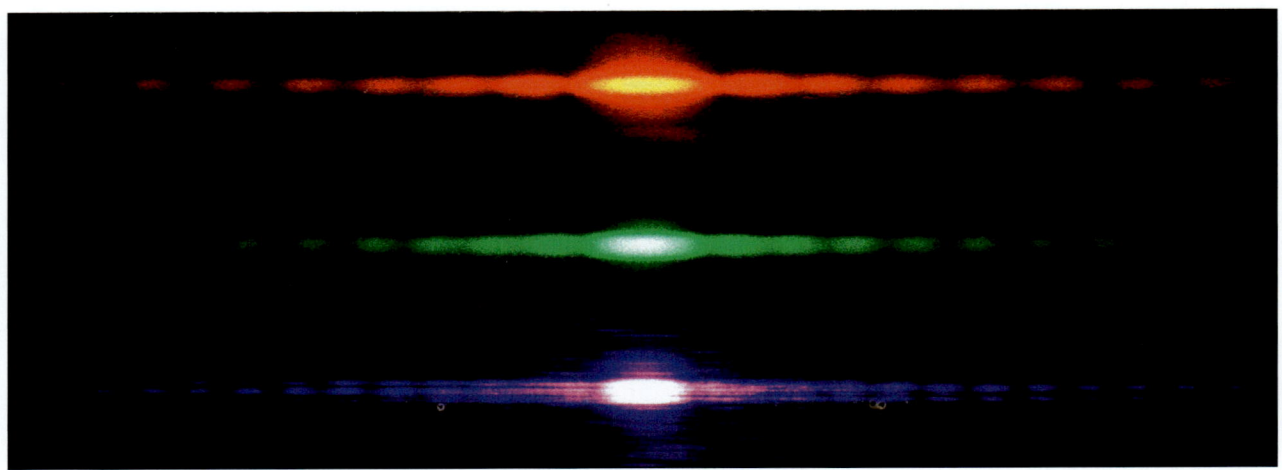

Beugung am Einzelspalt

Wenn man LEDs durch einen schmalen Spalt betrachtet, dann erkennt man ein charakteristisches Muster aus einem breiten hellen Bereich, der von schmaleren und weniger hellen Bereichen umgeben ist. Wie kommt dieses Muster zustande und warum gibt es Stellen, zu denen kein Licht kommt?

Ein Spalt – eine Elementarwelle? • Beim Doppelspalt haben wir jeden Spalt als Ausgangspunkt genau einer Elementarwelle betrachtet. Können wir dieses Modell auf den Einzelspalt übertragen? Wäre der Spalt Ausgangspunkt einer einzigen Elementarwelle, dann müsste sich diese hinter dem Spalt in alle Richtungen ausbreiten. Beim Blick durch den Spalt müssten wir einen einzigen langgezogenen hellen Streifen sehen. Offensichtlich versagt dieses einfache Modell.

Einfluss der Spaltbreite • Zur weiteren Untersuchung strahlen wir mit einem Laser auf einen

verstellbaren Spalt. ▸ Abb. 2 zeigt, dass das Schirmbild von der Breite des Spalts abhängt: Es ist umso weiter auseinandergezogen, je kleiner die Spaltbreite ist. Dass die Spaltbreite einen Einfluss auf das Schirmbild hat, kann man mit einer einzigen Elementarwelle ebenfalls nicht erklären. Wir erweitern daher unser Modell und betrachten alle unendlich vielen Punkte zwischen den Spalträndern als Ausgangspunkte von miteinander interferierenden Elementarwellen.

Gegenseitig Auslöschung • Doch wie kann man die Interferenz von unendlich vielen Elementarwellen beschreiben? – Zunächst kann man aufgrund des großen Schirmabstands die Fernfeldnäherung anwenden. Die in einem Punkt P des Schirms zusammenlaufenden Wellennormalen werden daher als parallel betrachtet (▸ Abb. 3). Von den unendlich vielen Wellen, von denen jede bis zum Punkt P einen unterschiedlich langen Weg zurückgelegt hat, betrachtet man Paare von Wellen mit einem Gangunterschied von einer halben Wellenlänge (▸ Abb. 4 A). Solche Wellenpaare interferieren destruktiv miteinander. In ▸ Abb. 4 B findet sich zu jeder Welle aus dem Bereich ② eine Welle aus dem Bereich ① mit einem Gangunterschied von $\frac{1}{2}\lambda$. Die Wellen aus den Bereichen ① und ② löschen sich also immer paarweise aus. Nur für die Wellen aus dem Bereich ③ findet sich keine Welle zur Auslöschung.

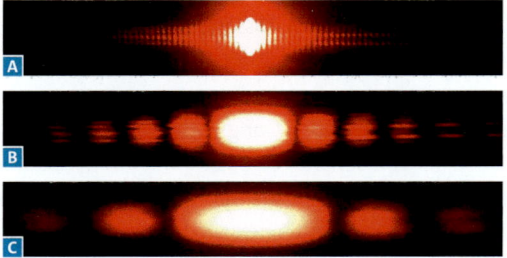

Wechselnde Intensitäten · Je nachdem, wie groß die Bereiche ①, ② und ③ sind, löschen sich die Wellen teilweise, komplett oder auch gar nicht aus. Dies wiederum hängt nur vom Gangunterschied δ der äußersten, von den Spalträndern ausgehenden, Elementarwellen ab. Beträgt dieser Gangunterschied $\delta = 0\lambda$, dann interferieren alle Wellen konstruktiv und es entsteht das sogenannte **Hauptmaximum** (▸Abb. 5 A). Beträgt der Gangunterschied der äußeren Wellen $\delta = \lambda$, dann löschen sich alle Wellen aus (▸Abb. 5 B). Entsprechend löschen sich die Wellen für einen Gangunterschied von $\delta = 2\lambda, 3\lambda, ...$ aus. Auf diese Weise entstehen also die **Minima** (Dunkelstellen). Für einen Gangunterschied zwischen den ganzzahligen Vielfachen der Wellenlänge löschen sich die Wellen nur teilweise aus (▸Abb. 5 C). Es kommt zu sogenannten **Nebenmaxima** zwischen benachbarten Minima.

Bedingung für Minima · Mit der Spaltbreite b gilt für den Gangunterschied δ der von den Spalträndern ausgehenden Wellen nach ▸Abb. 5:

$\sin(\beta) = \frac{\delta}{b}$.

Kombiniert man diese Gleichung mit der Bedingung für die Minima $\delta = l \cdot \lambda$ mit $l = 1, 2, 3, ...$ und berücksichtig, dass der Gangunterschied der äußeren Wellen höchstens gleich der Spaltbreite sein kann, dann folgt:

> Bei der Beugung von Licht der Wellenlänge λ an einem Spalt der Breite b gilt für die Winkel β_l zu den Intensitätsminima:
>
> $\sin(\beta_l) = \frac{l \cdot \lambda}{b}$, $l = 1, 2, ...$; $l \le \frac{b}{\lambda}$.

Kleiner Spalt · Wir vergleichen das Ergebnis unserer Herleitung mit den Beobachtungen aus dem Experiment. Wenn in der oben stehenden Gleichung die Spaltbreite immer kleiner wird, dann werden die Winkel β_l zu den Minima immer größer. Genauso wie wir es im Experiment beobachtet haben. In Gedanken machen wir die Spaltbreite kleiner als die Wellenlänge. Dann ist $l < 1$ und es gibt keinen Winkel, bei dem sich die Wellen auslöschen. Stattdessen nimmt das Hauptmaxi-

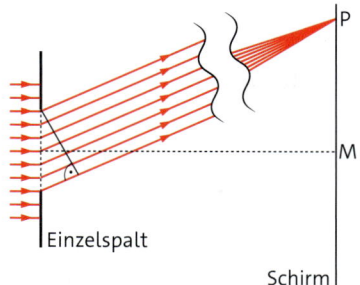

3 Von der Spaltöffnung gehen unendlich viele Elementarwellen aus. Dargestellt sind die zugehörigen Wellennormalen.

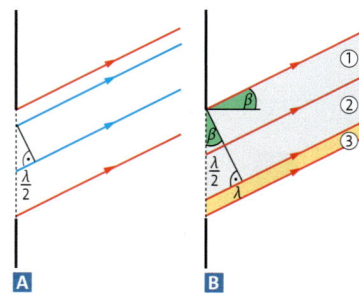

4 **A** Die Wellen mit den blau gezeichneten Normalen interferieren wegen $\delta = \frac{1}{2}\lambda$ destruktiv. **B** Die Wellen aus ① und ② löschen sich paarweise aus.

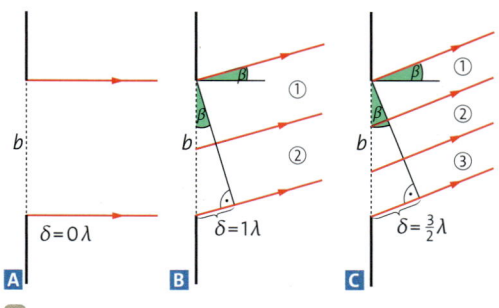

5 Entstehung von **A** Hauptmaximum, **B** Minimum 1. Ordnung, **C** Nebenmaximum 1. Ordnung

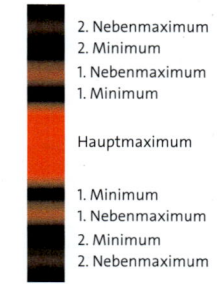

6 Interferenzmuster des Einzelspalts

mum den gesamten Winkelbereich von –90° bis +90° ein. In diesem Fall mit $b < \lambda$ führt auch das einfache Modell, bei dem wir den Spalt als Ausgangspunkt einer einzigen Elementarwelle betrachtet haben, zum selben Ergebnis.

Großer Spalt · Lässt man die Spaltbreite in der Gleichung für die Winkel β_l immer größer werden, dann wird das Hauptmaximum immer schmaler. Für einen sehr breiten Spalt, der vollständig mit kohärentem Licht beleuchtet ist, würde dies ein sehr schmales Hauptmaximum zur Folge haben. Das kann aber nicht sein. Hier versagt die Herleitung, denn bei großer Spaltbreite ist die Voraussetzung für die Fernfeldnäherung nicht mehr erfüllt.

1 Beschreiben und erklären Sie die Unterschiede in den Interferenzmustern der ▸Abb. 1.

2 Erstellen Sie für das Minimum 2. Ordnung eine Skizze entsprechend ▸Abb. 5 B.

3 Berechnen Sie für die Spaltbreite $b = 25\,\mu m$ und den Schirmabstand $a = 4,0\,m$ die Lage der ersten drei Minima ($\lambda = 633\,nm$).

WELLENERSCHEINUNGEN DES LICHTS

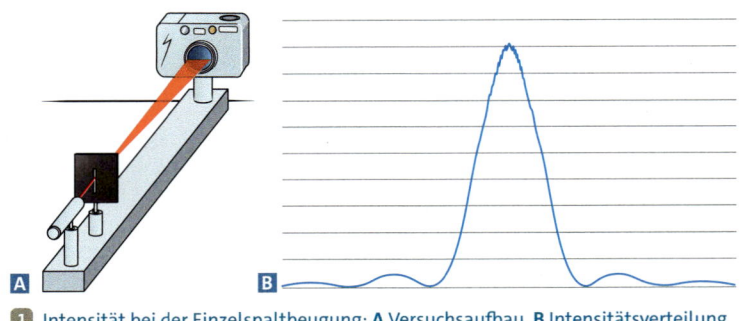

1 Intensität bei der Einzelspaltbeugung: **A** Versuchsaufbau, **B** Intensitätsverteilung

Messung der Intensität • Die Interferenzmuster beim Einzelspalt zeigen auffallend große Helligkeitsunterschiede. Zur genaueren Untersuchung nehmen wir mit einer speziellen Kamera die Intensitätsverteilung des gebeugten Lichts auf (►Abb.1A). Der Sensor in der Kamera misst die Intensität pixelweise. Man erhält eine Verteilung wie in (►Abb.1B). Die größte Intensität findet man erwartungsgemäß im Hauptmaximum. Demgegenüber fällt die Intensität in den Nebenmaxima mit zunehmender Ordnung sehr schnell ab.

Erklärung im Zeigermodell • Durch eine geeignete Aufteilung der vom Spalt ausgehenden Elementarwellen konnten wir eine Gleichung für die Winkel β_l zu den Minima herleiten. Die relativen Intensitäten konnten wir damit nicht berechnen. Hier hilft das Zeigermodell weiter. Beim Mehrfachspalt haben wir dieses Modell erfolgreich angewendet. Beim Einzelspalt aber haben wir es mit unendlich vielen Elementarwellen zu tun. Dabei muss jede dieser Wellen durch einen Zeiger dargestellt werden. ►Abb.2 zeigt, wie man sich den Übergang von endlich vielen zu unendlich vielen Zeigern vorstellen kann. Mit zunehmender Anzahl an Zeigern muss man ihre Länge entsprechend verkleinern. So wird aus der Kette von endlich vielen Zeigern ein Kreisbogen mit

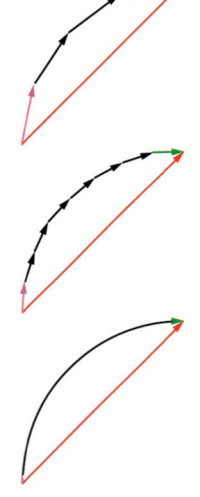

2 Von der Zeigerkette zum Zeigerbogen

unendlich vielen unendlich kleinen Zeigern. Verbindet man Anfang und Ende des Bogens, dann erhält man den resultierenden Zeiger.

Intensitätsminima und -maxima • Auch im Zeigermodell ist der Gangunterschied δ der von den Spalträndern ausgehenden Wellen wesentlich. Bei einer Kette aus endlich vielen Zeigern würden zu diesen beiden Wellen der erste und der letzte Zeiger gehören – im Bogen aus unendlich vielen Zeigern sind dies der Anfang und das Ende des Bogens. Je größer der Beugungswinkel β ist, desto größer ist der Gangunterschied δ der äußeren Wellen und desto mehr ist der Zeigerbogen gekrümmt. Dabei ist entscheidend, dass die Länge des Bogens für alle Winkel konstant bleibt. Für $\beta = 0°$ ist $\delta = 0\lambda$ und statt des Zeigerbogens ergibt sich eine gerade Zeigerstrecke (►Abb.3A). Die Intensität ist folglich maximal. Mit zunehmendem Beugungswinkel krümmt sich der Zeigerbogen und die Intensität wird geringer (►Abb.3B). Wenn sich der Bogen aus Zeigern bei $\delta = 1\lambda$ zum ersten Mal schließt, dann ist der resultierende Zeiger gleich null und die Intensität ebenfalls (►Abb.3C). Das erste Minimum ist erreicht. Mit weiter zunehmendem Beugungswinkel bzw. Gangunterschied der äußeren Wellen krümmt sich der Bogen bei konstanter Länge immer mehr. Dadurch nimmt der resultierende Zeiger wieder zu und irgendwann ist das erste Nebenmaximum erreicht. Dies ist näherungsweise, aber nicht exakt, bei $\delta = \frac{3}{2}\lambda$ der Fall (►Abb.3D). Schließt sich der Zeigerbogen erneut, dann liegt das zweite Minimum bei $\delta = 2\lambda$ vor (►Abb.3E).

Nebenmaxima • Wie groß ist nun die Intensität im ersten Nebenmaximum im Verhältnis zur der im Hauptmaximum? Dazu berechnen wir die Länge ℓ_{res} des resultierenden Zeigers im Verhältnis zur Länge ℓ_0 des Zeigerbogens. Für $\delta = \frac{3}{2}\lambda$ entspricht ℓ_0 dem 1,5-fachen des Kreisumfangs mit dem Durchmesser ℓ_{res} (►Abb.3D). Also ist

$$1,5 \cdot \pi \cdot \ell_{res} = \ell_0 \Rightarrow \frac{\ell_{res}}{\ell_0} = \frac{1}{1,5 \cdot \pi}.$$

Durch Quadrieren der Zeigerlängen erhält man für das Verhältnis der resultierenden Intensität im Nebenmaximum zu der im Hauptmaximum

$$\frac{S_{res}}{S_0} = \frac{\ell_{res}{}^2}{\ell_0{}^2} = \frac{1}{(1,5 \cdot \pi)^2} \approx \frac{1}{22}.$$

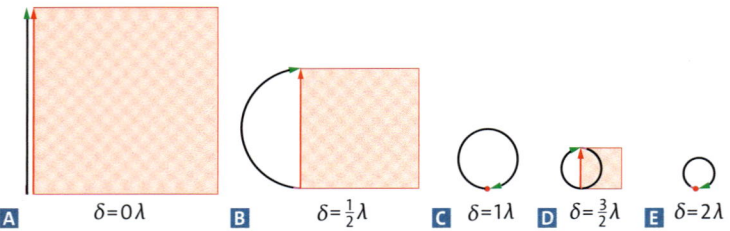

3 Einzelspaltbeugung im Zeigermodell für verschiedene Gangunterschiede **A−E**

$\delta = 0\lambda$ | $\delta = \frac{1}{2}\lambda$ | $\delta = 1\lambda$ | $\delta = \frac{3}{2}\lambda$ | $\delta = 2\lambda$

Die Intensität im ersten Nebenmaximum ist also etwa um den Faktor 22 kleiner als im Hauptmaximum. Im zweiten Nebenmaximum ist sie sogar etwa um den Faktor 62 kleiner. Damit haben wir die großen Intensitätsunterschiede mithilfe des Zeigermodells erklärt.

> Bei der Beugung von Licht am Spalt entsteht eine charakteristische Intensitätsverteilung mit einem breiten und sehr intensiven Bereich um das Hauptmaximum und schmalen und deutlich weniger intensiven Bereichen um die Nebenmaxima herum.

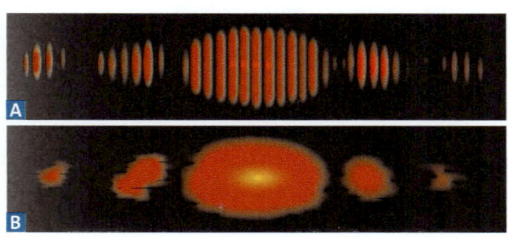

4 Schirmbild eines **A** Doppelspalts und eines **B** Einzelspalts gleicher Spaltbreite

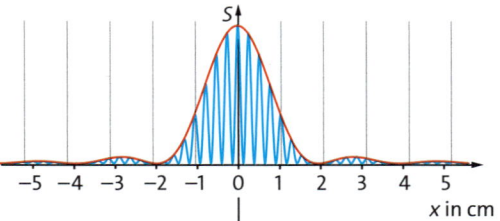

5 Berechnete Intensität für den Doppelspalt.
Rot: Einzelspaltverteilung als Einhüllende,
Blau: Resultierende Intensitätsverteilung

Spaltbreite beim Doppelspalt · Bisher haben wir die Breite der Spaltöffnungen beim Doppelspalt nicht berücksichtigt. Mit der Idealisierung, dass von jedem Spalt eine Elementarwelle ausgeht, konnten wir die Lage der Maxima vorhersagen. Die unterschiedlichen Intensitäten in den Maxima konnten wir nicht erklären. ▸Abb. 4 zeigt das Schirmbild eines Doppelspalts und im Vergleich dazu das Schirmbild eines Einzelspalts gleicher Spaltbreite. Der Vergleich legt die Vermutung nahe, dass die unterschiedlichen Intensitäten der Doppelspaltmaxima mit der Intensitätsverteilung des Einzelspalts zusammenhängen.

Wie Sie eben gelernt haben, ändert sich die Intensität hinter einem Einzelspalt abhängig vom Winkel. Beim Doppelspalt gilt dies für jeden einzelnen Spalt. Je nachdem ob die Intensität für einen bestimmten Winkel hoch oder niedrig ist, weist ein dort befindliches Doppelspaltmaximum eine hohe oder niedrige Intensität auf. Man erhält eine resultierende Intensitätsverteilung, bei der die Einzelspalt-Verteilung die Einhüllende der Doppelspalt-Verteilung ist (▸Abb. 5). Doppelspalt-Maxima hoher Intensität erhält man folglich nur im breiten und hellen Bereich um das Einzelspalt-Maximum herum. In der Nähe der schwächeren Einzelspalt-Nebenmaxima sind auch die Doppelspalt-Maxima nur schwach ausgeprägt.

Entfall von Doppelspalt-Maxima · In der ▸Abb. 4 A sind die Doppelspalt-Maxima der 7. und 8. Ordnung nicht oder nur kaum zu sehen.

Kann es sein, dass Doppelspalt-Maxima ganz fehlen? Dies ist der Fall, wenn es Winkel α_k für Doppelspalt-Maxima gibt, die mit den Winkeln β_l der Einzelspalt-Minima zusammenfallen. Aus der Bedingung $\alpha_k = \beta_l$ folgt:

$$\sin(\alpha_k) = \sin(\beta_l) \Rightarrow \frac{k \cdot \lambda}{g} = \frac{l \cdot \lambda}{b} \Rightarrow k = l \cdot \frac{g}{b}.$$

k und l müssen natürliche Zahlen sein. Dies erfordert, dass das Verhältnis aus Spaltmittenabstand g und Spaltbreite b ganzzahlig ist. Unter dieser Voraussetzung entfallen tatsächlich manche der Doppelspalt-Maxima. Als Beispiel betrachten wir einen Doppelspalt mit $g = 2b$. Dann ist $k = 2l$, mit $l = 1, 2, 3, \dots$ Also fehlen die Maxima der Ordnungen 2, 4, 6, … (▸Abb. 6).

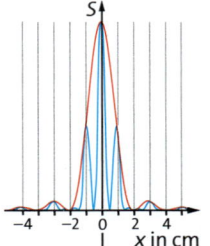

6 Intensitätsverteilung eines Doppelspalts mit $g = 2b$

1 Zeigen Sie, dass die Minima des Einzelspalts für kleine Winkel gleichmäßig verteilt sind.

2 **a)** Beschreiben und skizzieren Sie das Schirmbild bei der Beugung von Laserlicht am Einzelspalt (kleine Winkel vorausgesetzt). Gehen Sie dabei auf die Lage und die Helligkeit der zu beobachtenden Strukturen ein.
b) Erklären Sie, wie sich das Schirmbild bei Verdopplung der Spaltbreite ändert.

3 Stellen Sie je eine Gleichung für die ungefähren Winkel γ_i und für die ungefähren Intensitäten S der Nebenmaxima l-ter Ordnung bei der Beugung am Einzelspalt auf.

4 Licht der Wellenlänge 500 nm trifft auf einen Doppelspalt mit $g = 200\,\mu m$ und $b = 50\,\mu m$. Skizzieren Sie die Intensitätsverteilung auf einem 5,0 m entfernten Schirm.

Von der Wellenoptik zurück zur Strahlenoptik

Konkurrierende Modelle • In der Mittelstufe haben Sie mit Lichtstrahlen gearbeitet. Nun wissen Sie, dass Licht als Welle betrachtet werden muss. Waren die Konstruktionen mit Lichtstrahlen falsch? Wir betrachten eine punktförmige Lichtquelle vor einem Spalt. Was beobachten Sie auf einem Schirm hinter dem Spalt? Nach dem Lichtstrahlmodell erhalten Sie einen scharf begrenzten hellen Bereich, links und rechts von Schatten umgeben. Man spricht von geometrischen Licht- und Schattenräumen. Nach dem Wellenmodell erwarten Sie Beugung und Interferenz.

Spalt mit weißem Licht • Wir beleuchten einen Spalt mit weißem Licht aus einer näherungsweise punktförmigen Quelle. Bei kleiner Spaltbreite beobachten wir ein Schirmbild, wie bei den Laserexperimenten (▸Abb.1A). Im Unterschied dazu sehen Sie noch Farbeffekte. Diese kommen dadurch zustande, dass sich weißes Licht aus Licht unterschiedlicher Wellenlängen zusammensetzt und die Intensitätsverteilung von der Wellenlänge abhängt.

Vom schmalen zum breiten Spalt • Wenn wir die Spaltbreite vergrößern, dann zieht sich das Interferenzmuster zusammen (▸Abb.1B). Auch dies kennen Sie schon. Wird der Spalt aber noch breiter, dann verändert sich das Muster irgendwann (▸Abb.1C). Bei einem sehr breiten Spalt erhält man statt eines schmalen Hauptmaximums mit eng benachbarten Nebenmaxima einen breiten hellen Bereich (▸Abb.1D). Fast sieht es so aus, als könnte man den hellen Bereich wie mit dem Lichtstrahlmodell konstruieren — wären da nicht abwechselnd hellere und dunklere Streifen zu sehen.

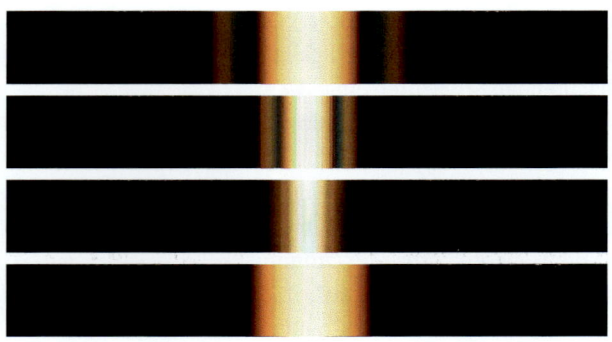

1 Schirmbilder von weißem Licht nach Durchgang durch einen Spalt für unterschiedliche Spaltbreiten

S-förmige Zeigerkette • Das Streifenmuster in ▸Abb.1D ist ein Hinweis auf Interferenz. Wir benötigen also das Wellenmodell zur Beschreibung. Wieder betrachten wir die Punkte in der Spaltöffnung als Ausgangspunkte von Elementarwellen (▸Abb.2A). Die Fernfeldnäherung dürfen wir bei einem breiten Spalt jedoch nicht anwenden, da die Wellennormalen sicherlich nicht als parallel zu betrachten sind. Stattdessen müssen wir die verschiedenen Laufwege der Lichtwelle von der Quelle Q über einen der gleichmäßig verteilten Punkte in der Spaltöffnung bis zum betrachteten Empfängerpunkt E berücksichtigen. Da die Laufwege s_0, s_1, ... s_{10} unterschiedlich lang sind, kommen die Wellen im Punkt E mit unterschiedlichen Phasen an. Dies beschreiben wir mit dem Zeigermodell. Für jeden Weg über die gleichmäßig verteilten Punkte in der Spaltöffnung zeichnen wir einen Zeiger. Von der Abnahme der Amplitude mit der Entfernung sehen wir ab. Die Zeiger sind also alle gleich lang. Die Phase φ_i des i-ten Zeigers, also seine Richtung, erhalten wir indem wir die zugehörige Weglänge s_i durch die Wellenlänge dividieren. Eine Wellenlänge entspricht einer Drehung um 2π. Also gilt für die Phase φ_i des i-ten Zeigers:

$$\varphi_i = \frac{2 \cdot \pi \cdot s_i}{\lambda}.$$

Die so erhaltenen Zeiger sind in ▸Abb.2 B dargestellt. Der kürzeste Weg von Q zu E ist s_5, den zugehörigen Zeiger haben wir senkrecht nach oben gezeichnet. Die Wege s_6, s_7, s_8, ... sind zunehmend länger. Daher hinken die Zeiger 6, 7, 8, ... in ihrer Rotation dem Zeiger 5 hinterher und sind immer weiter nach rechts verdreht. Entsprechendes gilt für die Zeiger 4, 3, 2, ...; auch sie sind gegenüber dem Zeiger 5 zunehmend weiter nach rechts verdreht. Hängt man die Zeiger aneinander, dann ergibt sich eine S-förmige Zeigerkette (▸Abb.2C). Wie immer erhält man den resultierenden Zeiger, indem man Anfang und Ende der Zeigerkette verbindet. Wenn man den so bestimmten resultierenden Zeiger quadriert, dann hat man ein Maß für die Intensität im Empfängerpunkt E.

Mehr Lichtwege • Für eine genauere Berechnung muss man sehr viel mehr Laufwege zwischen Q und P betrachten. Dies gelingt z.B. mit einer Tabellenkalkulation. Die Zeigerkette wird dadurch zu einer charakteristischen Doppelspirale (▸Abb.3A).

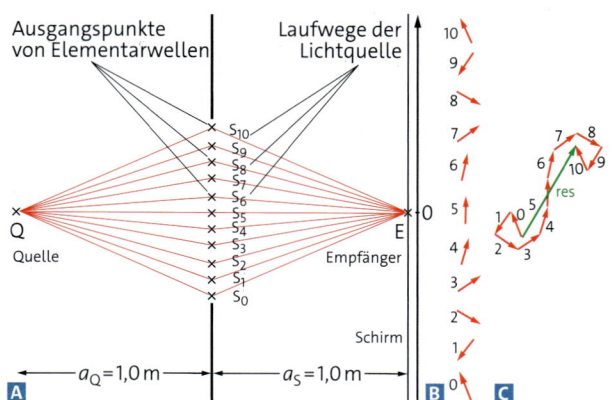

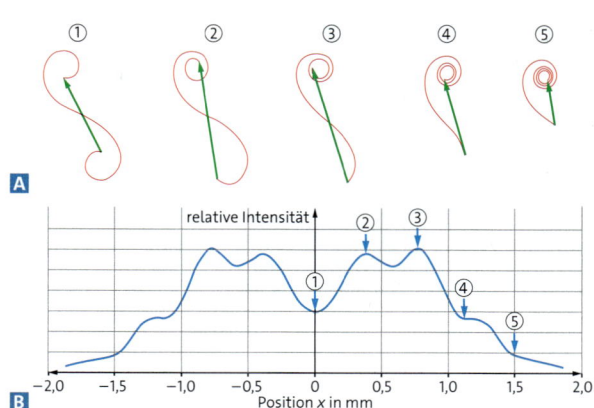

Intensitätsverteilung • Die genaue Form der Doppelspirale hängt von der Position des Empfängerpunkts auf dem Schirm ab (▸Abb. 3 A). Für $x = 0\,\text{mm}$ ist die Doppelspirale symmetrisch (①). Je weiter der Empfängerpunkt von der Mitte entfernt ist, desto mehr hat sich eine Seite der Doppelspirale ab- und die andere aufgewickelt (② bis ⑤). Der resultierende Zeiger ändert dabei seine Länge und entsprechend ändert sich auch die Intensität (▸Abb. 3 B). Dabei kann die Intensität mit zunehmendem Abstand von der Mitte sowohl ab- als auch zunehmen. Auf diese Weise kommen die unterschiedlich hellen Streifen im Schirmbild von ▸Abb. 1 D zustande.

Grenzfall Fernfeldnäherung • Die Form der Doppelspirale hängt auch von der Spaltbreite ab. Wir machen uns dies qualitativ klar. Wird der Spalt immer schmaler, dann entfallen immer mehr der äußeren Laufwege. Die Enden der Doppelspirale werden nach und nach gekappt. Die Zeigerkette ist dann fast gerade. Ein ähnliches Resultat erhält man, wenn man bei konstanter Spaltbreite sowohl die Quelle als auch den Schirm immer weiter vom Spalt entfernt. Die Laufwege unterscheiden sich dann immer weniger voneinander und die Phasen φ_i der zugehörigen Zeiger werden immer ähnlicher. Folglich biegt sich die Doppelspirale immer weiter auf. Wenn sowohl a_Q als auch a_S sehr groß sind, dann ist die Zeigerkette annähernd gerade. Eine gerade Zeigerkette entspricht der Ihnen bekannten Fernfeldnäherung, bei der im Einzelspalt-Hauptmaximum alle Zeiger parallel zueinander sind.

Grenzfall geradlinige Lichtausbreitung • Wird der Spalt dagegen immer breiter, dann kommen immer mehr Laufwege hinzu. Die Enden der Doppelspirale werden immer spiralförmiger. Die Intensität ändert sich dabei aber nicht sehr. Warum ist das so? Wenn sich die Lichtwellen von sehr vielen Laufwegen überlagern, dann finden sich darunter sehr viele Paare von Lichtwellen mit einem Phasenunterschied von $\Delta\varphi = \pi$. Solche Wellen löschen sich also gegenseitig aus. Wesentlich für die Intensität im Empfängerpunkt sind daher nur die Laufwege, die nur wenig von der kürzesten Verbindung zwischen Quelle und Empfänger abweichen. Dies ist aber die geradlinige Verbindung! In diesem Fall kann man näherungsweise von der geradlinigen Lichtausbreitung sprechen. Lediglich in einem kleinen Bereich auf beiden Seiten der geometrischen Licht-Schattengrenze kann es aufgrund von Interferenz zu wechselnden Intensitäten kommen. Das schattenbildende Objekt müsste dazu aber sehr scharfe Kanten haben und die Lichtquelle müsste eine sehr kleine Ausdehnung haben. Beides ist im Alltag meistens nicht erfüllt, weswegen die Schattenbildung im Alltag durch das Lichtstrahlmodell sehr gut beschrieben wird.

1 **a)** Begründen Sie anhand der Zeigerkette ①, dass sich die Intensität an der Stelle $x = 0\,\text{mm}$ in ▸Abb. 3 B bei Verkleinerung der Spaltbreite zuerst erhöht.
b) Erklären Sie anhand der Zeigerkette ⑤, wie sich die Intensität an der geometrischen Schattengrenze bei $x = 1{,}5\,\text{mm}$ bei Verkleinerung der Spaltbreite ändert.

Versuch A • Experimentelle Bestimmung des Auflösungsvermögens des Auges

Material:
Maßband

V1 Minimaler Sehwinkel

Arbeitsauftrag:
a) Lehnen Sie das Buch mit dieser Seite an eine Wand. Entfernen Sie sich so weit vom Buch, bis Sie die beiden weißen Streifen nicht mehr getrennt wahrnehmen. Messen Sie, wie weit Sie dann vom Buch entfernt sind.
b) Die Streifen haben einen Mittenabstand von 2,0 mm. Berechnen Sie den minimalen Winkel, unter dem Sie die Streifen gerade noch getrennt sehen.

Diesen Winkel bezeichnet man als das Auflösungsvermögen des Auges.

V2 Einfluss der Pupille

Arbeitsauftrag:
a) Wiederholen Sie die Messung bei großer und bei geringer Umgebungshelligkeit. Lassen Sie dabei von einem Partner jeweils Ihre Pupillenöffnung messen.
b) Bewerten Sie Ihre Messungen. Finden Sie eine Abhängigkeit von der Pupillengröße?

Material A • Beugung und Interferenz von Mikrowellen

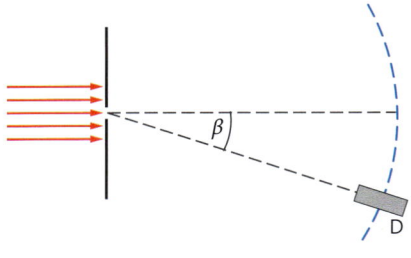

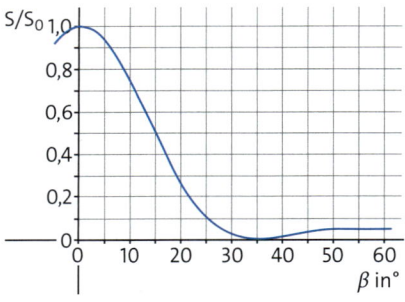

Zur Untersuchung der Beugung von Mikrowellen wird in einiger Entfernung zu einem Mikrowellensender ein Spalt der Breite 5,0 cm angebracht. Die Wellenfronten werden als parallel zur Spaltebene angenommen. Auf einem drehbaren Arm befindet sich ein Detektor D zur Messung der winkelabhängigen Intensität.

A1 Zeigen Sie, dass die Frequenz der Mikrowellen 10,5 GHz beträgt.
A2 Erklären Sie, dass nur Minima bis zur ersten Ordnung beobachtbar sind.
A3 Der Einzelspalt wird nun durch einen Doppelspalt ersetzt. Dieser besteht aus zwei 5,0 cm breiten Spalten, die durch einen ebenfalls 5,0 cm breiten Steg voneinander getrennt sind. Skizzieren und erklären Sie die sich ergebende Intensitätsverteilung zwischen −60° und +60°.

Material B • Beugung an einer Lochblende

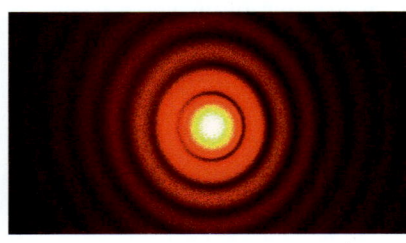

Licht wird nicht nur an einem Spalt gebeugt, sondern auch an einem kreisförmigen Loch. Man beobachtet ein

Muster aus einem hellen Scheibchen und konzentrischen abwechselnd hellen und dunklen Ringen.

Mit dem Lochdurchmesser d gilt für den Winkel β_n zum n-ten ringförmigen Minimum:

$$\sin(\beta_n) = k_n \cdot \frac{\lambda}{d},$$

dabei sind k_n Konstanten ($k_1 \cong 1{,}22$; $k_2 \cong 2{,}23$; $k_3 \cong 3{,}24$).

B1 a) Vergleichen Sie diese Formel mit der für die Minima beim Einzelspalt.
b) Leiten Sie eine Gleichung für die Radien der dunklen Ringe her (kleine Winkel vorausgesetzt).
c) Bei einer Wellenlänge von 633 nm und einem Schirmabstand von 5,00 m werden die Radien der ersten drei Ringe zu 6,5 mm, 12,0 mm und 17,2 mm gemessen. Bestimmen Sie den Lochdurchmesser.

Material C • Die Beugung von Licht limitiert das Auflösungsvermögen des Auges

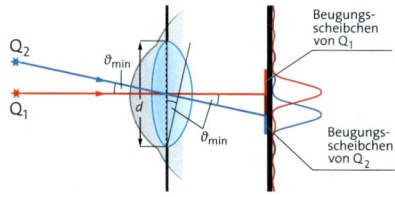

Beim Sehvorgang wird das Licht an der Pupille gebeugt. Dadurch entsteht bei einer weit entfernten punktförmigen Quelle auf der Netzhaut ein Beugungsmuster wie bei der Lochblende. Bei zwei Quellen sind es zwei solcher Muster. Um zwei Quellen gerade noch unterscheiden zu können, nimmt man an, dass die Muster mindestens so weit gegeneinander verschoben sein müssen, dass das Hauptmaximum des Lichts von Q_2 mit dem ersten Minimum des Lichts von Q_1 zusammenfällt.

C1 a) Berechnen Sie den minimalen Sehwinkel ϑ_{min}, damit man die Quellen Q_1 und Q_2 noch getrennt wahrnimmt. Nehmen Sie dazu einen Pupillendurchmesser von 2 mm an.
b) Berechnen Sie den minimalen Abstand, den zwei Punkte haben müssen, damit sie aus einer Entfernung von zehn Meter noch getrennt wahrgenommen werden können.

C2 Man bezeichnet den minimalen Sehwinkel als Auflösungsvermögen. Erklären Sie, wie das Auflösungsvermögen vom Pupillendurchmesser abhängt. Wie unterscheidet sich demnach das Auflösungsvermögen bei Nacht von dem bei Tag?

C3 a) Erklären Sie, ob und wie das Auflösungsvermögen von der Wellenlänge des Lichts abhängt.

b) Das Innere des Augapfels besteht aus einer gelartigen transparenten Masse mit einer Brechzahl von ca. 1,3. Diskutieren Sie, wie sich dies auf das Auflösungsvermögen auswirkt.

C4 Die Netzhaut des Auges hat im Bereich des schärfsten Sehens (Fovea centralis), etwa 147 000 Lichtrezeptoren pro mm^2.
a) Zeigen Sie, dass der mittlere Abstand der Rezeptoren in der Fovea Centralis ca. 2,6 µm beträgt.
b) Vergleichen Sie den Abstand der Rezeptoren mit dem durch das Auflösungsvermögen bedingten kleinstmöglichen Abstand der Beugungsscheibchen zweier Quellen. Gehen Sie vom größtmöglichen Pupillendurchmesser (ca. 8 mm) und von einer Wellenlänge von 450 nm aus.

Material D • Zeigermodell und Intensitätsverteilung beim Einzelspalt

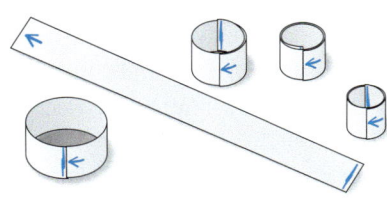

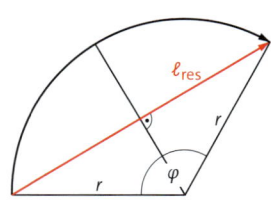

D1 Mit Papier und Klebefilm lässt sich der Zeigerbogen für die Maxima und Minima der Einzelspalt-Intensitätsverteilung veranschaulichen.
a) Schneiden Sie von einem A4-Blatt fünf ca. 2 cm breite Streifen ab. Markieren Sie auf jedem Streifen jeweils Pfeilanfang und Pfeilspitze.
b) Erklären Sie, welche Strukturen der Intensitätsverteilung durch die abgebildeten Streifen dargestellt werden.
c) Rollen bzw. legen Sie die Streifen so, dass sie das Hauptmaximum, die ersten beiden Minima und die ersten beiden Nebenmaxima darstellen.

d) Ermitteln Sie für alle fünf Zeigerbögen die Länge des resultierenden Zeigers.
e) Bestimmen Sie die auf die Intensität im Hauptmaximum bezogenen relativen Intensitäten der Nebenmaxima.

D2 Im Rahmen der Kleinwinkelnäherung gilt für die relative Intensität beim Einzelspalt:

$$S = \left(\frac{\sin(\pi \cdot x)}{\pi \cdot x}\right)^2$$

mit $x = \frac{\delta}{\lambda} = \frac{b}{\lambda \cdot a} \cdot d$.

a) Erstellen Sie mithilfe eines Tabellenkalkulationsprogramms ein Diagramm der relativen Intensität in Abhängigkeit von der Position d auf dem Schirm. Wählen Sie die Größen b, a und λ sinnvoll.
b) Ermitteln Sie die relative Intensität in den ersten beiden Nebenmaxima.

D3 Durch eine geometrische Überlegung können Sie die Gleichung für die relative Intensität von D2 herleiten.
a) Stellen Sie mithilfe einer trigonometrischen Beziehung eine Gleichung für die Länge ℓ_{res} des resultierenden Zeigers in Abhängigkeit von φ auf.
b) Zeigen Sie, dass für den Winkel φ im Bogenmaß $\ell = r \cdot \varphi$ gilt. Setzen Sie dies in die Gleichung von a) ein.

c) Begründen Sie, dass $\frac{\varphi}{2\pi} = \frac{\delta}{\lambda}$ gilt.

d) Nutzen Sie, dass für kleine Beugungswinkel $\frac{\delta}{b} = \frac{d}{a}$ gilt. Zeigen Sie damit die Gleichung von D2.

1 Seifenblasen –
Momente voller
Farbpracht

Wellenoptik im Alltag

Bunt schillernde Seifenblasen laden zum Träumen ein. Aber wie entstehen diese Farben? Seifenlösung ist farblos wie Wasser. Als hauchdünne Blase erscheint sie jedoch in allen Farben.

Farbverläufe • In allen Farben stimmt nicht ganz. Typischerweise verlaufen die Farben der Seifenblase von Blau über Grün, Gelb, Rot zu Lila (▸Abb. 1). Diese Farbverläufe erinnern an Spektren eines Gitters. Es sind aber auch Farben dabei, die beim Gitterspektrum nicht vorkommen, insbesondere das kräftige Lila.

Von der Seifenlösung können die Farben nicht kommen. Es muss das Licht sein, das auf die Seifenblase trifft und dann so verändert wird, dass die Farbeffekte eintreten. Wir untersuchen dies an einer vertikalen Haut aus Seifenlösung. Zuerst beleuchten wir die Haut mit dem Licht einer Glühlampe. Wir beobachten ein Muster aus horizontalen Streifen (▸Abb. 2 A). Die Farbabfolge ist dabei immer gleich. Wenn wir die Haut mit grünem Licht bestrahlen, dann erhalten wir wieder ein Streifenmuster, diesmal aus grünen und schwarzen Streifen (▸Abb. 2 B). Bei rotem Licht erhält man ein Muster aus roten und schwarzen Streifen. Entscheidend ist der Intensitätswechsel von hell nach dunkel. Dies kennen Sie vom Doppelspalt. Kann es auch an der dünnen Haut der Seifenlösung zur Interferenz kommen?

Mehrfachreflexion • Eine Seifenblase schillert nicht nur farbig, sondern spiegelt auch ihre Umgebung (▸Abb. 3). Im Gegensatz zu einem echten Spiegel reflektiert die Seifenblasenhaut das Licht aber nur teilweise. Das auftreffende Licht wird an der Vorderseite der Haut zu einem geringen Teil reflektiert und größtenteils durchgelassen (▸Abb. 4). An der Rückseite wird das Licht wieder zu einem kleinen Teil reflektiert, der Rest wird durchgelassen. Der reflektierte Teil trifft auf die Vorderseite und wird dort zum größten Teil durchgelassen. Im Prinzip setzt sich dies an jeder Grenzfläche fort, aber schon nach zweimaliger Reflexion ist die Intensität so gering, dass man die entstehenden Teilwellen vernachlässigen kann.

2 Streifenmuster bei einer vertikalen Seifenblasenhaut **A** bei Beleuchtung mit weißem Licht, **B** mit grünem Licht

Interferenz • Die beiden Teilwellen ① und ② haben dieselbe Ausbreitungsrichtung und interferieren miteinander. Damit können wir nun das Streifenmuster von ▶Abb. 2 B erklären. Ist die Haut gerade so dick, dass die an der Vorder- und Rückseite reflektierten Wellen destruktiv interferieren, dann sehen wir einen dunklen Streifen. Vollständige Auslöschung erhält man nur für einen Phasenunterschied von $\Delta\varphi = (2k-1)\cdot\pi$. Wenn dies nicht der Fall ist, löschen sich die Wellen nicht aus und wir sehen einen roten Streifen. Da die vertikal angebrachte Haut aus Seifenlösung von oben nach unten immer dicker wird, entstehen auf diese Weise horizontale Streifen.

Farbeffekte • Ob vollständige Auslöschung eintritt, hängt nicht nur von der Dicke der Haut ab, sondern auch von der Wellenlänge: Bei grünem Licht liegen die schwarzen Streifen wegen der kleineren Wellenlänge weiter oben. Abhängig von der Dicke wird immer nur Licht einer bestimmten Wellenlänge ausgelöscht. Je nachdem welche Wellenlänge das ist, führt das reflektierte Licht aller anderen Wellenlängen zu einem bestimmten Farbeindruck. Es handelt sich um subtraktive Farbmischung, bei der immer die Komplementärfarbe der fehlenden Farbe entsteht. Die Farben der Seifenblasen sind daher auch keine Spektralfarben wie beim Gitterspektrum.

Phasensprung oder nicht? • Kurz bevor die Seifenblasenhaut platzt, ist der oberste Bereich immer dunkel (▶Abb. 2). Die Haut ist hier sehr dünn. Warum löschen sich bei einer sehr dünnen Haut die reflektierten Wellen vollständig aus? Bei einer sehr dünnen Haut spielt der zusätzliche Laufweg der Welle ② in der Haut keine Rolle. Der Phasenunterschied von $\Delta\varphi = \pi$ muss auf eine andere Weise entstehen. Der Grund ist, dass die Welle ① an der Grenzfläche zum optisch dichteren Medium reflektiert wird, die Welle ② aber an der Grenzfläche zum optisch dünneren Medium. Wie bei den mechanischen Wellen erfolgt die Reflexion mit einem Phasensprung von π, wenn die Ausbreitungsgeschwindigkeit an der Grenzfläche abnimmt, wie dies bei der Reflexion von Welle ① der Fall ist. Nimmt die Ausbreitungsgeschwindigkeit zu, wie bei der Reflexion von Welle ②, dann erfolgt die Reflexion ohne Phasensprung.

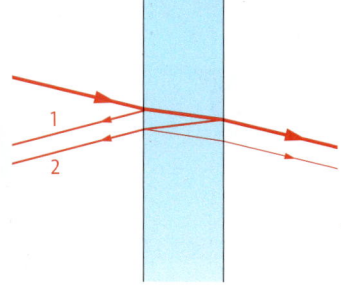

③ Spiegelbilder in der Seifenblase.　④ Laufwege des Lichts

Phasenunterschied • Wir nehmen an, dass das Licht orthogonal zur Seifenblasenhaut der Dicke d auftrifft. Dann durchläuft die Welle ② einen um $2d$ längeren Weg. Dadurch nimmt ihre Phase um

$$\Delta\varphi_2 = \frac{2\pi\cdot 2d}{\lambda_M}$$

zu. Dabei ist λ_M die Wellenlänge im Medium Seifenlösung. Mit dem Phasensprung $\Delta\varphi_1 = \pi$ der Welle ① ergibt sich insgesamt ein Phasenunterschied zwischen den beiden Teilwellen von

$$\Delta\varphi = \Delta\varphi_2 - \Delta\varphi_1 = \frac{4\pi\cdot d}{\lambda_M} - \pi.$$

Auslöschung erhält man für $\Delta\varphi = (2k-1)\cdot\pi$. Dies führt zur Bedingung

$$d_k = k\cdot\frac{\lambda_M}{2} = k\cdot\frac{\lambda}{2\cdot n_M}$$

mit der Brechzahl n_M der Seifenlösung. ▶Abb. 5 zeigt schematisch die Haut mit den Streifen destruktiver Interferenz. Ganz oben ist die Haut im Grenzfall $k\to 0$ sehr, sehr dünn. Beim ersten dunklen Streifen folgt mit $k=1$ für die Dicke $d_k = \frac{1}{2}\lambda_M$. Für die weiteren dunklen Streifen erhält man entsprechend $d = \lambda_M, \frac{3}{2}\lambda_M, \ldots$

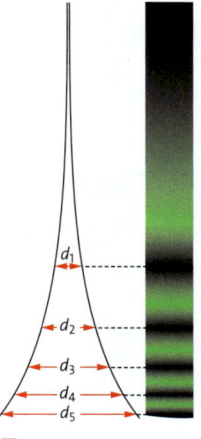

⑤ Vertikale Seifenblasenhaut im Querschnitt mit den Streifen destruktiver Interferenz

An dünnen transparenten Schichten kann es zur Interferenz der an der Vorder- und Rückseite reflektierten Teilwellen kommen. Abhängig von der Schichtdicke d und der Brechzahl n der Schicht werden bestimmte Wellenlängen ausgelöscht.

1 Der oberste Streifen der mit weißem Licht beleuchteten vertikalen Seifenblasenhaut ist meistens gelb. Erklären Sie. Berechnen Sie die Dicke der Haut an dieser Stelle ($n = 1,3$).

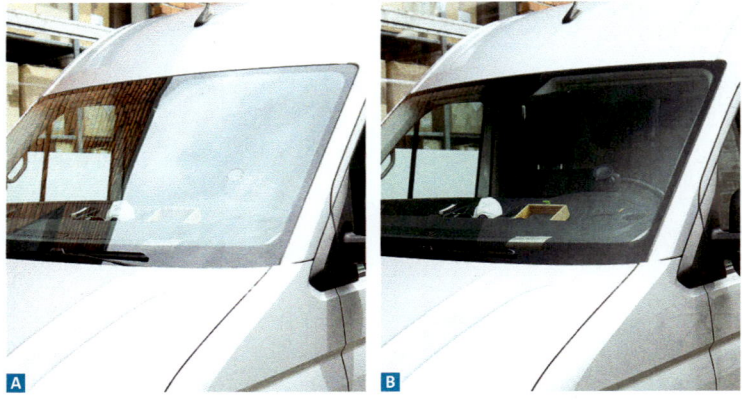

1 Wirkung eines Polarisationsfilters bei Reflexen: **A** ohne, **B** mit Filter

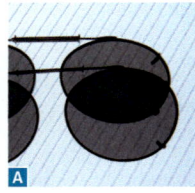

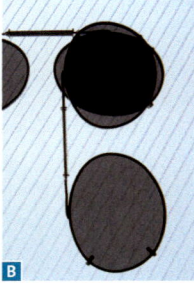

2 Sonnenbrillen mit Polarisationsfiltern übereinander:
A parallel,
B orthogonal

Polarisationsfilter im Alltag •
Reflexe an Fensterscheiben können beim Fotografieren sehr störend sein. Mit einem Polarisationsfilter, der passend eingestellt ist, kann man solche Reflexe oft unterdrücken (▸Abb.1). Was ist ein Polarisationsfilter und wie funktioniert dieser Effekt?

Wenn wir durch eine Sonnenbrille mit Polarisationsfilter auf einen hellen Gegenstand schauen, dann erscheint dieser gleichmäßig dunkler, unabhängig von der Orientierung des Filters. Legen wir aber zwei Brillen übereinander, dann ist die Wirkung je nach Winkel zwischen den Brillen sehr unterschiedlich: Bei gleicher Ausrichtung nimmt die Lichtintensität mäßig ab (▸Abb.2 A). Ist die zweite Brille aber gegenüber der ersten um 90° verdreht, dann gelangt überhaupt kein Licht mehr durch die Anordnung (▸Abb.2 B). Dazwischen gibt es einen kontinuierlichen Übergang.

Polarisation des Lichts •
Sie wissen, dass Licht als elektromagnetische Welle eine Transversalwelle ist. Dabei schwingen die elektrische Feldstärke $\vec{\mathcal{E}}$ und die magnetische Flussdichte $\vec{B}$ sowohl orthogonal zueinander als auch orthogonal zur Ausbreitungsrichtung $\vec{c}$. Als Polarisationsrichtung einer elektromagnetischen Welle wird die Schwingungsrichtung des elektrischen Feldstärkevektors bezeichnet.

Aufbau und Wirkungsweise des Filters •
Ein Polarisationsfilter funktioniert ähnlich wie ein Stabgitter bei Mikrowellen. Statt der Metallstäbe sind in den Polarisationsfiltern elektrisch leitende Molekülketten parallel ausgerichtet. Trifft eine vertikal polarisierte Lichtwelle auf vertikal ausgerichtete Molekülketten, dann werden die darin enthaltenen Elektronen durch das elektrische Feld der Welle verschoben (▸Abb.3 A). Die dazu benötigte Energie wird von der Lichtwelle abgegeben, bis die Welle absorbiert ist. Die vertikal polarisierte Lichtwelle kann den Filter also nicht passieren. Ist die Welle dagegen horizontal polarisiert, dann können die Elektronen quer zu den Ketten nicht verschoben werden und die Welle wird durchgelassen (▸Abb.3 B). Wenn die Lichtwelle in einem beliebigen Winkel polarisiert ist, dann muss man die Welle gedanklich in eine vertikal polarisierte Welle und eine horizontal polarisierte Welle zerlegen (▸Abb.3 C). Während die erste Teilwelle absorbiert wird, wird die zweite durchgelassen. Auf alle Fälle ist die Welle hinter dem Filter orthogonal zu den Ketten polarisiert.

Gewöhnliches Licht von der Sonne oder von einer Lampe ist unpolarisiert. Es besteht aus vielen Einzelwellen, von denen jede eine andere Polarisationsrichtung hat. Trifft unpolarisiertes Licht auf einen Polarisationsfilter, dann werden von den Einzelwellen nur die Teilwellen durchgelassen, die passend, also orthogonal zu den Molekülketten polarisiert sind. Das Licht ist nach dem Filter polarisiert. Mit einem zweiten Filter kann dies überprüft werden. Man sagt zum ersten Filter auch **Polarisator** und zum zweiten **Analysator**.

Polarisation bei der Reflexion •
Wenn ein passend eingestellter Polarisationsfilter das von den Glasscheiben reflektierte Licht absorbiert,

3 Die Lichtwelle wird vom Polarisationsfilter
A absorbiert,
B durchgelassen,
C teils absorbiert und teils durchgelassen.

dann muss das reflektierte Licht offensichtlich polarisiert sein. Wie kann es sein, dass unpolarisiertes Licht nach der Reflexion polarisiert ist?

Trifft Licht auf eine Glasfläche, dann wird das Licht teilweise reflektiert und teilweise in das Medium Glas gebrochen. Wir lassen unpolarisiertes Licht auf einen Glaskörper treffen und untersuchen mit Polarisationsfiltern, ob und wie das reflektierte Licht polarisiert ist (▸Abb. 4). Wenn der Einfallswinkel α so gewählt wird, dass das reflektierte und das gebrochene Lichtbündel einen Winkel von 90° einschließen, dann stellen wir fest, dass das reflektierte Licht orthogonal zur Einfallsebene polarisiert ist. Dies ist bei einem Einfallswinkel von 56° der Fall. Bei anderen Einfallswinkeln ist das reflektierte Licht zwar nicht mehr vollständig, aber immer noch teilweise polarisiert. Auf diese Weise kann man mit der passenden Orientierung des Polarisationsfilters das reflektierte Licht weitgehend unterdrücken.

Die modellhafte Erklärung beruht darauf, dass das Licht die Elektronen im Glas zum Schwingen anregt, und zwar in Richtung des Feldstärkevektors (▸Abb. 4). Die schwingenden Elektronen wirken als Hertzsche Dipole. Auf ihre Schwingung geht die weitere Ausbreitung des reflektierten und des gebrochenen Lichts zurück. Wir betrachten den Fall, dass das einfallende Licht orthogonal zur Einfallsebene polarisiert ist. Dann kann sich das Licht sowohl in die Richtung des gebrochenen, als auch in die Richtung des reflektierten Lichtstrahls ausbreiten. Wenn aber das einfallende Licht parallel zur Einfallsebene polarisiert ist, dann können die Hertzschen Dipole nicht in die Richtung abstrahlen, in die die Elektronen schwingen. Folglich geht die gesamte Intensität in den gebrochenen Strahl und es gibt keinen reflektierten Strahl.

Polarisation bei der Streuung
Sonnenlicht wird beim Durchgang durch die Atmosphäre gestreut. Wäre das nicht so, dann wäre der Himmel schwarz, so wie ihn die Astronauten sehen. Licht wird auch dann gestreut, wenn die Luft vollkommen rein ist. Die Streuung erfolgt dabei an den Molekülen der Luft. Im Modell stellen wir uns vor, dass die Elektronenhülle des Moleküls von der

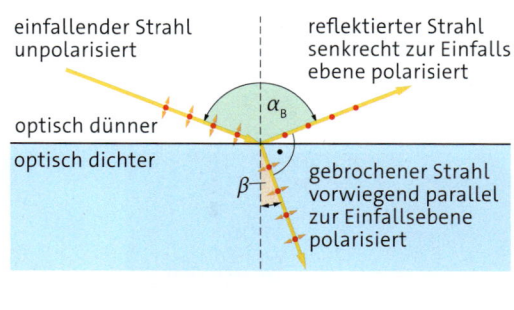

4 Polarisation bei der Reflexion im Modell

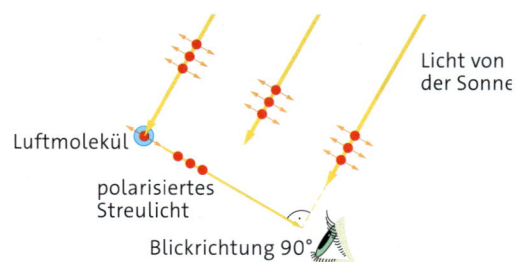
5 Beim Blick orthogonal zur Lichtausbreitung der Sonne wird polarisiertes Licht wahrgenommen.

Lichtwelle zum Schwingen angeregt wird. Das Molekül wird damit zum Hertzschen Dipol und strahlt seinerseits Lichtwellen ab. Wieder können die Dipole nicht in Schwingungsrichtung abstrahlen. Das gestreute Licht ist daher polarisiert. Diesen Effekt beobachtet man insbesondere in einem Bogen orthogonal zur Richtung der Sonnenstrahlen (▸Abb. 5).

> Bei der Reflexion und bei der Streuung wird Licht ganz oder teilweise polarisiert.

Blauer Himmel, rote Sonne · Haben Sie sich schon einmal gefragt, warum der Himmel blau ist? – Offensichtlich wird blaues Licht stärker gestreut als rotes. Tatsächlich ist die Streuung an den Molekülen der Luft umso effektiver, je kleiner die Wellenlänge des Lichts ist. Die Anteile des blauen Lichts werden also stärker gestreut als die roten Anteile. Umgekehrt fehlen dem durchgehenden Licht die blauen Anteile. Beim Sonnenuntergang erscheint uns das Licht der Sonne daher rötlich.

1 Der Einfallswinkel, bei dem das reflektierte Licht vollständig polarisiert ist, heißt **Brewsterwinkel.** Leiten Sie aus dem Brechungsgesetz und der Bedingung $\beta = 90° - \alpha$ eine Gleichung für den Brewsterwinkel her.

Strukturfarben

1 Blauer Morphofalter

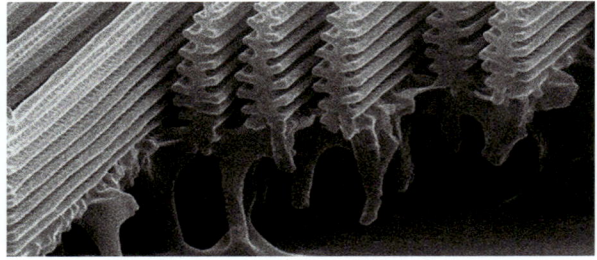

2 Schuppen des Morphofalters im Elektronenmikroskop

Farbenpracht • Schmetterlinge und Vögel warten mit vielen Farben auf, die sie nicht nur für ihre Artgenossen attraktiv machen. Dabei werden nur Farben wie Gelb, Orange, Rot, Braun und Schwarz direkt durch absorbierende Pigmente verursacht. Blau, Grün und Violett entstehen dagegen fast immer durch Interferenzen an besonderen Strukturen in Schuppen oder Federn.

Nicht-schillernde Strukturfarben • Diese Farben werden vielfach durch die Streuung von Licht an kleinen Körnchen aus dem braunen Pigment Melanin verursacht. Wie bei der Streuung des Sonnenlichts an Molekülen in der Atmosphäre wird kurzwelliges Licht stärker gestreut als langwelligeres Licht. Dadurch erscheinen die Schuppen oder Federn im gestreuten Licht blau, während das transmittierte Licht ein durchscheinendes Rot ergibt. Viele weitere Farben entstehen durch die Kombination von Pigment- und Strukturfarben, wobei der Farbeindruck stets von der Blickrichtung des Beobachters abhängt.

Anders ist dies beim Blauen Morphofalter (▸Abb. 1). Seine Flügel sind mit Schuppen bedeckt, deren Längsrippen aus baumartigen Strukturen von Chitinlamellen bestehen, die nur etwa 1,8 μm voneinander entfernt sind (▸Abb. 2).

An der verschachtelten Rippenstruktur wird das Licht wie an einem Gitter gebeugt. Zusammen mit der Reflexion zwischen benachbarten Strukturen kommt es nur für Licht aus einem sehr schmalen Wellenlängenbereich zu konstruktiver Interferenz. Das entstehende Blau ist aus jedem Blickwinkel gleich intensiv zu sehen.

Schillernde Strukturfarben • Auch Reflexionen an der Ober- und Unterseite sehr dünner Schichten lassen Interferenzfarben entstehen, wie bei einer Seifenhaut. Dabei kommt es für manche Wellenlängen zu konstruktiver Interferenz, während andere durch destruktive Interferenz ausgeblendet werden. Welche Wellenlängen genau gelöscht werden, hängt sowohl von der Schichtdicke als auch vom Blickwinkel des Beobachters ab.

Oft wirken verschiedene Effekte zusammen, z. B. beim Gefieder des Pfaus (▸Abb. 3). Das Licht wird an Vorder- und Rückseite von Stäbchen aus Melanin reflektiert. Diese sind durch Keratin zu einem Reflexionsgitter verbunden und befinden sich in den Federästen abgehenden Härchen (▸Abb. 4). Anzahl und Abstand der Melaninstäbchen sowie unterschiedliche Blickrichtungen führen zu Interferenzfarben von Blau über Grün bis Gelb.

3 Schillernde Farben zweier Pfauenfedern

4 Federstrahlen unter dem Mikroskop: **A** Auflicht, **B** Durchlicht

Versuch A • Interferenzen bei der Seifenblasenhaut

Material:
Schale mit etwas Seifenblasenlösung, Becher oder Trinkglas, starke Lampe, weiße Wand, Farbfilter

V1 Interferenzen im weißen Licht ...

Arbeitsauftrag:
a) Beleuchten Sie die weiße Wand mit der Lampe. Tauchen Sie den Becher in die Seifenblasenlösung. Nehmen Sie den Becher heraus und halten Sie ihn mit der vertikalen Seifenblasenhaut in das Streulicht der weißen Wand.
b) Beschrieben Sie das Streifenmuster und seine zeitliche Entwicklung (eventuell mithilfe von Fotos oder Videos).
c) Erklären Sie qualitativ, wie die farbigen Streifen zustande kommen.

V2 ... und im einfarbigen Licht

Arbeitsauftrag:
a) Beleuchten Sie die Wand mit farbigem Licht und wiederholen Sie den Versuch. Beschreiben Sie die Streifenmuster.
b) Erklären Sie die Entstehung der schwarzen Streifen.
c) Machen Sie ein Foto kurz bevor die Seifenblasenhaut platzt. Bestimmen Sie die Dicke der Haut bei den schwarzen Streifen. Erstellen Sie ein Dickenprofil.

Versuch B • Modellversuche zur Streuung in der Atmosphäre

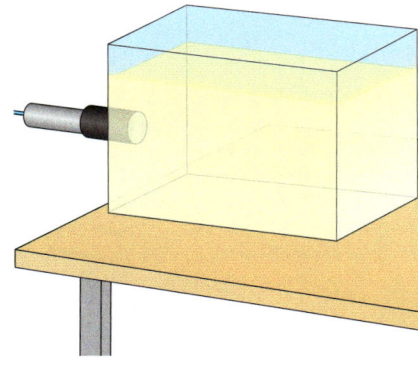

Material:
Glasbecken mit Wasser gefüllt, etwas Milch, Taschenlampe, Polarisationsfilter

V1 Himmelsblau und Abendrot

Arbeitsauftrag:
a) Geben Sie etwas Milch in das Becken, sodass sich das Wasser gerade eintrübt. Durchleuchten Sie das milchige Wasser.
b) Betrachten Sie das gestreute Licht von der Seite und von oben. Blicken Sie nun von der Rückseite des Beckens in das durchgelassene Lichtbündel. Vergleichen Sie Ihre Farbwahrnehmungen.
c) Ziehen Sie daraus Schlüsse zur Wellenlängenabhängigkeit der Streuung. Erklären Sie damit das Blau des Himmels und das Rot der untergehenden Sonne.

V2 Polarisation durch Streuung

Arbeitsauftrag:
a) Betrachten Sie das zur Seite gestreute Licht durch den Polarisationsfilter. Bestimmen Sie die Richtung, in die das gestreute Licht vorwiegend polarisiert ist Wiederholen Sie die Untersuchung mit dem nach oben gestreuten Licht.
b) Stellen Sie den auf 0° eingestellten Filter zwischen Lampe und Becken. Beobachten Sie das gestreute Licht von der Seite und von oben. Drehen Sie den Filter um 90° und beobachten Sie wieder.
c) Erklären Sie Ihre Beobachtungen.

Material A • Antireflexschicht bei Solarzellen

Zur Erhöhung des Wirkungsgrads werden Solarzellen mit einer Antireflexschicht versehen. Diese sorgt dafür, dass möglichst wenig Licht reflektiert wird.

A1 Silicium reflektiert 20 % bis 30 % des auftreffenden Lichts. Erklären Sie, warum Solarzellen aus Silicium mit einer Antireflexschicht versehen werden.

A2 Das auf die beschichtete Solarzelle auftreffende Licht wird teilweise an der Vorder- und teilweise an der Rückseite der Antireflexschicht reflektiert. Erklären Sie, wie dadurch die Reflexion von Licht verringert wird.

A3 a) Die Brechzahl der Beschichtung beträgt ca. 2, die von Silicium ca. 4. Begründen Sie, dass das Licht sowohl an der Vorder- als auch an der Rückseite der Schicht mit einem Phasensprung von π reflektiert wird.
b) Berechnen Sie die Dicke der Schicht, sodass Licht der Vakuumwellenlänge von 550 nm bei senkrechtem Einfall nicht reflektiert wird.

A4 a) Ein Teil des eintreffenden Lichts wird dennoch reflektiert. Erklären Sie.
b) Vermuten Sie, warum die Solarzellen blau erscheinen.

Kohärenz als Voraussetzung für Interferenz

Perfekte Kohärenz • Schwingt ein punktförmiger Wellenerzeuger ohne Unterbrechung sinusförmig dann entsteht eine perfekte kohärente Welle (▶Abb.1). Trifft diese auf einen Doppelspalt, dann gehen von den beiden Spalten Elementarwellen mit einer konstanten Phasendifferenz aus. Diese Wellen können interferieren und führen zur bekannten Doppelspaltinterferenz.

Räumliche Fluktuationen • Bei einer gewöhnlichen Lichtquelle, wie etwa einer LED, wird Licht von vielen Punkten aus abgestrahlt. Wir simulieren dies, indem wir mehrere Kreiswellen mit unregelmäßig versetzten Zentren überlagern. Es entsteht ein komplexes Interferenzfeld. In diesem Feld gibt es Bereiche, in denen die Wellen konstruktiv interferieren (▶Abb.2A). Ein solcher Bereich hat über seine ganze Breite eine konstante Phase. Entlang der Ausbreitungsrichtung ändert sich die Phase wie bei einer sinusförmigen Welle. Die Welle ist innerhalb dieses Bereichs kohärent. Von einem kohärenten Bereich zum nächsten ändert sich die Phase dagegen auf zufällige Weise. Man sagt, die Phase fluktuiert räumlich.

Zeitliche Fluktuationen • Darüber hinaus setzt bei einer LED durch atomare Prozesse die Abstrahlung der Lichtwellen immer wieder aus und ein. Wir berücksichtigen dies in der Simulation, indem wir die Schwingungen der Zentren zufällig aus- und einschalten. Dies hat zur Folge, dass sich in unserem Modell die Phasen der ausgesandten Wellen immer wieder sprunghaft ändern. Sie fluktuieren also nicht nur räumlich, sondern auch zeitlich. Dadurch ändert sich ständig die Lage der kohärenten Bereiche (▶Abb.2B). Die Welle ist also nicht als Ganzes kohärent, aber sie enthält kohärente räumlich-zeitliche Ausschnitte.

Interferenz oder nicht? • Bei einer solchen Welle kann Interferenz auftreten, etwa beim Doppelspalt. Ob dies eintritt oder nicht, hängt von der Größe der kohärenten Bereiche ab. Wenn der Querschnitt dieser Bereiche im Mittel größer als der Spaltabstand ist, dann trifft ein kohärenter Bereich meistens auf beide Spaltöffnungen (▶Abb.3A). Dadurch entstehen Elementarwellen mit einer konstanten Phasendifferenz und es kommt zur Interferenz. Zwar setzt die Interferenz immer wieder kurz aus und ein, aber dies erfolgt so schnell, dass es auf dem Schirm nicht beobachtbar ist. Sind die kohärenten Bereiche dagegen so klein, dass sie immer nur auf einen Spalt treffen, dann haben die von verschiedenen kohärenten Bereichen ausgelösten Elementarwellen keine konstante Phasenbeziehung und es tritt keine Interferenz auf (▶Abb.3B).

Einflussnahme • Die kohärenten Bereiche sind umso breiter, je geringer die Ausdehnung der Lichtquelle ist und je weiter man sich von der Quelle entfernt. Da LEDs relativ klein sind, kann man schon aus mäßiger Entfernung Interferenz beobachten. Wenn eine Quelle sehr ausgedehnt ist, muss man sie mit einem Spalt künstlich einengen, damit man Interferenz beobachten kann.

1 Perfekte kohärente Welle

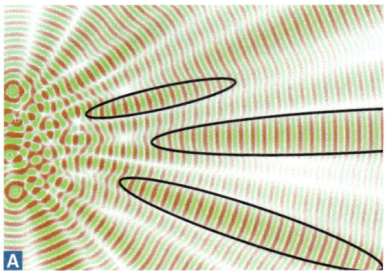

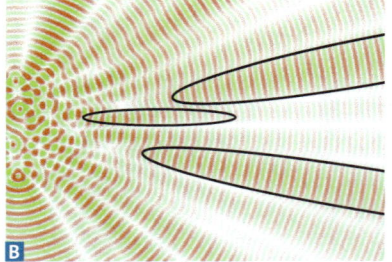

2 **A** Welle mit kohärenten Bereichen, **B** sich ändernde Lage der kohärenten Bereiche

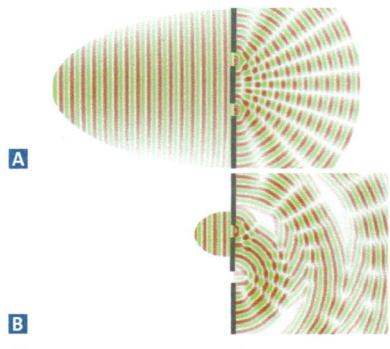

3 Die Spaltöffnungen werden **A** vom selben kohärenten Bereich, **B** von verschiedenen kohärenten Bereichen getroffen

Das Prinzip von Fermat

Auf die Laufzeit kommt es an • Als Welle durchläuft Licht prinzipiell alle möglichen Wege zwischen Quelle und Empfänger. PIERRE DE FERMAT hat um 1660 festgestellt, dass von diesen unendlich vielen Wegen nur die Wege wesentlich zur Intensität am Empfängerort beitragen, die eng benachbarte Wege zu demjenigen Weg sind, bei dem die Zeit zum Durchlaufen am kleinsten ist.

Geradlinige Verbindung • Im einfachsten Fall befindet sich zwischen der Quelle Q und dem Empfänger E weder ein Hindernis noch eine Grenzfläche (▸Abb. 4). Von den unendlich vielen Wegen zwischen Q und E ist der Weg mit der kleinsten Laufzeit die geradlinige Verbindung (roter Weg in ▸Abb. 4). Lichtwellen, die sich auf Wegen ausbreiten, die zu dieser geradlinigen Verbindung eng benachbart sind, benötigen fast die gleiche Laufzeit (hellrote Wege). Das bedeutet, dass diese Wellen fast gleichzeitig im Punkt E ankommen. Ihre Phasendifferenzen sind also gering und sie interferieren konstruktiv. Von all den anderen Wellen aber, die sich auf Wegen ausbreiten, die eine größere Zeit zum Durchlaufen benötigen, finden sich immer Paare vom Wellen mit einer Phasendifferenz von π (z.B. blaue Wege in ▸Abb. 4). Diese Wellen interferieren also paarweise destruktiv miteinander.

Unterschiedliche Medien • Interessant wird es, wenn sich die Quelle Q und der Empfänger E nicht im selben Medium befinden (▸Abb. 5 A). Dann muss man die unterschiedli-chen Ausbreitungsgeschwindigkeiten berücksichtigen. Solange sich das Medium nicht ändert, ist der Weg mit der kleinsten Laufzeit geradlinig. Folglich setzt sich der gesuchte Weg aus zwei geradlinigen Abschnitten zusammen, mit einem Knickpunkt P auf der Grenzfläche. ▸Abb. 5 B zeigt die Laufzeiten für den Gesamtweg in Abhängigkeit von der horizontalen Position des Punkts P. Der Weg mit der kleinsten Laufzeit verläuft länger im Medium mit der größeren Ausbreitungsgeschwindigkeit und entsprechend kürzer im Medium mit der kleineren Ausbreitungsgeschwindigkeit (roter Weg in ▸Abb. 5 A). Das Licht wird also zum Lot hin gebrochen, so wie Sie das gelernt haben!

Wirkung einer Linse • Eine Sammellinse fokussiert bekannter Weise das Licht einer punktförmigen Quelle Q in einem Bildpunkt Q'. Was hat dies mit dem Prinzip von Fermat zu tun? ▸Abb. 6 zeigt verschiedene Laufwege des Lichts vom Punkt Q zum Bildpunkt Q'. Der mittlere Weg durch die Sammellinse ist geometrisch der kürzeste. Je weiter außen die Wege verlaufen, desto länger sind sie. Dafür aber sind die zugehörigen Abschnitte im Medium mit der kleineren Ausbreitungsgeschwindigkeit umso kürzer. Wenn die Linse passend geschliffen ist, dann benötigt das Licht auf allen Laufwegen dieselbe Zeit. Die von Q ausgehenden Lichtwellen interferieren daher in Q' alle konstruktiv. Der Punkt Q wird also auf den Bildpunkt Q' abgebildet. Dies gilt für alle Punkte in der Gegenstandsebene. Auf diese Weise entsteht bei der Linse das Bild!

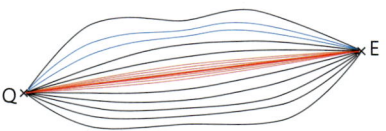

4 Laufwege des Lichts von der Quelle Q zum Empfänger E (schematisch)

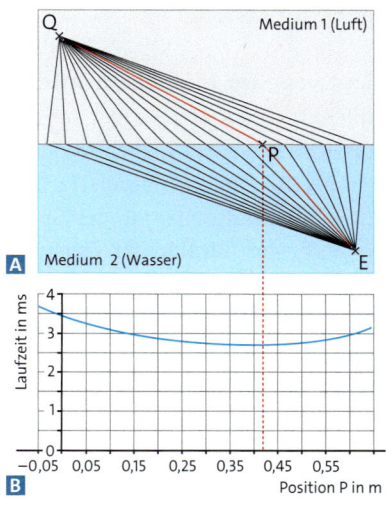

5 **A** Laufwege beim Übergang Luft-Wasser, **B** zugehörige Laufzeiten

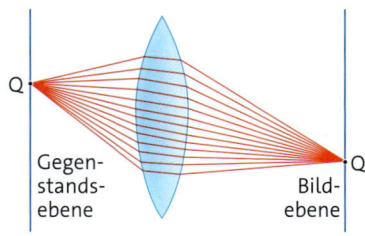

6 Das Licht benötigt auf allen Laufwegen dieselbe Zeit vom Punkt Q zum Bildpunkt Q'

1 Das Fermatsche Prinzip wird oft so formuliert: „Licht nimmt immer den Weg, der am schnellsten durchlaufen wird." Sara meint: „Das Licht kann doch nicht wissen, welches der am schnellsten durchlaufene Weg ist!" Schreiben Sie eine Erklärung für Sara.

Das Michelson-Interferometer: ein präzises „Lineal" für Wellenlängen!

Interferometer • Wie man Wellenlängen von Licht aus Interferenzmustern bestimmen kann, haben Sie bereits kennengelernt. Mithilfe eines Interferometers lassen sich sowohl Wellenlängen als auch kleinste Wegdifferenzen sehr präzise vermessen. Am Ende des 19. Jahrhunderts entwickelte der amerikanische Physiker und Nobelpreisträger ALBERT A. MICHELSON die später nach ihm benannte Form eines Interferometers. Eine moderne Ausführung davon zeigt ▸Abb.1 A.

Lichtwege im Michelson-Interferometer • Ein Lichtbündel trifft auf einen sogenannten Strahlteiler und wird dort in die beiden Teillichtbündel 1 und 2 aufgespalten (▸ Abb.1B). Das Lichtbündel 1 trifft nach Transmission durch den Strahlteiler auf den Spiegel 1 und wird dort reflektiert. Vom Strahlteiler gelangt ein Teil dieses Lichts durch Reflexion zum Beobachter. Auch das Lichtbündel 2 trifft nach Reflexion am Spiegel 2 wieder auf den Strahlteiler. Von dort gelangt nach Transmission ein Teil dieses Lichts ebenfalls zum Beobachter. Wie funktioniert ein Strahlteiler?

Strahlteiler • Als optische Bauteile spalten Strahlteiler auftreffendes Licht in zwei interferenzfähige Lichtbündel auf. Der einfachste Strahlteiler ist eine planparallele Glasplatte. Jedoch wird am Glas nur ein sehr geringer Teil reflektiert und der weitaus größte Teil transmittiert. Trägt man auf einer Seite des Glases eine dünne reflektierende Metallschicht auf, dann wird der Anteil der Reflexion erhöht. Oft ist diese Schicht gerade so beschaffen, dass Strahlteiler 50 % des Lichtes reflektieren. Steht der Strahlteiler im Winkel von 45° zum einfallenden Licht wie in ▸Abb.1 B, dann wird das auftreffende Lichtbündel in zwei Teilbündel im rechten Winkel zueinander geteilt.

Interferenz • Die Lichtbündel auf beiden Wegen im Michelson-Interferometer überlagern sich als Teilwellen und bilden ein Interferenzmuster aus. Sind die Laufwege des Lichts gleich lang oder beträgt ihr Gangunterschied ein ganzzahliges Vielfaches der Wellenlänge (also $\delta = k \cdot \lambda$ mit $k = 1, 2, 3, ...$), dann erfolgt konstruktive Interferenz und wir nehmen Helligkeit wahr. Für $\delta = (2k - 1) \cdot \frac{\lambda}{2}$ (mit $k = 1, 2, 3, ...$) erfolgt destruktive Interferenz.

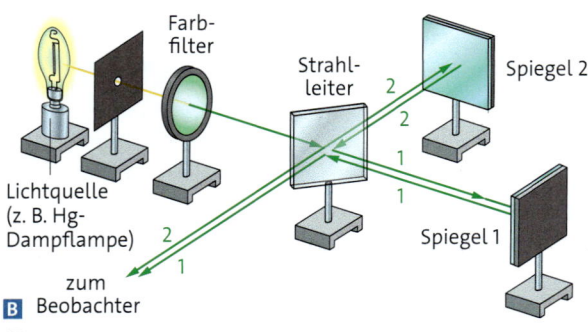

1 Michelson-Interferometer **A** im Labor für das Physikstudium, **B** schematischer Aufbau

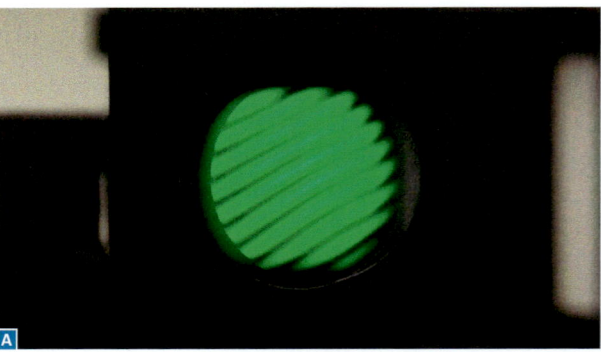

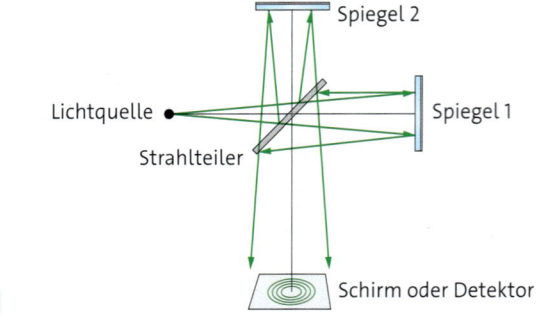

2 A Interferenzstreifen bei parallelem Licht und verkippten Spiegeln, **B** Interferenzringe bei divergenter Lichtquelle

Interferenzstreifen • Streng paralleles Licht lässt sich durch eine ebene Welle beschreiben. Bei zur Ausbreitungsrichtung orthogonalen Spiegeln würde damit eine Beobachtungsebene wie der Schirm zu einer Fläche gleicher Phase werden. Die beobachtete Lichtintensität wäre auf dieser Fläche überall gleich. Oft sind die Spiegel aber leicht verkippt. In diesem Fall ergibt sich ein Muster aus Interferenzstreifen auf dem Schirm (▸Abb. 2 A).

Interferenzringe • Häufig ist das verwendete Licht nicht streng parallel, sondern leicht divergent. Wenn dann einer der beiden Spiegel etwas weiter vom Strahlteiler entfernt ist, dann ergeben sich Interferenzringe (▸ Abb. 2 B). Dies liegt daran, dass der Gangunterschied von der Schirmmitte nach außen immer mehr zunimmt. Wenn in der Mitte konstruktive Interferenz mit $\delta = k \cdot \lambda$ vorliegt, dann beträgt der Gangunterschied beim ersten hellen Ring $\delta = (k + 1) \cdot \lambda$, beim zweiten hellen Ring $\delta = (k + 2) \cdot \lambda$ usw.

Messung kleinster Längen • Michelson-Interferometer können für sehr genaue Längenmessungen genutzt werden. Bei dem Interferometer in ▸Abb. 1 ist einer der Spiegel auf einem Schlitten montiert, der mit einer Mikrometerschraube geringfügig parallel zur Ausbreitungsrichtung des Lichts bewegt werden kann. Die damit verbundene Änderung des Laufwegs des Lichts führt zu einer Verschiebung der Maxima und Minima auf dem Schirm. Verschiebt sich das Interferenzmuster um gerade ein Maximum, dann beträgt der Gangunterschied δ der Laufwege genau eine Wellenlänge. Bei Verwendung von Licht bekannter Wellenlänge kann die Verschiebung des Spiegels auf diese Weise sehr präzise bestimmt werden.

Informationen aus dem Universum • Das Grundprinzip des Michelson-Interferometers findet sich beim Gravitationswellendetektor LIGO wieder (▸Abb. 3). Da jedoch die „Raumerschütterungen" durch Gravitationswellen extrem klein sind, muss das Instrument deutlich empfindlicher gemacht werden. Hier zählt Länge! Deshalb sind die Arme des Interferometers in Livingston (USA) auf eine Länge von je 4 km ausgeweitet. Aber auch das reicht noch nicht. Um die Laufwege des Lichts um ein Vielfaches zu verlängern, befinden sich in beiden Interferometer-Armen optische Resonatoren, in denen das Licht etwa 300-mal hin-

und herreflektiert wird. Damit erreicht der Lichtlaufweg in jedem Arm eine Länge von ca. 1200 km.

Mach-Zehnder-Interferometer • Neben dem Michelson-Interferometer sind vielfältige weitere Interferometertypen entwickelt worden. Eines, das vor allem auch für die Quantenphysik Bedeutung erlangt hat, ist das Mach-Zehnder-Interferometer (▸Abb. 4). Auch dieses Instrument beruht auf der Zweistrahlinterferenz. Das einfallende parallele Licht wird wiederum aufgespalten und verläuft auf den beiden Wegen A und B zu einem zweiten Strahlteiler. Dort werden beide Teilwellen überlagert und bilden ein Interferenzmuster aus. Auch hier hängt der Gangunterschied der Teilwellen von der Differenz der Lichtlaufwege A und B ab.

1 Schätzen Sie die Genauigkeit für Längenmessungen ab.
a) Für ein Michelson-Interferometer bei Verwendung von grünem Laserlicht ($\lambda = 530\,\text{nm}$).
b) Für den Gravitationswellendetektor LIGO (LIGO-Laser: $\lambda = 1064\,\text{nm}$).

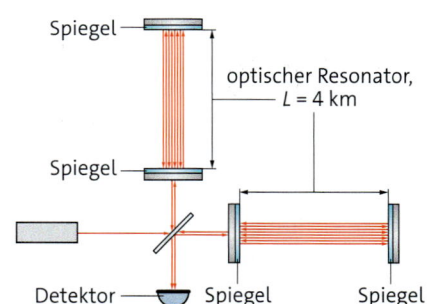

3 Modifiziertes Interferometer im LIGO-Detektor

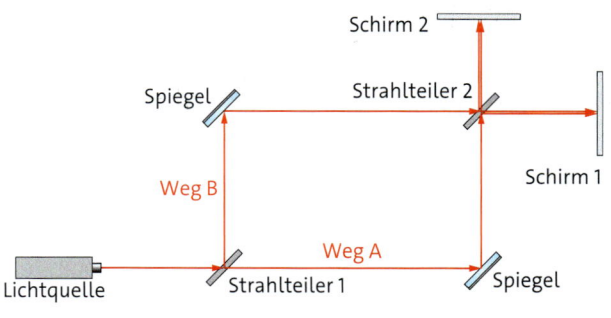

4 Aufbau des Mach-Zehnder-Interferometers

Musteraufgabe mit Lösung

Doppelspalt und Gitter

Grünes Laserlicht der Wellenlänge 532 nm trifft orthogonal auf einen Doppelspalt. Die Breite der Spalte beträgt 0,10 mm. Im Abstand von 1,00 m vom Doppelspalt befindet sich ein 1,00 m breiter Schirm. Bei dem beobachteten Schirmbild liegt das Maximum 0. Ordnung in der Schirmmitte und es fehlen die Maxima der Ordnungen 5, 10, 15 …

a) Beschreiben Sie das Schirmbild.
b) Erklären Sie, warum manche Maxima fehlen.
c) Bestimmen Sie den Spaltmittenabstand.
d) Berechnen Sie den Abstand benachbarter Maxima.

Der Doppelspalt wird durch ein Gitter mit 200 Spalten pro mm ersetzt.
e) Bestimmen Sie die Anzahl der Maxima auf dem Schirm.

Das Gitter wird nun mit weißem Licht (400 nm bis 780 nm) beleuchtet. Das Licht trifft weiterhin orthogonal auf das Gitter. Man beobachtet farbige Spektren auf dem Schirm.
f) Erklären Sie die Entstehung der Spektren.
g) Zeigen Sie, dass sich die Spektren 2. und 3. Ordnung überlagern. Bis zu welcher Wellenlänge ist das Spektrum 2. Ordnung nicht überlagert?

Lösung

a) *Beschreiben: Geben Sie Sachverhalte, Strukturen oder Zusammenhänge wieder.*
Das Schirmbild zeigt abwechselnd helle und dunkle Streifen. Die hellen Streifen sind die Intensitätsmaxima, die dunklen die Intensitätsminima. Die Abstände benachbarter Maxima sind gleich groß. Das Maximum 0. Ordnung ist am hellsten, die Helligkeit nimmt bis zum 4. Maximum ab. Das Maximum 5. Ordnung fehlt, die Maxima der 6. bis 9. Ordnung haben eine sehr geringe Helligkeit.

b) Das Licht wird an jedem der Spalte gebeugt. Für bestimmte Richtungen interferieren die Lichtwellen destruktiv. An den entsprechenden Stellen ist die Intensität auf dem Schirm null, auch wenn dort ein Doppelspalt-Maximum zu erwarten wäre. Das fehlende Doppelspalt-Maximum fällt in ein Einzelspalt-Minimum.

c) Da die Maxima der 5. Ordnung fehlen, muss der Winkel α_5 für das 5. Doppelspalt-Maximum mit dem Winkel β_1 für das 1. Einzelspalt-Minimum zusammenfallen. Aus $\sin(\alpha_5) = \sin(\beta_1)$ folgt $g = 5b = 5{,}0 \cdot 10^{-4}\,\text{m}$. Entsprechend fällt das 10. Doppelspalt-Maximum in das 2. Einzelspalt-Minimum.

d) Mit der Kleinwinkelnäherung kann man den Abstand benachbarter Intensitätsmaxima berechnen:
$$\Delta d = \frac{\lambda \cdot a}{g} = \frac{532 \cdot 10^{-9}\,\text{m} \cdot 1\,\text{m}}{5 \cdot 10^{-4}\,\text{m}} = 0{,}0011\,\text{m} = 1{,}1\,\text{mm}.$$

e) Die Gitterkonstante beträgt $g = \frac{1 \cdot 10^{-3}\,\text{m}}{200} = 5{,}0 \cdot 10^{-6}\,\text{m}$.
Für den Winkel $\alpha_{\max}$ zu den Rändern des Schirms gilt:
$$\tan(\alpha_{\max}) = \frac{d}{a} = \frac{0{,}50\,\text{m}}{1{,}00\,\text{m}} \implies \alpha_{\max} = 26{,}6°.$$

Für die Winkel α_k der auf dem Schirm beobachtbaren Maxima muss gelten:
$$\alpha_k < \alpha_{\max} \implies \sin(\alpha_k) = \frac{k \cdot \lambda}{g} < \sin(\alpha_{\max}).$$
Daraus folgt für die Ordnung der Maxima auf dem Schirm:
$$k < g \cdot \frac{\sin(\alpha_{\max})}{\lambda} = \frac{5 \cdot 10^{-6}\,\text{m} \cdot \sin(26{,}6°)}{532 \cdot 10^{-9}\,\text{m}} = 4{,}2.$$
Es sind also nur Maxima bis zur 4. Ordnung beobachtbar. Mit dem Maximum 0. Ordnung sind damit neun Intensitätsmaxima auf dem Schirm zu sehen.

f) Weißes Licht enthält Licht unterschiedlicher Wellenlängen. Je größer die Wellenlänge ist, desto größer ist der Winkel, bei dem es zur konstruktiven Interferenz kommt. Das bedeutet, dass violettes Licht mit der kleinsten Wellenlänge am weitesten innen im Spektrum zu beobachten ist. Daran schließen sich blaues, grünes, gelbes und rotes Licht an.

g) Man vergleicht den Winkel für das Maximum von rotem Licht in zweiter Ordnung mit dem für violettes Licht in 3. Ordnung:
$$\sin(\alpha_{2,\text{rot}}) = \frac{2 \cdot \lambda_{\text{rot}}}{g} = \frac{2 \cdot 780 \cdot 10^{-9}\,\text{m}}{5 \cdot 10^{-6}\,\text{m}} = 0{,}31 \implies \alpha_{2,\text{rot}} = 18°.$$
$$\sin(\alpha_{3,\text{vio}}) = \frac{3 \cdot \lambda_{\text{vio}}}{g} = \frac{3 \cdot 400 \cdot 10^{-9}\,\text{m}}{5 \cdot 10^{-6}\,\text{m}} = 0{,}24 \implies \alpha_{3,\text{vio}} = 14°.$$
Da $\alpha_{2,\text{rot}} > \alpha_{3,\text{vio}}$ ist, überlappen die Spektren.
Nun berechnet man die Wellenlänge des Spektrums 2. Ordnung beim Winkel $\alpha_{3,\text{vio}}$:
$$\sin(\alpha_2) = \frac{2 \cdot \lambda}{g} = \sin(\alpha_{3,\text{vio}}).$$
$$\lambda = \frac{g \cdot \sin(\alpha_{3,\text{vio}})}{2} = \frac{5 \cdot 10^{-6}\,\text{m} \cdot \sin(14°)}{2} = 600\,\text{nm}.$$
Das Spektrum 2. Ordnung ist also von 400 nm bis etwa 600 nm nicht überlagert.

Übungsaufgaben mit Hinweisen

Aufgabe 1 • Interferenzbilder im Vergleich

Die Fotos zeigen Schirmbilder unterschiedlicher Beugungsobjekte. Das Laserlicht hat jeweils eine Wellenlänge von 630 nm.

a) Ordnen Sie den Schirmbildern A, B, C jeweils das passende Beugungsobjekt zu.

b) Bestimmen Sie anhand der berechneten Intensitätsverteilungen die charakteristischen Größen der Beugungsobjekte aus a).

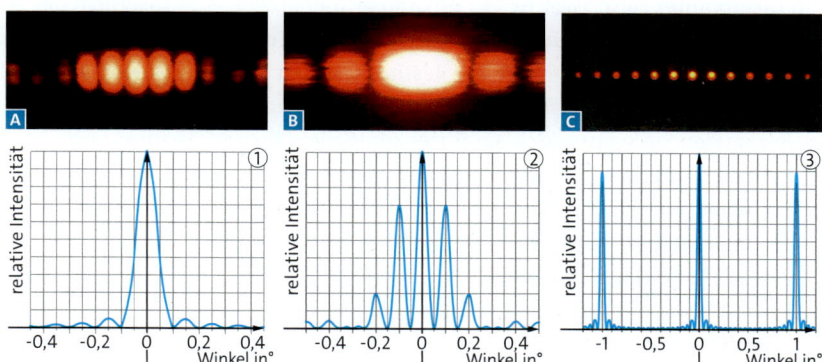

Aufgabe 2 • Mehrfarbiges Interferenzbild

Eine Rainbow-LED kann ihre Farbe wechseln, indem die drei Farben Rot, Grün und Blau unterschiedlich kombiniert werden. Das blaue Licht hat die Wellenlänge 465 nm, das rote 620 nm. Das parallele Licht der LED trifft orthogonal auf ein Gitter. Auf einem Schirm parallel zum Gitter in 20,0 cm Abstand wird folgendes symmetrisches Interferenzbild beobachtet.

a) Erklären Sie mithilfe des Schirmbilds in welcher Farbe das Licht der LED in diesem Moment erscheint.

b) Berechnen Sie die Wellenlänge des grünen Lichts.

Die Farbe der LED wechselt nun zu Magenta.

c) Beschreiben Sie, wie sich das Schirmbild verändert und bestimmen Sie die Lage der zugehörigen farbigen Flecken.

Aufgabe 3 • Doppelspalt

Für Experimente mit einem Doppelspalt stehen zwei Laser zur Verfügung: rot (λ = 640 nm), grün (λ = 530 nm). Das Licht trifft orthogonal auf einen Doppelspalt mit 480 μm Spaltabstand. Das Diagramm zeigt die Intensitätsverteilung auf einem 3,0 m entfernten Schirm parallel zum Doppelspalt.

a) Ermitteln Sie, welcher Laser verwendet wurde.

b) Bestimmen Sie die Spaltbreite.

c) Erläutern Sie, wie sich die Intensitätsverteilung ändert, wenn der Doppelspalt durch einen Dreifachspalt mit gleichem Spaltabstand und gleicher Spaltbreite ersetzt wird.

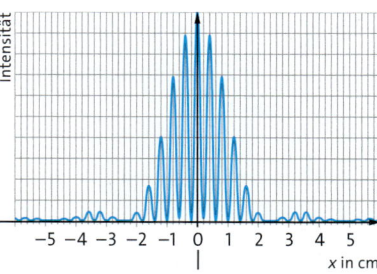

Hinweise

Aufgabe 1

a) Gehen Sie auf die Merkmale der Schirmbilder von Einzelspalt, Doppelspalt und Gitter ein.

b) Verwenden Sie die Gleichungen für die Winkel der Maxima bzw. Minima.

Aufgabe 2

a) Berücksichtigen Sie die Ordnungen der Maxima des Schirmbilds.

b) Bestimmen Sie zuerst die Gitterkonstante und nutzen Sie die Abstandsangaben.

c) Überlegen Sie, aus welchen Farben sich Magenta zusammensetzt und nutzen Sie die Wellenlänge des roten Lichts.

Aufgabe 3

a) Bestimmen Sie anhand des Diagramms den Abstand benachbarter Maxima.

b) Beachten Sie in der Intensitätsverteilung fehlende Doppelspalt-Maxima.

c) Der dritte Spalt hat sowohl Auswirkungen auf die Struktur der Intensitätsverteilung wie auch auf die absolute Intensität.

Training I • Interferenz- und Beugungsexperimente mit Licht

Aufgabe 1

Ein Laserpointer kann zwischen rotem und grünem Laserlicht umschalten. Vom grünen Laserlicht ist bekannt, dass die Wellenlänge 520 nm beträgt. Zur Bestimmung der Wellenlänge des roten Laserlichts wird ein Gitter verwendet.

a) Begründen Sie, warum sich ein Gitter zur Wellenlängenbestimmung besser eignet als ein Doppelspalt.

b) Erklären Sie anhand geeigneter Skizzen die Entstehung der Intensitätsmaxima beim Gitter und leiten Sie die zugehörigen Gleichungen her.

Das Gitter wird zuerst mit grünem Licht beleuchtet. Auf einem 2,45 m vom Gitter entfernten und 1,2 m breiten Schirm beobachtet man fünf helle Punkte. Die äußeren Punkte sind 1,04 m voneinander entfernt. Der Laser wird nun auf rotes Licht umgestellt. Man beobachtet nun drei helle Punkte, von denen die äußeren 0,64 m entfernt sind.

c) Bestimmen Sie die Wellenlänge des roten Laserlichts.

Aufgabe 2

Paralleles Infrarotlicht der Wellenlänge 950 nm trifft orthogonal auf einen Spalt der Breite 5,0 µm. Mit einem Detektor, der auf einem großen Halbkreis um den Einzelspalt gedreht werden kann, wird die winkelabhängige Intensitätsverteilung gemessen.

a) Erklären Sie anhand geeigneter Skizzen die Entstehung der Minima.

b) Berechnen Sie die Winkel für die Minima 1. und 2. Ordnung.

c) Skizzieren Sie die Intensitätsverteilung zwischen −30° und +30°.

d) Der Einzelspalt wird durch einen Doppelspalt gleicher Spaltbreite und einem Spaltmittenabstand von 20,0 µm ersetzt. Erklären Sie die Veränderungen in der Intensitätsverteilung.

Aufgabe 3

Laserlicht der Wellenlänge 633 nm trifft im Punkt m auf einen Halbzylinder aus Plexiglas. Für unterschiedliche Winkel γ_{Lu} in Luft werden die zugehörigen Winkel γ_{Pg} im Plexiglas bestimmt. Die Messung der Winkel erfolgt jeweils zum Lot im Punkt M. Man erhält die folgenden Messwerte.

γ_{Lu} in °	0	10	20	30	40	50	60
γ_{Pg} in °	0	6,5	13	19,5	25	31	35

a) Bestimmen Sie die Brechzahl von Plexiglas.

In einem neuen Experiment wird im Punkt M ein Gitter mit 570 Spalten pro mm auf den Plexiglaskörper angebracht. Das Laserlicht trifft nun orthogonal auf das Gitter. Auf einem halbkreisförmig angebrachten Papier um den Halbzylinder beobachtet man mehrere Intensitätsmaxima.

a) Ermitteln Sie die Anzahl der beobachtbaren Maxima.

c) Das Laserlicht wird nun durch weißes Licht ersetzt. Beschreiben und erklären Sie die Beobachtung auf dem Papierstreifen.

Das Gitter wird entfernt und das weiße Licht trifft unter einem Einfallswinkel von γ_{Lu} = 60° im Punkt M auf den Halbzylinder. Man beobachtet, dass sich das Lichtbündel im Plexiglas aufspaltet und einen bläulichen Saum auf der dem Lot zugewandten sowie einen rötlichen Saum auf der dem Lot abgewandten Seite hat.

d) Erklären Sie die Beobachtung.

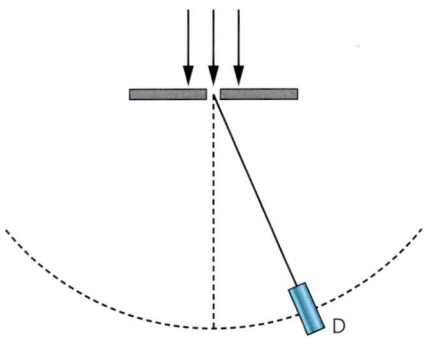

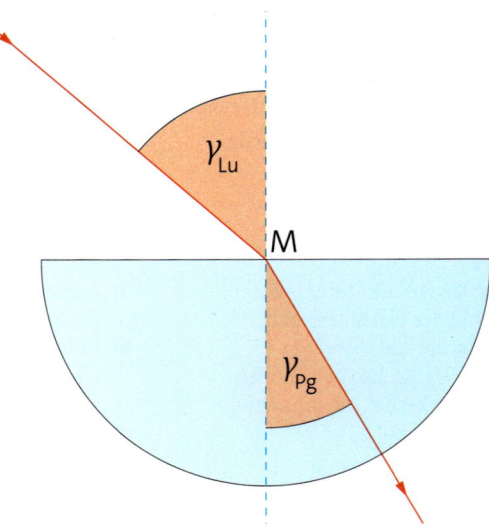

Aufgabe 1

Eine Ultraschallwelle in einer Flüssigkeit führt zu einer periodischen Änderung der Brechzahl. Auf orthogonal dazu eintreffendes Licht wirkt die Ultraschallwelle wie ein optisches Gitter. Dabei ist die Gitterkonstante gleich der Wellenlänge der Ultraschallwelle. Mit diesem sogenannten Debye-Sears-Effekt wird die Ausbreitungsgeschwindigkeit des Ultraschalls in Wasser bestimmt. Dazu lässt man Laserlicht der Wellenlänge 633 nm orthogonal auf eine Ultraschallwelle in Wasser treffen. Auf einem 3,75 m entfernten Schirm stellt man fest, dass die beiden Maxima 5. Ordnung einen Abstand von 3,2 cm zueinander haben.

a) Bestimmen Sie die Wellenlänge der Ultraschallwelle.

Der Versuch wird für verschiedenen Frequenzen des Ultraschalls wiederholt. Dabei wird jeweils der Abstand ℓ_k der beiden Maxima k-ter Ordnung zueinander gemessen. Die Tabelle zeigt die Messwerte.

f in MHz	2	3	4	5	8	10
k	5	4	3	3	2	1
ℓ_k in cm	3,2	3,8	3,9	4,7	5,1	3,1

b) Bestimmen Sie unter Verwendung aller Messwerte die Ultraschallgeschwindigkeit in Wasser.

Aufgabe 2

Mit einem Michelson-Interferometer wird die Brechzahl von Luft bestimmt. Zwischen dem Strahlteiler ST und dem Spiegel S_1 befindet sich eine evakuierte Glaskammer. Die Länge der Kammer beträgt ohne Wände 8,4 cm. Auf dem Schirm zeigt sich eine Ringstruktur mit maximaler Helligkeit in der Mitte.

a) Lässt man langsam Luft in die Kammer strömen, dann wechseln helle Stellen zu dunklen Stellen und umgekehrt. Erklären Sie diese Beobachtung.

b) Während die Luft in die Kammer einströmt, zählt man in der Schirmmitte 76 Wechsel von hell zu dunkel. Bestimmen Sie die Brechzahl von Luft.

Aufgabe 3

Eine auf der Oberseite plane und auf der Unterseite schwach gekrümmte Linse liegt auf einer Glasplatte. Die Linse wird senkrecht von oben mit Licht der Wellenlänge 590 nm bestrahlt. Man beobachtet ein System von hellen und dunklen Ringen. Die Ringe entstehen durch Interferenz des an der Unterseite der Linse und der Oberseite der Glasscheibe reflektierten Lichts.

a) Erklären Sie die Entstehung der Ringe qualitativ.

b) Begründen Sie, dass das Licht nur an der Unterseite mit einem Phasensprung reflektiert wird. Erklären Sie damit, dass in der Mitte eine dunkle Scheibe beobachtet wird.

c) Berechnen Sie die Dicke der Luftschicht bei den ersten drei dunklen Ringen.

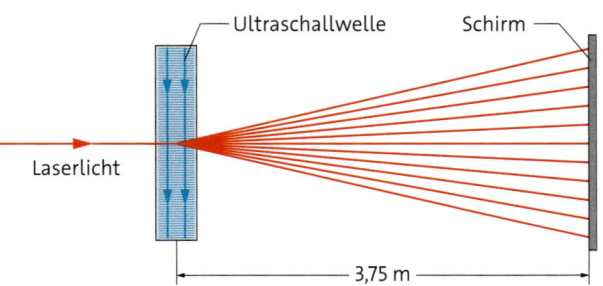

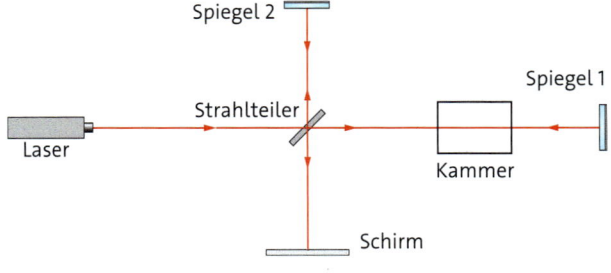

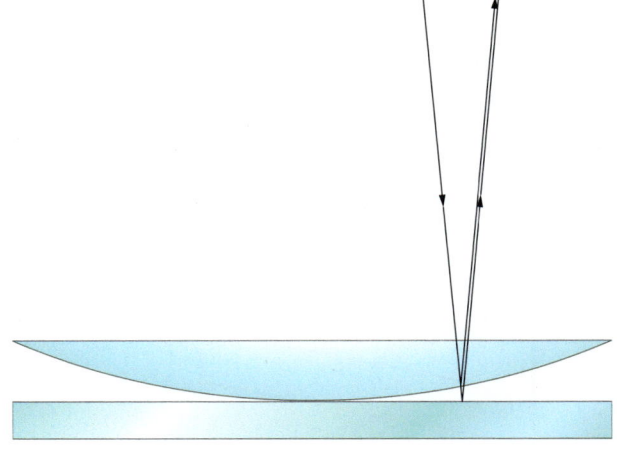

Wellenerscheinungen des Lichts

Licht als Welle: Licht zeigt typische Wellenphänomene wie Beugung und Interferenz. Zur Beschreibung dieser Phänomene ist das **Strahlenmodell** ungeeignet. Man verwendet stattdessen für Licht ein **Wellenmodell**.

Licht kann als elektromagnetische Welle beschrieben werden. Die **Ausbreitungsgeschwindigkeit** im Vakuum beträgt $c = 3,00 \cdot 10^8 \frac{m}{s}$.

Sichtbares Licht hat eine Wellenlänge von etwa 0,4 μm bis 0,8 μm.

Polarisation: Gewöhnliches Licht enthält alle Polarisationsrichtungen. Nach Durchgang durch einen Polarisationsfilter ist das Licht vollständig in dessen Richtung polarisiert.

Gitterinterferenz: Ein optisches Gitter führt zu hellen und scharfen **Intensitätsmaxima**. Mit der Gitterkonstante g und der Wellenlänge λ erhält man die Winkel α_k der Maxima zu (▸Abb. 1):

$$\sin(\alpha_k) = \frac{k \cdot \lambda}{g}, k = 0, 1, 2, ...; k \leq \frac{g}{\lambda}.$$

Mithilfe eines optischen Gitters kann man **Spektren** erzeugen.

Doppelspaltinterferenz: Wenn beim Doppelspalt die Winkel zu den Intensitätsmaxima nicht größer als 10° sind, dann haben benachbarte Maxima bzw. Minima den Abstand

$$\Delta d = \frac{\lambda \cdot a}{g}.$$

Dabei ist g der Spaltabstand und a der Abstand zwischen Doppelspalt und Schirm (▸Abb. 2).

Beugung: Bei der Beugung von Licht der Wellenlänge λ an einem Spalt der Breite b gilt für die Winkel β_l zu den Intensitätsmaxima:

$$\sin(\beta_l) = \frac{l \cdot \lambda}{b}, l = 1, 2, ...; l \leq \frac{b}{\lambda}.$$

Bei der Beugung von Licht am Spalt entsteht eine charakteristische **Intensitätsverteilung** mit einem breiten und sehr intensiven Bereich um das Hauptmaximum und schmalen und deutlich weniger intensiven Bereichen um die Nebenmaxima herum (▸Abb. 3).

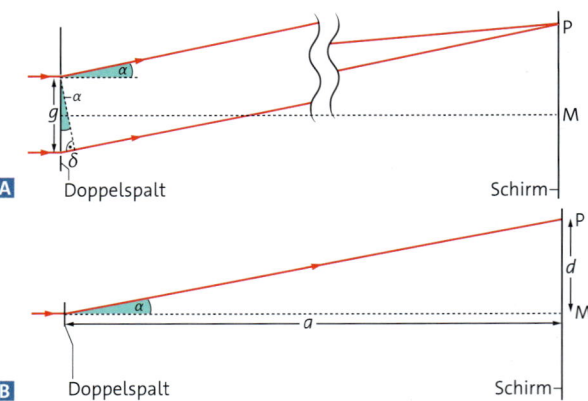

A Doppelspalt   Schirm

B Doppelspalt   Schirm

2 Doppelspaltinterferenz: **A** Gangunterschied in Fernfeldnäherung, **B** Abstände

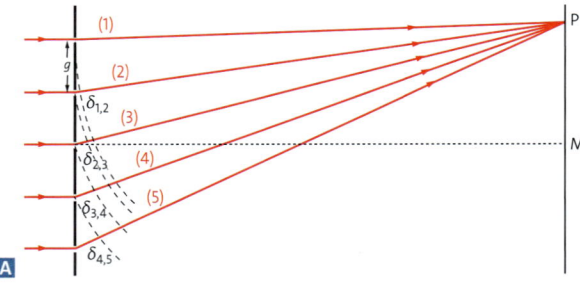

A

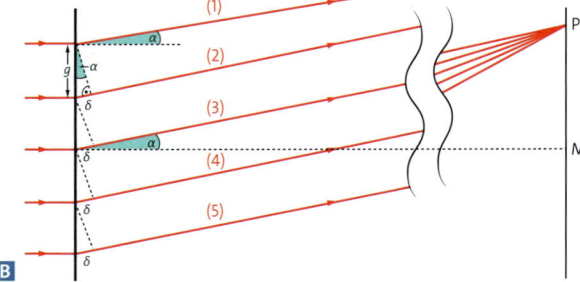

B

1 Interferenz beim Gitter: **A** Von den Spalten ausgehende Wellennormalen treffen sich im Punkt P. **B** Bei großem Schirmabstand sind die Wellennormalen näherungsweise parallel.

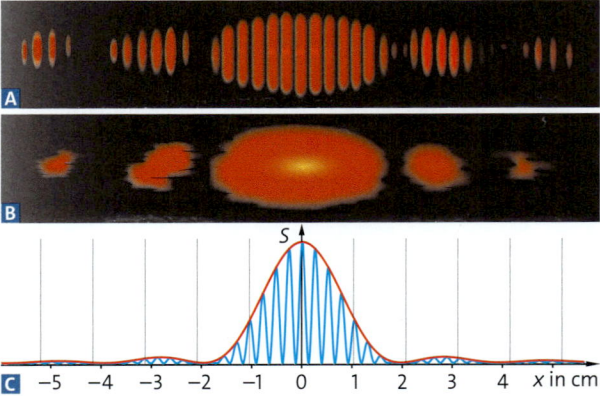

3 Schirmbild eines **A** Doppelspalts und eines **B** Einzelspalts gleicher Spaltbreite, **C** Berechnete Intensität für den Doppelspalt

Wellenphänomene von Licht im Alltag

An **dünnen transparenten Schichten**, z.B. einer Seifenblasenhaut, kann es zur Interferenz der an der Vorder- und Rückseite reflektierten Teilwellen kommen. Abhängig von der Schichtdicke d und der Brechzahl n der Schicht werden bestimmte Wellenlängen ausgelöscht.

Bei der **Reflexion** und bei der **Streuung** wird Licht ganz oder teilweise polarisiert.

In **Polarisationsfiltern** befinden sich elektrisch leitende Molekülketten, die parallel ausgerichtet sind. Trifft eine vertikal polarisierte Lichtwelle auf vertikal ausgerichtete Molekülketten, dann werden die darin enthaltenen Elektronen durch das elektrische Feld der Welle verschoben. Die dazu benötigte Energie wird von der Lichtwelle abgegeben, bis die Welle absorbiert ist. Die vertikal polarisierte Lichtwelle kann den Filter nicht passieren (▶Abb.4).

Prinzip von Fermat: Von allen möglichen Laufwegen des Lichts von einer Quelle zu einem Empfänger sind nur die Wege wesentlich, die eng benachbart zum Weg mit der kürzesten Laufzeit sind. Damit kann z.B. die Brechung erklärt werden.

Mithilfe eines **Interferometers** lassen sich sowohl Wellenlängen als auch kleinste Wegdifferenzen sehr präzise vermessen. Im **Michelson-Interferometer** wird ein Lichtbündel aufgeteilt und anschließend zur Interferenz gebracht. Verändert man die Länge der Lichtlaufwege eines Arms des Interferometers, dann bewegen sich die Interferenzringe nach außen.

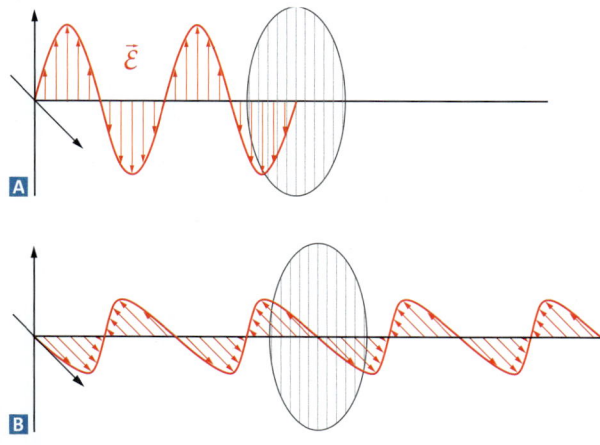

4 Die Lichtwelle wird vom Polarisationsfilter **A** absorbiert, **B** durchgelassen.

Überprüfen Sie sich selbst:

Kann ich ...

- kohärentes Licht als elektromagnetische Welle beschreiben?

- eine Methode erklären, um die Lichtgeschwindigkeit zu bestimmen?

- das Strahlenmodell und das Wellenmodell des Lichts bezüglich ihrer Gültigkeitsbereiche miteinander vergleichen?

- Interferenzphänomene am Einzelspalt, Doppelspalt und Gitter experimentell untersuchen?

- die Struktur der Interferenzmuster und der Intensitätsverteilung bei Beugung von Licht an einem Einzelspalt, einem Doppelspalt und einem Gitter beschreiben?

- den Abstand benachbarter Intensitätsmaxima bzw. -minima beim Doppelspalt berechnen und die erforderlichen Gleichungen dazu herleiten?

- die Lage der Intensitätsminima beim Einzelspalt in Fernfeldnäherung berechnen?

- die Auswirkungen von Gitterkonstante und Spaltbreite bei der Beugung am Doppelspalt erläutern?

- die Lage der Hauptmaxima beim Gitter berechnen?

- die Entstehung farbiger Spektren an einem Gitter erklären?

- mithilfe des Zeigermodells Intensitäten und Intensitätsverteilungen erläutern?

- Interferenzphänomene an dünnen Schichten physikalisch beschreiben?

- am Beispiel des Doppelspalts die Kohärenz als Voraussetzung für Interferenz erklären?

- das Michelson-Interferometer und mögliche Anwendungen beschreiben?

Quanten-
physik

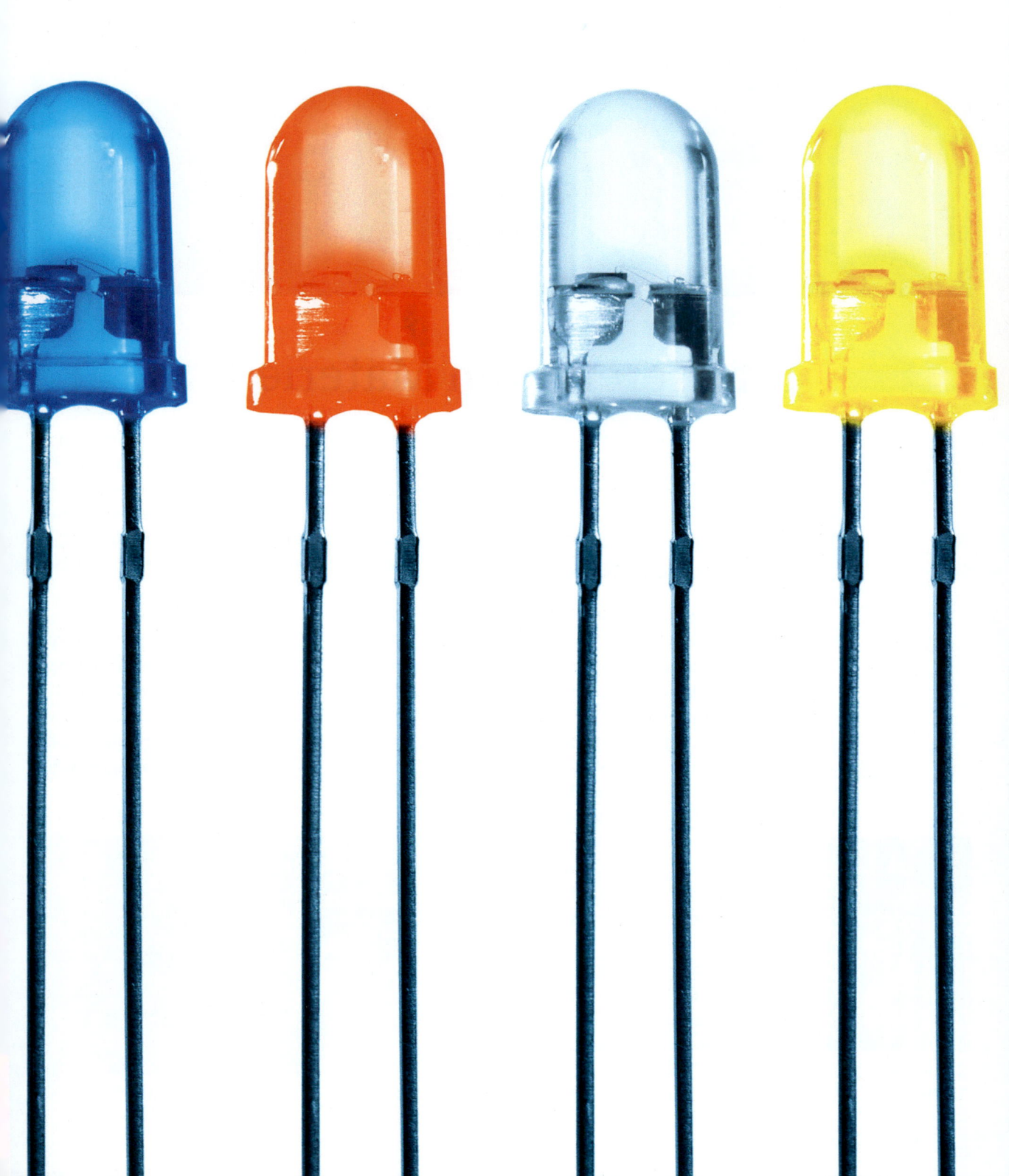

Interferenz von Materie

Die im Bild sichtbaren Streifen entstanden in einem Doppelspaltexperiment, aber nicht etwa mit Licht, sondern mit einem Elektronenstrahl. Können sich Elektronen auslöschen und verstärken wie Licht? Gilt das auch für einzelne Elektronen?

Materie in Interferenzexperimenten • 1959 konnte CLAUS JÖNSSON in Tübingen erstmals die Interferenz von Elektronen am Doppelspalt nachweisen. Er richtete einen Elektronenstrahl auf einen Doppelspalt mit einem Spaltabstand von 2 µm. Bei starker Vergrößerung zeigte sich ein Muster aus hellen und dunklen Streifen (►Abb.1), wie wir es vom Doppelspaltexperiment mit Licht kennen. Während wir uns Elektronen bisher wie kleine Teilchen vorgestellt haben, zeigen sie hier Welleneigenschaften. Gibt es weitere Experimente mit Materie, bei denen Interferenz beobachtet werden kann?

Tatsächlich können auch Atome interferieren. ►Abb.3 zeigt die Überlagerung von zwei Wolken aus Natriumatomen, die bei einer Temperatur nahe des absoluten Nullpunkts aufeinander zulaufen. Die Wolke wird mit Licht bestrahlt und wirft ein Schattenbild. Je dichter die Wolke an ei-

ner Stelle ist, umso dunkler ist der Schatten an der betreffenden Stelle der Aufnahme. An den Stellen, wo sich die zwei Wolken überlagern, erkennt man dunkle und helle Streifen, in denen die Atomwolke dichter und weniger dicht ist. Dieses Phänomen erinnert an stehende Wasserwellen, bei denen es abwechselnd Streifen größer und kleiner Amplitude gibt (►Abb.2).

Allerdings gibt es weder beim Doppelspaltexperiment mit Elektronen noch beim Experiment mit den Natriumatomen eine beobachtbare Größe, die sich periodisch mit der Zeit ändert, wie die Auslenkung bei einer Wasserwelle oder die elektrische Feldstärke bei elektromagnetischen Wellen.

2 Stehende
Wasserwelle

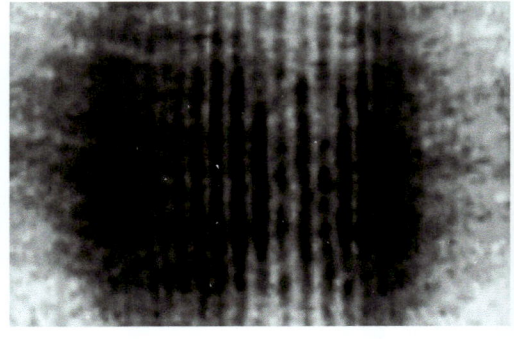

3 Überlagerung von zwei Natriumwolken

Die De-Broglie-Wellenlänge • Obwohl bei der Doppelspalt-Interferenz von Elektronen nichts schwingt, kann man aus dem Abstand der Maxima Δd, dem Spaltabstand g und dem Schirmabstand a rechnerisch eine „Wellenlänge" bestimmen. Für kleine Winkel ergibt sie sich wie beim optischen Doppelspalt aus der Formel

$$\lambda = g \cdot \frac{\Delta d}{a}.$$

Nicht nur bei Elektronen, sondern auch bei Protonen, Neutronen, Atomen und sogar Molekülen kann man ein Interferenzmuster beobachten. Dabei müssen die Impulse der jeweiligen Objekte gleich sein. Tatsächlich ist der Impuls – neben den geometrischen Abmessungen des Experiments – die bestimmende Größe für die Abstände zwischen den Maxima des Interferenzmusters. Demzufolge gibt es einen Zusammenhang zwischen der sogenannten **De-Broglie-Wellenlänge** λ und dem Impuls p der Teilchen: Der Franzose LOUIS DE BROGLIE hatte 1924 die Idee zur Einführung dieser Größe.

> Die De-Broglie-Wellenlänge λ von Elektronen, Atomen und Molekülen mit Impuls p beträgt
>
> $$\lambda = \frac{h}{p}.$$
>
> Dabei ist h das Plancksche Wirkungsquantum oder kurz die Planck-Konstante. Sie hat den Wert $h = 6{,}63 \cdot 10^{-34}\,\text{Js}$.

Die **Planck-Konstante** h ist eine universelle Naturkonstante, die in zahlreichen Beziehungen der Quantenphysik auftaucht.

Ringförmiges Interferenzmuster • Wir untersuchen die Interferenz von Elektronen mit der Elektronenbeugungsröhre (▸Abb. 4 A). Wie bei einer Braunschen Röhre treten Elektronen aus der Glühkathode aus und werden durch eine Beschleunigungsspannung zur Lochanode hin beschleunigt. Dort durchdringen die Elektronen eine dünne Schicht mit Graphitkristallen und treffen dann auf einen fluoreszierenden Leuchtschirm. Auf diesem erkennt man eine ringförmige Struktur (▸Abb. 4 B).

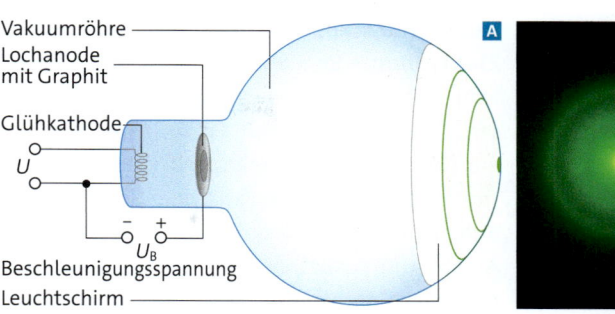

Vakuumröhre
Lochanode mit Graphit
Glühkathode
U
U_B
Beschleunigungsspannung
Leuchtschirm

4 **A** Ein Experiment zur Beugung von Elektronen
B Interferenzringe bei der Beugung von Elektronen

Ein ringförmiges Interferenzmuster kennen Sie von der Beugung von Licht an einer Lochblende. Wenn auch das Muster der ▸Abb. 4 B durch Interferenz zustande kommt, dann sollte es von der De-Broglie-Wellenlänge der Elektronen abhängen. Tatsächlich beobachten wir eine Verkleinerung der Ringradien, wenn wir die Beschleunigungsspannung vergrößern. Wir können dies mithilfe der De-Broglie-Beziehung gut verstehen: Eine Vergrößerung der Beschleunigungsspannung führt dazu, dass die Elektronen einen größeren Impuls haben. Die De-Broglie Wellenlänge nimmt dadurch ab. Die kleinere Wellenlänge führt wie bei der Beugung und Interferenz von Licht zu kleineren Abständen der Maxima, also zu kleineren Ringradien.

Das ringförmige Interferenzmuster kommt übrigens dadurch zustande, dass die Graphitkristalle aufgrund ihrer regelmäßigen Kristallstruktur wie eine Art optisches Gitter wirken. Da die Kristalle in die verschiedensten Raumrichtungen orientiert sind, besteht das Interferenzmuster aus konzentrischen Ringen.

Da die „Gitterkonstante" der Graphitkristalle sehr, sehr klein ist, kann man das ringförmige Interferenzmuster im Gegensatz zum Doppelspaltversuch von JÖNSSON ohne Vergrößerung beobachten.

1 Die Elektronen eines Elektronenstrahls werden mit einer Spannung von 2,0 kV beschleunigt und dann an einem Doppelspalt mit einem Spaltabstand von $d = 2{,}0\,\mu\text{m}$ gebeugt.
a) Berechnen Sie mithilfe des Energieerhaltungssatzes den Impuls der Elektronen.
b) Berechnen Sie die zugehörige De-Broglie-Wellenlänge.
c) Das Interferenzmuster wird auf einem Schirm im Abstand von 0,25 m beobachtet. Berechnen Sie die Positionen der ersten zwei Maxima auf dem Schirm.

Interferenzexperimente mit einzelnen Elektronen • Entstehen die Interferenzmuster, weil sich die Elektronen gegenseitig beeinflussen? Zur Klärung dieser Frage betrachten wir ein Doppelspaltexperiment mit einzelnen Elektronen. Ein derartiges Experiment wurde 1989 durchgeführt. Dabei wurde der Schirm durch eine Art Fotochip ersetzt, mit dem einzelne Elektronen pixelweise nachgewiesen werden konnten. Die Nachweisorte der Elektronen wurden über unterschiedlich lange Zeiträume gesammelt.

Das Ergebnis ist in ▸Abb.1 zu sehen:
1) Jedes Elektron wird jeweils nur an genau einem Ort nachgewiesen.
2) Die Nachweisorte sind zufällig verteilt, d.h. bei jeder Wiederholung des Experiments erhält man mit großer Wahrscheinlichkeit eine andere Verteilung der Nachweisorte.
3) Wenn man eine große Anzahl von Nachweisorten sammelt, erkennt man, dass diese nicht gleichmäßig verteilt sind. Es gibt Orte mit größerer und Orte mit kleinerer Nachweiswahrscheinlichkeit. Nach und nach bildet sich ein Interferenzmuster aus, obwohl immer nur ein Elektron in der Anordnung ist.

Der letzte Punkt bedeutet, dass jedes einzelne Elektron zu einem Interferenzmuster beiträgt. Das Muster entsteht also nicht durch die gegenseitige Beeinflussung der Elektronen.

1 Die Nachweisorte werden gesammelt, das Interferenzmuster baut sich auf dem Schirm auf.

Es ist sogar noch erstaunlicher: Wenn man identische Interferenzexperimente mit jeweils nur einem Elektron an unterschiedlichen Orten durchführt und die Bilder für die erhaltenen Ortsmessungen übereinander legt, erhält man ein Interferenzmuster wie in ▸Abb.1.

Interferenz von Quantenobjekten • Auch Protonen, Neutronen, Atome und Moleküle sind interferenzfähig. Sie werden unter dem Begriff **Quantenobjekte** zusammengefasst.

Je größer die Masse eines Quantenobjekts ist, desto kleiner ist seine Wellenlänge bei der gleichen Geschwindigkeit und desto schwieriger sind die zugehörigen Interferenzmuster zu beobachten. Für Viren oder Staubteilchen ist dies noch nicht gelungen. Die größten Quantenobjekte, für die man bisher Interferenz nachgewiesen hat, sind Eiweißmoleküle, die aus mehreren Tausend Atomen bestehen.

In zahlreichen Experimenten hat man folgende Gemeinsamkeiten festgestellt:

> Elektronen, Protonen, Neutronen, Atome und Moleküle sind Quantenobjekte.
> 1) Quantenobjekte werden bei einer Ortsmessung stets als Ganzes an einem Ort nachgewiesen.
> 2) Die Ergebnisse von Experimenten mit Quantenobjekten sind in der Regel zufällig.
> 3) Quantenobjekte können zu einem Interferenzmuster beitragen.

Klassische Modelle • Wir versuchen die Quantenobjekte im Doppelspaltexperiment mit unseren bisherigen Modellen zu beschreiben. Man nennt diese Modelle klassische Modelle. Die Erkenntnisse der Quantenphysik werden in diesen Modellen nicht berücksichtigt:

Das Verhalten von kleinen Kügelchen beschreiben wir mit dem klassischen **Teilchenmodell**, Wellen beschreiben wir hingegen mit dem klassischen **Wellenmodell**.

Keine Wellen · Versuchen wir zunächst, Quantenobjekte mit dem klassischen Wellenmodell zu beschreiben. Dieses Modell ist sicher günstig, um die Interferenz zu beschreiben. Immerhin ordnet man den Quantenobjekten auch eine Wellenlänge zu, obwohl wir bei Quantenobjekten keine sich periodisch mit der Zeit ändernde Größe beobachten können.

Allerdings werden Quantenobjekte bei einer Ortsmessung immer als Ganzes an einem bestimmten Ort nachgewiesen. Gemäß dem Wellenmodell müsste ein Quantenobjekt bei einer Ortsmessung auf dem Schirm verteilt nachgewiesen werden. Damit ist das klassische Wellenmodell zur Beschreibung der Quantenobjekte nicht geeignet.

Keine Teilchen · Wir versuchen nun eine Beschreibung des Doppelspaltexperiments, indem wir uns die Quantenobjekte als Teilchen, z. B. als kleine Kügelchen, vorstellen. Mit diesem klassischen Teilchenmodell kann zumindest die Beobachtung gut erklärt werden, dass jedes Quantenobjekt nur an einem bestimmten Ort nachgewiesen wird.

Betrachten wir nun jedoch die Verteilung der Nachweisorte: Für klassische Teilchen im Doppelspaltexperiment erhält man Verteilungen wie in der linken Spalte von ▸Abb. 2: Die Einzelspaltverteilungen sind relativ schmal (▸Abb. 2 A und 2 B), die Verteilung bei zwei geöffneten Spalten ist, wie erwartet, die Summe der beiden Einzelspaltverteilungen (▸Abb. 2 C und 2 D).

Die Verteilungen für Quantenobjekte unterscheiden sich davon erheblich. Zunächst fällt auf, dass die Einzelspaltverteilungen wesentlich breiter sind, als man dies bei klassischen Teilchen erwarten würde (▸Abb. 2 E und 2 F).
Das stärkste Argument gegen das Teilchenmodell ist jedoch folgendes: Wäre ein Quantenobjekt wie ein klassisches Teilchen unteilbar, dann würde es stets durch genau einen der beiden Spalte gehen, auch wenn beide Spalte geöffnet sind. Wenn es durch den linken Spalt geht, würde es zur Verteilung ▸Abb. 2 E beitragen. Wenn es durch den rechten Spalt geht, würde es hingegen zur Verteilung ▸Abb. 2 F beitragen.

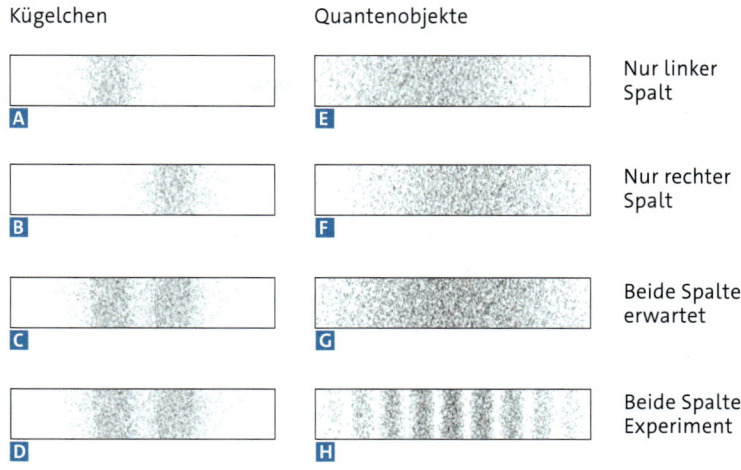

Kügelchen — Quantenobjekte

A — E   Nur linker Spalt
B — F   Nur rechter Spalt
C — G   Beide Spalte erwartet
D — H   Beide Spalte Experiment

2 Verteilungen bei klassischen Teilchen (A, B, C und D) und bei Quantenobjekten (E, F, G und H)

Folglich müsste sich bei zwei offenen Spalten die Summe (▸Abb. 2 G) aus den zwei Einzelspaltverteilungen ergeben. Tatsächlich erhält man für Quantenobjekte jedoch die Verteilung ▸Abb. 2 H.

Die Vorstellung, dass Quantenobjekte klassische Teilchen sind, ist also mit dem Ergebnis des Doppelspaltexperiments nicht vereinbar. Damit ist auch das klassische Teilchenmodell nicht geeignet, das Interferenzmuster zu beschreiben.

Unbestimmtheit · Da man nicht sagen kann, dass das Quantenobjekt durch den linken oder durch den rechten Spalt geht, sagt man: Es ist unbestimmt, durch welchen Spalt das Quantenobjekt geht.
Das ist nicht gleichbedeutend mit der Aussage „Wir wissen nicht, durch welchen Spalt das Quantenobjekt geht.", denn wenn das Quantenobjekt stets durch einen der Spalte gehen würde – auch wenn wir nicht wüssten, welcher Spalt das jeweils ist –, dann müsste man die Summenverteilung aus ▸Abb. 2 G erhalten. Hier versagt unsere anschauliche Vorstellung.

1 **a)** Erläutern Sie, warum man das obere Bild in ▸Abb. 1 nicht mit dem klassischen Wellenmodell beschreiben kann.
b) Erläutern Sie, warum man das untere Bild in ▸Abb. 1 nicht mit dem klassischen Teilchenmodell beschreiben kann.

Material A • Ein Doppelspaltexperiment mit Heliumatomen

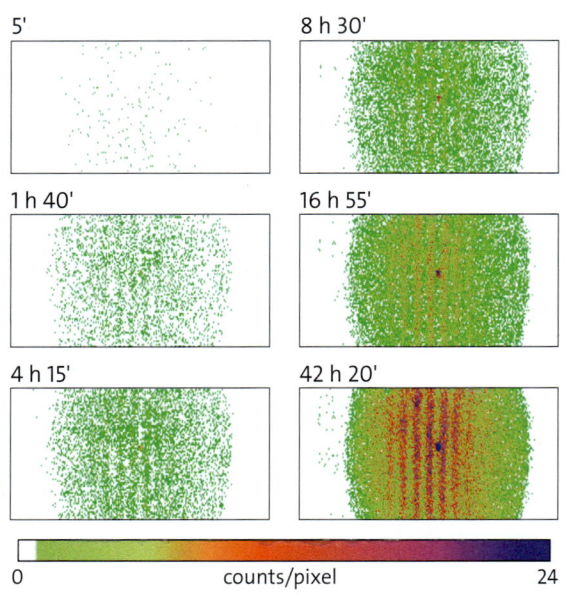

5'

8 h 30'

1 h 40'

16 h 55'

4 h 15'

42 h 20'

0   counts/pixel   24

A1 Die Abbildung zeigt Aufnahmen aus einem Doppelspalt-experiment mit Heliumatomen. Dabei wurden die Nach-weisorte nach und nach gesammelt. Das erste Bild zeigt die gesammelten Orte nach 5 min (5').

a) Geben Sie an, ab welchem Bild es Pixel gibt, an denen schon mehr als zehn Heliumatome angekommen sind. Für wie lange sind bis zu diesem Bild schon Nachweisorte gesammelt worden?

b) Auch Heliumatome sind Quantenobjekte. Ein Teil der Eigenschaften von Quantenobjekten wird schon im ersten Bild deutlich, der andere Teil später. Erläutern Sie.

c) Ein einzelnes Heliumatom hat in dem Experiment eine Geschwindigkeit von etwa $1\frac{km}{s}$. Die Apparatur ist kleiner als 1 m. Argumentieren Sie, warum sich im Mittel nicht mehr als ein Heliumatom in der Apparatur befindet. Erläutern Sie, inwiefern dies wichtig ist für die Aussage: „Die Heliumatome beeinflussen sich nicht gegenseitig. So kann das Interferenzmuster also nicht erklärt werden."

Material B • Interferenz von Fullerenmolekülen an einem Gitter

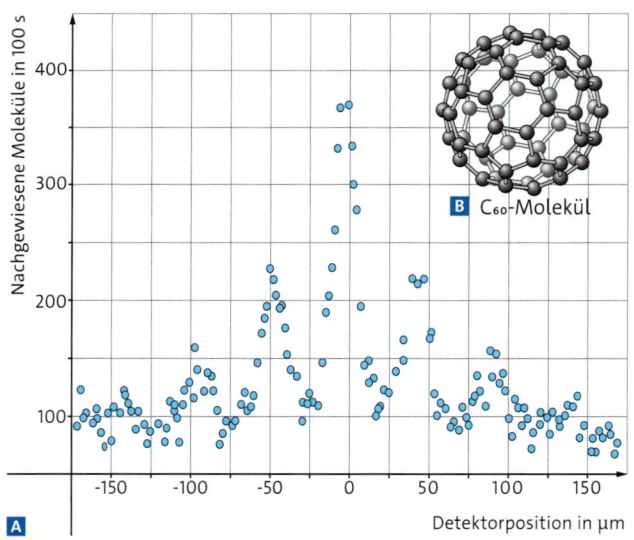

B C_{60}-Molekül

A

Nachgewiesene Moleküle in 100 s

Detektorposition in μm

a) Lesen Sie im Diagramm ab, wie viele Fullerenmoleküle bei einer Detektorposition von 50 μm nachgewiesen wur-den.

b) Erläutern Sie, inwiefern man an dem Häufigkeitsdia-gramm die drei im Merksatz auf Seite 298 genannten charakteristischen Eigenschaften von Quantenobjekten erkennen kann.

c) Skizzieren Sie das Häufigkeitsdiagramm, das man er-halten würde, wenn man ein Doppelspaltexperiment in großen Dimensionen mit Fußbällen durchführen würde. Begründen Sie.

d) Gegeben sind folgende Daten des Experiments:
$g = 1,0 \cdot 10^{-7}$ m ist die Gitterkonstante,
$a = 1,25$ m der Abstand des Schirms vom Gitter und
$m = 1,2 \cdot 10^{-24}$ kg die Masse des Moleküls.

Leiten Sie eine Gleichung zur Bestimmung der De-Broglie-Wellenlänge aus dem Diagramm her. Verwenden Sie dazu die Kleinwinkel-Näherung. Begründen Sie, warum die Näherung hier angewendet werden kann.

e) Berechnen Sie mithilfe der Daten aus Aufgabe d) und mithilfe des Diagramms die De-Broglie-Wellenlänge und die Geschwindigkeit der Moleküle.

B1 Fullerenmoleküle sind Moleküle, die aus 60 Kohlenstoff-atomen bestehen und die Struktur eines Fußballs haben. In der Abbildung ist das Strukturmodell gezeigt. Mit diesen Molekülen ist 1999 nach Durchgang durch ein optisches Gitter ein Interferenzmuster beobachtet worden. Das Diagramm zeigt die Zahl der Detektionen in Abhängigkeit von der Detektorposition.

Material C • Warum interferieren Fußbälle nicht?

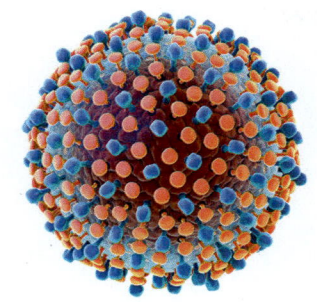
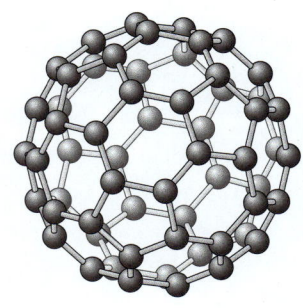

Wenn man mit einem Fußball durch Lücken in einem Gartenzaun schießt, bekommt man auch nach mehrmaliger Wiederholung des Experiments kein Interferenzmuster. „Klassische" Objekte, z. B. Fußbälle, zeigen keine Welleneigenschaften. Atome und Moleküle interferieren hingegen. Da der Fußball aus Atomen und Molekülen aufgebaut ist, gibt es für das Verschwinden der Interferenz keinen prinzipiellen Grund. Entscheidend ist die De-Broglie-Wellenlänge. Das untersuchen Sie an folgenden Objekten:

Objekt 1: Ein Fußball mit der Masse 430 g und einer Geschwindigkeit von $10 \frac{m}{s}$.

Objekt 2: Ein Virus mit einem Durchmesser von 50 nm, der Masse $1 \cdot 10^{-20}$ kg und der Geschwindigkeit $10 \frac{m}{s}$.

Objekt 3: Ein Fullerenmolekül, bestehend aus 60 Kohlenstoffatomen, ebenfalls mit einer Geschwindigkeit von $10 \frac{m}{s}$.

C1 Berechnen Sie jeweils die De-Broglie-Wellenlänge für die drei Objekte.

C2 Das Virus und das Fullerenmolekül treffen auf ein Gitter mit g =150 nm. Die Nachweisapparatur befindet sich 1,00 m hinter dem Gitter.

a) Berechnen Sie die zu erwartenden Abstände der Interferenzmaxima.

b) Wiederholen Sie die Rechnung für den Fußball mit der angegebenen Geschwindigkeit bei einem Gitter mit Spaltabstand 0,5 m.

c) Beantworten Sie nun begründet die im Material-Titel gestellte Frage.

Material D • Die Elektronenbeugungsröhre

Die rechte Abbildung zeigt einen Ausschnitt der Graphitkristallstruktur in einer Elektronenbeugungsröhre. Dort kommt es zur Interferenz ähnlich wie bei einem Gitter. Man nennt dies Bragg-Reflexion. Die Interferenz an der Kristallstruktur kann man mit zwei Gitterkonstanten g_1 und g_2 beschreiben. Die beiden Ringe auf dem Schirm in der mittleren Abbildung entsprechen den zugehörigen Maxima erster Ordnung. Aus den Radien der Ringe kann man mit der Formel $\frac{\lambda}{g} = \frac{r}{a}$ in guter Näherung die De-Broglie-Wellenlänge der Elektronen bestimmen.

D1 Ordnen Sie zu, welche Gitterkonstante zum äußeren Ring gehört. Begründen Sie.

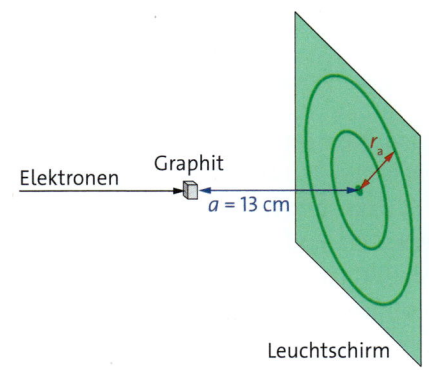
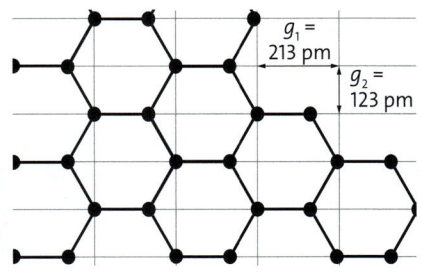

U_B in kV	2,5	3,0	4,0	5,0
r_a in cm	2,9	2,5	2,2	1,9

D2 Für verschiedene Beschleunigungsspannungen U_B wird der Radius r_a des äußeren Rings gemessen (▸Tabelle).

a) Beschreiben Sie, wie sich der Radius in Abhängigkeit von der Beschleunigungsspannung ändert.

b) Berechnen Sie aus den Messwerten jeweils den Impuls und die De-Broglie-Wellenlänge der Elektronen. Bestimmen Sie damit einen Wert für die Plancksche Konstante h. Vergleichen Sie mit dem Tabellenwert.

1 Die „Eltern" der Quantenphysik 1927 bei der 5. Solvay-Konferenz in Brüssel

Beschreibung von Quantenobjekten

Quantenobjekte verhalten sich nicht wie Wellen und nicht wie Teilchen. Jede klassische Vorstellung führt zu Widersprüchen mit den experimentellen Ergebnissen. Trotzdem ist es den Physikerinnen und Physikern in den ersten Jahrzehnten des 20. Jahrhunderts gelungen, präzise Wahrscheinlichkeitsvorhersagen für Quantenexperimente zu machen. Wie ist das möglich?

Mathematische Modelle • Das Lichtstrahlenmodell ist ein anschauliches Modell. Wir haben damit Größen wie Einfalls- und Ausfallswinkel definiert und das Reflexions- und das Brechungsgesetz formuliert. Damit gelang es uns, Vorhersagen zu machen, die wir im Experiment überprüfen konnten.

Schon nicht mehr so anschaulich ist das Wellenmodell, mit dem wir die Interferenz von Licht beschrieben haben. Interferenzphänomene von Licht erklärt haben. Die periodischen Änderungen der elektrischen und magnetischen Felder sind schwieriger zu verstehen. Dennoch konnten wir mit dem Wellenmodell die Lage der Interferenzmaxima und -minima und mit dem Zeigermodell sogar relative Intensitäten vorhersagen.

In der Quantenphysik versagt die Anschauung. Die meisten Physikerinnen und Physiker machen sich keine Vorstellung, wie sich z. B. ein Elektron am Doppelspalt verhält. Sie reden nur über Messergebnisse und haben Rechenwerkzeuge, mit denen sie die Wahrscheinlichkeiten für diese Messergebnisse vorhersagen können. Man nennt dieses Vorgehen „Kopenhagener Interpretation", in der Wissenschaft auch bekannt unter dem Slogan „Shut up and calculate".

Auch in anderen Gebieten der Physik, z. B. in der Relativitätstheorie oder in der Festkörperphysik, sind anschauliche Vorstellungen oft nur eingeschränkt möglich. Dennoch kann man mittels mathematischer Berechnungen experimentelle Ergebnisse oder astronomische Beobachtungen erstaunlich gut beschreiben. Man nennt die zugehörigen Modelle oft Theorien.

Ein Ziel der Physik ist es, Gesetzmäßigkeiten mathematisch zu beschreiben. Die verwendeten Modelle sind oft unanschaulich. Dennoch erlauben sie häufig präzise Vorhersagen für experimentelle Ergebnisse.

Wahrscheinlichkeitsvorhersagen • Im Doppelspaltexperiment hängt der Nachweisort eines Quantenobjekts vom Zufall ab. Allerdings kann man für jeden Schirmort x eine Wahrscheinlichkeit für den Nachweis in einem Ortsintervall Δx berechnen. Bei der Interferenz von Licht kann man eine Intensitätsfunktion $S(x)$ berechnen. Für ein Quantenobjekt mit einer bestimmten De-Broglie-Wellenlänge erhält man eine entsprechende Funktion $P(x)$. Diese Funktion muss man nun als **Wahrscheinlichkeitsdichtefunktion** deuten, kurz **P-Funktion** (▶Abb. 2 A). Die Wahrscheinlichkeit, ein Quantenobjekt im Ortsbereich $[x; x + \Delta x]$ nachzuweisen, beträgt $P(x) \cdot \Delta x$.

Im Experiment misst man mit einem oder mehreren Detektoren, die eine bestimmte Ortsauflösung Δx haben. So bekommt man Häufigkeiten $H(x)$ für verschiedenen Ortsbereiche $[x; x + \Delta x]$, die man in einem Säulendiagramm darstellen kann (Abb. 2 B). Die Breite Δx der Säulen ist in der Abbildung so klein, dass man die Stufung kaum erkennen kann. Die Höhe der Säulen unterliegt den üblichen statistischen Schwankungen. Dabei gilt das stochastische Gesetz der großen Zahlen: Je größer die Zahl N der Wiederholungen des Experiments, desto mehr nähert sich das Diagramm für die relativen Häufigkeiten $\frac{H(x)}{N}$ dem Graphen der P-Funktion an.

Dies ist bei einem Zufallsexperiment mit Würfeln nicht anders: Für einen Würfelwurf mit zwei Würfeln kann man die Wahrscheinlichkeiten $P(A)$ für die Augensummen A berechnen (▶Abb. 2 C). So hat z. B. die Wahrscheinlichkeit $P(2)$ für die Augensumme „2" den Wert $\frac{1}{36}$. Wenn man das Zufallsexperiment durchführt, erhält man statistische Streuungen für die Häufigkeiten $H(A)$ (▶Abb. 2 D). Für große Zahlen N an Wiederholungen nähert sich die relative Häufigkeit $\frac{H(A)}{N}$ an $P(A)$ an.

Anders als beim Würfeln addieren sich in der Quantenphysik die Wahrscheinlichkeiten in der Regel nicht so einfach. So ist z. B. die Wahrscheinlichkeit, ein Quantenobjekt beim Doppelspalt an einer Minimumstelle nachzuweisen, nicht gleich der Summe der Wahrscheinlichkeiten für die zugehörigen Einzelspaltexperimente.

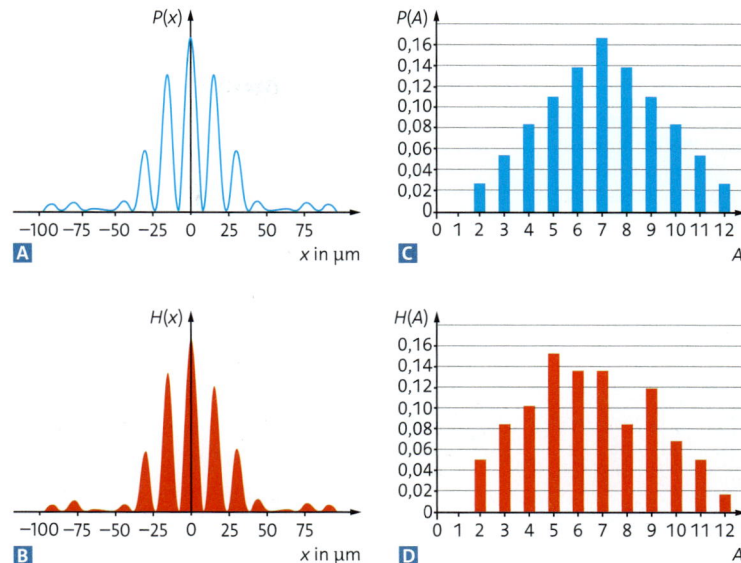

2 **A** Nachweiswahrscheinlichkeiten beim Doppelspalt abhängig vom Ort x,
B Relative Häufigkeit der gemessenen Ereignisse in vielen nebeneinander liegenden Ortsbereichen entlang der x-Achse,
C Wahrscheinlichkeiten für die Augenzahl A beim Wurf mit zwei Würfeln,
D Relative Häufigkeiten bei 60-maligem Würfeln mit zwei Würfeln

Kausalität und Zufall • In der klassischen Physik gilt das Kausalitätsprinzip: Bestimmte Ursachen haben bestimmte Wirkungen. In der Quantenphysik können dagegen gleiche Anfangsbedingungen zu völlig unterschiedlichen Ergebnissen führen.

> In der Quantenphysik kann dieselbe Messung an identisch präparierten Systemen zu stark voneinander abweichenden Ergebnissen führen.
> Für eine Einzelmessung kann man das Ergebnis in der Regel nicht vorhersagen. Man kann aber Wahrscheinlichkeiten für das Auftreten der verschiedenen Messergebnisse angeben, wenn man die Messung an identisch präparierten Systemen sehr oft wiederholt.

Quantenobjekte mit gleichen Anfangsbedingungen nennt man identisch präpariert.

1 In der Mechanik und in der Elektrizitätslehre haben wir mit Modellen gearbeitet. Nennen Sie für beide Gebiete die zentralen Vorstellungen, die zentralen Größen und die zentralen Gesetzmäßigkeiten.

$\psi(x, y, z, t)$ nennt man auch **Wellenfunktion**. Man kann sie mit Zeigern beschreiben.

Die Schrödinger-Gleichung • Die nach ERWIN SCHRÖDINGER benannte berühmte Gleichung ist eine Differenzialgleichung in den drei Raumrichtungen x, y, z und der Zeit t (▸Abb.1). Aus ihren Lösungen $\psi(x, y, z, t)$ erhält man die Wahrscheinlichkeitsdichtefunktionen $P(x, y, z, t)$. Dies bedeutet: Die Wahrscheinlichkeit, ein Quantenobjekt an einem Ort (x, y, z) zur Zeit t in einem Detektor des Volumens ΔV zu messen, beträgt $P(x, y, z, t) \cdot \Delta V$.

$$\left[-\frac{h^2}{8\pi^2 m} \left(\frac{\partial^2}{\partial x^2} + \frac{\partial^2}{\partial y^2} + \frac{\partial^2}{\partial z^2} \right) + \varphi(x,y,z,t) \right] \psi(x,y,z,t) = \frac{ih}{2\pi} \frac{\partial}{\partial t} \psi(x,y,z,t)$$

1 Die Schrödinger-Gleichung

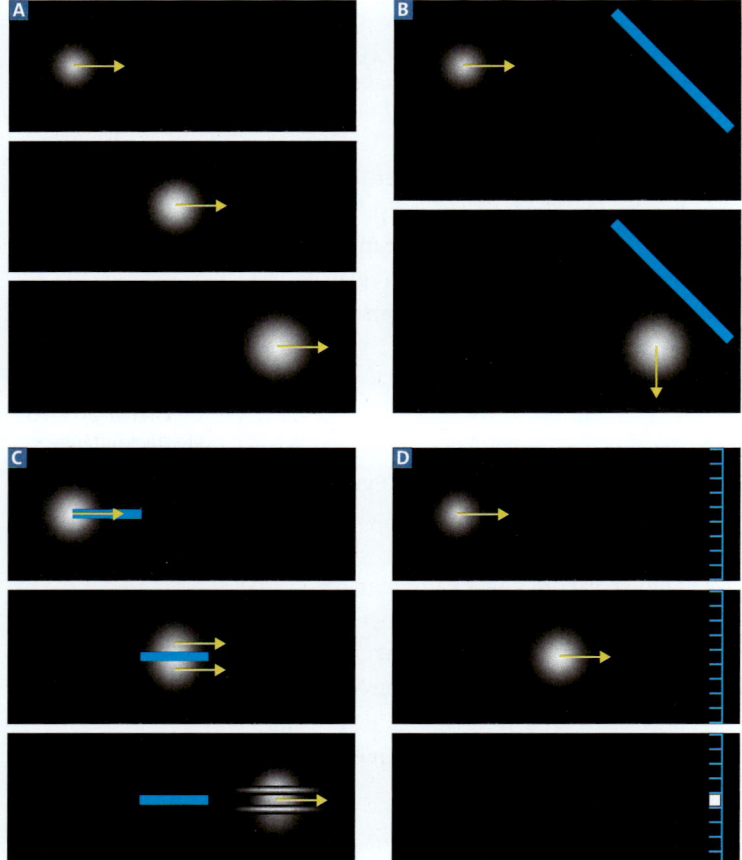

2 **A** Momentaufnahmen der P-Wolke eines Quantenobjekts, das sich nach rechts bewegt.
B Zwei Momentaufnahmen der P-Wolke eines Quantenobjekts, das reflektiert wird.
C Wenn Wolkenteile überlappen, ergeben sich Verdichtungen und Verdünnungen.
D Die Wolke kollabiert bei einer Detektion auf Detektorgröße.

Graphische Darstellung der P-Funktionen • Wir können die Schrödinger-Gleichung nicht mit Schulmathematik lösen. Stattdessen stellen wir die zeitliche Entwicklung der P-Funktion grafisch dar. Dabei müssen einige Eigenschaften beachtet werden.

▸Abb.2A zeigt, wie sich die P-Funktion für ein Quantenobjekt, das sich von links nach rechts bewegt, im Lauf der Zeit entwickelt. Dabei ist die P-Funktion als Wolke dargestellt. Je dichter diese P-Wolke ist, umso größer ist die Nachweiswahrscheinlichkeit an der betreffenden Stelle. Wir zeichnen die P-Wolke als zweidimensionales Schnittbild. In der Mitte der Wolke ist die Nachweiswahrscheinlichkeit größer als am Rand. Man erkennt, dass ein sich bewegendes Quantenobjekt keinen bestimmten Ort hat. Man sagt: Es ist delokalisiert und die Unbestimmtheit bezüglich des Orts vergrößert sich sogar im Lauf der Zeit.

Auf diese Weise können wir auch die Reflexion eines Quantenobjekts veranschaulichen. ▸Abb.2B zeigt die berechnete P-Wolke vor und nach der Reflexion. Die Wolke wird ähnlich reflektiert wie eine Welle.

Zur Beschreibung von Interferenzexperimenten ist folgende Eigenschaft zentral (▸Abb.2C): Wenn sich eine Wolke in zwei Teilwolken aufteilt und diese sich anschließend überlappen, bilden sich Verdichtungen und Verdünnungen.

Zuletzt ist noch wichtig: Bei einer Ortsmessung wird die Unbestimmtheit bezüglich des Orts extrem verkleinert, nämlich auf die Ortsauflösung des Detektors (▸Abb.2D). Man sagt, dass die P-Funktion und damit auch die Wolke bei der Messung kollabiert.

> Die räumliche Ausbreitung von Quantenobjekten kann mathematisch durch P-Funktionen beschrieben werden. $P(x, y, z, t) \cdot \Delta V$ gibt an, mit welcher Wahrscheinlichkeit das Quantenobjekt in einem Detektor mit dem Volumen ΔV nachgewiesen wird.

Anwendung auf den Doppelspalt · Wir wenden die Eigenschaften der P-Wolke auf das Doppelspalt-Experiment an (▸Abb. 3):

Die Wolke (▸Abb. 3 A) muss so groß sein, dass sie beide Spalte erreichen kann (▸Abb. 3 B). Dann wird sie geteilt. Ein Teil geht durch den oberen Spalt, ein Teil durch den unteren, ein weiterer Teil wird reflektiert (▸Abb. 3 C). Wenn sich Teile der Wolke hinter dem Doppelspalt überlappen, gibt es Verdichtungen und Verdünnungen. Dies geschieht übrigens auch bei der Reflexion: Vor dem Doppelspalt ergeben sich Streifen von Verdichtungen und Verdünnungen.

Die Verdichtungen und Verdünnungen hinter dem Doppelspalt führen dazu, dass es eng benachbarte Bereiche gibt, in denen das Quantenobjekt wahrscheinlicher und weniger wahrscheinlich nachgewiesen wird (▸Abb. 3 D bis F). Dies bedeutet, dass Maxima und Minima der Nachweiswahrscheinlichkeit auftreten. Beim Nachweis mit einem Detektor kollabiert die Wolke und das Quantenobjekt wird an einem bestimmten Ort nachgewiesen (▸Abb. 3 G). Die Wahrscheinlichkeit dafür ist durch die Dichte der Wolke an dieser Stelle bestimmt.

Die zeitliche Entwicklung der P-Funktion macht anschaulich deutlich: Der Ort eines Quantenobjekts ist beim Durchgang durch den Doppelspalt unbestimmt, erst durch die Ortsmessung wird der Zustand des Quantenobjekts so verändert, dass es einen bestimmten Ort hat.

Es funktioniert! · Wenn man die mittels Schrödinger-Gleichung erhaltenen P-Funktionen in der Schirmebene auswertet, erhält man die theoretische Wahrscheinlichkeitsverteilung von ▸Abb. 2 A auf Seite 303. Sie beschreibt die experimentellen Ergebnisse sehr gut.

Die Schrödinger-Gleichung liefert für eine große Anzahl der verschiedensten Quantenexperimente sehr präzise Wahrscheinlichkeitsvorhersagen.

Man könnte sich fragen, wieso Quantenobjekte gerade von der Schrödinger-Gleichung so gut beschrieben werden. Wir wissen das nicht. Im Grunde ist es ein glücklicher Umstand, dass es so gut funktioniert.

A
Die P-Wolke bewegt sich auf den Doppelspalt zu.

B
Ein Teil der P-Wolke wird am Doppelspalt reflektiert und bildet stehende Wellen.

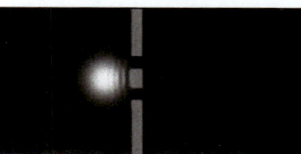

C
Teile der P-Wolke durchdringen den Doppelspalt.

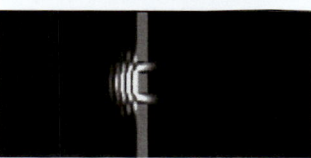

D
Die P-Wolke beginnt hinter dem Doppelspalt zu überlappen.

E
Verdichtungen und Verdünnungen bilden sich aus.

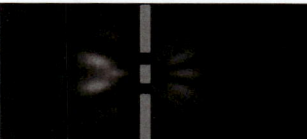

F
Diese breiten sich weiter aus.

G
Bei einer Messung kollabiert die Wolke auf Detektorgröße.

3 Graphische Darstellung der zeitlichen Entwicklung der P-Funktion beim Doppelspaltexperiment

Wenn die Vorhersagen der Schrödinger-Gleichung stark von den experimentellen Ergebnissen abweichen würden, würde man eine andere Gleichung zur Beschreibung suchen. Wenn die Abweichungen nur gering wären, würde man vielleicht versuchen, die Gleichung an die experimentellen Ergebnisse anzupassen.

1 „Die Ergebnisse von Experimenten mit Quantenobjekten sind zufällig, aber nicht beliebig." Erläutern Sie diese Aussage.

Vorherbestimmt oder zufällig?

Sind Ergebnisse von Quantenexperimenten wirklich zufällig? Und gibt es nicht auch in der klassischen Physik zufällige Ergebnisse?

Schüsse durch den Doppelspalt • Stellen Sie sich Folgendes vor: Man schießt mit einem Schussapparat immer wieder durch einen Doppelspalt. Das Ergebnis ist klar: Es entstehen zwei Streifen von vielen Auftreffpunkten mit einer gewissen zufälligen Streuung (▸Abb.1A). Diese rührt daher, dass die Anfangsbedingungen der Kugeln beim Abschuss nicht genau bekannt sind. Im Prinzip könnte man den Auftreffort der Kugeln vorhersagen, wenn Anfangsort, Anfangsimpuls und Spaltanordnung exakt bekannt wären. Der Auftreffort der Kugeln hängt also gar nicht vom Zufall ab, sondern ist durch die Anfangsbedingungen vorherbestimmt. Man sagt, das Verhalten ist **determiniert.** Ebenso ist das Ergebnis eines Münz- oder Würfelwurfs im Prinzip determiniert, wenn man nur alle Umstände genau genug kennt.

Determiniertheit in der klassischen Physik • Mit den Gesetzen der **klassischen Physik,** d.h. der Mechanik und dem Elektrodynamik, wie Sie sie kennen, kann man bei bekannten Anfangsbedingungen berechnen, wie sich ein System entwickelt. Manchmal sind so weitreichende Vorhersagen möglich: Beispielsweise wird die Erde die Sonne noch viele Millionen Jahre umkreisen. Die Entwicklung komplexer Systeme, z.B. des Wetters, ist zwar schwieriger zu prognostizieren, doch das ist kein prinzipielles Problem. Mit bekannten Anfangsbedingungen könnte man mit der entsprechenden Rechnerleistung die Entwicklung der ganzen Welt hinreichend genau vorhersagen – wenn da nicht die Quantenphysik wäre.

Wirklicher Zufall • Wiederholt man die Schüsse durch den Doppelspalt mit Quantenobjekten, dann ergibt sich ein anderes Bild (▸Abb.1B): Die Wahrscheinlichkeit, mit der man ein Quantenobjekt an einer bestimmten Stelle nachweist, kann man mit der Schrödingergleichung berechnen. Die Entwicklung der *P*-Wolken zwischen zwei Messungen ist determiniert. Aber wo ein Quantenobjekt nachgewiesen wird, ist reiner Zufall. Auch bei gleichen Anfangsbedingungen ergeben sich meist unterschiedliche Nachweisorte. Im Vergleich zum Determinismus der

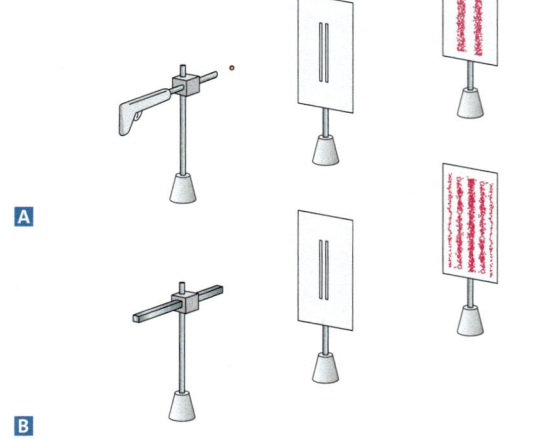

1 Doppelspaltexperiment **A** mit Kugel, **B** mit Quantenobjekten

klassischen Physik ist das schwer zu akzeptieren. Auch ALBERT EINSTEIN glaubte nicht, dass die Quantenphysik „der wahre Jakob" ist. Wie viele andere vermutete er, dass es weitere, noch unbekannte Anfangsbedingungen gibt, sogenannte **lokale verborgene Variablen,** die den Nachweisort der Quantenobjekte vorherbestimmen.

Erstaunlicherweise führt allein die Annahme von lokalen verborgenen Variablen zu Vorhersagen, die deutlich von denen der Quantenphysik abweichen. 1964 leitete JOHN BELL die **Bellsche Ungleichung** her. Sie gibt an, in welchem Bereich die experimentellen Ergebnisse liegen müssten, wenn man lokale verborgene Variablen annimmt. 1982 gelang es ALAIN ASPECT entsprechende Experimente durchzuführen. Sie bestätigten klar die Quantenphysik. Also müssen Sie mit dem Zufall leben!

Freier Wille? • Wenn die Welt wie ein Uhrwerk abläuft, hat man keinen freien Willen, jede Handlung ist vorherbestimmt. Im menschlichen Gehirn laufen chemische Reaktionen zwischen Molekülen ab und diese sind Quantenobjekte. Heißt das, dass das menschliche Verhalten zwar nicht determiniert, dafür aber das Resultat von Zufallsergebnissen von Quantenobjekten ist? Ist der freie Wille eine Illusion? Philosophen haben sich schon oft den Kopf darüber zerbrochen, sind aber noch zu keinem klaren Ergebnis gekommen. Vielleicht ist das Zufall?

Material A • Strukturuntersuchung mit Neutronen

Um die Struktur einer Metalllegierung zu untersuchen, beschießt man sie mit Neutronen mit einer De-Broglie-Wellenlänge von 0,13 nm. Die Kristallstruktur der Legierung wirkt auf die Neutronen ähnlich wie ein optisches Gitter. Das Diagramm zeigt die Nachweishäufigkeit der Neutronen in Abhängigkeit vom Winkel α: Die Messwerte sind schwarz dargestellt, die rote Kurve zeigt Werte, die man aufgrund der Quantenphysik berechnet hat.

A1 **a)** Berechnen Sie den Impuls und die Geschwindigkeit der Neutronen.
b) Bestimmen Sie die kinetische Energie eines der Neutronen.

A2 **a)** Erklären Sie, warum man auch ohne Messfehler nicht erwarten kann, dass alle Messpunkte auf der theoretischen Kurve liegen.
b) Ein Neutron wird auf den Kristall geschossen. Schätzen Sie die Wahrscheinlichkeiten dafür ab, dass das Neutron zum ersten, zum zweiten bzw. zum dritten Maximum beiträgt, wenn nur diese drei Maxima vorhanden wären.

A3 Bei einem optischen Gitter lässt sich die Gitterkonstante aus der Lage der Maxima bestimmen.
a) Leiten Sie eine Formel her, mit der man aus den Winkeln für die Maxima die Gitterkonstante bestimmen kann.
b) Das erste Maximum bei der Neutronenhäufigkeit lässt sich mit der Formel für das Maximum 2. Ordnung bei einem Gitter berechnen. Bestimmen Sie damit die Gitterkonstante.
c) Eines der beiden anderen Maxima lässt sich durch die gleiche Gitterkonstante erklären, das andere nicht. Überprüfen Sie diese Aussage.

A4 Die Interferenzerscheinung bei den Neutronen an der Kristallstruktur nennt man Bragg-Reflexion. Bei ihr gilt der Zusammenhang $\sin\left(\frac{\alpha}{2}\right) = \frac{k \cdot \lambda}{2 \cdot g}$. g ist dabei der Netzebenenabstand.
a) Zeigen Sie: Die ersten beiden abgebildeten Häufigkeitsmaxima lassen sich durch eine Bragg-Reflexion mit einem Netzebenenabstand von 0,43 nm erklären.
b) Bestimmen Sie die weiteren erwarteten Winkel für die Maxima.

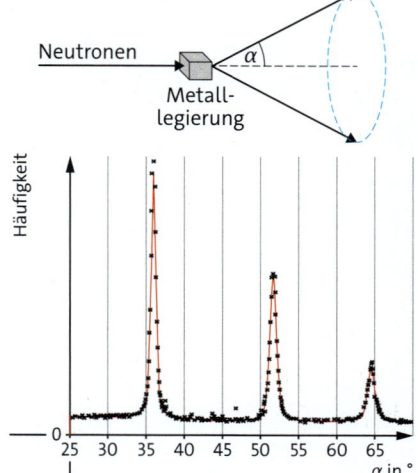

c) Interpretieren Sie die Messwerte vor diesem Hintergrund.
d) Vergleichen Sie den Zusammenhang für die Bragg-Reflexion mit der Formel aus A3 a). Erklären Sie dabei, warum die Formeln für kleine Winkel ähnliche Ergebnisse liefern.
e) Recherchieren Sie, wie es bei der Bragg-Reflexion zu einem Gangunterschied kommt. Stellen Sie eine Herleitung für den angegebenen Zusammenhang dar.

Material B • Das Elektron im Wasserstoffatom

B1 Ein Wasserstoffatom besteht aus einem Proton als Atomkern und einem Elektron. Die P-Wolke des Elektrons ist in der Abbildung für zwei verschiedene Zustände dargestellt. Beurteilen Sie folgende Aussagen:
a) Das Elektron in einem Wasserstoffatom hat zu keiner Zeit einen bestimmten Ort.
b) Je weiter außen bei einem Elektron im Wasserstoffatom eine Ortsmessung durchgeführt wird, umso kleiner ist die Nachweiswahrscheinlichkeit pro Volumeneinheit.

c) Eine Ortsmessung verändert den Zustand des Elektrons nicht.
d) Die Wahrscheinlichkeit das Elektron irgendwo nachzuweisen ist immer gleich groß, unabhängig davon in welchem Zustand sich das Elektron befindet.

B2 Die Struktur der Materie beschreibt man mit verschiedenen Modellen, z. B. kann man Atome und Moleküle mit dem Teilchenmodell beschreiben. Man verwendet beim Atombau auch das Kern-Hülle-Modell.

a) Beschreiben Sie die Unterschiede zwischen den genannten Modellen.
b) Stellen Sie an zwei Beispielen dar, welche Phänomene man nur mit dem Kern-Hülle-Modell, nicht aber mit dem Teilchenmodell erklären kann.
c) Erklären Sie, warum man das Teilchenmodell trotzdem verwendet.

1 Aufnahme bei Nacht und Vergrößerung des Nachthimmels

Photonen

Eine Aufnahme des Nachthimmels im Schwarzwald. Wenn man in das gelb markierte Quadrat des linken Fotos hineinzoomt, erhält man den rechts dargestellten Ausschnitt. Warum sind benachbarte Bildpixel so unterschiedlich in der Intensität, obwohl der Nachthimmel an der Stelle nahezu einheitlich gefärbt war?

1 Aufnahme bei Nacht und Vergrößerung des Nachthimmels

Eine genau bestimmte Portion nannte man früher Quant. Daher kommt der Name Quantenphysik.

Lichtportionen • Der Bildsensor der Kamera besteht aus einer Fläche kleiner Lichtdetektoren. Je nachdem wie viel Licht auf einen Detektor fällt, wird das entsprechende Bildpixel heller oder dunkler dargestellt. Die Pixelhelligkeit ist ein Maß für die dort angekommene Energie. Die Detektoren des Bildsensors reagieren nicht nur auf die vom Licht übertragene Energie, sondern auch auf thermische Energie. Bei der Vergrößerung in ▸Abb.1 entstehen die Unterschiede zwischen den Pixeln aufgrund der normalen Umgebungstemperatur. Um diesen Effekt zu unterdrücken, kühlt man z.B. bei astronomischen Aufnahmen die Bildsensoren.

Bei −100 °C und sehr schwacher Lichtintensität beobachtet man Helligkeitsunterschiede der Pixel, die nicht thermischen Ursprungs sind. Wenn man bei einigen benachbarten Detektoren für monochromatisches Licht die angekommene Energie als Säulendiagramm darstellt, erhält man ein Diagramm wie in ▸Abb.2: Die Säulenhöhe ist stets ein ganzzahliges Vielfaches einer Energieportion E_{ph}. Offensichtlich wird Licht einer Wellenlänge nur in bestimmten Portionen absorbiert, die man **Photonen** nennt. Dies gilt nicht nur für sichtbares Licht, sondern für das gesamte elektromagnetische Spektrum.

Ultraviolett schädigt die Haut • Je kleiner die Wellenlänge der elektromagnetischen Strahlung ist, desto größer ist die entsprechende Energieportion. Das erklärt, wieso man von Ultraviolettstrahlung einen Sonnenbrand bekommt, während eine Bestrahlung der Haut mit sichtbarem Licht harmlos ist: Die Ultraviolettstrahlung hat eine kleinere Wellenlänge als sichtbares Licht. Ein Photon der Ultraviolettstrahlung hat genügend Energie, um Hautzellen zu schädigen, ein Photon des sichtbaren Lichts dagegen nicht. Deshalb sollte man die Haut gegen Sonnenlicht abschirmen. Noch gefährlicher sind Röntgen- und Gammastrahlung, hier beträgt die Photonenenergie ein Vielfaches von der des sichtbaren Lichts.

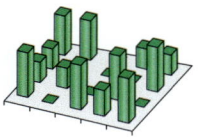

2 Säulendiagramm für stark abgeschwächtes Licht

Für rotes Licht der Wellenlänge 800 nm beträgt die Energie E_{ph} eines Photons 1,55 eV. Für violettes Licht (λ = 400 nm) ist die Energie E_{ph} = 3,1 eV, also doppelt so groß. Messungen für verschiedene Wellenlängen zeigen: $E_{ph} \sim \frac{1}{\lambda}$. Röntgen-Photonen haben Energien im keV-Bereich, Gamma-Photonen sind noch energiereicher. Ein Photon der Wärmestrahlung ist langwellig und transportiert weniger Energie.

Auch die Emission von elektromagnetischen Wellen geschieht portionsweise, die Quanten sind – wieder abhängig von der Wellenlänge – ebenso groß wie bei der Absorption.

3 Ein Kometenschweif wird vom Sonnenlicht weggedrückt.

> Elektromagnetische Wellen werden in Quanten absorbiert und emittiert. Diese Quanten heißen Photonen. Die Energie eines Photons ist abhängig von der Wellenlänge λ bzw. der Frequenz f:
>
> $$E_{ph} = \frac{h \cdot c}{\lambda} = h \cdot f.$$
>
> Dabei ist c die Lichtgeschwindigkeit und h die Planck-Konstante.

Photonen als Quantenobjekte · Elektronen und Atome können interferieren, obwohl sie stets als Ganzes nachgewiesen werden. Von elektromagnetischen Wellen wie Licht wissen Sie schon, dass sie interferieren können. Nun zeigt sich, dass sie auch in Quanten nachgewiesen werden. Auch bei Photonen hängen die Ergebnisse von Ortsmessungen vom Zufall ab: Wenn man die Aufnahme des Nachthimmels in ▸Abb.1 wiederholt, dann erhält man mit großer Wahrscheinlichkeit eine andere Verteilung der Photonen auf die einzelnen Pixel.

Kann man sich z.B. Licht als gleichmäßigen Photonenregen vorstellen? So einfach ist es nicht: Photonen haben die Tendenz, in Gruppen emittiert und absorbiert zu werden. Man kann also Einzelphotonen nicht einfach dadurch erzeugen, dass man Laserlicht durch Filter abschwächt. Um zuverlässig einzelne Photonen „herzustellen", benötigt man spezielle Apparaturen, die es erst seit etwa 2000 zu kaufen gibt.

Photonen haben Impuls · In der Nähe der Sonne lösen sich ständig Staubteilchen von der Oberfläche eines Kometen (▸Abb.3). Der Staub bleibt aber nicht einfach hinter dem Kometen zurück: Es bildet sich ein Schweif, der stets von der Sonne weg zeigt. Wir erklären das so: Die Photonen von der Sonne treffen auf die Staubteilchen und drücken diese auf die von der Sonne abgewandte Seite des Kometen. Da sich der Impuls der Staubteilchen dabei ändert, müssen zuvor die Photonen diesen Impuls gehabt haben. Photonen haben also auch einen Impuls!

Wenn Einzelphotonen mit anderen Quantenobjekten zusammenstoßen, kann man ihren Impuls messen. Es zeigt sich: Wie die Energie ist auch der Impuls umgekehrt proportional zur Wellenlänge. Es gilt der gleiche Zusammenhang wie bei der De-Broglie-Beziehung für die anderen Quantenobjekte.

> Der Impuls eines Photons mit der Wellenlänge λ bzw. der Frequenz f beträgt:
>
> $$p_{ph} = \frac{h}{\lambda} = \frac{h \cdot f}{c}$$

1 **a)** Berechnen Sie die Wellenlänge und den Impuls eines Gamma-Photons mit der Energie 200 keV.
b) Vergleichen Sie mit der Wellenlänge und dem Impuls eines Photons bei rotem Licht mit der Energie 1,55 eV.

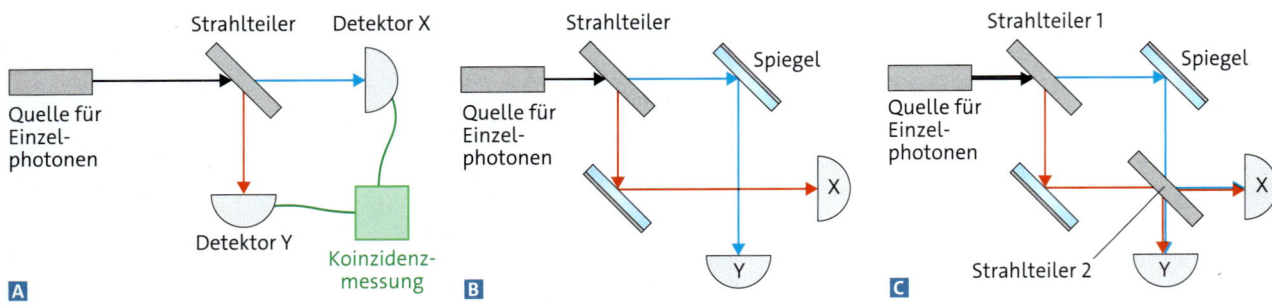

1 Einzelphotonenexperiment **A** mit einem Strahlteiler, **B** mit einem Strahlteiler mit Spiegeln, **C** mit dem Mach-Zehnder-Interferometer

2 Ein 50-%-Strahl-teiler

Experimente mit Einzelphotonen

Da man Quellen für Einzelphotonen bisher nur in der Forschung einsetzt, kann man damit in der Regel im Unterricht keine Experimente durchführen. Wir schildern daher im Folgenden Experimente, die man seit etwa 1980 so oder so ähnlich durchgeführt hat. Die entsprechenden Aufbauten mit vielen Photonen sind Ihnen vielleicht bekannt.

Einzelphotonen am Strahlteiler

Wir beginnen mit einer einfachen Beobachtung: Trifft Licht auf eine Glasscheibe, wird ein Teil reflektiert und der Rest durchgelassen (▸Abb. 2). So eine Glasscheibe nennt man auch **Strahlteiler.** Durch eine spezielle Beschichtung kann man einen 50-%-Strahlteiler herstellen, d.h. 50% des Lichts wird reflektiert und der Rest durchgelassen.

Was geschieht, wenn ein einzelnes Photon auf einen 50-%-Strahlteiler trifft? Da man es dort nicht direkt beobachten kann, positioniert man zwei Detektoren X und Y wie in ▸Abb.1A. Mit einer **Koinzidenzmessung** stellt man fest, dass stets entweder Detektor X oder Detektor Y das ganze Photon nachweist, nie beide. Die Ergebnisse „X" bzw. „Y" treten dabei zufällig mit jeweils einer Wahrscheinlichkeit von 50% auf. Die Beobachtung legt nahe, dass das Photon wie ein Teilchen mit jeweils 50% Wahrscheinlichkeit entweder reflektiert oder durchgelassen wird. Wir werden sehen, dass diese Vorstellung nicht weit trägt.

Bei einer Koinzidenzmessung verwendet man eine Schaltung, die nur dann ein Ausgangssignal liefert, wenn an beiden Eingängen gleichzeitig ein Signal ankommt.

Interferenz mit Einzelphotonen

Wir erweitern nun den Strahlteiler schrittweise zu einem **Mach-Zehnder-Interferometer,** um damit die Interferenz bei Einzelphotonen zu untersuchen. Wir ergänzen zunächst zwei Spiegel (▸Abb.1B). Am Ergebnis ändert sich dadurch nichts, d.h. $P(X) = P(Y) = 50\%$.

Wir betrachten bei der Phasendifferenz nur das Gesamtergebnis der Reflexionen.

Zu einem Mach-Zehner-Interferometer wird der Aufbau dadurch, dass wir nun rechts unten einen zweiten Strahlteiler einbringen (▸Abb.1C). Ein Photon hat jetzt zwei denkbare Wege (blau und rot), um zum Detektor X zu kommen. Wenn es an jedem Strahlteiler entweder reflektiert oder durchgelassen würde, wäre die Wahrscheinlichkeit für den blauen Weg $0{,}5 \cdot 0{,}5 = 0{,}25$, ebenso für den roten Weg. Gleiches würde für Detektor Y gelten. Daraus ergibt sich wieder die Voraussage $P(X) = P(Y) = 50\%$.

Im Experiment beobachtet man etwas vollkommen anderes: Das Photon wird immer von Detektor X nachgewiesen, nie von Detektor Y, d.h. $P(X) = 100\%$; $P(Y) = 0\%$. Die Vorstellung „entweder reflektiert oder durchgelassen" ist hier falsch! Genauso wie beim Doppelspaltexperiment mit Elektronen ist der Weg, den das Photon hier nimmt, unbestimmt.

Hier zeigt sich die Wellennatur des Photons, denn die Beobachtung lässt sich als Interferenzerscheinung erklären: Wenn der Gangunterschied zwischen dem blauen und roten Weg null ist, kommt es nur aufgrund der Reflexionen zu einer Phasendifferenz: Bei Detektor X sind es auf beiden Wegen zwei Reflexionen, sodass es hier aufgrund der Symmetrie zur konstruktiven Interferenz kommt. Bei Detektor Y gibt es entsprechend eine destruktive Interferenz. Durch Verschieben der Spiegel kann man den Gangunterschied δ beliebig einstellen, z.B. so, dass das Photon immer von Detektor Y nachgewiesen wird. ▸Abb.3 A zeigt die Messwerte eines der ersten Einzelphotonen-Mach-Zehnder-Interferometer bei sehr vielen Wiederholungen: Auch Einzelphotonen interferieren!

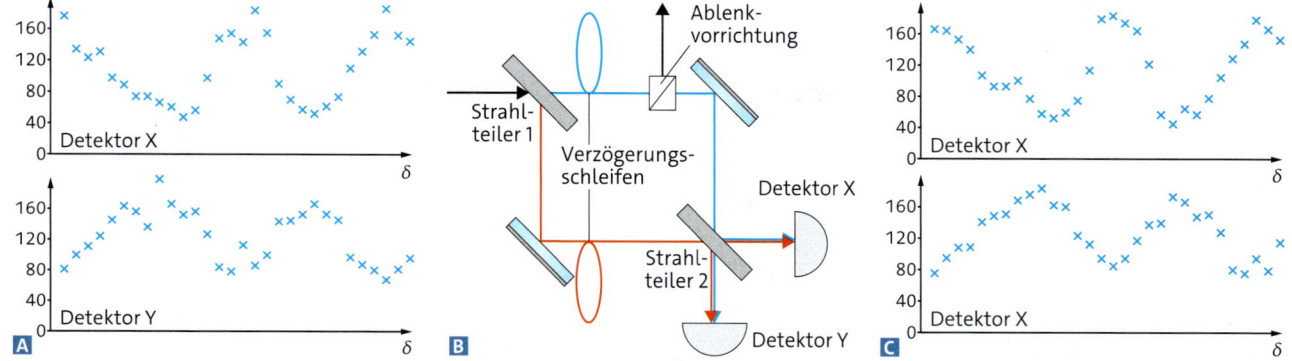

3 Einzelphotonen im Mach-Zehnder-Interferometer: **A** Ergebnis, **B** schematischer Aufbau, **C** Ergebnis mit delayed choice

Delayed Choice • Wie ist es bei Experimenten, bei denen es nicht mehrere Wege zum gleichen Detektor gibt? Kann man z.B. beim einfachen Strahlteilerexperiment (►Abb.1A) sagen, dass das Photon entweder reflektiert oder durchgelassen wird? Man kann diese Frage mit einem sogenannten **Delayed-Choice-Experiment** (engl.: verzögerte Entscheidung) beantworten.

Der Grundgedanke ist folgender: Man schickt ein Photon auf einen Strahlteiler mit Spiegeln wie in ►Abb.1B. Erst wenn das Photon den Strahlteiler passiert hat, ergänzt man das Experiment schnell mit einem zweiten Strahlteiler zum Interferometer (►Abb.1C). Wenn das Photon bei Strahlteiler 1 entweder durchgelassen oder reflektiert würde, sollte es nicht mehr interferieren. Es müsste dann mit je 50 % Wahrscheinlichkeit bei Detektor X oder Y landen.

Ein reales Experiment • Das Photon bewegt sich mit Lichtgeschwindigkeit, sodass man den Strahlteiler 2 sehr schnell einfügen müsste. Bei einem entsprechenden Experiment mit dem erwähnten Interferometer 1986 in München fand man hierfür folgende technische Lösung (►Abb.3B): Auf dem blauen Weg konnte man das Photon durch eine spezielle Vorrichtung aus der Anordnung ablenken. Da das Photon den Strahlteiler 2 dann nur auf dem roten Weg erreichen konnte, entsprach dies ►Abb.1A. Schaltete man die Vorrichtung aus, dann stand wie in ►Abb.1C wieder das ganze Interferometer zur Verfügung. Das An- und Ausschalten war innerhalb weniger Nanosekunden möglich. Dennoch benötigte man noch Verzögerungsschleifen aus je einem

fünf Meter langen Glasfaserkabel, um hierfür genügend Zeit zu haben.

Zu Beginn des Experiments war die Ablenkvorrichtung eingeschaltet. Erst nachdem das Photon Strahlteiler 1 passierte, schaltete man sie aus, sodass beide Wege zum Strahlteiler frei waren. Kam es trotz dieser verzögernden Entscheidung zur Interferenz? Ja! Die Werte in ►Abb.3C sind bei der Delayed-Choice-Variante des Experiments entstanden. Sie stimmen mit den Ergebnissen des Experiments ohne Abschaltvorrichtung (►Abb.3A) sehr gut überein.

Das zeigt deutlich: Das Photon muss auch beim einfachen Strahlteiler in einem Überlagerungszustand aus „reflektiert" und „durchgelassen" sein. Erst durch die Messung durch einen der beiden Detektoren wird aus diesem Zustand plötzlich ein eindeutiger Zustand. Das wurde in sämtlichen Varianten solcher Delayed-Choice-Experimente immer wieder nachgewiesen.

Photonen sind Quantenobjekte:
– Sie werden als Ganzes detektiert.
– Der Ort der Detektion ist in der Regel vom Zufall abhängig.
– Sie zeigen Interferenz.

1 a) Erklären Sie den gegenläufigen Verlauf der beiden Diagramme in ►Abb.3A.
b) Erklären Sie, wie ►Abb.3C aussähe, wenn das Photon beim Strahlteiler entweder durchgelassen oder reflektiert worden wäre.

311

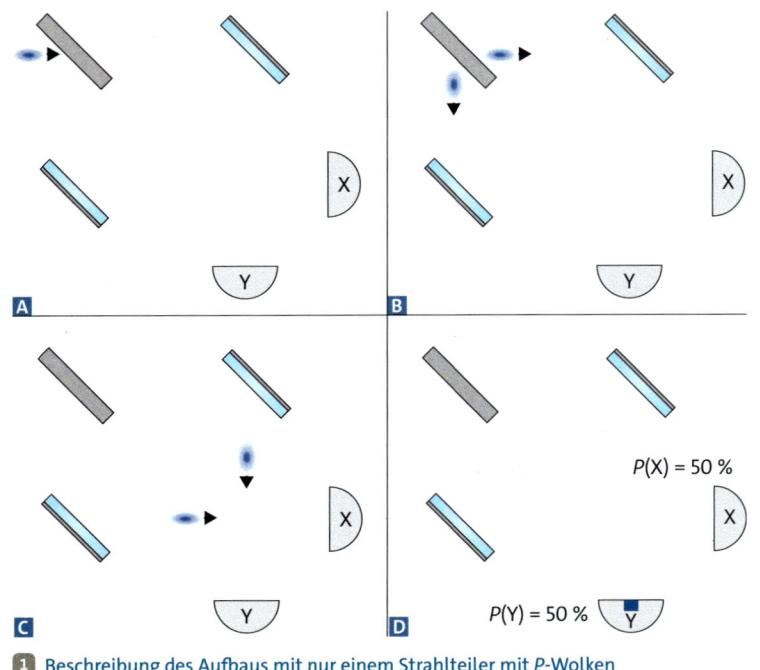

1 Beschreibung des Aufbaus mit nur einem Strahlteiler mit *P*-Wolken

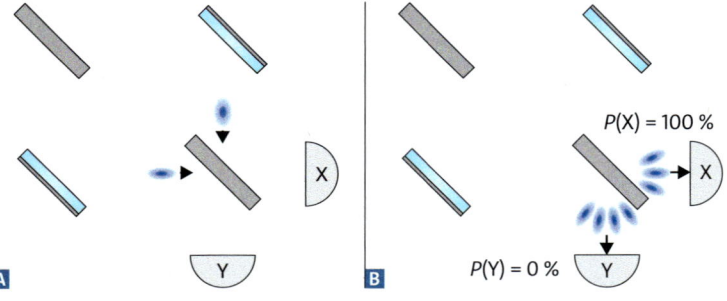

2 Beschreibung des Verhaltens des Photons am zweiten Strahlteiler mit *P*-Wolken

Beschreibung mit *P*-Wolken · Anders als die anderen Quantenobjekte hat ein Photon keine Masse. Deswegen gilt die Schrödinger-Gleichung für sie nicht. Trotzdem können wir sie in ähnlicher Weise mit den *P*-Wolken beschreiben. Wir zeigen dies am Beispiel des Mach-Zehnder-Interferometers:

Die *P*-Wolke läuft auf den ersten Strahlteiler zu (▸Abb.1A) und teilt sich dort (▸Abb.1B). Beide Teilwolken werden reflektiert (▸Abb.1C), anschließend kollabiert die Wolke bei der Messung (▸Abb.1D). Das ist die mathematische Beschreibung. Was können wir über das Photon selbst sagen? Aus dem Delayed-Choice-Experiment wissen wir, dass das Photon beim ersten Strahlteiler nicht entweder durchgelassen oder reflektiert

wurde. Es befindet sich in einem Überlagerungszustand aus „durchgelassen" und „reflektiert" (▸Abb.1B und C). Wenn nun z.B. Detektor Y das Photon nachweist (▸Abb.1D), wird daraus ein Zustand mit einem eindeutig bestimmten Ort. Mit dem zweiten Strahlteiler (▸Abb.2A) teilen sich die beiden *P*-Teilwolken nochmals und überlagern sich dabei. Es kommt zur Interferenz (▸Abb, 2B): Auf Detektor X läuft eine Verdichtung der Wolke zu, auf Detektor Y eine Verdünnung. Daher werden von Y nie Photonen nachgewiesen, sondern immer nur von X. Idealisiert gilt: $P(X) = 100\%$ und $P(Y) = 0\%$.

Eigenschaften von Quantenobjekten · Am Mach-Zender-Interferometer wird ein weiteres Mal ein grundlegender Unterschied zwischen Quantenobjekten und Alltagsobjekten deutlich: Alltagsobjekte haben immer einen bestimmten Ort. Das Photon aber hat nach dem ersten Strahlteiler keinen eindeutig bestimmten Ort. Anders ist sein Verhalten nach dem zweiten Strahlteiler nicht erklärbar. Trotzdem weist ein Detektor ein Photon immer an einem bestimmten Ort nach.

Aus dem eindeutigen Messergebnis darf man aber nicht schließen, dass das Photon diese Eigenschaft zuvor schon hatte. Die Eigenschaft „Ort" hat ein Quantenobjekt nur, wenn eine Ortsmessung mit Sicherheit zu einem bestimmten Ergebnis führt. Das ist z.B. beim idealisierten Interferometer so: Hier weiß man sicher, dass sich das Photon hinter dem zweiten Strahlteiler zum Detektor X bewegt.

Eigenschaften von Quantenobjekten können unbestimmt sein. Die Quantenobjekte befinden sich dann bezüglich der zugehörigen Messung in einem Überlagerungszustand.
Durch die Messung wird die Eigenschaft des Quantenobjekts bestimmt. Sein Zustand ändert sich dadurch abrupt.

1 Skizzieren Sie mehrere Momentaufnahmen der *P*-Wolke für ein Photon in einem Doppelspaltexperiment.

Erzeugung von Einzelphotonen

3 Physikerin im Quantenoptik-Labor

4 Fluoreszierender Geldschein

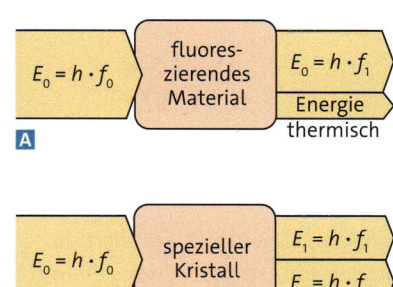

$$E_0 = h \cdot f_0 \quad \boxed{\text{fluores-zierendes Material}} \quad E_0 = h \cdot f_1$$
Energie thermisch
A

$$E_0 = h \cdot f_0 \quad \boxed{\text{spezieller Kristall}} \quad \begin{matrix} E_1 = h \cdot f_1 \\ E_2 = h \cdot f_2 \end{matrix}$$
B

5 Fluoreszenz **A** normal, **B** parametrisch

Photonen-Bunching • In ▸Abb. 3 justiert eine Physikerin eine Apparatur in einem Quantenoptik-Labor. Sie verwendet dabei Laserlicht verschiedener Farben. Die eigentlichen Experimente führt man dann mit einer speziellen Einzelphotonenquelle durch. Warum schwächt man dafür nicht einfach das schon vorhandene Laserlicht mit Filtern ab, bis nur noch einzelne Photonen übrig bleiben?

Leider funktioniert dies nicht. Man hat festgestellt, dass bei einem Filter immer entweder mehrere Photonen auf einmal absorbiert oder in Gruppen gemeinsam durchgelassen werden. Dieses „Aneinanderkleben" ist tatsächlich typisch für Photonen. Man nennt es **Bunching**. Um es zu vermeiden, benötigt man einen Vorgang, bei dem von Anfang nur ein einzelnes Photon getrennt von anderen emittiert wird. Eine Möglichkeit hierfür ist die sogenannte **parametrische Fluoreszenz**.

Laser → spezieller Kristall → Detektor / Filter / Einzelphoton

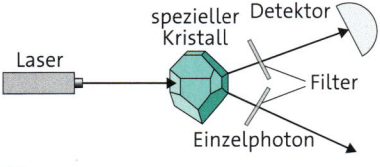

6 Versuchsaufbau

Parametrische Fluoreszenz • Die normale Fluoreszenz verwendet man z. B. beim Überprüfen von Geldscheinen (▸Abb. 4): Wenn ein Ultraviolett-Photon auf das fluoreszierende Material trifft, wird es absorbiert. Ein Teil seiner Energie wird zur Emission eines Photons im sichtbaren Bereich genutzt (▸Abb. 5 A). Das ist möglich, weil das Ultraviolett-Photon eine höhere Frequenz und damit eine größere Energie hat als das Photon im sichtbaren Bereich. Der Rest der Energie wird thermisch an die Umgebung abgegeben.

Die parametrische Fluoreszenz nutzt die Energie E_0 des absorbierten Photons komplett, um zwei neue Photonen zu erzeugen (▸Abb. 5 B). Aufgrund der Energieerhaltung gilt für die Energie E_1 und E_2 der beiden emittierten Photonen $E_0 = E_1 + E_2$. Wegen des Zusammenhangs $E = h \cdot f$ folgt auch $f_0 = f_1 + f_2$.

Damit es zur parametrischen Fluoreszenz kommt, muss ein Laser mit geeigneter Frequenz in einem bestimmten Winkel auf einen speziellen Kristall strahlen. Die beiden entstehenden Photonen werden in zwei

unterschiedliche Richtungen emittiert (▸Abb. 6). Dadurch wird das Bunching vermieden. Man kann erreichen, dass die beiden emittierten Photonen jeweils die halbe Frequenz des absorbierten Lichts haben. Durch Filter, die nur Photonen entsprechender Frequenz durchlassen, stellt man sicher, dass nur solche Paare weiter verwendet werden.

Sicher ein Einzelphoton! • Woher weiß man nun sicher, dass es sich um einzelne Photonen handelt? Wenn mehrere Photonen gleichzeitig bei einem Detektor ankommen, geben sie ein Vielfaches der Energie eines Einzelphotons ab. Moderne Detektoren unterscheiden dies zuverlässig. Wenn in ▸Abb. 6 der Detektor also ein Einzelphoton nachweist, verlässt das andere Einzelphoton die Anordnung. Damit hat man eine Quelle für einzelne Photonen, mit denen man experimentieren kann.

1 Auf den ersten Blick verhält sich das einfallende Photon bei der parametrischen Fluoreszenz sehr ähnlich wie bei einem Strahlteiler. Erläutern Sie die Unterschiede.

Versuch A • Bestimmung von *h* mit LEDs

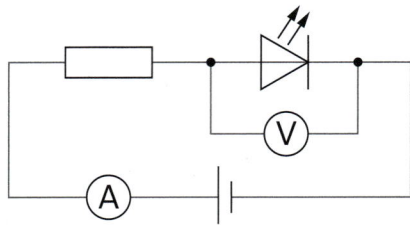

Wenn eine LED leuchtet, emittiert sie Photonen. Die Energie $E_{ph} = h \cdot f$ eines Photons stammt jeweils von einem Elektron, das dabei die Energie ΔE auf das Photon überträgt. Das Elektron hat diese Energie elektrisch aufgenommen, d. h. $\Delta E = e \cdot U$. Wie groß die Spannung U ist, hängt vom Material der LED ab.

Material:

mindestens vier einfarbige LEDs, Gleichspannungsnetzgerät, Schutzwiderstand 330 Ω, Voltmeter, Amperemeter, Kabel, optisches Gitter, Maßstab mit Zeiger

V1 Elektronen

Arbeitsauftrag:

a) Bauen Sie die Schaltung mit einer LED auf. Achten Sie darauf, dass die Stromstärke im Folgenden 20 mA nicht überschreitet!

b) Erhöhen Sie die Spannung vorsichtig, bis die LED zu leuchten beginnt. Notieren Sie die notwendige Spannung. Gehen Sie entsprechend bei den anderen LEDs vor.

c) Formulieren Sie einen Zusammenhang zwischen der Wellenlänge des emittierten Lichts und der von Ihnen gemessenen Spannung.

d) Um ΔE möglichst exakt zu bestimmen, messen Sie bei jeder LED die Spannung, die für die gleiche Stromstärke von 10 mA notwendig ist. Berechnen Sie jeweils ΔE.

e) Berechnen Sie, wie viele Elektronen sich bei 10 mA in einer Sekunde durch die LED bewegen.

V2 Photonen

Arbeitsauftrag:

a) Bestimmen Sie mit dem optischen Gitter die Wellenlängen der LEDs. Eine Anleitung hierfür finden Sie im Wellenoptik-Kapitel.

b) Es gilt $E_{ph} = \Delta E$. Erklären Sie damit, wie man durch das Messen der Spannung an der LED und der Wellenlänge des emittierten Lichts die Planck-Konstante bestimmen kann.

c) Bestimmen Sie die Planck-Konstante aus Ihren Messwerten möglichst genau. Vergleichen Sie mit dem Literaturwert.

d) Geben Sie begründet an, wie viele Photonen bei 10 mA in einer Sekunde von einer LED emittiert werden.

e) Berechnen Sie die Leistung einer der LEDs aus den von Ihnen bestimmten Eigenschaften (i) der emittierten Photonen, (ii) der Elektronen.

Material A • Leistung, Energie und Impuls bei Photonen

A1 Ein Laserpointer für rotes Licht der Wellenlänge 650 nm hat eine Leistung von 1,0 mW.

a) Berechnen Sie die Zahl der pro Sekunde emittierten Photonen.

b) Wie ändert sich die Zahl der pro Sekunde emittierten Photonen für einen Laserpointer mit grünem bzw. blauem Licht bei gleicher Leistung?

A2 Indem man auf einen an einem Faden hängenden Holzklotz schießt, kann man die Geschwindigkeit eines Projektils bestimmen. Kann man mit diesem Prinzip den Impuls von Photonen nachweisen?

Betrachten Sie folgenden Versuchsaufbau: An einem 1,0 m langen Faden hängt ein Plättchen der Masse 0,5 g. Das Plättchen wird mit einem Lichtblitz der Energie 2,5 J bestrahlt.

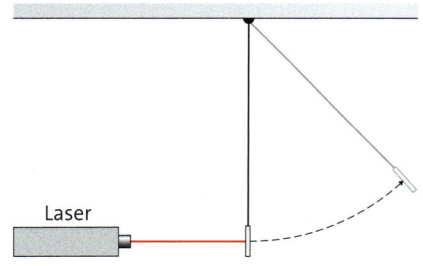

Die Wellenlänge des Lichts beträgt 500 nm. Nehmen Sie an, die Photonen werden alle absorbiert.

a) Berechnen Sie die Zahl der vom Plättchen absorbierten Photonen.

c) Berechnen Sie den auf das Plättchen übertragenen Impuls und daraus seine Geschwindigkeit direkt nach dem Absorbieren des Lichts.

c) Beurteilen Sie Ihr Ergebnis in Bezug auf die anfängliche Frage.

A3 Der 5 kg schwere Satellit LightSail 2 begann 2019 die Erde zu umkreisen. Er besitzt ein 32 m² großes Sonnensegel, um das Sonnenlicht zu reflektieren.

a) Erklären Sie, wie LightSail 2 mit dieser Technik beschleunigen kann.

b) Das Sonnenlicht hat in Erdnähe eine Strahlungsintensität von $1{,}4\,\frac{kW}{m^2}$. Berechnen Sie, wie lange es dauert, um LightSail 2 um $1\,\frac{m}{s}$ zu beschleunigen.

c) Bewerten Sie Ihr Ergebnis.

Material B • Ein Interferometer für Neutronen

B1 ▸Abb. A zeigt das Herzstück eines Interferometers für Neutronen. Es besteht aus einem Silizium-Einkristall. Durch die regelmäßige Kristallstruktur interferieren die Neutronen, wenn sie darauf treffen. Dabei wirkt jede Siliziumwand wie ein Strahlteiler. In ▸Abb. B sieht man vereinfacht die möglichen Wege der Neutronen zu zwei Detektoren X und Y.
a) Vergleichen Sie den Aufbau des Neutronen-Interferometers mit dem eines Mach-Zehnder-Interferometers.
b) Im Teilchenmodell betragen die Nachweiswahrscheinlichkeiten $P(X)$ und $P(Y)$ an den Detektoren jeweils 25 %. Erklären Sie dies.

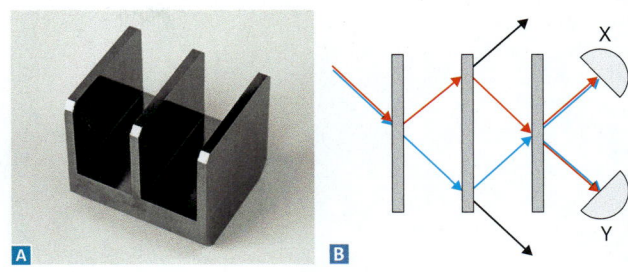

c) Tatsächlich ist $P(Y)$ = 50 % und $P(X)$ = 0 %. Erläutern Sie, wie es hierzu kommt.

Material C • Wechselwirkungsfreie Messung: Der Knallertest

Kann man feststellen, ob ein Objekt da ist, ohne dass man direkt hinschaut, hinfasst oder eine Messung an der Stelle durchführt? Die Quantenphysik erlaubt das! Das zeigt folgendes Gedankenexperiment: Ein spezieller Knaller hat einen hochsensiblen Zünder. Wenn auch nur ein Photon auf den Zünder trifft, explodiert er. Man ist unsicher, ob der Knaller den Zünder überhaupt enthält oder ob die Stelle des Zünders leer ist. Um nachzuschauen, müsste man die Stelle beleuchten und dann ginge der Knaller hoch. Wie findet man heraus, ob der Knaller einen Zünder hat, ohne dass er explodiert?

C1 Man baut den Knaller in ein idealisiertes Mach-Zehnder-Interferometer für Einzelphotonen ein. Der Zünder (sofern er da ist) blockiert dabei einen der beiden Wege.
a) Betrachten Sie den Fall, dass der Zünder nicht vorhanden ist. Übernehmen Sie die Abbildung ins Heft. Zeichnen Sie die möglichen Wege eines Photons zu den Detektoren ein.
b) Begründen Sie, warum in diesem Fall von Detektor Y keine Photonen nachgewiesen werden.
C2 Betrachten Sie nun den Fall, dass der Zünder da ist.

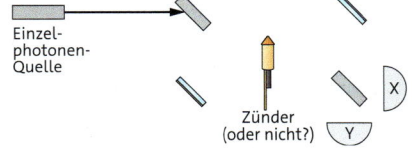

a) Geben Sie begründet die drei Möglichkeiten des Versuchsausgangs mit den zugehörigen Wahrscheinlichkeiten an.
b) Bei einem der drei Versuchsausgänge weiß man sicher, dass der Zünder vorhanden ist, ohne dass der Knaller explodiert. Erläutern Sie, wie das möglich ist.

Material D • Delayed Choice am Doppelspalt

Abhängig von der Geometrie der Anordnung kann man einerseits mit einem Doppelspalt ein Interferenzmuster erzeugen, andererseits direkt die beiden Spalte sehen. Daraus hat John Wheeler 1978 ein Delayed-Choice-Gedankenexperiment entwickelt. Die Abbildung zeigt modellhaft den Aufbau: Hinter dem Doppelspalt befindet sich eine Linse, die das Licht so bündelt und ablenkt, dass es abhängig von der Entfernung zur Interferenz kommt oder nicht. Die Interferenz kann man nachweisen, indem man einen Bildsensor aufstellt. Ohne den Sensor kann man jedes Photon entweder nur bei Detektor X oder nur bei Detektor Y messen.

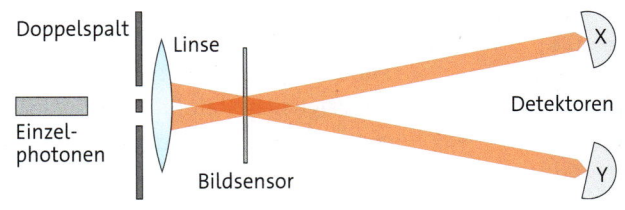

D1 a) Begründen Sie, warum die Interferenz im Bereich des Bildsensors auftritt, nicht aber bei den beiden Detektoren.
b) Als „Delayed Choice" baut man den Bildsensor erst ein, nachdem das Photon hinter dem Doppelspalt ist. Begründen Sie den Zeitpunkt für diese verzögerte Entscheidung.

1 Geheime Botschaft über 192 km

Verschränkte Quantenobjekte

Eine Forschungsgruppe der Universität Wien übertrug 2020 mit verschränkten Photonen Informationen von Malta nach Sizilien und zurück. Durch die Verschränkung der Photonen war diese Botschaft absolut abhörsicher verschlüsselt. Was bedeutet Verschränkung und wie funktioniert diese Verschlüsselung?

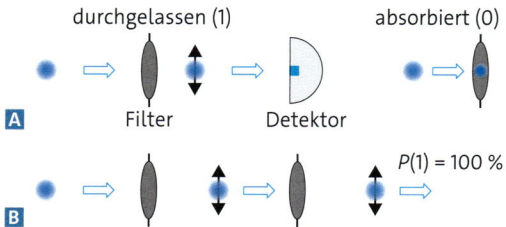

Pho-
ton A

Pho-
ton B

Calciumatom

2 Erzeugung verschränkter Photonen

Paare von verschränkten Photonen • Bei solchen Experimenten beleuchtet man z.B. ein Calciumatom mit Ultraviolettstrahlung. Unter bestimmten Voraussetzungen emittiert das Atom dann gleichzeitig zwei Photonen A und B in entgegengesetzte Richtung (▸Abb. 2). Dieses Photonenpaar ist **verschränkt.** Was das bedeutet, zeigt sich, wenn man Polarisationsmessungen an den beiden Photonen durchführt.

Polarisationsmessung • Wenn ein Photon auf einen Polarisationsfilter trifft, der auf 0° eingestellt ist, gibt es zwei Möglichkeiten: Entweder es kann von einem Detektor dahinter nachgewiesen werden oder es wird vom Filter absorbiert (▸Abb. 3 A). Dieser Vorgang ist eine quantenphysikalische Messung mit zwei möglichen Versuchsergebnissen: „durchgelassen" und „absorbiert". Wenn ein bei 0° durchgelassenes Photon auf einen weiteren 0°-Filter trifft, wird es wieder durchgelassen (▸Abb. 3 B). Man sagt: „Das Photon ist in 0°-Richtung polarisiert." oder: „Das Photon wurde auf 0°-Polarisation präpariert." Entsprechendes gilt natürlich für jede andere Polarisationsrichtung.

Je nach seinem Zustand vor dem Polarisationsfilter wird ein Photon mit einer gewissen Wahrscheinlichkeit durchgelassen oder absorbiert. Wir werden diese beiden Möglichkeiten im Folgenden häufiger mit einer 1 (durchgelassen) und einer 0 (absorbiert) bezeichnen.

Die vom Calciumatom emittierten Photonen sind unbestimmt in der Polarisation. Wenn z.B. das Photon A auf einen 0°-Polarisationsfilter trifft, ist $P(0) = P(1) = 50\%$. Führt man die Messung bei mehreren so erzeugten Photonenpaaren durch,

3 A Mögliche Messergebnisse beim Polarisationsfilter, **B** Präparation des Photons durch den ersten Filter

durchgelassen (1)   absorbiert (0)

A   Filter   Detektor

B $P(1) = 100\%$

dann erhält man als Ergebnis für das Photon A eine zufällige Folge von Nullen und Einsen. Das gleiche gilt für Photon B (▸Tab. 4).

Quantenkorrelation · Wenn man die Messergebnisse von Photon A und Photon B vergleicht, dann stellt man fest: Jedes Mal, wenn Photon A von „seinem" Filter durchgelassen wird, wird auch B durchgelassen. Jedes Mal, wenn Photon A vom Filter absorbiert wird, wird auch B absorbiert. Man sagt: Die Ergebnisse sind **korreliert.** Diese Korrelation tritt auch auf, wenn die zwei Photonen so weit voneinander entfernt sind, dass eine Übermittlung des Messergebnisses von Photon A zu Photon B mit Überlichtgeschwindigkeit erfolgen müsste oder die Messung bei Photon B wesentlich später stattfindet.

Eine solche Korrelation ist bei zwei Zufallsexperimenten überraschend: Stellen Sie sich vor, dass Sie immer wieder zwei Münzen werfen und bei jedem Wurf zeigen entweder beide „Kopf" oder beide „Zahl"! Im Alltag gibt es auch wenig überraschende Korrelationen: Angenommen, Sie haben im Winter einen Handschuh zuhause vergessen und finden unterwegs nur den linken Handschuh in Ihrer Jackentasche. Dann wissen Sie sofort, dass ihr zuhause gebliebener Handschuh ein rechter Handschuh ist (▸Abb. 54). Über diese **klassische Korrelation** werden sie sich nicht wundern, hier lagen die Messergebnisse „rechter Handschuh" „linker Handschuh" schon beim Loslaufen von zuhause fest. Könnte es bei den verschränkten Photonen nicht auch so sein?

Die **quantenphysikalische Korrelation** ist nicht vom Typ „Handschuh", sondern vom Typ „Münzwurf". Beim Photon kann man den Winkel für die Polarisationsmessung sogar auswählen, wenn das Photonenpaar schon unterwegs ist: Die Korrelation bleibt dennoch bestehen! Die Photonen müssten also bei der Emission für jede denkbare Richtung eine Polarisationseigenschaft gehabt haben. Diese verlockende Hypothese hat man in den 1980er Jahren durch zahlreiche Messungen eindeutig widerlegt. Die Photonen befinden sich vor einer Messung bezüglich jeder Polarisationsrichtung in einem Überlagerungszustand von „durchgelassen" und „absorbiert".

Verschränkung · Das lässt nur einen Schluss zu: Die Messung der Polarisation an Photon A macht aus dem Überlagerungszustand einen definierten Polarisationszustand, und zwar nicht nur bei Photon A, sondern instantan auch für Photon B. Die Photonen hängen direkt zusammen und dürfen nicht einzeln gedacht werden. Genau diese Verbindung nennt man Verschränkung. Die Polarisationsmessung hebt die **Verschränkung** dann wieder auf. Wenn die beiden Photonen im Anschluss z. B. auf einen 45°-Filter treffen, dann sind die Ergebnisse nicht mehr korreliert.

Gäbe es „Quantenhandschuhe", würde Folgendes passieren: Erst durch Ihr Nachschauen in der Jackentasche wird bei Ihrem Quantenhandschuh zufällig festgelegt, ob es ein rechter bzw. linker Handschuh ist. Vorher ist der Handschuh in einem Überlagerungszustand. Der Handschuh zuhause wird im gleichen Augenblick auch zu einem linken bzw. rechten Handschuh.

Verschränkte Quantenobjekte · Verschränkungen gibt es nicht nur bei Photonenpaaren und nicht nur bei der Polarisation: Durch jede Wechselwirkung zwischen zwei Quantenobjekten werden diese miteinander verschränkt. Da es in der Natur praktisch ständig zu Wechselwirkungen kommt, bleiben sie selten lange bestehen. Es ist eine der größten Herausforderungen der Quantenforschung, die Quantenobjekte so isoliert zu halten, dass die Verschränkung nicht unbeabsichtigt zerstört wird.

> Durch eine Wechselwirkung miteinander entsteht eine Verschränkung zwischen Quantenobjekten. Zwischen ihnen besteht dann eine quantenphysikalische Korrelation: Eine Messung an einem Partner beeinflusst direkt und sofort auch den Zustand des anderen Partners.

1 Stellen Sie sich vor, Ihre Mutter findet den zuhause liegen gebliebenen „Quantenhandschuh", bevor Sie nachgeschaut haben. Beschreiben Sie, welche Folgen das hat.

Photon	
A	**B**
1	1
0	0
0	0
0	0
1	1
0	0
1	1
1	1

4 Polarisationsmessungen an verschränkten Photonen

5 Klassische und quantenphysikalische Korrelation

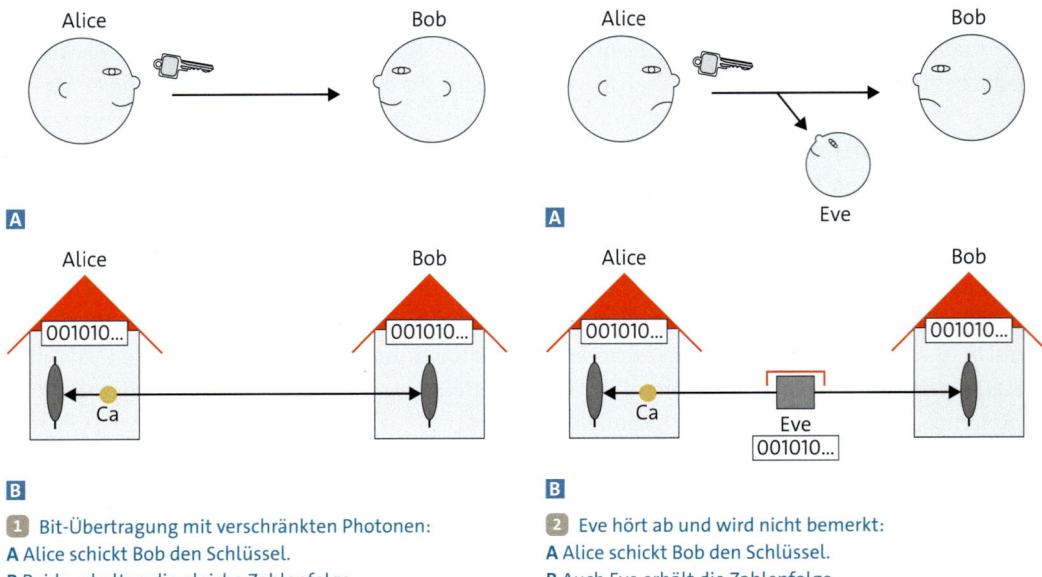

1 Bit-Übertragung mit verschränkten Photonen:
A Alice schickt Bob den Schlüssel.
B Beide erhalten die gleiche Zahlenfolge.

2 Eve hört ab und wird nicht bemerkt:
A Alice schickt Bob den Schlüssel.
B Auch Eve erhält die Zahlenfolge.

Wir gehen hier vereinfacht von einer symmetrischen Verschlüsselung aus. Bei dieser verwendet man zum Verschlüsseln und Entschlüsseln den gleichen Schlüssel.

Quantenkryptographie • Kryptographie ist die Wissenschaft von der Verschlüsselung von Botschaften. Die Quantenkryptographie ermöglicht das abhörsichere Übertragen von Botschaften. Dabei schildert man die Situation oft als Gedankenexperiment mit mehreren Personen: Alice möchte eine geheime Botschaft, z.B. ein Passwort, an Bob schicken (▸Abb. 1A). Dazu verschlüsselt Sie die Botschaft. Wenn Bob den Schlüssel von Alice kennt, kann er die Nachricht lesen. Alice muss ihm daher den Schlüssel vorher abhörsicher zukommen lassen.

Dieser Schlüssel besteht in der Regel aus einer Folge von Nullen und Einsen. Die Idee der Quantenkryptographie ist es, den Schlüssel mit verschränkten Quantenobjekten zu übertragen (▸Abb. 1B):

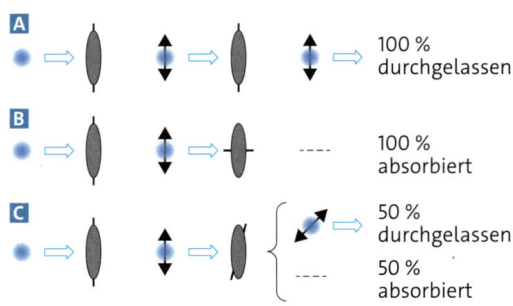

3 Ein Einzelphoton wird auf Polarisation 0° präpariert und trifft anschließen **A** auf einen 0°-Filter, **B** auf einen 90°-Filter, **C** auf einen 45°-Filter.

Alice erzeugt verschränkte Photonenpaare und lässt ihre Photonen A auf einen 0°-Polarisationsfilter fallen. Wenn Bob das gleiche mit seinen Photonen B macht, erhalten beide dieselbe Folge von Nullen und Einsen. Der Schlüssel wurde erfolgreich übertragen!

Eve liest mit • Warum verwendet man hier verschränkte Photonen, obwohl deren Herstellung und Übertragung sehr aufwendig ist? Der Grund ist, dass man damit einem Abhörversuch auf die Spur kommen kann. Die abhörende Person wird Eve genannt (von englisch *eavesdropper*) (▸Abb. 2A). Eve möchte den Schlüssel auch erhalten, um anschließend die geheime Botschaft mitzulesen, sie möchte dabei aber nicht bemerkt werden. Bei dem bisherigen Vorgehen gelingt ihr das tatsächlich noch (▸Abb. 2B): Sie lässt das für Bob bestimmte Photon B auch auf einen 0°-Polarisationsfilter treffen. Wenn es durchgeht (1), schickt sie ein auf 0° polarisiertes Photon zu Bob. Wenn es absorbiert wird (0), sendet sie ein auf 90° polarisiertes Photon weiter. Das wird bei Bobs 0°-Filter mit Sicherheit absorbiert, weil die beiden Polarisationsrichtungen orthogonal zueinander sind (wie in ▸Abb. 3B). Auf diese Weise erhalten Alice, Bob und Eve den gleichen Schlüssel. Eve zerstört durch ihre Messung zwar die Verschränkung zwischen Photon A und B, aber Alice und Bob fällt dies nicht auf.

Verschiedene Polarisationsrichtungen •
Offensichtlich müssen sich Alice und Bob etwas
einfallen lassen. Abhörsicher wird die Übertragung, wenn man auch andere Polarisationsrichtungen verwendet. Dabei nutzt man aus, dass die
Wahrscheinlichkeiten für „durchgelassen" und
„absorbiert" nicht mehr nur 0 % oder 100 % sind
(▸Abb.3): Wenn z. B. ein 0°-polarisiertes Photon
auf einen 45°-Filter trifft, wird es mit der gleichen Wahrscheinlichkeit durchgelassen oder absorbiert, d. h. $P(0) = P(1) = 50 \%$. Das gilt natürlich
auch, wenn ein auf 45° polarisiertes Photon auf
einen 0°-Filter trifft.

Alice und Bob stellen nun ihre Polarisationsfilter
zufällig auf 0° oder 45°, ohne voneinander zu
wissen. Wenn die beiden messen, erhalten sie
nur dann sicher übereinstimmende Messwerte,
wenn sie die gleiche Polarisationsrichtung verwendet haben. ▸Tab 4 zeigt als Beispiel hierfür
die Messwerte bei acht Photonenpaaren. Alice
und Bob tauschen sich dann ohne Geheimhal-
tung darüber aus, bei welchen Photonenpaaren
sie in der gleichen Richtung gemessen haben,
nicht aber über ihre Messwerte. In ▸Tab.4 sind
diese Messungen grün markiert. Nur diese Messwerte behalten sie und erhalten so zwei identische Schlüssel.

Eve fällt auf • Was geschieht, wenn Eve mit-
hört? Sie muss nun für jedes Photon eine Richtung für die Polarisationsmessung wählen. Wenn
sie wie beim Photonenpaar 1 in ▸Tab 5 die gleiche Richtung wie Alice und Bob erwischt, bleibt
alles unauffällig. Beim Photonenpaar 2 hat sie eine andere Richtung gewählt. Eve sendet ein auf
45° polarisiertes Photon zu Bob, aber durch Zufall
bekommt dieser das gleiche Ergebnis wie Alice.
Bei den Photonenpaaren 4 und 7 ist das nicht der
Fall. Alice und Bobs Schlüssel sind dann also
nicht mehr identisch! Versucht Bob mit diesem
falschen Schlüssel, die Botschaft zu entschlüsseln, gelingt ihm dies nicht. Daran merkt er, dass
bei der Übertragung etwas passiert ist. Eve ist
entdeckt!

Technische Realisierung • Bei der Realisierung des Schlüsselaustauschs mit Quantenkryptographie finden die Polarisationsmessungen

Photonenpaar	1	2	3	4	5	6	7	8
A misst bei	45°	0°	0°	45°	45°	45°	0°	0°
A erhält	1	0	1	1	1	1	1	0
B misst bei	45°	0°	45°	45°	0°	45°	0°	45°
B erhält	1	0	0	1	1	1	1	1

4 Alice und Bob messen mit zufälligen Vorzugsrichtungen.

Photonenpaar	1	2	3	4	5	6	7	8
A misst	45°	0°	0°	45°	45°	45°	0°	0°
A erhält	1	0	1	1	1	1	1	0
E misst	45°	45°	0°	0°	45°	45°	45°	0°
E erhält	1	1	0	1	1	1	0	0
E sendet	45°	45°	90°	0°	45°	45°	−45°	90°
B misst	45°	0°	45°	45°	0°	45°	0°	45°
B erhält	1	0	0	0	1	1	0	1

5 Eve hört in der Leitung zu Bob mit.

automatisiert statt. Bei dem Experiment zwischen Sizilien und Malta konnte so pro Sekunde
eine Folge von vier Nullen bzw. Einsen übertragen werden. Der verwendete Lichtleiter war
192 km lang.

> Durch Quantenkryptografie können Infor-
> mationen abhörsicher übertragen werden.
> Dabei nutzt man die Verschränkung von
> Quantenobjekten und die Zustandsände-
> rung bei Messungen aus.

1 Untersuchen Sie in ▸Tab 5, bei welchen Photonen Ergebnisse nach der Messung von Alice noch vom Zufall abhängen und notieren
Sie, wie die entsprechenden Messungen auch
hätten ausgehen können.

2 Erzeugen Sie mit einer Münze vier Zufalls-
codes Z_i zu je 5 Bits. Ermitteln Sie aus den sich
ergebenden Binärzahlen die zugehörigen
Dezimalzahlen. Verschieben Sie im Wort
ANNA jeweils den i-ten Buchstaben um Z_i
Positionen im Alphabet. Notieren Sie den so
entstehenden verschlüsselten Namen. Geben
Sie ihn zusammen mit dem Schlüssel Z_i an
die neben Ihnen sitzende Person, damit sie
die Botschaft entschlüsseln kann.

Schrödingers Katze

1 Das Gedankenexperiment mit Schrödingers Katze

> „[...] Man kann auch ganz burleske Fälle konstruieren. Eine Katze wird in eine Stahlkammer gesperrt, zusammen mit folgender Höllenmaschine (die man gegen den direkten Zugriff der Katze sichern muß): in einem Geigerschen Zählrohr befindet sich eine winzige Menge radioaktiver Substanz, so wenig, daß im Lauf einer Stunde vielleicht eines von den Atomen zerfällt, ebenso wahrscheinlich aber auch keines; geschieht es, so spricht das Zählrohr an und betätigt über ein Relais ein Hämmerchen, das ein Kölbchen mit Blausäure zertrümmert. Hat man dieses ganze System eine Stunde lang sich selbst überlassen, so wird man sich sagen, daß die Katze noch lebt, wenn inzwischen kein Atom zerfallen ist. Der erste Atomzerfall würde sie vergiftet haben. [...]"

Ein Gedankenexperiment • Überlagerungszustände sind typisch für die Quantenwelt. Aber warum beobachten wir solche Zustände im „normalen" Leben nicht? Schließlich bestehen wir doch selbst auch aus Quantenobjekts. Der Physiker ERWIN SCHRÖDINGER verdeutlichte dieses Problem durch das berühmte Gedankenexperiment mit der Katze. ▸Abb.1 illustriert das Experiment. Daneben ist es in seinen eigenen Worten beschrieben. Da es sich nur um ein fiktives Experiment handelt, wiederholen wir die Überlegungen, auch wenn es der Katze das Leben kostet – oder auch nicht.

Gleichzeitig „tot und lebendig"? • In diesem Gedankenexperiment ist das Atom über den Hammer und das Giftkölbchen mit der Katze verschränkt. Da das Atom im Überlagerungszustand „zerfallen und nicht zerfallen" ist, befindet sich das Zählrohr im Zustand „1 und 0", der Hammer im Zustand „unten und oben", das Kölbchen im Zustand „zerbrochen und ganz" usw. Das Öffnen der Kiste stellt eine Messung dar und bedeutet damit das Ende des Überlagerungszustands: Die Katze ist dann entweder tot oder lebendig. Aber vor dem Öffnen der Kiste müsste sich gemäß der Quantenphysik die Katze im Überlagerungszustand „tot und lebendig" befinden. Das kann man sich

aber bei einem lebendigen Wesen beim besten Willen nicht vorstellen, selbst wenn die Kiste geschlossen ist.

Dekohärenz • Wie löst die Quantenphysik dieses Paradoxon? Sie haben die perfekte Verschränkung bei Photonenpaaren kennen gelernt. Solche Zustände nennt man kohärent. Schon dort besteht die größte Schwierigkeit darin, dass es nicht unbeabsichtigt zu einer Wechselwirkung kommt, die den kohärenten Zustand zerstört. Zählrohr, Hammer, Giftfläschchen und Katze sind makroskopische Objekte, die mit sehr vielen Objekten wechselwirken. Dazu zählen z.B. die etwa 10^{23} Luftteilchen in der Kiste. ▸Abb.2 zeigt, dass es schon bei einem einzigen Luftteilchen einen Unterschied macht, ob die Katze tot oder lebendig ist. Jede dieser kleinen Wechselwirkungen zerstört die Verschränkung ein wenig. In der Summe addieren sich auch winzige Abweichungen stark, sodass die Überlagerung in kürzester Zeit verschwindet. Die Zeit dafür beträgt bei der Katze nicht einmal 10^{-30} s. Diese unvermeidliche Wechselwirkung mit der Umgebung nennt man **Dekohärenz.** Sie sorgt dafür, dass die Katze schon vor dem Öffnen der Kiste tot oder lebendig ist. Aber welchen der beiden Zustände man dann sieht, entscheidet sie nicht. Wie diese Entscheidung fällt, ist ein Geheimnis, das die Quantenphysiker und -phyikerinnen noch nicht gelöst haben.

1 Stellen Sie sich vor, jede Wechselwirkung mit der Umgebung sei bei der Katze und den anderen Objekten in der Kiste unterbunden. Nun öffnen Sie die Kiste und finden eine tote Katze vor. Haben Sie die Katze umgebracht? Äußern Sie sich begründet zu der Frage.

2 **A** Das Luftteilchen trifft auf das Barthaar **B** oder nicht.

Material A • Polarisationseigenschaften bei Einzelphotonen

Wenn ein Photon, das auf 0°-Polarisation präpariert ist, auf einen Polarisationsfilter mit Vorzugsrichtung φ trifft, beträgt die Wahrscheinlichkeit für „durchgelassen": $P(\varphi) = (\cos(\varphi))^2$.

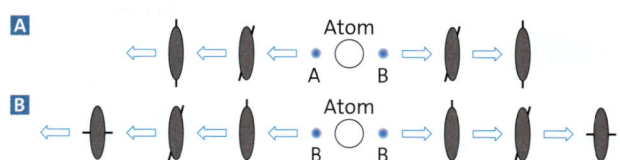

A1 a) Überprüfen Sie, dass $P(\varphi)$ die richtigen Werte für $\varphi = 0°$, $\varphi = 45°$ und $\varphi = 90°$ liefert.

b) Man lässt nacheinander 200 einzelne 0°-Photonen auf einen Polarisationsfilter mit $\varphi = 60°$ fallen. Beschreiben Sie, welche Versuchsergebnisse möglich und welche wahrscheinlich sind.

A2 Die zwei Photonen eines Paars sind bezüglich ihrer Polarisation so miteinander verschränkt, dass man an ihnen die gleiche Polarisation misst. Photon A trifft nun zuerst auf einen 45°-Filter, dann Photon B.

a) Geben Sie begründet an, welche Messergebnisse für die beiden Photonen möglich sind.

b) Nun wird zusätzlich zur Anordnung aus a) jeweils noch ein 0°-Filter in den weiteren Weg der Photonen gestellt (①). Beschreiben Sie, welche Messergebnisse möglich sind. Erklären Sie, ob es Korrelationen gibt oder nicht.

A3 Einzelne Photonen mit 0°-Polarisation treffen zuerst auf einen Polarisationsfilter mit Vorzugsrichtung 45° und anschließend auf einen mit 90°.

a) Bestimmen Sie die Wahrscheinlichkeit dafür, dass ein Photon durch den zweiten Filter „durchgelassen" wird.

b) Wenn ein 0°-Photon direkt auf einen 90°-Filter trifft, wird es mit Sicherheit absorbiert. Erklären Sie, wieso der 45°-Filter die Wahrscheinlichkeit für „durchgelassen" erhöht.

A4 Zwei Photonen eines Paars sind bezüglich ihrer Polarisation so miteinander verschränkt sind, dass man an ihnen die gleiche Polarisation misst. Photon A trifft zunächst auf einen 0°-Filter, dann auf einen 45°-Filter und schließlich auf einen 90°-Filter, ebenso Photon B (②). Analysieren Sie die Situation. Gehen Sie auf mögliche Korrelationen ein.

Material B • Der Zerfall eines Higgs-Teilchens

Das Higgs-Teilchen wurde erstmals 2012 nachgewiesen. Es zerfällt mit einer Halbwertszeit von 10^{-22} s in mehrere Elementarteilchen. Die Abbildung zeigt, wie ein solcher Zerfall von den Detektorapparaturen aufgezeichnet würde. Aus den Eigenschaften der entstehenden Elementarteilchen kann man auf die Eigenschaften des Higgs-Teilchens zurückschließen. Eine Möglichkeit ist der Zerfall in ein Elektron und sein Antiteilchen, das Positron. Ein Positron hat die gleichen Eigenschaften wie ein Elektron, ist aber positiv geladen. Aus der Theorie ergibt sich, dass das Higgs-Teilchen elektrisch neutral ist und einen sogenannten Spin von 0 hat. Elektronen und Positronen können entweder den Spin $+\frac{1}{2}$ oder $-\frac{1}{2}$ haben. Beim Zerfall des Higgs-Teilchens haben die Spins von Elektron und Positron immer entgegengesetzte Werte. Solange man den Spin aber nicht misst, ist er unbestimmt.

B1 a) Begründen Sie: Wenn ein Zerfallspartner negativ geladen ist, muss der andere positiv geladen sein.

b) Elektron und Positron sind beim Zerfall eines Higgs-Teilchens verschränkt. Erläutern Sie, aus welchen Beobachtungen man dies schließen kann.

B2 Beim Zerfall eines ruhenden Higgs-Teilchens beobachtet man, dass sich Elektron und Positron mit gleicher Geschwindigkeit in entgegengesetzte Richtungen fortbewegen.

a) Begründen Sie dies mit dem Impuls.

b) Das Higgs-Teilchen hat in der Regel beim Zerfall schon eine Bewegungsrichtung. Erklären Sie, welchen Einfluss das auf die Bewegung des Elektron-Positron-Paars hat.

B3 Elektrisch geladene Elementarteilchen sind in Detektoren leichter

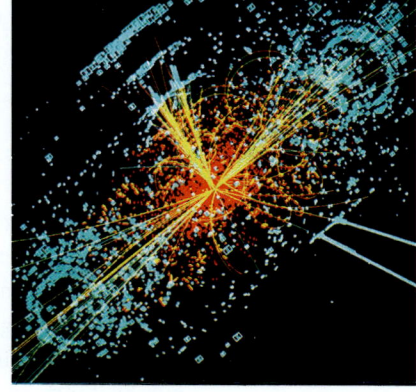

nachzuweisen als elektrisch neutrale wie das Higgs-Teilchen. Stellen Sie eine Hypothese auf, wie es dazu kommt.

B4 Wenden Sie Ihre Ergebnisse aus B2 und B3 an, um die teilweise Symmetrie, aber auch die Asymmetrie der Nachweisspuren in der Abbildung zu erklären.

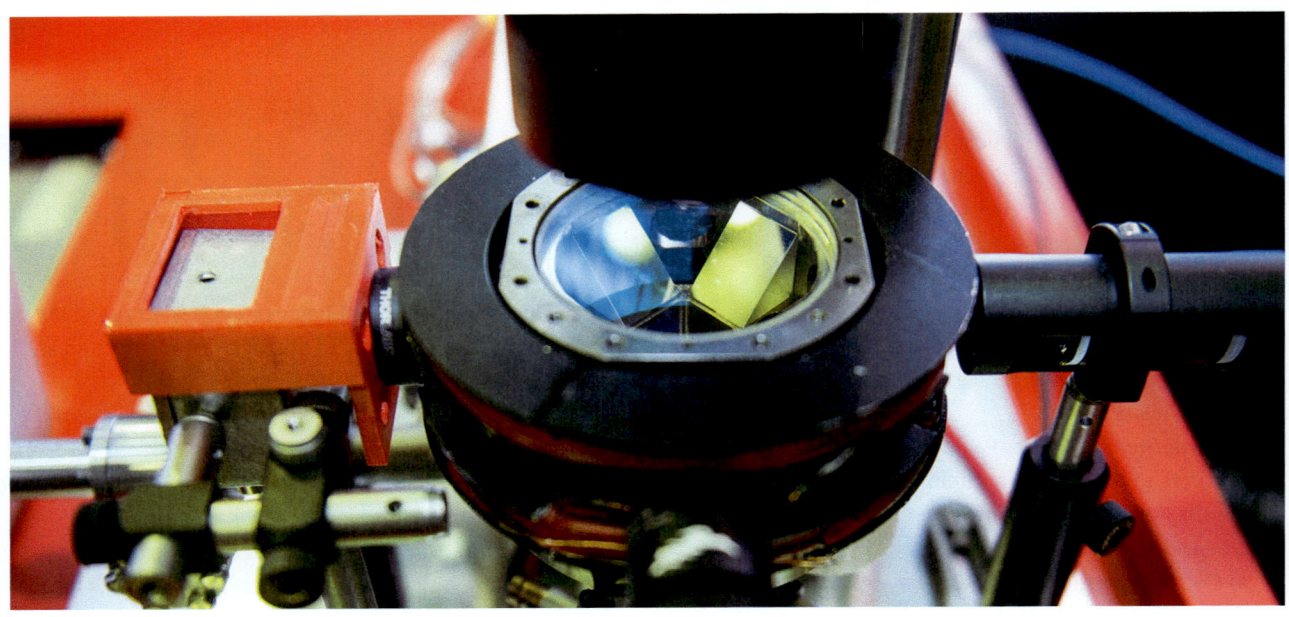

Das Prinzip der Komplementarität

*Seit den 1990er Jahren gibt es Atom-Interferome-
ter. Hierfür kühlt man zuvor die Atome auf eine
Temperatur nahe dem absoluten Nullpunkt und
bringt sie anschließend in das Interferometer. Kann
man bei Atomen feststellen, welchen Weg sie im
Interferometer gegangen sind?*

Atom-Interferometer • Durch die Kühlung
stellt man sicher, dass alle Atome die gleiche De
Broglie-Wellenlänge haben. Nur so kann es überhaupt zur Interferenz kommen. Wir beschreiben
im Folgenden ein Atom-Interferometer, an dem
eine Forschungsgruppe 1998 an der Universität
Konstanz Experimente mit Rubidiumatomen
durchgeführt hat. Der Aufbau hat Ähnlichkeit
mit einem Mach-Zehnder-Interferometer. Solche
und ähnliche Experimente wurden seitdem häufig wiederholt und bestätigten die hier dargestellten Ergebnisse.

Für ein Interferometer benötigt man Strahlteiler.
Diese Aufgabe übernimmt bei Atomen eine stehende elektromagnetische Welle (▶Abb. 2): Sie
wirkt auf die Atome wie ein Gitter mit einem
Spektrum mit nur zwei ausgeprägten Maxima.

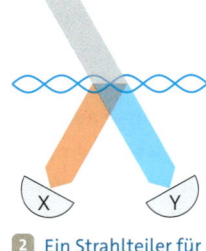

2 Ein Strahlteiler für
Atome

Mit zwei entsprechenden Detektoren kann man
die Atome nachweisen. Bis zum Nachweis ist jedes Atom in einem Überlagerungszustand – genauso wie ein Einzelphoton am Strahlteiler. Mit
einer zweiten stehenden elektromagnetischen
Welle kann man den Atom-Strahlteiler zu einem
Interferometer ergänzen (▶Abb. 3 A). Wie beim
Mach-Zehnder-Interferometer gibt es wieder
zwei Wege wie ein Atom zum Detektor X oder
zum Detektor Y gelangen kann.

Interferenz bei jedem Atom • Im Konstan-
zer Experiment ließ man die Rubidiumatome
einfach in einem 0,45 mm breiten Strahl mit
$2\frac{m}{s}$ durch das Interferometer schweben. Dabei
überlagerten sich die beiden Wege nicht nur in
jeweils einem Punkt, sondern in einem Bereich
für jeden der beiden Detektoren. Die Bereiche
hierfür lagen direkt nebeneinander. Man hat
deswegen den Ort eines Atoms mit einer einzigen Apparatur für beide Bereiche gemessen
(▶Abb. 3 B). Die gestrichelte Linie gibt an, in welchen Bereichen man überhaupt Atome erwarten
kann. Die Bereiche liegen zwar direkt nebeneinander, sind aber eindeutig getrennt. Innerhalb der
Bereiche erkennt man ein Interferenzmuster.

Die Interferenz ist nur dadurch erklärbar, dass es unbestimmt ist, welchen Weg ein Atom zum Detektor nimmt und sich daher die *P*-Teilwolken hinter dem zweiten Strahlteiler überlagern. Gibt es tatsächlich keine Möglichkeit herauszufinden, welchen Weg ein Atom genommen hat?

Wegmarkierung · Genau das hat man in Konstanz untersucht. Wir stellen die Idee vereinfacht dar (▸Abb. 4 A): Man ändert den Aufbau so ab, dass das Rubidiumatom direkt nach dem ersten Strahlteiler durch einen Mikrowellen-Puls etwas Energie aufnimmt und sich dadurch in einem angeregten Zustand befindet, genauer gesagt: in einem Zustand *r*, wenn es den roten Weg gewählt hat und in einem Zustand *b* mit anderer Energie auf dem blauen Weg. So hat man das Atom bezüglich der Wege markiert, ohne einen Weg, z. B. durch einen Detektor, zu blockieren.

Welcher-Weg-Information? · Was wäre, wenn man hinter dem zweiten Strahlteiler misst, in welchem der beiden Zustände *r* oder *b* sich das Atom befindet? Man bekäme jedes Mal ein klares Ergebnis, wie das in der Quantenphysik immer ist: entweder Zustand *r* oder Zustand *b*. Man sagt: Die Wege sind nun unterscheidbar. Leider sagt das Messergebnis nichts darüber aus, welchen Weg das Atom genommen hat. Bis zur Messung des Zustands bleibt das Atom auch in diesem Fall in einem Überlagerungszustand aus *r* und *b*. Die *P*-Wolken kollabieren erst dann. Das ist im Prinzip nicht anders als bei der Messung mit den Detektoren hinter dem Strahlteiler in ▸Abb. 2. Wir schließen daraus: Auch wenn man versucht, das Atom bezüglich der Wege zu markieren, bleibt der Weg des Atoms unbestimmt.

Keine Interferenz mehr! · Wirkt sich die Markierung irgendwie auf das Interferenzmuster aus? ▸Abb. 4 B zeigt die Messwerte aus Konstanz: Es ist nicht mehr sichtbar. Die Wegmarkierung führte zwar nicht zu einer Information über den Weg, aber sie hat das Interferenzmuster zum Verschwinden gebracht! Man könnte meinen, das liegt daran, dass man das Atom durch die Messung in einen eindeutigen Zustand *r* oder *b* gezwungen hat. In Konstanz hat man das Experiment tatsächlich ohne diese Messung durch-

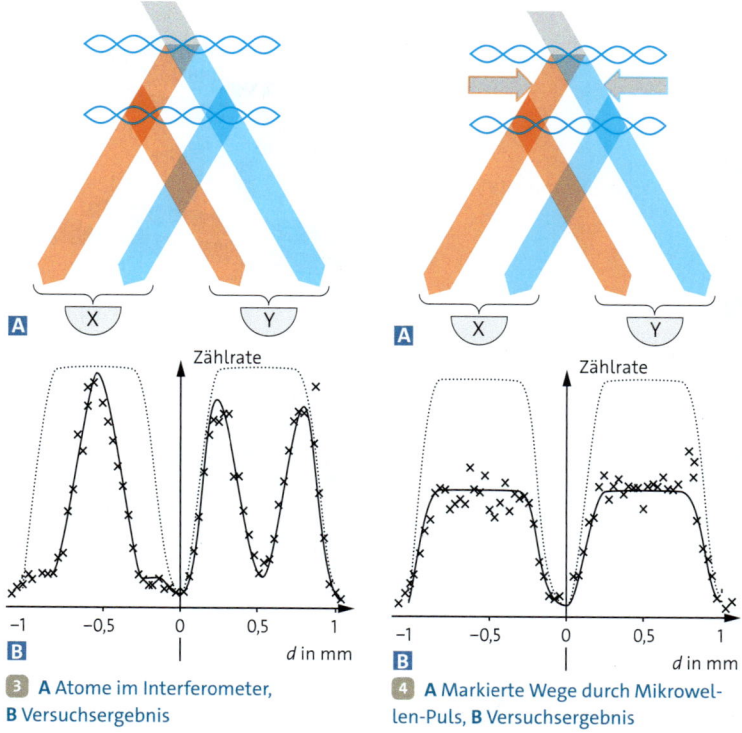

A Atome im Interferometer, B Versuchsergebnis

3 A Atome im Interferometer, **B** Versuchsergebnis

4 A Markierte Wege durch Mikrowellen-Puls, **B** Versuchsergebnis

geführt. Und nun halten Sie sich fest: Selbst wenn man die Messung bezüglich *r* und *b* nicht durchführt, kann man das Interferenzmuster nicht beobachten. Es genügt also schon, dass man theoretisch eine Messung machen könnte, die die Ergebnisse *r* bzw. *b* liefern würde.

> Wenn man bei einem Interferenzexperiment Quantenobjekte bezüglich der verschiedenen Wege unterscheidbar markiert, bleibt der Weg des Quantenobjekts unbestimmt. Gleichzeitig beobachtet man keine Interferenz mehr.

1 **a)** Vergleichen Sie die beiden Bereiche des Interferenzmusters in ▸Abb. 3 B.
b) Finden Sie Unterschiede und Gemeinsamkeiten zu den Messwerten der Detektoren bei einem Mach-Zehnder-Interferometer.

2 Ein Rubidiumatom hat eine Masse von 85 u und fällt mit $2\frac{m}{s}$ durch das Interferometer.
a) Berechnen Sie die De-Broglie-Wellenlänge.
b) Erklären Sie, warum die Geschwindigkeit möglichst klein sein sollte.

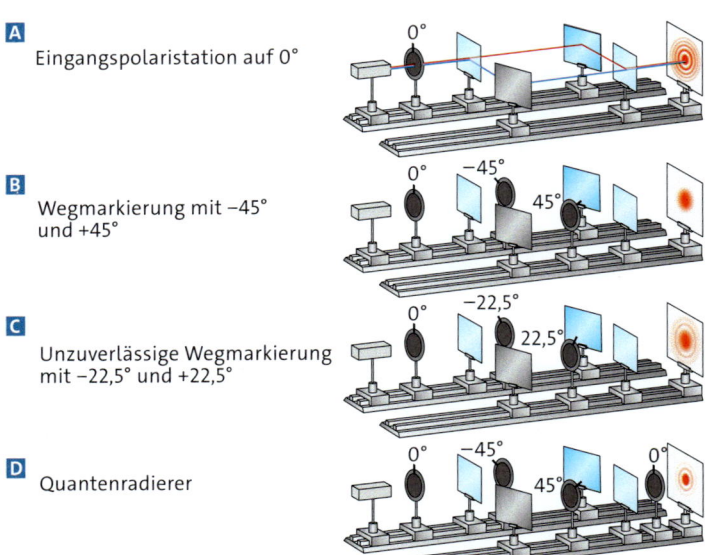

A · Eingangspolaristation auf 0°

B · Wegmarkierung mit −45° und +45°

C · Unzuverlässige Wegmarkierung mit −22,5° und +22,5°

D · Quantenradierer

1 Mach-Zehnder-Interferometer mit Polarisationsfiltern: **A** Nur Eingangspolarisation auf 0°, **B** Wegmarkierung mit −45° im linken und +45° im rechten Weg, **C** Unzuverlässige Wegmarkierung mit −22,5° im linken und +22,5° im rechten Weg, **D** Quantenradierer.

Wegmarkierung mit Polarisation • Photonen verhalten sich im Mach-Zehnder-Interferometer ähnlich wie die Rubidiumatome im Atom-Interferometer. Da man im Unterricht Einzelphotonen in der Regel nicht zur Verfügung hat, arbeiten wir stattdessen mit Laserlicht. Als Wegmarkierung nutzen wir die Polarisation. Es geht uns nur um die Sichtbarkeit der Interferenz, deshalb beobachten wir nur einen der Ausgänge des Interferometers mit einem Schirm. Da die beobachteten Intensitäten den Nachweiswahrscheinlichkeiten für Einzelphotonen entsprechen, können wir auch über diese Aussagen machen.

Im realen Aufbau sind Gangunterschiede fast unvermeidlich. Sie führen zu einem ring- oder streifenförmigen Interferenzmuster.

▸Abb.1A zeigt den Aufbau, bei dem das Licht vor dem Interferometer auf 0° polarisiert wird. Wir beobachten ein Interferenzmuster. Die Einzelphotonen zeigen hier die für Quantenobjekte typische **Interferenzfähigkeit**. Nun markieren wir die beiden Wege durch Polarisationsfilter, die wir auf +45° bzw. −45° einstellen (▸Abb.1B). Tatsächlich verschwindet dann wie beim Atom-Interferometer das Interferenzmuster. Auch hier bleibt jedes Einzelphoton in einem Überlagerungszustand, bis man es am Schirm nachweist. Man nennt eine solche Markierung **Welcher-Weg-Information,** obwohl sie keine Information über den Weg des Photons enthält.

Komplementarität • Markieren wir die Wege mit Polarisationsfiltern auf +22,5° bzw. −22,5°, sind die Wege nicht zuverlässig unterscheidbar. Wir erhalten ein verwaschenes Interferenzmuster. Je mehr Welcher-Weg-Information es gibt, desto mehr verliert ein Photon seine Interferenzfähigkeit (▸Abb.1C): Man sagt: Welcher-Weg-Information und Interferenzfähigkeit sind zwei **komplementäre Eigenschaften.** Quantenobjekte haben noch mehr solcher komplementären Eigenschaften. Dahinter steckt das **Komplementaritätsprinzip**, das wir für das hier betrachtete Beispiel formulieren:

> Je zuverlässiger die Welcher-Weg-Information ist, die ein Interferenzexperiment enthält, desto weniger ausgeprägt ist das beobachtbare Interferenzmuster und umgekehrt.

Markieren durch Verschränkung • Warum verschwindet das Interferenzmuster, sobald wir die Wege für die Quantenobjekte unterscheidbar machen? Eine anschauliche Erklärung gibt es hierfür nicht, aber die Lösung der Schrödinger-Gleichung in diesem Fall zeigt: Der Weg muss mit einer weiteren Größe verschränkt sein, an der eine unterscheidende Messung möglich ist. Beim Atom-Interferometer ist der Weg mit der Energie, beim Photon ist er mit der Polarisation verschränkt. Eine Messung der Energie des Atoms bzw. der Polarisation des Photons beendet den Überlagerungszustand, sie ist auch eine Ortsmessung.

Wenn man hinter den zweiten Strahlteiler einen 0°-Polarisationsfilter stellt (▸Abb.1D), dann wird die Verschränkung aufgehoben, ohne die Überlagerung zu beenden. Eine unterscheidende Messung kann nicht mehr durchgeführt werden. Das Interferenzmuster taucht wieder auf. Man spricht hier von einem **Quantenradierer.**

Man kann die Wegmarkierung auch in einem zweiten Quantenobjekt unterbringen, das mit dem ersten Quantenobjekt verschränkt ist. Wir betrachten als Beispiel verschränkte Photonen in einem idealisierten Interferometer-Experiment.

Idler- und Signalphoton • Bei der parametrischen Fluoreszenz entsteht in speziellen Kristallen beim Einstrahlen eines Photons ein Paar von verschränkten Photonen. Das eine davon nennt man Signalphoton, das andere Idlerphoton. Das Signalphoton wird für das eigentliche Interferenzexperiment verwendet. Das Idlerphoton dient zur Weg-Markierung. Dass die Photonen miteinander verschränkt sind, kann man in der Strahlteiler-Anordnung von ▸Abb. 2 A durch eine Koinzidenzmessung nachweisen. Immer wenn das Idlerphoton in I_1 nachgewiesen wird, wird das Signalphoton in S_1 nachgewiesen; wird das Idlerphoton in I_2 nachgewiesen, dann wird das Signalphoton in S_2 nachgewiesen.

Welcher-Weg-Information • Wir erweitern den Strahlteiler wieder zu einem Interferometer mit Einzelphotonen. Zusätzlich befinden sich in beiden Armen spezielle Kristalle zur Erzeugung eines verschränken Paars aus Signal- und Idlerphoton (▸Abb. 2 B). Das Signalphoton wird in beiden Armen weiter auf den zweiten Strahlteiler gelenkt, am Idlerphoton kann eine unterscheidende Ortsmessung gemacht werden: Wenn Detektor I_1 ein Signal gibt, kann dies formal dem blauen Weg zugeordnet werden, ein Signal von Detektor I_2 dem roten Weg. Tatsächlich verschwindet auf diese Weise das Interferenzmuster.

Nun zeigt sich wie beim Atom-Interferometer: Die Detektoren I_1 und I_2 sind gar nicht nötig, damit das Interferenzmuster verschwindet (▸Abb. 2 C). Das sich weiter ausbreitende Idlerphoton ist zwar in einem Überlagerungszustand, doch könnte man durch eine Ortsmessung an ihm ein eindeutiges Ergebnis bekommen, das man formal jeweils dem blauen oder dem roten Weg zuordnen kann. Das genügt, um das Interferenzmuster zum Verschwinden zu bringen.

Auch in diesem Experiment kann man die Verschränkung aufheben, ohne den Überlagerungszustand zu beenden. Das gelingt mit einem dritten Strahlteiler (▸Abb. 2 D). Würde man in diesem neuen Aufbau mit den Detektoren I_1 und I_2 Messungen durchführen, dann könnte man z.B. ein Signal von I_1 formal weder dem blauen noch dem roten Weg zuordnen. Das Interferenzmuster kann

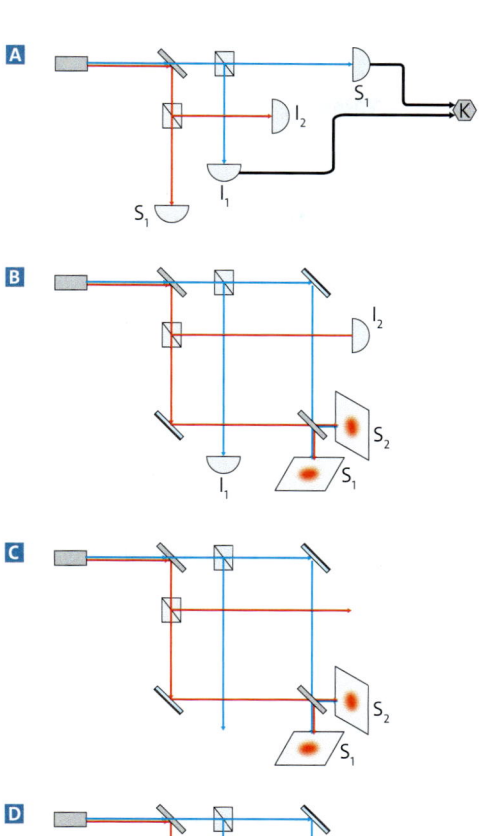

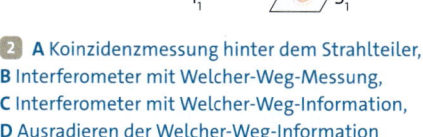

2 **A** Koinzidenzmessung hinter dem Strahlteiler, **B** Interferometer mit Welcher-Weg-Messung, **C** Interferometer mit Welcher-Weg-Information, **D** Ausradieren der Welcher-Weg-Information

man wieder beobachten. Dazu darf man aber nur diejenigen Signalphotonen berücksichtigen, deren Idlerphotonen beim entsprechenden Detektor angekommen sind. Dies macht man mit einer Koinzidenzmessung. Würde man hingegen alle Signalphotonen nehmen, dann würden sich die Interferenzmuster aufheben.

1 Machen Sie Aussagen über die Zuverlässigkeit der Welcher-Weg-Information und die Sichtbarkeit des Interferenzmusters, wenn die Polarisationsfilter in ▸Abb. 2 C zueinander in einem Winkel von 10° bzw. in einem Winkel von 80° stehen.

Zeiger in der Quantenphysik

Die Zeigermethode ist eine anschauliche, handliche Methode, um relative Intensitäten in Interferenzexperimenten mit Licht zu berechnen. Man bestimmt für jeden möglichen Weg des Lichts zu einem Punkt X den zugehörigen Zeiger und addiert alle Zeiger (▸Abb.1A). Das Quadrat des resultierenden Zeigers ist ein Maß für die Intensität. So erhält man die Intensität $S(x)$ in Abhängigkeit vom Ort x.

Uminterpretation
In der Quantenphysik ist die Aufgabe, dass man Wahrscheinlichkeitsverteilungen $P(x)$ für Interferenzanordnungen bestimmt. Die Funktion $P(x)$ hat den gleichen Verlauf wie $S(x)$, also muss man die Resultierende der Zeigersumme als relative Wahrscheinlichkeit umdeuten (▸Abb.1B).

Unterscheidbarkeit
Wenn man für die Quantenobjekte eine Welcher-Weg-Information hat, kann man kein Interferenzmuster beobachten. Um dies zu beschreiben, muss man folgende Regel einführen: Zeiger dürfen nur vektoriell addiert werden, wenn sie zu nicht unterscheidbaren Möglichkeiten gehören. Wenn beim Doppelspaltversuch die Wege unterscheidbar sind, erhält man kein Interferenzmuster, weil beide Zeiger getrennt quadriert werden (▸Abb.1C).

Ein Grundprinzip der Quantentheorie
Nicht nur bei Interferenzexperimenten werden in der Quantenphysik Zeiger verwendet. Man nennt sie allerdings normalerweise nicht Zeiger, sondern komplexe Zahlen. Immer wenn eine Wahrscheinlichkeit für ein Ereignis berechnet werden soll, bestimmt man für alle Möglichkeiten, die zu diesem Ereignis führen können, je einen Zeiger. Dann werden Teilmengen von nicht unterscheidbaren Möglichkeiten gebildet, die zugehörigen Zeiger vektoriell addiert und dann quadriert. Die Summe aller so entstehenden Zeigerquadrate ist die gesuchte Wahrscheinlichkeit.

Eine Anwendung sind z.B. Streuexperimente. ▸Abb.2 zeigt eine Anordnung, bei der Kohlenstoffkerne auf ein Target aus Kohlenstoffkernen geschossen werden. Mit einem Detektor können ankommende Kohlenstoffkerne nachgewiesen werden. Das kann ein Kern aus der Quelle links oder ein Kern des Targets sein.

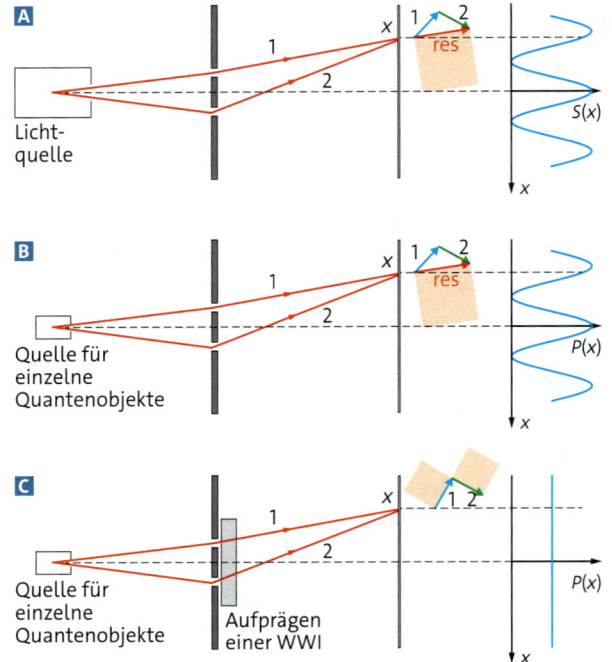

1 Zeigermodell beim Doppelspaltversuch **A** mit Licht und **B** mit Einzelphotonen bei nicht unterscheidbaren und **C** bei unterscheidbaren Wegen

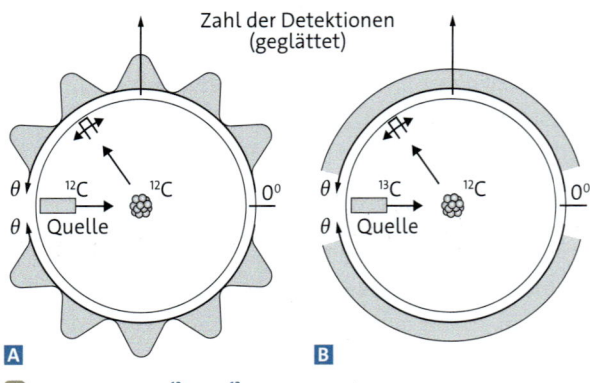

2 **A** Streuung von ^{12}C- an ^{12}C-Kernen und **B** Streuung von ^{13}C- an ^{12}C-Kernen (schematisch)

Wenn die Kohlenstoffkerne unterscheidbare Isotope sind, gibt es keine Interferenz (▸Abb.2 B). Sind sie aber ununterscheidbar (▸Abb.2 A), dann kann man nicht sagen, ob ein nachgewiesener Kern aus der Quelle oder aus dem Target in der Mitte kam: Man beobachtet ein Interferenzmuster, das hier schematisch dargestellt ist.

Beschreibung der Verschränkung mit *P*-Wolken

Gedankenexperimente · In der Quantenphysik erfindet man häufig Gedankenexperimente, um die Auswirkungen der Gesetze auf verschiedene Situationen diskutieren zu können. Ein Beispiel ist der Effekt der Verschränkung auf die Interferenz von Quantenobjekten. Mathematisch beschreiben kann man den Zusammenhang mit einer Schrödinger-Gleichung für verschränkte Quantenobjekte. Auch für diesen Fall kann man Lösungen grafisch mit *P*-Wolken veranschaulichen. Wir zeigen dies am Beispiel eines Atoms, das ein Photon emittiert.

Verschränkung von Atom und Photon · Wir schicken das Atom auf einen Strahlteiler, direkt dahinter soll das Atom das Photon emittieren. Atom und Photon sind im Anschluss daran verschränkt. Die *P*-Wolke des Atoms ist blau, die des Photons gelb in ▶Abb. 3 A dargestellt. Solange keine Messung durchgeführt wird, bleiben beide Objekte in einem Überlagerungszustand, erkennbar an den Teilwolken. Bei einer Messung am gelb dargestellten Objekt kollabiert nicht nur die gelbe Wolke (▶Abb. 3 B). Die Verschränkung führt dazu, dass auch von der blauen Wolke nur die zugehörige Teilwolke bleibt. Die Quantentheorie beschreibt auf diese Weise, dass der Nachweis des Photons auch das Ergebnis einer Ortsmessung am Atom festlegt.

Verschränkung im Interferometer · Wir betrachten nun das Interferometer (▶Abb. 3 C und D). Die hier relevante Regel der Quantentheorie lautet: Bei verschränkten Quantenobjekten kann nur dann Interferenz auftreten, wenn die *P*-Teilwolken für beide Quantenobjekte überlappen. Wenn (noch) keine Messung vorgenommen wurde, dann können sich die blauen Teilwolken aus den beiden Wegen zwar noch überlappen (▶Abb. 3 C), aber die räumliche Trennung der gelben Teilwolken führt dazu, dass auch an der blauen Wolke keine Interferenz auftritt.

Welcher-Weg-Information · Die Welcher-Weg-Information steckt in diesem Beispiel in der räumlichen Trennung der gelben Teilwolken. Sie führt dazu, dass der Photonennachweis ein Ergebnis liefert, das die beiden Wege formal unterscheidbar macht (▶Abb. 3 D). Wenn man die Wege der gelben Teilwolken, z. B. mit Spiegeln, wieder zusammenführt, ist keine unterscheidende Messung mehr

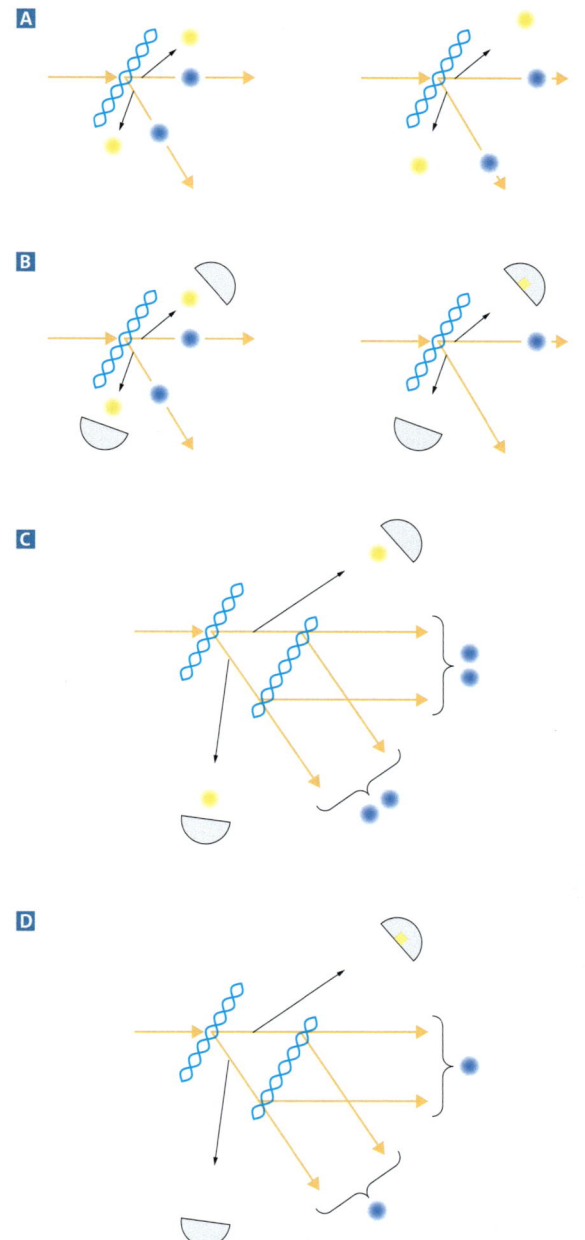

3 Verschränkte *P*-Wolken **A** am Strahlteiler, **B** mit Messung, **C** im Interferometer vor der Messung am Photon, **D** nach der Messung am Photon (nicht mehr verschränkt)

möglich. Die Welcher-Weg-Information ist ausradiert. Man kann wieder Interferenz beobachten, und zwar sowohl am Atom als auch am Photon.

Versuch A • Welcher-Weg-Information am Doppelspalt

Achtung! Gefahr durch Laserstrahlung! Eine Unterweisung durch die Lehrkraft ist zwingend erforderlich.

Material:
Laser Klasse 1, Doppelspalt mit drehbaren Polarisationsfiltern an den Spalten, 2 Polarisationsfilter, Schirm, Stativmaterial

V1 Wegmarkierung

Arbeitsauftrag:
a) Bauen Sie den Versuch entsprechend ►Abb. B auf. Achten Sie darauf, dass beide Spalte gleichermaßen ausgeleuchtet sind.
b) Stellen Sie die Polarisationsrichtung beim Eingangspolarisationsfilter und bei den drehbaren Filtern auf 0°. Beschreiben Sie das entstehende Interferenzbild. Gehen Sie dabei auf den Einfluss von Einzel- und Doppelspalt ein.
c) Verändern Sie die Polarisationsrichtung der drehbaren Filter wie in ►Abb. A

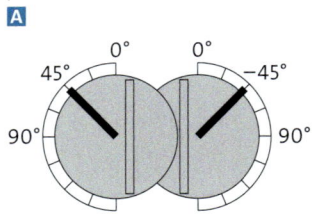

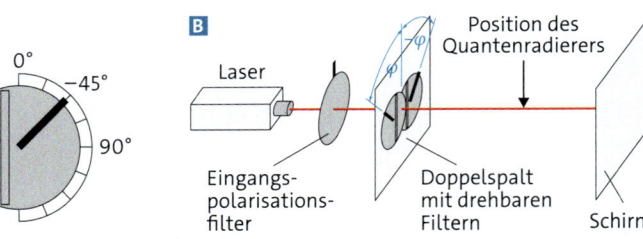

achsensymmetrisch (i) auf ±45°, (ii) auf ±30°. Vergleichen Sie jeweils den Einzel- und Doppelspalteinfluss auf das Interferenzmuster mit der Beobachtung aus b).
d) Erläutern Sie, was man beobachten würde, wenn man das Experiment mit einzelnen Photonen und geeigneten Detektoren durchführen würde.
e) Erklären Sie die erwarteten Beobachtungen mit dem Komplementaritätsprinzip.
f) Es gibt weitere Stellungen φ der drehbaren Filter, bei denen man ähnliche Muster wie in c) beobachten kann. Stellen Sie entsprechende Hypothesen auf.
g) Überprüfen Sie Ihre Hypothese experimentell.

V2 Quantenradierer

Arbeitsauftrag:
a) Stellen Sie die drehbaren Filter auf ±45° ein. Platzieren Sie einen weiteren Polarisationsfilter mit Richtung 0° zwischen Doppelspalt und Schirm.
b) Vergleichen Sie Ihre Beobachtungen mit V1 c).
c) Erläutern Sie, was man bei einem entsprechenden Einzelphotonenexperiment beobachten würde. Gehen Sie dabei auf die Unterscheidbarkeit der Wege zum Zeitpunkt des Photonennachweises ein.
d) Drehen Sie den zusätzlichen Filter nun auf 90°. Vergleichen Sie das Schirmbild mit dem bei 0°.

Material A • Komplementarität bei Heliumatomen am optischen Gitter

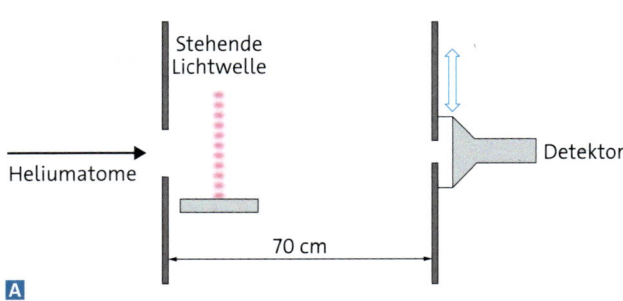

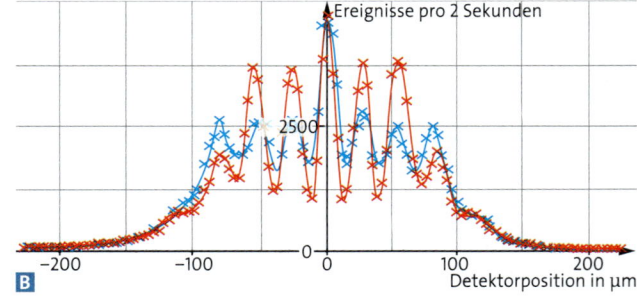

Im Jahr 1994 hat eine Arbeitsgruppe an der Universität Konstanz Heliumatome auf eine stehende Lichtwelle geschickt (►Abb. A). Die Auftrefforte von vielen Heliumatomen bilden ein Interferenzmuster (rote Messpunkte in ►Abb. B). Wenn man nun die Frequenz des Lasers passend abstimmt, wird etwa die Hälfte der Heliumatome angeregt, die andere Hälfte nicht. Man erhält dann die blauen Messpunkte in ►Abb. B.

A1 a) Erläutern Sie, inwiefern die Heliumatome in diesem Experiment folgende Eigenschaften von Quantenobjekten zeigen: Quantenhafter Nachweis, stochastisches Verhalten, Interferenzfähigkeit.
b) Wenn ein Atom angeregt wird, werden die zugehörigen Wege unterscheidbar. Erklären Sie das experimentelle Ergebnis mit dem Komplementaritätsprinzip.

Material B • Welcher-Weg-Information am Doppelspalt mit Elektronen

In einem Gedankenexperiment untersucht man den Einfluss einer Welcher-Weg-Information bei einzelnen Elektronen am Doppelspalt. Man beleuchtet den Doppelspalt mit Licht. Hinter dem Spalt wird dabei an jedem Elektron ein Photon gestreut. Gemäß der Quantenphysik ergibt sich folgendes Ergebnis: Wenn die Wellenlänge des Lichts deutlich größer als der Spaltmittenabstand ist, erhält man das gleiche Interferenzmuster wie ohne Beleuchtung. Je kurzwelliger das eingestrahlte Licht ist, umso undeutlicher wird das Interferenzmuster.

B1 a) Beschreiben Sie, inwiefern das gestreute Photon eine Welcher-Weg-Information trägt.

b) Machen Sie eine Aussage über die Zuverlässigkeit der Welcher-Weg-Information in Abhängigkeit von der Wellenlänge des verwendeten Lichts. Begründen Sie Ihre Aussage.

B2 a) Erklären Sie die Farbgebung in ▸Abb. A bis C.

b) Ordnen Sie die Diagramme ①, ② und ③ den ▸Abb. A bis C begründet zu.

c) Beschreiben Sie, was in den Diagrammen dargestellt wird. Geben Sie auch eine sinnvolle Beschriftung der Achsen der Diagramme an.

B3 Die Abbildung rechts unten zeigt schematisch die P-Wolken für das Gedankenexperiment. Die Teilwolken des Elektrons sind blau gekennzeichnet, die der gestreuten Photonen grau.

a) Erklären Sie mit der Regel für die P-Wolken, wieso die Elektronen kein Interferenzmuster zeigen.

b) Erklären Sie, inwiefern die Wege durch den Doppelspalt durch eine Messung am Photon unterscheidbar werden.

c) Ergänzen Sie den Aufbau mit einer Linse oder mit Spiegeln so, dass die Unterscheidbarkeit wieder aufgehoben wird. Welches Ergebnis erwarten Sie?

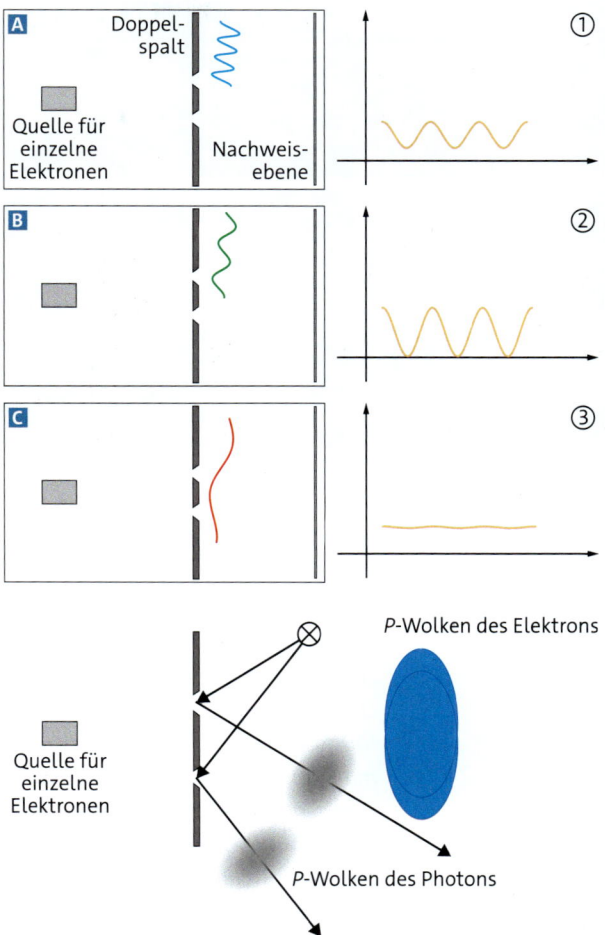

d) Zeigen Sie damit, dass das Elektron auch dann in einem Überlagerungszustand ist, wenn eine unterscheidende Messung am Photon möglich wäre.

Material C • Neutronen im Magnetfeld

Neutronen zeigen als Quantenobjekte in einem Interferometer Interferenz. Bei gleichen Weglängen gilt für die Nachweiswahrscheinlichkeiten $P(X) = 50\%$ und $P(Y) = 0\%$. Wenn man die Neutronen auf einem der beiden Wege im Interferometer durch ein Magnetfeld geeigneter Stärke laufen lässt, verändern sich die Wahrscheinlichkeiten zu $P(X) = P(Y) = 25\%$. Dafür gibt es zwei mögliche Erklärungen:

(i) Das Magnetfeld macht die Wege unterscheidbar.

(ii) Das Magnetfeld verändert die Phasendifferenz.

C1 Erläutern Sie die beiden Möglichkeiten.

C2 Wenn man die Stärke des Magnetfelds verdoppelt, beobachtet man $P(Y) = 50\%$ und $P(X) = 0\%$. Erklären Sie damit, welche der beiden Erklärungen die zutreffende ist.

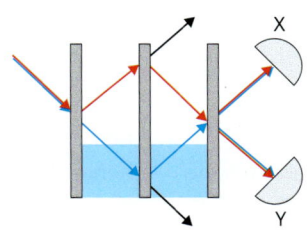

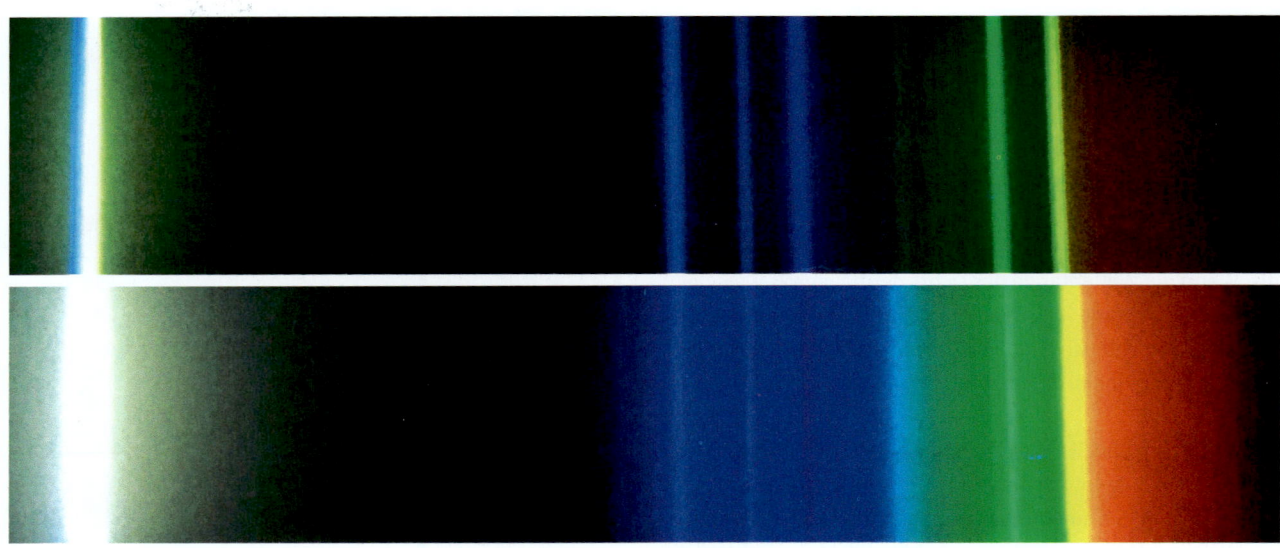

1 Gitterspektren
einer Quecksilber-
höchstdrucklampe

Die Unbestimmtheitsrelation

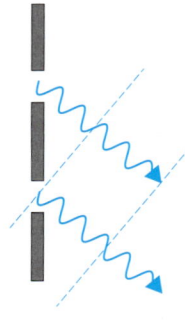

Eine Quecksilberhöchstdrucklampe hat einen Lichtwirkungsgrad von über 50 %. Sie enthält Quecksilbergas unter einem Druck, der dem 100-fachen des Luftdrucks entspricht. Oben sieht man das Spektrum der Lampe kurz nach dem Einschalten. Darunter sieht man das Spektrum, wie es nach einigen Minuten aussieht. Warum wird das Spektrum unschärfer?

Modell Wellenzug • Bei einem scharfen Linienspektrum liegt die Wellenlänge des Lichts für jede Linie mit großer Genauigkeit fest. Sind die Linien unscharf, dann ist die Wellenlänge nicht so genau bestimmt. Wie kann man das verstehen? Hat nicht jedes Photon eine bestimmte Wellenlänge?

In der Lampe werden Quecksilberatome durch Stöße angeregt. Die dadurch zugeführte Energie geben sie wieder ab, indem sie Photonen emittieren. Im Modell stellen wir uns ein emittiertes Photon vereinfacht als Wellenzug vor, der innerhalb einer bestimmten Zeitdauer emittiert wird und damit auch eine bestimmte Länge hat. Je höher die Temperatur des Quecksilbergases ist, umso mehr Stöße gibt es zwischen den Atomen. Die Stöße stören die Emission, die Wellenzüge

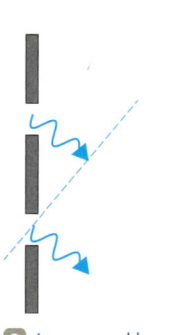

2 Langer und kurzer
Wellenzug, schema-
tisch

werden kürzer. Kurze Wellenzüge können sich auf dem Weg zum Schirm nicht mehr so gut überlagern (▸Abb. 2).

Unbestimmtheit bezüglich der Wellenlänge • Wellenzüge erhält man mathematisch als Überlagerung von sinusförmigen Wellen unterschiedlicher Wellenlängen. Ein Wellenzug hat also keine eindeutige Wellenlänge. Man sagt, die Wellenlänge ist **unbestimmt.** Dabei stellt man fest: Je kürzer ein Wellenzug ist, umso größer ist der zugehörige Wellenlängenbereich.

Es gilt also folgender Zusammenhang: Je kürzer der Wellenzug ist, desto unbestimmter ist er in der Wellenlänge; je länger er ist, desto bestimmter ist er in der Wellenlänge. Wegen $p = \frac{h}{\lambda}$ bedeutet Unbestimmtheit der Wellenlänge gleichzeitig auch Unbestimmtheit des Impulses der Photonen.

Genaue Präparation unmöglich • Wenn man Photonen mit möglichst bestimmtem Impuls präpariert, dann sind die Wellenzüge lang und damit sind die Orte unbestimmt. Offensichtlich kann man ein Photon nicht beliebig genau auf einen bestimmten Ort und einen bestimmten Impuls präparieren.

Unbestimmtheit für Objekte mit Masse •

Gilt ein solcher Zusammenhang auch für Quantenobjekte mit Masse? Immerhin haben Quantenobjekte ja eine De-Broglie-Wellenlänge. Sowohl in der Theorie als auch im Experiment zeigt sich: Egal wie man es anstellt, man kann auch bei Elektronen, Atomen und anderen Quantenobjekten nicht gleichzeitig Ort und Impuls genau präparieren. Die Unbestimmtheiten in den Größen Ort und Impuls zeigen sich bei Messungen:

Unbestimmtheit bezüglich des Orts ... •

So kann man beispielsweise ein Elektron mithilfe von Feldern gewissermaßen in einen Kasten sperren. Man kann nun viele Wiederholungen einer Ortsmessung an dem jeweils identisch präparierten Elektron durchführen. Dabei stellt man fest: Die Messergebnisse für den Ort x sind statistisch verteilt. Die Streuung Δx ist etwa so groß wie der Kasten. Je größer die Ausdehnung des Kastens ist, umso größer ist auch Δx (▶Abb. 3 A und B, jeweils der linke Graph).

... und des Impulses •

Doch auch wenn man immer wieder den Impuls p an identisch präparierten Elektronen misst, stellt man fest, dass die Messwerte eine Streuung Δp haben. Analog zum Wellenzug stellt man fest: Je kleiner der Kasten, also die Ortsunbestimmtheit Δx ist, desto größer ist die Unbestimmtheit Δp im Impuls (▶Abb. 3 A und B, jeweils der rechte Graph). Wenn man umgekehrt eine kleine Unbestimmtheit im Impuls haben möchte, dann muss man das Elektron in einen breiten Kasten sperren.

Heisenbergs Unbestimmtheitsrelation •

Wir fassen zusammen: Wenn die Ortsunbestimmtheit Δx eines Elektrons klein ist, dann ist seine Impulsunbestimmtheit Δp groß und umgekehrt. Diese Gesetzmäßigkeit gilt für alle Quantenobjekte. Man kann ein Objekt nicht gleichzeitig beliebig genau auf Ort und Impuls präparieren. Je genauer man die eine Größe präpariert, umso größer wird die Unbestimmtheit in der anderen Größe. Für das Produkt der Unbestimmtheiten von Ort und Impuls gibt es eine Untergrenze. Sie lässt sich theoretisch herleiten und in Experimenten bestätigen und hat die Größenordnung der Planck-Konstante h.

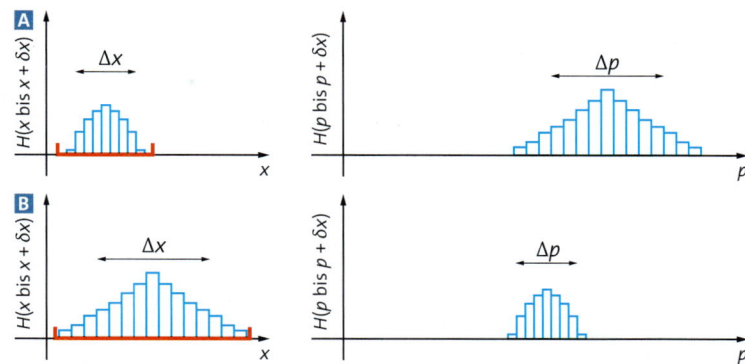

3 Typische Häufigkeitsverteilung der Messwerte von Impuls und Ort bei einem Elektron **A** im schmalen Kasten und **B** im breiten Kasten

Die zugehörige Ungleichung wird nach dem Physiker WERNER HEISENBERG **Heisenbergsche Unbestimmtheitsrelation** genannt. In ihrer schärfsten Formulierung lautet sie:

> Objekte können nicht gleichzeitig beliebig genau auf einen Ort x und einen Impuls p präpariert werden. Für die Unbestimmtheit der Größen bei identisch präparierten Objekten gilt:
>
> $$\Delta x \cdot \Delta p \geq \frac{h}{4\pi}.$$

Wir betrachten als Beispiel das Elektron in einem Wasserstoffatom. Man erwartet, dass die Unbestimmtheit im Ort etwa so groß ist wie der Atomdurchmesser, also ungefähr 10^{-10} m. Messungen bestätigen dies. Auch den Impuls des Elektrons im Atom kann man in Stoßversuchen immer wieder messen. Man erhält einen mittleren Impuls von etwa $3 \cdot 10^{-24} \frac{\text{kg} \cdot \text{m}}{\text{s}}$ und eine mittlere Geschwindigkeit von etwa $3 \cdot 10^{6} \frac{\text{m}}{\text{s}}$. Die Unbestimmtheit des Elektronenimpulses beträgt etwa 20 % des mittleren Impulses, genauso groß ist die relative Streuung bei der Geschwindigkeit.

1 Zeigen Sie durch eine Rechnung, dass ein Elektron mit den im vorigen Absatz angegebenen Werten die Unbestimmtheitsrelation erfüllt.

2 Berechnen Sie die Unbestimmtheit der Geschwindigkeit für einen Teddybären mit einer Masse von 200 g und einer Ortsunbestimmtheit von 1 µm.

Keine Bahn • Es kann also keine Rede davon sein, dass ein Elektron im Atom einen bestimmten Ort und einen bestimmten Impuls hätte. Das hat eine ganz entscheidende Konsequenz: Ein Elektron hat keine Bahn! Insbesondere bewegt sich ein Elektron in einem Atom nicht auf einer Kreisbahn. Es gibt zwar Modelle, in denen Bahnen für Elektronen gezeichnet werden, in diesen Modellen werden aber die Erkenntnisse der Quantenphysik nicht berücksichtigt. Damit ein Teilchen auf einer definierten Bahn unterwegs ist, muss es zu jeder Zeit einen bestimmten Ort und eine bestimmte Geschwindigkeit haben.

Auch andere Quantenobjekte, z. B. Protonen, Atome, Moleküle etc. haben keine definierte Bahn.

Unbestimmtheit im Alltag? • Warum bewegen sich dann Objekte des Alltags auf einer Bahn? Der Grund dafür ist, dass Alltagsobjekte im Vergleich zu Elektronen eine viel größere Masse haben. Wir betrachten ein Staubkorn der Masse 10^{-10} kg. Wir nehmen an, dass die Ortsunbestimmtheit einen Atomdurchmesser beträgt. Daraus folgt eine sehr kleine Unbestimmtheit der Geschwindigkeit von etwa $2 \cdot 10^{-4} \frac{m}{s}$. Dies ist geringer als die Messunsicherheit. Beim Staubkorn können wir also von einer Bahn sprechen.

Auch bei den Elektronen in einer Fadenstrahlröhre beobachtet man eine Art von Bahn. Hier ist die Ortsunbestimmtheit vergleichsweise groß und damit ist die Impulsunbestimmtheit klein. Die Elektronen bewegen sich auch hier nicht auf einer exakten Bahn. Mit dem Auge betrachtet erscheint es aber als Bahn. Man spricht von einer makroskopischen Bahn.

Ionen im Massenspektrometer haben ebenfalls eine makroskopische Bahn.

Zusammenhang mit dem Komplementaritätsprinzip • „Je mehr Welcher-Weg-Information, umso weniger ausgeprägt das Interferenzmuster." Diese Gesetzmäßigkeit haben wir als Komplementaritätsprinzip kennen gelernt. Heisenbergs Unbestimmtheitsrelation klingt ganz ähnlich: „Je genauer der Impuls bestimmt ist, umso unbestimmter ist der Ort und umgekehrt." Man sagt, dass Ort und Impuls zueinander komplementäre Größen sind. Gibt es noch andere Größen, die zueinander komplementär sind und für die es ebenfalls eine Unbestimmtheitsrelation gibt? Sie ahnen es vielleicht schon: Die Polarisation von Photonen ist ein heißer Kandidat dafür.

A				
Durchlass	100%	0%	50%	50%
Absorption	0%	100%	50%	50%
Unbestimmtheit	keine	keine	groß	groß

B				
Durchlass	50%	50%	100%	0%
Absorption	50%	50%	0%	100%
Unbestimmtheit	groß	groß	keine	keine

C				
Durchlass	85%	15%	85%	15%
Absorption	15%	85%	15%	85%
Unbestimmtheit	mittel	mittel	mittel	mittel

1 Unbestimmtheit bezüglich verschiedener Polarisationsmessungen **A** für ein 0°-Photon, **B** für ein 45°-Photon und **C** für ein 22,5°-Photon

Unbestimmtheitsrelation für die Polarisation • Wenn ein Photon z. B. die Polarisation 0° hat, dann hat es bezüglich 0° die Polarisationseigenschaft „durchgelassen" und bezüglich 90° die Eigenschaft „absorbiert". Seine Polarisation ist also bezüglich der 0°/90°-Richtungen bestimmt (▸Abb.1A). Bezüglich der +45°/−45°-Richtungen hingegen ist die Polarisationseigenschaft unbestimmt: Bei Messung mit einem 45°-Filter ist das Ergebnis zu 50% „durchgelassen" und zu 50% „absorbiert". Betrachtet man ein Photon, das die Polarisation 45° hat, dann erhält man das umgekehrte Ergebnis (▸Abb.1B). Ein Photon mit Polarisation 22,5° hat zwar weniger Unbestimmtheit bezüglich der 0°/90°-Polarisationen als ein 45°-Photon, aber dafür mehr Unbestimmtheit bezüglich der +45°/−45°-Richtungen (▸Abb.1C).

Auch für Polarisationseigenschaften gilt also ein Komplementaritätsprinzip: Je kleiner die Unbestimmtheit bezüglich der 0°/90°-Richtungen ist, umso größer ist die Unbestimmtheit bezüglich der +45°/−45°-Richtungen und umgekehrt.

Material A • Unbestimmtheit bei der Interferenz am Glimmerblatt

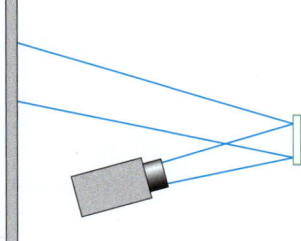

Ein dünnes transparentes Glimmerblatt wird mit Licht einer Quecksilberhöchstdrucklampe beleuchtet. Auf der gegenüberliegenden Wand kann man ein Interferenzmuster beobachten.

A1 a) Erklären Sie die Entstehung der Interferenzstreifen.
b) Schätzen Sie die Mindestlänge der Wellenzüge ab, damit Interferenz beobachtet werden kann. Begründen Sie Ihr Vorgehen.
c) Erläutern Sie, warum das Interferenzmuster kurz nach dem Einschalten der Lampe immer mehr verschwindet.

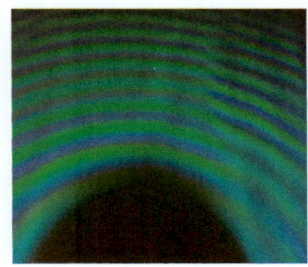

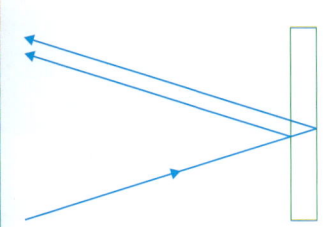

A2 Etwa gleichzeitig zum Verschwinden des Interferenzmusters fließen die beiden Spektrallinien mit λ = 577 nm und λ = 579 nm ineinander, sodass sie nicht mehr getrennt sind.
a) Zeigen Sie, dass die relative Unbestimmtheit der Wellenlänge dann etwa 0,3 % beträgt. Schätzen Sie damit die Unbestimmtheit des Impulses der Photonen ab.
b) Bestätigen Sie die Unbestimmtheitsrelation.

Material B • Elektronen in der Fadenstrahlröhre

In der Fadenstrahlröhre beobachtet man eine leuchtende Spur der Elektronen. Diese Spur kommt dadurch zustande, dass Elektronen auf Gasmoleküle stoßen und diese zum Leuchten bringen. Jeder Zusammenstoß mit einem Molekül stellt eine Ortsmessung für die Elektronen dar. Wie ist es möglich, dass sich die Elektronen trotz der Unbestimmtheitsrelation alle etwa auf demselben Kreis bewegen?

B1 Die Elektronen in der Röhre werden mit 250 V beschleunigt. Berechnen Sie den Impuls der Elektronen.

B2 a) Damit die Elektronen etwa auf demselben Kreis laufen, müssen Sie ähnliche Impulse haben. Begründen Sie.
b) Aus der Dicke der leuchtenden Spur kann man die Ortsunbestimmtheit der Elektronen in radialer Richtung zu

etwa 2 mm abschätzen. Gehen Sie davon aus, dass die Ortsunbestimmtheit in tangentialer Richtung von derselben Größenordnung ist. Berechnen Sie die zugehörige minimale Impulsunbestimmtheit.
c) Zeigen Sie, dass die Unbestimmtheit der Elektronen mit der beobachteten, etwas unscharfen Spur im Fadenstrahlrohr vereinbar ist.

Material C • Unbestimmtheit eines eingeschlossenen Elektrons

Elektronen einer Kupferoberfläche sind in einem Ring aus Eisenatomen eingeschlossen. Das Bild ist mit einem Rastertunnelmikroskop aufgenommen worden.

Es zeigt die P-Funktion der Elektronen. Anders als eine stehende Wasserwelle ändert sich diese P-Funktion nicht im Lauf der Zeit. Der Durchmesser eines Eisenatoms beträgt etwa 10^{-10} m.

C1 Schätzen Sie die Ortsunbestimmtheit Δx der Elektronen im Ring ab.
C2 Der Abstand benachbarter Maxima der P-Funktion ist gleich der halben De-Broglie-Wellenlänge der

Elektronen. Bestimmen Sie damit den Impuls p der Elektronen.

C3 Aus der Schärfe der Struktur der P-Funktion kann man schließen, dass die Unbestimmtheit $\Delta\lambda$ der De-Broglie-Wellenlänge etwa ein Zehntel der Wellenlänge selbst ist.
a) Ermitteln Sie damit die Unbestimmtheit Δp des Impulses.
b) Bestätigen Sie hiermit die Unbestimmtheitsrelation.

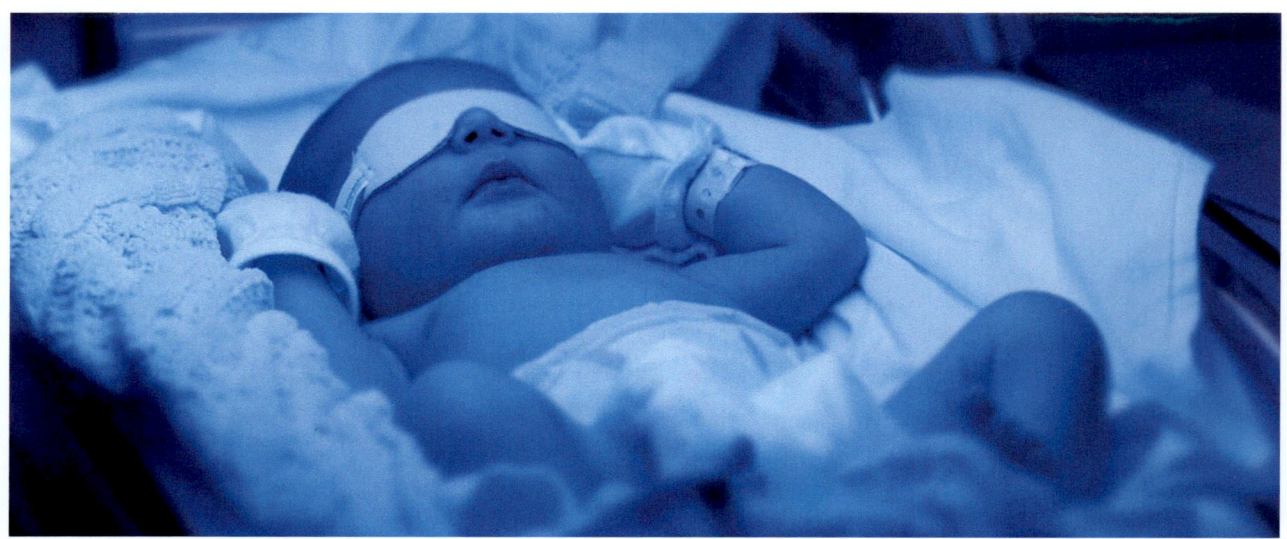

Der lichtelektrische Effekt

In den ersten Lebenstagen bauen Neugeborene überschüssige rote Blutkörperchen ab. Dabei entsteht Bilirubin, ein Stoff, den die Leber anfangs nicht so gut abbauen kann. Im Tageslicht oder unter blauem Licht wird Bilirubin in Lumirubin umgewandelt und kann ausgeschieden werden. Warum nimmt man blaues Licht? Funktioniert grünes oder rotes Licht nicht genauso?

Der lichtelektrische Effekt wird auch Fotoeffekt genannt.

Das richtige Quantum Energie • Blaues Licht ist kurzwelliger als grünes oder rotes Licht. Je kurzwelliger das Licht ist, umso energiereicher sind die zugehörigen Photonen. Offenbar reicht bei der Absorption von grünem Licht die Photonenenergie nicht aus, um das Bilirubin zu spalten. Erst bei blauem Licht ist die Wellenlänge so klein, dass die Energie der Photonen groß genug dafür ist. Bei Ultraviolettstrahlung wiederum ist die Photonenenergie zu groß und die Strahlung würde dem Baby schaden. Woher weiß man, welche Wellenlänge hier passt?

Ob die Energie eines Photons ausreicht, um eine Reaktion auszulösen, untersuchen wir nun an einem Phänomen, das man **lichtelektrischen Effekt** oder Fotoeffekt nennt: Wenn man eine negativ geladene Zinkplatte mit Ultraviolettstrahlung beleuchtet, dann entlädt sie sich (▸Abb. 2). Verwendet man normales Licht, dann bleibt die Platte geladen. Man erklärt dies so: Bei der Absorption von Licht durch das Metall wird die Energie der Photonen meist auf die Elektronen übertragen. Nur bei UV-Strahlung ist die pro Photon übertragene Energie groß genug, damit ein Elektron die Zinkplatte verlassen kann.

Energiebilanz • Wir stellen hierfür eine Energiebilanz auf: Das Elektron nimmt bei der Absorption des Photons die Energie $E_{ph} = h \cdot f$ auf. Einen Teil dieser Energie benötigt das Elektron, um das Metall zu verlassen. Diese Energie ist die materialabhängige Ablöseenergie E_{ab}. Es bewegt sich anschließend mit der kinetischen Energie E_{kin} von der Platte weg. Wenn das Elektron nicht

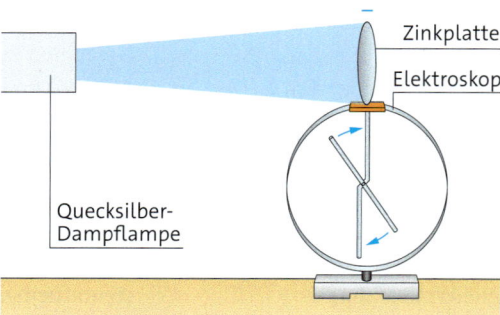

Zinkplatte

Elektroskop

Quecksilber-Dampflampe

noch auf andere Weise Energie abgibt, ist seine kinetische Energie maximal und es gilt:

$E_{\text{vorher}} = E_{\text{nachher}}$, also: $E_{\text{ph}} = E_{\text{ab}} + E_{\text{kin}}^{\text{max}}$.

Die maximale kinetische Energie des Elektrons hängt also von der Frequenz des Photons ab:

$E_{\text{kin}}^{\text{max}} = E_{\text{ph}} - E_{\text{ab}} = h \cdot f - E_{\text{ab}}$.

Diese Energiebilanz wurde von ALBERT EINSTEIN 1905 zum ersten Mal vorgeschlagen.

Überprüfung der Energiebilanz • Wir überprüfen die Energiebilanz mit einer **Fotozelle.** Eine Fotozelle besteht aus einem evakuierten Glaskolben (▸Abb.3A). Die Rückseite des Glaskolbens ist von innen mit einer Metallschicht bedampft (▸Abb.3B). Man nennt die Metallschicht **Kathode.** Die Kathode kann durch einen Drahtring hindurch, die sogenannte **Anode,** beleuchtet werden.

Wir verwenden eine Fotozelle mit einer Cäsiumkathode. Zwischen die Anschlüsse von Kathode und Anode schließen wir einen Messverstärker zur Spannungsmessung an. Wir bestrahlen die Kathode nacheinander mit sichtbarem Licht unterschiedlicher Wellenlängen. Die abgelösten Elektronen laden die Anode auf. Zwischen Anode und Kathode können wir eine Spannung messen (▸Abb.3B). Diese sogenannte **Fotospannung U** wird durch ankommende Elektronen so groß, bis auch die Elektronen mit $E_{\text{kin}}^{\text{max}}$ den Ring gerade nicht mehr erreichen können. Dann gilt:

$E_{\text{kin}}^{\text{max}} = e \cdot U$.

Wir messen die Fotospannung für vier verschiedene Wellenlängen λ und berechnen für jede Frequenz $f = \frac{c}{\lambda}$ die Energie $E_{\text{kin}}^{\text{max}} = e \cdot U$. Tragen wir $E_{\text{kin}}^{\text{max}}$ über der Frequenz f auf, dann erhalten wir eine Gerade, wie man es nach obiger Gleichung erwartet (▸Abb.4).

Aus der Steigung dieser Geraden können wir das Plancksche Wirkungsquantum h bestimmen:

$h = \dfrac{\Delta E_{\text{kin}}^{\text{max}}}{\Delta f} = \dfrac{2,0 \cdot 10^{-19}\,\text{J}}{3,0 \cdot 10^{14}\,\text{Hz}} = 6,7 \cdot 10^{-34}\,\text{Js}$.

Dies stimmt sehr gut mit dem Literaturwert von $6,63 \cdot 10^{-34}$ Js überein.

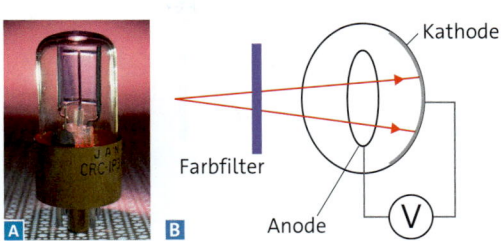

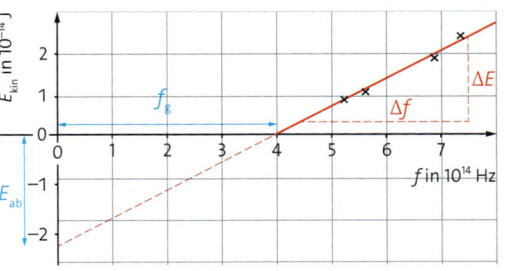

3 **A** Fotozelle, **B** schematischer Aufbau einer Fotozelle mit Schaltung zur Messung der Fotospannung.

4 Maximale kinetische Energie der Elektronen in Abhängigkeit von der Wellenlänge des eingestrahlten Lichts

▸Abb.4 zeigt auch, dass nur Licht mit einer Frequenz größer als eine bestimmte **Grenzfrequenz f_{g}** überhaupt Elektronen herauslösen kann. Dies liegt daran, dass ein Elektron die Ablöseenergie E_{ab} benötigt, um das Kathodenmaterial zu verlassen. Die Ablöseenergie kann man als Hochachsenabschnitt der Ausgleichsgeraden aus dem Diagramm ablesen. Wir erhalten für Cäsium ca. $2,4 \cdot 10^{-14}$ J = 1,5 eV. Insgesamt bestätigt das Experiment die Energiebilanz für die beim Fotoeffekt herausgelösten Elektronen.

> Beim Fotoeffekt werden Elektronen mit Licht der Frequenz f aus einer Metallschicht gelöst. Mit der Ablöseenergie E_{ab} gilt für die maximale kinetische Energie der herausgelösten Elektronen:
>
> $$E_{\text{kin}}^{\text{max}} = E_{\text{ph}} - E_{\text{ab}} = h \cdot f - E_{\text{ab}}.$$

1 Begründen Sie, dass die Ablöseenergie von Zink größer als die von Cäsium ist.

2 Die Wellenlänge, die für die Bilirubintherapie bei Säuglingen empfohlen wird, beträgt 459 nm. Schätzen Sie ab, welche Energie nötig ist, um ein Bilirubinmolekül in ein Lumirubinmolekül zu überführen.

3 Begründen Sie, dass sich das Diagramm in ▸Abb.4 nicht ändert, wenn man Licht größerer Intensität verwendet.

Die Formel $E_{\text{kin}}^{\text{max}} = e \cdot U$ gilt nur, wenn Anode und Kathode aus dem gleichen Material bestehen. Da jedoch die Anode meist hinreichend stark mit Cäsium von der Kathode verunreinigt ist, kann man die Formel für unsere Zwecke verwenden.

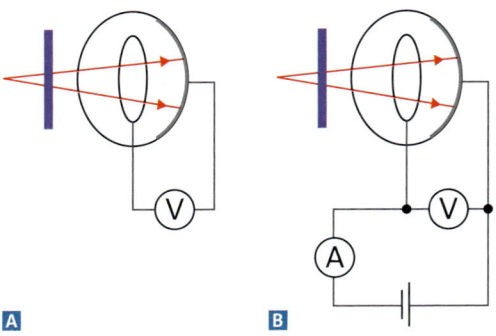

1 Prinzipieller Aufbau **A** bei der Auflademethode und **B** bei der Gegenfeldmethode

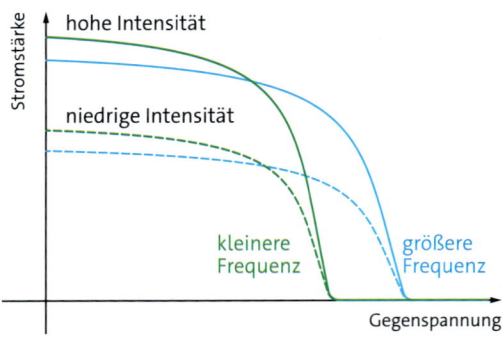

2 Kennlinie einer Fotozelle bei unterschiedlichen Intensitäten und Frequenzen

Die Auflademethode · Wir haben untersucht, welche Spannung sich in einer Fotozelle einstellt, wenn die Cäsiumschicht mit Licht verschiedener Wellenlängen bestrahlt wird. Da sich der Ring dabei auflädt, nennt man diese Methode Auflademethode (▸Abb.1A).

Dabei haben wir beobachtet, dass die Frequenz des verwendeten Lichts die Fotospannung bestimmt. Spielt die Intensität des Lichts gar keine Rolle für den lichtelektrischen Effekt? Wir vermuten, dass mehr Lichtintensität dazu führt, dass mehr Elektronen von der Metallschicht abgelöst werden. Mit der Auflademethode können wir diese Vermutung nicht überprüfen, da die Elektronen nicht abfließen können. Wir verfeinern deshalb unsere Messmethode und benutzen die Gegenfeldmethode.

Die Gegenfeldmethode · Wir lassen die Elektronen, die auf dem Ring ankommen, über ein Amperemeter abfließen (▸Abb.1B). Die gemessene Stromstärke ist ein Maß dafür, wie viele Elektronen pro Sekunde den Ring erreichen, der Strom wird Fotostrom genannt. Außerdem legen wir eine regelbare Gegenspannung an, welche die Elektronen auf ihrem Weg zum Ring abbremst. Wenn wir die Gegenspannung erhöhen, dann nimmt die Fotostromstärke ab (▸Abb.2). Immer mehr Elektronen haben nicht mehr genügend kinetische Energie, um das Gegenfeld zu überwinden. Wenn die Stromstärke gerade 0 A erreicht hat, notieren wir die Gegenspannung. Dieser Wert ist identisch mit der Fotospannung, die man bei der Auflademethode misst, gleiche Frequenz des Lichts vorausgesetzt.

Wenn wir die Messung für Licht derselben Frequenz, aber größerer Intensität wiederholen, dann erhalten wir größere Fotostromstärken (durchgezogene, statt gestrichelte Kurven in ▸Abb.2), wie wir es erwartet haben. Die Gegenspannung, bei der die Stromstärke 0 A erreicht, ist hingegen von der Intensität unabhängig. Sie ändert sich nur, wenn wir Licht unterschiedlicher Frequenzen verwenden (blaue und grüne Kurven in ▸Abb.2)

Klassische Modelle · All diese Befunde sind weder im Wellen- noch im Teilchenmodell erklärbar. Im Wellenmodell würde man erwarten, dass mit größerer Intensität mehr Energie auf die Elektronen übertragen wird und daher die Fotospannung größer wäre. Aber auch das Teilchenmodell beschreibt den lichtelektrischen Effekt nur unzureichend. Denn man beobachtet, dass sich die herausgelösten Elektronen vorwiegend orthogonal zum eintreffenden Licht von der Metallschicht wegbewegen. Dies würde man eher bei der Vorstellung von Licht als Welle erwarten, bei der die Elektronen in Richtung des elektrischen Felds beschleunigt werden. Wieder sehen wir, dass wir Quantenphänomene nicht mit klassischen Modellen erklären können. Weder ist Licht eine gleichmäßig ankommende Welle, noch ist es ein „Regen" von Photonen.

1 Skizzieren Sie, welchen Verlauf der Kurven in ▸Abb.2 Sie erwarten, wenn man den Fotoeffekt im Wellenmodell erklären würde.

2 Zeigen Sie, dass bei gleicher Intensität die Anzahl der absorbierten Photonen proportional zur Wellenlänge des Lichts ist.

Erzeugung von Röntgenstrahlung

Die Röntgenaufnahme zeigt eine Grünholzfraktur (▸Abb. 3). Das ist ein Armbruch, wie er bei Stürzen im Jugendalter häufig vorkommt. Röntgenstrahlung ist so energiereich, dass sie Haut und Muskeln durchdringen kann. Von Knochen wird sie größtenteils aufgehalten. Die Wellenlänge von Röntgenstrahlung liegt im Bereich von 10 nm bis 5 pm.

▸Abb. 4 zeigt eine historische Röntgenröhre. In einem evakuierten Kolben befinden sich eine Glühkathode und eine abgeschrägte Anode. Die Beschleunigungsspannung beträgt je nach Röntgengerät 1 kV bis 250 kV (▸Abb. 5). Wenn die Elektronen an der Anode abgebremst werden, dann werden Photonen emittiert. Man nennt die Strahlung deshalb auch Röntgen-Bremsstrahlung.

Während beim Fotoeffekt die Energie eines Photons auf ein oder mehrere Elektronen übertragen wird, werden bei der Röntgenstrahlung mit der kinetischen Energie eines Elektrons ein oder mehrere Photonen emittiert. Die kinetische Energie eines einzelnen Elektrons beträgt je nach Beschleunigungsspannung etwa 1 keV bis 250 keV. Die Ablöseenergie des Metalls im Bereich von einigen eV kann bei der Energiebilanz vernachlässigt werden.

Die maximale Energie hat ein Röntgenphoton, wenn es mit der gesamten kinetischen Energie eines Elektrons erzeugt wird. Für die Energie der erzeugten Photonen gilt also:

$$E_{ph} \leq E_{kin}^{Elektron} = e \cdot U.$$

Dementsprechend gibt es für die Wellenlänge eine Untergrenze:

$$\lambda_g \geq \frac{h \cdot c}{e \cdot U}.$$

Wenn man die Intensität der Röntgenstrahlung über der Wellenlänge aufträgt, dann erhält man das Spektrum der Röntgenstrahlung (▸Abb. 6). Je größer die Beschleunigungsspannung ist, desto kleiner ist die Grenzwellenlänge, genauso, wie es nach der Theorie vorhergesagt wird.

1 Überprüfen Sie rechnerisch, ob im Diagramm der ▸Abb. 6 die Beschleunigungsspannungen zu den Grenzwellenlängen passen.

2 Elektromagnetische Strahlung mit einer Wellenlänge von weniger als 5 pm wird Gammastrahlung genannt. Berechnen Sie die Spannung, mit der Elektronen beschleunigt werden müssen, damit beim Abbremsen Gammastrahlung entstehen kann.

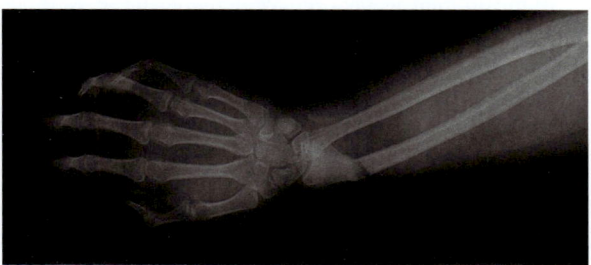

3 Röntgenaufnahme eines Knochenbruchs

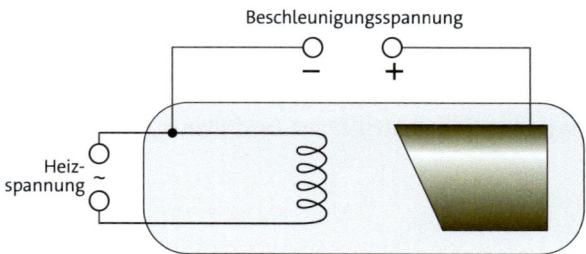

5 Schaltung einer Röntgenröhre

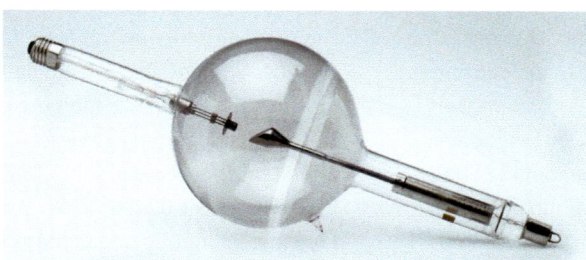

4 Eine historische Röntgenröhre

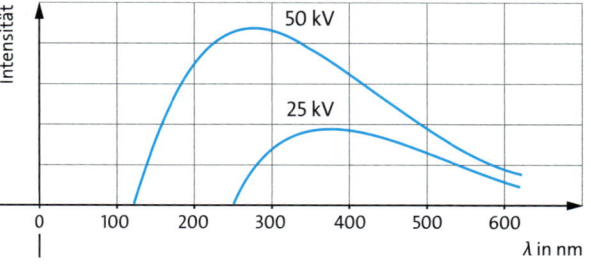

6 Bremsspektren von Röntgenstrahlung

Material A • Fotozelle in unterschiedlichen Schaltungen

A1 Die Kaliumkathode (E_A = 2,25 eV) einer Fotozelle wird mit blauem Licht (λ = 460 nm) beleuchtet. Erklären Sie qualitativ die Anzeige der Messgeräte in den drei Schaltungen. Gehen Sie dabei auch auf die Polungen der Spannungen und auf die Stromrichtungen ein.

A2 Erklären Sie, wie sich die Werte ändern, wenn
  a) bei gleicher Wellenlänge die Lichtintensität erhöht wird.
  b) bei gleicher Intensität violettes Licht verwendet wird.
  c) bei gleicher Intensität gelbes Licht verwendet wird.

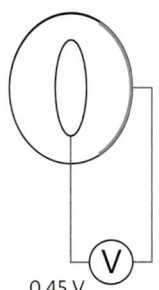
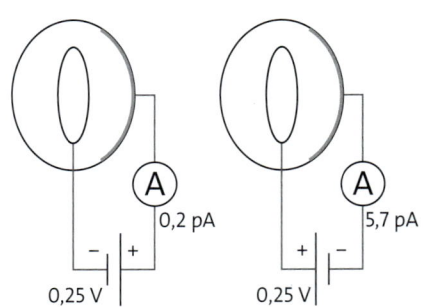

Material B • Bestimmung der Planck-Konstanten mit der Gegenspannungsmethode

Eine Fotozelle wird nacheinander mit Licht aus unterschiedlich farbigen Leuchtdioden beleuchtet. Dabei misst man jeweils die Gegenspannung U, bei der der Fotostrom auf 0 A abfällt. Man erhält die Werte der folgenden Tabelle:

	Rot	Gelb	Grün	Blaugrün	Blau
λ in nm	611	588	525	505	472
U in V	0,072	0,195	0,454	0,526	0,697

B1 Zeichnen Sie eine Schaltskizze für diesen Versuch.

B2 **a)** Begründen Sie, dass für eine Spannung von U = 0 V ein Fotostrom gemessen wird.
  b) Erklären Sie, warum mit zunehmender Gegenspannung die Stromstärke bis auf null abnimmt.

B3 **a)** Beschreiben Sie, wie für U = 0 V die Fotostromstärke von der Lichtintensität abhängt. Begründen Sie Ihre Antwort.
  b) Erklären Sie, warum die in der Tabelle gemessenen Werte der Gegenspannung von der Lichtintensität unabhängig sind.

B4 **a)** Tragen Sie die Gegenspannung über der Frequenz auf.
  b) Bestimmen Sie mithilfe des Diagramms die Planck-Konstante sowie die Ablöseenergie für diese Fotozelle.
  c) Bestimmen Sie die Grenzwellenlänge des Kathodenmaterials.

B5 **a)** Zeichnen Sie in das Diagramm von B4 den Graphen für ein Kathodenmaterial mit einer Ablöseenergie von 1,0 eV ein.
  b) Bestimmen Sie die Grenzwellenlänge dieses Kathodenmaterials.

Material C • Fotoeffekt und Kondensatoraufladung

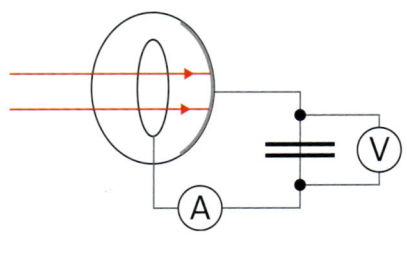

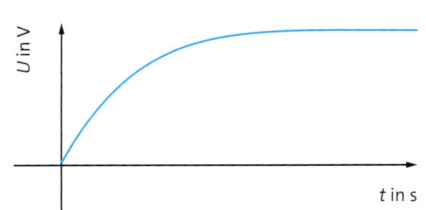

Eine Fotozelle mit einer Kathode aus Cäsium (Ablöseenergie 2,1 eV) ist an einen Kondensator der Kapazität 2,0 nF angeschlossen.

C1 Die Kathode wird zunächst mit Infrarotlicht beleuchtet. Man beobachtet keine Aufladung des Kondensators, auch wenn man die Intensität des Lichts erhöht. Verwendet man dagegen violettes Licht, dann gelingt die Aufladung. Erklären Sie diese Beobachtung.

C2 Nun trifft violettes Licht der Wellen-

länge 420 nm auf die Kathode.
  a) Bestimmen Sie die Spannung, die sich am Kondensator einstellt.
  b) Berechnen Sie die maximale Ladung des Kondensators.

C3 Die Kathode wird nun mit blauem Licht der Wellenlänge 470 nm beleuchtet. Es wird der zeitabhängige Verlauf der Spannung gemessen.
  a) Erklären Sie den Verlauf.
  b) Skizzieren Sie die zeitlichen Verläufe der Spannung und der Stromstärke für zwei unterschiedliche Intensitäten des auftreffenden Lichts.

Material D • Ablöseenergie an Kathode und Anode

Im Allgemeinen muss bei der Energiebilanz zum Fotoeffekt sowohl die Ablö-

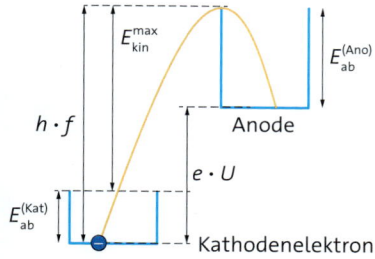

seenergie bei der Kathode als auch die Ablöseenergie bei der Anode berücksichtigt werden. Wenn Kathode und Anode aus unterschiedlichen Materialien bestehen, dann sind auch ihre Ablöseenergien $E_{ab}^{(Kat)}$ und $E_{ab}^{(Ano)}$ verschieden.

D1 a) Stellen Sie mithilfe des Diagramms eine Energiebilanz für die maximale kinetische Energie E_{kin}^{max} der Elektronen auf.

b) Stellen Sie ebenso eine Energiebilanz für die Differenz $e \cdot U$ der potenziellen Energien von Anode und Kathode auf.

D2 a) Leiten Sie aus den Energiebilanzen einen Zusammenhang zwischen E_{kin}^{max} und $e \cdot U$ her.

b) Zeigen Sie, dass sich für $E_{ab}^{(Kat)} = E_{ab}^{(Ano)}$ die beiden Gleichungen aus Teilaufgabe D1 zu einer Gleichung reduzieren.

Material E • Innerer Fotoeffekt bei der Solarzelle

Solarzellen beruhen auf dem inneren Fotoeffekt. Dabei gibt ein Photon seine Energie an ein gebundenes Elektron ab. Das Elektron wird aber nicht aus dem Material herausgelöst, sondern nur energetisch angehoben. Es befindet sich dann im sogenannten Leitungsband. Zur energetischen Anhebung ist die materialabhängige Bandlückenenergie $E_{Lücke}$ nötig. Die Differenz von Photonen- und Bandlückenenergie liegt als kinetische Energie des Elektrons vor. Diese wird durch Stöße der Elektronen mit den Atomen sofort wieder abgegeben und führt zu einer nicht nutzbaren Erwärmung. Pro angehobenem Elektron kann also

nur die Bandlückenenergie $E_{Lücke}$ genutzt werden.

E1 Bei Silicium beträgt $E_{Lücke}$ = 1,12 eV. Berechnen Sie die Grenzwellenlänge, ab der Licht Elektronen in das Leitungsband anheben kann.

E2 Das von der Sonne auf die Solarzelle treffende Licht hat seine maximale Intensität bei ca. 550 nm. Bestimmen Sie den theoretisch nutzbaren Anteil an der zugehörigen Photonenenergie.

E3 Der über das gesamte Spektrum betrachtete theoretische maximale Wirkungsgrad einer Solarzelle hängt von der Bandlückenenergie des verwen-

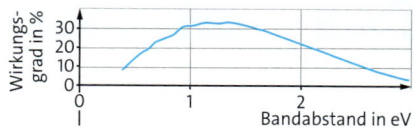

deten Materials ab. Erklären Sie, warum der zugehörige Graph ein Maximum hat. Hinweis: Überlegen Sie, warum sehr große und sehr kleine Bandlückenenergien schlecht für den Wirkungsgrad sind.

E4 In der Praxis liegt der Wirkungsgrad von Solarzellen aus Silicium mit ca. 24 % unter dem theoretisch möglichen Wert von ca. 31 %. Geben Sie mögliche Gründe an.

Material F • Röntgenstrahlung

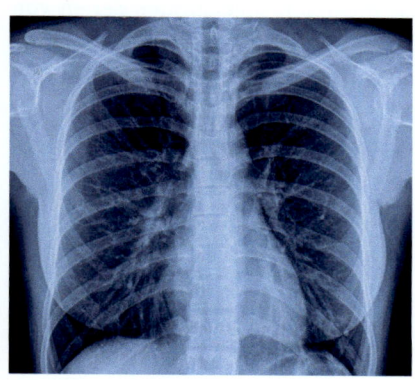

Mit Röntgenstrahlung kann man Knochenaufnahmen machen. Die Photonen der Röntgenstrahlung sind so energiereich, dass sie weiches Gewebe durchdringen. Von Knochen aber werden sie absorbiert. Wegen der großen Energie kann Röntgenstrahlung Gewebe aber auch schädigen.

F1 Vergleichen Sie die Energie eines Photons aus einer Röntgenröhre mit

einer Beschleunigungsspannung U_b von 10 kV mit der Energie eines Photons des sichtbaren Bereichs.

F2 Das typische Bremsspektrum einer Röntgenröhre weist eine Grenzwellenlänge auf.

a) Erklären Sie.

b) Berechnen Sie die Grenzwellenlängen für U_b = 5 kV und U_b = 10 kV.

c) Skizzieren Sie die zugehörigen Bremsspektren.

1 Langzeitbelichtete Aufnahme eines mit Laserlicht bestrahlten Atoms

Einführung in die Atomphysik

Sehen Sie den kleinen violetten Punkt genau im Zentrum dieses Bilds? In diesem Experiment wurde ein einzelnes Strontium-Ion mit Laserlicht bestrahlt. Das zurückkommende Licht wurde mit einer Kamera aufgefangen. Das Atom war ionisiert, also elektrisch geladen. So konnte es von einem elektrischen Feld zwischen den beiden Metallspitzen gehalten werden. Zeigt dieses Bild, wie ein einzelnes Atom aussieht?

Nur bestimmte Wellenlängen · Die Aufnahme in ▸Abb.1 zeigt, dass ein Strontium-Ion Photonen von violettem Licht absorbieren und auch emittieren kann. Allerdings kann man nicht einfach einen Laser mit beliebiger Wellenlänge nehmen. Ionisierte Atome können, wie andere Atome auch, nur Photonen bestimmter Wellen-

längen absorbieren und emittieren. Alle möglichen Wellenlängen für eine bestimmte Atomsorte bilden das sogenannte Linienspektrum. Es ist für jedes Einzelatom bzw. -ion charakteristisch. Dies bedeutet, dass man aus dem Linienspektrum auf das absorbierende oder emittierende Element schließen kann. Warum können von Einzelatomen nur Photonen mit bestimmten Wellenlängen absorbiert werden?

Beispiel Wasserstoffatom · Wir analysieren die Situation beim einfachsten Atom, dem Wasserstoffatom: Das Spektrum von Wasserstoff besteht aus mehreren sogenannten Serien von Linien, die in ▸Abb.2 dargestellt sind. Während die Lyman-Serie sich im UV-Bereich und die Paschen-Serie im IR-Bereich befindet, sind vier Linien der Balmer-Serie im sichtbaren Bereich.

2 Spektrallinien von Wasserstoffatomen. Die verschiedenen Serien heißen nach ihren Entdeckern.

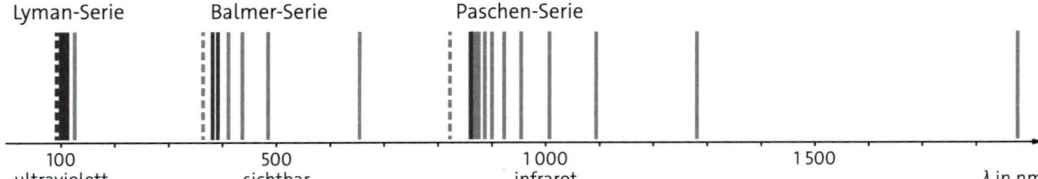

Wir kombinieren • In ▸Tab. 3 sind jeweils die vier größten Wellenlängen und die zugehörigen Photonenenergien für jede Serie aufgeführt. Wenn man sich die Zahlen genau anschaut, sieht man, dass sie teilweise nicht unabhängig voneinander sind. So erhält man z.B. durch Subtraktion der niedrigsten von der dritten Photonenenergie der Lyman-Serie eine der Balmer-Serie (▸Tab. 3, grün).

Lyman-Serie		Balmer-Serie		Paschen-Serie	
λ in nm	E in eV	λ in nm	E in eV	λ in nm	E in eV
121,5	10,23	656,3	1,89	1874	0,66
102,5	12,13	486,1	2,56	1281	0,97
97,2	12,79	434,0	2,86	1094	1,14
94,9	13,10	410,2	3,03	1005	1,24

3 Wellenlängen und Photonenenergien des Wasserstoffspektrums

Energiezustände und Übergänge • Dies kann man erklären, wenn man folgende Annahmen macht: Die Elektronenhülle eines Atoms kann nur ganz bestimmte **Zustände** mit ganz bestimmten Energien annehmen. Wird ein Photon von einem Atom absorbiert, dann geht die Elektronenhülle von einem Zustand niedrigerer Energie in einen Zustand höherer Energie über.

Man nummeriert die Zustände der Hülle des Wasserstoffatoms mit n durch: $n = 1$ ist der niedrigste Zustand mit der Energie E_1 (▸Abb. 4 A). Man nennt ihn Grundzustand. In diesem ist das Atom nicht angeregt. $n = 2$ ist der erste angeregte Zustand mit der Energie E_2. $n = 3$ ist der zweite angeregte Zustand mit der Energie E_3 usw. $E_1, E_2, E_3, \ldots$ nennt man **Energieniveaus.**

Damit die Elektronenhülle beispielsweise vom Zustand $n = 1$ in den Zustand $n = 4$ übergehen kann, muss ihr die Energie $E_4 - E_1$ zugeführt werden. Dies kann durch Stöße oder durch Absorption eines Photons geschehen. Für ein solches Photon gilt also:

$$\Delta E_{1 \to 4} = E_4 - E_1 = h \cdot f_{1;4} = \frac{h \cdot c}{\lambda_{1;4}}.$$

Im betrachteten Beispiel geht die Hülle unter Emission zweier Photonen über den Zustand $n = 2$ in den Zustand $n = 1$ über. Für die Photonenenergien muss dann gelten: $E_{1 \to 4} = E_{1 \to 2} + E_{2 \to 4}$, wie es die grünen Felder in ▸Tab. 3 zeigen.

Serien des Wasserstoffatoms • Spektrallinien, bei denen die Elektronenhülle aus einem angeregten Zustand in den Grundzustand $n = 1$ übergeht, gehören zur Lyman-Serie (▸Abb. 4 B). Beim Übergang aus einem höheren Zustand in die Zustände $n = 2$ und $n = 3$ gehören sie zur Balmer-Serie bzw. zur Paschen-Serie.

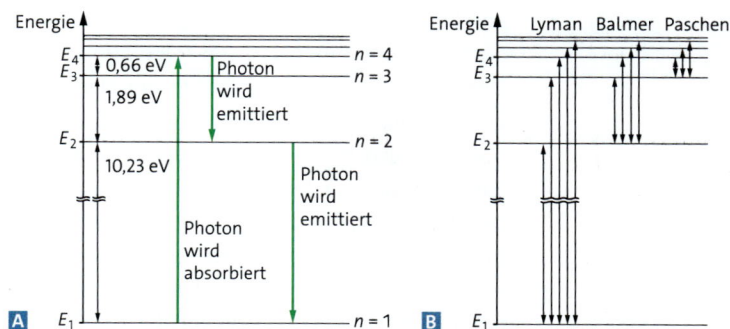

4 **A** Energiesprünge bei Emission und Absorption eines Photons, **B** Die ersten Übergänge der ersten drei Serien im Energiediagramm

Was wir hier am Beispiel des Wasserstoffatoms gezeigt haben, gilt für alle Atome:

> Bei Absorption oder Emission eines Photons geht die Elektronenhülle eines Atoms von einem Zustand m in den Zustand n über. Dabei muss für die Photonenenergie folgende Bedingung erfüllt sein:
>
> $$\Delta E_{m \to n} = \frac{h \cdot c}{\lambda_{m;n}} = E_n - E_m.$$

Auch ein Strontium-Ion hat nur bestimmte Energieniveaus. So kann es unter anderem mit violettem Licht der richtigen Wellenlänge angeregt werden. Wenn ein gleichartiges Photon wieder emittiert wird, kann es von einer Kamera aufgefangen werden. Der violette Punkt in ▸Abb. 1 ist kein direktes Abbild des Atoms, sondern die gesammelte Aufnahme vieler Ortsmessungen.

1 Zeichnen Sie in ein Energiediagramm des Wasserstoffatoms die orange markierten Übergänge der ▸Tab. 3 ein.

Anwenden der Quantentheorie • Kann man mit der Quantentheorie die Energien für die verschiedenen Zustände der Atome berechnen? Dies gelingt tatsächlich mit der Schrödinger-Gleichung. Wenn man sie löst, erhält man zusätzlich die P-Funktionen zu jeder Energie.

Wir betrachten wieder das einfachste Atom, das Wasserstoffatom. Bei ihm besteht die Elektronenhülle nur aus einem Elektron im elektrischen Feld des Protons. Einige Lösungen der zugehörigen Schrödinger-Gleichung sind in ▸Abb.1 veranschaulicht. Dabei ist jeweils ein Querschnitt durch die dreidimensionalen P-Funktionen des Elektrons dargestellt. Die Dichte der Nachweiswahrscheinlichkeit ist durch Farben kodiert.

Auf dem niedrigsten Energieniveau mit $n = 1$ ist die P-Funktion für den Grundzustand dargestellt. Die Nachweiswahrscheinlichkeit für das Elektron ist in der Mitte am größten und nimmt dann nach außen exponentiell ab. Ab $n = 2$ gibt es mehrere Lösungen mit unterschiedlicher Gestalt der P-Funktion, aber gleicher Energie. Die Lösungen in der linken Spalte nennt man s-Orbitale, die in zweiten Spalte p-Orbitale, die in der dritten Spalte d-Orbitale.

Die Übereinstimmung von Theorie und Experiment für die Energieniveaus ist gut – wenn man zusätzliche Einflüsse berücksichtigt, sogar hervorragend. Ein solcher Einfluss ist beispielsweise die Tatsache, dass der Atomkern nicht punktförmig ist. Ein ausgedehnter Atomkern wirkt sich auf das elektrische Feld im Zentrum des Atoms aus, wodurch die Energieniveaus ein bisschen verschoben werden.

Der Potentialtopf • Das elektrische Feld hält das Elektron in der Nähe des Atomkerns. Wenn man das elektrische Potential des Atomkerns entlang der x-Achse aufzeichnet, dann erhält man eine Kurve wie in ▸Abb.2 B. Das Elektron befindet sich gewissermaßen in einem Potentialtrichter wie ein Golfball in einem Loch. Dieses Bild trifft aber nur für das Gefangensein des Elektrons zu. Tatsächlich ist das Elektron ja keine ausgedehnte Kugel und der Atomkern bildet keinen räumlichen Trichter.

Wir betrachten ein stark vereinfachtes eindimensionales Modell für das Elektron im Feld des

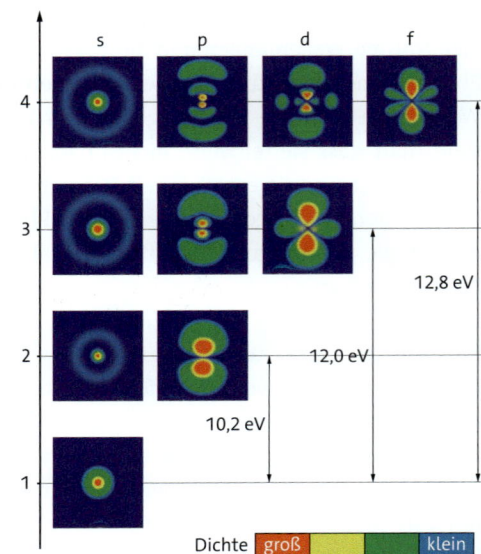

1 P-Funktionen für die Zustände der Elektronenhülle des Wasserstoffatoms

Atomkerns. Statt in einem Potentialtrichter soll sich das Elektron zwischen zwei undurchdringlichen Wänden mit Abstand L befinden (▸Abb.2 A). Man sagt, das Elektron befindet sich in einem eindimensionalen **Potentialtopf.**

Für diesen Fall erhält man zeitunabhängige Energiezustände und die Schrödinger-Gleichung hat die Gestalt einer Differenzialgleichung für die Funktion $\Psi(x)$:

$$\Psi''(x) = -\frac{8\pi^2 m_e}{h^2} \cdot E \cdot \Psi(x).$$

Dabei ist m_e die Elektronenmasse, h die Planck-Konstante und E die Gesamtenergie des Elektrons. Zu jeder Energie E gibt es eine Funktion $\Psi(x)$, welche die Differenzialgleichung löst. Sie können sich durch Einsetzen davon überzeugen, dass jede Funktion

$$\Psi(x) = \Psi_0 \cdot \sin\left(\frac{2\pi}{\lambda} \cdot x\right)$$

die Differenzialgleichung erfüllt, sofern gilt:

$$\lambda = \frac{h}{\sqrt{2m_e E}}.$$

Nun muss man diejenigen Lösungen finden, die am Rand des Potentialtopfs null werden. Der Grund dafür ist, dass das Quadrat der $\Psi(x)$-Funktion die P-Funktion ist. Und die Nachweiswahrscheinlichkeit für das Elektron ist am Rand des Topfs null: $P(x = 0) = P(x = L) = 0$.

Durch den Ansatz mit der Sinusfunktion ist die Randbedingung links bereits erfüllt. Doch auch für $x = L$ muss die Sinusfunktion eine Nullstelle haben. Für λ muss also gelten:

$$\frac{2\pi}{\lambda} \cdot L = n \cdot \pi \text{ mit } n = 1, 2, 3, \dots$$

Es gibt nur bestimmte Wellenlängen λ_n, für die diese Bedingung erfüllt ist, nämlich für:

$$\lambda_n = \frac{2L}{n} \text{ mit } n = 1, 2, 3, \dots .$$

Sie kennen diese Bedingung von den stehenden Wellen auf einer Saite. Dort können sich aufgrund der Randbedingungen nur stehende Wellen mit ganz bestimmten Wellenlängen ausbilden.

Da die Energie mit der Wellenlänge verknüpft ist, erhält man auch für die Energie nur bestimmte Werte. Es sind dies die Energieniveaus

$$E_n = \frac{h^2}{8 m_e L^2} \cdot n^2 \text{ mit } n = 1, 2, 3, \dots$$

Sie sehen also, dass aus der Schrödinger-Gleichung zusammen mit den Randbedingungen zwingend folgt, dass die Energie des Elektrons nur bestimmte Werte annehmen kann. Die niedrigsten vier dieser Energieniveaus sind in ▸Abb. 2 A dargestellt. Die zugehörigen P-Funktionen sind in blau eingezeichnet.

Energieniveaus für das Wasserstoffatom •

Die Schrödinger-Gleichung für das Potential des Atomkerns ist schwieriger zu lösen, aber auch hier erhält man nur ganz bestimmte Werte für die Energie, nämlich:

$$E_n = -\frac{e^4 m_e}{8 \varepsilon_0{}^2 h^2} \cdot \frac{1}{n^2} \text{ mit } n = 1, 2, 3, \dots$$

Die Energien sind negativ, weil das Nullniveau die Energie für $n \to \infty$ ist. Meist spielen nur die unteren Energieniveaus eine Rolle. Die untersten vier dieser Niveaus sind in ▸Abb. 2 B gezeigt. Mit der Rydberg-Konstanten

$$R_y = \frac{e^4 m_e}{8 \varepsilon_0{}^2 h^2} = 13{,}6 \text{ eV}$$

erhält man für die Übergangsenergien:

$$E_{n \to m} = R_y \cdot \left(\frac{1}{n^2} - \frac{1}{m^2} \right) \text{ mit } n, m = 1, 2, 3, \dots$$

Durch Einsetzen erhält man daraus die Energie $E_{1 \to 2}$ zu $\left(\frac{1}{1} - \frac{1}{4} \right) \cdot 13{,}6 \text{ eV} = -10{,}2 \text{ eV}$. Dieses Ergebnis stimmt sehr gut mit dem Messwert für die erste Lyman-Energie überein.

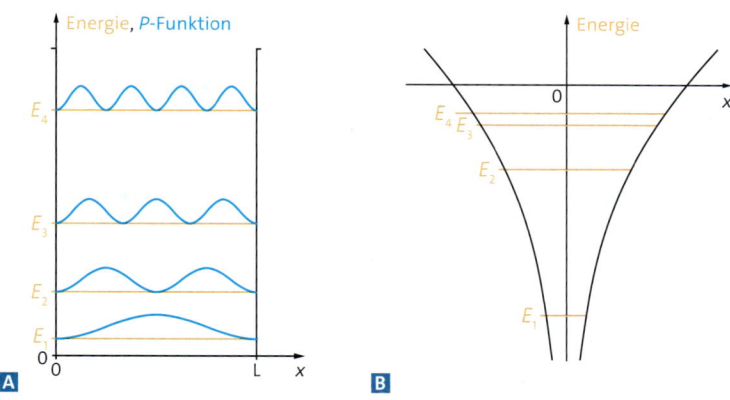

2 Energiestufen **A** für ein Elektron im Potentialtopf und **B** für ein Elektron im elektrischen Feld eines Atomkerns

Mit der Schrödinger-Gleichung gelingt also die Beschreibung der Energiezustände des Wasserstoffatoms. Insbesondere folgt aus den Randbedingungen, dass die Elektronenhülle nur ganz bestimmte Energiewerte annehmen kann und damit die Quantisierung der Energie bei der Absorption und Emission von elektromagnetischer Strahlung.

Ähnliche Ergebnisse erhält man, wenn man die Schwingungen von Atomen in einem Molekül oder die Energieniveaus von Nukleonen im Atomkern betrachtet. Allgemein gilt:

Wenn einzelne Quantenobjekte in ein begrenztes Gebiet gebracht werden, können sie nur bestimmte Zustände mit bestimmten Energien annehmen. Für das Wasserstoffatom beträgt die Energie des n-ten Niveaus

$$E_n = -\frac{e^4 m_e}{8 \varepsilon_0{}^2 h^2} \cdot \frac{1}{n^2} \text{ mit } n = 1, 2, 3, \dots$$

1 Überprüfen Sie mit der Formel für die Übergangsenergien die Energiewerte in ▸Tab. 3 auf Seite 341.

2 Bewerten Sie folgende Aussagen für den Potentialtopf:
Für $n = 1$ ist die Nachweiswahrscheinlichkeit im gesamten Topf gleich groß.
Für $n = 2$ ist die Nachweiswahrscheinlichkeit in der Mitte des Topfs gleich 0.

Absorptions- und Emissionsspektren

Mehrelektronenatome • Wir haben uns bisher nur mit der Elektronenhülle des Wasserstoffatoms beschäftigt. Wasserstoff ist das erste Element im Periodensystem mit einem einfach positiv geladenen Kern und einem Elektron als Hülle. Helium hat einen zweifach positiv geladenen Kern, die Hülle wird von zwei Elektronen gebildet, usw. Allgemein hat ein Atom mit der Ordnungszahl Z einen Z-fach geladenen Atomkern und eine Elektronenhülle, die aus Z Elektronen besteht.

Im Mehrelektronenatom gibt es ganz ähnliche Zustände wie im Wasserstoffatom. Sie werden auch Orbitale genannt, allerdings sind sie kompakter als beim Wasserstoffatom. Der anschauliche Grund dafür ist, dass der Z-fach geladene Atomkern die Hülle stärker anzieht. Trotzdem sind Atome mit vielen Elektronen nicht etwa kleiner als ein Wasserstoffatom, sondern ähnlich groß.

Das Pauli-Prinzip • Dies liegt daran, dass immer nur je zwei Elektronen ein Orbital besetzen können. Diese Tatsache nennt man **Pauli-Prinzip**. Im Helium besetzen die beiden Elektronen das Orbital mit der kleinsten Energie. Das dritte Elektron von Lithium muss in das nächste s-Orbital, das deutlich größer ist als das erste (▸Abb.1: Die Orbitale muss man sich für jedes Atom ineinander geschoben vorstellen.) Tatsächlich ist das Lithiumatom größer als das Heliumatom. Das vierte Elektron des Berylliumatoms kommt zusammen mit dem dritten Elektron im gleichen Orbital unter. Bei Bor mit Z = 5 muss wieder ein neues Orbital angebrochen werden. Das energetisch nächstgünstige ist nun ein p-Orbital. Deshalb bleiben die Elektronenhüllen etwa gleich groß, werden aber immer dichter.

Auch bei Mehrelektronensystemen kann die Elektronenhülle nur ganz bestimmte Energiewerte annehmen. Die Energieniveaus sind nicht so leicht zu berechnen wie beim Wasserstoffatom. Es ergeben sich Aufspaltungen der Energieniveaus. Bei der Anregung von Atomen erhält man deshalb Spektren, deren Linien charakteristisch für die jeweilige Atomsorte sind.
In ▸Abb.2 sehen Sie jeweils den sichtbaren Teil der Linienspektren von Wasserstoff-, Helium- und Natriumatomen. Man sieht, dass die Komplexität des Spektrums mit der Anzahl der Elektronen steigt.

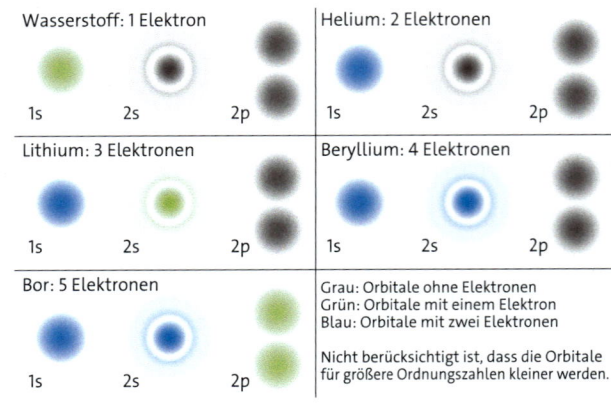

1 Auffüllen der Orbitale mit Elektronen

2 Emissionsspektren von **A** Wasserstoff, **B** Helium und **C** Natrium

3 Absorptionsspektrum der Sonne

Absorptions- und Emissionsspektrum • Die Struktur des Spektrums einer Atomsorte tritt sowohl bei der Emission von Licht als auch bei der Absorption auf. Natriumatome im Grundzustand absorbieren im sichtbaren Bereich gelbes Licht bei zwei ganz charakteristischen Wellenlängen. Wenn man Natriumatome anregt, etwa indem man Natriumgas erhitzt, emittieren die Natriumatome Licht mit genau diesen Wellenlängen.

In ▸Abb.3 sehen Sie einen Ausschnitt aus dem Absorptionsspektrum der Sonne. Wenn man die Positionen der Absoptionslinien genau vermisst, dann kann man schließen, welche Stoffe die Atmosphäre der Sonne enthält. Neben den Linien von Wasserstoff, Helium und Natrium findet man auch die von Kohlenstoff und Eisen, aber auch Linien von Molekülen, z.B. dem Sauerstoffmolekül.

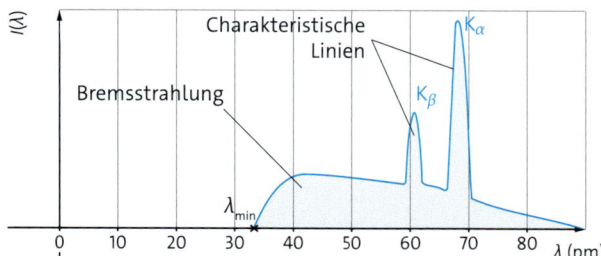

4 Röntgenspektrum mit charakteristischen Linien

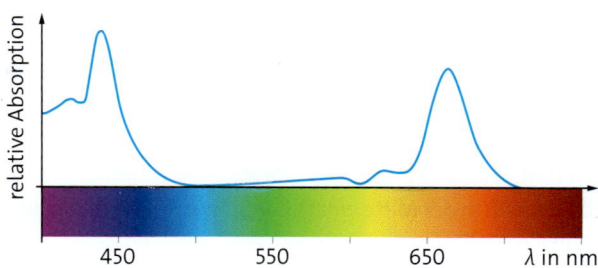

6 Absorptionsspektrum von Chlorophyll

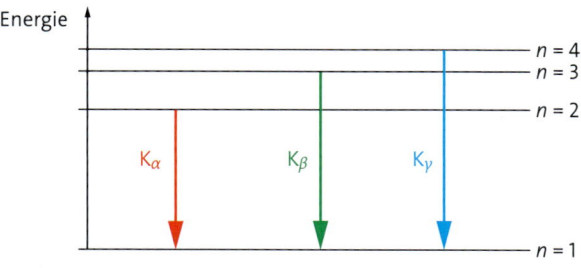

5 Energieniveaus mit Übergängen

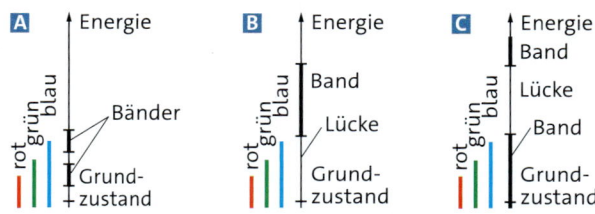

7 Energiebänder von **A** Chlorophyll, **B** eines Nichtmetalls und **C** eines Metalls. Eingezeichnet sind links jeweils die Photonenenergien für rotes, grünes und blaues Licht.

Das charakteristische Emissionsspektrum von Röntgenstrahlung • Wenn schnelle Elektronen beim Aufprall auf ein Metall gebremst werden, dann entsteht Röntgenstrahlung. Neben dem kontinuierlichen Spektrum beobachtet man aber auch ein Linienspektrum (▸Abb. 4). Dieses entsteht, wenn Elektronen der Metallatome von ankommenden energiereichen Elektronen aus dem Orbital mit der niedrigsten Energie ($n = 1$) entfernt werden. Wenn anschließend ein Elektron aus einem höheren Zustand in den nun nur noch einfach besetzten Grundzustand übergeht, dann gibt es ein Röntgenphoton ab. Der Übergang von $n = 2$ nach $n = 1$ heißt K_α-Übergang (▸Abb. 5). Bestimmt man für verschiedene Metalle die Energie der Röntgenphotonen aus ihrer Wellenlänge, dann zeigt sich eine Gesetzmäßigkeit: Je größer die Ordnungszahl Z des Atoms ist, umso größer ist auch die Energie der K_α-Photonen. Es gilt das **Gesetz von Moseley:**

$$E_{2 \to 1} = (Z - 1)^2 \cdot R_y \cdot \frac{3}{4}.$$

Der Grund, warum in die Formel $Z - 1$ und nicht Z eingeht, ist, dass die positive Ladung des Kerns von dem zweiten, im Orbital des Grundzustands verbliebenen Elektron abgeschirmt wird.

Absorptionsbänder • Für viele Moleküle und für alle Festkörper sind die Energieniveaus keine schmalen Linien, sondern Bänder. Dann gibt es ganze Wellenlängenbereiche, für die Photonen absorbiert werden können. So werden z. B. beim Chlorophyll die roten und blauen Spektralanteile des Lichts absorbiert (▸Abb. 6 und 7A). Übrig bleiben die Anteile Türkis, Grün und Gelb – eine Mischung, die wir als kräftiges Grün wahrnehmen.

Wenn die Lücke zwischen dem Grundzustand und dem ersten Band eines Festkörpers größer als 3 eV ist, dann kann sichtbares Licht nicht absorbiert werden (▸Abb. 7B). Solche Materialien sind Nichtmetalle. Sie sind durchsichtig oder weiß, wie Glas, Porzellan oder Zucker.

Dagegen schließt bei Metallen das erste Band direkt an den Grundzustand an (▸Abb. 7C). Wenn Licht auf eine Metalloberfläche trifft, dann wird deshalb von jeder Wellenlänge des sichtbaren Spektrums ein Anteil absorbiert, der Rest wird reflektiert. Bei rauen Metalloberflächen oder bei Metallpulver gibt es Mehrfachreflexionen, die dazu führen, dass ein großer Anteil des sichtbaren Lichts absorbiert wird. Sie erscheinen deshalb dunkel. Festkörper können ebenfalls farbig sein. Sie enthalten Stoffe, bei denen nur bestimmte Anteile des sichtbaren Lichts absorbiert werden.

Material A • Mechanische Modelle zur Atomhülle

Zur Veranschaulichung der Atomhülle kann man mechanische Modelle nutzen. Diese haben aber ihre Grenzen.

A1 Ein wenig aufgeblasener annähernd kugelförmiger Luftballon hat etwa die Gestalt eines s-Orbitals. Wenn man den Ballon in der Mitte einschnürt und die Hälften gegeneinander verdreht, dann erhält man die ungefähre Gestalt eines p-Orbitals. Lässt man den Ballon los, dann schnappt er in den Ausgangszustand zurück.
a) Ordnen Sie den Begriffen „Grundzustand", „angeregter Zustand", „emittiertes Photon", „P-Wolke" aus der Atomphysik jeweils eine Entsprechung im Ballonmodell zu. Fassen Sie die Gegenüberstellung in einer Tabelle übersichtlich zusammen.

b) Erläutern Sie Grenzen des Modells.
A2 Wenn man einen Halbflummi verformt, dann bleibt er eine Zeitlang im verformten Zustand. Nach einiger Zeit schnappt er zurück und hüpft dabei hoch.
a) Ordnen Sie den in A1 a) genannten Begriffen jeweils eine Entsprechung im Flummimodell zu.
b) Erläutern Sie Grenzen dieses Modells.
A3 Wenn ein Atom ein Photon absorbiert hat, dann bleibt es eine Zeitlang im angeregten Zustand, bevor es unter Emission eines Photons in einen energetisch niedrigeren Zustand übergeht. Die Zeit eines Atoms im angeregten Zustand kann man ähnlich wie beim radioaktiven

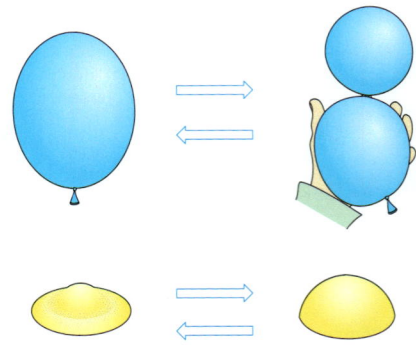

Zerfall durch eine Halbwertszeit $T_{1/2}$ beschrieben.
a) Erläutern Sie, was dies für eine größere Anzahl von angeregten Atomen bedeutet.
b) Prüfen Sie, ob dies durch das Ballonmodell oder das Flummimodell besser beschrieben wird.

Material B • Ein Modell für den Potenzialtopf?

Eine Kugel kann in einer halbkreisförmigen Schale „stabile Bewegungszustände" einnehmen. Sie kann im tiefsten Punkt der Vertiefung ruhen. Sie kann aber auch mit einer bestimmten Energie um den tiefsten Punkt hin- und herschwingen. Den Bewegungszustand „Ruhe" bezeichnen wir als „Grundzustand", die Schwingungen um den tiefsten Punkt als „angeregte Zustände".

B1 Erklären Sie, welche Energien das System „Kugel in der Schale" annehmen kann.
B2 Beschreiben Sie Gemeinsamkeiten zwischen dem System „Kugel in der Schale" und dem System „Elektron im Potenzialtopf".
B3 Erläutern Sie den wesentlichen Unterschied zwischen den beiden Systemen.

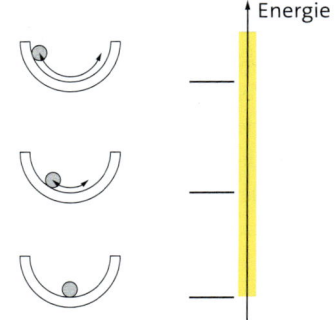

Material C • Übergänge zwischen Energieniveaus

Das Spektrum zeigt die sichtbaren Linien der Balmer-Serie. Die Linien dieser Serie werden ausgehend von der größten Wellenlänge H_α, H_β, H_γ usw. genannt.

C1 **a)** Bestimmen Sie für die ersten drei sichtbaren Linien die Quantenzahlen m und n der beteiligten Energiezustände des Wasserstoffatoms.
b) Berechnen Sie die Energien und Wellenlängen dieser Übergänge.
c) Vergleichen Sie mit den Farben im Spektrum.

C2 Atome können nicht nur durch Absorption von Licht, sondern auch durch Stöße mit energiereichen Elektronen angeregt werden. Bestimmen Sie die Spannung, mit der ein Elektron beschleunigt werden muss, um ein Wasserstoffatom aus dem Zustand mit $n = 1$ in den mit $n = 5$ anzuregen.

Material D • Identifikation von Elementen

Ein heißes Gas emittiert Licht in charakteristischen Spektrallinien. Die Abbildung zeigt die Emissionsspektren von atomarem Wasserstoff, Helium, Natrium und Magnesium. Bei Absorptionsspektren dagegen fehlen die charakteristischen Linien im kontinuierlichen Spektrum (unteres Spektrum).

D1 Erläutern Sie, warum Emissionsspektren von Gasen aus Linien bestehen.

D2 Erläutern Sie, in welcher Situation man Absorptionsspektren in der Natur beobachten kann.

D3 Welche der vier Elemente (H, He, Na, Mg) lassen sich in den Absorptionsspektren identifizieren?

Wasserstoff

Helium

Natrium

Magnesium

Material E • Farbstoffmoleküle – Beschreibung mit dem Potenzialtopfmodell

O Sehpurpur

β-Carotin

In den Strukturformeln von Sehpurpur und β-Carotin wechseln sich Doppel- und Einfachbindungen miteinander ab. Elektronen, die Einzelbindungen zu Doppelbindungen machen, heißen π-Elektronen. Sie sind den Bindungen aber nicht so klar zugeordnet, wie es in den Strukturformeln dargestellt ist. Vielmehr sind sie über das ganze Molekül delokalisiert. Im Modell kann man das Molekül als Potentialtopf für die π-Elektronen auffassen. Sehpurpur hat 12 π-Elektronen, β-Carotin 22. Die Länge des Moleküls beträgt bei Sehpurpur etwa 1 nm, bei β-Carotin etwa 2 nm.

E1 Zeichnen Sie die Energiestufendiagramme für Sehpurpur und β-Carotin nebeneinander.

E2 Im Grundzustand sind die Energiestufen von unten nach oben aufgefüllt.

Auf jede Energiestufe des Potentialtopfs passen zwei Elektronen.

a) Zeichnen Sie ein Schema für den Grundzustand der beiden Stoffe.

b) Berechnen Sie für β-Carotin die Anregungsenergie und die Wellenlänge für den Übergang vom Grundzustand in den ersten angeregten Zustand.

c) Begründen Sie, ob die entsprechende Anregungsenergie für Sehpurpur kleiner oder größer ist als die von β-Carotin.

Material F • Molekülbindungen

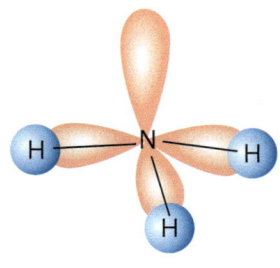

Beim Ammoniakmolekül (NH_3) entstehen die Bindungen durch Überlappung des äußeren Stickstofforbitals mit den drei Wasserstofforbitalen. In den sich überlappenden Orbitalen befinden sich die drei Elektronen der Wasserstoffatome und drei der fünf Außenelektronen des Stickstoffatoms.

F1 Im Wasserstofforbital sind zwei Elektronen energetisch günstig, im äußeren Stickstofforbital sind es acht. Zeigen Sie, dass im NH_3-Molekül alle Atome in einem energetisch günstigen Zustand sind.

F2 Erklären Sie in entsprechender Weise die Bindungen in Ethan $H_3C–CH_3$.

Musteraufgabe mit Lösung

Aufgabe • Wesenszüge der Quantenphysik

Wenn man durch eine Linse aufgeweitetes Laserlicht durch ein Interferometer mit unterschiedlichen Weglängen schickt (▸Abb. A), bekommt man auf dem Schirm ein ringförmiges Interferenzmuster (▸Abb. B).

a) Zeichnen Sie jeweils ein typisches Schirmbild für folgende drei Situationen:
   ① Ein Einzelphoton wird nachgewiesen.
   ② 20 Photonen werden auf dem Schirm registriert.
   ③ 20 PhysikerInnen schicken an 20 verschiedenen Orten jeweils ein Photon durch die Anordnung und legen anschließend ihre Ergebnisse übereinander.

b) Erläutern Sie, welche Grundzüge der Quantenphysik in den Schirmbildern sichtbar werden.

In die beiden Wege des Interferometers bringt man je einen Kristall, bei dem durch parametrische Fluoreszenz beim ankommenden Photon zwei miteinander verschränkte Photonen erzeugt werden.

c) Erklären Sie, wie man durch Ortsmessungen nach den Kristallen zeigen kann, dass die Photonen miteinander verschränkt sind.

Die Anordnung wird zuerst so aufgebaut, dass beide Photonen die Möglichkeit zur Interferenz haben (▸Abb. C), dann wird der mittlere Strahlteiler entfernt.

d) Erklären Sie mit dem Komplementaritätsprinzip, in welchem Fall man prinzipiell ein Interferenzmuster beobachten kann und in welchem nicht.

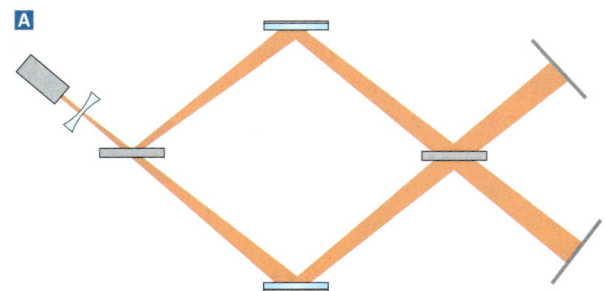

A

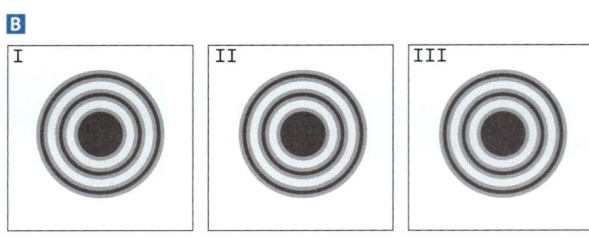

B

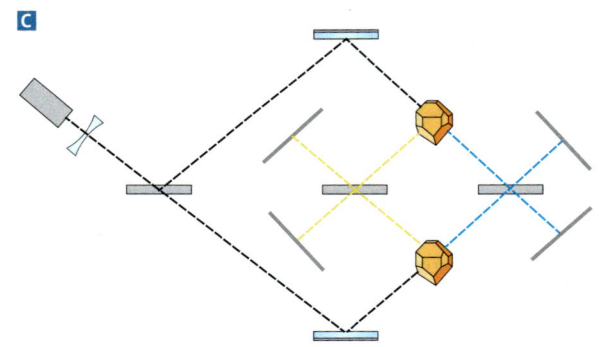

C

Lösung

a)

b) Bild ① zeigt die quantenhafte Detektion. Es wird immer ein ganzes Photon nachgewiesen.
Bild ② und ③ sind austauschbar. Es spielt keine Rolle, an welchem Ort die jeweilige Messung gemacht wird.
Bild ② und ④ zeigen, dass der Nachweisort vom Zufall abhängt. Allerdings gibt es Orte mit höherer und Orte mit niedrigerer Nachweiswahrscheinlichkeit, was nach vielen weiteren Messungen zu einem Interferenzmuster führt.

c) Wenn man unmittelbar nach dem Kristall Ortsmessungen an den Photonen durchführt, erhält man Korrelationen: Immer, wenn das „blaue" Photon an D_1 nachgewiesen wird, dann das „gelbe" an D_3. wird das „blaue" an D_2 nachgewiesen, dann das „gelbe" an D_4.

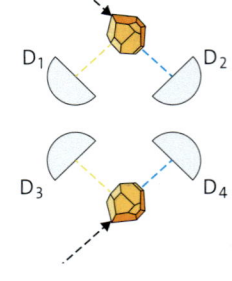

d) Mit Strahlteiler: Das „gelbe" Photon kann interferieren, man hat keine Welcher-Weg-Information, also ist Interferenz möglich. Ohne mittleren Strahlteiler: Das „gelbe" Photon macht die Wege unterscheidbar, man beobachtet keine Interferenz.

Übungsaufgaben mit Hinweisen

Aufgabe 1 • Fotoeffekt

Die Metallschicht einer Fotozelle wurde mit monochromatischem Licht beleuchtet. Die Ablöseenergie des Metalls beträgt 1,8 eV. Dabei wurde an die Fotozelle eine variable Spannung von –2 V bis +20 V angelegt. Der dabei gemessene Fotostrom wurde über der Spannung aufgetragen.

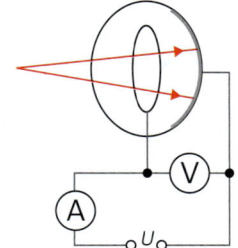

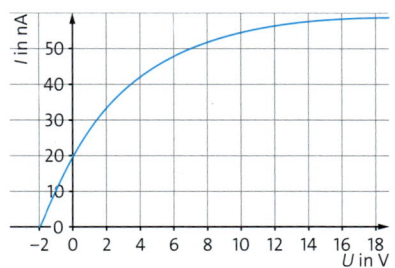

a) Erklären Sie den Verlauf der Kurve. Gehen Sie dabei auf die Bereiche mit positiver und negativer Spannung ein.

b) Bestimmen Sie die Wellenlänge des eingestrahlten Lichts und die Anzahl der in einer Sekunde herausgelösten Fotoelektronen.

c) Erläutern Sie, wie sich die Kurve verändert, wenn man die Intensität des eingestrahlten Lichts verringert.

Aufgabe 2 • Atomphysik

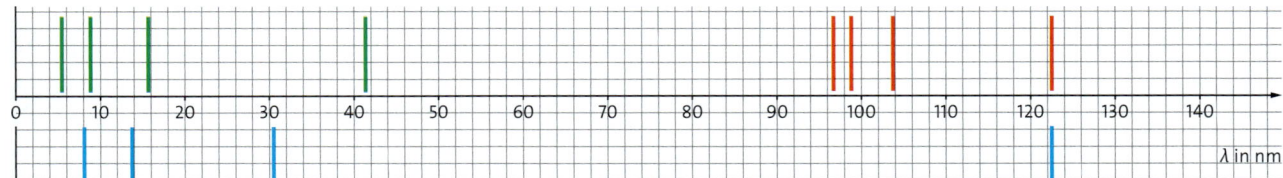

a) Erklären Sie, warum ein Quantenobjekt im Potentialtopf nur ganz bestimmte Energien annehmen kann.

b) Berechnen Sie die Breite, die ein Potentialtopf haben müsste, damit die Übergangsenergie $\Delta E_{1\rightarrow 2}$ vom ersten zum zweiten Niveau genauso groß ist wie beim Wasserstoffatom.

In der Abbildung sehen Sie die vier größten Wellenlängen von drei Serien. Eine davon ist die Lyman-Serie, eine ist die erste Serie $\Delta E_{1\rightarrow n}$ des Topfs von Aufgabe b) und eine ist die zweite Serie $\Delta E_{2\rightarrow n}$ dieses Topfs.

c) Ordnen Sie die Serien den Linienspektren in der Abbildung zu und begründen Sie.

d) Beschreiben Sie, wo man im obigem Diagramm die Balmer-Serie einzeichnen müsste.

e) Beschreiben Sie Gemeinsamkeiten und Unterschiede zwischen den Serien im Wasserstoffatom und den Serien im Topf. Geben Sie an, woher die Unterschiede kommen.

Hinweise

Aufgabe 1

a) Bei Gegenspannung werden die Elektronen abgebremst, ansonsten werden sie abgesaugt.

b) Verwenden Sie die Energiebilanz für ein Elektron. Aus der maximalen Stromstärke erhält man die Anzahl N der abgelösten Elektronen.

c) Die Intensität bestimmt die Anzahl N.

Aufgabe 2

a) Hilfe finden Sie auf der Seite 342.

b) Setzen Sie E_1 für den Topf gleich R_y ($L = 1{,}7 \cdot 10^{-10}$ m)

c) λ_{max} ist für $\Delta E_{1\rightarrow n}$ und Lyman gleich.

d) Wo beginnt die nächste Serie? Werden die Wellenlängen einer Serie beliebig klein?

e) Die Gründe liegen in der unterschiedlichen Struktur der Energieniveaus.

Training I • Doppelspalt und Fotoeffekt

Aufgabe 1

1988 haben AKIRA TONOMURA, JUNIJI ENDO, TSUYOSHI MATSUDA, HIROSHI EZAWA und TAKESHI KAWASAKI einzelne Elektronen mit der Wellenlänge $\lambda = 5,4\,pm$ an einem Doppelspalt gebeugt.

a) Ermitteln Sie die Beschleunigungsspannung. Berechnen Sie Impuls und Geschwindigkeit der Elektronen.

b) Der Spaltmittenabstand betrug $g = 700\,nm$. Ermitteln Sie den Winkel α_1 des Maximums erster Ordnung.

c) Die Kamera befand sich in einem Abstand von 20 cm hinter dem Doppelspalt. Elektromagnetische Linsen vergrößerten wie bei einem Elektronenmikroskop um den Faktor 2 000. Berechnen Sie den Abstand d zwischen 0. und 1. Maximum am Kamerasensor. Vergleichen Sie mit der Beobachtung in den Abbildungen.

d) Im Versuch treffen 1 000 Elektronen pro Sekunde auf den Kamerasensor. Ermitteln Sie, wie viele Elektronen sich im Mittel zwi-schen Doppelspalt und Kamera befinden. Begründen Sie, dass das fotografierte Muster durch viele einzelne Elektronen entstand.

e) Erläutern Sie, dass die Beobachtungen weder im Teilchen- noch im Wellenmodell erklärt werden können.

f) Stellen Sie anhand der Beobachtungen die grundlegenden Eigenschaften von Quantenobjekten dar.

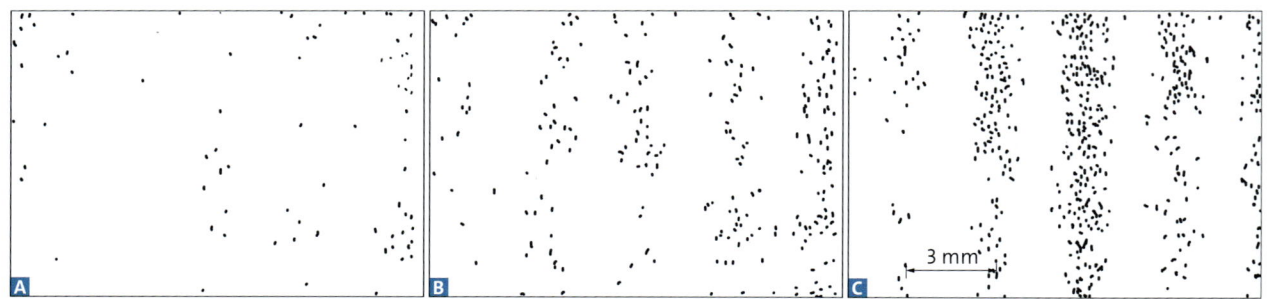

Aufgabe 2

In einer Versuchsreihe wird der Fotoeffekt bei drei Fotozellen mit jeweils verschiedenen Metallschichten auf der Rückwand untersucht. Bei jeder Fotozelle wird mit Licht unterschiedlichen Wellenlängen eingestrahlt und die jeweilige Fotospannung gemessen. Die obere Tabelle zeigt die Messwerte.

a) Skizzieren Sie einen schematischen Versuchsaufbau zur Bestimmung der Fotospannung mit der Gegenfeldmethode und beschreiben Sie die Durchführung.

b) Erklären Sie das Zustandekommen der Leerstellen in der oberen Tabelle.

c) Stellen Sie die Abhängigkeit der maximalen kinetischen Energie der Elektronen von der Frequenz des Lichts für alle drei Messreihen in einem geeigneten Diagramm dar.

d) Begründen Sie, warum sich für jede Fotozelle eine Ausgleichsgerade einzeichnen lässt.

e) Ermitteln Sie aus dem Diagramm die Planck-Konstante möglichst genau.

Fotozelle	1	2	3
λ in nm	U_G in V	U_G in V	U_G in V
420	0,97	0,65	0,44
450	0,78	0,46	0,25
480	0,62	0,31	0,10
510	0,45	0,13	
540	0,32	0,01	
570	0,21		
600	0,08		

	Cs	Rb	K	Li	Si
E_A in eV	1,94	2,13	2,25	2,46	3,59

f) Ordnen Sie die drei Geraden den Materialien in der unteren Tabelle zu. Begründen Sie.

Aufgabe 1

Atomkerne sind noch einmal um drei bis vier Größenordnungen kleiner als Atome. Um sie zu untersuchen, beschießt man sie mit schnellen Protonen oder Elektronen.

Wenn man Protonen auf drei Viertel der Lichtgeschwindigkeit beschleunigt, beträgt ihre De-Broglie-Wellenlänge $8{,}5 \cdot 10^{-16}$ m.

a) Berechnen Sie den Impuls dieser Protonen mit der De-Broglie-Beziehung.

b) Berechnen Sie den Impuls aufgrund der Geschwindigkeitsangabe.

c) Der Unterschied der beiden Werte ergibt sich aus der Relativitätstheorie. Bestimmen Sie die prozentuale Abweichung des Werts aus b) von dem aus a).

Diese Protonen wurden an verschiedenen Atomkernen gebeugt. Das erste Beugungsminimum kann man näherungsweise berechnen wie beim Einzelspalt. Die Intensitätsverteilung ist für fünf verschiedene Kerne in der Abbildung zu sehen.

d) Bestimmen Sie Näherungswerte für die Durchmesser bzw. Radien der fünf Kerne.

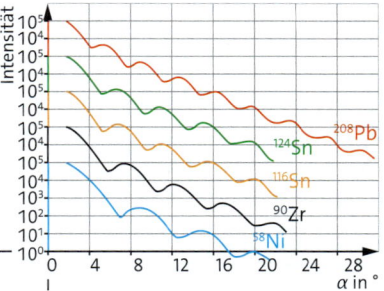

Aufgabe 2

Cyaninmoleküle enthalten konjugierte Doppelbildungen über einen Bereich von etwa 1 nm. In diesem Bereich halten sich acht π-Elektronen auf. Die gegenseitige Wechselwirkung der Elektronen wird vernachlässigt. Beim Durchleuchten einer Lösung mit Cyaninmolekülen erhält man das abgebildete Absorptionsspektrum.

a) Erklären Sie mit dem Pauli-Prinzip, warum die Elektronen im Grundzustand die ersten vier Energieniveaus besetzen.

b) Berechnen Sie mit dem Modell des linearen Potentialtopfs einen Näherungswert für die Energieniveaus $n = 4$ und $n = 5$.

c) Berechnen Sie die Wellenlänge des zugehörigen Übergangs.

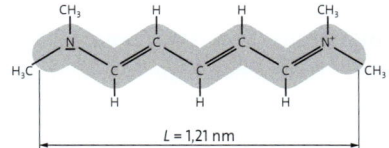

Aufgabe 3

Phthalocyanin ist ein in der Industrie verwendeter, relativ temperaturbeständiger Farbstoff. Seine Struktur ist in der Abbildung rechts oben zu sehen. In einem Interferenzexperiment treffen die Moleküle auf ein Gitter mit einer Gitterkonstanten von 100 nm und nach weiteren 50 cm auf einen Detektor. Die Moleküle haben Geschwindigkeiten zwischen 150 $\frac{m}{s}$ und 350 $\frac{m}{s}$. Die langsameren Moleküle werden wegen der Gravitation weiter unten nachgewiesen.

a) Erläutern Sie mit diesen Informationen das Zustandekommen der schrägen Streifen in der Abbildung rechts unten.

Betrachten Sie nun Phthalocyaninmoleküle mit einer Geschwindigkeit von 200 $\frac{km}{s}$.

b) Bestimmen Sie aus dem Interferenzmusters ihren Impuls.

c) Bestimmen Sie aus der Strukturformel die Masse des Moleküls und berechnen Sie damit den Impuls.

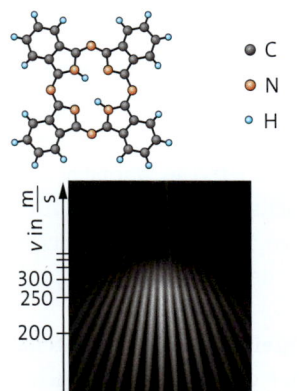

Ortsmessung und Interferenz

Quantenobjekte: Photonen, Elektronen, Protonen, Neutronen, Atomkerne, Atome, Moleküle sind Quantenobjekte. Bei Experimenten mit ihnen erhält man Ergebnisse, die wir nicht mit den uns bisher bekannten Naturgesetzen beschreiben können. Insbesondere können sie nicht mit dem Wellenmodell und nicht mit dem Teilchenmodell beschrieben werden.

Nachweis von Quantenobjekten: Quantenobjekte werden bei einer Ortsmessung stets als Ganzes nachgewiesen. Der Schluss, dass Quantenobjekte auch stets als Ganzes unterwegs sind, ist jedoch falsch.

Photonen: Licht wird in Quanten absorbiert und emittiert. Diese Quanten heißen Photonen. Energie und Impuls eines Photons hängen von der Wellenlänge des Lichts ab:

$$E_{ph} = \frac{h \cdot c}{\lambda} = h \cdot f; \quad p_{ph} = \frac{h}{\lambda} = \frac{h \cdot f}{c}.$$

Interferenz von Quantenobjekten: Wenn es mehrere nicht unterscheidbare Möglichkeiten für das Eintreten eines Versuchsergebnisses gibt, dann kann man Interferenz beobachten. Solche Möglichkeiten können verschiedene Wege in einem Interferenzexperiment sein. Je nach Gangunterschied ist die Nachweiswahrscheinlichkeit in Interferenzexperimenten erhöht oder erniedrigt. So tragen einzelne Quantenobjekte zu Interferenzmustern bei. Abhängig von ihrem Impuls ordnet man Quantenobjekten mit Masse eine Wellenlänge zu, die De-Broglie-Wellenlänge:

$$\lambda = \frac{h}{p}.$$

Der Zufall in der Quantenphysik: Die Ergebnisse von Experimenten mit Quantenobjekten hängen in der Regel vom Zufall ab. Der einzelne Versuchsausgang ist nicht determiniert. Die Wahrscheinlichkeiten für die einzelnen Versuchsausgänge können für jeden Zeitpunkt berechnet werden. Die zeitliche Entwicklung der Wahrscheinlichkeiten ist determiniert.

Beschreibung von Quantenobjekten: Quantenobjekte können durch Wahrscheinlichkeitsfunktionen (*P*-Funktionen) beschrieben werden. Deren zeitliche Entwicklung wird durch die Schrödinger-Gleichung bestimmt.

Verschränkung und Komplementarität

Verschränkte Quantenobjekte: Verschränkte Quantenobjekte bilden eine Einheit. Eine Messung an einem Partner beeinflusst direkt und sofort auch den Zustand des anderen Partners. Die Verschränkung wird dadurch aufgehoben.

Quantenverschlüsselung: Durch verschränkte Quantenobjekte kann man Zufallsbits abhörsicher übermitteln. Das Abhören wird bemerkt, weil Messungen den Zustand der Quantenobjekte stark verändern können.

Welcher-Weg-Information: Wenn ein Quantenobjekt oder ein damit verschränktes Quantenobjekt eine Information trägt, welche die Wege unterscheidbar macht, kann man keine Interferenz beobachten (▸Abb.1). Die Information, die die Wege unterscheidbar macht, heißt Welcher-Weg-Information. Sie ist keine Information darüber, welchen Weg ein Quantenobjekt geht oder gegangen ist.

Komplementaritätsprinzip: Je mehr Welcher-Weg-Information ein Experiment enthält, umso weniger kontrastreich ist das beobachtbare Interferenzmuster und umgekehrt.

Unbestimmtheit: Viele Eigenschaften von Quantenobjekten sind unbestimmt. Die Unbestimmtheit in einer Eigenschaft y zeigt sich darin, dass die Messergebnisse bei wiederholten Messungen von y an identisch präparierten Quantenobjekten statistisch streuen. Die statistische Streuung Δy wird auch Unbestimmtheit von y genannt.

Heisenbergs Unbestimmtheitsrelation: Objekte können nicht gleichzeitig beliebig genau auf einen Ort x und einen Impuls p präpariert werden. Quantenobjekte bewegen sich deshalb nicht auf einer Bahn. Für die Unbestimmtheit der Größen bei identisch präparierten Objekten gilt:

$$\Delta x \cdot \Delta p \geq \frac{h}{4\pi}.$$

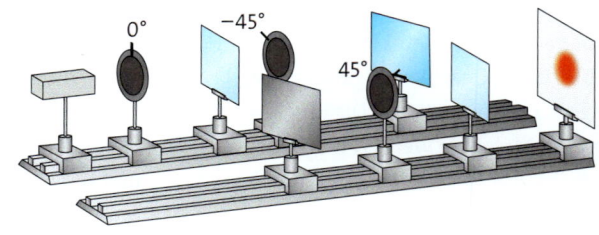

1 Mach-Zehnder-Interferometer mit Wegmarkierung

Der Fotoeffekt

Ablösen von Elektronen: Licht kann Elektronen aus einer Metallplatte herauslösen. Dies ist der Fotoeffekt. Dazu muss die Photonenenergie des Lichts größer als die Ablöseenergie des Metalls sein.

Frequenz, nicht Amplitude: Damit der Fotoeffekt eintritt, ist nicht die Amplitude des Lichts entscheidend, sondern die Wellenlänge: Erst ab einer bestimmten Grenzfrequenz werden Elektronen abgelöst. Dies kann man nicht mit dem Wellenmodell, aber sehr gut mit dem Photonenmodell erklären. Es gilt Energieerhaltung:

$$E_{kin}^{max} = h \cdot f - E_{ab}.$$

Das Diagramm: Wenn man die maximale kinetische Energie der Elektronen über der Lichtfrequenz (►Abb. 2) aufträgt,
- ist die Steigung stets die Planck-Konstante h,
- ist der Hochachsenabschnitt gleich der negativen Ablöseenergie des verwendeten Metalls.

Atomphysik

Energiezustände: Atome können in Zuständen mit unterschiedlichen Energien sein. Der Zustand mit der niedrigsten Energie ist der Grundzustand, die anderen Zustände sind angeregte Zustände.

Anregung von Atomen: Photonen mit passender Energie können Atome anregen. Dabei werden die Photonen absorbiert. Wenn das Atom wieder in den Grundzustand zurückkehrt, emittiert es ein oder mehrere Photonen.

Theoretische Beschreibung: Mit der Schrödinger-Gleichung können die Energien und die P-Funktionen der Zustände berechnet werden (►Abb. 3).

Formeln für die Energieniveaus: Die Energien des Wasserstoffatoms sind:

$$E_n = -\frac{e^4 m_e}{8\varepsilon_0^2 h^2} \cdot \frac{1}{n^2} \text{ mit } n = 1, 2, 3, \dots$$

Die Energien für den Potentialtopf mit unendlich hohen Wänden sind:

$$E_n = \frac{h^2}{8 m_e L^2} \cdot n^2 \text{ mit } n = 1, 2, 3, \dots$$

Überprüfen Sie sich selbst:

Kann ich ...

- Gemeinsamkeiten und Unterschiede von klassischen Wellen, Quantenobjekten und klassischen Teilchen am Doppelspalt beschreiben?

- erläutern, inwiefern Versuchsausgänge in der klassischen Physik nicht determiniert, sondern vom Zufall abhängig sind?

- Interferenzexperimente durch Wahrscheinlichkeitsaussagen beschreiben?

- beschreiben, inwiefern Welcher-Weg-Information und Interferenzmuster komplementär zueinander sind?

- den Fotoeffekt beschreiben und mit dem Photonenmodell erklären?

- erläutern, wie Energie und Impuls der Photonen von der Wellenlänge des Lichts abhängen?

- Unbestimmtheit erklären? (nur 5-stündig)

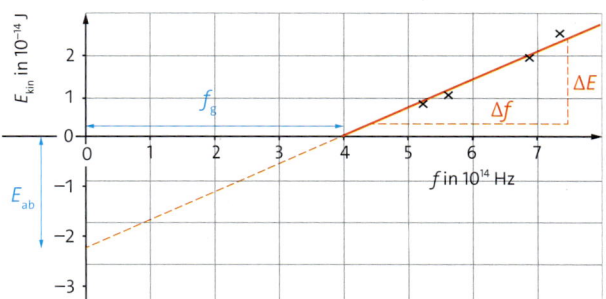

2 Maximale kinetische Energie von Elektronen in Abhängigkeit von der Wellenlänge des eingestrahlten Lichts

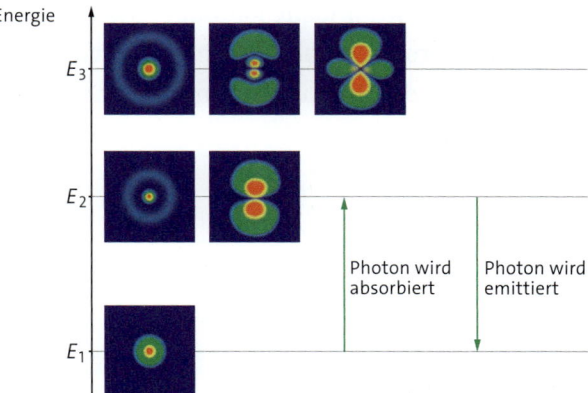

3 *P*-Funktionen und Energien für Zustände der Elektronenhülle von Atomen

353

Astrophysik

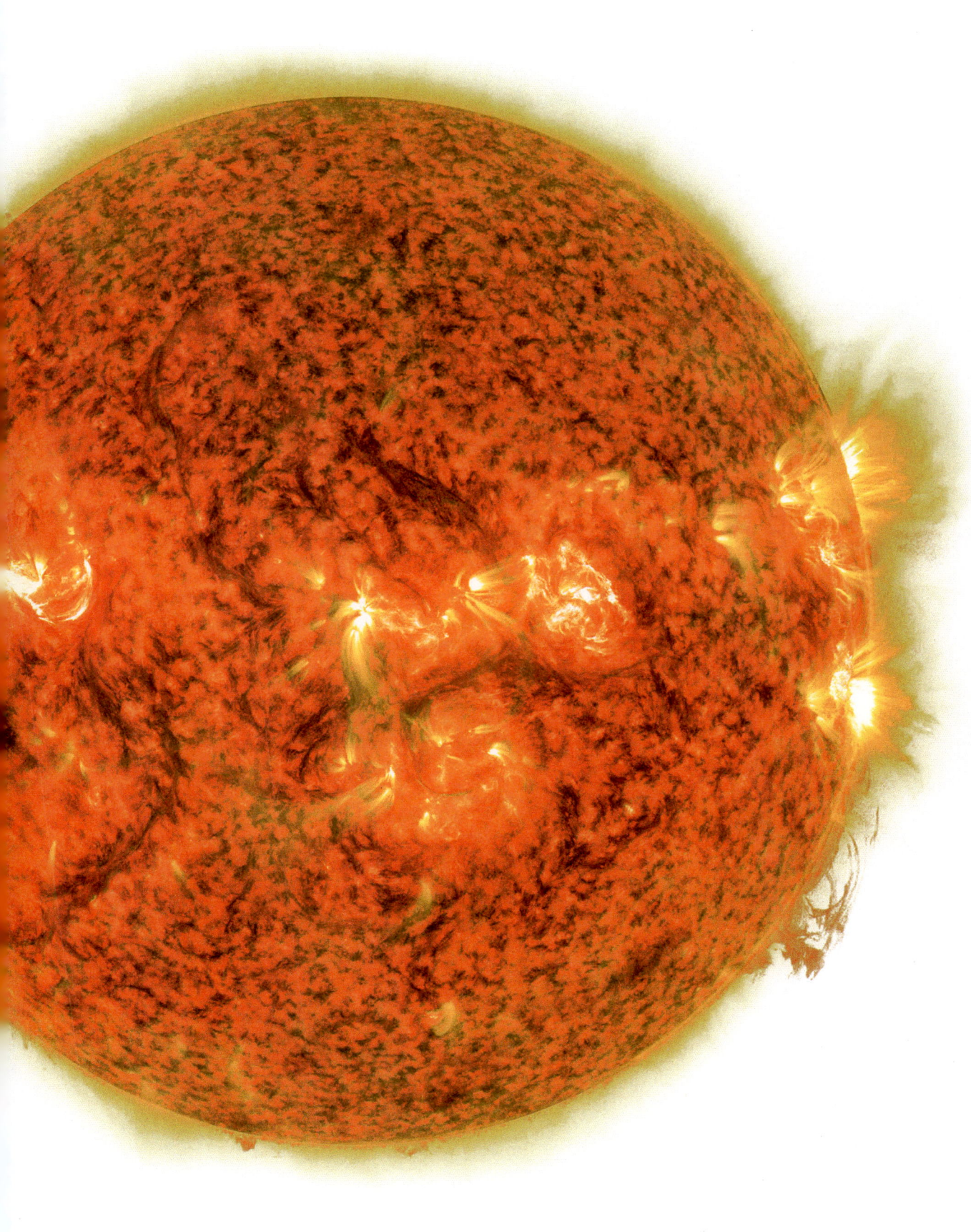

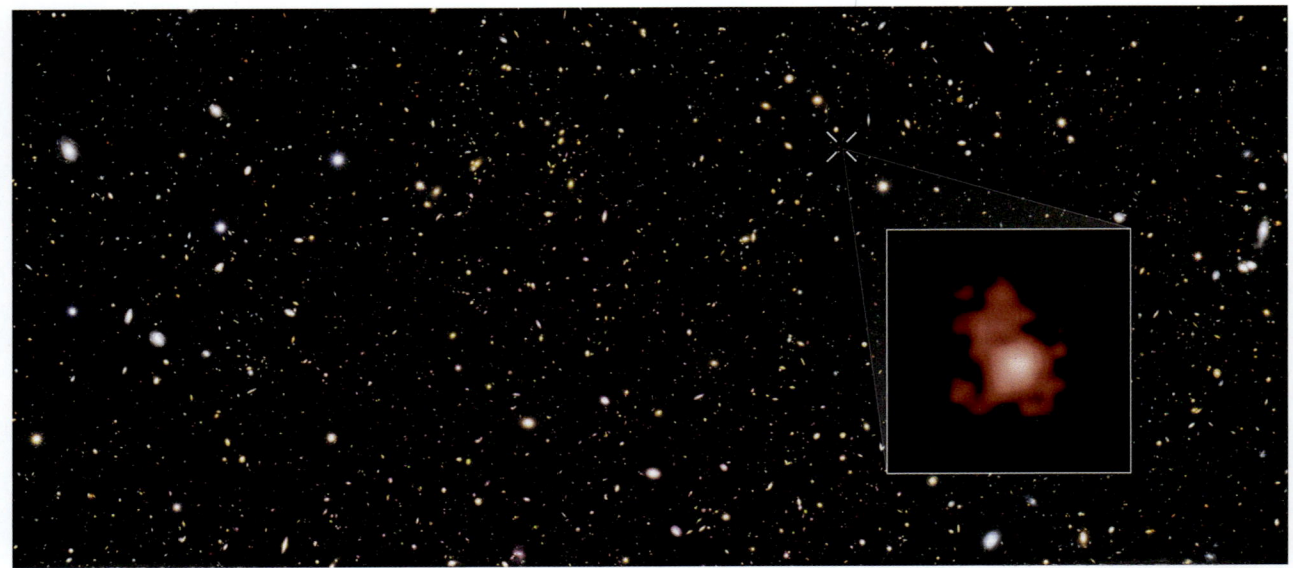

1 Eine Aufnahme des Hubble-Weltraum-teleskops

Expansion des Universums

Diese Aufnahme zeigt einen Blick in die Tiefen des Universums, in einem kleinen Ausschnitt des nördlichen Himmels. Fast alle Lichtflecke sind keine Sterne, sondern Galaxien. Man kann erahnen, dass das Universum eine unvorstellbar große Zahl davon enthält. Herausvergrößert ist das Bild der Galaxie GN-z11. Warum erscheint diese Galaxie so rötlich?

Eine Rekordgalaxie • Die Galaxie GN-z11 ist die am weitesten entfernte Galaxie, die je beobachtet wurde. Sie emittierte das Licht, das wir heute empfangen, vor 13,4 Milliarden Jahren.

Von dieser Galaxie kommt bei uns vor allem infrarotes und rotes Licht an. Der Grund dafür ist die Rotverschiebung. Sie ist im Allgemeinen umso größer, je weiter entfernt eine Galaxie ist.

Rotverschiebung • Bei der Rotverschiebung sind die Spektren zu größeren Wellenlängen verschoben. Man kann sie für Sterne oder Galaxien bestimmen, wenn man das Spektrum mit einem optischen Gitter analysiert. Dabei zeigen sich charakteristische Absorptionslinien. In ▸Abb. 2 sind dies die kleinen Minima in der Intensität. Das obere Spektrum weist deutliche Absorptionslinien für 500 nm und 650 nm auf.

Das untere Spektrum in ▸Abb. 2 gehört zu der Galaxie B2 1208+32A. Für sie ist die rote Linie, mit einer ursprünglichen Wellenlänge von etwa 650 nm, um etwa 250 nm bis ins Infrarote verschoben. Die Rotverschiebung z ist definiert als relative Wellenlängenvergrößerung. Für die Galaxie B2 1208+32A erhalten wir

$$z = \frac{\Delta\lambda}{\lambda} = \frac{250\,\text{nm}}{650\,\text{nm}} = 0,38.$$

Bei der Galaxie GN-z11 ist $z = 11,1$. Das Spektrum ist so stark verschoben, dass die Darstellung im selben Diagramm unübersichtlich wäre.

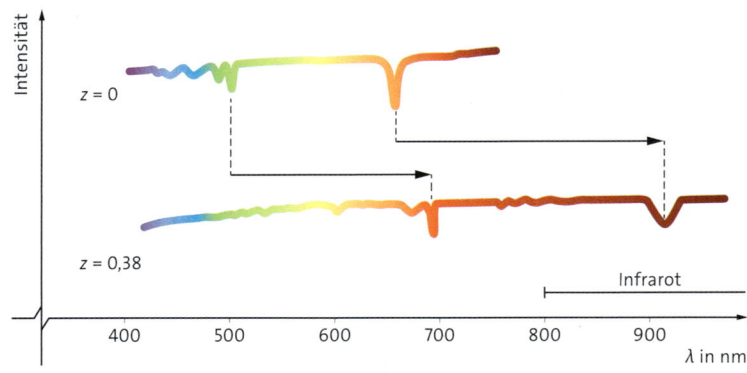

2 Spektren zweier Galaxien: Das untere Spektrum ist rotverschoben.

Expansion des Raums • Man erklärt die Rotverschiebung mit der Expansion des Raums. Wenn der Raum zwischen unserer Galaxie und einer anderen Galaxie expandiert, dann vergrößern sich die Abstände r zwischen allen Objekten, die nicht aneinander gebunden sind. Körper vergrößern sich nicht, da ihre Atome durch Bindungskräfte zusammengehalten werden. Auch Galaxien und sogar ganze Galaxienhaufen werden durch die Gravitation zusammengehalten. Galaxienhaufen entfernen sich allerdings durch die Expansion voneinander.

Das Luftballonmodell • Nehmen wir zur Veranschaulichung der Expansion als Modell einen Luftballon, auf dessen Oberfläche wir Bilder von Galaxienhaufen kleben (▸Abb. 3): Die Galaxienhaufen können sich voneinander entfernen, ohne dass sie sich selbst bewegen. Man muss den Ballon nur aufblasen!
Das Aufblasen des Ballons modelliert die Expansion des Raums. Im Ballonmodell ist der Raum die Ballonoberfläche. Das Universum ist in diesem Modell also zweidimensional. Das Balloninnere und die Luft um den Ballon gehören nicht zum Universum. Es gibt auf der Ballonoberfläche keinen Mittelpunkt, von der die Expansion ausgeht. Und genauso hat auch unser Universum keinen Mittelpunkt!

Dehnung von Raum und Wellenlängen • ▸Abb. 4 zeigt, wie sich bei der Expansion des Raums auch die Wellenlänge des sich ausbreitenden Lichts immer mehr vergrößert. Als Resultat sind die Expansion und die dadurch verursachte Rotverschiebung umso größer, je länger das Licht zu uns unterwegs war. Je weiter eine Galaxie von uns entfernt ist, umso größer ist folglich dieser Effekt. Für Galaxien außerhalb unseres Galaxienhaufens gilt also:

> Je weiter eine Galaxie von uns entfernt ist, umso größer ist die Rotverschiebung des Lichts bei der Ankunft bei uns.

Der kosmische Skalenfaktor • Wenn das Universum überall ähnlich schnell expandiert,

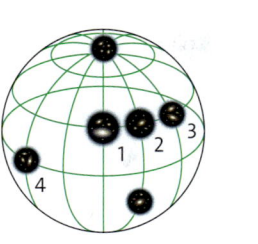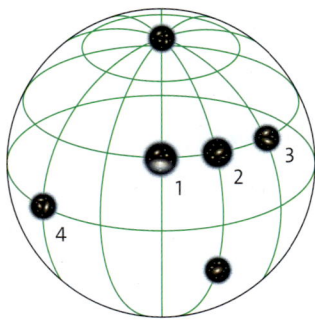

3 Ein Ballon mit auf die Oberfläche geklebten Galaxienhaufen wird aufgeblasen.

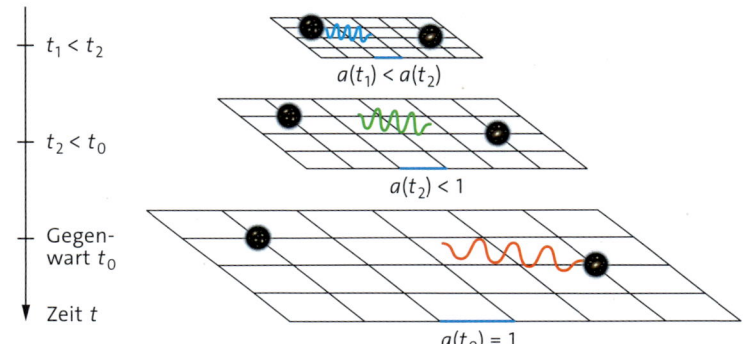

4 Bei der Expansion des Raums wachsen der Skalenfaktor a und die Wellenlänge λ gleichermaßen an.

dann vergrößern sich alle Abstände r in der gleichen Zeit etwa um den gleichen Faktor. Diesen Faktor nennt man **kosmischen Skalenfaktor a**. Bezugswert ist der Skalenfaktor zum jetzigen Zeitpunkt t_0. Deshalb wird $a(t_0) = 1$ gesetzt. Wenn der Raum in der nächsten Milliarde Jahre um den Faktor 1,1 expandieren würde, könnte man schreiben: $a(1 \text{ Milliarde Jahre}) = 1{,}1$.

Allgemein gilt: $a(t) = \dfrac{r(t)}{r(t_0)}$.

1 Die Galaxie GN-z11 hat das Licht, das wir heute empfangen, vor 13,4 Milliarden Jahren emittiert. Ihr Abstand von uns betrug damals 2,5 Milliarden Lichtjahre. Heute befindet sich die Galaxie in einem Abstand von 32 Milliarden Lichtjahren.
a) Erklären Sie mit der Expansion des Raums, warum das Licht deutlich mehr als 2,5 Milliarden Jahre bis zu uns brauchte. Machen Sie auch eine oder mehrere Skizzen.
b) Berechnen Sie den Skalenfaktor des Universums vor 13,4 Milliarden Jahren.

Ein Lichtjahr (Lj) ist die Strecke, die Licht in einem Jahr zurücklegt. Das sind ca. 10 Billionen km.

Für nicht zu nahe Galaxien ist ihre Eigenbewegung gegenüber ihrer Expansionsgeschwindigkeit vernachlässigbar.

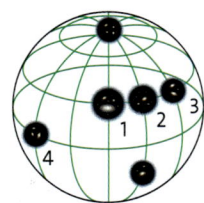

1 Das Ballonmodell

Der Astronom EDWIN HUBBLE entdeckte den nach ihm benannten Zusammenhang 1929.

Die Expansionsgeschwindigkeit · Aufgrund der Expansion vergrößern sich die Entfernungen r der Galaxien von uns. Die Geschwindigkeit $v_e = \dot{r}$, mit der die Galaxienhaufen aufgrund der Expansion von uns wegdriften, nennt man Expansionsgeschwindigkeit. Wie hängt die Expansionsgeschwindigkeit von der Entfernung der Galaxien ab?

Wir benutzen noch einmal das Luftballonmodell (▶Abb.1). Begeben wir uns gedanklich auf die Ballonoberfläche und beobachten die Bewegung der Galaxienhaufen von Galaxienhaufen 1 aus, dann folgt: Je weiter entfernt ein Haufen erscheint, umso schneller bewegt er sich von Haufen 1 weg. Wenn Haufen 3 von Haufen 1 doppelt so weit entfernt ist wie Haufen 2, dann entfernt er sich beim Aufblasen auch doppelt so schnell. Kann man diese aus dem Modell folgende Proportionalität zwischen der Entfernung und der Expansionsgeschwindigkeit der Galaxien auch im Universum beobachten? Wie misst man überhaupt die Entfernungen und die Expansionsgeschwindigkeiten von Galaxien?

Entfernungsbestimmung · Je weiter eine Lichtquelle entfernt ist, umso geringer erscheint ihre Helligkeit. Verzehnfacht man den Abstand einer Lichtquelle, dann verringert sich die Helligkeit auf ein Hundertstel des Ausgangswerts. Wenn man für eine bestimmte Klasse von Objekten weiß, wie viel Energie sie abstrahlen, dann kann man aus ihrer scheinbaren Helligkeit die Entfernung bestimmen.

In Galaxien kann man immer wieder eine bestimmte Klasse von Supernovae beobachten, man nennt sie Supernovae vom Typ Ia. Sie explodieren alle mit der gleichen charakteristischen Helligkeit. Diese ist so groß, dass man sie auch noch in weit entfernten Galaxien beobachten kann. Aus der scheinbaren Helligkeit bestimmt man die Entfernung der Supernovae und damit der Galaxien, in der sie sich befinden.

Bestimmung der Expansionsgeschwindigkeit · Je größer die Expansionsgeschwindigkeit einer Galaxie ist, umso größer ist die Rotverschiebung des von ihr emittierten Lichts. Für Galaxien mit Rotverschiebung $z \ll 1$ sind v_e und z in sehr guter Näherung zueinander proportional und es gilt:

$$z = \frac{\Delta \lambda}{\lambda} = \frac{v_e}{c}.$$

Dabei ist c die Lichtgeschwindigkeit. Mit dieser Formel kann man aus der Rotverschiebung einer Galaxie ihre Expansionsgeschwindigkeit berechnen. Sie gilt für Galaxien, die nicht zu nahe und nicht zu weit entfernt sind, d. h. für Entfernungen zwischen 20 Millionen und 500 Millionen Lichtjahren.

Das Hubble-Gesetz · Trägt man für Galaxien aus diesem Entfernungsbereich die so bestimmte Expansionsgeschwindigkeit v_e über der Entfernung r auf, dann erhält man eine Ursprungsgerade (▶Abb.2). Offensichtlich sind v_e und r proportional zueinander. Die Proportionalitätskonstante H_0 heißt Hubble-Parameter. H_0 ist gleich der Steigung der Ausgleichsgeraden im Hubble-Diagramm. Aus ▶Abb.2 erhält man für diese Steigung $2100 \frac{km}{s}$ pro 100 Millionen Lichtjahre. Das Hubble-Gesetz lautet also:

> Für Galaxien mit Entfernungen zwischen 20 und 500 Millionen Lichtjahren gilt:
> Die Geschwindigkeit v_e, mit der sich eine Galaxie von uns weg bewegt, ist proportional zu ihrer Entfernung r von uns.
>
> $$v_e = H_0 \cdot r; \quad H_0 = 21 \frac{km/s}{Mio. \, Lj}.$$

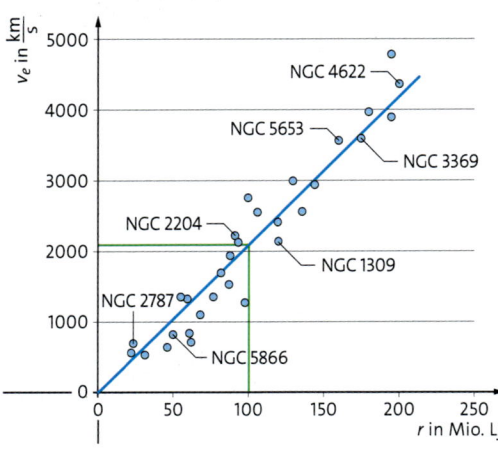

2 Hubble-Diagramm

Kosmologie • Um die Expansion des Raums und die damit verbundenen Beobachtungen zu beschreiben, gibt es verschiedene kosmologische Modelle. Die Kosmologie ist die Wissenschaft vom Universum, seiner Entwicklung und seiner Eigenschaften. Das **Universum** ist definiert als alles, was durch Beobachtungen zugänglich ist und durch physikalische Theorien beschrieben werden kann. Das Universum enthält allen Raum und alle Zeit. Es gibt in der Kosmologie keinen Raum außerhalb des Universums und keine Zeit vor oder nach der Existenz des Universums.

Kosmologische Modelle versuchen mit möglichst einfachen Annahmen die Beobachtungen der Astronomen bezüglich des Universums zu beschreiben. Was beobachtet man, wenn man das Universum mit Teleskopen genauer betrachtet?

Das kosmologische Prinzip • Zunächst einmal beobachtet man, dass das Universum in allen Richtungen etwa gleich aussieht. Dies mag auf den ersten Blick überraschen, denn ein Blick an den Sternenhimmel zeigt uns, dass die Objekte im Universum ungleich verteilt sind. So sehen wir in Richtung der Milchstraße viel mehr Sterne als in anderen Richtungen (▸Abb. 3).

Wenn wir uns aber in Gedanken immer weiter von der Erde weg bewegen, dann sehen wir zunächst unseren lokalen Galaxienhaufen, der Tausende von Galaxien enthält. Wiederum Tausende von Galaxienhaufen bilden spinnwebenartige Filamente (▸Abb. 4 A). Aus vielen Tausenden dieser Filamente ist das Universum aufgebaut. ▸Abb. 4 B zeigt einen würfelförmigen Ausschnitt aus der Grobstruktur unseres Universums. Die Kantenlänge des Würfels beträgt etwa 10 Milliarden Lichtjahre. Die Größe des beobachtbaren Universums beträgt mehr als 90 Milliarden Lichtjahre.

Aus Abb. 4 B erkennen wir, dass das Universum im sehr großen Maßstab in alle Richtungen etwa gleich aussieht. Man sagt, dass es annähernd **isotrop** ist. Außerdem ist die Wahrscheinlichkeit klein, dass wir einen besonderen Platz im Universum haben. Wir nehmen also an, dass das Universum an jeder Stelle ungefähr gleich aussieht: Das Universum ist annähernd **homogen.**

3 Unsere Heimatgalaxie, die Milchstraße, von uns aus gesehen.

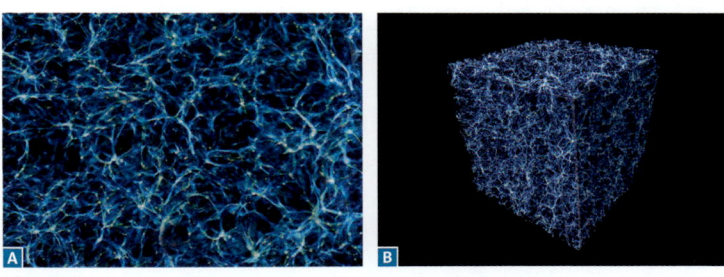

4 Simulation der **A** Filament-Struktur, **B** Grobstruktur des Universums

Isotropie und Homogenität des Universums bilden zusammen **das kosmologische Prinzip.**

> Das kosmologische Prinzip lautet:
> Abgesehen von lokalen Abweichungen
> ist das Universum zu allen Zeiten in guter
> Näherung isotrop und homogen.

Kosmologische Modelle sollten das kosmologische Prinzip beinhalten. Das bedeutet, dass das Universum im Modell zu verschiedenen Zeiten durchaus unterschiedlich aussehen kann, aber zu jedem beliebigen Zeitpunkt sollte es bezüglich aller Orte isotrop und homogen sein.

1 Ein Modell, welches das kosmologische Prinzip verletzt, ist folgendes: An einer bestimmten Stelle des Universums hat sich der Urknall ereignet und seither fliegen die Galaxien wie nach einer Explosion mit unterschiedlichen Geschwindigkeiten auseinander.
Erläutern Sie, inwiefern in diesem Modell das Universum weder isotrop noch homogen ist.
Hinweis: Begeben Sie sich in Gedanken auf eine der äußeren Galaxien.

Unser Platz im Universum

Unsere Heimatgalaxie • ▸Abb. 1 ist eine Darstellung, wie unsere Galaxie, die Milchstraße, von außen aussehen könnte. Wir befinden uns mit unserem Sonnensystem in einem der kleineren Spiralarme. Die Erdbahn um die Sonne wäre in dem gezeichneten Maßstab kleiner als ein Hundertstel Nanometer.

Die Lokale Gruppe • Wenn wir uns noch weiter von unserer Position entfernten, würden wir unsere lokale Galaxiengruppe sehen, wie sie in ▸Abb. 2 dargestellt ist. Die größten Objekte darin sind unsere Milchstraße und die Andromeda-Galaxie. Es gibt aber auch Zwerggalaxien, wie die Große und die Kleine Magellansche Wolke.

Haufen und Superhaufen • Mehrere Gruppen von Galaxien bilden einen Galaxienhaufen. Wir befinden uns im Virgo-Haufen (▸Abb. 3).

Die Galaxienhaufen wiederum bilden Superhaufen. ▸Abb. 4 zeigt mehrere Superhaufen unserer Umgebung, darunter auch Laniakea. In diesem Superhaufen halten wir uns auf.

In ▸Abb. 4 kann man bereits erahnen, wie sich aus vielen Superhaufen die gewebeartige Struktur des Universums bildet. Zwischen den galaxienreichen Filamenten befinden sich große leere Gebiete, die Voids genannt werden.

1 Position des Sonnensystems in der Milchstraße

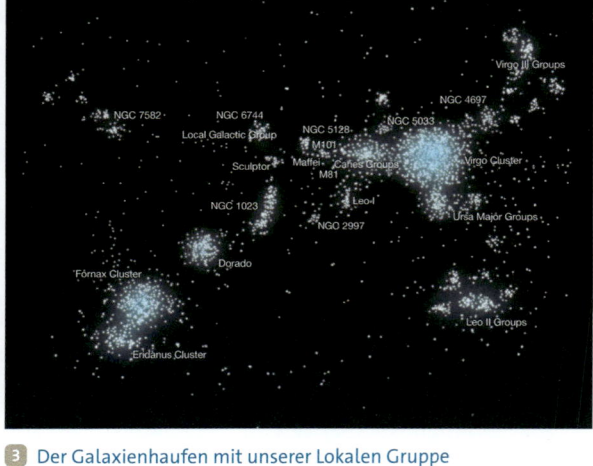

3 Der Galaxienhaufen mit unserer Lokalen Gruppe

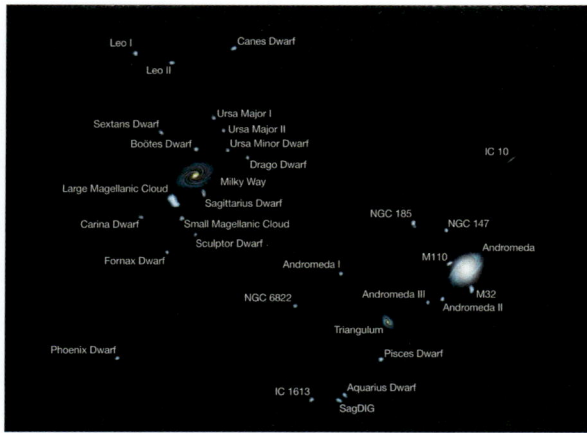

2 Unsere Lokale Galaxiengruppe

4 Struktur mit unserem Superhaufen

Material A • Gummibandmodell für das Hubble-Gesetz

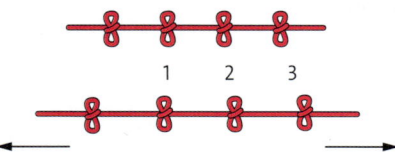

Wir befinden uns in einem Universum mit steigendem Skalenfaktor, aber fallendem, positivem Hubble-Parameter. Das kann man so verstehen:
Ein Gummiband dient als eindimensionales Modell für das Universum. Schleifen entlang des Gummibandes stehen für die Galaxienhaufen. Wir dehnen das Gummiband gleichmäßig. Man kann sich dabei in Gedanken auf eine der Schleifen setzen und beobachten, wie sich die Schleifen entfernen.
Dabei ist keine Schleife vor den anderen ausgezeichnet. Um diese Analogie zur Homogenität des Universums noch

deutlicher zu machen, muss man sich das Gummiband unendlich lang oder geschlossen vorstellen.
Zum Zeitpunkt $t_0 = 0\,\text{s}$ soll die Länge des leicht gespannten Gummibands $2{,}0\,\text{m}$ betragen. Nun wird das Gummiband so gedehnt, dass seine Gesamtlänge in $1\,\text{s}$ um $0{,}1\,\text{m}$ zunimmt.
d_{12} ist die Entfernung von Schleife 2 zu Schleife 1, d_{13} ist die Entfernung von Schleife 3 zu Schleife 1. Zum Zeitpunkt $t_0 = 0\,\text{s}$ sei $d_{12} = 0{,}2\,\text{m}$ und $d_{13} = 0{,}4\,\text{m}$.

A1 Berechnen Sie jeweils den Skalenfaktor zu den Zeitpunkten $t_1 = 1\,\text{s}$ und $t_2 = 2\,\text{s}$ und stellen Sie eine Gleichung für $a(t)$ auf.

A2 a) Berechnen Sie d_{12} und d_{13} zum Zeitpunkt $t_1 = 1\,\text{s}$.
b) Bestimmen Sie die Geschwindigkeiten, mit der sich die Schlei-

fen 2 und 3 zum Zeitpunkt t_1 von der Schleife 1 wegbewegen.
c) Zeigen Sie, dass für die Schleifen 2 und 3 zu diesem Zeitpunkt das Hubble-Gesetz gilt und bestimmen Sie den zugehörigen Hubble-Parameter.
d) Wiederholen Sie Ihre Berechnungen für den Zeitpunkt $t_2 = 2\,\text{s}$ und zeigen Sie, dass sich der Wert des Hubble-Parameters ändert.

A3 Mithilfe der Definitionen für den Hubble-Parameter und den Skalenfaktor kann man folgende Gleichungen formulieren:

$$H(t) = \frac{v_e(t)}{r(t)} = \frac{\dot{r}(t)}{r(t)} = \frac{\dot{a}(t)}{a(t)}.$$

Bestimmen Sie mithilfe dieser Gleichungen die zeitliche Entwicklung des Hubble-Parameters für das Beispiel mit dem Gummiband.

Material B • Bestimmung der Entfernung von Galaxien

Die Entfernung einer Galaxie kann über die Helligkeit einer darin explodierenden Supernova vom Typ Ia bestimmt werden. Eine solche Explosion ist auch noch in weit entfernten Galaxien beobachtbar, da sie zum Zeitpunkt der größten Helligkeit ähnlich hell leuchtet wie die gesamte Galaxie. Zur Entfernungsbestimmung nutzt man aus, dass die von uns beobachtbare scheinbare Helligkeit eines Objekts umgekehrt proportional zum Quadrat seiner Entfernung von uns ist.

B1 Wenn man den Polarstern auf ein Tausendstel seines Abstands heranholen würde, dann würde er etwa so hell leuchten wie der gesamte Vollmond. Berechnen Sie das Verhältnis der scheinbaren Helligkeiten von Vollmond und Polarstern.

SN2001el

B2 Nehmen Sie an, man beobachtet zwei Supernovae vom Typ Ia, die eine in der Andromeda-Galaxie (Entfernung 2 Millionen Lj), die andere in einer weit entfernten Galaxie. Das Verhältnis der scheinbaren Helligkeiten soll 200 000 : 1 betragen. Berechnen Sie die Entfernung der weit entfernten Galaxie von uns.

B3 Allerdings verfälscht die Expansion des Raums das Ergebnis der Entfernungsbestimmung. Wenn das Universum statisch wäre, dann wäre die scheinbare Helligkeit der Supernova, die man jetzt misst, gleich der scheinbaren Helligkeit zum Zeitpunkt der Emission.
a) Erläutern Sie, wie die Expansion die scheinbare Helligkeit verändert.
b) Schätzen Sie mithilfe des Hubble-Gesetzes die Geschwindigkeit der Galaxie von Aufgabe B2 ab.
c) Berechnen Sie, um wie viel die Entfernung der Galaxie im Zeitraum der Lichtausbreitung zugenommen hat.
d) Begründen Sie, warum das Hubble-Gesetz nicht für weit entfernte Galaxien anwendbar ist.

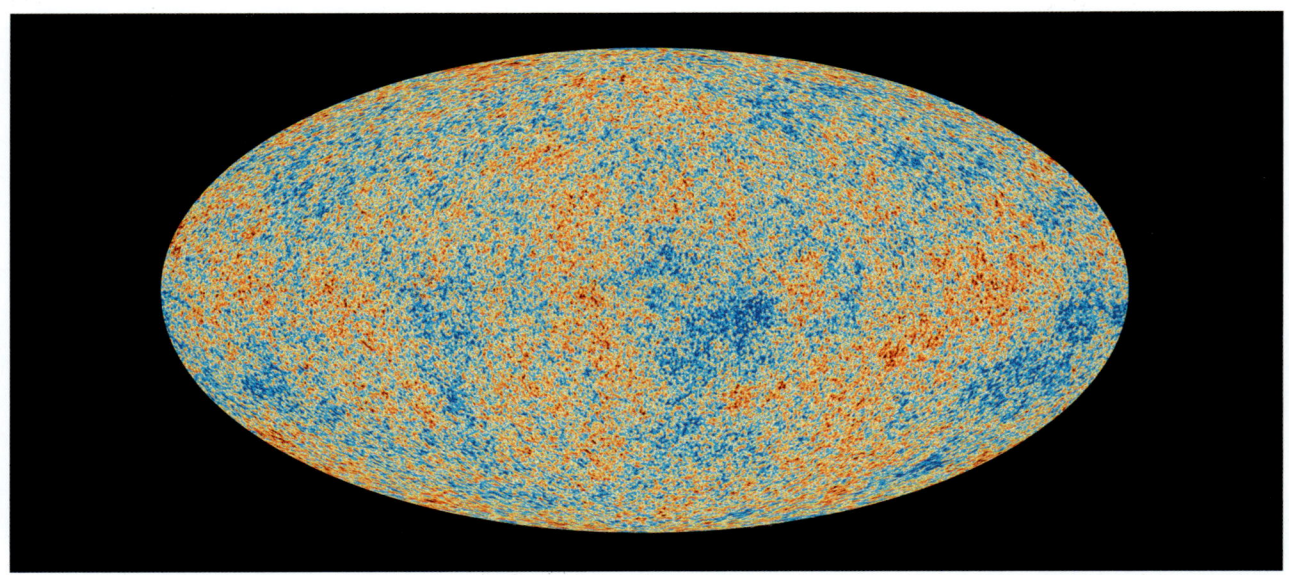

Das frühe Universum

Diese Aufnahme ist ein „Kinderbild" unseres Universums. Sie zeigt den Zustand des Universums vor etwa 13 Milliarden Jahren, wenige 100 000 Jahre nach dem Urknall. Wie ist diese Aufnahme entstanden und was kann man daraus ablesen?

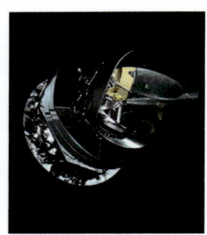

2 Planck, ein Teleskop für Mikrowellen und Infrarotstrahlung

Die kosmische Hintergrundstrahlung • Die Aufnahme des frühen Universums wurde mit dem Weltraumteleskop Planck erstellt (▸Abb. 2). Es durchmusterte den gesamten Himmel und registrierte dabei für jede Stelle die Intensität der empfangenen Mikrowellenstrahlung. Mit dem Auge kann man diese Strahlung nicht beobachten. Sie wird kosmische Hintergrundstrahlung genannt. Woher kommt die Strahlung?

Temperaturstrahlung • Mit dem Satelliten COBE hat man die Wellenlängenabhängigkeit der Hintergrundstrahlung gemessen. Man erhielt dabei den Graphen in ▸Abb. 3. Die Kurvenform ist typisch für die Strahlung, die ein Körper aufgrund seiner Temperatur aussendet. Sie kennen das Phänomen, dass heiße Körper elektromagnetische Strahlung abgeben, z.B. vom Toaster. Man kann das Glühen sehen und man kann die Infrarotstrahlung fühlen.

Die Strahlungskurven von Körpern kann man experimentell bestimmen oder auch mit einer Formel berechnen. Die berechneten Strahlungskurven von ▸Abb. 4 zeigen: Je niedriger die absolute Temperatur T des strahlenden Körpers ist, desto weniger Strahlung wird insgesamt abgegeben, aber auch desto mehr verschiebt sich das Maximum der Intensität zu größeren Wellenlängen, also zur Infrarotstrahlung. Es kann sich sogar bis in den Mikrowellenbereich verschieben – so wie dies bei der kosmischen Hintergrundstrahlung der Fall ist.

Die zugehörigen Temperaturen befinden sich dann im Bereich von wenigen Kelvin. Die Messwerte von COBE passen mit sehr guter Übereinstimmung zu der theoretischen Strahlungskurve eines Körpers mit einer Temperatur von 2,735 K, also etwa −270 °C.

Einfluss der Expansion • Um zu verstehen, wo die Strahlung herkommt, müssen wir berücksichtigen, dass sich die Wellenlängen durch die Expansion des Universums um ein Vielfaches vergrößern können. Je länger die Strahlung unterwegs war, umso weiter müssen wir in Gedanken in der Zeit zurückgehen.

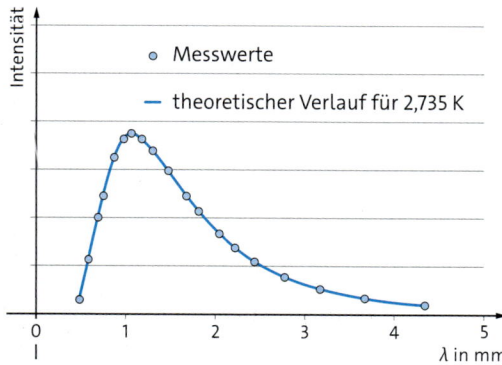

3 Intensität der Hintergrundstrahlung in Abhängigkeit von der Wellenlänge

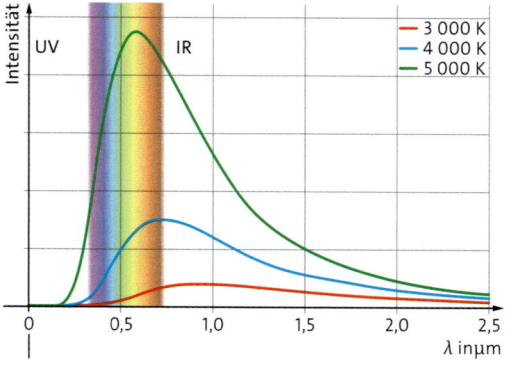

4 Theoretische Strahlungskurven von Körpern bei den Temperaturen 3 000 K, 4 000 K und 5 000 K

Das rotglühende Universum • Je weiter wir in der Zeit zurückgehen, umso kürzer waren die Wellenlängen und umso höher war die zugehörige Temperatur. Zu welcher Zeit und bei welcher Temperatur wurde die Strahlung emittiert?

Zu Beginn expandierte das Universum sehr schnell. Dabei sank die Temperatur von unvorstellbar hohen Werten über Milliarden Kelvin, Millionen Kelvin und Tausende Kelvin immer weiter ab. Bei etwa 3 000 K wurde das Universum durchsichtig und die zuletzt emittierte Strahlung breitete sich fast ungestört im Raum aus. Wie kann man das verstehen?

Bei Temperaturen oberhalb von 3 000 K sind Atome größtenteils ionisiert, die Materie besteht vor allem aus Atomkernen, Elektronen und elektromagnetischer Strahlung. Diesen Zustand nennt man **Plasma**. Licht wird in Plasma ständig gestreut, absorbiert und wieder emittiert. Plasma ist undurchsichtig, wie man es auch bei einer Kerzenflamme beobachten kann.

Erst als sich etwa 380 000 Jahren nach Beginn des Universums aus Kernen und Elektronen Atome gebildet hatten, konnte sich das Licht ausbreiten. Das rotglühende Universum war durchsichtig geworden und die zuletzt vom Plasma bei etwa 3 000 K emittierte Strahlung breitete sich im Raum aus. Durch die Expansion des Universums wurde sie über viele Milliarden Jahre so sehr rotverschoben, dass sie nun nicht mehr sichtbar ist, sondern nur noch mit Mikrowellen-Empfängern nachgewiesen werden kann.

Die von den beiden Satelliten COBE und Planck gemessene Mikrowellen-Hintergrundstrahlung ist also sozusagen das Nachglühen des Universums aus der Zeit, als dieses sich im Plasmazustand befand.

> Das Universum war zu Beginn extrem heiß und undurchsichtig. Durch die Expansion kühlte es sich immer weiter ab. Etwa 380 000 Jahre nach Beginn war es soweit abgekühlt, dass sich aus dem Plasma Atome bildeten und das Universum wurde durchsichtig. In dieser Phase hatte es eine Temperatur von etwa 3 000 K. Die damals emittierte Strahlung wurde durch die Expansion des Raums zur kosmischen Hintergrundstrahlung mit Wellenlängen im mm-Bereich.

1 Die momentane Temperatur des Universums beträgt etwa 2,7 K. Die Wellenlänge, bei der die maximale Abstrahlung eines Körpers erfolgt, ist umgekehrt proportional zur Temperatur des jeweiligen Strahlers.
a) Zeigen Sie anhand der Strahlungskurven aus ▶Abb. 3 und ▶Abb. 4, dass dieses Gesetz für Körper mit den Temperaturen 2,7 K und 3 000 K erfüllt ist.
b) Bestimmen Sie die Rotverschiebung z der Mikrowellenstrahlung.
c) Bestimmen Sie den Skalenfaktor des Universums zu dem Zeitpunkt, als es eine Temperatur von 3 000 K hatte.

Das ungefähre Alter des Universums • Aus dem Modell der kosmischen Expansion haben wir geschlossen, dass das Universum früher in einem dichten, heißen Zustand war. Können wir mit dem Modell auch eine Aussage über das Alter des Universums machen?

Wir gehen zunächst von einer gleichmäßigen Expansion mit linearem Skalenfaktor aus. Gemäß dem Wert des Hubble-Parameters entfernt sich eine Galaxie mit $21\frac{km}{s}$ pro 1 Million Lichtjahre Entfernung. Daraus können wir berechnen, zu welcher Zeit die Galaxien bei gleichmäßiger Expansion sehr nahe beieinander gewesen sein müssen. Die sich ergebende Zeitspanne ist eine Näherung für das Alter des Universums:

$$t = \frac{1\,\text{Mio. Lj}}{21\,\text{km/s}} = 14\,\text{Milliarden Jahre}.$$

Die Gerade in ▸ Abb. 1 beschreibt eine gleichmäßige Expansion des Universums. Das Universum wäre in diesem Modell also vor etwa 14 Milliarden Jahren extrem dicht und heiß gewesen. Diesen Beginn nennt man **Urknall**.

Mit einem Knall oder einer Explosion hat der Urknall nichts zu tun. Ein Knall oder eine Explosion ereignet sich in einen Raum hinein. Das Universum bestand aber zu Beginn nur aus Plasma, einen leeren Raum gab es nicht.

Expansion für immer oder Kollaps? • Wir sind in unserer Rechnung für das Alter des Universums von einer konstanten Expansionsrate ausgegangen. Da sich Materie aber gegenseitig anzieht, sollte die Expansion des Universums im Lauf der Zeit gebremst werden. Grundsätzlich wäre auch möglich, dass das Universum in ferner Zukunft sogar wieder kollabiert.

Betrachten wir zur Veranschaulichung einen Ball, den man mit einer bestimmten Geschwindigkeit von einem Planeten abwirft. Wenn die Gravitation des Planeten gering ist, dann kann der Ball entkommen (blaue Kurve in ▸ Abb. 2). Ist sie groß, dann fällt er wieder auf die Oberfläche zurück (orange Kurve in ▸ Abb. 2). Die grüne Kurve gehört zu dem Grenzfall, bei dem der Ball gerade nicht mehr zurückfällt. Seine Geschwindigkeit sinkt dabei asymptotisch auf den Wert $0\frac{m}{s}$.

Analog dazu hängt die Expansion von der mittleren Massendichte des Universums ab. Sie wird durch den Parameter Ω_M (Omega M) beschrieben. ▸ Abb. 3 zeigt den zeitlichen Ablauf der Expansion in der Vergangenheit und in der Zukunft für verschiedene Werte für Ω_M. Ausgangspunkt ist der jetzige Zeitpunkt mit der beobachteten zeitlichen Ableitung des Skalenfaktors $\dot{a}(t_0)$. Die blaue Kurve steht für ein immer weiter expandierendes Universum bei kleiner Massendichte. Die gelbe Kurve zeigt ein in Zukunft kollabierendes Universum bei großer Massendichte. Die grüne Kurve ist der Grenzfall dazwischen mit $\Omega_M = 1$.

Das kosmologische Standardmodell • Zahlreiche Beobachtungen zeigen, dass die Expansion die ersten 8 Milliarden Jahre gebremst und anschließend immer mehr beschleunigt ablief (rote Kurve in ▸ Abb. 3). Das einfachste Modell, das diese und andere wichtige Beobachtungen beschreibt, wird als das **kosmologische Standardmodell** bezeichnet.

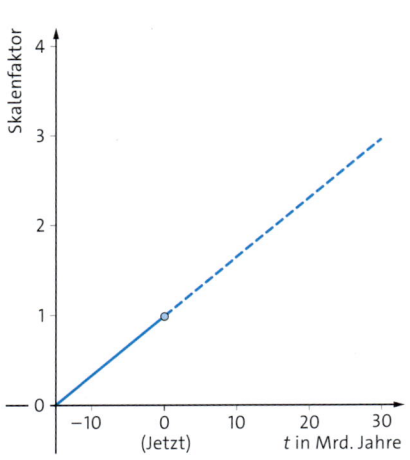

1 Skalenfaktor bei angenommener gleichmäßiger Expansion des Universums

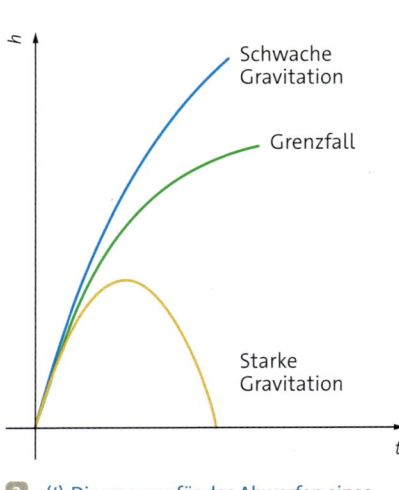

2 $s(t)$-Diagramme für das Abwerfen eines Balls bei verschieden starker Gravitation

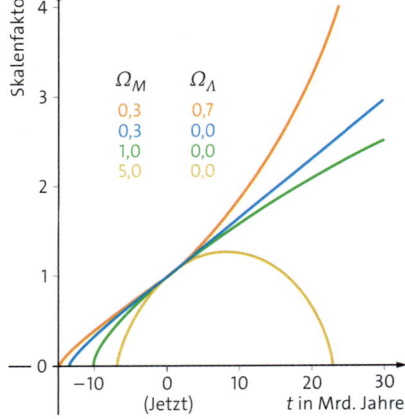

3 Expansion des Universums abhängig von den Parametern Ω_Λ und Ω_M

Dunkle Energie · Die physikalische Grundlage des kosmologischen Standardmodells ist die allgemeine Relativitätstheorie. Deren Gleichungen enthalten einen Term mit der sogenannten kosmologischen Konstanten Λ (Lambda). Diese Konstante ist frei wählbar. Ein großer Wert für Λ führt in der Theorie zu einer beschleunigten Expansion. Man kann Λ als Energie interpretieren, die das Universum expandieren lässt. Da man den Ursprung dieser Energie nicht kennt, nennt man sie **Dunkle Energie.**

Im kosmologischen Standardmodell steckt die Konstante Λ in einem Parameter Ω_Λ. Man passt die zwei Parameter Ω_Λ (für die Dunkle Energie) und Ω_M (für die gesamte Materie) so an, dass die Beobachtungen, z.B. die Verteilung der Materie im Kosmos, möglichst gut beschrieben werden. Die beste Beschreibung erhält man mit $\Omega_\Lambda = 0{,}7$ und $\Omega_M = 0{,}3$ (rote Kurve in ▸Abb. 3).
Für das Alter des Universums kommt man in diesem Modell auf 13,7 Milliarden Jahre. Dies stimmt überraschend gut mit dem Ergebnis aus der gleichmäßigen Expansion überein.

> Das Universum ist etwa 14 Milliarden Jahre alt. Zu Beginn war es extrem dicht und heiß. Die ersten 8 Milliarden Jahre expandierte es gebremst. Seit 6 Milliarden Jahren erfolgt die Expansion beschleunigt.

Energie im Vakuum? · Eine mögliche Interpretation der kosmologische Konstante Λ ist, dass im Vakuum Energie steckt. Durch die Expansion würde sich diese Energie proportional zum Raum vergrößern. So hätte sie anfangs kaum Einfluss auf die Expansion gehabt. Im Lauf der Zeit wäre die Energie des Vakuums mit wachsendem Raum aber immer größer geworden und hätte 8 Milliarden Jahre nach dem Urknall gegenüber dem kontrahierenden Einfluss der Materie die Oberhand gewonnen.
Die abstoßende Wirkung der Energie des Vakuums konnte man tatsächlich im Labor nachweisen. Allerdings reicht die gemessene Wirkung bei weitem nicht aus, um damit die beschleunigte Expansion des Universums zu erklären.

Dunkle Materie · Auch bei der Materiedichte gibt es ein Problem: Die gesamte beobachtete Materie zusammen mit der Strahlung führt zu einem Wert für Ω_M von nur 0,05. Zusätzlich müsste es noch einmal die fünffache Menge an noch nicht gefundener Materie geben, um auf den Wert $\Omega_M = 0{,}3$ zu kommen. Diese sogenannte **Dunkle Materie** müsste sich in der Nähe der normalen Materie aufhalten, da sich beide gegenseitig anziehen.

Auch wenn das kosmologische Standardmodell viele Beobachtungen beschreiben kann, muss man eingestehen: Man hat bisher weder genug Materie noch genug Energie im Universum gefunden, um damit die beiden Konstanten Ω_M und Ω_Λ zu erklären.

Anisotropie der Hintergrundstrahlung ·
Was wir noch nicht geklärt haben, ist die Bedeutung der Farben im Einstiegsbild (▸Abb. 4). Die gemessene Hintergrundstrahlung ist zu einem hohen Grad isotrop, also aus jeder Richtung des Raums sehr ähnlich. Die Abweichungen betragen weit weniger als ein Promille. Stellt man diese minimalen Abweichungen durch Farben dar, dann erhält man das Einstiegsbild. Blau bedeutet eine etwas geringere Strahlungstemperatur, gelb und rot eine etwas höhere.
Der Grund für die leicht unterschiedlichen Temperaturen der Strahlung sind kleine räumliche Schwankungen in der Dichte, die zu unterschiedlichen Rotverschiebungen durch Gravitation führten. Die Dichteschwankungen führten aber auch zur Bildung von Voids und aus Galaxienhaufen zusammengesetzten Filamenten.
Man hat umfangreiche Simulationen zur Entstehung dieser Strukturen des Universums gerechnet. Da man dabei mit Milliarden von Teilmassen rechnen musste, brauchte man gewaltige Rechenleistung. ▸Abb. 5 zeigt einen Screenshot aus dieser Simulation. Die durch die Simulation erhaltene Struktur ist der beobachteten sehr ähnlich, allerdings nur, wenn man die Dunkle Materie in die Berechnungen mit einbezieht!

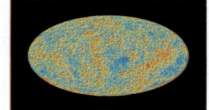

4 Kosmische Hintergrundstrahlung

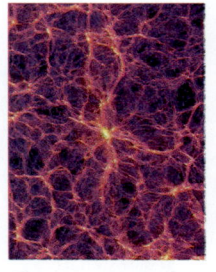

5 Durch Modellrechnungen erhaltene Struktur mit Voids (dunkle Stellen) und Filamenten (spinnwebenförmige Fasern)

1 Erläutern Sie, warum die einfache Altersabschätzung bei einem gebremst expandierenden Universum ein zu großes Alter ergibt.

Die Entstehung des Universums

Als das Weltall etwa 380 000 Jahre nach dem Urknall durchsichtig wurde, bestand es aus Wasserstoff- und Heliumatomen sowie aus elektromagnetischer Strahlung. Aus der Materie bildeten sich später Sterne und Galaxien, aus der elektromagnetischen Strahlung wurde die Hintergrundstrahlung. Was weiß man über die Zeit, bevor das Universum durchsichtig wurde?

Kosmologische Modelle beschreiben die Entstehung des Universums. Insbesondere versuchen sie, die kosmische Hintergrundstrahlung zu beschreiben, deren hohes Maß an Isotropie, aber auch ihre Anisotropie. Noch keine Erklärung hat man für die Tatsache gefunden, dass das Universum viel mehr Materie als Antimaterie enthält.

Besonders wichtig zur Beschreibung der ersten Zeit sind Erkenntnisse aus der Teilchenphysik. In Teilchenbeschleunigern kann man Bedingungen erzeugen, wie sie im sehr heißen, jungen Universum geherrscht haben. Gemäß dem kosmologischen Standardmodell lief die erste Entwicklung des Universums in mehreren Schritten ab (▸Abb.1).

Der Urknall • Der Moment, in dem das Universum entstand, wird Urknall genannt. Definitionsgemäß ist dies der Zeitpunkt 0 s. Über die Frage, wie der Urknall zustande kam, kann die Kosmologie keine Aussage machen. Nach dem Urknall war die Temperatur so hoch, dass das Universum aus einem Plasma von Quarks und Gluonen bestand. Quarks und Gluonen sind die Elementarteilchen, aus denen sich später Protonen und Neutronen bildeten.

Inflation • Von allen Seiten des Weltraums erreicht uns etwa die gleiche Hintergrundstrahlung. Der jetzt sichtbare Teil des Universums muss also zu einem frühen Zeitpunkt sehr gleichmäßig gewesen sein. Dies kann man nur dadurch erklären, dass die Teilgebiete des frühen Universums miteinander im Temperaturgleichgewicht standen. Dazu waren sie aber größtenteils zu weit voneinander entfernt. Um dieses Dilemma zu lösen, haben Theoretiker die Theorie der Inflation entwickelt. Demnach war die Ausdehnung des Universums anfangs so gering, dass alle Gebiete miteinander im Austausch waren und es nur kleine Unregelmäßigkeiten gab, die sogenannten Quantenfluktuationen. Dann wuchs das Universum innerhalb von 10^{-34}s auf das 10^{22}-fache. Dabei blieben sowohl die Gleichverteilung als auch die Quantenfluktuationen erhalten, aus denen sich die Anisotropien entwickelten.

Bildung der Atome • Nach der Phase der Inflation bildeten sich aus dem Quark-Gluon-Plasma Protonen und Neutronen. Daraus wurden anschließend Heliumkerne fusioniert, bis etwa drei Minuten nach dem Urknall die Temperatur dafür zu niedrig war. Dann war das Universum längere Zeit angefüllt mit Atomkernen, mit Elektronen und vor allem mit elektromagnetischer Strahlung. Dabei dehnte es sich weiter aus und kühlte weiter ab. Die ersten Atome bildeten sich ca. 250 000 Jahre nach dem Urknall. Je mehr Atome sich bildeten, umso durchsichtiger wurde das Universum. Die ersten Sterne begannen erst nach etwa 400 Millionen Jahren zu leuchten.

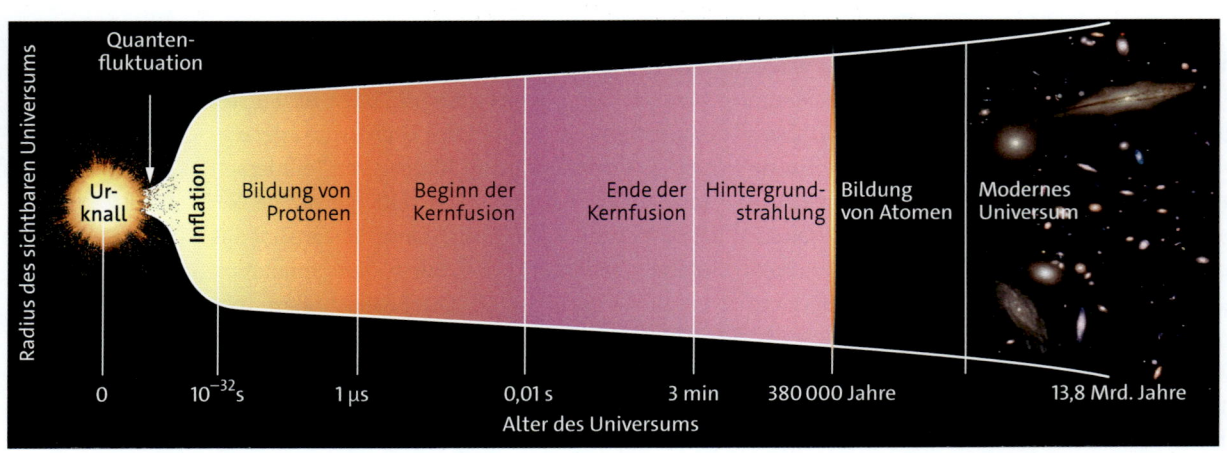

1 Die Entwicklung des Universums (nach links stark gedehnte Zeitskala)

Drei Arten der Wellenlängenverschiebung

Rotverschiebung durch Expansion • Diese Art von Rotverschiebung kennen Sie bereits. Durch die Expansion des Raums werden elektromagnetische Wellen gedehnt. Dadurch vergrößert sich die Wellenlänge.

Rot- und Blauverschiebung aufgrund von Bewegung • Sie kennen sicher den Doppler-Effekt bei Schall. Man kann ihn bei einem vorbeifahrenden Auto hören. Wenn sich das Auto auf den Beobachter zu bewegt, klingt das Motorengeräusch höher, die Frequenz ist größer. Wenn sich das Auto entfernt, ist die Frequenz kleiner. Ganz ähnlich ist es bei Licht: Wenn sich eine Lichtquelle auf einen Beobachter zubewegt, dann ist die Lichtfrequenz erhöht, und umgekehrt. Wegen $c = \lambda \cdot f$ und weil die Lichtgeschwindigkeit c konstant ist, ist die Wellenlänge entsprechend verkleinert oder vergrößert. Das gesamte Spektrum der Lichtquelle ist zum Kurzwelligen bzw. zum Langwelligen hin verschoben, man nennt dies die Doppler-Blau- bzw. Rotverschiebung.

Auf diese Weise kann man z.B. die Geschwindigkeiten bestimmen, mit der sich Sterne innerhalb einer entfernten Galaxie auf uns zu oder von uns weg bewegen. ▸Abb.2 zeigt schematisch die Bereiche mit Wellenlängenverschiebungen. In blauen Bereichen ist das Licht ins Blaue verschoben, also bewegen sich die Sterne auf uns zu, in den orangeroten Bereichen ist es umgekehrt. Man kann also sehen, dass die zwei Galaxien in ▸Abb.2 in etwa gegenläufig rotieren.

Rot- und Blauverschiebung durch Gravitation • Eine dritte Ursache für die Wellenlängenverschiebung von Licht ist die Gravitation. Gemäß der allgemeinen Relativitätstheorie wird Licht rotverschoben, wenn es von einem Gebiet hoher Gravitation in ein Gebiet niedriger Gravitation kommt, und umgekehrt (▸Abb.3).

Mehrere Ursachen gleichzeitig • Im Jahr 2018 hat man die Wellenlängenverschiebung bei dem Stern S2 aufgezeichnet. S2 bewegt sich auf einer stark elliptischen Bahn nahe um das Zentrum unserer Milchstraße (▸Abb.4). Dort befindet sich ein supermassives Schwarzes Loch, dem S2 so nahe kommt wie kein anderer Stern. Sein Spektrum wird dabei nicht nur aufgrund seiner hohen Geschwindigkeit verschoben. Es erfährt zusätzlich

eine starke Rotverschiebung aufgrund der starken Gravitation in der Nähe des Schwarzen Lochs. Beide Effekte führen zusammen zu einer Verschiebung der Wellenlängen. Die Messergebnisse sind in sehr guter Übereinstimmung mit der Theorie.

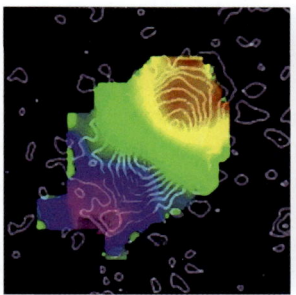 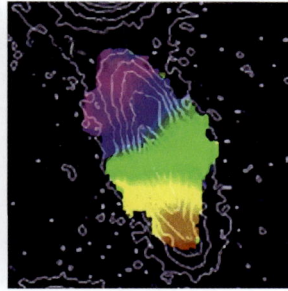

2 Aufnahmen zweier Galaxien, deren Teile entsprechend der Doppler-Blau- und Rotverschiebung eingefärbt wurden.

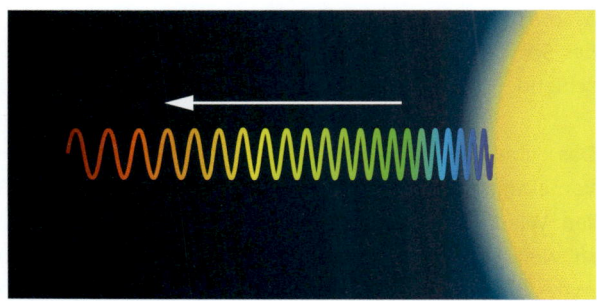

3 Doppler-Effekt durch Gravitation nach der allgemeinen Relativitätstheorie (Effekt stark übertrieben)

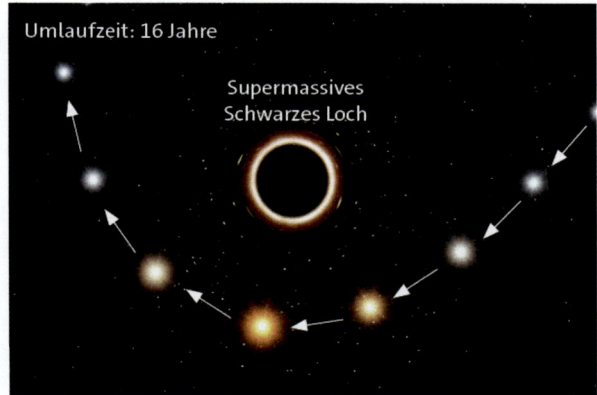

4 Bahn des Sterns S2 im Gravitationsfeld des supermassiven Schwarzen Lochs im Zentrum unserer Milchstraße

Bestimmung der Masse des supermassiven Schwarzen Lochs in der Galaxie M87

▸Abb. 1 zeigt die berühmte erste Aufnahme eines Schwarzen Lochs. Es handelt sich dabei um das supermassive Schwarze Loch im Zentrum der Galaxie M87. Das Bild wurde im Radiowellenbereich aufgenommen und digital bearbeitet, um die Struktur schärfer darstellen zu können. Teleskope in verschiedenen Teilen der Welt wurden so zusammengeschaltet, dass sie wie ein Teleskop von der Größe der Erde wirkten. Deutlich sichtbar ist auf der Aufnahme in der Mitte ein dunkler Bereich, das Schwarze Loch. Darum herum kreist strahlende Materie. In ▸Abb. 2 sieht man eine optische Aufnahme der Galaxie M87. Sichtbar ist auch der Materie-Jet, der von der Umgebung des Schwarzen Lochs aus ins All geschleudert wird.

Das Schwarze Loch hat eine Masse von einigen Milliarden Sonnenmassen. Wie kann man die Masse eines so weit entfernten und nicht einmal direkt beobachtbaren Objekts bestimmen? Wir wissen bereits: Je mehr Masse ein Zentralgestirn hat, umso größer muss die Geschwindigkeit eines um ihn laufenden Körpers sein, um auf einer Kreisbahn zu bleiben.
Umgekehrt kann man von der Geschwindigkeit eines Körpers und seinem Bahnradius auf die Masse des Zentralgestirns schließen.

Das supermassive Schwarze Loch in M87 wird von vielen Sternen zum Teil eng umkreist. Aus der Dopplerverschiebung dieser Sterne kann man auf ihre Geschwindigkeit schließen.

Die starke Vergrößerung der Zentralregion von M87 im optischen Bereich in ▸Abb. 3 B zeigt, dass das Schwarze Loch von leuchtender Materie verdeckt wird. Im roten und blauen Bereich wurden die Spektren von Sternen aufgenommen, die das Schwarze Loch umkreisen. Sie sind in ▸Abb. 3 B dargestellt. Die Linien aus dem roten Bereich sind gegenüber denen aus dem blauen Bereich deutlich verschoben.

Wenn λ_B die Wellenlänge des blauen Bereichs ist und λ_R die des roten, dann erhält man die Geschwindigkeit v_r, mit der sich die Sterne auf uns zu- bzw. von uns wegbewegen, mit der Formel:

$$v_r = \frac{\lambda_R - \lambda_B}{\lambda_R + \lambda_B} \cdot c.$$

Aus den Daten ergibt sich für v_r ein Wert von etwa $500 \frac{km}{s}$.

Der Winkelabstand der Zentren des roten und blauen Kreises beträgt etwa $7 \cdot 10^{-5}$ Grad. Aus der Entfernung der Galaxie von 50 Millionen Lichtjahren kann man daraus den Umlaufradius R der beobachteten Sterne bestimmen. Da die Sternenbahn jedoch gegenüber dem Erdbeobachter verkippt ist, müssen Geschwindigkeit und Bahnradius noch geometrisch korrigiert werden. Für den Bahnradius erhält man dann einen Wert von etwa 60 Lichtjahren und für die Bahngeschwindigkeit einen Wert von etwa $750 \frac{km}{s}$. Mit diesen Daten ergibt sich für die Masse des Schwarzen Lochs in der Galaxie M87 ein Wert von etwa 2,5 Milliarden Sonnenmassen.

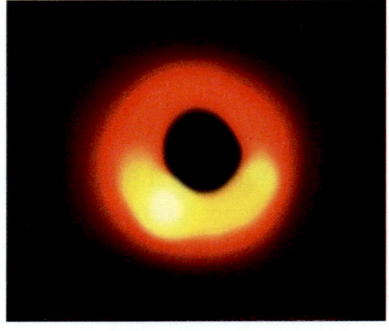

1 Radiowellenaufnahme des supermassiven Schwarzen Lochs in der Galaxie M87

2 Optische Aufnahme der Galaxie M87

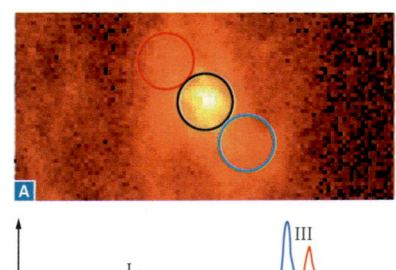

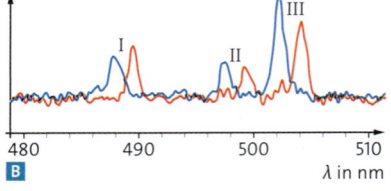

3 **A** Die Bereiche nahe des Galaxienzentrums, in denen Sternspektren aufgenommen wurden.
B Die rote (blaue) Kurve ist das Spektrum aus der rot (blau) umrandeten Region.

Material A • Es wird dunkel und wieder hell

A1 380 000 Jahre nach dem Urknall war das Universum noch rotglühend. Erklären Sie mit der Expansion, warum das Universum in den darauffolgenden Jahrmillionen immer dunkler wurde.

A2 Erst etwa 400 Millionen Jahre nach dem Urknall bildeten sich die ersten Sterne und begannen zu leuchten. Den Zeitraum, bevor die ersten Sterne leuchteten, nennt man das dunkle Zeitalter des Universums. Je mehr Sterne entstanden, umso heller wurde es im Universum. Allerdings wurde es nicht gleichmäßig hell wie im Plasmazustand nach dem Urknall, sondern in den Filamenten leuchteten immer mehr heiße Plasmakugeln, die Sterne, wie Glühwürmchen in der Nacht auf.

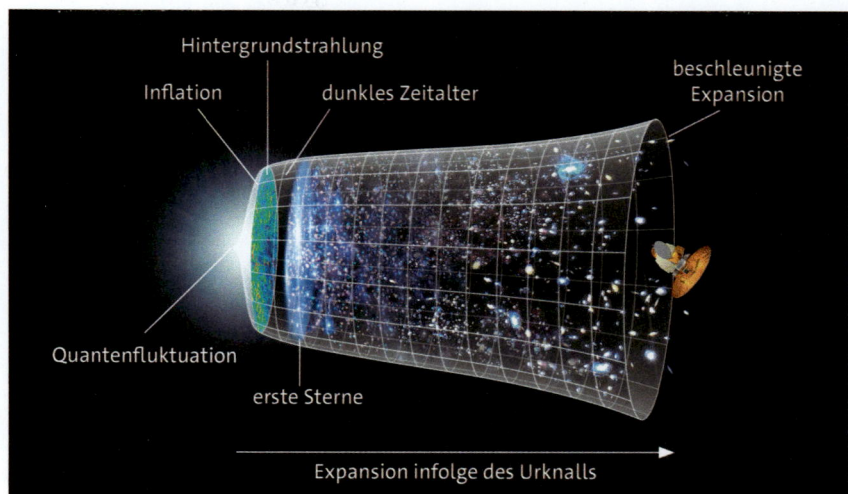

Es dauerte etwa eine Milliarde Jahre, dann war ein Großteil der Materie wieder zu Plasma geworden – im Inneren von Sternen.

Geben Sie zu jeder der Beschriftungen in der Abbildung eine Erläuterung in ein bis zwei Sätzen.

Material B • Auswertung von Originaldaten des Hubble-Weltraumteleskops

Für die Dopplerverschiebung eines Sternspektrums ist die Radialgeschwindigkeit v_r des Sterns maßgeblich. Die Radialgeschwindigkeit eines Sterns ist der Anteil seiner Geschwindigkeit, mit der er sich von uns entfernt. Der Stern kann sich zusätzlich noch tangential zu uns bewegen.

B1 a) Erläutern Sie die beiden unten angegebenen Formeln für λ_R und λ_B.
b) Rechts sehen Sie zwei Spektren, die das Hubble-Weltraumteleskop aufgenommen hat. Lesen Sie für die Spektrallinien I, II und III jeweils die Wellenlängen λ_R und λ_B ab. Notieren Sie die Werte.
c) Leiten Sie aus den angegebenen Formeln die dritte Formel für die Radialgeschwindigkeit v_r in Abhängigkeit der Wellenlängen λ_R und λ_B her.
a) Bestimmen Sie unter Verwendung aller abgelesenen Werte die Radialgeschwindigkeit.

$$\lambda_R = \lambda \cdot \left(1 + \frac{v_r}{c}\right) \quad \text{und} \quad \lambda_B = \lambda \cdot \left(1 - \frac{v_r}{c}\right).$$

$$v_r = \frac{\lambda_R - \lambda_B}{\lambda_R + \lambda_B} \cdot c.$$

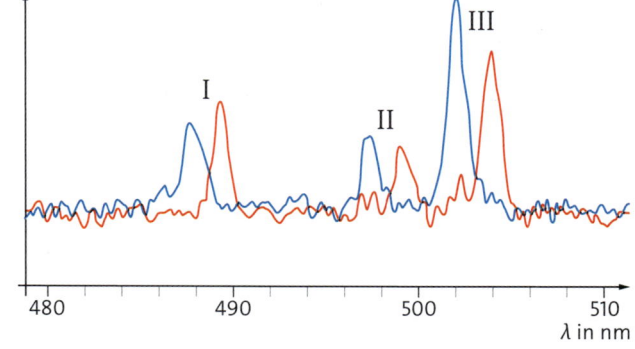

B2 Aus der geometrischen Anordnung der Sternbahnen kann man aus der Radialgeschwindigkeit den Betrag v der Gesamtgeschwindigkeit berechnen: $v = 750 \frac{km}{s}$. Für den Bahnradius der Sterne erhält man den Wert 60 Lj.
a) Leiten Sie eine Formel für die Masse M des Schwarzen Lochs in Abhängigkeit vom Bahnradius r und der Geschwindigkeit v her.
Hinweis: Zentripetalkraft = Gravitationskraft
b) Bestimmen Sie mit der Formel die Masse des Schwarzen Lochs.

369

1 Die Milchstraße

Entstehung von Galaxien und Sternen

Wenn man in einer klaren Nacht fernab von den Lichtern der Zivilisation zum Himmel schaut, kann man meist ein helles Band sehen, das aus Milliarden von Sternen besteht, die Milchstraße. Sie ist die Galaxie, in der sich unser Sonnensystem befindet. Das Bild zeigt also den Anblick der Milchstraße von innerhalb unserer Galaxie. Wie würde die Milchstraße von außen aussehen?

Spiralgalaxien • Unsere Galaxie können wir nicht von außen betrachten, andere Galaxien hingegen schon. Dazu untersuchen wir mit dem Teleskop Stellen des Himmels, an denen wir zwischen den Sternen der Milchstraße hindurchschauen können. Die nächste Galaxie ist die Andromeda-Galaxie in einem Abstand von gut 2 Millionen Lichtjahren. Die weitesten sind viele Milliarden Lichtjahre von uns entfernt. Man schätzt, dass es einige Hundert Milliarden Galaxien im beobachtbaren Universum gibt.

Die meisten Galaxien in unserer Umgebung sind Spiralgalaxien, wie die Andromeda-Galaxie (▸Abb.2 A). Sie hat einen Durchmesser von gut 200 000 Lichtjahren. Bei passender Blickrichtung sehen Spiralgalaxien aus wie die Galaxie M58 in ▸Abb.2 B oder auch wie NGC 4546 in ▸Abb.2 C. Tatsächlich sind die meisten Galaxien scheibenförmig. In der Mitte haben sie einen dickeren Bereich mit hoher Sternendichte, den sogenannten **Bulge.**

2 Spiralgalaxien sehen je nach Blickrichtung unterschiedlich aus: **A** Andromeda-Galaxie, **B** Galaxie M58, **C** Galaxie NGC 4546

Die Milchstraße – eine Balkenspiralgalaxie • Die Milchstraße ähnelt der Andromeda-Galaxie in Form und Größe. Um den Bulge befinden sich Spiralarme. Unsere Galaxie hat in der Mitte einen balkenförmigen Bulge wie M58. Solche Galaxien nennt man Balkenspiralgalaxien. Unser Sonnensystem befindet sich in einem der kleineren Spiralarme.

In der Milchstraße befinden sich mehrere Hundert Milliarden Sterne. Darüber hinaus enthält sie interstellares Gas und interstellaren Staub, die etwa 15 % der sichtbaren Materie ausmachen.

> Unser Sonnensystem befindet sich in der Milchstraße. Die Milchstraße ist eine Balkenspiralgalaxie mit einem Durchmesser von etwa 200 000 Lichtjahren. Sie enthält einige Hundert Milliarden Sterne.

Galaxien sind nicht starr • Wenn man Galaxien beobachtet, könnte man denken, dass sie unveränderliche Objekte sind. Das ist aber nicht der Fall. Wenn man die Sterne einer Galaxie genauer untersucht und ihre Geschwindigkeiten misst, dann stellt man fest, dass alle Sterne einer Galaxie um ihr Zentrum kreisen. Dies muss so sein, da sonst die Galaxie aufgrund der gegenseitigen Anziehung der Sterne kollabieren würde. Die Sonne kreist z. B. mit einer Geschwindigkeit von $220 \frac{km}{s}$ um das Zentrum der Milchstraße. Für einen Umlauf braucht sie etwa 240 Millionen Jahre.

Rotiert eine Galaxie als Ganzes? Dann müssten alle Sterne die gleiche Umlaufdauer haben. Geschwindigkeitsmessungen zeigen jedoch, dass dies nicht der Fall ist. Je größer der Bahnradius eines Sterns um das Galaxiezentrum ist, desto größer ist seine Umlaufdauer. Wie behalten Galaxien dann ihre Spiralstruktur?

Die Dichtewellentheorie • Eine plausible Erklärung liefert die **Dichtewellentheorie**. Demnach bewegen sich die Sterne auf leicht elliptischen Bahnen um das Galaxiezentrum. Diese Ellipsenbahnen rotieren dabei selbst um das Galaxiezentrum. Ihre Rotationsdauer ist größer als die Umlaufdauer der Sterne (▸ Abb. 3). Zudem

sind die Phasen der Ellipsen gegeneinander ein wenig verschoben. Auf diese Weise entstehen in diesem Modell Dichtewellen, die die Form von Spiralarmen haben und mit den Ellipsen rotieren. Ein Umlauf der ganzen Struktur dauert etwa eine Milliarde Jahre. Die Umlaufdauer der Sterne ist deutlich kürzer. Folglich überholen langlebige Sterne immer wieder die Dichtewellen und tauchen durch sie hindurch.

Die Verdichtungen sind allerdings in der Realität nicht so ausgeprägt wie in ▸ Abb. 3. Sie erklären also nicht, wieso die Spiralarme so hell leuchten. Der entscheidende Faktor ist, dass mit den Sternen auch Gaswolken in die Dichtewellen laufen und dabei in ihrer Struktur gestört werden und kollabieren können. So entstehen entlang der Spiralarme neue, auch besonders hell leuchtende, aber kurzlebige Sterne. Wenn die Gaswolke die Dichtewelle wieder verlässt, sind diese hellen Sterne schon wieder erloschen.

Frühe Galaxien • Galaxien, die sehr weit von uns entfernt sind, haben häufig keine Spiralstruktur. Um das zu verstehen, müssen wir uns klarmachen, dass ein Blick in weite Ferne immer auch ein Blick in die Vergangenheit ist. Je weiter entfernt eine Galaxie ist, umso länger ist ihr Licht zu uns unterwegs. Dementsprechend können wir mit guten Teleskopen Momentaufnahmen von Galaxien machen, die zeigen, wie die Galaxien vor Milliarden von Jahren aussahen, also kurz nach ihrer Entstehung. Diese frühen Galaxien haben eine kugelförmige oder elliptische Form, aber noch keine Spiralstruktur.

Entstehung der Spiralstruktur • Wie entsteht die Spiralstruktur? Diese Frage versucht man durch Modellrechnungen mit Supercomputern zu beantworten. Man geht von zwei Galaxien aus, die sich aufgrund ihrer Gravitation aufeinander zu bewegen, und simuliert die weitere Entwicklung. Das Ergebnis ist, dass sich die Galaxien gegenseitig umkreisen und dabei zu einem Wirbel vermischen. Nach einigen Umdrehungen bildet sich eine Spiralstruktur (▸ Abb. 4).

1 Berechnen Sie aus den Daten im Text die Entfernung der Sonne vom Zentrum der Milchstraße.

A

B

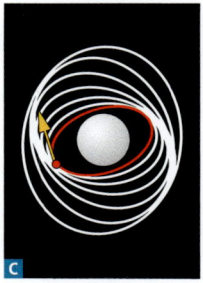
C

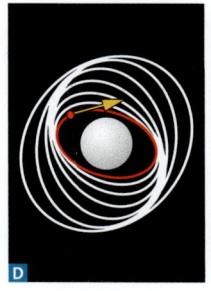
D

3 Schema zweier rotierender Dichtewellen in Form von Spiralarmen. Ein Stern ist rot hervorgehoben.

4 Spiralgalaxie: Momentaufnahme einer Simulation.

Die Ausgangssituation • Wir haben uns mit Galaxien im Anfangsstadium und der Entstehung der Spiralstruktur beschäftigt. Wie und wann sind die Galaxien überhaupt entstanden? Wir wissen bereits: Als das Universum durch Expansion auf etwa 3 000 K abgekühlt war, bildeten sich überall aus Elektronen und Atomkernen neutrale Wasserstoff- und Heliumatome. Diese Materie war nicht ganz gleichmäßig verteilt. Dies kann man immer noch daran erkennen, dass die kosmische Hintergrundstrahlung nicht ganz isotrop ist. Kann man mit diesen räumlichen Dichtefluktuationen auch die Entstehung der Galaxien erklären?

Entstehung von Galaxien • Man stellt sich die Entstehung der Galaxien in mehreren Schritten vor: Durch die Expansion des Universums bildeten sich aus den anfänglichen Dichtefluktuationen große Gebiete mit zum Teil etwas mehr und zum Teil etwas weniger Materie. Nun begann sich die Gravitation immer mehr auszuwirken. Gebiete mit mehr Materie zog weitere Materie zu sich und wurde noch dichter. Die anderen Gebiete leerten sich dafür immer mehr. So entstanden die Filamente mit viel Materie und dazwischen die Voids mit wenig Materie.

Doch auch innerhalb der Filamente gab es verschieden dichte Gebiete unterschiedlichster Größe, in denen sich die Materie im Lauf der Jahrmillionen zusammenballte. Aus großen Zusammenballungen entstanden Galaxienhaufen, innerhalb dieser bildeten sich Galaxien und innerhalb dieser wiederum zahllose Sterne.

> Aus den räumlichen Dichtefluktuationen des frühen Universums entstanden nach einer Phase der Expansion und Abkühlung Galaxienhaufen. Innerhalb der Galaxienhaufen bildeten sich einzelne Galaxien. In diesen entstanden die Sterne.

Entstehung von Sternen • Wie entstanden die Sterne aus den kleineren Materiewolken? Auch heute noch werden im Durchschnitt drei bis vier Sterne pro Tag in unserer Milchstraße „geboren". Man geht davon aus, dass die Sternentstehung früher im Prinzip so ablief, wie sie heute noch in unserer Galaxie geschieht. Viele Entwicklungsstufen der Sternentstehung kann man also jetzt in unserer Milchstraße beobachten (▸Abb.1).

Ein paar Beispiele: In ▸Abb.1A sieht man kalte Molekülwolken, die sich zu Sternen zusammenziehen. In ▸Abb.1B sind mehrere Sterne entstanden, welche die umliegende Gaswolke zum Leuchten bringen. Sterne, die ihre nähere Umgebung durch Sonnenwinde bereits gasfrei geblasen haben, sind in ▸Abb.1C zu sehen. ▸Abb.1D zeigt die Plejaden, ein Sternentstehungsgebiet mit jungen Sternen, die uns so nahe sind, dass man sie mit bloßem Auge sehen kann.

Man hat die Vorgänge beim Kollaps einer Wolke mit physikalischen Gleichungen modelliert und mit den Beobachtungen verglichen. Dabei ist man zu folgenden Erkenntnissen gekommen:

1 Sterngeburtsstätten im **A** Adlernebel und **B** Orionnebel, **C** Junge Sterne im Rosettanebel, **D** Plejaden

Gleichgewicht und Kollaps • In der Milchstraße gibt es Tausende von Gaswolken mit Massen zwischen 100 000 und mehreren Millionen Sonnenmassen. Jede Wolke hat eine bestimmte Temperatur und damit einen bestimmten Gasdruck. Zusammengehalten wird die Wolke von der Gravitation. Gravitation und Gasdruck sind normalerweise im Gleichgewicht (▸Abb. 2 A).

Wenn eine solche Gaswolke von einer Dichtewelle erfasst wird, dann wird das Gleichgewicht gestört. Die Wolke kontrahiert und zerfällt in kleinere Wolkenfragmente, die sich im Lauf von vielen Jahrmillionen immer weiter abkühlen und schließlich zu Sternen kollabieren. Damit ein Wolkenfragment zu einem Stern kollabieren kann, muss die Temperatur niedrig genug sein. Ein Beispiel: Eine Wolke mit einer mittleren Dichte von $10^{-17}\frac{\text{kg}}{\text{m}^3}$ und einer Masse von 10 Sonnenmassen kollabiert unterhalb einer Temperatur von etwa 10 K.

Wie kühlt sich eine kosmische Gaswolke ab? Die Atome und Moleküle der Wolke stoßen auch bei geringer Dichte und Temperatur immer wieder zusammen. Dabei gehen sie in angeregte Zustände über. Bei der Rückkehr in den Grundzustand wird elektromagnetische Strahlung emittiert.

Ein neues Gleichgewicht • Wenn ein Wolkenfragment zu einem Stern kollabiert (▸Abb. 2 B), dann wird die durch Gravitation frei werdende Energie zunächst mit elektromagnetischer Strahlung in das All abgegeben. Im Lauf der Zeit behindert das dichter werdende Gas die Abstrahlung immer mehr, die thermische Energie im Inneren wächst an. Die Temperatur steigt. Gas- und Strahlungsdruck nehmen zu und bremsen den Kollaps der Gasmassen ab.

Wenn die Wolke zu einer dichten Kugel geworden ist, entsteht ein Gleichgewicht aus Gravitationsdruck einerseits und Gas- und Strahlungsdruck andererseits (▸Abb. 2 C). Aus einer Wolke, die hauptsächlich aus Wasserstoff und Helium bestand, ist nun eine Plasmakugel aus Protonen, Heliumkernen und Elektronen geworden. Dieser Zustand wird Protostern genannt.

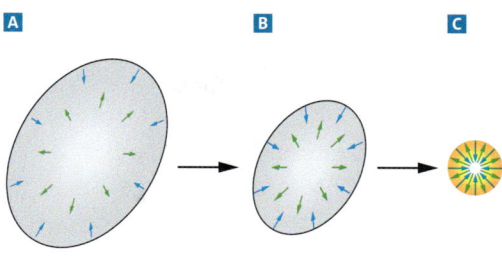

→ Gravitationsdruck → Gasdruck

2 Ein Stern entsteht:
A Die Gaswolke ist im Gleichgewicht.
B Die Wolke ist nicht im Gleichgewicht und kollabiert.
C Neues Gleichgewicht beim Protostern

Wenn die Masse der Plasmakugel groß genug ist, dann steigt im weiteren Verlauf die Temperatur im Inneren des Protosterns auf einige Millionen Kelvin. Dort fusionieren nun Protonen über mehrere Zwischenschritte zu Heliumkernen. Gas- und Strahlungsdruck steigen noch einmal deutlich an und es bildet sich ein neues Gleichgewicht mit dem Gravitationsdruck. Aus dem Protostern ist ein Stern geworden.

Protostern: von griech. *protos*: der Erste (Vorläufer eines Sterns)

> Wenn Gaswolken aufgrund ihrer Gravitation kollabieren, dann steigt die Temperatur in ihrem Inneren. Ab einer Temperatur von einige Millionen Grad beginnt die Fusion von Protonen zu Heliumkernen und ein Stern ist entstanden.

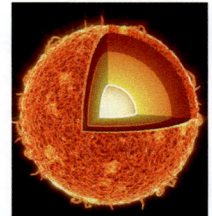

3 Querschnitt durch die Sonne. Der Kern ist weiß gezeichnet.

Den inneren Bereich eines Sterns, in dem die Fusion stattfindet, nennt man den Kern des Sterns. (▸Abb. 3).

1 Ob eine Gaswolke kollabiert, hängt von ihrer Masse, ihrer Temperatur und ihrer Dichte ab. Wenn eine Wolke eine bestimmte Temperatur T und eine bestimmte Dichte ρ hat, dann braucht sie eine bestimmte Mindestmasse M, um zu kollabieren. Interpretieren Sie die Formel von Jeans, die diesen Zusammenhang quantitativ beschreibt:

$$M^2 \sim \frac{T^3}{\rho}.$$

Kernfusion – die Energiequelle der Sterne

Unser Stern, die Sonne, existiert schon seit über 4 Milliarden Jahren. Sie strahlt ständig große Mengen an Energie ab und wird dies noch weitere 5 Milliarden Jahre tun. Woher kommen diese gewaltigen Energiemengen? Welche Prozesse laufen im Inneren der Sonne genau ab?

Die Energie für die elektromagnetische Strahlung, die ein Stern wie die Sonne abstrahlt, bekommt er durch Kernfusion. Dabei werden Protonen in mehreren Schritten zu Heliumkernen verschmolzen (▸Abb.1):

I. Zunächst fusionieren je zwei Protonen zu einem Deuteriumkern. Dabei entstehen außerdem ein Positron und ein Neutrino.
II. Ein Deuteriumkern und ein Proton verschmelzen zu je einem Helium-3-Kern.
III. Je zwei Helium-3-Kerne bilden einen Helium-4-Kern und 2 Protonen, welche wieder mit anderen Protonen reagieren können.

Die entstehenden Positronen haben die gleiche Masse wie Elektronen, aber die entgegengesetzte Ladung. Wenn Positronen und Elektronen aufeinandertreffen, vernichten sie sich und werden zu elektromagnetischer Strahlung. Da das Plasma viele Elektronen enthält, kommen die Positronen nicht weit. Die Neutrinos hingegen werden ständig von der Sonne emittiert. Sie reagieren kaum mit Materie. Wenn sie auf die Erde oder auch auf uns treffen, fliegen die weitaus meisten Neutrinos einfach hindurch.

Wenn ein System Energie verliert, dann verliert es immer auch Masse. Diesen Massenverlust kann man mit der Formel $E = m \cdot c^2$ berechnen. Bei der Kernfusion wird so viel Energie frei, dass die Masse der Endprodukte zusammen nur noch 99 % der Masse der Ausgangsprodukte beträgt. 1 % der Masse wird also als Energie frei. Bei einer chemischen Reaktion wird nur etwa 0,0000001 % der Masse als Energie frei.

Umgekehrt erhöht sich die Masse eines Systems, wenn man Energie hineinsteckt. Die Masse eines sich nahezu mit Lichtgeschwindigkeit bewegenden Objekts kann um ein Vielfaches größer sein als seine Ruhemasse. Selbst eine gespannte Feder hat mehr Masse als eine entspannte Feder, auch wenn der Massenunterschied unmessbar klein ist.

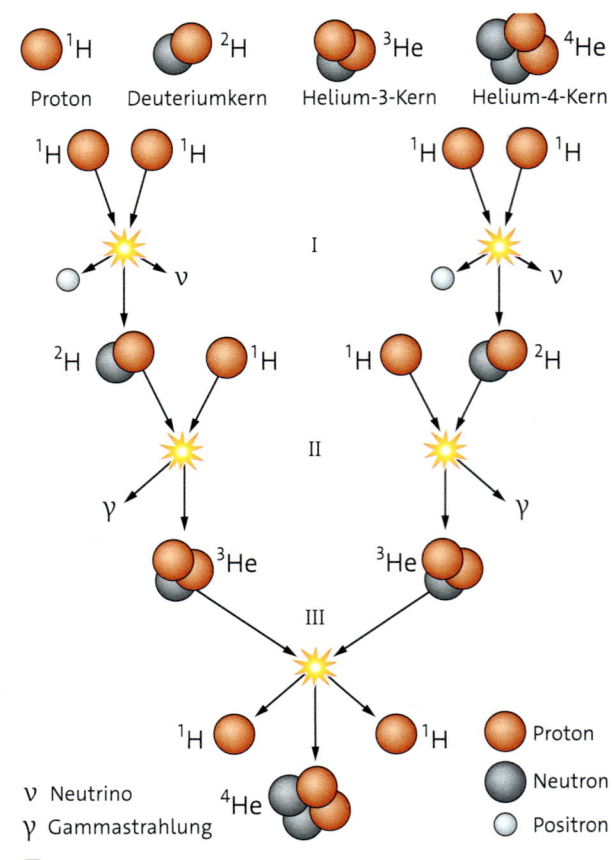

ν Neutrino
γ Gammastrahlung

1 Reaktionskette bei der Kernfusion

Weil bei der Kernfusion so viel Energie frei wird, nennt man die Kraft, mit der sich Protonen und Neutronen auf kurze Distanzen anziehen, Starke Kraft. Vom Element Wasserstoff bis zum Element Eisen wird bei der Fusion Energie gewonnen. Eisen enthält 26 Protonen und etwa 30 Neutronen. Wenn ein Kern mehr als 26 Protonen enthält, dann muss zu seiner Fusion Energie aufgewendet werden. Die dazu nötigen Temperaturen und Drücke gibt es z.B. bei Supernova-Explosionen.

1 Begründen Sie mit der Ladungserhaltung, warum bei der Kernfusion Positronen entstehen müssen.

2 Ein Gedankenexperiment: Zwei zusammenhängende Magnete werden gewogen. Dann werden die Magnete getrennt und wieder gewogen. Erläutern Sie, warum man mit einer superfeinen Waage (die es noch nicht gibt) einen Unterschied messen könnte.

Allgemeine Relativitätstheorie

Raumkrümmung • Die Gleichungen der allgemeinen Relativitätstheorie beschreiben die Anziehung zwischen Körpern nicht durch Kräfte, sondern als Folge der Krümmung der Raumzeit. Selbst Licht breitet sich in der Nähe von Körpern nicht geradlinig aus. Man kann dies wieder mit einem zweidimensionalen Modell veranschaulichen:

Eine Gummimembran steht für den Raum, wie beim Luftballonmodell ist er nur zweidimensional. Wenn die Membran nicht gekrümmt ist, rollt eine kleine Kugel darauf einfach geradeaus. Wenn man jedoch eine schwere Kugel auf die Membran legt, dann wird die Membran dadurch stark gekrümmt (▶Abb. 2). Dies beeinflusst die Bahnen von vorbei rollenden Kugeln. Die entfernt vorbei rollende Kugel 1 wird kaum abgelenkt. Kugel 2, die sich näher an der schweren Kugel vorbei bewegt, wird stark abgelenkt und ähnlich beschleunigt, wie man das in einem Gravitationsfeld erwarten würde.

Gravitationslinsen • Die Raumkrümmung führt dazu, dass sogar Licht in der Nähe von massiven Körpern abgelenkt wird. In ▶Abb. 3 wirkt der Galaxienhaufen in der Mitte als Gravitationslinse. Licht von einer entfernten Galaxie wird auf verschiedenen Wegen zum Beobachter gelenkt und gebündelt. Für den Beobachter kommt das Licht der Quelle aus verschiedenen Richtungen. Er sieht an mehreren Orten verzerrte Bilder der Quelle.

▶Abb. 4 zeigt eine Aufnahme des Hubble-Teleskops, die eine solche Situation zeigt. Der Galaxienhaufen in der Mitte wirkt als Gravitationslinse. Dadurch entstehen zum Teil mehrere, verzerrte Bilder von einer oder mehreren dahinter befindlichen Galaxien (Pfeile).

Krümmung des Universums • Wenn man von der lokalen Krümmung des Raums in der Nähe von Sternen oder Galaxien absieht, kann das Universum noch als Ganzes unterschiedlich stark gekrümmt sein. Aus dem kosmologischen Standardmodell folgt: Da Ω_Λ und Ω_M zusammen näherungsweise den Wert 1 ergeben, ist die Gesamtkrümmung des Universums sehr gering. Im Ballonmodell ist die Ballonoberfläche umso weniger gekrümmt, je größer der Ballon ist. Analog kann man folgern: Das Universum ist entweder sehr groß oder sogar unendlich groß.

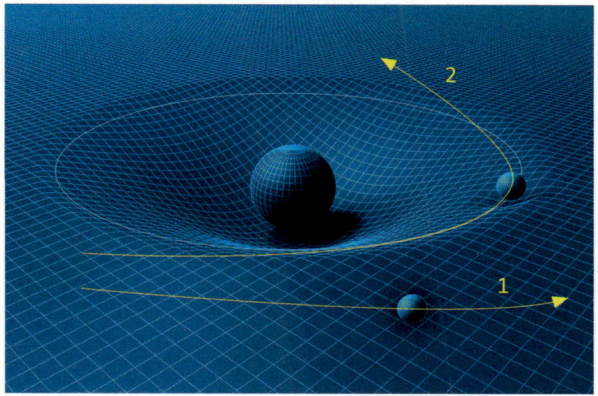

2 Krümmung einer Gummimembran

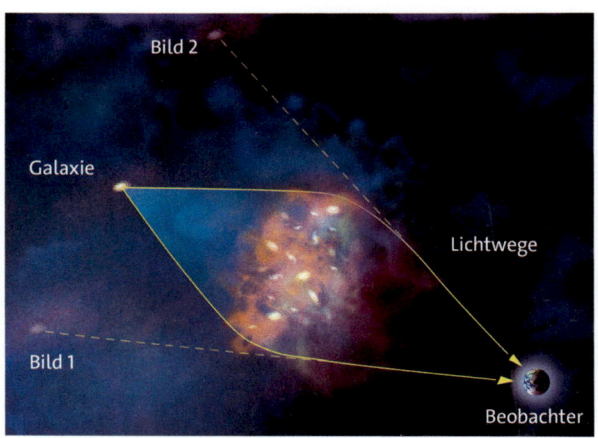

3 Prinzip der Gravitationslinse

4 Aufnahme mit dem Hubble-Teleskop

Rotationskurven von Galaxien

Die Geschwindigkeit von Sternen • In einer Galaxie kreisen die Sterne um das Zentrum der Galaxie. Sie werden von der Gravitationskraft auf ihren Kreisbahnen gehalten. Sterne, die sich im gleichen Abstand r vom Galaxiezentrum befinden, haben auch etwa die gleiche Bahngeschwindigkeit v.

Für Planeten gilt für die Bahngeschwindigkeit v in Abhängigkeit vom Bahnradius r der Zusammenhang:

$$v = \sqrt{\frac{G \cdot M}{r}}.$$

Die Bahngeschwindigkeit nimmt also mit wachsendem Bahnradius ab. Das zugehörige $v(r)$-Diagramm ist als blaue Kurve in ▸Abb. 2 eingezeichnet. Gilt für die Sterne einer Galaxie ein ähnlicher Zusammenhang?

Die Verteilung der Masse • Ein entscheidender Unterschied zwischen Planetensystem und Galaxie ist der Folgende: Beim Planetensystem enthält das Zentralgestirn fast die gesamte Masse. Wenn bei einer Galaxie fast die gesamte Masse im Zentrum konzentriert wäre, würde man einen ähnlichen Zusammenhang erwarten.

Die Masse im Zentrum einer Galaxie ist aber nicht so stark konzentriert wie in einem Planetensystem. In einer kleinen Umgebung um das Zentrum befindet sich auch nur ein kleiner Anteil der Gesamtmasse der Galaxie. Sterne in Zentrumsnähe müssen also gar nicht so große Geschwindigkeiten haben, um nicht ins Zentrum zu stürzen. Dementsprechend steigt die zugehörige Rotationskurve (rote Kurve in ▸Abb. 2) für kleine r zunächst an, bevor sie sich an die blaue Kurve annähert.

Das Messergebnis • Man hat die Bahngeschwindigkeiten in der Galaxie M33 (▸Abb. 1) mithilfe des Doppler-Effekts gemessen und die grüne Kurve in ▸Abb. 2 erhalten. Die Bahngeschwindigkeit v nimmt in der Nähe des Galaxiezentrums stark und weiter außen immer noch leicht mit dem Abstand r zu.

Einen ähnlichen Verlauf hat man auch bei den meisten anderen Galaxien festgestellt. Die Tatsache, dass die Bahngeschwindigkeit in den äußeren Bereichen der Galaxie nicht proportional zu $\frac{1}{r}$ abnimmt, könnte ein Hinweis darauf sein, dass sich in der Galaxie mehr Masse befindet als die beobachtete Masse.

1 Die Spiralgalaxie M33

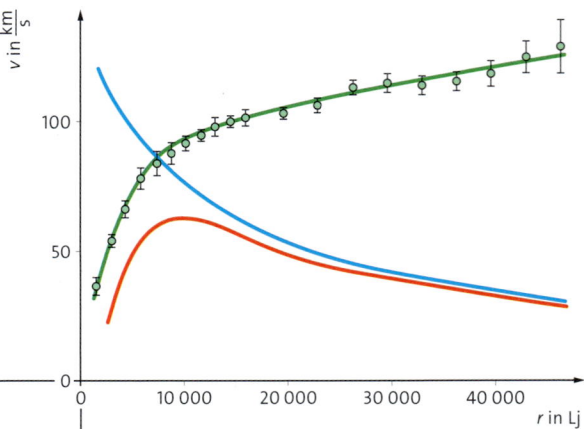

2 Rotationskurve für ein Planetensystem (blau), die erwartete Kurve für M33 (rot) und die gemessene für M33 (grün)

Die meisten Astronomen machen für den Verlauf der Rotationskurven die Dunkle Materie verantwortlich. Mit einer gleichmäßigen Verteilung der Dunklen Materie innerhalb der Galaxie kann man die grüne Kurve gut reproduzieren. Es gibt aber auch einige Galaxien, in denen die Rotationskurve nach außen abfällt, sodass man deren Verlauf mit der sichtbaren Materie erklären kann.

Eine andere Erklärung für die grüne Kurve wäre, dass das Gravitationsgesetz bei großen Entfernungen modifiziert ist, dass also die Gravitationskraft stärker ist, als es das $\frac{1}{r^2}$-Gesetz von Newton vorgibt.

1 Beschreiben Sie, wie die Rotationskurve einer Galaxie aussehen würde, wenn alle Sterne die gleiche Umlaufdauer T hätten.

Material A • Die Abstände und Geschwindigkeiten unserer Planeten

A1 In der Tabelle sind die Bahnradien und die Bahngeschwindigkeiten für die acht Planeten unseres Sonnensystems aufgeführt.

Planet	Merkur	Venus	Erde	Mars	Jupiter	Saturn	Uranus	Neptun
r in 10^6 km	58	108	150	228	778	1433	2872	4495
v in $\frac{km}{s}$	47,9	35,0	30,0	24,1	13,1	9,69	6,81	5,53

a) Zeigen Sie rechnerisch, dass die Bahngeschwindigkeit v in Abhängigkeit vom Bahnradius r näherungsweise proportional zu $\frac{1}{\sqrt{r}}$ ist.

b) Die Gravitationskraft hat im vorliegenden Fall die Rolle einer Zentripetalkraft. Setzen Sie die zugehörigen Formeln gleich und leiten Sie einen Zusammenhang zwischen v und r her.

c) Zeigen Sie die Proportionalität auch graphisch. Bestimmen Sie die Proportionalitätskonstante.

d) Bestimmen Sie unter Verwendung aller Wertepaare die Masse der Sonne.

Material B • Die Reaktionsgleichungen für die Kernfusion in der Sonne

B1 Die Fusionsreaktion kann in mehrere Unterschritte zerlegt werden (vgl. S. 374). Die Reaktionsgleichung für den ersten Teilschritt lautet:
$$4\,^1_1\text{H} \rightarrow 2\,^2_1\text{H} + 2\,e^+ + 2\,\nu_e$$

a) Stellen Sie für die beiden anderen Teilschritte und für die gesamte Reaktion ebenfalls eine solche Reaktionsgleichung auf.

b) Leiten Sie durch Addition der Reaktionsgleichungen für die Teilreaktionen die Reaktionsgleichung für die Gesamtreaktion her.

Material C • Galaxienkollisionen

Die Andromeda-Galaxie befindet sich gut zwei Millionen Lichtjahre von uns entfernt. Geschwindigkeitsmessungen zeigen, dass sich die Andromeda-Galaxie und die Milchstraße in etwa fünf Milliarden Jahren ineinander schieben werden. Die Bilder zeigen vier Momentaufnahmen einer Simulation, die darstellt, wie die „Kollision" der Andromeda-Galaxie mit der Milchstraße von unserer Position aus aussehen könnte.

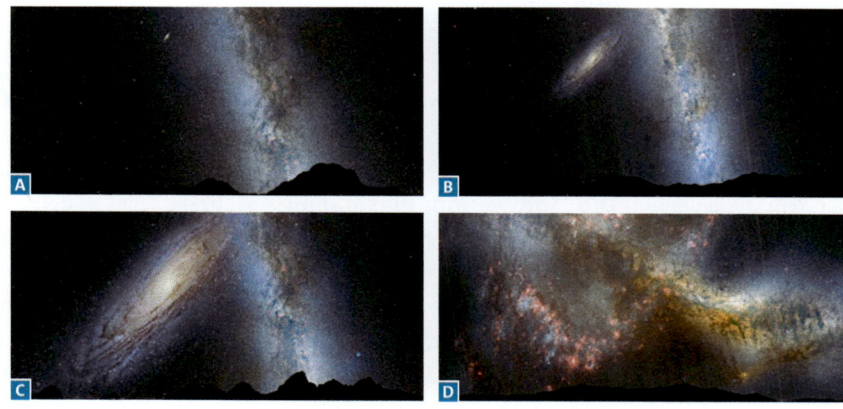

C1 a) Nähern Sie die Form der zwei Galaxien durch einen Zylinder mit einem Radius von 50 000 Lichtjahren und einer Höhe von 2 000 Lichtjahren an. Rechnen Sie mit einer Sternenanzahl von 400 Milliarden pro Galaxie. Berechnen Sie daraus den mittleren Abstand $\bar{r}$ zwischen zwei Sternen in einer Galaxie.

b) P sei die Wahrscheinlichkeit, dass ein Stern, der auf die Milchstraße zufliegt, einen dortigen Stern trifft. Skizzieren Sie mehrere Sterne mit Radius R und Abstand r. Erläutern Sie warum P durch folgenden Term abgeschätzt werden kann:
$$\frac{(2R)^2\pi}{(r)^2\pi} \cdot \frac{10\,000\,\text{Lj}}{2R}.$$

C2 Dass man trotz der Vielzahl von Sternen mit nur sehr wenigen Kollisionen rechnen muss, zeigt, wie groß die Abstände zwischen den Sternen tatsächlich sind. Die großen mittleren Abstände zwischen den Sternen sind auch der Grund dafür, warum der Nachthimmel dunkel ist. Berechnen Sie mit der Formel aus B1 die Wahrscheinlichkeit für eine Sternkollision, wenn die beiden Galaxien „kollidieren".

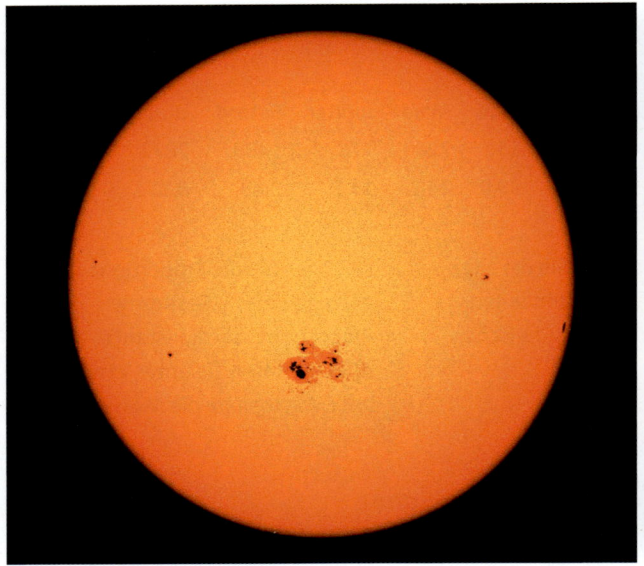

1 Die Sonne im sichtbaren Licht (links) und eine UV-Aufnahme bei 30 nm (rechts)

Leben und Tod der Sterne

Im sichtbaren Licht wirkt die Sonnenoberfläche friedlich und bis auf ein paar Sonnenflecken sehr gleichmäßig. Eine Aufnahme im fernen UV-Bereich lässt ahnen, dass die Sonne gewissermaßen vor Hitze brodelt. Welche Temperaturen herrschen auf der Sonne und in ihrem Inneren? Haben andere Sterne ähnliche Temperaturen?

Die „Kern"-fusion heißt nicht so, weil sie im „Kern" der Sonne stattfindet, sondern weil sie für das Verschmelzen von Atom-„kernen" steht.

Die Sonne, ein Plasmaball • Während die Sonne auf der sichtbaren äußeren Schicht eine Temperatur von etwa 6 000 K hat, beträgt die Temperatur in ihrem Kern 15 Millionen Kelvin. Diese Temperatur, zusammen mit einem Druck von 250 Milliarden bar, reicht aus, damit im Kern der Sonne Helium fusioniert wird.

Fusion zu Heliumkernen • Bei der Fusionsreaktion verschmelzen Protonen über Deuterium-

und Helium-3- zu Helium-4-Kernen (▸Abb. 2). Dabei werden einige der Protonen zu Neutronen umgewandelt. Gleichzeitig entstehen Positronen e^+ und Neutrinos ν_e. Die Bilanzgleichung der Kernreaktion lautet: $4\,{}_1^1H \rightarrow {}_2^4He + 2\,e^+ + 2\,\nu_e$.

Masse ist Energie • Ein Heliumkern hat etwa 99 % der Masse von 4 Protonen. Die Masse der Positronen und der Neutrinos ist so klein, dass sie hier keine Rolle spielt. Das restliche Prozent wird nach $E = m \cdot c^2$ als Energie abgegeben. Diese Energie wird durch Strahlung und Konvektion nach außen transportiert und mit der Sonnenstrahlung ins umgebende Weltall abgegeben. Pro Sekunde nimmt die Masse der Sonne auf diese Weise um 4 Millionen Tonnen ab. Das hört sich zwar nach viel an, ist aber in Bezug auf die riesige Sonnenmasse verschwindend wenig.

Lange Lebensdauer • Damit Protonen fusionieren können, müssen sie sich sehr nahe kommen. Da sie sich elektrisch abstoßen, müssen sie mit großer Geschwindigkeit zusammenstoßen um zu fusionieren. Je höher die Temperatur des Plasmas ist, umso größer ist die Wahrscheinlichkeit, dass bei einem Zusammenstoß eine Fusion stattfindet. Allerdings dauert es selbst bei 15 Mil-

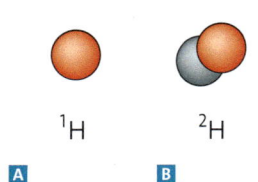
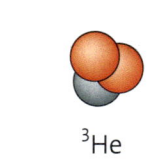
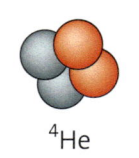
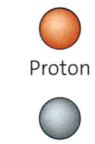

^{1}H ^{2}H ^{3}He ^{4}He   Proton

Neutron

A   **B**   **C**   **D**

2 Modellbilder für **A** Proton, **B** Deuteriumkern, **C** Helium-3- und **D** Helium-4-Kern

lionen Kelvin einige Milliarden Jahre, bis von z.B. 100 Protonen 50 zu Helium fusioniert sind. Die Reaktionsrate ist also extrem niedrig.

Sternenvielfalt • Die Farbe eines Sterns hängt von der Temperatur seiner Oberfläche ab. Sterne mit 3000 K Oberflächentemperatur erscheinen rötlich, Sterne mit 6000 K, wie unsere Sonne, erscheinen gelb und heiße Sterne mit Temperaturen von etwa 10 000 K erscheinen bläulich.
Sterne variieren stark in ihrer Größe und in ihrer Farbe. So gibt es relativ kleine rote Sterne, aber auch größere gelbe Sterne, wie unsere Sonne, und noch größere blaue Riesensterne. Es gibt sogar noch deutlich größere rote Riesensterne. Deren Durchmesser ist zum Teil größer als der Durchmesser der gesamten Erdbahn.

Das Hertzsprung-Russell-Diagramm • Man hat die Daten einer großen Anzahl von Sternen in ein Diagramm eingetragen (▸Abb.3). Von rechts nach links ist die Temperatur und damit auch die Farbe aufgetragen. Nach oben ist nicht die Größe, sondern die Leuchtkraft der Sterne in Zehnerpotenzen aufgetragen. Dieses Diagramm nennt man **Hertzsprung-Russell-Diagramm (HRD).** Im HRD kann man verschiedene Bereiche erkennen:
• Die meisten Sterne befinden sich auf einer Linie, die Hauptreihe genannt wird. Hier verbringen sie den größten Teil ihrer Lebensdauer und fusionieren Protonen zu Helium.
• Rechts oben im Diagramm gibt es ein Gebiet mit kühleren, aber sehr großen Sternen, den Roten Riesen und Überriesen. das sind Sterne in ihrem Endstadium.
• Links unten gibt es heiße Sterne mit geringer Leuchtkraft. Sie heißen Weiße Zwerge und sind die Reste von sonnenähnlichen Sternen.

> Nachdem ein Stern aus einer Gaswolke entstanden ist, verbleibt er für etwa 80 % seiner „Lebensdauer" auf der Hauptreihe im HRD. In dieser Phase werden in seinem Kern Protonen zu Heliumkernen fusioniert. Der Stern befindet sich dabei in einem stabilen Gleichgewicht von Gravitationsdruck und thermischem Druck.

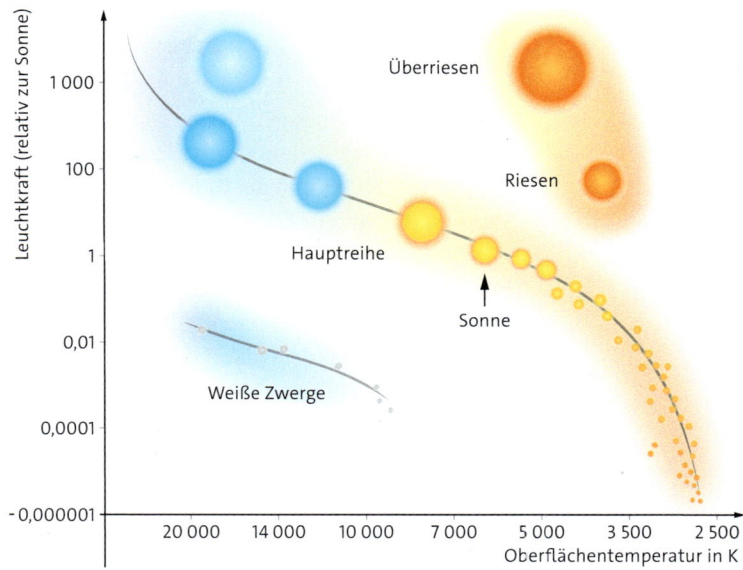

3 Das Hertzsprung-Russell-Diagramm (HRD): Die Größenunterschiede der Sterne sind nur angedeutet, sie sind in Wirklichkeit viel größer.

Die Leuchtkraft der Sterne • Da alle Sterne mit Ausnahme der Sonne Lichtjahre von uns entfernt sind, kann man ihre Größe nicht direkt messen. Was man jedoch relativ einfach messen kann, ist die scheinbare Helligkeit eines Sterns. Wenn man zusätzlich den Abstand des Sterns bestimmt hat, kann man aus seiner Helligkeit die Leuchtkraft berechnen.
Die Leuchtkraft L eines Sterns ist seine gesamte Strahlungsleistung, also die pro Sekunde abgegebene Gesamtenergie. Man gibt die Leuchtkraft eines Sterns als Vielfache der Leuchtkraft der Sonne an, z.B. hat der Rote Riese Beteigeuze eine Leuchtkraft von etwa 50 000-mal der Sonnenleuchtkraft.

Die Leuchtkraft L eines Sterns wächst stark mit seiner Temperatur T und ist proportional zu seiner Oberfläche A: $L \sim A \cdot T^4$.
Dieses Gesetz gilt übrigens näherungsweise für alle Körper, nicht nur für Sterne.

1 Berechnen Sie mit der Formel $E = m \cdot c^2$, wie viel Energie bei der Fusion von 1 kg Wasserstoff frei wird. Das Verbrennen von 1 kg Benzin setzt etwa 43 MJ frei. Vergleichen Sie.

2 Begründen Sie, ob blaue Sterne größer oder kleiner als rote Sterne mit gleicher Leuchtkraft sind.

Das Hauptreihenstadium • Sterne links oben auf der Hauptreihe haben mehr Masse als Sterne rechts unten. Je mehr Masse ein Stern hat, umso größer ist zu Beginn sein Vorrat an fusionierbarem Wasserstoff. Bedeutet das also, dass Sterne links oben länger auf der Hauptreihe sind als Sterne rechts unten? Das Gegenteil ist der Fall!

Je weiter links oben sich ein Stern im HRD befindet, umso größer sind Temperatur und Druck im Kern und umso schneller läuft die Fusion dort ab. So ist also nicht nur das Volumen größer, in dem die Fusion stattfindet, sondern die Fusion läuft in jeder Volumeneinheit des Kerns schneller ab. Entsprechend wächst für Hauptreihensterne die Oberflächentemperatur mit der Größe an und die Leuchtkraft wegen $L \sim A \cdot T^4$ noch viel stärker. Die Unterschiede in der Lebensdauer sind gewaltig: Sehr massereichen Sternen reicht der Wasserstoffvorrat nur einige Millionen Jahre. Kleinen roten Hauptreihensternen reicht er ein Vielfaches des bisherigen Alters des Universums, also viele zig Milliarden Jahre.

Instabile Phase • Das fusionierte Helium sammelt sich im Kern des Sterns an, d.h. in der Zone, in der Wasserstoff fusioniert wird, und wandert langsam nach außen. Der Stern bläht sich stark auf. Die durch Fusion gewonnene Energie wird nun von einer viel größeren Oberfläche abgestrahlt. Die Temperatur der Oberfläche ist geringer als vorher. Der Stern ist ein Roter Riese geworden. Man kann diesen Vorgang im HRD darstellen: Der Stern wandert nach rechts oben

(▶Abb.1). Wenn die Temperatur im Kern aus Helium etwa 100 Millionen Kelvin erreicht hat, zündet innerhalb weniger Sekunden im gesamten Kern eine neue Stufe der Kernfusion: Aus Heliumkernen werden Kohlenstoff- und Sauerstoffkerne gebildet.

Bei noch massereicheren Sternen kann sich der Vorgang des Aufblähens mit anschließender Zündung einer neuen Fusionsstufe wiederholen. Solche Sterne können neben Kohlenstoff auch Neon, Stickstoff, Sauerstoff, Calcium, Silizium bis hin zu Eisen fusionieren. So werden in verschiedenen Schalen verschiedene Elemente fusioniert, in der äußersten Schale fusioniert dabei immer noch Wasserstoff zu Helium. Eine Fusion über das Element Eisen hinaus findet nicht statt, weil dazu Energie aufgewendet werden müsste.

Wenn die Temperatur für eine weitere Fusion im Kern nicht ausreicht, kollabiert dieser und wird elastisch an sich selbst reflektiert. Die ebenfalls kollabierende Hülle trifft auf den wieder expandierenden Kern und wird dort ebenfalls elastisch reflektiert und mit großer Geschwindigkeit abgestoßen. Je mehr Masse ein Stern hat, umso dramatischer ist dieser Vorgang. Je nach Masse des Sterns werden verschiedene Endstadien erreicht:

Weiße Zwerge • Für Sterne mit einer Masse von weniger als acht Sonnenmassen bleibt nach dem Kollaps ein kleiner heißer Kern übrig. Dieser sogenannte Weiße Zwerg besteht aus stark verdichtetem Plasma. Ein Teelöffel seiner Materie hat die Masse eines Autos. Demzufolge ist das Volumen des Sterns klein und er kühlt aufgrund seiner geringen Oberfläche nur langsam ab. Dabei wandert er im HRD immer weiter nach unten bzw. nach rechts unten (▶Abb.1). Die Elektronen in seinem Plasma können nicht weiter verdichtet werden. Elektronendruck und Gravitationsdruck halten sich beim Weißen Zwerg das Gleichgewicht.

Die abgestoßene Hülle nennt man planetarischen Nebel. Er kann verschiedenste Formen annehmen, leuchtet aber nur für etwa 10 000 Jahre. ▶Abb.2 A zeigt zwei Beispiele. Die rote Farbe zeigt Stickstoff an, Sauerstoff leuchtet grün.

1 Die Entwicklung eines Sterns am Beispiel der Sonne

Neutronensterne • Bei Sternen mit einer Masse von etwa 8 bis 25 Sonnenmassen wird beim Kollaps des Kerns die Hülle in einer Supernova-Explosion weggeschleudert. Die Supernova leuchtet für einige Wochen so hell wie die gesamte Galaxie, in der sie sich befindet. ▸Abb. 2 B zeigt die Überreste einer Supernova aus dem Jahr 1054.

Im Zentrum bleibt ein Neutronenstern mit einer Masse von etwas mehr als einer Sonnenmasse. Sein Durchmesser beträgt einige zig Kilometer. Beim Kollaps reagieren die Elektronen mit den Protonen zu Neutronen und es entsteht ein Objekt, das aus Materie besteht, die im großen Maßstab so dicht ist wie in Atomkernen. Ein Teelöffel dieser Materie hat die Masse von etwa 10^{12} kg, das entspricht der Masse von mehr als 1000 Supertanker-Schiffen.

Schwarze Löcher • Wenn die Sterne mehr als ca. 25 Sonnenmassen haben, kann nach der Supernova-Explosion aus dem Kern ein Schwarzes Loch entstehen. Die Materie wird dabei so weit verdichtet, dass ein Gebiet entsteht, aus dem kein Licht entkommen kann.

> Im Hauptreihenstadium fusionieren Sterne Protonen zu Heliumkernen. Abhängig von ihrer Masse erreichen die Sterne verschiedene Endstadien:
> $M < 8\,M_\odot$: Weißer Zwerg
> $8\,M_\odot < M < 25\,M_\odot$: Neutronenstern
> $M > 25\,M_\odot$: Schwarzes Loch

Aus Sternenstaub • Bei Supernova-Explosionen werden auch Elemente gebildet, die schwerer sind als Eisen und im Universum sonst nicht vorkommen, z.B. Zink oder Iod. Beide Elemente kommen in unserem Stoffwechsel vor.

Die Atome unseres Körpers stammen also aus den Überresten von lange vergangenen Supernova-Explosionen. Aus einem Fragment eines solchen Überrests hat sich unser Sonnensystem gebildet. Die Sonne ist also kein Stern der ersten Generation.

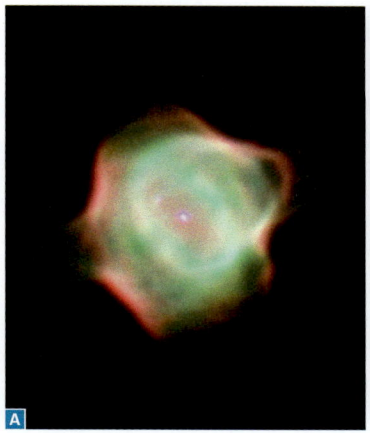 

2 **A** Planetarischer Nebel mit Weißem Zwerg im Zentrum, **B** Der Krebsnebel, Überrest einer Supernova-Explosion

Der Schwarzschild-Radius • Schwarze Löcher sind von der allgemeinen Relativitätstheorie vorhergesagte kugelförmige Bereiche, in denen die Raumkrümmung durch Gravitation so stark ist, dass ihnen nicht einmal Licht entkommen kann. Der Radius dieses kugelförmigen Bereichs heißt **Schwarzschildradius**. Mithilfe der Relativitätstheorie kann man eine Formel herleiten:

> Der Schwarzschildradius R_S eines Schwarzen Lochs ist proportional zu seiner Masse M:
> $$R_S = \frac{2\,G \cdot M}{c^2}.$$
> Dabei beträgt die Gravitationskonstante $G = 6{,}67 \cdot 10^{-11}\,\frac{\mathrm{N} \cdot \mathrm{m}}{\mathrm{kg}^2}$
> und die Lichtgeschwindigkeit $c = 3{,}00 \cdot 10^8\,\frac{\mathrm{m}}{\mathrm{s}}$.

1 Ein Schwarzes Loch mit Erdmasse hat einen Schwarzschildradius von $R_S = 8{,}8$ mm. Bei einem Schwarzen Loch mit der Masse der Sonne wäre $R_S = 3$ km. Vergleichen Sie das Massenverhältnis mit dem Verhältnis der Schwarzschildradien.

2 Berechnen Sie den Schwarzschildradius des supermassiven Schwarzen Lochs im Zentrum der Galaxie M87. Seine Masse beträgt 2,5 Milliarden Sonnenmassen. Vergleichen Sie mit dem Radius der Neptunbahn.

Das Symbol ⊙ steht in der Astronomie für die Sonne.

Bestimmung der Entfernung der Supernova SN1987A

Im Februar 1987 wurde in einer benachbarten Zwerggalaxie, der Großen Magellanschen Wolke, das Aufleuchten einer Supernova beobachtet (▸Abb.1). Die Helligkeit stieg für etwa 300 Tage stark an, dann nahm sie allmählich wieder ab (▸Abb.2A). Wenn man die Entfernung dieser Supernova bestimmt, dann kennt man auch die Entfernung der Großen Magellanschen Wolke.

1994 gelang mit dem Hubble-Weltraumteleskop eine detaillierte Aufnahme der näheren Umgebung der Explosion (▸Abb.3). Das helle Objekt in der Mitte ist eine dichte Staubwolke, in der sich der Neutronenstern befindet. Dessen Existenz konnte 2019 nachgewiesen werden.

Der helle Ring in ▸Abb.3 tritt nur selten bei Supernovae auf. Er wurde bereits vor der eigentlichen Explosion abgestoßen und war die hauptsächliche Lichtquelle von SN1987A. Er wurde bei der Explosion von energiereicher Strahlung getroffen und leuchtete auf. Wieso dauerte es 300 Tage, bis die Lichtkurve ihr Maximum erreichte?

Der Ring erscheint als Ellipse, weil er schräg zu uns steht (▸Abb.2B). Aus dem Verhältnis des verkürzten und des unverkürzten Durchmessers in ▸Abb.3 kann man den Neigungswinkel bestimmen. Er beträgt etwa 45°. Als der Ring aufleuchtete, sandte er Licht auch in unsere Richtung (▸Abb.2B) aus. Das Licht, das von Punkt A ausgeht, erreichte uns eher, als das Licht von Punkt B. Hätte man den Ring schon 1987 mit dem Hubble-Teleskop anvisieren können, hätte man folgendes beobachtet: Der Ring hätte für den Beobachter auf der Erde zuerst am Punkt A aufgeleuchtet. Das Aufleuchten hätte sich von unten nach oben über den ganzen Ring ausgebreitet, bis es nach 300 Tagen den Punkt B erreicht hätte.

Der Gangunterschied des Lichts von den Punkten A und B zu uns beträgt also ein knappes Lichtjahr. Aus dem Neigungswinkel des Rings kann man auf einen Ringdurchmesser von etwa $D = 1{,}2\,\text{Lj}$ schließen. Der Winkel, unter dem der Ringdurchmesser D von der Erde aus erscheint, beträgt etwa $\alpha = 4 \cdot 10^{-4}°$. Daraus können wir die Entfernung r der Supernova berechnen: $\tan(\alpha) = \frac{D}{r}$.

Wir erhalten als Näherung $r = 160\,000\,\text{Lj}$. Daraus können wir schließen, dass die Supernova vor etwa 160 000 Jahren explodiert ist und dass sich die Große Magellansche Wolke in einem Abstand von etwa 160 000 Lj befindet.

1 Das Aufleuchten der Supernova SN1987A

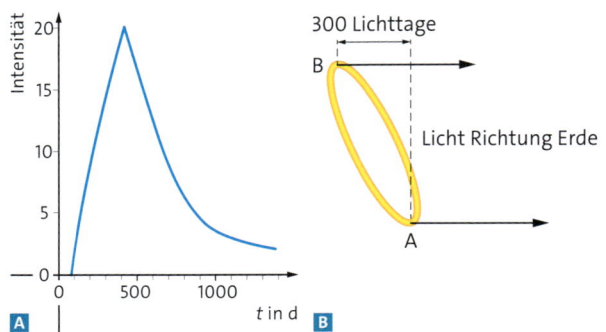

A   **B**

2 **A** Lichtkurve und **B** Verschiedene Lichtlaufwege

3 Aufnahme von 1994 von SN1987A mit dem Hubble-Teleskop

Material A • Größe und Häufigkeit von Riesensternen

Wenn man Statistik mit Sternen machen will, muss man unterscheiden zwischen den Sternen, die man beobachten kann, und den Sternen, die es im Mittel in unserer Galaxie gibt. Dabei ergibt sich aus den Sterndaten:
1. Die weitaus meisten Sterne in der Milchstraße sind kleiner als die Sonne und leuchten eher orange bis rötlich (Abbildung links). Von den 50 Sternen in unserer Umgebung sind nur 10 heißer oder größer als die Sonne. Wenn unser Abschnitt der Milchstraße ein repräsentativer Ausschnitt ist, und davon gehen wir aus, dann sind sehr heiße Sterne und Riesensterne deutlich in der Unterzahl.
2. Die meisten Sterne, die wir beobachten können, sind Riesensterne, von denen es sowohl sehr heiße als auch kühlere gibt. Von den 50 hellsten

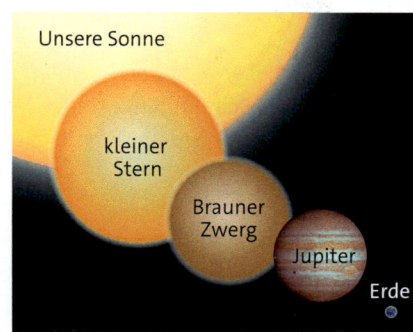

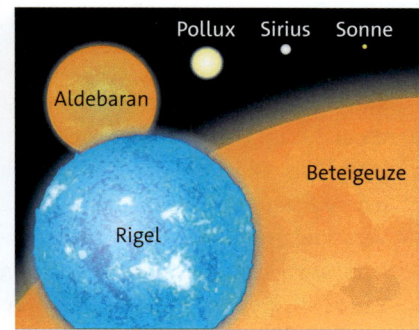

Sternen am Himmel sind bis auf Alpha Centauri B alle heller und größer als die Sonne. Ein Größenvergleich ist in der rechten Abbildung gezeigt.

A1 Ordnen Sie die Sterne aus den Abbildungen in das HRD ein.
A2 In Bezug zur Aussage 1 der linken Spalte sagt Max: „Das ist wie beim Fernsehprogramm oder im Netz:

Wenn man sich da die Leute so anschaut, denkt man, dass der durchschnittliche Mensch schön und berühmt ist. In Wirklichkeit ist es aber ganz anders, weil die durchschnittliche Person im Fernsehen gegenüber den Celebrities unterrepräsentiert ist." Erläutern Sie die Analogie von Max. Zeigen Sie auch die Mängel dieser Analogie auf.

Material B • Alter von Sternhaufen

B1 Das linke Bild zeigt den Sternhaufen M67, dessen Sterne alle etwa zur gleichen Zeit entstanden sind. Er enthält zahlreiche Hauptreihensterne und einige Rote Riesen. Sterne, die sehr heiß und sehr hell sind, enthält er praktisch keine mehr.
Wenn man für einen Sternhaufen wie im HRD die Leuchtkraft L über der Temperatur T der Sterne aufträgt, kann man Aussagen über sein Alter machen.
a) Skizzieren Sie das $L(T)$-Diagramm für einen Sternhaufen, dessen Sterne noch jung sind.

b) Zeichnen Sie ein, welche Sterne zuerst die Hauptreihe verlassen und in welche Richtung im Diagramm sie sich bewegen.
B2 Im Bild rechts sind neben den Sternen von M67 in Gelb auch noch die Sterne des Sternhaufens NGC 188 in Blau eingetragen. Vergleichen Sie das Alter der Sternhaufen M67 und NGC 188. Die Farben dienen hier nur der Unterscheidung der Sterne der beiden Haufen.

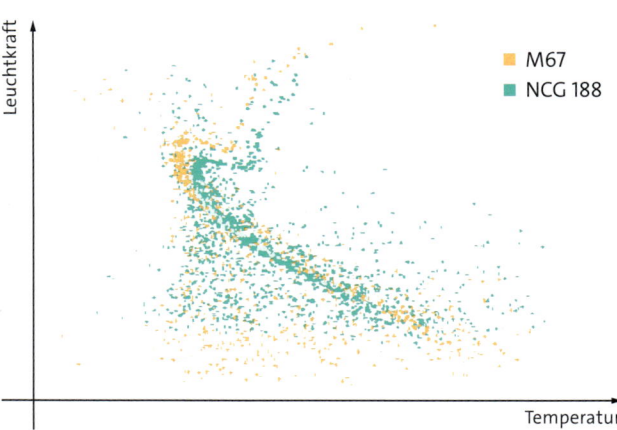

Gravitationswellen

Verschiebungen in der Raumzeit • Die allgemeine Relativitätstheorie sagt voraus, dass sich umkreisende Objekte Gravitationswellen aussenden. Diese sind kleine Verschiebungen in der Raumzeit, die sich mit Lichtgeschwindigkeit im Raum ausbreiten (▸Abb.1). Nachweisen kann man die Gravitationswellen theoretisch dadurch, dass sie einen Probekörper zum Schwingen bringen oder die Wellenlänge von elektromagnetischer Strahlung periodisch verändern.

Allerdings sind alle von Körpern im Sonnensystem erzeugten Gravitationswellen zu schwach, um einen messbaren Effekt zu erzeugen. Stärkere Gravitationswellen bekommt man von Körpern, die aufgrund ihrer großen Dichte eine große Raumzeitkrümmung erzeugen und sich zusätzlich in kleinem Abstand mit großer Frequenz umkreisen.

Todesspirale • Kandidaten dafür sind Schwarze Löcher oder Neutronensterne, die miteinander verschmelzen. Sie umkreisen einander in einer immer enger werdenden Spirale. Bei diesem Vorgang wächst nicht nur die Frequenz der Gravitationswelle stark an, sondern auch ihre Amplitude. Erst in der letzten Sekunde vor der Verschmelzung ist die Amplitude der Gravitationswelle so groß, dass sie durch empfindlichste Messgeräte auf der Erde nachgewiesen werden kann. Mit der allgemeinen Relativitätstheorie kann man die Schwingungskurve in Abhängigkeit von den Massen der beteiligten Schwarzen Löcher voraussagen.

Umgekehrt kann man aus einer gemessenen Schwingungskurve auf die Massen der beteiligten Objekte schließen.

Simulation der Verschmelzung • Es gibt Simulationen, die zeigen, wie eine solche Verschmelzung von Schwarzen Löchern aussähe, wenn man sie optisch beobachten könnte. Zwei Screenshots sind in ▸Abb.2 gezeigt: das erste von etwa einer zwanzigstel Sekunde vor der Verschmelzung, das zweite vom Moment der Verschmelzung der beiden Schwarzen Löcher.

Nachweis ausgeschlossen? • Allerdings sind die nächsten Neutronensterne und Schwarzen Löcher zu weit entfernt, um die Gravitationswellen von normalen Umläufen zu detektieren. Zudem sind Verschmelzungsprozesse sehr selten und wenn sie geschehen, dann meist in einer weit entfernten Galaxie.

Bis vor wenigen Jahren ging man daher davon aus, dass die zugehörigen Gravitationswellen nicht nachweisbar sind.
Die Technik, um Gravitationswellen nachzuweisen, wurde in den vergangenen Jahren immer mehr verbessert. Mit ihnen kann mittlerweile eine Raumdehnung um den Faktor 10^{-22} gemessen werden. Das entspricht einer Änderung des Durchmessers der Erdbahn um einen Atomdurchmesser. Die Kunst der Messung besteht darin, zu verhindern, dass das Signal der Gravitationswelle im Rauschen der Umgebungsvibrationen untergeht.

1 Schematische Darstellung der Verkrümmung der Raumzeit durch eine Gravitationswelle

2 Momentaufnahmen einer Simulation der Verschmelzung von zwei Schwarzen Löchern

Der Nachweis von Gravitationswellen

In Hanford und Livingstone in den USA, mehrere 1000 km voneinander entfernt, und in Virgo, Italien, wurden über viele Jahre drei Inteferometer-Messstationen aufgebaut und optimiert. Jeder Arm der Interferometer hat eine Länge von einigen km (▸Abb. 3). Um Vibrationen aus der Umgebung zu minimieren, wurden für die Reflexion schwere Spiegel aufgehängt.

Am 14. September 2014 war es so weit: Alle drei Messstationen zeichneten ähnliche Kurven auf, die sich nur durch Störschwingungen unterschieden (▸Abb. 4). Die dunkle Linie ist jeweils die theoretische Vorhersage. Für diese wurden die Massen der Schwarzen Löcher so angepasst, dass Theorie und Experiment möglichst gut übereinstimmten.

Die Signale kamen leicht zeitversetzt an, zuerst in Livingston, dann in Hanford und schließlich in Virgo. Aus den geringen Zeitunterschieden konnte man die Richtung ermitteln, aus der die Gravitationswelle kam. Die Quelle war eine Galaxie in einer Entfernung von etwa einer Milliarde Lichtjahren, in der zwei Schwarze Löcher miteinander verschmolzen waren. Die Gravitationswelle war also etwa 1 Milliarde Jahre unterwegs und ihre Energie verteilte sich in dieser Zeit im Raum. Wieviel Energie wurde dabei freigesetzt?

Durch Simulationen konnte man die Verschmelzung nachstellen. Das eine Schwarze Loch hatte demnach eine Masse von 36, das andere von 29 Sonnenmassen.

Das neu entstandene vereinigte Objekt hatte jedoch statt 65 nur 62 Sonnenmassen. Die Energie von 3 Sonnenmassen wurde innerhalb weniger zehntel Sekunden ins All gestrahlt. In diesen Sekundenbruchteilen strahlten die verschmelzenden Schwarzen Löcher so viel Energie ab, wie das gesamte restliche beobachtbare Universum mit allen Sternen und Galaxien zusammen aufweist.

Seit der ersten Entdeckung 2015 wurden zahlreiche weitere Ereignisse mit Gravitationswellen registriert. Auch die Verschmelzung von Neutronensternen hat man auf diese Weise beobachtet. 2017 bekamen die beteiligten Forscher den Nobelpreis für die Entdeckung der von EINSTEIN vorhergesagten Wellen.

Die Untersuchung von Gravitationswellen stellt eine völlig neue Möglichkeit zur Erforschung des Universums dar und wird noch zahlreiche neue Erkenntnisse ermöglichen. Bisher glaubte man zum Beispiel, dass Schwarze Löcher entweder stellar sind, also nur einige wenige Sonnenmassen haben, oder supermassiv im Zentrum von Galaxien mit Milliarden Sonnenmassen auftreten. Schwarze Löcher mit bis zu 80 Sonnenmassen, wie sie in den letzten Jahren mithilfe der Gravitationswellen entdeckt wurden, hielt man nicht für möglich. Schlüssige Theorien für ihre Entstehung gibt es noch nicht.

1 Berechnen Sie mithilfe der Messkurven eine typische Wellenlänge der nachgewiesenen Gravitationswellen.

3 Das Interferometer in Hanford

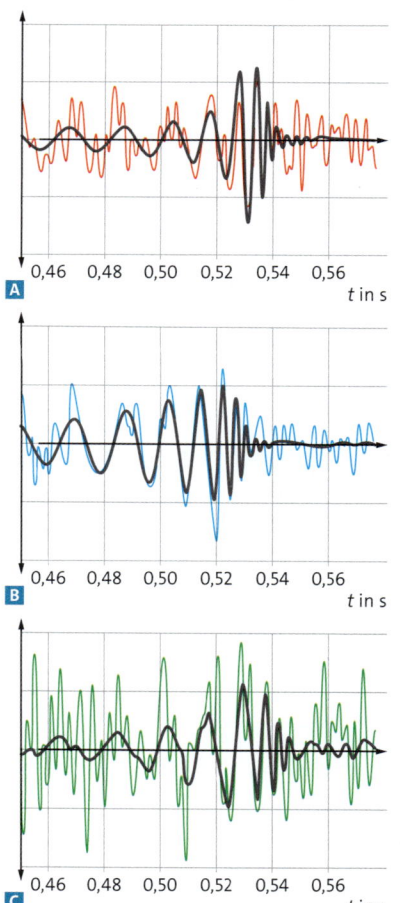

4 Die Messkurven aus
A Hanford (US-Staat Washington),
B Livingstone (US-Staat Louisiana),
C Virgo (Italien)

Exoplaneten

Seit 2018 umkreist der Satellit TESS die Erde. Mittlerweile hat er bereits über 50 Planeten in anderen Planetensystemen gefunden. Warum kann man die meisten dieser Planeten nicht direkt beobachten? Wie kann man Planeten indirekt entdecken?

Entdeckung neuer Welten • Planeten außerhalb unseres Sonnensystems heißen Exoplaneten. Sie umkreisen also einen anderen Stern als die Sonne. Unser Nachbarstern, Proxima Centauri, befindet sich in vier Lichtjahren Entfernung und tatsächlich hat dieser Stern mindestens einen Exoplaneten. Bis zum Jahr 2020 hat man über 4 000 Exoplaneten entdeckt.

2 Bereich, in dem die meisten Exoplaneten entdeckt wurden.

▸Abb. 2 zeigt den kleinen Bereich unserer Milchstraße, in dem die meisten Exoplaneten entdeckt wurden. Es handelt sich um ein Gebiet mit einem Radius von etwa 10 000 Lichtjahren. Der Großteil der entdeckten Planetensysteme ist also viele Hundert oder Tausend Lichtjahre entfernt.

3 Der erste direkt beobachtete Exoplanet (unten links)

Direkte Beobachtung • Da Planeten keine Lichtquellen sind, sondern lediglich das Licht ihres Zentralgestirns reflektieren, sind Exoplaneten auch mit den besten Teleskopen meist nicht direkt zu beobachten. Ein Großteil ist zu weit entfernt und auch die näheren verschwinden in der Regel im Glanz ihres Sterns. Nur relativ lichtstarke Exoplaneten mit ausreichend Abstand vom Stern und mit einer Entfernung von weniger als 200 Lichtjahren zu uns können bislang direkt beobachtet werden. ▸Abb. 3 zeigt eine Aufnahme eines Exoplaneten in der Nähe seines Sterns im Sternbild Skorpion.

Wie findet man Exoplaneten, die man nicht direkt beobachten kann? Es gibt dafür mehrere Methoden.

Die Transitmethode • Die Methode, mit der die meisten Exoplaneten entdeckt wurden, ist die Transitmethode. Wenn ein Planet vor einem Stern vorbeizieht, nennt man dies einen Transit. Während des Transits ist die scheinbare Helligkeit des Sterns verringert. Dies zeigt sich in dessen Lichtkurve (▸Abb. 4).

Aus der Lichtkurve kann man verschiedene Informationen gewinnen:

Zunächst kann man die Zeit für einen Transit und die Zeit für einen Umlauf des Planeten ablesen. Aus der Transitzeit des Planeten und dem Sterndurchmesser kann man auf die Geschwindigkeit des Planeten schließen. Den Sterndurchmesser erhält man z.B. aus der Temperatur und der Leuchtkraft des Sterns.

Aus der Umlaufdauer und der Geschwindigkeit des Planeten kann man die Masse des Sterns bestimmen. Schließlich kann man aus der Transittiefe, also aus dem relativen Intensitätsabfall der Lichtkurve, die Querschnittsfläche des Planeten und damit seinen Radius abschätzen.

Die Radialgeschwindigkeitsmethode • Die Radialgeschwindigkeitsmethode nutzt aus, dass sich Stern und Planet um einen gemeinsamen Schwerpunkt bewegen. Da die Masse des Sterns typischerweise deutlich größer als die Masse des Planeten ist, ist die Kreisbewegung des Sterns deutlich kleiner als die des Planeten. Dennoch macht sie sich durch den Doppler-Effekt in einer periodischen Rot- und Blauverschiebung des Sternspektrums bemerkbar.

Immer wenn sich der Planet auf uns zu bewegt, entfernt sich der Stern von uns und sein Spektrum ist rotverschoben, und umgekehrt. Der Anteil der Geschwindigkeit in unsere Richtung wird Radialgeschwindigkeit genannt. Eine aus der Verschiebung des Spektrums gewonnene Kurve der Radialgeschwindigkeit des Sterns 51 Peg ist in ▸Abb. 5 gezeigt. Wenn man zusätzlich zur Geschwindigkeit des Sterns die Geschwindigkeit des Planeten kennt, z.B. aus der Transitmethode, kann man die Masse des Planeten bestimmen.

Die Mikrogravitationslinsenmethode •
Das Licht von Objekten kann durch einen davor liegenden Stern ein wenig abgelenkt werden. Grund dafür ist die Raumkrümmung durch den Stern, der sich in einem kleinen Gravitationslinseneffekt bemerkbar macht. Wenn sich um den Stern ein Planet bewegt, dann bewegen sich beide um einen gemeinsamen Schwerpunkt. Dadurch wird das durch den Gravitationslinseneffekt beeinflusste Bild, z.B. eines weiteren Sterns, periodisch verändert. Die dazu notwendige exakte Ausrichtung der Sterne hintereinan-

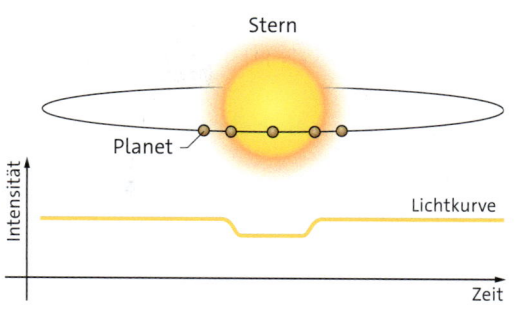

4 Lichtkurve eines Sterns beim Transit eines Planeten

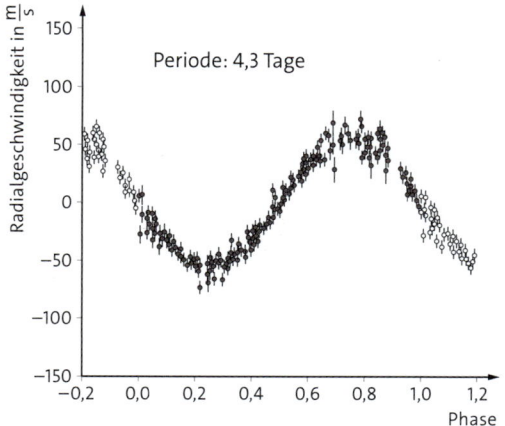

5 Graph der Radialgeschwindigkeit des Sterns 51 Peg über der Phase zum Nachweis des Planeten 51 Peg b

der ist zwar selten, aber der Effekt wurde bereits beobachtet.

Etwa 90 % der Exoplaneten wurden mit der Transit- oder der Radialgeschwindigkeitsmethode entdeckt. Mit der Mikrogravitationslinsenmethode gelang es vor allem Hinweise auf weiter entfernte Exoplaneten zu bekommen.

1 Für den Transit eines Exoplaneten kann es verschiedene Lichtkurven geben, je nachdem, ob der Transit auf oder neben dem Durchmesser erfolgt.
a) Zeichnen Sie zwei Beispiel-Lichtkurven.
b) Sonnenflecken sind Stellen mit Eruptionen auf der Sonnenoberfläche. Die Helligkeit ist an diesen Stellen geringer (▸Abb. 6).
Nehmen Sie an, ein Exoplanet passiert einen Stern und läuft dabei über einen Sonnenfleck dieses Sterns.
Skizzieren Sie, wie sich der Sonnenfleck auf die Lichtkurve auswirkt.

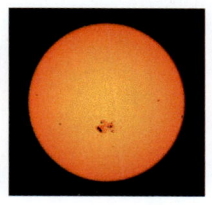

6 Sonnenflecken

Jedem Stern seine Planeten?
• Unter den 400 uns nächstgelegenen Sternen konnte bei etwa 60 ein Planetensystem nachgewiesen werden. Heißt das, dass nur ein kleiner Teil der Sterne von Planeten umkreist wird?

Die Transitmethode ist die Methode, mit der am meisten Exoplaneten entdeckt wurden. Sie kann aber nur angewandt werden, wenn ein Planet vor dem Zentralgestirn vorbeiläuft. Man muss praktisch von der Seite auf das Planetensystem blicken. Bei den meisten Planetensystemen ist das jedoch nicht der Fall.

Wenn also bei einem Stern kein Planet entdeckt wird, bedeutet dies keineswegs, dass er keine Planeten hat, sondern nur, dass mit den bekannten Methoden bisher keiner nachgewiesen werden konnte. Man geht mittlerweile davon aus, dass jeder Stern im Schnitt von mehr als einem Planeten umkreist wird.

Flüssiges Wasser für Leben
• Da Exoplaneten so weit entfernt sind, kann man sie in absehbarer Zeit genauso wenig besuchen wie unsere Nachbarsterne. Kann man wenigstens darüber Aussagen machen, ob Leben auf ihnen möglich ist? Wir gehen mittlerweile davon aus, dass für die Entstehung von Leben in der uns bekannten Form flüssiges Wasser vorhanden sein muss. Dies bedeutet, dass es auf einem Planeten weder zu heiß noch zu kalt sein darf.

Die habitable Zone
• Welche Temperatur sich auf einem Planeten einstellt, hängt davon ab, wie viel Energie das Zentralgestirn pro Sekunde emittiert und in welcher Entfernung sich der Planet befindet. Um jeden Stern gibt es eine ringförmige Zone, die habitable Zone genannt wird. In dieser Zone könnte Wasser, sofern vorhanden, dauerhaft in flüssiger Form vorliegen. Außerhalb dieser Zone ist es entweder zu kalt oder zu heiß dafür.

Die Erde befindet sich am inneren Rand der habitablen Zone des Sonnensystems, die Venus ist zu nahe an der Sonne, der Mars zu weit entfernt (▸Abb.1).

Der Stern 55 Cancri befindet sich im Sternbild Krebs. In seiner Umgebung hat man fünf Exoplaneten entdeckt. 55 Cancri ist ein sonnenähnlicher Stern mit etwas geringerer Temperatur als die Sonne. Sein Radius und damit auch seine Leuchtkraft sind kleiner als die der Sonne. Seine habitable Zone befindet sich folglich ein wenig näher am Stern als bei der Sonne (▸Abb.1).

Vier Planeten befinden sich zu nahe an 55 Cancri, als dass dort dauerhaft flüssiges Wasser vorliegen könnte. Der fünfte und äußerste Planet mit dem Namen 55 Cancri f befindet sich in der habitablen Zone des Sterns. Er ist jedoch wahrscheinlich kein erdähnlicher Planet, auf dem sich ein Ozean bilden könnte, sondern eher ein Gasriese von der Art des Jupiters. 55 Cancri f könnte allerdings Monde mit erdähnlicher Oberfläche haben. Wenn diese Monde groß genug sind, könnten sie auch von einer Atmosphäre umgeben sein.

Die mit Abstand meisten Exoplaneten, die man gefunden hat, befinden sich zu nahe an ihrem Zentralgestirn, sind also zu heiß für flüssiges Wasser. Viele andere sind wiederum zu kalt. Weniger als 5 Prozent der entdeckten Exoplaneten befinden sich innerhalb der habitablen Zone. Davon sind die Mehrzahl Gasplaneten.

Bis zum Jahr 2020 wurden nur etwa 30 erdähnliche Planeten gefunden, auf denen Wasser flüssig sein könnte. Das ist weniger als 1% der bis 2020 entdeckten 4000 Exoplaneten.

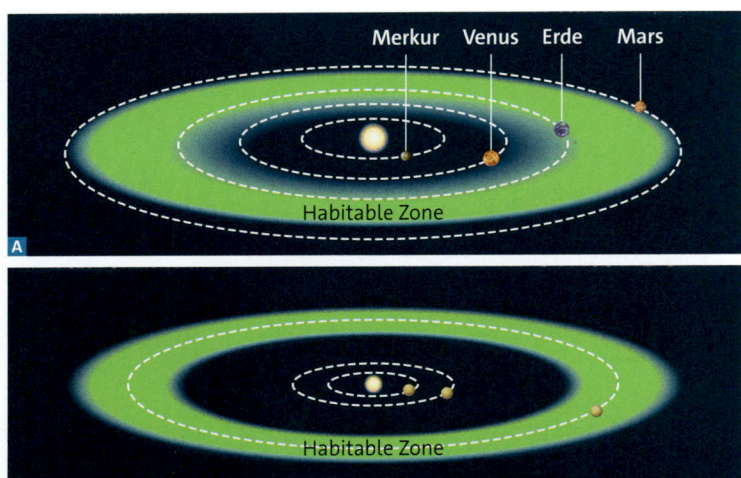

1 Die habitable Zone im Planetensystem **A** der Sonne und **B** des Sterns 55 Cancri

Leben auf anderen Planeten? • Wenn es auf anderen Planeten günstige Voraussetzungen für die Entwicklung von Leben gibt, dann kann man vielleicht aus der Ferne Hinweise darauf entdecken. Solche Hinweise könnten Sauerstoff, Wasserdampf, Methan oder Stickstoffverbindungen in der Atmosphäre eines Planeten sein. Wie kann man die Atmosphäre eines Planeten aus großer Entfernung untersuchen?

Wenn ein Exoplanet mit Atmosphäre an einem Stern vorbeizieht, passiert ein Teil des Sternenlichts zunächst die Atmosphäre (▶Abb. 2). Dabei absorbieren die in der Atmosphäre enthaltenen chemischen Stoffe bei bestimmten Wellenlängen teilweise das Sternenlicht.

Dadurch entstehen zusätzlich zu den Absorptionslinien des Sternenlichts noch weitere aufgrund der Planetenatmosphäre. Auf diese Weise können zahlreiche Stoffe, die nicht in Sternatmosphären vorkommen, nachgewiesen werden. Aus dem absorbierten Lichtanteil kann man auf die Häufigkeit der Stoffe schließen.

▶Abb. 3 zeigt schematisch ein Spektrum mit Absorptionslinien von Natrium und Kalium im sichtbaren Bereich und einen Teil des Absorptionsspektrums von Wasserdampf im Infrarot-Bereich. Im Diagramm ist nach oben der Anteil des absorbierten Lichts bei der jeweiligen Wellenlänge in Prozent angegeben.

Das Hubble-Weltraumteleskop hat eine Spezialkamera, um die Absorptionslinien im Wellenlängenbereich von etwa 2000 nm aufzunehmen. In diesem Bereich haben Wasserdampf und Methan charakteristische Linien.

Die Punkte in ▶Abb. 4 zeigen Messwerte von Hubble für den Exoplaneten HD 189733b. Man hat zahlreiche Modellrechnungen dazu durchgeführt. Dazu geht man jeweils von einer bestimmten Zusammensetzung der Atmosphäre aus und berechnet die Absorption im Wellenlängenbereich zwischen 1,45 und 2,5 mm. Zwei Ergebnisse sind in ▶Abb. 4 dargestellt. Die blaue Kurve erhält man, wenn man eine Atmosphäre mit Wasserdampf modelliert. Wenn man zusätzlich Methan in der Atmosphäre annimmt, erhält man die orange Kurve.

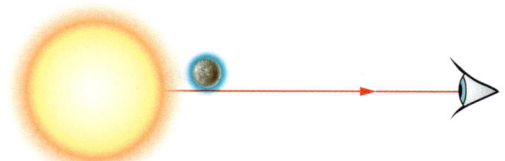

2 Die Atmosphäre des Planeten verringert die beobachtete Gesamthelligkeit des Sterns.

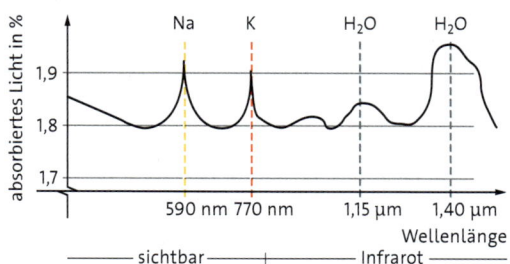

3 Schematische Darstellung eines Absorptionsspektrums

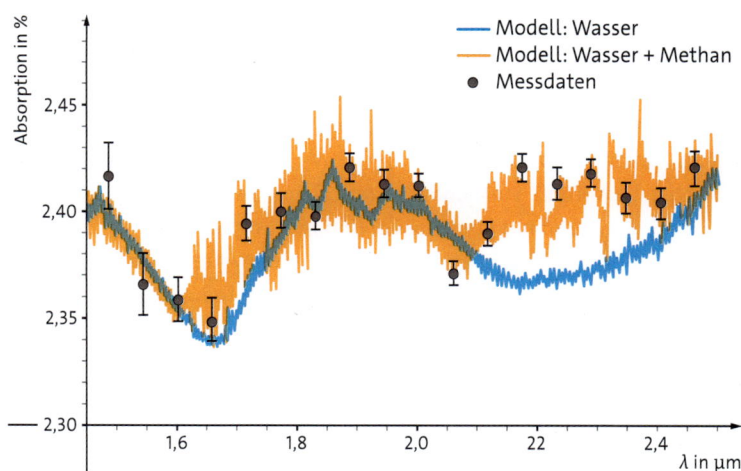

4 Messergebnisse des Hubble-Weltraumteleskops und Modellrechnung

Die Übereinstimmung der Messwerte mit der orangen Linie ist im Rahmen der Unsicherheiten sehr gut. Offensichtlich kann das Spektrum von HD 189733b durch eine Atmosphäre mit Wasserdampf und Methan erklärt werden.

1 Der Planet Merkur liegt nicht in der habitablen Zone des Sonnensystems.
a) Erläutern Sie, in welchem Bereich des HRD sich die Sonne etwa befinden müsste, damit Merkur in der habitablen Zone liegen würde.
b) Erläutern Sie, wieso sich in etwa 5 Milliarden Jahren Jupiter für relativ kurze Zeit in der habitablen Zone befinden wird.

Die Drake-Gleichung: Wie wahrscheinlich ist außerirdisches Leben?

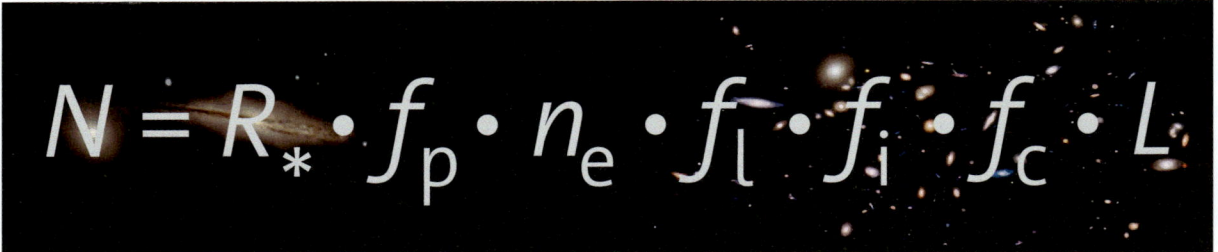

1 Drake-Gleichung

Wer hat sich noch nicht ausgemalt, wie ein erster Kontakt mit einer außerirdischen Zivilisation ablaufen könnte? Wie könnte man die Wahrscheinlichkeit dafür abschätzen? 1962 stellte der Astrophysiker FRANK DRAKE die nach ihm benannte Gleichung auf (▸Abb.1). Dabei bedeuten die einzelnen Größen:

- N ist die Anzahl der außerirdischen Zivilisationen in unserer Galaxie, die fähig und gewillt sind, mit uns Kontakt aufzunehmen.
- R_* ist die mittlere Sternentstehungsrate pro Jahr in unserer Galaxie und hat etwa die Größenordnung 10.
- f_p ist der Anteil an Sternen mit Planetensystem. Wir gehen inzwischen davon aus, dass dieser Anteil nahe 1 liegt.
- n_e ist die Anzahl von Planeten in der habitablen Zone pro Stern. Unsere bisherigen Beobachtungen deuten darauf hin, dass n_e zwischen 1 und 5 liegt. Dies bedeutet, dass es in unserer Galaxie etwa 40 Milliarden Planeten in der habitablen Zone gibt.
- f_l ist unter den Planeten der Teil, die Leben beherbergen.
- f_i ist unter den Planeten mit Leben der Anteil mit intelligentem Leben.
- f_c ist unter den Planeten mit intelligentem Leben der Anteil, der mit uns Kontakt aufnehmen kann und will.
- L ist die Lebensdauer einer Zivilisation.

Für die drei Faktoren f_l, f_i und f_c kann es nur grobe Schätzungen geben: Hinweise für den Faktor f_l versucht man durch die Analyse von Planetenatmosphären zu bekommen. Man geht aber davon aus, dass auf einem Planeten in der habitablen Zone im Lauf von Milliarden von Jahren Leben entsteht.

Für die Tatsache, dass f_i klein ist, spricht, dass unter den 50 Milliarden Arten, die auf der Erde entstanden sind, nur eine so intelligent ist, dass sie eine technische Zivilisation hervorgebracht hat.

Ähnlich schwierig ist eine Abschätzung von f_c. Wie kommunikativ andere Zivilisationen sein könnten, ist reine Spekulation. Wenn allerdings außerirdische Zivilisationen mit anderen Zivilisationen so umgehen würden, wie Kolonialherren mit ihren Kolonien, dann sollten wir uns lieber nicht bemerkbar machen. Vielleicht denken so auch andere Zivilisationen. Zudem ist aufgrund der großen Abstände zwischen den Planetensystemen ein Informationsaustausch nur mit jahrelangen Wartezeiten möglich.

Bei der Abschätzung der mittleren Lebensdauer L einer Zivilisation können wir nur von unserer eigenen Zivilisation ausgehen. Erstaunlicherweise scheint es für die Zivilisation eines Planeten nicht unbedingt oberste Priorität zu sein, die Bedingungen auf dem Planeten optimal für künftige Generationen zu erhalten. Wenn wir unser Wirken auf der Erde beobachten, müssen wir annehmen, dass unsere Zivilisation vielleicht nur eine Lebensdauer von einigen hundert Jahren hat. Durch kluges Haushalten mit den Ressourcen könnte man die Lebensdauer aber wahrscheinlich um einige Größenordnungen erhöhen.

Da die Unsicherheiten bei den einzelnen Faktoren teilweise sehr groß sind, sind auch die Ergebnisse der Drake-Gleichung sehr unterschiedlich. Je nach Annahme erhält man Ergebnisse für N von 10^{-13} über 1 bis 10^6. Es gibt zahlreiche Varianten der Drake-Gleichung. Eine seriöse Aussage über die Wahrscheinlichkeit eines Kontakts mit einer außerirdischen Zivilisation kann jedoch mit keiner davon gemacht werden.

Material A • Lichtkurven

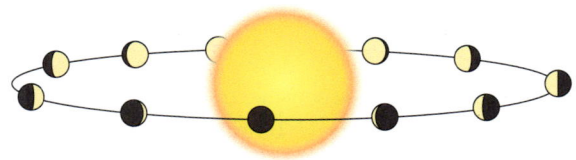

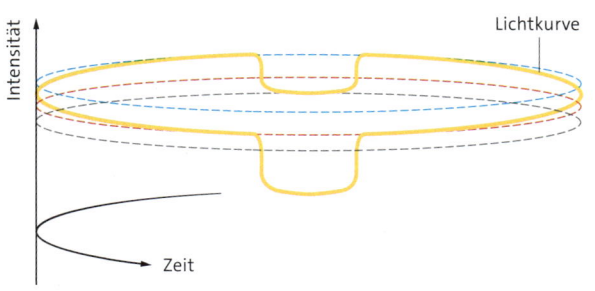

A1 In der Abbildung links ist die Lichtkurve räumlich so dargestellt, dass man jeden Punkt der Lichtkurve der entsprechenden Phase des Planetenumlaufs zuordnen kann.
a) Erklären Sie, warum die Lichtkurve zwei Einkerbungen aufweist.
b) Erklären Sie, warum die Lichtkurve von vorne nach hinten ansteigt.

A2 Erläutern Sie, wie folgende Lichtkurve (Originaldaten) zustande kommen könnte.

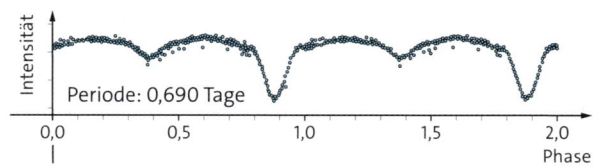

Material B • Das Planetensystem Trappist-1

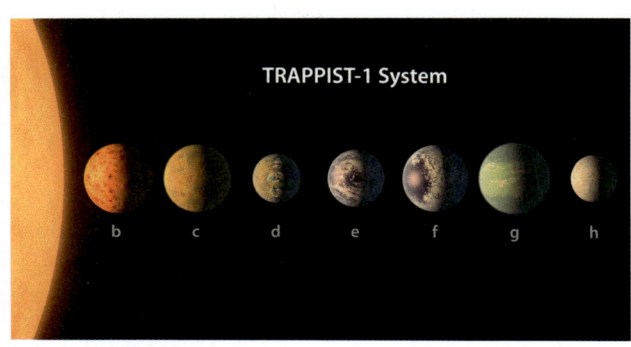

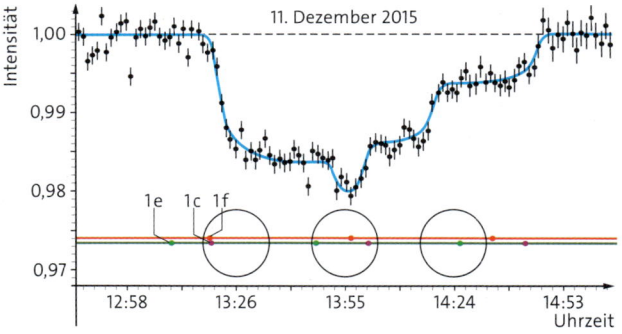

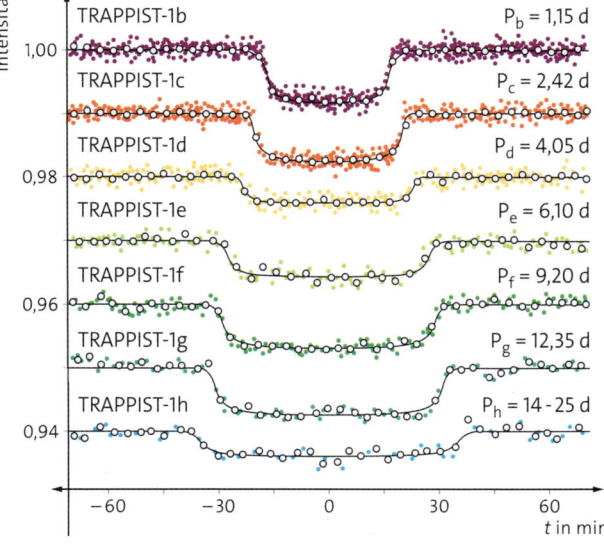

Der Stern Trappist-1 wird von wenigstens sieben Planeten umkreist. Die Oberflächen hat man nicht direkt beobachtet, sie wurden von einem Künstler so gezeichnet. Die Aufreihung zeigt die Planeten in ihrer Reihenfolge von innen nach außen. Je weiter außen ein Planet den Stern umkreist, umso kleiner ist seine Geschwindigkeit.

B1 Machen Sie mithilfe der Lichtkurven in der linken Abbildung Aussagen über die Flächen und Geschwindigkeiten der einzelnen Planeten und vergleichen Sie mit der künstlerischen Darstellung.

B2 Die Abbildung oben zeigt die Lichtkurve von Trappist vom 11. Dezember 2015.
a) Erklären Sie, wie die Lichtkurve zustande kam.
b) Kombinieren Sie aus den entsprechenden Lichtkurven aus B1 durch Addition die Gesamtlichtkurve.

Musteraufgabe mit Lösung

Aufgabe • Temperatur, Leuchtkraft und Lebensdauer von Sternen

Für die Temperatur T und die Leuchtkraft L von Sternen gelten näherungsweise die folgenden Zusammenhänge:

$$T \sim \frac{1}{\lambda_{max}} \quad \text{bzw.} \quad L \sim A \cdot T^4.$$

Die Temperatur des Sterns Sirius ist etwa 1,7-mal so hoch wie die Temperatur der Sonne. Der Radius ist ebenfalls etwa 1,7-mal so groß.

a) Bestimmen Sie den Faktor, um den die Oberfläche von Sirius größer ist als die Sonnenoberfläche.

b) Die Sonne strahlt maximal bei einer Wellenlänge von λ_{max} = 500 nm. Bestimmen Sie die Wellenlänge, bei der Sirius maximal abstrahlt.

c) Berechnen Sie den Faktor, um den die Leuchtkraft von Sirius größer ist als die Leuchtkraft der Sonne.

d) Begründen Sie, warum die Lebensdauer von Sirius geringer ist als die Lebensdauer der Sonne.

e) Schätzen Sie mithilfe der Leuchtkraft von Sirius ab, um welchen Faktor sich die Lebensdauern von Sirius und der Sonne unterscheiden.

Die Lebensdauer von Sirius beträgt etwa 2 Milliarden Jahre.

f) Zeichnen Sie eine Skizze des HRD und tragen Sie die Sonne und Sirius ein.

g) Skizzieren Sie die Entwicklung von Sirius in dieses HRD. Begründen Sie.

h) Skizzieren Sie in das HRD die Sterne für einen Sternhaufen, der etwa 2 Milliarden Jahre alt ist. Begründen Sie.

Lösung

a) Die Oberfläche hängt quadratisch vom Radius ab, deshalb ist $A_{Sirius} = 1{,}7^2 \cdot A_{Sonne} = 2{,}9 \cdot A_{Sonne}$.

b) $\lambda_{max}^{(Sirius)} = \frac{1}{1{,}7} \cdot \lambda_{max}^{(Sonne)} = \frac{500\,nm}{1{,}7} = 294\,nm$.

c)

	R	$A \sim R^2$	T	$L \sim A \cdot T^4$
Sonne	1	1	1	1
Sirius	1,7	$1{,}7^2 = 2{,}9$	1,7	$2{,}9 \cdot 1{,}7^4 = 25$

d) Da der Stern Sirius größer als die Sonne ist, sind auch Temperatur und Druck in seinem Kern größer. Demzufolge läuft die Kernfusion (Anzahl der Fusionsreaktionen pro Kubikmeter und pro Sekunde) schneller ab als in der Sonne. Deshalb ist seine Lebensdauer t kleiner.

e) Die Lebensdauer ist proportional zum Fusionsvorrat, also zum Volumen V und umgekehrt proportional zur Strahlungsleistung L.

	L	$V \sim R^3$	$t \sim \frac{V}{L}$
Sonne	1	1	1
Sirius	25	$1{,}7^3 = 4{,}9$	$4{,}9 : 25 = 0{,}2$

Die Lebensdauer von Sirius ist also 0,2-mal so groß wie die der Sonne, also etwa 2 Milliarden Jahre.

f)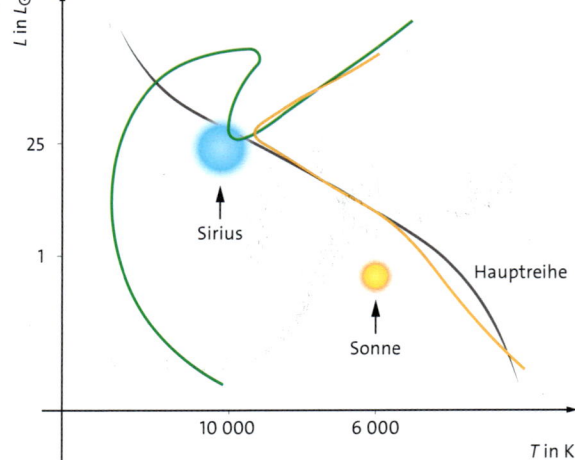

g) *Skizzieren: Stellen Sie Sachverhalte, Strukturen oder Ergebnisse auf das Wesentliche reduziert grafisch oder als Fließtext dar.*

Sirius hat weniger als 8 Sonnenmassen. Er durchläuft also die Entwicklung zum weißen Zwerg (grüne Kurve in der Abbildung).

h) Alle Sterne des Sternhaufens mit größerer Leuchtkraft als Sirius haben bereits den Wasserstoffvorrat im Kern verbraucht und sind Rote Riesen oder auf dem Weg dahin (gelbe Linie in der Abbildung).

Übungsaufgaben mit Hinweisen

Aufgabe 1 • Hintergrundstrahlung

380 000 Jahre nach dem Urknall wurde das Universum durchsichtig und strahlte die elektromagnetische Strahlung ab, die man noch heute als Hintergrundstrahlung messen kann.

a) Beschreiben Sie, in welchem Zustand das Universum war, kurz bevor das Universum durchsichtig wurde.

Die Sonne hat eine Oberflächentemperatur von etwa 6 000 K. Ihr Strahlungsmaximum liegt bei 500 nm. Die Hintergrundstrahlung hat ihr Strahlungsmaximum bei einer Wellenlänge von 1 mm.

b) Bestimmen Sie den Quotienten der Skalenfaktoren zum jetzigen Zeitpunkt und zum Zeitpunkt des Durchsichtigwerdens. Begründen Sie.

Etwa vier Millionen Jahre nach dem Urknall entstanden die ersten Sterne. Die Temperatur der Hintergrundstrahlung betrug zu diesem Zeitpunkt etwa 15 K.

c) Zeigen Sie, dass die Expansionsrate des Universums in den ersten Millionen Jahren zugenommen hat.

Aufgabe 2 • Lebensdauer von Sternen

Die Lebensdauer der Sonne beträgt etwa 10 Milliarden Jahre. Ein Stern mit doppelter Masse hat etwa die zehnfache Leuchtkraft.

a) Bestimmen Sie damit die Lebensdauer eines Sterns mit zwei Sonnenmassen und eines Sterns mit 0,5 Sonnenmassen.

Der Stern Theta Orionis C1 mit einer Masse von 33 Sonnenmassen leuchtet mit 200 000-facher Sonnenleuchtkraft.

b) Schätzen Sie damit seine Lebensdauer ab.

c) Begründen Sie, warum man auf Planeten um Theta Orionis C1 kein Leben erwartet.

d) Der Stern Wolf 359 mit einem Zehntel der Sonnenmasse wird 400-mal so lange leben wie die Sonne. Schätzen Sie die Helligkeit von Wolf 359 ab.

e) Begründen Sie, warum die Lebensdauer von Sternen so unterschiedlich ist.

Aufgabe 3 • Endstadien von Sternen

Nach dem Hauptreihenstadium kann ein Stern in verschiedene Endstadien kommen.

a) Zählen Sie die möglichen Endstadien von Sternen auf.

b) Beschreiben Sie den Weg der Sonne im HRD, wenn die Sonne das Hauptreihenstadium verlassen hat.

c) Erläutern Sie, warum unser Planetensystem aus den Überresten eines früheren Sterns bestehen muss.

Hinweise

Aufgabe 1
a) Plasma, 3 000 K
b) Verhältnis der Temperaturen = umgekehrtes Verhältnis der Wellenlängen = umgekehrtes Verhältnis der Skalenfaktoren
c) Der Skalenfaktor steigt so, wie die≈Wellenlänge zunimmt.

Aufgabe 2
a) Die Lebensdauer ist proportional zum Fusionsvorrat geteilt durch die Leuchtkraft.
b) Die Lösung ist 1,65 Millionen Jahre.
c) Die Fusionsrate hängt von der Temperatur ab.

Aufgabe 3
a) S. Abschnitt „Leben und Tod der Sterne".
b) S. Abschnitt „Leben und Tod der Sterne".
c) Auf der Erde kommen Elemente vor, die schwerer als Eisen sind. Diese Elemente können nicht im Kern von Sternen fusioniert werden.

Training I • Gravitation und Schwarzschildradius

Aufgabe 1

Die elektrische Feldstärke $\vec{\mathcal{E}}$ und die Gravitationsfeldstärke $\vec{\mathcal{G}}$ können mit folgenden Formeln berechnet werden:

$$\mathcal{E} = \frac{1}{4\pi\varepsilon_0}\frac{Q}{r^2} \quad \text{bzw.} \quad \mathcal{G} = G^* \frac{M}{r^2}.$$

a) Vergleichen Sie elektrisches Feld und Gravitationsfeld bezüglich folgender Punkte:
   (i) Auf welche Körper wirkt das jeweilige Feld?
   (ii) Wie wird das jeweilige Feld erzeugt?
   (iii) Welche Größen in den Formeln entsprechen sich?
b) Berechnen Sie jeweils die Kraft, mit der sich zwei Körper mit der Masse 1,0 kg und der Ladung 1,0 C elektrisch abstoßen bzw. durch Gravitation anziehen.
c) Begründen Sie, warum die Gravitationskraft gegenüber der elektrischen Anziehungskraft von Himmelskörpern dominiert.

Die Abbildung zeigt ein Feldlinienbild des Gravitationsfelds von Erde und Mond.
d) Erläutern Sie, welches die Punkte mit maximaler und minimaler Feldstärke in der Abbildung sind.
e) Zeichnen Sie eine Anordnung mit elektrischen geladenen Kugeln, die ein möglichst ähnliches Feld wie in der Abbildung erzeugt.

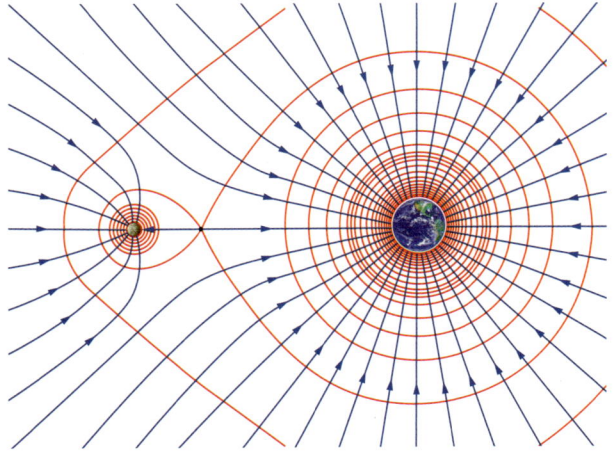

Aufgabe 2

Gegeben seien für fünf Planeten A bis E die Massen m in Einheiten der Erdmasse m_e, die Radien r der jeweiligen Umlaufbahn und die jeweilige Umlaufgeschwindigkeit v:

	A	B	C	D	E
m in m_e	2,1	0,32	5,4	37	12
r in AE	0,30	1,2	2,8	3,7	10,2
v in $\frac{km}{s}$	42	21	14	12	7,2

a) Setzen Sie die Zentripetalkraft gleich der Gravitationskraft und leiten Sie daraus eine Formel für die Umlaufgeschwindigkeit v her.
b) Zeigen Sie, dass diese fünf Planeten zum gleichen Planetensystem gehören können.

Wir ersetzen in Gedanken das Zentralgestirn durch ein Zentralgestirn mit 10-facher Masse.
c) Erklären Sie, warum die Umlaufgeschwindigkeit der Planeten dann (bei gleichem r) größer sein muss.
d) Bestimmen Sie den Faktor, um den die Umlaufgeschwindigkeiten größer sein müssten.

Aufgabe 3

Die Masse des supermassiven Schwarzen Lochs Sagittarius A* im Zentrum der Milchstraße beträgt etwa 4 Millionen Sonnenmassen. Zur Bestimmung der Masse hat man die Bewegung von Sternen analysiert, die sich auf einer engen Umlaufbahn um das Schwarze Loch befinden.
a) Erläutern Sie, wie man aus der Umlaufgeschwindigkeit und dem Bahnradius eines umlaufenden Sterns die Masse des Schwarzen Lochs bestimmen kann.
b) Begründen Sie, warum Sagittarius A* nicht im Abstand von 0,1 AE von einem Stern umkreist werden kann.

Training II • Expansion und Exoplaneten

Aufgabe 1 • Expansion des Universums

a) Geben Sie den Zusammenhang zwischen der Expansionsgeschwindigkeit v einer Galaxie und ihrer Rotverschiebung z an.

b) Berechnen Sie damit die fehlenden Einträge in der Tabelle.

c) Fertigen Sie für die Galaxien in der Tabelle ein Hubble-Diagramm an.

d) Bestimmen Sie mit Ihrem Diagramm einen Wert für den Hubble-Parameter.

e) Berechnen Sie den Hubble-Abstand h, ab dem sich Galaxien mit mehr als Lichtgeschwindigkeit von uns entfernen.

Für Hubble-Parameter $H(t)$ und Skalenfaktor $a(t)$ gilt folgender Zusammenhang: $\dot{a}(t) = H(t) \cdot a(t)$.

f) Gehen Sie nun davon aus, dass sich der Skalenfaktor proportional zur vergangenen Zeit vergrößert. Zeigen Sie, dass sich der Hubble-Abstand h dann ebenfalls proportional zur Zeit t vergrößert.

Wenn das Universum nur stark genug expandiert, dann kann der Hubble-Abstand h sogar schrumpfen.

g) Begründen Sie, welche Konsequenzen für die Sichtbarkeit des Universums ein immer weiter schrumpfendes h hätte.

h) Zeigen Sie, dass ein Universum mit $a(t) \sim e^{t^2}$ ein solches Universum wäre.

Galaxie	r in Mio. Lj	v in $\frac{km}{s}$	z
NGC3344	22,5		0,00194
NGC5866	50	755	
NGC2964	60		0,0044
NGC2859	82	1687	
NGC2204	91		0,00735
NGC3690	130		0,01
NGC5529	144	2942	
NGC5653	160	3562	
NGC3369	175		0,011965
NGC4622	200	4367	

Aufgabe 2 • Exoplaneten

Exoplaneten werden unter anderem mit der Radialgeschwindigkeitsmethode entdeckt.

a) Begründen Sie mit dem Impulserhaltungssatz, warum sich der Stern auch bewegt, wenn ihn ein Planet umkreist.

b) Erläutern Sie, wie man durch Analyse des Sternenlichts die Geschwindigkeit des Sterns und die Umlaufdauer des Planeten erhält.

Mit der Transitmethode kann man die Geschwindigkeit des Planeten ermitteln.

c) Beschreiben Sie, wie man dabei vorgeht.

d) Erläutern Sie ein Verfahren, mit dem man feststellen kann, ob sich ein Planet in der habitablen Zone seines Sterns befindet.

Kepler-186 ist ein roter Zwerg, in dessen Umgebung Exoplaneten mit dem Weltraumteleskop Kepler gefunden wurden. Kepler-186 ist etwa halb so groß wie die Sonne, seine Leuchtkraft ist deutlich geringer.

e) Beschreiben Sie, wo sich die habitable Zone im Vergleich zu der der Sonne befindet.

Die Abbildung zeigt die Radialgeschwindigkeitskurve eines Sterns.

f) Erläutern Sie, welche Schlüsse man daraus über die Bewegung des Sterns und des Planeten ziehen kann.

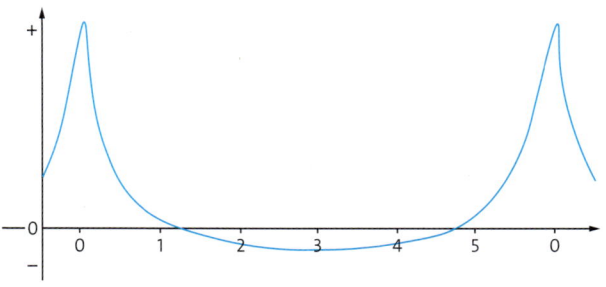

Entwicklung des Universums

Das kosmologische Prinzip: Das Universum ist isotrop und man nimmt an, dass es auch homogen ist. Dies bedeutet, dass es in alle Richtungen und an jeder Stelle ungefähr gleich aussieht.

Expansion des Universums: Beim Urknall entstanden Raum, Zeit und Materie. Seither expandiert das Universum. Dabei dehnen sich der Raum und die Wellenlängen von elektromagnetischer Strahlung überall gleichmäßig. Objekte und Gruppen von Objekten, die aneinander gebunden sind, wie Galaxienhaufen, bleiben gleich groß.

Das Hubble-Gesetz: Durch die Dehnung des Raums bewegen sich Galaxien mit der Expansionsgeschwindigkeit v_e von uns weg. v_e ist umso größer, je größer die Entfernung r der Galaxie von uns ist. Für Galaxien mit Entfernungen zwischen 20 Mio. und 500 Mio. Lichtjahren gilt das Hubble-Gesetz:

$$v_e = H_0 \cdot r \text{; mit dem Hubbleparameter } H_0 = 21 \, \frac{\frac{\text{km}}{\text{s}}}{\text{Mio. Lj}}.$$

Kurz nach dem Urknall: Zu Anfang war das Universum extrem heiß, extrem dicht und undurchsichtig. In den ersten drei Minuten kühlte das Universum auf unter eine Milliarde Grad ab. In dieser Zeit entstanden Atomkerne und Elektronen. Nach 380 000 Jahren war das Plasma auf 3 000 K abgekühlt, sodass sich Atome bilden konnten. Das Universum wurde durchsichtig.

Die kosmische Hintergrundstrahlung: Die nach 380 000 Jahren emittierte elektromagnetische Strahlung kann man noch heute als Hintergrundstrahlung beobachten. Durch die Expansion des Universums hat sich die Wellenlänge der Strahlung auf das 1000-fache vergrößert. Die Hintergrundstrahlung ist in hohem Maße isotrop. Ihre dennoch vorhandene geringe Anisotropie ist ein Hinweis auf anfängliche Dichtefluktuationen der Materie, aus denen sich Galaxienhaufen gebildet haben.

Alter des Universums: Das Universum ist etwa 14 Milliarden Jahre alt. Während der ersten 8 Milliarden Jahre expandierte das Universum gebremst, seit etwa 6 Milliarden Jahren expandiert es beschleunigt.

Das kosmologische Standardmodell: Die zeitliche Entwicklung der Expansion kann durch kosmologische Modelle beschrieben werden. Das gebräuchlichste Modell verwendet zwei wesentliche Parameter Ω_Λ und Ω_M, die an die Messdaten angepasst werden. Dadurch erhält man Vorhersagen für zwei Größen:

- die mittlere Massendichte des Universums, die die Expansion bremst und
- den mittleren Energieinhalt des Universums, der die Expansion beschleunigt.

Für beide Größen bekommt man viel höhere Werte als beobachtet. Die fehlende Masse nennt man Dunkle Materie und die fehlende Energie nennt man Dunkle Energie.

Galaxien und Sterne

Entstehung von Galaxien: Einige 100 Millionen Jahre nach dem Urknall entstehen aus der nicht ganz gleichmäßig verteilten Materie größere Strukturen, aus denen sich Galaxienhaufen und Galaxien bilden. Durch Zusammenstöße mit anderen Galaxien und durch Eigenrotation bilden sich aus ungeordneten Galaxien Spiralgalaxien.

Die Milchstraße: Unsere Heimatgalaxie ist die Milchstraße. Sie ist eine Balkenspiralgalaxie mit einem Durchmesser von 200 000 Lichtjahren. Sie enthält einige Hundert Milliarden Sterne, interstellares Gas und interstellaren Staub.

Gleichgewicht in Gaswolken: Gaswolken in einer Galaxie befinden sich normalerweise in einem Gleichgewicht aus Gasdruck und Gravitation. Durch Dichtewellen und Abkühlung wird das Gleichgewicht gestört und die Gaswolken kollabieren.

Entstehung von Sternen: Innerhalb der Galaxien kollabieren kleinere Wolken zu Protosternen. Dabei entsteht ein neues Gleichgewicht mit ungleich größerer Dichte und Temperatur. Wenn der Protostern genug Masse hat, erreicht er im Inneren eine Temperatur von mehr als einer Million Kelvin. Dann setzt Kernfusion ein und ein neuer Stern ist entstanden.

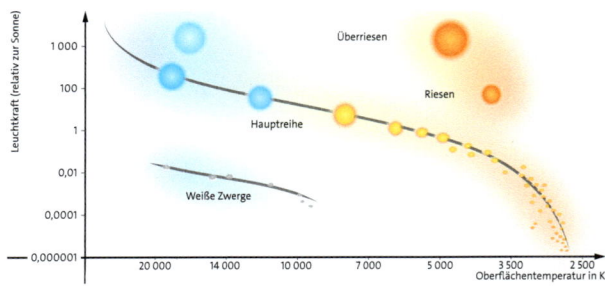

1 Hertzsprung-Russell-Diagramm

HRD: Leuchtkraft und Temperatur von Sternen werden im Hertzsprung-Russell-Diagramm dargestellt (►Abb.1).

Für alle Sterne gilt: Die Leuchtkraft eines Sterns hängt vor allem von seiner Temperatur T und seiner Oberfläche A ab: $L \sim A \cdot T^4$.

Kernfusion: Etwa 80 % seiner Lebensdauer verweilt ein Stern auf der Hauptreihe im HRD. Dabei fusioniert er Protonen zu Heliumkernen:
$4\,{}_1^1\mathrm{H} \rightarrow {}_2^4\mathrm{He} + 2\mathrm{e}^+ + 2\nu_\mathrm{e}$.
Dabei wird ein Prozent der Masse als Energie frei und mit elektromagnetischer Strahlung abgestrahlt.

Je mehr Masse ein Hauptreihenstern hat,
- umso größer ist seine Leuchtkraft,
- umso höher ist seine Temperatur an der Oberfläche und im Sterninneren und
- umso kürzer ist seine Lebensdauer.

Abhängig von ihrer Masse erreichen die Sterne verschiedene Endstadien:
$M < 8\,M_\odot$: Weißer Zwerg
$8\,M_\odot < M < 25\,M_\odot$: Neutronenstern
$M > 25\,M_\odot$: Schwarzes Loch

Schwarze Löcher: Schwarze Löcher sind von der allgemeinen Relativitätstheorie vorhergesagte kugelförmige Bereiche, aus denen nicht einmal Licht entkommen kann. Ihr Radius R_S heißt Schwarzschildradius und hängt von der Masse M des Schwarzen Lochs ab: $R_S = \frac{2 \cdot G \cdot M}{c^2}$.

Exoplaneten

Entdeckung: Exoplaneten werden vor allem durch die Transitmethode und die Radialgeschwindigkeitsmethode entdeckt.

Transitmethode: Wenn ein Planet sich auf der Sichtlinie zwischen seinem Zentralgestirn und uns bewegt, führt dies zu einer Verdunklung mit einer charakteristischen Lichtkurve.

Radialgeschwindigkeitsmethode: Stern und Planet bewegen sich um einen gemeinsamen Schwerpunkt. Die Bewegung kann durch eine periodische Doppler-Rot- und Blauverschiebung des Sternspektrums nachgewiesen werden.

Die habitable Zone: Die Zone um einen Stern, in dem Wasser dauerhaft in flüssiger Form existiert, heißt habitable Zone. In unserem Sonnensystem befindet sich nur die Erde in der habitablen Zone. Auf Planeten, die weiter von der Sonne entfernt sind, ist die Temperatur zu niedrig für die Entstehung von Leben u. u.

Spektralanalyse: Wenn das Sternenlicht auf dem Weg zu uns teilweise durch die Gasatmosphäre eines Planeten geht, dann absorbieren die in der Atmosphäre enthaltenen Stoffe das Sternenlicht bei charakteristischen Wellenlängen. Durch die Spektralanalyse des Sternenlichts kann man so Hinweise auf die Gaszusammensetzung der Atmosphäre von Planeten erhalten.

Überprüfen Sie sich selbst:

Kann ich ...

- die Entwicklung des Universums in Grundzügen beschreiben?
- die entfernungsabhängige Rotverschiebung der Galaxien beschreiben und als Folge der Expansion des Universums interpretieren?
- Galaxien als zusammengesetzte Systeme beschreiben?
- beschreiben, dass die Stabilität bzw. Instabilität von kosmischen Objekten von den Eigenschaften eines der Gravitation entgegenwirkenden Drucks abhängt?
- die Sternentstehung in Grundzügen beschreiben?
- das Hauptreihenstadium von Sternen beschreiben?
- die Nach-Hauptreihenentwicklung für verschiedene Sternmassen beschreiben?
- Methoden zum Nachweis extrasolarer Planeten beschreiben?
- erläutern, wie sich mithilfe der Spektralanalyse die Eigenschaften von Planetenatmosphären bestimmen lassen?

Hinweis:

In der Regel werden bei den angegebenen Formeln nicht alle Größensymbole erklärt und die Voraussetzungen für die Gültigkeit nicht dargestellt.

Physikalische Größen – Zeit und Raum

Größe	Symbol	Einheit	Hinweise
Zeitpunkt	t	s	
Zeitspanne	Δt	s	$\Delta t = t_2 - t_1$
Periodendauer	T	s	$T = \frac{1}{f} = \frac{2\pi}{\omega}$ (Kreisbewegung: auch Umlaufdauer)
Frequenz	f	Hz (Hertz)	$f = \frac{1}{T} = \frac{\omega}{2\pi}$; $c = \lambda \cdot f$
Kreisfrequenz	ω	$\frac{1}{s}$	$\omega = 2\pi \cdot f = \frac{2\pi}{T}$ (vgl. Winkelgeschwindigkeit)
Ort	$\vec{s}, \vec{x}$	m	häufig eindimensional ohne Vektorpfeil; s: Auslenkung bei Schwingungen und Wellen; x: Ort auf dem Wellenträger
Ortsänderung, Strecke	$\Delta\vec{s}, \Delta\vec{x}$	m	häufig eindimensional ohne Vektorpfeil $\Delta s = s_2 - s_1$
Amplitude	$\hat{s}$	m	maximale Auslenkung (bei anderen schwingenden Größen: $\hat{U}$; $\hat{B}$; ...)
Wellenlänge	λ	m	$\frac{\Delta x}{\lambda} = \frac{\Delta\varphi}{2\pi}$; $c = \lambda \cdot f$
	λ_{B}	m	De-Broglie-Wellenlänge: $\lambda_{\mathrm{B}} = \frac{h}{p}$
Gangunterschied	δ	m	$\delta = |\Delta x_2 - \Delta x_1|$; $\frac{\delta}{\lambda} = \frac{\Delta\varphi}{2\pi}$
Schwarzschild-Radius	R_{S}	m	$R_{\mathrm{S}} = \frac{2GM}{c^2}$
Geschwindigkeit	$\vec{v}$	$\frac{m}{s}$	häufig eindimensional ohne Vektorpfeil; (Kreisbewegung: auch Bahngeschwindigkeit) Durchschnittsgeschwindigkeit: $v = \frac{\Delta s}{\Delta t}$ allgemein: $v(t) = \dot{s}(t)$
	c	$\frac{m}{s}$	Ausbreitungsgeschwindigkeit einer Welle: $c = \lambda \cdot f$; Lichtgeschwindigkeit
Beschleunigung	$\vec{a}$	$\frac{m}{s^2}$	häufig eindimensional ohne Vektorpfeil; durchschnittliche Beschleunigung: $a = \frac{\Delta v}{\Delta t}$ allgemein: $a(t) = \dot{v}(t) = \ddot{s}(t)$
Winkel, Phase	$\alpha; \beta; \gamma; ...$	°	Winkel im Gradmaß; Vollwinkel: 360° häufig bei geometrischen Betrachtungen
	φ		Winkel im Bogenmaß; Vollwinkel: 2π Umrechnung: $\frac{\alpha}{180°} = \frac{\varphi}{\pi}$ immer bei der Phasenlage
Phasenunterschied, Winkeländerung	$\Delta\varphi$		$\Delta\varphi = |\varphi_2 - \varphi_1|$; $\frac{\delta}{\lambda} = \frac{\Delta\varphi}{2\pi}$ $\Delta\varphi = k \cdot 2\pi$: gleichphasig $\Delta\varphi = (2k-1) \cdot \pi$: gegenphasig
Winkelgeschwindigkeit	ω	$\frac{1}{s}$	$\omega = \frac{\Delta\varphi}{\Delta t}$ (vgl. Kreisfrequenz)

Physikalische Größen – Impuls, Kräfte und feldbeschreibende Größen

Größe	Symbol	Einheit	Hinweise
Impuls	$\vec{p}$	$kg \cdot \frac{m}{s} = N \cdot s$	$\vec{p} = m \cdot \vec{v}$; $\Delta\vec{p} = \vec{F}_{res} \cdot \Delta t$ De-Broglie-Beziehung: $p = \frac{h}{\lambda_B}$
resultierende Kraft	$\vec{F}_{res}$	$N = kg \cdot \frac{m}{s^2}$	Summe aller Kräfte auf einen Körper $\vec{F}_{res} = m \cdot \vec{a} = m \cdot \ddot{\vec{s}}$; $\vec{F}_{res} = \frac{\Delta\vec{p}}{\Delta t}$
Gewichtskraft	$\vec{F}_G$	$N = kg \cdot \frac{m}{s^2}$	auch Gravitationskraft $F_G = m \cdot g$; $F_G = G \cdot \frac{m_1 \cdot m_2}{r^2}$
Reibungskraft	$\vec{F}_R$	$N = kg \cdot \frac{m}{s^2}$	$F_R = f \cdot F_N$; f: Reibungszahl
Luftwiderstandskraft	$\vec{F}_L$	$N = kg \cdot \frac{m}{s^2}$	$F_L = \frac{1}{2} c_W \cdot \rho_L \cdot A \cdot v^2$
Normalkraft	$\vec{F}_N$	$N = kg \cdot \frac{m}{s^2}$	orthogonal zur schiefen Ebene: $F_N = F_G \cdot \cos(\alpha)$
Hangabtriebskraft	$\vec{F}_H$	$N = kg \cdot \frac{m}{s^2}$	$\vec{F}_H = \vec{F}_G + \vec{F}_N$; $F_H = F_G \cdot \sin(\alpha)$
Zentripetalkraft	$\vec{F}_Z$	$N = kg \cdot \frac{m}{s^2}$	$F_Z = \frac{m \cdot v^2}{r} = m \cdot \omega^2 \cdot r$
elektrische Kraft	$\vec{F}_{el}$	$N = kg \cdot \frac{m}{s^2}$	$\vec{F}_{el} = q \cdot \vec{\mathcal{E}}$; $F_{el} = \frac{1}{4 \cdot \pi \cdot \varepsilon_0} \cdot \frac{q_1 \cdot q_2}{r^2}$
Kraft auf einen stromführenden Leiter	$\vec{F}$	$N = kg \cdot \frac{m}{s^2}$	$F = \mathcal{B} \cdot I \cdot s \cdot \sin(\alpha)$
Lorentz-Kraft	$\vec{F}_L$	$N = kg \cdot \frac{m}{s^2}$	$F_L = q \cdot v \cdot \mathcal{B}$
Federkraft	$\vec{F}_F$	$N = kg \cdot \frac{m}{s^2}$	$F_F = -D \cdot s$; D: Federkonstante
Rückstellkraft	$\vec{F}_R$	$N = kg \cdot \frac{m}{s^2}$	tangentiale Komponente von $\vec{F}_{res}$
Ortsfaktor	$\vec{g}$	$\frac{N}{kg} = \frac{m}{s^2}$	auch Fallbeschleunigung, Gravitationsfeldstärke $\vec{g} = \frac{\vec{F}_G}{m}$
elektrische Feldstärke	$\vec{\mathcal{E}}$	$\frac{N}{C} = \frac{V}{m}$	$\vec{\mathcal{E}} = \frac{\vec{F}_{el}}{q}$
magnetische Flussdichte	$\vec{\mathcal{B}}$	$T = \frac{N}{A \cdot m}$	$\mathcal{B} = \frac{F}{I \cdot s}$
magnetischer Fluss	Φ	$T \cdot m = V \cdot s$	$\Phi = A \cdot \mathcal{B} \cdot \cos(\alpha)$

Physikalische Größen – Energie

Größe	Symbol	Einheit	Hinweise
Masse	m	kg	
(Massen-)Dichte	ρ	$\frac{kg}{m^3}$	$\rho = \frac{m}{V}$; übliche Einheit: $1\frac{g}{cm^3} = 1000\frac{kg}{m^3}$
Energie	E	$J = N \cdot m$ (Joule)	Masse-Energie-Äquivalenz: $E = m \cdot c^2$
kinetische Energie	E_{kin}	J	auch Bewegungsenergie; $E_{kin} = \frac{1}{2} m \cdot v^2$
potenzielle Energie	E_{pot}	J	elektrisches Feld: $E_{pot} = q \cdot \varphi$ Schwingungen und Wellen: $E_{pot} = \frac{1}{2} D \cdot s^2$ Mechanik: $E_{pot} = E_{Lage} + E_{Spann}$
Lageenergie	E_{Lage}	J	E_{pot} im Gravitationsfeld; $E_{Lage} = m \cdot g \cdot h$

Größe	Symbol	Einheit	Hinweise
Spannenergie	E_{Spann}	J	$E_{pot} = \frac{1}{2} D \cdot s^2$; s: Längenänderung
thermische Energie	E_{th}	J	$E_{th} = c \cdot m \cdot \Delta T$
Energie des el. Felds	E_{el}	J	$E_{el} = \frac{1}{2} C \cdot U^2 = \frac{1}{2} \cdot \frac{Q^2}{C}$
Energie des magn Felds	E_{mag}	J	$E_{mag} = \frac{1}{2} L \cdot I^2$
Energie eines Photons	E_{ph}	J	$E_{ph} = h \cdot f$
Energiedichte	ρ_E	$\frac{J}{m^3}$	$\rho_E = \frac{E}{V}$
mechanisch übertragene Energie	ΔE_{mech}	J	auch: mechanische Arbeit (W) $\Delta E_{mech} = F_s \cdot \Delta s$
elektrisch übertragene Energie	ΔE_{el}	J	auch: elektrische Arbeit (W) $\Delta E_{el} = U \cdot \Delta Q = U \cdot I \cdot \Delta t$
Leistung	P	W (Watt)	$P = \frac{\Delta E}{\Delta t}$
mechanische Leistung	P_{mech}	W	$P_{mech} = F \cdot v$
elektrische Leistung	P_{el}	W	$P_{el} = U \cdot I$
Strahlungsintensität	S	$\frac{W}{m^2}$	auch: Intensität $S = \frac{P}{A}$

Physikalische Größen – Elektromagnetismus

Größe	Symbol	Einheit	Hinweise
Ladung	Q	C (Coulomb)	teilweise q (Probeladung)
Stromstärke	I	A (Ampere)	$I = \frac{\Delta Q}{\Delta t}$; $I(t) = \dot{Q}(t)$
Spannung	U	V (Volt)	$U = \frac{\Delta E_{el}}{q}$
Hall-Spannung	U_H	V	$U_H = b \cdot v \cdot \mathcal{B}$
Induktionsspannung	U_{ind}	V	$U_{ind} = -n \cdot \dot{\Phi}(t)$
Scheitelspannung	$\hat{U}$	V	Spannungsamplitude bei Wechselspannung $\hat{U} = n \cdot A \cdot \mathcal{B} \cdot \omega$; $\hat{U} = \sqrt{2} \cdot U_{eff}$
Potenzial	φ	V	$\varphi = \frac{E_{pot}}{q}$
Potenzialdifferenz	$\Delta\varphi$	V	$\Delta\varphi = \varphi_P - \varphi_Q = U_{P,Q}$
Widerstand	R	Ω (Ohm)	$R = \frac{U}{I}$
Kapazität	C	F (Farad)	$C = \frac{Q}{U}$; $C = \varepsilon_0 \cdot \varepsilon_r \cdot \frac{A}{d}$
Induktivität	L	H (Henry)	$U_{ind} = -L \cdot \dot{I}(t)$; $L = \mu_0 \cdot \mu_r \cdot A \cdot \frac{n^2 \cdot A}{l}$

Naturkonstanten und Normwerte

Größe	Wert
Lichtgeschwindigkeit im Vakuum	$c = 2{,}99792458 \cdot 10^8 \, \frac{m}{s}$
Plancksches Wirkungsquantum	$h = 6{,}62606896 \, (33) \cdot 10^{-34} \, J \cdot s$
Elementarladung	$e = 1{,}602176487 \, (40) \cdot 10^{-19} \, C$
elektrische Feldkonstante	$\varepsilon_0 = \frac{1}{\mu_0 \cdot c^2} = 8{,}85418781762... \cdot 10^{-12} \, \frac{F}{m}$
magnetische Feldkonstante	$\mu_0 = 4\pi \cdot 10^{-7} \, \frac{N}{A^2} = 12{,}566370614... \cdot 10^{-7} \, \frac{N}{A^2}$
Rydberg-Konstante	$R_\infty = 1{,}0973731568527 \, (73) \cdot 10^7 \, \frac{1}{m}$
Boltzmann-Konstante	$\sigma = 5{,}670400 \, (40) \cdot 10^{-8} \, \frac{W}{m^2 \cdot K^4}$
Elektronenmasse	$m_e = 9{,}10938215 \, (45) \cdot 10^{-31} \, kg$
Protonenmasse	$m_p = 1{,}672621637 \, (83) \cdot 10^{-27} \, kg$
Neutronenmasse	$m_n = 1{,}674927211 \, (84) \cdot 10^{-27} \, kg$
Atomare Masseneinheit	$1 \, u = 1{,}660538782 \, (83) \cdot 10^{-27} \, kg$
Masse eines Wasserstoffatoms (^{1}H)	$m_H = 1{,}01 \, u$
Masse eines Heliumatoms (^{4}He)	$m_{He} = 4{,}00 \, u$
Sonnenmasse	$1 \, M_\odot = 1{,}98892 \, (25) \cdot 10^{30} \, kg$
Hubble-Parameter	$H_0 \approx 68 - 74 \, \frac{km/s}{Mpc}$
Gravitationskonstante	$G = 6{,}67428 \, (67) \cdot 10^{-11} \, \frac{m^3}{kg \cdot s^2}$
Ortsfaktor in Deutschland	$g = 9{,}81 \, \frac{m}{s^2}$
relative Permittivität von Luft (Dielektrizitätszahl)	$\varepsilon_r = 1{,}0$
Permeabilitätszahl von Luft	$\mu_r = 1{,}0$
sichtbarer Wellenlängenbereich	$400 \, nm - 800 \, nm$
Schallgeschwindigkeit in Luft (bei 1 bar und 20 °C in trockener Luft)	$c = 343 \, \frac{m}{s}$

Umrechnung von Einheiten

Energie	$1 \, eV = 1{,}602176 \cdot 10^{-19} \, J$ $1 \, kWh = 3{,}60 \cdot 10^6 \, J$
Temperatur	$-273{,}15 \, °C = 0 \, K$
Astronomische Längenmaße	Lichtjahr: $1 \, Lj = 9{,}4605 \cdot 10^{15} \, m$ Parsec: $1 \, pc = 3{,}0875 \cdot 10^{16} \, m$ Astronomische Einheit: $1 \, AE = 1{,}496 \cdot 10^{11} \, m$
Druck	$Pa = 1 \, Nm^{-2}$ $1 \, bar = 10^5 \, Pa$

QUELLENVERZEICHNIS

Titelbild: SOFAROBOTNIK GbR (Word-Bild-Marke), sciencephotolibrary/Parker, David (Foto)

Abbildungen:

akg-images/De Agostini/C. Dani: *S. 4/o. re., S. 148+S.149,* **/Science Photo Library:** *S. 176/2, S. 244/1, S. 314/u. re.;* **Andreas Schnederle-Wagner:** *S. 18/1;* **Anneke Emse:** *S. 217/4A, S. 221/3, S. 223/3A, S. 247/mi. li., S. 282/3, S. 282/4A+4B;* **Authorized by TAIPEI 101:** *S. 174/1 re.;* **Bridgeman Images/Novapix:** *S. 359/4A,* Portrait of Michael Faraday (1791-1867) 1841-42 (oil on canvas), Phillips, Thomas (1770-1845) , National Portrait Gallery, London, UK: *S. 122/1 o. li.,* Spiral Galaxy M58 in Virgo: *S. 370/2B,* SSPL/UIG/Science Museum/Diagnostic Radiology, Equipment Coolidge X-ray tube, 1913-1923: *S. 337/4;* **Cavendishimplants.com:** *S. 36/1;* **Lizenziert unter CC-BY 4.0.** (https://creativecommons.org/licenses/by/4.0/): 2M1207b - first image of an exoplanet von ESO aus https://www.eso.org/public/images/26a_big-vlt: *S. 386/3;* Cosmic Web von NASA, ESA and E. Hallman (University of Colorado, Boulder) aus https://esahubble.org/images/opo0820b/): *S. 359/4B;* Galaxie GN-z11 von NASA, ESA and P. Oesch (Yale University) aus: *S. 356/1;* Gravitationslinse von ESA/Hubble & NASA, M. Gladders et al. Acknowledgement: Judy Schmidt aus https://esahubble.org/images/potw1903a: *S. 375/4;* Hubble measures velocity of gas orbiting black hole von Holland Ford, Space Telescope Science Institute/Johns Hopkins University, Richard Harms, Applied Research Corp., Zlatan Tsvetanov, Arthur Davidsen, and Gerard Kriss at Johns Hopkins, Ralph Bohlin and George Hartig at Space Telescope Science Institute, Linda Dressel and Ajay K.Kochhar at Applied Research Corp. in Landover, Md. and Bruce Margon from the University of Washington in Seattle and NASA/ESA aus https://esahubble.org/images/?search=HUBBLE+MEASURES+VELOCITY: *S. 368/3A;* Lord of the stars von NASA, ESA and the Hubble Heritage Team (STScI/AURA) Acknowledgment: P. Cote (Herzberg Institute of Astrophysics) and E. Baltz (Stanford University) aus: *S. 368/2;* Nighttime Sky View of Future Galaxy Merger von NASA, ESA, Z. Levay and R. van der Marel (STScI), T. Hallas and A. Mellinger aus https://esahubble.org/images/opo1220b/: *S. 377/A-D;* Pillars of Creation von Jeff Hester and Paul Scowen (Arizona State University) and NASA/ESA aus https://esahubble.org/images/opo9544a/: *S. 372/1A;* The Youngest Known Planetary Nebula von Matt Bobrowsky, Orbital Sciences Corporation and NASA/ESA aus https://esahubble.org/images/?search=The+Youngest+Known+Planetary+Nebula: *S. 381/2A;* Trapezium Cluster in the Orion Nebula von C.R. O'Dell and S. K. Wong (Rice University) and NASA/ESA aus https://esahubble.org/images/opo0019c/: *S. 244/2B;* SN1987A in the Large Magellanic Cloud von ESO aus https://www.eso.org/public/images/eso0708a: *S. 382/1 re.;* Spiral galaxy NGC 1448 before and after the explosion of SN 2001el von ESO aus https://www.eso.org/public/images/?search=Spiral+galaxy+NGC+1448: *S. 361/u.;* Stern S2 von ESO/M. Kornmesser aus https://www.eso.org/public/images/eso1825a: *S. 367/4;* M 31 von Tony and Daphne Hallas aus https://esahubble.org/images/opo9940b/: *S. 370/2A;* **Lizenziert unter CC0 1.0.** (https://creativecommons.org/publicdomain/zero/1.0/deed.de)Image „Virgo detector (aerial photo)" von The Virgo collaboration/CCO 1.0 aus https://www.ligo.caltech.edu/image/, ligo20170927b: *S. 385/3;* **coastersandmore.de:** *S. 114/1A+B;* **Cornelsen/ newVision! GmbH, Bernhard A. Peter, Pattensen:** *S. 7/o. re., S. 10/o.re., S. 11/4+5+8, S. 13, S. 14, S. 15/6A+B+C, S. 17/A1+3+B li., S. 18/2, S. 19, S. 20, S. 21, S. 22/A1-A3, S. 23/C1+C2+D1-D3, S. 24/1-3, S. 26/2A+B, S. 27/3+4, S. 28/1+2A+B, S. 29/3A+3B+4A+4B, S. 30, S. 31, S. 37, S. 38/1, S. 40/u. li.+ u. re., S. 41, S. 43, S. 44/2, S. 46/1A, S. 46/4a-4C, S. 47/7, S. 50/2, S. 51/3+4A+4B, S. 55/4B, S. 56/o. li., S. 60/3, S. 63, S. 64, S. 65, S. 66, S. 67, S. 70/u. re., S. 72/2, S. 73, S. 74, S. 75, S. 77/o. mi., S. 81/4A+4B, S. 87/4+5, S. 100, S. 103/o. re., S. 104/2, S. 108/2, S. 109, S. 110, S. 111, S. 112, S. 113/u. li.+u.re., S. 117, S. 120, S. 121/D A+B, S. 126/u. li., S. 127/o. re., S. 130/2, S. 140, S. 141/3, S. 151/u. re., S. 154, S. 155/u. li., S. 157, S. 158/1+2, S. 159, S. 160, S. 161, S. 163, S. 164, S. 165/3, S. 166/o. re., S. 167/mi. li.+u. li., S. 168/2, S. 169, S. 170/1+3, S. 171/4+6, S. 172/o. li., S. 173, S. 175, S. 177/o. re.+u. li., S. 178, S. 179, S. 180/2, S. 181/3A+3B, S. 182, S. 183, S. 185, S. 186, S. 187, S. 188/u. mi.+u. re., S. 189/u. li., S. 190, S. 191, S. 196/2, S. 209/4+5A+5B, S. 209/6A+6B, S. 210/2A-2D, S. 216/2, S. 217/4B, S. 218/1, S. 220/2A+2B, S. 221/3, S. 223/3B, S. 226/1A+1B, 2A+2B, S. 230/2+3, S. 234, S. 240/o. li., S. 241/o. li, S. 245/u. re., S. 250/2, S. 254, S. 255/mi.re., S. 258/2, S. 261/u. li.+ u. mi., S. 268/u. mi., S. 281/4+5, S. 283/o. li., S. 286/2B, S. 287/4, S. 290/u. re., S. 291/mi. re., S. 296/1+3, S. 297/4A, S. 298, S. 299, S. 300/o., S. 301/u. mi.+u. re., S. 303, S. 304, S. 305, S. 306, S. 307, S. 308/2, S. 310, S. 311, S. 312, S. 313/5A+5B+6, S. 314/o. li., S. 314/u. li., S. 315/B, S. 315/mi. re.+u. re., S. 316/2+3A+3B, S. 318, S. 320/2A+2B, S. 321/o. re., S. 322/2, S. 323, S. 324, S. 325, S. 326, S. 327, S. 328, S. 329, S. 330/2, S. 331, S. 332, S. 333/mi. re.+o. re., S. 334/2, S. 335/3B+4, S. 336, S. 337/5+6, S. 338, S. 339/mi. re.+o. li., S. 340/2, S. 341, S. 342, S. 343, S. 344, S. 345/4+7, S. 346, S. 347, S. 348, S. 349, S. 351/mi. re., S. 351/o. li., S. 352, S. 353;* **Cornelsen/Tom Menzel:** *S. 70/mi. li., S. 71/2A-2C, S. 151/o. mi.+o. re.;* **Cornelsen/Angelika Kramer:** *S. 257/3B,4B, S. 258/1, S. 259, S. 263, S. 264, S. 265, S. 266/2, S. 267, S. 269/u. li., S. 271, S. 272, S. 273, S. 275, S. 276/o.+mi., S. 277, S. 279/4, S. 280/3A-3C, S. 285, S. 292, S. 293;* **Cornelsen/Dr. Christian Wende:** *S. 12/u., S. 49, S. 121/C li., S. 141/2, S. 172/u. li., S. 181/4, S. 189/u. re., S. 219/u. li.;* **Cornelsen/Jochim Lichtenberger:** *S. 216/1;* **Cornelsen/Karin Mall:** *S. 151/u. li.+o. li., S. 153/3B;* **Cornelsen/Markus Gaa Fotodesign:** *S. 153/3A, S. 155/o. li., S. 194/2A;* **Cornelsen/ newVision!GmbH, Bernhard A. Peter, Pattensen, bearbeitet durch Werner Wildermuth:** S. 46/3, S. 59, S. 77/mi. li., S. 80/1A+1B, S. 81/6A+6B, S. 82, S. 115/5A+5B, S. 115/4, S. 233/D A-C, S. 235/2;* **Cornelsen/Oliver Meibert:** *S. 26/1, S. 32, S. 72/1, S. 131/u. li., S. 156/2, S. 280/1A+1B;* **Cornelsen/Tom Menzel bearbeitet von Bernhard A. Peter, newVision! GmbH:** *S. 17/A2+B re., S. 25/5A+5B+6, S. 70/o. re., S. 150, S. 300/u., S. 301/o. re.;* **Cornelsen/Tom Menzel, bearbeitet durch Werner Wildermuth:** *S. 10/u.re., S. 11/9;* **Cornelsen/Volker Döring:** *S. 221/1+2+4A+5;* **Cornelsen/Werner Wildermuth:** *S. 33, S. 34, S. 35, S. 36/2, S. 39, S. 40/o. li, S. 42/1A, S. 44/3, S. 46/2, S. 47/8A+8B, S. 48, S. 51/u. re., S. 52, S. 53, S. 54, S. 55/4C, S. 56/u. li.+u. mi+u. re., S. 57, S. 58/2, S. 60/1+2, S. 61, S. 76, S. 77/o. re.+u. li., S. 78/2, S. 79, S. 80/3, S. 81/5A+5B, S. 83, S. 84, S. 85, S. 86/2, S. 87/3B, S. 88/1B, S. 89, S. 90/3, S. 91, S. 93, S. 94, S. 95, S. 96, S. 97/4,S.98, S. 99, S. 101, S. 102, S. 103/u. li., S. 104/1, S. 105/3, S. 113/B1 A-D, S. 114/1C, S. 115/3, S. 118, S. 119, S. 122/2, S. 123, S. 124, S. 125, S. 126/o. li., S. 126/u. A-D, S. 127/o. li., S. 127/u. re., S. 128/2A+2B, S. 129, S. 130/1, S. 131/o. re.+u. mi., S. 132/2A+2B+3A-3C, S. 133, S. 134/1A+1B, S. 135, S. 136, S. 137, S. 138, S. 139, S. 142, S. 143, S. 144, S. 145, S. 146, S. 147, S. 166/o. li., S. 188/u. li., S. 194/2B, S. 195/4, S. 196/1, S. 197, S. 198, S. 199, S. 200/1-3, S. 201/4+5, S. 202/2A+2B, S. 203, S. 204/2A+2B+3, S. 205/4A+4B, S. 206, S. 207, S. 208, S. 209/3A-3C, S. 210/3, S. 211/4+5B+6B, S. 212/1B+1C, S. 213/3B,S.214, S. 215, S. 218/2, S. 219/mi. li.+o. li., S. 221/4B, S. 223/4, S. 224/re. o., S. 225/li. o.+re. o., S. 227/4, S. 228/2, S. 229, S. 230/1, S. 231/4, S. 232/o. li., S. 232/o. re.+u. re., S. 233/u. re., S. 236/2, S. 237, S. 238, S. 239, S. 240/o. re.+u., S. 241/o. re.+u. re., S. 242/2B, S. 243, S. 245/o. re., S. 246, S. 247/u. li., S. 248, S. 249/Grafiken, S. 250/1, S. 251, S. 260, S. 268/o. li.+u. li.+u. re., S. 269/o., S. 274, S. 279/5, S. 284, S. 286/1B, S. 287/3, S. 289/Grafiken, S. 290/u. li., S. 291/o. re.+u. re., S. 333/u. li, S. 345/5+6, S. 350, S. 351/u. re., S. 356/2, S. 357, S. 358, S. 361/o., S. 363, S. 364, S. 366, S. 367/2+3, S. 368/3B, S. 369/u., S. 371/3A-3D, S. 373/2A-2C, S. 374, S. 376/2, S. 378/2, S. 379, S. 380, S. 382/2A+2B, S. 383/o. li.+o. re.+u. re., S. 385/4A-4C, S. 387/4+5, S. 388, S. 389, S. 390, S. 391/mi. re.+o. li.+o. re.+u. li., S. 392, S. 394, S. 395, S. 396;* **Cornelsen/Werner Wildermuth, bearbeitet durch newVision!GmbH, Bernhard A. Peter, Pattensen:** *S. 152/2, S. 155/mi. li., S. 158/3, S. 174/2A+2B;* **David Monniaux:** *S. 90/1;* **David Nadlinger/Department of Physics/University of Oxford:** *S. 340/1;*

Deutsche Bahn AG /Christian Bedeschinski: *S. 47/6;* **Dr. Reiner Kienle:** *S. 42/1B-1D, S. 255/mi. li., S. 255/u. li., S. 261/o. li., S. 262/2, S. 262/3, S. 266/1A, S. 266/1B, S. 269/mi. li., S. 270/2A-2C, S. 289/A o., S. 289/B o.+C o.;* **ESA/** G.Porter: *S. 322/1,* /NASA/JPL-Caltech: *S. 362/2,* /Planck Collaboration: *S. 362/1, S. 365/4;* **Eva Kienle:** *S. 262/1, S. 278/2A+2B;* **Hans-Otto Carmesin:** *S. 270/1;* **Imago Stock & People GmbH/imagebroker/t.müller:** *S. 255/o. mi.,* **Leemage/Guillaume Blanchard/Novapix.309, Leemage:** *S. 97/3, S. 382/1 li., S. 391/mi. li.;* **Institut für Didaktik der Physik, Prof. Dr. Roger Erb:** *S. 256/2;* **Johann Pardall:** *S. 236/3;* **Jörn Schneider:** *S. 38/2;* **LEYBOLD / LD DIDACTIC GmbH/www.ld-didactic.de, Hürth:** *S. 90/u. li., S. 174/3, S. 242/2A;* **Marc Evers, www.physikunterricht-online.de.:** *S. 88/1A, S. 90/2, S. 153/3C, S. 330/1 , S. 333/mi. li.;* **mauritius images/**alamy stock photo/BSIP SA: *S. 375/3,* Dudley Wood: *S. 204/1A,* GIPhotoStock X: *S. 262/4,* Kim Christensen: *S. 134/2,* NG Images: *S. 321/u. re.,* phil holden: *S. 224/li. u.,* sciencephotos: *S. 213/2 li.,* sciencephotos: *S. 213/2 re.,* sciencephotos: *S. 296/2,* sciencephotos: *S. 87/3A,* Shotshop GmbH: *S. 170/2,* Viktor Cap: *S. 313/3,* William Pitcher: *S. 213/4B,* Cultura: *S. 78/1,* Pitopia: *S. 372/1C,* Science Source: *S. 257/5, 276 u.;* **NASA/**WMAP Science Team: *S. 369/o.,* /ESA, K. France: *S. 382/3,* /GSFC Goddard: *S. 354+S.355,* /Goddard/GSFC: *S. 378/1 li., S. 378/1 re., S. 381/2B, S. 387/6, S. 6/o. re.,* /JSC: *S. 316/1,* /MSFC: *S. 162/1,* /Goddard Space Flight Center: *S. 386/1,* NASA/JPL-Caltech: *S. 386/2;* **Nico Einsiedler / TU Wien:** *S. 315/A;* **Panther Media GmbH/**Marko Beric: *S. 166/mi. li.;* **Photographer Helle Astrid Kjær,** East Greenland Ice-core Project, www.eastgrip.org.: *S. 92/1;* **Physikalisch- Technische Bundesanstalt:** *S. 232/u.li.;* **Prof. Dr. Lutz Kasper:** *S. 286/1A+2A;* **sciencephotolibrary/**AMERICAN INSTITUTE OF PHYSICS: *S. 302/1,* ANDREW LAMBERT PHOTOGRAPHY: *S. 247/o. li., S. 297/4B,* BABAK TAFRESHI: *S. 370/1,* DAVID PARKER: *S. 25/4,* Degginger, Phil: *S. 195/3,* Giphotostock: *S. 15/4, S. 257/4A, S. 261/u. re.,* Jim West: *S. 168/1,* Kinsman, Edward: *S. 257/3A,* MARK GARLICK: *S. 384/1,* MAX PLANCK INSTITUTE FOR ASTROPHYSICS/VOLKER SPRINGEL: *S. 365/5, S. 371/4,* Mikkel Juul Jensen: *S. 3/o. re., S. 68, 69, S. 360/1-4,* Parker, David: *S. 3/o. li.+S.3/o.re.+S.8+S.9,* POWER AND SYRED: *S. 282/2,* ROYAL INSTITUTION OF GREAT BRITAIN: *S. 122/1 o. re.,* SCIENCE PICTURE CO: *S. 372/3,* Science Source/Charles D. Winters: *S. 280/2A+2B,* TONY & DAPHNE HALLAS: *S. 370/2C,* Turtle Rock Scientific: *S. 15/5,* Victor Habbick Visions: *S. 320/1,* Winters, Charles D.: *S. 335/3A;* **Shutterstock.com/**Adam Bencsik: *S. 58/1,* Albert Barr: *S. 383/u. li.,* Alex Tor: *S. 205/5,* Alexander Sorokopud: *S. 279/3,* Almer Steegstra: *S. 231/5,* Andre Nantel: *S. 152/1 li.,* Andrey_Popov: *S. 236/1, S. 313/4,* Anna Chelnokova: *S. 213/4A,* begun1983: *S. 317,* BlueBarronPhoto: *S. 281/u. re.,* Bricolage: *S. 334/1,* ChiccoDodiFC: *S. 368/1,* Cristian Gusa: *S. 282/1,* Daisy Daisy: *S. 194/1 li.,* Daniel Jedzura: *S. 107,* Daniel Jedzura: *S. 4/o. li., S. 195/5,* Diyana Dimitrova: *S. 283/u. li.,* Dmitry Naumov: *S. 204/1B,* dragon_fang: *S. 213/3A,* drvarayu: *S. 44/1,* Elizaveta Galitckaia: *S. 202/1,* ersin ergin: *S. 108/1,* FenlioQ: *S. 174/1 li.,* Free Belarus: *S. 184/1B,* Gorodenkoff: *S. 225/li. u.,* hlopex: *S. 226/3,* Horatiu Bota: *S. 205/6,* Igor Podgorny: *S. 227/1 re., S. 55/4A,* inrainbows: *S. 227/6,* irin-k: *S. 301/o. re.,* Jamen Percy: *S. 86/1,* **Jasmina Andonova:** *S. 242/1 li.,* Julia Kopacheva: *S. 375/2,* Kateryna Kon: *S. 301/o. mi.,* keren-seg: *S. 242/1 re.,* Kevin Key: *S. 359/3,* KPixMining: *S. 132/1,* Krasowit: *S. 294+S.295, S. 6/o. li.,* Lonesome_tiger: *S. 177/o. li.,* Luma creative: *S. 249/Foto,* mendlerdaniel: *S. 184/2B,* Mikhail Leonov: *S. 27/Gefahrenzeichen,* **MNI:** *S. 46/1B,* mTaira: *S. 201/6,* Nejron Photo: *S. 50/1,* nvphoto: *S. 194/1 re.,* Ollyy: *S. 211/6A,* pakirri: *S. 339/u. li.,* Parilov: *S. 227/5,* **Passionphotography13:** *S. 205/7,* Roberto Lo Savio: *S. 220/1,* sebastianosecondi: *S. 278/1,* Smileus: *S. 152/1 o. re.,* Stanislaw Mikulski: *S. 211/5A,* Steven Kovick: *S. 372/1D,* Stokkete: *S. 210/1, S. 212/1A,* Stone36: *S. 308/1 li.+S.308/1 re.,* Thyrymn2: *S. 372/1B,* Topuria Design: *S. 235/3,* Tragoolchitr Jittasaiyapan: *S. 376/1,* underworld: *S. 171/5,* USBFCO: *S. 252, 253, S. 5/o. re.,* vanzittoo: *S. 337/3,* Vitalii Nesterchuk: *S. 156/1,* Vladimir Ya: *S. 333/o. li.,* Wisanu Boonrawd: *S. 116,* YMZK-Photo: *S. 115/2,* Yova Petkova: *S. 176/1,* Yuri Samsonov: *S. 192/193, S. 5/o. li.;* **Simulating Extreme Spacetimes Project (SXS):** *S. 384/2 o. + u.;* **Stefan Richtberg:** *S. 40/o. mi.;* **stock.adobe.com/**Archivist: *S. 167/o. li.,* Daniel Jedzura: *S. 184/2A,* euthymia: *S. 184/1A,* Greg Blomberg: *S. 281/mi. re.,* hotte_light: *S. 228/1 li.,* robi112: *S. 180/1,* Simone: *S. 256/1,* Voyagerix: *S. 12/o.;* **Voith Group:** *S. 128/1;*

Text:

Schrödinger, E. Die gegenwärtige Situation in der Quantenmechanik. Naturwissenschaften 23, 807–812 (1935). https://doi.org/10.1007/BF01491891: *S. 320/Kasten o. re.*

Datenquellen:

Claus Jönsson, Zeitschrift für Physik 161 (1961): *S. 296/1;* D. E. Miller, J. R. Anglin, J. R. Abo-Shaeer, K. Xu, J. K. Chin, W. Ketterle: Physical Review A 71, 4 (2005): *S. 296/3;* C. Kurtsiefer, T. Pfau, J. Mlynek: Nature 386, 150-153 (1997): *S. 300/o.;* D. M. Eigler, E. K. Schweizer: Nature 344, 524-526 (1990): *S. 333/u.;* Y. Lebreton, M. J. Goupil, J. Montalbán: EAS Publications Series 65 (2014): *S. 383/u. re.;* LIGO – Laser Interferometer Gravitational-Wave Observatory: *S. 385/3A+B;* EGO - European Gravitational Observatory: *S. 385/C;* M. Mayor, D. Queloz, G. Marcy, P. Butler, R. Noyes, S. Korzennik, M. Krockenberger, P. Nisenson, T. Brown, T. Kennelly, C. Rowland, S. Horner, G. Burki, M. Burnet, M. Kunzli: International Astronomical Union Circular, 6251 (1995): *S. 387/5;* G. Tinetti, C. A. Griffith, M. R. Swain, P. Deroo, J. P. Beaulieu, G. Vasisht, D. Kipping, I.Waldmann, J. Tennyson, R. J. Barber, J. Bouwman, N. Allardd, L. R. Brown: Faraday Discussions 147 (2010): *S. 389/4;* M. Gillon et al.: Nature, 542 (2017): *S. 391/li. u.*

Herzlicher Dank:

S. 284: Umsetzung nach einer Idee von Dr. Kai Pieper, Kuppenheim.
S. 368, 382: Umsetzung nach einer Idee von Prof. Dr. Karl-Heinz Lotze, Jena.